통계적 품질관리 ²판

STATISTICAL QUALITY CONTROL

통계적 품질관리 ^{2판}

초판 발행 2019년 2월 28일
2판 1쇄 발행 2024년 2월 29일

지은이 윤원영 · 이승훈 · 홍성훈 · 김기훈 · 서순근
펴낸이 류원식
펴낸곳 교문사

편집팀장 성혜진 | **책임진행** 김다솜 | **디자인** 김도희 | **본문편집** 홍익m&b

주소 10881, 경기도 파주시 문발로 116
대표전화 031-955-6111 | **팩스** 031-955-0955
홈페이지 www.gyomoon.com | **이메일** genie@gyomoon.com
등록번호 1968.10.28. 제406-2006-000035호

ISBN 978-89-363-2543-5 (93530)
정가 45,000원

2판

통계적 품질관리

STATISTICAL QUALITY CONTROL

윤원영 · 이승훈 · 홍성훈 · 김기훈 · 서순근 지음

교문사

2판 머리말

　통계적 품질관리 1판이 출간된 후 4년이 지난 2023년 초 저자들은 독자들에게 보다 최신화된 내용이 추가되고 보완이 이루어진 개정판을 제공하는 것이 바람직하다는 생각에서 책의 개정이 필요하다는 공감대를 형성하여 2판을 준비하는 작업을 추진하기로 의견을 모았다. 1판 작업에 참여한 공동저자 중에 개정작업에는 참여가 힘든 분들이 있어 일단은 개정의 방향을 정하고 이를 충실히 구현하기에 적임인 새로운 연구자들을 초청하기로 하고 논의를 진행하여 다음과 같은 개정의 방향과 내용으로 2판을 준비하였다.

1. 각 장을 시작할 때 간단한 사례를 소개하여 독자들이 보다 친근하게 그 장의 내용을 짐작하도록 하였다.

2. 서론인 1장은 품질경영의 일반적인 내용을 정리·기술하는 부분으로, 기존의 내용에 덧붙여 2019년부터 시작된 자동차 보증 관련 레몬법의 시행내용을 추가하였다.

3. 통계적 품질관리의 주제에 보다 충실히 하고자 기존의 2장과 3장을 "품질보증과 개선프로그램"으로 통합하였다. 특히 기존 3장에 포함되어 있던 7가지 기본품질도구와 7가지 신품질도구는 요약하여 부록에서 소개하였다.

4. 새로운 3장은 기존 4장의 내용이었던 로버스트 설계를 중심으로 품질설계 전략을 추가하고 분석내용도 보완하였으며, 기존 1장 6절의 내용인 품질기능전개를 이동시켜 보다 통합된 형태로 구성하였다. 즉, 일반적인 품질설계 전략과 로버스트 설계의 개념에 더불어 이에 관한 나+지의 접근방법을 짜임새 있게 다루었으며 다구치의 구체적인 분석법은 13장으로 분리하였다.

5. 4장의 허용차 설계는 기존 장의 내용 중 다구치의 허용차 설정에 관한 일부 방법을 축소

4

하였으며, 기존의 13장에 있던 경제적 규격설정에 관한 내용을 이동시켜 정리하였다.

6. 2판에서 가장 중점적으로 보완 및 수정한 부분은 3부의 "공정관리"이다. 최근 산업공학 분야에서 가장 뜨거운 이슈인 빅데이터, 머신러닝, 데이터사이언스 등이 공정관리 모니터링 분야에서 활발하게 응용되고 있는 상황이므로 이를 어떻게 2판에 반영할 것인지가 가장 중요한 주제였다. 그래서 통계적 공정관리 일반을 5장에서 정리, 요약하였다. 관리도를 포함하는 보다 일반적인 공정관리를 위한 통계적 원리를 정리하였으며 "관리도와 머신러닝"이라는 절에서 최근의 경향을 소개하였다.

7. 1판의 7장 내용인 특수 및 다변량 관리도를 "특수관리도 및 EPC"와 "다변량 공정 모니터링과 진단"의 두 장으로 분리하고, 다변량 공정 모니터링과 진단을 다루고 있는 8장에 다변량 EWMA와 CUSUM 관리도를 보충하였으며, 최근 관심받고 있는 대표적인 주제인 PCA(주성분분석)와 PLS(부분최소제곱법)를 이용한 잠재변수 기반 모니터링, 변수 선별 관리도, 커널기반 관리도(단일클래스 분류접근법), 뉴럴네트워크에 의한 공정관리에 대한 내용을 추가하였다.

8. 4부의 "공정능력분석과 측정시스템분석"은 2판에서 중요한 핵심내용 위주로 요약 정리하였다. 공정능력분석에서는 공정능력분석 절차의 내용 중 일부를 간략화하여 독자의 가독성을 높이려 하였다. 측정시스템분석에서는 Gage R&R 연구(3 유형 연구)를 삭제하고, 대신 측정불확도를 이용한 측정시스템분석인 KS Q ISO 22514-7의 내용을 추가하였다.

9. 5부의 "샘플링 검사" 부분은 새롭게 수정·보완된 규격내용을 반영하도록 수정하였다. 계수형 샘플링 검사의 내용에 KS Q ISO 28592(계수 규준형 이회 샘플링 검사)를 추가하였으며, KS Q ISO 2859-2의 내용이 변경되어 수정하였다. 계량형 샘플링검사에서는 KS 명칭이 변경된 것을 모두 수정하였다.

10. 마지막으로 6부 "품질공학 및 품질최적화"를 신설하였으며, 1판에서 13장의 내용이었던 품질 관련 최적화 모형을 14장으로 포함시켰다. 특히 13장 "다구치의 품질공학"은 기존의 로버스트 설계의 일부 내용을 중심으로 3장에서 소개한 로버스트 설계 및 허용차 설계에 관한 다구치의 구체적 절차와 방법론을 사례와 예제를 통해 서술하였으며, 새롭게 다구치의 온라인 품질관리를 보충하였다. 또한 14장에서는 1판 7장의 회귀분석 관리도를 14장 6절의 추세 공정의 생산주기 설정에서 활용할 수 있도록 이동시켰다.

그리고 위에서 언급되지 않은 부와 장을 포함한 모든 영역에서 설명이 미흡하거나 부족한 부분을 전반적으로 보완하였으며, 연습문제도 보충하였다. 그리고 관심 있는 독자들의 심화학습에 도움이 될 수 있도록 각 장별로 중요한 참고문헌을 간략하게 소개하는 난을 마련하였다. 책의 내용 보완으로 전체적으로 양이 늘어 14장과 부록은 출판사의 웹사이트에 웹 챕터로 출간하게 되었다.

지금까지 2판의 개정된 주요내용을 소개하였다. 통계적 품질관리에서 현재 가장 활발히 연구되며 활용되고 있는 통계적 공정관리 영역에서의 보완에 역점을 둔 이번 개정에서 책의 분량 제약과 저자들의 능력 부족 등으로 인해 가장 기본적이고 표준적인 최근 연구결과들만 취사선택하게 되어, 보다 전반적이고 깊이 있으며 완성도 높은 소개가 이루어지지 못한 점은 아쉽게 여겨진다. 이는 추후 별도의 제한된 주제를 다루는 책으로 출간되어야 할 것으로 판단되며, 또한 이 분야 최전선에서 연구하고 있는 많은 분의 역할을 기대하여 본다.

그러나 통계적 공정관리 부분을 중점적으로 보완하고자 추가적으로 다루어진 주제들을 분석하며 다시 한번 더 절감하게 된 것이 있다. 공정관리를 위한 슈하트의 관리도의 아이디어가 비록 단변수에 의한 공정관리방안에 초점을 맞추고 있지만, 그 개념은 녹슨 것이 아니고 생생하게 활용될 수 있다는 것이다. 이를 알게 되어 매우 보람 있는 개정작업이었음을 거듭 전하고자 한다.

위와 같은 개정작업을 위해 전북대학교 홍성훈 교수, 부산대학교 김기훈 교수가 새롭게 공동저자로서 참여하였다. 이번에 출간되는 통계적 품질관리 2판은 기존 1판의 풍부한 내용이 바탕이 되지 않았다면 출간이 불가능하였을 것이 너무도 명확하다. 그러므로 2판 개정 작업에는 참여하지 못한 1판의 공동저자인 부경대학교 권혁무 교수, 경성대학교 차명수 교수에게 깊이 감사하는 바이다. 그리고 책의 편집, 교정, 디자인에 많은 도움을 주신 교문사 편집부의 김다솜 님과 여러 분들의 도움에 감사를 드린다.

끝으로 1판의 공동저자였으며 이제는 유명을 달리한 동의대학교 고 김호균 교수에게 이 2판을 바칩니다.

2024. 2.
공동저자 윤원영, 이승훈, 홍성훈, 김기훈, 서순근

1판 머리말

이 책은 품질관리, 품질경영의 이론을 체계적으로 이해하고자 하는 현장의 품질관리자, 학부생들을 위해 집필되었다. 그리고 기존의 품질관리 책들이 다루지 않은 보다 깊이 있는 이론적인 내용은 대학원생들을 위해 다루었다. 품질관리와 관련된 책은 크게 통계적인 방법론에 치중한 통계적 품질관리 책과 종합적 품질경영의 주제를 심도 있게 다룬 품질경영책으로 나눌 수 있을 것이다. 제목에서도 알 수 있듯이 이 책은 특히 통계적 품질관리의 다양한 이론들을 소개하고 설명하는데 중점을 두었다.

이 책의 중심주제인 통계적 품질관리 이론을 다룬 국내에서 초기의 책으로는 (김영휘(1979), 품질관리, 청문각)이 있으며 이후 대학 교재용으로 많은 통계적 품질관리 책들이 저술되었으며 특히 (배도선 외(1992, 1998(개정판))), 최신 통계적 품질관리, 영지문화사)는 전통적 통계적 품질관리 분야인 관리도와 샘플링 검사에 국한되지 않고 공정개선 및 설계부문을 보완하여 당시 주요 논의 주제였던 다구치 방법도 소개하였다.

그러나 2000년도에 오면서 세계시장의 글로벌화로 상품시장의 경쟁은 보다 치열해지고 이제 사무 간접부문, 서비스 분야에서도 경쟁력 확보를 위해 품질의 문제가 경영전략의 핵심으로 부각되므로 연구와 교육에서 종합적 품질경영(total quality management)부문의 논문과 책들이 활발히 출간되고 상대적으로 통계적 품질관리 분야 책은 새롭게 출간되거나 개정되지 못하는 실정이었다.

오랫동안 대학에서 품질관리 분야를 연구하고 강의하여온 저자들은 이런 품질관리 분야의 현실을 감안하여 전통적인 통계적 품질관리 방법론과 더불어 최근 품질관리 흐름을 담아내는 책을 집필하고자 의견을 모았다. 이를 위해 먼저 다음과 같은 집필 목표를 설정하였다.

첫째, 핵심적인 품질경영 부문의 내용을 요약하여 독자들에 이 분야의 학습을 위한 기본적인 지식을 습득할 수 있도록 한다.(1부)

둘째, 제품 및 서비스의 수명주기를 설계-생산-사용으로 나눌 경우 품질관리 및 개선활동이 가장 효과적인 설계부문에서의 최근의 방법론을 먼저 소개한다.(2부)

셋째, 설계 후 생산단계에서 통계적 품질관리의 방법론에서 기본적인 내용과 더불어 최근에 이슈가 되는 고급 방법론을 대학원생들을 위해 소개한다.(3부)

넷째, 현재에는 많은 교재에서 축소하여 소개되는 샘플링 검사들의 국제표준에 많은 변화가 있으므로 이를 보다 정확히 소개한다.(5부)

다섯째, 품질관리에서 가장 중요하지만 기존에 기초이론만이 소개된 계측기 분석을 보다 현장중심으로 설명하고 소개한다.(4부)

마지막으로 전통적인 최적화 문제의 한 분야이지만 관리 최적화 개념을 파악하는데 도움이 되는 최적화 모형들을 소개한다.(13장)

그리고 학부과정의 수업에서 다루기에는 다소 어려운 절이나 소절, 그리고 문제에는 별(*)표시를 하여 둔다.

위의 집필 목표 하에 저자들은 나름대로 각자의 전공분야 중심으로 최선을 다해 자료를 정리, 분석하여 집필하였다고 여기고 있으나 원고가 완성된 현 시점에서 보면 한편으로 여전히 많이 부족함을 느끼게 됨을 부인할 수 없다. 앞으로 독자 여러분의 허심탄회한 비판과 건설적인 도움을 기대하며 추후 기회가 되는대로 책을 수정, 보완, 개선하여 갈 것을 약속한다. 끝으로 원고의 편집과 교정, 책의 디자인에 많은 도움을 주신 교문사 편집부 여러분과 출판을 허락해 주신 교문사에 감사드린다.

공동저자 윤원영, 이승훈, 차명수, 권혁무, 김호균, 서순근

차례

PART 6. 품질공학 및 품질최적화

※ 제14장과 부록 및 이에 해당하는 찾아보기는 교문사 홈페이지(www.gyomoon.com)
　자료실에 수록

품질경영
일반

서론
품질보증과 개선프로그램

서론

현대자동차 품질 이야기

현대자동차는 세계적인 경쟁력을 갖춘 국내기업들 중의 하나로서 우리 경제를 굳건히 유지하는 중심 기업이다. 현대자동차가 2023년 현재 세계적인 자동차기업에 걸맞은 품질 수준을 실현하고 유지하기까지 많은 어려움과 혁신과정이 있었을 것은 명확해보인다. 다음은 언론에 알려진 스토리를 축약하여 기술해본 것이다.

정몽구 현대차그룹 명예회장은 현장에서 다양한 경험을 한 것으로 유명하다. 1970년 현대자동차 서비스센터에서 부품과장으로 일을 배우며 직접 미션도 뜯어본 것으로 알려져 있으며 그의 '품질회의'는 부품까지 세세히 따지는 것으로 유명하다. 정몽구회장의 '품질 뚝심'은 품질에서 최고가 되는 현대차 정신의 중심 엔진이 되었다.

'사람이 개를 물었다(Man bites dog).'

2004년 5월 뉴EF 소나타가 미국의 품질조사기관 JD파워의 품질 조사에서 1위를 기록하자 미국의 유력 자동차 매체는 이렇게 보도했다. 당시만 해도 '일본 차 아류'쯤으로 취급받던 현대차에 대한 이례적 평가였다. 시장은 삼성전자가 소니를 물리친 것에 비견하며 떠들썩해했다. 하지만 현대차 본사가 있는 '양재동 공기'는 냉랭했다. 정몽구(현 명예회장) 현대차그룹 회장이 그해 6월 '위기경영'을 선포하면서다. 그의 메시지는 간단했다. 아니, 다그침에 가까웠다. "잘나갈 때 위기에 대비해야 한다. 도요타를 따라잡자. 우선 도요타를 배워라."

정 명예회장의 지시는 신속하고 구체적으로 실행됐다. 현대차 임원들은 도요타를 분석하는 세미나, 포럼 등을 사실상 매주 열면서 도요타의 생산·노사·연구개발 등 전 분야를 대상으로 '열공'에 돌입했다. 기획총괄본부 산하에서 직접 『도요타의 신성장 전략』을 펴냈고, '도요타 웨이'를 분석한 자료가 연구소와 임원들을 대상으로 공유됐다. 그리고 20년 후인 2023년, 현대차그룹은 실적 면에서 사상 처음으로 도요타를 뛰어넘었다. 현대차의 2023년 1분기 영업이익은 6조 4,667억 원으로 도요타(6조 2,087억 원)를 근소하게 앞질렀다.

전·현직 현대차그룹 임원들은 이런 '압축 성장'을 이뤄낸 정 명예회장의 경영 방식을 '품질 뚝심'이라는 네 글자로 설명했다. 1998년 미국 토크쇼 진행자 데이비드 레터맨이 "우주선 계기판에 현대차 로고를 붙이면 조종사가 놀라서 귀환을 포기할 것"이라고 비아냥댔던 현대차의 혁신은 월 2회가량 열린 '품질회의'에서 시작됐다. 품질회의는 1999년 정 회장이 취임하면서 새로 만들어진 자리다. 품질회의에는 부품이나 자동차 실물이 어김없이 등장했다. 정 명예회장은 해당 부품을 콕 집어 "왜 이렇게 됐느냐"라고 질문했다. 알아듣기 힘든 전문용어와 미사여구로 포장된 개선 계획, 장밋빛 전망을 뭉뚱그려 나열하거나 '우리 측의 잘못은 아니다'라고 핑퐁식으로 책임을 미룰 때면 어김없이 "쉽게 설명하란 말이야"라는 불호령이 떨어졌다. 이형근 전 기아차 부회장은 "본인(정몽구 명예회장)이 완벽하게 이해하고 근본을 꿰뚫어 질문하는 데 누구도 꼼짝달싹할 수 없었다"라고 회고했다. 권문식 전 현대차 부회장은 정몽구 명예회장과 함께 2002년 메르세데스-벤츠 공장을 방문한 일화를 소개했다.

"양산 전에 신차와 똑같은 차량을 30대 만들어서 조립이나 부품의 품질을 완벽하게 점검하는 과정이 있었습니다. 정 명예회장이 그걸 보더니 '품질이 그냥 되는 게 아니구나. 그럼 우리는 300대를 만들라'고 지시했습니다. 그해에 들어간 비용만 8,500억 원이었습니다. 그런데 1년 뒤 따져보니 효과가 1조 5,000억 원이 나왔어요. 생산성이 비약적으로 개선된 것입니다." 이때 벤츠 출장에 동행했던 또 다른 부사장은 "정몽구 당시 회장께서 '설계한 놈들이 직접 조립해봐라. 도면만 그려놓고 끝내지 말라'라고 지시하셨다"라고 회고했다.

전기자동차로 승기를 잡은 현대차는 도요타를 완전히 넘어설 수 있을까. 일본 자동차 연구의 일인자로 꼽히던 고바야시 히데오 와세다대학교 명예교수는 2011년 펴낸 『현대가 도요타를 이기는 날』에서 이렇게 예견했다. "현대차는 도요타를 포함한 무엇이든 받아들이겠다는 적극적인 자세로 '현대적' 제조 방식을 선택했다. 이를 통해 만만치 않은 상대로 성장했다." 현대차 전직 고위 관계자의 얘기는 이와는 결이 다르다. "아직도 도요타는 높은 산입니다. 예컨대 (차세대 배터리로 불리는) 전고체 관련 특허만 1,000개 이상을 보유하고 있어요. 말 그대로 미래 기술 덩어리입니다. 도요타뿐 아니라 현대차엔 아직 넘어야 할 산이 많고 높습니다."

자료: 중앙일보(2023. 8. 3).
정몽구 "설계한 놈들이 직접 조립해봐라" 도요타 이길 승부수.

이 장의 요약

이 장은 본 책의 주 내용인 통계적 품질관리의 주제를 다루기에 앞서 품질경영과 관련 개념, 철학, 그리고 역사를 정리하여 다루고 있다.

　　1.1절은 품질의 정의에서 시작하며, 1.2절에서는 특히 독특한 성격을 가진 서비스의 품질과 관련한 내용을 언급한다. 1.3절에서는 품질대가들의 철학을 알아보고, 1.4절에서 품질경영의 내용이 어떻게 변화되어 왔는지를 요약 설명하고 있다. 마지막으로 1.5절에서 품질비용의 개념과 분석방법을 언급하며, 1.6절에서 이 책의 전체적인 장들의 구성을 요약한다.

CHAPTER 1 서론 ▪ 19

1.1 │ 품질의 정의

쥬란(J. M. Juran)이 "20세기는 생산성의 시대라고 한다면 21세기는 품질의 시대"라고 강조하였듯이, 제품을 생산하는 기업은 물론이고 서비스산업, 나아가서는 공공기관까지도 제품/서비스 품질의 중요성을 인식하고 지속적으로 품질을 개선하며 이를 통한 기업이나 조직의 경쟁력 확보를 추구하고 있는 것이 현실이다. 품질을 과학적으로 기획, 관리하는 것을 목적으로 하는 품질관리(경영)를 하나의 학문분야로 정립하고 이를 체계적으로 설명하고자 하는 것이 이 책의 목표이다.

이를 위해 먼저 이 절에서는 품질이라는 용어가 가지고 있는 의미를 보다 명확히 검토해보고자 한다. "품질"이란 용어를 우리는 일상생활에서나 생산, 비즈니스 현장 등 다양한 상황에서 사용하고 있다. 기본적으로 제품에 대한 전통적인 품질개념은 요구되는 제품성능이 뛰어나고 오래 사용할 수 있으며 사용 중 고장이 빈번이 일어나지 않는 것이다. 이럴 때 우리는 "품질이 높다"라고 한다. 그러나 제품의 요구되는 기능이나 특징, 즉 소비자들의 요구사항이 복잡해지고 다양화됨에 따라 품질의 개념 및 정의도 변화되어왔다.

특히 제품과 함께 서비스의 품질문제도 사회의 중요한 이슈가 되므로 품질을 어떻게 정의할 것인가 하는 문제도 다양화되고 복잡화되는 소비자들의 요구사항만큼이나 다양한 측면에서 다루어질 수 있을 것이다. 예를 들어 가빈(D. A. Garvin)은 품질평가가 요구되는 영역이나 대상에 따라 품질을 다섯 가지의 관점의 개념으로 기술하였다.

(1) 선험적(transcendent) 품질

품질을 선천적 우월성 내지 절대적인 우수성으로 이해하는 입장이다. 예술적 영역에서 예술작품의 품질을 평가하는 경우에 적용될 수 있을 것이다.

(2) 제품 기준(product-based)의 품질

제품의 고유 특성으로 품질을 이해하고 제품이 특정 특징이나 기능을 갖추고 있는지에 따라 품질을 평가하는 입장이다. 그러므로 품질이 높다는 것은 상대적으로 추가적인 특정의 특징과 기능이 있다는 의미이므로 품질이 높으면 원가가 높을 수밖에 없다.

(3) 생산자 기준(manufacturing-based)의 품질

제품의 품질은 제품에 요구되는 요구조건이나 규격에 제품의 특성치가 얼마나 부합되는가에 의해 결정된다는 전통적인 생산자/공급자 관점에서의 품질평가이다.

(4) 사용자 기준(user-based)의 품질

제품을 사용하는 고객의 요구사항이나 기대 사항을 주어진 제품이 만족시키는 능력으로, 품질을 이해하는 소비자 관점에서의 품질평가이다.

(5) 가치 기준(value-based)의 품질

성능과 원가(가격), 두 가지 요소를 동시에 고려하는 가치를 정의하고 이에 근거하여 품질을 평가하는 것으로, 적절한 원가나 가격으로 제공되는 성능(특성)을 상대적으로 높은 품질로 평가하는 것이다.

품질의 정의와 관련하여 1970년대까지는 제품과 관련되는 품질에 치중된 제품 기준, 생산자 기준의 품질개념들이 보편적으로 받아들여지고 활용되었으나, 세계적으로 자유무역에 기초한 개방경제의 흐름으로 인해 1980년대 이후 세계시장, 특히 북미시장에서 경쟁이 치열해지고 서비스 분야나 공공분야까지 품질의 개념이 사용됨에 따라 사용자 내지 가치 기준의 고객 관점과 사회적 관점의 품질개념이 보다 중요해졌다.

1.1.1 다양한 관점에서의 품질 정의

위에서 언급한 대로 품질에 관한 정의는 생산자/기업 관점, 소비자/사용자 관점, 사회적 관점 등 다양한 측면에서 정의될 수 있을 것이다. 이 절에서는 지금까지 다양한 관점에서 여러 품질 전문가들에 의해 나온 품질의 정의 중 대표적인 것들을 설명하고자 한다.

(1) 요구사항에 대한 부합성(conformance to requirements)

크로스비(P. B. Crosby)는 품질이 좋다는 것이 우량(goodness)이라든가 고급스러움(luxury)으로 평가되는 것이 아니라 '요구사항에 얼마나 정확히 부합'(conformance to requirements)하는가로 판단되는 것이라 주장하였다. 예를 들면 자동차의 경우 다양한 사양의 자동차가 생산되고 있으며, 그중 하나인 기아자동차의 K 시리즈에는 K 3, 5, 7, 9의 4종류가 있다. 이 4종류의 자동차는 각각 다른 사양과 규격을 가지고 있으며, 각자 주어진 요건을 만족하면 고품질의 자동차이다. 이 같은 품질의 정의는 비록 규격이 소비자들의 요구사항을 반영하여 작성되었다 하더라도 기본적으로 생산자 관점의 품질 정의로 볼 수 있다.

(2) 용도의 적합성(fitness for use)

품질과 관련된 전통적인 정의는 '용도의 적합성'(fitness for use)이다. 쥬란은 그의 저서에서 "품질은 용도의 적합성"이라 정의하였다. 쥬란은 제품이 갖추어야 할 필수적 요건은 그 제품을 사용하는 고객의 요구사항(needs)을 충족시키는 것이므로 용도의 적합성 개념을 모든 제품/서비스에 보편적으로 적용할 수 있다고 하였다. 용도의 적합성에는 두 가지 측면이 있는데, 설계 품질과 제조 품질이 그것이다(Juran and Gryna, 1980).

용도의 적합성을 충족시키기 위해 필요한 제품의 특성을 크게 두 가지 범주인 고객의 욕구충족에 영향을 주는 제품의 특징과 결함 여부로 구분 가능하다. 동일한 기능을 갖춘 것으로 여겨지는 제품집단에서 등급(고급, 중급, 저급제품 등)이나 수준이 다를 수 있는데, 이는 의도적으로 기획된 차이로서 제조자가 시장의 상황이나 자신의 기술수준, 제조비용 등을 고려하여 최적으로 결정한 설계 품질(quality of design)이다. 예를 들어 우리가 생활 용품들을 구입하기 위해 백화점에 가서 보면 다양한 품질의 제품이 다양한 가격에 팔리고 있다. 그러므로 설계 품질을 결정하는 것은 기업마케팅의 중요한 업무로서, 다양한 고객층을 분석하여 목표 고객층이 정해지면 이들의 최소 요구품질 수준과 적정가격이 예측되고 이를 제조하기 위한 제조비용도 추정 가능할 것이다. 그러면 비용과 가치 간의 적절한 균형을 통한 적정 설계 품질 수준이 정해질 수 있을 것이다.

제조 품질(quality of conformance; 적합 품질)은 규격에 적합한 제품을 얼마나 잘 만들 수 있는가를 나타내는 것이다. 제조 품질이 낮은 경우는 폐기비용, 재작업비용, 부적합품이 출고되므로 고객불만 발생 등과 같은 다양한 비용들이 증가하게 된다. 이 제조 품질은 원자재의 품질수준, 생산공정의 정밀도(기술수준), 작업자의 숙련도, 검사시스템의 수준, 품질보증체제 등에 관련된 것으로, 기업에서 지속적으로 향상시켜야 하는 품질이다. 제조 품질이 향상되면 다양한 비용들이 줄어들어 제조원가가 낮아지고, 제품보증비용, 제품책임에 관련된 비용들이 감소할 것이며, 궁극적으로 기업의 경쟁력이 향상될 것이다.

(3) 고객만족(customer satisfaction)

품질은 제품/서비스에 대한 고객의 만족정도에 따라 평가된다는 의미이다. 시장에서 제품이나 서비스의 경쟁이 치열해짐에 따라 고객의 중요성이 무엇보다 큰 최근의 상황에서 고객의 만족 없이는 제품 경쟁력이 없다는 인식이 전반적으로 받아들여지면서 이제는 이 정의가 가장 보편적인 품질 정의가 되었다. 쥬란은 또한 그의 저서에서 "품질은 고객만족"(Quality is customer satisfaction)이라고 정의하면서 고객만족은 전통적인 품질 정의인 "용도의 적합성"의 확대 개념이라고 보았다(Juran and Gryna, 1993).

(4) 고객 기대에 부합하는 특성

파이겐바움(A. V. Feigenbaum)은 "품질이란 제품이나 서비스의 사용에서 고객의 기대에 부응하는 마케팅, 기술, 제조 및 보전에 관한 여러 가지 특성의 전체적인 구성"이라 정의하였다.

(5) 변동(variability)에 의한 품질 정의

다구치 겐이치(田口玄一: G. Taguchi)는 "품질이란 제품이 출하된 후에 사회에서 그로 인해 발생하는 총 기대손실에 반비례한다"라고 정의한다. 즉, 제품이 시장에 출하된 후 성능 특성치의 변동과 부작용 등으로 인해 사회에 끼친 손실이 적을수록 품질이 높다고 본 것이다. 그러므로 변동이 크면 손실이 증가하여 품질이 떨어진다고 할 수 있다.

(6) 국제표준화기구(ISO)의 정의

국제표준화기구의 품질-용어 부분(Quality-vocabulary, ISO 8402-1994)에서는 품질을 "고객의 명시적 내지 묵시적 요구사항을 만족시키는 능력에 관계되는 대상의 총체적인 특성"으로 정의하고 있다. 명시적 요구사항은 계약이나 규격에서 제시되는 요구사항을 의미하며, 묵시적 요구사항은 일반적으로 시장에서 받아들여지는 요구사항을 말한다. 여기서 요구사항이 적용되는 대상은 제품, 서비스, 프로세스만이 아니라 활동, 시스템, 조직, 사람까지도 포함하는 광의의 의미에서의 대상이다.

최근 개정된 KS Q ISO 9000: 2015의 품질경영시스템-기본사항 및 용어(Quality management systems-Fundamentals and vocabulary)에서는 위의 '품질 정의'를 다음과 같이 간결하게 정의하고 있다. 품질(quality)이란 대상의 고유특성의 집합이 요구사항을 충족시키는 정도이다. 즉, 품질이란 제품을 비롯한 서비스/시스템/프로세스 등 대상이 가지고 있는 다양한 고유특성들이 고객의 (묵시적 내지 명시적) 요구사항을 충족시키는 정도라 정의한 것이다.

지금까지 품질의 다양한 정의들을 검토하여 보았다. 전체적으로 요약하면 전통적인 정의인 협의의 용도의 적합성에서 보다 광의의 고객만족 그리고 변동에 의한 정의까지 다양하다고 할 수 있을 것이다.

1.1.2 품질의 차원과 특성치

제품의 품질을 보다 상세히 분석, 평가하기 위해서는 고객이 품질을 평가할 때 고려하는 요소를 파악하여야 할 것이다. 가빈은 품질을 평가할 때 고려되는 요소들을 품질차원으로 표현하면서 성능, 특징, 신뢰성, 내구성, 서비스성, 심미성, 인지된 품질, 부합성의 8가지 차원을 제시하였다.

(1) 성능(performance)

제품의 기본 기능으로서 시계의 정확한 시간, 자동차의 가속, 감속기능이나 TV의 선명도 등을 예로 들 수 있다.

(2) 특징(features)

제품은 기본적인 성능 이외의 부가적인 기능들을 가지므로 보다 경쟁력이 있게 된다. 이와 같이 부가적인 기능들을 특징요소라고 한다. 예를 들어 시계의 다양한 부가 기능들(스톱워치 기능, 알람기능 등), 그리고 자동차의 다양한 전자장치 기능들(주차지원, 자체 진단기능 등)이 이 범주에 포함될 것이다. 특징과 성능은 시간이 지남에 따라 특징이 성능으로, 또는 성능이 특징의 하나로 변화할 수 있다.

(3) 신뢰성(reliability)

제품의 수명기간 중에 고장이 얼마나 빈번하게 일어나는가에 관련된 품질요소이다. 수리가 불가능한 제품의 경우 이 요소는 다음의 내구성과 동일하다.

(4) 내구성(durability)

제품이 요구되는 성능을 제대로 발휘하는 수명(service life)을 말하는 것으로, 신뢰성과 밀접한 관계가 있다.

(5) 서비스성(serviceability)

제품이 고장 났거나 일상적인 보전(정비) 시 얼마나 신속하고 편하게 수리나 보전이 수행될 수 있는가를 평가하는 요소이다. 예를 들어, 수리 부품이 값싸고 쉽게 구할 수 있다면 이는 서비스성이 좋다는 의미이다.

(6) 심미성(aesthetics)

제품에 대한 감각적 특성과 관련된 것으로 외관, 형상, 디자인, 질감, 색채 등에 의해 평가되는 것이다. 그러므로 사용자의 주관적인 평가에 의존하는 경향이 강하다고 볼 수 있다.

(7) 인지된 품질(perceived quality)

소비자는 구입하고자 하는 제품에 대한 완벽한 정보를 갖고 있지 못하므로 제품의 품질을 평가할 때 구입하고자 하는 제품의 기업이나 브랜드의 과거 품질에 대한 이력과 명성이 중요한 역할을 한다. 특히 이 같은 명성은 리콜이나 언론에서 취급된 고장사례, 그리고 이를 어떻게 처리하였는가라는 기업의 대응방식 등에 크게 좌우된다. 인지된 품질, 고객의 충성도, 재구매율 등은 밀접하게 연관되어 있다고 할 수 있을 것이다.

(8) 부합성(conformance to standards)

설계규격에 부합하게 만들어졌는지를 평가하는 요소로서, 고품질의 제품이란 정해진 규격에 정확히 적합한 제품이란 관점에서의 평가요소이다. 수만 개의 부품으로 이루어진 자동차의 경우 부적합부품이 있다면 좋은 품질의 자동차가 되기는 어려울 것이다.

위에서 품질을 평가하는 다양한 차원 및 측면들을 설명하였다. 이와 같은 다양한 차원을 고려하여 제품이나 서비스의 품질을 보다 상세히 객관적으로 분석/평가하기 위해서는 제품이나 서비스에서 고객의 요구사항을 충족시키는 정도를 평가할 수 있는 요소가 정의되어야 하는데 이를 품질특성(quality characteristics)이라고 한다. 품질특성에는 길이, 무게, 부피, 강도, 조도 등과 같은 물리적인 특성과 함께 감각으로 평가되는 외관, 색감, 맛, 냄새와 관련된 특성도 있으며 신뢰성, 가용성, 보전성, 내구성 등과 같은 특성도 있다. 이들 특성을 수치로 표시한 것을 품질특성치라고 한다. 예를 들어, 신뢰성이란 특성의 특성치는 신뢰도로서 주어진 시간까지 고장 나지 않을 확률로 정의된다.

1.2 | 서비스 품질과 고객만족

1.2.1 서비스 품질 및 평가

1.1절에서 설명된 품질의 정의와 차원 등은 기본적으로 제품과 관련 내용이라고 할 수 있다. 이 소절에서는 서비스의 품질과 관련하여 서비스 품질의 특징, 차원 그리고 서비스에 대한 고객만족의 평가에 대해 설명하고자 한다. 일반적으로 제품과 서비스를 구분하여 생각하는 경향이

있으나 현재 우리가 구매하는 많은 제품의 경우 제품과 함께 서비스를 구매한다고 하는 것이 보다 정확할 것이다. 예를 들어 커피 한 잔을 구매하는 경우 거리의 커피점에서 커피를 한 잔 사는 것은 제품을 사는 것이지만 카페에서 커피를 한 잔 사서 먹으면서 필요한 간단한 일을 하는 것은 제품과 함께 서비스도 구입하는 것이다. 왜냐하면 카페의 경우 노트북을 충전할 수 있는지, 일을 보기에 조용한지 등 다양한 요소가 우리 만족에 영향을 주기 때문이다. 이처럼 제품과 서비스를 동시에 구매하는 경우 이를 총상품(total product)이라고 한다. 이에 따라 이러한 통합화의 경향에 맞추어 제품-서비스통합시스템(Product-Service System: PSS)에 대한 연구와 개발의 활성화가 급속히 이루어지고 있다. 예를 들어 정수기의 제품구매와 함께 주기적인 서비스(필터 교환 및 대청소)를 계약할 경우 기업의 수익은 서비스계약에서 발생하므로 상대적으로 제품 가격은 저렴하게 유지한다. 사무실의 프린터도 PSS의 좋은 예라고 할 수 있을 것이다. 그러면 여기서 서비스 품질이 제품 품질과 상이하게 정의되어야 하는 이유를 설명하고자 한다. 서비스가 가지고 있는 특성 중 제품과 다른 특성을 보면 다음과 같다.

- 무형성: 물리적인 형태를 가지고 있는 제품과 달리 서비스는 기본적으로 가시적인 형태가 없다. 즉, 서비스는 본질적으로 일련의 과정(process)이며 경험으로 무형적이다.
- 동시성: 제품은 공장에서 제조되어 소비자에게 인도되어 사용되지만 서비스는 생산과 소비가 동일 공간, 동일 시점에서 이루어지는 경우가 대부분이다.
- 이질성: 제품에 대한 소비자의 평가기준은 다소 차이가 있다고 하더라도 대동소이하다. 그러나 서비스와 관련하여서는 고객에 따라 전혀 다른 평가기준을 가지고 있을 수 있다. 왜냐하면 서비스에 대한 고객의 평가는 개인적인 취향, 즉 주관적인 평가와 관련되기 때문이다.
- 소멸성: 제품은 생산 후 소비되지 않는 경우 재고로 보관할 수 있지만 서비스는 사용되지 않으면 소멸되어 버린다.

위와 같은 특징을 가진 서비스의 품질을 결정하는 품질차원은 어떤 것이 있는가를 알아보고자 한다. 몇 가지 모형들이 있으나 여기서는 대표적인 서비스 품질차원 모형을 소개하고자 한다.

제품의 품질차원과 유사하게 서비스에 대한 품질차원은 크게 5부문으로 분류 가능하며 세분화하면 10가지로 정리할 수 있을 것이다(박영택, 2014).

- 신뢰성(reliability): 약속한 서비스를 제대로 제공할 수 있는 능력
- 확신성(assurance): 서비스를 제공하는 담당자의 지식과 태도에 대한 고객의 인정 정도를 의미하는 차원으로, 세분화하면 적임성(competence), 예절성(courtesy), 신용성(credibility),

안전성(security) 등으로 구분 가능할 것이다.

- 유형성(tangibles): 시설과 장비와 같이 고객이 볼 수 있는 것에 대한 만족 정도
- 공감성(empathy): 고객에 대한 개별적인 관심과 배려의 정도를 의미하는 차원으로, 세분화 하면 접근성(access), 소통성(communication), 고객이해성(understanding customers)이 있 을 것이다.
- 대응성(responsiveness): 신속히 서비스를 제공하고 고객을 돕고자 하는 자세와 관련된 차원

1.2.2 고객만족

"품질은 고객만족(customer satisfaction)이다"라고 품질을 정의한다면 고객이 만족하는 제품 이 품질이 높은 것이다. 그러므로 고객을 만족시키기 위해서는 먼저 누가 고객인가를 명확히 하 여야 할 것이다. 그리고 고객이 원하는 요구사항을 파악하여 이를 충족시킬 수 있는 효율적인 방안을 찾아야 한다. 이를 고객만족경영이라고 한다.

고객의 요구사항이 파악된 후 이를 분석하여 효과적으로 충족시킬 수 있는 방안을 마련하기 위해서는 먼저 각 요구사항의 특징을 분석할 필요가 있다. 이를 위해 여기서 카노의 품질모형을 소개하고자 한다. 제품이나 서비스의 다양한 품질특성들을 고객만족의 측면에서 분류한 것이 카 노 노리아키(狩野紀昭: N. Kano)의 품질 모형이다. 허즈버그(F. Herzberg)의 동기-위생이론에 의하면 직무에 만족을 주는 동기요인(motivator)과 불만족을 유발하는 위생요인(hygiene factor) 은 다르다. 예를 들어 작업조건과 같은 환경적 요인이 나쁘면 불만족을 가져오지만 이것이 좋다 고 직무만족을 가져오지는 않는다. 이와는 다르게 직무성취감은 직무만족을 가져오지만 성취감 이 다소 떨어지더라도 직무불만족을 가져올 정도는 아니다. 이를 제품/서비스의 품질에 적용하 여 카노는 그림 1.1과 같이 품질특성을 분류하였다.

- 매력 품질특성: 동기요인에 해당하는 특성으로, 이 특성이 충족되지 않더라도 고객 불만족 을 가져오지는 않지만 만일 충족되면 고객 만족을 가져오고 고객이 이 제품/서비스를 적극 적으로 구매하고자 하는 동기를 유발시킬 수 있는 품질특성이다.
- 일원적 품질특성: 특성이 충족되면 만족하게 되고 충족되지 않는 경우 불만족하게 되는 특성이다.
- 당연 품질특성: 위생요인에 해당되는 특성으로, 충족되지 않는 경우 고객 불만족을 가져오 지만 충족된다고 고객 만족을 가져오지는 않는 특성이다.

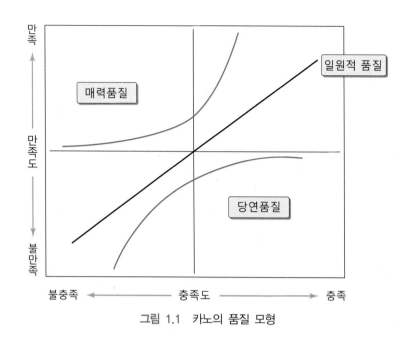

그림 1.1 카노의 품질 모형

이와 같이 품질특성들의 성격을 분석함으로써 품질개선 및 향상을 위한 최적의 전략과 방안을 수립할 수 있을 것이다.

위에서 제시된 3가지 품질 이외에도 무관심품질(충족여부가 고객 만족과 불만족에 영향을 주지 않는 경우), 역품질(충족이 오히려 고객의 불만족을 가져오는 경우, 예를 들어 이메일이나 소셜 미디어에서의 수신확인 기능, 백화점에서 고객에 대한 너무 적극적인 응대 등) 등이 있을 것이다.

1.3 | 품질의 대가와 그들의 철학

21세기 고객만족 품질경영의 개념들은 여러 품질대가들의 철학이 바탕이 되어 발전해온 결과이다. 현대 품질경영의 사상에 큰 영향을 미친 20세기 품질대가들의 품질에 대한 사상과 철학을 알아보고자 한다.

검사 중심의 품질관리가 통계적 품질관리를 거쳐 고객지향의 종합적 품질경영(TQM)으로 발전해온 것은 시장의 변화에 대한 기업의 생존을 위한 끝없는 도전과 응전의 결과이지만, 품질대가들(quality gurus)의 품질에 대한 사상과 철학이 크게 영향을 미친 것도 부정할 수 없을 것이다. 현대 품질경영에 지대한 공헌을 한 품질선구자인 슈하트, 데밍, 쥬란, 크로스비, 파이겐바움, 이시카와의 품질철학에 대해 간단히 설명하고자 한다.

1.3.1 슈하트의 품질사상과 철학

20세기에 들어오면서 대량생산의 시대가 열리고 대량으로 생산되는 제품의 품질을 확인하기 위해 산업현장에서 검사가 중요한 활동이 되었다. 그러나 이런 검사지향적 품질관리만으로는 품질을 개선하거나 불량품을 예방할 수는 없는 것이다. 다만 검사를 통해 부적합품을 분류하여 재작업이나 폐기 처분하므로, 부적합품이 소비자에게 넘어가서 발생할 수 있는 비용을 차단할 수는 있을 것이다. 예방의 원칙에 입각해서 공정의 상태를 통계적 방법을 이용하여 잘 감시하여 안정된 상태로 공정을 유지함으로써 부적합품의 다량 발생을 미리 예방할 수 있다는 개념을 처음으로 개발하고 현장에 실행한 것은 미국의 월트 슈하트(W. A. Shewhart: 1891~1967)이다. 그래서 그는 통계적 품질관리의 아버지로 불리고 있다.

슈하트는 버클리대학교(UC Berkeley)에서 물리학 박사학위를 받고 1918년에 웨스턴 일렉트릭사(Western Electric)에서의 근무를 시작하여 1925년에 벨 전화연구소(Bell Telephone Laboratories)로 옮긴 후 1956년 퇴직할 때까지 통계적 품질관리 발전에 크게 기여하였다. 특히 그는 공정에서 품질의 변동을 통계적으로 관리할 수 있는 방법으로 관리도를 개발하여 생산현장에 적용하여 큰 성과를 보았다. 그는 이 같은 그의 공정관리 개념 및 방법론을 정리하여 1931년에 ≪제조 제품 품질의 경제적 관리≫(Economic control of quality of manufactured product)라는 저서로 출간하였으며, 이 책은 통계적 품질관리와 관련된 이론을 최초로 정립한 고전으로 유명하다.

이 책에서 그는 "고객의 욕구를 충족시키려면, 고객들의 다양한 욕구를 가능한 제품의 물리적 특성으로 변환시켜야 한다"라고 했는데, 이것이 바로 품질특성이다. 그리고 이들 품질특성에 대한 표준을 고려한 슈하트는 그때 이미 고객요구사항에 초점을 맞추어 품질표준을 모색하였으며, 품질문제의 해결을 위해서는 생산공정에서의 품질변동을 줄여야 하며 이를 위한 관련 데이터의 수집과 분석방법에 집중하여 그 해결방법론을 제시하고자 하였다.

슈하트는 품질관리의 목표를 공정관리를 통한 품질변동의 감소에 두었다. 품질변동 원인을 우연원인(chance cause)과 이상원인(assignable cause)으로 구분하였는데, 우연요인은 단기적인 관점에서 불가피하게 발생하는 변동의 원인이며 이상원인은 단기적인 관점에서 제거/대처 가능한 변동의 원인이라고 규정하였다. 그러므로 산업 현장에서는 제거 가능한 변동의 원인인 이상원인이 발생하면 이를 신속히 감지하여 대처하면 변동의 감소를 가져올 수 있으며 결국 공정을 경제적으로 운영할 수 있다고 하였다.

그리고 현장의 관리자들을 위한 강연 자료를 정리한 《품질관리관점에서 본 통계적 방법》(Statistical method from the viewpoint of quality control, 1939)이라는 저서를 통하여 슈하트 사이클(specification, production, inspection의 3단계로서 이후 PDCA cycle로 발전)을 제시하여 지속적인 품질개선의 중요성을 강조하였다. 이 같은 그의 기여는 품질관리의 현대적 관점에 지대한 영향을 주었다. 제품품질은 생산공정과 관련이 깊다고 보는 슈하트의 품질철학은 이후 데밍과 쥬란에 의해 계승 및 발전되었다고 할 수 있다. 데밍은 슈하트의 통계적 품질관리 개념을 보다 중시하였으며, 쥬란의 경우는 지속적 개선이란 경영적 측면을 보다 발전시켰다. 특히 이들 모두 웨스턴 일렉트릭사의 호손 공장(Hawthorne Works)과 인연이 있었다는 것은 생산 현장에서 발생하는 문제를 과학적으로 해결, 개선하고자 하는 활동과 연구로부터 새로운 품질관리/경영의 사상과 철학이 나오며 발전하게 된다는 증거로 볼 수 있을 것이다.

1.3.2 데밍의 품질사상과 철학

에드워드 데밍(W. E. Deming: 1900~1993)은 와이오밍대학, 콜로라도대학에서 공학과 물리학을 전공하였다. 웨스턴 일렉트릭사의 호손 공장에서 일하는 동안 슈하트의 연구 성과를 알게 되었으며 특히 품질변동의 원인을 공통원인(common cause; 우연원인)과 특수원인(special cause; 이상원인)으로 구분하고 이상원인의 감지 및 제거를 위해 관리도를 이용하는 방법 등과 같은 산업현장에 적용되는 그의 통계철학에 영향을 받아 통계적 관점에 기초한 품질경영에 관심을 가지고 연구하게 되었다. 예일대학에서 물리학으로 박사학위를 취득한 후에는 미 농무부 산하의 연구소에서 일하게 되었으며 이후 국립인구조사국으로 직장을 옮겨서 샘플링 전문가로서 일하게 되었다. 1950년에 일본과학기술연맹(Union of Japanese Scientists and Engineers: JUSE)의 초청으로 일본을 방문하여 실무자들에게는 통계적 품질관리를 지도하고 경영자들에게는 리더십, 공급자 파트너십과 프로세스 개선의 중요성을 역설하는 등, 품질문제의 해결은 경영자의 적극적인 참여 아래 시스템과 공정개선을 지속적으로 추진함으로써 가능하다는 것을 강조하였다. 품질관리의 중요성과 지속적인 개선의 과정은 그림 1.2의 연쇄반응도과 그림 1.3의 PDCA 사이클에 설명되어 있다. 이에 JUSE는 그의 업적을 기려 1951년에 데밍상(Deming Prize)을 제정하여 품질관리의 발전에 기여한 개인에게 상을 주었으며 나중에는 기업에도 상을 주기에 이르렀다.

미국에서 1980년 NBC TV프로('If Japan can, Why can't we?')의 방영 이후 데밍은 미국에서 품질경영의 확산과 활성화를 위한 다양한 경영자/기술자를 위한 강의를 계속하였다. 그의 품

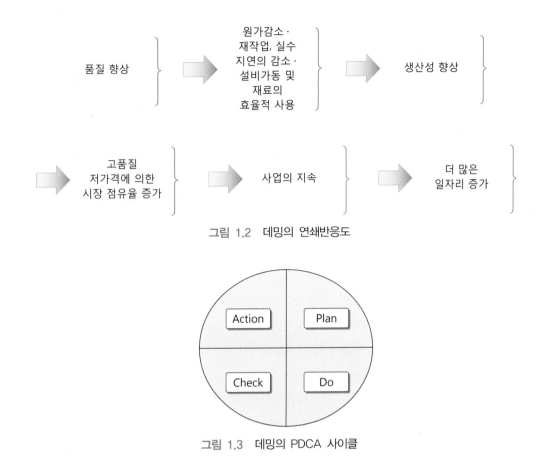

그림 1.2 데밍의 연쇄반응도

그림 1.3 데밍의 PDCA 사이클

질경영철학은 통계적 품질관리를 기초로 하는 통계적 사고를 바탕으로 하며 일본적 경영의 이론과 장점을 이해하고 파악하여 정립한 것으로 볼 수 있을 것이다. 데밍은 일본의 경영자들에게 QC를 가르쳤지만 그 자신도 일본의 품질관리에서 경험, 관찰한 것을 기초하여 그의 철학을 구축하였고, 궁극적으로 품질시스템은 사람을 구성원으로 하는 조직으로 인간의 상호협력과 개발을 통해 지속적으로 발전한다는 기본 철학을 견지하였다.

데밍은 품질은 다양한 부문의 구성원들의 활동의 결과이지만 경영자의 의사결정과 행동에 의해 크게 좌우되는 것이라고 역설하였다. 경영자의 품질문제에 대한 책임이 보다 크므로 경영자 자신이 품질문제에 관심을 가지고 리더십을 발휘하여 적극 참여함으로써 지속적인 품질개선을 이룰 수 있다고 하였다. 데밍은 구성원들의 잠재능력을 극대화하여 작업수행뿐만 아니라 시스템 개선에 중추적인 역할을 수행하게 해야 한다고 주장했다. 품질문제는 결국 시스템의 문제이므로 장기적 관점에서 계획적으로 시스템과 프로세스 개선에 주목해야 한다고 강조했다.

데밍의 품질사상은 그가 제시한 '14가지 경영철학'에 잘 요약되어 있다.

14가지 경영철학(14 points for the transformation of management)

① 제품 및 서비스의 품질향상 목표를 일관되게 추구해야 한다. 데밍은 분기별 실적평가에 기반하는 미국 경영자들의 성과 위주의 사고방식에 대단히 비판적이다. 경영자들은 제품의 설계와 성능 향상을 지속적으로 추진하여야 한다. 특히 기업에 장기적 이익을 가져오는 연구개발 및 혁신에 꾸준히 투자하여야 한다.

② 변화된 경제 환경하에 있음을 인식하는 새로운 경영철학이 필요하다. 변화의 리더십을 발휘할 수 있는 새로운 철학을 정립하여야 한다.

③ 품질관리를 위해 검사에 의존하지 말아야 한다. 검사란 적합품과 부적합품을 분류할 뿐이며 이미 개선의 측면에서는 늦은 시점일뿐더러 효과적이지 못하고 비용적으로 효율적이지도 않다. 프로세스 개선을 통한 부적합품의 예방이 보다 효과적이다.

④ 공급자를 선정할 경우 가격과 더불어 품질도 함께 고려하여야 한다. 그러므로 공급자와 장기적 파트너십을 유지하는 것이 중요하다. 구입가격이 아니라 수명주기비용과 같은 총체적인 비용에 근거하여 공급자를 선정하여야 한다.

⑤ 생산 및 서비스 시스템을 지속적으로 개선하여야 한다.

⑥ 직무에 대한 체계적인 훈련이 실시되어야 한다.

⑦ 리더십을 향상시키며 선진적인 관리 감독방안을 도입하여야 한다. 관리 감독의 의의는 잘못을 찾아 평가하는 것이 아니라 현장의 작업자들이 그들의 일을 보다 잘하도록 지원하는 데 있다.

⑧ 구성원들의 두려움을 없애야 한다. 많은 작업자가 업무에서 두려움을 가지고 있는데 이는 품질이나 효과적인 생산에 방해가 된다. 서로 신뢰하고 협력하는 분위기를 만들어 구성원 모두가 열심히 일할 수 있도록 한다.

⑨ 부서 간의 장벽을 제거해야 한다. 연구·설계·판매·생산부문에서 일하는 구성원들이 함께 팀을 이루어 일할 수 있도록 해야 품질 및 생산성이 크게 향상될 수 있을 것이다.

⑩ 생산목표, 슬로건, 작업자 수치목표를 없애야 한다. 목표를 달성하기 위한 계획 및 지원 없는 ZD(Zero Defects program)와 같은 목표는 무의미하다. 사실 이 같은 슬로건이나 프로그램은 대개는 생산적이지 않다. 시스템을 개선하고 이에 필요한 정보를 제공하고 지원하는 것이 중요하다.

⑪ 수치적 할당량이나 작업표준을 없애야 한다. 이 같은 표준은 품질과는 상관없이 결정된다. 작업표준이란 경영자가 작업프로세스를 이해하지 못해서 나온 결과일 수 있다. 프로세스를 개선하기 위한 효과적인 방안을 제공하고 지원해야 한다.

⑫ 자신의 일에 대한 자부심(예를 들어 장인정신)을 저해하는 장벽을 제거해야 한다. 경영자

는 작업자의 제안, 불평, 의견들을 귀 기울여 들어야 한다. 그들은 본인이 맡은 일을 조직에서 가장 잘 아는 사람인 경우가 많으며 좋은 개선 포인트를 제안할 수 있을 것이다.

⑬ 구성원 전원을 위한 지속적인 교육프로그램을 마련해야 한다. 간단한 통계적 방법만이 아니라 현장관리 및 개선을 위해 필요한 방법론을 교육하므로 구성원의 잠재력이 향상되고 그 결과 현장의 혁신 및 개선이 이루어질 수 있을 것이다.

⑭ 위에 열거한 13가지 철학을 지원할 수 있는 경영체계를 마련해야 한다. 이 같은 체계는 최고경영자의 확고한 의지에 의해 좌우된다. 그리고 구성원 전원이 다 같이 공동의 목표를 인식하고 함께 지속적인 개선이 이뤄져야 한다는 것을 공유하여야 한다.

14가지 경영철학을 보면 결국 조직의 변화가 필요하다는 것을 알 수 있으며 이 변화의 중심에는 경영자들의 역할이 놓여 있다. 그럼 무엇이 변화되어야 하고 이 변화가 어떻게 시작되어야 하는가? 이에 대한 답은 품질을 만들어내는 것은 프로세스이며 이 프로세스를 이해하기 위해 자료를 수집, 분석하여 프로세스를 개선/혁신하기 위한 활동이 계획되고 실행되어야 한다는 것이다.

데밍은 앞에서 제시된 14가지 경영철학이 구현되는 것을 방해하는 요소로서 다음과 같이 7가지 치명적 장애(질병)가 존재한다고 주장하였다.

① 목적의식의 일관성 부족
② 단기적인 이익에 치중
③ 업무성과 평가, 근무평점, 성과의 연간평가
④ 경영자의 잦은 교체
⑤ 가시적인 수치에만 근거한 기업운영
⑥ 종업원의 과다한 의료보험비용
⑦ 과도한 제품보증비용

이외에도 데밍은 그의 강연에서 다음과 같은 경영에서 성공에 대한 장애들이 있다고 설명하였다.

• 자동화, 컴퓨터, 새로운 기계 도입이 현장의 문제를 해결해줄 것이라는 믿음
• 좋은 예를 찾기: 이는 존재하는 해결방안을 따라하게 함
• 우리의 문제가 특별하다고 여겨 문제를 해결하는 원리는 보편적이라는 사실을 망각함

- 살아 있는 문제의 살아 있는 해법을 배우지 못하므로 산업현장에 통계적 방법을 제대로 교육하지 못함
- 검사에 의존한 품질관리
- 모든 품질문제를 품질관리부서가 담당함
- 현장문제의 책임을 작업자에게 전가함
- 구체적인 활용방법을 모르거나 훈련이 되지 않은 통계적 방법론을 교육함
- ZD의 무결점제품, 즉 규격에 적합한 제품이 품질문제를 모두 해결하는 것은 아님을 인식하지 못함
- 변동의 이해부족
- 외부의 도움이 절대적이지는 않으나 혁신에 필요하다는 인식

지금까지 데밍의 14가지 경영철학과 7가지 경영의 문제점, 그리고 성공의 장애들을 설명하였다. 데밍은 그의 마지막 저서인 ≪새로운 경제학≫(The new economics for industry, government, education)에서 품질경영 및 혁신을 위한 심오한 지식체계(system of profound knowledge)는 다음 4개 부분으로 구성된다고 설명하고 있다.

- 시스템사고(system thinking)
- 변동에 대한 이해(understanding of variation): 통계적 이론과 품질변동의 이해
- 지식이론(theory of knowledge)
- 심리학(psychology): 심리학은 사람, 인간과 환경의 상호작용, 상사와 부하 간의 관계, 모든 경영시스템에 대한 이해를 돕는다.

1.3.3 쥬란의 품질사상과 철학

쥬란(Joseph M. Juran: 1904~2008)은 미네소타대학에서 전기공학을 전공하여 졸업한 후 웨스턴 일렉트릭사의 호손 공장에서 품질검사 업무에 종사하였으며 이후 웨스턴 일렉트릭사에서 산업공학 엔지니어로 근무하였다. 2차대전 중에는 연합국의 다른 나라에 무기 및 장비를 임대해주는 업무를 담당하는 Lend-Lease Administration 관리자로서 그 조직의 문서작업 및 관리과정의 단순화에 크게 기여하였다. 이후 뉴욕대학(New York University)의 관리공학과(Department of Administrative Engineering) 교수로 근무하였다. 이후 강연, 저술, 컨설팅을 전문으로 하는 전문가로서 활동하였다.

쥬란은 품질경영과 관련한 최고의 저서 중 하나인 《품질관리 핸드북》(Quality control handbook, 1951, 1962, 1974, 1988, 1998, 1999, 2010)을 편집 출간한 이래, 《경영혁신》(Managerial breakthrough, 1964), 《품질계획과 분석》(Quality planning & analysis, 1970, 1980, 1993), 《품질 트릴러지》(Quality trilogy, 1986) 등 품질경영과 관련한 다양한 책과 논문을 출간하였다.

1954년도에는 일본에 초청되어 품질경영과 관련된 강연을 하여 일본 품질경영의 발전에 기여하였다. 특히 그의 강연은 일본의 품질관리가 일본 기술자중심의 통계적 품질관리에서 전사적 품질관리로 나아갈 수 있게 하였다고 평가받기도 한다.

쥬란은 《품질관리 핸드북》(Quality control handbook, 1951)에서 통계적 품질관리에서 다루지 않았던 설계품질, 구매자와 공급자/판매자 관계 등을 다루며 폭넓게 품질관리기능을 기술하였다. 품질비용의 개념을 명확히 정의하여 분석하였으며 기업의 품질평가를 위한 중요한 척도로 사용하였다. 그는 《경영혁신》에서 경영자가 주체가 되어 추진하는 top-down 방식의 품질개선의 지속적인 추진을 강조하였는데, 품질문제에 대한 책임의 80% 이상이 경영자에게 있으므로 경영자의 의식변화가 무엇보다 중요하다고 하였다. 만성적인 품질문제를 해결하기 위한 방안도 제안했는데 이는 품질을 개선하고 유지하기 위한 것이다. 아울러 품질문제에 대한 객관적인 평가를 위해 품질비용분석을 적용할 것을 권고하였다. 《품질계획과 분석》(Quality planning & analysis, 3rd ed., 1993)에서는 제품의 필수적 요건은 그 제품을 사용하는 고객의 요구(needs)를 충족시키는 것이므로 용도의 적합성(fitness for use) 개념을 모든 제품의 품질에 보편적으로 적용할 수 있다고 하였다.

쥬란의 품질경영철학의 핵심은 품질경영의 보편적 방법을 개념화한 품질 트릴러지(quality trilogy)라고 할 수 있을 것이다. 품질 트릴러지는 품질경영 과정을 품질계획, 품질관리, 품질개선의 3가지 측면으로 설명하고 이를 조화롭게 추진할 것을 주장한다.

(1) 품질계획(quality planning)

품질목표 달성에 필요한 프로세스를 개발하고 그 프로세스가 실제 운영조건하에서 의도된 대로 실행될 수 있도록 계획하는 과정이다.

(2) 품질관리(quality control)

품질계획에서 수립된 프로세스들이 품질계획에 따라 운영되고 관리되는 과정이다. 그러므로 돌발적인 문제가 발생하면 신속히 이를 감지하고 원인을 제거하여 프로세스의 상태를 관리 상태로 복구하는 활동이다.

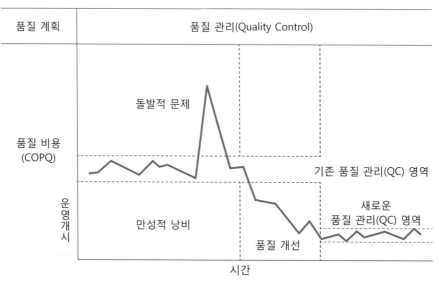

그림 1.4 쥬란의 트릴러지(박영택, 2014)

(3) 품질개선(quality improvement)

품질계획의 근본적인 결함에 의해 존재하는 만성적인 품질문제를 혁신을 통하여 지속적으로 개선하는 과정이다. 이는 개선 프로젝트들을 통해 이루어진다.

그림 1.4는 이들 3단계 과정의 상관관계를 보여주고 있다. 즉, 돌발적인 품질문제는 품질관리 단계에서 발견되어 제거되지만, 만성적인 품질문제는 혁신적이며 지속적인 품질개선을 통해 해결됨을 볼 수 있다. 이들 품질관리 내지 품질개선 결과는 다음 품질계획에 반영되어 품질관리와 품질개선의 방향을 제시하지만, 품질계획이 부실하면 품질관리와 개선이 제대로 이루어지지 못하고 품질문제는 만성적인 경향을 보이게 된다. 쥬란이 제시한 품질 트릴러지의 구체적인 내용을 간략히 제시하면 다음과 같다(이순룡, 2012).

품질계획(quality planning)
- 품질 목표를 수립하라.
- 고객을 식별하라.
- 고객요구를 파악하라.
- 고객이 요구하는 제품/서비스 특징을 개발하라.
- 제품/서비스 특징을 산출하는 프로세스를 개발하라.
- 품질 목표를 달성할 수 있는 프로세스 관리시스템을 구축하라.

품질관리(quality control)

- 관리 대상이 될 주제를 선정하라.
- 측정 척도를 정하라.
- 관리목표(측정기준)를 정하라.
- 측정방법을 정하라.
- 실제성과를 측정하라.
- 표준과 실제의 차이를 파악하고 원인을 규명하라.
- 차이의 원인에 대해 시정·조치하라.

품질개선(quality improvement)

- 경영자가 개선의 필요성을 확신할 수 있도록 설명하고 입증하라.
- 파레토 분석 등의 방법으로 우선 수행할 과제를 선정하라.
- 프로젝트를 이끌어갈 팀을 편성하라.
- 문제의 원인을 규명하고 진단하라.
- 대책을 강구하고 그 효과를 제시하라.
- 제시된 대책이나 변화에 대한 저항에 효과적으로 대처하라.
- 개선효과가 지속되도록 통제수단을 강구하라.

이상 3단계의 품질경영 과정이 품질목표 달성을 위해 효과적으로 전개되려면 무엇보다 최고경영자의 강력한 리더십과 구성원들의 적극적인 참여가 필요하다.

쥬란은 품질관련 활동이 기업에서의 각 기능별 활동이 아니라 통합적인 관점에서의 접근이어야 된다고 생각하였다. 그러므로 품질문제에 대한 책임을 품질관리 부서에 일임하는 것에 동의하지 않았다. 품질개선은 프로세스에 의한 지속적인 개선이어야 한다고 주장하며 품질혁신은 현장의 담당자와 더불어 경영자들의 적극적인 참여에 의해서만 가능하다고 강조하였다. 그러므로 종합적 품질경영의 개념을 제시하였다고 볼 수 있다.

따라서 쥬란의 품질철학은 "용도의 적합성" 내지 "고객만족"으로 품질을 정의한 소비자지향 품질경영과 경영자 주도의 체계적인 품질경영, 즉 '품질 트릴러지'(품질계획·품질관리·품질개선)에서 찾을 수 있다.

데밍에 이어 쥬란은 1954년 일본에서의 강연을 통해 품질관리를 경영자들에게 경영기법으로 인식시키는 일에 공헌하였다. 일본에서의 강연을 통해 현장관리자들과 경험, 그리고 현장의 품질관리의 발전을 목격한 그는 1966년에 "일본이 향후 20년 내에 품질로 세계를 석권하게 될 것"이라 예언하였다.

쥬란은 그동안 축적된 지식과 경험을 바탕으로 품질경영의 개념을 체계적으로 전파하고자 1979년 쥬란 연구소(Juran Institute)를 설치하였는데, 이는 지금까지 그의 품질경영철학을 활발히 교육하고 기업을 지원하면서 운영되고 있다.

1.3.4 크로스비의 품질사상과 철학

필립 크로스비(Philip B. Crosby: 1926~2001)는 마틴사(Martin Marietta corp.)의 퍼싱 미사일 프로젝트 품질책임자로 있으면서 ZD 프로그램(Zero Defects program)을 추진하여 큰 성과를 거두었다. 이후 ITT(International Telephone & Telegraph)의 품질담당 부사장을 역임한 크로스비의 품질사상은 크게 품질개선활동에서의 무결점(ZD) 추구와 품질비용에 의한 품질성과 측정으로 요약될 수 있다.

그는 품질경영을 도입하는 경우 무결점(zero defects)이 최종의 목표이며 실현 가능하다고 주장했다. 그는 검사에 의존함으로써 품질비용을 증가시키는 전통적 방법 대신에 불량예방을 통한 무결점 달성을 주장하였다. 그의 대표적인 저서 ≪품질은 공짜≫(Quality is free, 1979)에서는 ZD의 품질철학을 다음과 같이 간결하게 설명하였다(이순룡, 2012).

"품질은 공짜이다. 품질은 누군가 가져다주는 선물이 결코 아니다. 그렇다고 비용이 드는 것도 아니다. 품질이 나쁘면 추가비용이 소요되는 것은 처음에 일을 제대로 하지 못하였기 때문이다. 품질은 비용이 들지 않을 뿐만 아니라 이익을 가져올 수 있는 최선의 방법이다."

그의 품질경영철학은 ZD 운동의 침체와 더불어 사람들의 관심에서 벗어났지만, 최근 식스시그마 운동과 더불어 그 가치를 다시 인정받게 되었다. 1980년대 후반 종합적 품질경영(Total Quality Management: TQM)의 중요성이 인식되기 시작하면서 크로스비의 철학은 지속적 개선의 정신, 그리고 고객만족 내지 고객감동, ppm(parts per million)이나 ppb(parts per billion)로 대표되는 현장의 품질경영의 흐름에서 그 가치를 인정을 받게 되었다.

크로스비는 불량품의 재작업, 스크랩, 보증, 검사 및 시험 비용절감을 목표로 하는 품질비용 프로그램을 제안하였다. ITT는 그의 아이디어를 적용해서 매출액의 5%에 상당하는 품질비용을 절감한 바 있는데 이는 비용통합 품질(cost-integrated quality)을 강조한 결과로 볼 수 있다.

크로스비의 품질철학은 그가 제시한 '품질경영의 절대조건'(absolutes of quality management)과 '품질개선 대책'(quality improvement program)에서 그 핵심적인 내용을 파악할 수 있다.

품질경영의 4가지 절대원칙

- 품질은 고객 요구사항에 대한 적합의 정도(conformance to requirements)이다.
- 고객의 요구사항을 충족시키기 위해 공급자가 갖추어야 되는 품질시스템은 처음부터 올바르게 일을 행하는 것(do it right the first time), 즉 예방시스템이다.
- 품질활동의 성과표준은 무결점(zero defects)이다.
- 품질성과의 평가척도는 품질(부적합)비용이다.

크로스비는 '품질경영의 절대조건'을 실현하는 방법으로 14단계의 품질개선대책을 제시하고 있다.

14단계 대책들은 결국 품질개선에 대한 ① 경영자와 구성원들의 개선에 대한 의지(determination) ② 품질에 관한 개념과 방법, 품질개선에서의 역할 등에 대한 교육(education) ③ 실행(implementation)으로 요약할 수 있는데, 2.7절에서 자세히 설명될 것이다. 그는 1984년에 출간한 그의 저서 ≪눈물 없는 품질≫(Quality without tears)에서 전 구성원들의 품질개선에 대한 의지, 교육, 실행의 세 가지 요소가 품질문제를 사전에 예방하는 품질백신(the quality vaccine)이라 하였다.

1.3.5 파이겐바움의 품질사상과 철학

제너럴 일렉트릭사(General Electric)의 품질관리자로서 근무(1958~1968)하였으며 그 후 엔지니어링 회사인 General Systems Company에서 대표로 근무한 아르망 발랭 파이겐바움(Armand V. Feigenbaum: 1922~2014)의 품질사상은 종합적 품질관리(Total Quality Control: TQC)로 집약할 수 있다. 즉, 그의 품질철학은 통계적 기법만으로는 품질관리의 성과를 충분히 얻을 수 없으므로 품질에 영향을 주는 회사 내부의 모든 부문의 노력을 모아서 종합적으로 품질관리를 추진해야 한다는 것이다. 1951년 처음 출간된 그의 대표적 저서인 ≪종합적 품질관리≫(Total quality control, 1951, 1961, 1983, 2004)에서 그는 "종합적 품질관리(TQC)란 소비자가 만족할 수 있는 품질의 제품(서비스)을 가장 경제적인 수준으로 생산 내지 서비스할 수 있도록 조직 내각 그룹의 품질개발·품질유지·품질개선 노력들을 통합하는 효과적인 시스템"이라 정의하였다. 즉, 고객이 요구하는 품질을 경제적으로 달성하기 위해서 최고경영자부터 현장의 작업자까지 모든 계층과 부문이 품질개선활동을 종합적으로 전개할 필요가 있다는 것이다. 그는 품질개선을 위한 품질리더십, 품질기술, 조직적인 실행이라는 3단계 접근방식을 제안하였으며 19단계 개선 프로세스를 제안하기도 하였다.

파이겐바움의 10가지 품질철학은 다음과 같다.

- 품질은 전사적인 프로세스이다.
- 품질은 고객에 의해 결정된다.
- 품질과 비용은 상충하는 개념이 아니다.
- 품질은 개인과 팀의 종합적인 노력을 필요로 한다.
- 품질은 관리의 방식이다.
- 품질과 혁신은 상호의존적이다.
- 품질은 윤리이다.
- 품질은 지속적인 개선을 필요로 한다.
- 품질은 생산성을 높이는 가장 경제적인 수단이다.
- 품질은 고객과 공급자를 연결하는 하나의 시스템으로 실행된다.

파이겐바움은 TQC의 성과측정을 위해 품질비용의 적용을 제안하며 숨겨져 있는 공장(hidden plants)으로 재작업이나 불량 등의 비부가가치 활동 등의 낭비되는 부분을 파악할 수 있다고 강조한다. 그는 일반적으로 이로 인해 발생하는 품질비용이 연간 매출액의 10~40% 정도에 이른다고 경고하였다.

파이겐바움의 TQC사상은 초기에 미국이나 서구 선진국에서보다는 일본에서 전사적 품질관리로 활발히 전개되고 성과를 내며 의미 있는 결실을 보게 되었다. 그 이유는 전통적으로 북미와 유럽의 여러 나라는 직능주의(professionalism)에 입각해서 품질관리 담당자나 부서를 중심으로 품질관리/개선활동이 전개된 반면 일본에서는 전 부문 전원 참가의 전사적 품질관리활동을 실시한 데 있다고 볼 수 있다.

1.3.6. 이시카와의 품질사상과 철학

이시카와 가오루(石川馨: 1915~1989)는 도쿄대학 응용화학과를 졸업하였으며 도쿄대학의 조교수로 근무하면서 일본과학기술연맹 산하의 품질관리연구그룹에 참여하여 산업체 기술자를 대상으로 한 품질교육에 참여하였다. 1962년 품질분임조(QC circle)를 통한 현장개선 활동방안을 창안하고 보급하는 데 크게 기여하였으며 현장 작업자에 대한 통계적 수법의 이해를 위해 '7가지 통계수법'의 교육을 강조했다. 불량의 근본적인 원인을 파악하기 위해 인과관계를 체계적으로 규명할 수 있는 특성요인도(cause and effect or Ishikawa diagram)를 개발하여 현장개선 활동에서 널리 사용하도록 하였다. 일본에서 품질관리의 핵심을 공정작업의 통제로부터 불량품 예방으로 바꿀 것을 주장하면서 최고경영자의 품질전략과 전체 구성원에 대한 품질교육을 강조하였다. 그 이유는 일본은 원자재를 수입하여 제품을 만들어 수출하는 구조를 가지고 있기 때문이었다. 불량품 생산을 방지하고 자재와 인력을 절약하기 위해서는 좀 더 많은 정보를 수집하고 공정과 공정의 출력(결과물)에 대하여 보다 나은 이해를 할 수 있도록 교육이 필요하다는 것이었다.

이시카와는 전사적 품질관리 접근방법을 통해 불량예방에 초점을 맞추고 품질관리를 고객지향으로 바꾸고자 하였다. 그는 외부고객과 마찬가지로 내부고객을 포함시켜 '고객'의 정의를 확대하고, "다음 공정은 나의 고객"이라고 하며 내부고객의 중요성도 강조하였다. 그는 표준화와 품질관리를 수레의 두 바퀴에 비유하면서 양자의 상호보완 관계를 강조하였다. 그렇지만 고객요구에 대한 품질분석을 토대로 표준을 구축하는 것이 효과적이라면서 기존에 통용되는 표준보다는 고객요구에 초점을 맞출 것을 권고하였다. 특히 그는 국가나 기업마다 역사와 사회, 문화적 요인이 각기 다르므로 품질관리는 그것을 실시하는 국가나 기업의 문화적 특성에 적합하게 실시되어야 한다고 주장하였다. 그의 대표적인 저서로는 《일본적 품질관리》(日本的 品質管理, 1981)를 들 수 있는데 이 책에서 기술된 이시카와 품질철학의 핵심을 정리하면 다음과 같다.

- QC는 교육에서 시작해서 교육으로 끝난다.
- 품질의 첫 단계는 고객의 요구사항을 이해하는 것이다.
- 품질관리가 이상적인 수준에 이르면 검사는 필요하지 않다.
- 품질문제는 증상이 아닌 근본원인을 제거해야 한다.
- 품질관리는 전 부문과 구성원들의 책임이다.
- 목적과 수단을 혼동하여서는 안 된다.
- 품질제일로 장기이익을 추구해야 한다.
- 마케팅은 품질의 입구이며 출구이다.
- 품질문제의 95%는 간단한 7가지 문제해결 수법으로 해결 가능하다.
- 산포(변동)가 없는 데이터는 오류가 있는 데이터이다.

품질관리/경영의 역사는 인간이 생활에 필요한 물건들을 자신을 위해서, 그리고 다른 사람(시장판매)을 위해 만들면서 시작되었다고 할 수 있다. 그러므로 초기에는 만들어지는 물건들의 품질 문제가 장인들이 개인적으로 책임져야 하는 문제의 수준에서 벗어나지 못했다. 사회전반에 품질의 문제가 중요한 이슈가 되기 시작한 것은 산업혁명 이후 대량생산이 이루어지기 시작한 후라고 할 수 있다. 20세기에 오면 대량생산을 위한 생산기술의 발전과 더불어 생산을 보다 효율적으로 하기 위한 과학적인 관리방식의 연구도 활발히 진행되었다. 생산성을 높이기 위한 분업 및 생산방식의 혁신과 더불어 부적합품을 식별하기 위한 검사의 중요성이 인식되어 검사가 품질관리의 주 업무로 인식되었으며, 이후 예방을 위한 통계적 품질관리, 전사적/종합적 품질관리 및 품질경영의 시대로 발전해왔다.

이 절에서는 20세기 산업의 역사와 더불어 발전해온 품질관리/경영의 변천사를 간단히 기술하고자 한다. 파이겐바움은 품질관리/경영의 발전단계를 다음과 같이 6단계로 나누어 제시하고 있다.

- 작업자 품질관리(operator quality control)
- 감독자 품질관리(foremen quality control)
- 검사중심 품질관리(inspection quality control)
- 통계적 품질관리(statistical quality control)
- 전사적/종합적 품질관리(total quality control)
- 종합적 품질경영(company-wide and total quality management)

초기의 품질관리는 작업자나 현장감독자의 수준에서 관리되는 정도였으며 이때는 경험에 의한 품질관리 및 검사가 품질관리의 주 업무였다. 그래서 앞의 3단계를 통합하여 ① 검사중심의 품질관리시기 ② 통계적 방법론을 폭넓게 품질관리에 이용하는 통계적 품질관리시기 ③ 품질보증 및 종합적 품질관리시기 ④ 종합적 품질경영시기로 구분하여 설명하고자 한다. 품질관리 역사에 대한 보다 자세한 내용은 염봉진 외(2014)를 참고하면 좋을 것이다.

1.4.1 검사중심의 품질관리시기

19세기 말까지는 소규모 공장 중심의 산업으로 소수의 작업자가 제품 생산의 전 과정을 담당하였으므로 작업자 스스로가 생산부터 품질까지 책임지는 것이 일반적이었다. 이 초기의 품질관리를 작업자 품질관리라고 부른다. 이 시기의 주요한 발전은 표준화, 호환성 등의 개념을 생산현장에서 도입하기 시작한 것이다.

1900년대 초는 비교적 대규모의 공장의 출현과 분업의 도입에 의해 작업자를 팀으로 구성하여 직장(foreman)이 작업을 감독하고 품질에 대한 책임을 지고 관리하던 시기이며, 이때의 품질관리를 직장 품질관리라고 부른다. 1911년 프레드릭 테일러(Frederick Taylor)가 작업을 효율적으로 수행하는 방법을 연구하여 과학적 관리의 원리(principles of scientific management)를 발표하였다. 작업을 세분화하여 최적의 작업방법 및 가장 효율적인 도구나 설비를 정하고, 규정된 작업방법에 따라 작업을 할 수 있도록 작업의 과학화를 실현하여 생산성 향상을 이룬 것이다. 이후 다양한 작업방법 연구가 지속적으로 연구되었다.

1910년대가 되면 대량생산을 위해 생산 규모가 커지고 생산시스템이 더욱 복잡해짐에 따라 작업자의 수가 늘어나게 되어 직장이 작업을 감독하고 품질까지 책임을 지기에는 어려워지므로 품질관리의 주 업무인 검사를 담당하는 검사 담당자가 생기며 이들을 관리하는 검사부서가 출현하게 된다. 검사부서가 기업의 품질을 관리하게 되므로 이때의 품질관리를 검사중심 품질관리시기라고 부른다. 포드사의 헨리 포드(Henry Ford)는 조립라인에서 생산성과 품질을 향상시키기 위한 작업방법(컨베이어 생산방식)을 개발하였으며 실수방지(mistake-proof) 조립개념, 자율점검(self-checking), 공정검사(in-process inspection)방법을 개발하였다. 1907년경에는 AT&T (American Telephone and Telegraph Company)에서 제품 및 원재료에 대한 체계적인 검사와 시험 방법을 개발하였다. 미국 산업계에서 검사에 의한 품질관리는 1920년대와 1930년대에 전성기를 이루었다.

1.4.2 통계적 품질관리시기

체계적인 품질관리 활동은 1920~1940년대에 통계적 품질관리가 시작이 되고 보급이 되면서 비로소 시작되었다고 볼 수 있다. 데밍은 "통계적 품질관리란 가장 유용하며 시장성 있는 제품을 가장 경제적으로 생산하기 위하여 생산의 모든 단계에서 통계적 수법을 응용하는 것"이라고 정의하였다. 이처럼 이 시기는 통계학 분야에서 연구된 방법론을 생산현장에 적용하여 생산성과 품질 수준향상을 도모하던 시기이다.

먼저 미국의 벨연구소에서 1924년 슈하트가 관리도를, 1928년에 닷지(H. F. Dodge)와 로믹 (H. G. Romig)이 샘플링검사 방법을 개발하였고, 1931년에는 슈하트가 통계적 품질관리를 위한 단행본인 ≪제조 제품 품질의 경제적 관리≫를 출간하였다. 1941년에는 닷지로믹 샘플링검사표(Dodge-Romig sampling inspection table)가 완성되었다.

벨연구소는 제2차 세계대전이 발발한 이후 전쟁물자의 품질을 관리하기 위한 군사규격을 제정하는 데에 결정적인 역할을 하게 된다. 1944년에는 통계적 품질관리 최초의 학술지인 ≪Industrial Quality Control≫ 창간호가 나왔다. 1946년에 미국 내 여러 개의 품질관련 단체가 ASQC(American Society for Quality Control)로 통합되었고 같은 해에 세계 표준화 기구인 ISO(International Standards Organization)와 일본과학기술연맹(The Japanese Union of Scientists and Engineers: JUSE)도 설립이 되었다.

1950년 데밍이 일본 산업체 관리자에게 통계적 품질관리 기법에 대한 교육을 실시하였으며 이시카와가 특성요인도(cause-and-effect diagram)를 개발하였다. 1951년 일본과학기술연맹(JUSE)이 일본 산업체에서 품질관리에 탁월한 업적을 낸 개인과 업체에게 수여하는 데밍상을 제정하였다. 1954년 쥬란이 품질경영 및 개선에 관한 교육을 위하여 일본에 초청되어 강연을 하였으며 페이지(E. S. Page)가 누적합(CUSUM) 관리도를 개발하였다. 1951년 쥬란이 ≪품질관리 핸드북≫ 초판을 발간하였다. 1959년 로버츠(S. Roberts)가 지수가중이동평균(EWMA) 관리도를 개발하였고 미국 유인 우주항공 프로그램에서 신뢰성 있는 제품을 만들기 위하여 신뢰성 공학(reliability engineering) 연구가 본격적으로 시작되었다.

1.4.3 품질보증 및 종합적 품질관리시기

통계적 방법에 의한 품질관리의 한계점이 노출되면서 파이겐바움은 종합적 품질관리(Total Quality Control: TQC)를 1956년에 소개하기에 이르렀다. 1961년에 파이겐바움이 그의 저서 ≪종합적 품질관리≫을 발간하였다. 파이겐바움은 통계적 기법만으로는 품질관리의 성과를 충분히 얻을 수 없으며 품질관리의 문제는 제조현장의 작업자 혹은 품질관리 부서의 업무로 국한되는 것이 아니라 품질에 영향을 주는 회사 내 모든 부문의 노력을 통합하여 종합적으로 품질관리를 추진해야 한다고 주장하였다. 그는 TQC를 가장 경제적으로 소비자를 만족시키기 위해 품질관리/개선에 관한 전 부문의 활동이 최적으로 통합된 시스템으로 설명하고 있다.

한편 일본에서는 1960년대 초부터 종합적 품질관리(TQC)와 유사한 전사적 품질관리(Company-wide Quality Control: CWQC)가 실시되었다. 전사적 품질관리는 품질관리활동에 최고 경영자부터 작업자에 이르기까지 전원이 모두 참여하여야 한다는 점은 종합적 품질관리(TQC)와 유사하나, 품질분임조(QC circle) 활동에 기본을 둔다는 점이 다른 특징이다. 1960년 이시카와에 의하여 일본에서 품질분임조의 개념이 소개되었으며 1960년대 통계적 품질관리 과정이 산업공학 교육과정에 확산되기 시작하였다. 무결점 운동이 미국 산업체에 도입된 것도 이때였다.

1960년대에 접어들면서 시작된 미사일 시스템의 발전과 급속한 기술발전으로 신뢰성(reliability) 문제를 품질관리 분야에서 다루게 되었고, 아울러 전 구성원의 품질에 대한 동기부여의 중요성도 인식하게 되었다. 1962년 미국의 마틴사(Martin-Marietta)의 Orlando 사업부에서 비롯된 'ZD 운동(Zero Defects program)'을 시작으로 품질개선 활동에 전 종사원의 참여가 강조되었다.

1950년대 말경에 NATO의 군사장비의 다수(약 60~80%)가 고장을 일으킨 것이 계기가 되어 1959년에 제정된 MIL Q-9858 A의 품질프로그램 요구사항(Quality program requirement)은 최초의 품질보증시스템이라 할 수 있다. 이 규격은 미국 국방성(DOD)이 1963년에 승인·발행함으로써 육·해·공군 및 국방조달기관에서 모든 조달품에 이 프로그램을 적용하도록 의무화되었으며 이후 ISO 9000을 비롯한 국제 품질보증규격의 모태가 되었다.

1.4.4 종합적 품질경영시기

1980~1990년대는 품질경영의 시대라고 할 수 있다. 1970년대 말에 미국에서는 자국의 경쟁력이 약화됨에 따라 품질을 전략적 측면에서 고려하기 시작하였다. 데밍은 미국 제조업의 문제점과 발전방향을 품질경영 입장에서 정리하여 1982년에 ≪위기에서 탈출≫(Out of crisis)이라는 책을 출간하였다. 최고 경영자의 리더십 아래 품질을 최우선으로 하고 고객만족을 통한 기업의 장기적인 성공은 물론 기업과 사회 전체의 이익에 기여하기 위하여 경영활동 전반에 걸쳐 모든 구성원이 참여하고 총체적인 수단을 활용해야 한다는 전략적 경영방식으로서 종합적 품질경영(Total Quality Management: TQM)이 1980년대에 태동하였다.

한편 미국에서 1972년에 소비자 제품안전법(Consumer product safety act)이 제정되면서 제품책임(PL) 문제가 품질관리의 주요 이슈로 등장하였다. 제품의 신뢰성·품질보증·제품책임 문제 등은 생산현장이나 기술부서 또는 품질관리 부서만의 문제가 아닐 뿐더러 종래의 품질관리 방법으로는 해결하기 어렵게 되었다. 그러므로 더욱 종합적 품질경영의 필요성이 대두되었다.

이후 1987년에 국제표준화기구(ISO)에서 'ISO 9000 Family of Quality Management Standards'를 발행함으로써 품질경영을 위한 국제적인 표준이 제정되었고, 같은 해에 미국에서는 말콤볼드리지 국가품질상(Malcolm Baldridge National Quality Award: MBNQA)을 제정하여 침체된 미국기업의 경쟁력 제고를 위한 품질경영 활동을 본격적으로 시작하였다. 이러한 미국의 움직임에 자극을 받아 유럽에서는 1991년에 유럽품질상(European Quality Award)을, 일본에서는 1996년에 사회경제생산성본부(현 일본생산성본부)에서 일본경영품질상을 제정하였다. 이러한 ISO 품질경영시스템이나 MBNQA, 유럽품질상, 일본경영품질상 등은 품질을 제고하기 위하여 시스템 또는 프로세스 관점의 접근, 경영자책임(리더십), 고객의 요구와 기대를 충족하기 위한 전사적 활동을 강조하였다. 미국품질관리학회(ASQC)가 품질을 좀 더 넓은 범위로 확장하자는 의미에서 미국품질학회(American Society for Quality: ASQ)로 개명한 것이 1998년이다.

1990년대 이후에는 식스시그마 혁신활동과 설계·개발단계에서 품질을 확보하기 위한 활동이 활발하게 전개되었다. 식스시그마 혁신 방법론이 1980년대 후반에 모토로라에서 개발되고 GE(General Electric)에서 완성되어 1990년대 후반에는 우리나라를 포함한 전 세계 기업에 보급되었다.

이 방법론은 DMAIC(Define-Measure-Analyze-Improve-Control) 로드맵을 이용하여 혁신 프로젝트를 수행하는데, 고객중심 사고, 프로세스 개선, 과학적인 문제해결, 조직적인 인력양성, 재무성과와의 연계 등의 장점으로 인하여 급속하게 보급이 되었다. 하지만 식스시그마는 2010년 들어 그 열기가 다소 감소되어 오고 있다. 그럼에도 불구하고 현재 식스시그마를 대체하는 새로운 혁신 방법론이 아직 나오지 않고 있으며, 여러 기업에서 식스시그마에서 강조한 고객중심 사고와 프로세스 개선을 통하여 산출물의 품질을 제고하고 있고, 식스시그마의 방법론 중 해당 기업에 맞는 것은 선별하여 활용하고 있다. 그리고 사무·간접 부문이나 유통, 서비스 산업에서는 린 시스템(lean system)과 연결한 린 식스시그마를 활용하고 있는 상황이다. 일부 기업의 연구소나 품질 부문에서는 개발을 위한 식스시그마 방법론인 DFSS(Design For Six Sigma)를 계속하여 활용하고 있다.

한편 1980년대 후반부터 설계·개발단계에서 품질을 확보하는 것이 중요해지면서 다구치(田口玄一)의 로버스트 설계, 품질기능전개 등의 방법론을 이용한 활동이 활발하게 전개되었다. 품질기능전개는 1960년대에 일본에서 개발되어 1988년 Harvard Business Review에 소개되면서 전 세계적으로 알려졌는데, 이 방법은 신제품의 개발 초기단계에서 관련자들이 모여 고객의 요구사항을 기술특성, 부품특성, 공정특성 등으로 차례로 연관하여 전개하는 방법이다. 이 방법을 이용하여 가능한 한 초기단계에서 설계변경을 함으로써 일본의 자동차 등 주요산업에서 신제품 개발기간 단축, 품질향상, 원가절감을 동시에 추구할 수 있었다. 다구치의 로버스트 설계 역시 다구치가 1950년대에 일본의 타일제조회사에 적용한 이후 1980년대 중반 Journal of Quality Technology에 소개됨으로써 전 세계적으로 알려졌고, 활발한 연구와 적용이 병행되었다. 제품이 생산되기까지는 제품설계, 공정설계, 제조 등의 여러 단계를 거치게 된다. 각 단계에서 제품의 성능에 영향을 미치는 외란(사용환경의 변화), 내란(제품의 노후화), 제조환경의 잡음에 둔감한 제품은 제품설계 단계에서 가장 효율적으로 대처 가능하다. 이러한 잡음에 대응하는 방법으로서 잡음을 제거하거나 제어하지 않고 잡음이 있는 상태에서도 잡음에 로버스트한 제품을 설계하는 다구치 방법은 제품의 품질향상에 크게 기여하였다.

1.4.5 일본에서의 품질경영 발전

앞 절에서 일부 소개된 일본의 품질경영발전을 다시 한번 간단히 소개하고자 한다. 일본은 제2차 세계대전 이전에 이미 세계 최고수준의 고유 및 생산기술을 보유한 산업과 기업이 많았다. 그러나 관리기술 면은 그렇게 발달하지 못하였다. 제2차 세계대전 직후인 1945년과 1946년에 표준화와 QC 사업을 전개할 일본규격협회와 일본과학기술연맹(JUSE)이 창설되어 품질관리의 기반을 닦았고, 1949년에는 공업표준화법이 시행되었다.

JUSE는 미국의 품질관리기법을 일본 실정에 맞도록 조정·변경하고 그의 실천과 보급에 노력하였다. 데밍과 쥬란의 강연에 크게 영향을 받아 자신들의 산업환경에 적합한 품질분임조(QC circle)를 활성화하고 품질보증을 위해 생산자 스스로 품질개선을 지속적으로 전개하는 전원참여의 품질관리를 추진하여 전사적 품질관리의 토대를 이루게 되었다. 특히 데밍상과 관련된 역사는 2.5절에서 상세히 다루어질 것이다.

파이겐바움의 TQC(종합적 품질관리)가 1960년대 초 미국에서 도입되고 아울러 현장 작업자들의 소집단 활동인 품질분임조 활동이 전개됨으로써 일본적 TQC, 즉 전사적 품질관리(CWQC)가 뿌리를 내릴 수 있었다. 이로써 일본산업은 품질과 생산성을 크게 높여 점차 일본상품의 경쟁력을 높일 수 있었다. 1970년대에 일본상품이 경쟁력이 강화되고 세계시장을 제패함에 따라 세계 각국의 관심은 일본적 TQC에 집중되었다. 1980년대 일본에서는 품질관리 관련 국제세미나, 전문가 파견 및 연수팀 초청, 민간기업의 해외진출 및 기술협력이 많았으며, 품질개선을 위한 다구치 방법, 품질기능전개, 도요타 생산방식 등 일본 산업현장에서 성과를 거둔 다양한 방법론들이 체계화되어 전 세계적으로 보급되고 활용되었다.

1970년대부터 1980년 말까지 일본의 경쟁력은 미국을 능가했지만 1990년대에 들어오면서 전세는 다시 역전되었다. 경쟁력이 국제적 수준에 있는 일본기업은 전자업체를 비롯한 제조업체들이 중심이며 그 외 은행·증권·보험 등의 서비스산업은 국제경쟁력이 다소 뒤처지는 상황이었다. 그래서 미국산업의 TQM 성과를 파악하고 고객만족을 목표로 최고경영자가 주도하여 실시해야 하는 TQM의 중요성을 인식한 일본과학기술연맹(JUSE)은 1996년에 TQC의 호칭을 TQM으로 개정할 것을 결의하고 1997년에 "TQM선언"을 하기에 이르렀다. 이로서 미국, 일본의 품질경영의 철학과 방법론들은 자국만의 독특한 철학과 방법론을 고집하지 않고 서로 융합, 통합되어 활용되는 글로벌화 경향을 보이고 있다고 판단된다.

1.4.6 한국에서의 품질경영 발전

우리나라에서 근대적 의미의 품질관리 기술이 선을 보인 것은 1950년대 중반 미국으로부터 소개되어 제도적으로 확립된 공업표준화법이 1961년 시행된 이후이다.

한국의 품질경영 발전단계는 품질관리 도입기(1960~1974년), TQC의 보급·확산기(1975~1989년), TQM의 태동기(1990년 이후), TQM 정착기(2010년 이후)의 4단계로 구분할 수 있다. 먼저 한국의 표준화사업과 품질관리 활동의 주요연혁을 살펴보면 다음과 같다.

1961.	공업표준화법 제정
1963.	한국공업규격(KS) 표시제도 실시
1967.	공산품 품질관리법 제정, 품질표시제도 실시
1973.	공업진흥청 발족, 표준화와 품질관리 사업 전개
1975.	품질관리 대상 제정
1981.	공장품질관리 등급제도 실시
1992.	QC 운동을 품질경영(QM) 운동으로 전환 추진
1992.	품질경영촉진법 제정, 품질경영 5개년 계획('94~'98) 추진
1993.	국제품질보증시스템(ISO 9000) 국내 인증 실시
1995.	100 ppm 인증제도 실시
1996.	국제환경경영시스템(ISO 14000) 국내 인증 실시
2002.	제조물책임(PL)법 시행: 2018. 개정
2015.	ISO 9000: 2015 국내 인증 실시
2019.	한국형 레몬법 시행

한국은 1961년도에 공업표준화법을 제정하고 1962년에 한국규격협회(표준협회: 1993)를 창립하여 국가표준사업을 시작하였으며, 1975년에 품질관리대상을 제정한 이후 이 상의 운영을 주도적으로 수행하여 국내 품질관리활동 우수기업을 발굴하고 표창함으로써 국내 기업들이 품질관리에 보다 적극적으로 나서도록 독려하였다. 품질관리대상은 1994년 한국품질대상, 2000년 국가품질상으로 이름이 변경되었다. 표준협회는 ≪품질관리≫, ≪표준화품질관리≫ 등 현장 중심의 잡지를 출간하여 품질관리 기법의 보급에도 노력하였다.

1992년에는 품질경영촉진법이 제정되고, 국가적 차원에서 품질문제를 관장하는 국립품질기술원이 1996년에 설립되어 다양한 표준화를 통해 품질안전을 담당하였다. 이후 1999년 국가기술표준원으로 명칭이 변경되어 현재 국가표준·인증제도와 소비자제품 안전정책의 총괄 운영·조정 및 국가 계량·측정체계를 운용하고 있으며, 국제적으로는 국제표준화기구(ISO·IEC)의 한국 대표기관으로서 무역기술 장벽에 대응하는 총괄주무부처의 역할을 수행하고 있다.

1993년은 우리나라가 ISO 9000시리즈의 도입과 함께 종래의 QC를 QM 체제로 전환한 시점이기도 하다. 즉, 공업진흥청은 QC 운동을 품질경영운동으로 전환하였다.

1995년 대한상공회의소에 100 ppm 운동추진본부가 설치되었고, 1995년 한국인정지원센터(KAB)가 설립되어 품질인증 사업을 관리하는 등 비정부기관에 의한 품질경영활동도 늘고 있는 추세이다. 또한 현장 중심으로 5S 운동, 전사적 설비보전활동(Total Productive Maintenance: TPM)도 추진되었다.

1980년대 후반에 모토로라에서 개발되고 GE(General Electric)에서 완성된 식스시그마 혁신 방법론이 국내에서는 1996년 LG전자 창원공장, 한국중공업(현 두산중공업), 삼성전관(현 삼성 SDI)에 처음으로 보급되었으며, 국내 대기업뿐만 아니라 중견기업에도 확산되었다.

국내 품질관리 활동을 정리해보면, 과거에는 정부주도로 교육 및 포상을 통하여 품질관리활동을 리드하여 단기간에 국내 기업들이 품질관리의 중요성을 인식하여 활동을 하였다면, 지금은 국내 주요 기업들이 각 기업의 특성과 문화에 맞게 자체적인 품질관리 활동을 하는 것으로 보인다. 예를 들어, LG전자의 TDR(Tear-Down and Redesign) 활동, 포스코의 QSS(Quick Six Sigma), 마이머신 제도 등은 기업의 특성에 맞게 자체적으로 확립한 품질관리 활동이라고 볼 수 있다. 이와 같이 세계적 수준의 국내 기업들은 자체적으로 훌륭한 품질 시스템을 보유하고 품질개선 활동을 추진하여 세계 최고의 품질수준을 유지하고 있지만, 여전히 규모가 크지 않은 많은 중소기업에서는 품질관리활동이 품질부서에서 하는 일이라는 인식을 하고 있고, 기본적인 통계적 방법론조차 제대로 활용하지 못하고 있는 기업도 많이 있다. 이들 기업에는 기초적인 통계적 품질관리 활동이 여전히 필요하다. 그러므로 국내 중소기업의 품질경쟁력 제고를 위해서 앞으로는 검사중심의 수동적인 관리활동에서 벗어나 SQC를 기반으로 한 보다 체계적인 제조공정의 진단과 개선, 로버스트 설계 등 품질설계 방법을 체계적으로 활용하여 설계와 개발 단계에서 품질을 높이는 보다 적극적인 품질관리활동을 전개하는 것이 필요하다고 본다.

한편 품질문제로 인한 손실에 대해 소비자를 보호하기 위한 법적 조치로서 2002년 제조물 책임법이 제정되고 2018년 개정되었으며, 2019년에는 한국형 레몬법이 시행되었다. 레몬법은 자동차에만 적용되며 2년, 2만 km 이내에서 주요부품의 연속되는 동일고장에 대해 보상이나 신차 교환을 보증하게 되었다.

1.5 | 품질비용

앞에 언급한 대로 기업의 품질 수준을 객관적으로 평가하기 위해 품질비용을 추정하는 것이 효과적인 방법이다. 품질비용 개념은 쥬란의 《품질관리 핸드북》(1951)에서 품질을 향상함으로써 절약할 수 있는 품질비용을 "금광에 묻힌 황금"으로 묘사하면서 품질개선을 위한 동기를 유발하면서 시작되었다고 할 수 있다. 이후 파이겐바움은 종합적 품질관리(TQC) 개념을 주장하면서 품질비용을 최소화함으로써 품질시스템의 유효성을 높일 수 있다고 주장하였다. TQC에서는 품질비용 분석을 통하여 원가절감과 품질향상을 동시에 실현할 수 있다고 설명하였다.

전통적인 품질관리에서 추구하던 불량률, 결점 수 등의 통계적 평가척도로는 경제적 개념의 품질관리를 추진하는 데 한계가 있다. 그러므로 품질수준을 비용으로 나타내고 이에 따라 품질개선활동을 측정, 평가하고 관리하는 능력을 갖춘 객관적인 평가척도는 품질경영에서 필수적 요소이다. 이같이 품질경영에서 경제성을 고려한 평가척도는 품질비용이라고 할 수 있다.

품질비용이란 제품이나 서비스의 품질과 관련해서 발생하는 비용으로 기회비용도 포함하는 개념이다. 즉, 기업에서 만일 완벽의 품질수준이라면 지출할 필요가 없는 전체 비용을 의미한다. 그러므로 품질비용에는 품질을 향상시키고 이를 관리하는 데 소요되는 비용과 품질불량, 즉 품질이 일정(규격, 요구사항, 고객만족 등) 수준에 미달되어 발생하는 손실이 함께 포함된다.

품질비용은 품질이나 품질문제의 중요도를 비용으로 나타내고 불합리한 품질개선활동을 객관적으로 나타낼 수 있어 품질경영의 목적을 구체적으로 제시하고 품질개선활동을 객관적으로 측정, 평가할 수 있다. 또한 품질을 수치화된 품질비용으로 제시함으로써 최고경영자나 구성원들의 품질에 대한 관심을 불러일으키고, 불량을 손실이나 비용의 수치로 나타냄으로써 품질개선활동의 성과를 객관적으로 평가하며, 조치를 시급히 취해야 할 품질활동의 우선순위와 중점을 명확히 규명할 수 있다는 장점이 있다(품질비용의 추정과 방법론에 관한 보다 상세한 내용은 이순룡(2014)를 참고하기 바란다).

1.5.1. 품질비용의 분류

품질비용을 크게 생산자, 사용자 그리고 사회 품질비용으로 대별하여 분류할 수 있으며, 생산자 품질비용에는 생산자가 제품이나 서비스를 제공할 때 품질과 관련해서 발생하는 운영품질비용과 공급자 품질비용, 그리고 자본(설비)품질비용이 포함된다. 이 책에서 다루고자 하는 비용은 운영품질비용이며 운영품질비용을 분류하여 보면 예방비용, 평가비용, 실패비용으로 나눌 수 있다.

(1) 예방비용

품질을 계획, 설계하고 불량을 사전에 예방하는 데 소요되는 비용이다. 품질설계, 품질개발, 품질교육, 외주업체 지도 등 예방적인 품질경영과 관련된 활동에 지출되는 비용이다. 이 비용에 포함되는 구체적인 비용으로는 품질개발 및 계획비용, 검사 및 시험계획 비용, 품질기술비용, 품질교육 및 훈련비용, 외주업체 지도 및 평가비용, 인증시험 비용, 품질시스템의 개발 및 관리비용, 품질관리를 위한 사무비용, 제품에 대한 적합한 사용설명 및 소비자 교육비용, 기타의 예방비용(시장조사, 거래처심사, 계약 및 거래조건 심사, 공정관리비용) 등이 있다.

(2) 평가비용

품질에 관한 시험들, 즉 수입검사, 공정 간 검사, 최종검사 및 품질감사 등의 품질평가활동에 소요되는 비용이다. 검사/시험장비의 보전 비용이나 제품의 품질인증획득 및 유지비용 등은 평가비용이다. 이 비용에 포함되는 구체적인 비용으로는 수입검사 비용, 공정검사 비용, 완성품검사 비용, 시험 비용, 검사 및 시험장비의 보전 비용, 구성품 및 제품의 품질인증획득 및 유지비용, 제품 출하 시 품질최종평가 및 현지시험 비용, 기타의 평가비용(측정기기 및 자동 공정시스템의 감가상각비)이 있다.

(3) 실패비용

일정 품질수준에 미달됨으로써 야기된 품질불량손실이다. 실패비용은 내부 실패비용과 외부 실패비용으로 구분된다.

여기서 내부 실패비용은 기업 내에서 발생하는 품질불량손실로서 스크랩, 재작업, 수율손실, 불량대책 등으로 발생한 손실이다. 구체적인 내부 실패비용으로는 스크랩 비용, 재작업 비용, 구입되는 자재, 반제품 불량 비용, 불량발견 및 불량분석 비용, 불량대책 비용, 등급저하로 인한 손실 비용, 기타의 내부 실패비용 등이 있다.

외부 실패비용은 제품이나 서비스가 소비자에 제공된 후에 발생하는 불량손실이다. 불량으로 인한 반품 및 클레임, 애프터서비스, 판매기회 손실 등을 예로 들 수 있다. 이 비용에 포함되는 구체적인 비용으로는 보증기간 내에 발생하는 반품 및 클레임 비용, 보증기간 만료 후의 불만, 애프터서비스와 관련된 비용, 제품책임 비용, 기타의 외부 실패비용(판매기회 손실, 영업권 상실 등) 등이 있다.

1.5.2 예방, 평가, 실패비용 상호 간의 관계

품질비용의 4가지 범주, 즉 예방비용, 평가비용, 내/외부 실패비용을 다시 두 범주로 묶으면 예방-평가비용과 내-외부 실패비용으로 분류할 수 있다. 품질향상 및 개선을 목적으로 투입되는 예방비용과 품질평가활동의 평가비용은 품질향상 및 현장의 품질문제의 발생과 확대의 예방을 위한 적극적인 의미의 투자라고 할 수 있다. 이 투자는 다른 품질비용의 요소인 실패비용에 영향을 준다. 그래서 투입과 관련된 예방비용과 평가비용을 관리비용이라 하고, 결과와 관련된 실패비용을 관리 실패비용으로 구분한다. 따라서 품질비용시스템에서는 관리가 가능한 예방비용과 평가비용을 통해서 품질불량의 결과로서 발생하는 실패비용을 간접적으로 관리한다고 할 수 있다.

예방비용과 평가비용은 실패비용과 서로 반비례한다. 예방 및 평가비용의 증가는 품질개선 및 관리를 위한 인적·물적 투자를 의미한다. 그 결과 품질 불량이 적어지고 품질수준이 향상되어 실패비용이 감소하게 될 것이다. 품질불량의 예방활동은 불량이나 오류를 줄인다. 예방비용이 증대되면 불량이 감소되어 내부 실패비용과 외부 실패비용 모두가 감소한다. 그러나 평가비용이 증가하여 평가가 보다 세밀해지면 추가적인 불량을 발견하여 이를 재작업하거나 처분하면 불량품으로 발생하는 외부 실패비용을 줄일 수 있다. 따라서 평가비용이 투입되면 전체 실패비용은 감소하지만 감소폭은 예방비용의 효과에 비해 부분적일 수 있다.

예방활동과 평가활동의 상호 관련성을 본다면 다음과 같다. 예방활동이 미약하면 품질관리는 대부분 평가활동에 의존하게 되지만 예방활동이 강화되면 궁극적으로 품질불량의 발생이 사전에 예방되므로 필요한 평가활동의 범위도 전체적으로 감소하게 될 것이다. 품질수준에 따른 예방, 평가, 실패비용을 나타낸 것이 그림 1.5이다. 품질수준이 향상되면 실패비용은 감소하게 되며 품질수준을 높이기 위한 예방 평가비용은 투자비용의 성격을 가지므로 증가하게 된다. 그러면 총 품질비용의 함수는 전체적으로 감소하다가 어느 지점에서부터 증가할 것이라고 생각한 것이 전통적인 품질비용모형이라고 할 수 있다. 이 총비용이 최소가 되는 품질수준이 최적 품질수준이다. 최적 품질수준의 개념은 품질비용에 관한 연구의 초기부터 언급된 것으로, 쥬란의 전통적인 최적 품질비용 모형에서는 총 품질비용을 최소로 하는 적정한 품질수준이 존재하는 것으로 여겨졌다.

그러나 품질경영의 개념이 일반화되어 시장에서 경쟁이 치열해지고 품질경쟁력 강화를 위한 품질개선이 기업의 가장 중요한 경영이슈가 되면서 과연 "최적의 품질수준이란 존재하는가?"라는 문제제기가 이루어졌다. 이에 따라 그림 1.6과 같이 최적품질수준이 무결점수준일 수 있는 모형이 제시되었다. 특히 지속적인 개선이 품질경영의 중요한 철학이 되고 고품질의 경쟁력 있

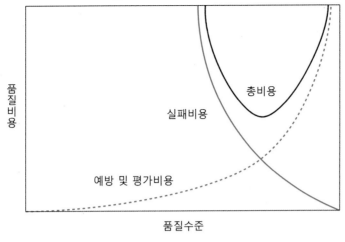

그림 1.5 전통적 최적 품질비용

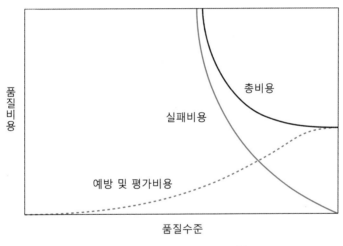

그림 1.6 품질비용의 최적 모형-2

는 일본기업들의 사례가 보고되면서 현재는 무결점수준에 가까운 수준이 최적의 품질수준으로 보편적으로 인정되고 있다. 즉, 불량제로에 이르는 증분비용이 증분이익을 넘지 않는다면 경제적으로 무결함수준이 최적품질수준이 될 수 있다고 주장되고 있다. 이는 지속적인 품질개선활동이 품질비용을 줄이기 위해 요구된다는 것이다.

1.5.3. 활동기준 품질비용 시스템

전통적인 품질비용모형에서는 품질비용을 서로 다른 성격의 비용요소별로 구분하고 각각의 비용을 집계함으로써 총 품질비용을 추정한다. 그러나 이 같은 전통적인 방법에는 한계가 있다. 예를 들어 부적합/결함의 발생시점과 실패비용 파악시점이 달라서 원인 규명 및 대처에 어려움이 있다. 품질비용과 재무회계상의 비용 간의 개념차이로 인한 비용추정의 어려움 역시 존재한다. 그리고 기업 회계시스템의 장부상에서의 제조와 관련된 간접비의 금액과 실제 비용 간의 차이가 커서 품질문제와의 인과 관계를 규명하기 어려운 문제도 있다. 그러므로 전통적인 방법으로 품질비용을 추정하는 경우의 어려움을 극복할 수 있는 새로운 품질비용추정 방법이 연구되어졌다.

새로운 품질비용 추정방법인 활동기준방식(Activity-Based Costing: ABC)을 이 소절에서 간단히 언급하고자 한다. 이 방식은 전통적인 방식보다는 제품개발 및 생산 활동의 주요 비용들이 명확히 식별되어 제조 및 공정 활동을 보다 정확히 분석하고 이해할 수 있다는 장점이 있다.

전통적인 원가회계시스템에서는 제조 간접비를 원가기준이나 시간기준에 따라 인위적으로 배분하는 데 반해 ABC의 경우 생산활동이나 사무업무에서 발생하는 비용들을 활동별 원가동인을 이용하여 비교적 정확히 측정할 수 있다.

ABC시스템의 두 가지 주요 구성요소는 프로세스 가치분석(Process Value Analysis: PVA)과 원가동인(cost driver)분석이다. 프로세스 가치분석은 프로세스를 구성하는 여러 활동 중에서 가치를 창출하는 활동과 창출하지 않는 활동을 구분하는 방법이다. 프로세스 가치분석의 네 가지 활동은 프로세스의 파악, 프로세스를 구성하는 세부활동분석, 원가동인분석을 통한 부가가치 창출활동과 비창출활동의 구분, 개선가능한 방안의 도출과 그 성과를 예측하는 것이다.

1.6 │ 이 책의 구성

이 책은 품질경영의 기본과 통계적 품질관리의 다양한 주제를 다루고자 편집된 책이다. 이 분야의 강의와 연구를 위해 6부로 구분하여 구성되어 있으며 각 부는 세부주제를 다루기 위해 다음과 같은 장으로 구성되어 있다.

<1부 품질경영일반>

1. 서론

2. 품질보증과 개선프로그램

<2부 설계단계의 품질활동>

3. 품질설계

4. 허용차 설계

<3부 공정관리>

5. 통계적 공정관리 일반

6. 슈하트 관리도

7. 특수 관리도 및 EPC

8. 다변량 공정 모니터링과 진단

<4부 공정능력분석과 측정시스템분석>

9. 공정능력분석

10. 측정시스템분석

<5부 샘플링 검사>

11. 계수형 샘플링 검사

12. 계량형 샘플링 검사

<6부 품질공학 및 품질최적화>

13. 다구치의 품질공학

14. 품질 관련 최적화 모형(Web Chapter)

<부록>(Web Chapter)

1.1 데밍의 14가지 경영철학에서 현재 한국의 산업상황에서 실현하기 어려운 점들을 찾아 그 이유를 설명하라.

1.2 ZD 운동이 붐을 일으켰으나 이후 실패한 이유를 설명하라.

1.3 데밍상이 품질과 관련된 세계 최초의 상으로 알려져 있다. 이후 다른 나라에서 제정된 품질관련 상에는 어떤 것이 있는가? 대표적인 품질상 3가지를 들어라.

1.4 가빈이 제시한 품질차원을 자동차의 예를 가지고 설명하라.

1.5 넥타이를 생산하는 기업이 있다고 가정한다면, 그 기업의 고객은 누구인가?

1.6 20세기 품질경영의 발전 단계를 제시하고 품질관리 특징을 비교, 설명하라.

1.7 품질경영에서 언급된 "프로세스 접근"이란 무엇을 의미하는가?

1.8 한국 품질경영상의 변천을 기술하라.

1.9 가빈의 품질의 차원에서 신뢰성과 내구성의 차이를 설명하라.

1.10 여러분이 내과 병원을 운영하고 있다고 가정하자. 이 경우 병원의 품질은 어떻게 평가할 수 있겠는가?

1.11 이시카와의 저서인 ≪일본적 품질관리≫를 읽고 동의할 수 없는 부분이 있으면 기술하라.

1.12 ZD 운동에서 현재도 유의미한 점들은 무엇이라고 생각하는지 기술하라.

1.13 이 책에서 기술되지 않은 품질과 관련된 정의가 있다면 제시하라.

1.14 품질비용과 관련하여 1 : 10 : 100의 원칙이 있다. 이 원칙의 의미를 설명하라.

1.15 회계 시스템에서 ABC의 정의와 활용범위를 기술하라.

1.16 국내 기업의 품질관리활동에 대해 대표사례를 찾아 기술하라.

1.17 한국형 레몬법의 보상 시 보상금액은 어떻게 계산되는지 찾아서 설명하라.

1.18 한국형 레몬법의 도입 이후 보상사례를 하나 파악하여 구체적으로 기술하라.

1.19 (팀 과제) 중소기업을 선정하여 품질비용을 추정하는 사례연구를 실시하여 매출대비 비중을 제시하라.

1.20 (팀 과제) 현대자동차의 품질보증체계를 기술하라.

참고 문헌

품질경영의 일반적인 내용을 파악하고자 하는 경우 책으로 박영택(2014), 이순룡(2012)을 참고하면 좋을 것이며 서비스품질과 관련하여서 특히 박영택(2014)의 책에서 상세히 다루어지고 있다. 품질대가의 철학과 사상을 보다 상세히 파악하고자 하는 경우 Crosby(1979), Deming(1993), Feigenbaum(1986), Juran and Gryna(1993), 石川馨(1981)의 책을 참고하면 될 것이다. 통계적 품질관리 분야의 주요 내용을 파악하기 위해서는 Montgomery(2012)이나 본 책의 이후 내용을 읽어보면 된다. 우리나라에서 품질경영과 관련된 연구 및 발전 과정을 파악하고자 한다면 논문 염봉진 외(2014)를 참고하여야 할 것이고 이후 연구는 대한 산업공학지나 한국품질경영학회지의 최근 발표논문들을 검토하면 될 것이다.

1. 박영택(2014), 품질경영론, 한국표준협회미디어.
2. 배도선, 류문찬, 권영일, 윤원영, 김상부, 홍성훈, 최인수(1998), 최신 통계적 품질관리, 영지문화사.
3. 염봉진, 서순근, 윤원영, 변재현(2014), "품질 및 신뢰성분야의 동향과 발전방향," 대한산업공학회지, 40, 526-554.
4. 이순룡(2012), 현대품질경영 2 수정판, 법문사.
5. 한국표준협회, http: //www.ksa.or.kr/
6. Crosby, P. B.(1979), Quality is Free, McGraw-Hill.
7. Crosby, P. B.(1984), Quality without Tears, McGraw-Hill.
8. Deming, W. E.(1993), Out of Crisis, MIT Press.
9. Deming, W. E.(1994), The New Economics for Industry, Government, Education, MIT Press (김봉균 외 역(2004), 경쟁으로부터 탈출, 한국표준협회 컨설팅).
10. Feigenbaum, A. V.(1986), Total Quality Control, 3rd ed., McGraw-Hill.
11. Garvin, D. A.(1988), Managing Quality: The Strategic and Competitive Edge, The Free Press.
12. Juran, J. M.(1951), Quality Control Handbook, McGraw-Hill.
13. Juran, J. M.(1964), Managerial Breakthrough, McGraw-Hill.
14. Juran, J. M.(1986), "The Quality Trilogy: A Universal Approach to Managing for Quality," Quality Progress, 19-24.
15. Juran, J. M. and Gryna, F. M.(1980), Quality Planning and Analysis, 2nd. ed., McGraw-Hill.

16. Juran, J. M. and Gryna, F. M.(1993), Quality Planning and Analysis, 3rd. ed., McGraw-Hill.

17. Montgomery, D. C.(2012), Statistical Quality Control, 7th ed., Wiley.

18. Shewhart, W. A.(1931), Economic Control of Quality of Manufactured Product, D. Van Nostrand Company, New York.

19. Shewhart, W. A.(1939), Statistical Method from the Viewpoint of Quality, The Graduate School of the Department of Agriculture, Washington D.C.

20. 日科技連 QFD 研究部會 編(2009), 第 3世代의 QFD 事例集, 日科技連.

21. 石川馨(1981), 일본적 품질관리, 日科技連(노형진 역(1985), 일본적 품질관리, 경문사).

품질보증과
개선프로그램

방산 기업 L사의 품질보증 및 개선프로그램 활동 사례

2023년 10월 경기도 성남시에 위치한 서울비행장에서 에어쇼와 방위산업전시회인 Seoul ADEX 2023이 성황리에 개최되었다. 이 행사를 통해 우리의 국방력을 전 세계에 과시하였음은 물론이고, K-방산을 대표하는 천무, FA-50, K2 전차, K9 자주포 등을 일반인들도 가까이서 접할 수 있었다. 방산업계에서 후발주자인 우리나라 기업이 난공불락으로 여겨져 온 유럽이나 중동의 국가에 최첨단 유도무기를 수출할 수 있었던 것은 K-방산 제품이 품질과 신뢰성 측면에서 미국, 독일, 러시아 등의 선진 무기에 뒤지지 않으면서, 경제적 측면에서 경쟁력을 갖췄기 때문이다. 이번 사례에서는 대표적인 K-방산 업체 중 하나인 L사의 품질보증 및 개선프로그램 활동 사례를 소개하려 한다.

L사는 유도무기, 수중무기, 해군전투 체계, 레이더, 전자광학 등을 생산하는 방위산업 전문업체이다. 2022년 1월 UAE에 35억 달러 규모의 지대공 미사일 요격체계 '천궁-Ⅱ'를 수출하여 우리나라 역대 최대 방산 수출의 물꼬를 튼 바 있다. L사는 자사의 품질시스템 안정화를 위해 1995년에 품질경영시스템 ISO 9001 인증을 취득하였고, 환경경영시스템 ISO 14001 역시 1995년에 인증받았으며, 안전보건경영시스템 KOSHA 2000(ISO 45000의 한국버전)의 인증을 2002년 취득하였다. L사는 2023년 현재까지 이들 시스템에 대한 인증을 유지하면서 자사의 품질, 환경, 그리고 안전보건경영시스템의 고도화 작업을 지속하고 있으며, AS 9100 항공우주 품질경영시스템 인증도 받았고, ISO/IEC 17025 교정 분야와 시험 분야 인증도 취득하여 품질보증 활동을 지속적으로 강화하고 있다. 이러한 품질보증 활동의 결과 2000년대 초 2회에 걸쳐서 국방품질경영상 국방부 장관상을 받은 바 있으며, 품질경영시스템의 우수성을 인정받아 2023년에는 가장 영예로운 국가품질상 대통령상 수상도 하였다.

L사는 식스시그마, 소집단개선 활동, 제안제도 운영 등 품질개선 활동 역시 활발히 전개하고 있다. 국내에 식스시그마가 도입되기 시작한 2000년 상반기부터 구미공장에서 블랙벨트 양성과정을 시작하여, 마스터블랙벨트, 블랙벨트, 그린벨트 등 식스시그마 추진인력을 500명 이상 양성하였으며, 수년간 지속한 식스시그마 활동을 통해 약 300여 건의 개선 과제를 수행하여 300억 원이 넘는 재무성과를 거둔 바 있다. 소집단개선 활동을 위해 L사 내에 30여 개 품질분임조가 현재도 활동 중이며, 매년 품질분임조 활동 사례 경진대회를 개최하여 우수 과제에 대해서는 포상을 주고 있다. 또한, 품질분임조 활동 우수 사례로 선정된 조는 외부 경진대회에 참가하고 있으며, 2019년에는 군수품 현장품질 기술혁신대회에서 동상을 받았고, 2022년에는 동 대회에서 대상을 받은 바 있다. 제안제도 활성화를 위해서 사내 인트라넷상에 제안제도 사이트를 별도로 운영하고 있으며, 전 직원이 매년 1회 이상의 제안 실적을 갖추도록 의무화하고 있다. 우수한 임직원의 제안 아이디어에 대한 별도의 포상 시스템도 구축하고 있다.

제품의 품질은 기업의 경쟁력을 좌우하는 가장 중요한 요인 중 하나이다. 위에 소개한 L사뿐 아니라 전 세계의 선진 기업들은 L사와 유사한 품질보증 및 품질 개선프로그램을 운영하고 있다. 이를 통해 생산 제품의 품질 및 신뢰성 목표를 달성하고 있다.

이 장의 2.2~2.6절에서는 품질보증을, 2.7~2.9절에서는 품질개선 프로그램을 설명한다. 먼저 2.2절에서는 품질보증의 중요성과 주요 방법론을 소개한다. 2.3절에서는 국제표준화기구인 ISO(International Organization for Standardization)의 품질경영시스템 인증규격인 ISO 9000 패밀리를 다루며, 2.4절에서는 환경과 안전보건에 관한 ISO 규격인 ISO 14000과 ISO 45000을 각각 다룬다. 2.5절에서는 기업의 품질경영시스템을 평가하여 우수기업에 포상을 수여하는 미국의 말콤볼드리지상과 우리나라 국가품질상에 대해 설명한다. 2.6절에서는 제조물의 결함으로 인한 생명, 신체 또는 재산상의 손해를 입은 자에게 제조업자(제조물의 제조·가공 또는 수입업자)가 그 손해를 배상하는 제품책임(Product Liability: PL)을 설명한다.

2.7절에서는 품질개선 프로그램 중의 하나인 무결점(Zero Defects: ZD) 운동을, 2.8절에서는 1980년대에 미국의 모토로라사에서 시작하여 현재까지도 여러 기업에서 널리 활용되는 품질혁신 활동인 식스시그마 방법론을 설명한다. 마지막으로 2.9절에서는 분임조 활동으로 널리 알려진 소집단 개선 활동과 제안제도의 구체적 도입 방법을 제시한다.

2.1 | 개요

기업경쟁력의 원천은 고객만족에 있으며 제품이나 서비스의 품질은 고객만족의 중요 요소 중 하나이다. 기업은 제품이나 서비스가 고객들의 품질 요구사항을 충족하는 것을 고객들에게 확신시키기 위하여 계획적이고 체계적인 품질보증과 개선 활동을 하고 있다. 품질보증 활동은 크게 세 가지로 구분할 수 있다. 품질이 좋은 제품이나 서비스를 경제적이며 효율적으로 생산하기 위한 전통적인 품질보증 활동, 수요자가 요구하는 품질 수준 만족을 보증하기 위해 공급자가 행하는 품질경영시스템(Quality Management System: QMS) 인증제도와 리스크(risk)관리, 그리고 안전설계를 중시하고 손해나 사고를 미연 방지하기 위한 제품책임(Product Liability: PL) 활동이 그것이다.

품질경영시스템의 주요 변화를 살펴보자. 제조 분야에서는 품질관리를 도입한 이래 제품에 대한 규격을 설정하고 그 기준에 불합치하는 것을 통제해주는 현장 중심의 품질관리 활동을 통해 어느 정도 글로벌 경쟁력을 확보하였다. 그러나 고객만족의 중요성이 강조되면서 공급자 중심의 품질관리 활동에서 소비자 중심의 품질경영시스템으로 전환되었다. 기업은 제품이나 서비스가 품질 요구사항을 충분히 충족시키고 있다는 신뢰를 고객들에게 주기 위해 조직적인 품질보증 활동을 하고 있다. 제조부문뿐만 아니라 고객요구조사, 설계, 검사, 판매 등 모든 기업 활동이 최적으로 유지된다면, 그 시스템의 출력(output)인 제품이나 서비스의 품질이 좋아지는 것은 당연할 것이다. 품질경영시스템은 제품과 서비스의 품질과 관련된 모든 활동을 포함하고 있다. 제품과 서비스에 대한 고객 요구사항과 기대를 실질적으로 반영해야 하며, 이해하기 쉽고 효율적이어야 한다. 또한 문제 발생 후의 시정조치(corrective action)보다는 문제 발생 전의 예방조치(preventive action)를 강조하며, 리스크를 고려하여 바람직하지 않은 결과를 예방하거나 줄이기 위하여 반응하는(reactive) 것보다는 선행하여(proactive) 식별하고 조치해야 한다. 따라서 품질보증 활동의 객관성과 효율성을 높이기 위해 제3자의 평가가 필요하게 되었고 품질경영시스템 인증제도가 도입 및 확산되었다.

ISO는 1979년에 품질경영시스템의 표준화를 범위로 하는 기술위원회(Technical Committee: TC) 176을 구성하여 각국의 표준규격을 통합·조정하여 1987년에 품질경영과 품질보증에 관한 국제표준규격 ISO 9000 시리즈를 제정하였다. 기업들은 ISO 9000 시리즈에 맞게 품질시스템을 구축하고, 이를 제품의 공급자나 고객이 아닌 제3의 인증기관을 통해 인증받아야 한다. ISO는 변화하는 시장 요구에 대응할 수 있도록 매 5년마다 표준규격의 적절성을 검토한다. ISO 9000 시리즈(현재는 시리즈 대신 패밀리라는 용어가 사용된다)가 처음 제정된 이래로 4회 개정되어 ISO 9001: 2015 개정 표준규격으로 전환 인증이 추진되어, 2018년 9월 이후 ISO 9001: 2015 표준만이 유효하게 되었다.

우리나라는 1990년 이전까지는 TQC 활동에 중점을 두어 품질경영시스템에 큰 관심을 두지 않았으나, 1990년대 초반 선박·해양플랜트 등의 분야에서 ISO 9000 시리즈를 인증받지 못한 기업들의 해외 수주가 어려워지기 시작하여 이것이 새로운 무역장벽으로 대두하게 되었다. 이에 따라 1992년에 ISO 9000 시리즈를 국가표준규격 KS A 9000 시리즈로 제정하였고 그 후 지속 개정하고 있다. 2.3절에서 품질경영시스템에 대해 구체적인 내용을 설명한다. 최근에는 품질경영시스템의 중요성을 인식해 국제표준화기구(International Organization for Standardization: ISO)를 중심으로 환경경영시스템(ISO 14000), 안전보건경영시스템(ISO 45000) 등이 운용되고 있으며, 자동차산업의 IATF 16949, 정보통신산업의 TL 9000, 항공산업의 AS 9100, 자동차산업기능안전 ISO 26262) 등 다양한 표준규격이 제정되어 기업의 품질시스템이 갖추어야 할 여러 가지 요구사항을 규정하고 있다. 2.4절에서는 환경경영시스템 및 안전보건경영시스템을 설명하려 한다.

품질경영시스템의 구축 및 평가와 관련된 또 다른 특징은 전 세계적으로 품질경영시스템의 구축을 통해 품질향상에 공헌한 기업이나 개인에게 품질경영상을 수여하고 있다는 것이다. 국가적 규모의 대표적인 품질경영상으로는 미국의 말콤볼드리지상, 일본의 데밍상, 유럽의 유럽품질상, 한국의 국가품질경영상 등이 있다. 품질경영상에 대해서는 2.5절에서 설명한다. 품질보증활동으로 제품책임(PL)활동도 도입되었다. 2002년 7월부터 시행된 제조물 책임법에서는 제조물의 결함으로 인하여 발생한 인적·물적 손해에 대하여 제조자 등의 손해배상책임을 규정하고 있어, 제품에 대한 위험종합평가·안전설계를 강조하고 손해나 사고를 미연 방지하기 위한 제품안전활동을 요구한다. 제품책임은 2.6절에서 설명한다.

생산하는 제품 및 서비스의 품질 수준이 해당 기업의 경쟁력을 좌우한다는 것을 임직원들이 알고 있으므로, 기업들은 CEO 주도의 다양한 품질개선 및 혁신 활동을 전개하고 있다. 2.7절에서는 무결점운동으로 알려진 ZD(zero defects)운동을, 2.8절에서는 식스시그마 방법론을, 2.9절에서는 소집단 개선활동 및 제안제도를 설명한다.

2.2 | 품질보증

앞 절에서 언급한 세 가지 품질보증 활동을 보다 자세하게 살펴보자. 1장에서 설명한 바와 같이 품질경영은 검사, 통계적 품질관리(SQC), 품질보증(QA), 품질경영(QM)의 4단계로 확대발전하였다. 품질보증 단계에서는 제조공정 중심의 SQC가 널리 활용되었고, 통계학의 영역을 넘어 품질비용, 종합적 품질관리, 무결점 운동, 신뢰성 공학 등 다양한 품질 방법론이 중요한 역할을 하였다. 품질비용과 종합적 품질관리를 개괄하면 다음과 같다.

1.5절에서 설명된 품질비용은 1950년대 초부터 품질개선의 중요한 도구로 활용되어왔다. 쥬란은 1951년 발간된 《품질관리 핸드북》에서 일정 수준의 품질을 만들기 위해 발생하는 비용

을 '관리불량 혹은 가피(voidable) 비용'과 '관리 혹은 불가피(unavoidable) 비용'으로 구분하였다. 가피 비용은 내·외부 실패비용이며, 불가피 비용은 예방비용과 평가비용을 포함한다. 전통적인 품질비용 개념은 품질비용을 최소화하려면 어느 정도의 부적합품을 감수하여야 한다는 것이었다. 그러나 새로운 품질비용 개념은 급격한 기술 향상이나 경영환경 변화에서는 부적합품이 없는 완벽한 품질수준에서 최소의 품질비용이 달성된다고 보고 있다.

GE사의 생산 및 품질 책임자였던 파이겐바움은 1956년 품질에 대한 책임을 제조 부문에서 경영 전반으로 확대한 종합적 품질관리(TQC)를 제창하였다. 파이겐바움은 조직 내 여러 부문의 품질보증 노력을 통합하기 위하여 품질활동과 책임부문을 행렬형태로 대응시킨 품질관련표(quality relationship chart)를 활용하였다. 품질보증 활동을 체계적으로 수행하기 위한 수단으로는 '품질보증 체계도'와 '품질보증활동 일람표'를 이용하였다(水野滋, 1985). '품질보증 체계도'는 조직 내 각 부문들이 어떤 절차나 단계에 따라 어떤 업무를 수행해야 하는지 흐름도의 형태로 알기 쉽게 정리한 그림이다. '품질보증활동 일람표'는 업무 단계별로 보증사항과 보증을 위한 업무, 책임자 및 관계자, 관련규정 등을 세부적으로 명시한 도표이다. 이들은 공급자 입장에서 체계적 품질보증 활동을 수행하기 위한 수단이었다.

품질에 관련된 여러 부문들의 효과적 기능적 연결을 중시하는 품질보증으로 발전하였지만, 1970년대에 접어들면서 품질의 전략적 측면이 고려되기 시작하였다. 가전제품이나 자동차 시장보다 훨씬 경쟁이 심했던 반도체 시장에서는 품질이 잠재적인 전략무기가 될 수 있음을 보여주었다. 전략적인 경쟁 문제에 관심을 갖고 있는 최고경영자의 절대적 관심을 끌기 위하여 품질에 대한 새로운 정의가 필요하게 되었다. 그것은 고객만이 제품의 수용여부를 결정할 수 있으므로 규격을 만족시킨다는 것은 부차적인 관심사이고, 고객의 요구를 제대로 파악하지 못한다면 제조공정이 아무리 우수하다 하더라도 별다른 경쟁우위를 누릴 수 없다는 것이다. 오늘날 고객들은 과거 어느 때보다 품질문제를 훨씬 중요하게 생각하며, 좋은 품질이란 고객을 만족시키는 것이지 제품으로 인한 피해를 방지하는 것이 아니다. 이제는 공급자 입장에서의 품질보증 활동에서 객관성과 효율성을 높이기 위해 제3자의 평가가 필요하게 되었고 이에 따른 국제표준화 작업과 품질경영시스템 인증제도가 도입·확산되었다.

국제표준화 작업은 전기기술 분야의 급속한 발전으로 국제전기표준회의(International Electrotechnical Commission: IEC)가 1908년에 창립되어 추진되었으며, 국제연합표준조정위원회(UNSCC)가 1946년 '공업표준규격의 국제적 통일과 조정의 촉진을 목적'으로 하는 새로운 국제기관의 설립을 토의한 결과로서 ISO가 설치되어 1947년 2월에 정식기구로 발족하였다. 한편 품질시스템 표준규격은 군수산업에서 제품에 대한 품질향상을 위해 1959년 미국방성(DOD)이 제정한 MIL Q9858에서 유래하였고 1963년에 MIL Q9858A로 개정되었다. NASA에서도 품질시스템 요구사항을 개발하여 부품 공급자들에게 적용하여 효과를 거두자 항공우주 산업에 품질보증시스템이 도입되었다. 또한 미국 연방 원자력법에 MIL Q9858A가 반영되면서 원자력 산업에서도 품질보증시스템이 확대되었다. 이후 품질보증시스템은 유럽으로 전파되었으며, NATO는 1965년에 품질보증시스템, AQAP(Allied Quality Assurance Procedures)를 도입하여 군용장비 획득에 적용하였다. 영국표준협회(BSI)는 1970년대에 접어들면서 영국 최초로 품질보증 표준 BS 9000 및 품질보증 가이드라인 BS 5179를 제정하였고, 1979년에는 일반산업용 품질보증시스템 표준 BS 5750 시리즈를 발행하였다. 미국기계학회(The American Society of Mechanical Engineers: ASME), 미국표준연구원(American National Standards Institute: ANSI) 등의 국가표준기구 및 전문단체들의 주도하에 여러 형태의 표준규격이 제정되는 등 산업현장에서 품질보증시스템이 많이 활용되어 왔으며 1970년대에 이르러 품질시스템에 대한 인증제도의 보급이 확산되었다.

또한 품질보증활동에 제품안전활동이 강조되었다. 제조물의 결함으로 인하여 발생한 인적·물적 손해에 대하여 제조자 등의 손해배상책임을 규정한 '제조물 책임법'이 1960년대부터 시행됨으로써 제품에 대한 위험종합평가·안전설계를 강조하고 손해나 사고를 미연에 방지하기 위한 제품안전활동이 요구된 것이다.

2.3 | 품질경영시스템(ISO 9000)

영국의 품질표준인 BS 5750을 근간으로 1987년에 처음으로 발행된 ISO 9000 표준규격은 ISO 9001, 9002, 9003, 9004 시리즈로 출발하였다. ISO 9000 패밀리(시리즈)는 현재까지 4번 개정되었고 2015년 현재의 표준규격에 이르렀다. 이 가운데서 가장 큰 변화는 2000년 표준규격의 개정으로, 품질경영 전체의 프로세스에 계획-실행-검토-조치(PDCA) 사이클을 반복하여 지속적인 개선을 지향하고 제품 조직뿐 아니라 서비스 조직까지 모든 사업부문에서 손쉽게 작용할 수 있도록 ISO 9001~9003 시리즈가 ISO 9001: 2000 하나로 통합되었다. 구체적인 특징으로서 1987년과 1994년 표준규격의 20개 세부 요구사항이 2000년 표준규격에서는 5개 주요 부문의 23개 세부요구사항으로 개정되었다. 특히 품질경영 철학 속의 8가지 품질경영 원리인 고객 중심(customer focus), 리더십(leadership), 전원 참여(involvement of people), 프로세스 접근(process approach), 경영의 시스템적 접근(systematic approach to management), 지속적 개선

(continual improvement), 의사결정에 관한 사실적 접근(a factual approach to decision making), 상호 유익한 공급자 관계(mutually beneficial supplier relationship)가 ISO 9001: 2000 표준규격 안에 포함되었다.

ISO 9001: 2000은 다시 2008년에 소폭 개정되었고, 2015년 9월에 시장 요구를 반영하여 ISO 9001: 2015가 발행되었다. 이 개정의 가장 큰 변화는 전 요건에 리스크 기반 사고(Risk Based Thinking: RBT)가 채택되고 기업의 상황(context) 분석에 기반한 정책 및 목표수립을 요구하고 있으며 QMS(quality management system)의 성과평가 부문이 강조되고 있다는 것이다. 또한 모든 ISO 경영시스템 표준규격에 공통적으로 적용될 상위 구조(High Level Structure: HLS)인 Annex SL에 따라 요건의 주요 부문이 과거 5개 절에서 7개 절로 확대 개정되었다. 개정된 ISO 9001 표준규격들의 변화와 주요 특징을 요약하면 그림 2.1과 같다(김호균 외, 2016).

1987년 표준규격	1994년 표준규격	2000년 표준규격	2008년 표준규격	2015년 표준규격
ISO 9001 (설계, 제조, 검사) ISO 9002 (제조, 검사) ISO 9003 (검사) ISO 9004 (지침서)	ISO 9001 (설계, 제조, 검사) ISO 9002 (제조, 검사) ISO 9003 (검사) ISO 9004 (지침서)	ISO 9001: 2000 (요구사항) ISO 9004 (지침서)	ISO 9001: 2008 (요구사항) ISO 9004 (지침서)	ISO 9001: 2015 (요구사항) ISO 9004 (지침서)
① 영국의 BS 5750 을 기초로 함 ② 총 20개 세부 요구사항 ③ ISO 9004는 용어해설임	① 제품 생산을 위해 명시한 절차의 일치성 여부보다 예방 조치 등을 통한 제품 생산을 중시하는 품질보증 모델로 개선	① 9001, 9002, 9003 이 9001 하나로 통합 ② 모든 업종에서 적용 가능토록 개정 ③ 품질경영 8가지 원리 적용과 총 23개 세부 요구사항 개정	① 환경경영시스템 ISO 14000: 2004와 병용성을 강화 ② 5개 주요부문 유지: 4. 품질경영시스템 5. 경영책임 6. 자원관리 7. 제품실현 8 측정, 분석 및 개선	① 리스크 기반접근 ② 7개 주요부문으로 확장: 4. 조직상황 5. 리더십 6. 기획 7. 지원 8. 운영 9. 성과평가 10. 개선

그림 2.1 ISO 9001 표준규격들의 변화 및 주요 특징

2.3.1 ISO 9000 표준규격

ISO 9000 패밀리는 4개의 기본표준규격 ISO 9000, 9001, 9004, 19001로 구성된다. ISO 9000: 2015(품질경영시스템: 기본사항 및 용어)는 ISO 9000 패밀리의 사용과 관련된 기본사항과 용어를 소개하고 있으며, 지속적인 개선을 위한 프로세스 접근방법과 8가지 품질경영의 원칙을 담고 있다. ISO 9001: 2015(품질경영시스템: 요구사항) 표준규격은 그림 2.2에 나타난 바와 같이 프로세스 접근방법을 채택하고 있다.

ISO 9001: 2015는 고객만족을 제고하고 법적·규제적 요구사항을 충족시키는 제품이나 서비스를 일관되게 공급할 수 있는 능력을 입증하기 위해 조직이 반드시 충족시켜야 할 기본적 요구사항을 규정하고 있다. ISO 9001은 품질경영시스템 인증의 유일한 대상이다. 주요 내용은 표 2.1과 같고, 인증 대상 업종과 규모에 따라 적용범위를 가감 또는 수정할 수 있다.

ISO 9004: 2009(품질경영시스템-성과개선 가이드라인)는 개선 실행 지침서로 품질경영, 고객만족을 위한 지속적인 개선을 위해 광범위한 지침을 제공하고 있다. ISO 9001과 ISO 9004는 모두 프로세스 접근방법을 채택하고 있어 양립할 수 있다.

ISO 9001은 품질경영시스템에 대한 최소한의 요구사항을 규정하므로 ISO 9001 인증을 준비하는 조직에서도 내부 시스템은 ISO 9004에 따라 구축하는 것이 좋을 것이다. ISO 19001: 2011 (품질/환경경영시스템 감사 가이드라인)은 품질경영시스템과 환경경영시스템의 감사에 관한 사항으로 감사프로그램, 내부 및 외부감사의 실행, 감사원의 적격성에 대한 지침을 제공하고 있다.

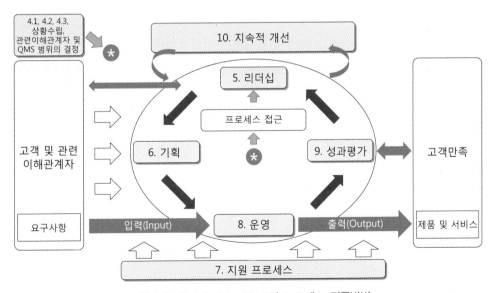

그림 2.2 ISO 9001: 2015의 프로세스 접근방법

표 2.1 ISO 9001: 2015 요구사항

개정 규격(ISO 9001: 2015)		
조직 상황		
1. 조직 및 조직 상황이해	2. 이해관계자의 니즈 및 기대 이해	3. 품질경영시스템 적용범위 결정
4. 품질경영시스템 및 그 프로세스		
리더십		
1. 리더십 및 실행의지	2. 방침	3. 조직의 역할, 책임 및 권한
기획		
1. 리스크 및 기회를 다루는 조치	2. 품질목표와 그 달성 기획	3. 변경에 대한 기획
지원		
1. 자원	2. 역량/적격성	3. 인식
4. 의사소통	5. 문서화된 정보	
운영		
1. 운영기획 및 관리	2. 제품 및 서비스 요구사항	3. 제품 및 서비스의 설계 및 개발
4. 외부에서 제공되는 프로세스, 제품 및 서비스의 관리		5. 생산 및 서비스 제공
6. 제품 및 서비스 불출	7. 부적합 출력의 관리	
성과평가		
1. 모니터링, 측정, 분석 및 평가	2. 내부심사	3. 경영검토/경영평가
개선		
1. 일반사항	2. 부적합과 시정조치	3. 지속적 개선

2.3.2 상위 구조와 리스크 기반 사고

ISO 9001: 2015 개정 규격에서 가장 큰 특징은 상위 구조(HLS)와 리스크 기반 사고(RBT)이다. HLS는 모든 ISO 경영시스템 표준에 공통적으로 도입된 기본 구조로 일반 사항인 ① 적용범위(scope) ② 인용표준(normative references) ③ 용어 및 정의(terms and definitions)와 주요 부문인 ④ 조직상황(context of the organization) ⑤ 리더십(leadership) ⑥ 기획(planning) ⑦ 지원(support) ⑧ 운영(operation) ⑨ 성과평가(performance evaluation) ⑩ 개선(improvement)의 10개 절(section)로 확대시키고 구체화하였다. 개별 ISO 경영시스템 표준은 특정한 세부 요구사항을 추가할 수 있다. 품질경영시스템은 표 2.1과 같이 특히 ⑧ 운영에 세부 요구사항이 추가된 것이다.

또 다른 특징은 RBT를 강조한 것이다. 리스크(risk)는 연구 분야에 따라 다양한 개념과 정의가 있으나 QMS와 관련된 리스크의 정의는 다음과 같다.

- ISO 31000: 2009(리스크 관리 규격): 목표에 대한 불확실성의 영향
- ISO 9001: 2015 서문(foreword): 긍정 또는 부정의 효과를 가지는 불확실성의 효과(the effect of uncertainty and any such uncertainty can have positive or negative effects)

RBT는 프로세스 접근법을 대체하며, "예방조치(prevention)"가 아닌 "리스크(risk)" 개념을 고려하여 PDCA 사이클 속에 내재하는 품질경영시스템의 요소들을 체계적으로 관리(systematic approach to risk)하는 것이다. RBT는 품질경영을 시작하는 설계부터 운용 후, 개선하는 마지막 단계까지 시스템 전체 내부의 리스크를 식별하여 고려한다. 시스템 내 모든 프로세스의 리스크 수준이 동일하지 않으므로 각각의 프로세스에 대한 리스크를 고려하여 세심한 주의와 체계적인 계획과 관리가 필요하다. 또한 리스크의 결과는 부정과 긍정의 양면성을 갖고 있다. 즉, RBT는 바람직하지 않은 결과를 예방(prevent)하거나 감소(reduce)시키기 위하여 반응(reactive)하는 것 보다는 초기에 식별하고 조치함으로써 선행하여 조치(proactive)하는 것이다. ISO 9001: 2015 규격은 공식적인 리스크 관리를 요구하지는 않는다. 그러나 ISO 31000: 2009(리스크 관리-원칙과 가이드라인)와 ISO 31010: 2010(리스크 관리-리스크 평가 기법) 규격을 활용하면 RBT에 의한 QMS 및 프로세스를 훨씬 더 체계적으로 구축할 수 있다. RBT는 일반적으로 다음의 6단계로 구분할 수 있다: 리스크 식별(Identify) → 리스크 이해(Understand) → 리스크 처리 계획(Plan) → 계획의 실행(Implement) → 효과성의 확인(Check) → 학습 및 개선(Learn).

리스크 평가와 관리는 1970년대, 1980년대 이후 등장하여 활발히 연구되고 있고 다양한 연구 분야에서 리스크 분석의 접근 방법이 적용되고 있다. 대표적인 전문가 그룹으로서는 "Society for Risk Analysis"(www.sra.com)가 있다.

리스크 관리는 크게 두 범주인 리스크 관리 전략과 리스크 관리 프로세스로 분류된다. 리스크를 관리하기 위한 전략으로서 다음의 세 가지 전략을 주로 사용하며, 대부분의 경우 세 가지 전략을 혼합하여 사용한다.

(1) 리스크 정보 활용(risk-informed) 전략

리스크 평가를 통해 리스크를 회피, 감소, 전달 및 보유하여 리스크를 취급

(2) 경계/예방(cautionary/precaution) 전략

대체품 개발, 안전 요인, 안전장치의 중복설계, 수단의 다양화 등의 대안을 갖는 시스템 설계와 비상 경영 등 적응을 위한 전략

(3) 광범위한(discursive) 전략

불확실성 및 모호성의 감소, 사실의 명확화, 영향을 받는 사람들의 참여 등을 통해 신뢰를 구축하는 전략

리스크 관리 프로세스는 대부분의 리스크 분석 교재나 ISO 31000: 2009에서 확인할 수 있는데, 일반적으로 다음의 6단계로 구분한다.

① 리스크 관리 활동 목적의 정의와 목표기준의 특정화
② 고려한 활동 및 정의된 목적에 영향을 주는 상황과 사건의 식별: 체크리스트, HAZOP (Hazard and Operability), FMEA(Failure Mode and Effects Analysis) 등의 방법 활용
③ 사건의 원인과 결과의 분석: FTA(Fault Tree Analysis), ETA(Event Tree Analysis), 베이지안 네트워크의 사용
④ 사건과 결과의 가능성 판단과 리스크의 기술
⑤ 리스크 중요도 판단을 위한 리스크의 평가
⑥ 리스크의 취급

2.3.3 리스크 관리의 실행

리스크 관리 전략은 각각의 조직의 상황에 적합하게 작성되고 효과적으로 리스크 관리를 실행하기 위하여 지속적으로 반복하여 보완하고 수정되어야 한다. 체계적인 리스크 관리의 국제적 규격인 ISO 31000: 2009는 리스크 관리의 프로세스가 조직의 지배구조, 전략 및 기획, 정책, 가치와 문화에 맞도록 프레임워크를 개발하고 실행하여 지속적으로 개선하도록 명시하고 있다.

조직에서 리스크 관리 절차를 전개하기 위해서는 리스크 관리 업무 절차를 기술하고 조직의 관리에서 발생하는 변동을 충분히 반영해야 한다. ISO 9001: 2015의 품질 리스크 관리 과정의 개요에서는 일반적인 리스크 관리 절차를 서술하고, 각 항목에 대한 일반적인 설명과 함께 각 조직에 맞는 관리 방안을 실현하도록 명시만 하고 있다.

그림 2.3은 앞서 설명한 리스크 관리 프로세스 6단계의 모든 전개 과정을 책임 및 권한, 설명과 함께 리스크 관리 업무 흐름도로 요약한 것이다(김호균 외, 2017).

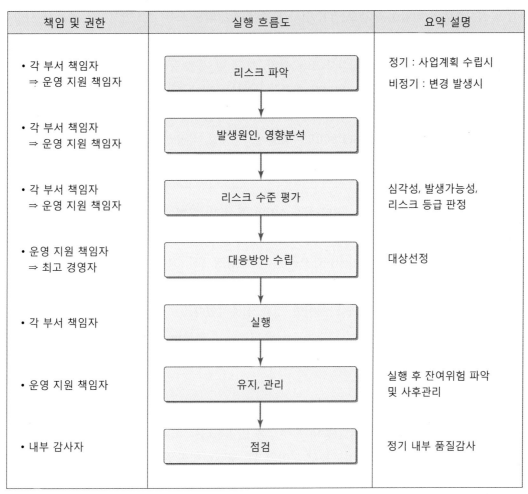

책임 및 권한	실행 흐름도	요약 설명
• 각 부서 책임자 ⇒ 운영 지원 책임자	리스크 파악	정기 : 사업계획 수립시 비정기 : 변경 발생시
• 각 부서 책임자 ⇒ 운영 지원 책임자	발생원인, 영향분석	
• 각 부서 책임자 ⇒ 운영 지원 책임자	리스크 수준 평가	심각성, 발생가능성, 리스크 등급 판정
• 운영 지원 책임자 ⇒ 최고 경영자	대응방안 수립	대상선정
• 각 부서 책임자	실행	
• 운영 지원 책임자	유지, 관리	실행 후 잔여위험 파악 및 사후관리
• 내부 감사자	점검	정기 내부 품질감사

그림 2.3 리스크 관리 실행 흐름도

2.3.4 품질경영시스템 인증과 효과

품질경영시스템 ISO 9001 인증은 인증기관에 의해 이루어진다. 인증기관은 각국별로 인정기관에서 인가되는데, 한국에서는 한국인정지원센터(Korea Accreditation Board: KAB)에서 총괄 관리하고 있다. ISO 9001 인증 작업은 크게 품질매뉴얼 등의 서류심사와 현장심사로 구성된다. 서류심사는 품질매뉴얼이 ISO 9001의 요구사항에 맞게 정리되어 있는지를 심사하는 것으로, 내용이 불충분할 경우 현장 심사 일정이 연기될 수 있다. 현장심사는 인증심사의 핵심으로, 신청 기업의 현장에서 실시하며 자사의 품질시스템이 ISO 9001에서 규정한 요구조건에 따라 제대로 구축되어 있는지와 문서화한 품질매뉴얼, 절차서, 지시서대로 작업이 수행되고 있는지 등 신청

기업 품질시스템의 적합성을 검토한다. 심사 도중에 발견되는 모든 부적합사항은 중대한 사항과 경미한 사항으로 분류되며, 중대한 사항이 하나 이상 발견될 경우에는 인증서 발급이 허용되지 않는다. 전체적인 평가를 거쳐 재심사 또는 보완, 보고 및 제출 등의 과정을 거쳐 인증서를 취득할 수 있다. 인증 취득 후 매 6개월마다 사후관리심사를 받게 되며 품질경영시스템이 지속적으로 유지되고 있는가를 확인한다. 또한 3년마다 인증을 갱신하여야 하므로 항상 품질시스템의 개선 및 유지에 노력해야 한다. ISO 9001은 효율성, 생산성, 유용성, 적응성을 향상시킬 수 있는 품질경영모형이므로 표준의 요구사항을 만족할 수 있다면 어렵지 않게 기업들이 도입할 수 있을 것이다.

품질경영시스템의 도입 효과는 도입하는 조직의 특성 및 문화에 따라 긍정적이거나 부정적인 영향을 나타내지만 대체적으로 긍정적 효과가 있다는 실증연구가 많다. 최근 Cai and Jun(2018)은 ISO 9000 내면화(internalization) 과정을 문서화, 공정개선, 교육 및 감사(auditing) 등 네 가지 주요 과정으로 식별하고, 기존 QMS가 부족하지만 외부 고객의 압력으로 ISO 9001을 인증받은 기업체가 상당한 운영 성과를 개선한 것을 실증하였다.

2.3.5 품질경영시스템 관련 기타 표준규격

ISO 9000 패밀리는 모든 산업 분야에 공통적으로 적용할 수 있도록 만들어져 있어 여러 산업 분야에서는 품질경영시스템에 업종의 특수성을 반영하려는 노력이 있어 왔다. 대표적인 것으로 자동차산업의 IATF 16949, 정보통신 분야의 TL 9000, 항공우주산업 분야의 AS 9100 등이 있다.

(1) IATF 16949

미국의 자동차 업계(Big 3)인 GM, 포드, 크라이슬러사는 공동으로 자기들 회사에 납품하는 전 세계 자동차 부품업체의 품질시스템을 관리하기 위해 1994년에 QS 9000 표준규격을 제정하였고, 1995년에 부품업체의 요구사항을 반영하여 2판을 발행하였으며, 1998년에 유럽 자동차 품질요구사항 중 일부를 고려하여 3판을 발행하였다. 유럽의 자동차산업에서도 독일의 VDA 6.1, 프랑스의 EAQF와 이탈리아의 AVSQ 등과 같은 표준규격이 존재하였다. 전 세계 자동차 업체에 납품하는 자동차 부품업체들은 서로 다른 품질시스템의 요구사항을 충족시켜야 하는 어려움이 있었다.

이러한 문제를 해결하기 위해 미국, 유럽 및 일본의 자동차 업체, 부품업체와 자동차협회 등이 참여하여 IATF(International Automotive Task Force)를 결성하였다. IATF는 미국의 QS

9000, 독일의 VDA 6.1, 프랑스의 EAQF와 이탈리아의 AVSQ를 토대로 1999년에 ISO와 협력하여 ISO/TS 16949를 탄생시켰으며, 2002년과 2009년에 개정판이 나왔다. 이후 ISO 9001: 2015 규격을 반영하여 전 세계적으로 자동차산업 공급사슬 내 모든 기업의 품질시스템에 적용하기 위해 IATF 16949: 2016 규격으로 전환되었다.

IATF 16949 표준규격 중 자동차 업계의 실무에서 요구하는 핵심사항인 Core Tool을 소개하면 다음과 같다.

- APQP(Advanced Product Quality Planning; 사전 제품 품질계획): 제품개발 초기 단계부터 양산에 이르기까지 각 단계에서 무엇을 실행할 것인가를 규정한 실행 방법과 지침이다.
- FMEA(Failure Mode and Effects Analysis; 고장모드 및 영향분석): 예상 가능한 모든 고장의 형태가 고객에게 어떤 영향을 미치고, 고장의 원인이 무엇인지를 추정하여 해석해가는 수법으로, 설계단계에서 실행하여 목표품질의 조기 확보와 양질의 제품을 고객에게 인도하기 위한 수법이다.
- MSA(Measurement System Analysis; 측정시스템분석): 측정시스템의 상태를 정확히 평가 및 분석하여 측정데이터의 질을 향상시키기 위한 지침이다.
- SPC(Statistical Process Control; 통계적 공정관리): 품질 규격에 부합하고 산포가 작은 제품을 안정적으로 생산하기 위하여 통계적 방법을 활용하여 공정을 관리해나가는 관리 방법이다.
- PPAP(Production Part Approval Process; 양산부품 승인절차): 부품 공급자가 고객(완성차업체)에게 부품을 승인받는 절차로, 제출준비요령, 제출요건, 수준 등에 대한 지침이다.

(2) TL 9000

TL(Telecommunication Leader) 9000은 정보통신업계의 품질보증 표준규격으로 자동차 산업 분야의 IATF 16949와 마찬가지로 ISO 9000을 기본으로 하여 정보통신 업계의 요구사항을 추가한 것이다. 미국의 벨, 모토로라사 등 정보통신 분야의 대기업이 중심이 되어 설립한 QuEST (Quality Excellence for Suppliers of Telecommunication) Forum이 1999년에 TL 9000을 제정하였다. 이는 제품 및 서비스의 설계, 개발, 인도 및 유지 보수를 위한 정보통신산업의 품질시스템 요구사항을 규정하기 위해 제정된 것이다. TL 9000은 정보통신산업 제품군에 따라 하드웨어, 소프트웨어 및 서비스 분야로 나누어 경영시스템을 구분하여 경영시스템 요소를 다루고 있으며, 이 핵심 품질을 계량화하여 비용과 성과에 근거한 성과지표를 규정하고 있다.

사용자는 그들의 사업특성(하드웨어, 소프트웨어, 서비스)에 따라 선택적으로 인증을 받을 수 있다. 산출된 자료는 통합적으로 관리되고 기업 간 비교를 통해 지속적인 시스템의 발전을 유도하고 있다. 또한 요구사항이 보다 구체적이고 기획부문을 강조하고 있으며 제품수명주기 관리 및 고객만족도 측정 등에 대한 내용이 포함되어 있다.

(3) AS 9100

AS 9100은 항공, 우주, 방위산업 제품에 관련한 품질경영시스템이다. 과거 냉전 시대부터 각국의 항공, 방산 부문에서 통용되던 군수품 품질보증 표준규격인 MIL Q 9858A가 1996년에 폐기됨에 따라 국제 항공우주 업체 품질 대표자들이 IAQG(International Aerospace Quality Group)를 결성하여 ISO 9001을 근간으로 1998년에 AS 9100 표준규격을 제정하였다. IAQG는 AS 9100 표준규격과 관련 하부 표준규격을 제정하고 있으며 항공기, 인공위성, 미사일 등 정밀제품의 개발, 설계, 생산, 구매 및 경영관리 프로세스의 가치흐름(value stream)에서 품질향상과 비용 감소를 위한 개선을 주요 목적으로 한다. IAQG는 AS 9100 표준규격을 보잉, 에어버스사 등 설계, 생산자와 협력업체, 공정업체, 원부자재 업체에 적용할 것을 결정하였으며, ISO 9001 표준규격의 제3자 인증 시스템 운영에 추가하여 업계주도의 관리운영 시스템(Industry Controlled Other Party: ICOP)을 도입하고 있다. IAQG는 ICOP 제도를 통해 인정기관, 인증기관, 인증심사원에 대한 승인과 감독 권한을 가진다.

AS 9100은 기존의 항공, 우주 부문에 대한 요구사항에 방위산업 부문에 관련한 요구사항이 추가되어 2009년에 개정되었다. 개정판에 신규로 도입된 프로젝트 관리(project management)는 리스크 관리를 기반으로 하여 사업 위해요소를 식별하고 관리함으로써 지속적으로 품질, 비용, 납기를 경제적으로 획득할 수 있는 프로세스를 구축하는 것을 목표로 하고 있다. 지속적으로 개선된 성과 획득을 위해 시스템에 대한 프로세스 접근 방식을 강화하고 있다.

2.4 | 환경경영시스템(ISO 14000)과 안전보건경영시스템(ISO 45000)

품질에 직접 관련된 표준규격은 아니지만 시스템 구축과 제3자 인증이 요구되는 ISO 9000 패밀리와 유사한 인증체계를 갖고 있는 환경경영시스템(ISO 14000)과 안전보건경영시스템(ISO 45000)에 대해 설명한다.

2.4.1 ISO 14000

1972년 스웨덴 스톡홀름의 UN인간환경회의에서 환경 문제에 따른 기업의 성장 한계에 대한 이슈가 제기된 이래로 지구 온난화에 대응하기 위한 노력 끝에 1992년 브라질 리우에서 열린 UN환경발전회의에서 '환경적으로 지속가능한 개발(sustainable development)'의 개념이 구체화 되었다. ISO는 환경경영에 대한 관심을 갖기 시작하여 1993년 환경경영에 대한 기술위원회인 TC 207을 결성하였고 1996년 환경경영시스템(Environmental Management System: EMS) 표준규격인 ISO 14000 패밀리가 제정 및 공포되었다. 그 후 2004년에 ISO 9001과 양립이 가능하도록 개정되어 사용되었으며, 2015년에 개정되었다.

ISO 14000 패밀리의 주요 표준규격은 다음과 같다.

- ISO 14001: 환경경영시스템-요구사항 및 사용지침
- ISO 14004: 환경경영시스템-원칙, 시스템 및 지원기법에 대한 일반 가이드라인
- ISO 19011: ISO 9000과 ISO 14000 통합감사 가이드라인
- ISO 14031: 환경성과 평가 가이드라인
- ISO 14020: 환경 라벨 및 선언-일반 원칙
- ISO 14040: 수명과정평가(LCA)-원칙 및 기본 구조
- ISO 14064: 온실가스 배출에 관한 보고 및 감축에 관한 표준규격

ISO 14001은 EMS에 대한 제3자 인증의 대상이 되는 표준규격이고, ISO 14004는 EMS에 대한 원칙, 시스템 및 지원기법에 대한 일반적인 가이드라인을 제공하며 ISO 19011은 QMS와 동일한 감사 가이드라인이다. 그 외 수명과정평가(Life Cycle Assessment: LCA)와 같은 환경영향평가, 환경 라벨링과 같은 외부와의 소통 등과 같이 환경경영의 특정한 부분을 다루고 있다. 표 2.2에 ISO 14001: 2015 표준규격의 요구사항이 정리되어 있다. 모든 ISO 경영시스템 표준규격에 공통적으로 적용되는 상위 구조(high level structure)인 Annex SL에 따라 요구사항이 규정되어 있고 ISO 9001: 2015 표준규격과 양립성이 존재함을 알 수 있다.

표 2.2 ISO 14001 : 2015 요구사항

요구사항(ISO 14001: 2015)		
조직상황		
1. 조직 및 조직상황 이해	2. 이해관계자의 니즈 및 기대 이해	
3. 환경경영시스템 적용범위 결정	4. 환경경영시스템	
리더십		
1. 리더십 및 실행의지	2. 환경방침	3. 조직의 역할, 책임 및 권한
기획		
1. 리스크 및 기회를 다루는 조치	2. 환경목표와 그 달성 기획	
지원		
1. 자원	2. 역량	3. 인식
4. 의사소통	5. 문서화된 정보	
운영		
1. 운영기획 및 관리	2. 비상사태 준비성 및 반응	
성과평가		
1. 모니터링, 측정, 분석 및 평가	2. 내부심사	3. 경영검토
개선		
1. 일반사항	2. 부적합과 시정조치	3. 지속적 개선

2.4.2 ISO 45001

안전보건경영시스템(Occupational Health and Safety Management System: OHSAS)은 기업의 경영방침에 안전보건 정책을 반영하고 그 정책의 세부 실행지침과 기준을 규정하여 전 조직원들이 실행하도록 하고 그 실행결과를 평가하여 기업의 안전보건에 관한 경영상황을 개선하기 위한 자율적 관리체계이다. 주요 인증기관인 BSI(영국 표준규격협회), LRQA(영국 선급), DNV(노르웨이 선급), BV(프랑스 선급), GL(독일 선급) 등이 참여하여 1999년 4월에 OHSAS 18000 패밀리를 제정하였다. OHSAS 18001은 조직 구성원의 안전과 보건을 확보하고 산업 재해를 예방하기 위해 조직 활동에 내재되어 있는 위험요인을 파악하고 이를 지속적으로 관리하기 위한 기본적 요구사항을 규정한 안전보건경영시스템 표준규격이다. 많은 조직들이 OHSAS 18001 인증획득에 참여하였으며 OHSAS 18001은 2007년에 1차 개정된 바가 있다. 최근에는 ISO 9000 및 ISO 14000과 양립하기 위해 HLS구조를 맞추어 가고 있으며 2018년에 ISO 45001로 전환되었다. 표 2.3에 ISO 45001 표준규격의 요구사항이 나타나 있다. 다른 경영시스템과 비교해 특이한 요구사항은 5절 '리더십과 근로자 참여'에 안전보건 활동과 직접 관련이 있는 작업자나 근로자의 참여가 명시되어 있다는 점이다.

표 2.3 ISO 45001 요구사항

요구사항(ISO 45001: 2018)		
조직상황		
1. 조직과 조직상황의 이해	2. 근로자 및 기타 이해관계자의 니즈와 기대에 대한 이해	
3. OH&S 경영시스템의 범위 결정	4. OH&S 경영시스템	
리더십과 근로자 참여		
1. 리더십과 의지(표명)	2. OH&S 방침	
3. 조직의 역할, 책임 및 권한	4. 근로자 참여 및 협의	
기획		
1. 리스크와 기회를 다루는 조치	2. OH&S 목표와 달성을 위한 기획	
지원		
1. 자원	2. 역량	3. 인식
4. 의사소통	5. 문서화된 정보	
운용		
1. 운용 기획 및 관리	2. 비상사태 대비 및 대응	
성과 평가		
1. 모니터링, 측정, 분석 및 평가	2. 내부심사	3. 경영검토
개선		
1. 일반사항	2. 사건, 부적합 및 시정조치	3. 지속적개선

2.5 | 품질경영상

앞서 소개한 품질/환경/안전보건경영시스템 인증제도는 제3자 인증을 통하여 조직의 품질/환경/안전보건경영시스템을 보증하자는 데 근본 취지가 있으며, 문서화된 요구사항의 준수 여부가 인증의 관건이다. 실제로 효과적인 품질시스템을 구축하여 지속적인 개선을 얻기 위해서는 품질시스템에 대한 평가가 필요하다. 이러한 품질시스템을 평가하는 요소로 품질경영상 제도가 많은 국가에서 시행되고 있다. 이 중에서 특히 미국은 물론 세계 여러 국가에서의 품질시스템의 보급 및 추진에 크게 기여하고 있는 말콤볼드리지상의 체계와 심사기준 등을 설명하고 한국의 품질경영상과 일본의 데밍상 및 유럽의 유럽품질대상을 간략히 살펴보도록 한다.

2.5.1 말콤볼드리지 미국품질상

말콤볼드리지상(Malcolm Baldrige National Quality Award; MB상)은 갈수록 치열해지는 글로벌 경쟁시대에서 미국산업이 경쟁력을 확보하기 위해서는 품질에 초점을 맞추어야 한다는 인식하에 1987년 국가적인 품질향상 운동의 일환으로 미국정부, 학계 및 산업계가 협력하여 제정한 국가품질상이다. 이 상의 명칭은 미국 상무장관이었던 말콤볼드리지의 이름을 따서 명명하였다. 1988년 최초로 모토로라사가 수상한 이후 MB상은 미국뿐만 아니라 전 세계적으로 품질분야에서 가장 권위 있는 상으로 인식되고 있으며, 많은 조직에서 벤치마킹의 대상이 되고 있다.

MB상의 포상부문은 제조업, 서비스업 및 중소기업의 세 부문으로 시작하였으나 1996년 교육기관 및 의료분야가 추가되었고, 2007년에는 비영리조직과 정부조직도 포함되었다. 심사기준은 그림 2.4와 같이 7가지 범주로 구성되고 크게 세 가지 기본요소로 구분할 수 있다. 첫째, 조직개요(organizational profile)는 조직의 특성(조직 환경, 조직 관계)과 조직이 처한 전략적 상황(경쟁 환경, 전략적 여건, 성과개선시스템)을 나타낸다. 둘째, 성과시스템은 조직의 프로세스와 성과의 유기적 관계를 나타내는데, 리더십 3요소와 성과 3요소로 구분된다. 리더십 3요소는 리더십, 전략 및 고객으로 구성되어 품질시스템을 추진하는 동인(driver)의 역할을 한다. 성과 3요소는 직원, 운영 및 성과로 구성되어 있다. 셋째, 시스템 기반은 측정, 분석 및 지식관리로 조직을 효과적으로 관리하고 사실에 근거한 지식지향 시스템을 구축하는 데 핵심적 역할을 한다.

MB상의 심사기준의 내용은 매년 조금씩 변화하고 있으나 큰 변동은 없다. 심사기준은 7개의 심사분야와 17개의 심사항목으로 구성된다. 표 2.4에 2017~2018년 기준의 각 심사분야별 심사

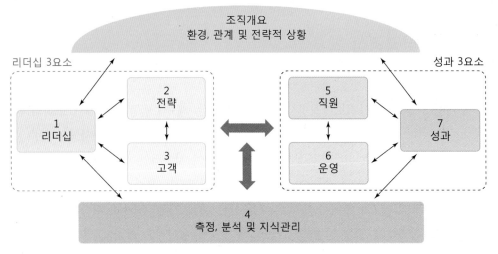

그림 2.4 MB상의 평가기준 체계

표 2.4 MB상 심사항목(일반: 2017~2018)

범주(Categories)	항목(Items)	점수	
1. 리더십	1. 경영진 리더십 2. 지배구조 및 사회적 책임	70 50	**120**
2. 전략	1. 전략개발 2. 전략실행	45 40	**85**
3. 고객	1. 고객의 목소리 2. 고객참여	40 45	**85**
4. 측정, 분석 및 지식관리	1. 측정, 분석 및 조직성과 개선 2. 정보 및 지식관리	45 45	**90**
5. 직원	1. 직무환경 2. 직원 참여	40 45	**85**
6. 운영	1. 업무 프로세스 2. 운영효과	45 40	**85**
7. 성과	1. 제품 및 프로세스 성과 2. 고객 성과 3. 직원 성과 4. 리더십 및 지배구조 성과 5. 재무 및 시장 성과	120 80 80 80 90	**450**
7개 분야	17개 항목		**1000**

항목과 점수가 나타나 있는데, 이를 이용하면 품질시스템의 구축과 관련하여 어떤 분야와 항목이 상대적으로 더 중요한지를 알 수 있다.

2.5.2 한국의 품질경영상

정부는 산업의 국제경쟁력을 갖추는 데 있어서 필수적인 산업의 전사적 품질관리를 체계화시키기 위해 1975년에 '품질관리대상' 제도를 마련하여 매년 우수업체에 포상하고 있다. 1992년에는 그동안의 전사적 품질관리 추진에 있어서의 문제점을 보완하고 품질관리 체제를 국제품질보증 인증제도 체제로 전환하여 최고 경영자의 고객 지향적 품질관리에 따라 종합적으로 활동하는 품질경영 체제로 전환하였으며, 상의 이름을 품질관리상에서 '품질경영상'으로 바꾸고 동시에 심사기준을 품질경영체제로 수정·보완하여 1993년부터 시행하고 있다. 1994년에는 '한국품질대상'을 신설하였다. 또한 분야별로 시상하는 품질혁신상은 최초로 공업표준화상이 1977년 신설되었는데 1989년 우수KS업체대상, 1994년 산업표준화상으로 명칭이 변경되었으며 2001년 이후로는 국가품질혁신상('산업표준화상'에서 명칭 변경됨)으로 이관되었다. 새로운 사회 흐름을 반영하여 상이 신설되거나 명칭이 변경되고 있다.

우리나라의 국가품질대상('한국품질대상'에서 명칭 변경됨)은 품질경영활동을 지속적으로 추진하여 최상의 품질과 완벽한 품질경영체제를 확립하여 기업의 체질 강화와 고객만족 및 사회적 책임수행에 앞장선 우수기업을 선정 포상함으로써 품질 한국의 이미지를 높이는 동시에, 한국형 품질경영 모델을 개발 보급하는 데 그 목적이 있다. 포상대상은 제조업과 공공기관 및 서비스업분야로 대기업과 중소기업으로 구분하여 포상한다. 신청자격은 품질경영상 수상 후 3년 이상 품질경영 활동을 지속적으로 추진하여 최상의 품질과 완벽한 품질경영 체제를 갖춘 우수업체로 한정하고 있다.

품질경영상은 품질경영활동을 효율적으로 추진하여 기업의 체질개선은 물론 품질향상 및 생산성 제고에 현저한 성과를 올린 우수한 기업을 발굴·포상함으로써 품질경영확산에 도움주기 위해 제정되었으며, 포상부문은 제조업과 공공/서비스/의료/교육이고 대기업과 중소기업을 구분하여 포상하고 있다.

심사기준에 대한 중요한 변화로 1999년부터 글로벌 표준으로 자리 잡고 있는 평가모델인

표 2.5 국가품질대상과 국가품질경영상 평가항목(2017년)

범주(Categories)	항목(Items)		점수
1. 리더십	1. 경영진 리더십 2. 지배구조와 사회적 책임	70 50	**120**
2. 전략기획	1. 전략의 개발 2. 전략의 전개	40 45	**85**
3. 고객과 시장 중시	1. 고객과 시장 지식 2. 고객관계와 고객만족	40 45	**85**
4. 측정, 분석 및 지식경영	1. 측정, 분석 및 조직성과 개선 2. 정보, 정보기술 및 지식의 관리	45 45	**90**
5. 인적자원 중시	1. 인적자원 관리 체계 2. 인적자원 복지와 근무환경	45 40	**85**
6. 운영 관리 중시	1. 업무시스템 설계 2. 업무프로세스 관리와 개선	40 45	**85**
7. 경영성과	1. 제품과 서비스 성과 2. 고객중시 성과 3. 재무와 마케팅 성과 4. 인적자원 중시 성과 5. 프로세스 성과 6. 리더십 성과	100 70 70 70 70 70	**450**
7개 분야	18개 항목		**1000**

MB상 기준을 대폭 수용하여 제조, 서비스, 공공부문 공히 동일한 기준을 적용하게 되었다. 현재 수립된 심사기준은 7가지 범주에 18개 항목으로 구성되어 있으며 총 1,000점 만점의 평가시스템을 구축하고 있다. 2017년도 심사 주요 사항은 표 2.5와 같으며, 상당부문이 미국의 MB상의 심사규정과 유사함을 알 수 있다.

2.5.3 일본과 유럽 품질상

(1) 일본의 품질상

일본의 품질관련 상은 대표적으로 '데밍상'과 '일본경영품질상'이 있다. 데밍상은 1951년에 데밍의 통계적 품질관리분야에 대한 공헌을 기념하기 위하여 일본과학기술연맹(Japanese Union of Scientists and Engineers)의 승인을 얻어 제정되었다. MB상과의 가장 근본적인 차이는 데밍상이 민간 차원의 수상제도인데 비하여 MB상은 정부 차원에서 추진되는 국가 품질상이라는 점이다.

데밍상은 전사적 품질관리를 모범적으로 수행하고 있는 기업이나 공공기관에 주어지며 한 해에 수여되는 기업의 수에는 제한이 없다. 그러나 그 해에 심사대상 조직의 품질수준이 일정한 수여기준에 도달하지 못할 경우는 시상을 안 할 수도 있다. 데밍상의 수상대상은 개인, 기업, 기업의 사업부, 중소기업 등이다.

데밍상은 주로 현장의 품질관리에 토대를 둔 상으로 일본을 세계적인 품질대국으로 발전시키는 데 결정적 공로를 세웠으나, 시대 흐름에 따라 조직의 전반적인 경영시스템을 평가하는 것이 필요하다는 인식이 확산되었다. 이에 1995년 일본은 기존의 데밍상과는 별도로 MB상을 벤치마킹하여 고객중심의 품질경영상인 '일본경영품질상(Japan Quality Award: JQA)'을 제정하였다. 일본경영품질상은 표 2.6에서 보듯이 8개 항목 20개 범주로 구성되어 평가하게 된다. 최근의 심사기준은 조직능력과 사회적 책임을 강조하는 방향으로 변경되었다. 이 시상제도는 경영비전과 리더십, 고객 및 시장의 이해, 활동 결과(경영성과) 등을 심사기준으로 하여 제조 부문, 서비스 부문, 중소기업 부문으로 나누어 시상한다. 심사기준의 구조는 사실상 MB상과 상당히 유사하다는 것을 알 수 있다. 심사항목 중 리더십과 가치창조 프로세스 등 여러 항목의 배점은 일본 경영품질상이 더 높이 두고 있으나, 기업 활동의 결과는 MB상과 유사하게 매우 높다는 것을 알 수 있다. 이를 통해 미국의 경우 결과를 중시하고 과정을 통해 조직에게 창의적이고 독자적인 유연성을 주고자 하는 특성이 있는 반면, 일본은 과정도 중시함을 알 수 있다.

표 2.6 일본경영품질상의 심사기준

항목	
1. 리더십	100점
2. 사회적 책임	50점
3. 전략 계획	50점
4. 조직 능력	100점
5. 고객 및 시장의 이해	100점
6. 가치창조 프로세스	100점
7. 활동 결과	450점
8. 지식관리와 학습	50점
총	1,000점

(2) 유럽품질상

미국에서 말콤볼드리지 국가품질상이 커다란 성공을 거두면서 국제적인 관심을 모으자 유럽의 대표적인 다국적기업 14개 업체가 모여 유럽품질경영재단(The European Foundation for Quality Management: EFQM)을 설립하고, 유럽품질기구(European Organization for Quality: EOQ)와 EC(European Commission)의 후원을 받아 1992년부터 유럽품질상(European Quality Award: EQA)을 제정 및 운영하고 있다. 유럽품질상은 대기업, 사업부, 공공기관 및 중소기업의 네 부문으로 나누어 신청할 수 있다. 이들 중에 최고의 성과를 얻은 1개 조직에 유럽품질상(EQA)을 수여하고, 심사기준을 최종 통과한 일정 기업에 대해서는 European Quality Prize를 수여한다.

유럽품질상의 기본구조는 MB상과 매우 유사하다. 유럽품질상의 기본 평가모형에 기인하여, 크게 과정지표(50%)와 결과지표(50%)로 나누어진다. 과정지표는 리더십, 정책과 전략, 인적자원관리, 파트너십과 자원관리, 프로세스, 제품 및 서비스이다. 결과지표는 고객성과, 인적자원성과, 사회적 공헌, 경영성과로 구성되어 있다. 유럽품질상의 심사기준은 표 2.7과 같으며 총 1,000점으로 9개의 범주로 이루어져 있다.

표 2.7 유럽품질상의 심사기준

항목	
1. 리더십	100점
2. 전략	80점
3. 인적자원관리	90점
4. 파트너십과 자원관리	90점
5. 프로세스, 제품 및 서비스	140점
6. 고객 성과	200점
7. 인적자원 성과	90점
8. 사회적 공헌	60점
9. 경영 성과	150점
	총 1,000점

2.6 | 제품책임(PL)

제조물책임법에 따르면 제품책임(Product Liability: PL)이란 "제조물의 결함으로 인하여 생명·신체 또는 재산에 피해를 입은 자에게 제조업자(제조물의 제조·가공 또는 수입업자)가 그 손해를 배상하여야 한다."는 것이다. 여기서 제조물은 완성품의 여부 또는 자연산물의 여부와 관계없이 유통 과정의 대상이 되는 모든 물건을 말하는 것이 일반적이다. 법률 분야에서는 '제조물 책임', 보험 분야에서는 '생산물 배상책임'이라 하지만 품질경영 분야에서는 '제품책임'이라고 한다. 제품책임을 법적으로 보장하는 제조물책임법은 1960년대 초부터 소비자보호를 목적으로 미국, 유럽 등지에서 이미 시행되고 있으며, 일본은 1995년 7월부터, 한국은 2002년 7월부터 시행되고 있다. 이 법은 원래 영미법 체계를 가진 나라에서 불법 행위법의 한 분야로 생산한 제조물을 소비자가 사용하다가 피해를 입은 경우 이로 인한 손해를 해당 제조물의 판매 등으로 이익을 얻은 제조업자가 부담한다는 논리를 가진 것이다.

제조물책임법의 근거는 과실책임(negligence liability), 보증책임(warranty liability), 엄격책임(strict liability)의 3종류로 분류된다. PL 법리는 과실책임 및 보증책임에서 엄격책임으로 발전되어 왔다(이광수, 김창수, 2009).

과실책임
과실책임은 제조자의 고의·과실에 의한 피해임을 입증해야만 손해배상을 청구할 수 있도록 하는 제도로서 피해자가 손해배상을 받기 위해서는 가해자 과실(부주의로 인한 실수, 위반)을 증명해야 한다.

▍ 보증책임

생산자 또는 판매자는 구매자에 대하여 명시적 또는 묵시적으로 제품의 품질에서 발생하는 보증의 책임을 지고 있으며 이를 위반할 때에 손해배상을 청구하는 것이다. 명시적 보증(expressed warranties)이란 제품의 안전성에 대해 설명서, 카탈로그, 라벨, 광고 등에 명시하여 약속한 경우 제조업자가 책임을 져야 한다는 것을 말한다. 즉, 제조업자는 선전에 명시한 것만으로도 소비자에 대한 보증책임을 지고 있으며, 과실책임과 마찬가지로 제조업자와 직접적인 계약 관계가 없더라도 책임을 추궁할 수 있다.

제품이 판매된 경우에 구매자들은 그 제품이 일정한 품질이나 안전성을 가지고 있다고 믿는다. 즉, 제품으로서 존재한다는 것 자체가 이미 일반적으로 기대되는 수준의 일정한 품질이나 안전성을 가지고 있다는 것을 묵시적으로 보증하고 있으므로 이를 위반할 경우 판매자의 책임을 물을 수 있다는 것이 묵시적 보증(implied warranties)의 내용이다.

▍ 엄격책임

엄격책임이란 보증책임의 이론을 더욱 발전시켜 제조물에 결함이 있으면 제조업자의 책임을 인정한다는 이론이다. 일반적으로 사용되고 있는 제조물은 복잡한 제조공정과 유통과정을 거쳐 대량으로 제조·판매되고 있는 것이 대부분이므로 제조공정 또는 유통과정에서 가해자 측에 어떤 과실이 존재하는가를 피해자 측에서 구체적으로 증명하는 것은 불가능에 가까운 경우가 대부분이다. 이러한 과실책임이 갖는 법적인 결함에 대해 피해자 구제의 관점에서 여러 가지 시정조치가 취해졌으며, 미국에서는 1960년대 전반에 이르러 피해자 측에서 가해자 측의 과실을 입증하지 않고도 손해배상을 받을 수 있는 엄격책임의 원리가 채용되었다.

이 경우에 피해자는 다음 사항만 입증하면 되도록 하여 피해자가 쉽게 소송할 수 있게 하였으며, 생산자와 공급자는 훨씬 엄격한 제품 책임의 부담을 갖도록 하였다.

- 판매자가 결함제품을 판매했다는 사실
- 결함제품에 위해의 원인이 있다는 사실
- 결함제품이 피해에 법률적 관련성을 갖는다는 사실
- 피해가 발생했다는 사실

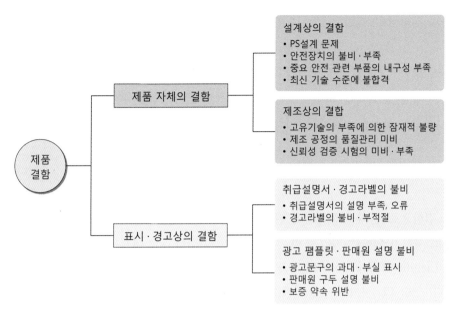

그림 2.5 제품결함의 유형

엄격책임이 적용되는 제품책임은 제품에 결함이 존재하느냐의 여부에 의하여 결정되는 것으로 결함이 엄격책임의 기준이다. 결함은 '설계, 제조 또는 표시상의 결함이나 기타 통상적으로 기대할 수 있는 안전성이 결여되어 있는 것'으로 규정되며, 제조상의 결함, 설계상의 결함, 표시·경고상의 결함으로 분류된다. 그림 2.5는 제품결함을 세 가지 유형으로 분류한 것이다.

(1) 설계상의 결함

제조물의 설계에 내재하는 결함이며, 제조업자가 합리적인 대체설계를 채용하였더라면 피해나 위험을 줄이거나 피할 수 있었음에도 대체설계를 채용하지 아니하여 제조물이 안전하지 못하게 된 경우를 말한다. 제품안전(Product Safety: PS) 설계 자체에 결함이 있다면 생산된 제품이 모두 결함이 있는 것으로 판정되기 때문에 제조업자는 원천적으로 결함이 없도록 하여야 한다.

(2) 제조상의 결함

제조물의 제조과정에서 생기는 결함으로서, 제조업자의 제조물에 대한 제조·가공상의 주의의무의 이행여부에 불구하고 제조물이 원래 의도한 설계와 다르게 제조·가공됨으로써 안전하지 못하게 된 경우를 말한다. 따라서 제조상의 결함은 본래 품질검사 단계에서 발견되어야 할 성질의 것으로 품질검사의 그물을 빠져나간 결함 제품이 시장에서 유통한 경우에 문제가 된다.

(3) 표시·경고상의 결함

제조업자가 합리적인 설명, 지시, 경고 기타의 표시를 하였더라면 당해 제조물에 의하여 발생될 수 있는 피해나 위험을 줄이거나 피할 수 있었음에도 이를 하지 아니한 경우를 말한다. 제조물의 설계나 제조에 결함은 존재하지 않으나 그 제조물이 적절한 경고나 지시를 붙이고 있지 않음으로써 제조물 자체가 결함을 가지는 것으로 평가되는 경우이다.

2.6.1 PL 대책: PLP

제품의 결함으로 인해 제품책임에 관련된 사고가 발생한 경우에 기업이 감당해야 할 각종의 손실을 최소화하기 위하여 기업은 PL 대책을 세워야 한다. PL 대책은 예방대책인 제품책임예방 (Product Liability Prevention: PLP)과 제품책임방어(Product Liability Defense: PLD)로 구분할 수 있다. 일단 PL 사고가 발생하면 기업은 막대한 손해배상책임을 지며, 아울러 이에 따르는 기업 이미지 실추, 매출액의 급락, 사고 발생 가능성이 있는 제품의 회수 등으로 인해 비용이 상상을 초월하게 된다. 그러므로 이러한 모든 위험을 사전에 예방하는 동시에 사고 시에 발생하는 손실을 최대한 줄이는 대책이 PL 대책이다. 그림 2.6은 PL 대책을 분류한 것이다.

PLP는 PL 대책의 중심 문제로서 제품안전(PS)과 사전 PLD로부터 시작된다. PS란 제품의 안전성을 높임으로써 사고의 발생을 막고 나아가 PL이 발생하지 않도록 하는 대책으로, PLP의 핵심이다. 사전 PLD란 제조물에 사고가 발생할 경우에도 가능한 한 제품책임의 부담을 면할 수 있도록 사전에 대책을 세우는 것으로, 사건화하거나 소송이 제기된 후의 대책인 사후 PLD와 비교되는 용어이다.

PS 대책은 개발·제조에서부터 판매·사용·서비스·폐기에 이르기까지 제품 수명 과정에 걸

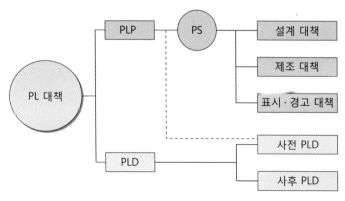

그림 2.6 PL 대책의 분류

쳐 제품 안전성을 높여 사고의 발생을 막고 PL이 발생하지 않도록 하는 대책이다.

기업의 PL 대책은 전사적이면서 효율적이어야 하며, 다음 사항에 주의하여 PL 예방을 강구하여야 할 것이다.

- PL의 중요성, 특히 인간의 안전과 인명의 존중을 기업의 경영방침으로 내걸고 최고 경영자가 모든 사원들에게 PL 인식을 철저히 주지시켜야 한다.
- 제품개발에 있어서 법률에 의해 정해진 안전기준이나 업계 관행기준을 명확히 함은 물론 자사에서 그 제품이 사용되는 방식과 환경 등을 상정하여 제품에 대한 사고가 최소화되도록 설계해야 한다.
- 제조단계에서 완벽한 품질관리시스템을 만들어 결함제품의 발생을 방지하여야 한다.
- 시장의 클레임 보고가 현장에서 신속히 관계 부서에 전달되는 체계를 만들고 조속히 대처할 수 있는 대책을 만들어야 한다.

이를 위해서는 사내 PLD 체제를 구축하는 것이 바람직하다. 기업에 따라 사내의 기구와 조직은 각양각색이므로 PLD 체제는 여러 가지 형태가 가능하다. 그러나 어떤 체제이든 관리 부서에서부터 개발·설계·품질 및 소비자 대응 부문에 이르기까지 거의 전 부문이 유기적으로 연결되어 있어야만 PL 대책의 목적이 달성될 수 있다.

제품안전 대책을 결함 유형별로 살펴보자.

(1) 설계상의 결함에 대한 안전 대책

제품의 안전성을 확보하기 위해서는 설계단계에서부터 제품에 내재하는 위험을 분석·평가하고 그 위험을 배제하기 위한 대책을 세워야 한다. 만일 어떠한 방법을 취해도 위험을 배제할 수 없거나 그 위험이 제품의 유용성에 비해서 현저히 큰 경우에는 제품 생산의 중지까지도 검토해 보아야 한다.

제조물의 안전 및 책임을 효과적으로 실행시키는 대표적인 기법으로는 로버스트 설계(robust design), PHA(Preliminary Hazard Analysis), FTA, FMEA 및 신뢰성 시험 등이 있다. 설계심사(design review), 자재선택 및 구매/아웃소싱(outsourcing) 방법도 제품 안전을 향상시키고 PL을 회피시킨다. 그림 2.7은 제품의 안전을 검토하는 순서도이다.

위험 분석에 있어서는 제조업체가 의도하는 사용방법, 사용자, 사용환경에 국한하지 않고 합리적으로 예견할 수 있는 모든 상태를 가정하여 그때에 존재하는 위험에 대해 분석할 필요가 있다. 제품이 자사의 손을 떠나는 시점부터 폐기될 때까지 그 제품과 접촉할 가능성이 있는 사람

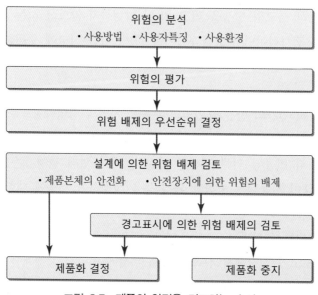

그림 2.7 제품의 안전을 검토하는 순서

은 다양하며 결코 제품의 구입자만은 아닐 것이다. 또한 사람들이 제품에 접촉하는 목적, 환경, 지식수준, 능력 등이 다르므로 위험의 종류와 정도는 달라진다고 할 수 있다.

제품에 숨어 있는 위험과 그에 따라 발생할 수 있는 사고에 대한 예견과 분석이 필요하다. 제품의 사용방법은 그림 2.8에 나타낸 것처럼 크게 4종류로 구분한다.

제품으로 인한 사고가 의도한 사용방법에서만 발생하는 것이 아니란 점을 인식하여 제품 설계 시 의도하지 않은 사용 중 합리적으로 예견 가능한 사용에 대해서도 안전대책을 강구하여야 한다.

위험의 존재를 확인한 후 그 위험으로부터 생기는 사고의 영향도와 발생가능성을 분석·평가하여 중요한 것부터 우선적인 대책을 강구하는 것이 효과적이다. 영향도란 발생할 수 있는 손해

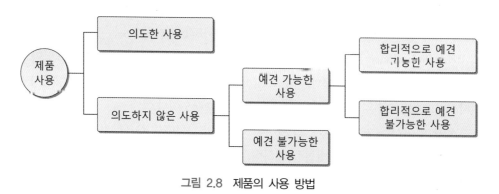

그림 2.8 제품의 사용 방법

의 크기이다. 제품으로 보면 하나의 사고 또는 같은 원인에 의해 대량 피해를 발생시킬 수 있는 의약품, 식품, 철도, 항공기 등은 위험의 영향도가 큰 제품이라 할 수 있다. 발생가능성은 사고가 발생하는 빈도를 말하는 것으로서 그 크기는 과거의 사고 기록이나 유사 제조물의 사고 기록 등으로부터 어느 정도 예측할 수 있을 것이다. 영향도와 발생가능성을 결합하여 위험행렬로 표현할 수 있으며, 우측 상단으로 갈수록(즉, 영향도와 발생가능성이 모두 클수록) 위험은 증가한다.

위험 분석과 평가를 통해 중대한 위험 순위에 따라 그 대책을 시행해나가야 한다. 위험에 대한 대책으로는 설계변경, 안전장치, 제품화 중단 등이 있을 수 있다. 제품에 위험이 존재하는 경우에는 우선 설계변경으로 제품 자체의 본질적 안전을 확보할 수 있도록 검토해야 한다. 위험한 부분을 안전한 설계로 변경하는 데는 제조원가 면에서 문제가 생길 수도 있겠지만 제품에 잠재된 위험을 설계변경으로 배제할 수 있다면 반드시 시행해야 한다는 의지가 PS 대책의 기본이다. 제품의 본질적인 안전화가 불가능한 경우에는 존재하는 위험에 대처하는 유효한 수단으로 안전장치를 부가할 수 있다. 위험이 있으면 격리하여 그 위험이 사고로 비화하지 않도록 하는 것이 안전장치이다. 예로 절삭기계나 프레스기계의 경우 날카로운 날이나 프레스 부분은 위험하기는 하지만 반드시 필요한 부분이다. 이러한 위험에는 보호대(safety guard)를 설치하거나 상호잠금 장치(inter-lock)를 설치하여 안전대책을 세워두는 것이 바람직하다. 또한 사용자에게 위험을 알려주는 장치도 안전장치의 일종이라고 할 수 있다. 인간의 위험 인식은 오감으로부터 얻는 정보로 이루어지므로 시각, 청각, 미각, 촉각에 전달되는 위험 경고 방법이 유효하다고 할 수 있다. 중대한 PL 위험에 대응하여 설계변경을 통한 본질적 안전화, 안전장치에 의한 대응 또는 경고 표시를 이용한 대응 등 어떠한 대책도 수립하기 어려운 경우에는 기업으로서는 제품화를 중단하는 용기도 필요하다.

(2) 제조상의 결함에 대한 안전 대책

설계대로 제품이 만들어지지 않아 발생하는 제조상의 결함은 엄격한 사내 공정관리로 발생 가능성을 줄일 수 있다. 제품안전이라는 측면에서 볼 때 제조상의 안전대책은 주로 인적인 피해의 발생을 막는 것이 목적이므로, 제품책임대책은 품질관리 개념을 PS에 초점을 맞추고 필요한 항목관리를 더욱 강화하여 나아가야 한다.

제조단계에서 안전을 위한 대책의 기본은 모든 생산 공정에서 소비자에 대한 안전성을 미리 고려하는 노력이다. 각 공정에서 결함 없는 제품을 만들기 위한 무결점운동을 전개하고, 철저한 검사를 실시하지 않으면 안 된다. 아울러 각 공정에 대한 매뉴얼을 작성하여 제조현장에서 일하는 근로자들이 철저한 안전의식을 이론적으로 익히고 체계화하도록 유도할 뿐 아니라, 향후

혹시라도 PL 제소가 있을 경우 안전대책에 대한 증거 자료로 활용될 수 있도록 하는 것이 중요하다.

(3) 표시·경고상의 결함에 대한 안전 대책

일반적으로 PL 문제의 발생 분야별 점유율은 소비자의 오용과 부주의를 포함한 표시·경고상의 결함이 가장 높다. 표시·경고란 제품의 위험과 안전에 관한 정보를 사용자에게 문서로 제공하는 것이다. 제품 생산자는 소비자에게 제품 사용상의 위험을 적절히 경고할 의무가 있고, 제품을 안전하고 적절하게 사용하기 위하여 알기 쉽게 지시할 의무가 있다. 제품위험에 대해 적절한 경고를 하지 않은 채 판매하는 제품은 결함이 있는 것으로 간주되어 제조자는 책임을 부담해야 한다.

표시·경고는 제품을 사용할 때 발생할 '합리적으로 예견 가능한' 위험에 관하여 해야 하며, 특히 그 위험이 명백하지 않은 경우에는 반드시 필요하다. 설계를 변경하여 제품의 위험을 제거할 수 있을 경우에는 설계를 변경하여 대처해야 하며, 위험을 경고한 것만으로는 책임을 회피할 수 없다. 취급 설명서의 기능은 우선 사용자에게 제품의 안전한 사용방법을 지시하는 것이며, 이와 동시에 사용자에게 안전하지 않은 제품의 사용을 피할 수 있도록 하는 경고를 행하는 것이다. 경고라벨에 의하여 표시·경고를 한다.

2.6.2 PL 대책: PLD

PL 사고가 발생할 경우 자사가 제조·판매한 제품의 결함이 원인이라면 책임을 져야 하지만, 책임의 소재를 명확히 하고 부당한 희생이나 필요 이상의 과도한 부담을 지는 것은 피해야 한다. 제품책임방어(Product Liability Defense: PLD)는 PL 사고가 발생했을 때 회사의 피해를 최소화하기 위한 종합적인 사후 대응책이다. 소송에 이르기 전의 리콜, 소송이 제기된 경우에 대비해 PL 방어를 위한 문서관리, 소송방어 대책, PL 보험 가입 등의 사전 PLD와 사고 발생 시이의 효과적 처리를 위한 사후 PLD로 구분된다.

(1) 사전 PLD
① 리콜체제 확립
2010년에 발생한 도요타자동차의 대규모 리콜사태는 대표적 사례이며, 최근 BMW 또한 화재사건으로 전량 리콜되고 있다(매경이코노미, 2018). 리콜(recall)은 제품 결함에 의해 소비자의 생명·신체 및 재산상에 피해를 입히거나 입힐 우려가 있는 경우에, 사업자 스스로 또는 정부의 강제 명령에 의해 제품 결함 내용을 알리고 해당 제품을 모두 회수하여 수리, 교환, 환급 등과 같은 적절한 시정조치를 취하는 것이다. 사업자가 자발적으로 결함 제품을 리콜하지 않는 경우 정부가 강제적으로 리콜 명령을 발한다. 리콜 제도를 자발적 리콜과 강제적 리콜로 나누어 볼 수 있다. 일반적으로 말하는 리콜은 자발적 리콜이다. 리콜은 소비자 보호를 목적으로 하지만 기업은 PL 사고를 미연에 방지함으로써 손해배상의 부담을 줄일 수 있다. 또한 적극적인 리콜을 통해 기업이 자사 제품에 대해 끝까지 책임지는 윤리경영을 실천한다는 인식을 심어줌으로써 기업이미지를 제고할 수 있다.

② PL 방어를 위한 문서관리체계의 확립

PL 소송 대책 면에서 문서관리와 기록보존은 가장 중요한 대책의 하나다. 소송을 제기한 경우 이들 각종 기록문서(자료·도면 등)가 기업으로서는 결함이 없는 안전한 제품을 제공했다는 증거나 항변자료로 활용될 수 있기 때문이다. 법정에서 요구하는 이러한 문서들이 체계적으로 제시되지 못한다면 기업에서는 많은 불이익을 감수해야 한다. 따라서 관련된 문서나 기록들을 효율적으로 운영하기 위한 체계가 확립되어야 한다.

③ 소송방어 대책

소송이 제기되면 사내·외의 변호사를 소송대리인으로 선임하여 긴밀한 협의 속에 제품결함의 유무에 관해 판단해야 한다. 설사 제품에 결함이 있더라도 면책사유에 해당되는지를 면밀히 검토해야 한다. 협력업체와는 소송발생에 대비한 협력 체제를 구축해두어, 결함에 따른 책임 소재를 명확히 해놓아야 한다.

다른 해결 방법으로는 상호합의에 의해 처리하거나 재판 외 공적인 분쟁조정기구와 같은 제3자적 유관기관에 중재를 요청할 수도 있다. 소송 이전에 이 두 가지 방법에 의한 문제해결이 바람직하다고 하겠다. 판결 후의 항소여부 결정 등 보험회사가 단독으로 결정하기 어려운 사항 등을 신속하게 합리적으로 판단할 수 있는 체제도 필요하다.

④ PL 보험 가입

PL 보험의 공식 명칭은 '생산물 배상 책임보험'이다. 배상금은 우리의 상식을 초월하는 경우가 많기 때문에 만일의 사태에 대비한 보험가입 등의 대비책이 강구되어야 한다. PL 사고가 발생할 경우, 풍부한 경험을 가진 보험회사와 전문 변호사가 해당 기업을 대신하거나 해당 기업과 공동으로 대응하여 기업 측에 유리한 판결을 끌어낼 가능성을 높일 수 있다.

그러나 PL 보험은 보상한도와 자기부담금이 정해져 있으며, 징벌적 배상금과 리콜 비용 등은 보상하지 않기 때문에 PL 사고로 인한 손해액 전체를 보상하는 것은 아니다.

(2) 사후 PLD

사후 PLD는 PL 사고로 인한 분쟁처리에 관한 것으로 초동대책과 손실확대 방지 대책으로 구성된다. 일단 PL 사고가 발생한 후에는 초동대응이 중요하며 사고의 진상을 규명하여야 한다. PL에 관한 지식을 가진 사내 기술자와 함께 사고 발생과 관련하여 피해자의 과실이 있는지 살펴본다. 또한 PL 보험에 가입되어 있을 경우에는 보험회사의 도움을 받는다.

객관적인 조사 결과 자사 제품의 결함으로 밝혀지면 손실확대 방지 대책을 즉시 실시하여야 한다. 최고경영자의 책임하에 결함 제품의 회수·수리, 해당 제품의 생산중단 등을 통해 신속하게 해결하여야 한다. 사내·외의 PL 시스템을 개선하며 고객과의 접촉을 통해서 손상된 기업이미지 회복에 노력하여야 한다.

2.7 | ZD 운동

ZD(Zero Defects) 운동은 1962년 마틴사의 플로리다 올랜도 공장에서 처음으로 도입되었다. 당시 퍼싱 미사일 프로그램의 품질책임자였던 필립 크로스비는 결점을 사후에 수정하는 것보다 처음부터 올바르게 함으로써 사전에 예방하는 것이 훨씬 더 효과적이라는 확신하에 무결점을 위한 4가지 절대원칙을 확립하였다. 퍼싱 미사일 프로그램에 ZD를 적용함으로써 검사 불합격률 25%, 폐기비용 30%를 감소시킬 수 있었다. 이와 같은 성공으로 ZD가 미국 군수업체뿐만 아니라 타 업종에도 확산되어 GE, 포드, GM, 크라이슬러 등 많은 기업들이 ZD를 채택하였다.

ZD 운동의 초기 성공에도 불구하고 도입 후 1년이 경과한 기업들에서는 열의와 활력이 급속히 감소하였다. ZD 운동의 실패 이유로는 첫째, 추상적인 정신운동으로서 구체적인 품질기법에 대한 교육훈련을 제공하지 않았고, 둘째, 체계적인 추진 로드맵의 결여로 품질문제의 원인을 시스템에서 찾지 않고 작업자에게서 찾으려는 경향이 많았고, 셋째, 상부의 지시에 따라 실행하여 종업원의 자발적 참여가 부족하였고, 넷째, 문제해결 혹은 개선을 위해서가 아니라 미국 국방부와의 계약을 성사시키기 위해 캠페인성 프로그램으로 ZD를 도입한 기업들이 많았다는 점을 들 수 있다.

다음에 ZD 운동의 4대 원칙과 구현절차를 간략하게 소개한다. ZD 운동이 시대에 뒤떨어진

프로그램이라 치부하지 말고 전술한 바와 같은 취약점을 보완하여 도입하면 품질문제 해결에
도움이 될 것이다.

2.7.1 4대 절대원칙

ZD의 4가지 절대원칙은 ① 품질이란 무엇인가? ② 품질을 실현하기 위해 어떤 시스템이 필
요한가? ③ 어떤 성과 표준이 사용되어야 하는가? ④ 어떤 측정시스템이 요구되는가?에 대한
답을 준다. 이하 각 원칙에 대해 알아보자.

▌절대원칙 1. 품질은 고객 요구사항에 대한 적합의 정도이다.

품질개선은 모든 사람들이 처음부터 올바르게 하도록 함으로써 이루어진다. 이를 위한 핵심요
소는 요구사항에 대해 명료하게 이해시키고 사람들이 자기 식의 잘못된 방식으로 하지 않도록
하는 것이다. 따라서 경영진은 종업원들에게 잘 하라고 추상적으로 지시하는 것이 아니라 충족
시켜야 할 요구사항이 무엇인지 명확하게 설정해주고, 요구사항을 만족시킬 수 있는 수단을 제
공하며, 종업원들이 요구사항을 충족시킬 수 있도록 독려하고 도와주어야 한다.

▌절대원칙 2. 품질시스템은 예방시스템이다.

전통적인 품질 관행에서 가장 눈에 띄는 지출은 평가 영역에서 발생한다. 제조기업에서는 검
사원, 시험원 등의 이름으로, 서비스 기업에서는 다른 이름으로 인력을 투입하고 그에 따른 경
비를 지출하게 된다. 평가는 확인, 검사, 시험 혹은 다른 어떤 이름으로 불리든 간에 항상 일이
일어난 후에 실시되는 것이다. 품질을 실현하기 위한 수단으로서 평가는 비싸고도 신뢰성이 떨
어지는 방법이다. 평가 대신 예방이 주가 되어야 한다. 존재하지 않는 오류는 잡을 수가 없지 않
은가? 예방은 어떻게 해야 할지를 사전에 아는 것은 목적지로 가기 전에 미리 물어보고 확인하
여 길을 잃고 헤매지 않도록 하는 것과 같다. 따라서 예방은 정상적인 운영시스템의 일부가 되
어야 한다.

▌절대원칙 3. 성과표준은 무결점이다.

요구사항들을 명확하게 설정하고 모든 경우에 매번 이들 요구사항들을 충족시켜야 한다. 기업
이란 수백만의 극히 사소하게 보이는 활동들로 움직이는 조직이다. 이들 사소한 활동들이 모두
계획대로 각각의 요구사항에 맞게 수행됨으로써 올바른 결과가 나오는 것이다. 성과표준은 회사
가 무언가를 이루기 위한 수단으로서 각 개인이 맡은 활동의 중요성을 인식할 수 있도록 도와준

다. 만약 수많은 활동들 중 일부가 잘못되는 것을 허용한다면 그 결과가 어떻게 나올지 아무도 정확하게 예측할 수 없게 된다. 따라서 성과표준은 결점을 어느 정도 허용하는 합격품질수준 (Acceptable Quality Level: AQL)이 아니라 무결점(ZD)이 되어야 한다.

절대원칙 4. 품질의 평가척도는 부적합비용이다.

경영의 대상으로서 품질의 주된 문제는 품질이 경영의 기능이 아니라 기술적인 기능으로 인식되고 있다는 것이다. 그 이유는 품질을 재무적인 항목으로 보지 않는다는 데 있다. 품질의 중요성이 세계적으로 급부상하고 있음에도 불구하고 상급 경영진에서 품질에 대해 무언가를 하도록 하는 데 어려움이 있다. 일반적으로 경영진이 가장 중요시하는 지표는 금전적인 척도이다. 따라서 품질에 대해서도 경영진이 적절한 관심을 가질 수 있는 새로운 금전적인 척도로 수준을 나타내어야 할 필요가 있다. 부적합비용(Price Of Non-Conformance: PONC), 즉 품질이 좋지 않아서 발생하는 부적합에 지불해야 할 대가는 이와 같은 목적에 잘 부합되는 척도라 할 수 있다. 부적합비용은 단순히 품질수준을 평가하는 지표가 아니라 부적합 발생 시 이를 처리하기 위해 지불해야 될 대가로서 부적합으로 인해 발생하는 실질적인 재무적 손실이다.

2.7.2 품질개선 14단계

1단계. 경영진의 적극적 참여

종업원들이 경영진을 신뢰할 수 있도록 경영진이 참여하고 필요한 조치를 취한다. 필요한 조치란 품질에 대한 회사의 방침을 공표하고 품질을 경영현황을 파악하기 위한 정기적인 회의의 첫 번째 주제로 다루는 것이다. 또한 CEO와 COO는 품질에 대한 명확한 연설을 준비하고 모두에게 전파한다. 예를 들어 "우리는 우리의 고객들에게 결함이 없는 제품과 서비스를 적시에 제공한다."와 같은 품질방침을 모든 종업원들이 알도록 한다.

2단계. 품질개선 팀

품질개선 팀에는 명확한 방향과 리더십이 요구된다. 팀의 직무 및 팀원 선정과 관련하여 지켜져야 할 규칙에는 ① 팀은 개선을 원하는 사람들을 위해 장애물을 치워줄 수 있는 개인들로 구성할 것 ② 팀은 회사 외부에 대해 회사를 대표할 수 있어야 하고, 교육 프로그램과 전사적인 행사 일정을 짤 수 있을 것 ③ 팀은 모든 운영부서들을 대표할 수 있을 것 ④ 팀원은 이들 기능의 수행에 전념할 수 있을 것 ⑤ 팀 리더는 최고경영진과 직접 대화할 수 있어야 하고 전체적인 전략을 잘 이해하며 필요 시 변경할 수도 있는 강력한 권한이 있을 것 등이 있다.

3단계. 측정

품질개선 팀과 회사들이 측정에 미온적일 뿐 아니라 측정이 혼란을 초래하는 성가신 일로 치부하는 경우가 많다. 그러나 실제로 혼란은 명확한 측정이 이루어지지 않기 때문에 발생한다. 누구든 얼마나 잘하고 있는지 아무도 말해줄 수 없을 때 좌절하게 된다.

4단계. 품질비용

대부분 부서에서는 품질비용을 축소하여 아무런 문제가 없는 것처럼 보이고 싶어 한다. 그러나 품질비용에 대한 부정적인 인식을 없애고 경영관리지표로서 정확하게 있는 그대로 파악하는 것이 필요하다. 일단 품질비용이 정기적인 경영과정으로 정착되면 품질개선 프로세스 자체에 대단히 효과적이고 긍정적인 자극이 된다.

5단계. 품질 인식

많은 회사들이 수많은 출판물과 정보시스템을 통해 품질에 대해 설명하려 하고 사람들에게 인식시키려고 한다. 그러나 보다 효과적인 품질인식 시스템은 회사 내부에 이미 존재하는 시스템을 이용하는 것이다. 예를 들어 별도의 품질 뉴스레터를 발행하는 것보다 기존의 회사 뉴스레터에 품질뉴스를 포함시키는 것이 보다 효과적이다.

6단계. 수정 조치

많은 회사에서 수정조치시스템을 갖추고 있다고 생각하지만 많은 문제들이 합당한 기간 내에 해결되지 않는 경우가 많다. 문제가 무엇인지, 근본원인이 어디에 있는지 제대로 분석하도록 되어 있지 않은 시스템은 올바른 수정조치시스템이 아니다. 올바른 시스템은 진짜 문제가 무엇인지 올바르게 식별하고 문제의 근본원인을 정확하게 짚어내는 과정에 기초하여 구축된다.

7단계. 무결점 계획

많은 회사들이 '무결점의 날'을 되도록 빠른 시일로 정하고자 하지만 꼭 그렇게 서둘러야 하는 것은 아니다. 무결점 추진은 품질경영프로세스의 추진력과 지속성을 확보하는 중요 단계로서 과대 선전을 배제한 채 진지하고 엄숙하게 계획되어야 한다.

8단계. 종업원 교육

경영진이 품질경영의 4대 절대원칙을 이해하고 정규 궤도에 진입하는 시점에서 모든 종업원들에 대한 교육이 필요하게 된다. 보통은 훈련담당부서에서 필요 정보를 수집하고 컨설턴트의 도움을 받아 프로그램을 마련한다.

9단계. 무결점의 날

무결점의 날은 모든 종업원들이 함께 모여 개선활동에의 헌신을 다짐하는 날일뿐만 아니라 경영진이 모든 종업원들 앞에서 헌신을 진지하게 다짐하는 날이다.

10단계. 목표 설정

목표 설정은 측정이 이루어지면 자연스럽게 뒤따르는 과정이다. 개선을 위한 14단계는 순차적으로 이루어지는 것이 아니라 동시에 이루어진다. 처음 6단계까지는 경영진에 의해 먼저 수행되지만 일단 측정이 이루어지면 사람들은 바로 이어 목표를 생각하게 된다. 물론 모든 사람들이 추구해야 할 궁극적인 목표는 무결점이지만 중간 목표를 설정하여 최종목표로 향할 수있다.

11단계. 오류원인 제거

오류원인 제거는 조치를 취하기 위해 사람들에게 문제들에 대해 기술하도록 하는 것이다. 문제해결에 대한 제안은 아니지만 대부분 문제기술 자체에 해결방법에 대한 제안이 포함되어 있는 경우가 많다.

12단계. 표창

종업원에 대한 포상과 표창은 회사마다 고유한 방식으로 수행한다. 경영진이 주의해야 할 사항은 좋은 성과를 보인 종업원에 대해 급여를 받고 있으니 당연한 일을 한 것이라는 사고에서 벗어나야 한다는 것이다.

13단계. 품질위원회

품질위원회는 품질전문가들이 함께 모여 서로 배우는 기회를 제공하고 품질개선프로세스를 지원한다. 품질전문가들은 적극적으로 문제해결을 돕기도 하고 무결점이 가능하다는 확신을 심어주는 역할을 하기도 한다.

14단계. 전체 단계의 반복

품질개선활동을 지속적으로 반복되는 과정으로 정착시킨다.

2.8 | 식스시그마 방법론

2.8.1 식스시그마의 탄생 배경과 의미

식스시그마는 미국의 기업들이 1980년대 일본의 기업들에게 밀려 상실했던 경쟁력을 회복하고자 경주했던 노력의 산물이라고 할 수 있다. 1980년대 초 미국 모토로라사의 Robert W. Galvin 회장은 5년 내 10배 이상의 품질개선을 이룩한다는 야심찬 목표를 세우고 낭비와 불량을 획기적으로 절감하기 위한 활동을 전사적으로 추진하고 있었다. 이 과정에서 Bill Smith라는 기술자가 초기 제조 시 발생한 결함으로 인해 재작업을 거친 제품일수록 사용자로부터 고장으로 인한 반품이 빈번하게 발생한다는 흥미로운 사실을 발견하였다. 이것은 품질혁신에 대한 중요한 기본방향을 제시해주었다. 이와 같은 발견과 함께 당시 모토로라사에 근무하던 Mikel Harry 등이 통계적인 이론을 도입하여 문제해결의 기본 절차와 방법 및 도구를 체계화함으로써 식스시그마가 탄생하게 되었다.

초기에 품질의 획기적인 개선을 목표로 제조부문 중심으로 전개되었던 식스시그마는 1995년 GE에 도입되는 것을 계기로 경영혁신을 위한 전략적 프로그램으로 발전하였다. GE에서는 식스시그마 방법론을 모든 사업 분야로 확대 적용하여 성공적인 결과를 창출하였는데, 이것이 세계 유수의 기업들이 잇따라 식스시그마 방법론을 도입하는 기폭제가 되었다. 우리나라에는 식스시그마가 최초 등장한 지 10년 뒤인 1997년 무렵 한국중공업(현재 두산중공업), LG, 삼성 등 대기업을 중심으로 도입되어 현재는 식스시그마 방법론이 산업계에서 널리 사용되고 있다. 식스시그마 기법을 활용한 문제해결 방법론에 대해서는 최근까지도 다양한 연구논문들이 발표되고 있다(김강희, 김현정, 2022; 소순진 외, 2022).

오늘날 보편적으로 인식되는 식스시그마는 그림 2.9에서 보는 바와 같이 제품의 설계와 제조뿐만 아니라 사무 간접, 지원 부문 등을 포함하는 모든 종류의 프로세스에서 결함을 제거하고 목표로부터의 이탈을 최소화하여 조직의 이익 창출과 함께 고객만족을 최대화하고자하는 경영혁신전략이라 할 수 있다. 식스시그마는 경쟁력 확보를 위한 전략일 뿐만 아니라 결함이 발생할 수 있는 백만 번의 기회 중 실제 결함발생 빈도가 3.4회 이하가 되도록 한다는 정량적인 목표로서의 의미도 갖고 있다. 또한 결과를 완벽하게 하려면 과정을 완벽하게 해야 한다는 방법론적 철학을 갖고 있다.

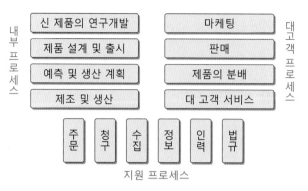

그림 2.9 식스시그마의 적용 분야

2.8.2 식스시그마 척도

식스시그마에서는 전통적으로 사용되던 수율, 불량률, ppm 등에 비해 보다 합리적으로 정의된 RTY(Rolled Throughput Yield; 전체수율), DPU(Defects per Unit; 단위당 결함 수), DPMO(Defects per Million Opportunities; 백만 기회당 결함 수), 시그마수준 등의 척도를 많이 사용한다. 이들은 종전에 사용되던 척도들의 단점을 보완하여 새로이 정의된 척도들이다.

(1) DPU

제품 혹은 부품 한 단위에 평균적으로 어느 정도의 결함을 포함하고 있느냐를 나타내는 척도로서 총 결함 수를 총 단위 수로 나누어 구한다. 예를 들어, 그림 2.10과 같이 각 단위마다 다섯 개의 구멍을 뚫어 완성되는 부품을 생각해보자. 그림에서 색칠된 부분은 구멍이 잘못 뚫어진 것을 나타내고 있다고 하자. 그렇다면 총 네 단위 가공에서 결함이 다섯 곳 발생했으므로 단위당 결함 수는 다음과 같다.

$$DPU = \frac{5}{4} = 1.25$$

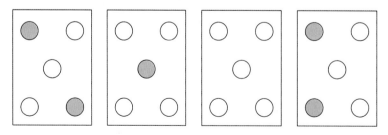

그림 2.10 드릴링 작업으로 완성된 부품들

(2) DPO와 DPMO

기회란 제품 특성, 가공 작업, 조립작업 등에서 결함이 발생할 수 있는 기회를 의미하며 공정을 구성하는 작업의 수 혹은 조립 부품의 수 또는 구현해야 할 품질특성의 수 등이 많을수록 기회의 수가 증가한다. 기회의 수가 더 많으면 더 복잡하다고 한다. 예로서 그림 2.10의 드릴링 작업의 경우 부품 한 단위에 결함이 발생할 수 있는 기회의 수는 5이며 전체 기회 수는 5×4=20임을 알 수 있다. DPO는 총 결함 수를 총 기회 수로 나누어 얻어지는 값으로 그림 2.10의 경우

$$DPO = \frac{5}{20} = 0.25$$

이다. DPMO는 DPO에 100만을 곱하여 계산된다.

(3) 시그마수준

품질특성치가 정규분포를 따른다고 할 때, 규격중심으로부터 규격한계까지의 거리가 표준편차(보통 σ로 표기)의 몇 배나 될 것인가를 나타내는 척도이다. 규격중심과 규격한계는 정해져 있는 값이므로 시그마수준이 높아진다는 것은 곧 표준편차의 값이 작아진다는 것을 의미한다. 즉, 품질특성치가 균일할수록 시그마수준은 높아지게 된다. 그림 2.11은 시그마수준과 표준편차의 크기의 관계를 보여주고 있다.

그런데 우리가 6시그마 수준이라고 할 때 엄밀하게 규격중심과 규격한계 사이의 거리가 표준편차의 6배이냐 하면 그렇지 않다. 실제로는 공정에서 장기에 걸쳐 얻어진 데이터를 토대로 계

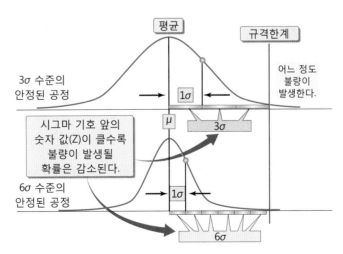

그림 2.11 시그마수준과 표준편차

산된 표준편차의 4.5배이면 6시그마 수준으로 간주한다. 이것은 생산현장에서는 작업자의 교대, 원재료 로트 간 산포, 설비보전, 금형교체 등 현실적으로 인정할 수밖에 없는 품질변동이 상존하고 있고, 이와 같은 불가피한 사유로 공정평균이 규격중심으로부터 약 1.5배 정도 변동한다는 경험적 사실을 고려한 것이다. 따라서 6시그마 수준의 공정에서는 규격을 벗어날 확률이 표준정규확률변수가 4.5보다 클 확률과 동일하고 이 값은 3.4/1000000가 된다. 즉, 6시그마 수준은 3.4DPMO에 대응되는 수준이다.

(4) FPY와 RTY

FPY(First Pass Yield; 통과수율)는 단위 공정의 작업에서 재작업을 거치지 않고 처음부터 제대로 통과한 비율을 나타낸다. 또한, RTY는 모든 공정의 처음부터 끝까지 단 한 번의 오류 혹은 결함이 없이 제대로 통과된 비율을 나타낸다. 그림 2.12에서 알 수 있는 바와 같이 전체수율은 각 단위공정의 통과수율을 모두 곱하여 구한다.

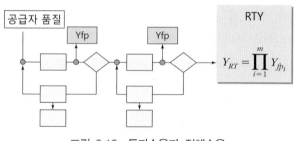

그림 2.12 통과수율과 전체수율

2.8.3 식스시그마의 특징

식스시그마가 종전의 여러 경영전략에 비해 성공적일 수 있었던 이유는 다음과 같은 전략적 특징에 힘입은 바 크다.

(1) 고객에 초점을 맞춘 프로젝트

이전의 경영혁신 프로그램에서도 '고객중심'이라는 개념이 포함되어 있었지만 추상적이거나 관념적인 수준에 머물렀다. 반면에 식스시그마는 고객중심의 개념을 구체화하여 모든 비즈니스의 제품 및 서비스가 고객의 요구에 부합되는지 측정하는 틀을 갖추고 있다. 식스시그마에서는 고객의 요구나 니즈에 직결되는 CTQ(Critical To Quality; 중요품질특성)를 찾아내고 그 수준을 측정하여 고객의 기대수준에 못 미칠 경우 이를 프로젝트로 정의하여 체계적이고 과학적인 방법으로 개선하는 수단을 제공한다.

(2) 원인 프로세스의 개선

개선 목표달성을 위해 결과에 대한 조치를 중심으로 한 활동이 아니라 문제의 원인을 발생시키는 프로세스를 분석하여 근본적인 해결책을 추구한다. 이와 같은 접근방법은 결함으로 인한 재작업, 폐기 등 COPQ(Cost of Poor Quality; 저품질비용)의 발생을 원천적으로 방지해줄 뿐만 아니라 불량품 생산 및 재작업으로 소모된 비율만큼 생산용량을 별도의 투자 없이 증설하는 효과를 가지게 된다. 만약 당초 수율이 90%인 그림 2.13의 공정을 개선하여 재작업 없이 100% 수율을 달성하게 된다면 11%만큼의 용량 증설이 이루어진 결과와 같은 것이다. 따라서 개선의 측면에서 본다면 100%에 미달되는 수율은 그만한 용량의 공장이 내부에 은폐되어 있는 것과 같으므로 '숨은 공장'이라는 표현을 사용한다.

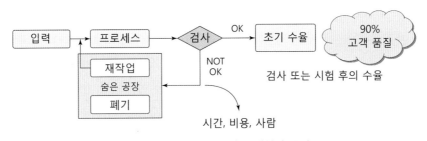

그림 2.13 원인 프로세스 개선의 효과

(3) 과학적인 성과지표의 사용

식스시그마에서는 종래 보편적으로 사용되던 불량률, ppm 등의 비과학적인 요소를 개량하여 DPU, DPMO, 시그마수준 등 과학적인 측도를 사용하여 품질수준을 평가함으로써 합리적인 문제해결이 가능하도록 하였다. 예를 들어 식스시그마에서는 불량률 대신 DPU를 많이 사용하는데 둘 사이의 관계를 살펴보자. 그림 2.14의 A, B 두 공정의 불량률을 비교해보면 두 공정 모두 동일하게 3/4=0.75이다. 그런데 작업 결과를 살펴보면 B공정의 능력이 A공정보다 뛰어남을 알 수 있다.

A공정과 B공정의 불량률은 같은데 B공정의 능력이 더 우수하다면 불량률이 두 공정의 능력을 비교하는 척도로서 적절하지 않다는 것을 의미한다. 만약 DPU를 계산한다면 A공정의 경우 DPU=5/4=1.25, B공정의 경우 DPU=3/4=0.75로서 B공정의 DPU가 A공정보다 작으므로 B공

정이 더 우수하다고 할 수 있다. 이와 같이 식스시그마에서는 불량률 내지 ppm의 비과학적인 요소를 배제하고 DPU의 개념을 도입함으로써 보다 과학적인 분석이 가능하도록 하고 있다. 다른 척도에 대해서도 유사한 설명이 가능하므로 더 이상 상술하지 않고 생략한다.

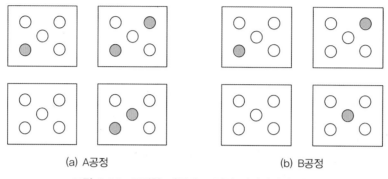

(a) A공정   (b) B공정

그림 2.14 동일한 제품의 드릴링 작업결과의 비교

(4) 데이터에 입각한 분석과 정량적 재무성과 제시

만약 어떤 프로젝트의 성과를 수치로 제시할 수 없다면 표현방식에 따라 크게 부풀려질 수도 있고 미미하고 하찮은 것으로 폄하될 수도 있어서 객관적인 평가가 어렵게 될 것이다. 성과에 대한 객관적인 평가가 불가능하면 프로젝트 수행의 가치를 올바르게 판단할 수 없게 되고 프로젝트 추진동력을 상실하게 된다. 식스시그마 프로젝트의 개선은 먼저 신뢰할 수 있는 데이터를 확보하고 이를 과학적으로 분석한 결과를 토대로 이루어진다. 데이터의 신뢰성을 확보하기 위해 프로젝트 진행의 초기 단계에 반드시 측정시스템분석을 실시하도록 하고 있으며 수집된 데이터에 대한 해석도 반드시 통계적 분석 결과를 토대로 객관적인 결론을 도출하도록 하고 있다. 또한 개선성과도 개선 결과 데이터를 재무적인 효과로 환산하여 수치로 제시하도록 하고 있다.

(5) 전문 인력의 교육 및 훈련

만약 ZD 프로그램과 같이 개념과 방법론만 제시하고 추진인력에 대한 적절한 교육과 훈련을 실시하지 않는다면 실제 추진할 때 여러 가지 난관에 부딪히게 될 것이다. 식스시그마 전략은 프로젝트 추진을 전담하는 BB(Black Belt), 일상 업무를 수행하면서 소규모 프로젝트를 수행하는 GB(Green Belt), 대형 프로젝트를 주도하거나 BB, GB, 챔피언에 대한 사내 교육을 담당하는 MBB(Master Black Belt), 프로젝트의 선정을 주도하고 추진을 지원하는 챔피언 등 핵심 인력층을 중심으로 진행되는데, 도입 초기에는 이들 인력에 대한 체계적인 교육훈련 프로그램이 제공된다. 모든 경영혁신활동의 성패는 궁극적으로는 추진주체가 되는 사람들의 열정과 노력에 달려 있다. 이런 점에서 전문 인력을 체계적으로 육성하고 조직화하여 경영목표 달성에 기여할 수 있도록 조직의 힘을 응집시키는 접근방법은 식스시그마 전략의 강력한 장점 중 하나이다.

2.8.4 식스시그마 프로젝트 수행과정

마지막으로 식스시그마 프로젝트의 수행과정을 간단하게 살펴보자. 식스시그마 프로젝트는 기존의 프로세스를 개선하고자 할 경우와 새로운 프로세스를 설계하고자 할 경우에 대해 서로 다른 진행과정을 밟게 된다.

(1) 기존의 프로세스를 개선하기 위한 프로젝트

이 경우는 거의 모든 기업 혹은 컨설팅회사에서 똑같은 DMAIC 로드맵을 적용하여 정의, 측정, 분석, 개선, 관리의 다섯 단계로 진행되는데 각 단계별 활동을 요약 정리하면 다음과 같다.

- 정의(Define) 단계: 문제가 무엇인지 명확하게 정의하고 개선활동의 범위를 명료하게 설정하며 문제해결에 따른 목표를 정해준다.
- 측정(Measure) 단계: 문제에 관련된 개선지표를 측정 가능한 변수로 변환하여 프로젝트 Y를 정의해준다. 프로젝트 Y의 측정시스템, 성과표준을 함께 정의하고 측정시스템분석 및 공정능력분석 등을 이용하여 Y의 현재수준 및 목표수준을 설정한다.
- 분석(Analyze) 단계: 프로젝트 Y에 영향을 주는 원인변수들을 도출하고 데이터를 수집하여 분석한 결과를 토대로 핵심이 되는 원인변수들(Vital Few Xs)을 골라낸다.
- 개선(Improve) 단계: 핵심 원인변수들에 대해 적절한 개선 조치를 취하여 문제를 해결하고 개선 목표 달성여부를 확인하고 재현성을 검증한다.
- 관리(Control) 단계: 개선결과를 유지하기 위한 계획을 수립하고 관리하는 한편 프로젝트 진행과정 및 결과를 문서화하여 회사의 지적자산으로 관리한다.

(2) 새로운 제품 혹은 프로세스를 개발하여 설계하기 위한 프로젝트

이 경우는 회사마다 고유한 제품개발프로세스가 있으므로 그에 맞추어 약간씩 차이가 있는 로드맵을 적용하고 있다. 여기서는 그 중의 하나인 DMADOV 로드맵에 따라 각 단계별 활동을 요약하여 소개한다.

- 정의(Define) 단계: 비즈니스 기회를 분석하여 잠재 프로젝트를 발굴하여 예상되는 효과와 위험을 비교평가하고 프로젝트를 선정한다. 또한, 프로젝트의 범위와 목표를 명료하게 설정하는 한편 팀 구성과 추진일정을 계획한다.
- 측정(Measure) 단계: 고객 요구사항 및 비즈니스 측면에서의 요구 등을 분석하여 구현해야 할 CTQs를 도출하고 측정 가능한 변수로 변환하여 프로젝트 Y를 정의하고 성과표준을 설정한다. 프로젝트 Y의 측정시스템을 함께 정의하고 현재 및 목표수준을 설정한다.
- 분석(Analyze) 단계: 설계요소들을 도출하여 설계 개념을 구상하고 위험평가를 실시하고 필요 시 개념설계를 반복적으로 수정·보완한다.
- 설계(Design) 단계: 설계요소별 분석을 통해 다양한 설계 대안들을 도출하여 최적대안을 선택하여 상세설계를 완성한다. 실험 계획 및 실시, 위험분석 및 능력평가 등을 통해 목표수준 달성가능성을 검토하고 필요하다면 수정보완과정을 반복한다.
- 최적화(Optimize) 단계: 로버스트 설계, 허용차 설계, 실수방지 설계 등의 기법을 적용하여 상세설계 사양을 확정한다. 재현성 실험, 신뢰성 평가, 위험 평가, 공정능력 평가 등을 실시하여 필요시 상세설계 사양의 수정보완과정을 반복한다.
- 검증(Verify) 단계: 시뮬레이션, 파일럿 시험, 시작품 제작 등을 통해 설계의 타당성을 검증하고 필요시 추가 수정보완절차를 따른다. 관리계획을 수립하고 생산부서에 이관하여 프로젝트를 완료한다. 초기 생산과정에서 피드백 사항을 반영하여 필요시 설계를 수정·보완하는 것도 프로젝트 팀의 역할임에 유의해야 한다.

제조부문의 프로젝트는 기존의 공정을 개선할 목적으로 선정된 경우가 많으므로 대부분 DMAIC 로드맵에 따라 진행된다. 또 대부분의 개발 혹은 설계 프로젝트는 기존의 제조 프로세스가 없거나 있더라도 대폭 변경되어야 할 경우가 많으므로 DMADOV 로드맵에 따르는 것이 효과적이다. 한편 간접 부문의 프로젝트는 개선 자체가 새로운 아이디어를 토대로 프로세스를 재설계하는 내용일 경우도 상당하므로 DMAIC와 DMADOV가 적합한 비율이 대체로 비슷하다. 이를 도시하면 그림 2.15와 같다. 이것은 어디까지나 전체적인 구성을 살펴본 것이고 실제로 어느 로드맵에 따를 것인가는 어느 부문의 프로젝트인가보다는 프로젝트 자체의 고유한 성격을 고려하여 정하는 것이 바람직하다. 만약 기존에 있는 것을 개선하는 성격의 프로젝트라면 DMAIC를 따르고 새로운 것을 창출하는 성격이 강한 프로젝트라면 DMADOV를 따르는 게 효과적이다.

식스시그마 프로젝트 진행 로드맵과 관련하여 한 가지 더 주의할 사항은 프로젝트가 항상 DMAIC 혹은 DMADOV 중 어느 한 가지로 고정된 절차에 따라 진행되어야 하는 것은 아니라

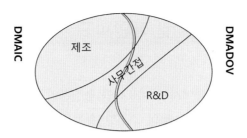

그림 2.15　프로젝트 진행 로드맵의 부문별 구성비

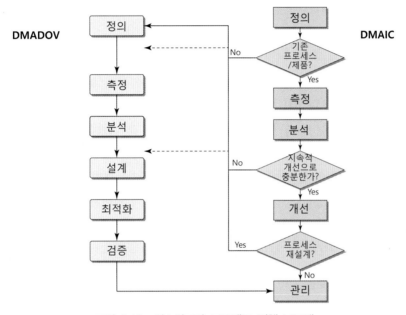

그림 2.16　식스시그마 프로젝트 진행 로드맵

는 점이다. 현장에서는 DMAIC로 진행되던 프로젝트가 기존 방법의 단순한 개선으로는 도저히 목표수준을 달성할 수 없다고 판단되면 DMADOV로 변경된 로드맵에 따라 추진되는 경우도 얼마든지 있을 수 있다. 그림 2.16은 이와 같이 프로젝트 진행 도중 변경된 절차를 따를 경우를 포함한 로드맵을 도시하고 있다.

이 절에서는 소집단 개선활동 중에서도 대표적인 품질분임조 활동에 대해서 살펴본다. TPM (Total Productive Maintenance) 활동 등의 소집단 활동들도 있으나 특정 주제를 다루고 있을 뿐 모두 품질분임조 활동과 유사하므로 따로 설명하지는 않는다.

2.9.1 품질분임조 탄생의 배경

데밍은 제2차 세계대전 종전 후 일본의 전후 경제회복에 절대적인 기여를 한 사람이다. 데밍은 일본을 점령한 연합군 군정청의 대규모 인구조사의 샘플링에 대한 자문역을 맡은 인연으로 1950년 다시 일본과학기술연맹(JUSE)의 초청을 받게 된다. 당시 일본과학기술연맹의 회장이었던 이시카와 이치로는 일본 경제단체 연합회의 회장도 겸하고 있었으므로 일본 과학기술계와 경제계는 강한 유대관계를 맺고 있었다. 일본과학기술연맹의 초청으로 이루어진 데밍의 통계적 품질관리 강의는 정부, 산업계, 학계에서 참여한 일반 수강자들뿐만 아니라 당시 일본과학기술연맹 산하에서 이미 활동 중이던 품질관리연구그룹 멤버들과 경영자들에게도 깊은 감명을 주었다. 데밍은 이후에도 수시로 일본을 방문하여 품질에 대한 지도를 하였고 일본과학기술연맹에서는 데밍의 강의교안을 책으로 출간하여 품질관리의 보급을 촉진시켰다. 데밍은 교안 출간에 따른 인세를 기부하였는데 일본과학기술연맹에서는 이를 품질상 제정을 위한 기금으로 사용하여 데밍상이 탄생하게 되었다.

데밍은 최고경영자들을 대상으로 원재료 구입부터 설계, 생산, 판매, 사용 및 고객의 피드백에 이르는 전 과정이 하나의 시스템임을 강조하였다. 전체 시스템이 높은 성과를 창출하기 위해서는 개별 목표보다는 공동의 목표를 위해 서로 협력해야 하며 모두가 개선활동에 동참해야만 시스템 수준이 지속적으로 상승할 수 있다. 이와 같은 인식이 일본 산업계 내에 성숙하면서 현장의 일상적인 업무 내에서 지속적인 개선을 실현시킬 방법을 강구하게 되었다. 특히 이시카와 가오루는 현장의 뒷받침 없는 관리자나 기술자에 대한 품질교육의 한계를 깊이 인식하고 있었다.

1962년 이시카와 가오루는 현장의 직소장을 대상으로 한 월간지 ≪현장과 QC≫의 창간과 함께 'QC circle'이라는 이름의 소집단 활동을 시작할 것을 주창하였다. 초기에 이시카와 가오루가 생각한 QC circle(품질분임조)은 첫째, 공부를 일차적으로 하며 재발방지를 위한 관리를 실행하는 그룹, 둘째, 품질관리에 대해 공부한 내용을 즉시 자신의 직장에 응용하고 간단한 품질기법들을 직장의 문제해결에 활용하기 위해 함께 활동하는 그룹이었다. 지금도 QC circle이라 하면 이와 같은 개념을 가지고 있으나 범위를 확대하여 현장문제를 해결하고 개선하기 위해 자주적으로 활동하는 소그룹이라는 의미도 함께 포함하고 있다. 데밍이 일본 산업현장의 품질개선에 활용될 수 있는 통계적 기법의 이론을 제공했다면 이시카와는 QC circle을 통해 통계적 기법을 실제 현장에 적용할 수 있는 길을 텄다고 할 수 있다.

1963년에는 QC circle본부가 발족되고 이듬해부터 지부들이 설치되어 품질분임조 활동이 전국적으로 확산되었다. QC circle본부에서는 품질분임조 활동의 안내서로서 1970년 ≪QC circle 강령≫, 1971년 ≪QC circle 활동 운영의 기본≫을 발간하였다. 이들 안내서에서는 품질분임조를 '같은 직장 내에서 품질관리 활동을 자주적으로 실행하는 소그룹'으로 규정하고 기본 이념으로서 기업의 체질개선과 발전에 기여하고 인간성 존중과 함께 밝은 직장을 조성하며 인간의 능력을 발휘하여 무한한 가능성을 끌어낼 것을 표방하고 있다. 또한 분임조 활동의 기본자세로서 자주성, 자기계발, 상호계발, 전원참가, 영속성, 품질기법의 학습과 활용, 그룹 활동, 직장에 밀착한 활동, 창의고안, 품질의식과 개선의식 등을 강조하고 있다.

2.9.2 품질분임조의 단계별 개선활동

품질분임조에서 문제해결을 위해 사용하는 표준 절차는 원래 일본의 건설기계 및 중장비 제작업체인 고마츠 제작소의 품질개선활동 사례 공유를 위해 작성한 것이 시초였다. 현재 우리나라에서 보편적으로 사용되는 품질분임조의 문제해결절차는 고마츠 제작소의 QC스토리를 약간 수정하여 다음과 같은 10단계로 구성되어 있다.

▌ 1단계. 주제선정

TQM 추진계획과 부서 방침 등을 고려하여 연간활동의 주제와 일정계획을 미리 세워두고 이에 따라 개선활동을 전개하는 것이 바람직하다. 주제는 "~향상"으로 목표만 내세우는 것보다는 "~개선으로 ~향상"과 같이 수단+목표 형식을 취하여 구체적으로 기술하는 것이 좋다. 또한, 주제의 내용은 되도록 좁고 깊게 설정하여 문제에 대한 응급조치가 아닌 근본적인 해결책을 찾을 수 있도록 하는 것이 좋다. 너무 포괄적인 주제는 시간 혹은 기타 자원의 제약이나 임시방편의 해결책으로 끝나게 될 가능성이 클 뿐만 아니라 문제가 완전하게 해결되지 못했음에도 이미 취급되었던 주제이기 때문에 다시 선정하기 곤란하게 된다.

2단계. 주제선정의 근거

회사의 TQM 추진계획과 부서 방침과 연결시키는 것이 바람직하며 정성적인 표현을 지양하고 정량적인 수치로 나타내는 것이 좋다. 우리나라 분임조의 발표 자료를 보면 많은 경우 여러 후보주제들의 시급성, 참여도, 가능성 등에 대한 분임조원들의 주관적 의견을 토대로 점수를 매긴 후 주제를 선정하는데, 이것은 선정된 주제를 거꾸로 끼워 맞추기 위한 것이라는 느낌을 준다. 주제 선정 시 불량 발생 데이터나 개선기대효과 등에 대한 객관적인 근거를 정량적으로 비교하여 제시하는 것이 바람직하다. 그림 2.17는 어느 분임조의 주제 "원자로 냉각재 압력경계밸브 정비방법 개선으로 계획예방정비 주공정 단축"의 선정근거 예시를 보여주고 있다.

번호	항목	개선내용	공정단축	투자비
❶	원자로분해 및 조립	원자로헤드 일체형으로 개선	48시간	30억원
❷	원자로분해 및 조립	원자로헤드 다중신장기 설치	8시간	10억원
❸	원자로분해 및 조립	원자로수조 영구밀봉링 사용	8시간	10억원
❹	RCS 배수밸브정비	원자로냉각재 계통밸브 정비방법 개선	72시간	0.2억원
❺	RCS 냉각 및 보수	발전소 냉각 배수 시 원자로계통 배기방법 개선	2시간	0.02억원

그림 2.17 주제선정 근거 예시

3단계. 활동계획 수립

분임조 활동의 주제는 연간 3건 정도로서 활동기간은 2~5개월 정도가 바람직하다. 6개월 이상 소요되는 주제는 활동기간이 지나치게 길어서 도중에 맥이 빠지고 탄력을 잃게 될 우려가 크다. 따라서 이 경우에는 보다 소규모 주제로 나누어 단기간에 완료할 수 있도록 하여 추진의 탄력을 높이고 분임조원이 자신감을 갖도록 하는 것이 좋다. 또한 문제해결 과정에서 각 분임조원의 역할 분담을 명확하게 정해주고 각자 맡은 일이 무엇이며 언제까지 해야 되는지 분명하게 알 수 있도록 해야 한다. 일정계획을 수립할 때 간트 도표 등을 사용할 수 있다.

4단계. 현상파악

주제선정의 근거를 제시하는 수준의 상태 파악이 아니라 보다 구체적으로 항목별, 요인별로 깊이 있게 분석하여 근본적인 문제가 무엇인지 파악할 수 있도록 한다. 이 단계에서 주로 사용하는 파레토 그림을 위시한 각종 그래프는 상위수준부터 시작하여 필요하다면 3차 혹은 4차 하위수준에 이르기까지 분해하여 작성할 수도 있다. '4단계. 현상파악'과 '5단계. 원인분석' 활동을 위해서는 '부록 F. 7가지 기본 품질도구'와 '부록 G. 7가지 신품질도구'가 널리 활용된다.

▎5단계. 원인분석

인과관계를 파악하여 문제의 원인을 추구하는 단계로서 단 한 번의 원인 규명이 아니라 근본원인에 이를 때까지 '왜'라는 물음을 반복할 필요가 있다. 특성요인도 등의 정성적인 분석도구에서 나온 결과를 토대로 실제 데이터를 수집하여 인과관계를 검증한다. 계량치 데이터일 경우에는 평균의 목표치 이탈뿐만 아니라 산포를 증가시키는 원인을 분석하도록 한다. 그림 2.18은 공정에서 부가가치를 창출하지 못하는 작업의 증가 원인을 찾기 위한 특성요인도의 예를 보여주고 있는데 이들은 결과적으로 주공정 시간을 늘리게 되는 요인이 된다.

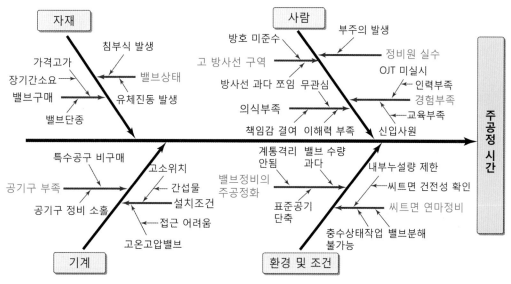

그림 2.18 원인분석을 위한 특성요인도의 예

▎6단계. 목표설정

개선 목표는 원인분석 결과를 토대로 조치하려고 하는 원인들이 제거되면 문제발생이 얼마나 줄어들 것인지를 분석하여 설정한다. 이 경우 원인을 제거하기 전과 후에 대해 원인별 파레토 그림을 작성하여 비교함으로써 객관적인 근거를 정량적으로 제시할 수도 있다. 목표는 쉽게 달성할 수 있는 정도가 아니라 보다 도전적인 수준으로 설정하여 조치 대상 원인의 범위를 정하는 것이 바람직하다.

▍7단계. 대책수립 및 실시

근본원인에 대해 대책을 수립하고 실시하는 단계로서 응급대책이 아니라 문제가 근본적으로 해결되어 재발이 방지되도록 해야 한다. 보통 PDCA 사이클에 따라 진행되며 첫 사이클에서 목표달성에 미흡하다면 추가 개선 대책을 마련하여 반복적으로 실시한다. 또한 개선 대책에 따른 부작용 혹은 역효과가 있을 경우 그에 대한 대책도 수립하여 실시해야 한다. 최종적으로 아무런 부수적인 문제 발생 없이 완벽하게 목표 달성이 되었음을 검증하기 위해 시험하고 데이터를 수집하여 분석하고 입증해야 한다. 그림 2.19는 대책수립 및 실시 단계의 과정으로서 초기 대책을 거쳐 2차 대책 실시 결과 미흡한 점을 3차 대책에서 보완한 내용을 예시하고 있다.

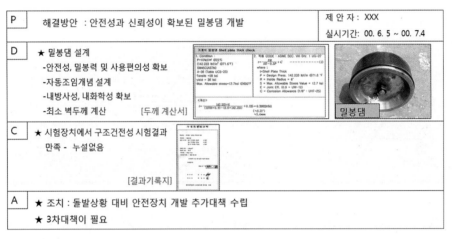

(a) 2차 대책수립 및 실시

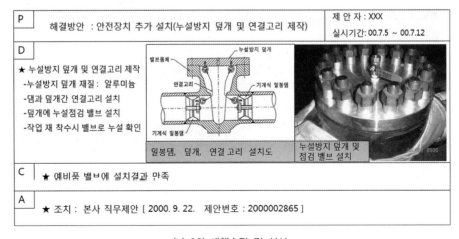

(b) 3차 대책수립 및 실시

그림 2.19 대책수립 및 실시 예시

8단계. 효과파악

반드시 주제와 연결시켜 파악하되 개선 전과 같거나 비슷한 환경조건하에서 비교해야 한다. 객관적으로 수치화가 가능한 유형효과와 불가능한 무형효과로 구분하여 파악하되 무형효과의 경우는 보다 구체적으로 신빙성 있게 제시할 수 있도록 한다. 그림 2.20은 효과파악을 위해 작성된 파레토 그림을 보여주고 있다.

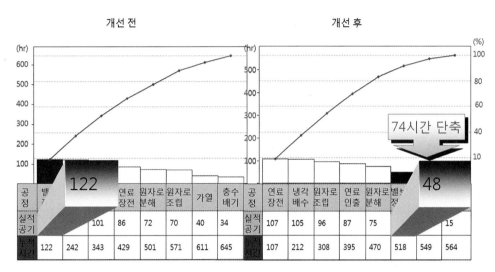

그림 2.20 효과파악을 위한 파레토 그림

9단계. 표준화 및 사후관리

철저한 재발방지를 기할 수 있도록 실수방지설계를 하거나 사내 표준으로 등록하여 관리하거나 관리도 등 통계적 기법을 사용하여 관리한다. 표준은 가능한 한 수치 혹은 그림으로 나타내되 관련 표준류의 명칭이나 번호는 구체적으로 기술한다. 주기적으로 데이터를 취할 수 있을 경우에는 적합한 관리도를 사용하여 관리한다. 다만, 이때 안정된 상태임이 입증된 공정이나 시스템에서 얻어진 데이터를 토대로 계산된 관리용 관리한계선을 적용해야 한다.

10단계. 반성 및 향후 계획

반성이란 잘한 점과 부족한 점의 분석이며 향후 계획이란 잘한 점을 보강하고 부족한 점을 보완하기 위한 구체적인 아이디어와 달성을 위한 일정계획을 의미한다. 우리나라 품질분임조의 경우 즐거웠던 일과 힘들었던 일 등의 활동소감과 근거 제시 없는 차기 주제를 보여주는 발표자료가 많은데 이와 같은 잘못은 빨리 시정되어야 지속적인 분임조 활동에 도움이 될 것이다.

2.9.3 제안제도

기업 내에서 창의성을 독려하기 위한 초기의 제도는 제안함을 벽에 걸어두고 종업원들에게 아이디어를 기록하여 넣도록 하는 단순한 형태로 출발하였다. 사소한 개선으로부터 중요한 발명에 이르기까지의 모든 아이디어를 제출하도록 고안된 이 제도는 1880년 영국에서 가장 존경받는 기업 중 하나였던 스코틀랜드 소재 조선회사 William Denny and Brothers에 의해 시작된 이래 영국 전역에서 널리 채택되었다. 이 단순 제안제도는 처음에는 최고경영자의 강력한 후원과 함께 많은 성과를 보여주었으나 곧 한계에 부딪히고 거의 한 세기 후에 일본에서 새로운 형태인 지속적 개선 제안제도가 등장하였다. 전자가 대체로 소수의 전문 인력들을 대상으로 뛰어난 아이디어를 얻기 위한 것이었다면 후자는 전체 종업원을 대상으로 가능한 많은 개선 아이디어를 내도록 하는 제도였다.

일반적으로 개별 제안의 효과금액은 서구식 제안제도가 크지만 전체적으로 집계된 효과금액을 비교하면 일본식 제안제도가 훨씬 더 큰 성과를 창출할 수 있는 것으로 알려져 있다. 시스템 전체에 대한 대규모 개선을 소수의 전문 인력이 제안하는 방식에 비해 모든 종업원들이 각자 직접 관여하고 있는 직장의 소규모 문제에 대한 개선방안을 제안하는 방식이 더 효율적이라는 사실은 표 2.8을 통해서도 잘 알 수 있다. 표 2.8은 1995년도 서구식 제안제도를 채택하고 있었던 미국과 일본의 제안 관련 통계자료를 비교한 것이다.

우리나라 기업들에서는 일본식 제안제도를 도입하고 있으나 모두가 많은 성과를 창출하고 있는 것은 아닌 듯하다. 이것은 단순히 제안제도의 도입이 성과창출을 가져오는 것은 아니라는 것을 의미한다. 일반적으로 수긍되는 제안제도의 성공을 위해 필요하다는 요건을 정리해보면 다음과 같다.

표 2.8 미국과 일본의 제안제도 실적 비교

항목	미국	일본
종업원 1인당 제안 수	0.16	18.5
제안의 채택률	38.0%	89.7%
참여율	10.7%	74.3%
건당 평균 보상액	$458.00	$3.88
건당 절감액	$5,586.00	$175.66
종업원 1인당 절감액	$334.66	$3,249.71

(1) 경영진의 솔선수범

경영진에서 제도를 도입했으니 나머지는 부하직원들이 알아서 하라는 식의 태도를 가지면 제안제도뿐만 아니라 어떤 프로그램도 실패하게 되어 있다. 제도의 성공적인 운영을 위해 경영진도 함께하고 있다는 종업원들의 인식이 확고해야만 성공할 수 있다.

(2) 종업원들의 인식과 올바른 이해

종업원들이 제안제도의 운영 사실을 모르고 있거나 알고 있더라도 제안제도에 대한 이해가 부족하다면 효과를 기대할 수 없다. 제도에 대한 홍보와 함께 필요하다면 교육을 통해서라도 종업원들이 제도가 어떤 식으로 운영되는지 바르게 이해할 수 있도록 해야 한다.

(3) 제안의 용이성

제안절차가 까다롭거나 문서작성이 어려우면 현장 종사자들은 귀찮거나 번거로워서도 제안을 하지 않게 된다. 서식과 절차를 간소화하여 간단한 아이디어를 적어내기만 해도 되도록 하는 것이 좋다. 필요하다면 선정된 제안의 구체화 과정에서 문서작업을 도와주는 도우미 제도의 운영을 고려하는 것도 좋을 것이다.

(4) 신속한 처리

접수된 제안에 대해서는 접수 사실과 심사 결과를 신속하게 알려주어야 한다. 예를 들어 일본의 강소기업으로서 전기설비 자재 생산업체인 미라이 공업의 경우 직원들이 낸 제안에 대해 24시간 내에 접수 통보를 하고 72시간 내에 심사하도록 하고 있다.

(5) 보상

제안된 아이디어에 대해 등급별로 적절한 물질적 보상과 함께 인정 등 정신적인 보상이 함께 이루어지도록 해야 한다. 채택되지 않은 제안에 대해서도 적절한 보상을 해주면 종업원들의 심리적 부담을 덜어주는 데 도움이 된다. 예를 들어 제안 제출자에게 간단한 기념 펜 등을 지급하는 것도 제안 동기부여에 도움이 될 수 있다.

제안제도의 운영 절차와 사용 서식은 기업별로 특색에 맞게 고안해서 사용하는 것이 좋다. 기본 정보에 해당하는 내용을 반복해서 기입하도록 하는 불편을 최소한으로 감소시키고 제안자는 자신의 핵심 아이디어만을 기입하면 되도록 서식을 고안하여 사용한다. 또한, 운영 절차도 다른 업무와 조화를 이루어 업무흐름이 자연스럽도록 한다. 그림 2.21은 우리나라 모 회사의 제안제도 운영체계를 보여주고 있다.

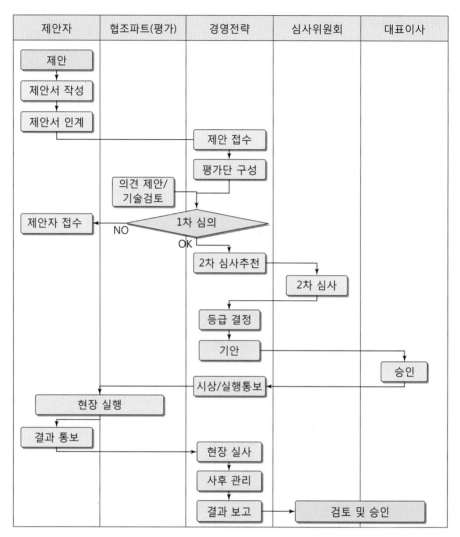

그림 2.21 제안제도의 운영체계 예시

2.1 ISO 9000 품질경영시스템은 지속적인 개선을 추구하는 프로세스 접근방법을 채택하고 있다. 이 프로세스 접근방법을 설명하라.

2.2 최신 ISO 9001: 2015 개정 표준규격의 주요 개정 내용을 설명하라.

2.3 현재 조직들에서 가장 많이 인증을 받고 있는 ISO 9001의 인증절차와 유지 관리에 대해 설명하라.

2.4 ISO 9000 패밀리는 모든 산업 분야에 공통적으로 적용할 수 있도록 제정된 규격이다. 업종의 특수성을 반영한 대표적인 품질경영시스템을 열거하고 각각에 대해 간략하게 설명하라.

2.5 IATF 16949 표준규격 중 자동차 업계의 실무에서 요구하는 핵심사항인 Core Tool을 열거하고 설명하라.

2.6 환경경영시스템 ISO 14001 표준규격과 안전보건경영시스템 ISO 45001 표준규격을 설명하라.

2.7 각 국가가 품질경영상을 제정한 동기에 대해 설명하라.

2.8 미국 국가품질경영상 말콤볼드리지상을 제정한 목적과 심사기준 세 가지를 설명하라.

2.9 한국의 국가품질대상과 국가품질혁신상과의 차이에 대하여 설명하라.

2.10 각국의 품질경영상을 비교하여 중점사항과 시사점을 설명하라.

2.11 제품책임은 엄격책임(무과실책임)의 대두에 따라 제품결함의 존재 유무에 따라 결정되므로 결함이 PL의 핵심 요건이다. 결함을 3가지로 분류하고 설명하라.

2.12 제품의 결함으로 인해 기업이 감당해야 할 손실을 최소화하기 위하여 기업은 PL 대책을 세운다. 사고 발생 전후로 구분하여 PL 대책을 구분하고 설명하라.

2.13 ZD 운동과 식스시그마의 비슷한 점과 차이점에 대해서 기술해보라.

2.14 ZD 운동의 취약점을 보완하여 개선프로그램을 완성해보라.

2.15 식스시그마 프로젝트의 진행단계별로 많이 사용되는 기법이나 도구들을 정리하여 표로 작성해보라.

2.16 식스시그마에서 사용하는 척도인 DPO의 취약점을 기술해보라.

2.17 다음 표에 주어진 데이터를 사용하여 각 CTQ별로 DPU, DPO, DPMO 및 시그마수준을 계산하라. 또 전체적인 DPO, DPMO 및 시그마수준을 계산하라.

CTQ	단위수	단위당 기회수	총 기회수	결함수	DPU	DPO	DPMO	시그마 수준
1	646	33		92				
2	105	74		15				
3	505	99		54				
4	838	49		46				
5	375	39		91				
6	588	3		64				
7	497	79		97				
8	137	79		92				
9	896	43		95				
10	241	100		29				
총합	–	–		–				

2.18 분임조 활동과 식스시그마의 장단점을 도출하여 비교해보라.

2.19 (**팀 과제**) 제품의 결함으로 인해 발생했던 PL 사례를 들고 이 사례에서 사용했던 PL 대책과 그 결과를 기술하라.

2.20 (**팀 과제**) 우리나라 품질분임조 경진대회 문집을 하나 구하여 가장 낮다고 생각되는 사례를 고른 다음 당해 사례의 미흡한 점과 보완할 점에 대해 토의해보자. 그리고 가능하다면 보완된 발표 자료를 작성하여 완성해보자.

2.21 (**팀 과제**) 서구식 제안제도와 일본식 제안제도에 대한 자료를 조사하여 내용상의 차이를 비교 정리해보자. 또 성과의 차이를 비교 분석하고 그 원인 및 각각의 강점과 약점에 대해 토의하고 정리해보자.

이 장에서는 품질보증과 품질개선 프로그램을 소개하였다. 대표적 품질보증 활동인 품질경영시스템 ISO 9001 인증표준은 국제표준화기구 인증표준 ISO 9001: 2015를 참고하고, 그 구체적인 내용의 이해를 이해서는 Cai and Jun(2018), 김호균 등(2016, 2017)이 도움이 될 것이다. 환경경영시스템과 안전보건경영시스템은 각각 인증표준인 ISO 14001: 2015와 ISO 45001: 2018을 보면 된다. 말콤볼드리지 미국품질상을 포함한 각종 품질경영상은 품질경영 관련 서적인 김연성 등(2009), 박성현, 박영현(2013), 배도선 등(1998), Montgomery(2012)를 참고할 것을 권한다. 제조물책임법은 제조물책임법 법률 제 14764호(2018)에 있으며, 중소기업진흥공단(2001)과 한국소비자원(2010), 이광수, 김창수(2009) 등에 상세한 설명이 있다. 식스시그마 방법론에 대해서는 삼성 6시그마 아카데미(2003)를 참고할 수 있으며, 제안제도, 분임조활동 등 각종 품질혁신 방법들의 이해를 위해서는 배도선 등(1998), Montgomery(2012) 등의 품질경영 관련 서적들이 도움이 될 것이다.

1. 권혁무, 김병남, 김영진, 고시근, 이승훈(2013), 실무중심의 통계적 공정능력분석, 효민디앤피.

2. 김강희, 김현정(2022), "의약품 설계 기반 품질 고도화(QbD)를 위한 QbD 6시그마 체계 구축에 관한 연구," 품질경영학회지, 50, 373-386.

3. 김연성, 박상찬, 박영택, 박희준, 서영호, 유한주, 이동규(2009), 글로벌 품질경영, 박영사.

4. 김호균, 강병환, 박동준(2016), "ISO 9001: 2015 개정규격 전환에 따른 제조업체의 대응방안," 한국산업시스템공학회지, 39, 71-82.

5. 김호균, 강병환, 박동준(2017), "ISO 9001: 2015 인증을 위한 리스크 기반 사고의 개념과 리스크 관리," 한국산업시스템공학회지, 40, 38-48.

6. 박성현, 박영현(2013), 통계적 품질관리, 민영사.

7. 박영택(2014), 품질경영론, 한국표준협회미디어.

8. 배도선, 류문찬, 권영일, 윤원영, 김상부, 홍성훈, 최인수(1998), 최신 통계적 품질관리, 영지문화사.

9. 삼성 6시그마 아카데미(2003), 삼성 6시그마 DMAIC.

10. 삼성 6시그마 아카데미(2003), 삼성 6시그마 DMADOV.

11. 소순진, 정충우, 문태을, 김정빈, 홍성훈(2022), "차량용 백색 LED 패키지의 색 좌표 품질개선," 품질경영학회지, 50, 425-440.

12. 이광수, 김창수(2009), 제조물 책임제도의 예방 및 방어 대책, 민영사.

13. 제조물 책임법, 법률 제14764호, 2018.

14. 중소기업진흥공단(2001), 제조물책임(PL) 대응 가이드.

15. 한국소비자원(2010), 사례로 살펴보는 제조물 책임법.

16. Cai, S. and Jun, M.(2018), "A Quality Study of the Internalization of ISO 9000 Standards: The Linkages among Firms Motivations, Internalization Processes, and Performance," International Journal of Production Economics, 196, 248-260.

17. Crosby, P. B.(1984), Quality without Tears, McGraw-Hill, New York.

18. Crosby, P. B.(1980), Quality is Free, McGraw-Hill, New York.

19. Goodden, R. L.(2000), Product Liability: A Strategic Guide, ASQ Quality Press.

20. ISO 9001: 2015 Quality Management Systems-Requirements, ISO, 2015.

21. ISO 14001: 2015 Environmental Management Systems-Requirements.

22. ISO 31000: 2009 Risk Management-Principles and Guidelines.

23. ISO 31010: 2010 Risk Management-Risk Assessment Techniques.

24. ISO 45001: 2018 Occupational Health and Safety-Requirements.

25. Mitra, A.(2016), Fundamentals of Quality Control and Improvement, 4th ed., Wiley.

26. Montgomery, D. C.(2012), Statistical Quality Control, 7th ed., John Wiley & Sons.

27. Robinson, A. G. and Stern, S.(1998), Corporate Creativity: How Innovation and Improvement Actually Happen, Berrett-Koehler Publishers.

28. 水野滋(1984), 전사적 품질관리, 日科技連(KSA 역(1985), 표준협회).

29. 日本品質管理學會 PL研究會(1994), 品質保證と 製品安全, 日本規格協會.

PART

02

설계단계의
품질활동

품질설계
허용차 설계

품질설계

프린터/복사기의 기능창

현대인이 자주 사용하는 사무기기로 프린터나 복사기를 들 수 있다. 이들 기기를 이용할 때 사용자가 접하는 가장 빈도가 높은 문제의 유형이 여러 장이 겹쳐 공급되거나(multifeed) 한 장도 급지되지 않는 (misfeed) 경우이다.

그런데 보통 설계 엔지니어는 고장 날 때까지의 복사(인쇄) 용지의 매수(ω)를 최대화하는 것을 품질특성의 목표로 설정하는 경향이 있다. 이런 품질특성은 매우 큰 값을 가지는데, 복사기/프린터를 여러 모듈로 분리하며 분석하더라도 ω의 최대화는 위의 문제를 해결하는 데 거의 도움이 되지 않는다.

용지 취급장치는 용지를 공급하는 급지장치와 용지를 이동시키는 이송장치로 구분된다. 이때 급지장치에서 우리가 관심을 가져야 되는 기술특성이 그림 3.A의 종이더미를 누르는 힘이다.[•] 이 힘이 작으면 종이가 제대로 공급되지 못하게 되며, 이것이 크게 되면 여러 장이 한꺼번에 공급되는 상충 현상이 발생된다. 이런 두 가지 부적합 유형을 동시에 줄이는 것은 쉽지 않으며, 또한 하나의 유형만 고려하는 것은 불충분한 척도가 된다.

Clausing(2004)은 이런 상황에 적합한 기능창(operating window)이란 척도를 제시하였다. 그림 3.B와 같이 1장만 공급되는 힘의 범위인 $F_2 - F_1$, 즉, 두 장을 급지하는 힘과 한 장을 급지하는 힘을 동시에 고려하여 그 차가 기능창이 되며, 이의 최대화를 급지장치의 설계목표로 삼는다.

즉, 종이의 두께, 무게, 마찰계수 등의 내란, 설치 장소의 습도, 온도 등의 외란, 이들과 더불어 내란에 속하는 부품 노후화 등으로 구별되는 여러 잡음이 존재하는 여건하에서 기능창은 상당히 변동할 수 있다. 이에 따라 잡음을 반영한 실험을 통해 이의 영향력을 파악하여 F_2를 크게, F_1를 작게 하여 기능창을 되도록 넓혀주는 설계변수의 조건을 찾음으로써 두 가지 급지 부적합 문제의 발생빈도를 줄일 수 있다. 특히 Hauser and Clausing(1988)은 가장 중요한 잡음들을 가능한 한 크게, 제어 가능하도록 설정하여 실험에 포함하는 것을 추천하고 있는데(그림 3.7 참고), 이는 다구치의 로버스트 품질설계 방법론의 특징 중의 하나이다. 이런 과정을 통해 잡음에 둔감한 로버스트한 품질설계를 구현함으로써 ω의 최대화도 달성할 수 있을 것이다.

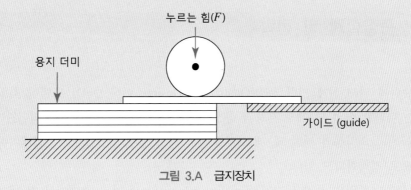

누르는 힘(F)

용지 더미

가이드 (guide)

그림 3.A   급지장치

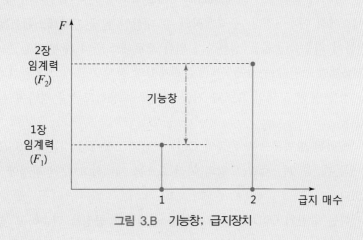

그림 3.B   기능창; 급지장치

자료 : • Phadke(1989).

설계단계에서 품질을 구현하는 대표적이고 핵심적인 도구로 이 장에서 다루는 로버스트 품질설계 방법론과 품질기능전개를 들 수 있다. 따라서 3.1절에서는 먼저 쥬란의 QbD 모형을 소개하고 설계 프로세스의 단계별로 쓰이는 설계활동 지원도구들을 살펴보며 품질설계 관점에서 이들의 활용전략을 소개한다. 3.2절에서는 로버스트 품질설계의 개념, 프로세스, 척도 등을, 3.3절에서는 로버스트 설계의 대표적인 접근법인 다구치의 파라미터 설계의 기본 특징과 방법론을 살펴본다. 3.4절에서는 품질기능전개의 기초이론과 구체적 작성방법을, 마지막 3.5절에서는 지붕행렬의 기술특성 간의 상호 연관관계를 고객의 요구특성과의 관계행렬에 반영하는 계량적 방법을 소개한다.

이 장의 요약

3.1 | 품질설계 및 전략

1992년 쥬란에 의해 설계 기반 품질(Quality by Design, 이하 QbD) 모델이 최초로 제시된 이래 QbD는 다양한 산업부문에서 제품과 공정 품질을 향상시키기 위해 활용되어왔다. 특히 자동차 산업을 거쳐 의약품의 개발 및 제조 부문에서 더욱 발전되어 QbD는 '설계기반 품질고도화'란 명칭으로 정착화되고 있다.

1장에서 소개한 쥬란의 품질 트릴러지(quality trilogy)의 세 가지 측면에서 첫 번째인 품질계획은 설계 프로세스에서 이루어진다. 품질계획의 주 대상인 설계 프로세스에서는 제품(상품, 서비스, 정보)과 더불어 최종 산출물을 생산하기 위한 프로세스(관리 체계 포함)를 함께 설계함으로써 혁신적인 제품개발 등을 가능하게 한다. 품질계획의 설계 프로세스가 완료되면 품질관리와 품질개선의 두 과정을 통해 고객의 요구와 기술 변화를 수용하도록 운영하여 설계를 지속적으로 개선할 수 있다.

이런 개념이 구체화된 방법론으로 쥬란의 QbD 모델과 2장에서 다룬 DFSS(Design for Six Sigma)를 들 수 있는데, 후자는 쥬란 모형의 여러 요소를 채택하고 개선 과정에 여러 통계적 기법을 활용하고 있다.

이 절에서 소개하는 쥬란의 QbD 모델은 제품을 설계하고 공정을 단순하고 경제적으로 재설계하는 데 특히 유용하다. QbD는 조직체의 제품 또는 서비스 개발 프로세스를 의미하며, QbD 모델은 고객의 요구에 대응하는 기능과 이러한 기능을 구체화하기 위한 프로세스를 계획하는 데 사용되는 방법론에 속한다(De Feo, 2017). 이 모델에서는 프로젝트에 책임과 권한을 가지는 리더가 팀을 구성하여 통합적 기획을 통해, 처음부터 끝까지 고객에 초점을 맞추며, 선제적으로 변동을 제어할 수 있는 최신 도구를 수용한다.

쥬란의 품질 트릴러지에서 '품질'은 두 가지 의미를 내포하고 있는데, 하나는 기능의 존재가 고객 만족을 창출해야 한다는 것, 다른 하나는 이런 기능에 대한 실패가 없어야 한다는 것이다. 즉, 기능의 실패는 불만을 야기하지만, 실패가 제거됨에 따라 불만이 감소한다고 쉽게 결론을 내릴 수 있더라도 만족도가 상승하고 있다고 단정할 수 없다. 따라서 실패 제거는 품질 트릴러지의 품질개선 목적이 되며, 기능 창출은 품질계획에 해당되는 QbD의 목적이 된다.

QbD 모델에 관련된 방법, 도구 및 기술이 개발된 것은 현대 사회에서 고객을 만족시키는 상품과 서비스를 산출하는 데 실패함을 보편적으로 보여주었기 때문이다. 예를 들어, 장난감이 바로 작동하지 않거나, 새로 출시된 소프트웨어가 사용자에게 친숙하지 않거나, 비행기가 지연되거나, 의료 치료가 모범 사례에 부합하지 않는 경우를 우리는 쉽게 접할 수 있다.

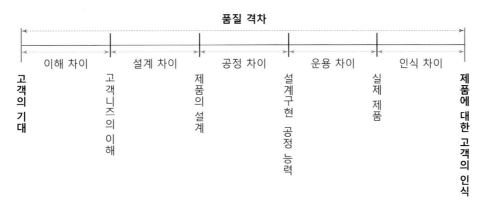

그림 3.1 품질 격차의 세분화

이러한 빈번하고 큰 품질 격차는 실제로 그림 3.1과 같이 5개의 작은 차이의 복합적인 결과로 볼 수 있다(De Feo, 2017). 품질 격차의 첫 번째 구성 요소인 이해 차이는 고객이 누구이고 무엇을 필요로 하는지에 대한 이해 부족으로 발생하며, 마지막의 인식 차이도 고객의 요구를 이해하지 못한 데서도 발생한다. 즉, 고객은 구입한 상품이나 서비스의 편익을 어떻게 인식하는지에 따라 다양한 반응을 제공한다.

품질 격차의 두 번째 구성 요소는 설계 차이이다. 고객의 요구사항과 인식에 대한 완벽한 지식이 있더라도 많은 조직체는 기술이나 품질도구가 부족하여 이를 창출하지 못할 수 있으며, 고객을 이해하는 사람과 설계자와의 소통이 부족하여 설계 차이가 발생하기도 한다. 세 번째 품질 격차인 공정 차이는 설계된 제품을 생산하는 공정능력이 부족하여 발생하며, 전체 품질 격차에서 가장 지속적이고 성가신 요소로 볼 수 있다. 네 번째 격차는 운용 차이로, 고객에 인도된 후 관리가 제대로 수행되지 못해(일례로 자동차의 적정한 오일 교환 실패) 운용과정에서 품질문제를 야기시킬 수 있다.

QbD는 이러한 각 차이를 좁히고 총 품질 격차를 최소화하기 위한 프로세스, 방법, 도구 및 기법을 제공한다. QbD 모델은 1.3.3소절에서 기술된 바와 같이 6단계의 세부 단계로 진행되며, 이의 상세 절차와 사례는 De Feo(2017)를 참고하면 된다.

다음 소절에서는 QbD 모델의 설계 프로세스에서 활용되는 지원도구와 이의 구체적 활용전략을 살펴보자.

3.1.1 설계 활동 지원도구와 활용 전략

최근 들어 기업에서 품질의 관심 영역이 제조 부문에서 설계를 지원하는 방법론과 도구로 점진적으로 이동하고 있다. 그러나 이런 도구들을 어떻게, 언제, 무엇을 사용할 것인가는 아직 정립되어 있지 않은 편이며, 정보기술의 급속한 발달에 따라 새로운 방법론도 지속적으로 개발되고 있다. 여기서는 먼저 품실설계를 위한 시원 방법론과 도구를 살펴본다.

설계는 일반적으로 기업 내부 기능(마케팅에서 제조) 및 외부 자원(공급자와 소비자)과 관련되어 상당히 복잡하고 비용이 많이 드는 작업으로, 예전에는 기술영역으로만 한정되어 추진되었으나 요즈음은 기업 경영전략의 핵심 요소로 자리하고 있다.

글로벌화가 급속도로 진전됨에 따라 보다 심화되는 경쟁 시장에서 생존하기 위해서 기업은 품질에 영향을 주지 않으면서 불필요한 비용의 발생을 피해야 하고, 제품의 출시시기를 당겨야 한다. 이런 요구를 달성하기 위해서는 설계 프로세스의 적절한 지원도구 활용과 평가가 중요한데, 이는 기술적 및 경제적-조직의 관점으로 대별할 수 있다. 이런 두 관점을 통해 설계 지원 도구의 적절한 분류와 유효성을 체계적으로 확인할 수 있다.

설계 프로세스의 주 활동은 다음 단계로 구성된다(Franceschini, 2002; Pahl et al., 2007). 이런 활동은 다음 단계가 시작되기 전에 현 단계가 완전히 완료되지 않는 경우가 많으며, 동시공학(Concurrent Engineering: CE)과 같이 여러 단계가 동시에 진행되어 다수의 병렬 또는 반복 활동을 갖는 것이 보편적이다.

① 시장수요 및 제품특징 분석: 시장 기대치 평가, 제품 특징의 예비 파악
② 제품 기능분석: 제품 기능 및 특징에 대한 상세 보고
③ 내부 및 외부 설계 활동 명시: 설계 기획 활동, 공급자의 역할, 설계 기준 및 책무, 지원 문서 파악
④ 예비 설계: 설계 사양 명시 및 제품 시험 요건 작성과 이에 따른 타당성 검증
⑤ 설계 최적화: 설계 대안, 설계 파라미터의 최적화, 설계 유효성 평가
⑥ 생산 계획 및 제조 분석: 제조공정의 기술적-경제적 평가
⑦ 설계 심사(design review): 전문가로 팀을 구성하여 설계, 제조 및 마케팅 문제의 발생 가능 원인 제거
⑧ 상세 설계: 개별 부품 설계 및 문서화
⑨ 제품/공정 엔지니어링: 제조 공정 표준화 및 단순화, 부품·구성품 수 감소화
⑩ 설계 인증(qualification): 시제품 제작 및 검증

⑪ 설계 변경 관리: 설계 변경 관리 및 문서 최신화

11단계의 설계 프로세스 활동을 지원하는 보편적 도구 및 방법론이 표 3.1과 3.2에 수록되어 있다(Franceschini, 2002). 이 표에서는 경제적-조직 및 기술적 차원으로 구분하여 각 단계에서의 도구들과의 관계를 강약과 관련 없음(빈칸)으로 구별하고 있다.

이들 도구들의 상당수는 관리기술에 속하는 산업공학 분야의 기법에 속하는데, 프로젝트 관리(Project Management: PM)와 가치분석(Value Analysis: VA), 수요조사 등의 시장 조사, 전산화를 통한 문서관리는 산업공학의 전통적 분야에서 학습한 방법론이다. 설계안의 선택에 관련된 재무/투자분석 방법과 경제적 위험도 분석에서는 경제성공학에서 다룬 기법이 쓰인다. 의사결정지원시스템(Decision Support System: DSS)에서 유용한 기법으로 다중 기준 의사 결정/지원(Multiple Criteria Decision Making/Aided: MCDM/A) 기술을, 창조 그룹(creative group) 방법의 대표적인 기법으로는 브레인스토밍(brainstorming)을 들 수 있다. 또한 제품 구성 요소를 제품군으로 모듈화하고 그룹화하는 다양성 감소화의 중요 기술로는 GT(Group Technology), 군집분석(cluster analysis) 등이 쓰이며, 문제해결 방법에는 최근의 데이터 마이닝, AI 등도 속한다.

한편 고유기술에 속하는 도구로 CAx는 CAD/CAM, 컴퓨터 지원 공학(Computer-Aided Engineering: CAE), 컴퓨터 지원 테스트(Computer-Aided Testing: CAT)를, DFx로 DFA(Design For Assembly), DFM(Design For Manufacturing), DFL(Design For Logistics)를 예시할 수 있다. 3차원 모델을 신속하게 생성하는 쾌속조형(RP)에 3D 프린터가 유용하게 쓰이고 있으며, 형

표 3.1 설계 활동과 지원 도구의 단계별 관련성: 경제적-조직 차원; 강한 관계(◎), 약한 관계(△)

단계	(1)	(2)	(3)	(4)	(5)	(6)	(7)	(8)	(9)	(10)	(11)
품질기능전개(QFD)	◎	△									
기능(function)분석		◎	△	△			△	◎			△
프로젝트 관리(PM)			◎								△
재무/투자분석 방법			△				△				△
의사결정지원시스템 (DSS)					◎	△			△		
경제적 위험도 분석		△	△			△					
가치분석(VA)			△		◎			△			
창조 그룹(creative group) 방법	△	△				△		△			
설계심사(DR)							◎				
형상(configuration)관리			△						◎		△
문제해결 방법		△				△		△			
문서관리											◎

표 3.2 설계 활동과 지원 도구의 단계별 관련성: 기술적 차원; 강한 관계(◎), 약한 관계(△)

단계	(1)	(2)	(3)	(4)	(5)	(6)	(7)	(8)	(9)	(10)	(11)
시장 조사	◎										
기능분석시스템 기법 (FAST)		◎									
CAx(Computer-Aided x)				◎		△		◎			
DFx(Design for x)				△		◎		△	◎		
쾌속 조형 (RP: Rapid Pototyping)				△					△		
실험계획법(DOE)					◎	△			△		△
설계심사(DR)							◎				
FMEA(Failure Mode & Effects Analysis)						△	△				
FTA(Fault Tree Analysis)						△	△				
다양성(variety) 감소화						△	△		△		
형상(configuration)관리						△		△	△	△	◎

상관리에서는 시스템 형상 요소의 기능적 특성이나 물리적 특성을 문서화하며, 문서관리에서는 최종 설계 문서의 발행과 변경을 다룬다.

이들 지원도구 중에서 품질관리 분야와 밀접하면서 경제적 및 조직 관점에서 단계 ①의 시장 수요 및 제품특징 분석과 강한 관계를 가진 품질기능전개(이하 QFD)는 3.4~3.5절에서 자세하게 다루며, 기술측면에서 단계 ⑥의 설계 최적화와 강한 관계로 표시된 실험계획법 중에서 품질설계에 활용되는 로버스트 품질설계는 3.3절과 더불어 13장에서, 허용차 설계는 4장에서 심층적으로 학습한다. 한편 QFD와 함께 품질설계와 밀접한 DFQ(Design For Quality)의 주요 도구인 FMEA/FTA, 기능분석, FAST(Functional Analysis System Technique), 설계심사(Design Review: DR) 등을 자세하게 학습하고자 하는 독자는 신뢰성 공학 분야의 전문서적을 참고하기 바란다.

그런데 표 3.1과 3.2를 보면 설계 프로세스의 기술적 측면에서 내·외부 설계 활동의 명시 단계 ③과 경제적-조직 측면의 설계 인증 단계 ⑩에서 설계 지원도구가 특히 미흡함을 알 수 있다.

설계 지원 도구의 활용도는 신제품 설계의 복잡성과 더불어 최근의 가속화된 기술진보에 따라 과거와 차별화되고 있다. 이런 설계 지원 도구들은 설계 수명 주기 전반에 활용되며, 제품설계와 제조 과정에서의 문제에 대한 완전한 해결책을 제공해야 한다. 이에 따라 시장분석, 경쟁력 평가, 잠재고객 파악 등의 활동은 설계 프로세스의 필수 구성 요소가 됨에 따라 마케팅-제조-유지보수-판매 후까지 다룰 수 있는 전문가를 포함시킴으로써 설계 참여 팀의 구성원 확대가 필수적이다. 더불어 기업에서는 강력한 수직적 통합이 이전부터 시행되고 있으므로 설계 프로세스에서 가시적인 성과를 얻기 위해 공급·부품업체까지 설계 팀에 직접 참여시키고 있다.

또한 생산품 출시 기간을 맞추기 위해 이전의 많은 직렬 활동 등이 병렬 경로화되고 있으며, 이러한 경로 혁신을 추진할 수 있는 설계자의 양성도 중요해지고 있다. 따라서 설계자들이 새로운 하드웨어 및 소프트웨어 기기/기술 도구 및 새로운 운영 방법론을 활용할 수 있는 능력을 갖추도록 기업의 자원을 투입해야 한다.

고객이 원하는 품질을 구현하기 위해서는 설계 프로세스의 초기부터 제조공정까지 품질을 고려하여 반영시켜야 한다. Pahl et al.(2007)에 따르면 모든 결함의 80%까지 불충분한 제품 기획, 설계 및 개발 과정에서 기인된다고 하며, 제품설계와 개발에서의 부정확함과 불충분함이 보증기간에 발생된 고장의 60%까지의 원인이라고 보고되고 있다. 따라서 모든 설계 단계에서부터 품질관련 요구가 충분히 반영해야 되는데, 표 3.1과 3.2의 설계 프로세스 지원도구 중에서 최소한 다음 활동이 전략적으로 이루어져야 한다.

먼저 시장수요 및 제품특징 분석의 단계 ①에서 품질기능전개(QFD, 3.4~3.5절)를 활용함으로써 고객의 요구를 설계에 필요한 기술특성으로 전환하여 품질차원의 하나인 제품 특징을 바르게 정의할 수 있을 것이다.

둘째, 단계 ⑤인 설계 최적화 과정에서 선제적으로 변동을 제어하고자 하는 QbD 모델에 따라 로버스트(robust) 품질 설계 방법을 도입하여 파라미터 설계(3.3절과 13장 참고)를 실행하며, 더불어 단계 ⑤의 성과를 토대로 단계 ⑥에서 제조능력까지 고려하여 재무분석 방법에 의해 경제적으로 제품 규격을 설정하는 허용차 설계(4장 참고)를 수행한다.

셋째, 설계와 제조 간의 인터페이스를 원활하게 하기 위해 수행되는 생산 계획 및 제조 분석의 단계 ⑥에서는 이 책의 주요 주제인 SQC의 여러 기법들의 활용 가능성이 설계단계에 미리 반영되어야 하며, 특히 DFA와 DFM은 단계 ⑥을 통해 설계와 제조의 인터페이스를 원활하게 하여 품질설계의 효용성을 제고할 수 있을 것이다.

넷째, 설계 프로세스의 단계에 따라 전문가들이 모여 회의형식으로 그때까지 완료된 설계안에 대해 다양한 관점에서 검토하는 단계 ⑦의 설계심사 팀을 구성할 때 품질관리 기술자가 반드시 포함될 수 있도록 해야 한다.

마지막으로 설계 인증의 단계 ⑩에서 적용 가능한 11~12장의 샘플링 검사 등의 시험방법을 고려해야 하며, 단계 ⑪의 설계 변경 관리에서 차후에 누구라도 접근·활용 가능하도록 정보와 문서의 효율적인 데이터베이스 체계를 구축하여 시행착오 등의 낭비를 줄일 수 있어야 한다.

3.2 | 로버스트 품질설계

본서의 주제인 SQC는 오프라인 QC(off-line Quality Control), SPC, 샘플링검사로 대별할 수 있다. 오프라인 QC는 제품 또는 공정 출력과 목표치와의 편차가 최소가 되도록 제품과 공정 변수를 설정하는 수단을 제공한다. 이를 달성하기 위해서는 제조단계보다 제품과 공정설계 단계에서 수행되어야 하며, 전통적인 실험계획법과 더불어 다음 절과 13장에서 다루는 로버스트 설계 방법이 활용된다. 3부에서 다루는 SPC는 공정이나 서비스 과정의 특성치를 목표치와 비교하여 둘 간의 상치 정도에 대해 관리도 등을 통해 시정조치를 실행하여, 공정이 제품 규격이나 요건을 충족하는 제품을 생산하는지를 판정한다. 특히 SPC는 공정 운영 중에 실시간으로 바로 조치를 취할 수 있는 경우에 유용하다. 그리고 5부에서 소개되는 샘플링검사는 전수검사가 타당하지 않을 때 일부 표본을 추출하여 검사한 결과에 따라 검사기준과 비교하여 로트의 채택여부를 결정한다.

일반적으로 최초 생산단계에서는 품질문제를 완전하게 파악하기 힘든 여건이므로 수입 부품이나 자재에 대한 샘플링검사의 역할이 중요해지며, 공정이 어느 정도 성숙되면 샘플링검사의 활용도는 줄어들며 SPC와 오프라인 QC의 순으로 역할이 커진다. 가장 높은 성숙단계에 도달하면 샘플링검사의 기여는 매우 작아지며, 오프라인 QC와 SPC의 순으로 SQC에 기여하는 역할의 중요도가 바뀐다.

1장에서 소개한 품질의 차원을 다음의 두 가지 유형으로 대별할 수 있다(Taguchi et al, 2000).

- 유형 1: 고객이 원하는 특성에 중점을 둔 고객 품질(customer quality)
- 유형 2: 고객이 원하지 않는 문제에 중점을 둔 공학적 품질(engineered quality)

기능, 특성, 외관 등이 포함되는 고객 품질은 세분된 시장의 크기를 증대시킬 수 있으며, 새로운 시장을 개척할 수 있다. 즉, 3.1.1소절의 단계 ①에서 파악되는 고객 품질이 높을수록 시장 크기가 늘어날 수 있으므로, 이를 달성하기 위해서는 합리적인 가격이 필수적이다.

공학적 품질은 결함, 고장, 잡음, 진동, 공해 발생 등이 포함되는데, 공학적 품질이 좋을수록 세분화 시장의 크기보다 세분된 시장에서의 시장 점유율을 높일 수 있다. 설계 엔지니어는 고객 품질보다 주도적으로 공학적 품질을 다루고 있으므로, 시장점유율을 제고하는 데 특히 중요한 역할을 수행할 수 있다.

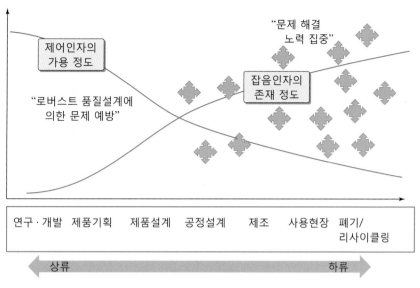

그림 3.2 제품 라이프 사이클에서 품질설계의 역할

설계 엔지니어는 설계과정뿐만 아니라 그림 3.2와 같이 연구·개발-제품기획-제품설계-공정설계-제조-사용현장-폐기/리사이클링으로 대별되는 전반적인 제품 라이프 사이클에서 발생할 수 있는 문제를 고려해야 한다. 특히 이를 달성하기 위한 품질관리 활동은 하류 활동(SPC나 최종 제품의 검사 등)보다 상류(제품설계나 공정설계) 단계에서 이루어지는 것이 바람직하다. 설계자가 통제할 수 있는 제어인자의 가용 정도는 하류로 갈수록 급격히 줄어들며, 반대로 통제가 불가능한 잡음인자의 수는 증가한다(Taguchi et al., 2005b). 따라서 문제가 발생하면 이를 해결하는 것보다 상류단계에서 품질설계의 도입을 통한 문제 발생 예방이 더 효과적이다. 즉, SQC 중에서 후속 단계인 SPC 및 샘플링검사나 전수검사 등을 통해서는 제품의 고유 품질수준을 향상시키기 어렵기 때문에 오프라인 품질관리가 보다 중요한 역할을 한다.

한편 설계단계에서 구상된 제품의 특성치는 제조 및 사용현장의 여러 잡음에 의해 사용현장에서는 그 값을 유지하지 못하고 변동하게 된다. 즉, 그림 3.3처럼 제품이나 공정에서 생산된 제품의 특성치가 잡음에 둔감하도록 로버스트 설계(robust design; 강건설계)를 통해 제어변수의 값들을 적절하게 설정하여 품질특성의 변동을 줄이는 방식이 바람직하다.

전통적인 품질설계를 구현하는 제품설계 및 공정설계 접근법은 그림 3.4(a)와 같이 제품형상을 설계하고 설계 파라미터를 명목값으로 설정하는 시스템 설계에 따라 시제품을 제작하고 이를 시험한 결과에 따라 시스템 설계를 수정하는 과정으로 수행된다(DeVor et al., 2007). 여기서 시험은 파라미터 값을 변화시켜 제품의 특성을 파악하는 실험유형에 해당되지 않으며, 고정

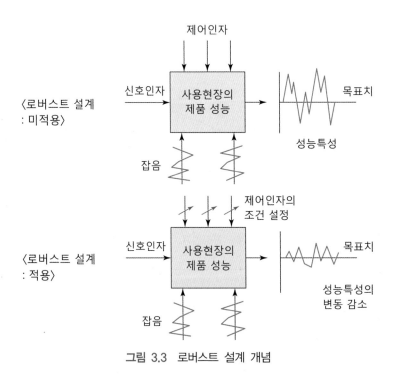

그림 3.3 로버스트 설계 개념

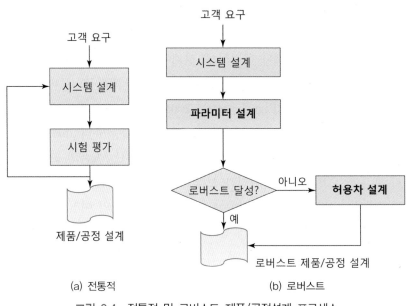

(a) 전통적   (b) 로버스트

그림 3.4 전통적 및 로버스트 제품/공정설계 프로세스

된 파라미터 값을 가진 여러 시제품의 기능성이나 성능, 신뢰성 등을 평가하는 방식에 속한다.
즉, 이런 방식으로는 로버스트 품질을 구현하기 거의 불가능하고 비경제적이므로 다구치는 제품

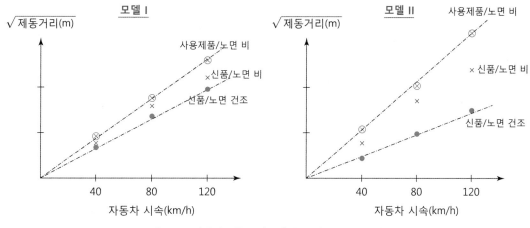

그림 3.5 자동차 제동 시스템의 로버스트 성질 비교

설계의 과정을 3.1절의 설계 프로세스 11단계에서 핵심적인 역할을 수행하는 세 단계로 그림 3.4(b)처럼 요약하였으며, 공정설계도 동일하게 구분하였다. 즉, 제품에 관한 전문지식과 기술 등으로 원하는 목적기능을 갖는 제품의 원형(prototype)을 개발하는 시스템 설계(system design), 다수의 제어인자를 이용하여 잡음에 강건하도록 설계하는 파라미터 설계(parameter design), 이후에 로버스트 정도가 미흡하면 허용차를 기술적 및 경제적으로 설정하는 허용차 설계(tolerance design)의 단계로 구분하여 실행한다(Taguchi et al., 2005a).

그러면 로버스트한 성질(robustness; 강건성)은 실제 무엇일까? 그리고 어떻게 측정할 수 있을까?

전자에 관한 예로서 그림 3.5의 두 종의 자동차 제동 시스템의 제동거리에 관한 실험을 보자. 예전에는 다루기 힘들다고 간주한 잡음을 무시하여 실험에 반영하지 않았는데, 로버스트 품질설계에서는 두 가지 대표적인 잡음 조건인 노면 상태(건조한 또는 비에 젖은 상태)와 패드 상태(신품 또는 사용한 제품)를 수용하고 자동차의 제동거리에 직접 영향을 미치는 차의 시속(고·중·저속)까지 구체적으로 반영한 실험을 수행하였다. 그 결과인 그림 3.5로부터 잡음이 존재하는 현실적 여건하에서 모델 I이 모델 II보다 자동차 속도의 넓은 범위에 관해 로버스트함을 파악할 수 있다.

두 번째 질문의 답인 품질설계의 로버스트 척도로는 통신분야에서 쓰이는 SN비(Signal-to-Noise ratio) 개념이 도입되고 있는데, 이 분야에서는 SN비를 대략적으로 평균의 표준편차에 대한 비로 나타낼 수 있다. 즉, SN비를 높이기 위해서는 평균을 높이거나 표준편차를 줄여야 한다. 예를 들면 단일 부품 시스템의 수명 평균을 MTTF라 할 때 동일 부품 1개를 병렬로 추가하면 이 병렬 시스템의 MTTF는 1.5배가 되어 SN비가 제고된다. 한편 출하되는 제품을 전수검사를 실시하여 규격을 벗어나는 제품을 제거하면 제품의 변동은 줄어들어 SN비가 향상된다. 환언하면 로버스트 품질설계는 앞의 두 가지 SN비 제고방식을 병용하여, 즉 평균을 목표치에 근접시키면서 산포를 줄임으로써 SN비를 높이는 접근법에 속한다.

이 절에서 소개한 로버스트 설계 개념을 주창하고 구체적 방법론을 정립한 사람이 일본의 엔지니어 출신인 다구치 겐이치(田口玄一, G. Taguchi, 1924~2012)로, 그의 품질공학 분야의 기여를 인정하여 로버스트 품질설계를 다구치 방법으로도 통칭하고 있다. 다음 절에서 다구치의 로버스트 설계 개념과 전략을 살펴본다.

3.3 | 다구치의 로버스트 설계

3.3.1 다구치의 품질공학 및 파라미터 설계

1980년대 중반까지 일본 밖에는 거의 알려지지 않던 다구치 박사가 미국으로 건너가 AT&T, Ford, Xerox사 등에 그의 방법론을 소개한 이후 제품 및 공정의 설계 또는 개선을 위한 다구치 방법은 최근까지 제품의 품질향상을 위한 획기적 방법으로 여러 분야에서 적용되고 있다. 그의 방법론은 그림 3.6과 같이 품질공학이라는 이름으로 오프라인 품질관리, 온라인 품질관리, MT (Mahalanobis-Taguchi)법으로 대별할 수 있으며, 다구치는 제품설계나 공정설계를 통한 품질관리 활동을 오프라인 QC로, 제조 시의 전반적인 품질관리 활동을 온라인(on-line) QC로 구별한다(Taguchi, 1986).

이 절의 관심 주제는 서구에서는 로버스트 설계, 일본에서는 파라미터 설계로 불리는 다구치 방법에 한정하여 개괄적으로 살펴보며 자세한 절차와 분석법은 13장에서 다룬다.

다구치 방법은 특성치의 평균과 함께 이로부터의 산포 또한 설계조건에 따라 다를 수 있다는 것을 당연하게 받아들이는 것으로부터 출발한다. 이러한 산포는 소위 잡음에 의해 야기되며, 제품이나 공정의 제어인자(설계변수)의 값을 적절히 설정함으로써 잡음에 로버스트한, 즉 산포가 작은 설계를 확보할 수 있다는 것이다.

다구치 방법의 기본개념을 다음의 몇 가지로 특징지을 수 있다(Taguchi, 1986; 田口玄一, 1988; 염봉진 외, 1990; 염봉진 외, 2013).

첫째, 로버스트 품질을 달성하기 위해서는 그림 3.2에서 볼 수 있듯이 전통적인 온라인 QC로

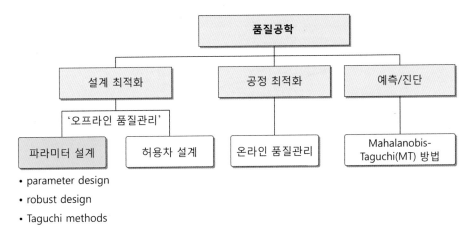

그림 3.6 다구치의 품질공학

는 불가능하고 설계단계에서 이를 구현할 수 있으므로, 오프라인 QC 품질관리 활동을 보다 중요시한다.

둘째, 제품의 품질특성은 잡음의 영향으로 인해 목표치를 일관성 있게 유지하지 못하고 변동하게 되므로 이러한 품질특성의 산포를 2차 손실함수를 도입하여 정량화하고 있다. 이를 통해 품질개선의 목표를, 평균을 목표치에 근접시키는 종래의 관점에서 동시에 산포까지 줄여야 한다는 보다 근원적인 개념으로 발전시켰다. 즉, 높은 품질의 제품이란 소비자에게 끼치는 손실이 적은 제품을 의미한다. 손실은 성능의 산포로 야기되기 때문에 로버스트 설계를 통해 품질특성의 변동을 줄여야 한다.

셋째, 그림 3.4(b)의 설계 3단계 중에서 시스템 설계가 설계의 성공여부에 가장 큰 영향을 미치지만 이 단계에서는 최적화를 시도하지 않으므로, 다구치는 로버스트 설계를 달성하는 데는 파라미터 설계가 투입된 비용에 대비하여 가장 효과적이라고 추천하고 있다. 그리고 파라미터 설계의 결과가 만족스럽지 못할 경우에 허용차 설계를 수행할 것을 권고하고 있다.

넷째, 파라미터 설계를 수행 시에 전 소절에서 소개한 바와 같이 전통적 실험계획과 달리 잡음을 실험에 적극적으로 반영하며, 로버스트한 성질의 척도로 SN비를 제안하고 있다. 예를 들면 그림 3.5에서 신호에 해당하는 자동차 시속과 달성하고자 하는 기능인 제동거리의 제곱근 간의 이상적 관계가 선형일 때 잡음을 고려하는 로버스트 설계에서는 SN비를 기본적으로 다음의 형태로 표현하고 있다.

$$\text{SN 비} = \frac{\text{달성하고자 하는 기능을 수행하기 위한 에너지 변환(신호역할)}}{\text{달성하고자 하는 기능 외의 에너지 변환(잡음역할)}} \tag{3.1}$$

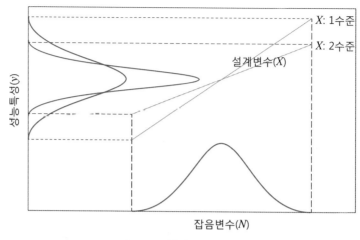

그림 3.7 잡음을 반영한 실험

여기서 달성하고자 하는 기능 외의 예시로 소음, 패드 마모, 진동 등을 들 수 있다. 한편 다구치는 품질특성치의 유형에 따라 식 (3.1)에 기반한 여러 가지 SN비 공식을 제공하고 있다(13장 참고).

엔지니어가 관심을 가지는 주 대상은 설계변수를 통한 최적화이지만 제품이 경험하는 세계에는 여러 가지 잡음이 존재한다. 따라서 직전 소절에서 언급한 바와 같이 제품을 로버스트하게 설계하려면 하류단계에서 접할 수 있는 여러 잡음의 영향을 고려해야 하므로 잡음 또한 실험에 반영해야 한다. 일례로 그림 3.7은 잡음이 가질 수 있는 조건을 충분히 반영한 실험을 통해 엔지니어가 설정한 설계변수(제어인자)의 두 조건(1수준과 2수준)에서 성능특성의 변동범위를 찾아 도시한 것이다. 이를 보면 두 수준에서 성능특성의 평균이 거의 동일하더라도 설계변수의 2수준에서 잡음의 영향에 따른 성능특성의 변동이 적음을 파악할 수 있으므로, 이를 제품에 반영함으로써 로버스트 설계를 달성할 수 있다.

또한 최적화 방식으로 먼저 변동을 줄이는 설계변수의 조건을 찾은 후에 목표치로 조정하는 이단계 최적화 방법을 채택하고 있다.

3.2절에서 다룬 첫 번째 특징을 제외한 두 번째 특징은 3.3.2소절, 셋째는 3.3.3소절, 넷째는 3.3.4소절에서 자세하게 살펴보자.

3.3.2 품질과 손실

일반적으로 제품 품질의 정의로 1장에서 언급된 '용도의 적합성(fitness for use)'과 '규격 또는 요구사항에 대한 부합성(conformance to specification or requirements)'이 가장 널리 쓰인다. 첫 번째 정의는 소비자의 입장은 강조되어 있으나 지나치게 포괄적이고 품질의 개념이 정량화되어 있지 않다는 단점이 있다. 반면에 두 번째 정의는 품질의 개념을 정량화할 수 있다는 점에서 일단 바람직하나, 생산자의 입장은 강조되어 있지만 소비자의 관점이 구체적으로 반영되어 있지 않은 면에서 기본적으로 일방적인 관점의 정의라고 볼 수 있다. 특히 규격에 맞는 제품이라고 해서 모두 같은 정도의 적합도를 갖는 것은 아니다.

한편 다구치는 "품질이란 제품이 출하되어 사용되어질 때 야기되는 사회적 손실"이라고 정의하였다. 이와 같이 품질을 손실로서 파악하고자 하는 다구치의 품질철학은 기존의 품질 관점과 매우 다르며, 품질특성의 산포를 손실을 야기시키는 주요 원인으로 간주하고 있다.

보통 제품은 적어도 하나의 품질특성을 갖는다. 이들 특성에는 일반적으로 가장 바람직한 값이 주어져 있으며, 이를 이상치 또는 목표치(T)라 부른다. 제품이나 공정을 단순화한 그림 3.8에서 품질특성의 목표치가 고정될 경우를 정특성, 입력신호(다구치는 신호인자(M)로 명명)에 따라 목표치가 변하는 경우를 동특성(기능특성)으로 구분한다. 이들을 보다 세분한 품질특성의 분류가 그림 3.9에 주어져 있다.

정특성은 수치형과 범주형으로 구분되며, 품질특성치가 양의 연속적인 수치형일 때 다음의 세

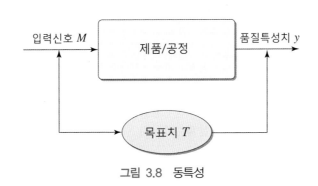

그림 3.8 동특성

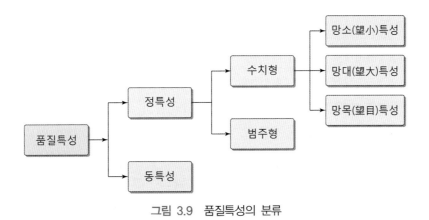

그림 3.9 품질특성의 분류

종류로 나눌 수 있다.

- 망소특성: 작을수록 좋은 경우(즉, $T = 0$)
- 망대특성: 클수록 좋은 경우(즉, $T = \infty$)
- 망목특성: 특정한 목표치가 주어진 경우(즉, $0 < T < \infty$)

망소특성의 예로는 진동, 소음, 결함, 마모, 에너지 손실, 부식 등을, 망대특성으로 강도, 내구시간, 수율, 반응 속도, 에너지 효율 등을, 망목특성으로 형상 치수, 탄성률, 강성, 색(명도, 채도), 휨량 등을 들 수 있다. 범주형은 계수분류치로도 불리며, 등급(예를 들면 상, 중, 하)으로 구분하는 경우 등이 해당된다. 동특성은 품질특성의 목표치가 고정되지 않고 변하는 경우로 제어 시스템이나 자동차의 핸들과 같이 의도된 출력을 얻기 위해 그림 3.8의 입력신호를 조정하는 능동적 동특성과 계측기나 수신기처럼 일방적으로 입력신호가 부여되는 수동적 동특성이 있다.

품질특성치를 y, 제품의 수명기간 중 임의의 시점에서 y가 T로부터 벗어남으로 인하여 소비자가 감수해야 할 손실을 함수 $L(y)$라 하자. 일반적으로 손실함수 $L(y)$의 정확한 형태는 알려져 있지 않지만, 보통 다음의 2차 함수로 근사화할 수 있다.

$$L(y) \approx k(y - T)^2 \text{ (단, } k\text{는 상수)} \tag{3.2}$$

식 (3.2) 형태의 2차 손실함수는 품질문제에 대한 타당한 손실 척도로 인정을 받아 다구치 방법 외에 관리도의 설계, 샘플링검사의 설계, 14장의 공정평균의 설정 등 다양한 문제에 활용되고 있다.

다구치 이전의 종래의 품질 개념을 나타낸 그림 3.10(a)를 보면, 품질특성치가 허용차 구간(규격 상한과 규격 하한 사이) 내에 속하면 합격, 아니면 불합격이라는 이원적 범주에 의한 손실함수를 나타내고 있다. 그림 3.10(b)의 2차 손실함수는 제품의 품질특성이 목표치로부터 얼마나 떨어져 있느냐에 따라 손실이 어느 정도 달라지는지를 명확하게 나타내고 있다. 즉, 그림 3.10(b)에서 점 a, b는 모두 허용차 구간 내에 있으나, 소비자의 관점에서 볼 때는 a가 b보다 더욱 바람직할 것이다. 2차 손실함수는 이와 같은 소비자의 선호도를 반영하고 있으나 그림 3.10(a)의 이원적 손실함수는 이를 전혀 고려하고 있지 않다(Phadke, 1989; 염봉진 외, 1990). 특히 두 그림에서 점 b, c를 비교해볼 때 두 손실함수의 차이는 더욱 명확해진다. 즉, 그림 3.10(b)에서는 두 점에서의 손실이 차이가 그리 크지 않으나 그림 3.10(a)에서는 A_0만큼의 차이가 있음을 나타내고 있다. 품질특성의 관점에서 b와 c는 거의 구별되지 않는다는 점을 고려할

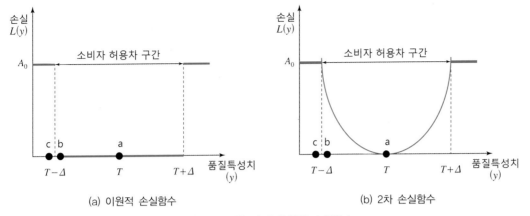

(a) 이원적 손실함수   (b) 2차 손실함수

그림 3.10   두 가지 유형의 손실함수

때 2차 손실함수가 보다 타당한 접근법임을 알 수 있다.

식 (3.2)에서 k는 어떤 하나의 y값에 대해 그에 대응하는 $L(y)$의 값이 알려져 있다면 결정할 수 있는 상수이다. 예를 들어, 그림 3.10(b)와 같이 $(T-\triangle,\ T+\triangle)$가 소비자의 허용차 구간이고 y가 이 구간을 벗어날 때 소비자가 제품을 수리하거나 폐기처분하는 데 A_0원의 비용이 든다고 하자. 그러면 식 (3.2)로부터 $k = A_0 / \triangle^2$로 정해진다.

다음으로 망소특성의 손실함수는 망목특성에서 $T=0$이므로 $L(y) \approx ky^2$으로 정의되며, 소비자 허용차 구간과 A_0가 정해지면 $k = A_0 / \triangle^2$로 결정된다. 망대특성의 손실함수는 y의 역수를 취하여 다음과 같이 정의되며, 따라서 $k = A_0 \triangle^2$이 된다.

$$L(y) \approx k / y^2$$

제품의 품질특성치 y는 확률적으로 변하므로, 이럴 때 대푯값으로 채택할 수 있는 기대손실을 고려하는 것이 편리하다. 예를 들어, 망목특성의 경우 기대손실은

$$L = E[L(y)] = E[k(y-T)^2]$$
$$= k[\sigma^2 + (\mu - T)^2] \tag{3.3}$$

으로 주어지며, 여기서 μ와 σ^2은 각각 y의 평균과 분산이다. 식 (3.3)의 기대손실 L을 작게 하려면 y의 분산을 줄여야 하며, y의 평균을 가능한 한 목표치에 근접시켜야 함을 알 수 있다. 또한 망소특성과 망대특성의 경우도 기대손실이 표 3.3에 정리되어 있다. 망소특성의 경우에는 분산을 작게, 그리고 평균을 목표치 0에 가깝게, 망대특성의 경우에는 분산을 작게, 더불어 평균을 가능한 한 크게 하는 것이 기대손실을 줄일 수 있음을 알 수 있다.

표 3.3 정특성일 경우의 손실함수와 기대손실

성능특성 (y)	손실함수 $L(y)$		기대손실 L
망소특성	ky^2		$L = E[L(y)] = E(ky^2)$ $= kE(y^2) = k(\sigma^2 + \mu^2)$
망대특성	$k\dfrac{1}{y^2}$		$L = E[L(y)] = E(k/y^2)$ $= kE(1/y^2) \approx \dfrac{k}{\mu^2}\left(\dfrac{3\sigma^2}{\mu^2} + 1\right)$
망목특성	$k(y-T)^2$		$L = E[L(y)] = E[k(y-T)^2]$ $= k[\sigma^2 + (\mu - T)^2]$

예제 3.1 게이지 블록의 편평도는 망소특성에 속하는데, $8\mu m$의 편차가 발생하면 120,000원의 사회적 손실이 발생한다. 일주일 동안 생산된 블록 100개를 조사하니 평균과 표준편차가 각각 3, 1μm일 때 블록당 기대손실을 구하라.

망소특성($T = 0$)이므로 식 (3.2)로부터 $120,000 = k(8)^2$로부터 $k = 120,000/64 = 1,875$이다. 표 3.3의 망소특성으로부터 게이지 블록당 기대손실은

$$L = k(\sigma^2 + \mu^2) = 1,875(1^2 + 3^2) = 18,750$$

로 구해진다.

다구치는 손실을 초래하는 성능산포의 원인을 잡음이라 부르며, 잡음을 외란(사용 환경), 내란(노후화), 불완전 제조(생산 환경)의 세 종류로 대별하고 있다. 품질특성치에 대한 영향은 대체적으로 외란, 내란, 불완전 제조 순으로 크다고 알려져 있다. 외란은 사용조건이 바람직한 상태를 유지하지 못하고 변화하는 것을 의미하며, 내란은 시간의 경과에 따른 노후화라고도 불린다. 불완전 제조에 의한 잡음은 제조 시 작업자 간의 변동, 기계 간의 변동, 공정변수의 변동 등으로 말미암아 제품 간 품질특성이 서로 달라지는 것을 의미한다. 표 3.4에 냉장고와 자동차를 대상으로 세 가지 잡음이 열거되어 있다.

세 가지 잡음이 품질특성에 미치는 영향을 대략적으로 묘사한 것이 그림 3.11이다. 즉, 제품 설계단계에서 고객요구를 충족하기 위해 설정된 설계변수들의 조건에서 얻을 수 있는 품질특성

표 3.4 잡음의 예: 냉장고와 자동차

구분	냉장고	자동차
외란	문의 개폐 회수, 음식물의 양과 구성, 주변 온도, 공급전압 변동	노면조건, 도로 포장상태, 승객 수, 적하량
내란	냉각제의 누출, 컴프레서 부품의 기계적 마모	브레이크 패드와 드럼 마모, 브레이크 액의 누출
불완전 제조	문의 빡빡한 정도, 냉각제의 양	브레이크 패드와 드럼 물성, 마찰 계수 변동, 브레이크 액의 양

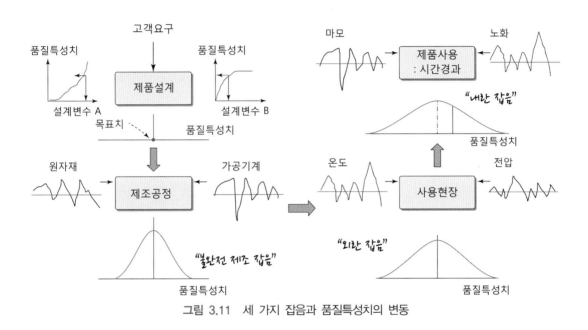

그림 3.11 세 가지 잡음과 품질특성치의 변동

의 목표치가 제조단계에서 불완전 제조 잡음에 의해 변동하게 되어 그림과 같이 고정된 값을 가지지 못하고 목표치 중심으로 산포하게 된다. 이후 제품이 출하되면 사용현장의 잡음, 즉 외란에 의해 산포가 커지게 되며, 사용기간이 경과됨에 따라 노후화 등의 내란 잡음에 의해 산포는 더욱 커지고, 중심값도 목표치를 이탈하게 될 가능성이 높아진다.

(1) 비닐시트 사례

Taguchi and Wu(1985)에서 소개한 사례를 살펴보자. 일본 농가의 비닐하우스에 사용되는 비닐시트의 두께에 대한 규격은 1.0 ±0.2(mm)이다. 어떤 비닐공장(J 공장으로 칭함)에서는 공정능력의 향상을 통해 비닐시트의 두께를 0.02mm 이내로 유지할 수 있었다. J 공장에서는 제품의 두께를 얇게 할수록 생산원가를 줄일 수 있으므로 평균 두께를 0.82mm가 되도록 공정조건을

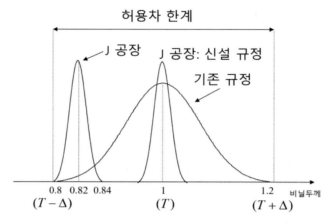

그림 3.12 비닐시트 두께 규격과 분포

조정하여 생산된 제품을 농가에 보급하였다. 그림 3.12에 도시된 바와 같이 J 공장에서 생산하는 비닐시트의 두께는 거의 대부분 허용한계 범위 내에 분포하여 부적합률의 관점에서는 어떤 문제도 없었다. 그런데 출하된 J 공장의 비닐시트는 강풍이나 폭우 등에 의해 쉽게 파손되어 자주 교체해야 했으므로 농가에 상당한 피해를 주게 되었다. 발생 피해액은 두께의 평균을 줄임으로써 J 공장이 얻은 이익보다 훨씬 컸으며, 이로 인해 사회적으로 막대한 손실이 야기되었다.

그 후 일본의 비닐시트 제조협회에서는 이런 사례를 반영하여 두께의 평균치가 1.0mm여야 한다는 규정을 신설하였다.

이 사례는 사용환경상의 잡음인 외란을 반영한 로버스트 품질설계를 통해 목표치와 허용차를 설정해야 하는데 그렇게 하지 않음으로써 문제가 발생한 경우에 속한다. 또한 허용한계에 속하는 제품은 무조건 양호하다고 받아들이는 종래의 개념이 매우 비합리적일 수 있으며, 목표치에 근접함과 함께 변동을 고려하고 있는 다구치 손실함수가 유용함을 이 사례를 통해 확인할 수 있다.

Taguchi and Wu(1985)의 비닐시트 사례를 세 가지 경우로 구분하여 재해석해 보자. 기존 규정으로 생산된 제품, J 공장에서 생산된 제품, 신설된 규정으로 J 공장에서 생산될 제품에 대한 기대손실을 구해보자. 세 경우 모두 제품의 두께가 정규분포를 따른다고 가정하며, 그림 3.12와 같이 J 공장에서 생산된 제품의 평균은 $\mu = 82$mm이고 두께(y)가 0.8과 0.84mm 사이에서 산포하고 있으므로 이 범위가 표준편차 σ의 6배 정도에 해당된다고 간주하면 $\sigma = (0.84 - 0.8)/6 \approx 0.00667$이다. 또한 기존 규정에서는 y가 0.8과 1.2mm 사이에서 산포할 수 있어 $\sigma = (1.2 - 0.8)/6 \approx 0.0667$로 근사화된다.

여기서 세 경우 모두 잡음에 강건하도록 기존 및 신설 규정의 기준값인 1mm를 목표치로 보면 먼저 기존 규정에서 생산된 제품의 기대손실은 식 (3.3)으로부터

$$L = k\{\sigma^2 + (\mu - T)^2\} = k\left(0.0667^2 + 0\right) \approx 0.0044k$$

이다. J 공장에서 생산된 제품에 대한 기대손실은 $\mu = 0.82$mm을 대입하면

$$L = k\{0.00667^2 + (0.82 - 1)^2\} \approx 0.0324k$$

이고, 신설된 규정하에서는 평균이 목표치에 일치하도록 요구하고 있으므로 $\mu = 1$mm을 J 공장에 적용하면

$$L = k\left(0.00667^2 + 0\right) \approx 0.000044k$$

이 된다. 먼저 앞의 두 경우를 비교하면 J 공장에서 생산된 제품의 기대손실은 기존 규정하에서 생산된 제품의 기대손실의 약 7.4배가 되는 손실이 발생하므로, J 공장의 허용한계로부터 생산된 제품은 기존 규정의 생산품보다 못함을 알 수 있다. 그리고 J 공장에서 신설된 규격하에서 생산하게 되면 기존 규정보다 기대손실이 1/100이 되어 가장 우수한 성과를 얻을 수 있다.

3.3.3 제품 및 공정의 설계

높은 품질의 제품을 생산하기 위해서는 전 소절에서 언급한 여러 종류의 잡음에 대해 적절한 대응책을 마련해야 한다. 다구치가 지도하여 파라미터 설계를 최초로 수행한 다음의 사례를 통해 어떤 대응책을 적용할 수 있는지 고려해보자(염봉진 외, 1990; 小野元久, 2013).

1953년 타일을 생산하는 이나 세이토(伊奈製陶; 현재 INAX사)에서는 생산된 타일의 크기가 고르지 못하여 어려움을 겪고 있었다. 이런 품질문제를 해결하기 위해 조사를 실시한 결과 그림 3.13과 같이 타일을 구워내는 터널형 가마 내의 온도가 안쪽보다 바깥쪽의 온도가 높아지는 현상을 알게 되었다. 즉, 타일 제조공정에서의 주요 잡음원은 불완전 제조에 해당되는 가마 내의 온도 불균형으로, 이로 인해 바깥쪽에 위치한 타일의 치수가 커져 규격을 벗어난 이등품으로 취급되는 제품이 제법 발생함을 발견하였다.

이 회사에서는 이런 품질문제를 해결하기 위한 방법으로서 먼저 좀 더 고른 온도분포를 갖는 새로운 가마로 교체하는 방안, 또는 현재의 가마를 그대로 사용하여 좀 더 고른 온도분포를 얻을 수 있는 방안 등을 검토하였다. 그러나 이러한 방법들은 많은 비용을 수반하거나 기술적으로 쉽게 해결할 수 없다는 결론에 도달하게 되었다. 그 대안으로 타일의 원료 배합 시 구성성분 비율 등을 적당히 조절함으로써 이 문제를 해결할 수 있으리라는 점에 착안하게 되었으며, 여러 가지 제어인자를 포함시킨 실험을 수행한 결과 석회석의 함량을 현행 1%에서 5%로 증가시킴

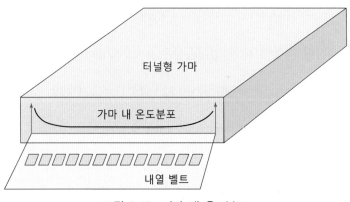

그림 3.13 가마 내 온도분포

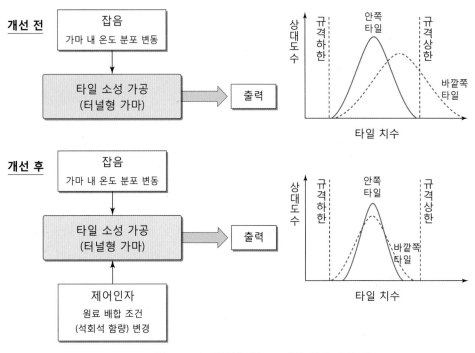

그림 3.14 타일치수 분포: 개선 전과 개선 후

으로써 그림 3.14처럼 현재의 가마를 그대로 사용하고서도 타일 크기의 산포를 크게 줄일 수 있음을 발견하였다. 이 회사에서는 값싼 석회석을 이용해 매우 경제적이고 손쉬운 방법으로 고질적인 품질문제를 해결할 수 있었다.

일반적으로 잡음에 대한 대응책으로 잡음을 그대로 수용(중요하지 않는 잡음일 경우 경제적임), 잡음을 제거 또는 통제, 잡음의 영향을 보정(feedback 또는 adaptive control 등), 잡음을 있는 그대로 놔둔 상태에서 품질특성이 잡음에 민감하지 않도록 제품이나 공정을 설계하는 방안을 들 수 있다. 다구치가 지도한 타일 사례와 같이 가능하다면 마지막의 간접적 방법이 가장 손쉽고 효율적인 대응책이 될 것이며, 이 절의 주제인 로버스트 설계(또는 파라미터 설계)가 바로 여기에 해당된다.

한 제품이 완성될 때까지의 각 단계에서 잡음에 대한 대응책 마련의 가능성이 표 3.5에 정리되어 있다(Taguch, 1986; Phadke, 1989). 즉, 외란과 내란에 의한 잡음에 대한 대응책은 오직 제품설계 단계에서만 가능하며, 불완전 제조에 의한 잡음에 대해서는 제품설계, 공정설계, 제조단계에서 모두 대응책을 마련할 수 있다. 하지만 상류(제품과 공정설계) 단계의 대응책은 간접적이고 우회적인 것이나 제조시의 대응책은 직접적인 해결책으로 보통 비용이 더 많이 발생된다.

그리고 다구치는 제품 및 공정의 설계과정을 그림 3.4(b)처럼 시스템 설계, 파라미터 설계, 허용차 설계의 세 단계로 나누고 있다. 시스템 설계 단계에서는 전문지식, 기술, 경험을 통하여 주어진 목적기능을 갖는 제품의 원형을 개발하게 되며, 일반적으로 제어인자의 최적화는 시도되지 않는 것이 보통이다. 이때 가장 널리 쓰이는 품질도구는 다음 두 절에서 상세하게 다루는 품질기능전개이다. 파라미터 설계는 다구치 방법의 핵심으로, 제품의 품질특성이 잡음에 둔감하도록 제어인자의 최적조건을 찾는 것이다. 만약에 파라미터 설계에 의해 제어인자의 최적조건을 구하였으나 품질특성의 산포가 아직 만족할 만한 상태가 아닐 때 허용차 설계를 수행하게 된다. 허용차 설계 역시 실험에 의존하게 되며, 그 목적은 품질특성치의 산포에 큰 영향을 미치는 제어인자를 선택하여 그 허용차를 줄여줌으로써 궁극적으로 품질특성치의 산포를 바람직한 수준 이하로 유지해주는 데 있다(13.7절 참고). 허용차를 줄이는 데에는 비용이 수반되므로 허용

표 3.5 단계별 잡음에 대한 대응책

	단계	설계	잡음 유형		
			외란	내란	불완전제조
오프라인 품질관리	제품설계	시스템 설계	●	●	●
		파라미터 설계	●	●	●
		허용차 설계	○	●	●
	공정설계	시스템 설계	×	×	●
		파라미터 설계	×	×	●
		허용차 설계	×	×	●
온라인 품질관리	제조	시스템 설계	×	×	●
		파라미터 설계	×	×	●
		허용차 설계	×	×	●
	사용현장	A/S	×	×	×

(주) ●: 대응책 가능, ○: 마지막 수단, ×: 대응책 불가능

차 설계는 부득이한 경우에 채택되어야 한다. 특히 외란의 대응책으로는 마지막 수단이 될 수 있다.

3.3.4 파라미터 설계의 원리

다구치는 제품 및 공정 설계의 세 단계 중에서 특히 파라미터 설계를 강조하고 있다. 파라미터 설계는 제품의 품질특성이 잡음에 로버스트하도록 제어인자의 최적조건을 찾는 단계로서, 흔히 로버스트 설계라 하면 바로 파라미터 설계를 말하는 것으로 보아도 무방할 것이다.

파라미터 설계의 기본원리를 그림 3.15로 설명해보자(Phadke, 1989; 염봉진 외, 1990). 어떤 제품의 품질특성 y 는 제어인자 B 의 수준에 따라 이 그림에서와 같이 비선형적으로 변화할 경우에 품질특성 y 의 목표치가 T 라면 B 의 수준은 수준 1이 되어야 한다. 그러나 잡음의 영향으로 수준 1을 유지하지 못하고 변화할 때 급한 기울기를 가지므로 y 는 매우 민감하게 산포하게 된다. 반면에 수준 2에서는 완만한 기울기를 가지므로 B 의 큰 변화에도 불구하고 y 의 변동은 매우 작을 수 있다. 다만 이 수준에서 목표치를 만족하지 못하는 문제점이 발생된다. 이럴 때 제어인자 A(조정변수)를 찾아 적절히 조정함으로써 y 의 산포를 크게 변화시키지 않고 평균치를 목표치에 접근시킬 수 있다. 즉, 조정인자 A 는 그림 3.16처럼 y 에 대해 선형성을 가지는 설계 변수에 속하여 큰 변동을 초래하지 않고 현 수준을 조정하여 목표치를 달성하게 된다. 다구치는 이런 과정을 이단계 최적화라 부른다.

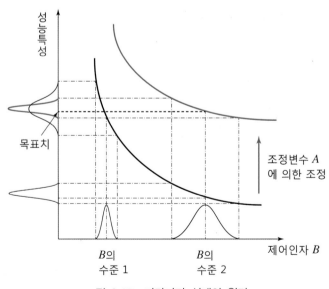

그림 3.15 파라미터 설계의 원리

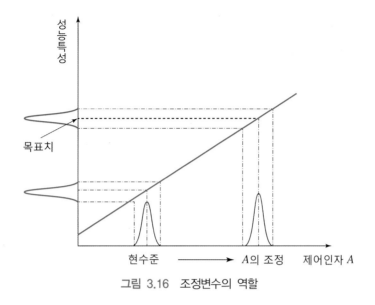

그림 3.16 조정변수의 역할

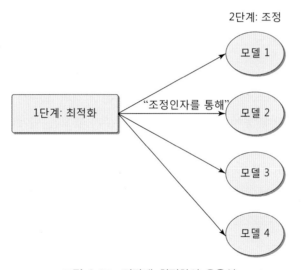

그림 3.17 이단계 최적화의 유용성

이단계 최적화를 적용하면 그림 3.17처럼 1단계에서 제품의 제어인자의 최적 수준이 정해지면 이 제품과 에너지 변환과정이 동일하거나 동일 제품군이지만 목표치만 다른 여러 제품 모델에 대해 조정인자에 의한 2단계만 적용함으로써 로버스트 설계를 달성할 수 있는 이점이 생긴다.

파라미터 설계의 기본 원리를 수학적으로 표현해보자. 여러 제어인자를 나타내는 x_i가 있을 때, $y \approx f(x_1, x_2, \cdots)$로 표현되면 Taylor 급수로 1차항까지 전개하면 y의 근사적 분산은 식 (3.4)의 역할과 같이 나타낼 수 있다(Wu and Hamada, 2009).

$$\sigma_y^2 \approx \sum_i \left(\left. \frac{\partial f}{\partial x_i} \right|_{x_i = \mu_i, \; i = 1, \, 2, \, \cdots} \right)^2 \sigma_i^2 \qquad (3.4)$$

(단, μ_i, σ_i^2는 x_i의 평균과 분산임.)

파라미터 설계는 그림 3.15와 같이 잡음과 제어변수의 비선형성을 이용하는 것으로, 식 (3.4)에서 편미분 계수의 질댓값을 작게 하는 제어변수의 조건을 찾는 것이 파라미터 설계에 해당된다. 만약 이로부터 얻은 분산이 만족스럽지 못할 때 분산항 σ_i^2을 선별적으로 줄이는 것을 허용차 설계로 볼 수 있다.

한편 파라미터 설계의 실제 적용절차와 구체적 분석법에는 실험계획에 관한 지식이 요구된다. 이는 별도로 장을 구성하여 13장에서 자세하게 다룬다.

3.4 | 품질기능전개: 기초

품질기능전개(Quality Function Deployment: QFD)는 고객의 요구사항을 설계, 부품계획, 공정계획 및 생산계획과 판매 등에 이르는 제품의 수명주기의 모든 단계에서 반영하도록 체계적으로 관리하는 방법론으로 1960년대 후반 일본의 아카오 요지(赤尾洋二)에 의해 연구되기 시작하였으며, 1972년 미쓰비시중공업의 고베 조선소에서 제안된 품질주택(또는 품질표, 전자로 통일함)에서 시작되었다. QFD는 고객의 요구사항을 제품의 기술특성(대용특성)으로 전환하고, 이를 부품특성과 공정특성, 그리고 생산에서의 구체적인 세부 활동까지 변환하는 것으로, 고객의 요구사항이 제품설계, 부품설계, 공정계획, 생산계획에 이르는 각 단계에 일관성 있게 정확히 반영되도록 한다. 즉, 고객만족을 실현하는 체계적인 활동으로 3.2와 3.3절에 언급된 시스템 설계 단계에 활용할 수 있는 대표적인 기법이다.

1970년대 중반부터 도요타자동차회사와 그 부품업체들에 의해 QFD는 더욱 발전되었으며 일본에서는 가전, 집적회로, 건설장비, 합성수지, 섬유, 금속제품 및 소프트웨어의 개발에까지 QFD가 폭넓게 사용되고 있다. 1988년 Hauser and Clausing이 ≪하버드 비즈니스 리뷰≫에 '품질주택(The house of quality)'이라는 제목의 논문을 통해 품질기능전개를 소개한 후 미국에서도 Hewlett Packard, AT&T, ITT, NASA, Kodak, Goodyear, P&G, NCR, Ford, GM 등을 비롯한 많은 기업들이 QFD를 적극적으로 활용하고 있다.

제조업에서 널리 보급되었던 QFD가 1980년대 후반부터는 서비스업과 같은 비제조업 분야에서도 활발히 사용되고 있으며, 서비스업에서도 역시 고객의 요구사항을 파악하고 이를 서비스 제공과정의 설계와 실시에서 최대한 반영되도록 한다는 점에서는 제조업과 동일하므로 QFD는 비제조업 분야에도 효과적으로 사용할 수 있다. 즉, QFD는 자동차 정비관리, 호텔경영, 헬스 서비스, 병원, 컨설팅 등과 같이 거의 모든 영역에서 폭넓게 사용되고 있다.

특히 QFD를 도입하면 그림 3.18과 같이 3.1절에서 소개된 제품분석과 정의단계의 기간은 늘어나지만 품질설계를 비롯한 제품설계와 이에 따른 재설계 기간과 노력을 크게 줄일 수 있어 기업의 경쟁력 향상에 상당히 기여하고 있다고 보고되고 있다(Cristiano et al., 2001). 이 절에서는 품질주택을 상세히 설명하고자 한다.

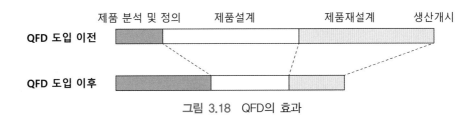

그림 3.18 QFD의 효과

3.4.1 품질주택(HOQ)

품질주택(HOQ)은 QFD의 가장 중요한 부분으로 신제품 개발 시 조직의 모든 관련 부서들이 먼저 고객의 요구사항을 공동으로 파악하며 공유하고 이를 통해 각 부서들이 신제품개발에서 담당하는 영역에서 어떻게 고객의 요구사항이 반영되는가를 구체적으로 실현하고 평가하기 위한 공동의 정보의 장으로서의 역할을 한다. 이후 제품개발 단계에서 사용되는 HOQ에 대해 설명하고자 한다. 그림 3.19과 같이 HOQ는 주택모양을 하고 있으며 구체적인 작성절차는 아래와 같다.

(1) 고객 요구사항(Customer Attributes: CA)

HOQ의 왼쪽에 있는 이 부분은 설계하고자 하는 제품이 갖추어야 할 특징(고객의 요구사항)을 분류, 정리하여 기술하는 부분이다. CA를 고객의 소리(Voice of Customer: VOC) 또는 요구품질이라고도 한다.

고객 요구사항은 고객이 사용하는 언어로 표현되며 대부분 정성적으로 기술된다. 이들 정보는 설문조사, 개별면담, 실험, 참고문헌 조사, 소셜 미디어(social media) 등 여러 가지 방법을 통해

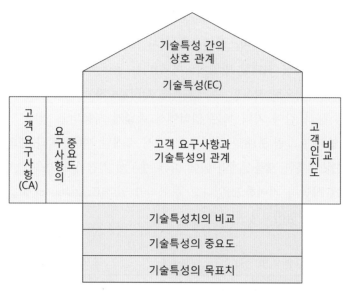

그림 3.19 품질주택(HOQ)의 구성

얻을 수 있다. 획득된 정보를 대분류, 소분류로 세분화하여 정리하면 된다. 이 단계는 QFD의 활용에 있어 가장 중요하며 전문가들은 QFD 분석의 전체적인 노력에서 절반 정도가 고객집단을 규정하고 그들의 요구사항을 추출하는 데 사용되어야 한다고 주장하기도 한다.

그림 3.20은 게임기의 요구품질 전개표의 예이다(일본 JIS Q 9025의 부속서2 참고). 고객의 요구사항들의 상대적인 차이를 중요도로 평가하게 된다. 그림 3.21에 중요도를 5점 만점으로 평가한 결과가 예시되어 있으며, 이를 전체 중요도 합에 대한 비중인 백분율로 환산한 상대적 중요도가 널리 쓰인다(그림 3.24와 3.28 참고).

(2) 기술특성(Engineering Characteristics: EC)

HOQ의 위쪽에 위치하고 있는 이 부분은 고객 요구사항(CA)을 기술적으로 어떻게 반영할 것인가를 나타낸다. 고객의 제품에 대한 요구사항을 만족시키기 위한 기술특성이 여기에 해당되며, 이 기술특성들은 설계자가 의사결정을 할 수 있는 변수들이기 때문에 설계특성(Design Characteristics: DC) 또는 고객의 요구사항을 반영한다고 해서 대용(代用)특성이라고도 한다. 기술특성은 제품의 설계에서 정량적으로 측정할 수 있는 것으로서 제품에 대한 고객의 요구사항에 직접 영향을 주는 것이라야 한다. 그림 3.20에 게임기의 다양한 기술특성이 정리되어 있다.

(3) 고객요구속성과 기술특성 간의 관련성 평가

품질주택의 중심에 있는 행렬형식의 이 부분은 고객요구속성과 기술특성 간의 상호관계를 표현하는 것이다. 이 행렬의 각 칸에는 고객의 요구사항과 기술특성 간의 연관 관계를 정량적으로 평가하는 정보가 기술된다. 즉, 두 특성의 상관관계(양, 음)와 상관강도(강, 약) 둘 다 혹은 상관강도만 표시한다. 후자가 보편적으로 쓰이며 그림 3.20에서는 그중에서 활용도가 높은 방식으로 관련성의 강도를 3단계로 분류한 예를 보여주고 있다. 즉, ◎: 강한 관련성, ○: 보통의 관련성, △: 약간의 관련성이며, 빈칸은 관련 없음을 나타낸다.

(4) 기술특성 간 상호관계분석(그림 3.21 참고)

품질주택의 지붕에 해당하는 부분은 각 기술특성 간에 어떤 상호관련성이 있는가를 분석하는 부분이다. 그림 3.21에서는 게임기에 대해 기술특성의 관련성을 3단계로 분류하면서 동시에 양/부의 영향을 파악하게 된다. 상호관계 중에서 중요한 것은 한 가지 기술특성을 개선하면 다른 특성(EC)이 악화되는 상충관계(부의 관계)를 파악하는 것이다. 상충관계는 기술적 모순이라고도 하는데, 예로서 강도가 높은 재료는 무게가 크게 되는 것과 같다. 이러한 상충관계를 근본적으로 해결할 수 있다면 획기적인 품질향상이 이루어지기 때문에 연구개발의 기회가 되기도 하다. 이러한 상충관계(기술적 모순)의 해결에는 '발명적 문제해결이론(TRIZ)'이 매우 유용한 것으로 알려져 있다. 이 분석의 하나의 어려운 점은 기술특성 간의 관계를 두 개 특성 간의 관계로 표현하는 것이 근본적으로 한계를 가지고 있다는 점이다. 즉, 3개 이상의 기술특성이 상호 연관성을 가지는 경우 이를 완전하게 표현하는 것이 어렵다는 것이다.

한편 그림 3.20에는 빠져 있지만 고객 요구사항 왼편에 지붕을 시계반대 방향으로 90° 회전한 지붕형태에 CA의 상호관계까지 부가하는 품질주택도 사용되고 있는데, 그리 활용도가 높지 않아 본서에서는 이를 배제한 품질주택을 중심으로 설명한다.

고객요구속성 1차	고객요구속성 2차	기술특성 1번: 조작용이성				소프트웨어 충실도				형상				무게			안전성			
	2번	접속시간	메모리용량	cpu속도	휴대용이성	호환성	확장성	특징	다양성	두께	외관치수	조작부위		본체무게	조작부무게	부속부무게				
사용편리성	밝은 표면						○	◎									○		○	○
	대화형						○													
	디자인이 좋다							○				○			○					◎
											◎						◎		○	
소프트웨어품질	호환성					◎			◎	○										
	갱신이 쉽다		○				○													
						○	◎													
장시간 즐김	다수가 사용가능						○												◎	
	어린이도 즐길 수 있다				○												◎		◎	○
	오래 사용가능		○						◎											
튼튼하다	방수												○					○		
	먼지에 강하다												◎							
	열에 강하다										○							◎		
사용이 쉽다	접속 빠름	◎			○								○							
	무선	○			○															
	잡기 쉬움				◎					○	○			◎		◎				
고성능	고음질																			◎
	고			◎					○											
	깨끗한 영상		○				○													○
조작이 쉽다	설치용이		○	○					○											
	입력용이											◎			○					
	한손으로 사용											◎			○	○				

(주) (1) 고객요구속성과 기술특성을 1, 2차에 걸쳐 전개한 예시
(2) 고객요구속성과 기술특성과의 상호관련성(5/3/1 채택)을 표시함
◎: 강한 관련성(5점), ○: 보통의 관련성(3점), △: 약간의 관련성(1점)

그림 3.20 품질주택의 예

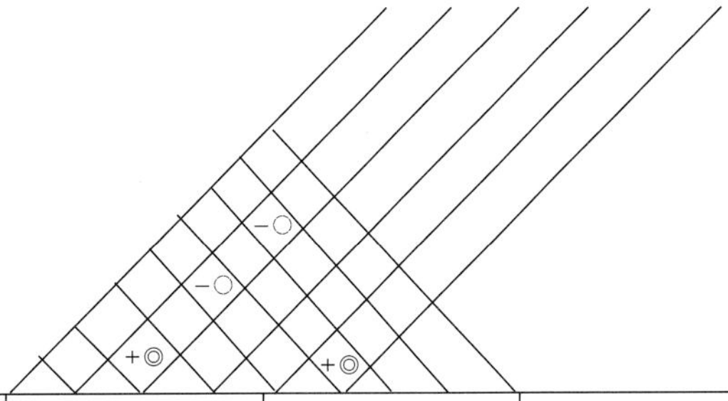

기술특성 전개표	1회	조작성			소프트웨어 충실도			형상		무게		안전성		
	2회	메모리용량			호환성	확장성	특징충실도							

(주) +◎(또는 ◎): 강한 양의 관계, +○(○): 중간 정도의 양의 관계, +△(△): 약한 양의 관계
　　　−△(또는 #): 약한 음의 관계, −○(##): 중간 정도의 음의 관계, −◎(###): 강한 음의 관계

그림 3.21　기술특성 관련 분석

(5) 고객 요구사항에 대한 비교분석 및 목표치(그림 3.22 참고)

HOQ의 오른쪽에 위치한 이 부분은 고객의 요구사항을 우리 제품과 경쟁사 제품이 어느 정도까지 충족시키고 있는가를 평가하는 부분이다. 그리고 최종적으로는 경제적으로 어디까지 충족시킬 수 있는지 그 수준(기획 품질)을 결정하는 것이다. 주로 고객의 설문조사를 통해 결정되며 대개의 경우 그림 3.22의 게임기에 대한 예시와 같이 고객의 평가는 5점 척도로 표현된다.

(6) 기술특성의 비교분석 및 목표치 설정(그림 3.23 참고)

품질주택의 아래쪽에 위치한 이 부분은 기술특성을 종합적으로 평가하는 결과를 정리한 것이다. 먼저 각 기술특성을 측정하는 단위를 정하고 우리 제품과 경쟁사 제품의 특성치를 비교하여 기록한다. 그리고 각 기술특성의 난이도를 그림 3.23과 같이 보통 5점 척도로 평가한다.

또한 고객요구속성의 중요도와 기술특성과의 관련성을 평가하여 각 기술특성의 중요도를 계산한다. 즉, 두 특성의 연관관계의 강도와 각 고객의 요구사항의 상대적인 중요도를 곱하여 가중합(weighted sum)을 가지고 각 기술특성의 중요도로서 평가한다.

먼저 고객요구속성과 기술특성 간의 관계행렬에서의 셀 (i, j)에 i번째 행 CA_i와 j번째 열 EC_j 간 연관관계의 강도 f_{ij}에 대해 그 강도의 따라 약, 중(보통), 강에 따라 점수를 부여한다. 예를 들어 각각 1, 3, 9(또는 1/5/9, 1/3/5(그림 3.20), 부호까지 반영할 경우 약을 배제한 -2/-1/1/2

고객요구속성 \ 기술특성	조작성	소프트웨어충실도	형상	무게	안전성	중요도(1)	자사	P사	N사	D사	M사	기획품질(3)	개선율(4)	(5)
								비교분석(2)				기획품질		
								타사						
사용편리성	○	◎		○	◎	3	3	3	4	4	3	3	1.00	
소프트웨어품질		◎			○	4	3	4	4	4	4	4	1.33	
장시간 즐김	○	△		○	◎	5	5	5	3	4	5	5	1.00	
튼튼하다			◎			2	3	4	2	3	5	3	1.00	
사용이 쉽다	◎	○			◎	5	4	3	4	3	5	5	1.25	◎
고성능	◎		△			2	4	3	3	4	4	1.00		
조작이 쉽다	○		◎			4	4	5	3	3	5	5	1.25	○

(주) (1) 각 요구품질의 중요도를 5단계로 평가한 예
　　　(2) 요구품질의 중요도를 자사와 타사를 기술한 예
　　　(3) 자사의 요구품질에 대한 목표를 설정한 예
　　　(4) 개선율: 기존의 수준과 목표치와의 차이
　　　(5) 세일즈 포인트: 이 부분을 개선하므로 소비자들에게 어필할 수 있을 것 같은 요구품질로서 3단계로 분류

그림 3.22　고객요구속성의 분석 및 목표치

	접속시간	메모리용량	cpu속도	휴대용이성	호환성	확장성	특징	다양성	두께	외관치수	조작부위	본체무게	조작부무게	부속부무게
	조작용이성				소프트웨어충실도				형상			무게		
측정단위	1(h)	GB	sec											
자사	2	2												
경쟁사 A	3	4												
기술적 난이도	5	2												
중요도	63													
상대적 중요도														
목표치														

(주) 기술적 난이도: 5점 척도로 평가: 5점 매우 기술적으로 어려움이 있는 특성
　　　기술특성 중요도: 각 고객 요구사항의 중요도와 상관관계 정도의 곱으로부터 합
　　　상대적 중요도: 기술특성의 중요도의 합계를 나눈 것으로 %로 표시함

그림 3.23　기술특성의 비교 및 목표치

등 여러 방식이 쓰이고 있지만 이 절에서는 널리 쓰이는 1/3/9 방식을 채택함)가 주어진다. 각 고객 요구사항의 중요도가 평가된다면 각 기술특성의 중요도는 아래 식과 같이 계산된다.

$$ECI_j = \sum_{i=1}^{m} \omega_i f_{ij}, \ \ j = 1, 2, \cdots, l \tag{3.5}$$

여기서 m, l는 각각 CA, EC의 개수이며, ECI_j는 $EC_j(j = 1, \cdots, l)$의 기술특성 중요도(ECI) 값이고, ω_i는 $CA_i(i = 1, \cdots, m)$의 상대적인 중요도이다. ECI 값이 계산되면, ECI 값들이나 백분율로 환산한 상대적 ECI를 단순 비교하여 EC(기술특성)의 우선순위를 매긴다. 우선순위 결과는 다음 단계의 중요한 의사결정을 하는 데 기초로 사용한다.

기술특성의 중요도는 이 기술특성이 어느 정도 주요한 고객 요구사항과 얼마나 강하게 관련되어 있는가를 평가하는 것이다. 높은 가중합을 가진 기술특성이 중요한 기술특성이며 기술적 난이도와 타사 제품과의 비교를 종합적으로 실시하여 최적의 기술특성의 목표치를 정한다. 이외에도 기술특성의 목표치를 실현하기 위한 비용 등을 추정하여 기술하기도 한다.

예제 3.2 연필에 관한 품질주택이 그림 3.24에 수록되어 있다. CA는 4종, EC는 5가지로 구성되어 있으며, EC 간에는 3개의 양의 부호를 가진 상호 연관관계가 존재한다(Wasserman, 1993).

여기서 상호관련성의 강도는 3단계(△, ○, ◎)로 구분하고 있으며, 1/3/9방식을 채택한다.

연필에 관한 품질주택인 그림 3.24에서 w_i는 중요도가 각각 2, 3, 5, 2이므로 상대적 중요도는 16.7(=2/(2+3+5+2)), 25, 41.6, 16.7%이다. 예를 들면 첫 번째 EC의 중요도는 식 (3.5)로부터 다음과 같이 108.4가 되며,

$$ECI_1 = 16.7(3) + 25(0) + 41.6(1) + 16.7(1) = 108.4$$

상대적 ECI는 108.4/(108.4+199.8+599.4+300.6+599.4)=6.0%로 계산된다.

이렇게 구한 5가지 EC에 대해 구한 최종 상대 중요도가 수록된 그림 3.24를 보면 '납 가루 발생'과 '최소 소거 잔류물'이 가장 높은 값을 가지며, 그 다음은 육각형, 연필 깎는 간격, 연필 길이 순이다. 그리고 각 행의 끝 두 열에는 유사한 방식으로 EC와 CA의 상호관련성을 반영한 CA의 요구 가중치와 상대적 중요도가 부가되어 있다.

EC / CA	중요도	상대적 중요도 (%)	연필 길이	연필 깎는 간격	납 가루 발생	육각형	최소 소거 잔류물	요구 가중치	상대적 가중도 (%)
쥐기 용이	2	16.7	○			◎		200.4	11.1
자국 발생 없음	3	25.0		○	◎		◎	525.0	29.1
연필 촉 지속 정도	5	41.6	△	○	◎		◎	915.2	50.6
구르지 않는 정도	2	16.7	△			◎		167.0	9.2
EC 중요도			108.4	199.8	599.4	300.6	599.4		
상대적 중요도(%)			6.0	11.0	33.2	16.6	33.2		

그림 3.24   품질주택: 연필

3.4.2 4단계 QFD와 방법론의 발전

전 소절에서와 같이 품질주택을 통해 고객의 요구사항을 분류·평가하고 이를 바탕으로 기술특성을 분석하여 최적의 기술특성치의 목표치를 정하면 품질주택은 완성된다. 그러나 이것은 QFD의 첫 단계로서 이후 기술특성의 목표치를 구체적으로 실현하는 부품의 설계 목표치 설정, 최적의 부품의 제조를 위한 적절한 공정계획과 생산계획, 나아가 각 공정에서의 최적의 작업방법의 설계가 실행될 필요가 있다. 이를 위해 그림 3.25와 같이 4단계로 품질주택과 유사한 분석이 계속된다. 즉, 3.1절에 소개된 설계의 11단계 중에서 단계 ① ~ 단계 ③에서는 첫 번째 QFD(품질주택)가, 단계 ④ ~ 단계 ⑧에서는 두 번째와 세 번째 QFD가, 그 이후 단계에서는 네

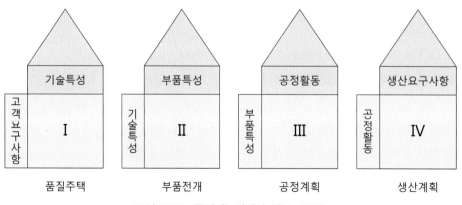

그림 3.25   품질기능전개의 세부 4단계

번째 QFD가 수행된다. 이와 같이 연속하여 실시되는 분석과 평가를 통해 최초의 고객 요구사항을 제품 및 부품설계 및 공정계획과 생산 요구사항과 연결시킴으로써 신상품이 효율적이고 체계적으로 설계되고 생산될 수 있다.

QFD와 관련된 연구는 전통적인 QFD에서 출발하여 로버스트(robust) QFD 또는 퍼지(fuzzy) QFD에 대한 연구가 활발히 이루어져왔다. 전통적인 QFD에서는 모든 입력 정보(ω_i, f_{ij})가 확실하다는 가정하에서 각 기술특성들의 중요도를 결정한다. 그러나 신제품 개발의 초기 단계에서는 필연적으로 품질주택을 작성하기 위해 분석되는 중요도, 난이도, 관계정도 등 입력 정보에서의 불확실성은 피할 수가 없다. 입력정보의 불확실성과 이에 근거한 출력정보(예를 들어 기술특성의 중요도)의 가변성을 고려한 QFD의 방법론이 로버스트 QFD 또는 퍼지 QFD로, 여기서 '로버스트'는 출력정보의 가변성에 강건함을 의미한다.

로버스트 QFD 또는 퍼지 QFD에서는 입력정보의 불확실성을 먼저 정량적으로 모형화하고 QFD 출력의 가변성을 정량적으로 분석하며 EC들의 우선순위를 결정한다. 로버스트 QFD 또는 퍼지 QFD에 대한 자세한 내용은 Kim et al.(2007)을 참고하기 바란다. 일본에서는 2000년대부터 다양한 적용 목적에 따라 발전된 QFD를 3세대 QFD란 개념으로 통칭하여 사용하고 있다. 예를 들어 다구치-트리즈 QFD, 통계적 방법론과 융합된 QFD, 지속가능한 QFD 등이다(日科技連, 2009). 참고적으로 공정요인으로부터 설계단계의 품질특성에 관한 품질주택을 작성하는 QFD를 1세대, 전 소절에서 다룬 바와 같이 시장의 요구를 기술특성으로 변환하여 기획품질을 토대로 설계품질을 설정하는 품질주택을 2세대로 구분하고 있다.

3.5 │ 품질기능전개: 계량적 분석법*

품질기능전개에서 채택하는 척도는 서열형에 속하여 각 서열범주에 부과된 점수에 따라 결과가 바뀔 수 있으므로 분석된 수치는 그리 엄격하지 않다. 이런 점을 고려하여 마지막 단계에서 기술특성의 우선순위만을 매겨 품질주택을 마감하기도 한다.

그런데 이런 과정상에서 가장 중요한 수치인 식 (3.5)의 ECI를 구할 때 기술특성 간의 상호 연관관계가 반영되고 있지 않다. 먼저 지붕에서 표시된 기술특성 간의 상호 연관관계(이하 지붕행렬로 칭함)를 ECI에 반영하는 두 가지 계량적 방법을 소개한다.

3.5.1 Wasserman의 방법

비현실적인 과장된 가상 상황이지만 그림 3.26의 품질주택을 살펴보자. 상대적 중요도가 각각 10%, 90%인 2개의 고객요구속성(이하 CA)이 있으며, 주 기술특성(이하 EC)도 두 가지가 존재한다. 그중에서 EC1은 상당히 많은 9개의 하위 EC(즉, EC11~EC19)로, EC2는 2개의 하위 EC로 세분되고, CA1은 EC1에, CA2는 EC2에만 강하게 연관되어 있다. 즉, 각각의 연관관계가 상, 중, 하로 표시된 그림 3.26으로부터 구한 EC의 중요도는 각각 33.3, 66.7%가 되는데, 전적으로 한 종의 CA와 연관되어 있는 상황에서 그 CA의 중요도(10, 90%)와 달라지는 모순현상이 발생한다. EC에서 하위 EC로 더욱 세분되어 관련 연관개수가 많아질수록 최종 중요도가 높아질 수 있는 이런 현상을 개선하기 위해 0과 1 사이로 변환하는 다음의 표준화 변환이 추천되고 있다(Wasserman, 1993; Franceschini, 2002).

$$f'_{ij} = \frac{f_{ij}}{\displaystyle\sum_{j=1}^{l} f_{ij}} \tag{3.6}$$

(단, l은 EC의 개수)

즉, 각 CA에 대한 f'_{ij}의 합이 1이 되며, 이런 과정을 적용한 EC의 최종 중요도는 CA의 중요도 순위를 올바르게 반영할 수 있다. 그림 3.26의 품질주택에 대해 식 (3.6)을 적용하여 표준화하여 구한 그림 3.27로부터 EC의 최종 중요도는 대응되는 CA의 상대적 중요도와 일치함을 알 수 있다.

EC \ CA	상대적 중요도	EC1									EC2		합
		EC 11	EC 12	EC 13	EC 14	EC 15	EC 16	EC 17	EC 18	EC 19	EC21	EC22	
CA1	10%	◎	◎	◎	◎	◎	◎	◎	◎	◎			81
CA2	90%										◎	◎	18
중요도		90	90	90	90	90	90	90	90	90	810	810	
		810									1620		
최종 상대적 중요도		33.3%									66.7%		

그림 3.26 가상 품질주택: 표준화 이전

EC \\ CA	상대적 중요도	EC1									EC2		합
		EC 11	EC 12	EC 13	EC 14	EC 15	EC 16	EC 17	EC 18	EC 19	EC21	EC22	
CA1	10%	◎	◎	◎	◎	◎	◎	◎	◎	◎			81
CA2	90%										◎	◎	18
EC 중요도		1.11	1.11	1.11	1.11	1.11	1.11	1.11	1.11	1.11	45	45	
		10									90		
최종 상대적 중요도		10%									90%		

그림 3.27 가상 품질주택: 표준화 이후

상기의 표준화 과정도 품질주택의 지붕행렬에 표시된 EC의 상호 연관관계가 고려되어 있지 않아, Wasserman(1993)은 식 (3.5)의 대안으로 EC들의 연관관계 및 표준화까지 반영하는 다음의 ECI 척도를 제안하였다.

$$R_{ij} = \frac{\sum_{k=1}^{l} f_{ik} g_{kj}^{'}}{\sum_{h=1}^{l} \sum_{k=1}^{l} f_{ik} g_{kh}^{'}} = \frac{\sum_{k=1}^{l} f_{ik} g_{kj}^{'}}{\sum_{h=1}^{l} f_{ih} (\sum_{k=1}^{l} g_{hk}^{'})} \quad (i = 1, 2, \ldots, m \; ; j = 1, 2, \ldots, l) \tag{3.7}$$

여기서 1/3/9로 나타낸 지붕행렬의 EC_j와 EC_k의 연관 강도를 $g_{kj}^{'}(= g_{jk}^{'})$로, 이를 상관계수로 규준화한 값(즉, 양이면 0.1/0.3/0.9; 음이면 $-0.1/-0.3/-0.9$)을 $g_{kj}^{'}$(여기서 $g_{kj}^{'} = 1$, $k = j$)로 표시한다. 식 (3.22)에서 EC 간이 모두 독립이면, 즉, $g_{kj}^{'} = 0$, $k \neq j$이면 식 (3.6)과 일치한다.

예제 3.3 그림 3.24의 연필에 관한 품질주택에서 식 (3.5)을 이용하여 구한 5가지 EC에 대해 구한 최종 상대 중요도를 보면 '납 가루 발생'과 '최소 소거 잔류물'이 가장 높은 값을 가지는데, 지붕에서 두 EC의 강한 관계로 인해 이 두 EC 중 하나는 불필요한 EC가 될 수 있으며, 두 EC가 차지하는 비중의 합이 너무 높은 편이다. 따라서 Wasserman 방법을 적용하여 재분석하라.

그림 3.24에서 $l = 5$, $m = 4$, $g_{23}^{'} = g_{32}^{'} = 0.3$, $g_{25}^{'} = g_{52}^{'} = 0.3$, $g_{35}^{'} = g_{53}^{'} = 0.9$, $g_{11}^{'} = \cdots = g_{55}^{'} = 1$이고 나머지 $g^{'}$는 0이므로, $\sum_{k=1}^{5} g_{hk}^{'}$는 h가 1부터 5일 때 각각 1, 1.6, 2.2, 1, 2.2가 된다. $i = 2$일 때 식 (3.7)에 적용한 과정을 예시하면

$$R_{21} = \frac{0 \times 1 + 3 \times 0 + 9 \times 0 + 0 \times 0 + 9 \times 0}{0 \times 1 + 3 \times 1.6 + 9 \times 2.2 + 0 \times 1 + 9 \times 2.2} = \frac{0}{44.4} = 0$$

$$R_{22} = \frac{0 \times 0 + 3 \times 1 + 9 \times 0.3 + 0 \times 0 + 9 \times 0.3}{44.4} = \frac{8.4}{44.4} = 0.190$$

$$R_{23} = \frac{0 \times 0 + 3 \times 0.3 + 9 \times 1 + 0 \times 0 + 9 \times 0.9}{44.4} = \frac{18}{44.4} = 0.405$$

$$R_{24} = \frac{0 \times 0 + 3 \times 0 + 9 \times 0 + 0 \times 1 + 9 \times 0}{44.4} = \frac{0}{44.4} = 0$$

$$R_{25} = \frac{0 \times 0 + 3 \times 0.3 + 9 \times 0.9 + 0 \times 0 + 9 \times 1}{44.4} = \frac{18}{44.4} = 0.405$$

이 구해진다. 유사한 방법으로 구한 결과를 그림 3.28에서 확인할 수 있으며 식 (3.7)에 의한 최종 상대적 중요도도 수록되어 있다. 이를 보면 상관관계가 상당히 높은 '납 가루 발생'과 '최소 소거 잔류물'의 중요도가 감소하며, 다른 EC와 독립적인 '육각형'의 상대적 중요도가 증대됨을 확인할 수 있다.

그리고 이 방법을 적용하면 ECI가 표준화되어 EC들의 상대적 중요도를 다시 계산할 과정이 필요하지 않은 부수적 효과도 존재한다(1.0을 맞추기 위한 미세 조정이 요구되는 경우도 있음).

CA \ EC	중요도	상대적 중요도 (%)	연필 길이	연필 깎는 간격	납 가루 발생	육각형	최소 소거 잔류물	요구 가중치	상대적 가중도 (%)
쥐기 용이	2	16.7	0.250			0.750		16.7	16.7
자국 발생 없음	3	25		0.190	0.405		0.405	25.0	25.0
연필 촉 지속 정도	5	41.6	0.023	0.185	0.396		0.396	41.6	41.6
구르지 않는 정도	2	16.7	0.10			0.90		16.7	16.7
EC 중요도			6.80	12.45	26.60	27.56	26.60		
상대적 중요도(%)			6.8	12.4	26.6	27.6	26.6		

그림 3.28 연필에 관한 품질주택: Wasserman 방법

3.5.2 Chen and Chen의 방법

Wasserman의 방법은 지붕에서 음의 상관관계가 있을 경우에 R_{ij}가 음수가 될 수 있어 활용 영역이 양의 상관관계가 존재할 경우로 한정될 수 있다. 지붕행렬에서 음의 상관관계도 존재할 경우에 Chen and Chen(2014)는 ECI로 다음을 제안하였다.

$$R_{ij}^{'} = \frac{\left(\sum_{k=1}^{l} g_{kj}^{'}\right) f_{ij}}{\sum_{h=1}^{l} \left(\sum_{k=1}^{l} g_{kh}^{'}\right) f_{ih}} \quad (i=1,2,\ldots,m \; ; \; j=1,2,\ldots,l) \tag{3.8}$$

식 (3.8)에서 $0 < \sum_{k=1}^{l} g_{kj}^{'} < 1 (\geq 1)$이면 EC의 설계에 관한 본래의 영향을 약화(제고)시키며, $\sum_{k=1}^{l} g_{kj}^{'} < 0$이면 EC_j에 관한 영향이 무효화되므로 EC 간의 상관관계나 EC의 타당성에 관한 재검토가 요구될 수 있다.

한편 식 (3.8) 외에도 여러 대안 방법이 제시되고 있으나, 아직까지 보편적으로 활용되는 방법은 드문 편으로 이에 관심이 있는 독자는 Iqbal et al.(2016) 등을 참고하면 된다.

다음 예제를 통해 Chen and Chen의 적용 과정을 살펴보자.

예제 3.4 원격으로 조종하는 경주용 자동차에 관한 품질주택이 그림 3.29에 수록되어 있다. 자동차 마라톤 시합에 참가하는 이런 자동차에는 중량제한(15kg 이하)이 있으며, 8시간 동안에 가장 긴 거리를 주행하는 자동차가 우승한다. 주행해야 될 도로에는 곡선 및 경사주로, 진창 도로, 장애물 등이 있는데 어떤 장애물에서는 점프도 요구된다. 이런 상황을 반영한 그림 3.29의 품질주택에 CA는 조작 용이성 등 5종으로, EC는 운전장치 등 7가지로 구성되어 있으며, EC 간에는 음과 양의 부호가 혼재되어 있다(Chen and Chen, 2014). 여기서 음의 연관관계는 상(###), 중(##), 하(#)로 표시되어 있는데, 토크와 연료효율, 출력과 연료효율, 연료효율과 총 중량이 해당한다.

그림 3.29에는 전통적 방법인 식 (3.5)로부터 구한 결과가, 그림 3.30에는 Wasserman의 식 (3.7)로부터 최종 상대 중요도를 도출한 결과가 수록되어 있다(연습문제 3.16 참고). 특히 상, 중, 하의 연관관계에 0.9, 0.3, 0.1(−0.9, −0.3, −0.1)를 부여하였으며, 후자는 $l=7$, $m=5$, $g_{25}^{'} = g_{52}^{'} = 0.1$, $g_{26}^{'} = g_{62}^{'} = -0.3$ 등과 $g_{11}^{'} = \cdots = g_{77}^{'} = 1$을 정리한 다음의 행

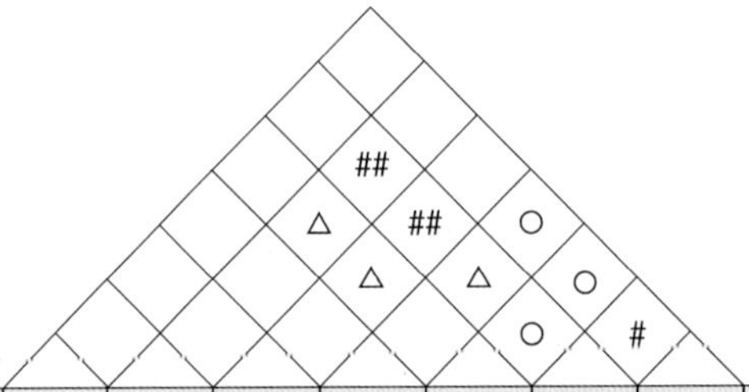

CA \ EC	중요도	상대적 중요도 (%)	1. 운전 장치	2. 토크 (돌림 힘)	3. 출력 (마력)	4. 배터리 용량	5. 연료 탱크 용량	6. 연료 효율	7. 총 중량	요구 가중치	상대적 가중치 (%)
1. 조작 용이성	20	20	◎	△	△	△			△	260	14.9
2. 높은 토크	10	10		◎			○	○		150	8.6
3. 고 출력	25	25			◎		○	○		375	21.5
4. 긴 주행 거리	30	30	△		◎	○	◎	○	△	780	44.7
5. 균형을 잡는 능력	15	15	○						◎	180	10.3
EC 중요도			255	110	515	110	375	195	185		
상대적 중요도(%)			14.6	6.3	29.5	6.3	21.5	11.2	10.6		

그림 3.29 품질주택: 원격 조종 경주용 자동차

렬 G를 이용하여 계산한 결과이다.

$$G = [g'_{ij}]_{l \times l} = \begin{bmatrix} 1 & 0 & 0 & 0 & 0 & 0 & 0 \\ 0 & 1 & 0 & 0 & 0.1 & -0.3 & 0 \\ 0 & 0 & 1 & 0 & 0.1 & -0.3 & 0 \\ 0 & 0 & 0 & 1 & 0 & 0.1 & 0.3 \\ 0 & 0.1 & 0.1 & 0 & 1 & 0.3 & 0.3 \\ 0 & -0.3 & -0.3 & 0.1 & 0.3 & 1 & -0.1 \\ 0 & 0 & 0 & 0.3 & 0.3 & -0.1 & 1 \end{bmatrix}$$

이를 보면 전통적 방법에 의한 EC 중요도 순위는 3-5-1-6-7-2/4인데, Wasserman 방법에 의하면 5-3-1-7-4-2-6으로 상당히 달라진다.

또한 그림 3.30을 보면 CA 1과 EC 5 등 전문가가 최초에 연관관계가 없다고 판단한 칸(굵은 숫자)에도 ECI가 계산되는 현상이 발생한다. Wasseman의 방법과 달리 식 (3.9)의 R'_{ij}는 다른 f_{ik}에 의존하지 않고 f_{ij}에 의해서만 결정되므로 이런 상반된 현상을 피할 수 있다. 또한 그림 3.30을 보면 음수 값을 가지는 ECI가 네 군데 발생하는데, 특히 CA 5(균형을 잡는 능력)와 EC 6(연료 효율)이 부의 효과를 가지는 것은 납득하기 힘들다.

EC / CA	중요도	상대적 중요도 (%)	운전장치	토크 (돌림힘)	출력 (마력)	배터리 용량	연료 탱크 용량	연료 효율	총중량	요구 가중치	상대적 가중도 (%)
조작 용이성	20	20	0.67	0.07	0.07	0.10	**0.04**	**-0.04**	0.10	20	20
높은 토크	10	10		0.57	**-0.04**	**0.02**	0.33	0.08	**0.04**	10	10
고 출력	25	25		**-0.04**	0.57	**0.02**	0.33	0.08	**0.04**	25	25
긴 주행 거리	30	30	0.03		0.28	0.11	0.35	0.10	0.13	30	30
균형을 잡는 능력	15	15	0.18			**0.16**	**0.16**	**-0.05**	0.55	15	15
EC 중요도			17.0	6.1	23.7	8.4	25.3	4.3	15.6		
상대적 중요도(%)			16.9	6.1	23.6	8.4	25.2	4.3	15.5		

그림 3.30 원격 조종 경주용 자동차: Wasserman의 방법

이런 약점을 개선한 Chen and Chen(2014)이 제안한 식 (3.8)을 적용한 결과가 그림 3.31에 수록되어 있다.

먼저 G로부터 $\sum_{k=1}^{7} g'_{kh}$를 구하면 h가 1부터 7일 때 각각 1, 0.8. 0.8. 1.4, 1.8, 0.7, 1.5가 된다. 예를 들어 $i = 1, 4$일 때 식 (3.8)에 적용하면 그림 3.31의 표 값이 얻어진다.

$$R'_{11} = \frac{1 \times 9}{1 \times 9 + 0.8 \times 1 + 0.8 \times 1 + 1.4 \times 1 + 1.8 \times 0 + 0.7 \times 0 + 1.5 \times 1} = \frac{9}{13.5} = 0.67$$

$$R'_{12} = \frac{0.8 \times 1}{13.5} = \frac{0.8}{13.5} = 0.06, \quad R'_{13} = \frac{0.8 \times 1}{13.5} = \frac{0.8}{13.5} = 0.06$$

$$R'_{14} = \frac{1.4 \times 1}{13.5} = \frac{1.4}{13.5} = 0.10, \quad R'_{15} = 0$$

$$R'_{16} = 0, \quad R'_{17} = \frac{1.5 \times 1}{13.5} = \frac{1.5}{13.5} = 0.11$$

$$R'_{41} = \frac{1 \times 9}{1 \times 1 + 0.8 \times 0 + 0.8 \times 9 + 1.4 \times 3 + 1.8 \times 9 + 0.7 \times 3 + 1.5 \times 1} = \frac{1}{32.2} = 0.03$$

$$R'_{42} = 0, \quad R'_{43} = \frac{0.8 \times 9}{32.2} = \frac{7.2}{32.2} = 0.22$$

$$R'_{44} = \frac{1.4 \times 3}{32.2} = \frac{4.2}{32.2} = 0.13, \quad R'_{45} = \frac{1.8 \times 9}{32.2} = \frac{16.2}{32.2} = 0.50$$

$$R'_{44} = \frac{0.7 \times 3}{32.2} = \frac{2.1}{32.2} = 0.07, \quad R'_{47} = \frac{1.5 \times 1}{32.2} = \frac{1.5}{32.2} = 0.05$$

CA \ EC	중요도	상대적 중요도 (%)	운전 장치	토크 (돌림 힘)	출력(마력)	배터리 용량	연료 탱크 용량	연료효율	총중량	요구가 중치	상대적 가중도 (%)
조작 용이성	20	20	0.67	0.06	0.06	0.10			0.11	20	20
높은 토크	10	10		0.49			0.37	0.14		10	10
고 출력	25	25			0.49		0.37	0.14		25	25
긴 주행 거리	30	30	0.03		0.22	0.13	0.50	0.07	0.05	30	30
균형을 잡는 능력	15	15	0.18						0.82	15	15
EC 중요도			17.0	6.1	20.1	5.9	28.0	7.0	16.0		
상대적 중요도(%)			17.0	6.1	20.1	5.9	27.9	7.0	16.0		

그림 3.31 원격 조종 경주용 자동차: Chen and Chen 방법

그림 3.31에서 상대적 순위는 5-3-1-7-6-4-2인데, Wasserman의 방법에 의하면 5-3-1-7-4-2-6로 하위 순위가 달라진다. 이 방법을 보면 개별 $g_j^{'}.$ 가 음수가 되더라도 $g_{jj}^{'} = 1$이 되어 $\sum_k g_{jk}^{'}$가 음수가 될 가능성이 매우 낮아 ECI가 음수가 될 가능성은 그리 높지 않다.

3.1 설계심사의 목적을 약술하라.

3.2 다음 시스템의 기능과 기능에 부정적 영향을 미치는 요인(잡음)을 열거하라.

(1) 순간접착제

(2) 드릴

(3) 프린터의 용기 이송기구

(4) 플라스틱 기어 감속기구

3.3 SN비가 3.2절에서 표준편차에 대한 평균의 비로 개괄적으로 정의되었다. 로버스트 품질 관점에서 식 (3.1)를 포함하여 SN비를 2~3가지로 재정의하라.

3.4 정특성과 동특성에 속하는 제품/서비스/공정을 선정하여 이의 품질특성을 각각 2가지 이상 예시하라.

3.5 자동차 부품의 내경치수는 2.00±0.15 mm이며 이 허용차를 벗어날 경우의 사회적 손실이 50만 원이다. 2차 손실함수의 계수(k)를 구하여 정식화하라.

3.6 씰(seal)의 접착력은 시간이 경과하거나 온도와 습도가 변화함에 따라 감소한다. 소비자의 50%가 인지하는(LD50) 씰의 접착력 수준은 160 kPa가 되며, 이때 사회적 손실이 30만 원이다. 2차 손실함수의 계수(k)를 구하여 정식화하라. 만약 이번에 측정된 씰의 접착력이 25 kPa라면 손실은 얼마인가?

3.7 블록 표면의 편평도는 망소특성에 속하며, 상한규격은 10μm로 이를 벗어나면 100,000원의 손실이 발생한다. 블록을 생산하는 두 기계 M1과 M2에서 생산된 블록표면의 편평도를 측정한 결과가 다음과 같다. 기대손실 측면에서 어떤 기계가 우수한가?

기계	편평도
M1	1, 4, 3, 1, 2, 0, 6, 5, 7, 3, 5, 2, 9, 3, 4, 2, 1, 6
M2	6, 5, 1, 5, 3, 2, 1, 3, 6, 3, 0, 2, 4, 0, 3, 5, 2, 7

3.8 접착제의 강도는 결합된 대상 제품을 분리하는 데 필요한 힘(kgf)으로 측정되므로 망대특성에 속하며, 하한규격은 5 kgf이다. 두 종의 접착제 A, B의 단위당 구입비용은 100,000원과 130,000원이며, 규격을 벗어난 대상 제품의 품질 손실은 단위당 150,000원이다. 두 접착제 12개씩 강도를 측정한 결과가 다음과 같다.

접착제	강도
A	5.8, 4.9, 16.1, 4.8, 10.1, 19.7, 5.0, 4.7, 4.5, 4.0, 10.1, 14.6
B	13.7, 7.0, 12.8, 13.7, 14.8, 10.4, 10.1, 6.8, 8.6, 11.2, 8.3, 10.4

(1) 두 접착제의 기대손실을 구하라.

(2) 총비용을 고려하면 어떤 접착제를 사용해야 하는가?

3.9 걷거나 달리는 사람의 발걸음 수를 측정하는 만보계를 대상으로 잡음을 열거하라.

3.10* 표 3.3의 망대특성일 경우에 기대손실은 다음과 같이 나타낼 수 있으므로,

$$E(y^{-2}) = E[\{(y-\mu)+\mu\}^{-2}] = \frac{1}{\mu^2}E\left[\left(1 + \frac{y-\mu}{\mu}\right)^{-2}\right]$$

테일러 급수 전개를 이용하여 기대손실이 근사적으로 $\frac{k}{\mu^2}\left(\frac{3\sigma^2}{\mu^2}+1\right)$이 됨을 보여라.

3.11 QFD가 제공하는 혜택과 더불어 약점도 열거하라.

3.12 교실에 비치된 의자 또는 교통편으로 이용하는 버스, 지하철, 자동차 의자 중에서 하나를 선택하여 고객 요구 속성, 기술 특성 등을 기초로 HOQ를 작성하라.

3.13 여러분이 주변에서 접할 수 있는 전자기기를 택하여 고객 요구 속성, 기술 특성 등을 기초로 HOQ를 작성하라.

3.14 (팀 과제) 스마트폰과 관련된 고객 요구 사항, 기술 특성 등을 작성하고 HOQ를 작성하라.

3.15* 다음 HOQ로부터 물음에 답하라.

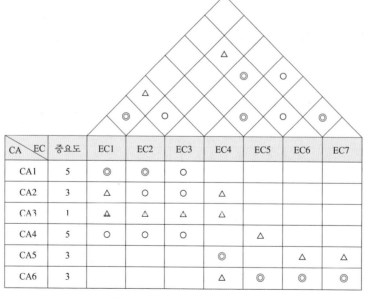

CA \ EC	중요도	EC1	EC2	EC3	EC4	EC5	EC6	EC7
CA1	5	◎	◎	○				
CA2	3	△	○	○	△			
CA3	1	△	△	△	△			
CA4	5	○	○	○		△		
CA5	3			◎			△	△
CA6	3				△	◎	◎	◎

그림 3.32 HOQ: 연습문제 3.15

(1) 식 (3.5)에 1/3/9 척도를 적용하여 최종 상대적 중요도를 구하라.

(2) Wasserman의 방법을 이용하여 최종 상대적 중요도를 구하라.

3.16* 그림 3.29의 원격 조종 경주용 자동차에 관한 HOQ에서 다음 물음에 답하라.

(1) 그림 3.29에서 식 (3.5)에 1/3/9 척도를 적용하여 EC들의 최종 상대적 중요도를 확인하라.

(2) Wasserman의 방법(식 (3.7))에 의한 그림 3.30의 최종 상대적 중요도를 확인하라.

3.17* 그림 3.24의 연필에 관한 HOQ에서 $g_{23}^{'} = g_{32}^{'} = -0.3$이며 그 외는 동일할 때 다음 물음에 답하라.

(1) Wasserman의 방법(식 (3.7))을 이용하여 EC의 최종 상대적 중요도를 구하라.

(2) Chen and Chen의 방법(식 (3.8))을 이용하여 EC의 최종 상대적 중요도를 구하라.

쥬란의 QbD 모형은 Juran(1992)와 De Feo(2017)의 4장을, 다구치의 학문적 입적에 관해서는 Taguchi et al.(2005)을, 학문적 성과와 비판, 그리고 대안에 대해서는 염봉진 등(2013)을, 실용적인 입문서로는 田口玄一(1988)을 참고하면 된다. 그리고 품질기능전개에 관한 통람 논문으로 Chan and Wu(2002)을, 지붕행렬의 상호 연관행렬을 고객요구속성과 기술특성 간의 관계행렬에 반영하는 최근 논문으로 Iqbal et al.(2016)을 먼저 읽어보기를 권장한다.

1. 염봉진, 고선우, 김성준(1990), "제품 및 공정설계를 위한 다구치 방법," 경영과학, 7, 3-21.

2. 염봉진, 김성준, 서순근, 변재현, 이승훈(2013), "다구치 강건설계 방법: 현황과 과제," 대한산업 공학회지, 39, 325-341.

3. Chan, L. K. and Wu, M. L.(2002), "Quality Function Deployment: A Literature Review," European Journal of Operational Research, 143, 463-497.

4. Chen, L. and Chen, C.(2014), "Normalisation Models for Prioritising Design Requirements for Quality Function Deployment Processes," International Journal of Production Research, 52, 299-313.

5. Clausing, D. P.(2004), "Operating Window: An Engineering Measure for Robustness," Technometrics, 46, 25-31.

6. Cristiano, J. J., Liker, J. K. and White, III, C. C.(2001), "Key Factors in the Successful Application of Quality Function Deployment(QFD)," IEEE Transactions on Engineering Management, 48, 81-95.

7. De Feo, J. A.(2017), Juran's Quality Handbook: The Complete Guide to Performance Excellence, 7th ed., McGraw-Hill.

8. DeVor, R. E., Chang, T-H. and Sutherland, J. W.(2007), Statistical Quality Design and Control: Contemporary Concepts and Methods, 2nd ed., Prentice-Hall.

9. Franceschini, F.(2002), Advanced Quality Function Deployment, St. Lucie Press.

10 Hauser, J. R. and Clausing, D. P.(1988), "The House of Quality," Harvard Business Review, 66, 63-73.

11. Iqbal, Z., Grigg, N. P., Govindaraju, K. and Campbell-Allen, N. M.(2016), "A Distance-Based for Increased Extraction from the Roof Matrices in QFD Studies," International Journal of Production Research, 54, 3277-3293.

12. Juran, J. M.(1992), Juran on Quality by Design: The New Steps for Planning Quality into Goods and Services, Free Press.

13. Kim, K. J., Kim, D. and Min, D.(2007), "Robust QFD: Framework and a Case Study," Quality and Reliability Engineering International, 23, 31-44.

14. Pahl, G., Beitz, W., Feldhusen, J. and Grote, K. H.(2007), Engineering Design: A Systematic Approach, 3rd ed., Springer.

15. Phadke, M. S.(1989), Quality Engineering Using Robust Design, Prentice Hall(김호성 외 역 (1992), 품질공학, 민영사).

16. Taguchi, G.(1986), Introduction to Quality Engineering, Asian Productivity Organization.

17. Taguchi, G., Chowdhury, S. and Taguchi, S.(2000), Robust Engineering, McGraw-Hill.

18. Taguchi, G., Chowdhury, S. and Wu, Y.(2005a), Taguchi's Quality Engineering Handbook, Wiley.

19. Taguchi, G., Juglum, R. and Taguchi, S.(2005b), Computer-Based Robust Engineering: Essentials for DFSS, ASQ Quality Press.

20. Taguchi, G. and Wu, Y.(1985), Introduction to Off-Line Quality Control, Central Japan Quality Control Association.

21. Wasserman, G. S.(1993), "On How to Prioritize Design Requirements During the QFD Planning Process," IIE Transactions, 25, 59-65.

22. Wu, C. F. J. and Hamada, M. S.(2009), Experiments: Planning, Analysis, and Optimization, 2nd ed., Wiley.

23. 小野元久(編著)(2013), 基礎から學ぶ品質工學, 日本規格協會, 2013.

24. 田口玄一(1988), 품질공학강좌 1: 개발설계단계의 품질공학, 일본규격협회(한국표준협회 번역 발간, 1991).

25. 日科技連 QFD 研究部會 編(2009), 第 3世代의 QFD 事例集, 日科技連.

CHAPTER 4

❖ ❖ ❖

허용차 설계

핀과 구멍 조립체

짝이 되는 두 부품을 맞추는 조립품을 살펴보자. 그림 4.A와 같이 두 개의 핀이 있는 부품 A는 아래 부품(base)으로, 여기에 대응되는 두 개의 구멍이 있는 위 부품 B를 끼운다. •

부품 A(아래)   부품 B(위)

그림 4.A 두 부품: 핀과 구멍

두 부품이 결합되는 원을 중점적으로 관찰하면 조립이 될 때 최악의 경우가 되는 두 가지가 있는데, 그 결과가 그림 4.B에 도시되어 있다. 왼편은 두 핀의 거리가 가장 짧은 경우이고 오른편은 거리가 가장 긴 경우다.

그림 4.B 최악의 조립 상황

또한 두 부품의 여러 치수에 관한 기준값과 허용차가 주어지면 조립품의 치수에 관한 허용차를 구할 수 있다. 그림 4.C처럼 좌측 구멍의 왼편에 좌측 핀의 왼편이 접한 경우를 상정하고, 부품 A의 기점을 우측 핀의 오른쪽 끝(a의 출발점)으로, 부품 B의 종점은 우측 구멍의 오른쪽 끝(f의 끝점)으로 설정한다. 이로부터 좌측 방향이면 '−'를, 우측 방향이면 '+'의 부호를 부가한 화살표는 변위 벡터(displacement vector)로 불린다.

이에 따라 얻을 수 있는 조립품의 특성치로 틈새(gap) g는 부품 B에서 두 구멍의 양 극단 간 + 변위는 $d + e + f$이고, 부품 A에서 두 핀의 양 극단 간 변위는 $a + b + c$인 점을 이용하면, $-a - b - c + d + e + f$로 표시되는 선형형태가 된다. 따라서 최악의 경우를 상정한 WC(Worst Case)법에 의해 기준값(T_g)과 허용차(Δ_g)를 구할 수 있다.

따라서 틈새의 치수는 최악의 경우로 $T_g + \Delta_g$와 $T_g - \Delta_g$로 구해지며, 이런 과정은 허용차 분석에 속한다. 적용된 WC법은 최악의 경우를 상정하여 실제 조립품 허용차(본문에서 합성 허용차로 칭함)를 과대 추정하고 있으므로, 이의 대안으로 RSS(Root Sum-of-Squares)법이 쓰이고 있다(4.4절 참고). 그리고 조립품의 틈새에 관한 합성 허용차가 설계자가 원하는 조립품 허용차를 충족하지 않으면 두 부품의 치수 a~f의 허용차를 조정하는 작업이 요구된다. 이를 허용차 배분이라 부르며 4.5절에서 다룬다.

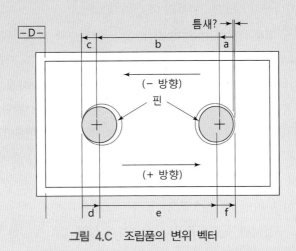

그림 4.C 조립품의 변위 벡터

자료: • Creveling(1997).

이 장의 요약

설계 단계에서 품질특성치에 관한 규격, 즉, 기준값±허용차로 표시되는 품질사양에 관한 논제가 이 장의 주제이다. 먼저 4.1절에서는 허용차 설계에 관한 개괄적 소개를, 4.2절에서는 다구치가 제안한 생산자 허용차 설정이론과 더불어 관련 비용을 최소화하는 경제적 설정방법을 살펴본다. 그리고 4.3절에서 데이터를 기반으로 통계적으로 허용구간을 설정하는 방법을 소개한다. 다수의 부품을 조립하는 공정에서 부품의 허용차로부터 조립품의 허용차(합성 허용차)를 구하는 허용차 분석의 대표적인 두 가지 방법(WC와 RSS법)은 4.4절에서, 합성 허용차가 규정된 조립품의 허용차보다 클 경우에 이를 충족하도록 하위 수준에 할당하여 부품 허용차를 조정하는 허용차 배분은 4.5절에서 다룬다.

    설계단계에서 품질에 관한 사양은 품질특성치에 관한 규격으로 표시되므로, 이의 기술적이고 경제적인 설정은 엔지니어의 중요한 임무의 하나가 된다.

    품질특성치의 기술규격(technical specification)은 공칭치수와 허용차의 2가지 요소로 이루어진다. 공칭치수(nominal value)는 그림 4.1과 같이 규격의 목표 또는 기준이 되는 치수를 가리키며, 기준값 또는 목표치라 불린다. 허용차(tolerance)는 제품이 출하될 때 품질특성치가 목표치로부터 어느 정도 차이가 있더라도 출하 가능하다고 검사과정에서 판단하는 폭을 의미하는데, 기준값으로부터 특성치의 두 허용한계(tolerance limits; 즉 규격상한(USL)과 규격하한(LSL))까지의 여유를 가리킨다. 허용차와 구별 없이 쓰이기도 하는 공차는 이 장에서 허용한계의 상한과 하한의 차이로 정의하여 허용차와 차별한 용어로 명명한다. 기준값을 T, 허용차를 Δ라 하면 규격은 $T \pm \Delta$와 같이 나타낼 수 있으므로, 공차는 2Δ가 된다.

    허용차를 형태별로 구분하면 목표치로부터 허용차가 양쪽으로 동일한 양측(bilateral) 허용차, 한쪽은 허용차가 0이고 다른 한쪽으로만 허용차를 가지는 단측(unilateral) 허용차, 양쪽의 허용차가 동일하지 않은 비대칭(unbalanced) 허용차로 나눌 수 있다. 표기방식에 따라 구분하면 높이, 깊이, 직경, 각도 등으로 나타내는 치수공차(dimensional tolerance)와 형태(form), 측면(profile), 방위(orientation), 위치(location) 등으로 나타내는 기하공차(geometric tolerance)가 있다.

    만약 비대칭 허용차일 경우 적절한 변환 과정을 통해 대칭 형태로 바꿀 수 있으므로 이 장에서는 대칭 허용차로 한정하여 다룬다. 예를 들면 허용한계를 $10 \pm{}^3_1$로 표시할 경우 기준값의 변경이 가능하다면 11 ± 2로, 그럴 수 없다면 엄격한 허용차를 채택하여 10 ± 1로 대칭화가 가능하다고 가정한다.

    제품설계와 공정설계의 매우 중요한 파라미터인 허용차는 설계단계와 더불어 제조단계에도 밀접하게 연관되어 있다. 보통 설계엔지니어는 제품 기능을 제고하기 위해 허용차를 되도록 좁

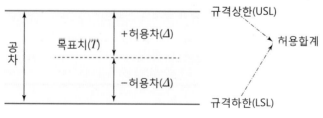

그림 4.1 허용차와 규격

게 설정하고자 하는 데 반해 제조 기술자는 보다 적은 비용으로 생산이 가능하도록 느슨하게 설정하기를 원한다. 즉, 허용차를 시스템, 하위시스템, 조립품, 부품, 공정 등에 대해 기능적 한계를 고려하여 먼저 기술적으로 설정하더라도, 두 부문 간의 상충(trade-off) 문제는 품질을 반영한 비용 관점에서 해결할 수 있으므로, 이에 근거한 허용차 설정방법으로 평가하여 확정해야 한다.

예를 들면 고유기술 분야를 중심으로 다수의 실용적 제약조건하에서 관련 비용을 최소화시키는 허용차를 설정하고자 하는 허용차 설계에 관한 연구가 광범위하게 수행되고 있다. 허용차는 제조공정에서 생산자 입장의 재작업 또는 폐기 손실을 포함한 제조비용(manufacturing cost) 및 소비자 입장의 품질손실(quality loss)과 밀접한 관계를 가진다. 품질손실을 줄이기 위해 허용차의 폭을 좁혀야 하지만, 이는 재작업/폐기 등의 제조비용을 증가시킨다(그림 4.4 참고). 역으로 제조비용을 줄이기 위해 허용차를 느슨하게 설정한다면 품질손실의 증가를 초래하게 된다. 따라서 이러한 제조비용과 품질손실을 동시에 고려하여 상충관계를 절충하여 허용차를 설정하는 것이 바람직하다.

현업에서 허용한계의 결정은 KS나 국제적인 표준 또는 편람(handbook)에 따르거나, 대상 특성치의 산포를 조사하여 적절한 허용차를 정하여 주는 방법이 많이 사용되어 왔는데, 다구치는 이와 달리 관리기술자의 관점에서 3장에서 소개된 2차 손실함수를 이용하여 품질과 비용의 균형을 통해 경제적인 기능한계와 허용차를 설정하는 절차를 제시하였다(Taguchi et al., 1989).

따라서 먼저 다구치가 제안한 기대 품질손실을 이용한 경제적인 개별 아이템의 상위 및 하위 특성에 관한 생산자 허용차의 설정방법과 더불어, 확률분포가 주어질 경우 경제적으로 품질특성의 허용차 등을 설정하는 모형을 4.2절에서 살펴본다. 한편 기술적 또는 경제적으로 허용한계를 설정하는 전술된 방법과는 달리 실제 얻은 데이터를 기반으로 통계적으로 허용구간(statistical tolerance interval)을 설정하는 방법을 4.3절에서 소개한다. 이를 통해 이 구간과 허용한계를 비교하여 원하는 품질의 달성여부를 검토할 수 있을 것이다.

다수의 부품을 조립하는 공정에서 허용차에 관한 주제는 그림 4.2와 같이 허용차 분석(tolerance analysis)과 허용차 배분(tolerance allocation 또는 synthesis)으로 구분할 수 있으며, 둘은 분리할 수 없는 밀접한 관계를 가지고 있다(Creveling, 1997).

즉, 공학적 프로세스에서 고객의 기대와 요구조건을 만족하는 조립품의 허용차가 기술적 및 경제적으로 정해지면 이를 구성하는 부품들을 선정한 후 이의 허용차에 대한 정보를 얻는다. 이 부품들의 허용차를 토대로 조립품에 대해 구한 합성 허용차가 조립품의 규정된 허용차를 충족하는지를 검토하게 되는데, 이런 과정을 허용차 분석이라 부른다. 이때 만약 충족하지 못한다면, 되도록 적은 비용으로 조립품 허용차를 충족할 수 있도록 부품들의 허용차를 조정하는 허용차 배분을 실시하게 된다. 또한 제조단계에서도 허용차 분석과 배분을 위한 유사한 과정을 거친다.

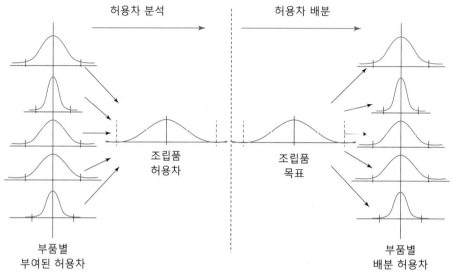

허용차 분석   허용차 배분

조립품
허용차

조립품
목표

부품별
부여된 허용차

부품별
배분 허용차

그림 4.2 허용차 분석과 배분

이런 일련의 허용차 분석 및 배분 과정은 허용차 설계(tolerance design)에 해당된다.

여러 부품으로 조립되는 조립품의 허용차를 설정하는 방법으로 확정적 모형에 속하는 최악의 경우를 상정한 WC(Worst Case)법과 확률모형을 가정한 RSS(Root-Sum-of-Squares)법 등이 있다. 허용차 분석방법은 4.4절에서, 허용차 배분 방법은 4.5절에서 다룬다.

그리고 다구치는 3장에서 언급한 바와 같이 오프라인 품질관리(off-line QC)를 시스템 설계, 파라미터 설계, 허용차 설계의 3단계로 분류한다. 만약 파라미터 설계 후에도 품질특성치의 변동이 만족스럽지 못한 경우에 품질특성치의 변동을 줄일 수 있는 허용차 설계를 실시하게 된다 (田口玄一, 1988). 3장의 파라미터 설계의 후속단계로 실험을 통해 허용차 분석 및 배분을 동시에 수행하는 다구치의 허용차 설계는 13.7절에서 자세하게 다룬다.

4.2 │ 허용차 설정

다구치는 품질을 제품이 출하한 후 사회에 끼친 총손실로 평가하여, 제품이 소비자에게 끼친 품질손실과 제품의 공급자가 허용차를 만족하는 제품을 생산하기 위해 지불해야 할 비용인 생산자 손실과의 균형을 통해 생산자 허용차를 설정하는 독특한 접근법을 제시하였다(Taguchi et al., 1989).

4.2.1 생산자 허용차

망목특성치일 경우 Δ_0가 고객의 기능한계로부터 구한 소비자 허용차이고 그때의 손실이 A_0일 때 다구치는 3장에서와 같이 품질 손실함수 $L(y)$를 다음과 같이 정의하고 있다.

$$L(y) = \frac{A_0}{\Delta_0^2}(y-T)^2 \tag{4.1}$$

그림 4.3과 같이 고객에게 출하되기 전에 적은 비용 $A(<A_0)$로 제품의 수리나 교정이 가능하다면 출하 검사를 위한 생산자 허용차를 소비자 허용차보다 좁게 설정할 수 있을 것이다. 즉, 상기 식으로부터 A와 Δ는 다음을 만족하므로,

$$A = \frac{A_0}{\Delta_0^2}\Delta^2$$

생산자 허용차 Δ는 식 (4.2)와 같이 구해진다.

$$\Delta = \sqrt{\frac{A}{A_0}}\,\Delta_0 = \frac{\Delta_0}{\phi}, \quad \text{여기서} \quad \phi = \sqrt{A_0/A} \tag{4.2}$$

ϕ는 기능한계를 벗어날 경우의 소비자의 손실과 생산현장 기준을 벗어날 때 생산현장 내에

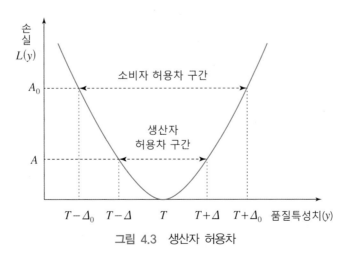

그림 4.3 생산자 허용차

서 발생하는 손실의 비로부터 제곱근을 취한 값으로 안전계수(safety factor)로 부르고 있다 (Taguchi et al., 1989). 즉, 회사 입장에서는 엄격한 생산자 허용차를 설정하여 고객에게 전달되어 발생할 수 있는 막대한 손실을 적은 내부 품질 관련 비용 A로 예방할 수 있을 것이다.

예제 4.1   색상밀도가 목표치로부터 5를 벗어나면 고객의 50%가 불만을 가지며(LD(lethal dose) 50), TV 수상기의 교체를 요구하는데, 그 교체비용은 100만 원이다. 그런데 TV 수상기가 공장 내에서 수리되면 그 비용은 20만 원이라면 생산자 허용차는 얼마인가?

망목특성이므로 식 (4.2)에 대입하면

$$\phi = \sqrt{\frac{100}{20}} = 2.236$$

$$\Delta = \frac{\Delta_0}{\phi} = \frac{5}{2.236} = 2.236$$

이므로, 생산자 허용차는 2.236이 된다.

망소특성일 경우는 망목특성의 T가 0인 경우이므로 식 (4.2)와 동일한 형태가 되며, 망대특성일 경우는 역수를 취하면 망소특성으로 취급할 수 있으므로 다음과 같이 생산자 허용차를 구할 수 있다.

$$\Delta = \sqrt{\frac{A_0}{A}}\,\Delta_0 = \phi\Delta_0 \tag{4.3}$$

예제 4.2   통조림에 포함된 박테리아의 수를 5,000마리 이하로 제한하고 있다. 통조림이 상한다면 치료비 등 70만 원의 평균 손실이 발생하는데, 공장 내에서 검사하여 부적합품을 폐기할 경우의 손실은 2,000원이다. 박테리아 수에 대한 생산자 허용차를 구하라.

망소특성이므로 식 (4.2)에 대입하면, 생산자 허용차는 267마리가 된다.

$$\phi = \sqrt{\frac{700000}{2,000}} = 18.71$$

$$\Delta = \frac{\Delta_0}{\phi} = \frac{5,000}{18.71} = 267$$

예제 4.3 장비를 지탱하는 케이블은 6,000kgf의 강도를 가져야 하는데, 만약 케이블이 파손되면 5,000만 원의 손실이 발생한다. 케이블의 강도는 200kgf/mm²로 단면적에 비례하며, 케이블 비용은 mm²당 50,000원이다. 필요 단면적과 생산자 허용차를 구하라.

단면적이 x mm²이면 $A = 50,000x$, $\Delta = 200x$이고 망대특성이므로 식 (4.3)으로부터 다음이 성립한다.

$$200x = \sqrt{\frac{50,000,000}{50,000x}}\, 6,000$$

따라서 $x^3 = 1,000 \times 30^2$이 되므로 $x = 96.5$mm²가 되며, 생산자 허용차는 $(200)(96.5) = 19,300$kgf$(> 6,000)$가 된다.

4.2.2 하위특성의 허용차 설정

유일한 하위 품질특성만 있거나, 또는 여러 하위특성 중에서 상위 수준의 품질특성의 변동에 가장 큰 영향을 주는 특정한 하나의 하위특성에 대해서만 고려하자. 목표치가 T_1인 특정 하위 품질특성 x_1에 대해 전달함수가 선형이거나 다음과 같이 선형근사가 가능할 경우에

$$y \approx T + \frac{\partial f}{\partial x_1}(x_1 - T_1) = T + a_1(x_1 - T_1) \tag{4.4}$$

가 되므로, 손실함수를 다음과 같이 나타낼 수 있다.

$$L = \frac{A_0}{\Delta_0^2}(y - T)^2 = \frac{A_0}{\Delta_0^2}[a_1(x_1 - T_1)]^2 \tag{4.5}$$

여기서 하위특성 x_1이 기능한계를 벗어날 때의 손실이 A_1이라면 다음의 관계가 성립하므로,

$$A_1 = \frac{A_0}{\Delta_0^2}[a_1(x_1 - T_1)]^2$$

하위특성(x_1)의 생산자 허용한계와 허용차(Δ_1)는 다음과 같이 설정된다.

$$T_1 \pm \Delta_1 = T_1 \pm \sqrt{\frac{A_1}{A_0}} \frac{\Delta_0}{|a_1|} \tag{4.6}$$

예제 4.4 전력을 공급하는 회로의 출력전압 규격은 $10 \pm 1\text{V}$이며 규격을 벗어날 경우의 교체 비용은 3,000원이다. 저항기가 1% 변하면 출력전압이 0.3V 변하며, 저항기의 교체비용은 200원이다. 저항기의 생산자 허용차(%)를 얼마로 설정해야 하는가?

$a_1 = 0.3$이므로 식 (4.6)에 대입하면

$$\Delta_1 = \sqrt{\frac{200}{3,000}} \, \frac{1}{0.3} = 0.861$$

이 되므로, 저항기의 허용차는 0.861%가 된다.

4.2.3 경제적 허용차 설정*

허용차를 결정할 때 지금까지 고려한 2차 함수 형태인 품질손실과 더불어 재작업 또는 폐기에 따른 비용과 함께 허용차의 대소에 따른 제조/제품비용까지 포함시켜 설정할 수 있다. 즉, 그림 4.4와 같이 허용차가 줄어듦에 따라 2차 함수 형태로 감소하는 품질손실과 비선형 형태로 증가하는 재작업 및 제조비용을 가산한 총 손실을 최소화하는 허용차를 경제적으로 정할 수 있다 (이산적인 경우는 연습문제 4.4 참고). 그림 4.4에서 허용차가 a일 때는 재작업 및 제조비용이 품질손실보다 큰 경우를, c일 때는 반대의 경우를 가리키며, b일 때는 두 비용이 거의 비슷하여 총손실을 최소화하는 허용차가 된다.

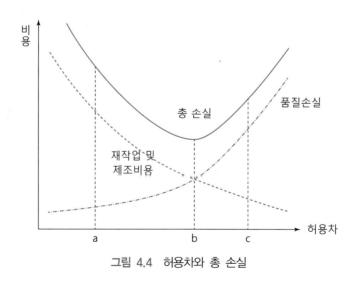

그림 4.4 허용차와 총 손실

따라서 이 소절에서는 그림 4.4에 도시된 예시와 같이 품질손실과 관련 비용을 구체적으로 반영하여 최적화 방법을 이용하여 허용차를 설정하는 모형을 소개한다. 여기서는 품질특성치의 이상값(목표치) T가 존재하고 전수검사(100% 검사)를 적용할 경우에 목표치와 더불어 대칭적인 양쪽 규격을 설정하는 문제를 대상으로 삼는다. 즉, 2차 손실함수로부터 정의된 기대 품질손실만을 고려하여 소비자 허용차로부터 생산자 허용차를 설정하는 앞의 경우와 달리, 기대 품질손실 외에 규격을 벗어나면 발생하는 재작업 비용 또는 폐기에 따른 손실, 그리고 검사비용을 포함시켜 이들의 합을 경제적으로 최소화하는 규격(생산자 허용차)을 설정하는 문제를 다룬다. 다만 이 모형에서는 허용차의 크기에 따른 제조비용(일례로 4.5.4소절 참고)까지는 고려하지 않는다.

특성치의 규격하한과 상한이 각각 $T-\Delta$, $T+\Delta$일 때 품질특성치의 확률밀도함수(pdf)를 $f(y)$로, 양쪽 규격을 벗어날 경우 재작업, 할인판매 등에 따른 단위당 비용(손실)을 R로, 단위당 검사비용을 c_I로 두면 단위당 총 기대비용 $TC(\mu, \Delta)$는 다음과 같이 된다.

$$TC(\mu, \Delta) = \int_{T-\Delta}^{T+\Delta} L(y)f(y)dy + R\left(1 - \int_{T-\Delta}^{T+\Delta} f(y)dy\right) + c_I \tag{4.7}$$

상기 식에서 $L(y)$가 대칭이면 공정평균은 T로 설정해야 비용이 최소화되므로, μ가 T가 될 때 이 식을 Δ에 미분하여 0이 되는 방정식의 근이 최적 허용차 Δ^*가 되어 식 (4.7)을 최소화하는 규격은 $T \pm \Delta^*$가 된다.

따라서 식 (4.7)에 2차 손실함수 $L(y) = k(y-T)^2$ (단, $k = A_0/\Delta_0^2$)를 대입하면 다음과 같이 Δ의 함수형태가 되며,

$$TC(\Delta) = k\int_{T-\Delta}^{T+\Delta} (y-T)^2 f(y)dy + R\left(1 - \int_{T-\Delta}^{T+\Delta} f(y)dy\right) + c_I$$

이를 Δ에 미분한 방정식은 다음과 같이 된다.

$$k\Delta^2(f(T+\Delta) + f(T-\Delta)) - R(f(T+\Delta) + f(T-\Delta)) = 0$$

따라서 최적 Δ는 분포에 관련없이

$$\Delta^* = \sqrt{\frac{R}{k}} \tag{4.8}$$

가 되며 $R = k\Delta^{*2}$이 되는데, 이는 불합격 비용이 합격 손실보다 작을 때 불합격시키는 것이 경제적이라는 직관적인 관점을 확인시켜준다.

한편 규격을 벗어난 단위를 폐기할 때(이 경우도 손실을 R로 정의)는 식 (4.7)의 기대비용이 적절하지 않다. 즉, 폐기할 때는 다시 생산하여 검사해야 하므로 다음의 출하단위당 기대비용을 규격 설정기준으로 삼는 것이 보다 타당하다(Feng and Kapur, 2006).

$$TC_E(\Delta) = \frac{TC(\Delta)}{\int_{T-\Delta}^{T+\Delta} f(y)dy} \tag{4.9}$$

즉, 식 (4.7)에 기하분포의 평균에 해당하는 합격확률의 역수를 곱해야 한다. 하지만 이 경우의 규격을 설정하기 위해서는 수치해법이 필요하다. 여기서는 품질특성치가 정규분포를 따를 경우에 대해 심층적으로 살펴보자.

품질특성치가 평균이 T이고 분산이 σ^2인 정규분포를 따를 때 먼저 기대 품질손실 $E(L(\Delta))$를 구해보자.

$$
\begin{aligned}
E(L(\Delta)) &= k\int_{T-\Delta}^{T+\Delta} (y-T)^2 f(y)dx = k\sigma^2 \int_{-\Delta/\sigma}^{\Delta/\sigma} z^2 \phi(z)dz \\
&= k\sigma^2 \left([-z\phi(z)]_{-\Delta/\sigma}^{\Delta/\sigma} + \int_{-\Delta/\sigma}^{\Delta/\sigma} \phi(z)dz \right) \\
&= k\sigma^2 \left(-\frac{2\Delta}{\sigma}\phi\left(\frac{\Delta}{\sigma}\right) + P_a \right)
\end{aligned}
\tag{4.10}
$$

여기서 표준 정규분포의 확률밀도함수(pdf)와 누적분포함수(cdf)를 각각 $\phi(\cdot)$, $\Phi(\cdot)$로 표기하며, $P_a = 2\Phi(\Delta/\sigma) - 1$은 검사 합격(규격 내) 확률이다.

식 (4.10)과 (4.7)로부터 식 (4.9)의 단위당 기대비용은 다음과 같이 된다.

$$TC_E(\Delta) = \frac{k\sigma^2\left(-\frac{2\Delta}{\sigma}\phi(\Delta/\sigma) + P_a\right) + R(1-P_a) + c_I}{P_a} \tag{4.11}$$

식 (4.11)을 최소화하는 Δ^*는 Δ에 대해 미분하여 정리한 다음 조건을 만족하는 Δ가 된다.

$$k\sigma^2\left[\{(\Delta/\sigma)^2 - 1\}P_a + 2(\Delta/\sigma)\phi(\Delta/\sigma)\right] - (R + c_I) = 0 \tag{4.12}$$

예제 4.5 평균이 300g이고 표준편차가 8g인 정규분포를 따르는 공정에 대해 대칭형태의 양쪽 규격을 설정하고자 한다. 폐기비용과 검사비용은 각각 단위당 10,000원, 2,000원이며,

2차 품질손실 함수의 k는 60일 때 경제적 허용차를 설정하라.

식 (4.12)의 비선형방정식의 근을 수치해법으로 구하면 Δ^*는 16.10이므로(그림 4.5 참고) 경제적 규격하한과 상한은 283.90g와 316.10g, 단위당 기대비용은 식 (4.11)에 대입하면 5,543원이 된다.

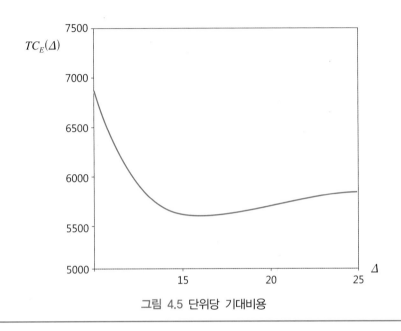

그림 4.5 단위당 기대비용

이 소절의 경제적 허용차 설정 방법은 소비자 허용차의 경우에도 바로 적용할 수 있으며, 2차 손실함수 외에 다른 형태의 손실함수(일례로 1차 손실함수 경우는 연습문제 4.7~4.9 참고)로도 확장할 수 있다.

4.3 │ 통계적 허용구간

통계적 구간(신뢰구간, 예측구간, 허용구간) 중에서 가장 덜 알려진 게 통계적 허용구간(statistical tolerance interval, 이하 허용구간)이다(Gitlow and Awad, 2013). 이전 절에서 다룬 바와 같이 엔지니어가 설정하는 허용차는 기술적 또는 경제적으로 설정되는 데 반해 허용구간은 실제 얻은 데이터에 기반하여 주어진 신뢰수준으로 모집단의 일정비율을 수용하는 허용한계 (tolerance limits)를 구한다. 따라서 제조자는 모집단의 규정된 비율을 수용하는 허용구간이 생산자 또는 고객이 설정한 기술적 규격 내에 속하는지를 판단하여 규격부합 여부나 제조자의 생산능력을 평가할 수 있을 것이다.

세 가지 통계적 구간을 예시하면, 새로 개발된 자동차 모델에서 연료탱크를 가득히 채울 때 주행거리의 평균에 대한 구간을 설정하는 것이 신뢰구간이다. 만약 어떤 운전자가 이 모델의 차 1대를 렌트하여 연료탱크를 채운다면 목적지까지 갈 수 있는지를 검토할 경우 신뢰구간은 별로 유용하지 않다. 이럴 경우에 적절한 통계적 구간이 예측구간이다. 한편 연료탱크 용량을 설계하는 엔지니어 입장에서는 전술된 신뢰구간과 예측구간도 유용하지 않다. 생산된 자동차의 상당부분(예를 들면 95%, 99%)이 수용할 수 있는 연료탱크 용량의 범위를 구하는 허용구간이 도움이될 것이다.

만약 모집단이 정규분포를 따르고 평균과 표준편차를 안다면 관측치의 95%가 포함되는 구간은 $\mu \pm 1.96\sigma$가 되며, 이를 100% 확신할 수 있다. 일반적으로 평균과 표준편차를 추정해야 하므로 이로부터 구성된 $\overline{x} \pm 1.96s$ 내에($\overline{x}$와 s는 표본의 평균과 표준편차임) 관측치의 95%가 포함된다고 확신할 수 없으며, 만약 100%로 확신하려면 그 구간은 $-\infty \sim \infty$로 별로 의미 없는 구간이 될 것이다. 즉, 신뢰구간에서 모수를 고정시키고 이 모수가 포함되는 확률적 구간을 구성하는 방식과 유사하게 허용구간은 구간의 두 경계값 사이에 포함된 참 비율을 고정시키고 확률적으로 두 경계값을 설정하는 방식이다. 따라서 모집단에서 수용하고자 하는 비율(모수의 일종)에 대한 신뢰구간으로 해석할 수 있다.

이 책의 4부와 5부에서는 기준값(목표치)과 허용차로부터 설정된 규격상한(USL)과 규격하한 (LSL)이 미리 정해져 있을 때 이를 고려한 공정능력을 평가하거나 샘플링 검사를 수행하여 로트의 합격여부의 판정 등을 수행하는 반면에, 여기서는 신뢰수준과 수용비율이 미리 규정되면 표본 데이터로부터 허용구간의 두 한계를 먼저 추정한다. 이런 허용한계를 반영하여 통계적 관점에서 USL과 LSL을 설정하거나, 현재 설정된 규격을 허용한계와 비교하여 현 규격이 공정의 실제 능력을 반영하고 있는지를 파악할 수 있을 것이다.

허용구간은 모집단의 분포의 가정여부에 따라 모수적과 비모수적 허용구간으로 구분된다. 여기서는 모수적 허용구간 중에서 정규분포를 가정한 경우만 다룬다.

또한 허용구간은 두 가지 유형으로 대별된다. $100\gamma\%$ 기대 허용구간은 평균적으로 모집단의 $100\gamma\%$를 수용하는 구간으로 해석되며, $100\gamma\%$ 함량(content) 허용구간은 신뢰수준 $100(1-\alpha)\%$로 모집단의 최소한 $100\gamma\%$를 수용하는 구간으로 $(100\gamma\%, 100(1-\alpha)\%)$ 허용구간으로 표기한다(Patel, 1986). $100\gamma\%$ 함량 허용구간이 $100\gamma\%$ 기대 허용구간보다 엄격정도가 높은 구간으로,

$1-\alpha$가 γ보다 크면서 대표본에 속하지 않으면 보통 보다 넓은 범위를 가진다. 또한 $100\gamma\%$ 기대 허용구간은 과거 데이터에 기반하여 단일 미래 관측값에 대해 구한 예측구간과 동등하므로 이 절에서는 $100\gamma\%$ 함량 허용구간에 한정하여 다룬다.

$(100\gamma\%,\ 100(1-\alpha)\%)$ 양측 허용구간은 분포의 중심을 제어할 수 있도록 다음과 같이 표현할 수 있으며,

$$\Pr\left[\Pr\left(L \le X \le U\right) \ge \gamma\right] \ge 1-\alpha \tag{4.13}$$

모집단이 정규분포를 따를 경우($N(\mu,\sigma^2)$인데, 두 모수를 모를 경우) 이의 양측 및 단측 허용한계$(L,\ U)$는 다음과 같이 설정된다(Meeker et al., 2017).

$$\text{양측: } L = \overline{x} - k_2 s,\ \ U = \overline{x} + k_2 s \tag{4.14}$$

$$\text{단측(하한): } L = \overline{x} - k_1 s \tag{4.15}$$

$$\text{단측(상한): } U = \overline{x} + k_1 s \tag{4.16}$$

(여기서 k_1, k_2는 $\gamma, 1-\alpha$, 그리고 자유도(또는 표본크기 n에서 1을 차감)에 의존하는 값임.)

$(100\gamma\%,\ 100(1-\alpha)\%)$ 단측 허용구간에서 식 (4.15)와 식 (4.16)의 k_1은 다음과 같이 주어지며(또는 부록 C.6 이용),

$$k_1 = \frac{t_{(n-1,\alpha)}\left(z_{1-\gamma}\sqrt{n}\right)}{\sqrt{n}} \tag{4.17}$$

(여기서 z_q는 표준정규분포의 $(1-q)$분위수이고 $t_{(\nu,q)}(\delta)$는 자유도 ν, 비중심
모수 δ인 t분포의 $(1-q)$분위수임.)

수작업으로 계산 시 다음의 근삿값이 널리 쓰인다(Gitlow and Awad, 2013).

$$k_1 \approx \frac{z_{1-\gamma} + \sqrt{z_{1-\gamma}^2 - ab}}{a} \tag{4.18}$$

(여기서 $a = 1 - \dfrac{z_\alpha^2}{2(n-1)}$, $b = z_{1-\gamma}^2 - \dfrac{z_\alpha^2}{n}$임.)

$(100\gamma\%,\ 100(1-\alpha)\%)$ 양측 허용구간에서 식 (4.14)의 k_2는 단측 허용구간의 k_1보다 상당히 복잡한 형태로 주어지므로(비중심 χ^2분포가 포함되는 적분 방정식 형태), 수작업으로 근삿값을 구할 수 있는 다음의 근사식이 널리 쓰이며(Gitlow and Awad, 2013),

$$k_2 \approx \sqrt{\frac{(n-1)\left(1+\dfrac{1}{n}\right)z_{(1-\gamma)/2}^2}{\chi_{(n-1,1-\alpha)}^2}} \qquad (4.19)$$

(여기서 $\chi_{(\nu,q)}^2$는 자유도 ν인 χ^2분포의 $(1-q)$분위수임.)

부록 C.6에 k_2가 수록되어 있다.

예제 4.6   정규분포를 따른다고 알려진 전자부품의 두께에 대한 (90%, 95%) 단측 허용구간의 하한과 양측 허용구간을 구하고자 한다. 50개 부품 두께의 평균이 40.0mm이고 표준편차는 5.5mm이다.

① 단측 허용구간의 하한: 식 (4.18)에 $\gamma = 0.9, \alpha = 0.05$를 대입하여 다음을 계산하면

$$a = 1 - \frac{1}{2 \cdot 49}(1.645)^2 = 0.9724$$

$$b = 1.282^2 - \frac{1.645^2}{50} = 1.589$$

$$k_1 \approx \frac{1.282 + \sqrt{1.282^2 - 0.9724(1.589)}}{0.9724} = 1.641$$

가 되므로 (90%, 95%) 단측 허용구간의 근사 하한은 $40 - 1.641(5.5) = 30.975$mm가 된다. 또한 부록 C.6에서는 k_1이 1.646이며, 식 (4.17)에 대입하여(자유도 49인 비중심 t분포에서 $\delta = z_{0.1}\sqrt{50} = 1.282(\sqrt{50}) = 9.065$일 때 t분포의 0.95분위수는 11.6394가 됨; Minitab 이용) 구한 k_1은 $11.6394/\sqrt{50} = 1.646$이 되어 부록 C.6과 일치한다. 상기의 근삿값이 이들에 상당히 근접함을 확인할 수 있다.

② 양측 허용구간: 식 (4.19)로부터 k_2를 계산하면

$$k_2 \approx \sqrt{\frac{49\left(1+\dfrac{1}{50}\right)1.645^2}{\chi_{(49,0.95)}^2}} = \sqrt{\frac{135.25}{33.93}} = 1.997$$

이 되므로 근사 (90%, 95%) 양측 허용구간은 $40 \pm 1.997(5.5) = 29.02 \sim 50.98$mm가 된다. 한편 부록 C.6에서는 k_2가 1.996이 되므로 양측 허용구간 결과는 차이가 거의 없다.

γ, $1-\alpha$, n의 다양한 값의 조합에 대해 k_1, k_2의 정확한 값을 수록한 표, 비대칭적 양측 허용구간의 구성방법, 정규분포 외의 다른 분포와 더불어 비모수적 통계적 허용구간의 설정방법은 Meeker et al.(2017)의 전문서적을 참고하기 바란다.

4.4 │ 허용차 분석

기본적인 시스템을 설계하고 소비자 요구사항을 설계에 반영하거나 시스템 변동에 대한 주요 요인을 파악하고자 할 때 부품들의 허용차(변동)로부터 시스템(즉, 조립품)의 합성 허용차(변동)를 분석할 필요가 있다. 허용차 분석은 부품의 특성치가 최악의 경우로 최대와 최소 한계에 있다고 간주하여 조립품의 합성 허용차를 부품 허용차의 합으로 나타내는 WC(Worst Case)법과 통계적으로 분산의 가법성을 적용한 RSS(Root-Sum-of-Squares)법으로 대별된다(Evans, 1992).

4.4.1 선형 모형일 경우의 WC법

조립품의 치수를 y라고 하고 부품 i의 치수를 $x_i(i=1,2,\cdots,n)$라고 할 때, 조립품과 부품의 함수적 관계(전달함수로도 불림)를 다음과 같이 정의할 수 있다.

$$y = f(x_1, x_2, \cdots, x_n) \tag{4.20}$$

먼저 식 (4.20)에서 다음과 같이 선형모형인 경우로 한정하자.

$$y = a_0 + a_1 x_1 + a_2 x_2 + \cdots + a_n x_n = a_0 + \sum_{i=1}^{n} a_i x_i \tag{4.21}$$

부품 i의 허용차를 $\Delta_i\ (i=1,2,\cdots,n)$라 할 때, WC법을 채택할 경우 조립품의 합성 허용차 Δ_y는 다음과 같이 된다.

$$\Delta_y = \sum_{i=1}^{n} |a_i| \Delta_i \tag{4.22}$$

다음의 예제로서 식 (4.22)의 의미를 확인해보자.

예제 4.7 그림 4.6((a), (b), (c))에 포함된 세 가지 형태의 기계 조립품에 대해 WC법에 의해 조립품의 허용차를 구해보자. 각 부품의 목표치를 T_i로 정의하고 기준값은 규격 중앙에 있다고 가정한다.

① 해당 조립품((a))의 치수는 다음과 같이 가장 단순한 합 형태로 나타낼 수 있으므로,

$$y = x_1 + x_2 + x_3$$

y의 최댓값과 최솟값은 다음과 같이 구해진다.

$$y_{\max} = (T_1 + \Delta_1) + (T_2 + \Delta_2) + (T_3 + \Delta_3) = (T_1 + T_2 + T_3) + (\Delta_1 + \Delta_2 + \Delta_3)$$
$$y_{\min} = (T_1 - \Delta_1) + (T_2 - \Delta_2) + (T_3 - \Delta_3) = (T_1 + T_2 + T_3) - (\Delta_1 + \Delta_2 + \Delta_3)$$

따라서 이 조립품의 합성 허용차 Δ_y는 $\Delta_1 + \Delta_2 + \Delta_3$이 되어 식 (4.22)가 성립한다.

② 이 조립품((b))의 치수는 틈새로 두 부품 직경의 차인 $y = x_1 - x_2$로 표현된다. y의 최댓값과 최솟값은 다음과 같이 구해지므로,

$$y_{\max} = (T_1 + \Delta_1) - (T_2 - \Delta_2) = (T_1 - T_2) + (\Delta_1 + \Delta_2)$$
$$y_{\min} = (T_1 - \Delta_1) - (T_2 + \Delta_2) = (T_1 - T_2) - (\Delta_1 + \Delta_2)$$

이 조립품의 합성 허용차 Δ_y는 $\Delta_1 + \Delta_2 = 1 \cdot \Delta_1 + |-1| \cdot \Delta_2$가 되어 식 (4.22)의 가법관계가 성립한다.

③ 해당 조립품((c))의 치수는 $y = x_1 - x_2 - x_3$로 표현되므로 y의 최댓값과 최솟값은 다음과 같이 구해진다.

$$y_{\max} = (T_1 + \Delta_1) - (T_2 - \Delta_2) - (T_3 - \Delta_3) = (T_1 - T_2 - T_3) + (\Delta_1 + \Delta_2 + \Delta_3)$$
$$y_{\min} = (T_1 - \Delta_1) - (T_2 + \Delta_2) - (T_3 + \Delta_3) = (T_1 - T_2 - T_3) - (\Delta_1 + \Delta_2 + \Delta_3)$$

식 (4.22)에 대입하면 조립품의 합성 허용차 Δ_y는 다음과 같이 구해지므로 식 (4.22)의 가법관계가 성립하며, (a) 조립품의 합성 허용차와 같아진다.

$$\Delta_y = 1 \cdot \Delta_1 + |-1| \cdot \Delta_2 + |-1| \cdot \Delta_3 = \Delta_1 + \Delta_2 + \Delta_3$$

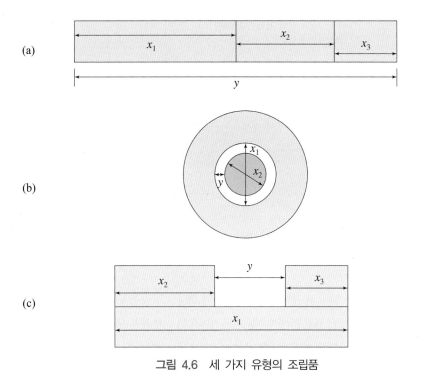

그림 4.6 세 가지 유형의 조립품

예제 4.8 그림 4.7의 A, B, C 부품으로 구성된 조립품의 합성 허용차(단위: cm)를 구하라.

$y = x_C - (x_A + x_B) = x_C - x_A - x_B$가 되므로 이 조립품의 합성 허용차가 다음과 같이 계산된다.

$$\Delta_y = 0.1 + |-1| \cdot 0.1 + |-1| \cdot 0.1 = 0.3$$

따라서 이 조립품의 치수 규격은 $(100 - 49.9 - 49.9) \pm 0.3 = 0.2 \pm 0.3$이 되어 $-0.1 \sim 0.5$의 범위를 가진다.

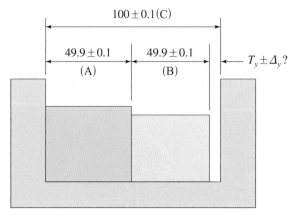

그림 4.7 예제 4.8의 조립품

WC법에서 모든 부품들이 허용차 한계 내에 있다면 모든 조립품도 WC법에 의해 구한 합성 허용차 한계 내에 존재한다. 즉, WC법에서 규격을 벗어나는 부품들은 전혀 없다고 전제하고 있으므로 이들이 허용차 한계 내에 있음을 확인하기 위해서는 전수검사가 필요하다.

4.4.2 선형 모형일 경우의 RSS법

먼저 부품과 조립품의 특성치에 대해 다음을 가정하여 RSS법을 적용한다(Chandra, 2001).

① 부품 i의 특성치 X_i(확률변수)는 서로 독립이다.
② 부품들은 랜덤하게 선택되어 조립된다.
③ 기준값은 규격 중앙에 있다고 가정한다(즉, 대칭 허용차).
④ 특별하게 언급하지 않으면 X_i는 정규분포($N(\mu_i, \sigma_i^2)$)를 따른다.
⑤ 각 부품의 공차($2\Delta_i$)는 자연공차 $6\sigma_i$의 변동에 해당된다. 즉 부품의 99.73%가 규격 내에 존재하며, 각 부품 제조공정의 공정능력지수(9.3절 참고)는 1로 간주한다.

식 (4.21)의 모형하에서 상기의 가정으로부터 조립품 특성치 Y의 평균과 분산은 다음과 같이 주어진다.

$$\mu_y = a_0 + \sum_{i=1}^{n} a_i \mu_i \tag{4.23}$$

$$\sigma_y^2 = \sum_{i=1}^{n} a_i^2 \sigma_i^2 = \sum_{i=1}^{n} a_i^2 \left(\frac{\Delta_i}{3} \right)^2 \tag{4.24}$$

따라서 식 (4.24)와 Y도 정규분포를 따른다는 성질로부터 RSS법에 의한 조립품의 변동을 고려한 합성 허용차 Δ_y는 다음 식으로부터 구할 수 있다.

$$\Delta_y = 3\sigma_y = \sqrt{\sum_{i=1}^{n} a_i^2 \Delta_i^2} \tag{4.25}$$

일반적으로(특히 대량 생산일 경우) RSS법이 더 우수한 조립품의 합성 허용차를 추정하지만, WC법과 달리 모든 조립품이 규격 내에 있지 않다. 즉, 약간의 부적합품 발생(0.27%)을 허용하고 있다.

예제 4.9 자연공차와 정규분포를 따른다고 가정하여 RSS법에 의해 그림 4.7의 A, B, C 부품으로 구성된 조립품의 합성 허용차(단위: cm)를 구하라.

$Y = X_C - X_A - X_B$가 되므로 이 조립품의 허용차는 식 (4.25)에 의해

$$\Delta_y = \sqrt{0.1^2 + (-1)^2 0.1^2 + (-1)^2 0.1^2} = \sqrt{0.03} = 0.1732$$

가 되므로 WC법의 0.3보다 상당히 작은 값을 가진다. 따라서 이 조립품의 치수 규격은 $(100 - 49.9 - 49.9) \pm 0.1732 = 0.2 \pm 0.1732$가 되어 0.0268~0.3732의 허용한계를 가진다.

예제 4.10 n매의 동일한 원반을 차곡차곡 쌓은 더미(stackup)를 고려하자. $Y = X_1 + X_2 + \cdots + X_n$로 표현되므로 $X_i (i = 1, 2, \cdots, n)$가 $N(\mu, \sigma^2 = \Delta_x^2/9)$를 따를 때 $\mu_y = n\mu$, $\sigma_y^2 = n\sigma^2 = n\Delta_x^2/9$이 된다. Y의 합성 허용차가 Δ_y라면 $\Delta_y = 3\sigma_y = 3\sqrt{n}\,\sigma$이다. 여기서 각 원반 X_i가 중심인 μ에 위치하지 못하고 한쪽으로 d만큼 이동한 경우에 대해 분석해보자.

그림 4.8의 색칠된 부분의 확률은

$$\Pr(Y \geq \mu_y + \Delta_y) = \Pr\left(Z \geq \frac{\Delta_y - nd}{\Delta_y/3} \right) = 1 - \Phi\left(3 - \frac{3nd}{\Delta_y} \right)$$
$$= 1 - \Phi\left(3 - \sqrt{n}\,(d/\sigma) \right)$$

가 되는데, d가 양수일 때 $\Pr(Y \le \mu_y - \Delta_y) = \Phi(-3 - \sqrt{n}\,d/\sigma)$은 0으로 간주해도 무방하다.

이로부터 여러 d/σ 값에 대해 규격을 벗어날 확률을 구한 결과가 표 4.1에 주어져 있다. 이를 보면 원반 더미일 경우 평균의 이동(shift)이 있을 경우에 자연공차를 감안한 RSS법을 적용하게 되면 n이 증가함에 따라 규격을 벗어날 리스크가 제법 증가함을 알 수 있다.

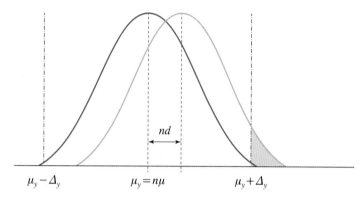

그림 4.8 원판 더미: 평균의 이동이 있는 경우

표 4.1 부품 평균의 이동이 있을 경우 규격을 벗어날 확률

d/σ	$n=2$	$n=3$	$n=5$	$n=10$
0	0.0027			
0.5	0.0109	0.0164	0.0299	0.0780
1.0	0.0564	0.1024	0.2225	0.5645

RSS법은 부품의 특성치가 정규분포를 따르고 이들은 서로 독립이라고 가정하고 있으나 실제 부품의 특성치들은 오차 및 치우침이 있을 수 있고, 부품 간의 상관이 존재할 수 있다. 식스시그마에서는 제조공정이 안정상태에 있더라도 장기적으로 볼 때 일반적으로 최대 1.5σ의 이동이 발생한다고 본다. 현업에서는 이런 점들을 감안하여 RSS법에 의해 설정된 값에 1.5(Bender, 1962), 1.6(Gilson, 1951), 1.8(Stanard, 2001)배가 되도록 허용차를 결정하는 방안이 제시되어 있으며, 이들 상수값을 확대인자(inflation factor)라고 부르고 있다(서순근, 조유희, 2005).

한편 식스시그마에서는 식 (4.24)에 9.3절에서 다루는 공정능력지수 $C_{pk} = C_p(1-k)$를 도입하여 조립품의 표준편차를 식 (4.26)과 같이 일반화하고 있다(dynamic RSS method로 불림).

$$\sigma_y^2 = \sum_{i=1}^{n} a_i^2 \sigma_i^2 = \sum_{i=1}^{n} a_i^2 \left(\frac{\Delta_i}{3\,C_{pk}}\right)^2 \tag{4.26}$$

특히 $C_p = 2$이고 최대 1.5σ의 이동(즉, $k = 0.25$)을 고려하는 식스시그마 수준의 경우에 3.4ppm의 부적합품률이 발생한다고 알려져 있다.

여기서 가정 ④의 정규분포 가정을 일반화하여 비정규분포를 따른다고 확장해보자. 정규분포 가정을 하지 않더라도 식 (4.23)과 식 (4.24)는 성립한다. 부품 특성치의 표준편차는 특성치 분포에 따른 상수 b_i를 도입하여 $\sigma_i = \Delta_i / b_i$로 표시하면 RSS법에 의한 조립품의 허용차 Δ_y는 다음 식으로부터 구할 수 있다.

$$\Delta_y = 3\sigma_y = 3\sqrt{\sum_{i=1}^{n} a_i^2 \left(\frac{\Delta_i}{b_i}\right)^2} \tag{4.27}$$

만약 각 부품의 특성치가 모두 균일분포를 따른다면 $\sigma_i^2 = (2\Delta_i)^2/12$가 되므로 $b_i = \sqrt{3}$이 된다. 따라서 식 (4.27)로부터 Δ_y는 다음 식과 같이 된다.

$$\Delta_y = 3\sqrt{\sum_{i=1}^{n} a_i^2 \left(\frac{\Delta_i}{\sqrt{3}}\right)^2} = \sqrt{3\sum_{i=1}^{n} a_i^2 \Delta_i^2} \tag{4.28}$$

예제 4.11 균일분포를 따른다고 가정하여 RSS법에 의해 그림 4.7의 A, B, C 부품으로 구성된 조립품의 합성 허용차(단위: cm)를 구하라.

$Y = X_C - X_A - X_B$가 되므로 이 조립품의 허용차는 식 (4.28)에 의해

$$\Delta_y = \sqrt{3[0.1^2 + (-1)^2 0.1^2 + (-1)^2 0.1^2]} = \sqrt{0.09} = 0.3$$

이 되므로 WC법의 0.3과 같은 값을 가진다. 즉, 식 (4.28)을 보면 $a_i = \pm 1\,(i = 1,\ \cdots,\ n)$이고 동일한 부품 허용차를 가지면서 균일분포를 따를 경우의 RSS법에 의한 합성 허용차는 WC법과 비교하면 두 부품일 경우 큰 허용차를, 세 부품일 경우 현 예제와 같이 동일한 허용차를, 네 부품 이상일 경우 작은 허용차를 가짐을 알 수 있다.

4.4.3 비선형 모형일 경우 WC법과 RSS법

전달함수인 식 (4.20)이 비선형일 경우에 조립품의 합성 허용차를 구하는 것은 쉽지 않다. 만약 식 (4.20)을 테일러 급수로 전개하여 식 (4.21)의 일차식으로 근사할 수 있다면 다음과 같이 조립품의 합성 허용차 Δ_y를 구할 수 있다.

$$\text{WC법: } \Delta_y \approx \sum_{i=1}^n \Delta_i \left| \frac{\partial f}{\partial x_i} \right|_{x_i = T_i, i = 1, ..., n} \tag{4.29}$$

$$\text{RSS법(정규분포): } \Delta_y \approx \sqrt{\sum_{i=1}^n \Delta_i^2 \left(\frac{\partial f}{\partial x_i} \right)^2_{x_i = T_i, i = 1, ..., n}} \tag{4.30}$$

예제 4.12   저항 R과 유도자 L이 직렬로 연결되어 220V-60(f) Hz로 전력을 공급하는 회로는 식 (4.31)과 같은 yA(ampere)의 전류가 흐른다. R의 기준값과 허용차가 19Ω과 2.0Ω, L의 기준값과 허용차가 0.02H(henry)와 0.012H이다. y의 기준값과 더불어 WC법과 RSS법에 의해 각각 합성 허용차를 구하라.

$$y = \frac{220}{\sqrt{R^2 + (2\pi f L)^2}} \tag{4.31}$$

식 (4.31)에 f, R, L의 기준값을 대입하면 y의 기준값 T_y는 10.76A가 된다. 그리고

$$\frac{\partial f}{\partial R} = -\frac{220R}{[R^2 + (2\pi f L)^2]^{3/2}}, \quad \frac{\partial f}{\partial L} = -\frac{220(2\pi f)^2 L}{[R^2 + (2\pi f L)^2]^{3/2}}$$

가 되므로 f, R, L의 기준값에서의 두 미분계수의 절댓값을 구하면 다음과 같이 계산된다.

$$\left| \frac{\partial f}{\partial R} \right|_{f=60, R=19, L=0.02} = 0.4894, \quad \left| \frac{\partial f}{\partial L} \right|_{f=60, R=19, L=0.02} = 73.213$$

따라서 WC법에 의한 합성 허용차는 식 (4.29)로부터

$$\Delta_y = 2.0(0.4894) + 0.012(73.213) = 1.857$$

이며, RSS법에 의한 합성 허용차는 식 (4.30)에 의해 다음과 같이 계산되어, 후자가 상당히 작아짐을 확인할 수 있다.

$$\Delta_y = \sqrt{2.0^2(0.4894^2) + 0.012^2(73.213^2)} = 1.315$$

4.5 | 허용차 배분

조립품의 합성 허용차가 요구하는 허용차보다 클 경우는 후자를 충족하기 위해 부품에 대한 허용차를 재설정해야 한다. 이런 허용차 배분방법에는 여러 가지가 있지만 합성과 요구 허용차만 고려하여 단순하게 배분하는 비례인자(proportional scaling factor)와 이에 부품별 가중치를 감안하는 가중인자(weight factor)를 이용한 비교적 간략한 방법(Chase, 1999)이 있다. 또한 이와 더불어 비용모형을 정식화하고 이를 최소화하는 방법을 다루며, 4.2절의 생산자 허용차 설정방법과 연관된 다구치의 배분방법도 살펴본다.

4.5.1 비례인자

조립품의 합성 허용차와 달성해야 될 허용차만을 고려하여 각 부품의 특성을 반영하지 않고 가장 단순하게 부품 수준의 개별 허용차에 모두 일정한 인자값(비례인자 P)을 곱하여 비례 배분하는 방식으로, 식 (4.21)처럼 선형이거나 선형으로 근사 가능한 경우에 적용할 수 있다. 다음 예를 통해 구체적으로 살펴보자.

예제 4.13 예제 4.8에서 WC법에 의한 해당 조립품의 합성 치수는 0.2 ± 0.3이 된다. 이 조립품을 생산하는 회사에서는 허용차를 ± 0.17을 유지하기를 원하는데, 부품 B는 외부에서 구입하여 조달하므로 허용차를 조정할 수 없다.

먼저 WC법에 의해 비례인자는 이를 적용한 부품 A와 C에 배분된 허용차로부터 다음과 같은 관계를 만족해야 한다.

$$P(0.1 + 0.1) + 0.1 = 0.17$$

이로부터 두 부품이 기여하는 허용차가 0.1이 되어야 하므로 비례인자는 0.35가 된다. 따라서 부품 A와 C의 허용차는 현재의 0.1에서 0.035로 축소된다.

만약 RSS법을 적용한다면 비례인자를 적용한 부품 A와 C에 배분된 허용차는 다음 관계로부터 비례인자가 0.972가 되므로 부품 A와 C의 허용차는 각각 0.1에서 0.0972로 약간씩 줄어야 한다.

$$\sqrt{P^2(0.1^2 + 0.1^2) + 0.1^2} = 0.17 \implies P = 0.972$$

4.5.2 가중 비례인자

비례인자 방법을 보다 확장한 배분방식으로 부품별로 기계 가공, 기술적 또는 경제적 문제 등의 어려움을 반영하여 비례인자와 더불어 가중치(w; 이들이 합이 1이 됨)를 부여하는 방식으로, 여기서 구한 비례인자를 전 소절과 구분하기 위해 가중 비례인자(P_w)로 명명한다. 여기서 상대적으로 높은 가중치는 기술적 또는 경제적으로 허용차를 줄이기 힘는 여건을 반영하여 배성한다. 전술한 예에 적용해보자.

예제 4.14 예제 4.13과 동일한 상황이지만 부품 A가 부품 C보다 기술적으로 허용차를 조정하기 힘들어 부품 A에 가중치 0.7을, 부품 C에 가중치 0.3을 부여한다.

WC법에 의해 구한 허용차로 배분하면 다음 관계가 성립하므로 가중 비례인자 P_w는 0.7이 된다.

$$P_w w_A(0.1) + P_w w_C(0.1) + 0.1 = P_w(0.07) + P_w(0.03) + 0.1 = 0.17$$

따라서 부품 A의 허용차는 (0.7)(0.7)(0.1)=0.049, 부품 C의 허용차는 (0.7)(0.3)(0.1)=0.021이 되어 부품 C가 부품 A보다 허용차가 현재보다 더 줄어들어야 한다.

또한 RSS법에 의해 구한 허용차로 배분하면 다음 관계가 성립하므로,

$$\sqrt{P_w^2 w_A^2(0.1^2) + P_w^2 w_C^2(0.1^2) + 0.1^2} = \sqrt{P_w^2(0.7)^2(0.1^2) + P_w^2(0.3)^2(0.1^2) + 0.1^2} = 0.17$$
$$\Rightarrow \ P_w = 1.805$$

가중 비례인자 P_w는 1.805가 되므로, 부품 A의 허용차는 (1.805)(0.7)(0.1)=0.1264, 부품 C의 허용차는 (1.805)(0.3)(0.1) =0.0542가 된다. 이를 보면 부품 A는 현 허용차(0.1)보다 확대, 부품 C는 축소해야 한다.

4.5.3 다구치의 허용차 배분방법

상위 수준(조립품)의 품질특성 y와 하위 수준(부품)의 품질특성 x_1, x_2, $\cdots$, x_n 간의 전달함수가 $y = f(x_1, x_2, \cdots, x_n)$로 주어질 때 4.2.2절에 소개된 방식으로 하위특성의 허용차를 설정하여 허용차 배분을 수행할 수 있다(Taguchi et al., 1989).

전달함수가 식 (4.21)처럼 선형이거나 선형근사가 가능할 때, 즉, 식 (4.4)가 n개의 하위특성에 성립하는 경우로 확장하자. $x_i(i = 1, 2, \cdots, n)$의 목표치 T_i, 허용차 Δ_i, 규격을 벗어날 때의 손실 A_i, 선형계수를 a_i로 두면 Δ_i는 식 (4.6)으로부터 상위와 하위 특성의 두 손실을 고려하여 다음과 같이 구해진다.

$$\Delta_i = \sqrt{\frac{A_i}{A_0}} \frac{\Delta_0}{|a_i|}, \quad i = 1, 2, \cdots, n \tag{4.32}$$

분산의 가법성질을 (근사적으로) 적용할 수 있는 경우라면(즉, RSS법 채택) 상위특성의 합성 허용차 Δ_y는 Δ_i로부터

$$\Delta_y^2 = (a_1\Delta_1)^2 + (a_2\Delta_2)^2 + \cdots + (a_n\Delta_n)^2$$
$$= \frac{A_1 + A_2 + \cdots + A_n}{A_0} \Delta_0^2$$

가 되므로, 상위특성의 허용차 Δ_0와 다음의 관계가 성립한다.

$$\Delta_y = \sqrt{\frac{\sum_{i=1}^{n} A_i}{A_0}} \Delta_0 \tag{4.33}$$

여기서 A_0는 상위특성(즉, 시스템)을 규격 내의 제품으로 회복시키는 비용으로, $\sum_{i=1}^{n} A_i$는 부품에 투입되는 총손실로 간주할 수 있다.

예제 4.15   4개의 부품으로 구성되어 각각 선형으로 영향을 미치는 제품을 고려하자. 네 부품의 가격은 각각 3,000, 6,000, 12,000, 9,000원, 선형계수는 1, 2, 3, 1.5이다. 제품의 허용차는 3이며, 규격에 부합되지 않을 때의 교정비용은 60,000원이다. 각 부품이 규격을 벗어날 때 새로운 부품으로 교체한다면 각 부품의 허용차는 얼마인가?

식 (4.32)로부터

$$\Delta_1 = \sqrt{\frac{3,000}{60,000}} \frac{3}{1} = 0.671$$
$$\Delta_2 = \sqrt{\frac{6,000}{60,000}} \frac{3}{2} = 0.474$$

$$\Delta_3 = \sqrt{\frac{12,000}{60,000}}\,\frac{3}{3} = 0.447$$

$$\Delta_4 = \sqrt{\frac{9,000}{60,000}}\,\frac{3}{1.5} = 0.775$$

가 되며, 제품의 합성 허용차는 식 (4.33)에 대입하면 다음과 같이 2.121이 되어 제품 요구 허용차인 3보다 작은 값을 가진다.

$$\Delta_y = \sqrt{\frac{3,000+6,000+12,000+9,000}{60,000}}\,3 = 2.121$$

그런데 Δ_0와 Δ_y의 관계는 다음의 세 가지 경우로 구별된다.

① $\sum_{i=1}^{n} A_i \ll A_0$인 경우로 $\Delta_y < \Delta_0$가 됨.

부품에 투입된 총비용이 시스템을 교정하는 비용보다 훨씬 적으므로, 시스템이 규격을 벗어날 경우는 폐기하는 것이 경제적이다. 만약 $\sum_{i=1}^{n} A_i$가 A_0의 1/4이라면 실제 합성 허용차는 식 (4.33) 으로부터 $\Delta_0/2$가 된다.

② $\sum_{i=1}^{n} A_i \gg A_0$인 경우로 $\Delta_y > \Delta_0$가 됨.

시스템을 교정하는 비용이 부품에 투입된 총비용보다 훨씬 적은 경우로, 적은 비용으로 시스템을 수월하게 규격 내로 조정할 수 있다. 따라서 Δ_y가 Δ_0보다 큰 값을 가진다.

③ $\sum_{i=1}^{n} A_i \approx A_0$인 경우로 $\Delta_y \approx \Delta_0$가 됨.

실제 현업에서 이렇게 될 가능성은 드물게 발생한다고 알려져 있으며(Yang and El-Haik, 2003), 시스템의 생산자 허용차와 고객의 허용차가 거의 유사한 값을 가진다.

다구치의 방법론은 전 소절에서에서 소개된 전통적인 허용차 배분법과 근본적인 차이가 존재한다. 전통적인 배분법은 상위특성에 부과된 기준 허용차 Δ_0(소비자 허용차와 다를 수 있음)가 실제 하위특성으로부터 구한 상위특성의 합성 허용차 Δ_y와 거의 같도록 하위특성의 허용차를 배분하는 과정이 요구된다(4.5.1~4.5.2소절 참고). 이와 달리 다구치의 방식은 $\Delta_y \approx \Delta_0$가 되도록 강제하지 않으며, 상위특성의 합성 허용차 Δ_y가 기준 허용차 Δ_0보다 작거나(상위특성의 교정비용이 하위특성의 총손실보다 높을 때: 즉, ①), 크도록(상위특성의 교정비용이 하위특성의 총손실보다 낮을 때: 즉, ②) 하위특성의 허용차를 설정하는 방식이 된다. 환언하면 전통적인 관점에서 배분과정이 꼭 필요한 경우는 ②의 상황인데, 다구치는 상위수준에서 교정하거나 손실을 감수하는 것이 경제적이므로 하위수준에 관한 허용차의 재배분을 강제하지 않고 있다. 또한 이런 경우의 실제 발생가능성은 ①보다 상당히 낮을 것으로 여겨진다.

4.5.4 비용 최소화 모형과 배분방법*

부품의 제조비용과 허용차는 밀접한 관계가 있다. 허용차를 줄이기 위해서 보다 정밀한 기계와 계측기기를 도입하거나 또는 성능을 향상시키기 위해서는 제조비용이 증가하게 된다. 허용차와 제조비용의 관계는 Chase(1999)가 제안한 역멱함수 형태($A + B/\Delta^q$; A는 준비비용으로 볼 수 있음)가 널리 쓰이는데, $q = 1$이면 역수(reciprocal), $q = 2$이면 역제곱 모형이 되며, 역멱함수 형태에 속하지 않는 지수(exponential)형 관계 등도 쓰이고 있다.

모형이 식 (4.21)처럼 선형이고 계수가 ±1인 n개의 부품으로 조립되는 조립품의 총 비용을 각 부품의 허용차 $\Delta_1, \Delta_2, \cdots, \Delta_n$의 역멱함수 형태로 나타낼 수 있을 때, 요구 허용차 Δ_y를 충족하도록 부품의 허용차를 배분하는 목적함수와 제약식은 다음과 같이 표현된다.

$$\text{Min}\left[\sum_{i=1}^{n}\left(A_i + \frac{B_i}{\Delta_i^{q_i}}\right)\right] \tag{4.34}$$

$$\text{s.t.} \ \sum_{i=1}^{n}\Delta_i^2 \leq \Delta_y^2 \ \text{(RSS법)}$$

$$\sum_{i=1}^{n}\Delta_i \leq \Delta_y \ \text{(WC법)}$$

이 경우의 최적해는 라그랑쥬 승수(Lagrange multiplier)법으로 풀 수 있으므로, RSS법을 채택할 때 라그랑쥬 함수를 다음과 같이 정식화할 수 있다.

$$Q(\Delta_1, \Delta_2, ..., \Delta_n, \lambda) = \sum_{i=1}^{n}\left(A_i + \frac{B_i}{\Delta_i^{q_i}}\right) + \lambda\left(\sum_{i=1}^{n}\Delta_i^2 - \Delta_y^2\right) \tag{4.35}$$

식 (4.35)를 $\Delta_j, j = 1, 2, ..., n$에 대해 편미분하면,

$$- \frac{q_j B_j}{\Delta_j^{q_j+1}} + 2\lambda \Delta_j = 0 \implies \lambda = \frac{q_j B_j}{2\Delta_j^{q_j+2}} \, , j = 1, 2, ..., n$$

가 되므로 λ를 Δ_1로 나타내고 상기 식에 대입하면 $\Delta_j, j = 2, ..., n$은 다음과 같이 된다.

$$\Delta_j = \left(\frac{q_j B_j}{q_1 B_1} \right)^{1/(q_j+2)} \Delta_1^{(q_1+2)/(q_j+2)} \tag{4.36}$$

상기 식을 제약식에 대입하여 먼저 다음 등식을 만족하는 부품 1의 Δ_1을 구한 후에 식 (4.36)에 적용하여 나머지 부품의 허용차를 구하면 된다.

$$\Delta_y^2 = \Delta_1^2 + \sum_{j=2}^{n} \left(\frac{q_j B_j}{q_1 B_1} \right)^{2/(q_j+2)} \Delta_1^{2(q_1+2)/(q_j+2)} \tag{4.37}$$

WC법을 채택할 경우도 동일한 절차를 적용하면 식 (4.37)과 (4.36)에 대응되는 다음 식이 구해진다.

$$\Delta_y = \Delta_1 + \sum_{j=2}^{n} \left(\frac{q_j B_j}{q_1 B_1} \right)^{1/(q_j+1)} \Delta_1^{(q_1+1)/(q_j+1)} \tag{4.38}$$

$$\Delta_j = \left(\frac{q_j B_j}{q_1 B_1} \right)^{1/(q_j+1)} \Delta_1^{(q_1+1)/(q_j+1)} \, , j = 2, ..., n \tag{4.39}$$

예제 4.16 조립품의 허용차를 ±0.17로 유지하기를 원하는 예제 4.8을 다시 고려하자. 부품 A, B, C의 A_i, B_i(단위: 천 원), q_i가 표 4.2의 왼편처럼 추정될 때(예제 4.13과는 달리 부품 B의 허용차도 조정가능하다고 가정함) RSS법과 WC법에 의해 비용을 최소화하는 각 부품의 허용차를 구하라.

식 (4.37)(RSS법)과 식 (4.38)(WC법)은 비선형 방정식이므로 수치해법에 의해 두 방법의 최적 Δ_1을 구하면 각각 0.0555와 0.0188이 된다. 이로부터 구한 부품 B와 C의 최적 허용차와 비용을 구한 결과가 표 4.2에 정리되어 있다.

이를 보면 RSS법인 경우 요구 허용차가 현 조립품의 허용차보다 작더라도 부품 허용차의 적절한 배분을 통해 비용을 현재보다 약간 줄일 수 있다. 또한 WC법에서는 현 합성 허용차보다 상대적으로 엄격한 조립품 요구 허용차를 만족하기 위해 각 부품 허용차를 RSS법보다 상당히 줄여야 하며, 이에 따라 비용도 증대된다. 특히 두 방법에서 부품 C의 지수값

(q_3)이 다른 부품보다 높아 이 부품의 허용차를 타 부품보다 느슨하게 설정하고 있다.

표 4.2 RSS법과 WC법에 의한 최적 허용차

부품(i)	A_i	B_i	q_i	현 (합성) 허용차	RSS법	WC법
A(1)	10	0.15	0.5	0.1	0.0555	0.0189
B(2)	20	0.1	1.0	0.1	0.0988	0.0588
C(3)	10	0.05	1.5	0.1	0.1267	0.0923
조립품 허용차				0.3(WC) 0.1732(RSS)	0.17	0.17
비용(단위: 천 원) 규격 내 비율				43.06	42.76 0.9973	44.57 1.00

한편 전달함수 모형인 식 (4.21)의 계수가 ±1로 한정되지 않으면서 식 (4.34)의 목적함수인 제조비용에 다구치의 2차 손실함수에 기반한 기대 품질손실 및 재작업/폐기 비용을 포함시킨 모형(그림 4.4 참고) 등 여러 관련 비용 최소화 모형이 개발되어 있다(Creveling, 1997; Yang and El-Haik, 2003).

4.1 고전압 변환기는 수명기간 동안 전력회로의 트랜지스터의 노후화로 인해 출력 전압이 변한다. 출력전압이 220V에서 ±25V가 변동하면 의도한 기능을 수행히기에 적합하지 않으며 이때의 손실은 50,000원이다. 제조자는 고객에게 출하하기 전에 공장에서 2,000원으로 구입할 수 있는 저항기에 의해 출력전압을 조정할 수 있다면 생산자 허용차는 얼마로 설정해야 하는가?

4.2 특수 섬유의 인장강도는 kg/mm^2로 측정된다. 이 제품의 규격하한은 $20kg/mm^2$이며 이에 미달하면 mm^2당 12.5원이 손실이 발생하면 공장 내에서 검사하며 부적합품을 폐기할 경우의 손실은 mm^2당 2원일 때 생산자 허용차를 구하라.

4.3 철판을 프레스로 가공하여 만든 제품의 형상이 양호하지 못하면 재작업을 해야 하는데 그 비용은 36,000원이다. 제품의 형상치수 규격은 $T \pm 200 \mu m$인데 철판의 경도와 두께가 형상치수에 영향을 미친다. 철판 경도가 1Hg(로크웰 경도) 변하면 형상치수는 $20 \mu m$ 변화하며, 두께가 $1 \mu m$ 변화하면 형상치수는 $3 \mu m$ 변한다. 경도나 두께가 허용차를 벗어나면 폐기를 하는데 그 손실은 제품 1개에 해당되는 철판 비용인 9,000원이다. 경도와 두께에 관한 생산자 허용차를 구하라.

4.4 어떤 전원회로의 출력 전압의 목표치로부터의 기능한계가 20V인데, 이를 초과하면 전원회로가 포함된 보드 수리비가 30만 원이다. 출력에 대한 부품 저항의 영향 계수가 0.6(V/%)이고 부품 저항의 생산자 허용차(자연공차에 해당)를 9, 6, 3, 1.5%인 4등급 중에서 선택할 수 있을 때 등급별 제품 비용이 표 4.3에 주어져 있다.

(1) 출력 전압의 손실함수의 계수(k)와 부품 저항의 손실함수 계수(k')를 구하라.

(2) 품질손실과 부품비용으로부터 부품 저항의 최적 등급을 추천하라.

표 4.3 허용차에 따른 부품비용

허용차(%)	부품비용
9	2,000
6	3,500
3	9,000
1.5	15,000

4.5* 특성치가 시간의 경과에 따라 열화할 때 단위시간당 열화율 θ에 관한 허용한계 $T_\theta \pm \Delta_\theta$를 설정할 필요가 있다. t_0가 설계수명 또는 교정주기일 때 열화율에 관한 평균제곱편차(Mean

Squared Deviation)인 MSD는 $\int_0^{t_0} (\theta t)^2 dt \Big|_{t_0} = \dfrac{\theta^2 t_0^2}{3}$ 가 된다. 2차 손실함수는 $k \cdot MSD$의

형태로 볼 수 있으므로 θ의 허용차가 Δ_θ일 때 다음과 같이 나타낼 수 있다(田口玄一, 1988).

$$L(\theta) = \frac{A_0}{3\Delta_0^2} \Delta_\theta^2 t_0^2$$

(1) A가 열화율을 조정하거나 수리하는 데 소요되는 비용이라면 Δ_θ는 다음과 같이 설정됨을 보여라.

$$\Delta_\theta = \sqrt{\frac{3A}{A_0}} \frac{\Delta_0}{t_0}$$

(2) 열화율이 식 (4.4)를 따르는 하위특성일 때 열화율이 허용한계를 벗어날 경우 상위특성의 손실 또는 비용이 A^*일 경우에 Δ_θ를 구하라.

(3) 조명기기의 출력은 조도로 측정되는데, 고객의 허용차는 20lux이고 이를 벗어날 때의 손실은 120,000원이다. 하위특성인 광도가 1cd(candela) 변할 때 조도는 0.75lux 변하며, 이 하위특성을 조정하는 데 필요한 비용은 2,000원이다. 또한 광도의 열화율이 허용차를 벗어나 조명기기를 교체하는 비용이 40,000원이다. 기기의 설계수명은 10,000시간일 때 광도와 이의 열화율에 관한 생산자 허용차를 구하라.

4.6* 소비자는 수명이 120개월(10년)인 벽시계가 월간 오차가 ±10초 내가 되기를 원한다. 생산자가 시계를 검사하고 정확도를 조정하는 비용은 10,000원이며, 고객은 2개월마다 오차를 교정하는데 이 비용은 2,000원이다. 연습문제 4.5를 이용하여 벽시계 오차에 관한 생산자 허용차를 구하라.

4.7* 그림 4.9와 같이 4.2.2소절에서 채택한 품질손실 함수가 2차보다 다음의 1차 함수형태일 때 최적 Δ가 R/k_1이 됨을 보여라. 품질특성치의 pdf는 $f(y)$이며, 양쪽 규격을 벗어날 경우 재작업하는 경우이다.

$$L(x) = k_1 |y - T|, \quad T - \Delta \leq y \leq T + \Delta$$

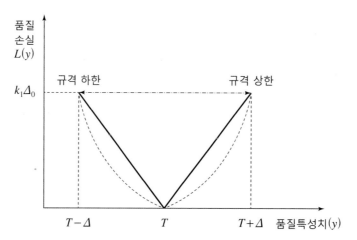

그림 4.9 품질손실 함수가 1차일 경우(점선은 2차 손실함수임)

4.8* 4.2.3소절에서 품질손실 함수가 연습문제 4.7의 1차 함수 형태이고 정규분포를 따를 때 검사에서 불합격될 때 폐기하는 경우에 다음 물음에 답하라.

(1) 기대 총비용은 다음이 됨을 보여라.

$$TC_E(\Delta) = \frac{\frac{2k_1\sigma}{\sqrt{2\pi}}\left(1 - \sqrt{2\pi}\,\phi\left(\frac{\Delta}{\sigma}\right)\right) + R(1 - P_a) + c_I}{P_a}$$

(2) (1)에서 최적 Δ^*는 다음 방정식의 해임을 보여라.

$$k_1\sigma\left[(\Delta/\sigma)P_a - \sqrt{2/\pi} + 2\phi(\Delta/\sigma)\right] - (R + c_I) = 0$$

4.9* 품질손실 함수가 그림 4.9의 1차 함수 형태이고 정규분포를 따를 경우에 예제 4.5를 풀어라. 즉, 연습문제 4.8을 이용해 Δ^*와 그 때의 단위당 기대 총비용을 구하는데, 여기서 1차 품질손실 함수의 k_1이 600이다.

4.10 12개 전자부품의 특성치를 측정한 결과가 다음과 같다. 특성치가 정규분포를 따른다면 이에 대한 (95%, 95%) 단측 허용구간의 상한을 근사 공식(식 (4.18))과 부록의 표 C.6에 의해 구하고, 결과를 비교하라.

12.7, 13.5, 13.9, 21.7, 21.6, 17.5, 12.2, 13.7, 12.5, 15.1, 11.0, 17.1

4.11 42개 기계부품 강도로부터 구한 강도의 평균이 1,200 kPa이고 표준편차가 200 kPa일 때 정규분포를 따른다면 기계부품 강도에 대한 (80%, 95%) 단측 허용구간의 하한과 양측 허용구간을

구하고자 한다. 근사 공식(식 (4.18)과 (4.19))과 Minitab 등의 SW를 이용해 구한 결과를 비교하라.

4.12 세 부품으로 구성된 조립품의 치수 y는 $2x_A + x_B - 3x_C$가 된다. 세 부품의 기준값과 허용차가 표 4.4와 같을 때 물음에 답하라.

표 4.4 조립품 부품 치수 정보

부품	기준값	허용차
A	1.300	0.010
B	0.250	0.004
C	0.150	0.005

(1) WC법에 의해 조립품의 기준값과 합성 허용차를 구하라.

(2) RSS법에 의한 조립품의 기준값과 합성 허용차를 구하라.

4.13 표 4.5는 브레이크 실린더에 들어가는 부품 치수에 관한 규격이다. 실린더 치수 y가 $x_5 + x_4 - x_1 - x_2 - x_3$일 때 물음에 답하라.

표 4.5 브레이크 실린더 부품 치수 정보

부품 번호	기준값	허용차
1	0.3940	0.0105
2	2.230	0.006
3	0.004	0.001
4	0.152	0.012
5	2.013	0.006

(1) WC법에 의해 y의 합성 허용차를 구하라.

(2) RSS법에 의해 y의 합성 허용차를 구하라.

(3) 부품 5의 허용차는 조정할 수 없다. (1)에서 구한 y의 허용차를 1/2로 줄일 경우에 비례인자에 의해 각 부품의 허용차를 배분하라.

(4) 부품 5의 허용차는 조정할 수 없다. (2)에서 구한 y의 허용차를 2/3로 줄일 경우에 비례인자에 의해 각 부품의 허용차를 배분하라.

4.14* 나사형(helical) 스프링의 조립 특성의 하나인 탄성률 R(단위: kg/cm)을 다음과 같이 나타낼 수 있다.

$$R = \frac{Ed_w^4}{8(d_i + d_w)^3 m}$$

여기서 E는 탄성계수(11.5×10^6), d_w는 와이어의 지름, d_i는 스프링의 내경, m은 코일의 개수이다. d_w의 규격은 0.1 ± 0.001, d_i의 규격은 1.0 ± 0.02, m은 고정된 값으로 10이다.

(1) 선형으로 근사화하여 WC법에 의해 R의 합성 허용차를 구하라.

(2) 선형으로 근사화하여 RSS법에 의해 R의 합성 허용차를 구하라.

4.15 조립품의 치수 Y는 $X_1 + X_2 - X_3$로 나타낼 수 있으며, 이의 허용한계는 $3.00 \pm 0.05\,\mathrm{cm}$이다. X_1, X_2, X_3은 각각 평균이 2.5, 1.50, 1.00cm이고 분산이 동일한 정규분포를 따르며, 이들의 허용차는 99.73%를 수용하도록 설정되어 있다. 조립품이 규격 내에 포함될 비율이 99.9937%($\mu_y \pm 4\sigma_y$)가 되도록 세 부품의 허용차를 비례인자에 의해 배분하라. 부품 1, 2, 3의 가중치가 0.4, 0.2, 0.4일 경우 가중 비례인자에 의해 세 부품의 허용차를 배분하라.

4.16* 그림 4.10에는 클러치 조립품의 중요 치수가 표시되어 있으며, 각 치수의 변동이 조립품의 접촉각 y(단위: radian)에 어떤 영향을 미치는지 조사하고자 한다. y는 다음과 같이 나타낼 수 있으며, x_1, x_2, x_3, x_4의 기준 치수(여기서, $x_3 = x_2$임)는 각각 55.29, 22.86, 22.86, 101.60mm이다.

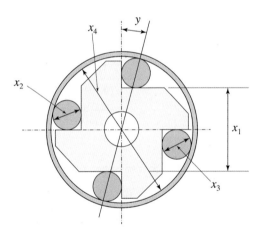

그림 4.10 클러치 조립품

$$y = \arccos \left[\frac{x_1 + \dfrac{(x_2 + x_3)}{2}}{x_4 - \dfrac{(x_2 + x_3)}{2}} \right]$$

(1) y의 기준값을 구하라.

(2) 네 부품의 허용차가 모두 기준값의 5%일 때 선형으로 근사화하여 WC법에 의해 y의 합성 허용차를 구하라.

(3) 네 부품의 허용차가 모두 기준값의 5%일 때 선형으로 근사화하여 RSS법에 의해 y의 합성 허용차를 구하라.

4.17 세 부품으로 구성되어 각각 선형으로 영향을 미치는 제품을 고려하자. 세 부품의 가격은 각각 2,600, 1,200, 400원이고, 선형계수는 3, 6, 4이다. 제품의 허용차는 5이며, 규격에 부합되지 않을 때의 교정비용은 10,000원이다. 각 부품이 규격을 벗어날 때 새로운 부품으로 교체한다면 다구치의 배분방법에 의한 각 부품의 허용차는 얼마인지 구하고, 이로부터 구한 합성 허용차는 제품의 허용차를 충족하는지 구하라.

허용차 설정에 관한 참고서적으로 Taguchi et al.(1989)를, 통계적 허용구간에 관한 통람 논문으로 Patel(1986)을, 이를 포함한 통계적 구간에 관한 전문서적으로 Meeker et al.(2017)이 도움이 될 것이다. 그리고 허용차 분석과 배분에 관해서는 Evans(1992)를 일독하기를 권한다.

1. 서순근, 조유희(2005), "확대 인자를 이용한 허용차 분석법의 타당성 평가," 품질경영학회지, 33, 91-104.

2. Chandra, M. J.(2001), Statistical Quality Control, CRC Press.

3. Chase, L. W.(1999), Tolerance Allocation Methods for Designers, ADCATS Report, No. 99-6.

4. Creveling, C. M.(1997), Tolerance Design: A Handbook for Developing Optimal Specifications, Prentice-Hall.

5. Evans, D. H.(1992), Probability and its Application for Engineers, CHAPTER 9: Tolerancing, Error Analysis, and Parameter Uncertainty, ASQ.

6. Feng, Q. and Kapur, K. C.(2006), "Economic Design of Specifications for 100% Inspection with Imperfect Measurement Systems," Quality Technology and Quantitative Management, 3, 127-144.

7. Giltlow, H. and Awad, H.(2013), "Intro Stats Students Need Both Confidence and Tolerance (Intervals)," American Statistician, 67, 229-234.

8. Meeker W. Q., Hahn, G. J. and Escobar, E. A.(2017), Statistical Intervals: A Guide for Practitioners and Researchers, 2nd ed., Wiley.

9. Patel, J. K.(1986), "Tolerance Limits-A Review," Communications in Statistics-Theory and Methods, 15, 2719-2762.

10. Taguchi, G., Elsayed, E. A. and Hwang, T. C.(1989), Quality Engineering in Production Systems, McGraw-Hill.

11. Yang, K. and El-Haik, B.(2003), Design for Six Sigma: A Roadmap for Product Development, McGraw-Hill.

12. 田口玄一(1988), 품질공학강좌 1: 개발설계단계의 품질공학, 일본규격협회(한국표준협회 번역 발간, 1991).

공정관리

통계적 공정관리 일반

변동의 두 가지 원인에 관한 사례

변동은 사람들 사이에, 산출물에, 제품과 서비스에 항상 존재한다. 데밍 박사가 어느 날 11살 난 패트릭이라는 소년의 차트를 보게 된다. 그림 5.A는 패트릭이 아침 8시에 자신의 집 앞 정류소에 오는 학교버스의 도착시간을 재구성한 그림이다.

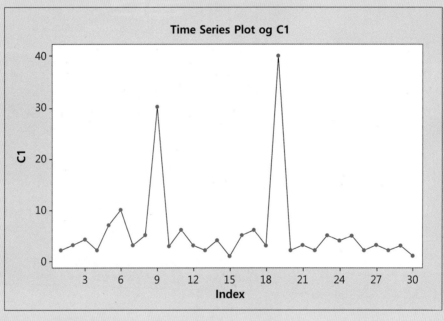

그림 5.A

패트릭은 두 번의 늦은 경우를 특별한 원인으로 파악하고 동그라미를 쳐놓았다. 처음의 경우는 새로운 버스기사가 온 날이며 두 번째 경우는 버스 문이 고장 난 경우이다. 이 소년은 버스도착시간의 지연(변동)의 원인으로 일반원인과 특별원인에 의한 경우를 구분한 것이다.

1925년경의 시카고의 웨스트 일렉트릭사의 경우 제품의 균일성확보(변동의 축소)를 위해 최선의 노력을 다하고 있었다. 그러나 불행히도 상황은 개선될 가능성을 좀처럼 보이지 않고 있었는데, 슈하트 박사는 다음과 같이 기존의 대처방식에서의 문제점을 지적하였다. 많은 경우 일반원인에 의해 변동이 발생하였는데도 어떠한 특별원인에 의해 변동이 야기되었다고 생각한다는 것이다. 이로 인해 사람들은 공정의 근본적인 개선이 아니라 공정의 단편적인 변경을 통해 안정된 공정을 오히려 악화시키고 있었다.

슈하트 박사는 변동을 일반원인에 의한 변동과 특별한 원인에 의한 변동으로 대분하였으며 이를 간단히 구분하고 대처하는 데 유용한 슈하트 관리도(6장 참고)를 개발하였다. 일반원인에 의한 변동이 존재하는 경우는 변동을 측정하는 데이터가 관리한계선 내에 머무를 것이며 특별원인에 의한 변동의 경우는 데이터가 관리한계선 밖에서 타점될 것이다. 슈하트 박사는 두 종류의 변동에 대해 대처하는 경우에

- **실수 1**: 실제로는 일반원인에 의한 변동인데도 특별원인에 의한 변동이라고 판단하여 조치를 하는 실수
- **실수 2**: 실제로는 특별원인에 의한 변동이 작용하고 있는데도 일반원인에 의한 변동만 있다고 잘못 판단하고 있을 실수

이상의 두 가지 경우가 발생할 수 있다고 생각하고 이에 적절히 대응(전체적인 총손실을 최소화)하기 위해 보편적인 기준에 근거한 관리한계선(3시그마 관리한계선, 6장 참고)을 구하는 방안을 제시하였다. 이는 패트릭 소년의 버스지각시간이 어느 정도일 때 그것이 특별원인에 의한 지각이라고 판단할 것인지의 문제이다.

자료: Deming(1994).

이 장의 요약

5장에서는 통계적 공정관리의 기본 원리로 5.2절에서는 품질변동과 원인의 종류를 설명하고 5.3절에서는 공정관리를 위한 통계적 원리, 특히 관리도의 사용과 관련하여 관리한계선의 선정, 관리상태의 판정, 부분군의 크기 및 추출간격 등을 설명한다. 그리고 5.4절과 5.5절에서는 전통적인 통계적 공정관리의 일반적인 방법론인 관리도와 관련하여 그 종류 및 일반적인 사용절차, 그리고 관리도에서 사용되는 보다 다양한 관리상태판단 규칙들을 설명한다. 마지막 5.5절에서는 관리도에 대한 머신러닝 응용을 기술하고자 한다.

제품의 라이프 사이클은 연구·개발, 제품·공정설계, 제조, 사용현장 단계로 구분되고 이에 따른 SQC 활동은 오프라인 QC(off-line Quality Control), SPC(Statistical Process Control), 샘플링검사로 대별할 수 있다. 설계 단계에서의 품질공학인 오프라인 QC는 2부와 13장에서 자세하게 다루었다. 3부와 4부에서는 SPC와 공정능력을, 5부에서는 샘플링검사를 소개한다. 3부 SPC 중 본 장에서는 SPC, 즉 통계적 공정관리의 원리를 설명하고자 한다.

공정 내에서 품질을 검사하거나 시험하는 것은 쉽지 않고 경제적이지 않아, 처음부터 제품을 올바르게 만들어야 한다. 생산 작업자, 기술자, 품질보증 담당자, 관리자 등 공정 관련 이해관계자는 생산공정을 안정시키고, 지속적으로 공정성능을 개선하며, 주요 파라미터의 변동을 감소시켜야 한다. 어떤 제품이 고객의 기대를 만족하거나 초과하면, 그 제품은 안정되고 반복적인 공정에서 생산되고 있는 것이다. 온라인상에서 수행되는 통계적 공정관리(SPC)는 공정을 안정시키고 공정 능력을 개선하는 유용한 문제 해결 도구들의 집합체이다.

SPC 방법 중 가장 단순하면서도 널리 보급된 형태가 관리도(control chart)이다. 관리도 방법은 1924년 슈하트가 소개하였으며, 1931년 통계적 관리를 위한 단행본 ≪제조 제품 품질의 경제적 관리≫가 출간된 후 널리 확산되었다. 이후 다양한 종류의 관리도가 개발, 사용되었으며 최근 다양한 머신러닝(machine learning) 그리고 인공지능기법들이 공정관리에 응용되고 있다.

SPC는 공정의 상태를 파악할 수 있는 품질특성을 이용하여 문제가 발생할 경우 가능한 빨리 이를 탐지하여 시정조치를 취함으로써 부적합품의 발생을 되도록 억제하는 역할을 수행한다. 특히, 관리도는 품질의 변동 상황을 그래프로 나타낸 것으로, 공정에 대한 정보(평균, 분산, 부적합품률 등)를 추정하거나 공정능력을 결정하는 데 활용할 수 있으며, 공정개선을 위한 유익한 정보를 제공하기도 한다. SPC의 목표는 공정데이터를 이용하여 공정이 관리상태에서 지속적으로 유지되도록 함으로써 가능한 한 생산공정에서 품질변동을 제거하거나 줄이는 것이다.

우리나라에서는 1963년 한국공업규격으로 KS A 3201(관리도법)이 제정된 이후 관리도법이 사용되었으며, 현재는 한국산업표준으로 변경하여 KS Q ISO 7870-1: 2014(일반지침), KS Q ISO 7870-2: 2014(슈하트 관리도), KS Q ISO 7870-13: 2014(합격판정 관리도), KS Q ISO 7870-4: 2014(누적합 관리도), KS Q ISO 7870-5: 2016(특수 관리도) 등이 제정되어 사용되고 있다. 나아가 반도체 공정 등 첨단사업의 경우 최근 다양한 머신러닝기법을 이용한 공정관리 방안들이 개발되고 적용되고 있다.

5장에서는 공정관리의 기본 원리로 품질변동과 원인, 공정관리의 통계적 원리, 특히 관리도의 사용과 관련하여 관리한계선의 선정, 관리상태의 판정, 부분군의 크기 및 추출간격 등을 설명하고, 다양한 형태의 종류를 알아보고자 한다. 그리고 마지막 절에서는 머신러닝의 공정관리에서의 응용에 대해 기술하고자 한다. 6장에서는 슈하트가 제안한 전통적인 슈하트 관리도를 소개하며, 7장에서는 특수한 슈하트 관리도, EWMA, CUSUM 관리도, EPC 등을 설명하고 8장에서 다변량 관리도, 그리고 공정모니터링과 진단과 관련된 다양한 주제들을 다루고자 한다.

5.2 | 품질변동과 원인

일반적으로 생산공정에서는 목표품질인 설계품질에 합치하는 제품을 만드는 것이 주요 목표이다. 그러나 충분히 잘 설계되고 관리되는 생산공정이라 할지라도 다양한 원인에 의해 변동이 발생하며 특히 시간이 흐름에 따라 생산된 제품의 품질에는 반드시 변동(산포)이 발생하게 된다. 우리는 이러한 품질변동을 발생시키는 원인을 크게 두 가지로 분류할 수 있다.

(1) 우연원인(일반원인)

생산조건이 엄격하게 관리되고 있는 공정에서도 일상적으로 발생하는 변동으로, 기존의 관리체계에서는 이런 품질변동은 단기적으로 불가피하다. 예를 들면 조정이 불가능한 작업환경의 변화, 작업자들 간 약간의 숙련도 차이, 동일한 생산설비 간의 기능 차이, 사용하는 원자재 간의 미세한 특성 차이 등은 현실적으로 존재할 수밖에 없으므로, 이들 원인들에 의해 생산되는 제품의 품질도 영향을 받게 된다. 이와 같은 불가피한 원인을 우연원인(chance or common cause; 일반 또는 불가피원인)이라 하며, 우리는 생산공정이 우연원인에 의해서만 변동하고 있는 경우 통계적으로 관리상태(in statistical control)에 있다고 한다.

(2) 이상원인(특별원인)

우연원인으로 인한 변동과는 다른 품질변동으로 생산설비의 이상, 작업자의 부주의, 불량 원부자재의 사용, 측정오차 등으로 인해 품질변동이 발생하는 경우이다. 이러한 변동원인을 이상원인(assignable or special cause; 특별 또는 가피원인)이라 하고 공정에 이상원인이 발생한 경우 그 공정이 관리상태를 이탈했다 또는 벗어났다(out of control)고 하거나 이상상태에 있다고 한다. 이상원인은 공정에 만성적으로 존재하는 것은 아니며 우발적으로 발생하는데, 이상원인

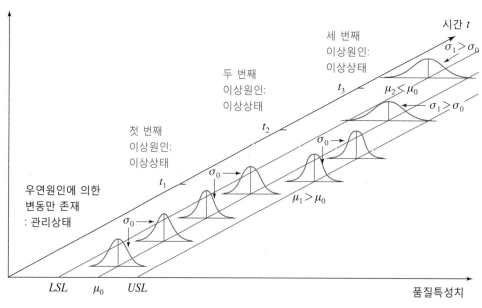

그림 5.1 품질변동의 우연원인과 이상원인

에 의한 변동은 일반적으로 우연원인에 의한 변동보다 상대적으로 크므로 우선적으로 제거해야
한다.

간단한 예로서 공정의 상태를 하나의 품질 특성치로 파악할 수 있다고 가정하고 우연원인만이
존재하는 공정(관리상태)에서 품질 특성치의 변동이 정규분포를 따르고 있다고 한다면 품질변동
의 원인인 우연원인과 이상원인이 어떻게 나타나는지 그림 5.1에 제시되어 있다(Montgomery,
2012). 공정이 시점 t_1까지는 관리상태에 있고 공정평균과 표준편차는 관리상태의 값(μ_0 및 σ_0)
을 갖는다. t_1에서 이상원인이 발생하면 새로운 공정평균 $\mu_1 > \mu_0$으로 이동하여 이상상태가 된
다. 시점 t_2에서 다른 이상원인이 발생하면 공정평균은 μ_0이나 공정표준편차가 $\sigma_1 > \sigma_0$이 된다.
시점 t_3에서는 또 다른 이상원인이 존재하며 공정평균($\mu_2 < \mu_0$)과 공정표준편차($\sigma_1 > \sigma_0$)가 관
리상태를 벗어나 공정이 이상상태에 있게 된다. 공정이 관리상태에 있을 경우에는 생산된 제품
은 보통 규격하한(LSL)과 규격상한(USL) 내에 있으나, 이상상태일 경우에는 규격을 벗어날 가
능성이 크다.

따라서 통계적 공정관리의 중요한 목적 중의 하나는 공정에 이상원인이 발생할 경우에 가능
한 빨리 이를 탐지하고 수정조치를 취하여 부적합품의 지속적인 발생을 억제함으로써 품질변동
을 감소시키는 것이 된다.

1931년 단행본 ≪제조 제품 품질의 경제적 관리≫에서 최초로 관리도 개념을 확립한 슈하트
는 통계적 방법을 사용해 공정 데이터를 해석하는 방법을 개발하였는데, 다음의 서문 첫 번째

단락에서 통계적 공정관리에 대한 토대를 파악할 수 있다(DeVor et al.(2007)에서 재인용).

산업의 목표는 인간 욕구를 만족시키는 경제적 방법을 확립하고, 인간 노력이 최소로 요구되는 루틴(routine)으로 단순화하는 것이다. 통계적 개념을 포함한 과학적 방법을 사용함으로써, 루틴 공정이 경제적이라면 루틴 공정의 결과가 넘지 말아야 하는 한계선을 설정하는 것이 가능하다. 한계선을 벗어난 루틴 공정에서의 편차는 루틴에 문제가 발생하였으며 문제의 근원이 제거될 때까지 더 이상 경제적이지 않음을 나타낸다.

그의 주장에서 다음 몇 가지 사항은 명확하다.

• 기본적으로 공정에 초점을 맞춘다. 즉, 인간 욕구를 만족시키는 방법에 주목한다.
• 공정의 경제적 운용이 주요한 목표이므로, 모든 것을 인간 노력이 최소한으로 요구되는 루틴으로 단순화한다.
• 정상 운용 동안에는 공정 행태는 예측 가능한 변동 한계선 내에 있으므로, 루틴 노력이 경제적이라면 루틴 노력의 결과들이 존재하는 한계선을 설정할 수 있다.
• 한계선 밖으로의 성능 편차는 공정의 경제적 성공을 위험하게 하는 문제가 존재한다는 신호이다. 즉, 한계선을 벗어난 루틴 공정에서의 편차는 루틴이 실패하였으며 더 이상 경제적이지 않음을 나타낸다.
• 품질 및 생산성 개선을 위해서는 공정에서 문제의 근원을 찾아 이를 제거하는 데 관심을 가져야 한다. 루틴이 실패하면 이의 근원이 제거될 때까지 더 이상 경제적이지 않다.

과거 경험을 통해 미래 현상이 최소한 한계선 내에서 변화될 것을 예측할 수 있을 때 그 현상은 관리상태에 있다고 한다. 공정이 관리상태에 있지 않을 때 공정의 생산성이나 경제적 성공은 보장되지 못한다. 슈하트 사고방식에서 제품 및 공정 품질특성에 대한 변동 패턴(pattern)의 해석을 통한 공정 행태에 대한 예측성은 루틴 공정의 경제적인 여부와 같은 개념이다. 이상 행태의 존재, 즉 공정 비안정성은 공정에 낭비 및 비효율성이 작용하고 있다는 신호이다. 이 사실을 명확하게 알기 위해 공정능력과 공정관리를 구분할 수 있어야 한다.

여기서 제품의 규격 적합성과 공정의 통계적 관리의 판단은 설정된 한계선(규격한계선, 관리한계선)과 품질 특성치의 변동 패턴을 비교하지만, 제품의 품질특성들이 엔지니어링 설계 단계에서 도출된 규격한계 내에 있다는 것은 고객 기대가 만족되고 있다는 의미이다. 반면에 공정의 성능이 루틴 운용에서 관측된 변동 패턴을 반영한 한계선 내에 있다는 것은 고객 기대가 경제적

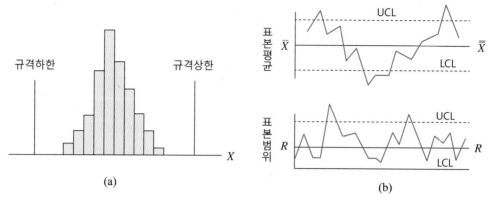

그림 5.2   제품의 규격 적합성과 공정관리(UCL(관리상한), LCL(관리하한))

으로 만족되고 있다는 의미이다.

그림 5.2를 통해 제품의 규격 적합성과 공정관리를 구별할 수 있다(DeVor et al., 2007). 그림 5.2(a)에서는 제품 품질특성 측정치를 규격과 대비하여 제품이 규격을 만족하고 있는 것으로 나타난다. 그림 5.2(b)는 동일한 품질 특성치에 적용된 슈하트의 $\bar{X}-R$ 관리도(자세한 것은 6장에서 다룬다)로 공정의 변동 패턴이 우연원인으로부터 정의된 예측 가능한 한계선 내에 있지 않은 것으로 나타난다. 즉, 공정은 평균 및 산포 관점에서 관리상태에 있지 않다.

슈하트가 지적한 것처럼 통계적 의미에서 공정이 관리되지 못하면 공정은 경제적으로 수행되고 있지 못하며, 공정이 관리상태에 있을 때보다 제품을 생산하는 데 더 많은 자원이 투입된다. 즉, 공정이 설계된 방식으로 운용되고 있지 못하며, 생산성을 저하시키는 기본적 결함이 존재하게 된다.

그러므로 통계적 공정관리는 공정의 상태를 파악할 수 있는 특성치(품질 변수)들을 선정하고 이들이 우연원인만이 존재할 때 어느 정도의 변동을 가지는가를 파악한다. 그리고 주기적으로 공정에서 특성치데이터를 획득하여 이 데이터로부터 계산된 수치(통계량)들을 가지고 이상상태로의 공정변화를 신속히 감지하는 것을 목적으로 한다.

앞 절에서 언급하였듯이 일반적인 통계적 공정관리를 위해서는 다음과 같은 세부과제들이 해결되어야 한다.

과제 1: 공정의 상태를 파악할 수 있는 품질 특성치(변수) 선정

과제 2: 공정에서 우연원인에 의한 변동만이 존재하는 경우(이상원인이 발생하지 않는 경우)에 선정된 변수들의 변동의 정도를 파악

과제 3: 이상상태감지를 위해 특성치 데이터를 획득하기 위한 주기, 샘플크기, 샘플링방법 등의 결정

과제 4: 공정의 관리상태판단을 위해 선정된 변수들의 데이터로부터 계산되는 통계량의 선정

과제 5: 계산되는 통계량이 가질 수 있는 범위에서 이상상태로 판단하게 될 한계선(혹은 경계선)의 선정

이 절에서는 각 과제에 관련된 주요 통계적 원리를 주로 공정변수가 하나인 경우에 대해 설명하고 특별한 경우 다변량의 경우도 언급하고자 한다. 먼저 과제 1에 해당하는 '어떤 품질 특성치들을 공정변수로 사용할 것인가'의 문제는 공학적인 문제이므로 여기서는 결정되어 있다고 가정한다.

공정이 안정된 상태에서 하나의 공정변수가 먼저 정규분포를 따른다고 하면 공정이 안정된 상태에서 분포의 매개변수인 평균과 분산(표준편차)의 변화가 파악되므로 우리는 공정의 관리상태를 판단할 수 있을 것이다. 그러므로 이상상태 판단의 기본적인 문제는 공정이 안정된 상태에서의 두 매개변수의 값이 변화한 것인가를 판단하는 문제이며, 다음과 같은 가설검정의 문제에 해당한다. 즉, 공정의 평균을 관리하는 경우 공정의 목표치 또는 관리상태에서의 공정의 평균을 μ_0라면, 귀무가설 H_0와 대립가설 H_1이 다음과 같이 규정될 때

$$H_0 : \mu = \mu_0$$
$$H_1 : \mu \neq \mu_0$$

를 검정하기 위해 샘플을 추출하여 계산한 통계량의 값이 UCL 또는 LCL을 벗어나면 H_0를 기각하고, 그렇지 않으면 H_0를 채택하는 과정을 그림 5.3과 같이 그래프로 나타낸 것이 관리도라고 할 수 있다.

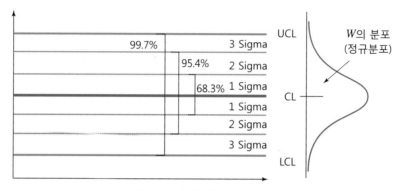

그림 5.3 관리도의 통계적 원리

과제 3의 경우는 뒤에 보다 상세히 언급하고자 한다. 만일 데이터 획득주기, 샘플크기, 샘플링 방식 등이 주어진 경우 과제 4, 5를 해결하기 위해 일반적으로 관리상태에서의 공정변수의 분포의 매개변수에 대한 표본 통계량을 W라고 하자. 그리고 관리상태에서 W의 평균을 μ_W, 표준편차를 σ_W라고 하면 관리 상태 판단을 위한 중심선, 관리상한 및 관리하한은 다음과 같다.

$$UCL = \mu_W + L\sigma_W$$
$$CL = \mu_W \qquad\qquad\qquad (5.1)$$
$$LCL = \mu_W - L\sigma_W$$

여기서 L은 중심선에서 관리한계선까지 표준편차 단위로 표현된 거리이다. 이런 관리도의 이론은 슈하트가 처음으로 제안하였으며 이 원칙에 따라 개발된 관리도를 슈하트 관리도라고 한다. 특히 관리한계선의 폭을 설정하는 것은 관리도의 설계에서 중요한 문제 중 하나이다. 관리한계선을 중심선에서 멀리 하면 제1종 오류의 위험(이상원인이 없을 때 이상상태를 의미하는 관리한계선을 벗어난 점의 위험)은 감소하지만, 제2종 오류의 위험(공정이 실제 이상상태일 때 관리한계 내에 타점되는 위험)은 증가한다. 반대로 관리한계선을 중심선에서 가까이 하면 제1종 오류의 위험은 증가하지만 제2종 오류의 위험은 감소한다. 슈하트는 표준편차의 3배수(식 (5.1)에서 $L = 3$)를 제안하였다. 이때의 관리한계선을 3σ 관리한계선이라 부른다.

예로 3σ 관리한계선을 사용한 그림 5.3의 $\bar{x}$관리도에서 품질 특성치가 정규분포를 따른다고 가정하면, 제1종 오류(관리상태인데 이상상태로 알림)의 확률은 0.0027이 된다. 그러므로 이 공정이 관리상태일 때 한 점이 한쪽 방향에서 3σ 관리한계선을 벗어날 확률은 0.00135이다. 한편 관리한계선을 $\bar{x}$의 표준편차의 배수로 설정하는 대신에 제1종 오류의 확률을 선택하고 관리한계선을 계산할 수도 있다. 예로 한쪽 방향으로 0.001의 제1종 오류를 선택하면 L은 3.09가

된다. 이들 관리한계선은 제1종 오류를 총 0.002 확률로 발생시키지만 통상 0.001 확률한계선 (probability limit)이라 한다. 일반적으로 관리한계선을 표준편차의 배수로써 $L = 3$을 사용하지만 확률적으로 설정한 0.001 확률한계선(3.09σ 관리한계선)이 사용되기도 한다.

통계량이 정규분포를 따를 경우 평균의 관리를 위해 3σ 관리한계선을 적용한다는 것은 귀무가설 H_0가 참일 때 기각되는 확률(제1종 오류를 범할 확률, 생산자 위험)로 $\alpha = P(|W - \mu_0| > 3\sigma_w)$ $= 0.0027$(3.09σ일 때는 0.002가 됨)을 채택하는 것과 같다. 이는 공정평균이 μ_0일 때 관리도상의 한 점이 관리한계선을 벗어날 확률이 0.0027에 불과하므로 매우 바람직하다고 볼 수 있다. 그러나 $\pm 3\sigma$의 폭이 넓기 때문에 공정평균에 약간의 변화가 생겨 대립가설 H_1이 옳은 경우에 대립가설을 채택하지 않을 확률(제2종 오류를 범할 확률, β)은 높아진다.

관리상태에서 공정변수의 변동이 정규분포를 따르지 않는 경우에 대해서는 지금까지 다양한 연구들이 이루어져 왔다. 대표적인 연구로서는 ① 정규분포 이외의 비대칭성을 가진 분포, 예를 들어 감마분포를 가정하는 경우 ② 2개 이상의 정규분포의 혼합형을 가정하는 경우 등이 있다.

위와 같은 경우에서도 획득된 데이터로부터 공정의 관리상태를 파악하는 문제는 관리상태의 분포의 매개변수에 대한 가설검정의 문제와 통계적으로 동일한 문제임을 알 수 있다. 그러므로 관리 한계선의 선정은 기본적으로 제1종, 2종 오류와 관련된 문제로서 두 오류의 절충에 의해 선정될 것이다.

통계적 공정관리에서는 관리 한계선 이외에 보완적인 의미에서 경고한계선(warning limit)을 도입함으로써 관리도의 민감도를 높일 수 있다. 관리도의 민감도란 공정의 이상여부를 빨리 탐지할 수 있는 능력을 말한다. 3σ 관리한계선을 갖는 관리도에서 경고한계선이란 3σ 관리한계선 안쪽에 설정하는(일례로 2σ) 한계선을 가리키며, 이때 3σ 관리한계선을 조치한계선(action limit)이라 한다. 관리도상에서 한 점이라도 조치한계선을 벗어나면 공정에 이상원인이 발생했다고 보고 그 원인을 찾아 필요한 경우 시정조치를 취한다. 그러나 한 점도 조치한계선을 벗어나지 않았더라도 한 점 이상이 경고한계선과 조치한계선 사이에 타점되면 공정에 이상원인이 발생했을 가능성이 높다고 보고 부분군의 추출간격을 줄이거나 공정이 관리상태에 있는지를 조사 확인할 수 있다.

부분군의 크기와 추출간격을 변경하는 공정관리 계획을 적응적 또는 가변 추출간격 계획이라 하며, 최근에 많이 연구되었다. 적응관리도는 7.7절에서 다룬다.

공정의 관리상태를 파악하기 위해 기본적으로 관리한계선을 이용하지만 그 외에 관리상태를 판단하기 위해 획득된 데이터로부터 다양한 형태의 경향을 파악하는 방안들이 연구되어져 왔다. 이는 5.5절에서 상세히 다루고자 한다.

지금까지 관리상태를 파악하기 위한 기본적인 절차와 통계적 원리를 알아보았다. 보다 일반적

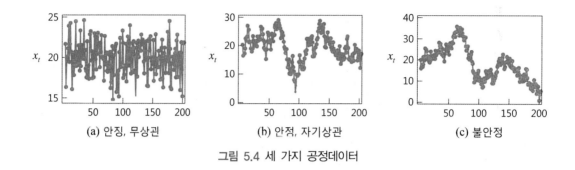

(a) 안정, 무상관   (b) 안정, 자기상관   (c) 불안정

그림 5.4 세 가지 공정데이터

으로 공정의 이상상태를 신속히 감지하기 위해 먼저 중요한 고려사항은 공정이 나타내는 변동 형태이다. 그림 5.4는 세 가지 다른 공정에서 수집된 데이터를 보여준다(Montgomery, 2012). 그림 5.4(a)와 그림 5.4(b)에서는 공정 데이터가 안정되거나 예측 가능한 형태로 고정된 평균 근처에서 변동하므로 안정 행태(stationary behavior)가 나타난다. 이런 행태는 슈하트 관리도에서 관리상태에 있는 공정에서 생성된다.

그런데 그림 5.4(a)와 그림 5.4(b)를 비교해보면 몇 가지 차이점이 있다. 그림 5.4(a)는 무상관 (uncorrelated) 관측치들이 안정된 모집단, 즉 정규분포 모집단에서 랜덤하게 추출된 형태를 나타내는데, 시계열 분석에서는 이를 백색 소음(white noise)이라고 한다. 이런 공정에서는 데이터가 발생한 순서가 공정 분석에 유용한 정보를 제공하지 않아 미래를 예측하는 데 과거 데이터의 값들은 별로 도움을 주지 못한다. 그림 5.4(b)는 안정이지만 시계열분석이 필요한 공정으로, 예를 들어 자기상관(autocorrelation)을 가지는 공정 데이터일 수 있다. 연속된 관측치들이 종속되므로 평균보다 큰 관측치에는 보통 평균보다 큰 값이 뒤따르며, 평균보다 작은 관측치에는 평균보다 작은 값이 뒤따를 가능성이 높다. 이는 평균의 한쪽 편에 긴 '런(run)'을 생성하는 경향이 있다.

한편 그림 5.4(c)는 불안정(nonstationary) 변동을 나타내고 있는데, 이런 공정 데이터의 형태는 화학 및 장치산업에서 자주 발생한다. 공정이 안정되거나 고정된 평균 없이 표류한다는 점에서 매우 불안정하다. 피드백 관리(feedback control) 같은 공학적 공정관리(Engineering Process Control: EPC)를 이용해 이런 행태의 공정을 안정화시킨다. 이런 접근법은 공정에 영향을 주는 환경 변수나 원재료 물성 등의 공정을 불안정화시키는 요인이 있을 때 유용하다. EPC 관리 계획이 효과적일 때 공정 출력은 그림 5.4(c)가 아닌 그림 5.4(a)나 그림 5.4(b)와 같은 형태로 나타난다. EPC는 7.9절에서 다룬다.

슈하트 관리도는 관리상태 공정 데이터가 그림 5.4(a)처럼 나타날 때 가장 효과적이다. 이는 사용자에게 관리도의 성능이 예측 가능하고 합당하며, 이상상태를 검출하는 데 효과적이 되도록 관리도를 설계해야 됨을 의미한다. 따라서 대부분의 관리도에서는 관리상태 공정 데이터가 안정이고 무상관이라고 가정한다. 슈하트 관리도 및 기타 관리도를 적절하게 변형하면 자기상관 데이터에도 적용할 수 있다. 자기상관 데이터에 관한 관리도 적용 방법은 7.8절에서 다룬다.

공정 관리상태를 판단하기 위해 우리가 가지고 있는 정보가 공정 데이터일 때 만일 이 주어진 데이터가 모두 공정이 관리상태인 상황에서 획득된 경우이지만 잘 알려진 분포(정규분포, 감마분포, 또는 혼합분포)의 경우로 가정하기가 어려운 상황에서는 ① 군집분석에서 사용되는 거리기준에 의한 관리 경계치 선정 ② 커널기반 관리 경계치 선정 등과 같은 머신러닝기법을 활용한 통계적 공정관리가 효과적일 것이다. 이는 5.6절에서 간략히 설명될 것이며, 8.9절, 8.10절에서 상세히 다루어질 예정이다.

또 다른 문제로서 공정 관리상태를 판단하기 위해 우리가 가지고 있는 정보가 공정 데이터이고 이 주어진 데이터에 이상상태의 데이터도 일부 포함되어 있는 경우는 어떻게 관리방안을 설정하여야 하는가? 라는 문제가 있다. 전통적인 관리도 분야에서는 다음 5.4절에 소개하게 될 관리도의 단계 I이 데이터에서 이상상태에서 획득된 데이터로 의심되는 것을 제외하는 과정이다.

일반적으로는 이상치(outlier) 제거를 위한 다양한 통계적 방법론을 사용할 수 있을 것이다. 보다 구체적인 방법은 8.9절, 8.10절의 내용을 참고하기 바란다.

5.4 | 관리도 종류와 사용의 일반절차

통계적 공정관리를 위한 방법론으로 가장 널리 활용되는 관리도는 다양하게 분류될 수 있다. 먼저 관리대상인 제품의 품질특성에 따라 크게 계량형 관리도와 계수형 관리도로 분류되며, 일반적으로 3σ 관리한계선을 갖는 슈하트 관리도가 널리 사용되고 있다. 이 책에서는 슈하트 관리도와 더불어 특수 관리도와 다변량 관리도 등 다음과 같은 다양한 관리도를 6장, 7장, 8장에서 다루고자 한다.

(1) 슈하트 관리도(KS Q ISO 7870-2: 2014)
① 계량형 관리도
• 공정평균 관리용
  - 평균($\overline{X}$) 관리도
  - 개별치(X) 관리도

－중위수($\widetilde{X}$) 관리도
- 공정산포 관리용
 －범위(R) 관리도
 －표준편차(s) 관리도
 －이동범위(R_m) 관리도

② 계수형 관리도
- 부적합품률(p) 관리도
- 부적합품수(np) 관리도
- 부적합수(c) 관리도
- 단위당 부적합수(u) 관리도

(2) 규격 연관 관리도(KS Q ISO 7870-3: 2014)

(3) 단기 생산공정 관리도

(4) 시간가중 관리도
- 이동평균(MA) 관리도(KS Q ISO 7870-5: 2014)
- 지수가중 이동평균(EWMA) 관리도
- 누적합(CUSUM) 관리도(KS Q ISO 7870-4: 2014)

(5) 희귀사건 관리도

(6) 적응 관리도

(7) 자기상관하의 대안 관리도

(8) 다변량 관리도

품질특성에 적합한 관리도를 선정하는 것은 품질 특성치의 계량치 또는 계수치의 여부와 부분군의 크기 등에 따라 적절한 관리도를 결정하는 것이다. 그림 5.5는 KS Q ISO 7870-2 (관리도-제2부: 슈하트 관리도)에서 기술하고 있는 주어진 상황에서 적절한 관리도를 선택하는 흐름도이다.

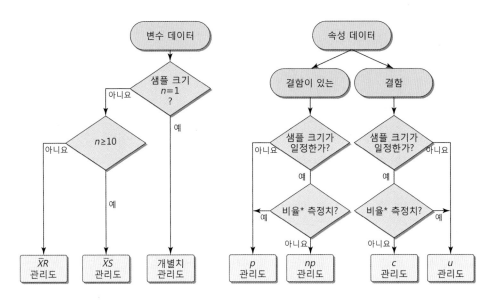

* 비율 또는 분율(fraction)이라고 할 수 있다.

그림 5.5 관리도의 선택 흐름도

위와 같은 공정관리를 위한 다양한 관리도 사용을 위한 일반적인 절차 및 방법을 KS Q ISO 7870-2: 2014에서 제공된 다음과 같은 지침을 중심으로 자세하게 다루고자 한다.

(1) 관리할 공정을 설명하는 품질에 결정적인(Critical to Quality: CTQ) 특성의 선택

제품, 공정 또는 서비스의 성능에 결정적인 영향을 주고, 고객에게 가치를 부가하는 특성을 계획 단계에서 분류하여 관리하고자 하는 품질특성을 선택한다. 일반적으로 제품 또는 서비스의 성능에 영향을 미치는 품질특성이 첫 번째로 검토하는 대상이 될 것이다. 이들은 제공되는 서비스이거나, 사용되는 재료, 제품의 구성 부품, 구매자에게 인도된 완제품의 특성일 수 있다.

이에 따라 관리도가 적절한 시기에 공정(프로세스)에 대한 정보를 제공하는 데 도움을 주고, 그 결과로 공정이 시정되어 보다 좋은 제품이나 서비스가 제공되도록 관리에 대한 통계적 방법이 도입되어야 할 것이다. 선정된 제품 또는 서비스의 품질특성은 제품이나 서비스 품질에 결정적인 영향을 주고 안정적인 공정을 보증할 수 있어야 한다.

(2) 생산공정의 분석

생산공정의 자세한 분석은 다음의 사항들을 파악하기 위하여 실행되어야 한다.

- 불규칙 변동을 일으키는 원인의 종류 및 위치
- 규격 설정에 따른 효과
- 검사의 방법 및 실시 위치
- 생산공정에 영향을 줄 수 있는 모든 기타 잠재적인 요인

생산공정의 안정성, 생산 및 시험 장비의 정확성, 생산된 제품 또는 서비스의 품질, 부적합의 형태 및 원인 간의 상관관계를 구하기 위한 분석도 수행되어야 할 것이다. 즉, 공정을 통계적으로 관리하기 위한 계획과 더불어 필요할 경우 신속한 교정조치를 취할 수 있도록 생산공정과 장비의 세팅과 조정을 할 수 있는 운영 조건도 파악되어야 한다.

(3) 합리적인 부분군의 선택

관리도의 기반이 되는 '합리적인 부분군(rational subgroup)'인 관측 결과의 구분(분할)은 슈하트의 중심적 사고이다. 관리도상에 한 점으로 표시되는 통계량(표본평균, 부적합품률 등)의 값을 구하기 위해 추출되는 샘플을 부분군(subgroup)이라고 한다. 즉, 크기 n의 샘플이 k조 있을 때 k조의 부분군이 있다고 한다.

관리도는 부분군의 통계적 성질에 민감하므로 합리적인 부분군 형성은 매우 중요하다. 합리적인 부분군 형성의 기본 개념은 부분군 내의 변동은 우연원인에 의한 변동만이 존재하도록 하고 이상원인이 발생할 때 부분군 간의 변동은 최대가 되고 부분군 내의 변동은 최소가 되도록 하는 것이다.

생산공정에 관리도를 활용하는 경우 생산순서에 따라 부분군을 추출하는 것이 합리적일 것이다. 그러나 생산순서가 유지되더라도 합리적인 부분군 형성이 잘못될 수 있다. 어떤 공정 변화의 끝 부분에서 샘플의 일부가 추출되고 샘플의 나머지는 다음 공정 변화의 첫 부분에서 혼합되어 추출되면, 공정 변화가 검출되지 않을 수도 있다. 그래도 생산된 순서는 시간 경과에 따른 이상원인을 잘 검출할 수 있으므로, 부분군을 형성하는 데 좋은 기초정보가 된다.

합리적인 부분군을 구성하는 데 일반적으로 두 가지 접근법이 사용된다. 첫 번째 접근법에서는 각 샘플은 가능한 한 동일하거나 인접한 시간 내에 생산된 연속된 제품들로 구성한다. 부분군 내 이상원인으로 인한 변동 가능성을 최소로 하며, 이상원인이 존재하면 부분군 간 변동 가능성을 최대로 한다. 또한 계량형 관리도의 경우 공정의 표준편차에 대한 보다 우수한 추정치를 제공한다. 이 접근법은 샘플이 수집된 시점에서 공정 단면(snapshot)을 보여주므로, 관리도를 운영하는 주 목적이 공정변화 탐지일 때 적합하다.

그림 5.6은 단면 접근법을 보여준다. 그림 5.6(a)는 공정평균이 계속 변화하며 수평선상 각 시

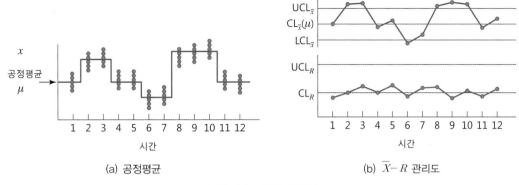

(a) 공정평균　　　　　　　　(b) $\overline{X}-R$ 관리도

그림 5.6　단면 접근법

점에서 공정에서 수집된 연속된 5개 관측치를 보여준다. 그림 5.6(b)는 $\overline{X}-R$를 보여준다. R 관리도의 중심선과 관리한계선은 그림 5.6(a)의 각 부분군의 범위를 사용해 설정하는데(자세한 사항은 6장에서 설명한다), 공정 평균이 변화하였는데도 공정 변동은 안정되어 있다. 또한 부분군 내 변동은 $\overline{X}$ 관리도의 관리한계선을 설정하는 데 사용되는데, 그림 5.6(b)에서는 $\overline{X}$ 관리도가 관리한계선을 벗어나는 점들이 있어 공정평균에 변화가 있음을 알 수 있다.

　두 번째 접근법에서는 가장 최근 샘플이 추출된 이후에 생산된 모든 제품들을 대표할 수 있도록 구성한다. 즉, 각 부분군은 본질적으로 샘플링 간격 동안 생산된 모든 공정 결과에 대한 랜덤 샘플(random sample)이 된다. 바로 앞의 샘플 이후 생산된 모든 제품들의 합격 여부를 판정하기 위해 관리도를 사용하는 경우에 이 접근법이 자주 사용된다. 공정이 이상상태로 이동한 후 다음 샘플 이전에 다시 관리상태로 회복되면 첫 번째 접근법은 효과적이지 못하므로, 랜덤 샘플 방법을 사용하여야 한다.

　부분군이 샘플링 간격 동안의 랜덤 샘플일 경우에는 관리도를 해석하는 데 상당한 주의가 요구된다. 그림 5.7에서 보듯이 공정평균이 샘플링 간격 동안 몇 가지 수준으로 표류하면, 샘플 내에서 상대적으로 큰 변동을 발생시켜 $\overline{X}$ 관리도의 관리한계선이 넓어지게 된다. 실제 샘플 내 관측치 간의 간격이 늘어나면 공정이 관리상태에 있는 것처럼 인식될 수 있다. 또한 공정 산포에 변화가 없어도 공정평균의 변화로 인해 범위 또는 표준편차 관리도의 점들이 관리상태를 벗어날 수 있다.

　합리적인 부분군을 형성하는 별도 기준도 있다. 여러 대의 기계에서 생산하는 공정에서는 전체 생산된 제품에서 샘플을 추출하면 어떤 기계에서 관리상태를 벗어나는지 검출하기가 어렵다. 이때 합리적 부분군을 위한 타당한 접근법은 기계별로 별도의 관리도를 작성하는 것이다. 이런 개념은 동일한 기계의 다양한 작업장, 다양한 작업자 등에 적용될 수 있다. 대부분의 경우 합리

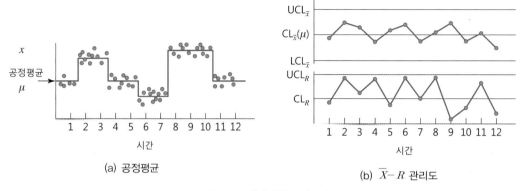

(a) 공정평균

(b) $\overline{X}-R$ 관리도

그림 5.7 랜덤 샘플 접근법

적인 부분군은 단일 관측치로서 형성한다. 이런 상황은 제품의 품질특성이 비교적 느리게 변화하고 인접한 시간대에서 측정이나 분석오차와는 별도로 동일한 샘플을 추출하는 화학 및 장치산업에서 자주 발생한다.

합리적인 부분군 개념은 매우 중요하다. 관리도 분석으로 최대로 유용한 정보를 얻을 목적으로 공정을 주의 깊게 고려하여 적절하게 샘플을 선택하여야 한다.

(4) 부분군의 크기 및 추출간격

부분군의 크기를 결정하는 문제에서는 공정변동이 어느 정도 변화했을 때 이를 탐지할 수 있도록 할 것인지를 고려한다. 부분군의 크기가 클수록 공정의 작은 변화를 더 민감하게 탐지할 수 있는데, 그림 5.8의 검사특성 곡선(OC curve)에서 확인할 수 있다. 예로 반도체 생산에서 포토 리소그래피(photolithography) 공정은 중요한 단계로, 빛에 민감한 감광제(photoresist)가 실리콘 웨이퍼에 도포되고 회로 패턴이 고감도 자외선을 통해 감광제에 노출되며 원하지 않은 감광제는 현상공정을 통해 제거된다. 감광제 패턴이 정의된 후, 불필요한 물질은 습식 또는 건식(플라즈마) 식각(etching)에 의해 제거된다. 다음으로 밀착력 및 식각 저항을 향상시키기 위해 하드베이크(hard bake) 공정을 포함한 현상(development) 공정이 뒤따른다. 하드베이크 공정에서 중요한 품질특성은 베이킹 공정으로 인해 감광제가 퍼져나가는 정도인 감광액의 폭이다. 감광액의 폭이 평균 1.5μ, 표준편차 0.15μ로 관리된다고 가정하자. 공정평균이 1.5μ에서 1.725μ로 변화할 때, 부분군의 크기(n)가 증가할수록 탐지할 확률($\overline{X}$가 관리한계선을 벗어날 확률)이 증가함을 알 수 있다. 따라서 부분군의 크기를 선택할 때 탐지할 공정 변화의 크기를 염두에 두어야 한다. 공정 변화가 상대적으로 크면 작을 때보다 부분군의 크기를 작게 한다.

부분군의 샘플 추출간격 역시 짧을수록 공정변화를 신속히 탐지할 수 있다. 결국 부분군 크기

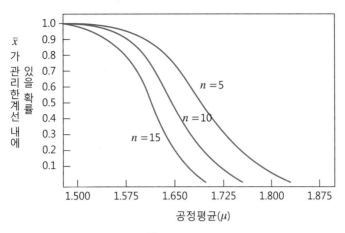

그림 5.8 $\overline{X}$ 관리도의 OC 곡선

는 클수록, 추출간격은 짧을수록 공정변화를 민감하게 탐지할 수 있으나 그에 따른 비용도 증가하게 된다. 따라서 샘플링 노력을 어떻게 적절하게 배분할 것인지, 즉 짧은 간격으로 작은 부분군을 추출할 것인지, 아니면 긴 간격으로 큰 부분군을 추출할 것인지의 문제이다. 현재 산업계에서는 대량 생산 공정이나 여러 가지의 이상원인이 발생할 수 있는 공정에서는 짧은 간격으로 작은 부분군을 추출하는 것을 선호하는 경향을 보인다. 더욱이 자동 감지와 측정 기술이 발전함에 따라 샘플링 간격을 짧게 하고 있다. 궁극적으로는 모든 제품을 생산하는 대로 검사할 수 있을 것이다.

일반적으로 $\overline{X}$ 관리도에서 부분군의 크기는 4 또는 5가 추천되며, 추출 간격은 초기 단계에서는 짧게 하고, 관리상태에 도달하면 추출간격을 길게 하는 것이 좋다. 예비적으로 추정을 위한 부분군의 수(k)는 20~25조가 적절하다.

또한 관리도 성능을 평가하는 데 널리 쓰이는 평균 런 길이(Average Run Length: ARL)로써 부분군의 크기와 추출 간격에 관한 결정을 평가할 수 있다. ARL은 한 점이 관리한계선을 벗어날 때까지 타점된 부분군 수의 평균이다. 공정 관측치가 안정이고 무상관이면 슈하트 관리도에서 ARL을 다음 식으로 구한다(6장 참고).

$$ARL = \frac{1}{p} \tag{5.2}$$

여기서 p는 어떤 한 점이 관리한계선을 벗어나는 확률이다. ARL은 관리도의 성능을 평가하는 데 사용된다.

예로 3σ 관리한계선을 갖는 $\overline{X}$ 관리도에서 공정이 관리상태일 때 한 점이 관리한계선을 벗

어날 확률은 $p = 0.0027$이므로, 이때 $ARL(ARL_0)$은

$$ARL_0 = \frac{1}{p} = \frac{1}{0.0027} = 370$$

이다. 즉, 공정이 관리상태에 있을 때에도 관리상태를 벗어났다는 신호는 평균적으로 매번 370개 표본에서 발생한다는 것이다.

최근 들어 관리도의 성능을 평가하기 위해 ARL을 사용하는 것에 대해 비판이 있음에 유의해야 한다. 슈하트 관리도에 대한 런 길이의 분포는 기하분포로 오른쪽으로 긴 꼬리를 갖고 있어 런 길이의 표준편차가 매우 크게 되므로, ARL을 런 길이의 대표하는 값으로 삼아야 하는 점에 관한 이견 때문이다. 이런 이유로 인해 ARL 대신에 런 길이 분포의 백분위수를 사용하기도 한다.

또한 관리도의 성능을 평균 신호시간(Average Time to Signal: ATS)으로 표현하는 것이 편리할 경우가 있다. 부분군이 일정한 h시간 간격으로 추출되면, $ATS = ARL \cdot h$이 된다. 하드베이커 공정에서 매 시간 표본추출 한다면, 평균적으로 매 370시간마다 거짓경보(false alarm)를 울릴 것이다.

관리도가 공정평균의 변화를 어떻게 검출하는지를 살펴보자. 공정이 관리상태를 벗어나 공정평균이 1.725μ로 변화했을 때, 그림 5.8에서 부분군 크기 $n = 5$이고 공정 평균이 1.725μ이면 $\overline{X}$가 관리한계선 내에 있을 확률은 약 0.35이다. 따라서 $p = 0.65$이고 이상상태일 때 $ARL(ARL_1)$은

$$ARL_1 = \frac{1}{p} = \frac{1}{0.65} = 1.54$$

이 된다. 즉, 평균적으로 관리도는 공정평균 변화를 검출하는 데 1.54개 샘플이 필요하며, 추출 간격 시간이 $h = 1$시간이면 $ATS = ARL_1 h = 2.86(1) = 1.54$시간이 된다. 평균 폭 1.725μ을 갖는 웨이프 생산은 폐기비용이 과도하고 앞 제조공정들에 문제를 야기한다고 하자. 어떻게 이 이상상태를 검출하는 데 필요한 시간을 줄일 수 있을까? 하나의 방법은 보다 자주 부분군을 추출하는 것이다. 예로 반 시간마다 샘플추출을 하면 $ATS = ARL_1 h = 1.54(1/2) = 0.77$이 된다. 즉, 평균적으로 공정평균 변화와 검출에 단지 0.77시간이 소요된다. 두 번째 가능성은 부분군 크기를 증가시키는 것이다. 예로 $n = 10$을 사용하면 그림 5.8에서 공정 평균이 1.725μ이면 $\overline{X}$가 관리한계선 내에 있을 확률이 약 0.1임을 알 수 있다. 따라서 $p = 0.9$, $ARL_1 = 1/p = 1/0.9 = 1.11$이며 매 시간마다 표본추출하면 $ATS = ARL_1 h = 1.11(1) = 1.11$시간이 된다. 따라서 부분군 크기를 크게 하면 공정평균 변화를 보다 빨리 검출할 수 있다.

한편 부분군 크기 및 추출 빈도를 경제적으로 보다 정밀하게 결정하기 위해서는 샘플링 비용,

공정이 관리상태를 이탈한 채로 계속 진행될 때의 손실, 생산속도, 여러 가지 공정 변화의 발생 확률 등을 고려해야 한다. 특히 (3)에서 언급한 바와 같이 관리도를 통해 얻고자 하는 정보를 최대한 확보하기 위해서는 부분군을 합리적인 방식으로 추출하는 것이 매우 중요하다.

(5) 예비 데이터의 수집

관리하여야 할 품질특성, 부분군 추출간격, 부분군의 크기를 정한 후 관리도상에 그려질 중심선 및 관리한계선을 정하는 데 필요한 예비 관리도(5.5절에서 단계 I로 칭한다)를 작성할 목적으로 몇 개의 초기 검사 데이터 또는 측정치가 수집되고 분석된다. 예비 데이터는 생산공정에서 연속적으로 20~25개의 부분군이 얻어질 때까지 부분군별로 수집되어야 한다. 이런 초기 데이터의 수집이 진행되는 동안 공급되는 원재료, 작업 및 작업자, 설비의 설정변경 등과 같은 외적 요인에 의해 공정이 일시적으로 지나치게 영향을 받지 않도록 주의하여야 한다. 즉, 초기 데이터가 수집되고 있는 동안에 공정은 안정된 상태로 유지되어야 한다.

(6) 이상 조치 계획

발견된 변화와 이를 줄이는 데 필요한 조치의 유형 사이에는 중요한 관계가 있다. 관리도에서 감지된 이상원인의 근원을 찾고 시정 조치를 취하는 것은 대개 해당 공정과 직접적인 관련이 있는 운영자, 감독관 또는 엔지니어의 책임이다. 경영진은 원인의 80% 이상을 차지하는 시스템에서 발생하는 우연원인에 대한 책임을 지면서 이에 대한 조치를 취해야 한다.

이상원인은 대개 공정 담당자가 자기 담당 구역에 대해 확인하여 조치를 취할 수 있다. 원재료, 기계 유지보수, 측정 또는 신뢰할 수 없는 방법 등 여러 가지 근거가 될 수 있는 근본원인에 대하여 시스템에 관한 관리 조치가 필요할 때의 교정 방안으로서 공정을 조정하는 경우가 많다. 따라서 사내의 긴밀한 협력이 장기적이고 지속적인 개선의 열쇠가 된다.

공정이 본질적으로 능력이 없거나, 아니면 능력이 있으나 통계적인 관리를 벗어나고 부적합한 제품을 생산하고 있는 것으로 나타나면 대개 공정이 관리상태로 회복될 때까지 전수(100%)검사를 수행한다. 여기서 검사의 일관성을 보장해야 하고 측정오류는 허용 가능한 범위 내에서 유지되어야 한다.

공정이 관리상태에 있다고 판정하기 위해서는 점이 관리한계선을 벗어나지 않아야 하고 점의 배열에 어떤 패턴(pattern)도 없어야 한다. 예로 그림 5.9의 $\overline{X}$ 관리도를 보자. 모든 25개 점이 관리한계선 내에 있지만 패턴이 랜덤하지 못하여 통계적 관리상태가 아니다. 25개 점 중 19개가 중심선 아래에 있으며 6개 점만 중심선 위에 있다. 점들이 랜덤하게 배열된다면 중심선 위, 아래에 보다 균일하게 분포할 것이다. 또한 4번째 점 이후 5개 점이 연속하여 $\overline{x}$값이 증가하고 있는데, 이런 점들의 배열을 런(run)이라 부른다. 일반적으로는 중심선의 한쪽에 연속하여 나타난 점의 군을 런이라 한다. 따라서 연속하여 2점이 중심선 위에 있으면 길이가 2인 런이 된다. 길이가 8 이상인 런은 이상상태의 신호로 취급한다.

관리도에서 런이 비랜덤성의 중요한 척도이지만, 다른 형태의 패턴도 이상상태를 나타낸다. 예를 들면 그림 5.10의 $\overline{X}$ 관리도에서는 모든 점들이 관리한계선 내에 있지만 주기성을 보여준다. 이런 패턴은 작업자의 피로, 원재료의 조달, 열 또는 스트레스 증가 등 공정의 문제를 나타낸다. 실제 공정이 이상상태는 아니지만 주기성을 보이는 변동 원인을 제거하거나 줄임으로써 생산량을 증가시킬 수 있다.

관리도에서 계통적(systematic) 또는 비랜덤 패턴을 인식하고 이런 형태에 대한 원인을 식별하는 패턴인식이 중요하다. 이상원인에 관하여 어느 특별한 패턴을 해석하기 위해서는 공정에 대한 경험과 지식이 요구된다. 관리도의 통계적 원리를 알아야 할 뿐만 아니라 공정에 대해서도 잘 이해하고 있어야 한다.

슈하트 관리도에서 공정이 이상상태인지를 판정하기 위한 규칙은 3σ 관리한계선을 벗어난 규칙 이외에 제2종 오류(공정이 이상상태인데 점이 관리한계선 내에 있게 되는 오류)를 탐지하

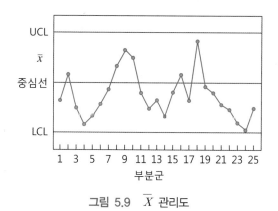

그림 5.9 $\overline{X}$ 관리도

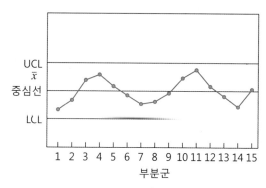

그림 5.10 주기성이 있는 $\overline{X}$ 관리도

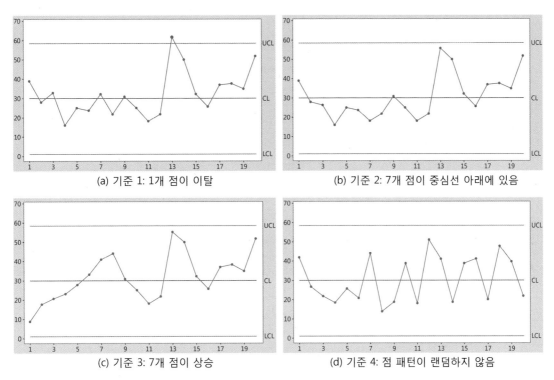

그림 5.11 　이상원인에 관한 패턴 분석의 예

기 위한 기준이 있다. KS Q ISO 7870-2: 2014에서는 $\overline{X}$ 관리도와 X 관리도에서 패턴을 해석하는 데 흔히 사용할 수 있는 4가지 판정기준이 다음과 같이 나와 있으며, 패턴 분석의 예가 그림 5.11에 도시되어 있다.

- 기준 1: 1개 이상의 점이 3σ 한계를 벗어남.
- 기준 2: 7개 이상의 연속된 점이 중심선 한쪽에 있음.
- 기준 3: 7개 이상의 연속된 점이 모두 상승하거나 하락함.
- 기준 4: 점의 패턴에 랜덤성이 없거나 주기성이 나타남.

이상원인에 대한 판정기준은 1957년 웨스턴 일렉트릭사에서 최초로 제시하였으며, 관리도를 구역(zone)으로 분할하였다. 관리도에서 한 점이 중심선, 1σ 관리한계선, 2σ 관리한계선, 3σ 관리한계선 사이에 있을 확률과 3σ 관리한계선을 벗어날 확률을 살펴보면 그림 5.12와 같다.

공정평균의 비교적 작은 변화 또는 추세가 나타나는 경향이 있는 경우 이상원인에 빠르게 반응할 수 있도록 다른 기준이 보완되었다. 웨스턴 일렉트릭사의 판정기준(검정)을 기초로 Nelson

구역 D_1	확률=0.00135	
구역 A_1	확률=0.02135	+3σ 관리한계선
구역 B_1	확률=0.13601	+2σ 관리한계선
구역 C_1	확률=0.34131	+1σ 관리한계선
구역 C_2	확률=0.34131	중심선
구역 B_2	확률=0.13601	−1σ 관리한계선
구역 A_2	확률=0.02135	−2σ 관리한계선
구역 D_2	확률=0.00135	−3σ 관리한계선

그림 5.12 구역별 발생 확률

(1984)이 $\overline{X}$ 관리도에 적용할 수 있도록 기준을 재정립하였다. $\overline{X}$ 관리도에서 패턴을 해석하는 데 사용하는 8가지 판정기준이 KS Q ISO 7870-2: 2014에 그림 5.13과 같이 수록되어 있다. 참고로 Minitab에서도 동일한 8가지 검정을 채택할 수 있도록 개발되어 있으며, 이 검정들은 6장에서 $\overline{X}$ 관리도에 활용된다.

관리상태에서 검정 1~8의 발생 확률은 다음과 같이 계산된다. 검정 4를 제외한 나머지 검정은 쉽게 확률적으로 산출할 수 있으며, 검정 4의 확률은 Griffiths et al.(2010)을 참고하기 바란다. 여기서 각 검정의 이상상태 판정 사건은 독립이 아니므로 채택된 검정법의 확률을 단순하게 더하여 제1종 오류 확률을 구할 수 없음에 유의해야 한다.

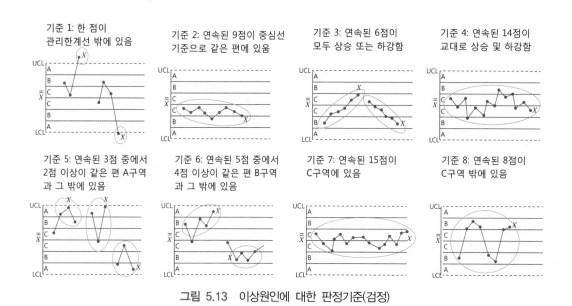

그림 5.13 이상원인에 대한 판정기준(검정)

① 검정 1: 확률$= \Pr(D_1) + \Pr(D_2) = 0.00135 + 0.00135 = 0.0027$

② 검정 2: 확률$= (\Pr(A_1 \cup B_1 \cup C_1 \cup D_1))^9 + (\Pr(A_2 \cup B_2 \cup C_2 \cup D_2))^9 = 0.00391$

③ 검정 3: 확률$= (1+1)/6! = 0.00278$

④ 검정 4: 확률$= 398{,}721{,}962/14! = 0.00457$

⑤ 검정 5: 확률$= {}_3C_2 (\Pr(A_1 \cup D_1))^2 (1 - \Pr(A_1 \cup D_1)) + (\Pr(A_1 \cup D_1))^3$
$$+ {}_3C_2 (\Pr(A_2 \cup D_2))^2 (1 - \Pr(A_2 \cup D_2)) + (\Pr(A_2 \cup D_2))^3$$
$$= 2 \times 3 \times 0.02275^2 \times 0.97725 + 2 \times 0.02275^3 = 0.00306$$

⑥ 검정 6: 확률$= {}_5C_4 (\Pr(D_1 \cup A_1 \cup B_1))^4 (1 - \Pr(D_1 \cup A_1 \cup B_1) + (\Pr(D_1 \cup A_1 \cup B_1))^5$
$$+ {}_5C_4 (\Pr(D_2 \cup A_2 \cup B_2))^4 (1 - \Pr(D_2 \cup A_2 \cup B_2) + (\Pr(D_2 \cup A_2 \cup B_2))^5$$
$$= 2 \times 5 \times 0.15865^4 \times 0.84135 + 2 \times 0.0158655 = 0.00553$$

⑦ 검정 7: 확률$= (\Pr(C_1) + \Pr(C_2))^{15} = (0.68262)^{15} = 0.00326$

⑧ 검정 8: 확률$= (\Pr(D_1) + \Pr(A_1) + \Pr(B_1) + \Pr(B_2) + \Pr(A_2) + \Pr(D_2))^8$
$$= 0.31732^8 = 0.0001$$

검정 1~8에 해당되는 경우, 각 경우에서 있을 수 있는 이상원인에 대한 해석은 다음과 같다. 자세한 내용은 Nelson(1984, 1985)을 참고하기 바란다.

① 검정 1: 공정평균이 크게 변화(shift)하거나 공정산포가 증가하여 나타나는 현상이며, 이와 같은 현상의 원인으로 불량 원부자재의 사용, 미숙련 작업자의 투입, 생산설비의 이상(고장), 측정 오류, 계산 착오 등이 있다.

② 검정 2: 공정평균의 작은 변화(shift)에 의해 나타나는 현상이다.

③ 검정 3: 공정평균이 증가(감소)하는 경향을 나타낸다. 이와 같은 현상의 원인으로 공구 마모, 정비 불량, 화학 용액조의 고갈로 인한 유효성분 감소, 작업 기술 개선 등을 들 수 있다.

④ 검정 4: 두 대의 기계, 작업자 혹은 원료가 교대로 투입되는 경우에 나타날 수 있는 현상이다.

⑤⑥ 검정 5, 6: 공정평균의 변화를 조기에 탐지하기 위해 채택되는데, 거짓경보 확률이 높아질 수 있는 단점이 있다.

⑦ 검정 7: 두 분포가 혼합되어 하나의 부분군이 형성될 경우 관리한계선이 너무 넓어져 타점 통계량이 중심에 모여서 나타날 수 있는 현상이다.

⑧ 검정 8: 두 분포가 혼합되어 있는 상황에서 각각의 분포에서의 데이터가 따로 하나의 부분 군으로 형성될 경우 이러한 현상이 나타날 수 있다.

관리도는 사용 목적에 따라 단계 I(Phase I)과 단계 II(Phase II)로 나눌 수 있다. 단계 I은 공정상태가 관리상태에 있는지를 모르는 상황에서 공정의 상태를 파악하고 관리도의 파라미터를 추정할 목적으로 작성하는 해석용 관리도이다. 최초에 공정이 관리상태에 있지 않을 수도 있다고 간주하여 공정이 통계적 관리상태인지 검정하는 과정이 된다. 어떤 공정이 통계적 관리상태인지를 파악하기 위해 처음으로 관리도를 사용할 때에는 해당 공정의 과거 데이터를 사용하거나 일련의 샘플에서 새 데이터를 얻어야 한다. 수집한 공정 데이터를 후진 분석(retrospective analysis)에 의해 한꺼번에 분석하여 데이터 수집기간 동안 공정이 관리상태에 있는지를 결정하며, 향후 공정을 모니터링 할 수 있도록 신뢰할 만한 관리한계선을 설정할 수 있는지를 검토한다.

단계 I에서 설정된 관리한계선은 공정이 관리상태인지 확신하지 못할 때 수집한 데이터를 바탕으로 하기 때문에 예비 관리한계선이다. 즉, 과거 공정의 운영 특성에 관한 정보가 부족하여 관리도에 의해 주어진 이상 신호에 대한 정확한 원인을 찾기 어려울 수도 있다. 그러나 공정 변화에 대한 특별한 원인을 확인할 수 있고 시정조치를 취할 수 있을 때는 이런 영향하에서 수집된 데이터를 분석 대상에서 제외시켜야 하며, 관리도의 파라미터를 다시 결정하여야 한다.

따라서 단계 I의 해석용 관리도에서는 20~25개 부분군의 점들을 사용하여 계산된 관리한계선으로부터 현 데이터의 관리상태 여부를 판정한다. 이상상태를 나타내는 신호가 나타나지 않을 때까지 이 절차를 반복하여 실시해야 하며, 신호가 나타나지 않아야 해당 공정이 관리상태에 있다고 간주할 수 있고, 관리상태에 있어야 공정이 안정되고 예측 가능하다고 할 수 있다. 단계 I에서 관리한계선을 벗어나는 일부 데이터를 제외시킬 수 있으므로, 사용자는 파라미터 추정치의 신뢰성을 유지하기 위해 공정에서 추가 데이터를 수집해야 될 경우도 발생한다.

통계적 관리상태가 확립된 후에 단계 II로 이행한다. 단계 I에서 확인된 최종 해석용 관리도 중심선과 관리한계선을 관리도 파라미터로 정한다. 단계 II는 관리도를 작성해 나가면서 지속적으로 부분군의 표본 통계량과 관리한계선을 비교함으로써 공정을 모니터링하며, 만일 이상상태가 나타나면 그 즉시 원인을 조사하여 합당한 조치를 취해줌으로써 공정을 관리상태로 유지하기 위해 작성하는 관리용 관리도이다. 따라서 최초에 단계 I 관리도를 작성하여 이상원인에 대한 조치를 취한 후에 통계적으로 관리상태가 확인되면, 이를 토대로 단계 II 관리도를 운영하는 것이다.

슈하트 관리도는 작성 및 해석이 어렵지 않을 뿐만 아니라 공정파라미터의 큰 변화와 이상치

(단기간 이상원인에 의한 이탈), 측정오차, 데이터 기록 및 전달 오차 등을 효과적으로 검출하므로 비교적 공정변화가 크게 발생하는 단계 I에서 매우 유용한 관리도이다. 더욱이 슈하트 관리도상의 패턴은 해석하기 쉽고 직접적인 물리적 의미를 가지며 판정기준도 적용하기가 수월한 편이다. 단계 I에서는 거짓경보 발생보다 이상원인이 검출되는 확률에 관심이 많으므로 평균 개념인 ARL은 타당한 성능척도가 되지 못한다. 단계 I에서 관리도 사용과 관련된 보다 자세한 사항은 Woodall(2000), Borror and Champ(2001), Champ and Chou(2003)을 참고하기 바란다.

단계 II에서는 실제 대부분의 변동 원인이 단계 I에서 체계적으로 제거되었기 때문에 공정이 안정되었다고 가정한다. 이때 발생 가능한 이상원인은 작은 공정 변동을 야기하여 공정 모니터링이 강조되므로, ARL이 관리도의 성능 평가에 관한 유효한 척도가 된다. 슈하트 관리도는 작은 공정 변화에 민감하지 못해 ARL 측면에서는 열등하므로, 단계 II에서는 효과적이지 못하다. 따라서 이보다는 8장에서 소개되는 누적합 관리도와 EWMA 관리도가 더 효과적일 가능성이 높다.

KS A ISO 7870-2에서는 단계 I 관리도를 미리 지정된 공정 기준값이 주어져 있지 않은 경우의 관리도로, 단계 II 관리도를 미리 지정된 공정 기준값이 주어지는 경우의 관리도라고 부른다. 미리 지정된 공정 기준값은 지정된 요구사항 또는 목표치가 될 수도 있고, 공정이 관리상태에 있을 때 데이터로부터 장기간에 걸쳐 결정된 추정치가 될 수도 있다.

5.6 | 관리도와 머신러닝

전통적인 관리도는 통계적 관리도로 공정의 변동을 모니터링하고 관리하기 위한 효과적인 도구로 활용되어 왔다. 이러한 관리도는 관리자가 시의적절하게 공정 관리를 할 수 있도록 직관적이고 시각적인 정보를 제공한다. 그러나 많은 연구들이 전통적인 관리도에서 설계, 진단, 패턴 인식 각각에 대해 한계들을 지적하고 이러한 한계들을 해결하기 위해 머신러닝을 활용해왔다. 이러한 한계들과 그 한계들을 해결하기 위한 머신러닝 적용 방안들을 소개하고자 한다.

전통적인 관리도의 설계는 표본들이 정규분포를 따르면서 서로 독립적이고 동일하게 분포됨을 가정한다. 이러한 가정은 품질 특성치 하나인 단변량 관리도에서는 품질 특성치가 정상 상태(steady state)이며 평균과 표준편차를 모수로 갖는 분포를 따라야 충족된다. 이러한 모수들은 주어지거나 과거 데이터로부터 추정되어야 한다. 그러나 이러한 가정은 다변적인 실제 공정에서는 충족되기 어렵다. 많은 경우에 정규분포가 적합하지 않고, 표본들이 자기상관성을 가지기도 한다. 이는 전통적인 관리도의 정확성을 떨어뜨린다. 이 문제를 극복하고자 머신러닝 기반의 관리도들이 제안되었다. 예로 들면, 머신러닝의 한 알고리즘인 Support Vector Machine(SVM)은 자기상관성이 존재하는 공정들과 존재하지 않는 공정들에서 이상 상태 판정의 1종 오류와 2종 오류 둘 다 최소화하는 데 효과적이라는 연구 결과가 있다(Chinnam, 2002). 또 다른 예시로 관리도에 Principal Component Ananlysis(PCA)를 접목해 정규분포를 따르지 않는 데이터에 대해서 우수한 성능을 보인 관리도가 제안되었다(Lee et al., 2004). PCA는 데이터 세트 내 변수들로 선형 변화하고 이들을 이용한 분석을 통해 필요한 의사결정을 실시하는 머신러닝 방법이다(Jolliffe and Cadima, 2016).

관리도의 패턴 인식은 관리도 내에서 표본들의 값들에 대한 추세를 파악하는 것이다. 관리도 패턴은 정상 패턴과 이상 패턴으로 나뉜다. 이상 패턴은 세부적으로 Up Shift, Down Shift, Up Trend, Down Trend, Cyclic, Systemic 패턴들로 구분되기도 한다(Yang and Yang, 2005). 이러한 패턴들은 품질 실패와 그 실패의 원인을 파악하는 데 도움이 되므로 관리도 패턴 인식의 중요성이 높다. 작은 규모의 공정에서는 관리도 패턴 인식을 품질 엔지니어 등의 사람이 직접 수행할 수 있다. 그러나 점차 공정이 복잡해지고 방대한 데이터들이 수집되고 분석됨에 따라 관리도 패턴 인식을 사람이 직접 수행하는 것이 상당히 어려워졌다. 이는 관리도 패턴 인식의 자동화를 촉진시켜 1980년도에 인공신경망들이 사용된 이래로 머신러닝 기반의 관리도 패턴 인식이 점차 활발해지고 있다. 머신러닝 적용이 활발해지는 데는 다음의 이유들이 있다. 첫째, 머신러닝 모델들이 다른 모델들보다 실제 관리도 패턴 인식 상황들에서 성능이 우수하다(Tran et al., 2022). 둘째, 우연 원인 변동으로 인해 관리도 패턴이 불명확하여 작업자들은 패턴을 인식할 수 없는데 반해 머신러닝은 인식해낼 수 있다(Guh, 2008). 셋째, 전통적인 관리도 패턴 인식 방법들은 예상되지 않는 새로운 상황들을 예측할 수 없으나 머신러닝 방법들은 과거 데이터로부터 학습에 기반해 예측할 수 있다(Diren et al., 2020).

둘 이상의 품질 특성치들을 모두 모니터링해야 하는 공정들이 있다. 이러한 공정들에 다변량 관리도가 활용된다. 전통적인 다변량 관리도는 여러 품질 특성치들을 동시에 모니터링하면서 정상 상태 여부를 판단하도록 지원한다. 다변량 관리도는 둘 이상의 품질 특성치들에 근거하므로 이상 상태가 발생하면 여러 품질 특성치들 중 어떤 특성치(들)에 이상 상태가 유발된 것인지를 진단해야 한다. 그러나 전통적인 다변량 관리도는 이상 상태가 발생한 품질 특성치(들)을 제시하지 않으므로 진단이 어렵다. 머신러닝을 활용해 이러한 관리도 진단의 효과적인 방법들이 제안되어 왔다. 한 예로, 다변량 관리도에서 이상 상태를 유발한 품질 특성치를 제시하는 SVM 기반의 모델이 개발되었다(Cheng and Lee, 2016). Diren et al.(2020)은 의사결정나무, 딥러닝 등 다양한 머신러닝 모델들을 활용해 다양한 고장에 따른 이상 상태에 대한 품질 특성치를 제시하는 연구를 최근에 수행했다.

앞서 제시된 방법들은 대부분 연구실 환경에서 개발 및 검증되었다. 이러한 방법들을 실제 공정에 적용하기 위한 시도들이 늘어날 것이다. 이러한 시도들이 성공하기 위한 과제들이 다양하게 존재한다. 대표적인 예시로 Diren et al.(2020)에서는 공정 현장에서 수집된 이미지 데이터들의 활용 방법을 고안한다.

최근에 급속도로 발전한 이미지 센서 및 처리 기술이 공정에 활발하게 도입되면서 다양한 공정 이미지 빅데이터가 수집되고 있다. 이러한 공정 이미지 빅데이터에 머신러닝 기술을 적용해 제품 표면 및 마감 등의 검수를 정확하고 신속하게 수행하는 Machine Vision Systems(MVS)가 활발하게 연구되고 있다.

MVS를 공정 관리와 접목하기 위한 새로운 연구 분야가 출현했다. 이 연구 분야에서는 공정 이미지 빅데이터 기반 공정 품질 모니터링에 통계적 품질관리 도구들을 활용하는 연구들이 시도되고 있다. 의료와 산업 분야에서 공정의 정상 상태를 확인하기 위해 빅데이터 이미지로 모니터링하는 사례들이 있다. 특히 Megahed et al.(2011)은 MSV 기반의 공정 관리도 방법들의 장점을 다음과 같이 제시했다. ① 높은 생산 속도의 공정 및 서로 다른 객체들이 여러 작업들을 동시에 수행하는 공정 모니터링에 효과적이다. ② 의료용 MRI와 X-rays에서 다뤄지는 electromagnetic spectrum 데이터들을 활용한 모니터링에 유용하다. ③ 검수자에 비해 모니터링에 따른 피로와 산만함이 발생하지 않으며 총 비용도 적다.

이러한 MVS의 장점들이 있는 반면에 현업에 적용하기 위한 난관들이 존재한다. 첫째, 이미지 데이터는 고차원 데이터이다. 이미지 한 장은 수많은 픽셀들로 구성된다. 픽셀은 이미지를 구성하는 가장 작은 점으로, 각 픽셀은 색깔을 가지며 해당 색깔에 대한 정량 값을 보유하고 있다. 최신 스마트폰 카메라는 1,000만 개의 픽셀로 구성된 이미지를 촬영한다. 이 경우 각 픽셀을 하나의 변수 혹은 차원으로 본다면 이미지 한 장은 1,000만 차원의 데이터로 볼 수 있다. 이러한 고차원의 데이터를 분석하기 위해서는 많은 연산이 수반되어야 한다. 둘째, 한 이미지 내에서 인접한 픽셀들은 종종 높은 상관관계를 가진다. 인접한 픽셀들은 서로 같은 색깔 또는 값을 가질 가능성이 높다. 이러한 높은 상관관계는 동일한 값을 갖는 픽셀들이 많이 존재하는 데이터 중복성 문제를 야기한다. 이러한 상관관계를 무시하면 이미지 분석의 정확도가 낮아져 오류율이 높아진다. 이러한 난관들이 해결될 때 현업에 유용한 MVS 기반 관리도를 구현할 수 있다.

5.1 SPC의 목적은 무엇이며, 관리도와의 관계는 어떠한지 설명하라.

5.2 관리도는 기본석으로 공정데이터가 안정되고 무상관이라고 가정한다. 공정데이터가 자기상관이 있거나 불안정할 경우 어떤 조치를 취해 관리도법을 사용할 수 있는가?

5.3 생산된 제품의 품질에는 반드시 변동이 발생하게 된다. 이러한 품질변동을 발생시키는 원인인 우연원인과 이상원인을 예를 들어 설명하라.

5.4 공정의 통계적 관리상태와 이상상태를 설명하라.

5.5 관리도의 군내변동과 군간변동을 설명하라.

5.6 공정이 통계적 관리상태로 운용되고 있다면 항상 고객의 기대를 충족할 수 있다는 주장이 옳은지 검토하라.

5.7 슈하트 관리도에서 관리한계선을 평균을 중심으로 상하 3배의 표준편차로 산정하는 이유를 설명하라.

5.8 품질 특성치가 정규분포를 따르는 공정을 관리하기 위하여 3σ 관리한계선과 3.09σ 관리한계선을 갖는 관리도가 사용될 수 있다. 이때 제1종 오류와 제2종 오류를 설명하고, 3σ 한계선과 3.09σ 한계선을 사용하는 경우의 2가지 오류를 비교하라.

5.9 슈하트 관리도에서의 점의 움직임의 패턴을 해석하기 위해 사용하는 웨스턴 일렉트릭사의 기준을 찾아서 KS Q ISO 7870-2: 2014에서 제시한 판정기준과 비교하라.

5.10 KS Q ISO 7870-2: 2014에서 제시한 각 판정기준에 대해 Nelson의 8가지의 판정기준 중에서 대응하는 규칙을 찾고 그 차이점을 설명하라.

5.11 다음의 $\overline{X}$ 관리도에 Nelson의 8가지 판정기준을 적용할 경우 점 a에 적용할 수 있는 검정을 모두 열거하라.

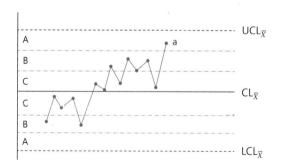

5.12 관리도 작성을 위한 합리적인 부분군 형성에 대해 설명하라.

5.13 계량치 및 계수치를 이용한 관리도의 종류를 분류하라.

5.14 관리도는 사용 목적에 따라서 단계 I과 단계 II로 나눌 수 있다. 공정관리를 위한 관리도의 사용방법을 단계별로 설명하라.

5.15 Principle Component Analysis(PCA)의 사례를 찾아서 원변수와 선형변환된 변수들의 개수 및 관계를 확인하라.

5.16 관리도상의 타점 점들의 이상 패턴의 종류를 확인하고 각 종류의 특징을 비교하라(Yang and Yang, 2005).

5.17 Support Vector Machine(SVM)의 분석 사례를 찾아 분석의 유용성을 확인하고 설명하라.

슈하트관리와 관련하여 기본적인 내용은 Montgomery(2012), Western Electric(1956), Devor et al.(2007)를 참고하면 될 것이며 특히 KS Q ISO 규격에 현장에서 사용하기에 쉽게 그 절차가 잘 징리되어 있다. 그리고 관리도의 사용목적에 따라 단계 I, 단계 II에서의 관리도 사용으로 구분하는 경우 일반적인 내용을 정리한 Woodal(2000)의 논문, 특히 단계 I의 관리도와 관련하여서 Borror et al.(2001), Champ and Chou(2003)을 참고하면 될 것이다. 관리도에 대한 머신러닝 응용에 대한 상세 설명은 Tran et al.(2022)를 참고하길 권고한다.

1. KS Q ISO 7870-1: 2014 관리도-제1부: 일반지침.

2. KS Q ISO 7870-2: 2014 관리도-제2부: 슈하트 관리도.

3. Borror, C. H. and Champ, C. M.(2001), "Phase I Control Charts for Independent Bernoulli Data," Quality and Reliability Engineering International, 17, 391-396.

4. Champ, C. M. and Chou, S. P.(2003), "Comparison of Standard and Individual Limits Phase I Shewhart, Charts," Quality and Reliability Engineering International, 19, 161-170.

5. Chinnam, R. B.(2002), "Support Vector Machines for Recognizing Shifts in Correlated and Other Manufacturing Processes," International Journal of Production Research, 40(17), 4449-4466.

6. Cheng, C. S. and Lee, H. T.(2016), "Diagnosing the Variance Shifts Signal in Multivariate Process Control Using Ensemble Classifiers," Journal of the Chinese Institute of Engineers, 39(1), 64-73.

7. Deming, W. E.(1994), The New Economiccs for Industry, Government, Education, MIT Press.

8. DeVor, R. E., Chang, T. H. and Sutherland, J. W.(2007), Statistical Quality Design and Control, 2nd ed., Pearson Education.

9. Diren, D. D., Boran, S. and Cil, I.(2020), "Integration of Machine Learning Techniques and Control Charts in Multivariate Processes," Scientia Iranica, 27(6), 3233-3241.

10. Griffiths, D., Bunder, M., Gulati, C. and Onzawa, T.(2010), "The Probability of an Out of Control Signal from Nelson's Supplementary Zig-Zag Test," University of Wollongong Research Online, Centre for Statistical & Survey Methodology, Working Paper Series.

11. Guh, R. S.(2008), "Real-Time Recognition of Control Chart Patterns in Autocorrelated

Processes Using a Learning Vector Quantization Network-Based Approach," International Journal of Production Research, 46(14), 3959-3991.

12. Jolliffe, I. T., and Cadima, J.(2016), "Principal Component Analysis: A Review and Recent Developments," Philosophical Transactions of the Royal Society A: Mathematical, Physical and Engineering Sciences, 374(2065).

13. Lee, J. M., Yoo, C. K., Choi, S. W., Vanrolleghem, P. A. and Lee, I. B.(2004), "Nonlinear Process Monitoring Using Kernel Principal Component Analysis," Chemical Engineering Science, 59(1), 223-234.

14. Megahed, F. M., Woodall, W. H. and Camelio, J. A.(2011), "A Review and Perspective on Control Charting With Image Data," Journal of Quality Technology, 43(2), 83-98.

15. Montgomery, D. C.(2012), Statistical Quality Control, 7th ed., Wiley.

16. Nelson, L. S.(1984), "The Shewhart Control Chart-Tests for Special Causes," Journal of Quality Technology, 16, 237-239.

17. Nelson, L. S.(1985), "Interpreting Shewhart Control Charts," Journal of Quality Technology, 17, 114-116.

18. Tran, P. H., Ahmadi Nadi, A., Nguyen, T. H., Tran, K. D. and Tran, K. P.(2022), "Application of Machine Learning in Statistical Process Control Charts: A Survey and Perspective," In P. H. Tran, A. Ahmadi Nadi, T. H. Nguyen, K. D. Tran, and K. P. Tran (Eds.), Control Charts and Machine Learning for Anomaly Detection in Manufacturing, pp. 7-42, Springer.

19. Western Electric (1956), Statistical Quality Control Handbook, Western Electric Corporation.

20. Woodal, W. H.(2000), "Controversies and Contradictions in Statistical Process Control," Journal of Quality Technology, 20, 515-521.

21. Yang, J. H. and Yang, M. S.(2005), A Control Chart Pattern Recognition System Using a Statistical Correlation Coefficient Method, Computers & Industrial Engineering, 48(2), 205-211.

슈하트 관리도

화재 예방 관리는 적절하였는가?

　한 대형기업은 보험회사로부터 앞으로 수개월 내에 기업 내 화재 발생건수의 획기적인 감소가 없으면 보험계약을 취소하겠다는 통보를 받았다. 그래서 9월인 현재를 기준으로 올해(1985년)의 월별 화재건수를 확인하여보니 1월, 4월, 5월 1건씩, 6월에 2건, 9월에 3건으로 확인되었다. 걱정이 된 사장은 8,500명의 직원 모두에게 화재보험계약이 취소될 수도 있으므로 화재감소를 위해 다 같이 노력하자는 요청을 하고 나름대로의 대책을 세우고자 하였다. 이를 위해 먼저 데밍(W. E. Deming) 박사에게 간단한 조언을 구하고자 하였다. 데밍은 회사가 가지고 있는 월별 화재 발생건수의 데이터를 요청하여 그래프로 그려보았다(c 관리도).

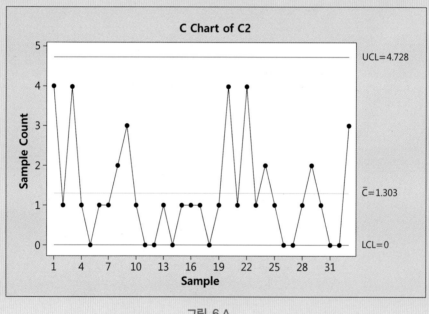

그림 6.A

　지난 2년과 올해의 월별 화재건수를 타점한 결과 월별 화재건수가 포아송 분포를 따른다고 한다면 화재건수는 월별 평균건수가 1.3인 포아송 분포를 따르면서 관리상한을 벗어난 경우가 없으며 안정된 상황임을 알 수 있다. 보험회사가 만일 이런 변동에 대한 지식이 있다면 비록 지난달에 3건이 발생하였다고 하여도 전체적으로 이 회사의 화재건수는 안정된 것으로 파악하고 보험료와 화재 시 보상금을 조정하면 될 것이다.

비록 회사가 월별 화재건수를 당장 줄이기 위해 공정에 조처를 취한다 하여도 단기적으로 그 효과가 크지 않을 것임을 예측할 수 있다(물론 다른 결과가 나올 수도 있다). 앞으로의 화재 발생건수를 줄이는 것은 화재가 발생하는 보다 근본적인 원인을 파악하고 대처함으로써 가능할 것이다. 이것은 화재 건수 각각을 이상원인(특별원인)에 의한 것으로 취급하고 이상원인을 제거하면 화재를 예방할 수 있다고 생각하는 것과는 다르다. 모든 화재를 특별원인에 의한 것으로 간주하느냐, 아니면 안정된 공정의 결과 (일반원인에 의한)로 간주하느냐에 따라 화재발생감소라는 목표를 달성하기 위한 접근방법이 판이하게 달라질 것이다.

자료: Deming(1994).

이 장의 요약

6장은 통계적 공정관리의 기본적인 도구인 슈하트 관리도들에 대해 다룬다. 슈하트 관리도는 기본적으로 관리하고자 하는 공정이 안정상태일 때의 공정평균과 표준편차, 또는 부적합품률, 부적합수에 대한 표본평균과 표본표준편차를 사용하여 관리한계선을 설정하고 이를 기준으로 공정의 이상상태로의 변화를 감지하고자 하는 도구이다. 크게 나누어 공정평균과 표준편차의 변화를 감지하기 위한 계량형관리도가 6.2절, 6.3절에서 다루어지며, 부적합품률, 부적합수의 변화를 감지하기 위한 계수형관리도가 6.4절, 6.5절에서 다루어진다. 이들 슈하트 관리도의 관리한계선 설정과 관련된 관리도의 성능(제1, 2종 오류, ARL)에 대해 분석한 뒤 6.6절에서는 관리도의 준 경제적 설계, 즉 샘플 수, 샘플링 간격, 그리고 관리한계선의 설정과 관련된 방안이 설명된다.

6.1 | 개요

이 장에서는 공정의 통계적 관리를 위한 방법에서 가장 널리 사용되는 슈하트 관리도에 대하여 설명한다. 관리도는 공정이 통계적인 관리상태에 있을 때 공정이 변하지 않았으며, 통계적인 관리상태로 유지되고 있다는 통계적 귀무가설을 연속적으로 검정하는 것과 유사한 방법과 의미를 제공한다. 타점된 점들이 관리한계선을 벗어나거나 비정상적인 패턴이 나타나면 통계적 관리상태를 받아들일 수 없으며 이상원인을 찾기 위한 조사를 시작하여 공정을 중단하거나 조정할 수 있다.

슈하트 관리도는 계량치 또는 계수치 데이터에서 얻은 통계량을 표시하는 데 사용하는 그래프로서, 기본적으로 계량형 관리도와 계수형 관리도의 두 가지 유형으로 대별된다. 계량치 데이터는 연속값을 갖는 척도로 관리대상 특성의 양적 크기를 측정해 기록하여 얻은 관측치이며, 계수치 데이터는 각 제품에서 일부 품질특성들의 규격 충족 여부 또는 발생 빈도를 기록하여 얻은 관측치이다. 공정에서 대개 규칙적인 간격으로 합리적 부분군의 데이터를 취하며, 간격은 시간이나 수량(일례로 로트) 측면에서 정의할 수 있다.

슈하트 관리도를 적용할 때는 계량형 관리도인지 계수형 관리도인지 먼저 선택하여야 한다. 카펫이나 의류 생산과 같은 경우 품질특성이 아이템의 색깔이면 계량화하는 노력보다는 계수형 검사가 선호되어 계수형 관리도가 선택될 것이다. 선택이 명확하지 않을 경우에는 여러 가지 요인을 고려하여야 한다.

계량형 관리도는 계수형 관리도보다 공정 성능에 관해 많은 정보를 제공한다. 공정평균과 산포에 관한 유용한 정보를 제공하고, 점들이 관리한계선을 벗어날 때 잠재 이상원인과 관련된 많은 정보를 주며, 작은 크기의 샘플이 요구되고 공정능력분석에도 도움을 준다. 반면에 계수형 관리도는 다수의 품질특성을 고려할 수 있고, 아이템이 어떤 품질특성도 만족하지 못하면 부적합품으로 분류한다. 일반적으로 다수의 품질특성이 취급될 경우 각 품질특성별로 독립된 계량형 관리도로 관리하거나 다변량(multivariate) 관리도를 적용하여야 한다. 이 경우에는 저렴한 비용과 적은 측정시간이 소요되는 계수형 관리도가 대안으로 채택될 수 있다.

계량형 관리도와 계수형 관리도는 각각 ① 미리 지정된 공정 기준값이 주어지지 않는 경우 ② 미리 지정된 공정 기준값이 주어지는 경우의 두 가지 형태가 있다. 여기서 미리 지정된 기준값은 지정된 요구사항 또는 목표치가 될 수도 있고, 공정이 관리상태에 있을 때 데이터로부터 장기간에 걸쳐 결정된 추정치가 될 때인 단계 II 상황이 해당될 수도 있다.

이 장에서는 다음과 같이 계량형 및 계수형 관리도를 설명한다.

(1) 계량형 관리도

① 평균과 범위($\overline{X} - R$) 관리도: 6.2.1소절

② 평균과 표준편차($\overline{X} - s$) 관리도: 6.2.2소절

③ 중위수와 범위($\widetilde{X} - R$) 관리도: 6.2.3소절

④ 개별치와 이동범위($X-R_m$) 관리도: 6.3절

(2) 계수형 관리도

① 부적합품률(p) 관리도: 6.4.1소절

② 부적합품수(np) 관리도: 6.4.2소절

③ 부적합수(c) 관리도: 6.5.1소절

④ 단위당 부적합수(u) 관리도: 6.5.2소절

⑤ 벌점(demerit) 관리도: 6.5.3소절

6.2 | 계량형 관리도: 부분군이 형성된 경우

계량형 관리도는 공정의 품질특성치가 중량, 길이·깊이, 강도, 소음, 온도, 부피 등과 같이 연속적으로 변하는 수치를 갖는 계량형 데이터일 경우에 사용되는 관리도이다. 계량형 관리도는 그 측정치가 연속형 값인 특성을 가져 많은 정보를 포함하고 있어 활용가능성이 높다. 계수형 측정치보다 개별 측정비용이 많이 들지만, 부분군의 데이터 수를 작게 할 수 있어 효율적이다. 이로부터 총 검사비용과 생산 및 시정조치와의 시간 간격을 단축할 수 있다.

먼저 계량형 품질특성에 대한 슈하트 관리도를 살펴본다. 슈하트 계량형 관리도는 공정평균 관리도와 공정산포 관리도로 구분될 수 있으나, 공정의 평균과 산포가 직접적으로 품질, 즉 부적 합품률에 영향을 미치므로 평균과 산포를 동시에 관리할 필요가 있다. 공정평균, 공정산포와 규격과의 관계가 그림 6.1에 나타나 있다. (a)는 평균과 표준편차 모두가 관리상태($\mu = \mu_0$, $\sigma = \sigma_0$)로 유지되고 있는 공정으로부터 생산된 제품의 품질특성치의 분포에 속한다. 만약 공정평균이 (b)와 같이 $\mu_1 (> \mu_0)$으로 이동한다면 그림에서와 같이 부적합품률이 증가될 것이다. (c)는 공정 표준편차 $\sigma_1 (> \sigma_0)$으로 증가한 경우를 나타내고 있다. 공정평균이 관리상태($\mu = \mu_0$)에 있더라도 표준편차가 증가하면 부적합품률도 증가됨을 알 수 있다. 따라서 품질특성이 계량형인 경우 공정평균과 산포를 모두 관리하는 것이 필요한데, 공정평균의 관리를 위해서는 $\overline{X}$ 혹은 X 관리도가, 공정산포의 관리를 위해서는 R 또는 s 관리도가 널리 이용되고 있다.

품질특성의 평균(μ) 및 표준편차(σ)의 추정을 위하여 공정으로부터 크기가 n인 샘플(부분군)을 k조 추출하는 경우를 생각하여 보자. 계량형 관리도에서 μ, σ의 추정을 위해 예비 샘플을

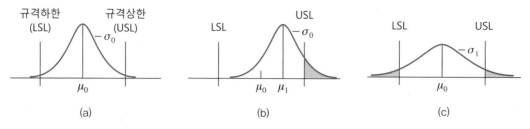

그림 6.1 공정평균, 표준편차와 부적합품률과의 관계

추출하는 경우 보통 n값으로는 주로 4 또는 5, 그리고 6을 채택하며, k값으로는 20~25값을 사용한다. $\overline{X}_i, s_i, R_i (i = 1, 2, \cdots, k)$를 각각 부분군들의 평균, 표준편차 및 범위라 할 때 이들의 평균은 각각 다음과 같이 주어진다.

$$\overline{\overline{X}} = (\overline{X}_1 + \overline{X}_2 + \cdots + \overline{X}_k)/k$$
$$\overline{s} = (s_1 + s_2 + \cdots + s_k)/k \qquad (6.1)$$
$$\overline{R} = (R_1 + R_2 + \cdots + R_k)/k$$

위의 자료들로부터 μ, σ의 불편추정량을 구하면 다음과 같다.

$$\hat{\mu} = \overline{\overline{X}}$$
$$\hat{\sigma} = \begin{cases} \overline{R}/d_2 \text{ (범위법)} \\ \overline{s}/c_4 \text{ (표준편차법)} \end{cases} \qquad (6.2)$$

여기서 c_4 및 d_2는 n의 함수로서 부록의 C.5 관리도용 계수표에서 찾을 수 있다. σ를 추정하는 두 가지 방법 중 범위법이 계산은 간편하나 충분(sufficient) 통계량이라고는 할 수 없어 샘플의 크기가 증가할수록 표준편차법에 비해 효율이 감소한다(부록 B 참고).

계량형 품질특성치의 평균과 분산을 모니터링하기 위해 $\overline{X} - R$ 관리도가 가장 널리 사용되고 있으며, 더불어 $\overline{X} - s$ 관리도, $\widetilde{X} - R$ 관리도가 부분군이 형성될 경우에 사용된다. 그리고 부분군이 형성되지 않을 경우는 $X - R_m$ 관리도가 활용된다. 후자는 다음 절에서 다룬다.

6.2.1 평균과 범위($\overline{X} - R$) 관리도

$\overline{X} - R$ 관리도의 3σ 관리한계선과 검출력, 그리고 부분군의 크기가 일정하지 않은 경우의

$\overline{X}-R$ 관리도 및 비정규성의 영향에 관해 살펴보도록 하자.

(1) 3σ 관리한계선

계량형 품질특성의 경우, 그림 6.1에서 본 바와 같이 평균과 산포의 변화가 모두 품질에 영향을 미치므로 생산공정의 평균 및 표준편차를 함께 관리하는 것이 필요하다. 공정평균 관리를 위해 $\overline{X}$ 관리도를, 공정의 표준편차 관리를 위해 범위를 이용한 R 관리도를 적용하는 경우 이를 묶어서 $\overline{X}-R$ 관리도라고 한다.

X_1, X_2, $\cdots$, X_n을 평균이 μ, 표준편차가 σ인 정규모집단으로부터 추출한 크기 n의 샘플이라 할 때 표본평균 $\overline{X}$는 평균이 μ이고 표준편차가 $\sigma/\sqrt{n}$인 정규분포를 따른다고 볼 수 있다. 따라서 μ, σ를 알고 있거나 $\mu = \mu_0$와 $\sigma = \sigma_0$로 기준값이 주어진 경우 $\overline{X}$에 대한 중심선 및 3σ 관리한계선은 다음과 같이 구해진다.

$$UCL_{\overline{X}} = \mu_0 + \frac{3\sigma_0}{\sqrt{n}} = \mu_0 + A\sigma_0$$

$$CL_{\overline{X}} = \mu_0 \qquad\qquad (6.3)$$

$$LCL_{\overline{X}} = \mu_0 - \frac{3\sigma_0}{\sqrt{n}} = \mu_0 - A\sigma_0$$

여기서 $A = 3/\sqrt{n}$으로 부분군 크기 n에 따라 부록 C.5의 표에서 구할 수 있다.

만약 기준값이 주어져 있지 않은 경우에는 예비 샘플로부터 추정한 값으로부터 관리한계선을 구할 수 있다. μ의 추정치로 $\overline{\overline{X}}$를, σ의 추정치로 $\overline{R}/d_2$를 이용하고, $E(\overline{R}) = d_2\sigma$(부록 B.1 참고)인 성질을 반영하면 $\overline{X}$ 관리도의 중심선 및 3σ 관리한계선은 다음과 같다.

$$UCL_{\overline{X}} = \overline{\overline{X}} + \frac{3}{\sqrt{n}}\left(\frac{\overline{R}}{d_2}\right) = \overline{\overline{X}} + A_2\overline{R}$$

$$CL_{\overline{X}} = \overline{\overline{X}} \qquad\qquad (6.4)$$

$$LCL_{\overline{X}} = \overline{\overline{X}} - \frac{3}{\sqrt{n}}\left(\frac{\overline{R}}{d_2}\right) = \overline{\overline{X}} - A_2\overline{R}$$

여기서 $A_2 = 3/\sqrt{n}\,d_2$로서 부록의 표 C.5에서 찾을 수 있다. 위의 결과는 품질특성치가 정규분포를 따르는 경우는 성립하며, 그렇지 않은 경우에도 중심극한정리에 의해 위 결과를 근사적으로 적용할 수 있다.

앞에서 표본 범위와 공정의 표준편차 간에 관련이 있음을 보았다. 범위 R로서 공정의 표준편차를 관리할 때 그 관리도를 R 관리도라 한다. 범위 R의 기댓값 및 표준편차는 각각 $d_2\sigma$ 및 $d_3\sigma$이다(부록 B 참고). 여기서 d_2, d_3는 n의 함수로서 그 값들은 부록의 표에서 찾을 수 있다. 우선 $\sigma = \sigma_0$로 기준값이 주어져 있는 경우 R 관리도의 중심선 및 3σ 관리한계선은 다음과 같이 구해진다.

$$
\begin{aligned}
UCL_R &= \mu_R + 3\sigma_R = (d_2 + 3d_3)\sigma_0 = D_2\sigma_0 \\
CL_R &= \mu_R = d_2\sigma_0 \\
LCL_R &= \mu_R - 3\sigma_R = (d_2 - 3d_3)\sigma_0 = D_1\sigma_0
\end{aligned} \tag{6.5}
$$

기준값이 주어져 있지 않은 경우에는 추정치 $\hat{\sigma} = \overline{R}/d_2$를 채택하여 $Var(\overline{R}) = d_3^2\sigma^2$(부록 B.1 참고)인 점을 이용하면, R 관리도의 중심선 및 3σ 관리한계선은 다음과 같이 구해진다.

$$
\begin{aligned}
UCL_R &= \overline{R} + 3d_3\overline{R}/d_2 = \left(1 + 3\frac{d_3}{d_2}\right)\overline{R} = D_4\overline{R} \\
CL_R &= \overline{R} \\
LCL_R &= \overline{R} - 3d_3\overline{R}/d_2 = \left(1 - 3\frac{d_3}{d_2}\right)\overline{R} = D_3\overline{R}
\end{aligned} \tag{6.6}
$$

여기서 $D_2 = d_2 + 3d_3$, $D_1 = d_2 - 3d_3$, $D_4 = 1 + 3d_3/d_2$, $D_3 = 1 - 3d_3/d_2$로서 부록의 표 C.5에서 찾을 수 있다.

$\overline{X}-R$ 관리도로써 공정의 이상 유무를 판정할 때에는 먼저 R 관리도를 조사해야 한다. 만일 모든 조건이 동일하게 유지되고 있는 생산공정에서 제품이 생산되고 있다면 공정의 산포를 반영하는 R 관리도는 관리상태를 나타낸다. R 관리도에서 관리상태를 확인한 후에 $\overline{X}$ 관리도를 조사하여 공정평균의 이상 유무를 판정한다. R 관리도가 이상상태인 경우에는 $\overline{X}$ 관리도의 관리상태를 판정하는 것은 무의미하다. R 관리도가 이상상태인 경우에는 $\overline{X}$ 관리도의 관리한계선이 정확하지 않아 관리한계선을 벗어났다 하더라도 공정평균이 이동한 것으로 단정할 수 없기 때문이다.

KS Q ISO 7870-2에서는 계량형 관리도에 대한 해석 및 관리 절차를 위하여 다음과 같은 지침을 제공하고 있다.

슈하트 관리노에서는 개개 세품의 번동이나 공정평균이 현재의 수준을 유지하고 있다면, 개개 부분군의 범위(R)와 평균($\overline{X}$)은 우연하게 변화할 뿐 관리한계선을 넘는 일은 거의 없다고 간주한다. 또한 우연원인에 의해 발생한 데이터에서는 명확한 경향이나 패턴은 없을 것으로 가정한다.

$\overline{X}$ 관리도는 공정평균의 위치와 더불어 공정의 안정성을 나타내며, 또한 공정평균에 관해 $\overline{X}$ 관리도는 바람직하지 않은 군간 변동을 보여준다. R 관리도는 바람직하지 않은 군내 변동을 명확히 구별하여 대상으로 하는 공정의 변동크기를 파악하는 도구로 활용되며, 이것은 공정의 일관성 또는 균질성의 척도로 사용된다. 만약 군내 변동이 본질적으로 같다면, R 관리도는 관리상태를 나타낸다. 만일 R 관리도가 관리상태를 나타내지 않거나 그 수준이 높아졌다면 부분군에 따라 다른 처리가 적용되고 있거나 또는 어떤 다른 원인과 결과의 메커니즘이 공정에 작용되고 있는 것을 표시하는 신호일 수 있다.

부언하면 $\overline{X}$ 관리도는 R 관리도에서의 이상상태 조건에 의해 영향을 받을 가능성이 있다. 즉, 부분군의 범위나 평균을 분석하는 능력은 개개의 제품이 가진 산포의 추정치에 의존하므로, 먼저 R 관리도에서 분석을 실시한다. 이후의 절차는 다음 단계에 따라 진행한다.

〈단계 1〉 데이터를 수집하고 요약하여 부분군의 평균과 범위를 계산한다.

〈단계 2〉 먼저 R 관리도를 작성하고 관리한계선에 대해 이상상태의 점 또는 비정상적인 패턴 혹은 경향을 체크한다. 범위 데이터로부터 이상원인이 존재하는 징후에 대해 원인을 찾기 위한 공정의 작업 또는 현상을 분석한다. 그리고 그 조건을 시정하고 재발을 방지할 수 있는 조치를 취한다.

〈단계 3〉 R 관리도에서 파악된 이상원인의 영향을 받는 부분군을 모두 제외한다. 그리고 새로운 범위의 평균($\overline{R}$)과 관리한계선을 재계산하여 관리도에 표시한다. 필요하면 원인의 파악, 공정의 시정조치, 재계산의 일련의 과정을 반복하며, 새로운 관리한계선과 비교하여 모든 범위의 점이 통계적 관리상태를 나타내는지를 확인한다.

〈단계 4〉 범위가 통계적 관리상태에 있을 때 공정의 산포(군내 변동)는 안정되어 있다고 볼 수 있다. 이후 공정평균이 시간에 따라 변화하고 있는지의 여부를 보기 위하여 부분군의 평균에 대해 조사한다.

〈단계 5〉 R 관리도에서 파악된 이상원인 때문에 어떤 부분군이 제외될 경우, 그 부분군은 $\overline{X}$ 관리도에서도 제외되어야 한다. 그리고 평균에 대한 시험(예비) 관리한계선인 $\overline{\overline{X}} \pm A_2 \overline{R}$ 를 다시 계산하기 위하여 갱신된 $\overline{R}$와 $\overline{\overline{X}}$를 이용한다. 여기서 이상상태 조건을 나타내는 부분군을 해석에서 제외하는 것은 알려진 이상원인에 영향을 받는 점을 배제함으로써, 우연원인에 의해 일어나는 변동 수준에서 보다 좋은 추정치를 얻을 수 있기 때문이다. 또한 이를 기반으로 설정된 관리한계선은 이상원인에 의한 향후 변동 발생을 가장 효과적으로 검출할 수 있을 것이다.

〈단계 6〉 $\overline{X}$ 관리도에 획득한 부분군의 평균을 타점하고, 관리한계선을 이탈한 점이나 특이한 패턴 또는 경향을 체크한다. R 관리도의 경우와 마찬가지로, 모든 이상상태 조건을 분석하고 시정조치를 하며 예방 조치를 취한다. 이상원인이 발견된 이상상태의 점을 모두 제거하고, 두 관리도의 새로운 중심선과 관리한계선을 재계산하여 관리도에 그린다. 필요하다면 원인의 파악, 공정의 시정조치, 재계산의 일련의 과정을 반복하고 새 관리한계선과 비교하여, 모든 타점된 값이 통계적 관리상태를 나타내는지를 확인한다. 만약 제외된 부분군으로 인해 데이터가 충분하지 않다고 판단되면 추가로 샘플을 더 수집해야 한다.

〈단계 7〉 관리한계선의 기준값을 설정하기 위한 단계 I의 데이터가 일관되게 시험(예비) 관리한계선 내에 포함되는 경우는 단계 II로 이행하여 이후의 기간에 대해 현 관리한계선을 적용한다. 그리고 $\overline{X}$ 관리도 또는 R 관리도의 이상상태 신호에 민첩하게 대응할 수 있는 책임자(작업자 또는 감독자)에 의해 이와 같은 관리한계선은 지속적인 모니터링을 통해 향후의 공정관리에 활용되어야 한다. 공정에 이상신호가 나타나거나, 또는 일정한 기간이 경과하면 관리한계선을 갱신할 수 있다.

예제 6.1 어떤 자동차 엔진의 피스톤 링은 단조공정에 의해 제조되며 링의 내경을 측정하여 평균과 산포를 관리하고자 한다(Montgomery, 1991). $n = 5$인 25조 부분군의 샘플을 뽑아 내경을 측정한 자료는 표 6.1과 같다. $\overline{X} - R$ 관리도를 작성하고 관리상태를 판정하라.

전술한 바와 같이 $\overline{X} - R$ 관리도를 적용할 때 먼저 R 관리도부터 시작한다. 표 6.1의 자료로부터 R 관리도의 중심선을 구한다.

$$\overline{R} = \frac{\sum_{i=1}^{25} R_i}{25} = \frac{0.581}{25} = 0.0232$$

$n = 5$인 부분군일 때 $D_3 = 0$, $D_4 = 2.115$(부록 표 C.5 참고)로부터 R 관리도의 관리한계선은 다음과 같이 구해진다.

$$UCL = D_4 \overline{R} = 2.115(0.0232) - 0.0491$$
$$LCL = D_3 \overline{R} = 0(0.0232) = 0$$

표 6.1 피스톤 링의 내경 자료

부분군	측정치					$\overline{x}_i$	R_i
1	74.030	74.002	74.019	73.992	74.008	74.010	0.038
2	73.995	73.992	74.001	74.011	74.004	74.001	0.019
3	73.988	74.024	74.021	74.005	74.002	74.008	0.036
4	74.002	73.996	73.993	74.015	74.009	74.003	0.022
5	73.992	74.007	74.015	73.989	74.014	74.003	0.026
6	74.009	73.994	73.997	73.985	73.993	73.996	0.024
7	73.995	74.006	73.994	74.000	74.005	74.000	0.012
8	73.985	74.003	73.993	74.015	73.988	73.997	0.030
9	74.008	73.995	74.009	74.005	74.004	74.004	0.014
10	73.998	74.000	73.990	74.007	73.995	73.998	0.017
11	73.994	73.998	73.994	73.995	73.990	73.994	0.008
12	74.004	74.000	74.007	74.000	73.996	74.001	0.011
13	73.983	74.002	73.998	73.997	74.012	73.998	0.029
14	74.006	73.967	73.994	74.000	73.984	73.990	0.039
15	74.012	74.014	73.998	73.999	74.007	74.006	0.016
16	74.000	73.984	74.005	73.998	73.996	73.997	0.023
17	73.994	74.012	73.986	74.005	74.007	74.001	0.026
18	74.006	74.010	74.018	74.003	74.000	74.007	0.018
19	73.984	74.002	74.003	74.005	73.997	73.998	0.021
20	74.000	74.010	74.013	74.020	74.003	74.009	0.020
21	73.982	74.001	74.015	74.005	73.996	74.000	0.033
22	74.004	73.999	73.990	74.006	74.009	74.002	0.019
23	74.010	73.989	73.990	74.009	74.014	74.002	0.025
24	74.015	74.008	73.993	74.000	74.010	74.005	0.022
25	73.982	73.984	73.995	74.017	74.013	73.998	0.035
						Σ=1850.028	0.581
						$\overline{\overline{x}}$ =74.001	$\overline{R}$ =0.023

다음으로 $\overline{X}$ 관리도를 살펴보자. $\overline{\overline{X}}$와 $\overline{X}_i$의 관측치를 각각 $\overline{\overline{x}}$, $\overline{x}_i$로 표기하자. 부록 C.5의 관리도용 계수표에서 $n = 5$일 때 $A_2 = 0.557$을 이용하여 중심선 및 관리한계선을 구하면 다음과 같다.

$$\overline{\overline{x}} = \frac{\sum_{i=1}^{25} \overline{x}_i}{25} = \frac{1850.028}{25} = 74.001$$

$$UCL = \overline{\overline{x}} + A_2 \overline{R} = 74.001 + (0.577)(0.023) = 74.014$$

$$LCL = \overline{\overline{x}} - A_2\overline{R} = 74.001 - (0.577)(0.023) = 73.988$$

그림 6.2는 Minitab을 이용하여 작성한 $\overline{X} - R$ 관리도이다. 먼저 R 관리도로부터 공정산포
는 관리상태에 있는 것으로 판단된다. $\overline{X}$ 관리도에서도 관리한계선을 벗어난 점이 없고 점
의 배열에 아무런 이상이 없어 공정은 관리상태에 있다고 판정한다. Minitab을 활용하여
관리도를 작성하는 절차에 관한 보다 자세한 사항은 이승훈(2015)을 참고하기 바란다.

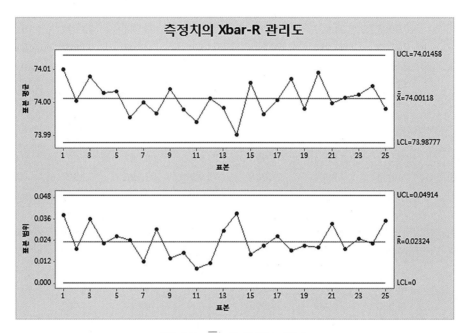

그림 6.2 $\overline{X} - R$ 관리도: 단계 I

현재 설정된 관리한계선은 추후 수정이 이루어지는 시험 한계선으로 취급되어야 한다. 일
반적으로 관리도를 효과적으로 사용하기 위해서는 중심선과 관리한계선을 일정 시간(매주,
매달) 또는 25/50/100개 부분군마다 갱신할 필요가 있으며, 이때도 20~25조의 부분군이 필
요하다. 사용자는 가끔 $\overline{X}$ 관리도의 중심선을 목표값 x_0로 교체하여 설정하기도 한다(배도
선 외, 1998). 특히 R 관리도가 관리상태에 있으면 공정 조정이 용이하게 이루어지는 공정
에서는 공정평균을 목표값으로 쉽게 이동시킬 수 있으므로 이 방식이 유용하다.
R 관리도가 이상상태에 있을 때는, 이상 점들을 제거하고 $\overline{R}$값을 재계산한다. 재계산된 값
은 R 관리도상에서 중심선과 관리한계선을, $\overline{X}$ 관리도상에서는 관리한계선을 결정한다. 또
한 이 값은 공정 표준편차와 보다 일치할 것이며 예비 공정능력분석의 기초로 사용될 수

있다. 일단 신뢰할 수 있는 관리한계선이 설정되면, 이후 공정을 모니터링하기 위해 계속하여 $\overline{X} - R$ 관리도를 사용한다. 이를 5장에서 언급한 바와 같이 관리도 사용의 단계 II라고도 한다.

관리도의 중심선과 관리한계선이 설정된 후 피스톤 링의 제조공정에서 추가적으로 15개 부분군이 수집되었다. 이들 새로운 부분군에서의 데이터는 표 6.2에 있으며, 단계 I에서 구한 평균과 표준편차를 기준값으로 간주하여 중심선과 관리한계선을 설정한 단계 II에서 운영되는 $\overline{X} - R$ 관리도는 그림 6.3에 도시되어 있다. 36번째 부분군의 $\overline{x}$값이 나타날 때까지는 공정은 관리상태에 있지만, 그 후 네 점이 UCL 위에 나타나므로 이 시점 부근에서 이상원인이 발생한 것으로 판단된다. 즉, $\overline{X}$ 관리도의 34번째 부분군부터의 상향 패턴은 공정평균의 이동을 나타내고 있다고 추론된다.

표 6.2 예제 6.1의 추가된 부분군의 자료

부분군 번호	측정치					$\overline{x}_i$	R_i
26	74.012	74.015	74.030	73.986	74.000	74.009	0.044
27	73.995	74.010	73.990	74.015	74.001	74.002	0.025
28	73.987	73.999	73.985	74.000	73.990	73.992	0.015
29	74.008	74.010	74.003	73.991	74.006	74.004	0.019
30	74.003	74.000	74.001	73.986	73.997	73.997	0.017
31	73.994	74.003	74.015	74.020	74.004	74.007	0.026
32	74.008	74.002	74.018	73.995	74.005	74.006	0.023
33	74.001	74.004	73.990	73.996	73.998	73.998	0.014
34	74.015	74.000	74.016	74.025	74.000	74.011	0.025
35	74.030	74.005	74.000	74.016	74.012	74.013	0.030
36	74.001	73.990	73.995	74.010	74.024	74.004	0.034
37	74.015	74.020	74.024	74.005	74.019	74.017	0.019
38	74.035	74.010	74.012	74.015	74.026	74.020	0.025
39	74.017	74.013	74.036	74.025	74.026	74.023	0.023
40	74.010	74.029	74.029	74.000	74.018	74.015	0.029

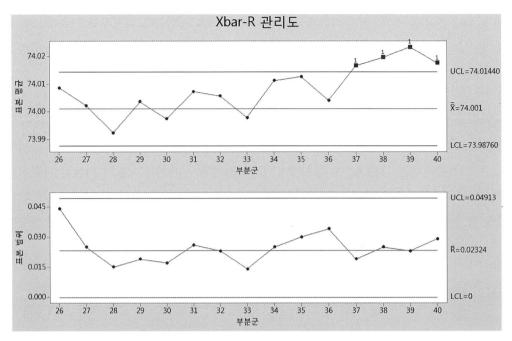

그림 6.3 $\overline{X} - R$ 관리도: 단계 II

---

(2) 검출력

검출력은 관리도가 공정의 변화를 탐지할 수 있는 능력으로 OC(Operating Characteristic Curve; 검사특성)곡선으로 표현된다. 이 절에서는 기준값이 주어져 있는 경우의 단계 II에서 그림 5.13의 이상원인에 대한 8가지 검정 중에서 검정 1(3σ 관리한계선을 벗어남)만을 고려한다. 즉, 검출력은 공정에 변화가 발생할 때 관리도에서 한 점이 3σ 관리한계선을 벗어날 확률이 된다.

$\overline{X}$ 관리도에서의 검출력을 구해보자. 현재의 공정평균이 관리상태의 평균 μ_0로부터 $\mu_1 = \mu_0 + k\sigma$로 이동한 경우 첫 번째 부분군에 의해 이 변화를 탐지하지 못할 확률, 즉 제2종 오류를 범할 확률 $L(\mu_1)$는 다음과 같이 구해진다.

$$L(\mu_1) = \Pr(LCL \leq \overline{X} \leq UCL \mid \mu = \mu_1)$$

$$= \Pr\left(\frac{LCL - \mu_1}{\sigma / \sqrt{n}} \leq Z \leq \frac{UCL - \mu_1}{\sigma / \sqrt{n}} \right) \tag{6.7}$$

식 (6.7)에서 $LCL = \mu_0 - 3\sigma / \sqrt{n}$, $UCL = \mu_0 + 3\sigma / \sqrt{n}$ 이고, $\mu_1 = \mu_0 + k\sigma$ 이므로

$$L(\mu_1) = \Pr(-3 - k\sqrt{n} \le Z \le 3 - k\sqrt{n})$$
$$= \Phi(3 - k\sqrt{n}) - \Phi(-3 - k\sqrt{n}) \tag{6.8}$$

이 된다. 여기서 Z는 $N(0,1)$을 따르는 표준정규 확률변수이고 $\Phi(\cdot)$는 분포함수를 나타낸다. 예를 들어 $n = 5$이고 공정평균이 2σ(즉, $k = 2$)만큼 증가한 경우 $L(\mu_1)$는 다음과 같다.

$$L(\mu_1) = \Pr(-3 - 2\sqrt{5} \le Z \le 3 - 2\sqrt{5})$$
$$= \Pr(-7.472 \le Z \le -1.472)$$
$$= \Phi(-1.472) - \Phi(-7.472)$$
$$= 0.071$$

따라서 2σ만큼의 공정평균이 증가하면 관리도상에서 최초의 한 점에 의해 탐지될 확률인 검출력은 $1 - L(\mu_1) = 0.929$이다.

공정평균의 이동 폭을 표준편차의 배수 k로서 나타낼 때, k값에 따른 $L(\mu_1)$값을 계산하여 $\overline{X}$ 관리도의 OC곡선을 구한 것이 그림 6.4에 나타나 있다. 그림에서 군의 크기 n이 크면 클수록 $L(\mu_1)$이 작아져 검출력이 증가함을 알 수 있다. 그런데 n이 비교적 작은 경우($n = 1, 2, 3, 4, 5$)에 공정평균의 이동이 작을 때(즉, $k < 1.5$)는 $\overline{X}$ 관리도가 민감하지 못함을 알 수 있다. 예를 들어 $n = 5$일 때 공정평균이 1σ 이동한 경우 최초의 한 점에 의해 탐지될 확률은 식 (6.8)로부터 $1 - L(\mu_1) = 1 - \Phi(0.764) = 0.222$이다. 또한 두 번째 점에서 탐지될 확률은 $L(\mu_1)(1 - L(\mu_1)) = 0.778(0.222) = 0.173$이고 일반적으로 i번째 점에서 탐지될 확률은 다음과 같이 된다.

$$L(\mu_1)^{i-1}(1 - L(\mu_1)) \tag{6.9}$$

따라서 공정변화가 탐지될 때까지 추출되는 부분군(관리도상의 점) 수는 기하분포를 따르므로, 이의 기댓값은 다음과 같게 된다.

$$\sum_{i=1}^{\infty} i L(\mu_1)^{i-1}(1 - L(\mu_1)) = \frac{1}{1 - L(\mu_1)} \tag{6.10}$$

검출력에 관한 또 다른 지표로 식 (6.10)의 평균 런 길이인 ARL(Average Run Length)이 있다. ARL은 공정평균이 어떤 상태로 유지될 때 관리한계선을 이탈하기까지 타점된 점의 평균 개수를 의미한다. 즉, ARL은 타점 통계량이 관리한계선을 벗어날 확률의 역수가 된다.

공정평균이 기준값을 유지하는 경우에는 ARL이 커야 바람직하고, 반대로 공정평균이 기준값 μ_0를 벗어나 바람직한 수준이 아닌 μ_1으로 변화한 경우에는 빨리 검출하여야 하므로 ARL이

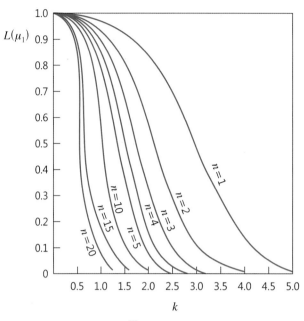

그림 6.4 $\overline{X}$ 관리도의 OC곡선

작아야 바람직하다. 공정평균이 μ_0인 경우의 ARL을 ARL_0라고 표기하고, μ_1인 경우의 ARL을 ARL_1이라고 표기한다. 따라서 ARL_0과 ARL_1은 각각 다음과 같이 계산된다. 여기서 α와 β는 제1종과 제2종 오류확률이다.

$$ARL_0 = \frac{1}{\alpha}, \qquad ARL_1 = \frac{1}{1-\beta}$$

그러므로 3σ 관리한계선을 사용하는 슈하트 관리도에서는 공정평균이 μ_0인 경우에 관리한계선을 벗어날 확률이 0.0027이므로 ARL_0은 다음과 같이 계산된다.

$$ARL_0 = \frac{1}{0.0027} \approx 370$$

즉, 공정이 관리상태인 경우에는 평균적으로 370개 타점마다 한 번씩 거짓경보(false alarm)가 나올 수 있다는 것을 의미한다. 그리고 $n = 5$일 때 1σ만큼 공정평균의 이동을 탐지할 때까지 주줄되는 부분군 수의 기대지는 $1/0.222 = 4.50$이다. 그림 6.4에서 알 수 있듯이 동일한 k 값에 대해 n이 클수록 $L(\mu_1)$는 작아지므로, 공정변화가 탐지되기까지의 부분군 수의 기대치도 작아지게 되는 것을 알 수 있다. 이는 $\overline{X}$ 관리도에서는 부분군의 크기가 클수록 공정평균의 이동을 더 신속하게 탐지해낼 수 있는 것을 뜻한다.

부분군의 크기가 작은 경우($n = 4, 5$) 한 점에 의해 공정평균의 이동을 탐지할 확률은 작아지지만, 상기의 예시($n = 5$일 때 1σ의 공정평균 이동 시 ARL은 4.50임)같이 이러한 변화가 탐지되기까지 관리도상에 타점되는 점의 수는 그리 많지 않다. 또한 경고한계선을 도입하거나 6.6절에서 소개된 다른 판정기준들을 함께 사용하면, 작은 크기의 부분군을 사용하더라도 공정의 변화를 비교적 신속히 탐지할 수 있다.

예제 6.2 부분군 크기 $n = 4$인 $\overline{X}$ 관리도를 운영하는 공정에서 공정평균이 $\mu_1 = \mu_0 + \sigma$로 변화하였을 때 다음 물음에 답하라. 단, $\overline{X}$ 관리도는 3σ 관리한계선을 갖고, 공정산포는 변화가 없다고 가정한다.

(1) $\overline{X}$ 관리도에서 첫 번째 부분군의 타점 통계량에 의하여 공정변화를 검출할 확률(검출력)은 얼마인가?

식 (6.8)에 의해 $L(\mu_1) = \Phi(3 - \sqrt{4}) - \Phi(-3 - \sqrt{4}) = \Phi(1.0) - \Phi(-5.0) = 0.8413$이고 검출력은 $1 - 0.8413 = 0.1587$이다.

(2) $\overline{X}$ 관리도에서 4번째 부분군까지 검출을 못하고 5번째 부분군의 타점 통계량에 의하여 공정변화를 검출할 확률(검출력)은 얼마인가?

식 (6.9)에 의해 검출력은 $L(\mu_1)^{5-1}(1 - L(\mu_1)) = 0.8413^4(1 - 0.8413) = 0.0795$이다.

(3) $\overline{X}$ 관리도에서 μ_1에서의 ARL_1을 구하라.

$$ARL_1 = \frac{1}{1 - L(\mu_1)} = \frac{1}{1 - 0.8413} = 6.30$$이 된다.

R 관리도에서의 검출력을 구하기 위하여 공정 표준편차가 σ_0에서 $\sigma_1 = \lambda\sigma_0$로 변화가 발생한다고 하자. 공정 표준편차가 σ_0인 R 관리도의 3σ 관리한계선은 $LCL_R = d_2\sigma_0 - 3d_3\sigma_0$, $UCL_R = d_2\sigma_0 + 3d_3\sigma_0$이다. 공정 표준편차가 σ_0에서 $\sigma_1 = \lambda\sigma_0$로 변화하였다면, 부분군의 범위 R_i의 평균과 표준편차는 각각 $\mu_R = d_2\sigma_1 = d_2\lambda\sigma_0$, $\sigma_R = d_3\sigma_1 = d_3\lambda\sigma_0$가 된다. 여기서 부분군의 크기 $n \leq 6$인 경우에는 부록의 표 C.5에서 R 관리도의 $LCL_R = 0$이 되어 LCL에 관련된 확률은 고려할 필요가 없다.

R 관리도의 OC곡선은 $W = R/\sigma$의 분포를 이용하여 구한다. W의 분포가 간단하지 않으나 W분포표의 백분위수를 이용하여 OC곡선을 그릴 수 있다. 예를 들어 $n = 5$, $\overline{R} = 0.280$, $UCL = D_4\overline{R} = (2.115)(0.280) = 0.592$, $LCL = 0$인 R 관리도에서 현재의 표준편차가 $\sigma_0 = \overline{R}/d_2 = 0.280/2.326 = 0.120$에서 20% 증가하여 $\sigma_1 = 0.144$로 이동한 경우를 생각해보자. R 관리도상 한 점이 이 변화를 탐지하지 못할 확률, 즉 제2종 오류를 범할 확률 $L(\sigma_1)$는 다음과 같다.

$$L(\sigma_1) = \Pr(R \leq UCL) = \Pr(R/\sigma_1 \leq UCL/\sigma_1)$$
$$= \Pr(W \leq 4.111)$$

이 값은 W분포표에서 0.950에서 0.975 사이에 있음을 알 수 있고, 보간법에 의해 0.968이 얻어진다. 이와 같은 방법에 의해 공정의 표준편차가 관리상태의 σ_0에서 $\sigma_1(> \sigma_0)$으로 이동한 경우 $\lambda = \sigma_1/\sigma_0$값에 따른 $L(\sigma_1)$값의 변화를 그래프로 나타낸 R 관리도의 OC곡선이 그림 6.5에 있다. 부분군의 크기 n이 크면 클수록 $L(\sigma_1)$가 작아짐을 알 수 있다. 특히 $n = 4$와 5일 때 제1종 오류는 0.50%와 0.46%로 슈하트 $\overline{X}$ 관리도의 0.27%와 제법 차이가 발생한다.

R 관리도는 $2 \leq n \leq 8$인 경우에 주로 사용되는데, 공정 산포의 작은 변화를 탐지하기 위해서는 부분군의 크기를 크게 하여야 한다. 따라서 $n \geq 9$일 경우에는 s 관리도를 채택하는 것이 더 좋다고 할 수 있다.

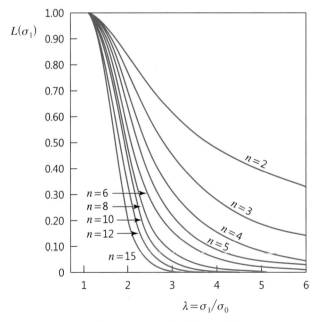

그림 6.5 R 관리도의 OC곡선

(3) 부분군의 크기가 일정하지 않은 경우의 $\overline{X}-R$ 관리도

부분군의 크기가 일정하지 않은 경우에 대한 $\overline{X}-R$ 관리도의 관리한계선 설정에는 2가지 방법이 주로 쓰인다.

① 부분군마다 서로 다른 관리한계선을 갖는 관리도를 이용하는 방법
② 부분군 크기의 평균의 정수값을 사용하여 동일한 관리한계선을 갖는 관리도를 이용하는 방법: 방법 ②는 각 부분군 크기의 변화가 심하지 않는 경우에 사용될 수 있다.

i번째 부분군의 크기가 n_i이고 부분군의 측정치가 $x_{i1}, x_{i2}, \ldots, x_{in_i}$일 때 이로부터 부분군별의 평균, 범위를 다음과 같이 구한다.

$$\overline{x}_i = \frac{\sum_{j=1}^{n_i} x_{ij}}{n_i}, \ R_i = x_{i,\max} - x_{i,\min}, \ i = 1, 2, \cdots, k$$

먼저 방법 ①에 대하여 살펴보기로 한다. 부분군의 크기가 동일하지 않은 경우 $\mu = \mu_0$와 $\sigma = \sigma_0$로 기준값이 주어져 있다면 $\overline{X}$ 관리도의 중심선과 3σ 관리한계선은 다음과 같이 설정된다.

$$UCL_{\overline{X}} = \mu_0 + 3\frac{\sigma_0}{\sqrt{n_i}}$$

$$CL_{\overline{X}} = \mu_0 \tag{6.11}$$

$$LCL_{\overline{X}} = \mu_0 - 3\frac{\sigma_0}{\sqrt{n_i}}$$

그리고 기준값이 주어져 있지 않은 경우에는 공정평균 μ와 공정산포 σ를 부분군 데이터로부터 추정하여 관리한계선을 설정하게 된다. μ는 $\overline{\overline{x}} = \sum_i^k n_i \overline{x}_i / \sum_{i=1}^k n_i$로 추정되며, σ의 추정치로는 다음의 두 가지가 주로 쓰인다.

$$\hat{\sigma}_1 = \frac{\sum_{i=1}^k \dfrac{R_i}{d_2(n_i)}}{k} \tag{6.12}$$

$$\hat{\sigma}_2 = \frac{\sum_{i=1}^{k} \frac{f_i R_i}{d_2(n_i)}}{\sum_{i=1}^{k} f_i}, \quad 단 \; f_i = \frac{d_2(n_i)^2}{d_3(n_i)^2} \tag{6.13}$$

여기서 $d_2(n_i)$, $d_3(n_i)$는 부분군 크기 n_i에 따라 부록 표 C.5에서 구할 수 있다. 식 (6.12)는 각 부분군에 대해 단순 평균을, 식 (6.13)은 가중평균 형태를 취하고 있다. 특히 Burr(1969)가 제안한 후자는 최소분산선형추정치(minimum variance linear estimate)에 속하며, Minitab은 이 추정치를 채택하고 있으므로 여기서는 식 (6.13)을 σ의 추정치로 삼는다. 또한 Burr는 식 (6.13)의 근사 추정치로 f_i의 자리에 d_2, d_3를 이용할 필요가 없는 $n_i - 1$의 사용을 제안하였다.

따라서 부분군의 크기가 서로 다른 경우, 식 (6.11)에 식 (6.13)의 추정치를 대입하면 $\overline{X}$ 관리도의 중심선과 3σ 관리한계선은 다음과 같다.

$$UCL_{\overline{X}} = \overline{\overline{X}} + 3\frac{\hat{\sigma}_2}{\sqrt{n_i}}$$

$$CL_{\overline{X}} = \overline{\overline{X}} \tag{6.14}$$

$$LCL_{\overline{X}} = \overline{\overline{X}} - 3\frac{\hat{\sigma}_2}{\sqrt{n_i}}$$

그리고 R 관리도의 중심선과 3σ 관리한계선도 σ의 추정치로 식 (6.13)을 채택하면 다음과 같이 된다.

$$UCL_R = d_2\hat{\sigma}_2 + 3d_3\hat{\sigma}_2$$

$$CL_R = d_2\hat{\sigma}_2$$

$$LCL_R = d_2\hat{\sigma}_2 - 3d_3\hat{\sigma}_2$$

이에 따라 부분군의 크기 n_i가 동일하지 않은 경우에는 $\overline{X} - R$ 관리도의 관리한계선은 일정하지 않고 부분군의 크기에 따라 달라진다.

한편 방법 ②는 $\overline{n} = \sum_{j=1}^{k} n_i / k$에 가까운 정수값으로 d_2와 d_3을 구하여 식 (6.4)와 식 (6.6)에 의해 양 관리도의 관리한계선을 설정하는 방식이다.

참고로 Minitab에는 σ를 추정하는 방법으로 식 (6.13)에 의한 방법 외에 합동표준편차 (pooled sample standard deviation) 방식이 있다(부록 B 참고). 즉, 다음과 같이 모든 데이터를 사용한 합동표준편차 s_p를 이용하여 σ의 추정치를 구하는 방법이다.

$$\hat{\sigma} = \frac{s_p}{c_4}, \ \text{여기서} \ s_p = \sqrt{\frac{\sum\limits_{i=1}^{k}\sum\limits_{j=1}^{n_i}(x_{ij}-\overline{x_i})^2}{\sum\limits_{i=1}^{k}(n_i-1)}}, \ N_0 = \sum_{i=1}^{k}(n_i-1)$$

(단, c_4는 부록의 표 C.5에서 n을 N_0로 하여 구한다.)

예제 6.3   매 시간마다 $n=4$로 부분군을 추출하기로 하였으나, 교대 작업자 간의 소통부족으로 부분군 크기가 일정하지 않는 표 6.3의 자료를 얻었다.

(1) 부분군마다 서로 다른 관리한계선을 갖는 $\overline{X}-R$ 관리도를 작성하고 관리상태를 판정하라.

(2) 부분군 크기의 평균값 $\overline{n}$의 정수값을 사용하여 동일한 관리한계선을 갖는 $\overline{X}-R$ 관리도를 작성하고 관리상태를 판정하라.

표 6.3에서 $\sum\limits_{i=1}^{20}n_i = 80$, $\overline{\overline{x}} = 60.175$이며, Minitab으로 도시한 $\overline{X}-R$ 관리도는 그림 6.6과 같다. 부분군의 크기가 동일하지 않아 $\overline{X}-R$ 관리도의 관리한계선이 부분군의 크기에 따라 달라지는 것을 확인할 수 있다. R 관리도에서 관리한계선을 벗어난 점이 없어 공정 산포는 관리상태에 있다고 볼 수 있으며 $\overline{X}$ 관리도에서도 관리한계선을 벗어난 점이 없으므로 공정평균도 관리상태에 있다고 볼 수 있다.

표 6.3 부분군의 크기가 다른 측정 데이터

부분군	n_i	측정치					$\overline{x}_i$	R_i
1	4	48	84	79	49	–	65.00	36
2	4	34	87	33	42	–	49.00	54
3	4	87	73	22	60	–	60.50	65
4	4	55	80	54	74	–	65.75	26
5	4	70	26	48	58	–	50.50	44
6	3	83	89	80	–	–	84.00	9
7	3	47	66	53	–	–	55.33	19
8	3	88	50	84	–	–	74.00	38
9	3	57	47	41	–	–	48.33	16
10	3	43	50	30	–	–	41.00	20
11	5	26	39	52	94	72	56.60	68
12	5	46	27	63	49	56	48.20	36
13	5	49	62	78	76	55	64.00	29
14	5	71	63	82	59	44	63.80	38
15	5	71	58	69	57	97	70.40	40
16	4	67	69	70	62	–	67.00	8
17	4	55	63	72	58	–	62.00	17
18	4	49	51	55	69	–	56.00	20
19	4	72	80	61	46	–	64.75	34
20	4	61	74	62	32	–	57.25	42

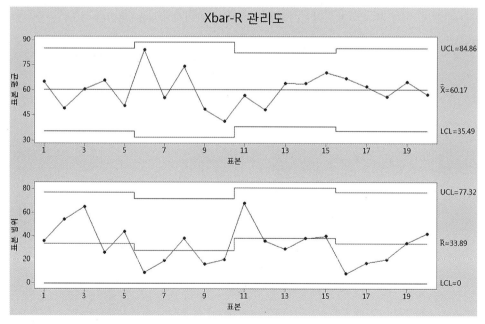

그림 6.6 부분군의 크기가 일정하지 않은 경우의 $\overline{X}-R$ 관리도(n_i 적용)

부분군 크기의 평균값을 사용한 경우를 보자. $\bar{n} = 4$가 정수값이므로 부분군의 크기를 4로 적용한 양 관리도를 그림 6.7에서 볼 수 있다. $\bar{X} - R$ 관리도의 관리한계선은 당연히 일정하며, 여기서도 관리상태에 있다고 볼 수 있다.

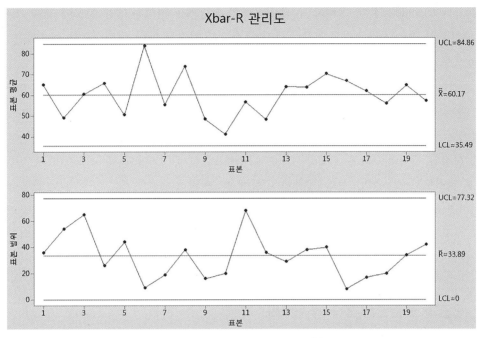

그림 6.7 부분군의 크기가 일정하지 않은 경우의 $\bar{X} - R$ 관리도($\bar{n}$ 적용)

(4) $\bar{X} - R$ 관리도에 비정규성의 영향

$\bar{X} - R$ 관리도의 성능 평가 시에 품질특성치는 정규분포를 따른다고 가정하고 있는데, 정규분포를 따르지 않는다면 $\bar{X} - R$ 관리도를 사용할 수 있는지 의문이 생길 수 있다. 즉, 여러 상황에서 정규성(normality)이 의심될 수 있다. 일례로 정규성 가정이 적절하지 않음을 나타내는 광범위한 데이터가 수집되어 근원 분포가 정규분포가 아님을 알 수 있는 경우도 있다. 만약 근원 분포의 형태를 안다면 $\bar{X}$ 및 R의 표본 분포를 도출하여 확률적으로 설정한 관리한계선을 얻을수도 있지만, 어떤 경우에는 이의 도출이 어려울 수 있다. 대부분의 엔지니어는 정규성 편차 영향이 심각하지 않으면 정규성 가정에 기초하여 앞에서 전개된 표준 접근법을 사용하는 것을 선호한다. 하지만 근원 분포의 형태에 관해 아무것도 알지 못할 때 정규분포 가정하의 $\bar{X} - R$ 관리도는 공정관리를 적절히 수행한다는 보증이 확실하지 않을 것이므로 $\bar{X} - R$ 관리도에서 정규

성 편차의 영향을 파악할 필요가 있다.

여러 연구자가 관리도에 미치는 정규성 편차의 영향을 조사하였다. 그중에서 Burr(1967)는 정규 이론 관리한계선이 정규성 가정에 매우 로버스트하며 모집단이 극도로 비정규적이지 않으면 적용될 수 있다는 점을 언급하였다. 또한 Schilling and Nelson(1976)은 균일(uniform), 우측 삼각형(right triangle), 감마, 그리고 두 정규분포의 혼합으로 형성된 쌍봉 분포에 대해 조사하였는데, 대부분의 경우 샘플크기 4개 또는 5개가 정규성 가정에 대한 로버스트를 보증하는 데 충분한 것으로 나타났다.

3σ 관리한계선을 채택하는 $\overline{X}$ 관리도에서 근원 분포가 정규분포이면 제1종 오류는 0.0027이나, R 관리도에서는 그렇지 않다. 즉, 정규분포에서 샘플을 추출하더라도 R의 표본 분포는 비대칭적이고 오른쪽으로 긴 꼬리를 갖는다. 따라서 R 관리도에서 대칭적 3σ 관리한계선은 근사적으로 설정된 것이며, 제1종 오류는 0.0027이 아니다(실제, $n=4$일 때 $\alpha=0.00461$이다). 더욱이 R 관리도는 $\overline{X}$ 관리도보다 정규성 이탈에 더 민감하다.

환언하면 관리도 사용자는 정규성과 독립성(7.8절 참고) 같은 가정과 이론적 배경 및 영향에 관심을 가져야 한다. 특히 $\overline{X}$ 관리도의 성능 연구 시 이런 고려는 단계 II에서 관리도의 적합도를 평가하는 데 유용하다.

6.2.2 평균과 표준편차($\overline{X}-s$) 관리도

$\overline{X}-R$ 관리도에서 부분군의 크기가 비교적 클 때 범위 R을 이용하는 것보다 표준편차 s를 이용하는 것이 더 효율적이다. 통계적 효율성 측면에서 R 관리도에는 최댓값과 최솟값이 이용되지만, s 관리도에서는 개개 데이터의 산포를 반영한 표준편차를 사용함으로써 더 정확하게 공정 산포를 추정한다. 특히 부분군의 크기가 $n>10$이거나 부분군의 크기가 일정하지 않을 때 $\overline{X}-R$보다 $\overline{X}-s$ 관리도의 사용을 추천하고 있다.

$\mu=\mu_0$와 $\sigma=\sigma_0$로 기준값이 주어진 경우, $\overline{X}$ 관리도의 중심선과 3σ 관리한계선은 식 (6.3)과 동일하다. 기준값이 주어져 있지 않은 경우에는 부분군의 평균과 표준편차의 평균을 이용하여 μ와 σ를 $\hat{\mu}=\overline{\overline{x}}$, $\hat{\sigma}=\overline{s}/c_4$로 추정한다. 따라서 기준값이 주어져 있지 않은 경우 $\overline{X}$ 관리도의 중심선과 3σ 관리한계선은 다음과 같이 구해진다.

$$UCL_{\overline{X}}=\hat{\mu}+3\frac{\hat{\sigma}}{\sqrt{n}}=\overline{\overline{x}}+\left(\frac{3}{\sqrt{n}}\right)\left(\frac{\overline{s}}{c_4}\right)=\overline{\overline{x}}+A_3\overline{s}$$

$$CL_{\overline{X}}=\hat{\mu}=\overline{\overline{x}} \tag{6.15}$$

$$LCL_{\overline{X}} = \hat{\mu} - 3\frac{\hat{\sigma}}{\sqrt{n}} = \overline{\overline{x}} - \left(\frac{3}{\sqrt{n}}\right)\left(\frac{\overline{s}}{c_4}\right) = \overline{\overline{x}} - A_3\overline{s}$$

(단, 부분군의 측정치가 $x_{i1}, x_{i2}, \cdots, x_{in}$이면 $s_i^2 = \sum\limits_{j=1}^{n}(x_{ij} - \overline{x}_i)^2/(n-1)$, $\overline{s} = \sum\limits_{i=1}^{k} s_i/k$임.)

여기서 i번째 부분군의 크기가 n일 때 $A_3 = 3/(c_4\sqrt{n})$이며, 이 값은 n에 따라 부록의 표 C.5에서 찾을 수 있다. 표본표준편차 s의 평균과 표준편차는 각각 $\mu_s = c_4\sigma$, $\sigma_s = \sigma\sqrt{1 - c_4^2}$ 이므로(부록 B.1 참고), $\sigma = \sigma_0$로 기준값이 주어져 있는 경우에 s 관리도의 중심선 및 3σ 관리한계선은 다음과 같이 구해진다.

$$UCL_s = c_4\sigma + 3\sigma\sqrt{1 - c_4^2} = (c_4 + 3\sqrt{1 - c_4^2})\sigma = B_6\sigma$$
$$CL_s = c_4\sigma$$
$$LCL_s = c_4\sigma - 3\sigma\sqrt{1 - c_4^2} = (c_4 - 3\sqrt{1 - c_4^2})\sigma = B_5\sigma$$

여기서 $B_6 = c_4 + 3\sqrt{1 - c_4^2}$, $B_5 = c_4 - 3\sqrt{1 - c_4^2}$ 로서 부록의 표 C.5에서 그 값들을 구한다.

σ값을 모르는 경우 추정치 $\hat{\sigma} = \overline{s}/c_4$를 이용하면 s 관리도의 중심선 및 관리한계선은 다음과 같다.

$$UCL_s = B_6\overline{s}/c_4 = B_4\overline{s}$$
$$CL_s = \overline{s} \qquad\qquad (6.16)$$
$$LCL_s = B_5\overline{s}/c_4 = B_3\overline{s}$$

여기서 $B_4 = B_6/c_4$, $B_3 = B_5/c_4$이며 이 값들도 부록의 표 C.5에서 찾을 수 있다.

예제 6.4 어떤 자동차 부품에 대하여 부분군 크기 $n = 9$로 치수를 측정한 결과 다음 데이터(측정단위: 0.1mm)를 얻었다(이승훈, 2015). 표 6.4의 데이터로부터 $\overline{X} - s$ 관리도를 작성하고 관리상태를 판정하라.

공정평균의 추정치는 $\hat{\mu} = \overline{\overline{x}} = 284.75$가 된다. 부분군 표준편차의 평균은 $\overline{s} = 97.51$이고, 부록의 표 C.5에서 $n = 9$일 때 $c_4 = 0.9693$이므로 공정 표준편차의 추정치는 $\hat{\sigma} = \overline{s}/c_4$

표 6.4 자동차 부품의 치수 자료

부분군	x_1	x_2	x_3	x_4	x_5	x_6	x_7	x_8	x_9	평균	표준편차
1	357	304	136	438	342	388	212	161	258	288.44	103.89
2	201	242	203	319	293	245	397	337	161	266,44	75.81
3	245	251	374	378	336	259	359	277	203	298,00	64.56
4	326	284	295	542	257	276	395	316	455	349.56	95.62
5	222	295	350	465	179	243	221	333	178	276.22	94.11
6	323	366	109	217	428	369	421	303	237	341.44	77.43
7	248	378	99	191	393	440	344	271	163	280.78	115.94
8	151	303	338	274	448	310	188	286	217	279.44	88.15
9	203	111	343	141	369	6	159	219	308	206.56	117.99
10	472	145	154	256	260	425	179	252	352	277.22	116.76
11	234	305	282	146	404	294	317	261	450	300.22	88.37
12	317	270	339	414	515	68	279	263	270	303.56	121.70
13	307	182	262	282	258	269	228	251	290	258.78	36.84
14	382	118	247	178	193	355	239	181	177	230.00	87.27
15	188	170	383	354	122	209	222	379	402	269.89	108.27
16	405	324	364	272	343	312	60	341	212	292.56	103.08
17	221	322	497	183	296	191	436	196	337	297.67	112.78
18	322	298	320	139	294	390	191	269	297	280.00	74.33
19	133	271	182	426	229	261	353	273	529	289.22	125.54
20	114	347	180	187	573	317	347	441	275	309.00	141.76

$= 97.51/0.9693 = 100.598$이 된다. 기준값이 주어져 있지 않은 경우이므로 식 (6.15)로부터 $\overline{X}$ 관리도의 중심선과 3σ 관리한계선은 다음과 같이 구해진다.

$$UCL_{\overline{x}} = \overline{\overline{x}} + A_3 \overline{s} = 284.75 + 1.032(97.51) = 385.3$$

$$CL_{\overline{x}} = \overline{\overline{x}} = 284.75$$

$$LCL_{\overline{x}} = \overline{\overline{x}} - A_3 \overline{s} = 284.75 - 1.032(97.51) = 184.2$$

다음으로 s 관리도의 중심선 및 관리한계선은 식 (6.16)으로부터 다음과 같이 계산된다.

$$UCL_s = B_4 \overline{s} = 1.761(97.51) = 171.7$$

$$CL_s = \overline{s} = 97.51$$

$$LCL_s = B_3 \overline{s} = 0.239(97.51) = 23.3$$

Minitab을 이용하여 $\overline{X}-s$ 관리도를 작성하면 그림 6.8과 같이 도시된다. 따라서 $\overline{X}-s$ 관리도에서 모두 관리상태임을 알 수 있다.

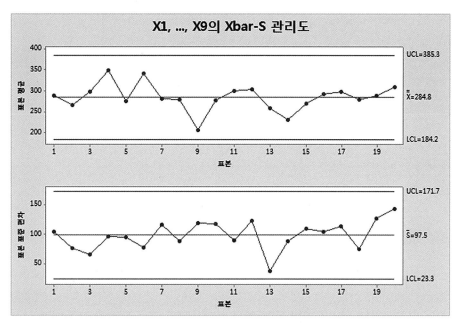

그림 6.8 $\overline{X}-s$ 관리도: 부분군 크기가 일정한 경우

한편 부분군별로 크기가 일정하지 않고 다를 경우는 전 소절에서 소개된 $\overline{X}-R$ 관리도에 적용하는 것보다 $\overline{X}-s$ 관리도를 사용하는 것이 보다 편리하다. i번째 부분군의 크기가 n_i이고, 평균과 표준편차가 각각 $\overline{x}_i$, s_i일 때 식 (6.15)와 식 (6.16)의 $\overline{\overline{x}}$와 $\overline{s}$를 다음 식으로 대체하면 된다.

$$\overline{\overline{x}} = \frac{\sum_{i}^{k} n_i \overline{x}_i}{\sum_{i=1}^{k} n_i}$$

$$\overline{s} = \left(\frac{\sum_{i}^{k} (n_i - 1) s_i^2}{\sum_{i=1}^{k} n_i - k} \right)^{1/2}$$

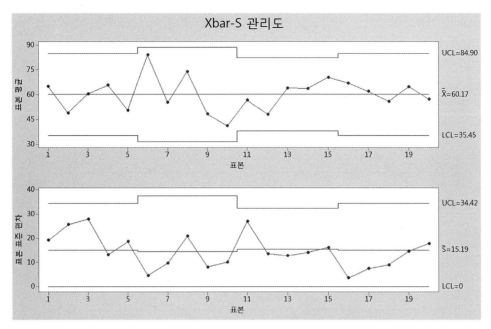

그림 6.9 $\overline{X}-s$ 관리도: 부분군 크기가 일정하지 않은 경우

그림 6.9는 부분군별로 크기가 일정하지 않는 예제 6.3의 표 6.3의 자료에 대해 Minitab으로 도시한 $\overline{X}-s$ 관리도이다.

6.2.3 중위수와 범위($\widetilde{X}-R$) 관리도

중위수($\widetilde{X}$) 관리도는 공정의 중심위치를 관리하기 위한 관리도로서 부분군의 평균값 대신에 부분군의 중위수(median; 중앙값)가 타점된다. 현장에서 중위수 관리도를 단계 II의 관리용 관리도로 사용할 경우에는 평균값 계산보다 용이하게 중위수를 계산할 수 있으므로 쓰기 편리하다. 그러나 중위수 관리도는 $\overline{X}$ 관리도보다 관리한계선의 폭이 넓어져 검출력이 떨어지게 되는 단점이 있다. 일반적으로 공정평균과 공정 산포를 동시에 관리하므로 $\widetilde{X}$ 관리도와 R 관리도를 쌍으로 $\widetilde{X}-R$ 관리도로 운영된다.

공정의 품질특성치 x_{ij}가 $N(\mu, \sigma^2)$의 분포에 따른다고 가정하면, $x_{i1}, x_{i2}, \cdots, x_{in}$의 중위수 $\widetilde{X}$의 평균과 표준편차는 다음과 같이 주어진다.

$$\mu_{Me} = \mu, \qquad \sigma_{Me} = m_3 \frac{\sigma}{\sqrt{n}}$$

따라서 중위수($\widetilde{X}$) 관리도의 중심선과 3σ 관리한계선은 다음과 같이 구해진다.

$$UCL_{\widetilde{X}} = \mu + 3m_3\frac{\sigma}{\sqrt{n}} = \mu + m_3 A\sigma$$

$$CL_{\widetilde{X}} = \mu \qquad\qquad\qquad\qquad (6.17)$$

$$LCL_{\widetilde{X}} = \mu - 3m_3\frac{\sigma}{\sqrt{n}} = \mu - m_3 A\sigma$$

여기서 m_3와 $A = 3/\sqrt{n}$는 부분군 크기 n에 따른 관리도 계수로서 부록의 표 C.5에서 구할 수 있다.

단계 I의 관리도에서는 공정평균 μ와 공정 산포 σ를 모르기 때문에 부분군의 중위수와 범위의 평균을 이용하여 각각 $\hat{\mu} = \overline{\widetilde{X}}$, $\hat{\sigma} = \overline{R}/d_2$로 추정할 수 있다. 따라서 기준값이 주어져 있지 않은 경우의 $\widetilde{X}$ 관리도의 중심선과 3σ 관리한계선은 다음과 같다.

$$\begin{cases} CL = \overline{\widetilde{X}} \\ UCL = \overline{\widetilde{X}} + 3m_3\dfrac{\overline{R}/d_2}{\sqrt{n}} = \overline{\widetilde{X}} + m_3 A_2 \overline{R} = \overline{\widetilde{X}} + A_4\overline{R} \\ LCL = \overline{\widetilde{X}} - 3m_3\dfrac{\overline{R}/d_2}{\sqrt{n}} = \overline{\widetilde{X}} - m_3 A_2 \overline{R} = \overline{\widetilde{X}} - A_4\overline{R} \end{cases} \qquad (6.18)$$

여기서 $A_4 = 3m_3/(d_2\sqrt{n})$이며 그 값도 부록의 표 C.5에서 구할 수 있다.

R 관리도의 중심선과 3σ 관리한계선은 $\overline{X} - R$ 관리도에서와 동일하다. 즉, 기준값이 주어진 경우와 기준값이 주어져 있지 않은 경우의 R 관리도의 중심선과 3σ 관리한계선은 각각 식 (6.5)와 식 (6.6)과 같다.

예제 6.5 어떤 자동차 제조회사의 엔진 조립부서에서 엔진부품 중 하나인 캠축을 조립하고 있다. 현장 주임은 이 품질특성치를 모니터링하기 위하여 $\widetilde{X} - R$ 관리도를 채택하기로 한다. 우선 협력업체로부터 공급된 캠축으로부터 20조 부분군의 총 100개를 추출하여 길이를 측정한 결과가 표 6.5에 수록되어 있다(Minitab, 2017). 중위수 관리도를 작성하고 공정의 관리상태를 판정하라.

표 6.5 캠축의 길이

부분군	측정데이터				
1	601.6	600.4	598.4	600.0	596.8
2	602.8	600.8	603.6	604.2	602.4
3	598.4	599.6	603.4	600.6	598.4
4	598.2	602.0	599.4	599.4	600.8
5	600.8	598.6	600.0	600.4	600.8
6	600.8	597.2	600.4	599.8	596.4
7	600.4	598.2	598.6	599.6	599.0
8	598.2	599.4	599.4	600.2	599.0
9	599.4	598.0	597.6	598.0	597.6
10	601.2	599.0	600.4	600.6	599.0
11	602.2	599.8	599.8	601.0	601.6
12	601.6	600.2	601.8	601.2	597.6
13	599.8	602.8	600.0	599.6	602.2
14	603.8	603.6	601.8	602.0	603.6
15	600.8	600.2	600.4	600.2	602.2
16	598.0	598.4	600.8	602.8	597.6
17	601.6	603.4	597.0	599.8	597.8
18	602.4	602.2	600.6	596.2	602.4
19	601.4	599.2	601.6	600.4	598.0
20	601.2	604.2	600.2	600.0	596.8

먼저 각 부분군의 중위수와 범위를 계산한 결과가 표 6.6의 우측 두 열에 정리되어 있다. 특히 부분군의 크기가 5인 홀수가 되어 중위수를 쉽게 구할 수 있다.

부록 표 C.5로부터 $A_4 = 0.6908$이므로 중위수 관리도의 중심선과 3σ 관리한계선은 다음과 같이 계산된다.

$$UCL_{\widetilde{X}} = \overline{\overline{X}} + A_4 \overline{R} = 600.3 + 0.6908 \times 3.72 = 602.87$$

$$CL_{\widetilde{X}} = \overline{\overline{X}} = 600.3$$

$$LCL_{\widetilde{X}} = \overline{\overline{X}} - A_4 \overline{R} = 600.3 - 0.6908 \times 3.72 = 597.73$$

상기와 같이 직접 식 (6.18)에 의해 계산된 중심선과 관리한계선으로 중위수 관리도를 작성한 것이 그림 6.10이다. Minitab에는 $\widetilde{X}$ 관리도의 작성 모듈이 없으므로, Minitab으로 $\widetilde{X}-R$ 관리도를 작성하는 자세한 과정은 이승훈(2015)을 참고하기 바란다. 그림 6.10을 보면 부분군 14에서 관리상한선을 이탈하여 이상상태를 나타내고 있다.

표 6.6 부분군별 중위수와 범위

부분군	측정데이터					중위수	범위
1	601.6	600.4	598.4	600.0	596.8	600.0	4.8
2	602.8	600.8	603.6	604.2	602.4	602.8	3.4
3	598.4	599.6	603.4	600.6	598.4	599.6	5.0
4	598.2	602.0	599.4	599.4	600.8	599.4	3.8
5	600.8	598.6	599.4	599.4	600.8	600.4	2.2
6	600.8	597.2	600.4	599.8	596.4	599.8	4.4
7	600.4	598.2	598.6	599.6	599.0	599.0	2.2
8	598.2	599.4	599.4	600.2	599.0	599.4	2.0
9	599.4	598.0	597.6	598.0	597.6	598.0	1.8
10	601.2	599.0	600.4	600.6	599.0	600.4	2.2
11	602.2	599.8	599.8	601.0	601.6	601.0	2.4
12	601.6	600.2	601.8	601.2	597.6	601.2	4.2
13	599.8	602.8	600.0	599.6	602.2	600.0	3.2
14	603.8	603.6	601.8	602.0	603.6	603.6	2.0
15	600.8	600.2	600.4	600.2	602.2	600.4	2.0
16	598.0	598.4	600.8	602.8	597.6	598.4	5.2
17	601.6	603.4	597.0	599.8	597.8	599.8	6.4
18	602.4	602.2	600.6	596.2	602.4	602.2	6.2
19	601.4	599.2	601.6	600.4	598.0	600.4	3.6
20	601.2	604.2	600.2	600.0	596.8	600.2	7.4
						$\overline{\overline{X}}$=600.3	$\overline{R}$=3.72

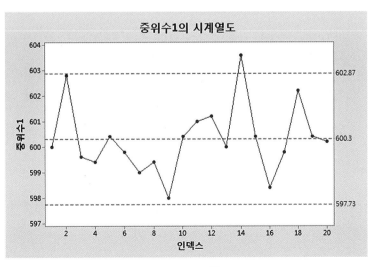

그림 6.10 중위수($\tilde{X}$) 관리도

6.3 | 계량형 관리도: 부분군이 형성되지 않은 경우

공정에서 관리도 작성을 위해 부분군을 추출할 때 한 번에 여러 개의 제품을 추출할 수 없는 경우가 있다. 예를 들면, 자동 검사와 측정기술에 의해 개별 제품이 분석되어 한 번에 하나의 제품밖에 측정값을 얻을 수 없는 경우도 있고, 생산 소요시간이 길어 2개 이상의 제품으로 부분군을 형성하기가 어려운 경우도 있다. 이와 같은 경우에는 개개의 측정값을 이용하여 공정을 관리하는 것이 합리적이다. 개개의 측정값을 이용하여 공정평균을 관리하기 위한 관리도를 X 관리도 또는 개별치 관리도(Minitab에서는 I(Individual) 관리도로 불림)라고 한다. 일반적으로 공정평균의 변화를 탐지하는 데는 $\overline{X}$ 관리도가 X 관리도보다 더 효율적이다.

개별치 관리도에서는 부분군의 크기가 $n = 1$이므로 공정 산포를 관리하기 위해 부분군의 범위 R 또는 표준편차 s를 이용할 수 없다. 따라서 개별치의 차이인 이동범위(moving range) R_m을 이용하여야 한다. 이동범위를 이용하여 공정 산포를 관리하기 위한 관리도가 이동범위 관리도(R_m 관리도; Minitab에서는 MR 관리도라고 칭함)라고 한다. 일반적으로 X 관리도와 이동범위(R_m) 관리도를 쌍으로 병행하여 개별치와 이동범위 관리도인 $X - R_m$ 관리도(Minitab에서는 I-MR 관리도로 명명됨)로 운영한다.

$X - R_m$ 관리도의 관리한계선을 설정하기 위한 i번째 이동범위($R_{m,i}$)는 일반화하면 다음과 같이 정의된다.

$$R_{m,i} = \max(x_i,\ x_{i+1},\ \cdots,\ x_{i+w-1}) - \min(x_i,\ x_{i+1},\ \cdots,\ x_{i+w-1}),\ i = w,\ w+1,\ \cdots,\ n$$

여기서 w는 이동범위의 계산에 사용된 측정치의 수를 나타내며, 이동범위의 평균 $\overline{R}_m$는 $\overline{R}_m = \dfrac{1}{n-w+1}\sum_{i=w}^{n} R_{m,i}$로 정의된다. 보통 개별치 관리도에서는 $w = 2$, 즉 인접한 두 개별치의 차이가 주로 쓰이므로 이 절에서는 $R_{m,i}$(또는 MR_i)와 $\overline{R}_m$를 다음 식에 의해 구한다.

$$R_{m,i} = MR_i = \left| x_i - x_{i-1} \right|,\ i = 2,\ 3.\ \cdots,\ n$$

$$\overline{R}_m = \frac{1}{n-1}\sum_{i=2}^{n} R_{m,i} \tag{6.19}$$

먼저 $X - R_m$ 관리도의 관리한계선을 구하는 방법을 알아보자. 만약 개개의 데이터 x_1, x_2, $\cdots$, x_n을 $N(\mu,\ \sigma^2)$의 공정에서 얻는다면 기준값이 주어질 경우

$$UCL = \mu + 3\sigma$$
$$CL = \mu$$

$$LCL = \mu - 3\sigma$$

가 되며, 보통 μ와 σ의 추정치를 $\hat{\mu} = \bar{x} = \sum_{i=1}^{n} x_i/n$, $\hat{\sigma} = \bar{R}/d_2$로 구한다. 그러나 개별 측정값의 관리도에서는 범위를 계산할 수 없으므로, 인접한 두 측정치 간의 차이인 이동범위를 이용한다. $w = 2$인 경우에 이동범위의 수는 $n-1$개가 되어 이동범위의 평균은 식 (6.19)에 의하여 계산되며, 범위를 구하는 데 사용된 데이터의 수는 2개이므로 $d_2 = 1.128$이다. 따라서 기준값이 주어져 있지 않은 경우의 X 관리도의 중심선과 관리한계선은 다음과 같게 된다.

$$UCL = \bar{x} + 3\frac{\overline{R}_m}{d_2} = \bar{x} + 3\frac{\overline{R}_m}{1.128} = \bar{x} + 2.66\overline{R}_m$$

$$CL = \bar{x} \tag{6.20}$$

$$LCL = \bar{x} - 3\frac{\overline{R}_m}{d_2} = \bar{x} - 3\frac{\overline{R}_m}{1.128} = \bar{x} - 2.66\overline{R}_m$$

R_m 관리도는 식 (6.6)의 R 관리도의 UCL과 LCL을 그대로 사용할 수 있다. 여기서 $w = 2$이므로 $n = 2$인 경우에 해당되어 $D_4 = 3.27$이고, D_3는 값이 없으므로 다음 식으로 정리된다.

$$UCL = D_4 \overline{R}_m = 3.27\overline{R}_m$$

$$CL = \overline{R}_m \tag{6.21}$$

$$LCL = 0$$

예제 6.6   비행기 뇌관 페인트의 점도는 중요한 품질특성이다. 제품은 배치(batch)로 제조되며 각 배치는 제조하는 데 수시간이 소요되어 제조 속도가 너무 느리므로 2개 이상의 샘플을 허용하지 않는다. 15개 배치에 대한 점도의 데이터가 표 6.7에 나타나 있다. 표 6.7의 데이터를 사용하여 $X - R_m$ 관리도를 작성하고 관리상태를 판단하라.

개개 측정값에 대한 $X - R_m$ 관리도를 작성하기 위해 수집된 데이터에서 $\bar{x} = 33.52$와 $\overline{R}_m = 0.48$이 되므로 이 값들은 각각 두 관리도의 중심선이 되며, 식 (6.20)과 식 (6.21)에 대입하면 두 관리도의 관리한계선이 다음과 같이 계산된다.

$$UCL_X = 33.52 + 2.66 \times 0.48 = 34.80$$

$$LCL_X = 33.52 - 2.66 \times 0.48 = 32.24$$

$$UCL_{R_m} = 3.27 \times 0.48 = 1.57$$

$$LCL_{R_m} = 0$$

표 6.7 비행기용 페인트의 점도

부분군 번호	점도 x	이동범위 R_m
1	33.75	
2	33.05	0.70
3	34.00	0.95
4	33.81	0.19
5	33.46	0.35
6	34.02	0.56
7	33.68	0.34
8	33.27	0.41
9	33.49	0.22
10	33.20	0.29
11	33.62	0.42
12	33.00	0.62
13	33.54	0.54
14	33.12	0.42
15	33.84	0.72
	$\bar{x}=33.52$	$\bar{R}_m=0.481$

그림 6.11은 개개 부분군의 페인트 점도 측정치를 도시하고 있다. X 관리도는 $\bar{X}$ 관리도처럼 해석되므로, 공정은 관리상태에 있다.

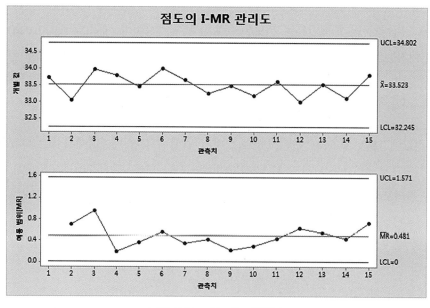

그림 6.11 $X-R_m$ 관리도

단계 I의 관리도로서는 부분군 수가 충분하지 않으므로 표 6.8에 수록된 배치 16~30에 대한 추가 자료를 얻었다. 두 자료를 통합하면 $\overline{x} = 33.92$와 $\overline{R}_m = 0.411$이며, 이로부터 중심선과 관리한계선을 구하여 도시한 $X - R_m$ 관리도가 그림 6.12에 있다. 페인트 점도의 평균에서 상향 이동을 볼 수 있는데, 특히 배치 20 또는 21에서 상향 이동이 발생하고 있다. 그리고 R_m 관리도에서도 배치 20에서 치솟음(spike) 현상을 보여주고 있는데, 특히 R_m 관리도에서 점의 패턴에 대한 해석은 주의가 요구된다. 따라서 이상원인을 규명하고 시정조치를 취한 후에 이들 배치를 제외한 부분군의 범위를 결정하여 관리한계선을 갱신해야 할 것이다.

표 6.8 비행기용 페인트의 점도(추가 배치 16~30)

부분군 번호	점도 x	이동범위 R_m
16	33.50	0.34
17	33.25	0.25
18	33.40	0.15
19	33.27	0.13
20	34.65	1.38
21	34.80	0.15
22	34.55	0.25
23	35.00	0.45
24	34.75	0.25
25	34.50	0.25
26	34.70	0.20
27	34.29	0.41
28	34.61	0.32
29	34.49	0.12
30	35.03	0.54

(주) 배치 16의 이동범위 $R_m = |x_{16} - x_{15}| = |33.50 - 33.84| = 0.34$로 계산됨.

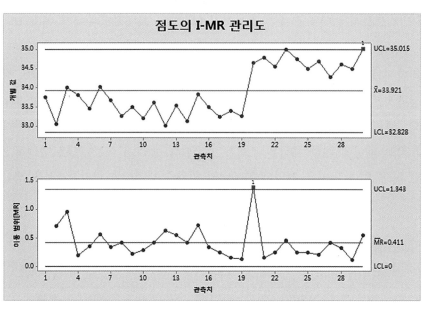

그림 6.12 운영단계의 공정의 $X - R_m$ 관리도

개별치 관리도에서 비정규성의 영향

개별치 관리도에서 측정치가 정규분포를 따른다고 가정을 하고 있는데, Borror et al.(1999)은 공정 데이터가 정규분포가 아닐 때 개별치 관리도에 대한 단계 II의 수행도를 연구하였는데, 관리상태하에서 ARL은 비정규 데이터에 의해 상당한 영향을 받는 것을 보여주었다.

따라서 공정이 정규분포로부터의 이탈정도가 심하지 않더라도 개별치 관리도의 관리한계선은 단계 II의 공정모니터링에서 적합하지 않을 수 있다. 이런 비정규성 문제를 다루는 한 가지 방법은 기준이 되는 분포의 백분위수에 의해 개별 관리도의 관리한계선을 결정하는 것이다. 최소 100개에서 200개 정도의 샘플이 가용되면 히스토그램 또는 데이터에 적합한 확률분포에서 백분위수가 구해지므로, 이런 경험분포로부터 관리도를 설계하는 것이다(자세한 내용은 Willemain and Runger(1996)를 참고하기 바람). 또 다른 방법은 원 변수를 정규분포에 근사한 새로운 변수로 변환하여 새로운 변수에 관리도를 적용하는 것이다. Borror et al.(1999)은 적절하게 설계된 EWMA 관리도(7.4절)가 정규성 가정에 매우 둔감한 방법임을 주장하였다.

개별치 관리도를 채택할 때 정규성 가정에 대한 검토는 중요한 과정으로 정규 확률지로서 간단하게 수행할 수 있다. 개별치 관리도는 비정규 분포에 매우 민감하므로 단계 II 공정 모니터링에는 매우 주의하여 사용하여야 한다.

또한 이동범위 R_m은 상관관계가 있으므로, 이런 상관관계는 런이나 주기 패턴을 야기할 수 있다. 이에 따라 Rigdon et al.(1994)은 R_m 관리도가 공정 산포의 변화에 관한 유용한 정보를 제공할 수 없다 하여 R_m 관리도의 사용을 추천하지 않고 있다.

6.4 │ 계수형 관리도: 부적합품률 관리도

일반적으로 공정관리의 대상이 되는 계수형 특성은 부적합품률, 부적합품수 또는 부적합(결점)수 등과 같은 것으로서, 품질규격 또는 공정규격에의 적합·부적합 또는 합격·불합격을 나타내는 특성을 말한다. 이는 주로 관능검사와 같은 비교적 단순한 형태의 검사에서 흔히 나타나는 특성이며, 합격·불합격의 판정에만 관심이 있을 때 활용된다. 측정값이 적합·부적합으로 얻어지는 경우의 관리도는 부적합품률(p) 관리도와 부적합품수(np) 관리도가 있으며, 측정값이 부적합수로 얻어지는 경우에는 부적합수(c) 관리도와 단위당 부적합수(u) 관리도가 있는데, 후자는 6.5절에서 다룬다.

계수형 관리도를 작성할 때 어려운 작업 중의 하나는 품질규격에의 적합 또는 부적합(합격 또는 불합격)의 기준이 모호한 경우에는 혼란이 일어날 수 있다는 것이다. 객관화되고 정확한 계측기를 통한 측정에 의해 적합·부적합이 판정되는 경우는 모호함이 덜하겠지만, 일례로 도장의 흠집, 매끄러운 정도 등과 같이 손의 감각 또는 시각을 이용하여 검사원이 주관적으로 판단하는 경우에는 기준이 모호할 수 있다. 따라서 이와 같은 경우에는 품질기준에 대한 명확한 정의와 구분법이 제시되고 검사원에 대한 철저한 교육훈련이 선행되어야 한다.

이 절에서는 계수형 관리도 중에서 부적합품률과 이를 개수로 환산한 부적합품수 관리도를 살펴보기로 한다.

6.4.1 부적합품률(p) 관리도

부적합품률 관리도(control chart for fraction defectives)는 계수형 관리도 중에서 가장 널리 이용되는 관리도이고 간단히 p 관리도라고 한다. p 관리도는 측정이 불가능하여 계수치로밖에 나타낼 수 없는 품질특성 또는 측정이 가능하나 합격여부 판정만이 필요할 경우에 적용된다. 부적합품률은 %로도 사용되지만 보통 소수로 표현한다.

일반적으로 p 관리도는 다음과 같은 목적으로 사용된다.

- 생산공정의 평균 부적합품률의 변화를 탐지하기 위하여
- $\overline{X}- R$ 관리도를 적용하기 위한 예비적인 조사분석을 할 때
- 샘플링 검사의 엄격도 조정을 위하여

관리한계선의 이론적 배경을 살펴보면 다음과 같다. 공정 부적합품률 p가 일정하게 유지되는 연속적인 생산공정(무한 모집단으로 간주)에서 크기 n개의 부분군을 추출할 때, 부분군에 부적합품이 x개 포함될 확률은 이항분포로부터

$$p(x) = \binom{n}{x} p^x (1-p)^{n-x}$$

로 주어지며, X를 부적합품의 개수를 나타내는 확률변수라 할 때 X의 기댓값과 분산은 각각 $E(X) = np$, $Var(X) = np(1-p)$가 된다. 이러한 사실로부터 부분군의 부적합품률 X/n의 평균과 분산은 $E(X/n) = p$, $Var(X/n) = p(1-p)/n$가 된다. 따라서 관리상태에서 공정 부적합품률 p를 알고 있을 때, p 관리도의 중심선과 관리한계선은 3σ를 기준으로 할 경우,

$$UCL = p + 3\sqrt{\frac{p(1-p)}{n}}$$
$$CL = p \tag{6.22}$$
$$LCL = p - 3\sqrt{\frac{p(1-p)}{n}}$$

로 설정된다. 그러나 실제로 공정 부적합품률 p의 기준값이 주어져 있지 않은 경우에는 k개의 부분군 데이터 n_i, x_i, $i = 1, 2, \cdots, k$로부터 다음과 같이 p의 추정치 $\overline{p}$를 사용하게 된다.

$$\overline{p} = \frac{\text{검사에서 발견된 부적합품의 총수}}{\text{총 검사개수}} = \frac{\sum_{i=1}^{k} x_i}{\sum_{i=1}^{k} n_i}$$

실제로 기준값이 주어져 있지 않은 경우의 p 관리도의 중심선과 관리한계선을 구하기 위해 $\overline{p}$를 식 (6.22)에 대입시키면 다음과 같다.

$$UCL = \overline{p} + 3\sqrt{\frac{\overline{p}(1-\overline{p})}{n}}$$
$$CL = \overline{p} \tag{6.23}$$

$$LCL = \bar{p} - 3\sqrt{\frac{\bar{p}(1-\bar{p})}{n}}$$

예제 6.7 전자소자를 제조하는 회사에서 1개월의 기간에 걸쳐 조사한 데이터(KS Q ISO 7870-2: 2014, p.35에서 발췌한 데이터의 일부를 변경함)가 다음 표 6.9에 주어져 있다. 부분군의 크기는 400개이다. p 관리도를 작성하고 공정의 관리상태를 판정하라.

표 6.9 트랜지스터의 부적합품수

부분군	1	2	3	4	5	6	7	8	9	10	11	12	13	14	15
부적합품수	11	11	8	9	4	7	10	11	9	5	2	7	7	8	6
부분군	16	17	18	19	20	21	22	23	24	25	26	합계			
부적합품수	15	18	10	9	5	0	12	10	8	14	20	236			

먼저 중심선이 되는 $\bar{p}$는 $\sum x_i / \sum n_i = 236/10{,}400 = 0.0227$이며, 관리한계선은 식 (6.23)에 의해 다음과 같이 계산된다.

$$UCL = 0.0227 + 3\sqrt{\frac{0.0227(1-0.0227)}{400}} = 0.0227 + 3(0.00745) = 0.0451$$

$$LCL = 0.0227 - 3(0.00745) = 0.0004$$

p 관리도를 작성한 결과가 그림 6.13에 수록되어 있다. 관리한계선을 벗어난 26번째 점과 더불어, 17번째 점도 관리한계선에 근접하므로 이에 대한 원인을 규명하고 재발방지책 등의 조치를 취하여야 한다. 그리고 21번째 부분군의 타점 통계량($\bar{p} = 0$)은 관리하한을 벗어났으나 부적합품률이 낮은 좋은 현상이므로 원인을 규명하여야 한다.

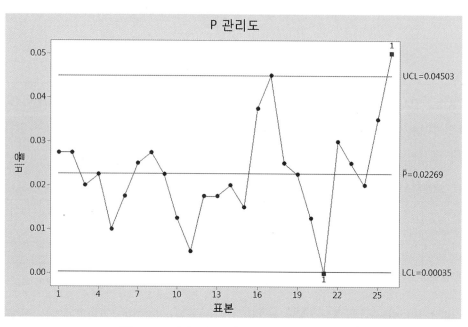

그림 6.13 전자소자 부적합품률에 관한 p 관리도

(1) 부분군 크기를 같게 하고자 할 경우

부분군의 크기 n_i가 같지 않고 달라질 경우에는 p 관리도의 3σ 관리한계선은 부분군마다 변하게 된다. 이럴 경우에 일정한 관리한계선을 사용하고자 한다면 다음 2가지 방법이 있다.

① 부분군 크기의 평균값 $\bar{n}$를 사용

부분군 크기의 변동이 크지 않을 경우에는 부분군의 크기의 평균값 $\bar{n}$를 사용하여 관리한계선을 구하면 일정한 관리한계선을 갖는 p 관리도를 얻을 수 있다. AIAG(2005)에서는 $\mathrm{Min}\, n_i / \mathrm{Max}\, n_i \geq 0.75$인 경우에 사용하라고 권고하고 있으며, 중심선과 관리한계선은 식 (6.23)의 n에 $\bar{n}$을 대입하여 구한다.

② 표준화 관리도 사용

타점 통계량 p_i를 기준값이 주어진 경우와 기준값이 주어져 있지 않은 경우에 대하여 각각 다음과 같이 표준화한다.

$$Z_i = \frac{p_i - p_0}{\sqrt{p_0(1-p_0)/n_i}} \ \ \text{혹은} \ \ Z_i = \frac{p_i - \bar{p}}{\sqrt{\bar{p}(1-\bar{p})/n_i}} \tag{6.24}$$

표준화된 타점 통계량 Z_i는 근사적으로 표준정규분포를 따르게 되므로 표준화 관리도의 중심선과 3σ 관리한계선은 다음과 같이 주어진다.

$$UCL_Z = 3$$
$$CL_Z = 0$$
$$LCL_Z = -3$$

예제 6.8   전기부품을 생산하는 공정에서 20조의 부분군을 추출하여 자동검사기기에 의해 부적합품수를 조사한 결과(부분군의 크기와 부적합품수)가 표 6.10에 정리되어 있다. 먼저 p 관리도를 작성하라. 그리고 표준화된 타점 통계량 Z_i를 계산하고 표준화 관리도를 작성하라.

표 6.10   전기부품 부적합품수의 자료

부분군의 번호	부분군의 크기	부적합품수	부적합품률	UCL	LCL	Z_i
1	2,000	14	0.0070	0.0129	0.0016	−0.1333
2	1,800	10	0.0056	0.0132	0.0013	−0.9663
3	2,000	17	0.0085	0.0129	0.0016	0.6097
4	1,200	8	0.0067	0.0146	0.0000	−0.2477
5	3,000	20	0.0067	0.0119	0.0026	−0.3916
6	2,500	18	0.0072	0.0123	0.0022	−0.0287
7	4,000	25	0.0063	0.0113	0.0032	−0.8013
8	1,800	20	0.0111	0.0132	0.0013	1.5634
9	2,100	27	0.0129	0.0128	0.0017	2.2814
10	3,900	30	0.0077	0.0113	0.0032	0.3173
11	1,900	15	0.0079	0.0131	0.0014	0.3183
12	3,800	26	0.0068	0.0114	0.0031	−0.3039
13	2,000	10	0.0050	0.0129	0.0016	−1.4256
14	2,100	14	0.0067	0.0128	0.0017	−0.3276
15	3,900	24	0.0061	0.0113	0.0032	−0.8741
16	1,200	15	0.0125	0.0146	0.0000	1.6374
17	1,900	18	0.0095	0.0131	0.0014	1.0013
18	3,800	19	0.0050	0.0114	0.0031	−1.9651
19	2,000	11	0.0055	0.0129	0.0016	−1.0573
20	1,800	12	0.0067	0.0132	0.0013	−0.3033
계	48,700 ($\sum n_i$)	353 ($\sum x_i$)				

먼저 중심선이 되는 $\bar{p}$는 $\sum x_i / \sum n_i = 353/48,700 = 0.00725$이며, 관리한계선을 구하는데 필요한 $\sqrt{\bar{p}(1-\bar{p})} = \sqrt{0.00725(1-0.00725)} = 0.08484$이므로, 이를 이용하여 각 부분군별로 관리한계선이 식 (6.23)에 의해 계산된다(표 6.10 5열과 6열 참고). 즉, 각 부분군의 크기 n_i에 따라 계산하여야 하며, 관리한계선에 요철(凹凸)이 생김에 유의해야 한다. 부분군 1에 대한 관리한계선의 계산결과를 예시하면 다음과 같다.

$$UCL = 0.00725 + 3(0.08484)/\sqrt{2,000} = 0.01294$$
$$LCL = 0.00725 - 3(0.08484)/\sqrt{2,000} = 0.0016$$

그림 6.14의 p 관리도를 보면 9번째 부분군에서 UCL를 이탈하므로 공정에 이상이 있다는 신호이다. 따라서 이상원인이 규명되어 시정조치가 이루어져야 한다. 시정조치가 이루어지면 이 부분군을 제외시키고 중심선과 관리한계선을 수정한다.

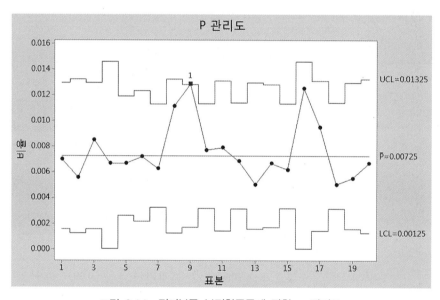

그림 6.14 전기부품 부적합품률에 관한 p 관리도

부분군 크기가 다른 경우에 Minitab을 이용해 작성한 표준화 관리도를 그림 6.15에서 볼 수 있다.

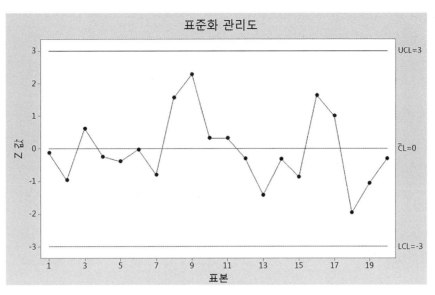

그림 6.15 표준화 관리도

여기서 관리하한선은 -3, 중심선은 0, 관리상한선은 3이 되며, 각 부분군의 Z값은 표 8.9 의 마지막 열에 수록되어 있다. 부분군 1에 대해 예시하면 $Z_i = (0.0070 - 0.00725)/$ $\sqrt{0.00725(1-0.00725)/2000} = -0.1332$가 되는데 표 6.10과는 계산과정의 유효 자릿수 로 인해 극히 미세한 차이가 생긴다.

그림 6.14에서 부분군 9의 점이 관리상한선을 약간 벗어나고 있는데 반해, 여기서는 관리 한계선을 벗어나는 점이 없는 관리상태로 판정된다. 동일한 자료에 대한 두 관리도의 결과 가 다르므로 심층적인 분석이 필요하다. 표준화 관리도는 단기생산(short run) 공정에 주로 활용되며(7.3절 참고), 관리한계선은 쉽게 구할 수 있지만 실제 부적합품률에 대한 정보를 바로 알기 어려운 약점이 있다.

이 예제에서는 부분군 크기의 변동이 AIAG의 기준을 만족하지 않지만 참고적으로 부분 군 크기의 평균인 $\bar{n} = 2435$를 사용한 p 관리도를 작성한 결과가 그림 6.16과 같다. 이 관리도에서는 그림 6.14와 달리 부분군 9 외에 부분군 16의 점도 관리한계선을 벗어나고 있다.

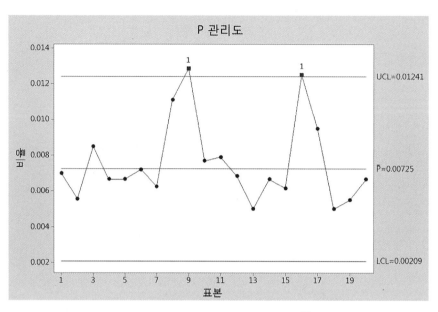

그림 6.16 p 관리도(부분군 크기의 평균값 $\bar{n}$를 사용)

(2) 검출력

검출력은 공정에 변화가 생겼을 때 관리도를 통하여 이를 검출할 수 있는 능력을 뜻한다. 여기서는 기준값이 주어져 있는 경우의 관리도를 이용하여 계수형 관리도를 위한 4가지 검정(그림 5.5절의 기준 1, 2, 3, 4) 중에서 기준 1(3σ 관리한계선을 벗어남)만을 고려한다. p 관리도의 OC곡선은 미지의 값 p의 함수로 나타나며, 샘플의 부적합품률이 관리한계선 안에 포함되는 확률 $L(p)$를 그래프로 나타낸 것이다. 공정 부적합품률이 p_0에서 p_1으로 변화하였을 때 p 관리도에서의 타점 통계량 p_i의 평균은 p_1이고 분산은 $p_1(1-p_1)/n$이 된다. 따라서 제2종 오류를 범할 확률 $L(p_1)$은 이항분포를 이용하여 계산할 수 있고 포아송 분포나 정규분포를 이용하여 근삿값을 구할 수 있다.

$$L(p_1) = P(LCL_p \leq \hat{p} \leq UCL_p \,|\, p = p_1)$$
$$= P(nLCL_p \leq X \leq nUCL_p \,|\, p = p_1) \qquad (6.25)$$

(여기서 $LCL_p = p_0 - 3\sqrt{p_0(1-p_0)/n}$, $UCL_p = p_0 + 3\sqrt{p_0(1-p_0)/n}$ 이다.)

X는 모수 n, p_1을 갖는 비음(nonnegative)인 이항확률변수이므로, $L(p_1)$은 누적이항분포로 계산된다. 여기서 $[nUCL_p]$은 $nUCL_p$보다 같거나 작은 최대 정수이다.

$$L(p_1) = P\{X \leq [nUCL_p] \,|\, p = p_1\} - P\{X \leq [nLCL_p] \,|\, p = p_1\}$$

또한 $np_1 > 10, 0.1 < p_1 < 0.9$일 때(부록 A.2 참고)는 표준정규분포를 이용하여 $L(p_1)$의 값을 다음과 같이 근사적으로 구할 수 있다.

$$L(p_1) = \Pr(LCL_p \leq \hat{p_1} \leq UCL_p \,|\, p = p_1)$$
$$= \Phi\left(\frac{UCL_p - p_1}{\sqrt{p_1(1-p_1)/n}}\right) - \Phi\left(\frac{LCL_p - p_1}{\sqrt{p_1(1-p_1)/n}}\right)$$

p 관리도에서 LCL_p가 0이 될 경우에는 제2종 오류를 범할 확률 $L(p_1)$은

$$L(p_1) = \Phi\left(\frac{UCL_p - p_1}{\sqrt{p_1(1-p_1)/n}}\right) \tag{6.26}$$

로 계산된다. 따라서 p 관리도에서 첫 번째 부분군의 타점 통계량에 의하여 공정변화를 검출할 확률(검출력)은 $1 - L(p_1)$이 된다.

예제 6.9   일정한 부분군 크기 $n=100$으로 p 관리도를 운영하는 공정에서 공정 부적합품률이 $p_0 = 0.01$에서 $p_1 = 0.03$으로 변화하였을 때 다음 물음에 답하라. 단, 3σ 관리한계선을 사용한다.

(1) 첫 번째 부분군의 타점 통계량에 의하여 공정변화를 검출할 확률(검출력)을 계산하라.

(2) 첫 번째 혹은 두 번째 부분군의 타점 통계량에 의하여 공정변화를 검출할 확률(검출력)을 계산하라.

(3) $p_1 = 0.05$에서의 평균 런 길이 ARL_1을 계산하라.

(1) 공정 부적합품률이 $p_0 = 0.01$인 p 관리도의 3σ 관리한계선은 각각 다음과 같이 계산된다.

$$UCL_P = p_0 + 3\sqrt{p_0(1-p_0)/n} = 0.01 + 3\sqrt{0.01(1-0.01)/100} = 0.03985$$
$$LCL_P = p_0 - 3\sqrt{p_0(1-p_0)/n} = 0.01 - 3\sqrt{0.01(1-0.01)/100} = -0.01985 \to 0$$

따라서 공정 부적합품률이 $p_1 = 0.03$으로 변화하였을 때 제2종 오류를 범할 확률 $L(p)$는 식 (6.26)에 의하여 다음과 같이 계산된다.

$$L(p_1) = \Phi\left(\frac{UCL_p - p_1}{\sqrt{p_1(1-p_1)/n}}\right) = \Phi\left(\frac{0.03985 - 0.03}{\sqrt{0.03(1-0.03)/100}}\right) = \Phi(0.5774) = 0.7182$$

그러므로 p 관리도의 첫 번째 부분군의 타점 통계량에 의하여 공정 변화를 검출할 확률(검출력)은 $1 - L(p_1) = 1 - 0.7182 = 0.2818$이 된다.

(2) 두 번째 부분군까지 탐지하지 못할 확률이 $L(p_1)^2 = 0.7182^2 = 0.5158$이므로, 첫 번째 혹은 두 번째 부분군의 타점 통계량에 의하여 공정변화를 검출할 확률은 $(1 - L(p_1)) + L(p_1)(1 - L(p_1)) = 1 - L(p_1)^2 = 1 - 0.5158 = 0.4842$이다.

(3) $p_1 = 0.05$에서의 평균 런 길이 ARL_1은 다음과 같이 계산된다.

$$ARL_1 = \frac{1}{1 - L(p_1)} = \frac{1}{0.2818} = 3.55$$

Duncan(1986)은 공정에 변화가 발생했을 때 이를 탐지할 확률이 50% 정도 되도록 충분한 크기의 부분군을 갖도록 하는 것이 바람직하다고 제안하였다. p 관리도에서 공정 부적합품률이 p_0에서 p_1으로 변화하였을 때 이를 탐지할 확률이 50%가 되는 부분군 크기 n을 결정해보자. 여기서 $p_1 > p_0$라고 한다면 부분군의 부적합률의 추정량 $\hat{p}$가 관리상한 UCL_p쪽으로만 벗어날 수 있어, 탐지할 확률 $1 - L(p_1)$은 식 (6.26)에 의하여 다음과 같이 계산된다.

$$\text{탐지할 확률} = \text{검출력} = 1 - L(p_1) = \Pr(\hat{p} > UCL_p) = 1 - \Phi\left[\frac{UCL_p - p_1}{\sqrt{p_1(1-p_1)/n}}\right]$$

따라서 탐지할 확률이 0.5가 되기 위해서는

$$\Phi\left[\frac{UCL_p - p_1}{\sqrt{p_1(1-p_1)/n}}\right] = 0.5 \Rightarrow \frac{UCL_p - p_1}{\sqrt{p_1(1-p_1)/n}} = 0$$

이어야 한다. 여기서 $UCL_p = p_0 + 3\sqrt{p_0(1-p_0)/n}$이므로 이를 만족하는 부분군 크기 n은 다음과 같이 주어진다.

$$n = \left(\frac{3}{p_1 - p_0}\right)^2 p_0(1-p_0) \tag{6.27}$$

예제 6.10 일정한 부분군 크기로 3σ 관리한계선을 갖는 p 관리도를 운영하는 공정에서 공정 적합품률이 $p_0 = 0.01$에서 $p_1 = 0.03$으로 변화하였을 때 이를 탐지할 확률이 50%가 되도록 하는 부분군 크기 n을 결정하라.

식 (6.27)에 의해

$$n = \left(\frac{3}{p_1 - p_0} \right)^2 p_0 (1 - p_0) = \left(\frac{3}{0.03 - 0.01} \right)^2 0.01 (1 - 0.01) = 222.75 \simeq 223$$

이 된다.

6.4.2 부적합품수(np) 관리도

부적합품수 관리도(control chart for number of defectives)는 공정을 부적합품수 np에 의거하여 관리할 경우에 사용한다. 이 경우에 각 부분군의 크기 n은 반드시 동일해야 한다. 또한 이 np 관리도는 양호품의 개수, 2등급의 개수 등과 같이 개수를 파악하여 관리하고 싶은 경우에는 어떤 대상이든지 적용할 수 있다.

관리한계선의 이론적 배경은 다음과 같다. 부적합품률 관리도의 경우와 유사하게, 공정부적합품률 p가 기준값 p_0로 주어져 있는 경우에는 다음과 같이 설정된다.

$$UCL = np_0 + 3\sqrt{np_0(1 - p_0)}$$
$$CL = np_0$$
$$LCL = np_0 - 3\sqrt{np_0(1 - p_0)}$$

공정부적합률 p의 기준값이 주어져 있지 않은 경우에는 np를 $\overline{np} = \sum_{i=1}^{k} np_i / k$에 의하여 추정한다. 이때 np_i는 i번째 부분군의 부적합품수, $\sum_{i=1}^{k} np_i$는 총부적합품수의 합, k는 부분군의 수이다. 따라서 중심선과 관리한계선은 다음과 같이 구한다.

$$UCL = n\overline{p} + 3\sqrt{n\overline{p}(1 - \overline{p})}$$
$$CL = n\overline{p}$$
$$LCL = n\overline{p} - 3\sqrt{n\overline{p}(1 - \overline{p})} \tag{6.28}$$

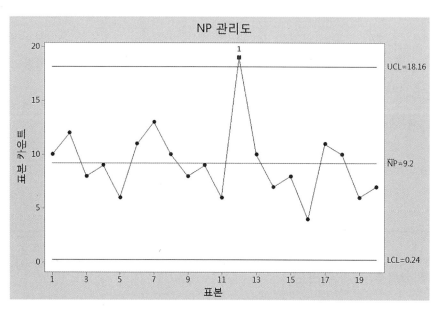

그림 6.17 불만족 고객 수에 관한 np 관리도

예제 6.11 패스트푸드 업체에서 서비스 품질을 모니터링하기 위해 하루당 300명을 조사하여 서비스에 불만족인 고객의 수를 조사하였다. 부분군의 크기가 $n = 300$인 부분군 20조에 대한 불만족 고객 수가 표 6.11에 정리되어 있다. 서비스 불만족 고객 수에 관한 np 관리도를 작성하라.

표 6.11 불만족 고객 수 자료

부분군 번호	조사 고객 수	불만족 고객 수	부분군 번호	조사 고객 수	불만족 고객 수
1	300	10	11	300	6
2	300	12	12	300	19
3	300	8	13	300	10
4	300	9	14	300	7
5	300	6	15	300	8
6	300	11	16	300	4
7	300	13	17	300	11
8	300	10	18	300	10
9	300	8	19	300	6
10	300	9	20	300	7
			계 $\sum np_i = 184$		

np 관리도의 중심선과 관리한계선은 식 (6.28)로부터 다음과 같이 구할 수 있다.

$$CL = n\bar{p} = 184/20 = 9.2$$

$$UCL = n\bar{p} + 3\sqrt{n\bar{p}(1-\bar{p})} = 9.2 + 3\sqrt{9.2(1-9.2/300)} = 18.16$$

$$LCL = n\bar{p} - 3\sqrt{n\bar{p}(1-\bar{p})} = 9.2 - 3\sqrt{9.2(1-9.2/300)} = 0.24$$

그림 6.17에는 불만족 고객 수(부적합품수)의 np 관리도가 도시되어 있다. 12번째 부분군에서 부적합품수가 UCL를 벗어나 공정에 이상이 발생하고 있어 그 이상원인이 규명되어야 한다. 이상원인이 식별되고 시정조치가 이루어지면 12번째 부분군을 제외하고 중심선과 관리한계선을 재설정한다. 다음과 같은 재설정된 중심선과 관리한계선이 이후로 사용되어야 한다.

$$CL = (184-19)/19 = 8.684$$

$$UCL = 8.684 + 3\sqrt{8.684(1-8.684/300)} = 17.46$$

$$LCL = 8.684 - 3\sqrt{8.684(1-8.684/300)} = -0.028 \to 0$$

6.5 | 계수형 관리도: 부적합수 관리도

부적합수 관리도(control chart for number of defects)는 앞 절에서 다룬 부적합품수(np) 관리도와 구분할 수 있어야 한다. 부적합품수 관리도는 n개의 제품 중에서 몇 개의 제품이 부적합인가를 다룬다면, 부적합수 관리도는 일정 단위 중에 포함된 부적합수에 관심이 있다. 이 절에서는 부적합수(c) 관리도와 단위당 부적합수(u) 관리도와 더불어 부적합 유형을 등급으로 구분하여 관리할 수 있는 벌점 관리도를 살펴본다.

6.5.1 부적합수(c) 관리도

부적합수 관리도는 흔히 c 관리도라고 부른다. 예를 들면, 43인치 TV모니터 중에 나타나는 흠의 수, 반도체 웨이퍼의 결함 수, PC 한 대 중 납땜 불량개수 등과 같이 미리 정해진 일정 단위 중에 포함된 부적합수를 취급할 때 사용한다. 물품 한 개 중에 부적합수가 작은 경우에는 일정 개수 제품 중의 부적합수를 사용해도 좋다. 일정 단위의 부적합수의 관리에는 c 관리도가 사용되지만, 만일 단위가 일정하지 않은 제품에 나타나는 부적합수의 관리에는 다음 소절에서 설명되는 u 관리도가 사용된다.

c 관리도에 대한 관리한계선의 이론적 배경은 다음과 같다. 일정 단위당 부적합수는 포아송 분포를 따른다고 하자. 부적합수를 나타내는 확률변수 X가 평균이 c인 포아송 분포를 따른다면, 그 확률 밀도함수는

$$p(x) = \frac{e^{-c}c^x}{x!}, \quad x = 0,\ 1,\ 2,\ 3,\ \cdots$$

으로 주어지고, X의 기댓값과 분산은 $E(X) = c$, $Var(X) = c$가 된다. 따라서 c 관리도의 관리한계선은 c가 기준값 c_0로 주어져 있는 경우에는 이 값이 중심선이 되며 관리한계선은 다음과 같다.

$$UCL = c_0 + 3\sqrt{c_0}$$
$$LCL = c_0 - 3\sqrt{c_0}$$

그러나 평균값 c의 기준값이 주어져 있지 않은 경우에는 공정 데이터(부분군 i의 부적합수가 x_i일 때)로부터 다음과 같이 c를 추정하여 사용한다.

$$\bar{c} = \frac{\text{검사에서 발견된 총부적합수}}{\text{검사한 총 단위제품의 수}} = \frac{\sum_{i=1}^{k} x_i}{k}$$

따라서 $\bar{c}$를 상기의 관리한계선의 c의 자리에 대입하여 중심선과 관리한계선을 얻게 된다.

$$UCL = \bar{c} + 3\sqrt{\bar{c}}$$
$$CL = \bar{c}$$
$$LCL = \bar{c} - 3\sqrt{\bar{c}} \tag{6.29}$$

예제 6.12 섬유공정에서 직물 샘플을 추출하여 검사한 후에 100m^2당 이물질에 관한 부적합수를 기록한 25조의 부분군에 관한 자료가 표 6.12에 정리되어 있다. c 관리도를 작성하고 관리상태를 판정하라.

표 6.12 직물의 이물질 부적합수 자료

부분군 번호	부적합수(x_i)	부분군 번호	부적합수(x_i)
1	5	14	11
2	4	15	9
3	7	16	5
4	6	17	7
5	8	18	6
6	5	19	10
7	6	20	8
8	5	21	9
9	16	22	9
10	10	23	7
11	9	24	5
12	7	25	7
13	8		
			계 189 ($\sum x_i$)

상기 자료에서 부적합수의 평균 $\bar{c}= \sum_{i=1}^{25} x_i/25 = 189/25 = 7.560$이므로 관리한계선은 다음과 같이 설정된다.

$$UCL = \bar{c} + 3\sqrt{\bar{c}} = 7.560 + 3\sqrt{7.560} = 15.81$$
$$LCL = \bar{c} - 3\sqrt{\bar{c}} = 7.560 - 3\sqrt{7.560} = -0.689 \rightarrow 0$$

그림 6.18에서 c 관리도를 볼 수 있다. 9번째 부분군에서 부적합수가 16으로 UCL 밖에 있다. 따라서 관련 이상 원인이 규명되고 시정조치가 이루어지면 9번째 부분군을 제외하고 중심선과 관리한계선을 다음과 같이 수정할 수 있다.

$$CL = (189 - 16)/24 = 7.208$$
$$UCL = 7.208 + 3\sqrt{7.208} = 15.262$$
$$LCL = 7.208 - 3\sqrt{7.208} = -0.846 \rightarrow 0$$

상기의 수정 후에는 모든 부적합수의 점들이 관리상태에 있음을 확인할 수 있다.

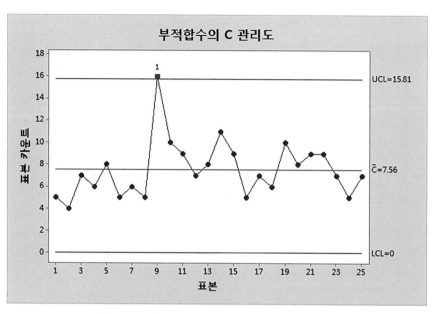

그림 6.18 직물의 이물질 부적합수에 관한 c 관리도

c 관리도의 OC곡선은 미지의 부적합수 c의 함수로 나타나며, 샘플의 부적합수가 관리한계선 안에 포함되는 확률 $L(c)$를 그래프로 나타낸 것이다. c 관리도에서의 검출력을 살펴보자. 공정의 평균 부적합수가 c_0에서 c_1으로 변화하면 c 관리도에서의 타점 통계량 x_i의 평균은 c_1이고 분산도 c_1이 된다. 따라서 제2종 오류를 범할 확률 $L(c_1)$은 포아송 분포에서 구한다. 여기서 $[nUCL_c]$은 $nUCL_c$보다 같거나 작은 최대 정수이다.

$$L(c_1) = P([LCL_c] \leq x \leq [UCL_c] \,|\, c = c_1)$$

또한 $c_1 \geq 15$일 경우(부록 A.2 참고)에는 표준정규분포를 이용하여 $L(c_1)$의 값을 다음과 같이 근사적으로 구할 수 있다.

$$L(c_1) = \Pr(LCL_c \leq x_i \leq UCL_c \,|\, c = c_1)$$
$$= \Phi\left(\frac{UCL_c - c_1}{\sqrt{c_1}}\right) - \Phi\left(\frac{LCL_c - c_1}{\sqrt{c_1}}\right)$$

여기서 $LCL_c = c_0 - 3\sqrt{c_0}$, $UCL_c = c_0 + 3\sqrt{c_0}$이며, c 관리도에서 LCL_c이 0이 될 경우에는 제2종 오류를 범할 확률은 $L(c_1) = \Phi\left(\dfrac{UCL_c - c_1}{\sqrt{c_1}}\right)$로 계산된다. 따라서 c 관리도에서 첫 번째 부분군의 타점 통계량에 의하여 공정 변화를 검출할 확률(검출력)은 $1 - L(c_1)$로 계산된다. 이처

럼 c를 변화시켜가며 $L(c)$를 구한 후, $L(c)$를 c에 대한 그래프로 그리면 OC곡선이 얻어진다.

예제 6.13 일정한 부분군의 크기를 갖는 c 관리도를 운영하는 공정에서 평균 부적합수가 $c_0 = 1$에서 $c_1 = 2.5$로 변화하였을 때 첫 번째 부분군의 타점 통계량에 의하여 공정 변화를 검출할 확률(검출력)과 $c_1 = 2.5$에서의 평균 런 길이 ARL_1을 계산하라.

평균 부적합수가 $c_0 = 1$인 c 관리도의 3σ 관리한계선은 각각 다음과 같이 계산된다.

$$UCL_C = c_0 + 3\sqrt{c_0} = 1 + 3\sqrt{1} = 4$$
$$LCL_C = c_0 - 3\sqrt{c_0} = 1 - 3\sqrt{1} = -2 \implies 0$$

따라서 평균 부적합수가 $c_1 = 2.5$로 변화하였을 때 제2종 오류를 범할 확률 $L(c_1)$은 다음과 같이 계산된다.

$$L(c_1) = \Pr(x \leq 4 | c = 2.5) = 0.8912$$

그러므로 c 관리도의 첫 번째 부분군의 타점 통계량에 의하여 공정변화를 검출할 확률(검출력)은 $1 - L(c_1) = 1 - 0.8912 = 0.1088$이 된다. 그리고 $c_1 = 2.5$에서의 평균 런 길이 ARL_1은 다음과 같이 계산된다.

$$ARL_1 = \frac{1}{1 - L(c_1)} = \frac{1}{0.1088} = 9.19$$

6.5.2 단위당 부적합수(u) 관리도

단위당 부적합수 관리도(control chart for number of defect per unit)는 검사하는 단위(샘플의 면적이나 길이 등)가 일정하지 않은 경우에 사용된다. 예를 들면, 직물 10m^2당 얼룩의 수, 에나멜선 100m당 바늘구멍의 수와 같은 부적합수(결점수)를 취급할 때 사용된다. 즉, 검사하는 샘플의 면적이나 길이 등이 일정하지 않은 경우에 사용되며, 보통 u 관리도라고 부른다. 따라서 샘플의 면적이나 길이 등이 동일한 경우에는 c 관리도를 채택하면 된다.

u 관리도에 대한 관리한계선의 이론적 배경은 다음과 같다. 부분군의 크기가 n단위인 샘플에서 샘플 중의 부적합수를 X라 하면, X는 포아송 확률변수로서 $E(X) = Var(X) = \nu_0$가 된다. 부분군의 단위당 부적합수는 $U = X/n$이고, U의 기댓값을 $E(U) = \nu_0/n = u_0$라고 할 때, U의

분산은 $Var(U) = Var(X)/n^2 = \nu_0/n^2 = u_0/n$가 된다. 따라서 관리한계선은 중심선이 되는 u 가 기준값 u_0로 주어져 있는 경우에

$$UCL = u_0 + 3\sqrt{u_0/n}$$
$$LCL = u_0 - 3\sqrt{u_0/n}$$

이 된다. 그러나 기준값이 주어져 있지 않은 경우에 부분군 $i\,(i = 1,\, 2,\, \cdots,\, k)$에서 n_i단위가 있다면 x_i개의 총 부적합수가 있는 경우에 u를 다음과 같이 추정한 후에

$$\hat{u} = \bar{u} = \frac{\text{검사에서 발견된 총 부적합수}}{\text{검사에서 측정한 총 검사 단위의 수}} = \frac{\displaystyle\sum_{i=1}^{k} x_i}{\displaystyle\sum_{i=1}^{k} n_i}$$

이를 대입하여 다음과 같이 관리한계선을 구한다.

$$UCL = \bar{u} + 3\sqrt{\bar{u}/n_i}$$
$$CL = \bar{u} \tag{6.30}$$
$$LCL = \bar{u} - 3\sqrt{\bar{u}/n_i}$$

여기서 만약 LCL이 음$(-)$의 값이 되면 LCL은 해당 사항이 없는 경우로 0으로 둔다.

예제 6.14 섬유공장에서 생산된 직물의 흠(blemish)에 관한 부적합 수를 검사하였다. 20개 의 부분군에 대한 검사 면적은 동일하지 않으며 표 6.13과 같은 자료를 얻었다. 단위 면적 100m^2에 대한 부적합수 관리도를 작성하라.

부분군의 단위 수를 면 100m^2의 배수로 각 부분군의 크기를 표현하고 단위 면적당 부적합 수($u_i = x_i/n_i$)를 계산하면 표 6.13의 u열과 같게 된다. 예를 들면 첫 번째 부분군에서는 $u_1 = 5/2 = 2.5$이다. 중심선 $\bar{u}$는 다음과 같이 구해진다.

$$\bar{u} = \frac{\displaystyle\sum_{i=1}^{20} x_i}{\displaystyle\sum_{i=1}^{20} n_i} = \frac{192}{41} = 4.683$$

각각의 부분군에 대한 관리한계선은 식 (6.30)을 이용하여 구해지며 표 6.13에 수록되어 있

다. 예를 들면 첫 번째 부분군에서는 $UCL = 4.683 + 3\sqrt{4.683/2} = 9.274$, $LCL = 4.683 - 3\sqrt{4.683/2} = 0.092$이다. 같은 방법으로 다른 부분군의 관리한계선도 구해진다.

표 6.13 직물 흠 자료

부분군 번호	검사 면적(m^2)	부적합수 x_i	부분군 크기 n_i	단위면적당 부적합수 u	UCL $\bar{u} + 3\sqrt{u/n_i}$	LCL $\bar{u} - 3\sqrt{u/n_i}$
1	200	5	2	2.500	9.274	0.092
2	300	14	3	4.667	8.431	0.935
3	250	8	2.5	3.200	8.789	0.577
4	150	8	1.5	5.333	9.984	0
5	250	12	2.5	4.800	8.789	0.577
6	100	6	1	6.000	11.175	0
7	200	20	2	10.000	9.274	0.092
8	150	10	1.5	6.667	9.984	0
9	150	6	1.5	4.000	9.984	0
10	250	10	2.5	4.000	8.789	0.577
11	300	9	3	3.000	8.431	0.935
12	250	16	2.5	6.400	0.577	0.577
13	200	12	2	6.000	9.274	0.092
14	250	10	2.5	4.000	8.789	0.577
15	100	6	1	6.000	11.175	0
16	200	8	2	4.000	9.274	0.092
17	200	5	2	2.500	9.274	0.092
18	100	5	1	5.000	11.175	0
19	300	14	3	4.667	8.431	0.95
20	200	8	2	4.000	9.274	0.092
계		192($\sum x_i$)	41 ($\sum n_i$)			

그림 6.19에 u 관리도가 도시되어 있는데, 이를 보면 7번째 부분군에서 UCL을 벗어난 것이 관측된다. 관련 이상원인이 규명되고 적절한 시정조치가 이루어지면, 7번째 부분군을 제외시키고 중앙선을 $\bar{u} = (192 - 20)/39 = 4.410$으로 수정한다. 수정된 $\bar{u}$값을 사용하여 수정된 관리한계선을 구하고 도시해보면, 7번째 부분군을 제외한 나머지 부분군들은 수정된 관리한계선 내에 있음을 확인할 수 있다.

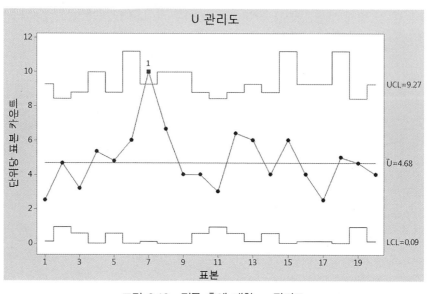

그림 6.19 직물 흠에 대한 u 관리도

u 관리도의 OC곡선도 포아송 분포에서 구할 수 있다.

$$L(u) = P(LCL \leq x \leq UCL \,|\, u)$$
$$= P(nLCL \leq c \leq nUCL \,|\, u)$$
$$= \sum_{x = <nLCL>}^{[nUCL]} \frac{e^{-\nu}(\nu)^x}{x!}$$

여기서 $<nLCL>$은 $nLCL$보다 같거나 큰 최소 정수이고 $[nUCL]$은 $nUCL$보다 같거나 작은 최대 정수이다. 부적합수 x는 정수이어야 하지만 단위 n은 정수가 아니어도 된다.

6.5.3 벌점 관리도

자동차, 컴퓨터, 주요 가전제품 등 복잡한 제품에는 여러 가지 부적합(결함) 유형이 발생하며, 이들 다양한 부적합 유형을 부적합의 심각도와 가중치에 따라 부적합을 분류하여 관리하는 계수형 데이터의 벌점(demerit) 시스템이 점점 중요해지고 있다. 다음과 같이 벌점 시스템을 정의할 수 있다.

• A급 부적합-매우 심각: 검사단위가 전혀 적합하지 않거나 현장에서 쉽게 수정되지 않는 고

장 발생 또는 인적 상해나 재산상 피해를 야기함.

- **B급 부적합**-심각: 검사단위가 A급 운영고장을 겪을 가능성이 있거나 덜 심각한 운용문제가 확실하게 발생, 또는 수명을 단축하거나 보전비용을 증가시킴.
- **C급 부적합**-주요: 사용 시 고장 날 가능성이 있거나 운영고장보다 덜 심각한 어려움을 야기, 또는 수명을 단축하거나 보전비용을 증가시킬 가능성이 존재, 또는 작업의 마무리, 외관, 품질에 주요 부적합이 있음.
- **D급 부적합**-미세: 사용 시 고장은 발생하지 않지만 작업의 마무리, 외관, 품질에 미세한 부적합이 있음.

검사단위 i에서 A, B, C, D급 부적합의 수를 각각 c_{iA}, c_{iB}, c_{iC}, c_{iD}로 표현하고, 각 부적합 유형은 독립적이며 각 부적합의 발생은 포아송 분포를 따른다고 가정한다. 검사단위의 벌점 d_i는 다음과 같이 정의된다.

$$d_i = 100\,c_{iA} + 50\,c_{iB} + 10\,c_{iC} + c_{iD}$$

실제로 벌점 가중치로 A급 : 100, B급 : 50, C급 : 10, D급 : 1을 많이 사용하고 있지만, 특정 문제에 따라 합리적 가중치를 다르게 적용할 수도 있다.

부분군에 검사단위 n개가 사용되면 단위당 벌점은 $u_i = D/n$이 되며, 여기서 $D = \sum_{i=1}^{n} d_i$는 모든 n개 검사단위의 총 벌점 수이다. u_i는 독립적인 포아송 확률변수들의 선형결합이므로, 단위당 벌점 u_i에 관한 3σ 관리한계선은 다음과 같다.

$$
\begin{aligned}
UCL &= \bar{u} + 3\hat{\sigma}_u \\
CL &= \bar{u} \\
LCL &= \bar{u} - 3\hat{\sigma}_u
\end{aligned}
\tag{6.31}
$$

$$\left(\text{여기서, } \bar{u} = 100\,\bar{u}_A + 50\,\bar{u}_B + 10\,\bar{u}_C + \bar{u}_D,\right.$$

$$\left.\hat{\sigma}_u = \left[\frac{(100)^2\,\bar{u}_A + (50)^2\,\bar{u}_B + (10)^2\,\bar{u}_C + \bar{u}_D}{n}\right]^{1/2} \text{임.}\right)$$

식 (6.31)에서 $\bar{u}_A$, $\bar{u}_B$, $\bar{u}_C$, $\bar{u}_D$는 단위당 A, B, C, D급 부적합의 평균 개수인데, 공정이 관리상태에 있을 때 수집된 사전 데이터의 분석에서 얻은 값이다. 그리고 u_A, u_B, u_C, u_D의 기준값을 얻을 수 있으면 이들을 사용하기도 한다.

Jones et al.(1999)은 벌점관리도를 면밀하게 분석하였다. 관리상태에 있는 포아송 분포를 따르는 각 부적합의 평균이 알려진 경우, 전통적인 3σ 관리한계선의 대안으로 검사단위의 벌점 d_i 의 분포를 사용하여 확률기반(probability-based) 관리한계선을 결정할 수 있음을 보였다. 포아송 확률변수들의 선형결합에 대해 특성함수(characteristic function)를 이용해 복잡한 적분식을 수치계산으로 수행하여 확률함수를 구한다. Davies(1973)는 역정리를 사용해 분포함수를 수치적으로 평가하는 알고리즘을 소개하였다. 특성함수 접근법은 분포의 꼬리확률(tail probability)을 정확하게 평가할 수 있어 관리한계선을 결정하는 데 보다 나은 성능을 제공한다. 확률기반 관리한계선은 전통적인 3σ 관리한계선 방법에서 자주 고려하지 않는 관리하한을 제공하며, 거짓정보를 조사하는 비용이 클 경우에는 이점이 있다. 보다 자세한 논의는 Jones et al.(1999)을 참고하기 바란다.

상기와는 다른 다양한 방법이 가능한데, 일례로 두 종류의 부적합 시스템이 채택되면 부적합을 기능 부적합 및 외양 부적합으로 나눌 수 있다. 일반적으로는 두 종류의 부적합을 조합하여 하나의 관리도에서 관리하는 것보다는 독립된 관리도로 관리하는 것이 실무에서의 관행이다.

6.6 | $\overline{X}$ 관리도의 준경제적 설계

관리도를 적용하고자 하는 엔지니어는 관리한계, 부분군의 크기, 부분군 추출간격을 설정해야 하며, 이를 관리도의 설계로 부르고 있다.

전통적으로 통계적 관점에서는 ARL을 기준으로 관리한계와 부분군의 크기를 설정한다. 즉, 관리상태하에서의 ARL과 품질특성치의 특정 이동을 검출하는 데 요구되는 ARL을 충족하도록 두 매개변수를 결정하며, 부분군 추출간격은 드물게 관리도의 설계 매개변수에 포함된다. 보통 부분군 추출간격은 통계적 기준하에서 설정하는 대신에 실무자에게 생산율, 이상상태로 이탈하는 빈도, 공정 이동의 영향 등을 고려하여 경험적으로 설정하도록 권장하고 있다.

통계적 관점보다 경제적 관점에서, 즉 부분군 추출비용, 이상원인 파악 및 시정 비용, 부적합품이 고객에게 전달되어 발생하는 손실 등을 고려하여 관리도를 설계할 수 있다. 경제적 설계방법은 현업에서 사용되는 관례와는 상당히 다른 결과가 도출될 수 있고, 적용되는 최적화 방법도 비교적 복잡할 수 있으므로 통계적 관점을 보완한 준경제적(semi-economic) 설계 방법에 관한 두 가지를 소개한다.

6.6.1 Weiler의 준경제적 방법

Weiler(1952)는 공정평균과 표준편차가 정확하게 추정이 가능할 경우에 총 표본크기(Average Total Inspection: ATI)를 최소화하는 $\overline{X}$ 관리도 부분군 크기를 결정하는 준경제적 방법을 제안하였다. 즉, $\overline{X}$ 관리도에서 공정평균이 μ_0에서 $\mu_0 + b\sigma$(여기서 $b > 0$로 한정하더라도 일반성을 잃지 않음)로 이동 시 최적 부분군 크기를 설정하는 방법을 제공하였는데, 비용요소를 명시적으로 고려하지 않았지만, 이를 대용할 수 있는 ATI를 기준으로 설정하고 있다.

관리한계 계수가 k이고 부분군 크기가 n일 때 관리하한을 벗어날 확률은 무시할 수 있으므로 ASN(Average Sample Number)과 ATI는 다음과 같이 주어진다.

$$ASN = \frac{1}{\displaystyle\int_{k-b\sqrt{n}}^{\infty} \phi(z)dz}$$

$$ATI = \frac{n}{\displaystyle\int_{k-b\sqrt{n}}^{\infty} \phi(z)dz} \tag{6.32}$$

(여기서 $\phi(\cdot)$는 표준정규분포의 확률밀도함수임.)

식 (6.32)를 n에 대해 미분하면

$$\frac{dATI}{dn} = \frac{\displaystyle\int_{k-b\sqrt{n}}^{\infty} \phi(z)dz - b\sqrt{n}\,\phi(k-b\sqrt{n})/2}{\left(\displaystyle\int_{k-b\sqrt{n}}^{\infty} \phi(z)dz\right)^2} \tag{6.33}$$

가 되므로 이를 0으로 두면 최적 $n(n^*)$은 다음 조건을 만족한다.

$$Q(n^*) = 2\frac{\displaystyle\int_{k-b\sqrt{n^*}}^{\infty} \phi(z)dz}{\phi(k-b\sqrt{n^*})} = b\sqrt{n^*} \tag{6.34}$$

따라서 최적 n^*과 이에 따른 ATI^*은 다음 식에 의해 구할 수 있다.

$$n^* = \frac{Q(n^*)^2}{b^2}$$

$$ATI^* = \frac{Q(n^*)^2}{b^2\displaystyle\int_{k-b\sqrt{n^*}}^{\infty} \phi(z)dz} \tag{6.35}$$

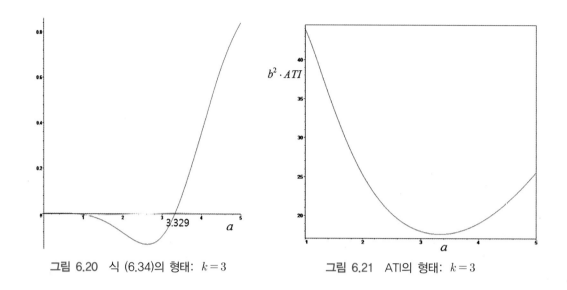

| 그림 6.20 식 (6.34)의 형태: $k = 3$ | 그림 6.21 ATI의 형태: $k = 3$ |

슈하트 관리도와 같이 k를 3으로 설정하고 $n = \dfrac{a^2}{b^2}$을 두면 최적 n이 되는 a는 식 (6.34)에서 3.329(그림 6.20 참고)가 되며, 그림 6.21을 보면 최적 n이 유일함을 확인할 수 있다. 따라서 k를 3으로 설정하는 슈하트 $\overline{X}$ 관리도에서 $n^* = 11.08/b^2$이 되므로 1σ, 1.5σ, 2σ를 검출하기 위한 최적 부분군의 크기는 각각 11, 5, 3개가 된다.

또한 Weiler(1952)는 k가 3.09(제1종 오류가 0.002)일 때 $n^* = 12.0/b^2$, k가 2.58(제1종 오류가 0.01)일 때 $n^* = 6.65/b^2$가 됨을 보여주고 있다.

6.6.2 Chiu and Wetherill의 준경제적 설계

관리도의 경제적 설계는 $\overline{X}$ 관리도가 주 대상이 되고 있으며, 경제적 모형은 Duncan(1956)의 모형에 기반을 두고 있다. Chiu and Wetherill(1974)의 준경제적 모형도 Duncan의 경제적 모형에 기반을 두고 있으므로 이를 먼저 간략하게 소개한다. 이 모형에 대한 자세한 도출 과정은 해당 논문 또는 Montgomery(1982)을 참고하기 바란다.

$\overline{X}$ 관리도의 부분군의 크기와 계수가 각각 n과 k(즉, $\mu_0 \pm k\sigma/\sqrt{n}$)이고, 현 공정은 관리상태(평균이 μ_0)에 있으며, 포아송 과정(발생률은 λ)에 의해 발생하는 하나의 이상요인에 의해 $\mu_0 + b\sigma$ 또는 $\mu_0 - b\sigma$로 이동한다. 부분군의 샘플링 간격은 h이며, 관리한계를 벗어나면 이상원인을 찾아 시정하며, 이 기간에도 공정은 중지되지 않고 계속 작동한다고 가정한다. 여기서 μ_0, σ, b, λ는 알려진 값이며, k, n, h가 경제적 설계의 매개변수가 된다.

설계 기준은 단위시간당 기대비용이 되는데, 먼저 주기는 ① 관리상태 기간 ② 이상상태 기간

③ 부분군을 채취하고 분석하는 시간 ④ 이상요인 검출시간으로 구분할 수 있다.

즉, ①은 $1/\lambda$, ②는 제2종 오류가 β이면 기하분포의 평균으로부터 $h/(1-\beta)-\tau$가 된다. 여기서 τ는 부분군 채취 중간(즉, j와 $(j+1)$번째 부분군)에 이상원인 발생시점의 기댓값으로 다음과 같이 되는데, $h/2-\lambda h^2/12$로 근사화할 수 있다(Duncan, 1956).

$$\tau = \frac{\int_{jh}^{(j+1)h} e^{-jt}\lambda(t-jh)dt}{\int_{jh}^{(j+1)h} e^{-jt}\lambda dt} = \frac{1-(1+\lambda h)e^{-\lambda h}}{\lambda(1-e^{-\lambda h})} \tag{6.36}$$

③은 부분군의 크기에 비례한다고 보는 것이 합리적이므로 한 단위당 시간이 e라면 en이 되며, ④는 평균시간이 일정하다고 가정하여 D로 둘 수 있다. 따라서 주기의 기댓값 $E(T)$는 다음과 같이 된다.

$$E(T) = \frac{1}{\lambda} + [h/(1-\beta)-\tau] + en + D = \frac{1}{\lambda}(1+\lambda B) \tag{6.37}$$

(단, $B = [h/(1-\beta)-\tau]+en+D$, $\beta = \int_{-k-b\sqrt{n}}^{k-b\sqrt{n}} \phi(z)dz = \Phi(k-b\sqrt{n})-\Phi(-k-b\sqrt{n})$임.)

그리고 주기당 기대비용으로 각 부분군 채취비용은 고정비용과 부분군 크기에 비례하는 변동비용의 합인 $a_1+a_2 n$인데, 주기당 평균 채취횟수는 $E(T)/h$가 되므로 이 비용은 $(a_1+a_2 n)E(T)/h$가 된다. 공정이 이상상태에 있을 때 단위시간당 비용을 M으로, 이때 이상원인을 찾는 비용을 f로, 공정은 실제로 관리상태에 있는데 관리도에서 이상상태로 판정하여 거짓경보에 의해 이상원인을 찾는 비용을 m으로 표기한다. 관리상태에 있지만 이상상태로 판정하는 제1종 오류가 $\alpha = 2\int_{k}^{\infty} \phi(z)dz$이면 주기당 거짓경보 발생횟수의 평균은 다음과 같이 $\alpha e^{-\lambda h}/(1-e^{-\lambda h})$가 된다.

$$\alpha \sum_{j=0}^{\infty} \int_{jh}^{(j+1)h} j\lambda e^{-\lambda t}dt = \alpha \frac{e^{-\lambda h}}{1-e^{-\lambda h}} \approx \frac{\alpha}{\lambda h}$$

따라서 단위시간당 기대비용 L은 다음과 같이 나타낼 수 있다.

$$L = \frac{\lambda BM + \alpha m/h + \lambda f}{1+\lambda B} + \frac{a_1+a_2 n}{h} \tag{6.38}$$

L을 최소화하는 k, n, h를 구하기 위해서는 비교적 복잡한 수치해법이 필요하다(Montgomery,

1982). 이런 점을 고려하여 Chiu and Wetherill(1974)은 통계적 기준을 반영하면서 경제적 기준을 충족하는 비교적 단순하면서 근사적 해를 도출하는 준경제적 절차를 제안하였다. 즉, 통계적 기준으로 $1-\beta$가 0.90 또는 0.95가 되는 제약조건을 부가하였으며, L이 n과 $1-\beta$에 비교적 둔감한(robust) 점을 이용하여 다음과 같은 절차로 관리도를 설계하는 방법을 제안하였다.

첫째, b를 양수로 한정하면 관리하한을 벗어날 확률을 무시할 수 있으므로, $1-\beta = 1 - \Phi(k-b\sqrt{n}) = \Phi(-k+b\sqrt{n})$가 0.90 또는 0.95가 되는 조건을 부가하면 다음이 성립한다.

$$b\sqrt{n} - k = c \tag{6.39}$$

(단, $\beta = 0.1$이면 $c = 1.2816$, $\beta = 0.05$이면 $c = 1.6449$임.)

둘째, λ가 작은 값을 가지므로 λB를 무시할 수 있다. 따라서 식 (6.38)을 다음과 같이 근사화할 수 있다.

$$L_a = \lambda BM + \alpha m/h + \lambda f + \frac{a_1 + a_2 n}{h} \tag{6.40}$$

셋째, 식 (6.39)로부터 B의 β는 상수가 되며, $n = (c+k)^2/b^2$이 되므로 이를 식 (6.40)에 대입하여 각각 k와 h에 편미분하여 $\frac{\partial n}{\partial k} = 2(c+k)/b^2$, $\frac{\partial B}{\partial k} = 2e(c+k)/b^2$, $\frac{\partial \alpha}{\partial k} = -2\phi(k)$인 점을 이용하여 '0'으로 두면 다음의 방정식이 구해진다.

$$2(a_2 + \lambda eMh)(c+k) + 2b^2 m\phi(k) = 0 \tag{6.41}$$

$$\lambda M(1/(1-\beta) - 1/2)h^2 - \alpha m - (a_1 + a_2 n) = 0 \tag{6.42}$$

여기서 식 (6.42)는 $h^3/12$항을 무시한 결과이다.

넷째, 식 (6.41)과 식 (6.42)에서 포함된 h가 두 방정식을 풀기 어렵게 만들고 있으므로 그들은 λeMh를 λeM으로 근사화하여 두 식으로부터 다음과 같은 관계를 도출하였다.

$$(c+k)/\phi(k) = b^2 m/(a_2 + \lambda eM) \tag{6.43}$$

$$h = \sqrt{\frac{\alpha m + a_1 + a_2 n}{\lambda M[(1-\beta)^{-1} - 1/2]}} \tag{6.44}$$

따라서 식 (6.39)와 식 (6.43)으로부터 최적 n과 k를 구한 후에 식 (6.44)에 대입하면 최적 h를 쉽게 구할 수 있다. 그들의 수치실험 결과를 요약하면 이런 근사적 모형을 통해서도 Goel et al.(1968)의 최적 계획에 거의 근접하고, Duncan(1956)의 결과와 비교하더라도 25개 대상 수치 예제 중에서 17개가 Duncan의 수치실험 결과보다 우수하며, 열등하더라도 기대비용측면에서

1.7% 정도의 차이를 보임을 확인할 수 있다.

예제 6.15 $b = 2$, $\lambda = 0.01$, $M = 100$, $e = 0.05$, $D = 2$, $m = 50$, $f = 25$, $a_1 = 0.5$, $a_2 = 0.1$이고 β가 0.1일 때 $\overline{X}$관리도를 설계하라.

식 (6.39)로부터 $2\sqrt{n} - k = 1.2816$이 되므로 이를 식 (6.43)에 대입하여 수치해법으로 k를 구하면 3.10이 된다. 이로부터 n을 구하면 4.80이 되므로 정수값인 5로 설정한다면 최적 k는 식 (6.39)로부터 3.19가 된다. 따라서 최적 h는 $\alpha = 2\Phi(-3.19)$가 0.0014이므로 식 (6.44)에서 1.32로 구해지며, 식 (6.38)에 대입하면 최적값이 4.0196이 된다. Goel et al.(1968)의 알고리즘으로 구한 최적 결과는 4.0138이 되므로 0.15% 이하의 차이가 발생한다.

6.1 어떤 섬유회사에서는 염료직물에 사용되는 용액의 산도 pH가 허용 가능한 값 이내에 있어야 한다. 관리도 작성을 위해 부분군마다 용액에서 랜덤하게 4개 측정치를 얻고 부분군별 평균과 범위를 정리한 결과이다.

$$\sum_{i=1}^{25} \overline{x}_i = 195, \quad \sum_{i=1}^{25} R_i = 10$$

그리고 pH 값에 대한 규격은 7.5 ± 0.5이다.

(1) $\overline{X}$ 관리도와 R 관리도의 중심선과 관리한계선을 구하라.

(2) $\overline{X}$ 관리도의 2σ 경고한계선을 구하라.

(3) pH 값이 정규분포를 따른다고 가정하면 생산품의 몇 %가 부적합품인가?

6.2 자동차 회사들은 고객들이 서비스센터에서 기다리는 시간을 줄이도록 노력하고 있다. 매일 랜덤하게 4명의 고객을 선택하여 고객들의 대기시간(단위: 분)을 측정하였고, 4명의 측정치에서 표본 평균과 범위를 구하였으며, 이 과정을 25일 동안 반복하였다. 이들 측정치는 다음과 같이 요약된다.

$$\sum_{i=1}^{25} \overline{x}_i = 1000, \quad \sum_{i=1}^{25} R_i = 250$$

(1) $\overline{X}$ 관리도와 R 관리도의 중심선과 관리한계선을 계산하라.

(2) 공정은 안정 상태에 있고 대기시간은 정규분포를 따른다고 하면, 고객들 중 대기시간이 50분을 초과하지 않을 비율은?

(3) 서비스 관리자는 판매촉진 프로그램을 개발하고 있으며 기술공을 더 고용하여 평균 대기시간을 30분으로 단축하려고 한다. 이 프로그램이 성공적이라면 대기시간이 40분을 초과할 비율은? 50분을 초과할 비율은?

6.3 연결핀의 길이에 대한 규격은 50 ± 3.5mm이다. 크기 5의 부분군으로 샘플을 추출하여, 각 부분군의 표본평균과 범위를 mm단위로 계산한 결과가 다음과 같다.

(1) 다음 자료로부터 $\overline{X}$ 관리도와 R 관리도의 관리한계선을 각각 계산하라.

(2) Minitab 등의 S/W를 활용하여 $\overline{X} - R$ 관리도를 작성하고 관리상태를 판정하라.

(3) 관리한계선을 벗어나는 점은 이상원인에 의해 발생한 것으로 간주하여 수정된 관리한계선

을 재계산하라.

(4) 공정평균이 52mm로 변화하면, 변화 후 다음 부분군에서 탐지될 확률은?

(5) 연결핀의 일일 생산량은 2,000개이고, 규격상한을 초과할 때의 단위당 폐기비용은 1,000원
이며, 규격하한을 미달할 때의 단위당 재작업 비용은 250원이다. 다음 자료로부터 하루 폐
기비용과 재작업 비용의 총합은 얼마인가?

부분군	평균길이, $\bar{x}$	범위, R	부분군	평균길이, $\bar{x}$	범위, R
1	50.3	4	16	49.3	6
2	48.4	2	17	53.3	3
3	48.5	5	18	52.1	4
4	49.1	4	19	50.2	5
5	52.6	3	20	51.9	4
6	46.2	4	21	52.1	2
7	80.8	3	22	49.5	3
8	52.2	4	23	50.7	4
9	49.5	5	24	52.6	5
10	51.7	4	25	52.3	6
11	52.5	5	26	48.6	5
12	47.8	3	27	51.0	4
13	49.6	5	28	52.3	3
14	50.8	9	29	50.6	2
15	48.5	4	30	51.5	4

6.4 자동차 주요부(body)를 제조하는 데 사용되는 금속판의 두께(단위: mm)는 중요 품질특성치이
다. 배치당 부분군 크기 $n = 9$로 하여 샘플을 취한 후에 20조의 부분군에 대해 평균과 표준편
차를 계산한 결과가 다음 표에 정리되어 있다. 금속판의 규격은 9.95 ± 0.3mm이다.

(1) $\bar{X}$ 관리도와 s 관리도의 중심선과 관리한계선을 계산하라.

(2) Minitab 등의 S/W를 활용하여 $\bar{X}-s$ 관리도를 작성하고 관리상태를 판정하라.

(3) 금속판의 두께가 규격상한을 초과하면 재작업이 가능하나 규격하한 미만이면 폐기된다.
재작업 비용은 30cm당 250원이고, 폐기비용은 750원이다. 금속판을 제조하는 압연기의
길이는 3km이다. 제조사는 4대의 압연기를 가지고 있으며, 매일 압연기당 80배치를 생산
한다. 일일 재작업의 비용과 폐기비용은 각각 얼마인가?

(4) 제조사가 공정평균을 변화시킬 수 있다면, 10.00mm로 이동시킬 것인가?

부분군	1	2	3	4	5	6	7	8	9	10
평균 $\bar{x}$	10.19	9.80	10.12	10.54	9.86	9.45	10.06	10.13	9.82	10.17
표준편차 s	0.15	0.12	0.18	0.119	0.14	0.09	0.16	0.18	0.14	0.13
부분군	11	12	13	14	15	16	17	18	19	20
평균 $\bar{x}$	10.18	9.85	9.82	10.18	9.96	9.57	10.14	10.08	9.82	10.15
표준편차 s	0.16	0.15	0.06	0.34	0.11	0.09	0.12	0.15	0.09	0.12

6.5 어느 냉동식품 패키지의 알려진 무게는 450g이며, 규격은 450 ± 8 g이다. 랜덤하게 8개 샘플을 추출하여 무게를 측정하여 부분군의 평균과 표준편차를 계산한 결과가 다음과 같다.

$$\sum_{i=1}^{25} x_i = 11283, \quad \sum_{i=1}^{25} s_i = 85.05$$

(1) $\overline{X}$ 관리도와 s 관리도의 중심선과 관리한계선을 구하라.

(2) 공정이 관리상태에 있다고 가정하여 공정평균과 표준편차를 추정하라.

(3) 생산된 냉동식품 패키지 중 몇 %가 부적합품인가?

(4) 경영자가 정량보다 부족하다고 느낀 소비자로부터의 불만과 법적 소송을 줄이는 데 관심이 있다고 한다면, 경영자는 어떤 행동을 취하여야 하는가?

6.6 도장된 주름 금속판의 건조시간은 관심사항이다. 건조시간이 과다하면 도장을 벗겨야 하며 과소하면 마무리가 제대로 되지 않는다. 건조시간에 대한 규격은 10 ± 0.2분이다. 부분군 크기 $n = 6$으로 설정하여 공정에서 부분군을 취하고 건조시간을 측정한다. 20개 부분군의 평균과 표준편차를 구한 결과가 다음과 같이 주어진다.

$$\sum_{i=1}^{20} \bar{x}_i = 199.8, \quad \sum_{i=1}^{20} s_i = 1.40$$

(1) $\overline{X}$ 관리도와 s 관리도의 중심선과 관리한계선을 구하라.

(2) 공정이 관리상태에 있다고 가정하고 공정평균과 공정표준편차를 추정하라.

(3) 부적합품률은 얼마인가?

(4) 공정평균을 10분으로 변화시킬 수 있다면, 이 변화를 추천할 것인가?

(5) 공정변동은 변화되지 않았다고 가정하고, 공정평균이 10.2분으로 변화할 때 변화 후 첫 번째 부분군에서 이 변화를 탐지할 확률은?

6.7 단계 I의 관리도를 작성하기 위해 수집한 자료의 일부분이다. 다음 물음에 답하라.

21, 26, 32, 24, 38, 32, 23, 21, 16, 21, 21

(1) $X - R_m$(I-MR) 관리도를 작성하고자 한다. X와 R_m의 평균을 구하라.

(2) σ를 추정하라.

(3) X 관리도의 관리한계선을 구하라.

(4) R_m 관리도의 관리한계선을 구하라.

(5) $X - R_m$(I-MR) 관리도를 추천하지 않는 전문가도 있다. 그 이유를 적어라.

6.8 어떤 공정에서 부분군 크기 $n = 5$인 15개 부분군의 측정 데이터가 다음 표에 주어져 있다(KS A ISO 8285, p.26). 다음 물음에 답하라.

부분군	측정 데이터(단위: 0.001cm)					중위수	범위
1	14	8	12	12	8		
2	11	10	13	8	10		
3	11	12	16	14	9		
4	16	12	17	15	13		
5	15	12	14	10	7		
6	13	8	15	15	8		
7	14	12	13	10	16		
8	11	10	8	16	10		
9	14	10	12	9	7		
10	12	10	12	14	10		
11	10	12	8	10	12		
12	10	10	8	8	10		
13	8	12	10	8	10		
14	13	8	11	14	12		
15	7	8	14	13	11		

(1) 각 부분군의 중위수와 범위를 계산하고, 중위수 평균과 범위 평균을 계산하라.

(2) $\tilde{X}$ 관리도와 R 관리도의 중심선과 3σ 관리한계선을 계산하라.

(3) $\tilde{X} - R$ 관리도를 작성하고 공정평균에 대한 관리상태를 판정하라.

6.9 중유공장에서 생산되는 제품의 메탄올 함유량을 관리(모니터링)하고자 한다. 제품은 배치 생산방식으로 생산되며, 배치 내 제품의 메탄올 함유량은 매우 균일하여 1개의 배치로부터 1회만 측정하기로 정하고, X 관리도를 이용하기로 하였다. 이를 위하여 20개의 배치로부터 아래와 같은 데이터를 얻었다. 다음 물음에 답하라.

(1) 이동범위를 계산하고, $\bar{x}$와 $\bar{R}_m$을 계산하라.

(2) 공정평균과 공정표준편차를 추정하라.

(3) X 관리도와 R_m 관리도의 중심선과 3σ 관리한계선을 계산하라.

(4) Minitab 등의 S/W를 활용하여 $X-R_m\,(I-MR)$ 관리도를 작성하고 공정의 관리상태를 판정하라.

배치 번호	1	2	3	4	5	6	7	8	9	10
측정치 x	5.1	4.9	4.8	5.1	4.8	5.1	4.5	4.8	5.6	5.2
배치 번호	11	12	13	14	15	16	17	18	19	20
측정치 x	4.5	4.6	5.3	4.8	5.4	5.2	4.5	4.4	4.8	5.2

6.10 부분군 크기 $n=4$인 $\overline{X}$ 관리도를 운영하는 공정에서 공정평균이 μ_0에서 μ_1으로 변화할 때 다음 물음에 답하라. 여기서 공정산포는 변화가 없다고 가정한다.

(1) $\mu_1 = \mu_0 + 2\sigma_0$인 경우 $\overline{X}$ 관리도에서 첫 번째 부분군의 타점 통계량에 의하여 공정변화를 검출할 확률(검출력)은 얼마인가?

(2) $\mu_1 = \mu_0 + 3\sigma_0$인 경우 $\overline{X}$ 관리도에서 첫 번째 부분군의 타점 통계량에 의하여 공정변화를 검출할 확률(검출력)은 얼마인가?

6.11 부분군 크기 $n=4$인 3σ 관리한계선을 갖는 R 관리도를 운영하는 공정에서 공정 표준편차가 $\sigma_1 = 2\sigma_0$로 변화하였을 때 다음 물음에 답하라.

(1) 그림 6.5로부터 R 관리도에서 첫 번째 부분군의 타점 통계량에 의하여 공정변화를 검출할 확률(검출력)은 개략적으로 얼마가 되는가?

(2) R 관리도에서 4번째 부분군까지 검출을 못하고 5번째 부분군의 타점 통계량에 의하여 공정변화를 검출할 확률(검출력)은 얼마가 되는가?

(3) R 관리도에서 5번째 부분군까지 적어도 하나의 타점 통계량이 관리한계선을 벗어나 공정변화를 검출할 확률(검출력)은 얼마인가?

6.12 p 관리도의 중심선은 0.01이며, 부분군의 크기가 홀수 번째는 200개, 짝수 번째는 300개이다.

(1) 홀수 번째와 짝수 번째 부분군으로 구분하여 p 관리도의 관리한계선을 구하라.

(2) 관리한계를 동일하게 설정하기 위해 평균 표본크기를 적용할 경우에 p 관리도의 관리한계선을 구하라.

(3) 표준화 관리도를 적용하고자 한다. 다섯 번째와 여섯 번째 부분군의 부적합률이 각각 0.01과 0.02일 경우에 타점되는 통계량 값을 구하고 관리한계선의 이탈여부를 파악하라.

(4) 현 평균 부적합률하에서 관리하한이 양수가 되도록 부분군 크기(최솟값)를 동일하게 새로 설정하고자 한다. 이 크기는 얼마가 되겠는가?

6.13 반도체를 생산하는 회사에서 부적합 반도체에 대한 데이터가 다음 표와 같이 나타났다. 다음 물음에 답하라.

부분군	1	2	3	4	5	6	7	8	9	10	11	12	13
부분군의 크기	80	120	60	150	140	150	160	90	100	160	110	100	200
부적합품수	3	6	4	5	8	10	7	5	4	12	8	5	14
부분군	14	15	16	17	18	19	20	21	22	23	24	25	
부분군의 크기	90	160	230	200	150	210	190	160	100	100	90	160	
부적합품수	4	5	3	12	8	6	4	9	8	12	7	10	

(1) 공정 부적합품률을 추정하라.

(2) p 관리도의 중심선과 관리한계선을 계산하고 타점 통계량을 계산하라.

(3) Minitab 등의 S/W를 활용하여 p 관리도를 작성하고 공정의 관리상태를 판정하라.

(4) 공정이 관리상태가 아니라면, 한계선을 벗어난 점들을 제외하고 중심선과 관리한계선을 재설정하여라.

6.14 문제 6.13의 부적합 반도체에 대한 정보를 이용하여 대표적인 부분군의 크기 100 또는 160에 기초하여 일정한 관리한계선을 가지는 부적합품률 관리도를 설정한다고 하자. 이 관리도를 적용한다면 어떤 결론을 도출할 수 있는가?

6.15 케이블을 생산하는 공정에서 부적합률을 관리하고자 한다. 100개의 샘플로 구성된 부분군 20조를 검사하여 다음과 같은 부적합품수의 데이터를 얻었다. 물음에 답하라.

부분군	1	2	3	4	5	6	7	8	9	10
부적합 케이블수	2	5	4	3	4	2	3	2	4	11
부분군	11	12	13	14	15	16	17	18	19	20
부적합 케이블수	5	4	2	5	3	12	3	2	5	2

(1) 공정 부적합품률을 추정하라.

(2) np 관리도의 중심선과 관리한계선을 계산하라.

(3) Minitab 등의 S/W를 활용하여 np 관리도를 작성하고 공정의 관리상태를 판정하라.

(4) 관리한계선을 벗어난 점에 대해 이상원인에 의해 발생한 것으로 간주하여 이들을 제외하고 np 관리도를 재작성하라.

6.16 박스단위로 출하하는 공장에서 생산품의 품질을 조사하니 25박스에서 400개의 부적합수가 보고되었다.

(1) c(상자 당 부적합수) 관리도의 중심선과 3σ 관리한계선을 계산하라.

(2) 각 상자에 생산품 24대가 들어 있는데, 4대씩 구분하여 재포장할 때 c(재포장 단위당 부적합수) 관리도의 중심선과 3σ 관리한계선을 계산하라.

6.17 어떤 가구부분에 대한 흠집 수를 관리하고자 한다. 25조의 가구에서 각각 부분군 크기 100군데에서 샘플을 검사하여 다음과 같은 흠집 데이터를 얻었다. 다음 물음에 답하라.

부분군	1	2	3	4	5	6	7	8	9	10	11	12	13
흠집 수	6	3	12	8	9	7	17	5	6	4	8	7	18
부분군	14	15	16	17	18	19	20	21	22	23	24	25	
흠집 수	9	11	6	7	5	8	4	9	8	4	7	6	

(1) 부분군당 평균 부적합(결점)수를 추정하라.

(2) c 관리도의 중심선과 3σ 관리한계선을 계산하라.

(3) Minitab 등의 S/W를 활용하여 c 관리도를 작성하고 공정의 관리상태를 판정하라.

6.18 어떤 종이 공장에 생산되는 고급용지(Band Paper)의 부적합수를 일주일간 측정하였다. 다음 표는 25조 부분군에 대한 조사 면적(단위: m²)과 부적합수를 나타낸다. 다음 물음에 답하라.

부분군	1	2	3	4	5	6	7	8	9	10	11	12	13
조사면적	150	100	200	150	250	100	150	200	300	250	100	200	250
부적합수	6	8	5	4	10	11	3	5	10	10	5	4	12
부분군	14	15	16	17	18	19	20	21	22	23	24	25	
조사면적	300	300	200	150	200	150	100	100	200	300	250	200	
부적합수	8	12	6	4	7	14	4	8	9	12	7	5	

(1) 각 부분군의 단위당 평균 부적합수, 즉 1m²당 부적합수와 이의 평균을 구하라.

(2) u 관리도의 중심선과 3σ 관리한계선을 계산하고 타점 통계량을 계산하라.

(3) Minitab 등의 S/W를 활용하여 u 관리도를 작성하고 공정의 관리상태를 판정하라.

6.19 일정한 부분군 크기로 p 관리도를 운영하는 공정에서 기준값이 알려져 있는 관리도(관리용 관리도)의 3σ 관리한계선이 $LCL_p = 0.0095$, $UCL_p = 0.0305$이다. 공정 부적합품률이 $p_1 = 0.023$으로 변화하였다고 가정했을 때 다음 물음에 답하라.

(1) p 관리도에서 사용하고 있는 공정 부적합품률의 기준값 p_0는 얼마인가?

(2) p 관리도에서 사용하고 있는 부분군 크기 n은 얼마인가?

(3) 첫 번째 부분군의 타점 통계량에 의하여 공정변화를 검출할 확률(검출력)을 계산하라.

(4) 첫 번째 혹은 두 번째 부분군의 타점 통계량에 의하여 공정변화를 검출할 확률(검출력)을 계산하라.

(5) $p_1 = 0.023$에서 ARL_1을 계산하라.

6.20 일정한 부분군 크기의 c 관리도를 운영하는 공정에서 평균 부적합수가 $c_0 = 0.1$에서 $c_1 = 0.2$

로 변화하였을 때 첫 번째 부분군의 타점 통계량에 의하여 공정 변화를 검출할 확률(검출력)과 $c_1 = 0.2$에서의 ARL_1을 계산하라.

6.21* Weiler의 $\overline{X}$ 관리도에 대한 준 경제적 설계방법에서 k가 3.09(제1종 오류가 0.002)일 때 $n^* = 12.0/b^2$가 됨을 보이라.

6.22* 예제 6.15에서 β를 0.05로 설정하여 최적 n, k, h를 구하라.

6장에서는 관리도 가운데 가장 기본적인 방법인 슈하트 관리도를 소개하였다. 계량형 슈하트 관리도에서는 공정평균의 변화를 감지하기 위한 표본 평균과 중위수를 사용하는 $\overline{X}$, $\tilde{X}$ 관리도, 표준편차의 변화를 감지하기 위한 표본의 범위와 표준편차를 사용하는 R, s 관리도 등이 기술되었다. 그리고 계수형관리도로서 부적합품률, 부적합품수관리도, 그리고 부적합수, 단위당 부적합수 관리도를 소개하였다. 이들에 대한 기본적인 설명은 배도선 외(1998), 이승훈(2015), Duncan(1986), Montgomery (2012)에 상세히 언급되어 있다. 특히 관리도의 경제적인 설계와 관련하여서는 Montgomery(1982)가 좋은 참고문헌이 될 것이다.

1. 배도선, 류문찬, 권영일, 윤원영, 김상부, 홍성훈, 최인수(1998), 최신 통계적 품질관리, 영지문화사.

2. 이승훈(2015), Minitab 품질관리, 이레테크.

3. KS Q ISO 7870-1: 2014 관리도-제1부: 일반지침.

4. KS Q ISO 7870-2: 2014 관리도-제2부: 슈하트 관리도.

5. Automotive Industry Action Group(AIAG)(2005), Statistical Process Control(SPC), 2nd ed., SQC Quality Press.

6. Borror, C. M., Montgomery, D. C. and Runger, G. C.(1999), "Robustness of the EWMA Control Chart to Nonnormality," Journal of Quality Technology, 31, 309-316.

7. Burr, I. W.(1967), "The Effect of Nonnormality on Constants for $\overline{x}$ and R Charts," Industrial Quality Control, 23, 563-569.

8. Burr, I. W.(1969), "Control Charts for Measurements with Varying Sample Sizes," Journal of Quality Technology, 1, 163-167.

9. Chiu, W. K. and Wetherill. G. B.(1974), "A Simplified Scheme for the Economic Design of $\overline{x}$ Charts," Journal of Quality Technology, 6, 63-69.

10. Davies, R. B.(1973), "Numerical Inversions of Characteristic Functions," Biometrika, 60, 415-417.

11. Deming, W. E.(1994), The New Economics for Industry, Government, Education, The MIT Press.

12. Duncan, A. J.(1956), "The Economic Design of $\overline{x}$ Charts Used to Maintain Current Control

of a Process," Journal of the American Statistical Association, 51, 228-242.

13. Duncan, A. J.(1986), Quality Control and Industrial Statistics, 5th ed., Irwin.

14. Goel, A. L., Jain, S. C. and Wu, S. M.(1968), "An Algorithm for the Determination of the Economic Design of $\overline{X}$-Charts Based on Duncan's Model," Journal of American Statistical Association, 63, 304-320.

15. Jones, L. A., Woodall, W. H. and Conerly, M. D.(1999), "Exact Properties of Demerit Control Charts," Journal of Quality Technology, 31, 221-230.

16. Minitab(2017), MINITAB Release 18 for Windows, Minitab Inc.

17. Montgomery, D. C.(1982), "Computer Programs: Economic Design of an $\overline{x}$ Control Chart," Journal of Quality Technology, 14, 40-43.

18. Montgomery, D. C.(1991), Statistical Quality Control, 2nd ed., Wiley.

19. Montgomery, D. C.(2012), Statistical Quality Control, 7th ed., Wiley.

20. Rigdon, S. E., Cruthis, E. N. and Champ, C. W.(1994), "Design Strategies for Individuals and Moving Range Control Charts," Journal of Quality Technology 26, 274-287.

21. Schilling, E. G. and P. R. Nelson(1976), "The Effect of Nonnormality on the Control Limits of $\overline{x}$ Charts," Journal of Quality Technology, 8, 183-188.

22. Weiler, H.(1952), "On the Most Economical Sample Size for Controlling the Mean of a Population," Annals of Mathematical Statistics, 23, 247-254.

23. Willemain, T. R. and Runger, G. C.(1996), "Designing Control Charts Based on an Empirical Reference Distribution," Journal of Quality Technology, 28, 31-38.

CHAPTER 7

특수 관리도 및 EPC

사례	건강의료 분야의 관리도 활용

건강의료(healthcare) 모니터링과 공공보건 감시 시스템에 관리도가 널리 쓰이고 있다.* 예를 들면 응급실과 수술실, 방사선과, 심장내과, 약제과와 더불어 병원행정부문과 역학분야 등에서 활용되고 있다. 이 영역에 쓰이는 관리도의 특징은 다른 산업부문보다 계수치 관리도가 더 널리 쓰이며, 사건발생 시간에 대해 기하분포나 지수분포를 가정한 희귀사건 관리도(7.6절)도 자주 활용되고 있다는 것이다. 이와 같이 슈하트 관리도보다 CUSUM(7.5절)과 EWMA 관리도(7.4절) 등의 비슈하트 관리도와 더불어 희귀사건 관리도 등의 특수 관리도의 사용빈도가 높은 편이다. Woodall(2006)은 이전 부분군의 정보까지 반영하는 대표적인 시간가중 관리도 유형인 CUSUM과 EWMA 관리도 중에서 전자가 보다 널리 쓰인다고 보고하고 있다. 따라서 이 사례에서는 CUSUM 관리도의 활용 예를 소개한다. 또한 본서에서 다루지 않지만 환자의 연령과 건강상태를 반영하는 위험조정(risk-adjusted) 관리도도 자주 활용되고 있다.

한편 의료분야에서는 일정한 간격으로 표본을 추출하는 제조산업계의 SPC와 달리 의학적 관점에서 시간에 따른 발생률을 모니터링하므로 전수검사를 채택하는 경우가 보다 보편적이다. 이상상태가 발생되면 제조공정과 달리 빠른 시간 내에 관리상태를 회복시킬 수 없어 여러 회의 경고신호를 발생시키는 특색을 가지고 있다.

어떤 종합병원에서는 항생제의 오남용에 의해 발생하는 슈퍼 박테리아의 감염에 대해 지속적인 관심을 가지고 있다. 특히 사례 대상 병원에서는 메티실린 내성 황색포도상구균(Methicillin Resistant Staphylococcus Aureus: MRSA) 환자의 감염을 줄이기 위해 노력하고 있는데, 30개월 동안 이 병원에서 발생한 월별 건수를 수집한 결과를 그림 7.A(a)에서 볼 수 있다. 최초의 목표치는 12건인데, 이를 줄이기 위해 20개월 전부터 손 위생활동을 개선하고 MRSA 감염의 보편적 원인인 혈관 도뇨관(catheter)의 삽입 및 관리 시 적용하는 환자 안전 프로그램을 도입하였다. 그림 7.A(b)의 누적합(CUSUM) 관리도를 보면 관리하한을 벗어나므로 새로운 프로그램이 상당한 성과가 있음을 확인할 수 있다.

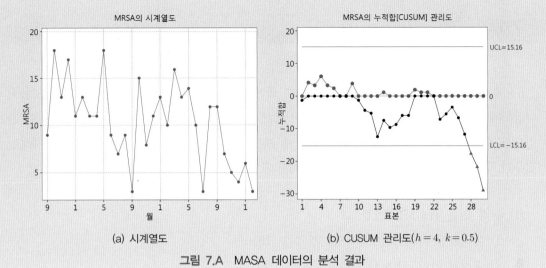

(a) 시계열도   (b) CUSUM 관리도($h = 4,\ k = 0.5$)

그림 7.A MASA 데이터의 분석 결과

자료: • Woodall(2006).

이 장의 대상인 특수 관리도 중에서 규격과 연관된 합격판정 관리도와 수정된 관리도는 7.2절에서, 다품종 소량 생산시스템의 단기 생산공정에 쓰이는 관리도는 7.3절에서, 과거 부분군의 정보까지 활용하여 중간 이하의 이동에 검출 민감도가 높은 시간가중 관리도인 MA(이동평균), EWMA(지수가중이동평균), CUSUM(누적합) 관리도는 7.4절 및 7.5절에서 다룬다. 부적합품률 및 부적합수가 현저하게 낮아질 경우에 발생하는 희귀 사건을 모니터링하기 위한 관리도는 7.6절에서, 슈하트 관리도에서 샘플링 간격이나 부분군 크기를 변화시키는 적응 관리도는 7.7절에서 살펴본다. 그리고 7.8절에서는 자기상관이 있는 경우의 대안 관리도를, 마지막으로 7.9절에서는 화학공정 산업을 중심으로 발전한 EPC 기법을 SPC와 상호 보완적인 형태로 결합하는 기법을 소개한다.

6장에서 설명된 널리 쓰이는 슈하트 관리도 외에 비슈하트 관리도를 포함한 특수 관리도들이 다양하게 연구·제안되어 있다. 7장에서는 이 중에서 다음의 특수한 경우에 사용되는 단변량 관리도를 중심으로 자세하게 살펴본다. 관리도에 관한 국제표준 중에서 우리나라 표준으로 제정된 경우가 명기되어 있다. 7장에서 다루어질 특수 관리도의 순서는 다음과 같다.

(1) 규격 연관 관리도: 7.2절
    ① 합격판정 관리도(KS Q ISO 7870-3: 2020)
    ② 수정된 관리도(KS Q ISO 7870-3: 2020)

(2) 단기 생산공정 관리도: 7.3절
    ① DNOM 관리도(KS Q ISO 7870-8: 2017)
    ② 표준화 DNOM 관리도(KS Q ISO 7870-8: 2017)
    ③ Z-MR 관리도(Z 관리도 KS Q ISO 7870-5: 2014)

(3) 시간가중 관리도: 7.4, 7.5절
    ① 이동평균(MA) 관리도(KS Q ISO 7870-5: 2014)
    ② 지수가중이동평균(EWMA) 관리도(KS Q ISO 7870-6: 2016)
    ③ 누적합(CUSUM) 관리도(KS Q ISO 7870-4: 2021)

(4) 희귀사건 관리도: 7.6절
    ① g 관리도
    ② t 관리도

(5) 적응 관리도: 7.7절

(6) 자기상관하의 대안 관리도(KS Q ISO 7870-9: 2020): 7.8절

합격판정 관리도(acceptance control charts)와 수정된 관리도(modified control chart)는 규격(LSL, USL)을 고려한 관리도이다. 합격판정 관리도는 공정산포는 변화가 없지만 공정평균이

변하여 규격을 벗어나는 제품의 비율이 많이 증가되어 불합격 상태가 되었는지를 모니터링하기 위하여 사용된다. 수정된 관리도(modified control charts)는 공정규격을 고려하여 공정의 합격 여부를 판단하기 위한 관리도로서 합격 수준에서 운영되는 공정을 좋지 않다고 판단하는 생산자 위험(α)만을 반영한다. 두 관리도의 사용에 관한 지침은 KS Q ISO 7870-3: 2020(관리도-제3부: 합격판정 관리도)으로 제정되어 있다.

생산시스템은 고객의 다양한 요구를 충족시키기 위해 지속적으로 다품종 소량 생산시스템으로 변화하고 있다. 다품종 소량 생산시스템은 로트 크기가 작으며, 단기 생산(short run production) 형태를 나타내며, 한 생산라인에서 여러 모델을 혼합하여 생산하는 혼류생산(mixed-model production) 방식도 포함하고 있다. 생산주기가 짧은 제품을 생산할 때에는 대량 생산시스템에 적용되는 기존의 관리도와는 다른 형태의 관리도를 사용하여야 한다. 단기 생산공정에 쓰이는 관리도로 DNOM(Deviation from NOMinal), 표준화 DNOM, Z-MR 관리도 등이 있으며, 이에 관한 관리도 중에서 일부가 KS Q ISO 7870-8: 2017(관리도-제8부 단기 가동 및 소규모 혼합 뱃치에 대한 작성 기법)에 수록되어 있다.

공정평균을 관리하기 위한 관리도 가운데 가장 널리 사용되는 $\overline{X}$ 관리도는 가장 최근 부분군에 포함된 정보만을 활용하므로, 공정평균의 작거나 중간 정도의 이동(즉, 1.5σ 이하)에는 민감하지 못한 단점이 있다. 따라서 $\overline{X}$ 관리도는 단계 II에서 모니터링하는 데 유용성이 떨어진다. 슈하트 $\overline{X}$ 관리도의 이런 단점을 보완한 형태로 사용할 수 있는 관리도로 시간가중(time-weighted) 관리도가 있다. 시간가중 관리도의 기본적인 아이디어는 해당 부분군에다 이전 부분군까지 반영한 통계량을 타점하는 것으로서, 최근 부분군에 큰 가중치를, 시간이 오래된 것일수록 가중치를 작게 주는 방식을 채택하는 경향이 있다. 또한 시간가중 관리도는 슈하트 관리도와 달리 주로 단계 II에 적용되며, 부분군 형식보다 개별치에 적용되는 경우가 많은 편이다.

시간가중 관리도에는 이동평균(Moving Average: MA) 관리도, 지수가중이동평균(Exponentially Weighted Moving Average: EWMA) 관리도, 누적합(CUmulative SUM: CUSUM) 관리도 등이 있다. 이 중에서 누적합(CUSUM) 관리도의 사용에 관한 지침은 KS Q ISO 7870-4: 2021(관리도-제4부: 누적합 관리도)로, 지수가중이동평균(EWMA) 관리도는 KS Q ISO 7870-6: 2016(관리도-제6부: EWMA 관리도)로 제정되어 있다. 또한 이동평균(MA) 관리도는 KS Q ISO 7870-5: 2014(관리도-제5부: 특수 관리도)에 소개되고 있다.

최근 공정기술 및 제조기술의 혁신과 발달에 힘입어 부적합품률 및 부적합수가 현저하게 낮아지고 있는데, 이런 경우에는 기존의 관리도를 사용할 경우 효과적인 관리를 할 수 없게 된다. 이러한 희귀사건을 모니터링하기 위한 관리도로서 g 관리도와 t 관리도가 있다. g 관리도는 기하분포(geometric distribution)에 기초하여 관리한계선이 설정되며, t 관리도는 지수와 와이블

분포에 기초하여 관리한계선이 설정된다.

관리도에서 타점이 관리한계선 부근에 나타나는 경우에는 이상원인이 발생하였다고 의심을 할 수 있다. 이러한 경우에 다음 부분군의 추출간격을 줄이거나 부분군의 크기를 늘리면 공정평균의 변화를 빨리 탐지할 수 있는 이점이 있다. 슈하트 관리도에서 샘플링 간격이나 부분군 크기를 고정하는 방식보다 타점 통계량의 위치에 따라 이를 변화시키는 방식이 보다 효율적이다. 이런 관리도를 적응(adaptive) 관리도라 부른다.

최근의 자료들은 자기상관이 있는 자료들이 많다. 자기상관이 있는 자료들을 일반적인 슈하트 관리도로 사용할 경우 공정평균이 변화하지 않았는데도 불구하고 공정평균이 변화했다고 잘못 판단할 가능성이 높다. 7.8절에서는 자기상관이 있는 경우에 대안으로 사용될 수 있는 관리도에 대해 다루며, KS Q ISO 7870-9: 2020(관리도-제9부: 정상성을 갖는 프로세스에 대한 관리도)에 수록되어 있다.

이외에 경고한계선을 갖는 평균용(즉, $\overline{X}$, X) 관리도는 관리한계선에 해당되는 조치한계선(action limit)과 더불어 경고한계선(warning limit)을 함께 설정하여 운영하는 관리도로서, 타점 통계량이 조치한계선을 벗어나면 일반 관리도와 마찬가지로 바로 이상상태로 판정하며, 더불어 연속해서 N개 또는 N 중 K의 타점 통계량이 경고한계선을 벗어나면 관리이상 상태로 판정하는 관리도이다. 그림 5.13에서 제시된 8가지 런 규칙 중에서 다섯 번째(3 중 2)와 여섯 번째 검정(5 중 4)은 여기에 속한다. 그리고 영역(zone) 관리도는 $\overline{X}$ 관리도(혹은 X 관리도)에서 관리한계선 내 영역을 4개의 구역으로 나누어 구역별로 점수를 부과하여 누적점수를 타점하다가 특정 점수에 도달하면 이상상태로 판정하는 관리도이다.

두 관리도를 포함하여 본서에서 다루지 않는 과대·과소 산포 공정에 쓰이는 Laney의 계수형 관리도와 Box-Cox 또는 Johnson 변환에 의해 비정규 데이터에 적용 가능한 관리도 등은 이승훈(2015)을, 그룹, 고·저, 추세, 변동계수 등의 특수 관리도에 관한 사용 지침은 KS Q ISO 7870-5: 2014를 참고하기 바란다.

그리고 관리하여야 할 품질특성이 여러 개인 경우에 다수의 품질특성을 동시에 관리하는 관리도는 다변량 관리도(multivariate control charts)로 불리며 하위개념으로 T^2 관리도 및 일반화 분산 관리도 등을 들 수 있는데 다음 장에서 자세하게 다룬다.

한편 7.9절에서는 특수 관리도에 속하지 않지만 통계적 공정관리(Statistical Process Control: SPC)의 기법과 장치산업 및 화학공정 산업을 중심으로 발전한 기존의 공학적 공정관리(Engineering Process Control: EPC) 기법을 상호 보완적인 형태로 결합하여 유효성을 증대시키는 새로운 적용기법들에 대해 다룬다.

슈하트 관리도는 공정 규격과 무관하게 공정의 안정상태를 통계적으로 모니터링하는 도식적인 도구이나, 현장에서는 규격과 무관하게 작성된 관리도에 대한 거부감도 존재한다. 특히 공정능력 수준이 매우 높을 때 슈하트 관리도가 제공하는 관리 수준을 낮출 필요가 가끔 발생하는데, 이럴 경우에 공정 규격과 연관시켜 설계된 관리도가 합격판정 관리도와 수정된 관리도이다.

7.2.1 합격판정 관리도

Freund(1957)에 의해 최초로 제안된 합격판정 관리도(acceptance control chart)는 규격(LSL, USL)을 고려한 관리도로서 공정의 합격 여부를 판단하기 위한 관리용 도구이다. 이 관리도는 합격 수준에서 운영되는 공정을 불합격시키는 위험(α)과 불합격 수준에서 운영되는 공정을 합격시키는 위험(β)의 양쪽을 고려한다. 이 관리도는 공정능력이 충분히 높을 경우 공정을 너무 세밀하게 관리하는 것이 획득하는 가치에 비하여 지나치게 비용이 많이 들 경우에 특히 유용하다. 즉, 이 관리도는 규격에 의하여 규정된 공차(허용차)와 비교하여 공정의 변동성이 작을 경우에 가장 효과적이다. 합격판정 관리도의 사용에 관한 지침은 전술한 대로 KS Q ISO 7870-3: 2014(관리도-제3부: 합격판정 관리도)로 제정되어 있다.

이 표준에 의하면 합격판정 관리도는 다음과 같은 경우에만 사용하는 것이 바람직하다.

- 부분군 내 변동이 관리되고 있으며, 변동이 효율적으로 추정되는 경우
- 높은 수준의 공정능력이 달성된 경우

합격판정 관리도는 공정산포의 변화 없이 공정평균이 변하여 규격을 벗어나는 제품의 비율이 많이 증가하여 공정이 불합격 상태가 되었는지를 모니터링하기 위하여 사용된다. 따라서 공정산포는 변화가 없다고 가정하고 있으므로 사전에 R 관리도 혹은 s 관리도를 이용하여 공정산포의 안정성을 확인하여야 하며, 확인 후에는 공정산포를 $\sigma = \overline{R}/d_2$ 혹은 $\sigma = \overline{s}/c_4$로 추정하여야 한다.

합격 공정은 평균이 조금만 이동하여 규격 한쪽(USL 혹은 LSL)에서의 부적합품률이 p_0인 허용 가능한 공정을 가리키며, 이때의 공정평균 μ_0를 APL(Acceptable Process Level)이라고 한다. 공정평균이 허용가능하게 약간 이동하여 아직 공정이 합격 상태인 경우에 대한 공정평균의

불합격 공정

무차별 구역 RPL_U

APL_U

합격 공정

APL_L

무차별 구역

RPL_L

불합격 공정

그림 7.1 공정평균의 합격, 불합격 및 무차별 구역

영역을 그림 7.1과 같이 $[APL_L, APL_U]$라고 표기한다. 불합격 공정은 공정평균이 많이 이동하여 규격 한쪽(USL 혹은 LSL)에서의 부적합품률이 p_1이 된 공정을 칭하며, 이때의 공정평균 μ_1을 RPL(Rejectable Process Level)이라고 한다. 공정평균의 큰 변화에 따라 공정이 불합격 상태일 때 공정평균의 한계를 그림 7.1과 같이 각각 RPL_L, RPL_U으로 표기한다. 그리고 공정에서 합격여부를 판단할 수 없는 영역을 그림 7.1처럼 무차별 구역이라고 한다.

합격판정 관리도에서 공정의 합격 여부를 판단하기 위한 합격관리한계는 합격 공정의 부적합품률 p_0와 합격 수준에서 운영되는 공정을 불합격시키는 위험(α), 그리고 불합격 공정의 부적합품률 p_1과 불합격 수준에서 운영되는 공정을 합격시키는 위험(β)을 동시에 고려하여 설정된다. 합격판정 관리도의 합격관리한계(Acceptance Control Limit: ACL) 중 관리하한선을 $LACL$, 관리상한선을 $UACL$라고 하면, $LACL$은 아래쪽 무차별 구역($RPL_L \sim APL_L$)에서 설정되며, $UACL$는 위쪽 무차별 구역($APL_U \sim RPL_U$)에서 설정된다. 이에 대하여 자세히 살펴보기로 하자.

(1) 합격관리상한선의 설정

공정평균이 규격상한(USL) 쪽으로 어느 정도 이동하더라도 아직 공정이 합격 상태인 경우의 공정평균을 APL_U라고 할 때, 합격 공정의 부적합품률 p_0는

$$p_0 = \Pr(X > USL) = \Pr\left(Z > \frac{USL - APL_U}{\sigma}\right)$$

가 되므로(그림 7.2의 위쪽 참고), 다음 관계가 성립한다.

$$z_{p_0} = \frac{USL - APL_U}{\sigma}$$

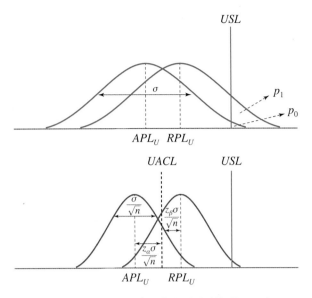

그림 7.2 규격상한(USL)과 관리상한선(UACL)

$$APL_U = USL - z_{p_0}\sigma \tag{7.1}$$

만일 공정평균이 규격상한(USL)쪽으로 근접하여 공정이 불합격 상태인 경우의 공정평균을 RPL_U라고 할 때, 불합격 공정의 부적합품률 p_1는

$$p_1 = \Pr(X > USL) = \Pr\left(Z > \frac{USL - RPL_U}{\sigma}\right)$$

이 되므로(그림 7.2의 위쪽 참고) 다음이 성립한다.

$$z_{p_1} = \frac{USL - RPL_U}{\sigma}$$

$$RPL_U = USL - z_{p_1}\sigma \tag{7.2}$$

부분군의 평균 $\overline{X}$를 이용하여 공정이 합격인지 불합격인지를 판정하기 위한 합격판정 관리도의 합격관리한계(ACL) 설정에 대하여 살펴보자. 합격판정 관리도의 관리상한선이 $UACL$일 때 공정의 합격·불합격을 부분군 평균 $\overline{X}$에 의하여 판정하기 때문에 두 가지 오류가 존재한다. 공정평균이 규격상한(USL)쪽으로 허용 가능하게 약간 이동하여 아직 공정이 합격 상태인 경우, 즉 공정평균이 APL_U이지만 공정을 불합격으로 잘못 판정을 내리는 생산자 위험률인 α가 존재한다. 그리고 공정평균이 규격상한(USL) 쪽으로 많이 이동하여 공정이 불합격 상태인 경우,

즉 공정평균이 RPL_U이지만 합격으로 판정하는 소비자 위험률인 β가 있다. 따라서

$$\alpha = \Pr\left(\overline{X} > UACL \mid \mu = APL_U\right) = \Pr\left(Z > \frac{UACL - APL_U}{\sigma/\sqrt{n}}\right)$$

가 되므로(그림 7.2의 아래쪽 참고), 이로부터 다음이 성립한다.

$$z_\alpha = \frac{UACL - APL_U}{\sigma/\sqrt{n}}$$

$$APL_U = UACL - z_\alpha \sigma/\sqrt{n} \tag{7.3}$$

마찬가지로

$$\beta = \Pr\left(\overline{X} < UACL \mid \mu = RPL_U\right) = \Pr\left(Z < \frac{UACL - RPL_U}{\sigma/\sqrt{n}}\right)$$

이므로(그림 7.2의 아래쪽 참고), 다음 관계를 가진다.

$$-z_\beta = \frac{UACL - RPL_U}{\sigma/\sqrt{n}}$$

$$RPL_U = UACL + z_\beta \sigma/\sqrt{n} \tag{7.4}$$

따라서 식 (7.3)과 (7.4)로부터

$$RPL_U - APL_U = \frac{(z_\alpha + z_\beta)\sigma}{\sqrt{n}}$$

가 되므로 부분군 크기 n은 다음과 같이 설정된다.

$$n = \left[\frac{(z_\alpha + z_\beta)\sigma}{RPL_U - APL_U}\right]^2 \tag{7.5}$$

식 (7.5)를 식 (7.3) 또는 (7.4)에 대입하면 합격판정 관리도의 관리상한선 $UACL$은 다음과 같이 얻어진다.

$$UACL = APL_U + \left(\frac{z_\alpha}{z_\alpha + z_\beta}\right)(RPL_U - APL_U) \tag{7.6}$$

$$또는, \quad UACL = RPL_U - \left(\frac{z_\beta}{z_\alpha + z_\beta}\right)(RPL_U - APL_U) \tag{7.7}$$

(2) 합격관리하한선 설정

공정평균이 규격하한(LSL)쪽으로 어느 정도 이동하더라도 아직 공정이 합격 상태인 경우의 공정평균을 APL_L라고 하고, 공정평균이 규격하한(LSL)쪽으로 많이 이동하여 공정이 불합격 상태인 경우의 공정평균을 RPL_L라고 하면, 부적합품률 p_0, p_1과의 관계에 의하여 다음과 같이 관계식이 주어진다.

$$APL_L = LSL + z_{p_0}\sigma$$
$$RPL_L = LSL + z_{p_1}\sigma$$

합격판정 관리도의 관리하한선을 $LACL$이라고 하면, (1)과 유사한 절차로 다음과 같은 관계식을 구할 수 있다.

$$APL_L = LACL + z_\alpha \sigma / \sqrt{n} \tag{7.8}$$
$$RPL_L = LACL - z_\beta \sigma / \sqrt{n} \tag{7.9}$$

식 (7.8)과 (7.9)로부터

$$APL_L - RPL_L = \frac{(z_\alpha + z_\beta)\sigma}{\sqrt{n}}$$

이므로, n은 식 (7.10)이 된다.

$$n = \left[\frac{(z_\alpha + z_\beta)\sigma}{APL_L - RPL_L}\right]^2 \tag{7.10}$$

식 (7.10)을 식 (7.8) 또는 (7.9)에 대입하면 합격판정 관리도의 관리하한선 $LACL$은 다음과 같이 얻어진다.

$$LACL = APL_L - \left(\frac{z_\alpha}{z_\alpha + z_\beta}\right)(APL_L - RPL_L) \tag{7.11}$$

$$또는, \quad LACL = RPL_L + \left(\frac{z_\beta}{z_\alpha + z_\beta}\right)(APL_L - RPL_L) \tag{7.12}$$

(3) 운영절차

부분군 크기 n을 식 (7.5) 또는 (7.10)으로 정할 경우의 운영절차는 다음과 같다.

① 규격 (LSL, USL)이 주어지고, R(혹은 s) 관리도에 의하여 σ를 산출한다.
② p_0와 p_1을 정한다.
③ APL과 RPL을 계산한다.

$$APL_L = LSL + z_{p_0}\sigma \ , \ APL_U = USL - z_{p_0}\sigma$$
$$RPL_L = LSL + z_{p_1}\sigma \ , \ RPL_U = USL - z_{p_1}\sigma \tag{7.13}$$

④ α와 β를 정한다.
⑤ 부분군 크기 n을 식 (7.5) 또는 (7.10)으로 정한다.
⑥ 합격판정 관리도의 합격관리한계 $UACL$과 $LACL$를 식 (7.6)과 (7.11) 또는 식 (7.7)과 (7.12)에 의해 계산한다.
⑦ 부분군의 평균을 타점하여 공정의 합격여부를 판정한다.

부분군에 따른 품질특성치의 평균을 타점하여 합격판정 관리도의 관리상한 $UACL$ 위에 있거나 관리하한선 $LACL$ 밑에 있으면 해당 공정은 불합격으로 판정한다.

부분군 크기 n이 사전에 주어진 경우(즉, 식 (7.10)과 일치하지 않을 때)는 앞의 경우와는 달리 식 (7.6)과 (7.7) 또는 식 (7.11)과 (7.12)가 일치하지 않으므로 p_0, p_1, α, β 중에서 p_0와 α만 설정하는 다음 소절의 수정된 관리도를 채택할 수 있다. 만일 합격판정 관리도를 사용할 경우는 p_0와 α, β를 먼저 정하고 이에 따라 식 (7.13)에 의해 두 APL를 계산한 후에 식 (7.3)과 식 (7.8)에 의해 $UACL$과 $LACL$을 구한다. 이로부터 다음과 같이 두 RPL이 설정된다.

$$RPL_U = UACL + z_\beta \sigma / \sqrt{n} \ , \ RPL_L = LACL - z_\beta \sigma / \sqrt{n} \tag{7.14}$$

예제 7.1 치수 규격이 $200\text{mm} \pm 0.2\text{mm}$인 기계부품을 제조하는 공정을 고려하자. 대상 공성에 대해 적용된 R 관리도로부터 공정산포의 안정성이 확인되었으며, 공정산포를 추정한 결과 $\sigma = 0.05\text{mm}$이었다. 공정평균이 이동함에 따라 규격을 벗어나는 제품의 비율이 많이 증가하여 불합격 상태가 되었는지를 모니터링하기 위하여 합격판정 관리도를 이용하기로 한다. 이를 위하여 규격을 벗어난 제품의 비율이 0.1% 이하인 공정은 합격으로 하고,

규격을 벗어난 제품의 비율이 1% 이상인 공정은 불합격으로 처리하고자 한다. 그리고 $\alpha = 0.135\%$, $\beta = 10\%$를 적용하며, 품질특성치는 정규분포를 따른다고 가정한다.

(1) APL의 범위와 RPL의 범위를 계산하라.

(2) 부분군 크기 n을 계산하라.

(3) 합격판정 관리도의 합격관리한계를 계산하라.

(1) 규격은 $LSL = 199.8$, $USL = 200.2$가 되며, $p_0 = 0.001$, $p_1 = 0.01$이므로 $z_{p_0} = z_{0.001} = 3.09$, $z_{p_1} = z_{0.01} = 2.33$이 된다. 따라서 APL과 RPL의 범위를 계산하면 다음과 같다.

$$APL_L = LSL + z_{p_0}\sigma = 199.8 + 3.09 \times 0.05 = 199.9545$$
$$APL_U = USL - z_{p_0}\sigma = 200.2 - 3.09 \times 0.05 = 200.0455$$
$$RPL_L = LSL + z_{p_1}\sigma = 199.8 + 2.326 \times 0.05 = 199.9163$$
$$RPL_U = USL - z_{p_1}\sigma = 200.2 - 2.326 \times 0.05 = 200.0837$$

(2) $\alpha = 0.135\%$, $\beta = 10\%$이므로 $z_\alpha = z_{0.00135} = 3.00$, $z_\beta = z_{0.1} = 1.282$가 되어 부분군 크기 n은 다음의 계산된 결과로부터 32개가 된다.

$$n = \left[\frac{(z_\alpha + z_\beta)\sigma}{RPL_U - APL_U}\right]^2 = \left[\frac{(3.00 + 1.282) \times 0.05}{200.0837 - 200.0455}\right]^2 = (5.606)^2 = 31.41$$

(3) 합격판정 관리도의 합격관리한계는 다음과 같이 구해진다.

$$UACL = APL_U + \left(\frac{z_\alpha}{z_\alpha + z_\beta}\right)(RPL_U - APL_U)$$
$$= 200.0455 + \left(\frac{3.00}{3.00 + 1.282}\right)(200.0837 - 200.0455) = 200.0723$$
$$LACL = APL_L - \left(\frac{z_\alpha}{z_\alpha + z_\beta}\right)(APL_L - RPL_L)$$
$$= 199.9545 - \left(\frac{1.282}{3.00 + 1.282}\right)(199.9545 - 199.9163) = 199.9431$$

즉, 부분군 크기 $n = 32$로 부분군을 취하여 데이터를 측정하고 평균값 $\bar{x}$를 계산하여, 이 값이 합격판정 관리도의 합격관리한계(199.9431, 200.0723) 내에 들어가면 해당 공정을 합격으로 판정하고, 벗어나면 불합격으로 판정한다.

7.2.2 수정된 관리도

수정된 관리도(modified control charts)는 공정 규격을 고려하여 대상 공정의 합격 여부를 판단하기 위한 관리도로서 합격 수준에서 운영되는 공정을 불합격시키는 생산자 위험(α)만을 반영한다. 즉, p_0와 α만 고려한 합격 판정 관리도로 볼 수 있다. 따라서 불합격 수준에서 운영되는 공정을 합격시키는 소비자 위험(β)은 고려되지 않으므로, 부분군 크기를 결정하기 위한 공식은 제공되지 않는다.

수정된 합격 판정 관리도의 운영 절차는 다음과 같다.

① 규격(LSL, USL)이 주어지고, R(혹은 s) 관리도에 의하여 σ를 산출한다.
② p_0를 결정한다.
③ APL을 계산한다.

$$APL_U = USL - z_{p_0}\sigma, \qquad APL_L = LSL + z_{p_0}\sigma$$

④ α를 결정한다.
⑤ 수정된 관리도의 합격관리한계를 계산한다.

$$UACL = APL_U + z_\alpha\sigma/\sqrt{n}, \qquad LACL = APL_L - z_\alpha\sigma/\sqrt{n}$$

⑥ 부분군별 평균을 타점하여 공정의 합격/불합격을 판정한다.

부분군별로 평균을 타점하여, 타점이 수정된 관리도의 관리상한선 $UACL$ 위에 있거나 관리하한선 $LACL$ 밑에 있으면 해당 공정은 불합격으로 판정한다.

예제 7.2 $LSL = 10$, $USL = 20$의 규격을 가진 공정에서 공정산포의 안정성이 R 관리도에 의해 확인되었으며, 공정산포는 $\sigma = 1$로, 공정평균은 $\mu = 15$로 추정되었다. 따라서 9장에서 다루는 공정능력지수 $C_p = C_{pk} = 5/3$로 계산되어 5시그마 품질에 도달했다고 볼 수 있으며, 5시그마 품질을 지속적으로 유지하기 위해 수정된 관리도를 사용하기로 하였다. 즉, 장기적으로 공정평균이 $\pm 1.5\sigma$까지의 이동을 허용하면서, 슈하트 관리도에서와 같은 $\alpha = 0.00135$인 수정된 관리도를 사용하고자 한다. 부분군의 크기 $n = 4$인 경우 이 관리도

의 합격관리한계를 구하라.

장기적으로 공정평균이 $\pm 1.5\sigma$까지 이동을 허용하므로 규격상한 USL쪽으로 $+1.5\sigma$의 이동을 가정하면 공정평균은 $\mu' = \mu + 1.5\sigma = 15 + 1.5 \times 1 = 16.5$가 된다. 따라서 $N(16.5,\ 1^2)$인 공정에서 규격상한 USL을 벗어날 비율 p_0는 다음과 같이 계산된다. 여기서 LSL을 벗어날 비율은 거의 0이므로 무시해도 된다.

$$p_0 = \Pr(X > USL) = \Pr(Z > (USL - \mu')/\sigma) = \Pr(Z > (20 - 16.5)/1 = 3.5) = 0.00023$$

따라서 $z_{p_0} = 3.5$이므로 APL의 범위는 다음과 같이 계산되며,

$$APL_U = USL - z_{p_0}\sigma = 20 - 3.5 \times 1 = 16.5, \quad APL_L = LSL + z_{p_0}\sigma = 10 + 3.5 \times 1 = 13.5$$

$z_\alpha = z_{0.00135} = 3.00$이므로 수정된 관리도의 합격관리한계는 다음과 같이 설정된다.

$$UACL = APL_U + z_\alpha \sigma / \sqrt{n} = 16.5 + 3 \times 1 / \sqrt{4} = 18.0$$
$$LACL = APL_L - z_\alpha \sigma / \sqrt{n} = 13.5 - 3 \times 1 / \sqrt{4} = 12.0$$

7.3 | 단기 생산공정 관리도

최근의 생산시스템은 고객의 다양한 요구를 충족시키기 위해 소품종 대량 생산시스템에서 다품종 소량 생산시스템으로 변화하고 있다. 다품종 소량 생산시스템은 로트 크기가 작으며, 단기 생산(short run production) 형태를 나타내며, 한 생산라인에서 여러 모델을 혼합하여 생산하는 혼류생산(mixed-model production) 방식도 포함되는 특징을 가지고 있다. 생산주기가 짧은 제품을 생산할 때에는 단기 생산주기에 적합한 관리도가 필요하다. 이와 같이 단기 생산주기를 갖는 제품을 위한 관리도로 DNOM, 표준화 DNOM, $Z-MR$ 관리도와 더불어 Q 관리도, 작은 부분군일 경우에 $\overline{X}-R$ 관리도의 관리한계선 설정 계수를 보정하는 방법 등이 있으며(Ryan, 2011), 여기서는 비교적 널리 쓰이는 DNOM과 표준화 DNOM, $Z-MR$ 관리도를 살펴본다. 특히 DNOM과 표준화 DNOM 관리도의 사용에 관한 지침은 KS Q ISO 7870-8: 2017(관리도-

제8부: 단기 가동 및 소규모 혼합 뱃치에 대한 작성 기법)로 제정되어 있다.

7.3.1 DNOM 관리도

다수 부품이 짧은 주기로 생산될 때 타점 대상을 개별 관측값에서 공칭값(또는 목표치)을 차감한 편차(Deviation from NOMinal)로 설정하여 $\overline{X}-R$ 관리도에 적용하는 방식으로, 부품 a의 공칭값이 N_a, 이 부품의 i번째 부분군의 j번째 관측값이 O_{ij}일 때 편차는 다음과 같이 계산된다.

$$x_{ij} = O_{ij} - N_a \qquad (7.15)$$

여기서 공칭값이 주어지지 않을 경우는 N_a 대신 부품별 실적치의 평균을 적용할 수도 있다. 그리고 6장에서 학습한 $\overline{X}-R$ 관리도의 $\overline{X}$ 관리도에서는 중심선을 0으로 설정하여 각 부분군의 $\overline{x}_i$을 도시하는데, 또한 공칭값이 주어지지 않거나 이 값이 바람직하지 않을 경우 등은 중심선으로 $\overline{\overline{x}}$을 채택할 수도 있다.

예제 7.3 짧은 주기로 두 부품을 생산하는 공정에서 A부품의 공칭치수는 15.3mm, B부품의 공칭치수는 35.5mm이다. 표 7.1의 데이터로부터 DNOM 관리도를 작성하라.

표 7.1 두 부품 단기 생산공정 데이터

부분군 (i)	부품	O_{ij}				x_{ij}				$\overline{x}_i$	R_i
		O_{i1}	O_{i2}	O_{i3}	O_{i4}	x_{i1}	x_{i2}	x_{i3}	x_{i4}		
1	A	15.3	15.2	15.5	15.4	0.0	−0.1	0.2	0.1	0.05	0.3
2	A	15.2	15.3	15.5	15.2	−0.1	0.0	0.2	−0.1	0.00	0.3
3	A	15.2	15.5	15.4	15.1	−0.1	0.2	0.1	−0.2	0.00	0.4
4	A	15.2	15.3	15.2	15.1	−0.1	0.0	−0.1	−0.2	−0.10	0.2
5	A	15.2	15.2	15.3	15.3	−0.1	−0.1	0.0	0.0	−0.05	0.1
6	A	15.3	15.4	15.2	15.3	0.0	0.1	−0.1	0.0	0.00	0.2
7	B	35.6	35.5	35.6	35.7	0.1	0.0	0.1	0.2	0.10	0.2
8	B	35.6	35.4	35.5	35.7	0.1	−0.1	0.0	0.2	0.05	0.3
9	B	35.4	35.3	35.7	35.4	−0.1	0.2	0.2	−0.1	−0.05	0.4
10	B	35.8	35.4	35.8	35.6	0.3	−0.1	0.3	0.1	0.15	0.4

표 7.1에서 O_{ij}로부터 구한 x_{ij}에서 $\bar{\bar{x}} = 0.015$, $\bar{R} = 0.28$이 되며, 중심선이 0인 $\bar{X} - R$ 관리도를 그리면 그림 7.3과 같이 도시된다. 여기서 $UCL = 0 + A_2\bar{R} = 0.7285(0.28) = 0.2040$, $LCL = -0.2040$이 되는데, 관리도를 두 부품별로 구분 표시할 필요가 있으며 두 관리도 모두 관리상태를 나타내고 있다.

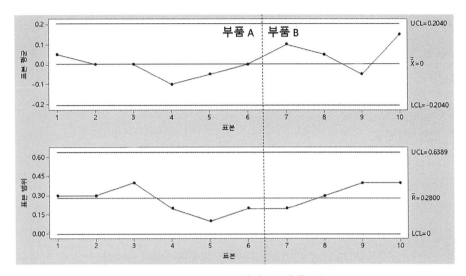

그림 7.3 DNOM 관리도: 예제 7.3

DNOM 관리도에서는 총 20개 정도의 부분군이 수집될 때 관리한계선을 설정할 것을 추천하며, 특히 부분군의 크기가 동일할 때 관리도의 성능이 좋다고 알려져 있다(Montgomery, 2012).

또한 부품별로 공정 표준편차가 근사적으로 동일하다는 가정을 하고 있으므로, 이 가정이 적합하지 않으면 다음 소절의 표준화 DNOM 관리도를 채택해야 한다.

7.3.2 표준화 DNOM 관리도

부품별로 공정 산포가 다를 경우는 부품 a의 i번째 부분군에 관해 식 (7.15)처럼 다음과 같이 부품별로 표준화한 값을 이용하며, 범위도 식 (7.17)과 같이 표준화한다. 여기서 $\overline{O_i}$와 R_i는 부품 a의 i번째 부분군의 평균과 범위이며, $\bar{R}_a$는 부품 a의 평균범위이다.

$$\bar{x}_i^{(S)} = \frac{\overline{O}_i - N_a}{\overline{R}_a} = \frac{\bar{x}_i}{\overline{R}_a} \tag{7.16}$$

$$R_i^{(S)} = \frac{R_i}{\overline{R}_a} \tag{7.17}$$

이를 표준화 DNOM 또는 표준화 $X - R$ 관리도로 부르며, 표준화 X 관리도의 관리한계선은 $LCL = -A_2,\ UCL = A_2$이고 중심선은 0이 된다. 또한 표준화 R 관리도의 관리한계선은 $LCL = D_3,\ UCL = D_4$이고 중심선은 1이 되며, 두 관리도에 부분군별로 $bsrx_i^{(S)}, R_i^{(S)}$를 타점하여 분석할 수 있다(연습문제 7.5 참고).

7.3.3 Z-MR 관리도

단기 생산공정에서 부분군 형식보다 개별 관측값을 얻을 가능성이 높다. 표준화 DNOM 관리도와 유사하지만 개별치에 적용하는 관리도를 Z-MR 관리도로 부른다(Mitra, 2016). 여기서 공정의 공정평균을 모니터링하는 관리도가 Z 관리도이며, 공정산포를 모니터링하는 관리도가 MR 관리도이다. Z 관리도에서는 개별 측정치 x_i 대신에 이를 표준화한 z_i가 타점되며, MR 관리도에서는 z_i의 이동범위 MR_i가 타점된다. z_i를 구하기 위해서는 먼저 부품별로 산포(표준편차)를 추정하는 과정이 필요하다.

(1) Z 관리도

Z 관리도에서의 타점 통계량 z_i은 $\mu_z = 0,\ \sigma_z = 1$이므로, Z 관리도의 중심선 및 3σ 관리한계선은 다음과 같이 설정된다.

$$
\begin{aligned}
UCL_Z &= \mu_z + 3\sigma_z = 3 \\
CL_Z &= \mu_z = 0 \\
LCL_Z &= \mu_z - 3\sigma_z = -3
\end{aligned} \tag{7.18}
$$

단계 II의 관리용 관리도는 부품 j의 평균과 표준편차에 대한 기준값(즉, μ_j와 σ_j)이 주어져 있는 경우에 해당되므로 $z_i = (x_i - \mu_j)/\sigma_j$를 계산하여 타점한다.

부품 평균과 표준편차에 대하여 기준값이 주어져 있지 않은 경우인 단계 I의 해석용 관리도에서는 부품 평균과 표준편차를 수집된 공정 데이터로부터 추정하여야 한다. 부품 평균은 부품별로 데이터 x_i의 평균값을 구하여 추정하며, 표준편차는 부품별 x_i로부터 이동범위를 구하여 추정한다. 이로부터 부품별로 $\hat{\mu}_j$, $\hat{\sigma}_j$를 구하고 $z_i = (x_i - \hat{\mu}_j)/\hat{\sigma}_j$를 계산하여 타점한다.

(2) MR 관리도

단기 생산방식 공정에서 공정산포를 관리하기 위한 MR 관리도에서의 타점 통계량은 z_i의 이동범위 MR_i이다. MR_i의 평균과 표준편차는 각각 $\mu_{MR} = d_2 \sigma_z$, $\sigma_{MR} = d_3 \sigma_z$이고, $\sigma_z = 1$이므로 MR 관리한계선의 중심선 및 3σ 관리한계선은 다음과 같이 설정된다.

$$UCL_{MR} = d_2 + 3d_3 = 1.128 + 3 \times 0.8525 = 3.686$$
$$CL_{MR} = d_2 = 1.128 \qquad\qquad (7.19)$$
$$LCL_{MR} = d_2 - 3d_3 = 1.128 - 3 \times 0.8525 = -1.430 \Rightarrow 0$$

예제 7.4 생산계획에 따라 4종의 부품(A, B, C, D)을 혼류 생산하는 공정이 있다. 이 공정에서 생산 부품이 6번 변경되어 7개 런(run)에 대하여 부품의 중요 치수(단위: mm)를 수집한 결과가 표 7.2와 같다. 이 단기 생산주기를 갖는 공정으로부터 개별치들에 대한 $Z-MR$ 관리도(단계 I의 해석용 관리도)를 작성하여 관리상태를 판정하고자 한다.

(1) 부품별 평균 μ_A, μ_B, μ_C, μ_D를 추정하라.

(2) 부품별 표준편차를 추정하고, 표준화 타점 통계량 z_i를 계산하라. 그리고 $Z-MR$ 관리도를 작성하여 관리상태를 판정하라.

표 7.2 부품 종류별 치수 데이터

런	부품 종류	x_i (부품 치수)	런	부품 종류	x_i (부품 치수)
1	D	5.7	5	C	8.5
1	D	4.7	5	C	7.9
1	D	5.3	5	C	8.7
2	C	8.1	6	A	6.7
2	C	7.7	6	A	6.1
3	D	5.9	6	A	6.3
3	D	5.5	7	C	8.3
4	B	10.5	7	C	8.7
4	B	10.9	7	C	7.7
4	B	10.3	7	C	8.1

(1) 부품별 평균 μ_A, μ_B, μ_C의 추정치는 다음과 같이 계산된다.

$$\hat{\mu}_A = \overline{x}_A = 19.1/3 = 6.3667$$

$$\hat{\mu}_B = \overline{x}_B = 31.7/3 = 10.5667$$

$$\hat{\mu}_C = \overline{x}_C = 73.7/9 = 8.1889$$

$$\hat{\mu}_D = \overline{x}_D = 27.1/5 = 5.42$$

x_i의 평균 이동범위로부터 부품별 표준편차를 추정하면 다음과 같이 계산된다.

$$\hat{\sigma}_A = \frac{\overline{MR}_A}{d_2} = \frac{0.4}{1.128} = 0.3546, \quad \hat{\sigma}_B = \frac{\overline{MR}_B}{d_2} = \frac{0.5}{1.128} = 0.4433,$$

$$\hat{\sigma}_C = \frac{\overline{MR}_C}{d_2} = \frac{0.6}{1.128} = 0.5319, \quad \hat{\sigma}_D = \frac{\overline{MR}_D}{d_2} = \frac{0.65}{1.128} = 0.5762$$

여기서 부품 C를 보면 세 런으로 구분되어 단속적으로 측정되었지만 표준편차는 부품별로 구하므로, x_i의 이동범위는 세 런을 연결하여 산출하고 있음을 확인할 수 있다.

(2) 표준화시킨 타점 통계량 $z_i = (x_i - \hat{\mu}_j)/\hat{\sigma}_j,\ j = A,\ B,\ C,\ D$ 계산결과는 표 7.3에 정리

표 7.3 z_i와 MR_i의 계산

런	부품 종류	x_i	x_i의 이동범위	추정 평균	추정 표준편차	z_i	z_i의 이동범위
1	D	5.7 4.7 5.3	− 1.0 0.6	5.420		0.48591 −1.24948 −0.20825	* 1.73538 1.04123
2	C	8.1 7.7	− 0.4	8.1889		−0.167111 −0.919111	* 0.75200
3	D	5.9 5.5	0.6 0.4	5.420		0.832985 0.138831	* 0.69415
4	B	10.5 10.9 10.3	− 0.4 0.6	10.5667		−0.15040 0.75200 −0.60160	* 0.90240 1.35360
5	C	8.5 7.9 8.7	0.8 0.6 0.8	8.1889		0.584889 −0.543111 0.960889	* 1.12800 1.50400
6	A	6.7 6.1 6.3	− 0.6 0.2	6.3667		0.94000 −0.75200 −0.18800	* 1.69200 0.56400
7	C	8.3 8.7 7.7 8.1	0.4 0.4 1.0 0.4	8.1889		0.208889 0.960889 −0.919111 −0.167111	* 0.75200 1.88000 0.75200

되어 있다. 이로부터 z_i의 MR을 구한 결과도 포함되어 있다. 여기서는 런 순서로 관리도에 도시하므로 각 런의 첫 번째 MR은 구해지지 않는다.

Minitab을 이용하여 부품별 표준편차 방식의 $Z-MR$ 관리도를 작성한 그림 7.4를 보자. MR 관리도에서 벗어난 점이 없으므로 공정산포는 관리상태임을, 또한 Z 관리도에서도 벗어난 점이 없어서 공정평균이 관리상태임을 알 수 있다.

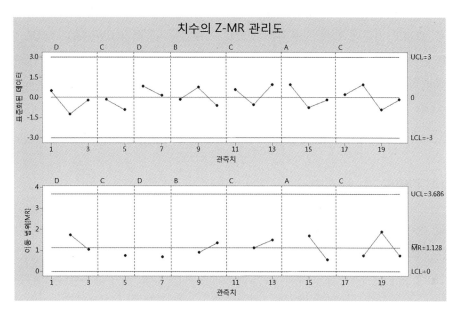

그림 7.4 혼류 공정에 대한 $Z-MR$ 관리도

이 절에서는 동일 부품이면 산포가 런별로도 같은 경우를 다루었다. 이와는 달리 동일 부품이지만 런별로 산포가 달라질 경우, 모든 부품의 산포를 동일하게 간주할 수 있는 경우 등 여러 가지 공정상황에 대한 $Z-MR$ 관리도는 이승훈(2015)을 참고하면 된다.

7.4 │ MA와 EWMA 관리도

공정평균을 관리하기 위한 관리도 가운데 가장 널리 사용되는 $\overline{X}$ 관리도는 가장 최근 부분군에 포함된 정보만을 활용하여, 공정평균의 큰 이동에는 민감하게 반응하지만, 작은 이동(즉,

1.5σ 이하)에는 민감하지 못한 단점이 있다. 이에 따라 $\overline{X}$ 관리도는 단계 II를 모니터링하는 데 유용성이 떨어진다. 슈하트 $\overline{X}$ 관리도의 이런 단점을 보완한 형태로 사용할 수 있는 관리도로 시간가중 관리도가 있다. 시간가중 관리도의 기본적인 아이디어는 해당 부분군에다 이전 부분군까지 반영한 통계량을 타점하는 것으로서, 최근 부분군에 큰 가중치를, 시간이 지날수록 가중치를 작게 주는 방식을 채택하는 경향이 있다. 또한 시간가중 관리도는 슈하트 관리도와 달리 주로 단계 II에 적용되며, 부분군 형식보다 개별치에 적용되는 경우가 많은 편이다.

시간가중 관리도 가운데 널리 사용되는 것으로 지수가중이동평균(EWMA) 관리도 및 누적합(CUSUM) 관리도가 있는데 이들의 특징과 관리도의 작성 및 해석방법에 관하여 전자는 이 절에서, 후자는 다음 절인 7.5절에서 살펴보기로 한다. 먼저 EWMA 관리도도 보다 단순한 형태인 이동평균(MA) 관리도를 다룬다. 한편 MA 관리도의 사용에 관한 지침은 KS Q ISO 7870-5: 2014(관리도-제4부: 특수 관리도)로 제정되어 있다.

7.4.1 MA 관리도

이동평균 관리도를 위한 자료구조는 일반적인 계량형 관리도와 같으며, 부분군의 크기는 1(개별치) 또는 1보다 큰 경우 모두에 적용할 수 있다.

여기서는 각 부분군의 크기는 n으로 동일한 경우를 다루기로 한다. 1부터 t시점까지 부분군들의 평균을 $\overline{x}_1, \overline{x}_2, \cdots, \overline{x}_t$라고 할 때, t시점에서 m_A개 부분군의 이동평균(moving average)은 다음과 같이 정의된다.

$$M_t = \begin{cases} \dfrac{\overline{x}_{t-m_A+1} + \overline{x}_{t-m_A+2} + \cdots + \overline{x}_t}{m_A}, & t \geq m_A \\[3mm] \dfrac{\overline{x}_1 + \cdots + \overline{x}_t}{t}, & t \leq m_A - 1 \end{cases} \tag{7.20}$$

이와 같이 정의된 이동평균 M_t를 타점 통계량으로 사용하여 공정평균을 관리하는 방법을 MA 관리도라고 한다. t시점에서 타점 통계량인 이동평균의 분산은 다음과 같다.

① t가 이동평균의 크기인 m_A 이상일 때($t \geq m_A$): $Var(M_t) = \dfrac{\sigma^2}{nm_A}$ $\tag{7.21}$

② t가 이동평균의 크기인 m_A보다 작을 때($t \leq m_A - 1$): $Var(M_t) = \dfrac{\sigma^2}{nt}$ $\tag{7.22}$

각 경우에, 공정산포 σ는 범위 또는 표준편차를 이용하여 다음과 같이 추정할 수 있다.

$$\hat{\sigma} = \frac{\overline{R}}{d_2} \quad \text{또는} \quad \hat{\sigma} = \frac{\overline{s}}{c_4} \tag{7.23}$$

따라서 3σ에 기초한 MA 관리도의 관리한계선은 다음과 같다.

$$CL = \hat{\mu} = \overline{\overline{x}}$$
$$UCL = \hat{\mu} + 3\sqrt{\widehat{Var(M_t)}} \tag{7.24}$$
$$LCL = \hat{\mu} - 3\sqrt{\widehat{Var(M_t)}}$$

여기서 $\widehat{Var(M_t)}$는 식 (7.21)과 (7.22)에서 σ 대신 추정치인 식 (7.23)을 대입한 분산 추정치이다. 관리한계선의 형태는 처음에는 관리한계의 폭이 넓다가 차츰 줄어들어 t가 m_A에 도달하면 일정하게 된다. 작은 평균의 변화에 대해서는 큰 m_A를 사용하는 것이 효율적이며, 큰 변화에 대해서는 작은 m_A를 사용하는 것이 효율적이다. 그리고 MA 관리도의 검출능력은 m_A이 클수록 증가한다.

예제 7.5 6장에서 언급한 바와 같이 일반적으로 공정평균과 공정산포를 관리하기 위해서는 R 또는 s 관리도를 먼저 그려보는 것이 좋다. 왜냐하면 공정평균 관리도의 관리한계선이 산포에 의존하는데 산포가 관리상태에 있지 않으면 공정평균 관리도의 유용성이 줄어들 뿐만 아니라 해석에 어려움이 따르기 때문이다.

여기서는 표 7.4의 피스톤 링 내경 데이터에 대해 산포의 척도를 범위로 설정하여 부분군별로 계산한 결과가 표 7.4의 마지막 칸에, 이에 따른 R 관리도가 그림 7.5에 수록되어 있다. R 관리도를 보면 공정산포가 관리상태임을 확인할 수 있으므로 다음으로 $m_A = 3$인 MA 관리도를 그려보자.

표 7.5에서 $\overline{\overline{x}} = 74.0013$, $\overline{R} = 0.0221$이 되어 $\hat{\sigma} = 0.0221/2.326 = 0.0095$가 된다. 따라서 중심선과 $t = 1, 2$와 $t \geq 3$일 때 관리한계선은 다음과 같이 구해진다.

$$CL = 74.0013 \quad t = 1: \ UCL = 74.0013 + 3 \times \frac{0.0095}{\sqrt{5(1)}} = 74.0013 + 0.0127 = 74.0140$$
$$LCL = 74.0013 - 0.0127 = 73.9886$$

표 7.4 피스톤 링의 내경 데이터(mm)

부분군	관측치					평균	범위
1	74.030	74.002	74.019	73.992	74.008	74.0102	.038
2	73.995	73.992	74.001	74.001	74.004	73.9986	.012
3	73.998	74.024	74.021	74.005	74.002	74.0100	.026
4	74.002	73.996	73.993	74.015	74.009	74.0030	.022
5	73.992	74.007	74.015	73.989	74.014	74.0034	.026
6	74.009	73.994	73.997	73.985	73.993	73.9956	.024
7	73.995	74.006	73.994	74.000	74.005	74.0000	.012
8	73.985	74.003	73.993	74.015	73.998	73.9988	.030
9	74.008	73.995	74.009	74.005	74.004	74.0042	.014
10	73.998	74.000	73.990	74.007	73.995	73.9980	.017
11	73.994	73.998	73.994	73.995	73.990	73.9942	.008
12	74.004	74.000	74.007	74.000	73.996	74.0014	.011
13	73.983	74.002	73.998	73.997	74.012	73.9984	.029
14	74.006	73.967	73.994	74.000	73.984	73.9902	.039
15	74.012	74.014	73.998	73.999	74.007	74.0060	.016
16	74.000	73.984	74.005	73.998	73.996	73.9966	.021
17	73.994	74.012	73.986	74.005	74.007	74.0008	.026
18	74.006	74.010	74.018	74.003	74.000	74.0074	.018
19	73.984	74.002	74.003	74.005	73.997	73.9982	.021
20	74.000	74.010	74.013	74.020	74.003	74.0092	.020
21	73.988	74.001	74.009	74.005	73.996	73.9998	.021
22	74.004	73.999	73.990	74.006	74.009	74.0016	.019
23	74.010	73.989	73.990	74.009	74.014	74.0024	.025
24	74.015	74.008	73.993	74.000	74.010	74.0052	.022
25	73.982	73.984	73.995	74.017	74.013	73.9982	.035

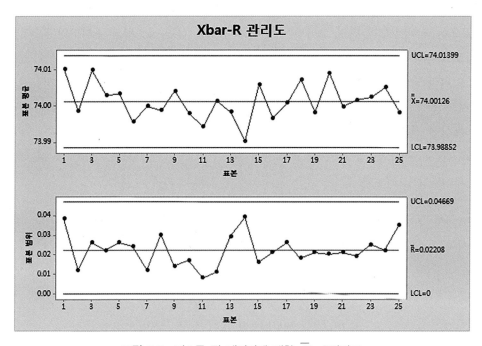

그림 7.5 피스톤 링 데이터에 대한 $\overline{X} - R$관리도

$$t = 2 : \quad UCL = 74.0013 + 3 \times \frac{0.0095}{\sqrt{5(2)}} = 74.0013 + 0.0090 = 74.0103$$

$$LCL = 74.0013 - 0.0090 = 73.9923$$

$$t \geq 3 : \quad UCL = 74.0013 + 3 \times \frac{0.0095}{\sqrt{5(3)}} = 74.0013 + 0.0074 = 74.0087$$

$$LCL = 74.0013 - 0.0074 = 73.9939$$

표 7.5 MA 관리도의 타점 통계량

부분군	타점 통계량	부분군	타점 통계량
1	74.0102	14	73.9967
2	74.0044	15	73.9982
3	74.0063	16	73.9976
4	74.0039	17	74.0011
5	74.0055	18	74.0016
6	74.0007	19	74.0021
7	73.9997	20	74.0049
8	73.9981	21	74.0024
9	74.0010	22	74.0035
10	74.0003	23	74.0013
11	73.9988	24	74.0031
12	73.9979	25	74.0019
13	73.9980		

또한 부분군 1, 2, 3, 4일 경우의 M_t는 74.0102, 74.0044((74.0102 + 73.9986)/2), 74.0063((74.0102 + 73.9986 + 74.0100)/3,   74.0039(73.9986 + 74.0109 + 74.0030)/3가 되며, 이들이 표 7.5에 정리되어 있다. 이로부터 작성한 MA 관리도를 그림 7.6에서 볼 수 있다.

한편 그림 7.5의 $\overline{X}$ 관리도에서는 공정 데이터가 별다른 이상상태를 보이지 않았으나 그림 7.6의 MA 관리도에서는 관리한계선을 벗어나는 점은 없으나 런의 길이(부분군 6~16까지 11개가 중심선 밑에)가 큰 것이 나타나고, 공정평균이 서서히 감소하다 증가하는 패턴이 뚜렷하게 드러났다. 따라서 MA 관리도를 독립적으로 사용하기보다는 $\overline{X}$ 관리도와 병행하여 사용하면 공정을 진단하는 데 더욱 도움이 될 것이다.

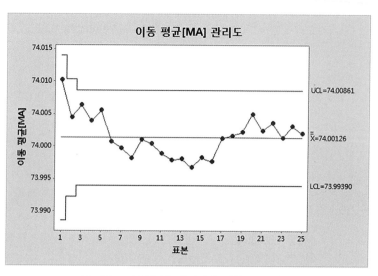

그림 7.6 피스톤 링 데이터에 대한 MA 관리도

7.4.2 EWMA 관리도

전 소절에서 설명한 MA 관리도에서는 w개의 한정된 부분군에 동일한 가중치를 부여하여 이동평균을 구하고 이들 이동평균을 타점 통계량으로 사용하고 있다. 이에 반해 이전 모든 부분군의 데이터를 활용하면서 최근 데이터에 더 큰 가중치를 부여하는 가중이동평균을 구하고 이를 타점 통계량으로 사용하는 방법을 이용한 관리도를 지수가중이동평균(exponentially weighted moving average) 관리도라고 하며, 보통 EWMA 관리도라고도 한다. 또한 Roberts(1959)에 의해 최초 소개된 EWMA 관리도는 가중치의 형태를 감안하여 기하이동평균(geometric moving average) 관리도라고도 부른다.

시점 t까지의 부분군의 평균인 $\bar{x}_1$, $\bar{x}_2$, $\cdots$, $\bar{x}_t$가 주어질 때, EWMA 관리도의 EWMA E_t는 다음과 같다.

$$E_t = \lambda \bar{x}_t + (1 - \lambda)E_{t-1}, \quad 0 < \lambda \leq 1 \tag{7.25}$$

시점 t에서 E_t를 전개하면 다음과 같이 되어, 최근 값에 큰 가중치를 주며 그림 7.7과 같이 λ가 클수록 가중치의 감소속도가 빨라지며, λ가 0.1 이하가 되면 거의 동등한 가중치를 부여한 셈이 된다.

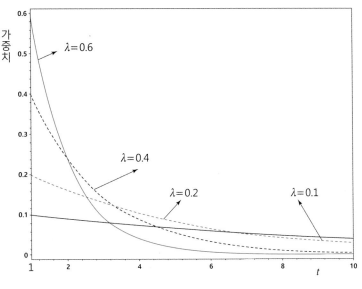

그림 7.7 λ에 따른 부분군의 가중치

$$E_t = \lambda \overline{x}_t + (1-\lambda)(\lambda \overline{x}_{t-1} + (1-\lambda)E_{t-2}) = \lambda \overline{x}_t + \lambda(1-\lambda)\overline{x}_{t-1} + (1-\lambda)^2 E_{t-2}$$

$$= \lambda \overline{x}_t + \lambda(1-\lambda)\overline{x}_{t-1} + \lambda(1-\lambda)^2 \overline{x}_{t-2} + \cdots + \lambda(1-\lambda)^{t-1}\overline{x}_1 + (1-\lambda)^t E_0$$

$$= \sum_{j=0}^{t-1} \lambda(1-\lambda)^j \overline{x}_{t-1} + (1-\lambda)^t E_0$$

여기서 가중치의 합은 $\sum_{j=0}^{t-1} \lambda(1-\lambda)^j + (1-\lambda)^t = 1$이 되며, E_0는 모평균이 알려져 있는 경우이면 그 평균 μ_0, 추정되면 $\overline{\overline{x}}$로 설정된다.

타점 통계량 E_t의 분산 $Var(E_t)$는 다음과 같이 계산된다. 따라서 t가 커지면 $\sigma^2 \lambda / [n(2-\lambda)]$로 수렴한다.

$$Var(E_t) = \lambda^2 \sum_{j=0}^{t-1} (1-\lambda)^{2j} \frac{\sigma^2}{n} = \frac{\sigma^2}{n} \frac{\lambda}{2-\lambda}[1-(1-\lambda)^{2t}] \tag{7.26}$$

t가 어느 수준 이상 커지면 관리한계선은 다음과 같이 설정할 수 있다. t가 작을 때는 식 (7.26)의 제곱근의 추정치를 식 (7.27)에 대입한다.

$$UCL = \hat{\mu} + 3\frac{\hat{\sigma}}{\sqrt{n}}\sqrt{\frac{\lambda}{2-\lambda}}$$

$$CL = \hat{\mu} = \overline{\overline{x}} \tag{7.27}$$

$$LCL = \hat{\mu} - 3\frac{\hat{\sigma}}{\sqrt{n}}\sqrt{\frac{\lambda}{2-\lambda}}$$

따라서 그림 7.8처럼 두 관리한계 폭이 t가 커짐에 따라 점점 커지다가 식 (7.27)로 수렴한다. 여기서 공정산포의 추정치인 $\hat{\sigma}$는 MA 관리도에서와 마찬가지로 범위 또는 표준편차를 이용한 다음의 추정치를 이용한다.

$$\hat{\sigma} = \frac{\overline{R}}{d_2} \quad \text{또는} \quad \hat{\sigma} = \frac{\overline{s}}{c_4}$$

식 (7.25)와 (7.26)에서 $\lambda = 1$이면 EWMA 관리도는 $\overline{\overline{X}}$관리도와 같아지며, λ의 값이 작으면 (크면) 공정평균의 작은(큰) 이동을 보다 더 민감하게 탐지할 수 있다.

예제 7.6 표 7.4의 피스톤 링의 내경 데이터를 이용하여 $\lambda = 0.1$인 EWMA 관리도를 작성해보자. 이 표에서 $\overline{\overline{x}} = 74.0013$, $\overline{R} = 0.0221$이 되어 $\hat{\sigma} = 0.0221/2.326 = 0.0095$가 된다. MA 관리도처럼 EWMA 관리도에 대한 타점 통계량을 구해보면 표 7.6과 같다. 참고로 1번째와 11번째 데이터에 대한 타점 통계량, (근사)관리한계선은 다음과 같이 구해진다.

$$E_1 = 0.1(74.0102) + 0.9(74.0013) = 74.0022$$

$$UCL_1 = 74.0013 + 3\frac{0.0095}{\sqrt{5}}\sqrt{\frac{0.1}{2-0.1}(1-0.9^2)} = 74.0013 + 0.0013 = 74.0026$$

$$LCL_1 = 74.0013 - 3\frac{0.0095}{\sqrt{5}}\sqrt{\frac{0.1}{2-0.1}(1-0.9^2)} = 74.0013 - 0.0013 = 74.0000$$

$$E_{11} = 0.1(73.9942) + 0.9(74.0014) = 74.0007$$

$$UCL_{11} = 74.0013 + 3\frac{0.0095}{\sqrt{5}}\sqrt{\frac{0.1}{2-0.1}(1-0.9^{22})} = 74.0013 + 0.0028 = 74.0041$$

$$\approx 74.0013 + 3\frac{0.0095}{\sqrt{5}}\sqrt{\frac{0.1}{2-0.1}} = 74.0013 + 0.0029 = 74.0042$$

$$LCL_{11} = 74.0013 - 3\frac{0.0095}{\sqrt{5}}\sqrt{\frac{0.1}{2-0.1}(1-0.9^{22})} = 74.0013 - 0.0028 = 73.9985$$

$$\approx 74.0013 - 0.0029 = 73.9984$$

표 7.6 EWMA 관리도의 타점 통계량 및 관리한계선

부분군	타점 통계량	중심선	관리하한선	관리상한선
1	74.0022	74.0013	74.0000	74.0025
2	74.0018	74.0013	73.9995	74.0030
3	74.0026	74.0013	73.9992	74.0033
4	74.0027	74.0013	73.9990	74.0035
5	74.0027	74.0013	73.9989	74.0036
6	74.0020	74.0013	73.9988	74.0038
7	74.0018	74.0013	73.9987	74.0039
8	74.0015	74.0013	73.9986	74.0039
9	74.0018	74.0013	73.9985	74.0040
10	74.0014	74.0013	73.9985	74.0040
11	74.0007	74.0013	73.9984	74.0041
12	74.0008	74.0013	73.9984	74.0041
13	74.0005	74.0013	73.9984	74.0041
14	73.9995	74.0013	73.9984	74.0041
15	74.0001	74.0013	73.9984	74.0041
16	73.9998	74.0013	73.9984	74.0042
17	73.9999	74.0013	73.9983	74.0042
18	74.0006	74.0013	73.9983	74.0042
19	74.0004	74.0013	73.9983	74.0042
20	74.0013	74.0013	73.9983	74.0042
21	74.0011	74.0013	73.9983	74.0042
22	74.0012	74.0013	73.9983	74.0042
23	74.0013	74.0013	73.9983	74.0042
24	74.0017	74.0013	73.9983	74.0042
25	74.0013	74.0013	73.9983	74.0042

Minitab으로 도시한 EWMA 관리도를 그림 7.8에서 확인할 수 있다. 이를 보면 공정이 관리상태하에 있음을 알 수 있다.

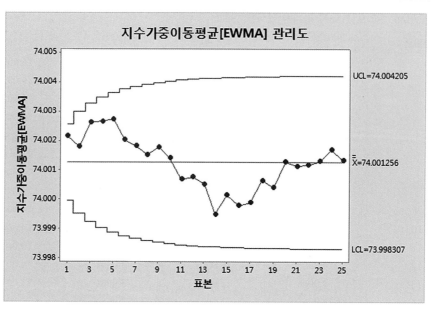

그림 7.8 피스톤 링의 내경 데이터에 대한 EWMA 관리도

(1) EWMA 관리도의 설계

EWMA 관리도의 설계에 관해서는 관리한계에서 사용되는 표준편차의 배수 L과 λ가 주어졌을 때 평균의 변화에 따라 이를 탐지할 때까지 ARL과의 관계를 사용하여 설계를 할 수 있다 (Lucas and Saccucci, 1990). 보통 $0.05 \leq \lambda \leq 0.25$이면 EWMA 관리도의 성능이 우수하다고 알려져 있으며, $\lambda = 0.05, 0.1, 0.2$가 주로 채택된다. 전술한 바와 같이 작은(큰) 공정 평균의 지속적 이동에는 작은(큰) λ가 우수하므로, 큰 λ에는 관리한계 계수로 식 (7.27)의 3이 쓰이나 작은 λ(즉, $\lambda \leq 0.1$)에는 3보다는 2.6~2.8의 값을 추천하고 있다. 이런 방식으로 EWMA 관리도를 설계하면 다음 절의 CUSUM 관리도와 유사한 성능을 가진다고 보고하고 있다. 이에 대한 자세한 논의는 Qiu(2014)를 참고하면 된다.

(2) 결합 슈하트-EWMA 관리도

EWMA 관리도는 개별치일 때도 슈하트 관리도와 달리 정규분포의 이탈 정도가 심하지 않으면 상당히 강건(robust)하다고 알려져 있으며, 작은 공정평균 변화에 대한 민감도가 높지만 큰 공정평균 변화에 민감하지 못한 단점이 있다. 이런 단점을 해소하기 위해 슈하트 관리도와 EWMA 관리도를 결합하여 운영하는 방안을 채택할 수 있다. 특히 $\bar{x}_t$, E_t를 하나의 관리도에 타점하여 관리하는 방식이 더욱 유용하다. 결합 슈하트-EWMA 관리도를 사용 시 슈하트 관리도의 관리한계 계수는 3보다 약간 큰 값(즉, 3.25 또는 3.5)을 추천하고 있다(Montgomery, 2012).

(3) 공정산포용 EWMA 관리도

공정산포용 EWMA 관리도는 여러 가지가 개발되었지만 활용도는 높지 않은 편이다. 이 중에서 MacGregor and Harris(1993)는 개별치일 때 다음과 같은 지수가중평균제곱오차(Exponentially Weighted Mean Square Error: EWMS) 통계량을 제안하였다.

$$E_t^2 = \lambda(x_t - \mu)^2 + (1 - \lambda)E_{t-1}^2 \tag{7.28}$$

그들은 x_t들이 정규분포를 따르며 독립일 때, t가 커지면 E_t의 기댓값은 σ^2이 되며 E_t^2/σ^2은 근사적으로 자유도(ν)가 $(2 - \lambda)/\lambda$인 χ^2분포가 됨을 보였다.

이에 따라 σ_0가 공정의 관리상태 또는 목표 표준편차일 때 다음과 같은 관리한계를 가지는 EWMS의 제곱근(Exponentially Weighted Root Mean Square: EWRMS) 관리도를 제안하였다.

$$UCL = \sigma_0 \sqrt{\frac{\chi_{(\nu, \alpha/2)}^2}{\nu}}$$

$$UCL = \sigma_0 \sqrt{\frac{\chi_{(\nu, 1-(\alpha/2))}^2}{\nu}}$$

EWMS 통계량은 공정 표준편차와 더불어 공정평균에도 민감하므로 여러 대안들이 제안되어 있다(Ryan, 2011).

한편 u관리도의 대안으로 포아송 분포를 따를 경우의 계수형 EWMA 관리도 등도 개발되어 있으며, 이들 EWMA 관리도의 사용에 관한 지침은 KS Q ISO 7870-6: 2016(관리도-제6부: EWMA 관리도)으로 제정되어 있다.

7.5 | CUSUM 관리도

6장에서 소개된 슈하트 관리도는 중심선과 한 쌍의 관리한계선으로 관리도가 구성되어 이해하기 쉽고 적용하기 간편한 장점이 있다. 그러나 $\overline{X}$ 관리도와 같이 현재의 관측값만 사용할 경우에는 공정의 미세한 변화 또는 점진적인 변화를 탐지하는 데 효과적이지 못하다. 이와 같은 단점을 보완하기 위해 전 절에서 설명한 EWMA와 같은 시간가중 관리도가 대안으로 제안되었다.

공정평균의 작은 이동(즉, $0.5 \sim 2\sigma_{\overline{X}}$)에 슈하트 관리도보다 민감하게 반응하는 관리도로서, 과거의 데이터에 대한 누적합을 구하고 이 누적합을 이용하여 공정을 관리하는 방식의 시간가중 관리도를 CUSUM(CUmulative SUM) 관리도라 한다. Page(1954)가 최초 제안한 CUSUM 관리도는 같은 시간가중 관리도 범주에 속하는 EWMA 관리도와 같이 공정의 관리여부 파악이나 관리상태로 회복시키는 도구로서 효과적이므로 단계 II에 주로 쓰인다. 또한 개별치($n = 1$)이더라도 슈하트 관리도보다 공정의 이동 파악이 용이한 장점을 가지고 있어 EWMA 관리도와 유사한 특징을 가지고 있다. EWMA 관리도에서는 과거 데이터에 대한 가중치가 기하학적으로 감소하는 반면 CUSUM 관리도는 동일한 가중치를 부여한다. 또한 CUSUM 관리도는 축차확률비 검정(SPRT)에 기반한 모평균의 검정에 관한 통계적 최적성을 가지고 있지만, 관리한계선이 슈하트 관리도와 유사한 EWMA 관리도보다 이해도와 실시 용이성이 떨어지는 약점이 있다.

CUSUM 관리도의 사용에 관한 지침은 KS Q ISO 7870-4: 2021(관리도-제4부: 누적합 관리도)로 제정되어 있다. KS Q ISO 7870-4에서는 공정평균을 모니터링하기 위한 CUSUM 관리도, 공정산포를 모니터링하기 위한 CUSUM 관리도, 이산형 데이터(포아송 데이터, 이항 데이터)에 대한 CUSUM 관리도에 대한 절차를 제공하고 있다. 본서에서는 공정평균을 모니터링하기 위한 CUSUM 관리도와 함께 공정산포를 모니터링하기 위한 CUSUM 관리도를 살펴보기로 한다.

먼저 다음 예를 대상으로 누적합 통계량의 도시를 통해 민감도와 탐지력 측면에서 장점을 확인해보자.

예제 7.7 표 7.7의 데이터는 1~20번까지는 평균이 7.5이고 표준편차가 0.1인 정규분포로부터 난수를 생성한 것이며, 21~30번까지는 평균만 7.6으로 이동시켜 난수를 생성한 것이다. 편의상 부분군의 크기를 1로 하고, 이 데이터에 대해 개별치 관리도와 누적합 통계량($C_i = \sum_{j=1}^{i}(x_j - 7.5)$)을 시간 순으로 그려서 차이점을 보자. 그림 7.9에서 볼 수 있듯 전자는 공정이동이 변화하였다는 것을 바로 탐지하기가 어렵지만, 누적합 통계량의 시계열도인 그림 7.10을 보면 공정평균의 상승을 쉽게 파악할 수 있다.

표 7.7 난수 발생 데이터

번호	x_i	누적합	번호	x_i	누적합	번호	x_i	누적합
1	7.318	−0.182	11	7.492	0.131	21	7.613	−0.035
2	7.413	−0.269	12	7.396	0.027	22	7.660	0.125
3	7.554	−0.215	13	7.457	−0.016	23	7.493	0.118
4	7.532	−0.183	14	7.490	−0.026	24	7.718	0.336
5	7.405	−0.278	15	7.531	0.005	25	7.585	0.421
6	7.590	−0.188	16	7.453	−0.042	26	7.682	0.603
7	7.642	−0.046	17	7.573	0.031	27	7.610	0.713
8	7.540	−0.006	18	7.435	−0.034	28	7.605	0.818
9	7.662	0.156	19	7.374	−0.160	29	7.616	0.934
10	7.483	0.139	20	7.512	−0.148	30	7.728	1.162

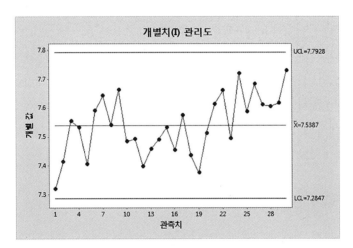

그림 7.9 개별치(I) 관리도: 예제 7.7

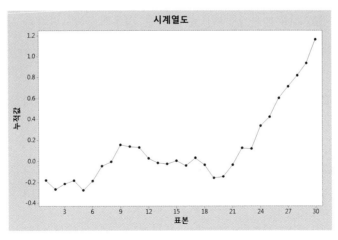

그림 7.10 누적합 통계량에 관한 시계열도: 예제 7.7

한편 CUSUM 관리도의 운영절차로 V-마스크와 표 형식(또는 의사결정 구간(decision interval) 형식으로 칭함)의 절차가 사용되나, V-마스크는 실제 상황에서 유용하게 사용할 수 있는 급속 초기반응(fast initial response)을 사용할 수가 없고, 때로 작성과 해석에 어려움이 있어 최근 들어서는 이를 채택하는 경우가 드문 편이다. 이 절에서는 표 형식에 대해 자세하게 다루며, 1959년 Barnard에 개발된 V-마스크는 간략하게 기술한다. 그리고 운영방식으로는 단측과 양측 CUSUM 관리도로 구별할 수 있는데, 단측의 상측(하측) 관리도는 공정수준의 상향(하향) 이동을 탐지하며 양측 관리도는 상향과 하향 이동을 모두 탐지한다. 주로 양측 CUSUM 관리도를 대상으로 기술하며 단측일 경우는 차이점만 설명한다.

7.5.1 표 형식 절차

기본적인 절차는 부분군으로 나누어진 경우와 개별치로 이루어진 경우가 동일하므로, 여기서는 부분군으로 형성된 자료구조에 기반하여 설명하고자 한다. 타점 통계량이 개별치로 형성된 경우는 부분군일 경우에서 $n=1$로 간주하면 된다.

CUSUM 관리도에서 μ_0가 공정평균의 목표치(target value)일 때 누적합 타점 통계량은 상측용과 하측용을 다음과 같이 따로 계산하게 된다.

(1) 상측 누적합 타점 통계량: $C_i^+ = \max\left\{0, C_{i-1}^+ + (\bar{x}_i - \mu_0) - K\right\}$ 단, $C_0^+ = 0$
(2) 하측 누적합 타점 통계량: $C_i^- = \max\left\{0, C_{i-1}^- + (\mu_0 - \bar{x}_i) - K\right\}$ 단, $C_0^- = 0$

즉, C_i^+, C_i^-는 목표치에 대한 편차가 K보다 큰 경우의 값을 편차를 누적한 값으로 음수가 되면 0으로 재설정된다. 여기서 K는 참조값(reference value) 또는 허용 여유값(allowance slack)으로서 검출을 원하는 공정평균 $\mu_1 = \mu_0 + \delta\sigma_{\bar{x}}$(여기서 $\delta = |\mu_1 - \mu_0|/\sigma_{\bar{x}}$)와 목표치 간의 간격 절반을 나타내는 다음 값이 통상 사용된다. 따라서 k는 $\delta/2$가 된다.

$$K = k\sigma_{\bar{x}} = \frac{\delta}{2}\frac{\sigma}{\sqrt{n}} = \frac{(\mu_1 - \mu_0)}{2} \tag{7.29}$$

C_i^-를 Minitab처럼 음수값으로 바꾸어 하측에 도시하면, 관리선의 설정은 다음과 같다.

$$UCL = H = h\frac{\sigma}{\sqrt{n}}$$

$$CL = 0 \tag{7.30}$$

$$LCL = -H = -h\frac{\sigma}{\sqrt{n}}$$

여기서 H는 의사결정 구간값으로 칭하며, h는 통상 4 또는 5를 주로 사용한다. h의 값은 관리도의 민감도를 결정하는 값으로서 작은 값을 사용하면 민감도가 높아져서 관리이탈을 용이하게 탐지해내는 능력은 높아지나, 상대적으로 제1종 오류를 범할 확률이 높아지는 단점이 있다. 이를 설정하는 방법은 다음 소절에서 자세하게 다룬다.

그리고 단측 CUSUM 관리도를 적용할 상황이면 C_i^+, C_i^- 중에서 하나를 채택하여 UCL만 설정하여 적용하면 된다.

예제 7.8 제약공정에서 약품 핵심성분의 함량이 중요한 품질특성치이다. 크기 4로 공정에서 추출한 15개 부분군의 표본 평균이 표 7.8에 정리되어 있다. 목표치는 15.1%이며, 과거 실적자료로부터 표준편차는 0.75%로 추정되었다. μ_1이 15.1%에서 상측(하측)으로 $1\sigma_{\bar{x}}$ ($-1\sigma_{\bar{x}}$)만큼 이동할 때로 설정하고 $K = \frac{1}{2}\left(\frac{0.75}{\sqrt{4}}\right) = 0.1875$로 정하여 CUSUM 관리도를 도시하라.

CUSUM 관리도를 작성하기 위하여 먼저 각 부분군(또는 개별치)까지의 누적합을 구해야 한다. 표 7.8에 나타난 누적합은 다음과 같은 방식으로 구한 것이다.

$$C_0^+ = 0, \ C_0^{-1} = 0$$

$$C_1^+ = \max\{0, 0 + (14.1 - 15.1) - 0.1875\} = 0,$$

$$C_1^- = \max\{0, 0 + (15.1 - 14.1) - 0.1875\} = 0.8125$$

$$C_2^+ = \max\{0, \ 0 + (14.6 - 15.1) - 0.1875\} = 0,$$

$$C_2^- = \max\{0, \ 0.8125 + (15.1 - 14.6) - 0.1875\} = 1.125$$

표 7.8 제약공정 핵심성분 함량과 누적합 통계량 계산

부분군(i)	$\overline{x}_i$	$\overline{x}_i - 15.1$	C_i^+	N^+	$15.1 - \overline{x}_i$	C_i^-	N^-
1	14.1	−1.0	0.0000	0	1.0	0.8125	1
2	14.6	−0.5	0.0000	0	0.5	1.1250	2
3	15.2	0.1	0.0000	0	−0.1	0.8375	3
4	15.4	0.3	0.1125	1	−0.3	0.3500	4
5	16.1	1.0	0.9250	2	−1.0	0.0000	0
6	14.5	−0.6	0.1375	3	0.6	0.4125	1
7	15.6	0.5	0.4500	4	−0.5	0.0000	0
8	14.0	−1.1	0.0000	0	1.1	0.9125	1
9	15.0	−0.1	0.0000	0	0.1	0.8250	2
10	14.9	−0.2	0.0000	0	0.2	0.8375	3
11	15.5	0.4	0.2125	1	−0.4	0.2500	4
12	16.4	1.3	1.3250	2	−1.3	0.0000	0
13	15.3	0.2	1.3375	3	−0.2	0.0000	0
14	15.5	0.4	1.5500	4	−0.4	0.0000	0
15	15.2	0.1	1.4625	5	−0.1	0.0000	0

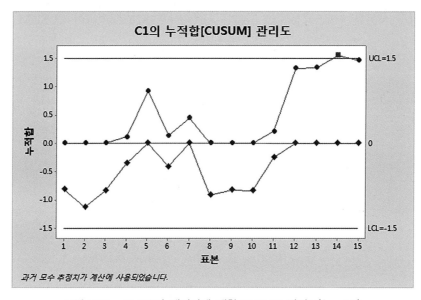

그림 7.11 표 7.8의 데이터에 대한 CUSUM 관리도($h = 4.0$)

h를 4로 설정히여 도시한 CUSUM 관리도(Minitab은 C_i^-를 음수값으로 바꾸어(즉, $-C_i^-$로) 하측에 도시하고 있음)가 그림 7.11이다. 이를 보면 14번째 점에서 상측 관리한계선을 벗어남을 알 수 있다.

한편 CUSUM 관리도에서 이상상태 신호가 발생되면 이상원인을 찾아 시정조치를 취하고

CUSUM 통계량을 0으로 재설정하여 적용한다. 이 경우 C_i^+(C_i^-)가 연속적으로 양수인 기간수를 나타내는 계수값 N^+(N^-)로 정의할 때 다음과 같이 이동된 공정평균의 추정치를 구할 수 있다.

$$\hat{\mu} = \begin{cases} \mu_0 + K + \dfrac{C_i^+}{N^+} & C_i^+ > H \\[2mm] \mu_0 - K - \dfrac{C_i^-}{N^-} & C_i^- > H \end{cases} \tag{7.31}$$

이를 상기 예제에 적용하면 표 7.8에서 14번째의 N^+가 4이므로 공정평균이 다음과 같이 추정된다.

$$\hat{\mu} = \mu_0 + K + \frac{C_i^+}{N^+} = 15.1 + 0.1875 + \frac{1.5500}{4} = 15.675$$

---

(1) 급속 초기반응

Lucas and Croiser(1982)에 의해 제안된 급속 초기반응(Fast Initial Response: FIR 또는 headstart; 빠른 출발)은 공정 설정을 (재)시작할 때 공정평균이 목표치와 일치하지 못할 경우에 CUSUM 관리도의 검출력을 제고할 수 있는 방법으로 알려져 있다. 즉, C_0^+와 C_0^-을 0으로 정하지 않고 0이 아닌 값을 부여하는 방법으로, 보통 $H/2$로 부여한다. 이를 50% 빠른 출발로 부른다.

예제 7.9 예제 7.7의 20~30번째 데이터에 대해 FIR를 적용하지 않은 CUSUM 관리도와 50% 빠른 출발을 적용한 CUSUM 관리도가 도시되어 있다. 이를 보면 FIR을 적용하면 이상상태 검출이 빨라짐(7번째에서 5번째 부분군으로)을 알 수 있다.

즉, $\mu_0 = 7.5$, $K = 0.1/2 = 0.05$, $H = 4(0.1) = 0.4$, $C_0^+ = C_0^- = H/2 = 0.2$로 설정한 CUSUM 관리도가 되므로, 타점 통계량은 다음과 같은 방식으로 계산된다.

$$i = 20;\ C_1^+ = \max\{0, 0.2 + (7.512 - 7.5) - 0.05\} = 0.162$$
$$C_1^- = \max\{0, 0.2 + (7.5 - 7.512) - 0.05\} = 0.138$$

$$i = 21;\ C_2^+ = \max\{0, 0.162 + (7.613 - 7.5) - 0.05\} = 0.225$$
$$C_2^- = \max\{0, 0.138 + (7.5 - 7.613) - 0.05\} = 0$$

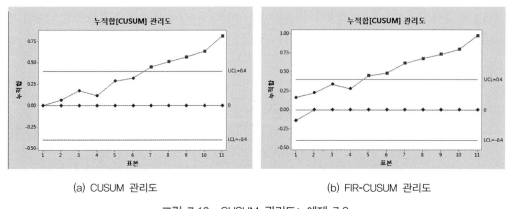

(a) CUSUM 관리도　　　　　　　　　　　(b) FIR-CUSUM 관리도

그림 7.12　CUSUM 관리도: 예제 7.9

(2) 결합 슈하트-CUSUM 관리도

CUSUM 관리도는 EWMA 관리도처럼 작은 공정평균 변화에 대한 민감도가 높지만 큰 공정 평균 변화에 민감하지 못한 단점이 있다. 이런 단점을 해소하기 위해 슈하트 관리도와 CUSUM 관리도를 결합하여 운영하는 방안을 채택할 수 있다. 결합 슈하트-CUSUM 관리도를 사용 시 슈하트 관리도의 관리한계 계수를 3.5로 설정할 것을 추천하고 있다(Montgomery, 2012).

7.5.2 V-마스크 절차

CUSUM 관리도에서 그림 7.13과 같은 V-마스크를 이용하여 공정변화를 탐지할 수 있다. $\overline{X}$ 관리도에서 관리상한선과 하한선을 설정하여 공정의 이상 유무를 판단하는 것과 마찬가지로, CUSUM 관리도에서는 V자 형태의 마스크가 관리한계선의 역할을 하며, 누적합 $C_i = \sum_{j=1}^{i} (\overline{x}_j - \mu_0)$ $= C_{i-1} + (\overline{x}_i - T_0)$을 타점한 결과 V-마스크를 벗어나면 공정에 이상이 있다고 판단하는 방식이다.

그림 7.13에서 d는 준거점 O와 초점 P까지의 거리를 나타내며, θ는 직선 OP와 V-마스크의 위쪽 또는 아래쪽 선분과의 각을 나타낸다. θ의 값이 커지면 탐지력이 떨어지게 되고, 마찬가지 로 d의 길이가 커지면 관리도의 민감도가 떨어지게 된다. V-마스크의 일반적인 설계 원리는 다음과 같다.

$$\theta = \tan\left(\frac{\delta}{2A}\right) \tag{7.32}$$

$$d = \frac{2}{\delta^2}\ln\left(\frac{1-\beta}{\alpha/2}\right)$$

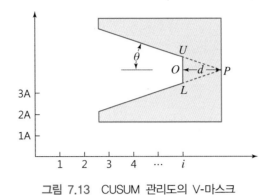

그림 7.13 CUSUM 관리도의 V-마스크

(여기서, $\sigma_{\bar{x}}$: 부분군의 산포($\sigma/\sqrt{n}$)

α: 가설 $\mu = \mu_0$에 대한 제1종의 오류를 범할 확률

β: 공정평균 이동 크기 $\delta = |\mu_1 - \mu_0|/\sigma_{\bar{x}}$를 탐지 못할 제2종 오류를 범할 확률

A: $\dfrac{\text{세로축의 한 눈금간격}}{\text{가로축의 한 눈금간격}}$)

따라서 다음 조건을 만족하면 표 형식과 V-마스크 절차는 동등하다(Ryan, 2011).

$$k = A\tan\theta$$

$$h = Ad\tan\theta = dk$$

CUSUM 관리도에서는 V-마스크를 순서대로 뒤로 이동하면서 마스크를 벗어나는 점이 있는 지를 검사하게 된다. 그림 7.14는 예제 7.7에서 마지막 부분군을 준거점으로 설정할 때 V-마스크 방식 CUSUM 관리도에서 V 마스크를 이용하여 $C_i = \sum_{j=1}^{i}(x_j - 7.5)$를 타점한 CUSUM 관리도이다. 이를 보면 25번째 점이 최초로(준거점 O로부터 역으로 타점하므로) 마스크를 벗어난다. 일반적으로 CUSUM 관리도를 해석할 때, 마스크를 벗어나는 점이 생길 때는 두 가지의 경우로 나눌 수 있다. 예와 같이 아래쪽으로 벗어나면 공정평균이 증가, 위쪽으로 벗어나면 공정평균이 감소하는 경우로 볼 수 있다.

Montgomery(2012)는 실용적 측면에서 상당히 유용한 7.5.1절의 급속 초기반응의 실행 불가능, V-마스크 채택 시 후진적 전개범위 선택과 해석의 어려움 발생, α, β의 설정 모호성 등으로 인한 문제점을 거론하며 V-마스크보다는 표 형식 절차의 사용을 권장하고 있다.

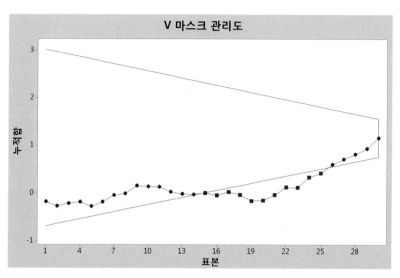

V 마스크 관리도

그림 7.14   예제 7.7에 대한 CUSUM 관리도: V-마스크 방식

7.5.3 CUSUM 관리도의 설계

표 형식 절차는 K와 H 또는 k와 h를 미리 설정해야 한다. 전 소절에서 k는 1/2, h는 4 또는 5를 추천하였는데, 이런 설계는 $1\sigma_{\bar{x}}$의 공정평균 이동을 검출하는 데 바람직한 ARL을 제공한다. 즉, 이 경우에 평균 이동을 탐지할 때까지의 필요한 CUSUM 관리도의 ARL은 $h=4$인 경우에는 8.38, $h=5$인 경우에는 10.4이다. 반면에 대응되는 슈하트 관리도의 ARL은 43.96이 된다.

k를 $\delta/2$(여기서 δ는 표본 평균의 표준편차 배수)로 설정하면 고정된 μ_0하의 ARL(즉, ARL_0)에서 공정평균의 δ만큼의 이동을 탐지할 때까지 ARL을 최소화한다고 알려져 있다. Hawkins(1993)는 k를 미리 정한 후 ARL_0이 370이 되는(즉, 슈하트 관리도에서 공정에 변화가 없을 때의 ARL) h값을 다음 표와 같이 제공하고 있다.

표 7.9 $ARL_0 = 370$이 되는 k와 h

k	0.25	0.5	0.75	1.0	1.25	1.5
h	8.01	4.77	3.34	2.52	1.99	1.61

단측 CUSUM 관리도의 근사적 ARL은 Siegmund(1985)의 다음 근사식이 널리 쓰인다. $\Delta \neq 0$일 때

$$ARL = \frac{\exp(-2\Delta b) + 2\Delta b - 1}{2\Delta^2} \tag{7.33}$$

(여기서 $\Delta = \delta^* - k$(상측), $\Delta = -\delta^* - k$(하측),

$b = h + 1.166$, $\delta^* = (\mu_1 - \mu_0)/\sigma_{\bar{x}}$)

이며, $\Delta = 0$일 때의 ARL은 b^2이 된다. 만약 δ^*가 0이면 ARL_0이 된다.

상측과 하측 CUSUM 관리도의 ARL이 각각 ARL^+, ARL^-일 때 양측 관리도의 ARL은 다음 식으로부터 구해진다.

$$\frac{1}{ARL} = \frac{1}{ARL^+} + \frac{1}{ARL^-} \tag{7.34}$$

예제 7.10 k가 1/2이고 $h = 5$일 때 ARL_0를 구해보자.

δ^*가 0이면 $\Delta = 0 - 0.5 = -0.5$, $b = 5 + 1.166 = 6.166$이 되므로 식 (7.33)에 대입하면 상측 CUSUM 관리도의 ARL은 938.2가 된다.

$$ARL^+ = \frac{\exp(-2(-0.5)(6.166)) + 2(-0.5)(6.166) - 1}{2(-0.5)^2} = 938.2$$

역시 하측 CUSUM 관리도의 ARL도 938.2가 되므로, 양측 CUSUM 관리도의 ARL은 다음처럼 469.1이 된다.

$$\frac{1}{ARL} = \frac{1}{938.2} + \frac{1}{938.2} = \frac{1}{469.1}$$

7.5.4 공정분산의 모니터링을 위한 CUSUM 관리도

CUSUM 관리도는 보통 개별치를 사용하므로 Hawkins(1981)에 의한 절차가 공정분산을 모니터링하기 위한 CUSUM 관리도의 구축에 유용하다. 공정 데이터 x_i는 공정 기댓값 또는 목표치 μ_0와 표준편차 σ를 갖는 정규분포를 따르고 x_i의 표준화된 값은 $y_i = (x_i - \mu_0)/\sigma$이다. Hawkins(1981)는 새로운 축척(scaled) 통계량 ν_i를 정의하고 ν_i가 평균의 변화보다 산포의 변화에 민감하다고 주장하였다.

$$\nu_i = \frac{\sqrt{|y_i|} - 0.822}{0.349} \tag{7.35}$$

실제로 ν_i는 평균과 산포의 변화에 모두 민감하다고 알려져 있다. 관리상태에서 ν_i는 근사적으로 표준정규분포에 근사하므로 2개의 단측 축척 표준편차 CUSUM은 다음과 같이 설정된다.

$$S_i^+ = \max\left[0, S_{i-1}^+ + \nu_i - k\right]$$
$$S_i^- = \max\left[0, S_{i-1}^- - \nu_i - k\right] \tag{7.36}$$

여기서 급속 초기반응이 사용되지 않으면 $S_0^+ = S_0^- = 0$이고 k 및 h의 값은 공정평균을 관리할 때와 같이 선택된다.

축척 표준편차 CUSUM 관리도의 해석은 평균에 관한 CUSUM 관리도의 해석과 비슷하다. 공정 표준편차가 증가하면 S_i^+는 증가할 것이고 결국 h를 초과하게 되며, 반면에 공정 표준편차가 감소하면 S_i^-가 증가할 것이고 결국 h를 초과하게 된다. 평균과 표준편차를 관리하기 위해 따로 CUSUM 관리도를 유지해도 좋지만, Hawkins(1993)는 같은 그래프에 타점하도록 제안한다. 만일 축척 표준편차 CUSUM 관리도에서 신호가 발생하면 산포의 변화를 나타내지만, 양 CUSUM 관리도에서 이상 신호가 발생되면 공정평균의 변화를 의심할 수 있다.

7.6 | 희귀사건 관리도

부적합품률, 부적합수와 같은 특정한 사건 발생에 의해 얻을 수 있는 계수형 데이터의 관리를 위해 통상적으로 이항분포 또는 포아송 분포에 기초한 관리도를 흔히 사용한다. 그러나 최근 공정기술 및 제조기술의 혁신과 발달에 힘입어 부적합품률 및 부적합수가 현저하게 낮아지고 있으며, 이런 경우에는 기존의 부적합품률 또는 부적합수 관리도를 사용할 경우 효과적인 관리를 할 수 없게 된다. 여기서는 이러한 희귀사건 발생을 효과적으로 관리하기 위한 두 가지 유형의 관리도에 대하여 설명하고자 한다.

이런 유형의 관리도는 매우 드물게 발생하는 특정 사건에 대해 사건 발생간격(time-between-events)으로 모니터링하는 관리도로 런 길이(run length) 또는 희귀사건(rare events) 관리도로 부른다(Xie et al., 2002a). 이 중에서 비교적 보급도가 높은 누적 적합품 수(Cumulative Count of Conforming: CCC)에 기초하여 설계되는 g 관리도와 사건의 발생간격을 기준으로 관리하게 되는 t 관리도를 살펴본다.

7.6.1 g 관리도

g 관리도는 매우 드물게 발생하는 특정 사건(ppm 관리수준에서의 부적합 발생, 사망환자 발생, 설비고장, 라인 정지 등)을 관리하기 위한 도구로서 Kaminsky et al.(1992)에 의하여 처음 제안되었다.

g 관리도의 타점 통계량에 관한 확률분포 모형으로 음이항분포(negative binomial distribution)의 특수한 경우인 기하분포(geometric distribution)를 채택할 수 있다. 즉, 확률변수 G는 어떤 사건이 발생한 후 다음 사건이 발생할 때까지 걸린 기간(횟수, 일, 주, 월 등)으로 정의되며, G의 확률분포는 모수인 사건 발생률 p를 이용하여 확률질량함수와 평균 및 분산을 계산할 수 있다.

X를 다음 사건이 발생할 때까지의 총 시행횟수(경과일수 등)로 두면 G는 모수가 p인 기하분포($X \sim G(p)$)를 따르며 기댓값과 분산은 다음과 같다.

$$E(X) = \frac{1}{p}, \quad Var(X) = \frac{1-p}{p^2}$$

여기서 CCC에 해당되는 $G = X - 1$로 두면 다음 성질을 가진다.

$$P(G = j) = p(1-p)^j, \quad j = 0, 1, \ldots$$
$$E(G) = \frac{1}{p} - 1, \quad Var(G) = \frac{1-p}{p^2} \tag{7.37}$$

g 관리도의 타점 통계량은 m개의 사건이 발생할 경우 i번째 CCC에 해당되는 g_i, $i = 1, 2, \cdots, m$(시간 순으로 사건의 발생일자를 얻은 경우는 첫 번째 발생간격을 구할 수 없으므로 g_i, $i = 2, 3, \ldots, m$이며 사건 발생 수는 $m - 1$이 됨)가 되며, 관리한계선과 중심선은 식 (7.37)의 관계($Var(G) = E(G)[E(G) + 1]$)를 이용하여 다음과 같이 설정된다.

$$UCL = \bar{g} + 3\sqrt{\bar{g}(\bar{g} + 1)}$$
$$CL = \bar{g} \tag{7.38}$$
$$LCL = \bar{g} - 3\sqrt{\bar{g}(\bar{g} + 1)}$$

여기서 $\bar{g} = \frac{1}{m} \sum_{i=1}^{m} g_i$이며 $\hat{E}(G) = 1/\hat{p} - 1$이므로 $\hat{p} = 1/(\bar{g} + 1)$이고 $\widehat{Var}(G) = (1-\hat{p})/\hat{p}^2$

$= \overline{g}(\overline{g}+1)$가 된다. 그리고 $\hat{p}$ 대신 p의 최소분산 불편추정치인 $\tilde{p} = \hat{p}(m-1)/m$이 쓰이는 경우가 많다(Benneyan, 2001).

상기와 같이 관리한계 계수로 3을 채택하는 슈하트 관리도의 방식과는 다르게 g 관리도의 두 관리한계선을 각각 벗어날 확률 $\alpha/2$가 정규분포하의 슈하트 관리도와 동일하게 0.00135가 되게 하고, 중심선은 중앙값이 되도록 모수가 $\tilde{p}$(또는 $\hat{p}$)인 기하분포를 이용하여 확률적으로 설정하는 방식도 널리 쓰인다.

만일 타점 통계량이 UCL(LCL)을 벗어나면 사건 발생률이 감소(증가)된 것을 나타낸다. g 관리도에서 LCL이 대부분 0이 되므로 사건 발생률이 비정상적으로 높아질 경우를 판정하려면 다른 규칙이 필요하다. Benneyan(1999)은 0인 타점값이 연속적으로 $\ln(0.00135)/\ln p$를 절상한 정수값 이상이면 이 공정은 이상상태라고 판정하는 단순한 검정규칙을 제안하였다.

예제 7.11　표 7.10은 결함 발생 확률이 500ppm 근방인 전형적인 ZD 환경에서 얻은 결함 발생간격 데이터이다(Xie et al., 2002a). 이 데이터는 희귀사건 데이터이기 때문에 g 관리도를 사용하여 결함률을 모니터링하려고 한다.

먼저 결함 발생간격에서 1을 차감한 사건 CCC의 평균 $\overline{g} = (213{,}528 - 100)/100 = 2134.28$이 되므로 $\hat{p} = 1/(\overline{g}+1) = 1/(2134.28+1) = 0.0004683$가 되는데, 통상 최소분산 불편추정치를 채택하기 위하여 다음과 같이 보정한 추정치를 적용한다.

$$\hat{p} = \left(\frac{1}{\overline{g}+1}\right) \times \left(\frac{m-1}{m}\right) = \left(\frac{1}{2136.28}\right) \times \left(\frac{100-1}{100}\right) = 0.0004636$$

이를 이용하여 관리한계선을 확률적으로 설정하기 위해 모수가 463.6ppm인 기하분포에서 확률$(1-0.00135)$에 해당되는 역누적분포함수값을 구하고, 선형보간법을 적용하면 관리상한선은 14,254이 된다(그림 7.15 참고). 같은 방법으로 중심선을 1,494, 관리하한선을 2로 설정한다.

표 7.10 결함 발생간격 데이터

시 순서	결함 발생간격	시 순서	결함 발생간격	시 순서	결함 발생간격	시 순서	결함 발생간격
1	227	26	678	51	409	76	2196
2	2269	27	2088	52	4845	77	1494
3	1193	28	1720	53	4809	78	1906
4	4106	29	1656	54	504	79	548
5	154	30	201	55	257	80	987
6	12198	31	3705	56	702	81	6216
7	201	32	4042	57	4298	82	704
8	9612	33	716	58	1320	83	6477
9	4045	34	2010	59	1845	84	233
10	678	35	402	60	4641	85	855
11	2088	36	539	61	2815	86	188
12	1720	37	2665	62	903	87	4133
13	5562	38	1711	63	755	88	780
14	4042	39	1602	64	565	89	315
15	716	40	71	65	973	90	1425
16	2010	41	546	66	2555	91	580
17	402	42	655	67	1822	92	957
18	539	43	2065	68	4324	93	1443
19	8465	44	286	69	1140	94	3880
20	2269	45	1385	70	109	95	1357
21	1163	46	354	71	1981	96	234
22	4106	47	934	72	387	97	1836
23	154	48	3539	73	3268	98	7984
24	2011	49	1671	74	2666	99	110
25	4045	50	3955	75	5498	100	128

이러한 희귀사건 데이터에 대하여 g 관리도를 Minitab을 실행하여 얻은 결과(Minitab에서는 G 관리도로 명명되며, 결함 발생간격에서 1을 차감한 사건 CCC를 타점함)가 그림 7.15와 같다. 여기서 0인 타점값이 하나도 없지만, Benneyan(1999)의 검정규칙을 적용한다면 기준값은 $\ln(0.00135)/\ln(0.0004636) = 0.861$을 절상한 정수값 1이 이상상태 판정 기준값이 된다.

이와는 달리 $\bar{g}$에 의한 3σ 관리한계선을 채택하면 식 (7.38)에 의해 다음과 같이 구해진다. 상기의 방식과 비교하면 상당한 차이가 발생한다.

$$UCL = 2134.28 + 3\sqrt{2134.28(2134.28+1)} = 2135.28 + 6402.86 = 8538.14$$

$$CL = \bar{g} = 2134.28$$

$$LCL = \bar{g} - 3\sqrt{\bar{g}(\bar{g}+1)} = 2135.28 - 6402.86 \Rightarrow 0$$

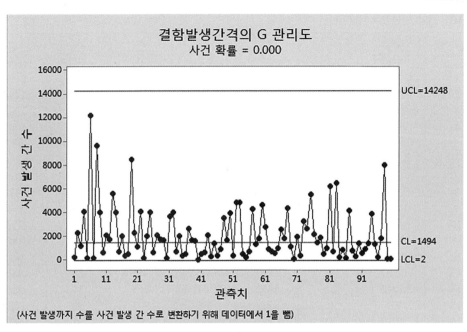

그림 7.15 g 관리도: 예제 7.11

7.6.2 t 관리도

t 관리도는 신뢰도 관점에서 매우 드물게 발생하는 고장 이력을 관리하기 위한 도구로서, g 관리도와는 연속적 변량인 시간을 관리한다는 점에서 차이가 있다. 즉, 확률변수 G 는 어떤 사건이 발생한 후 다음 사건이 발생할 때까지 소요된 계수적 성격의 CCC(횟수, 일, 주, 월 등)로 정의된다면, t 관리도의 확률변수 T 는 다음 사건이 발생할 때까지 소요되는 계량적 성격의 시간(waiting time)으로 정의된다.

통상 T 의 확률적 분포로는 지수와 와이블 분포가 널리 사용되는데, 본서에서는 지수분포에 한정하며, 이보다 포괄적인 와이블 분포의 경우는 Xie et al.(2002b)의 논문 등을 참고하기 바란다.

t 관리도에서 관리한계선의 설정은 평균이 θ 일 때 식 (7.39)로 정의되는 지수분포가 정규분포와는 매우 다른 형태의 분포가 되므로 확률한계선을 기본적으로 채택한다.

$$f(t) - \frac{1}{\theta} e^{-t/\theta}, \ t > 0 \tag{7.39}$$

지수분포를 따를 때 두 관리한계선을 각각 벗어날 확률 $\alpha/2$ 를 정규분포하의 슈하트 관리도와 동일하게 0.00135로 정한다면 m 개의 사건이 발생할 경우 i 번째 타점 통계량 $(t_i, \ i = 1, 2, \dots, m;$

만약 시간 순으로 사건의 발생일자를 얻은 경우는 첫 번째 발생간격을 구할 수 없으므로 t_i, $i = 2, 3, \ldots, m$이며 사건 수는 $m - 1$이 됨)으로부터 구한 관리한계선과 중심선은 다음과 같다.

$$UCL = -\bar{t}\ln(0.00135)$$
$$CL = -\bar{t}\ln(0.5) \tag{7.40}$$
$$LCL = -\bar{t}\ln(0.99865)$$

$$\text{여기서, } \hat{\theta} = \bar{t} = \frac{1}{m}\sum_{i=1}^{m} t_i$$

예제 7.12 표 7.11의 데이터는 전력회사에 사용되는 전기설비의 고장 간격시간(단위: hr)이다. 이 데이터는 지수분포를 따른다고 알려져 있으므로, 고장 발생간격을 t 관리도로 관리하고자 한다.

표 7.11 전기설비의 고장 발생간격 데이터(단위: hr)

번호	t_i	번호	t_i
1	1054.8	25	474.8
2	6280.6	26	2044.4
3	2765.5	27	8568.1
4	16612.2	28	564.5
5	1149.5	29	345.1
6	65.3	30	5683.2
7	9062.3	31	4666.7
8	15154.4	32	4322.5
9	17292.3	33	12211.1
10	16146.3	34	3335.3
11	8471.4	35	7102.7
12	15015.9	36	6115.8
13	307.1	37	4752.8
14	6453.3	38	790.7
15	6272.1	39	4075.6
16	15883.1	40	5885.9
17	32762.0	41	2898.2
18	1127.3	42	4896.1
19	232.5	43	11137.9
20	15572.9	44	1832.7
21	7082.0	45	2137.5
22	14871.1	46	9215.6
23	14589.4	47	7176.7
24	2819.4	48	799.5

따라서 48개의 데이터(t_i)에 대하여 지수분포를 가정하여 모수를 추정한 결과 $\hat{\theta} = 338{,}076/48$ = 7.043.25가 되어 확률적으로 설정된 관리한계선과 중심선은 다음과 같다.

$$UCL = -7043.25\ln(0.00135) = 46539.3$$
$$CL = -7043.25\ln0.5 = 4882.0$$
$$LCL = -7043.25\ln(0.99865) = 9.5$$

이와 같은 관리한계선에 기초한 t 관리도(Minitab 출력물에서는 T 관리도로 명명되고 있음)는 그림 7.16과 같다. 이를 보면 관리한계선을 벗어나는 점은 하나도 없으므로 관리상태에 있음을 확인할 수 있다.

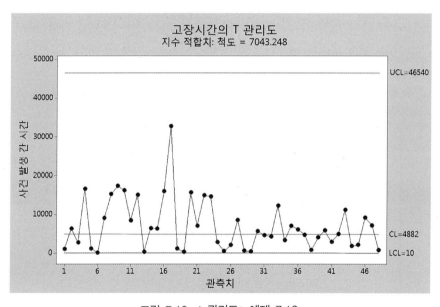

그림 7.16 t 관리도: 예제 7.12

7.7 | 적응 관리도*

전통적인 SPC 절차에서는 부분군 추출 간격과 부분군의 크기가 일정하다. 그러나 타점 값이 관리한계선 부근에 나타날 경우나 공정평균에 변화가 생겼다고 의심을 할 수 있는 경우에는 부분군의 추출 간격을 줄이거나 부분군의 크기를 늘려 조금 더 빨리 변화를 탐지하는 것이 유리할 수 있다. 부분군 추출 간격이나 부분군의 크기를 이전의 통계량의 결과에 따라 변화시키는 관리도를 적응 관리도라 한다.

Reynolds et al.(1988)과 Runger and Pignatiello(1991)는 $\overline{X}$ 관리도에 부분군 추출 간격을 변화시키는 방법을 제안하였고, Daudin(1992)은 이회 샘플링 검사와 유사하게 이회 샘플링 $\overline{X}$ 관리도를 제안하였는데, 특정 부분군이 관리한계 내이지만 이에 근접한 영역에 타점되면 첫 번째 부분군보다 큰 크기를 가지는 두 번째 부분군을 추가로 추출하여 이를 결합한 결과로 판정하는 방식을 제안하여 통상적인 $\overline{X}$ 관리도에 비해 우수함을 보였다. Prabhu et al.(1993)과 Costa (1994)는 각각 독립적으로 적응 $\overline{X}$ 관리도를 제안하였는데, 이들이 제안한 것은 이전의 표본통계량의 값에 따라 부분군의 크기를 달리하는 관리도이다. Prabhu et al.(1994)은 관리한계선은 고정시킨 채 부분군의 크기와 부분군 추출간격을 동시에 변화시키는 적응 관리도를 제안하였다. 이 방식은 부분군 추출간격을 변화시키는 $\overline{X}$ 관리도와 부분군 크기를 변화시키는 $\overline{X}$ 관리도를 결합한 것으로, 부분군 추출간격을 고정시키면 부분군 크기를 변화시키는 $\overline{X}$ 관리도가 되고(즉, VSS(Variable Sampling Size) 관리도), 부분군 크기를 고정시키면 부분군 추출 간격을 변화시키는 $\overline{X}$ 관리도가 된다(즉, VSI(Variable Sampling Interval) 관리도).

관심 대상 품질특성치 X는 정규분포를 따르는데, 공정평균이 μ이고, 공정의 표준편차는 알려진 값 σ이다. 여기서 $\overline{X}_i$를 부분군의 크기 $n(i)$인 i번째 부분군의 평균이라 하고 Z_i를 다음과 같이 두면,

$$Z_i = \frac{\overline{X}_i - \mu}{\sigma / \sqrt{n(i)}}, \; i = 1, 2, \ldots$$

다음이 성립한다.

$$Z_i \sim N(0, \, 1)$$

만일, 공정의 평균이 목표치인 μ_0에 있더라도 타점 통계량이 관리한계를 벗어날 수 있으며, 목표치에서 μ_1으로 이동하게 되면 관리상태를 이탈하게 되는데, 관리도의 성능척도(performance measure)로는 보통 ARL을 많이 사용한다. 만일 공정평균이 목표치에 있을 때는 ARL이 길수록 좋지만 공정평균이 이동이 되었을 경우에는 가능한 짧은 ARL을 갖는 것이 좋다. 그러나 VSI 적응 관리도에서는 부분군의 추출간격을 달리하기 때문에 공정의 목표치에서 벗어난 것을 탐지할 때까지의 ARL을 비교하는 것은 적절치 못하다. 대신에 목표치에서 벗어난 것을 탐지할 때까지의 평균시간(Average Time to Signal: ATS)를 성능척도로 사용한다.

w_1을 부분군의 크기를 결정하는 관리도의 임계치라 할 때 w_1은 다음을 만족한다.

$$LCL < -w_1 < CL$$
$$CL < w_1 < UCL \tag{7.41}$$

VSS 적응 관리도에서 $(i-1)$번째 부분군의 관측치 Z_{i-1}가 $((LCL, \ -w_1) \sqcup (w_1, \ UCL))$에 타점되면 큰 부분군의 크기($n_2$)를 채택하며 $(-w_1, \ w_1)$에 떨어지면 작은 부분군 크기(n_1)를 다음처럼 적용한다.

$$n(i) = \begin{cases} n_2 & \text{if } w_1 < Z_{i-1} < UCL \\ n_1 & \text{if } -w_1 \le Z_{i-1} \le w_1 \\ n_2 & \text{if } LCL < Z_{i-1} < -w_1 \end{cases} \tag{7.42}$$

그리고 w_2를 부분군의 추출간격을 결정하는 관리도의 임계치라 할 때 w_2는 다음을 만족한다.

$$LCL < -w_2 < CL$$
$$CL < w_2 < UCL \tag{7.43}$$

VSI 적응 관리도에서 $(i-1)$번째 부분군의 관측치 Z_{i-1}가 $((LCL, \ -w_2) \sqcup (w_2, \ UCL))$에 떨어지면 긴 추출간격($t_2$)를 적용하고, $(-w_2, \ w_2)$에 타점되면 짧은 추출간격(t_1)를 다음처럼 채택한다.

$$t(i) = \begin{cases} t_1 & \text{if } w_2 < Z_{i-1} < UCL \\ t_2 & \text{if } -w_2 \le Z_{i-1} \le w_2 \\ t_1 & \text{if } LCL < Z_{i-1} < -w_2 \end{cases} \tag{7.44}$$

VSS와 VSI 관리도를 결합한 적응 관리도에서는 보다 단순화하기 위해 두 종의 관리도 임계치를 같게 두어 다음과 같이 하나의 임계치를 사용한다면,

$$w = w_1 = w_2$$

결합 적응 관리도의 부분군 크기와 추출간격에 관한 적응 규칙은 다음과 같다.

$$(n(i), \ t(i)) = \begin{cases} (n_2, t_1) & \text{if } w < Z_{i-1} < UCL \\ (n_1, t_2) & \text{if } -w \le Z_{i-1} \le w \\ (n_2, t_1) & \text{if } LCL < Z_{i-1} < -w \end{cases} \tag{7.45}$$

적응 관리도에서는 부분군의 크기와 부분군의 추출간격이 이전 부분군 통계량의 결과에 따라 달라지므로, 통상적인 슈하트 관리도와 적응 관리도를 비교 시 동등 조건이 필요하다. 즉, 다음과 같이 공정평균의 목표치가 μ_0일 때 부분군의 크기에 관한 기댓값을 슈하트 관리도의 부분군 크기와 동일하게, 추출간격의 기댓값도 동일하게 설정한다.

$$E_0[n(i)] = n_0 \qquad\qquad (7.46a)$$

$$E_0[t(i)] = t_0 \qquad\qquad (7.46b)$$

표 7.12는 $n_0 = 3$, $t_0 = 1.0$인 슈하트 관리도와 적응 관리도를 비교한 예시로 공정평균의 변화가 없을 경우에 같은 ATS를 갖는 적응 관리도의 수행도가 수록되어 있다. 이 표에는 공정평균이 δ배의 표준편차만큼 이동이 되었을 경우의 ATS가 정리되어 있다. 즉, 샘플링 추출간격과

표 7.12 관리상태에서 $n_0 = 3$, $t_0 = 1.0$인 슈하트 관리도와 같은 ATS를 갖는 적응 관리도

			δ				
			0.0	0.5	1.0	1.5	2.0
$n_0 = 3$, $t_0 = 1.0$인 슈하트관리도			370.42	60.70	9.77	2.91	1.47
적응 관리도							
(n_1, n_2)	(t_1, t_2)	w					
(1,4)	(0.10,2.80)	0.43	370.44	38.69	2.90	1.28	1.10
(1,5)	(0.10,1.90)	0.67	370.42	34.58	2.55	1.33	1.14
(1,8)	(0.10,1.36)	1.06	370.43	26.32	2.43	1.55	1.26
(1,10)	(0.10,1.26)	1.22	370.44	22.76	2.58	1.68	1.33
(1,12)	(0.10,1.20)	1.33	370.43	20.15	2.79	1.81	1.39
(1,15)	(0.10,1.15)	1.46	370.43	17.45	3.13	1.99	1.48
(1,20)	(0.10,1.11)	1.61	370.43	14.93	3.70	2.25	1.59
(1,25)	(0.10,1.08)	1.72	370.43	13.84	4.23	2.48	1.70
(2,4)	(0.10,1.90)	0.67	370.42	40.53	3.03	1.24	1.06
(2,5)	(0.10,1.45)	0.96	370.43	37.90	2.79	1.25	1.07
(2,8)	(0.10,1.18)	1.38	370.42	31.61	2.45	1.36	1.12
(2,10)	(0.10,1.13)	1.52	370.42	28.40	2.51	1.44	1.15
(2,12)	(0.10,1.10)	1.63	370.43	25.83	2.63	1.52	1.18
(2,15)	(0.10,1.07)	1.75	370.43	22.91	2.86	1.62	1.21
(2,20)	(0.10,1.05)	1.89	370.43	19.82	3.25	1.76	1.26
(2,25)	(0.10,1.04)	1.99	370.42	18.18	3.63	1.88	1.30

부분군 크기에 대해 두 종류의 값이 사용될 때 슈하트 관리도에 비해 ATS에서 많은 절감이 있음을 보여주고 있으며, 특히 감소의 폭이 큰 경우는 1/3정도가 되는 경우도 있다.

한편 적응 관리도에서 샘플링 간격과 부분군 크기 중에서 하나만 변화시킬 수 있다면 샘플링 간격(VSI)보다 부분군 크기(VSS)를 변화시키는 것이 관리도의 수행도 제고에 도움을 준다(Montgomery, 2012). 다만 VSI 관리도에서는 식 (7.44)처럼 두 가지 상태로 나누어 두 종의 샘플링 간격을 채택하는 방식이 (거의) 최적이지만, VSS 관리도에서는 두 종류의 부분군 크기를 채택하는 방식은 최적이 아니다.

예제 7.13 부분군 크기 $n = 5$로 2시간마다 표본을 추출하여 $\overline{X}$ 관리도로써 공정을 모니터링하고 있다. 이 공정에서는 공정평균이 1σ 이동할 때를 검출하고자 한다. 이 경우의 ARL은 기하분포의 기댓값에 해당되는 $1/[1 - (\Phi(3 - \sqrt{5}) - \Phi(-3 - \sqrt{5}))] = 1/0.22246$인 4.50이 되어, 2시간마다 부분군을 추출하므로 평균적으로 변화를 검출하는 데 9.00시간이 소요된다. 샘플링 추출간격(최단 간격은 관리도 작성과 분석에 필요한 0.5시간임)만 두 가지로 변화시키는 VSI 적응 관리도를 채택한다면 어느 정도 성능을 개선시킬 수 있는가?

Prabhu et al.(1994)에 따르면 경고한계 w는 0.67로, 샘플링 추출간격은 짧은 간격을 최단 추출간격인 0.5시간으로, 긴 간격을 3.5시간으로 설정하면 ATS가 4.52시간이 되어 슈하트 관리도의 절반 정도로 줄어든다. 이는 공정평균의 목표치를 μ_0으로 두고, $\mu_0 - 0.67\sigma/\sqrt{5} < \overline{X}_i < \mu_0 + 0.67\sigma/\sqrt{5}$이면 다음 샘플링 추출간격을 3.5시간으로, $LCL = \mu_0 - 3\sigma/\sqrt{5} < \overline{X}_i < \mu_0 - 0.67\sigma/\sqrt{5}$ 또는 $\mu_0 + 0.67\sigma/\sqrt{5} < \overline{X}_i < \mu_0 + 0.67\sigma/\sqrt{5} = UCL$이면 다음 샘플링 간격을 0.5시간으로 설정하는 방식이 된다. 여기서 이런 방식을 채택하면 식 (7.46b)가 충족됨을 다음으로부터 확인할 수 있다.

$$0.5 \times 2 \times (\Phi(3) - \Phi(0.67)) + 3.5((\Phi(0.67) - \Phi(-0.67)))$$
$$= (0.99865 - 0.74857) + 3.5 \times 2 \times 0.24857 \approx 2.0$$

예제 7.14 유압장비를 생산하는 회사에서 밸브 덮개의 품질특성을 모니터링하기 위해 현재는 양측 슈하트 관리도를 사용하고 있다. 품질부서는 덮개 직경을 관리하는 데 노력을 집중하고 있는데 과거에 생산되는 덮개의 직경은 불규칙하며, 직경이 규격을 벗어나면 특정한 경우를 제외하면 재작업은 불가능하다. 중요한 품질특성치는 덮개의 직경으로 목표치

(μ_0)는 200mm이며, 과거의 경험에 의하면, 공정의 표준편차는 3mm로 안정되어 있다. 현재는 매 시간($t_0 = 1$)마다 $n_0 = 3$의 부분군을 추출하여 타점하고 있는데, 품질관리자는 공정이 목표치에서 벗어났을 경우 이를 가능한 한 빨리 탐지하고자 적응 관리도를 채택하고자 한다.

표 7.12에서 하나의 경우를 택한다면, 즉, $w = \pm 1.33$을 벗어나면 12개의 부분군($n_2 = 12$)을 매 6분($t_1 = 0.1$시간)마다 취하는 것이 하나의 대안이 될 수 있는데 이때의 $n_1 = 1$, $t_2 = 1.2$시간이다.

최초에 첫 번째 부분군 12개를 6분이 경과될 때 추출하면 $\overline{X}_1 = 201$가 되어 $Z_1 = 1.15$이 얻어진다면 이 값은 양측 임계치 사이에 속한다. 따라서 6분(0.1시간)+1시간 12분(1.2시간)인 1시간 18분에 두 번째 부분군인 하나의 샘플이 추출된다. 만일 이 값이 195로 나왔다면 $Z_2 = -1.67$이 되어 이는 하측 임계치($-w$)와 LCL 사이에 속한다. 이에 따라 다음 번 부분군은 1시간 18분 + 6분(0.1시간)에 크기 12의 부분군이 추출된다. 이 과정은 관리한계선을 벗어날 때까지 계속된다.

환언하면 관리자는 Z_{i-1}의 값이 $[-1.33, 1.33]$사이에 있게 되면 1.2시간마다 부분군의 크기 1인 부분군을 추출하고, Z_{i-1}가 $(-3, -1.33) \sqcup (1.33, 3)$에 떨어지면 부분군의 크기 12인 부분군을 매 6분마다 추출하는 방식을 취한다. 이전 부분군의 통계량의 결과에 따라 부분군의 크기와 추출 간격을 조정하게 되면 관리도의 성능을 많이 개선할 수 있다. 예를 들면, 표 7.12에서 $\delta = 1$의 표준편차만큼 공정평균이 이동될 경우 이를 탐지하는 데 걸리는 평균시간(ATS_δ)은 슈하트 관리도의 9.77시간에서 2.79시간으로 줄어들게 된다.

7.8 | 자기상관하의 대안 관리도*

관리상태의 공정에서 생성된 계량형 데이터는 평균이 μ이고 표준편차가 σ인 서로 독립인 정규분포를 따른다고 가정하고 있다. 즉, 공정이 관리상태에 있을 때 시간 t에서 품질특성 x_t는 다음 모형으로 표현된다.

$$x_t = \mu + \epsilon_t \quad (t = 1, 2, \cdots) \tag{7.47}$$

여기서 μ, σ는 고정된 값으로 알려져 있지 않으며, ϵ_t는 평균이 0이고 표준편차 σ를 갖는 독립적인 정규분포를 따른다. 이런 모형을 슈하트 공정모형이라 부르며, 이상상태는 μ, σ중에서 하나 이상이 다른 값으로 변화 또는 이동하는 경우가 된다.

상기 모형의 가정 중에서 정규성은 어느 정도 어긋나더라도 슈하트 관리도의 성능 특성은 크게 떨어지지 않지만, 독립성 가정을 이탈하게 되면 관리도의 성능이 상당히 떨어진다. 예를 들면 식 (7.48)의 AR(1) 모형에서 개별치(X) 관리도를 적용할 때 간격 1의 자기상관이 0.7이면 관리상태의 ARL은 516.58로 식 (7.48)하의 370.4보다 80% 커지며, 공정 평균이 1σ이동을 검출할 경우의 ARL은 76.89로 40%정도 커진다(Ryan, 2011). 특히 양의 상관관계를 가질 때 이런 현상이 뚜렷해진다.

$$x_t = \xi + \phi x_{t-1} + \epsilon_t \tag{7.48}$$

여기서 ξ와 $\phi(-1 < \phi < 1)$는 미지의 상수이며, ϵ_t는 평균이 0이고 표준편차 σ를 갖는 독립적인 정규분포를 따른다. 또한 이 모형하에서 평균은 $\xi/(1-\phi)$, 표준편차는 $\sigma/(1-\phi^2)^{1/2}$, 시차(lag) l의 자기상관계수는 ϕ^l이 된다.

관측치들이 무상관 또는 독립이라는 가정은 화학 플랜트를 비롯한 여러 제조공정에서 만족되지 못한다. 공정 또는 제품 특성치의 연속 측정치들이 높은 양의 상관관계를 갖는 화학공정이나 품질 특성치가 생산 시간 순서에 따라 모든 제품이 측정되는 자동 시험 및 검사 과정이 이에 속한다. 기본적으로 거의 대다수의 생산공정은 관성에 따라 구동되므로, 샘플 간격이 관성력에 비해 상대적으로 작으면 공정의 관측치들은 시간에 따라 상관관계(자기상관)를 가지게 된다.

자기상관 데이터에 대한 접근법은 다음과 같이 대별할 수 있다(Ryan, 2011; Montgomery, 2012).

(1) 모형 기반 접근법: 식 (7.48)의 AR(1) 모형을 비롯한 시계열 모형에 적합

① 적합된 모형에 기반하여 관리한계선을 조정하는 방법

일례로 AR(1) 모형이고 ϕ가 0.7, 공정 표준편차가 알려져 있을 때 관리한계 계수(k)를 3보다 작은 2.94로 설정하면 개별치(X) 관리도에서 관리상태와 공정 평균의 1σ이동이 검출 시의 ARL이 독립일 경우와 유사해진다. 그리고 AR(1) 모형하에서 공정 표준편차를 이동범위의 평균으로 추정할 경우에 $\hat{\sigma} = \overline{MR}/d_2$는 과소 추정하게 되어 관리한계가 좁아지므로 자기상관을 반영하기 위해 $1/\sqrt{1-\phi^2}$을 $\hat{\sigma}$에 곱하는 방식을 고려할 수 있다.

② 잔차(residual) 관리도

적합된 모형($\hat{x}_t$)으로부터 잔차($e_t = x_t - \hat{x}_t$)를 구하면 잔차들은 근사적으로 독립이며 평균은 0이고, 일정한 표준편차를 갖는 정규분포를 따르게 된다(Alwan and Roberts, 1988). 따라서 잔차들에 대해 X, CUSUM, EWMA 관리도를 적용시키는 방법이 KS Q ISO 7870-9: 2020(관리도-제9부 정상성을 갖는 프로세스에 대한 관리도)에 수록되어 있다.

③ 근사적 EWMA 절차

EWMA 통계량 $z_t = \lambda x_t + (1-\lambda)z_t$으로 구해진, $t+1$에서의 예측오차 $e_{t+1} = x_{t+1} - z_t$는 평균이 0이고 서로 독립이며 동일한 분포를 따르게 된다. 근사적 EWMA란 이를 슈하트 관리도에 타점하거나 z_t를 $t+1$의 중심선으로 설정하는 이동 중심선(moving center-line) EWMA 관리도에 적용시키는 방법이다. 특히 관측치들이 양의 상관관계를 가지고 공정평균의 변화정도가 그리 빠르지 않을 경우에 λ를 적절히 택하면 EWMA 통계량은 참인 시계열 모형에 관련 없이 좋은 예측값(one-step-ahead predictor)을 제공한다고 알려져 있다.

(2) 모형 무관 접근법

① 자기상관의 영향을 줄이기 위해 샘플링 간격을 늘이는 방법

이 방법은 가용 데이터의 일부분만 취하게 됨에 따라 데이터 이용 측면에서는 비효율적이다. 예를 들면 AR(1) 모형에서 간격 l의 자기상관은 ϕ^l이 되는 점을 이용하여 샘플 간격을 보다 넓게 설정할 수 있다.

② 배치(batch) 평균을 사용하는 방법

컴퓨터 시뮬레이션의 출력 분석에 널리 쓰이는 방법으로, 일정한 간격으로 묶은 데이터의 평균을 취해서 타점하는 방법이다. 일례로 AR(1) 모형일 때 간격 1의 자기상관이 0.1 정도 되도록 배치 크기를 설정하는 것을 추천하고 있다. 이 방법은 데이터를 빈번하게 획득할 수 있는 화학공정이나 자동으로 검사가 이루어지는 경우에 유용하다.

(3) EPC(Engineering Process Control)

공정변수를 조절하여 공정출력을 목표치로 보정하는 피드백 조정(feedback adjustment)에 의해 공정변동을 제어하는 방법이다.

상기의 방법 중에서 모형 기반 접근법과 EPC에서는 AR(1)이 포함되는 ARIMA(AutoRegressive Integrated Moving Average) 모형 등의 시계열 모형 구축 과정과 이해가 요구된다. 또한 이들 중에서 이론이 잘 개발되어 있고 비교적 널리 쓰이는 잔차 관리도 방법은 자기상관이 높지 않을 때 평균의 이동을 검출하는 성능이 우수하지 않다고 알려져 있다. 그리고 모형 무관 접근법은 단순하지만 경험적 방식에 속한다. 이에 관한 자세한 내용은 Montgomery(2012) 등을 참고하기 바라며 여기서는 잔차 관리도 방법만 다음 예제를 통해 상술한다.

예제 7.15   표 7.13은 화학공정에서 얻은 농도 데이터로 $X - R_m$ 관리도에 도시한 결과가 그림 7.17에, 표본 자기상관계수가 그림 7.17(b)에 도시되어 있다.

여기서 시차(lag) l의 자기상관 함수 ρ_l는

표 7.13 농도 데이터

t	x_t	e_t	t	x_t	e_t	t	x_t	e_t	t	x_t	e_t
1	216	-	26	219	7.7157	51	208	-6.2815	76	215	2.9664
2	214	-1.0308	27	216	-1.2787	52	209	-0.0364	77	212	-2.2815
3	213	-0.5322	28	219	3.9692	53	209	-0.7857	78	209	-3.0336
4	214	1.2171	29	221	3.7213	54	215	5.2143	79	208	-1.7857
5	209	-4.5322	30	217	-1.7773	55	217	2.7185	80	214	4.9636
6	213	3.2143	31	214	-1.7801	56	206	-9.7801	81	212	-1.5322
7	210	-2.7829	32	212	-1.5322	57	211	3.4622	82	214	1.9664
8	200	-10.5350	33	220	7.9664	58	213	1.7157	83	214	0.4678
9	207	3.9580	34	226	7.9720	59	210	-2.7829	84	219	5.4678
10	201	-7.2871	35	217	-5.5238	60	214	3.4650	85	218	0.7213
11	207	3.2087	36	223	7.2199	61	219	5.4678	86	223	6.4706
12	204	-4.2871	37	224	3.7241	62	216	-1.2787	87	217	-3.2759
13	208	1.9608	38	226	4.9748	63	213	-2.0308	88	222	6.2199
14	206	-3.0364	39	222	-0.5238	64	209	-3.7829	89	222	2.4734
15	208	0.4622	40	220	0.4734	65	201	-8.7857	90	210	-9.5266
16	211	1.9636	41	220	1.9720	66	201	-2.7913	91	206	-4.5350
17	209	-2.2843	42	221	2.9720	67	208	4.2087	92	204	-3.5378
18	209	-0.7857	43	221	2.2227	68	205	-4.0364	93	201	-5.0392
19	204	-5.7857	44	218	-0.7773	69	205	-1.7885	94	200	-3.7913
20	207	0.9608	45	212	-4.5294	70	210	3.2115	95	201	-2.0420
21	202	-6.2871	46	215	2.9664	71	206	-4.5350	96	206	2.2087
22	208	3.4594	47	214	-0.2815	72	210	2.4622	97	206	-1.5378
23	211	1.9636	48	207	-6.5322	73	211	0.4650	98	210	2.4622
24	215	3.7157	49	208	-0.2871	74	216	4.7157	99	208	-2.5350
25	211	-3.2815	50	215	5.9636	75	212	-3.0308	100	212	2.9636

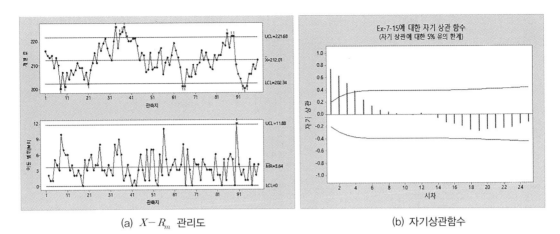

(a) $X - R_m$ 관리도   (b) 자기상관함수

그림 7.17   원 데이터(x_t)에 대한 분석: 예제 7.15

$$\rho_l = \frac{Cov(x_t, x_{t-l})}{Var(x_t)}, \; l = 0, 1, \dots$$

로부터 구해지므로, 이로부터 시차(lag) l의 표본 자기상관 함수 r_l는

$$r_l = \frac{\displaystyle\sum_{t=1}^{n-l}(x_t - \overline{x})(x_{t-l} - \overline{x})}{\displaystyle\sum_{t=1}^{n-l}(x_t - \overline{x})^2}, \; l = 0, 1, \dots \tag{7.49}$$

로 추정할 수 있으며 보통 l은 $l \leq n/4$ 정도의 범위에서 계산된다. 그림 7.17(b)를 보면 유의수준 5%를 초과한 시차 4까지의 자기상관이 존재하며, 이에 따라 그림 7.17(a)의 $X - R_m$관리도에서 관리한계를 이탈한 여러 점(두 관리도에서 각각 16, 1개)이 존재한다. 자기상관이 존재하므로 AR(1) 모형에 의한 잔차 관리도로 관리상태 여부를 조사해보자.

최소제곱법을 적용하여 통계 SW(Minitab 등)에 의해 적합한 AR(1) 모형은 다음과 같이 구해진다.

$$\hat{x}_t = 53.182 + 0.7493 x_{t-1}, \; t = 2, 3, \dots, 100$$

이로부터 잔차 e_t를 구한 값들이 표 7.13에 수록되어 있으며, 이들을 도시한 $X - R_m$ 관리도를 그림 7.18(a)에서, 표본 자기상관계수 값들을 그림 7.18(b)에서 확인할 수 있다. 그림 7.18(b)에서 r_l을 모두 0으로 간주할 수 있으므로 잔차들이 독립이라고 볼 수 있으며, 또한 잔차에 관한 두 관리도에서 7.17(a)와 달리 관리한계를 이탈한 점들이 없어 관리상태로 판정된다.

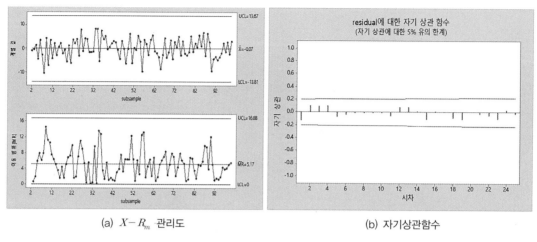

(a) $X - R_m$ 관리도　　　　　　(b) 자기상관함수

그림 7.18 잔차 데이터(e_t)에 대한 분석: 예제 7.15

7.9 | EPC*

　제조산업을 바탕으로 발전한 전통적인 통계적 공정관리(Statistical Process Control: SPC)의 기법과 장치산업 및 화학공정 산업을 중심으로 발전한 기존의 공학적 공정관리(Engineering Process Control: EPC) 기법을 상호 보완적인 형태로 결합하여 유효성을 증대시키는 새로운 적용기법들이 1990년대 들어 활발하게 소개되고 있다. 즉, 장치산업 및 화학공정 산업을 중심으로 발전한 기존의 EPC 기법을 이산 부품 제조산업의 공정관리 현장에 적용할 수 있도록 확장하는 연구와 EPC와 SPC 기법의 장점을 결합한 새로운 공정제어기법에 대한 연구가 지속적으로 수행되고 있다.

　공정관리에서 변동을 발생시키는 요인은 5장에서 언급한 바와 같이 우연원인과 이상원인으로 구분될 수 있다. 우연원인은 공정을 적절하게 관리하더라도 존재하는 확률변동에 의해 발생되며, 이상원인은 공정의 변화 등으로 발생되는 것이므로 시정조치(trouble shooting)를 통하여 제거해야 되는 요인이다. 슈하트, EWMA, CUSUM 관리도 등을 주로 활용하는 기존의 SPC 기법들은 공정의 변화를 감지한 후, 이상원인의 제거를 통하여 공정변동을 감소시키는 것이 그 특징이라 할 수 있다. 하지만 이러한 이산 부품 제조산업을 바탕으로 발전한 SPC 기법은 공정출력인 품질특성치의 관측을 통하여 공정변화 발생 후에 그 원인을 제거하는 것으로, 공정출력을 지속적으로 목표치에 유지시키는 기능이 미흡하다.

반면에 장치산업 및 화학공정 산업을 중심으로 발전한 EPC 기법은 피드포워드-피드백(feedforward-feedback) 제어를 통한 공정조절에 의해 공정출력이 목표치에서 벗어남을 방지하는 것으로, 고유기술에 기반하여 PID 제어기(Proportional-Integral-Derivative controller) 등을 이용한 공정조정을 통하여 공정출력을 목표치에 근접하도록 유지하는 것이 특징이라 할 수 있으나, 이상원인 발생 시 이를 근본적으로 제거하지 못하는 단점을 가지고 있다. EPC 기법의 공정제어기는 현업 엔지니어의 고유기술에 기반하여 현 시점의 공정출력과 외란(disturbance) 모형을 기반으로 다음 시점의 공정 출력에 포함될 것으로 예측되는 외란을 감안한 조정을 통하여 지속적으로 공정 출력을 목표치에 유지시키려는 것이다.

전통적으로 EPC 기법이 적용되어온 연속생산 및 장치산업에서는 공정 입력변수의 조정에 어떠한 제한이 없는 경우가 주 대상이지만 이산 부품 제조산업에서는 공정 입력변수의 조정 범위에 제한이 있는 경우가 흔하므로, 공정출력과 입력을 동시에 고려한 이산형 제어기법의 개발이 요구된다(Box and Luceno, 2008). 또한 SPC의 특징인 이상원인의 모니터링 및 검출을 통한 공정 개선과 EPC의 특징인 공정 출력의 목표치 유지를 통한 공정 최적화의 장점을 결합한 통합 시스템을 채택할 수 있다. 표 7.14에 두 기법을 여러 측면에서 비교한 특징이 정리되어 있다(Castillo, 2002; Vardeman and Jobe, 2016).

표 7.14 SPC와 EPC의 비교

구분	SPC	EPC
기본철학	공정이상의 발견과 제거를 통한 변동의 최소화	공정이상에 대처하기 위해 공정 조정을 통한 변동의 최소화
응용	안정상태(stationarity)공정	지속적인 표류(drift)가 있는 공정
전개 수준	전략적	전술적
목표치	품질특성치	공정 모수
기능	이상 발견	설정점 모니터링
비용	큼	적음
초점	사람과 방법	장비
수단	사람의 개재	컴퓨터/기계적 제어
상관관계	거의 없음	상당히 높을 수도 있음
결과	공정 향상	공정 조정 최적화

7.9.1 EPC의 도입 필요성

데밍(W. E. Deming)은 1950년에 통계적 관리상태일 때 공정 조정의 위험성을 보여주는 깔때기(funnel) 실험을 제시하였다. 이 실험은 그림 7.19와 같이 깔때기가 적당한 높이에서 평면에 도시된 원의 중심(목표치로서 0으로 규정)에 해당하도록 위치시켜 구슬을 떨어뜨리고 그 위치를 측정한다. 이 실험에 쓰이는 규칙은 4가지이지만 이 절과 밀접한 관계가 있으면서 실제 유용성이 높은 두 가지 규칙만 다룬다.

- 규칙 1: 깔때기를 최초 상태로 고정시키며 어떤 조정도 하지 않는다.
- 규칙 2: t번째 구슬의 위치가 y_t이면 깔때기의 현 위치를 $-y_t$만큼 이동한다.

규칙 1은 SPC의 개념과 같이 이상원인이 발견되지 않으면 어떤 조치를 취하지 않는 규칙이며, 규칙 2는 그림 7.20처럼 최근 구슬의 관측값에 따라 깔때기의 위치를 반대방향으로 보정하는 피드백 제어 방식이다.

y_t가 t번째 구슬의 위치이고, z_t가 이때의 랜덤한 오차항(평균이 0이고 분산은 σ^2임)일 때 다음과 같이 나타낼 수 있다.

$$y_t = z_t \tag{7.50}$$

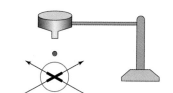

그림 7.19   깔때기 실험: 기본 구조

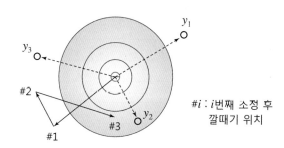

그림 7.20   깔때기 실험: 규칙 2

따라서 규칙 1에서 y_t의 분산은 σ^2이 된다. 한편 규칙 2에서는 u_{t-2}가 $t-1$번째 구슬을 떨어뜨리기 직전의 깔때기의 위치일 때 다음과 같이 나타낼 수 있으므로,

$$y_{t-1} = u_{t-2} + z_{t-1}$$

규칙 2를 적용하면 $u_{t-1} = u_{t-2} - y_{t-1}$가 되어

$$y_t = u_{t-1} + z_t = u_{t-2} - y_{t-1} + z_t = z_t - z_{t-1} \tag{7.51}$$

로 나타낼 수 있다. 따라서 z_t들은 서로 독립이므로 규칙 2의 분산은 $2\sigma^2$이 되어 규칙 1의 두 배가 된다. 이를 그림 7.21에서 확인할 수 있다.

그림 7.19의 깔때기 실험은 공정에서 목표치에 대한 출력 결과의 변동 효과와 조정에 대한 의미를 파악할 수 있는 실험으로, 공정의 변화가 발생하지 않은 안정상태화된 경우는 깔때기의 위치를 조정함으로써 공정을 개선하려는 조치임에도 불구하고 공정의 향상에는 좋지 못한 결과가 초래될 수 있음을 보여주고 있다. 이것은 깔때기 실험이 공정이 안정상태일 때 행해진 경우에 출력값의 변동은 랜덤성을 가지고 있으므로, 어떠한 조정도 그 공정의 결과를 개선시키지는 못한다는 것을 의미한다. 즉, 우연변동이 일어날 때 공정을 조정하는 것은 공정에 불필요한 간섭을 하는 결과를 초래한다.

그런데 분산은 변하지 않지만 공정평균이 표류(drift)하는 경우를 살펴보자. 이 공정의 목표치가 T이고 t시점의 공정평균을 μ_t로 두면 식 (7.50)은 다음과 같이 된다.

$$y_t = \mu_t + z_t \tag{7.52}$$

따라서 조정을 하지 않는 경우의 기대평균제곱(Expected Mean Square: EMS)은 다음과 같이

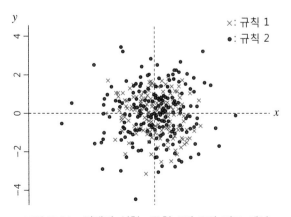

그림 7.21 깔때기 실험: 규칙 1과 2의 비교 예시

구해진다.

$$EMS_1 = \sigma^2 + (\mu_t - T)^2 = \sigma^2(1 + \delta^2) \tag{7.53}$$

(여기서 $\delta = (\mu_t - T)/\sigma$이며, 깔때기 실험에서는 T가 0임.)

한편 c_t(기댓값은 0이며, 분산은 σ_c^2)가 조정오차일 때 규칙 2와 같이 $x_t = -(y_t - T)$의 조정을 적용하면

$$y_{t+1} = \mu_t - y_t + T + z_{t+1} + c_t$$

가 되므로, 이 경우의 y_{t+1}의 기댓값과 분산, EMS는 다음과 같다.

$$\begin{aligned} E(y_{t+1}) &= T \\ Var(y_{t+1}) &= \sigma^2 + \sigma^2 + \sigma_c^2 = 2\sigma^2 + \sigma_c^2 \\ EMS_2 &= 2\sigma^2 + \sigma_c^2 \end{aligned} \tag{7.54}$$

따라서 조정을 하려면 식 (7.53)과 (7.54)로부터

$$(\mu_t - T)^2 > \sigma^2 + \sigma_c^2$$

의 조건을 충족해야 가능하며, 특히 조정오차가 없거나 무시할 수 있다면 편의(bias)로 볼 수 있는 $|\mu_t - T|$가 σ보다 커야 조정을 적용할 수 있다. 조정오차와 더불어 상당한 조정비용이 발생하거나 측정오차가 존재하면 EPC의 활용가능성은 더욱 줄어든다.

7.9.2 이산 PID 제어

기본적인 피드백 제어계는 그림 7.22와 같이 나타낼 수 있는데, 공정출력의 목표치와 실제 출력값과의 차이를 편차라 부르며, 기본적으로 편차에 의해서 보정 입력변수의 조정량을 결정한다.

EPC의 개념은 공정 입력변수의 조정을 통하여 공정출력의 변동을 감소시키고자 하는 것으로, 공정조정 시의 발생비용을 무시할 수 있는 경우에 적용되어 왔다. 또한 EPC의 기능은 공정 입력변수의 조정을 통하여 공정출력을 목표치에 유지함으로써 발생변동을 줄이는 것으로, 이의 적용을 통하여 공정은 최적화될 수 있다.

EPC에서 사용되는 확률적 제어기법으로는 최소분산제어(minimum mean-square(variance)

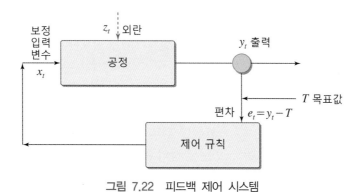

그림 7.22 피드백 제어 시스템

control), 선형-2차 함수 제어(linear-quadratic control), 적응제어(adaptive control) 등이 있다 (Castillo, 2002). 최소분산제어는 MMSE 제어로 표현되며, 대부분의 경우에 후자의 용어가 널리 사용되고 있다. 특히 이 중에서 통계적 기준을 채택하는 MMSE 제어는 공정 입력변수를 조정할 때 발생하는 비용을 무시할 수 있는 경우를 상정하여 공정출력 분산을 최소화하는 것이다. MMSE 제어의 특징은 공정출력 분산을 최소화하기 위해서 공정 입력변수의 조정에 어떤 제한이 없다고 간주하며, 확률적 제어시스템과 같은 다양한 시스템에 적용될 수 있다는 것이다.

확률적 제어와 SPC는 그 적용 대상 모형에서 차이가 있다. SPC는 대상 공정으로 안정상태 공정을 고려하고 있는 반면에 확률적 제어기법에서는 비안정상태 공정을 주 대상으로 하고 있으며, 이를 Box와 Jenkins의 전달함수(transfer function) 형태로 나타내고 있다(Box and Jenkins, 1976). 이 접근법은 결정론적인 공정 동적특성(dynamics)과 확률론적인 외란을 결합한 모형을 이용하고 있으므로 매우 유연한 제어 알고리즘을 설계할 수 있다.

한편 앞에서 언급된 MMSE 제어는 통계적 관점에서 최적성을 보유하지만 가정된 모형과 알려진 모수 값하에서만 최적이며, 현업에서는 실제 사용할 수 있는 제어기에 제약이 있을 수 있어 대부분의 공정에서는 이용이 불가능할 수 있다. 이런 점을 감안하여 산업계에서는 가끔 MMSE 제어기의 일종이 될 수 있으면서 비교적 간략한 형태를 가진 PID 제어가 널리 쓰인다.

PID 제어에서 시스템의 피드백 제어 시 편차에 비례한 항목을 포함시키는데 이것을 비례제어 (P 제어)라 하며, 목표치와 외란의 변화에 대하여 편차 적분에 비례한 항목을 적분제어(I 제어)라 한다. 또한 조정수준 결정에 반영되는 제어특성의 개선을 위하여, 편차의 차분에 비례한 항목도 시스템 제어에 포함되는데, 이러한 제어를 차분제어(D 제어)라 한다. 이상의 세 가지 제어를 포함한 방법을 PID 제어 또는 3항 제어로 칭하며, 세 가지 중 일부분만 포함한 것으로 P 제어, I 제어, PI 제어, PD 제어들이 있다.

PID 형태의 피드백 제어기는 그림 7.22와 같이 목표치로부터의 편차를 계산하여 공정에서 보정을 시행한다. 이러한 피드백 제어기의 설계 시 설계기준이 필요한데 일반적으로 공정의 편차를 최소화하도록 제어기를 설계하고 있다.

이산형 피드백 제어의 대상 공정의 출력은 다음과 같이 나타낼 수 있다.

$$y_t = T + z_t \tag{7.55}$$

(여기서 y_t는 공정 출력, T는 공정의 목표치, z_t는 공정 외란임.)

식 (7.55)에서 공정출력(y_t)은 공정의 목표치가 0인 경우에 목표치로부터의 편차로 볼 수 있으며, 공정 동적모형은 일반적으로 일차 동적모형(first-order dynamic model)인 경우에 다음 식과 같이 표현된다.

$$y_t = T + d_t + \delta y_{t-1} + g(1-\delta)x_{t-1}, \ 0 \leq \delta < 1 \tag{7.56}$$

(여기서 d_t는 공정 이동(process shift),

$\quad\quad g$는 공정 이득(process gain),

$\quad\quad x_t$는 조정입력변수,

$\quad\quad \delta$는 동적모형의 관성(inertia of process dynamics)임.)

식 (7.56)에서 조정입력변수(x_t)는 시간 t에서 공정 입력변수의 조정수준을 의미하며, 동적모형의 관성(δ)이 0인 경우에는 공정 조정 시에 그 영향을 다음 시점에 전부 반영할 수 있는 단반응 모형(responsive or zero-order model)이 되고, 0이 아닌 경우에는 그 영향을 다음 시점에 일부분만 반영하는 일차 동적모형이 된다.

또한, 공정 외란(z_t)모형의 경우에 전 소절의 독립적인 경우보다 보통 ARIMA 시계열모형이 많이 사용되는데, 안정상태 모형으로는 ARMA(1,1)을, 비안정상태 모형으로는 IMA(1,1)과 ARIMA(1, 1, 1)모형이 자주 채택되며, 이것을 식으로 나타내면 다음과 같이 표현된다.

$$\text{ARMA}(1, \ 1): \ z_t = \frac{1-\theta}{1-\phi B}a_t$$

$$\text{IMA}(1, \ 1): \ z_t = \frac{1-\theta}{1-B}a_t \tag{7.57}$$

$$\text{ARIMA}(1, \ 1, \ 1): \ z_t = \frac{1-\theta B}{(1-\phi B)(1-B)}a_t$$

(여기서 ϕ는 자기상관 모수(autoregressive parameter, $|\phi| < 1$),

$\quad\quad \theta$는 이동평균 모수(moving average parameter, $|\theta| < 1$),

a_t는 백색 잡음(white noise, $N(0,\ \sigma_a^2)$),

B는 후진연산자(backward shift operator, $Ba_t = a_{t-1}$)임.)

그리고 일반적인 이산형 PID 제어를 정식화하면 식 (7.58)과 같이 나타낼 수 있으며, 식 (7.58)에서 각각의 성분이 분리되는 경우에 P 제어, I 제어, D 제어로 구분할 수 있다.

$$gx_t = k_P e_t + k_I \sum_{j=0}^{\infty} e_{t-j} + k_D \Delta e_t \tag{7.58}$$

$$= k_P e_t + k_I \frac{1}{1-B} e_t + k_D (1-B) e_t$$

(여기서 e_t는 예측오차, k_P는 비례제어 계수,

k_I는 적분제어 계수, k_D는 미분제어 계수,

$\Delta e_t = e_t - e_{t-1}$임.)

(1) I 제어

I 제어 혹은 EWMA 제어는 확률적 제어방식 중에서 잘 알려진 경우로 상기에서 설명한 PID 제어에서 비교적 단순한 형태의 하나가 된다.

Box(1991a)는 공정이 목표치로부터 벗어날 경우 피드백 제어에 의해 관리상태를 유지할 수 있는 기초적인 방법을 보여주고 있다. 그는 단순한 수작업을 통한 EWMA 예측치를 이용하면 I 제어 형태의 피드백 제어를 통하여 작업 현장에서 손쉽게 적용할 수 있는 EPC 기법을 제안하였다. 또한 EWMA 예측치에서 평활상수의 설정방법을 제시하고 이의 선정이 결과에 상당히 강건함(robust)을 보여주고 있다. 즉, 공정의 변화가 발생한 경우에 각각의 획득된 자료와 목표치와의 차이를 매번 측정하여 그 차이에 대해 단순한 규칙을 설정하고, 이에 따라 입력변수를 조정하여 보정하는 절차를 연속적으로 반복한다.

만약 조정을 하지 않는다면 $y_{t+1} - T = z_t$인데 z_{t+1}를 EWMA로 다음과 같이 예측한다면

$$\hat{z}_{t+1} = \hat{z}_t + \lambda(z_t - \hat{z}_t) = \hat{z}_t + \lambda e_t \tag{7.59}$$

(여기서 e_t는 예측오차이며, λ는 EWMA의 가중인자로 $0 < \lambda \le 1$임.)

가 되는데, 여기서 z_t에 대해 모수 $\theta = 1 - \lambda$인 IMA(1, 1) 모형을 가정하고 있다.

이 공정에 조정(gx_t)을 적용한다면 $y_{t+1} - T = z_{t+1} + gx_t$가 되므로, z_{t+1}을 $\hat{z}_{t+1}$로 예측한다면

$$y_{t+1} - T = e_{t+1} + \hat{z}_{t+1} + gx_t \tag{7.60}$$

(여기서 $e_{t+1} = z_{t+1} - \hat{z}_{t+1}$ 임.)

가 된다. 식 (7.60)에서 $gx_t = -\hat{z}_{t+1}$ 로 두면 $y_{t+1} - T = e_{t+1}$ 가 되어 $t+1$ 시점의 편차는 t 시점의 예측오차가 되며, t 시점의 조정량 $x_t - x_{t-1}$ 은 다음과 같이 된다.

$$
\begin{aligned}
x_t - x_{t-1} &= -\frac{1}{g}(\hat{z}_{t+1} - \hat{z}_t) \\
&= -\frac{1}{g}[\lambda z_t + (1-\lambda)\hat{z}_t - \hat{z}_t] \\
&= -\frac{\lambda}{g}(z_t - \hat{z}_t) = -\frac{\lambda}{g}e_t \tag{7.61}
\end{aligned}
$$

식 (7.61)을 보면 t 시점의 보정 입력변수의 조정량은 최근 값인 e_t 에만 의존한다. 따라서 보정 입력변수의 설정점인 누적 보정량은 다음과 같이 I 제어 형태가 되며,

$$x_t = \sum_{i=1}^{t}(x_i - x_{i-1}) = -\frac{\lambda}{g}\sum_{i=1}^{t}e_i \tag{7.62}$$

식 (7.61)로부터 누적 조정의 영향은 식 (7.61)의 첫 번째 식으로부터 간략하게 $gx_t = -\hat{z}_{t+1}$ 로 나타낼 수 있다. 식 (7.62)를 보면 x_t 는 현재까지의 오차 합의 형태가 되며, z_t 가 IMA(1, 1)를 따르면 EWMA 방법은 MSE를 최소화하는 최적 제어방법이 되고, IMA(1, 1) 외의 다른 외란 모형인 경우도 EWMA 방법은 상당히 강건한 결과를 제공한다고 알려져 있다(Box and Luceno, 2008).

한편 t 시점에서 조정을 감안하면 실제 오차 e_t 는 출력값과 목표치와의 편차인 $y_t - T$ 가 되므로 식 (7.61)은 다음과 같이 나타낼 수 있다.

$$g(x_t - x_{t-1}) = -\lambda(y_t - T) = -\lambda z_t \tag{7.63}$$

예제 7.16 목표치가 102인 화학 공정의 점도 관측값이 표 7.15에 정리되어 있다. 입력변수는 촉매의 농도로 이득이 1.5일 때 I 제어를 적용해보자. 여기서 λ 가 0.3인 EWMA로 한 단계 앞의 예측값(one-step-ahead prediction)을 구한다.

먼저 조정되지 않는 경우의 표 7.15에 대한 그림 7.23의 $X - R_m$ (개별치와 이동범위 관리

표 7.15 화학 공정의 점도

t	y_t	t	y_t
1	122.85	16	83.85
2	105.30	17	76.05
3	130.65	18	62.40
4	107.25	19	72.15
5	109.20	20	85.80
6	126.75	21	101.40
7	126.80	22	81.90
8	118.95	23	91.65
9	111.15	24	64.35
10	118.95	25	95.55
11	124.80	26	66.30
12	83.85	27	78.00
13	85.80	28	52.65
14	87.75	29	56.55
15	76.05	30	68.25

도) 관리도를 보면 4개의 점이 관리한계를 벗어나며, 12번째 시점부터 출력값이 이전보다 상당히 떨어지고 있음을 알 수 있다.

이 예제에서 목표치를 차감한 출력(즉, 편차인 $z_t = y_t - T$)에 대해 조정할 경우의 대상 모형은 식 (7.60)에서

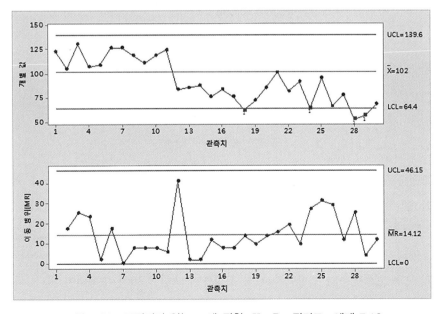

그림 7.23 조정되지 않는 y_t에 관한 $X-R_m$ 관리도: 예제 7.16

$$y_{t+1} - 102 = z_{t+1} + 1.5x_t$$

가 되므로, 한 단계 앞의 예측값은 식 (7.59)로부터 다음과 같이 된다.

$$\hat{z}_{t+1} = \hat{z}_t + \lambda e_t = 0.3z_t + 0.7\hat{z}_t$$
$$= 0.3(y_t - 102) + 0.7\hat{z}_t \qquad (7.64)$$

그리고 t시점의 촉매 농도의 조정량 $x_t - x_{t-1}$과 촉매 농도의 설정점인 누적 조정량 x_t는 식 (7.61) 등으로부터 다음과 같이 구해진다.

$$x_t - x_{t-1} = -\frac{0.3}{1.5}z_t = -\frac{1}{5}z_t \qquad (7.65)$$
$$x_t = \sum_{i=1}^{t}(x_i - x_{i-1}), \quad \text{단, } x_0 = 0 \text{임.}$$

$\hat{z}_1 = 0$으로 설정하여 이를 적용한 결과가 표 7.16에 정리되어 있는데, $t = 1, 2, 3$일 때 표의 계산을 예시하면 다음과 같다.

$t = 1$: 조정된 편차는 $x_0 = 0$이므로 $z_1 = 20.85$이고, 이 시점에서 조정에 의한 영향과 누적 조정의 영향을 식 (7.65)를 변형하여 다음과 같이 구한다.

$\quad g(x_1 - x_0) = -0.3z_1 = -6.26$, $gx_1 = -6.26$이 된다.

$t = 2$: $z_2 = 3.30 + gx_1 = 3.30 - 6.26 = -2.96$

$\quad g(x_2 - x_1) = -0.3 \times (-2.96) = 0.89$

$\quad gx_2 = gx_1 + g(x_2 - x_1) = -6.26 - 0.89 = -5.37$

$t = 3$: $z_3 = 28.65 + gx_1 = 28.65 - 5.37 = 23.28$

$\quad g(x_3 - x_2) = -0.3 \times (-23.28) = -6.98$

$\quad gx_3 = gx_2 + g(x_3 - x_2) = -5.37 - 6.98 = -12.35$

그리고 조정 유무에 따른 EMS를 계산하면, 조정하지 않을 경우의 18,406에서 I 제어에 의한 조정을 할 경우 7,460으로, 약 60% 감소된다. 또한 그림 7.24에서 조정된 경우의 편차에 관한 $X - R_m$ 관리도를 보면 모두 관리한계 있음을 알 수 있다.

그리고 조정되지 않는 원래 편차와 조정된 편차가 그림 7.25에, 식 (7.63)을 이용해 구한 각 시점의 보정 입력변수의 조정량과 누적 조정량이 그림 7.26에 수록되어 있다. 특히 그림 7.25를 보면 조정에 의해 편차가 상당히 감소됨을 알 수 있다.

표 7.16 예제 7.16의 조정된 편차 및 조정량의 영향

t	원래 편차 데이터 $(y_t - T)$	조정된 편차 $(y_t - T + gx_t)$	조정의 영향 $(g(x_t - x_{t-1}))$	누적 조정의 영향 (gx_t)
1	20.85	20.85	−6.26	−6.26
2	3.30	−2.96	0.89	−5.37
3	28.65	23.28	−6.98	−12.35
4	5.25	−7.10	2.13	−10.22
5	7.20	−3.22	0.97	−9.25
6	24.75	15.50	−4.65	−13.90
7	24.80	10.90	−3.27	−17.17
8	16.95	−0.22	0.07	−17.10
9	9.15	−7.95	2.39	−14.71
10	16.95	2.24	−0.67	−15.38
11	22.80	7.42	−2.23	−17.61
12	−18.15	−35.76	10.73	−6.88
13	−16.20	−23.08	6.92	0.04
14	−14.25	−14.21	4.26	4.30
15	−25.95	−21.65	6.50	10.80
16	−18.15	−7.35	2.21	13.01
17	−25.95	−12.94	3.88	16.89
18	−39.60	−22.71	6.81	23.70
19	−29.85	−6.15	1.85	25.55
20	−16.20	9.35	−2.81	22.74
21	−0.60	22.14	−6.64	16.10
22	−20.10	−4.00	1.20	17.30
23	−10.35	6.95	−2.09	15.21
24	−37.65	−22.44	6.73	21.94
25	−6.45	15.49	−4.65	17.29
26	−35.70	−18.41	5.52	22.81
27	−24.00	−1.19	−0.36	22.45
28	−49.35	−26.90	8.07	30.52
29	−45.45	−14.93	4.48	35.00
30	−33.75	1.25	−0.38	34.62

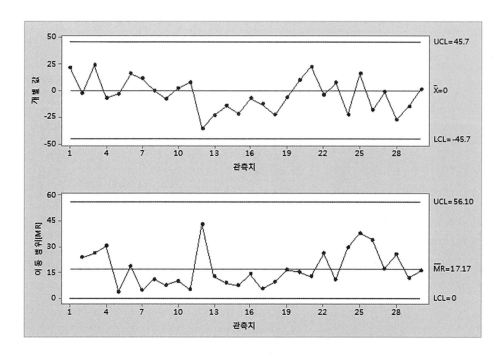

그림 7.24 조정된 편차에 관한 $X - R_m$ 관리도: 예제 7.16

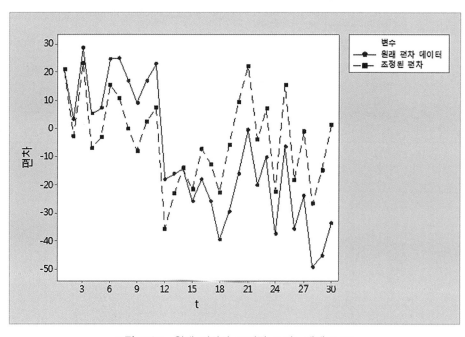

그림 7.25 원래 편차와 조정된 도시: 예제 7.16

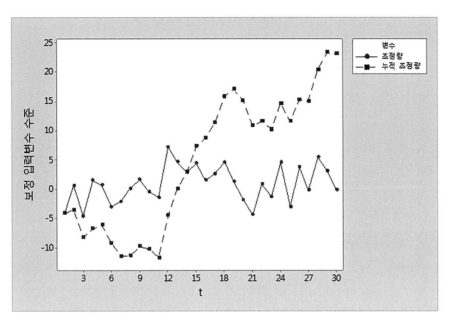

그림 7.26　조정입력변수의 조정량과 누적 조정량: 예제 7.16

---

(2) PI 제어

현업에서 그 사용의 용이성 및 해석상의 이점으로 잘 알려져 있는 PI 제어도 PID 제어의 특수한 형태이다.

PI 제어는 그 구조면에서 PID 제어에 비해 보다 단순하게 구성되어 있으며, 결과의 해석이 매우 용이한 경우로서 많이 활용되는 방법이다. 이산형 PI 제어의 구조를 살펴보면 공정조정을 위하여 식 (7.67)과 같이 최근 두 시점의 자료가 필요하므로 자동화되어 있지 않는 공정에 대해서도 간단한 수작업을 통하여 적용이 가능함을 알 수 있다.

이산형 PI 제어기법은 공정 이득값의 변화에 영향을 받지 않는 수준형태(level form)로 표현하면 다음과 같이 나타낼 수 있다.

$$g x_t = k_P e_t + k_I \sum_{i=1}^{t} e_i = k_p e_t + k_I \frac{1}{1-B} e_t \tag{7.66}$$

이산형 PI 제어기법의 형태를 수준형태와 더불어 다음과 같은 증분형태(incremental form)로도 나타낼 수 있다.

$$g(x_t - x_{t-1}) = c_1 e_t + c_2 e_{t-1} \tag{7.67}$$

$$\text{(여기서 } x_t \text{는 입력변수의 누적 조정량,}$$

$$c_1, \ c_2 \text{는 계수}(c_1 = k_P + k_I, \ c_2 = -k_P)\text{임.)}$$

7.9.3 한계가 있는 조정

I 제어는 조정에 대한 비용적인 측면을 무시하고 있으므로, 조정의 횟수와 비용적인 측면을 고려하여 EPC를 적용하는 방법이 필요할 수 있다. 즉, 이산 부품 제조산업의 공정조정 시 기계 정지, 공구교환 등과 같은 비용이 발생하므로 조정의 빈도를 줄일 수 있도록 설계하는 것이 더 경제적일 수 있다. 이런 점을 고려하여 Box(1991b)는 과거 데이터의 EWMA 예측값을 사용한 한계가 있는 조정(bounded adjustment)기법을 제안하였다. 이를 통해 관련 비용을 감안하여 조정이 언제 필요한지, 그리고 얼마나 자주 해야 하는지를 결정할 수 있다. 즉, 장치산업 및 화학 공정산업에서의 피드백 조정과 달리 이산 부품 제조 및 복합 산업 환경에서는 이러한 조정으로 인한 비용을 고려하는 것이 더욱 현실적이다.

따라서 과거 자료를 이용한 EWMA 예측값 등을 이용하여 조정이 필요한 범위를 한정하는 방법을 사용하는 것이 비용 측면에서 유리하다. 즉, 피드백 조정에 따른 공정출력 분산이 조금 증가하더라도 조정에 대한 비용적인 측면을 고려하여 조정이 필요하지 않은 범위를 결정하는 것이 더 경제적인 결과를 획득할 수 있다. 환언하여 SPC의 3σ 관리한계를 사용하는 것은 아니지만, 조정된 공정출력의 변동이 증가하더라도 이를 허용할 수 있는 정도의 범위에서 조정 횟수를 감소시킬 수 있는 조정기법이 유용할 수 있다. 이런 점을 반영하여 Box(1991b)는 분산의 증가량과 조정 횟수의 비를 구하여 엔지니어가 선택할 수 있는 조정이 필요한 양쪽 한계(L)를 설정하는 방법과 입력변수의 조정값을 구할 수 있는 한계가 있는 조정기법을 제시하였다.

한계가 있는 조정 규칙은 식 (7.68)과 같으며 이것은 t 시점에서의 누적 조정수준(x_t)에서 최근 조정한 시점의 누적 조정수준(x_r) 간의 차이가 미리 규정하고 있는 값(k) 미만이면 공정에 조정을 취하지 않음을 나타낸다.

$$|x_t - x_r| \geq k \tag{7.68}$$

식 (7.68)의 한계조정 규칙에 식 (7.69)를 적용하면 식 (7.70)의 첫 번째 식과 같이 나타낼 수 있으며, 직전의 $\hat{z}_{r+1}$은 0으로 재설정되므로 이 식을 재정리하면 식 (7.70)의 두 번째 식과 같다.

$$x_t - x_r = -\frac{1}{g}(\hat{z}_{t+1} - \hat{z}_{r+1}) \tag{7.69}$$

$$|\hat{z}_{t+1} - \hat{z}_{r+1}| = |\hat{z}_{t+1}| \geq L \qquad (7.70)$$

(단, $L = kg$임.)

한계가 있는 조정기법에서 $L = 0$일 경우, 두 조정 한계선은 목표치와 동일하므로 이를 연속적인 이산형 I 제어(continual discrete integral control)라 하며, 이 경우에 조정 한계가 0인 경우는 일반적인 I 제어와 동일함을 알 수 있다.

예제 7.17 예제 7.16에서 $L = 9$일 경우 한계가 있는 조정기법을 적용해보자.

이를 적용한 결과가 표 7.17에 정리되어 있는데, 조정횟수가 전체 30회 중에서 5회로 감소되며, EMS 측면에서 원래의 18,406에서 8,351로 약 55% 감소되어 항상 조정하는 예제 7.16의 결과에 상당히 근접하고 있다. 여기서 L을 벗어나 조정이 되면 EWMA 예측값은 0으로 재설정된다.

$t = 1, 2, 3, 4$일 때 표의 계산을 예시하면 다음과 같다.

$t = 1$: 조정된 편차 $z_1 = 20.85$이고 $\hat{z}_1 = 0$으로 설정된다.

$\qquad \hat{z}_2 = 0.3 \cdot 20.85 + 0.7 \cdot 0 = 6.26$

$\qquad |\hat{z}_2| < 9$이므로 조정 없음.

$t = 2$: $z_2 = 3.30$

$\qquad \hat{z}_3 = 0.3 \cdot (3.30) + 0.7 \cdot 6.26 = 5.37$

$\qquad |\hat{z}_3| < 9$이므로 조정 없음.

$t = 3$: $z_3 = 28.65$

$\qquad \hat{z}_4 = 0.3 \cdot (28.65) + 0.7 \cdot 5.37 = 12.35$

$\qquad |\hat{z}_4| > 9$이므로 조정$(-12.35/1.5)$을 실시하면 $gx_3 = -12.35$가 되며,

$t = 4$: $z_4 = 5.25 - 12.35 = -7.10$이 되며, $\hat{z}_4 = 0$으로 재설정된다.

$\qquad \hat{z}_5 = 0.3 \cdot (-7.10) + 0.7 \cdot 0 = -2.13$

$\qquad |\hat{z}_5| < 9$이므로 조정이 없으며, $gx_3 = -12.35$을 계속 유지한다.

그림 7.27에 조정되지 않은 원래 편차와 조정된 편차, 한 단계 앞의 예측값인 EWMA, 조정입력변수의 누적 조정량이 도시되어 있다. 그리고 조정된 편차에 관한 $X - R_m$ 관리도를

표 7.17 조정된 편차 및 EWMA 예측값과 조정량: 예제 7.17

t	원래 편차 데이터 $(y_t - T)$	조정된 편차 $(y_t - T + gx_t)$	EWMA 예측값 $(\widehat{z_{t+1}})$	조정의 영향	누적 조정의 영향 (gx_t)
1	20.85	20.85	6.26	*	0.00
2	3.30	3.30	5.37	*	0.00
3	28.65	28.65	12.35	−12.35	−12.35
4	5.25	−7.10	−2.13	*	−12.35
5	7.20	−5.15	−3.04	*	−12.35
6	24.75	12.40	1.59	*	−12.35
7	24.80	12.45	4.85	*	−12.35
8	16.95	4.60	4.78	*	−12.35
9	9.15	−3.20	2.39	*	−12.35
10	16.95	6.60	3.65	*	−12.35
11	22.80	10.45	5.69	*	−12.35
12	−18.15	−30.50	−3.46	*	−12.35
13	−16.20	−28.55	−10.99	10.99	−1.36
14	−14.25	−15.61	−4.68	*	−1.36
15	−25.95	−27.31	−11.47	11.47	10.11
16	−18.15	−8.04	−2.41	*	10.11
17	−25.95	−15.84	−6.44	*	10.11
18	−39.60	−29.49	−13.36	13.36	23.47
19	−29.85	−6.38	−1.91	*	23.47
20	−16.20	7.27	0.84	*	23.47
21	−0.60	22.87	7.45	*	23.47
22	−20.10	3.37	6.23	*	23.47
23	−10.35	13.12	8.30	*	23.47
24	−37.65	−14.18	−1.56	*	23.47
25	−6.45	17.02	4.01	*	23.47
26	−35.70	−12.23	−2.47	*	23.47
27	−24.00	−0.53	−1.89	*	23.47
28	−49.35	−25.88	−6.44	*	23.47
29	−45.45	−21.98	−11.10	11.10	34.57
30	−33.75	0.82	0.25	*	34.57

그림 7.28에서 확인할 수 있다. 이를 보면 관리한계를 벗어나는 점이 조정되지 않는 편차일 경우의 4개에서 한계가 있는 조정을 할 경우도 모두 관리한계 내에 존재한다.

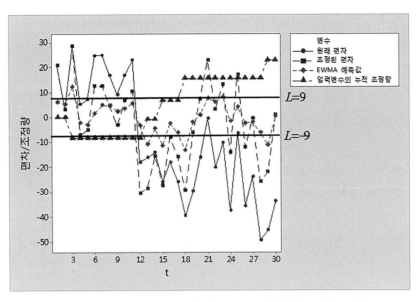

그림 7.27 원래 편차, 조정된 편차 및 EWMA 예측값과 조정량: 예제 7.17

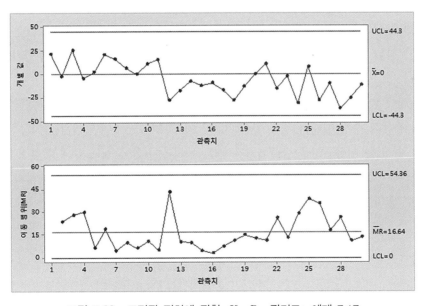

그림 7.28 조정된 편차에 관한 $X - R_m$ 관리도: 예제 7.17

그리고 EWMA를 채택한 한계가 있는 조정기법과 SPC에서 사용되는 EWMA 관리도를 비교해보면, 그 차이점을 다음과 같이 요약할 수 있다. 슈하트 관리도와 동일한 목적으로 사용되는 EWMA 관리도는 공정 모니터링의 기능을 수행하며 그 특징은 다음과 같다.

① 관리도가 공정 모니터링 기능을 잘 수행할 수 있도록 EWMA의 가중인자 λ가 결정된다.
② 관리 한계선의 설정은 관리상태인 공정출력이 백색잡음이라는 가정하에서 계산된 EWMA 통계량의 표준편차에 기초하여 계산한다.
③ 관리한계를 벗어난 점이 발생하면 공정에 어떤 영향을 미치면서 제거해야만 하는 이상원인을 찾아낼 필요가 있음을 나타내는 신호로 간주한다.

이에 반해 EPC에서 사용하는 EWMA 예측값은 조정 전 외란으로 인해 공정이 목표치에서 벗어났을 때 피드백 조정을 위해 사용된다.

① 평활상수 $\theta = 1 - \lambda$(IMA(1, 1) 모형의 모수)는 보정된 불안정 외란을 표현하기 위해서 선택된다.
② 조정 한계선인 L은 공정출력 분산 증가량을 감안하고 조정 입력변수의 표준편차를 작게 유지할 수 있도록 하면서, 더불어 조정비용의 감소를 위해서 조정횟수를 가능한 많이 줄일 수 있도록 절충하여 설정한다.
③ 조정 한계선은 조정을 실시하는 데 필요한 신호가 되며, 입력변수의 조정량은 공정출력이 목표치로부터 얼마만큼 변화되었는지에 대한 추정치를 기초로 하여 결정한다.

상기의 특징에 따라 공정조정은 지속적으로 피드백되어 그 영향이 상쇄된 외란의 크기를 결정하기 위해 통계적 추정 형태의 기법(즉, EPC)이 이용되며, 공정 모니터링은 가능한 회피할 수 있고 제거할 수 있는 이상원인을 검출하고자 하는 목적을 위한 통계적 유의성 검정 형태의 기법(즉, SPC)에 대한 절차로 볼 수 있으므로, 이 두 가지가 병행되면 다음 소절에서와 같이 그 효과를 높일 수 있다.

7.9.4 SPC와 결합된 EPC 기법

깔때기 실험에서 MacGregor(1990)는 우연변동이 일어날 때에는 아무런 조정을 하지 않는 것이 최적이지만, 연속공정에서는 외란에 의해 공정평균이 변하므로 조정을 하는 것이 조정을 하지 않는 경우보다 공정출력 분산을 감소시킬 수 있음을 보여주고 있다.
상기의 성과를 반영하여 이산형 공정에서 공정의 변화가 발생하는 경우에 공정조정만을 행하는 기존의 EPC 기법에, 공정변화를 검출하여 이상원인을 제거하는 SPC 기법을 결합함으로써 더 나은 결과를 도출할 수 있음을 유추할 수 있다.

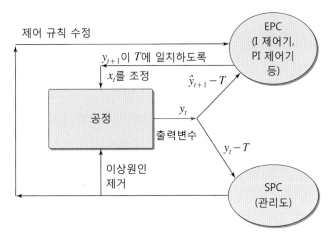

그림 7.29 EPC와 SPC 결합 방식

Montgomery et al.(1994)은 이런 원리를 확인하기 위해 EPC와 SPC의 결합효과에 대하여 연구하였으며, 그림 7.29와 같이 일반적인 형태의 결합에 관한 개념도를 도시하고 다음과 같이 그 절차를 제안하였다.

〈단계 1〉 공정으로부터 공정 출력값을 획득한다.
〈단계 2〉 공정 출력값을 이용하여 다음 시점의 공정 출력값에 대한 예측값을 계산한 후 공정 조정을 시행한다.
〈단계 3〉 공정 출력값의 다음 시점 예측값을 이용하여 관리도를 작성한다.
〈단계 4〉 설정된 제어규칙과 함께 관리도를 동시에 운영하여 공정의 제어와 모니터링을 병행한다. 또한 출력변수와 더불어 조정입력변수에 관한 관리도를 병행하여 관리할 수도 있다.
〈단계 5〉 공정 관리도에 이상신호가 발생하면 그 원인을 조사하여 제거하고 공정 모형을 확인한다. 이상원인을 발견하지 못한 경우에는 공정조정을 실시한다.

Montgomery et al.(1994)은 MacGregor(1990)의 깔때기 실험모형을 대상으로 공정 동적모형으로는 단반응모형을, 외란모형으로는 ARMA(1, 1)을 고려한 경우에 MMSE 제어와 SPC 기법 (슈하트, EWMA, CUSUM 관리도)의 결합에 대한 연구를 수행하였으며 그 결과를 정리하면 다음과 같다.

① 공정에 급작스런 변화가 발생하는 경우에 EPC 기법만을 적용한 경우보다 SPC 기법을 결합

한 경우의 결과가 더 효율적이며, 변화의 크기가 작은 경우에는 슈하트, EWMA, CUSUM 관리도와 결합한 경우의 성능 차이가 거의 없는 반면에 변화의 크기가 큰 경우에는 슈하트 관리도와 결합한 경우가 더 효율적이다.

② 공정에 급작스런 변화가 발생하는 경우 ARL 측면에서는 변화의 크기가 작은 경우에 공정변화를 잘 검출하지 못하고 있는데, 이것은 MMSE 제어가 공정의 작은 변화에 빠르게 반응하여 공정출력을 보정하고 있으므로 이러한 결과가 얻어졌다고 볼 수 있다. 또한 전반적으로는 슈하트 관리도와 결합한 경우가 EWMA, CUSUM 관리도와 결합한 경우보다 공정변화를 잘 감지함을 파악하였다.

③ 공정이 한 방향으로 점진적인 변화(trend or drift)가 발생하는 경우는 EPC 기법만을 적용한 경우보다 SPC 기법을 결합한 경우가 더 효율적이지만, 변화의 크기가 아주 작은 경우에는 ②의 결과와 동일하게 MMSE 제어가 빠르게 반응하여 보정하고 있으므로 EPC 기법만을 적용한 경우가 우수하다. 이 경우를 제외하고는 전반적으로 SPC 기법과 결합한 경우가 우수하다. 한편 ARL 측면에서는 EWMA와 CUSUM 관리도와 결합한 경우가 우수하다고 알려져 있다.

7.1　음료수를 용기에 주입하는 충전공정을 고려하자. 이 공정의 규격은 $20\text{cm}^3 \pm 0.8\text{cm}^3$이다. 공정산포의 안정성이 R 관리도에 의해 확인되었으며, 공정산포는 $\sigma_w = 0.2\text{cm}^3$로 추정되었다. 공정평균이 이동하여 규격을 벗어나는 제품의 비율이 많이 증가함에 따라 불합격 상태가 되는 경우를 모니터링하기 위하여 합격판정 관리도를 적용하기로 한다. 이를 위하여 규격을 벗어난 제품의 비율이 0.05% 이하인 공정은 합격으로 하고, 규격을 벗어난 제품의 비율이 1.0% 이상인 공정은 불합격으로 처리하고자 한다. 그리고 $\alpha = 0.135\%$, $\beta = 20\%$를 채택하며, 충전량은 정규분포를 따른다고 가정한다.

　　　(1) APL의 범위와 RPL의 범위를 계산하라.

　　　(2) 부분군 크기 n을 계산하라.

　　　(3) 합격판정 관리도의 관리한계선을 계산하라.

7.2　합격 공정의 부적합품률 p_0와 합격 수준에서 운영되는 공정을 불합격시키는 위험(α), 그리고 불합격 공정의 부적합품률 p_1과 불합격 수준에서 운영되는 공정을 합격시키는 위험(β)을 동시에 고려한 합격판정 관리도에서 부분군 크기 n은 다음과 같이 계산된다.

$$n = \left[\frac{(z_\alpha + z_\beta)\sigma}{RPL_U - APL_U} \right]^2 \text{ 혹은 } n = \left[\frac{(z_\alpha + z_\beta)\sigma}{APL_L - RPL_L} \right]^2$$

　　　이 부분군 크기 n은 다음 식에 의해서도 계산될 수 있음을 증명하라.

$$n = \left[\frac{z_\alpha + z_\beta}{z_{p_0} - z_{p_1}} \right]^2$$

7.3　예제 7.2에서 $n = 5$이고 공정평균이 $\pm 2\sigma$까지 이동을 허용할 경우 수정된 관리도 합격관리한계를 구하라. 여기서 다른 파라미터 값은 예제 7.2와 동일하다.

7.4　표 7.18을 대상으로 세 부품의 목표치가 $T_A = 90$, $T_B = 70$, $T_C = 60$일 경우에 DNOM 관리도를 그려라.

표 7.18 연습문제 7.4의 데이터

부분군	부품	특성치		
1	A	95	92	93
2	A	91	88	90
3	A	93	90	89
4	A	91	94	87
5	A	96	92	90
6	B	68	70	72
7	B	73	70	71
8	B	72	70	69
9	B	70	67	74
10	B	69	70	72
11	B	68	71	70
12	C	60	61	59
13	C	56	60	60
14	C	61	56	60
15	C	59	60	63
16	C	60	62	61
17	C	63	61	60

7.5 예제 7.3에서 다룬 표 7.1의 단기 생산공정 데이터에 대해 표준화 DNOM 관리도의 관리한계를 설정하고 이 관리도를 작성하여 관리상태를 판정하라.

7.6 연습문제 7.4의 데이터를 대상으로 $Z-MR$ 관리도를 그려라.

7.7 부분군 크기 $n=1$ 인 20개 부분군에 대한 데이터가 다음과 같다. $\mu_0 = 47$ 과 $\sigma_0 = 8$ 로 기준값이 주어져 있는 경우의 이동평균(MA) 관리도를 작성하여 관리상태를 판정하고자 한다.

1	2	3	4	5	6	7	8	9	10
46.47	55.53	44.33	51.00	40.07	44.87	56.60	52.60	42.47	64.33

11	12	13	14	15	16	17	18	19	20
59.27	57.13	54.20	67.27	53.80	66.67	46.23	55.12	48.73	54.27

(1) 이동평균 길이 $m_A = 3$ 으로 하여 기준값이 주어져 있는 경우에 이동평균(MA) 관리도의 중심선과 3σ 관리한계선을 계산하고, 타점 통계량을 계산하라.

(2) 이동평균 길이 $m_A = 3$ 일 경우의 이동평균(MA) 관리도를 작성하고 관리상태를 판정하라.

7.8 연습문제 7.7의 데이터에 대하여 $\mu_0 = 47$ 과 $\sigma_0 = 8$ 로 기준값이 주어져 있는 경우의 EWMA 관리도를 작성하여 관리상태를 판정하고자 한다. 단, 가중치 $\lambda = 0.15$ 로 한다.

(1) EWMA 관리도의 중심선과 3σ 관리한계선을 계산하고, 타점 통계량을 계산하라.

(2) EWMA 관리도를 작성하고 관리상태를 판정하라.

7.9   표 7.19는 콜 센터에서 상담원과 통화가 될 때까지의 소요시간(단위: 초)에 대한 데이터로 단계 I에 초반 25개, 단계 II에 후반 25개로 구분하여 적용한다.

(1) 단계 I의 데이터를 $X - R_m$ 관리도에 도시하여 관리상태 여부를 판정하라.

(2) 단계 I에서 얻은 평균과 표준편차를 기초로 단계 II의 데이터에 대해 이동평균 길이 $m_A = 4$ 일 경우의 이동평균(MA) 관리도를 작성하고 관리상태를 판정하라.

(3) 단계 II의 데이터에 대해 $\lambda = 0.2$인 EWMA 관리도를 작성하고 관리상태를 판정하라.

(4) 목표치는 40초로, $h = 4$와 $k = 0.5$ 로 설정하여 단계 II의 데이터에 대해 CUSUM EWMA 관리도를 작성하고 관리상태를 판정하라.

표 7.19 콜 센터 데이터 (단위: 초)

부분군	1	2	3	4	5	6	7	8	9	10	11	12	13
시간	42.2	38.4	45.5	47.1	39.0	38.1	41.2	38.5	45.0	40.5	43.5	42.6	36.4
부분군	14	15	16	17	18	19	20	21	22	23	24	25	
시간	39.4	37.4	41.6	39.4	40.8	38.8	43.6	39.7	40.9	41.3	37.2	36.5	
부분군	26	27	28	29	30	31	32	33	34	35	36	37	38
시간	43.9	41.8	36.7	37.4	17.8	39.2	35.8	36.8	39.5	11.5	40.8	38.2	37.6
부분군	39	40	41	42	43	44	45	46	47	48	49	50	
시간	36.5	37.5	39.8	40.8	38.1	35.9	43.2	42.5	36.4	37.5	43.8	39.5	

7.10   슈하트 관리도와 비교한 CUSUM 관리도의 장단점을 약술하라.

7.11   연습문제 7.7의 데이터에 대하여 단측 CUSUM 관리도를 작성하고자 한다. 여기서 목표치 T 는 47, 표준편차 $\sigma = 8$ 이며, $h = 5$와 $k = 0.5$ 를 적용한다.

(1) 단측 CUSUM 관리도의 관리한계선을 계산하라.

(2) 단측 CUSUM 관리도의 상측 타점 통계량과 하측 타점 통계량을 계산하라.

(3) CUSUM 관리도를 작성하고 관리상태를 판정하라.

7.12   연습문제 7.11에서 CUSUM 관리도의 민감도를 높이기 위하여 급속 초기 반응으로 50% 빠른 출발을 적용하기로 할 경우 CUSUM 관리도를 작성하고 관리상태를 판정하라.

7.13* 다음 데이터는 공정 특성을 나타내는데, 포아송 분포보다 기하분포가 보다 적절하다고 볼 수 있는 Kaminski et al.(1992)에 수록된 데이터를 Xie et al.(2002a)가 단순화하기 위해 변형한 것이다.

(1) 사건 발생확률 p 의 최소분산 불편추정치를 구하라.

(2) g 관리도의 관리한계선을 계산하라.

(3) g 관리도를 작성하여 위의 결과들을 확인하고, 희귀 사건의 발생패턴이 비안정적인지를 판정하라.

22	11	14	15	20	12	11	15	11	40	18	27	23	19	8
22	39	9	19	26	27	30	37	16	18	20	12	12	33	25

7.14 평균이 4,500시간인 지수분포를 따르는 공정에서 고장 발생간격이 관리상태인지를 모니터링하고자 한다. 이를 위하여 지수분포에 의거한 t 관리도를 사용하기로 하였다.

(1) $\theta = 4,500$ 인 지수분포를 따른다고 간주하여 t 관리도의 중심선과 3σ 관리한계선을 계산하라.

(2) 고장 간격 시간이 다음 표와 같이 주어졌을 때 θ를 추정하여 t 관리도에 타점하여 관리상태를 판정하라.

순서	1	2	3	4	5	6	7	8	9	10
고장간격	7,454	6,062	572	5,356	829	6,591	12,921	7,132	3,370	7,374
순서	11	12	13	14	15	16	17	18	19	20
고장간격	563	4,141	10,666	428	183	7,324	209	2,515	2,090	4,148

7.15* 적응 관리도에서 임계치 w는 다음의 관계식을 만족한다(Prabhu et al.(1994) 참고).

$$w = \Phi^{-1}\left[\frac{2\Phi(UCL)(n_2 - n_0) + n_0 - n_1}{2(n_2 - n_1)} \right]$$

표 7.12에 있는 두 가지 경우를 임의로 택하여 w, n_0, n_1, n_2의 관계가 성립함을 보여라.

7.16 관리한계 계수를 3보다 작거나 큰 값을 채택하는 경우를 두 가지 이상 열거하라.

7.17* 표 7.20은 화학공정에서 획득한 온도 데이터이다. 물음에 답하라.

표 7.20 화학공정의 온도 데이터

t	x_t	e_t	t	x_t	e_t	t	x_t	e_t	t	x_t	e_t
1	545		23	526		45	535		67	561	
2	545		24	524		46	530		68	563	
3	550		25	531		47	524		69	569	
4	548		26	536		48	544		70	565	
5	555		27	531		49	546		71	563	
6	553		28	530		50	543		72	548	
7	552		29	523		51	537		73	546	
8	561		30	526		52	529		74	547	
9	560		31	524		53	527		75	557	
10	554		32	531		54	525		76	558	
11	561		33	524		55	524		77	552	
12	568		34	529		56	530		78	557	
13	568		35	531		57	533		79	553	
14	562		36	549		58	536		80	540	
15	555		37	540		59	553		81	545	
16	549		38	546		60	556		82	543	
17	552		39	548		61	570		83	545	
18	543		40	543		62	568		84	522	
19	550		41	533		63	559		85	516	
20	536		42	535		64	550		86	518	
21	532		43	537		65	564		87	508	
22	518		44	541		66	560		88	514	

(1) x_t에 대한 $X - R_m$ 관리도를 작성하여 관리상태 여부를 판정하고, 유의수준에 5%에서 유의한 자기상관함수의 시차는 얼마인지 구하라.

(2) Minitab 등의 통계 SW를 이용하여 AR(1) 모형을 추정하면 $\hat{x}_t = 58.521 + 0.8918 x_{t-1}$, $t = 2, 3, \ldots, 88$이 됨을 보여라.

(3) (2)를 이용해 표 7.20의 잔차(e_t) 칸을 채워라.

(4) e_t에 대한 $X - R_m$ 관리도를 작성하여 관리상태 여부를 판정하라. 그리고 이들 잔차가 독립인지 조사하라(유의수준은 5%).

7.18* 목표치가 225인 공정의 관측값이 표 7.21에 정리되어 있다.

(1) 이득이 2.1일 때 I 제어를 설정하여 적용하라. 여기서 λ가 0.2인 EWMA로 예측값(one-step-ahead)을 구해라.

(2) (1)에서 λ가 0.3일 때 EWMA로 예측값을 구해라.

(3) (1)과 (2)의 조정을 통해 목표치에 대한 변동(EMS)이 얼마나 감소했는가?

표 7.21 연습문제 7.18의 데이터

t	1	2	3	4	5	6	7	8	9	10
y_t	271.0	250.4	288.8	278.0	268.7	233.5	268.4	256.4	242.2	256.6
t	11	12	13	14	15	16	17	18	19	20
y_t	249.6	246.4	204.7	235.3	221.3	234.5	171.4	221.1	200.0	189.3

7.19* 표 7.21에 대해 $\lambda = 0.2$와 $L=10$일 때 한계가 있는 조정기법을 적용하라. 한계가 있는 조정기법의 수행도(조정횟수와 EMS)를 연습문제 7.18의 (1)의 결과와 비교하라.

규격 연관 관리도, 단기 생산관리도, 잔차 관리도(자기상관하의 대안 관리도의 하나로 비교적 널리 쓰임)를 각각 최초로 체계적으로 다룬 논문으로 Freund(1957), Hillier(1969), Alwan and Roberts (1988)를 들 수 있다. 그리고 EWMA 관리도는 Lucas and Saccucci(1990)가, CUSUM 관리도는 Qiu(2014)의 4장이, 희귀사건 관리도와 적응 관리도는 각각 Ali et al.(2016)과 Tagaras(1998)의 통람 논문이 도움이 될 것이다. 그리고 EPC에 관해서는 Box and Luceno(2008)의 일독을 권한다.

1. 이승훈(2015), Minitab 품질관리, 이레테크.

2. KS Q ISO 7870-3: 2020 관리도-제3부: 합격판정 관리도.

3. KS Q ISO 7870-4: 2021 관리도-제4부: 누적합 관리도.

4. KS Q ISO 7870-5: 2014 관리도-제5부: 특수 관리도.

5. KS Q ISO 7870-6: 2016 관리도-제6부: EWMA 관리도.

6. KS Q ISO 7870-8: 2017 관리도-제8부: 단기 가동 및 소규모 혼합 뱃치에 대한 작성 기법.

7. KS Q ISO 7870-9: 2020 관리도-제9부: 정상성을 갖는 프로세스에 대한 관리도.

8. Ali, S., Pievatolo, A. and Göb, R.(2016), "An Overview of Control Charts for High-Quality Process," Quality and Reliability Engineering International, 32, 2171-2189.

9. Alwan, L. C. and Roberts, H. V.(1988), "Time-Series Modeling for Statistical Process Control," Journal of Business and Economic Statistics, 6, 87-95.

10. Barnard, G. A.(1959), "Control Charts and Stochastic Processes," Journal of the Royal Statistical Society Series B, 21, 239-271.

11. Benneyan, J. C.(1999), "Geometric-Based g-Type Statistical Quality Control Charts for Infrequent Adverse Events: New Quality Control Charts for Hospital Infections," Institute of Industrial Engineers for Health Systems 1999 Conference Proceedings, 175-185.

12. Benneyan, J. C.(2001), "Performance of Number-Between g-Type Statistical Quality Control Charts for Monitoring Adverse Events," Health Care Management Science, 4, 305-318.

13. Box, G. E. P.(1991a), "Feedback Control by Manual Adjustment," Quality Engineering, 4, 143-151.

14. Box, G. E. P.(1991b), "Bounded Adjustment Charts," Quality Engineering, 4, 331-338.

15. Box, G. E. P. and Jenkins, J. M.(1976), Time Series Analysis, Forecasting, and Control,

Holden Day.

16. Box, G. E. P. and Luceno, A.(2008), Statistical Control by Monitoring and Feedback Adjustment, 2nd ed., Wiley.

17. Box, G. E. P. and Jenkins, J. M.(1976), Time Series Analysis, Forecasting and Control, Holden Day, Oakland, CA.

18. Castillo, D. E.(2002), Statistical Process Adjustment for Quality Control, Wiley.

19. Costa, A. F. B.(1994), "$\overline{X}$ Charts with Variable Sample Size," Journal of Quality Technology, 26, 155-163.

20. Daudin, J. J.(1992), "Double Sampling $\overline{X}$ Charts," Journal of Quality Technology, 24, 78-87.

21. Freund, W. D.(1957), "Acceptance Control Charts," Industrial Quality Control, 14, 13-23.

22. Hawkins, D. M.(1981), "A CUSUM for a Scale Parameter," Journal of Quality Technology, 13, 228-235.

23. Hillier, F. S.(1969), "$\overline{X}$- and R-Chart Control Limits Based on a Small number of Subgroups," Journal of Quality Technology, 1, 17-25.

24. Kaminsky, F. C., Benneyan, J. C., Davis, R. D. and Burke, R. J.(1992), "Statistical Control Charts Based on a Geometric Distribution," Journal of Quality Technology, 24, 63-69.

25. Lucas, J. M. and Crosier, R. B.(1982), "Fast Initial Response for CUSUM Quality Control Schemes," Technometrics, 24, 199-205.

26. Lucas, J. M. and Saccucci, M. S.(1990), "Exponentially Weighted Moving Average Control Schemes: Properties and Enhancements," Technometrics, 32, 1-29.

27. MacGregor, J. F.(1990), "A Different View of Funnel Experiment," Journal of Quality Technology, 22, 255-259.

28. MacGregor, J. F. and Harris, T. J.(1993), "The Exponentially Weighted Moving Variance," Journal of Quality Technology, 25, 106-118.

29. Mitra, A(2016), Fundamentals of Quality Control and Improvement, 4th ed., Wiley.

30. Montgomery, D. C.(2012), Statistical Quality Control, 7th ed., Wiley.

31. Montgomery, D. C., Keats, J. B., Runger, G. C. and Messina, W. S.(1994), "Integrating Statistical Process Control and Engineering Process Control," Journal of Quality Technology, 26, 79-87.

32. Montgomery, D. C. and Mastrangelo, C. M.(1991), "Some Statistical Process Control Methods for Autocorrelated Data," Journal of Quality Technology, 23, 179-193.

33. Page, E. S.(1954), "Continuous Inspection Schemes," Biometrics, 41, 100-115.

34. Prabhu, S. S., Montgomery, D. C. and Runger, G. C.(1994), "A Combined Adaptive Sample Size and Sampling Interval $\overline{X}$ Control Scheme," Journal of Quality Technology, 26, 164-176.

35. Prabhu, S. S., Runger, G. C. and Keats, J. B.(1993), "An Adaptive Sample Size $\overline{X}$ Chart," International Journal of Production Research, 31, 2895-2909.

36. Qiu, P.(2014), Statistical Process Control, CRC Press.

37. Reynolds, M. R., Jr., Amin, R. W. Arnold, J. C., and Nachlas, J. A.(1988), "$\overline{X}$-Charts with Variable Sampling Intervals," Technometrics, 30, 181-192.

38. Roberts, S. W.(1959), "Control Chart Tests Based on Geometric Moving Averages," Technometrics, 42, 97-102.

39. Runger, G. C. and Pignatiello, J. J.(1991), "Adaptive Sampling for Process Control," Journal of Quality Technology, 23, 135-155.

40. Runger, G. C. and Willemain, T. R.(1996), "Batch-means Control Charts for Autocorrelated Data," IIE Transactions, 28, 483-487.

41. Ryan, T. P.(2011), Statistical Methods for Quality Improvement, 3rd ed., Wiley.

42. Siegmund, D.(1985), Sequential Analysis: Tests and Confidence Intervals, Springer-Verlag, New York.

43. Tagaras, G.(1998), "A Survey of Recent Developments in Design of Adaptive Control Charts," Journal of Quality Technology, 30, 212-230.

44. Vardeman, S. B. and Jobe, J. M.(2016), Statistical Methods for Quality Assurance, 2nd ed., Springer.

45. Woodall, W. H.(2006), "The Use of Control Chart in Healthcare and Public Health Surveillance," Journal of Quality Technology, 38, 89-104.

46. Xie, M., Goh, T. N. and Kuralmani, V.(2002a), Statistical Models and Control Charts for High Quality Processes, Kluwer Academic Publishers.

47. Xie, M., Goh, T. N. and Ranjan, P.(2002b), "Some Effective Control Chart Procedures for Reliability Modeling," Reliability Engineering and System Safety, 77, 143-150.

CHAPTER 8

다변량 공정 모니터링과 진단

　자동차 차체 조립공정에서는 조립 라인에 장착된 측정 장치에 의해 자동차 차체가 자동으로 계측되어 치수 변동성의 근본 원인을 모니터링하고 진단하는 데 사용할 수 있는 수백 개의 측정값이 수집되고 있다.

　차체는 판금으로 구성되며, 한 번에 하나 또는 두 개의 금속판에 하위 조립품을 결합하는 용도로 수천 개의 공구가 사용된다. 공구의 고장은 치수 가변성의 근본원인이 될 수 있으며, 여러 가지 공구 고장이 동시에 발생할 수도 있다. 즉, 공구가 고장이 나면 차체의 치수 무결성에 심각한 영향을 미칠 수 있다. 가장 일반적으로 발생하는 공구 결함은 느슨하거나 마모되거나 부서짐, 잘못 정렬된 용접, 죔쇠(clamp)의 오작동 등이다.

　본 사례는 조립라인 중에서 마지막 조립작업을 대상으로 한다. 자동차의 트렁크 도어 금속판을 경첩(hinge)으로 차대와 연결시키는 작업이 여기서 수행된다. 특히 이 조립 하위 작업장은 이전 조립 작업장에서 공정에 영향을 미치는 치수변동이 누적되므로 매우 중요한 품질특성(Critical to Quality: CTQ)을 제공한다. 본 사례의 목표는 하위 작업장에서 측정한 CTQ가 높은 공정능력지수를 가지면서 치수 무결성이 보증될 수 있도록 양호하고 안정적인 공정 운영 조건을 설정하는 것이다.

　도어 금속판이 차체에 결합된 후 그림 8.A에 표시된 도어 금속판 주변의 16개 특정 위치에서 지점의 성격을 반영한 32개의 변수(12개의 씰(seal) 틈, 11개의 여유 폭 및 9개의 수직 간격)가 계측된다.•

　이런 32개 변수들은 상관관계가 높을 것이며 관리 변수들이 너무 많고, 더불어 공분산 행렬이 비정칙 행렬이 될 가능성도 제법 있어 6~7장의 단변량 관리도는 물론 8장의 T^2 등의 다변량 관리도로도 분석하기 힘들다. 이에 따라 공정관리부서에서는 변수 간의 공간적 패턴과 상관관계 구조를 조사하기 위해 주성분분석 모형을 구축하고 관리변수의 차원을 3개로 축소한 주성분을 선정하였다.

　이에 따라 해당 부서에서는 3개의 주성분을 이용한 T^2 관리도와 제곱예측오차(SPE) 관리도(8.7절 참고)를 적용하여 원래의 변수가 보유한 정보를 요약한 두 관리도만으로 공정을 모니터링하고, 이상신호가 발생되면 주성분으로부터 공정을 진단하는 방식을 정립하여 원활한 공정관리를 시행하고 있다.

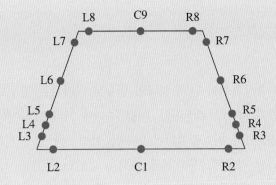

그림 8.A 금속판의 측정 지점 위치(L: 좌측, C: 중앙, R: 우측)

자료: Ferrer(2007).

이 장에서는 먼저 8.2~8.4절에서 슈하트 다변량 관리도 유형에 속하는 품질특성치들의 평균 관리용인 T^2 관리도와 산포 관리용인 일반화 분산 관리도를 다루며, 비슈하트 다변량 관리도로 평균을 관리하는 다변량 EWMA와 CUSUM 관리도를 살펴본다. 그리고 품질특성이 설명변수의 선형함수 관계로 표현되는 프로파일 모니터링 방법과 순차 다단계 공정을 모니터링하고 진단하는 방법을 각각 8.5절과 8.6절에서 다룬다. 또한 빅데이터 시대에 적합한 공정 모니터링과 진단 방법으로 먼저 주성분분석과 부분최소제곱법을 이용하여 관리변수의 차원을 축소한 후에 이를 이용해 공정을 모니터링하고 진단하는 방법을 8.7절에서, 이와 더불어 공정이동이 소수의 공정변수에 의해 주도되는 현실을 반영하여 이런 변수들을 선별하여 모니터링하는 관리도를 8.8절에서 소개한다. 그리고 8.9절에서는 군집분석을 이용한 단일 계층 분류 관리도를 다루며, 특히 관리한계를 데이터기반으로 구하는 방법을 설명한다. 마지막으로 8.10절에서는 뉴럴 네트워크에 의한 다양한 이상상태를 식별하는 내용을 다루고자 한다.

이 장의 요약

공정특성 또는 제품의 품질특성이 단지 하나의 변수로 나타나는 경우도 있지만 여러 개의 변수로 나타내야 되는 상황이 더욱 보편적이다. 이럴 경우에 여러 개의 변수에 대해 각각의 관리도를 적용할 수도 있지만, 이는 비효율적이며 변수들 간에 상관관계가 존재할 때 잘못된 결론이 도출될 수 있다. 이러한 경우에 여러 개의 특성을 결합한 분포를 이용하여 하나의 관리도로서 동시에 모니터링하는 방법을 채택할 수 있다. 이를 통칭하여 다변량 관리도(multivariate control chart)라 하며, 이전까지 다루었던 단변량 관리도(univariate control chart)에서와 마찬가지로 품질특성치들의 평균 관리를 위한 T^2 관리도와 다변량 품질산포(변동)를 관리하기 위한 일반화 분산 관리도로 구별할 수 있다. 본서에서는 널리 알려진 T^2 관리도를 먼저 8.2절에서 자세히 살펴보며, 일반화 분산관리도를 8.3절에서 다룬다.

다변량 관리도는 관리하여야 할 품질특성이 여러 개인 경우에 다수의 품질특성을 동시에 하나로 관리하는 관리도로, 전술한 T^2 관리도 및 일반화 분산 관리도 외에 다변량 지수가중이동평균(EWMA), 다변량 CUSUM 관리도 등이 있으며 마지막을 제외한 세 종의 다변량 관리도는 KS Q ISO 7870-7에 수록되어 있다. 따라서 8.4절에서는 비슈하트 유형 관리도에 속하는 공정평균에 관한 다변량 EWMA 관리도와 CUSUM 관리도를 추가적으로 소개한다.

이와 같은 다변량 관리도는 다수의 개별 변수별 단변량 관리도를 독립적으로 해당 특성을 모니터링할 때 나타나는 오류(제1종 오류)를 감소시켜주는 효과가 있으며, 여러 품질특성을 통합한 하나의 관리도로 공정을 관리할 수 있는 장점이 있다. 하지만 다변량 관리도는 이상상태가 발생 시 어떤 공정(품질)특성치에 의해 발생한 것인지를 파악해야 하는 해석상의 어려움이 존재한다. 가장 단순한 방법은 개별 특성치에 관한 단변량 관리도를 다변량 관리도와 병행하여 사용하는 것으로, 이렇게 하면 공정에 대한 보다 정확한 모니터링이 가능할 것이다.

SQC에서 관리대상 품질특성과 이와 연관된 공정변수를 선택하는 것은 매우 중요한 업무 중의 하나이다. 보통 기업에서 중요한 품질특성(CTQ)은 식스시그마의 D단계 등을 통해 비교적 수월하게 정할 수 있으며, 더불어 품질특성치에 영향을 미치는 공정변수 등을 선정하여 이의 파라미터를 직접적으로 관리하는 경우도 존재한다. 이런 모니터링의 대표적인 경우로 품질특성을 공정변수의 함수 관계로 나타내는 프로파일(profile)이 또한 SPC의 관심 대상이 되고 있다. 그리고 제조 및 서비스 산업에서는 단일 공정이 아닌 여러 단계가 연관된 다단계(multistage) 공정이 일반적이다. 다단계 공정에서는 모니터링과 더불어 어디서 이상원인이 발생했는지를 파악하는 진단과정이 필요하다. 그런데 6, 7장의 단변량 관리도 등으로는 이런 문제를 해결하기가 쉽지 않다. 따라서 8.5절에서는 다변량 관리도 등으로 프로파일을 모니터링하는 방법을, 8.6절에서는 다단계 공정을 T^2 관리도 등으로 모니터링하고 진단하는 방법론을 소개한다.

최근 데이터 수집 기술의 발달로 인해 다양한 분야에서 일상적으로 대량의 데이터가 수집되고 있는데, 이런 빅데이터(big data)는 데이터 용량, 다양성, 속도(3V; volume, variety, velocity) 외에도 복잡한 구조를 가진 경우가 많다. 빅데이터를 수집하고 분석하는 한 가지 주요 목표는 대상 공정의 시간에 따른 상태 및 성능을 모니터링하는 것인데, SPC의 관리도가 유용한 도구가 될 수 있다.

빅데이터 환경에서 비지도 통계적 학습(unsupervised statistical learning)은 공정과 이상상태 사건에 대한 구체적 정보가 제공되지 않을 때 적용할 수 있는데, 이는 두 가지 비지도 학습 방법, 즉, 차원 축소(dimension reduction) 방법과 군집분석(cluster analysis) 및 단일 계층 분류(One-Class Classification: OCC) 방법으로 대별할 수 있다.

먼저 전통적 다변량 관리도에서 관리대상 변수의 수가 증가함에 따라 이상상태 검출 수행도와 진단능력이 떨어지는 약점을 경감할 수 있도록 고차원 문제를 저차원으로 줄이는 차원 축소 방법은 두 가지 주요 그룹으로 분류할 수 있다. 첫 번째 그룹에서는 원래 변수 집합을 저차원 부분 공간에 사영하는 방법으로 주성분분석(PCA)과 더불어 지도 통계적 학습방법인 부분최소제곱(PLS) 등이 이러한 접근법에 속하는데 8.7절에서 다룬다. 두 번째 그룹은 중요 변수의 부분 집합을 선택하고 나머지 그다지 중요하지 않은 변수는 무시하는 것으로, 전통적인 예로 회귀분석에서 여러 변수선택 방법을 통한 설명(예측)변수를 선별하는 과정을 들 수 있다. 이 접근법은 8.8절에서 살펴본다.

8.9절에서 소개되는 비지도 학습방법인 군집분석과 단일 계층 분류 방법은 공정 모니터링에서 매우 유사한 프레임워크를 사용하지만 차이가 있다. 즉, 공정 모니터링에 대한 OCC 접근 방식은 모니터링 문제를 관리 상태 내 또는 이상상태로 분류하는 분류 문제로 재구성하는데, Sun and Tsung(2003)의 K 관리도로부터 시작되었다.

그리고 8.10절에서는 이상상태의 종류가 가정된 상황에서 뉴럴 네트워크를 이용하여 공정의 다양한 이상상태로의 변화를 감지하는 방안을 설명하고자 한다.

T^2 관리도를 포함해 8장에서 다루는 다변량 모니터링과 진단의 전반적인 연구동향에 관심이 있는 독자는 통람 논문인 Bersimis et al.(2007) 등을 참고하면 된다.

8.2 | T^2 관리도

다변량 관리도를 이용하여 여러 개의 변수에 대한 모니터링을 할 때, 변수들 간의 상관관계가 있는 경우 주의해야 할 점이 몇 가지 있다. 상관관계가 높은 두 변수에 대해 각각의 단변량 관리도를 작성한 경우, 단변량 관리도에서 문제가 되지 않는 점들이 다변량 관리도에서는 문제가 되는 경우가 발생할 수 있다.

이에 대해 하나의 예를 들어 설명해보자. 어떤 화학반응공정의 모니터링에서 다음과 같은 문제를 고려해보자. 공정특성에 영향을 미치는 인자로서 공정압력(x_1)과 공정온도(x_2)을 고려해볼 수 있는데, 반응기 내의 온도와 압력은 공정관리의 핵심요소에 속한다. 그림 8.1에서 시간의 변화에 따른 공정온도와 공정압력에 대한 모니터링에서는 두 가지 유형의 특징이 발견되는데, 우선 각각의 관리도(우측 상단 및 좌측 하단의 그래프)에서 ⊕ 표시의 점 2개는 각각의 분리된 특성의 모니터링, 즉 단변량 관리도에서는 특이점이 아니다. 그러나 좌측 상단의 두 변수에 관한 산점도에서는 특이점으로 양의 상관관계를 나타내는 경향에서 벗어나 있음을 알 수 있다. 반면, 개별 단변량 관리도에서 2개의 ◇점은 각각 관리하한선을 이탈하고 있음을 알 수 있지만, 산점도에서는 두 공정변수의 양의 상관성에 위배되는 것이 아닌 지극히 바람직한 패턴을 나타내고 있음을 알 수 있다.

이와 같이 여러 개의 품질특성을 상호 연관성을 고려하여 하나의 관리도로 모니터링하는 데 유용한 관리도가 Hotelling(1947)에 의하여 제안된 T^2 관리도이다. 다변량 관리도 가운데 공정평균을 관리하기 위하여 가장 널리 사용되는 도구이다.

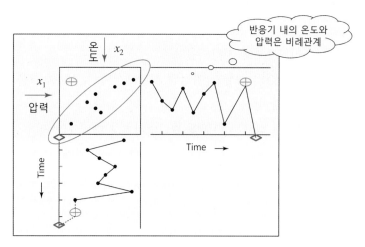

그림 8.1 단일변수로 분리된 관리도에 의한 모니터링의 문제점

8.2.1 부분군이 형성될 경우의 T^2 관리도

p개의 특성치에 대해 $n(> 1)$의 표본크기를 가진 m개의 부분군(8장에서 부분군의 수를 나타내는 k가 이 장에서는 다르게 쓰이므로 m으로 표기함)에 대한 자료구조는 표 8.1과 같이 나타낼 수 있다. 여기서 x_{ijk}는 k번째 부분군에서 j번째 특성치에 관해 i번째 관측한 값이다.

p개의 특성치는 다변량 정규분포를 따르는 것으로 가정하며, 크기 n의 부분군에 대한 $(p \times 1)$ 품질특성치의 평균벡터 $\overline{\boldsymbol{x}}$를 다음과 같이 정의한다.

$$\overline{\boldsymbol{x}} = \left(\overline{x}_1, \ \overline{x}_2, \ ..., \ \overline{x}_p \right)'$$

각 부분군(샘플/표본)에 대한 타점 통계량은 다음과 같이 표현할 수 있는데, 이 통계량은 자유도가 p인 χ^2분포를 따른다.

$$\chi_0^2 = n(\overline{\boldsymbol{x}} - \boldsymbol{\mu})' \boldsymbol{\Sigma}^{-1} (\overline{\boldsymbol{x}} - \boldsymbol{\mu}) \tag{8.1}$$

(여기서 $\boldsymbol{\mu} = \left(\mu_1, \ \mu_2, \ \cdots, \ \mu_p \right)'$, 즉 각 품질특성치의 평균벡터이고, $\boldsymbol{\Sigma}$는 공분산 행렬임.)

단변량일 경우에 식 (8.1)에 해당되는 $\dfrac{\overline{x} - \mu}{s / \sqrt{n}}$는 자유도 $n-1$인 t분포를 따르며(부록 A.3 참고), 이의 제곱은 다음과 같이 표현할 수 있으므로,

$$\left(\frac{\overline{x} - \mu}{s / \sqrt{n}} \right)^2 = n(\overline{x} - \mu)(s^2)^{-1}(\overline{x} - \mu) \tag{8.2}$$

자유도 1인 χ^2분포를 따른다. 따라서 식 (8.1)은 식 (8.2)의 다변량 형태로 볼 수 있다.

따라서 이 경우 관리상한선만 존재하는데, 식 (8.1)에 의한 UCL은 다음과 같이 나타낼 수 있다.

$$UCL = \chi_{(p, \alpha)}^2 \tag{8.3}$$

표 8.1 다변량 관리도의 데이터 구조

부분군	측정치			
	$\boldsymbol{x}_1$	$\boldsymbol{x}_2$	$\cdots$	$\boldsymbol{x}_p$
1	$x_{111} \ x_{211} \ \cdots \ x_{n11}$	$x_{121} \ x_{221} \ \cdots \ x_{n21}$	$\cdots$	$x_{1p1} \ x_{2p1} \ \cdots \ x_{np1}$
2	$x_{112} \ x_{212} \ \cdots \ x_{n12}$	$x_{122} \ x_{222} \ \cdots \ x_{n22}$	$\cdots$	$x_{1p2} \ x_{2p2} \ \cdots \ x_{np2}$
$\vdots$	$\vdots$	$\vdots$	$\vdots$	$\vdots$
m	$x_{11m} \ x_{21m} \ \cdots \ x_{n1m}$	$x_{12m} \ x_{22m} \ \cdots \ x_{n2m}$	$\cdots$	$x_{1pm} \ x_{2pm} \ \cdots \ x_{npm}$

식 (8.3)을 실제 상황에 적용하려면 기존의 공정평균과 공정산포 정보를 알고 있다고 가정할 수 있어야 한다. 보통 이런 경우보다 단계 I과 같이 사전 예비 샘플(표본크기 n)을 통하여 추정하여 사용하는 경우가 일반적이므로 이 경우의 타점 통계량을 다음과 같이 구할 수 있다.

$$T^2 = n(\overline{\boldsymbol{x}} - \overline{\overline{\boldsymbol{x}}})' \boldsymbol{S}^{-1} (\overline{\boldsymbol{x}} - \overline{\overline{\boldsymbol{x}}})$$

여기서 평균벡터 $\overline{\overline{\boldsymbol{x}}}$는 $\overline{\overline{x}}_j (j = 1, 2, \cdots, p)$들로 구성되고, $\overline{\overline{x}}_j$는 다음과 같으며,

$$\overline{\overline{x}}_j = \frac{1}{m} \sum_{k=1}^{m} \overline{x}_{jk}, \quad j = 1, 2, \ldots, p$$

또한, 각 부분군(크기 n)에서의 평균과 분산은 다음과 같이 구한다.

$$\overline{x}_{jk} = \frac{1}{n} \sum_{i=1}^{n} x_{ijk}, \quad \begin{cases} j = 1, 2, \ldots, p \\ k = 1, 2, \ldots, m \end{cases}$$

$$s_{jk}^2 = \frac{1}{n-1} \sum_{i=1}^{n} (x_{ijk} - \overline{x}_{jk})^2, \quad \begin{cases} j = 1, 2, \ldots, p \\ k = 1, 2, \ldots, m \end{cases}$$

한편, k번째 부분군에서 j번째 특성 및 $h(h \neq j)$번째 특성치 간의 공분산은 다음과 같이 구할 수 있으며,

$$s_{jhk} = \frac{1}{n-1} \sum_{i=1}^{n} (x_{ijk} - \overline{x}_{jk})(x_{ihk} - \overline{x}_{hk}), \quad k = 1, 2, \ldots, m$$

이로부터 다음과 같은 공분산 행렬 $\boldsymbol{S}$의 구성요소를 구할 수 있다.

$$\overline{s}_j^2 = \frac{1}{m} \sum_{k=1}^{m} s_{jk}^2, \quad j = 1, 2, \ldots, p$$

$$\overline{s}_{jh} = \frac{1}{m} \sum_{k=1}^{m} s_{jhk}, \quad j \neq h$$

따라서 표본 공분산 행렬은 다음과 같이 나타낼 수 있다.

$$\boldsymbol{S} = \begin{bmatrix} \overline{s}_1^2 & \overline{s}_{12} & \overline{s}_{13} & \cdots & \overline{s}_{1p} \\ & \overline{s}_2^2 & \overline{s}_{23} & \cdots & \overline{s}_{2p} \\ & & \ddots & & \vdots \\ & & & & \overline{s}_p^2 \end{bmatrix} \tag{8.4}$$

이로부터 다변량 T^2 관리도에서 k번째 부분군의 타점 통계량은

$$T_k^2 = n(\overline{\boldsymbol{x}}_k - \overline{\overline{\boldsymbol{x}}})' \boldsymbol{S}^{-1}(\overline{\boldsymbol{x}}_k - \overline{\overline{\boldsymbol{x}}}), \ \ k = 1, 2, \ldots, m \tag{8.5}$$

$$\text{여기서, } \overline{\boldsymbol{x}}_k = \left(\overline{x}_{1k}, \ \overline{x}_{2k}, \ \cdots, \ \overline{x}_{pk}\right)' \text{임.}$$

이 되며, 이와 같은 타점 통계량 T_k^2에 기초한 관리도를 Hotelling의 T^2 관리도라 부른다.

(1) 단계 I과 II의 관리한계선 설정

사전에 상당히 많은 부분군 정보를 확보하고 있다면 단계 I과 II의 구분 없이 근사적으로 $UCL = \chi_{\alpha, p}^2$을 사용할 수도 있다. 하지만 20~25개의 부분군이 필요한 $\overline{X}$ 관리도와 달리 T^2 관리도는 매우 큰 부분군 또는 여러 회의 단계 I 과정을 추천하고 있다(Montgomery, 2012).

따라서 상기 방법보다 식 (8.4)와 같이 모수를 추정하여 구할 경우는 F 분포를 따르므로 (Johnson and Wichern, 2007), 이 분포로부터 확률적으로 설정된 관리한계선을 채택할 수 있다. T^2 관리도에서는 관리하한선이 0이므로 공정이 관리상태인데 관리한계선을 벗어날 확률 α는 UCL과 LCL에서 반씩 나누어 설정되지 않고, UCL에만 α를 고려하여 설정된다.

단계 I에서 관리한계선은 다음과 같이 계산되는데, UCL은 통상 정규분포에서의 3σ 관리한계선을 준용하여 $\alpha = 0.0027$을 적용하여 구할 수 있으며, 중심선은 필요하다면 F 분포의 분위수를 중앙값으로 설정하여 구한다(Mason and Young, 2002).

$$UCL = \frac{p(m-1)(n-1)}{mn-m-p+1} F(p, mn-m-p+1; \alpha) \tag{8.6}$$

$$LCL = 0$$

한편 관리상태의 단계 I 관리도로부터 공정평균벡터 $\boldsymbol{\mu} = \boldsymbol{\mu}_0$와 공정 공분산 행렬 $\boldsymbol{\Sigma} = \boldsymbol{\Sigma}_0$가 기준값으로 주어지면, 향후의 공정을 모니터링하는 단계 II에서의 UCL은 다음과 같이 계산된다.

$$UCL = \frac{p(m+1)(n-1)}{mn-m-p+1} F(p, mn-m-p+1; \alpha) \tag{8.7}$$

식 (8.7)의 UCL의 설성에는 단계 I로부터 공정모수를 추정하는 데 사용된 부분군의 수 m에 관한 정보가 필요하며(연습문제 8.3 참고), k번째 부분군의 타점 통계량은 다음이 된다.

$$T_k^2 = (\overline{\boldsymbol{x}}_k - \boldsymbol{\mu}_0)' \boldsymbol{\Sigma}_0^{-1}(\overline{\boldsymbol{x}}_k - \boldsymbol{\mu}_0)$$

$$\text{(여기서, } \boldsymbol{\mu}_0 = (\mu_1, \ \mu_2, \ \cdots, \ \mu_p)', \ \boldsymbol{\Sigma}_0 = \begin{bmatrix} \sigma_1^2 & \sigma_{12} & \sigma_{13} & \cdots & \sigma_{1p} \\ & \sigma_2^2 & \sigma_{23} & \cdots & \sigma_{2p} \\ \text{대칭} & & \sigma_3^2 & \cdots & \sigma_{3p} \\ & & & & \sigma_p^2 \end{bmatrix} \text{임.)}$$

(2) 이상상태 신호의 해석

이전에 언급한 바와 같이 다변량 관리도의 어려움은 이상상태 신호의 실질적 해석에 관한 것이다. 즉, p개의 공정변수 중에서 어떤 것 또는 이들의 집합에 의해 발생한 것인지를 파악해야 한다.

표준적인 방법은 p개의 공정변수에 관한 $\overline{X}$ 관리도를 병행하는 것이다. 여기서 $p = 20$이고 독립을 가정하더라도 이들의 결합된 제1종 오류는 $1 - (1 - 0.0027)^{20} = 0.053$이 되는 위험이 발생한다. 따라서 $\overline{X}$ 관리도의 관리한계의 계수를 3 대신에 Bonferroni 부등식으로 근사한 $0.0027/(2p)$으로서 확률적인 관리한계선을 사용하는 것을 추천하고 있다. 이 방법은 결국 다변량 관리도를 채택하더라도 공정관리 업무를 경감시키지 못하는 약점이 있다.

이상상태 신호의 진단에 관한 다른 유용한 접근법은 T^2 통계량을 각 공정변수가 기여하는 부분으로 분할하는 방법이다. 이런 연구 중에서 Runger et al.(1996)은 T^2이 현재의 통계량이고, $T_{(i)}^2$가 i번째 공정변수를 제외하여 구한 통계량일 때 그 차인 $d_i = T^2 - T_{(i)}^2$가 그 변수의 상대적인 기여도를 나타내므로 이를 이용할 것을 제안하고 있다. 또한 Mason et al.(1995)은 T^2을 개별 공정변수 통계량과 조건부 통계량의 합으로 보다 정교하게 분할하는 방법을 제안하였다. 예를 들면 p가 3일 때 $T^2 = T_1^2 + T_{2\,|\,1}^2 + T_{3\,|\,1,2}^2$로 분할하는 방식으로, Minitab에서는 이를 이용한 진단방법 결과(P값)를 제공하고 있는데, 개별 공정변수의 정하는 순서에 따라 결과가 달라질 수 있는 약점을 가지고 있지만 널리 쓰이고 있다.

예제 8.1 직물 제조공정에서는 생산된 직물의 외가닥 절단력과 중량이 주요 품질특성치이다. 표 8.2에는 20개 부분군(표본크기 4)에서 얻은 이변량 데이터가 정리되어 있다(Mitra, 2016). 이로부터 먼저 각 품질특성치별 단변량 $\overline{X}$ 관리도를 그림 8.2에서 각각 볼 수 있다. 이를 보면 이상상태를 나타내는 특별한 이상 징후는 없어 보인다.

표 8.2 직물의 외가닥 절단력과 중량 데이터

부분군	절단력				중량			
1	80	82	78	85	19	22	20	20
2	75	78	84	81	24	21	18	21
3	83	86	84	87	19	24	21	22
4	79	84	80	83	18	20	17	16
5	82	81	78	86	23	21	18	22
6	86	84	85	87	21	20	23	21
7	84	88	82	85	19	23	19	22
8	76	84	78	82	22	17	19	18
9	85	88	85	87	18	16	20	16
10	80	78	81	83	18	19	20	18
11	86	84	85	86	23	20	24	22
12	81	81	83	82	22	21	23	21
13	81	86	82	79	16	18	20	19
14	75	78	82	80	22	21	23	22
15	77	84	78	85	22	19	21	18
16	86	82	84	84	19	23	18	22
17	84	85	78	79	17	22	18	19
18	82	86	79	83	20	19	23	21
19	79	88	85	83	21	23	20	18
20	80	84	82	85	18	22	19	20

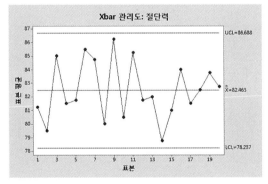
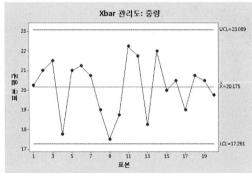

그림 8.2 절단력과 중량에 관한 $\overline{X}$관리도

두 품질특성치의 부분군별 평균과 T^2 통계량 값 등이 표 8.3에 정리되어 있다.

예를 들면 부분군 1에서 $\overline{x}_1 = 81.25$, $\overline{x}_2 = 20.25$가 되므로 분산과 공분산은 다음과 같이

계산된다.

표 8.3 타점 통계량 계산: 예제 8.1

부분군	절단력 표본 평균	중량 표본 평균	절단력 표본 분산	중량 표본 분산	표본 공분산	T^2	일반화 분산
1	81.25	20.25	8.92	1.58	0.92	0.78	13.28
2	79.50	21.00	15.00	6.00	−9.00	5.25	9.00
3	85.00	21.50	3.33	4.33	3.00	5.98	5.44
4	81.50	17.75	5.67	2.92	1.17	7.95	15.17
5	81.75	21.00	10.92	4.67	5.33	1.03	22.50
6	85.50	21.25	1.67	1.58	0.17	6.72	2.61
7	84.75	20.75	6.25	4.25	4.58	3.36	5.55
8	80.00	19.00	13.33	4.67	−7.33	5.27	8.44
9	86.25	17.50	2.25	3.67	−2.50	15.25	2.00
10	80.50	18.75	4.33	0.92	−0.50	4.86	3.72
11	85.25	22.25	0.92	2.92	0.92	10.08	1.83
12	81.75	21.75	0.92	0.92	0.58	3.17	0.50
13	82.00	18.25	8.67	2.92	−0.33	4.74	25.17
14	78.75	22.00	8.92	0.67	1.33	10.66	4.17
15	81.00	20.00	16.67	3.33	−7.33	1.21	1.78
16	84.00	20.50	2.67	5.67	−2.67	1.45	8.00
17	81.50	19.00	12.33	4.67	3.00	2.31	48.55
18	82.50	20.75	8.33	2.92	−4.50	0.41	4.05
19	83.75	20.50	14.25	4.33	3.17	1.06	51.72
20	82.75	19.75	4.92	2.92	2.92	0.25	5.83
평균	82.46	20.17	7.51	3.29	−0.35		

$$s_{11}^2 = \frac{1}{3}[(80-81.25)^2 + (82-81.25)^2 + (78-81.25)^2 + (85-81.25)^2] = 8.92$$

$$s_{21}^2 = \frac{1}{3}[(19-20.25)^2 + (22-20.25)^2 + (20-20.25)^2 + (20-20.25)^2] = 1.58$$

$$s_{121} = \frac{1}{3}[(80-81.25)(19-20.25) + (82-81.25)(22-20.25) + (78-81.25)(20-20.25)$$
$$+ (78-81.25)(20-20.25)] = 0.917$$

이로부터 구한 $\overline{\overline{x}}_1 = 82.46$, $\overline{\overline{x}}_2 = 20.17$, $\overline{s}_1^2 = 7.51$, $\overline{s}_2^2 = 3.29$, $\overline{s}_{12} = -0.35$(표 8.3의 마지막 줄)가 되므로, 각 부분군의 타점 통계량(식 (8.5))을 다음의 T_1^2과 같이 구한 결과가 표 8.3에 정리되어 있다.

$$T_1^2 = 4\left(\overline{\boldsymbol{x}}_1 - \overline{\overline{\boldsymbol{x}}}\right)' \boldsymbol{S}^{-1}\left(\overline{\boldsymbol{x}}_1 - \overline{\overline{\boldsymbol{x}}}\right)$$

$$= 4\left(\overline{x}_{11} - \overline{\overline{x}}_1,\ \overline{x}_{21} - \overline{\overline{x}}_2\right)\begin{bmatrix} \overline{s}_1^2 & \overline{s}_{12} \\ \overline{s}_{12} & \overline{s}_2^2 \end{bmatrix}^{-1}\begin{bmatrix} \overline{x}_{11} - \overline{\overline{x}}_1 \\ \overline{x}_{21} - \overline{\overline{x}}_2 \end{bmatrix}$$

$$= 4\left(81.25 - 82.46,\ 20.25 - 20.17\right)\begin{bmatrix} 7.51 & -0.35 \\ -0.35 & 3.29 \end{bmatrix}^{-1}\begin{bmatrix} 81.25 - 82.46 \\ 20.25 - 20.17 \end{bmatrix}$$

$$= 4\left(-1.21,\ 0.08\right)\begin{bmatrix} 0.1338 & 0.0142 \\ 0.0142 & 0.3055 \end{bmatrix}\begin{bmatrix} -1.21 \\ 0.08 \end{bmatrix}$$

$$= 0.78$$

제1종 오류를 0.0027로 제어할 때 식 (8.6)의 단계 I에 해당되는 관리상한선 UCL과 더불어 CL은 다음과 같이 설정된다.

$$UCL = \left[\frac{2(20-1)(4-1)}{20(4) - 20 - 2 + 1}\right]F(2, 59; 0.0027) = \frac{114}{59}(6.5491) = 12.65$$

$$CL = \frac{114}{59}F(2, 59; 0.5) = \frac{114}{59}(0.7014) = 1.36$$

두 변수를 한꺼번에 모니터링하는 방법으로 T^2 관리도를 적용하면 그림 8.3과 같은 결과를 얻을 수 있다. 개별 $\overline{X}$ 관리도의 도시결과와 달리 이 중에서 하나의 점(부분군 #9)이 관

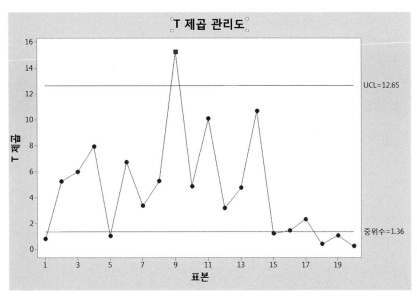

그림 8.3 다변량 관리도: 예제 8.1

리한계선을 이탈하고 있음을 확인할 수 있다.

그러나 타점 통계량만 가지고는 어떤 변수가 문제가 있는지를 알 수가 없다. 이를 위하여 Minitab의 분해된 T^2 통계량에 기초하여 관리한계선을 이탈한 점에서 어떤 변수가 크게 영향을 미쳐 이상이 발생하였는지를 판별해낼 수 있다. 여기서 부분군 #9의 P값(Minitab 출력물에서 절단력: 1.09%, 중량: 0.063%임)을 보면 두 품질특성치가 모두 특이함을 알 수 있다.

앞의 예제와 같이 여러 공정변수의 모니터링과 관리에서 개별 단변량 관리도에 의해 공정특성을 관리하는 것은 매우 어려운 일이며 오류도 증대된다. 따라서 T^2 관리도와 같은 다변량 관리도는 오류의 가능성을 줄여주고 결과특성에 영향을 주는 다양한 공정변수들을 동시에 관리할 수 있는 편리한 도구가 될 수 있을 것이다.

8.2.2 개별치인 경우의 T^2 관리도

이 소절에서는 부분군을 형성하지 않고 개별치로 데이터를 획득하는 경우의 T^2 관리도에 대하여 살펴보기로 한다. 개별치, 즉 부분군 크기 $n = 1$이고, 품질특성이 p개 있으며, 부분군의 수가 m인 데이터가 획득될 경우를 상정하자. 개별치인 경우에 x_{jk}는 k번째 부분군에서 j번째 품질특성에 대한 관측값을 나타낸다.

(1) 단계 I의 T^2 관리도

공정평균벡터 $\boldsymbol{\mu}$와 공정 공분산 행렬 $\boldsymbol{\Sigma}$의 기준값이 주어져 있지 않은 경우(즉, 단계 I 관리도 또는 해석용 관리도)에는 주어진 공정 데이터로부터 $\hat{\boldsymbol{\mu}} = \overline{\boldsymbol{x}}$, $\widehat{\boldsymbol{\Sigma}} = \boldsymbol{S}_1$로 추정하여, 다음과 같이 T^2 관리도의 k번째 부분군 타점 통계량을 계산한다.

$$T_k^2 = (\boldsymbol{x}_k - \overline{\boldsymbol{x}})' \boldsymbol{S}_1^{-1} (\boldsymbol{x}_k - \overline{\boldsymbol{x}}) \tag{8.8}$$

(단, $\overline{\boldsymbol{x}} = (\overline{x}_1, \overline{x}_2, \cdots, \overline{x}_p)'$, $\boldsymbol{x}_k = (x_{1k}, x_{2k}, \cdots, x_{pk})'$, $k = 1, 2, \ldots, m$;

$p \times p$의 행렬 $\boldsymbol{S}_1$의 (j, h) 원소는 $s_{jh} = \dfrac{1}{m-1} \displaystyle\sum_{k=1}^{m} (x_{jk} - \overline{x}_j)(x_{hk} - \overline{x}_h)$임.)

여기서 $\boldsymbol{S}_1$은 m개의 부분군을 하나로 취급하여 공분산 행렬을 추정한 것으로, 이때의

$\dfrac{m}{(m-1)^2} T_k^2$은 두 형상모수가 각각 $p/2$, $(m-p-1)/2$인 베타분포를 따른다. 즉, $\boldsymbol{x}_k$와 $\overline{\boldsymbol{x}}$는 독립이 아니며, 더욱이 $\boldsymbol{x}_k$와 $\boldsymbol{S}_1$도 독립이 아니므로 부분군이 형성될 경우의 F 분포가 아닌 베타분포를 따른다. 자세한 도출과정은 Tracy et al.(1992)를 참고하기 바란다.

그런데 상기의 T^2 통계량을 이용하면 평균 벡터의 이동량이 증가할 때 이상상태 검출확률이 감소하는 바람직하지 못한 현상이 발생하는 등 검출력이 떨어지므로, Sullivan and Woodall (1995)은 식 (8.8)에서 $\boldsymbol{S}_1$ 대신 이동범위의 개념을 채택한 다음 추정량 $\boldsymbol{S}_2$을 추천하고 있다.

$$\boldsymbol{S}_2 = \frac{1}{2(m-1)} \boldsymbol{V}' \boldsymbol{V} = \begin{bmatrix} s_1^2 & s_{12} & \cdots & s_{1p} \\ s_{12} & s_2^2 & \cdots & s_{2p} \\ \vdots & \vdots & \vdots & \vdots \\ s_{1p} & s_{2p} & \cdots & s_p^2 \end{bmatrix}, \quad \boldsymbol{V} = \begin{bmatrix} \boldsymbol{v}'_2 \\ \boldsymbol{v}'_3 \\ \vdots \\ \boldsymbol{v}'_m \end{bmatrix} \tag{8.9}$$

$$(\text{단, } \boldsymbol{v}_k = \boldsymbol{x}_k - \boldsymbol{x}_{k-1}, \ k = 2, 3, \ldots, m)$$

따라서 이 절에서는 먼저 각 품질특성에 대하여 개별치 간 차이 $v_{jk} = x_{jk} - x_{j-1,k}$, $j = 1, 2, \ldots, p$, $k = 1, 2, \ldots, m$를 구하여 공분산 행렬 $\boldsymbol{S}_2$와 타점 통계량을 계산하는 방식을 채택한다.

그리고 $\boldsymbol{S}_2$를 채택한 $\dfrac{m}{(m-1)^2} T_k^2$은 두 형상모수가 각각 $p/2$, $(Q-p-1)/2$(단, $Q = 2(m-1)^2/(3m-4)$)인 베타분포로 근사할 수 있다. 따라서 개별치인 경우의 T^2 관리도의 중심선 및 관리한계선은 베타분포를 이용하여 다음과 같이 설정된다.

$$UCL = \frac{(m-1)^2}{m} B(p/2, (Q-p-1)/2; \alpha)$$

$$CL = \frac{(m-1)^2}{m} B(p/2, (Q-p-1)/2; 0.5) \tag{8.10}$$

$$LCL = 0$$

여기서 $B(a, b; \alpha)$는 첫 번째 형상 모수 a, 두 번째 형상 모수 b인 베타분포에서 누적확률이 $1-\alpha$인 분위수를 나타내며, 특히 $m > p^2 + 3p$일 때는 점근적 분포에 해당되는 χ^2분포를 채택하여 $UCL = \chi^2_{(p,\alpha)}$로 보다 단순하게 근사화할 수도 있다(Williams et al., 2006).

(2) 단계 II의 T^2 관리도

해석용 관리도(단계 I 관리도)를 이용하여 공정이 관리상태가 되면, 이를 기준으로 관리용 관리도(단계 II 관리도)를 운용하게 된다. 관리상태의 단계 I 관리도로부터 공정평균벡터 $\mu = \mu_0$ 와 공정 공분산 행렬 $\Sigma = \Sigma_0$ 가 기준값으로 주어지면, 단계 II 관리도에서의 T^2 관리도의 타점 통계량은 다음과 같이 주어진다.

$$T_k^2 = (x_k - \mu_0)' \Sigma_0^{-1} (x_k - \mu_0)$$

단계 II의 T^2 관리도의 중심선 및 관리한계선은 F 분포를 이용하여 다음과 같이 설정된다.

$$UCL = \frac{p(m+1)(m-1)}{m^2 - mp} F(p,\, m-p; \alpha)$$

$$CL = \frac{p(m+1)(m-1)}{m^2 - mp} F(p,\, m-p; 0.5) \tag{8.11}$$

$$LCL = 0$$

식 (8.11)에서는 단계 I로부터 공정평균벡터 $\mu = \mu_0$ 와 공정 공분산 행렬 $\Sigma = \Sigma_0$ 를 구하기 위하여 사용된 부분군의 수 m 을 알아야 한다(연습문제 8.4 참고).

예제 8.2 잔돌을 생산하는 유럽공장에서 획득한 표 8.4는 56개의 이변량 데이터이다 (Holmes and Mergen, 1993). 대, 중, 소로 분류된 잔돌의 비율(%)인 x_1(대)과 x_2(중)의 공정 평균을 모니터링하려고 한다. '소'의 비율은 100%에서 두 비율의 합을 차감한 값이 되므로 두 변수가 관리되면 자연적으로 제어되므로 타점 대상에서 제외하였으며, 당연히 x_1 과 x_2는 음의 상관관계(상관계수가 -0.769)를 가진다. 이 공장에서는 잔돌의 비율을 동시에 모니터링하기 위해 T^2 관리도를 채택하기로 하였다.

표 8.4 이변량 개별치 데이터: 예제 8.2

부분군	x_1	x_2	부분군	x_1	x_2	부분군	x_1	x_2
1	5.4	93.6	21	3.8	92.7	41	5.6	89.2
2	3.2	92.6	22	2.8	91.5	42	6.9	84.5
3	5.2	91.7	23	2.9	91.8	43	7.4	84.4
4	3.5	86.9	24	3.3	90.6	44	8.9	84.3
5	2.9	90.4	25	7.2	87.3	45	10.9	82.2
6	4.6	92.1	26	7.3	79.0	46	8.2	89.8
7	4.4	91.5	27	7.0	82.6	47	6.7	90.4
8	5.0	90.3	28	6.0	83.5	48	5.9	90.1
9	8.4	85.1	29	7.4	83.6	49	8.7	83.6
10	4.2	89.7	30	6.8	84.8	50	6.4	88.0
11	3.8	92.5	31	6.3	87.1	51	8.4	84.7
12	4.3	91.8	32	6.1	87.2	52	9.6	80.6
13	3.7	91.7	33	6.6	87.3	53	5.1	93.0
14	3.8	90.3	34	6.2	84.8	54	5.0	91.4
15	2.6	94.5	35	6.5	87.4	55	5.0	86.2
16	2.7	94.5	36	6.0	86.8	56	5.9	87.2
17	7.9	88.7	37	4.8	88.8			
18	6.6	84.6	38	4.9	89.8			
19	4.0	90.7	39	5.8	86.9			
20	2.5	90.2	40	7.2	83.8			

(1) T^2 관리도(단계 I 관리도)의 중심선과 3σ 관리한계선을 구하고, 타점 통계량을 구하라.

만일 3σ 관리한계선을 채택한다면 관리한계 내에 있을 확률은 99.73%이므로 관리한계선을 벗어날 확률은 0.27%이다. 따라서 관리한계선을 계산 시 $\alpha = 0.0027$, $p = 2$, $m = 56$이고, $Q = 2(m-1)^2/(3m-4) = 2(56-1)^2/(3 \times 56 - 4) = 36.890$이므로 관리한계선과 중심선 계산을 위한 베타분포의 임계값을 구하면 다음과 같다.

$$B(p/2, (Q-p-1)/2; \alpha) = B(2/2, (36.890-2-1)/2; 0.0027)$$
$$= B(1, 16.945; 0.0027) = 0.29464$$
$$B(p/2, (Q-p-1)/2; 0.5) = B(2/2, (36.890-2-1)/2; 0.5)$$
$$= B(1, 16.945; 0.5) = 0.04008$$

따라서 식 (8.8)로부터 T^2 관리도의 3σ 관리한계선과 중심선은 다음과 같이 계산된다.

$$UCL = \frac{(56-1)^2}{56} B(1, 16.945; 0.0027) = 54.0179 \times 0.29464 = 15.92$$

$$CL = \frac{(56-1)^2}{56} B(1,\, 16.945;0.5) = 54.0179 \times 0.04008 = 2.17$$

$$LCL = 0$$

T^2 관리도의 작성을 위하여 먼저 각 품질특성치에 대하여 부분군 간 차이 v_1과 v_2를 계산한 결과가 표 8.5에 정리되어 있다.

표 8.5 v_1과 v_2 계산: 예제 8.15

부분군	x_1	v_1	x_2	v_2	부분군	x_1	v_1	x_2	v_2
1	5.4	*	93.6	*	29	7.4	1.4	83.6	0.1
2	3.2	2.2	92.6	1.0	30	6.8	0.6	84.8	1.2
3	5.2	2.0	91.7	0.9	31	6.3	0.5	87.1	2.3
4	3.5	1.7	86.9	4.8	32	6.1	0.2	87.2	0.1
5	2.9	0.6	90.4	3.5	33	6.6	0.5	87.3	0.1
6	4.6	1.7	92.1	1.7	34	6.2	0.4	84.8	2.5
7	4.4	0.2	91.5	0.6	35	6.5	0.3	87.4	2.6
8	5.0	0.6	90.3	1.2	36	6.0	0.5	86.8	0.6
9	8.4	3.4	85.1	5.2	37	4.8	1.2	88.8	2.0
10	4.2	4.2	89.7	4.6	38	4.9	0.1	89.8	1.0
11	3.8	0.4	92.5	2.8	39	5.8	0.9	86.9	2.9
12	4.3	0.5	91.8	0.7	40	7.2	1.4	83.8	3.1
13	3.7	0.6	91.7	0.1	41	5.6	1.6	89.2	5.4
14	3.8	0.1	90.3	1.4	42	6.9	1.3	84.5	4.7
15	2.6	1.2	94.5	4.2	43	7.4	0.5	84.4	0.1
16	2.7	0.1	94.5	0.0	44	8.9	1.5	84.3	0.1
17	7.9	5.2	88.7	5.8	45	10.9	2.0	82.2	2.1
18	6.6	1.3	84.6	4.1	46	8.2	2.7	89.8	7.6
19	4.0	2.6	90.7	6.1	47	6.7	1.5	90.4	0.6
20	2.5	1.5	90.2	0.5	48	5.9	0.8	90.1	0.3
21	3.8	1.3	92.7	2.5	49	8.7	2.8	83.6	6.5
22	2.8	1.0	91.5	1.2	50	6.4	2.3	88.0	4.4
23	2.9	0.1	91.8	0.3	51	8.4	2.0	84.7	3.3
24	3.3	0.4	90.6	1.2	52	9.6	1.2	80.6	4.1
25	7.2	3.9	87.3	3.3	53	5.1	4.5	93.0	12.4
26	7.3	0.1	79.0	8.3	54	5.0	0.1	91.4	1.6
27	7.0	0.3	82.6	3.6	55	5.0	0.0	86.2	5.2
28	6.0	1.0	83.5	0.9	56	5.9	0.9	87.2	1.0
					평균	5.68214		88.2196	

다음으로 v_1과 v_2를 이용하여 식 (8.9)의 공분산 행렬 $\boldsymbol{S}_2$를 계산하면 다음과 같다.

$$V = \begin{bmatrix} v_2{}' \\ v_3{}' \\ \vdots \\ v_{30}{}' \end{bmatrix} = \begin{bmatrix} 2.2 & 1.0 \\ 2.0 & 0.9 \\ \vdots & \vdots \\ 0.9 & 1.0 \end{bmatrix}$$

$$S_2 = \frac{1}{2(56-1)} V'V = \begin{bmatrix} 1.56245 & -2.09309 \\ -2.09309 & 6.72109 \end{bmatrix}$$

따라서 부분군 1에 대한 타점 통계량은 다음과 같이 계산된다.

$$T_1^2 = (x_1 - \overline{x})'S_2^{-1}(x_1 - \overline{x})$$

$$= (x_{11} - \overline{x}_1, x_{21} - \overline{x}_2) \begin{bmatrix} s_1^2 & s_{12} \\ s_{12} & s_2^2 \end{bmatrix}^{-1} \begin{bmatrix} x_{11} - \overline{x}_1 \\ x_{21} - \overline{x}_2 \end{bmatrix}$$

$$= (-0.28214, 5.3804) \begin{bmatrix} 1.56245 & -2.09309 \\ -2.09309 & 6.72109 \end{bmatrix}^{-1} \begin{bmatrix} -0.28214 \\ 5.3804 \end{bmatrix}$$

$$= \frac{1}{6.12043}(-0.28214, 5.3804) \begin{bmatrix} 6.72109 & 2.09309 \\ 2.09309 & 1.56245 \end{bmatrix} \begin{bmatrix} -0.28214 \\ 5.3804 \end{bmatrix}$$

$$= 6.4393$$

나머지 부분군에 대한 타점 통계량도 같은 방법으로 구하면 표 8.6과 같다.

(2) T^2 관리도(단계 I 관리도)를 도시하여 관리상태를 판정하라.

그림 8.4의 T^2 관리도 작성 결과를 보면 45번째 부분군이 관리상한선을 이탈하므로 이상상태로 판정된다. 이상상태를 발생시킨 변수를 찾기 위해 Minitab의 분해된 T^2 통

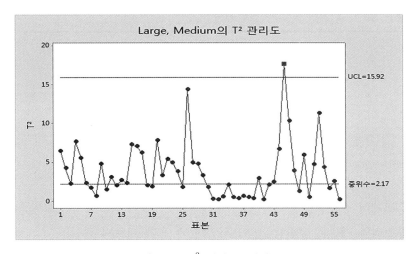

그림 8.4 T^2 관리도: 예제 8.2

표 8.6 타점 통계량 계산 결과: 예제 8.2

부분군 (k)	$x_{1k} - \bar{x}_1$	$x_{2k} - \bar{x}_2$	T^2 통계량	부분군 (k)	$x_{1k} - \bar{x}_1$	$x_{2k} - \bar{x}_2$	T^2 통계량
1	−0.28214	5.3804	6.4393	29	1.71786	−4.6196	3.2608
2	−2.48214	4.3804	4.2274	30	1.11786	−3.4196	1.7430
3	−0.48214	3.4804	2.1998	31	0.61786	−1.1196	0.2661
4	−2.18214	−1.3196	7.6433	32	0.41786	−1.0196	0.1657
5	−2.78214	2.1804	5.5646	33	0.91786	−0.9196	0.5637
6	−1.08214	3.8804	2.2578	34	0.51786	−3.4196	2.0686
7	−1.28214	3.2804	1.6756	35	0.81786	−0.8196	0.4475
8	−0.68214	2.0804	0.6452	36	0.31786	−1.4196	0.3168
9	2.71786	−3.1196	4.7970	37	−0.88214	0.5804	0.5904
10	−1.48214	1.4804	1.4711	38	−0.78214	1.5804	0.4639
11	−1.88214	4.2804	3.0571	39	0.11786	−1.3196	0.3534
12	−1.38214	3.5804	1.9856	40	1.51786	−4.4196	2.9282
13	−1.98214	3.4804	2.6883	41	−0.08214	0.9804	0.1977
14	−1.88214	2.0804	2.3169	42	1.21786	−3.7196	2.0624
15	−3.08214	6.2804	7.2616	43	1.71786	−3.8196	2.4773
16	−2.98214	6.2804	7.0252	44	3.21786	−3.9196	6.6662
17	2.21786	0.4804	6.1893	45	5.21786	−6.0196	17.6655
18	0.91786	−3.6196	1.9975	46	2.51786	1.5804	10.3210
19	−1.68214	2.4804	1.8241	47	1.01786	2.1804	3.8693
20	−3.18214	1.9804	7.8108	48	0.21786	1.8804	1.2349
21	−1.88214	4.4804	3.2470	49	3.01786	−4.6196	5.9139
22	−2.88214	3.2804	5.4025	50	0.71786	−0.2196	0.4704
23	−2.78214	3.5804	4.9594	51	2.71786	−3.5196	4.7314
24	−2.38214	2.3804	3.7997	52	3.91786	−7.6196	11.2594
25	1.51786	−0.9196	1.7912	53	−0.58214	4.7804	4.3025
26	1.61786	−9.2196	14.3721	54	−0.68214	3.1804	1.6093
27	1.31786	−5.6196	4.9038	55	−0.68214	−2.0196	2.4946
28	0.31786	−4.7196	4.7714	56	0.21786	−1.0196	0.1656

계량에 기초한 부분군 #45의 P값(Minitab 출력물에서 x_1에 대해 0.02%임)을 보면 '대'의 비율이 높아 발생한 것으로 판단된다.

8.3 | 일반화 분산 관리도

다변량 관리도에서 공정평균에 대한 관리 못지않게 중요한 것이 공정산포(변동)의 관리인데, 기본적인 산포관리의 개념은 단변량 관리도의 그것과 크게 다르지 않다.

우선 p개의 품질특성에 대한 공정변동은 $p \times p$ 공분산 행렬 Σ로 나타낼 수 있다. 여기서

$\boldsymbol{\Sigma}$의 대각원소는 분산이며, 나머지는 공분산 원소인데, 여기서는 표본 일반화 분산(sample generalized variance)에 기초한 공정산포의 관리방안을 살펴보기로 한다.

일반화 분산 관리도는 $\boldsymbol{\Sigma}$의 추정치인 $\boldsymbol{S}$의 행렬식(determinant) $|\boldsymbol{S}|$를 통하여 공정산포를 모니터링하는 방식을 취하는데, 즉 $|\boldsymbol{S}|$의 평균과 분산인 $E(|\boldsymbol{S}|)$, $Var(|\boldsymbol{S}|)$에 기초하여 슈하트 관리도 유형의 3σ 관리한계선을 설계하는 방식이다. 여기서 타점 통계량인 $|\boldsymbol{S}|$가 근사적으로 $E(|\boldsymbol{S}|) \pm 3\sqrt{Var(|\boldsymbol{S}|)}$ 구간 내에 대부분 속하게 될 것이라는 근사이론에 근거하여 관리한계선을 설계한다. 즉,

$$E(|\boldsymbol{S}|) = b_1|\boldsymbol{\Sigma}|,$$
$$Var(|\boldsymbol{S}|) = b_2|\boldsymbol{\Sigma}|^2 \tag{8.12}$$

$$\left(\text{여기서, } b_1 = \frac{1}{(n-1)^p}\prod_{i=1}^{p}(n-i),\right.$$
$$\left. b_2 = \frac{1}{(n-1)^{2p}}\left(\prod_{i=1}^{p}(n-i)\right)\left[\prod_{j=1}^{p}(n-j+2) - \prod_{j=1}^{p}(n-j)\right]\text{임.}\right)$$

이므로, $|\boldsymbol{S}|$에 기초한 관리도에서의 관리한계선과 중심선은 각각 다음과 같이 정의된다.

$$\text{UCL} = |\boldsymbol{\Sigma}|(b_1 + 3\sqrt{b_2})$$
$$\text{CL} = b_1|\boldsymbol{\Sigma}| \tag{8.13}$$
$$\text{LCL} = |\boldsymbol{\Sigma}|(b_1 - 3\sqrt{b_2})$$

만약, LCL의 값이 음수이면 관리하한선은 0으로 한다. $|\boldsymbol{\Sigma}|$가 추정될 경우는 $|\boldsymbol{S}|/b_1$를 대입하여 구하면 된다.

그리고 개별치인 경우에 다변량 공정산포에 관한 관리도로 Minitab에서 제공되는 일반화 분산 관리도는 품질특성별로 획득된 데이터를 표준화한 후에 각 부분군에서 이들로부터 구한 표준편차를 타점하고 있어(이승훈, 2015), 일반화 분산 관리도 유형에 속하지 않는다. 따라서 슈하트 유형의 일반화 분산 관리도에 관심이 있는 독자는 Ajadi et al.(2021)을 참고하기 바란다.

한편 일반화 분산 관리도는 관리상태를 이탈할 경우 T^2 관리도보다 이상원인을 찾기가 더욱 어렵다. 이탈원인이 개별 변수의 신포뿐만 아니라 이들 변수들의 상관관계가 달라져서 발생할 수 있기 때문이다.

예제 8.3 (예제 8.1의 계속) 표 8.3으로부터

$$S = \begin{bmatrix} 7.51 & -0.35 \\ -0.35 & 3.29 \end{bmatrix}$$

가 되므로 $|S| = 24.585$가 된다. 따라서 b_1, b_2는 다음과 같이 구해진다.

$$b_1 = \frac{3(2)}{3^2} = 0.667$$
$$b_2 = \frac{3(2)[5(4) - 3(2)]}{3^{2(2)}} = 1.037$$

$|\Sigma|$는 $24.585/0.667 = 36.859$로 추정되므로, 이를 식 (8.13)에 대입하면 관리한계선과 중심선이 다음과 같이 구해진다.

$$UCL = 36.859[0.667 + 3(1.037)^{1/2}] = 137.2$$
$$CL = 24.6$$
$$LCL = 36.859[0.667 - 3(1.037)^{1/2}] = -88.0 \rightarrow 0$$

Minitab 출력물인 그림 8.5의 일반화 분산 관리도를 보면(자릿수 차이로 UCL에서 미세한 차이가 발생) 공정산포가 관리상태임을 알 수 있다.

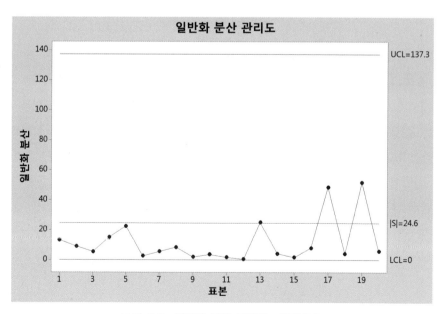

그림 8.5 일반화 분산 관리도: 예제 8.3

8.4 | 다변량 EWMA와 CUSUM 관리도

7장에서 다룬 바와 같이 다변량인 경우도 비교적 작거나 중간 정도의 평균벡터 이동이 발생할 경우에 슈하트 관리도 유형인 T^2 관리도는 반응 민감도가 떨어지며 다변량 EWMA와 CUSUM 관리도가 우수하다고 알려져 있다.

따라서 이 절에서는 다변량 EWMA 관리도와 CUSUM 관리도 순으로 소개한다. 두 관리도는 단계 I보다 단계 II에, 부분군이 형성되는 경우보다 개별치가 주로 사용되므로, 이런 상황에 한정하며 산포에 관한 두 관리도 유형은 다루지 않는다.

8.4.1 다변량 EWMA 관리도

이 절에서도 전 절과 같이 변수가 p개인 다변량 품질특성이 되며, 공정 평균의 이동을 검출하기 위해 제안된 Lowry et al.(1992)의 다변량 EWMA 관리도를 살펴본다. 전술한 바와 같이 단계 II가 대상이므로 대상공정의 관리상태하에서 분포는 다변량 정규분포(두 모수벡터/행렬이 알려진 $N_p(\boldsymbol{\mu}_0, \boldsymbol{\Sigma}_0)$)를 따른다고 가정한다.

Lowry et al.(1992)은 $n = 1$일 때 단변량 EWMA 타점 통계량(식 (7.25))을 일반화하여 k번째 부분군의 $\boldsymbol{x}_k$가 얻어지면 타점 통계량 벡터를

$$\boldsymbol{E}_k = \boldsymbol{\Lambda}(\boldsymbol{x}_k - \boldsymbol{\mu}_0) + (\boldsymbol{I}_p - \boldsymbol{\Lambda})\boldsymbol{E}_{k-1}, \ k = 1, 2, \dots, m \tag{8.14}$$

(여기서 $\boldsymbol{E}_0 = \boldsymbol{\mu}_0$, $\boldsymbol{\mu}_0 = (\mu_{10}, \mu_{20}, \dots, \mu_{p0})'$ $\boldsymbol{\Lambda} = diag(\lambda_1, \lambda_2, \dots, \lambda_p)$인데,

가중치 $\lambda_j \in (0, 1]$, $j = 1, 2, \dots, p$이며, $\boldsymbol{I}_p = diag(1, 1, \dots, 1)$로 단위행렬임.)

로 정의한다. 실제로 쓰이는 가중치는 동일하게 설정하므로(즉, $\lambda_1 = \lambda_2 = \cdots = \lambda_p = \lambda$), 식 (8.14)는 다음이 된다.

$$E_{jk} = \lambda(x_{jk} - \mu_{0j}) + (1 - \lambda)E_{j, k-1}, \ j = 1, 2, \dots, p; k = 1, 2, \dots, m \tag{8.15}$$

(여기서, $\boldsymbol{E}_k = (E_{1k}, E_{2k}, \dots, E_{pk})'$, $E_{j0} = \mu_j, j = 1, 2, \dots, p$임.)

이로부터 부분군의 타점 통계량은 T^2 관리도와 유사한 형태인

$$T_k^2 = \boldsymbol{E}_k' \boldsymbol{\Sigma}_k^{-1} \boldsymbol{E}_k, \ k = 1, 2, \dots, m \tag{8.16}$$

이 되며, 공분산 행렬은 단변량 EWMA관리도와 유사하게 다음과 같이 주어진다.

$$\Sigma_k = \frac{\lambda}{2-\lambda}[1-(1-\lambda)^{2k}]\Sigma_0, \ k=1,2,...,m \tag{8.17}$$

여기서 λ가 1이 되면 T^2관리도가 되며, 만약 부분군을 형성할 경우는 식 (8.15)에서 x_{jk}를 $\overline{x}_{jk}$로, 식 (8.17)에서 부분군 크기가 n이면 Σ_0를 Σ_0/n로 대치하면 된다.

다변량 EWMA 관리도의 관리한계는 다음과 같이 주어지는데,

$$\begin{aligned} UCL &= h \\ LCL &= 0 \end{aligned} \tag{8.18}$$

h는 p, 관리상태의 ARL인 ARL_0, λ에 의해 표 8.7처럼 설정되어 간편한 타점 통계량에 비해 구하기 힘든 편에 속한다. 표 8.7에는 $p=3, ARL_0=200$하에서 $\lambda=0.1 \sim 0.5$일 때 비중심 모수(noncentrality parameter)인 $\delta=\sqrt{\boldsymbol{\mu}_1'\Sigma_0^{-1}\boldsymbol{\mu}_1}$에 따른 ARL_1, h가 주어져 있다. 이를 보면 ARL_1는 $\boldsymbol{\mu}_1$에 의해 정해진 δ에 의존함을 알 수 있다(즉, 다른 $\boldsymbol{\mu}_1$이지만 동일한 δ일 때 거의 같은 ARL을 가짐). 여기서 δ는 예제 8.4에 적시된 Σ_0에 의해 계산된 값이다. 또한 정해진 λ하에서 δ가 증가하면 ARL이 감소함을, 그리고 비교적으로 작은 이동을 검출할 경우는 λ가 작게 설정해야 우수해짐을 알 수 있다.

또한 $p=2$일 때 $\lambda=0.05, 0.1, 0.2, 0.3, 0.4, 0.5$일 경우 ARL_0가 200이 되는 h는 각각

표 8.7 ARL과 h : $p=3, ARL_0=200$일 경우(Qiu, 2014)

$\boldsymbol{\mu}_1'$	$\delta=\sqrt{\boldsymbol{\mu}_1'\Sigma_0^{-1}\boldsymbol{\mu}_1}$	ARL				
		λ				
		0.1	0.2	0.3	0.4	0.5
(0,0,0)	0	200.05	199.97	119.94	199.98	119.91
(0.1614,0,0)	0.292	72.33	90.61	108.39	121.28	134.21
(0.25,0.25,0.25)	0.292	72.41	90.89	108.49	121.85	134.79
(0.25,0.25,0)	0.420	42.20	54.44	68.74	81.79	94.38
(0.25,0,0)	0.452	37.58	48.44	61.81	75.13	87.17
(0.5,0.5,0.5)	0.584	24.77	30.42	39.43	48.90	59.06
(0.5,0.5,0)	0.839	14.42	15.60	19.06	23.43	28.80
(1,1,1)	1.168	9.176	8.807	9.603	11.10	13.23
(1.5,1.5,1.5)	1.752	5.599	4.862	4.758	4.906	5.288
(2,2,2)	2.336	4.102	3.416	3.160	3.070	3.093
(2,2,0)	3.358	2.872	2.324	2.099	1.942	1.827
h		10.81	11.90	12.35	12.58	12.71

7.35, 8.63, 9.65, 10.08, 10.31, 10.44이고, $p = 4$일 때는 각각 11.21, 12.72, 13.86, 14.34, 14.58, 14.71, $p = 5$일 때는 각각 12.93, 14.54, 15.73, 16.22, 16.46, 16.60이 된다. 그리고 표 8.7에 없는 $p = 3, \lambda = 0.05$일 경우의 h는 9.41이다.

따라서 λ가 작을수록(클수록) 적은(큰) 공정평균 이동에 민감하므로, 대체적으로 λ는 0.1(또는 0.1~0.3)이 널리 쓰이고 있으며. p가 2~5가 아닌 다른 값이거나, 200이 아닌 ARL_0를 가질 경우는 다음의 적분방정식으로부터 이를($L(0|h)$) 구하면 된다.

$$L(0|h) = 1 + \int_0^{h\lambda/(1-\lambda)} L(y|h) f_{\chi_p^2}(y) dy$$

(여기서 $f_{\chi_p^2}(y)$는 자유도가 p인 χ^2분포의 확률밀도함수임.)

상기 식은 공분산으로 식 (8.17)을 채택하고 있는데, ARL_0는 평균벡터와 공분산 행렬에 의존하지 않으므로 이들을 각각 $\boldsymbol{\mu}_0 = 0, \boldsymbol{\Sigma}_0 = \boldsymbol{I}_p$로 적용하여 구하고 있다(Bodden and Rigdon, 1999). 즉, h가 주어지면 정교한 수치해법을 이용하여 $L(0|h)$를 산출할 수 있으며, 또한 $L(0|h) = ARL_0$가 규정되면 h는 이 적분방정식의 해로써 구해진다.

예제 8.4 $p = 3$이고 $m = 30$인 표 8.8의 자료에서 $\boldsymbol{\mu}_0 = (0, 0, 0)'$이고 관리상태하의 공분산 행렬이

$$\boldsymbol{\Sigma}_0 = \begin{bmatrix} 1.0 & 0.8 & 0.5 \\ 0.8 & 1.0 & 0.8 \\ 0.5 & 0.8 & 1.0 \end{bmatrix}$$

이다. ARL_0가 200이고 λ=0.1로 설정하여 다변량 EWMA 관리도를 작성하고 분석하라.

표 8.7에서 $h = 10.81$이 되며 그림 8.6의 다변량 관리도(Minitab 출력물)를 보면 17번째 부분군부터 UCL를 벗어나고 있다.

표 8.8 $p=3$인 예제 8.4 자료

부분군	x_1	x_2	x_3	T_k^2	부분군	x_1	x_2	x_3	T_k^2
1	-0.526	-0.388	-0.439	0.427	16	0.329	-0.222	0.306	8.553
2	0.174	-0.055	0.267	0.167	17	1.717	0.431	-0.684	12.785
3	0.075	-0.141	-0.129	0.230	18	0.488	0.339	1.310	12.654
4	0.499	0.677	1.236	0.910	19	1.363	0.795	1.741	17.542
5	-0.064	0.303	0.057	0.338	20	1.979	1.429	0.137	17.930
6	0.236	0.410	0.203	0.316	21	1.171	-0.313	-0.094	24.013
7	-0.393	-0.399	-0.785	0.140	22	2.235	1.372	1.164	29.676
8	0.394	0.637	0.902	0.333	23	-0.504	-1.413	-1.886	25.537
9	-0.397	-0.532	-1.314	0.505	24	-0.009	1.057	1.569	17.395
10	-1.423	-0.411	0.884	1.154	25	0.590	-0.678	-0.283	21.561
11	1.213	-0.197	-0.237	0.237	26	2.474	1.319	0.758	28.066
12	3.238	1.956	0.496	2.436	27	0.406	-0.407	0.041	29.274
13	0.644	0.137	-0.180	3.159	28	2.144	1.086	1.343	37.354
14	0.184	-0.500	1.078	5.606	29	1.311	-0.367	0.238	47.752
15	1.277	-0.188	-1.998	7.641	30	-0.568	-1.804	-1.664	45.581

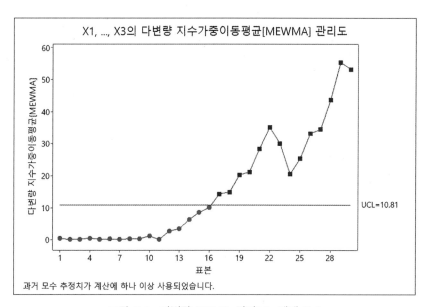

그림 8.6 다변량 EWMA 관리도: 예제 8.4

첫 번째 부분군의 타점 통계량을 구해보자. 식 (8.15)에 대입하면

$$E_{11} = 0.1(-0.526-0) + 0.9 \times 0 = -0.0526$$

$$E_{21} = 0.1(-0.388-0) + 0.9 \times 0 = -0.0388$$

$$E_{31} = 0.1(-0.439 - 0) + 0.9 \times 0 = -0.0439$$

가 되어, 식 (8.16)으로부터 다음이 얻어진다.

$$T_1^2 = \boldsymbol{E}_1{}' \boldsymbol{\Sigma}_1^{-1} \boldsymbol{E}_1$$

$$= (-0.0526, -0.0388, -0.0439) \frac{0.1}{1.9}(1 - 0.9^2) \begin{bmatrix} 1.0 & 0.8 & 0.5 \\ 0.8 & 1.0 & 0.8 \\ 0.5 & 0.8 & 1.0 \end{bmatrix}^{-1} \begin{bmatrix} -0.0526 \\ -0.0388 \\ -0.0439 \end{bmatrix}$$

$$= (-0.0526, -0.0388, -0.0439) \begin{bmatrix} 327.27 & -363.64 & 127.27 \\ -363.64 & 681.82 & -363.64 \\ 127.27 & -363.64 & 327.27 \end{bmatrix} \begin{bmatrix} -0.0526 \\ -0.0388 \\ -0.0439 \end{bmatrix}$$

$$= (-8.6927, 8.6363, -6.9527) \begin{bmatrix} -0.0526 \\ -0.0388 \\ -0.0439 \end{bmatrix} = 0.427$$

나머지 부분군에 대한 타점 통계량도 같은 방법으로 구할 수 있으며, 표 8.8의 마지막 칸에 수록되어 있다(연습문제 8.8 참고).

한편 예제 8.4처럼 $n = 1$인 경우에 대해서는 중심극한정리를 적용할 수 없으므로 다변량 정규분포를 따르지 않을 때 다변량 EWMA 관리도의 활용은 오도된 결과를 초래할 수 있다. 그런데 Testik et al.(2003)에 따르면 비정규 데이터에 대해서도 로버스트하므로, 다변량 EWMA 관리도를 분포에 무관한 비모수 관리도의 일종으로 간주하기도 한다.

8.4.2 다변량 CUSUM 관리도*

다변량 CUSUM 관리도는 다변량 EWMA 관리도와 달리 여러 유형이 개발되어 있다. 이 소절에서는 최초로 제안된 다변량 CUSUM 관리도와 더불어 수행도가 비교적 우수하다고 알려진 한 가지 방식을 추가로 소개하며, 다른 유형의 다변량 CUSUM 관리도에 관심이 있는 독자는 Bersimis et al.(2007) 등을 참고하면 된다. 여기서도 단계 II가 주 대상이므로 대상공정의 정상상태하에서 분포는 다변량 정규분포(두 모수벡터/행렬이 알려진 $N_p(\boldsymbol{\mu}_0, \boldsymbol{\Sigma}_0)$)를 따른다고 가정한다.

먼저 1986년 Woodall과 Ncube에 의해 제안된 p개의 단변량 CUSUM 관리도를 결합하여 운영하는 방식으로(MCUSUM-1으로 명명), $n = 1$인 경우에 k번째 부분군 $\boldsymbol{x}_k = (x_{1k}, x_{2k}, \ldots, x_{pk})'$, $k = 1, 2, \ldots m$가 얻어질 때 j번째 품질특성에 대해 누적합 타점 통계량은 상측용과 하측용을 다음과 같이 표준화하여 따로 계산하게 된다.

(1) 상측 누적합 타점 통계량: $C_{jk}^+ = \max\left\{0,\ C_{j,k-1}^+ + (x_{jk} - \mu_{0j})/\sigma_j - k_j\right\}$ 단, $C_0^+ = 0$

(2) 하측 누적합 타점 통계량: $C_{jk}^- = \max\left\{0,\ C_{j,k-1}^- + (\mu_{0j} - x_{jk})/\sigma_j - k_j\right\}$ 단, $C_0^- = 0$

또는 $C_{jk}^{-'} = \min\left\{0,\ C_{j,k-1}^{-'} + (x_{jk} - \mu_{0j})/\sigma_j + k_j\right\} = -C_{jk}^-$

즉, C_{jk}^+, C_{jk}^-는 k_j보다 큰 목표치부터의 편차를 누적한 값으로 음수가 되면 0으로 재설정된다. 여기서 k_j는 7.5절에서와 같이 표준화된 참조값 또는 허용 여유값에 해당되며 검출을 원하는 공정 평균과 목표치 간의 간격을 표준화한 값의 절반을 나타낸다. 개별 양측 CUSUM 관리도의 UCL과 LCL은 각각 h_j와 $-h_j$로 설정하여 운영하면 된다.

여기서 p개의 개별 CUSUM 관리도 중에서 하나 이상이 이상상태를 나타내면 이상신호로 볼 수 있으므로(즉, $\cup_{j=1}^{p}\left(C_{jk}^+ > h_j \text{ 또는 } C_{jk}^- > h_j\right)$), p개의 개별 변수가 독립으로 간주하면 ARL 은 다음과 같은 근사적인 관계로 나타낼 수 있다.

$$1 - \frac{1}{ARL} \approx \prod_{j=1}^{p}\left(1 - \frac{1}{ARL_j}\right)$$

여기서 ARL_j는 j번째 품질특성에 관한 CUSUM 관리도의 ARL이며, ARL_j이 큰 값을 가지면 다음과 같이 한 번 더 근사시킬 수 있다.

$$\frac{1}{ARL} \approx \sum_{j=1}^{p}\frac{1}{ARL_j}$$

따라서 ARL_{0j}가 정상상태하에서 j번째 품질특성에 관한 CUSUM 관리도의 ARL일 때, 이들이 큰 값을 가지면 MCUSUM-1 관리도의 정상상태하에서 ARL인 ARL_0는 다음과 같이 나타낼 수 있으며,

$$\frac{1}{ARL_0} \approx \sum_{j=1}^{p}\frac{1}{ARL_{0j}} \tag{8.19}$$

특히 $ARL_{01} = ARL_{02} = \cdots = ARL_{0p}$이면 $ARL_0 \approx ARL_{01}/p$가 된다.

예제 8.5 표 8.9의 자료에 대해 MCUSUM-1 관리도를 작성하고 분석하라. 여기서 $\boldsymbol{\mu}_0 = (0, 0, 0)'$이고 정상상태하의 공분산 행렬은 대각원소가 1이고 서로 독립인 단위행렬 (I_3)를 따른다.

표 8.9 $p=3$인 예제 8.5 자료

부분군	x_1	x_2	x_3	부분군	x_1	x_2	x_3
1	0.471	-0.420	-0.117	11	1.063	-0.073	-0.462
2	1.105	0.782	1.388	12	1.069	1.775	-1.754
3	0.894	0.280	-1.792	13	0.771	-0.120	0.164
4	1.860	0.791	0.608	14	1.713	-0.093	1.882
5	1.090	-0.796	-0.537	15	1.096	-0.672	-2.287
6	1.292	-0.420	1.307	16	0.944	-0.204	0.965
7	0.391	-0.702	-0.378	17	0.584	0.201	-1.414
8	1.688	0.249	1.304	18	1.484	0.435	1.810
9	0.148	-1.140	0.029	19	0.059	1.083	1.366
10	0.613	0.265	-1.894	20	3.283	0.988	-0.854

$k_1 = k_2 = k_3 = 0.5$, $h_1 = h_2 = h_3 = 4$로 설정하면 개별 양측 CUSUM 관리도의 ARL_0는 약 150정도가 되므로(Qiu, 2014), 식 (8.19)에 의해 MCUSUM-1 관리도의 ARL_0는 근사

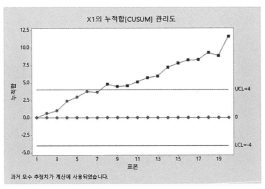

(a) MCUSUM-1: x_1

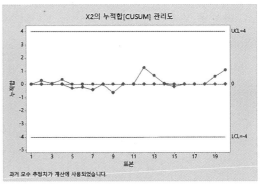

(b) MCUSUM-1: x_2

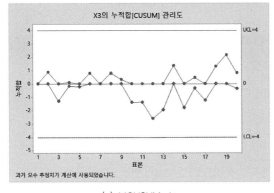

(c) MCUSUM-1: x_3

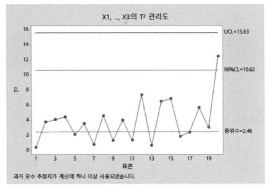

(d) T^2 관리도

그림 8.7 MCUSUM-1 관리도와 T^2 관리도: 예제 8.5

적으로 50(즉, 슈하트 관리도의 $\alpha = 0.02$)이 된다.

7장의 단변량 CUSUM 관리도(C_{jk}^{+}와 $C_{jk}^{-'}$가 도시됨)를 개별 품질특성치에 적용한 그림 8.7의 세 종의 MCUSUM-1 관리도를 보면 x_1만 8번째 부분군부터 UCL를 벗어나고 있으므로, x_1를 대상으로 이상원인을 조사해야 한다. 만약 8.2절의 T^2 관리도를 적용하면(단계 II에 필요한 단계 I에 사용된 부분군 크기를 임의로 100을 설정함) $\alpha = 0.02$로 관리상한을 설정하더라도 마지막 부분군이 되어야 이상신호를 검출하므로 MCUSUM 관리도가 우수함을 알 수 있다. 더불어 MCUSUM-1 관리도에서는 대상 관리도의 개수는 증가하지만 어떤 품질특성에서 이상상태의 원인이 되는지를 수월하게 파악할 수 있다.

한편 부분군을 형성할 경우는 x_{jk}를 $\overline{x}_{jk}$로, Σ_0를 Σ_0/n으로 대치하면 된다.

두 번째 다변량 CUSUM 관리도는 1988년에 Croiser가 제안된 두 가지 형태의 관리도 중에서 수행도가 우수하다고 알려진 다변량 CUSUM 관리도로 전문가들에게 관심을 많이 받고 있는 방식에 속한다. 전술한 다변량 CUSUM 관리도와 구별하기 위해 이 소절에서 다루는 Croiser의 다변량 CUSUM 관리도를 MCUSUM-2 관리도로 명명한다.

MCUSUM-2 관리도의 타점 통계량이 다음 조건을 충족하게 되면 이상신호의 발생으로 간주하며,

$$C_k = (\boldsymbol{U}_k{}'\boldsymbol{\Sigma}_0^{-1}\boldsymbol{U}_k)^{-1/2} > h \, , \, k = 1, 2, \ldots, m \tag{8.20}$$

$$\text{(여기서 } \boldsymbol{U}_k = \begin{cases} \boldsymbol{0}, & y_k \leq k_0 \\ (\boldsymbol{U}_{k-1} + \boldsymbol{x}_k - \boldsymbol{\mu}_0)\left(1 - \dfrac{k_0}{y_k}\right), & \text{기타} \end{cases} \text{ 이고,}$$

$$y_k = [(\boldsymbol{U}_k + \boldsymbol{x}_k - \boldsymbol{\mu}_0)'\boldsymbol{\Sigma}_0^{-1}(\boldsymbol{U}_k + \boldsymbol{x}_k - \boldsymbol{\mu}_0)]^{1/2}\text{임.)}$$

통계량 U_{jk}, $j = 1, 2, \ldots, p$는 y_k가 k_0보다 작으면 0으로 재설정되고, 그렇지 않을 경우는 U_{jk}는 $(U_{j,k-1} + x_{jk} - \mu_{0j})$에서 $[1 - (y_k/k_0)]$의 비율로 축소된다.

여기서 k_0는 MCUSUM-1 관리도와 동일한 의미로 설정되며, 관리상한인 h는 규정된 ARL_0 (보통 200)을 충족하도록 시뮬레이션을 통해 결정된다. MCUSUM-2 관리도에서 k_0는 0.5가, h는 $ARL_0 = 200$, $p = 2, 3, 5$일 때 각각 5.5, 6.9, 9.5가 널리 쓰인다

한편 Pignatiello and Runger(1990)는 MCUSUM-2 관리도와 유사하지만 보다 단순한 형태를 취하면서 수행도가 약간 우수하다고 주장하는 다변량 관리도를 제안하였다.

예제 8.6 예제 8.4의 표 8.8의 초반 20개 자료에 대해 $k_0 = 0.5, h = 6.9$로 설정한 MCUSUM-2 관리도를 작성하고 분석하라.

그림 8.8의 MCUSUM-2 관리도를 보면 MEWMA 관리도처럼 17번째 샘플부터 UCL을 벗어나고 있다.

$k = 1$일 때 타점 통계량 계산과정을 예시하면 $\boldsymbol{\mu}_0 = (0,0,0)'$, $\boldsymbol{U}_0 = (0,0,0)'$이고, $\boldsymbol{x}_1 = (-0.526, -0.388, -0.439)'$를 식 (8.20)에 대입하여 먼저 y_1를 구하면

$$\boldsymbol{U}_0 + \boldsymbol{x}_1 - \boldsymbol{\mu}_0 = \begin{bmatrix} -0.526 \\ -0.388 \\ -0.439 \end{bmatrix} \text{이고 } \boldsymbol{\Sigma}_0^{-1} = \begin{bmatrix} 1.0 & 0.8 & 0.5 \\ 0.8 & 1.0 & 0.8 \\ 0.5 & 0.8 & 1.0 \end{bmatrix}^{-1} = \begin{bmatrix} 3.273 & -3.636 & 1.273 \\ -3.636 & 6.818 & -3.636 \\ 1.273 & -3.636 & 3.273 \end{bmatrix}$$

$$y_1 = \left((-0.526, -0.388, -0.439) \begin{bmatrix} 3.273 & -3.636 & 1.273 \\ -3.636 & 6.818 & -3.636 \\ 1.273 & -3.636 & 3.273 \end{bmatrix} \begin{bmatrix} -0.526 \\ -0.388 \\ -0.439 \end{bmatrix} \right)^{1/2} = 0.6537$$

이 되며, $y_1 > k_0 = 0.5$이므로 $\boldsymbol{U}_1$은 다음과 같이 구해진다.

$$\boldsymbol{U}_1 = \begin{bmatrix} -0.526 \\ -0.388 \\ -0.439 \end{bmatrix} \left(1 - \frac{0.5}{0.6537} \right) = \begin{bmatrix} -0.124 \\ -0.091 \\ -0.103 \end{bmatrix}$$

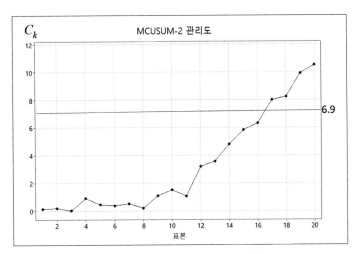

그림 8.8 MCUSUM-2 관리도: 예제 8.6

따라서 타점 통계량은

$$C_1 = \left((-0.124, \; -0.091, \; -0.103) \begin{bmatrix} 3.273 & -3.636 & 1.273 \\ -3.636 & 6.818 & -3.636 \\ 1.273 & -3.636 & 3.273 \end{bmatrix} \begin{bmatrix} -0.124 \\ -0.091 \\ -0.103 \end{bmatrix} \right)^{1/2} = 0.154$$

가 되어 UCL인 6.9를 벗어나지 않는다. 나머지 부분군에 대한 타점 통계량도 같은 방법으로 구할 수 있으며, 표 8.10의 짝수 열에 수록되어 있다(연습문제 8.8 참고).

표 8.10 MCUSUM 관리도의 타점 통계량: 예제 8.6

부분군(k)	C_k	부분군	C_k	부분군	C_k	부분군	C_k
1	0.154	6	0.381	11	1.068	16	6.326
2	0.200	7	0.521	12	3.205	17	7.988
3	0.017	8	0.206	13	3.585	18	8.238
4	0.907	9	1.090	14	4.791	19	9.923
5	0.447	10	1.505	15	5.828	20	10.503

8.5 | 프로파일 모니터링과 진단*

품질특성이 하나 이상의 설명(독립)변수에 관한 함수관계로 표현될 수 있는 경우를 프로파일(profile)이라 부르며, 각 추출단위에 대해 하나의 관측값 대신에 일정 범위의 설명변수의 범위에서 곡선 형태 등으로 표현되는 값들을 얻는 경우가 여기에 속한다.

그림 8.9의 (a)는 반도체 제조공정의 MFC(Mass Flow Controller)에서 관리상태일 때 챔버의 측정된 압력이 근사적으로 유량의 일차함수로 표현이 되는 경우를 보여주고 있다. 즉, 반도체 공정의 문제 중의 하나인 식각에 관한 것으로, 웨이퍼를 챔버에 넣고 가스를 쏘여 감광성이 있는 수지를 식각하여 칩의 각 층에 요구하는 패턴을 만들어내는데, 이때 가스의 흐름을 제어하는 중요한 장비가 MFC이다. 그림 (b)는 자동차 산업의 예로서 엔진의 속력(rpm(회전수))과 주요 품질특성인 토크의 비선형(다항) 관계를, (c)는 파티클 보드(particle board)와 중밀도 화이버 보드(fiberboard)가 포함된 접착가공 목재보드(engineered wood board)의 심도(depth)와 수직 밀도 데이터에 관한 욕조곡선 형태의 관계가 예시되어 있다. 이 소절에서는 시간에 따라 관측된 프로파일 데이터를 모니터링하여 함수관계의 안정성을 조사하는 방법을 다루고자 한다. 특히 그림 8.9의 (a)와 같은 단순 선형관계(linear profile)인 경우를 중점적으로 살펴보며, 비선형 등인

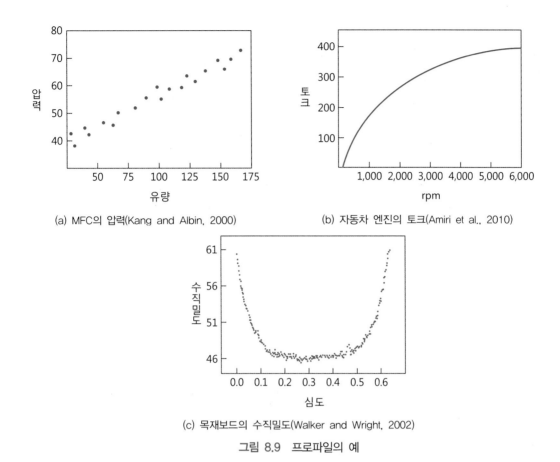

(a) MFC의 압력(Kang and Albin, 2000)

(b) 자동차 엔진의 토크(Amiri et al., 2010)

(c) 목재보드의 수직밀도(Walker and Wright, 2002)

그림 8.9   프로파일의 예

경우는 간략하게 언급한다. 그리고 프로파일 모니터링 방법은 대상 모수가 알려져 있다고 간주하는 단계 II에 대해 많이 개발되어 있으므로, 여기서는 상대적으로 덜 소개되어 있으며 SPC에서 보다 중요하다고 볼 수 있는 단계 I을 중심으로 설명한다.

이에 따라 단순 선형 프로파일일 경우에 8.2절에서 다룬 T^2 관리도 형태를 취한 두 가지 방법과 3종의 슈하트 관리도를 이용하는 단변량 관리도 방법 등 세 가지 방법을 소개한다.

8.5.1 T^2 관리도 유형

공정의 품질특성치인 Y(확률변수)가 다음과 같이 하나의 설명변수 x의 선형함수라 하자.

$$Y = A_0 + A_1 x + \epsilon, \ \ x_l < x < x_h \tag{8.21}$$

여기서, A_0와 A_1은 모수이고, (x_l, x_h)는 이 공정이 선형 프로파일 형태를 가지는 x의 범위이다. 확률변수 ϵ들은 서로 독립이며, 평균이 0이고 분산이 σ^2인 정규분포를 따르는 확률변수로 가정한다.

공정으로부터 구간 (x_l, x_h)에 속하는 n개의 설명변수 수준 $x_1, x_2, \ldots, x_n$에서 표본을 추출한 k번째 부분군의 품질특성치를 $y_{1k}, y_{2k}, \ldots, y_{nk}$로 둘 때, 모형이 적정하다면 (x_1, y_{1k}), (x_2, y_{2k}), $\ldots$, (x_n, y_{nk})의 타점 형태는 근사적으로 직선의 형태가 될 것이다. k번째 부분군으로부터 기울기와 절편의 추정치(a_{0k}, a_{1k})는 최소제곱 추정법에 의해 다음과 같이 구해진다.

$$a_{0k} = \overline{y}_k - a_{1k}\overline{x} \ \text{ 그리고, } \ a_{1k} = \frac{S_{xy(k)}}{S_{xx}}, \ k = 1, 2, \cdots, m \tag{8.22}$$

(여기서, $\overline{y}_k = \sum_{i=1}^{n} y_{ik}/n$, $\overline{x} = \sum_{i=1}^{n} x_i/n$,

$S_{xy(k)} = \sum_{i=1}^{n}(y_{ik} - \overline{y}_k)(x_i - \overline{x}) = \sum_{i=1}^{n} y_{ik}(x_i - \overline{x})$, $S_{xx} = \sum_{i=1}^{n}(x_i - \overline{x})^2$임.)

m개의 각 부분군으로부터 절편과 기울기를 최소제곱법으로 추정한 후 두 추정치를 8.2.2소절의 $p = 2$인 개별치 다변량 T^2 관리도에 바로 적용할 수 있다(Stover and Brill, 1998). 이 방법을 T^2 관리도 방법(S-B)로 명명하며, 이때 k번째 부분군의 타점 통계량인 식 (8.8)에서 $\boldsymbol{S}_1$을 다음과 같이 구하여 대입하면 된다.

$$T_k^2 = (\boldsymbol{a}_k - \overline{\boldsymbol{a}})' \boldsymbol{S}_1^{-1}(\boldsymbol{a}_k - \overline{\boldsymbol{a}}) \tag{8.23}$$

(여기서, $\boldsymbol{a}_k - \overline{\boldsymbol{a}} = \left(a_{0k} - \overline{a}_0, \ a_{1k} - \overline{a}_1\right)'$, $\overline{a}_0 = \sum_{k=1}^{m} a_{0k}/m$, $\overline{a}_1 = \sum_{k=1}^{m} a_{1k}/m$,

$$\boldsymbol{S}_1 = \begin{bmatrix} \sum_{k=1}^{m}(a_{0k} - \overline{a}_0)^2/(m-1) & \sum_{k=1}^{m}(a_{0k} - \overline{a}_0)(a_{1k} - \overline{a}_1)/(m-1) \\ \sum_{k=1}^{m}(a_{0k} - \overline{a}_0)(a_{1k} - \overline{a}_1)/(m-1) & \sum_{k=1}^{m}(a_{1k} - \overline{a}_1)^2/(m-1) \end{bmatrix} \text{임.)}$$

그리고 $\dfrac{m}{(m-1)^2} T_k^2$은 두 형상모수가 각각 1, $(m-3)/2$인 베타분포를 따르므로(8.2.2소절 식 (8.8) 참고), 관리상한은 베타분포에 의해 다음과 같이 구할 수 있다.

$$UCL = \frac{(m-1)^2}{m} B(1, (m-3)/2; \alpha) \tag{8.24}$$

예제 8.7 Fe^{3+}의 함량을 광도 측정하는 교정곡선(calibration curve)의 안정성을 조사한 실험결과가 표 8.11에 정리되어 있다(Mestek et al., 1994). 데이터는 22개의 교정곡선(부분군)이 포함되어 있으며, 각 교정곡선에서는 $50\mu g/mL$ Fe^{3+} 용액에 mL당 0, 1, 2, 3, 4μg (즉, 0, 50, 100, 150, 200μg)이 물 25mL에 희석되어 있다. 특정 산(sulfosalicyclic acid)과 암모니아 농용액을 첨가하여 길이 420nm에 대해 흡수력을 측정한 자료이며, 각 교정곡선은 2회 반복 측정한 결과로 10개의 측정값으로 구성되어 있다. T^2 관리도 방법(S-B)을 적용해보자.

표 8.11 Fe^{3+}의 함량 수준에 따른 측정 데이터

부분군	0μg		50μg		100μg		150μg		200μg	
1	1	3	104	104	206	206	307	308	409	412
2	4	2	104	103	206	204	308	307	412	413
3	3	2	105	104	207	207	311	309	414	411
4	4	2	104	104	206	207	308	312	411	413
5	−9	−8	92	95	195	197	296	299	397	400
6	3	3	107	105	209	207	311	308	412	410
7	3	2	104	105	207	208	311	308	414	410
8	2	2	105	104	208	208	310	309	412	412
9	−6	−7	95	94	196	197	297	300	401	401
10	2	4	104	105	206	207	311	310	413	412
11	1	2	103	104	205	206	309	307	412	411
12	−7	−7	94	96	198	199	298	301	404	402
13	5	7	105	107	210	208	313	315	415	415
14	3	2	106	104	208	207	311	308	411	414
15	−8	−6	94	95	196	199	299	302	400	404
16	4	6	104	106	207	210	311	310	415	413
17	2	4	105	106	206	208	308	310	410	413
18	2	0	104	103	206	206	309	308	414	409
19	0	1	101	102	203	206	305	307	409	411
20	1	4	104	106	206	208	311	309	410	414
21	−9	−10	92	92	194	194	298	297	400	398
22	−8	−8	95	95	195	199	298	301	401	403

먼저 두 번째 부분군에 대해 계산과정을 예시하면, 식 (8.22)로부터 $n = 10$, $\bar{x} = 100$, $S_{xx} = 50,000$, $\bar{y}_2 = 206.3$, $S_{xy(2)} = 102,300$이 된다. 따라서 $a_{12} = 102,300/50,000 = 2.046$, $a_{02} = 206.3 - 2.046(100) = 1.700$이 되며, 이런 과정을 통해 구한 각 부분군에 대한 결과값이 표 8.12에 정리되어 있다.

표 8.12 부분군에 따른 절편, 기울기의 추정치와 T^2 통계량의 값

부분군	a_0	a_1	T^2	MSE	$\bar{y}$
1	1.9	2.041	2.2217	0.954	206.0
2	1.7	2.046	0.2658	2.537	206.3
3	2.2	2.051	1.0409	1.006	207.3
4	2.3	2.048	0.3575	1.962	207.1
5	−8.2	2.036	6.2191	2.200	195.4
6	3.6	2.039	4.6093	1.556	207.5
7	2.4	2.048	0.3798	1.800	207.2
8	2.2	2.050	0.7017	0.325	207.2
9	−7.0	2.038	4.1750	0.925	196.8
10	2.4	2.050	0.7336	0.925	207.4
11	1.1	2.049	0.3269	0.744	206.0
12	−7.1	2.049	2.9179	1.444	197.8
13	4.8	2.052	2.0443	2.600	210.0
14	2.5	2.049	0.5249	1.544	207.4
15	−7.3	2.048	2.6516	2.662	197.5
16	3.9	2.047	0.8526	2.244	208.6
17	3.1	2.041	2.7534	1.444	207.2
18	0.9	2.052	1.4460	1.963	206.1
19	−0.2	2.047	0.0124	1.756	204.5
20	2.5	2.048	0.4031	2.362	207.3
21	−9.9	2.045	3.9522	0.644	194.6
22	−7.8	2.049	3.4360	1.856	197.1

그리고 이들로부터 계산된 식 (8.23)의 $\boldsymbol{S}_1$은 다음과 같이 구해진다.

$$\boldsymbol{S}_1 = \begin{bmatrix} 22.981645 & 0.006471 \\ 0.006471 & 0.000021 \end{bmatrix}$$

관리상한은 단변량 슈하트 관리도처럼 $\alpha = 0.0027$로 두면 식 (8.24)에서 $UCL = \dfrac{21^2}{22} B(1, 9.5; 0.0027) = 9.290$이 되며, 관리하한은 0이 되므로 각 부분군에 대해 T^2 통계량을 구하여 타점한 관리도인 그림 8.10을 보면 모든 점들이 관리한계 내에 존재한다.

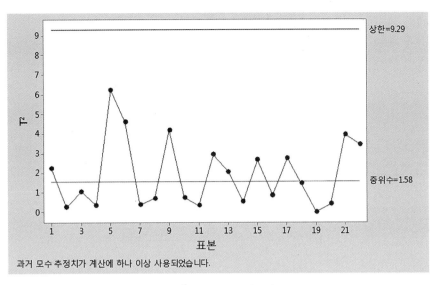

그림 8.10 T^2 관리도 방법(S-B): 예제 8.7

그런데 상기의 T^2 관리도 방법은 부분군 크기에 무관하게 절편과 기울기를 통해 바로 다변량 T^2 관리도에 적용할 수 있는 이점은 있지만, 공분산 행렬의 추정치인 $\boldsymbol{S}_1$은 통계적으로 비효율적이어서 비교적 우수하지 못한 추정치로 보고되고 있다(Noorossana et al., 2011).

Kang and Albin(2000)은 이런 점을 고려하여 예제 8.7처럼 각 부분군에서 x_i들의 수준이 동일할 때 전술한 T^2 관리도를 개선한 방법을 제안하였다(이후부터 T^2 관리도 방법(K-A)로 칭함). 그들은 이와 더불어 관측치와 예측치의 차이인 잔차에 관한 EWMA 관리도도 제안하였지만 여기서는 생략한다.

기초 통계이론으로부터 각 부분군의 통계량 a_{0k}와 a_{1k}는 평균이 A_0와 A_1이고, 분산은 각각

$$\sigma_0^2 = \sigma^2 \left(\frac{1}{n} + \frac{\overline{x}^2}{S_{xx}} \right), \tag{8.25}$$

$$\sigma_1^2 = \frac{\sigma^2}{S_{xx}}$$

인 정규분포를 따르는 확률변수임을 알 수 있다. 더욱이, a_{0k}와 a_{1k}는 공분산이

$$\sigma_{01}^2 = -\sigma^2 \frac{\overline{x}}{S_{xx}}$$

인 종속관계를 가지므로 이를 고려하지 않는 T^2 관리도 방법(S-B)과는 달리 이를 명시적으로 반영하고 있다. 또한 k번째 부분군의 i번째인 Y_{ik}의 예측치가 $a_{0k} + a_{1k}x_i$이고 관측치와 예측치의 차이를 잔차 e_{ik}라 하면

$$e_{ik} = y_{ik} - a_{0k} - a_{1k}x_i$$

이 된다. 확률변수 e_{ij}들은 독립이며 평균이 0, 분산이 σ^2인 정규분포를 따른다. 또한 각 부분군의 다음의 MSE(Mean Squared Error)로부터

$$MSE_k = \frac{\sum_{i=1}^{n} e_{ik}^2}{n-2} = \frac{S_{yy(k)} - a_{1k}S_{xy(k)}}{n-2},$$

$$(단, \ S_{yy(k)} = \sum_{i=1}^{n}(y_{ik} - \overline{y}_k)^2, \ k=1, \ 2, \ ... \ , \ m)$$

σ^2을 합동추정량 형태로 식 (8.26)과 같이 추정할 수 있다.

$$MSE = \frac{\sum_{k=1}^{m} MSE_k}{m} \tag{8.26}$$

T^2 관리도 방법(K-A)에서는 상기의 성질을 이용하여 T^2 다변량 관리도에서 타점되는 k번째 부분군 통계량을 식 (8.25) 등으로부터 다음과 같이 구하고 있다.

$$\widetilde{T}_k^2 = \frac{m}{m-1}(a_k - \overline{a})' \widetilde{\boldsymbol{S}}_1^{-1}(a_k - \overline{a}) \tag{8.27}$$

$$(여기서, \ \widetilde{\boldsymbol{S}}_1 = MSE \begin{bmatrix} \dfrac{1}{n} + \dfrac{\overline{x}^2}{S_{xx}} & -\dfrac{\overline{x}}{S_{xx}} \\ -\dfrac{\overline{x}}{S_{xx}} & \dfrac{1}{S_{xx}} \end{bmatrix} 임.)$$

또한 그들은 $T_k^2/2$가 자유도가 각각 2와 $m(n-2)$인 F 분포를 따름을 보여주고 있으며, 이로부터 관리상한은 다음과 같이 구해진다.

$$UCL = 2F(2, m(n-2); \alpha) \tag{8.28}$$

그러나 이 방법은 8.2.2소절의 개별치 T^2 관리도를 바로 사용할 수 없으므로, 상용 소프트웨어를 그대로 활용할 수 없는 단점이 있다.

예제 8.8　예제 8.7의 데이터에 대해 T^2 관리도 방법(K-A)을 적용하여 관리상태 여부를 판정하라.

두 번째 부분군에 대해 계산과정을 예시하면 $S_{yy(2)} = 209326.1$, $MSE_2 = (209326.1 - 2.046 \times 102300)/(10-2) = 2.537$이 되며, 이런 과정을 거쳐 구한 각 부분군별 MSE 값이 표 8.12의 다섯째 열에 정리되어 있다. 그리고 이들로부터 계산된 식 (8.26)의 MSE는 1.6115이 되므로 $\widetilde{S}_1$는 다음과 같이 구해진다.

$$\widetilde{S}_1 = 1.6115 \begin{bmatrix} 0.3 & -0.002 \\ -0.002 & 0.00002 \end{bmatrix} = \begin{bmatrix} 0.48345 & -0.003223 \\ -0.003223 & 0.0000322 \end{bmatrix}$$

이들을 식 (8.27)에 대입하여 구한 각 부분군의 T^2 통계량 값($\widetilde{T}^2$)이 표 8.13에 수록되어 있다.

표 8.13　부분군에 따른 T^2 통계량의 값: T^2 관리도 방법(K-A)

부분군	1	2	3	4	5	6	7	8	9	10	11
$\widetilde{T}^2$	22.28	28.85	63.45	55.02	507.5	72.92	58.87	59.21	358.6	67.30	21.42
부분군	12	13	14	15	16	17	18	19	20	21	22
$\widetilde{T}^2$	266.6	220.5	67.10	292.0	126.4	59.76	24.62	0.612	62.85	599.8	328.1

$\alpha = 0.0027$로 설정할 때 관리상한은 식 (8.28)에서 $UCL = 2\,F(2, 176; 0.0027) = 12.236$이 된다. 그리고 관리하한은 0이 되므로 각 부분군에 대해 $\widetilde{T}^2$를 타점한 관리도인 그림 8.11을 보면 거의 모든 점이 관리한계를 벗어나고 있어, 예제 8.8과 매우 상반된 결과를 보여주고 있다.

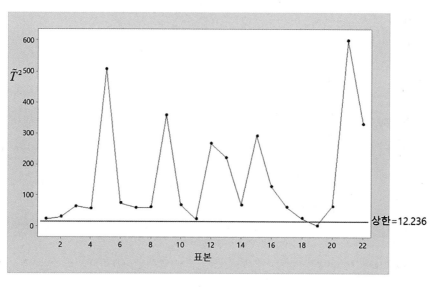

그림 8.11 T^2 관리도 방법(K-A): 예제 8.8

한편 이 방법을 a_k의 기대치 벡터 A와 공분산 행렬 Σ가 다음과 같이

$$A = (A_0, \ A_1)', \quad \Sigma = \begin{pmatrix} \sigma_0^2 & \sigma_{01}^2 \\ \sigma_{01}^2 & \sigma_1^2 \end{pmatrix}$$

알려져 있다고 간주하는 단계 II일 경우에 적용하면 T^2 관리도의 타점 통계량은

$$\widetilde{T}_k^2 = (a_k - A)' \Sigma^{-1} (a_k - A) \tag{8.29}$$

이며, 관리상한선은 식 (8.3)과 같이 $UCL = \chi_{(2,\,\alpha)}^2$가 된다(연습문제 8.11 참고). 여기서 $\chi_{(2,\,\alpha)}^2$ 은 자유도가 2인 카이 제곱분포의 $1 - \alpha$ 분위수이다.

8.5.2 단변량 관리도 유형

Kim et al.(2003)은 x_k에서 $\overline{x}$를 차감한 설명(독립)변수($x_k' = x_k - \overline{x}$)를 이용해 전 소절의 두 가지 T^2 관리도보다 유용한 방법을 제안하였다. 이런 변환을 적용하면 단순 선형모형의 절편과 기울기의 추정량이 독립이 되며, 더욱이 두 추정량은 분산 추정량과도 독립인 성질을 가진다. 즉, $Y_{ik} = A_0' + A_1' x_i' + \epsilon_{ik}$, $i = 1, 2, \dots, n$, $k = 1, 2, \dots, m$으로 두면, 식 (8.21)과 $A_0' = A_0 + A_1 \overline{x}_k$, $A_1' = A_1$, $x_{ik}' = x_{ik} - \overline{x}_k$의 관계를 가진다. 여기서 절편과 기울기를 최소제곱법으로

446 ■ PART 3 공정관리

추정한 $a_{0k}{}'$와 $a_{1k}{}'$와 더불어 σ^2 추정량 MSE는 다음과 같이 되어 식 (8.26)의 형태와 동일해진다.

$$a_{0k}{}' = \bar{y}_k,\, a_{1k}{}' = \frac{S_{xy(k)}}{S_{xx}}\,,\, k = 1,\, 2,\, \dots,\, m \tag{8.30}$$

$$MSE = \frac{\sum_{k=1}^{m} MSE_k}{m} = \frac{\sum_{k=1}^{m}\sum_{i=1}^{n}(y_{ik} - a_{0k}{}' - a_{1k}{}' x_{ik}{}')^2/(n-2)}{m}$$

따라서 $a_0{}'$, $a_1{}'$, MSE가 독립인 점을 이용하여 단계 I에서 각 추정치에 대해 별도의 슈하트 관리도를 이용할 수 있으며, 본서에서는 세 종의 단변량 관리도 방법으로 부른다. 여기서 각 관리도에 적용되는 제1종 오류 α_1은 $\alpha = 1 - (1 - \alpha_1)^3$으로부터 도출된 $\alpha_1 = 1 - (1 - \alpha)^{1/3}$을 적용하여 제1종 오류를 제어한다.

절편($a_0{}'$)에 대한 슈하트 관리도는 $\dfrac{a_{0k}{}' - \bar{a}_0{}'}{\sqrt{(m-1)MSE/(nm)}}$가 자유도가 $m(n-2)$인 t 분포를 따르는 성질을 이용하면(Mahmoud and Woodall, 2004), 관리상한과 하한은 다음과 같이 설정되며, 타점 통계량은 $a_{0k}{}' = \bar{y}_k$이다.

$$UCL = \bar{a}_0{}' + t_{(m(n-2),\,\alpha_1/2)}\sqrt{\frac{(m-1)MSE}{nm}} \tag{8.31}$$

$$LCL = \bar{a}_0{}' - t_{(m(n-2),\,\alpha_1/2)}\sqrt{\frac{(m-1)MSE}{nm}}$$

(여기서, $\bar{a}_0{}' = \sum_{k=1}^{m} a_{0k}{}'/m$, $t_{(\nu,\,\alpha)}$는 자유도가 ν인 t분포의 $(1-\alpha)$분위수임.)

또한 기울기($a_1{}'$)에 대한 슈하트 관리도도 위와 유사하게 자유도가 $m(n-2)$인 t 분포를 따르는 성질을 이용하면 관리상한과 하한은 식 (8.32)가 된다. 여기서 x'로 변환하더라도 S_{xx}는 동일한 값을 가지며, 타점 통계량은 $a_{1k}{}' = a_{1k}$이다.

$$UCL = \bar{a}_1{}' + t_{(m(n-2),\,\alpha_1/2)}\sqrt{\frac{(m-1)MSE}{mS_{xx}}} \tag{8.32}$$

$$LCL = \bar{a}_1{}' - t_{(m(n-2),\,\alpha_1/2)}\sqrt{\frac{(m-1)MSE}{mS_{xx}}}$$

(여기서, $\bar{a}_1{}' = \sum_{k=1}^{m} a_{1k}{}'/m$임.)

그리고 $MSE_{(-k)} = \sum_{l \neq k}^{m} MSE_l / (m-1)$일 때 $F_k = MSE_k / MSE_{(-k)}$는 두 자유도가 각각 $n-2$, $(m-1)(n-2)$인 F 분포를 따르는 성질을 기반으로 F 분포와 베타분포의 관계 등을 이용하면, 분산(σ^2)에 관한 슈하트 관리도의 관리상한과 하한은 다음과 같이 설정된다(Mahmoud and Woodall, 2004). 여기서는 두 관리한계가 대칭이 아니므로 중심선도 부기하며, 타점 통계량은 MSE_k이다.

$$UCL = \frac{mF(n-2, (m-1)(n-2); \alpha_1/2)}{m-1 + F(n-2, (m-1)(n-2); \alpha_1/2)} MSE$$

$$CL = MSE \tag{8.33}$$

$$LCL = \frac{mF(n-2, (m-1)(n-2); 1-(\alpha_1/2))}{m-1 + F(n-2, (m-1)(n-2); 1-(\alpha_1/2))} MSE$$

예제 8.9 예제 8.7의 데이터에 대해 세 종의 단변량 관리도 방법을 적용하여 관리상태 여부를 판정하라.

표 8.12로부터 구한 $\bar{y} = 204.195$, $\bar{a}_1' = 2.0465$, $MSE = 1.6115$, $S_{xx} = 50,000$, $\alpha_1 = 1 - (1-0.0027)^{1/3} = 0.0009$로부터 각 관리도의 관리한계가 다음과 같이 설정된다.

분산: $UCL = \dfrac{22F(8, 168; 0.00045)}{21 + F(8, 168; 0.00045)} 1.6115 = \dfrac{22(3.7564)}{5 + 3.7564} 1.6115 = 5.379$

$CL = 1.6115$

$LCL = \dfrac{22F(8, 168; 0.99955)}{21 + F(8, 168; 0.99955)} 1.6115 = \dfrac{22(0.0850)}{21 + 0.0850} 1.6115 = 0.143$

절편: $UCL = 204.195 + t_{(176, 0.00045)} \sqrt{\dfrac{21 \cdot 1.6115}{220}} = 205.52$

$LCL = 204.195 - t_{(176, 0.00045)} \sqrt{\dfrac{21 \cdot 1.6115}{220}} = 202.87$

기울기: $UCL = 2.0465 + t_{(176, 0.00045)} \sqrt{\dfrac{21 \cdot 1.6115}{22 \cdot 50,000}} = 2.065$

$LCL = 2.0465 - t_{(176, 0.00045)} \sqrt{\dfrac{21 \cdot 1.6115}{22 \cdot 50,000}} = 2.028$

산포용 관리도인 각 부분군의 MSE를 타점한 분산 관리도를 먼저 그림 8.12에서 볼 수 있으며, 표 8.12의 마지막 열에 수록된 각 부분군의 $\bar{y}_k$를 타점한 절편 관리도를 그림 8.13에서, 그리고 표 8.12의 각 부분군의 기울기를 타점한 기울기 관리도를 그림 8.14에서 확인할 수 있다.

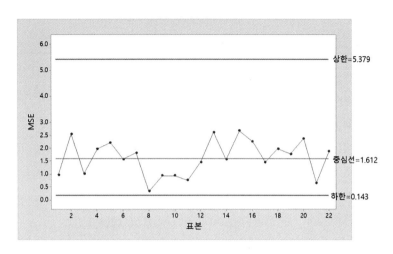

그림 8.12 분산 관리도

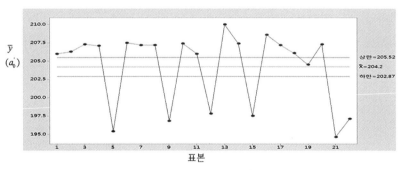

그림 8.13 절편 관리도

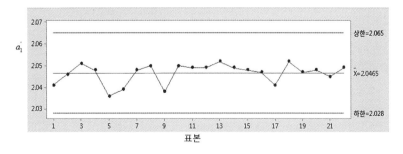

그림 8.14 기울기 관리도

세 관리도를 보면 절편에 관한 관리도가 이상상태를 나타내므로 예제 8.9의 T^2 관리도 방법(K-A)과 동일하게 현 교정곡선이 이상상태임을 나타낸다. 특히 세 단변량 관리도에서 분산(산포)과 기울기 관리도는 관리상태임을 나타내지만, 교정곡선의 절편이 불안정함을 보여주므로 이상상태 원인을 좀 더 명확하게 파악할 수 있는 정보를 얻을 수 있는 장점이 있다. 이런 과정을 거쳐 발생 이상원인을 식별하고 필요한 조치를 취하여 단계 II로 이행할 수 있을 것이다.

Mahmoud and Woodall(2004)의 단계 I에 관한 시뮬레이션 수치실험에 따르면 세 가지 방법 중에서 전반적으로 Kim et al.(2003)의 세 종의 단변량 관리도 방법이 가장 우수하며, 절편과 기울기 이동에 관한 검출력 측면에서는 세 종의 단변량 관리도 방법과 Kang and Albin(2000)의 T^2 관리도 방법(K-A)이 개략적으로 유사한 수행도를 보여주며, 특히 후자는 다변량 개별치 T^2 관리도에 바로 적용할 수 있는 이점을 가지는 데 반해 Stover and Brill(1998)의 T^2 관리도 방법(S-B)이 셋 중에서 수행도가 가장 떨어진다고 보고하고 있다.

한편 A_0', A_1', σ^2이 알려져 있는 경우인 단계 II일 때 Kim et al.(2003)은 슈하트 관리도보다는 중간 정도의 평균 이동에 검출력이 우수한 세 종의 추정치의 EWMA 통계량을 타점하는 관리도를 제안하였으나, 여기서는 평활상수 λ의 설정 등 비교적 복잡한 과정이 필요한 EWMA 관리도보다 슈하트 관리도를 다음과 같이 간략하게 소개한다(연습문제 8.11 참고).

$$절편(a_0')\ 관리도:\ \ UCL = A_0' + z_{\alpha_1/2}\sqrt{\frac{\sigma^2}{n}}$$

$$LCL = A_0' - z_{\alpha_1/2}\sqrt{\frac{\sigma^2}{n}}$$

$$기울기(a_1')\ 관리도:\ \ UCL = A_1' + z_{\alpha_1/2}\sqrt{\frac{\sigma^2}{S_{xx}}}$$

$$LCL = A_1' - z_{\alpha_1/2}\sqrt{\frac{\sigma^2}{S_{xx}}}$$

$$분산(\sigma^2)\ 관리도:\ \ UCL = \frac{\sigma^2}{n-2}\chi^2_{(n-2,\alpha_1/2)}$$

$$CL = \sigma^2$$

$$LCL = \frac{\sigma^2}{n-2}\chi^2_{(n-2,1-(\alpha_1/2))}$$

8.5.3 다른 모니터링 방법

다변량 데이터를 분석하는 데는 인자분석 등에 비해 견고한 이론적 토대를 가져 8.7절에서 소개되는 주성분분석(Principal Component Analysis: PCA)이 널리 쓰인다. 선형 프로파일일 경우에 Stove and Brill(1998)은 8.5.1소절의 T^2 관리도 방법 외에 변동에 관한 설명력이 가장 큰 첫 번째 주성분에 대해 관리도를 적용하는 방법도 제시하였다. 그런데 주성분분석을 적용하면 모니터링 대상 관리변수의 차원은 줄어드는 데 반해, 이상신호 검출 시 각 성분은 원 변수들의 선형결합으로 표현되므로 가끔 실제 변수의 차원은 감소되지 않을 경우가 발생될 수 있다. 즉, 이상상태로 검출될 때 그 원인이 되는 원래 변수를 찾는 과정이 추가로 필요할 수 있으며, 더불어 주성분이 가진 의미를 해석하기 힘든 경우를 접할 수 있다.

한편 그림 8.9의 (b)와 (c)처럼 비선형 프로파일 경우가 선형인 경우보다 일반적이지만, 오차가 독립이고 동일한 정규분포를 따르더라도 모형 모수에 관한 추정량의 정확한 분포를 구할 수 없다. 또한 보통 모수추정치도 수치해법을 통해 구해야 하며, 이들의 분산도 근사방법을 적용해야 하는 난점이 발생한다. 비선형 프로파일 모니터링에 관심이 있는 독자는 Noorossana et al. (2011)을 참고하기 바란다.

8.6 | 다단계 공정 모니터링과 진단

인쇄회로기판(PCB)과 반도체 제조, 자동차 차체와 항공기 조립, 택배와 건강관리 부문 등 상당수의 제조 및 서비스 산업에서는 단일 작업보다는 여러 단계를 거쳐 제품이나 서비스가 창출되므로 단일 공정이 아닌 여러 단계가 연관된 다단계(multistage) 공정이 일반적이다. 일례로 자동차 패널 조립라인에서는 세정-압축가공-절단-도장-연마 단계를 거쳐 제품이 생산된다.

SPC의 전통적인 기법들은 여러 단계를 하나로 취급하므로, 어떤 단계에서 공정 변화가 발생했는지 판별할 수 있는 능력을 갖추지 못하고 있다. 따라서 앞 단계에서 일어난 변화가 후속 단계에서 검출되어 높은 오탐지 확률이 발생되므로, 이런 단계 간의 상호작용을 반영하여 오탐지 확률을 줄일 수 있는 기법이 필요하게 된다. 즉, 다단계 공정에서는 공정 모니터링과 더불어 어디서 이상원인이 발생했는지를 파악하는 진단과정이 필요한데, 6, 7장과 더불어 이 장의 이전 절까지의 관리도로는 이런 문제를 해결하기가 쉽지 않다.

이런 경우에 사용할 수 있는 방법으로 8.2절의 다변량 T^2 관리도, 원인식별 관리도(cause-selecting control chart), 회귀조정(regression adjustment), 공학모형 기반 방법 등이 있다. 8.2절에서 소개한 T^2 관리도 방법은 평균 벡터가 어떤 상수 벡터를 갖는 귀무가설과 그렇지 않다는 대립가설에 대해 최적 검정방법이지만, 평균 벡터의 특정한 패턴에 대해서는 최적이 아니다. 또한 어떤 품질특성치에 변화가 발생한지에 관해 추가 진단과정이 필요하며, 더욱이 평균과 분산의 이동을 구별하기 힘든 단점이 있다. 마지막의 상태공간 모형 등을 활용하는 공학모형 기반 방법은 고유기술에 많이 의존하므로 본서의 대상에서 제외하며 관심이 있는 독자는 Shi and Zhou(2009) 등을 참고하기 바란다.

이 절에서는 그림 8.15와 같이 직렬형태의 순차(cascaded) 단계 공정을 대상으로 한정하여 공정을 모니터링하고 진단하는 방법으로 원인식별 관리도와 회귀조정 방법을 살펴본다.

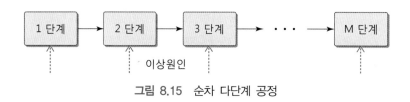

그림 8.15 순차 다단계 공정

8.6.1 원인식별 관리도

1984년 Zhang이 제안한 원인식별 관리도(cause-selecting control chart)는 이상원인을 제어가능과 제어불가능 이상원인으로 구별한다(Wade and Woodall, 1993). 여기서 제어가능 이상원인은 현 단계의 공정에 영향을 미치는 요인이며, 제어불가능 이상원인은 현 단계에서 제어할 수 없는 이전 공정(상류공정)에서 발생한 요인이다.

두 단계로 구성된 공정에서 앞 단계와 현 단계의 품질특성치(즉, 입력과 출력 특성치)가 확률변수 X, Y일 때 다음과 같은 단순선형관계를 가지며,

$$Y_i = A_0 + A_1 X_i + \epsilon_i \tag{8.34}$$

ϵ_i은 독립이고 동일한 정규분포($N(0, \sigma^2)$)를 따른다고 가정한다. 식 (8.21)과는 달리 X_i를 확률변수로 가정하지만 설명변수의 실현값에 따른 조건부 회귀모형을 가정하여 식 (8.21)처럼 비확률변수(즉, x_i)로 취급할 수도 있다. 따라서 원인식별 관리도의 방법론은 8.5절의 선형 프로파일 모니터링 방법과 밀접한 관계를 가지고 있다.

또한 원인식별 관리도는 두 변수의 관계가 선형이 아니더라도 적절한 변환을 적용하여 식

(8.34)의 가정을 충족하면 이를 적용할 수 있는 장점이 있다.

m개의 획득한 관측치의 쌍을 (x_k, y_k)로 나타낼 때 기울기와 절편을 최소제곱법으로 추정한 y_k의 적합치 $\hat{y}_k$로 구한 잔차 e_k는 $y_k - \hat{y}_k$가 되며, 이를 원인식별 값으로 삼는다. 즉, $\sum_{k=1}^{m} e_k = 0$ 이므로 잔차관리도의 중심선은 0이 된다. 표준편차는 개별치이므로 이동범위 MR로 추정하면 잔차관리도의 두 관리한계는 다음과 같이 된다.

$$UCL = A_3 \overline{MR} = 2.66 \overline{MR}$$

$$LCL = -A_3 \overline{MR} = -2.66 \overline{MR} \tag{8.35}$$

$$\left(\text{단, } \overline{MR} = \frac{1}{m-1} \sum_{k=2}^{m} MR_k = \frac{1}{m-1} \sum_{k=1}^{m-1} |e_{k+1} - e_k| \text{ 임.}\right)$$

본서에서는 상기의 잔차관리도와 함께 통상적인 x에 관한 개별치 관리도(이하 X 관리도)를 병행하여 사용하는 것을 원인식별 관리도로 칭하며, 표 8.14의 이상상태 판정결과에 따른 진단을 수행할 수 있다. 이와 같이 y 관리도와 무관하게 진단(y 관리도에서 이상상태라도 원인식별 관리도의 두 관리도에서 신호가 검출되지 않으면 공정은 관리상태로 판정)을 수행하므로 원인식별 관리도에서는 원칙적으로 y에 관한 관리도를 작성할 필요가 없다(Wade and Woodall, 1993).

표 8.14 원인식별 관리도의 의사결정 규칙

X 관리도	잔차관리도	해석
이상상태	이상상태	두 단계 모두 이상상태
이상상태	관리상태	앞 단계만 이상상태
관리상태	이상상태	현 단계만 이상상태
관리상태	관리상태	공정 관리상태

예제 8.10 Wade and Woodall(1993)이 다룬 자동차 제동시스템 부품에 관한 자료가 표 8.15에 수록되어 있다. 전 공정의 품질특성치(ROLLWT)와 현 공정의 품질특성치(BAKEWT)에 관한 70개의 쌍 자료 중에서 앞의 45개는 단계 I에, 뒤의 25개는 단계 II의 관리도에 활용한다.

단계 I에서 ROLLWT(x)와 BAKEWT(y)의 최소제곱법으로 구한 회귀직선은 다음과 같다.

$$\hat{y} = 104.325 + 0.460456x \tag{8.36}$$

표 8.15 자동차 제동시스템 부품 데이터

표본	ROLLWT	BAKEWT	표본	ROLLWT	BAKEWT
1	210	200	36	209	199
2	211	200	37	208	201
3	208	199	38	210	202
4	208	200	39	210	200
5	209	203	40	212	200
6	210	203	41	209	201
7	211	202	42	212	203
8	211	201	43	211	201
9	210	201	44	212	202
10	213	203	45	209	200
11	210	200	46	209	201
12	211	203	47	206	200
13	210	201	48	210	200
14	210	201	49	208	199
15	209	202	50	208	198
16	211	202	51	208	200
17	211	201	52	206	197
18	211	202	53	208	199
19	212	202	54	211	201
20	208	200	55	214	204
21	212	202	56	212	203
22	209	201	57	209	200
23	210	202	58	209	204
24	210	201	59	206	201
25	211	201	60	214	202
26	210	200	61	211	202
27	210	200	62	212	202
28	210	200	63	210	203
29	211	201	64	214	201
30	211	202	65	209	200
31	211	201	66	210	201
32	210	201	67	212	201
33	209	201	68	214	206
34	212	203	69	214	204
35	209	200	70	212	203

먼저 45개의 자료에 관한 단계 I의 ROLLWT에 관한 개별치 관리도를 그림 8.16(a)에서, 식 (8.36)로부터 구한 잔차에 관한 관리도($\overline{MR}= 0.909$를 식 (8.35)에 대입하여 관리한계를 설정함) 그림 8.17(a)에서 볼 수 있다. 이를 보면 잔차관리도의 한 점만 관리상한을 미세하게 벗어나고 있다. 이의 원인을 조사해보니 특별한 이상원인을 찾을 수 없었으며, 이 표본

표 8.16 단계 II의 잔차

표본	잔차	표본	잔차	표본	잔차
46	0.43970	56	1.05833	71	−0.02076
47	0.82106	57	−0.56030	72	−0.94167
48	−1.02076	58	3.43970	73	3.13742
49	−1.09985	59	1.82106	74	1.13742
50	−2.09985	60	−0.86258	75	1.05833
51	−0.09985	61	0.51878		
52	−2.17894	62	0.05833		
53	−1.09985	63	1.97924		
54	−0.48122	64	−1.86258		
55	1.13742	65	−0.56030		

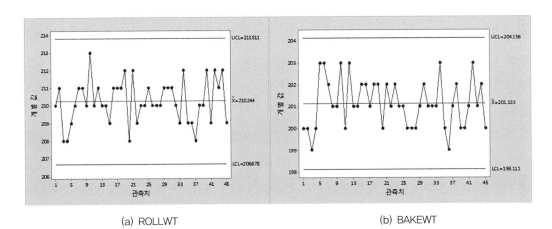

(a) ROLLWT   (b) BAKEWT

그림 8.16 단계 I의 개별치 관리도

을 제외한 잔차관리도의 두 한계를 재설정하니 이전과 차이가 크지 않았다. 참고적으로 그림 8.16(b)의 BAKEWT에 관한 개별치 관리도 및 그림 8.19(a)의 ROLLWT와 BAKEWT에 관한 T^2 관리도(단계 I)를 보면 관리한계를 벗어나는 점이 없으므로, 그림 8.16(a)와 그림 8.19(a)의 관리한계를 그대로 단계 II의 데이터에 적용하였다.

단계 II에서 25개 자료에 대한 x의 개별치 관리도인 그림 8.18(a)에서 55, 60, 64, 68, 69번째 표본이 관리한계를 벗어난다. 식 (8.36)을 이용해 구한 단계 II의 부분군별 잔차가 표 8.16에 수록되어 있으며, 이들 잔차에 관한 관리도인 그림 8.17(b)에서는 표본 58, 68이 관리한계를 벗어난다. 표 8.14의 기준에 따르면 표본 55, 60, 64, 69는 전 공정만 이상상태로, 표본 58은 현 공정만 이상상태로, 표본 68은 두 공정이 모두 이상상태로 판정된다. 따라서 이후 이들의 발생원인을 찾기 위한 진단 과정이 필요하다.

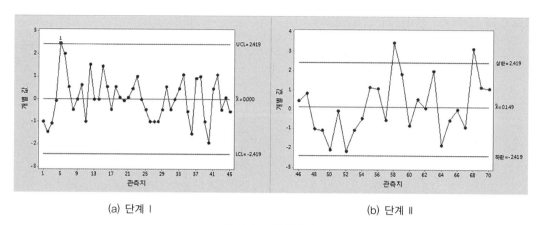

(a) 단계 I   (b) 단계 II

그림 8.17   잔차관리도

또한 참고적으로 단변량 관리도인 y에 관한 개별치 관리도(그림 8.18(b))를 보면 표본 68만을 검출하고 있으며, 다변량 관리도인 그림 8.19(b)의 T^2 관리도(단계 I과 II의 통계량 분포가 달라지므로 관리한계가 다르게 표시되며, 단계 I의 평균 벡터와 공분산 행렬을 적용한 결과임)는 표본 52, 58, 59, 64, 68을 검출하여 원인식별 관리도 방법과는 다른 결과를 보여주고 있다. 즉, 원인식별 관리도에서 찾은 이상상태 표시 점이 두 특성치를 결합한 T^2 관리도에서는 찾을 수 없는 경우(역의 현상도 가능)가 가끔 발생할 수 있기 때문인데 (Wade and Woodall, 1993), 하여튼 T^2 관리도에서는 어떤 공정이 원인인지를 파악하는 이상신호 진단과정이 추가로 요구된다.

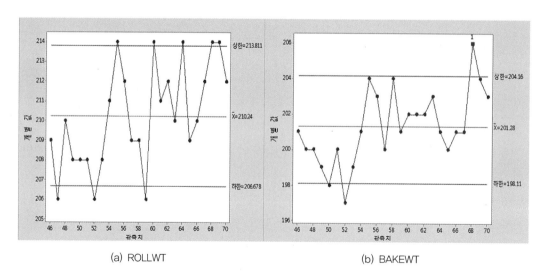

(a) ROLLWT   (b) BAKEWT

그림 8.18   단계 II의 개별치 관리도

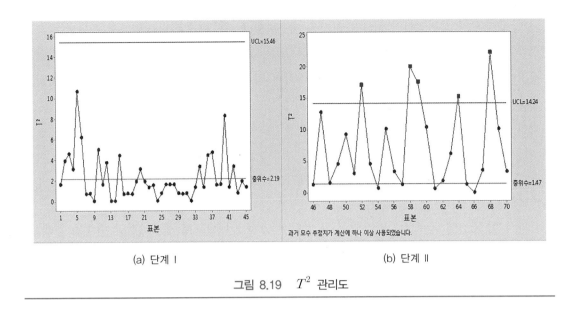

(a) 단계 I   (b) 단계 II

그림 8.19 T^2 관리도

한편 Wade and Woodall(1993)는 잔차관리도에서 전술한 Zhang의 방법보다 예측한계(pre-diction limit)를 관리한계로 삼을 것을 추천하고 있다. 이를 채택한 관리한계는 표본(부분군) 크기에 대한 의존도가 낮으며, 전 단계의 평균 이동에 따른 오탐지 확률이 감소하는 등 Zhang의 방법보다 어느 정도 우수하다고 보고하고 있다. 그러나 관리한계가 관리도로는 생소한 곡선형태가 되므로, 여기서는 최초 개발된 Zhang의 방법만 소개한다.

8.6.2 회귀조정*

순차 다단계 공정에서는 각 단계에서 품질특성치가 측정되는데, 이들 간의 상관관계가 높을 수 있으므로 각 단계에서 작성된 다수의 슈하트 또는 EWMA/CUSUM 관리도로 모니터링하게 되면 이상원인을 놓칠 가능성이 높아지는 등 검출력이 떨어진다. 또한 전술한 바와 같이 T^2 통계량 등을 채택한 이차형식 형태의 통계량은 변수들 간의 상관관계를 반영하지만, 이상원인의 식별 등의 해석상의 난점과 수행도의 일부 손실 등으로 인해 효율적이지 않다. 또한 T^2 관리도는 단변량 관리도처럼 품질향상을 위한 시각적인 단서를 제공하지 않는다.

이런 점을 고려하여 Hawkins(1991, 1993)는 전 소절의 원인식별 관리도를 3단계 이상의 다변량 경우로 확장하고, 공구가 점진적으로 마모되는 추세 상황에 적합한 14.6.3소절의 회귀관리도(regression control chart)와 유사한 개념을 적용하는 회귀조정(regression adjustment) 방법을 제안하였다. 그는 순차 다단계 공정의 모니터링을 포함하는 보다 일반적인 상황에 활용할 수 있는 상당히 유용한 회귀조정의 이론적 근거를 제공하였다. 즉, 회귀조정 방법에서 포함되는 확률변수가 $X_1, X_2, \ldots, X_p$일 때 X_k의 이동에 다른 모든 X들이 영향을 미치는 경우와 순차 다단계 공정처럼 $k-1$이전의 X들만 X_k에 영향을 미치는 경우로 구분하여 모니터링과 진단에 적절한 통계량을 추천하고 활용방법을 예시하였다.

특히 Hawkins(1993)는 제안한 방법이 단일 품질특성의 평균의 이동이나 분산을 포함한 산포의 변동 가능성이 높을 경우에 각 변수를 다른 변수들을 이용한 회귀조정을 통해 도표화를 적용하면 효과적임을, 또한 두 변수 간의 상관관계가 높을수록 회귀조정을 통한 잔차관리도의 유용성이 더욱 증대됨을 주장하고 있다.

따라서 이 소절에서는 그림 8.17의 순차 다단계 공정을 대상으로 회귀조정된 변수를 통해 관리도에 적용할 수 있는 공정 모니터링과 진단방법을 소개한다.

회귀조정은 다음의 절차로 수행된다.

① 대상 문제 상황에 따라 설명변수와 반응변수로 구분하여 최소제곱법으로 회귀모형을 구축한다. 이때 참고적으로 반응변수에 대한 단변량 관리도를 작성하여 현 공정의 기초적 상태를 잠정적으로 파악할 수 있다.

② ①로부터 현 단계 공정에 대해 회귀조정된 잔차를 구한다.

③ ②의 잔차를 단변량 관리도(슈하트나 EWMA/CUSUM 관리도)에 타점한다.

④ ③으로부터 관리상태 여부를 파악하고 이상상태일 경우 이전 단계들의 회귀조정된 다수의 잔차관리도를 통해 어디서 원인이 발생했는지를 찾기 위한 진단과정을 실시한다.

원인식별 관리도에서 언급한 바와 같이 각 변수들이 다른 변수들의 회귀모형으로 나타낼 수 있는 경우의 잔차관리도는 다변량 자료에서 자주 접할 수 있는 개별치 데이터에 쉽게 활용할 수 있다. 즉, 최소제곱법으로 회귀모형이 구축되면 잔차에 관한 슈하트, EWMA/CUSUM 같은 단변량 관리도를 수월하게 적용함으로써 공정 모니터링과 그 원인에 관한 진단을 보다 쉽게 수행할 수 있는 실시과정상의 이점이 있다.

다음 예로서 회귀조정의 구체적 방법과 절차를 예시하고자 한다.

예제 8.11 표 8.17은 공정에서 획득한 9개의 입력변수($x_1 \sim x_9$)와 단일 출력변수(y) 데이터이다(Montgomery, 2012). 입력변수는 각 단계의 품질특성에 속하지는 않지만 순차적으로 계측되는 공정변수의 수치이다.

표 8.17 순차 다단계 공정 데이터

표본	x_1	x_2	x_3	x_4	x_5	x_6	x_7	x_8	x_9	y
1	12.78	0.15	91	56	1.54	7.38	1.75	5.89	1.110	951.5
2	14.97	0.10	90	49	1.54	7.14	1.71	5.91	1.109	952.2
3	15.43	0.07	90	41	1.47	7.33	1.64	5.92	1.104	952.3
4	14.95	0.12	89	43	1.54	7.21	1.93	5.71	1.103	951.8
5	16.17	0.10	83	42	1.67	7.23	1.86	5.63	1.103	952.3
6	17.25	0.07	84	54	1.49	7.15	1.68	5.80	1.099	952.2
7	16.57	0.12	89	61	1.64	7.23	1.82	5.88	1.096	950.2
8	19.31	0.08	99	60	1.46	7.74	1.69	6.13	1.092	950.5
9	18.75	0.04	99	52	1.89	7.57	2.02	6.27	1.084	950.6
10	16.99	0.09	98	57	1.66	7.51	1.82	6.38	1.086	949.8
11	18.20	0.13	98	49	1.66	7.27	1.92	6.30	1.089	951.2
12	16.20	0.16	97	52	2.16	7.21	2.34	6.07	1.089	950.6
13	14.72	0.12	82	61	1.49	7.33	1.72	6.01	1.092	948.9
14	14.42	0.13	81	63	1.16	7.50	1.50	6.11	1.094	951.7
15	11.02	0.10	83	56	1.56	7.14	1.73	6.14	1.102	951.5
16	9.82	0.10	86	53	1.26	7.32	1.54	6.15	1.112	951.3
17	11.41	0.12	87	49	1.29	7.22	1.57	6.13	1.114	952.9
18	14.74	0.10	81	42	1.55	7.17	1.77	6.28	1.114	953.9
19	14.50	0.08	84	53	1.57	7.23	1.69	6.28	1.109	953.3
20	14.71	0.09	89	46	1.45	7.23	1.67	6.12	1.108	952.6
21	15.26	0.13	91	47	1.74	7.28	1.98	6.19	1.105	952.3
22	17.30	0.12	95	47	1.57	7.18	1.86	6.06	1.098	952.6
23	17.62	0.06	95	42	2.05	7.15	2.14	6.15	1.096	952.9
24	18.21	0.06	93	41	1.46	7.28	1.61	6.11	1.096	953.9
25	14.38	0.10	90	46	1.42	7.29	1.73	6.13	1.100	954.2
26	12.13	0.14	87	50	1.76	7.21	1.90	6.31	1.112	951.9
27	12.72	0.10	90	47	1.52	7.25	1.79	6.25	1.112	952.3
28	17.42	0.10	89	51	1.33	7.38	1.51	6.01	1.111	953.7
29	17.63	0.11	87	45	1.51	7.42	1.68	6.11	1.103	954.7
30	16.17	0.05	83	57	1.41	7.35	1.62	6.14	1.105	954.6
31	16.88	0.16	86	58	2.10	7.15	2.28	6.42	1.105	954.8
32	13.87	0.16	85	46	2.10	7.11	2.16	6.44	1.106	954.4
33	14.56	0.05	84	41	1.34	7.14	1.51	6.24	1.113	955.0
34	15.35	0.12	83	40	1.52	7.08	1.81	6.00	1.114	956.5
35	15.91	0.12	81	45	1.76	7.26	1.90	6.07	1.116	955.3
36	14.32	0.11	85	47	1.58	7.15	1.72	6.02	1.113	954.2
37	15.43	0.13	86	43	1.46	7.15	1.73	6.11	1.115	955.4
38	14.47	0.08	85	54	1.62	7.10	1.78	6.15	1.118	953.8
39	14.74	0.07	84	52	1.47	7.24	1.66	5.89	1.112	953.2
40	16.28	0.13	86	49	1.72	7.05	1.89	5.91	1.109	954.2

먼저 y와 $x_1 \sim x_9$의 선형관계를 최소제곱법으로 다음과 같이 추정할 수 있다. 식 (8.37)은 회귀모형 적합과정에서 x_2, x_5, x_6, x_7이 유의하지 않아 이들을 제외하고 다시 추정한 결과이다.

$$\hat{y} = 818.8 + 0.4308x_1 - 0.1240x_3 - 0.0915x_4 + 2.637x_8 + 114.8x_9 \qquad (8.37)$$

참고적으로 현 공정의 상태를 파악하기 위한 그림 8.20의 y에 관한 단변량 관리도인 EWMA 관리도를 보면 상당히 여러 점들이 관리한계를 벗어나고 있다.

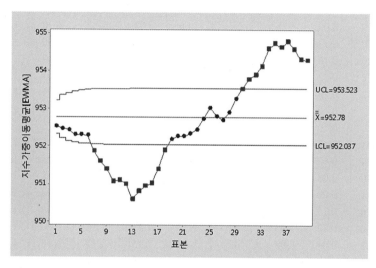

그림 8.20 원 데이터(y)에 관한 EWMA 관리도

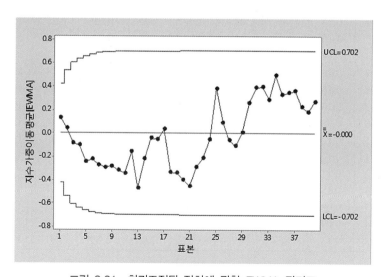

그림 8.21 회귀조정된 잔차에 관한 EWMA 관리도

다음 단계로 식 (8.37)을 이용해 회귀조정된 y의 잔차($y_k - \hat{y}_k$)를 구한 후에 단변량 관리도에 타점한다. 여기서 단변량 관리도로 단계 II에 주로 쓰이는 EWMA 관리도($\lambda = 0.2$)로 작성했는데, CUSUM 관리도와 $X - R_m (I - MR)$ 관리도(연습문제 8.13에서 다룸)도 사용 가능하다.

입력변수들의 영향을 배제한 회귀조정된 그림 8.21의 잔차 EWMA 관리도에서는 안정된 상태를 보여주고 있다. 즉, y에서는 이상상태를 나타내는 부분군이 없으며, 식 (8.37)의 회귀식에 포함된 x들에서 이상원인이 발생한 것으로 판단된다.

각 단계에서 품질특성치가 측정되는 순차 제조/서비스 공정일 경우에서 특정 단계가 이상상태가 되면 그 단계와 더불어 하류단계에 영향을 미치며, 또한 특정 단계가 실제 관리상태이더라도 상류단계에 의해 이상상태가 될 수 있다. 따라서 상류단계의 영향을 확인하는 진단과정이 필요한데, 이를 각 단계의 품질특성치를 상류단계에 대해 회귀조정을 적용한 잔차로 진단할 수 있다.

예를 들면 공정이 4단계의 순차적 다단계 공정이면 각 단계의 품질특성치를 이용하는 것보다 이전 단계에 대해 회귀조정된 잔차로 모니터링을 수행하며, 더불어 이를 이용한 진단을 추가적으로 수행할 수 있다. 즉, 4단계 중 두, 세, 네 번째 단계의 공정변수나 품질특성에 대해 각각 첫 번째, 첫 번째와 두 번째, 첫 번째~세 번째 단계를 반영한 회귀조정을 적용한다. 또한 적정한 회귀모형을 통한 회귀조정을 이용하게 되면 잔차들의 자기상관은 거의 존재하지 않는 부수적 이점도 얻을 수 있다(Montgomery, 2012).

그리고 이렇게 전 단계의 회귀조정을 통한 다수의 잔차관리도를 작성하여 진단할 경우(p단계이면 X_1에 관한 관리도를 포함하여 p개의 관리도가 필요함)에 제1종 오류를 제어하기 위해 8.5.2소절에서 적용된 α_1(즉, $1 - (1 - \alpha)^{1/p}$)을 채택하며(이를 포함한 전반적인 분석과정은 연습문제 8.14 참고), 잔차 대신 표준화 잔차를 채택할 수도 있다.

8.7 | 잠재변수 기반 모니터링과 진단*

8.2~8.6절의 전통적인 다변량 관리도는 품질특성치의 개수(p)가 크지 않다면 상당히 효과적이지만 프로파일이나 다단계 공정처럼 p가 증가하면 평균 벡터의 특정한 이동이 희석되어 이를

탐지하는 데 필요한 ARL 또한 증가된다. 즉, 개별 품질특성치(또는 공정변수)의 변동성은 대개 같지 않으며, 더불어 원래 품질특성치 중의 소수에 의해 공정의 변화가 주도되므로, 이럴 경우에 슈하트 유형 또는 EWMA/CUSUM 다변량 관리도보다 다른 공정 모니터링 방법이 유용할 수 있다.

대안 공정 모니터링 방법 중에서 공정의 이동이나 변화를 발생시키는 관리변수의 개수를 축소시킨 하위 차원을 찾는 방법은 잠재구조(latent structure) 방법으로 불리는데, 여기서는 이러한 방법 중에서 널리 쓰이는 주성분분석(Principal Component Analysis)과 더불어 부분최소제곱법(Partial Least Squares)을 소개한다(Weese et al., 2016). 특히 이들 방법들은 품질특성치 사이의 상관관계가 매우 높아 공분산 행렬이 비정칙(singular)이 될 경우에도 상당히 유용하다고 알려져 있다.

8.7.1 주성분분석(PCA)

주성분분석(이하 PCA)는 관리해야 될 변수의 차원 감소(dimension reduction)을 목적으로 주성분로 불리는 품질특성치의 선형 조합(linear combination)을 얻기 위해 상관된 데이터 집합의 직교 변환(orthogonal transform)에 초점을 맞춘 다변량 기법에 속한다.

품질특성치의 집합 $x_1, x_2, \ldots, x_p$의 주성분 $t_1, t_2, \ldots, t_p$는 다음과 같이 이들 변수의 선형결합으로 주어지는데, 주성분은 x_i들의 축을 최대 변동성(즉, 분산)을 갖도록 회전하여 그림 8.22(관리한계를 나타내는 타원이 추가됨)처럼 새로운 직교 좌표 시스템의 축을 생성한다.

$$
\begin{aligned}
t_1 &= c_{11}x_1 + c_{12}x_2 + \cdots + c_{1p}x_p \\
t_2 &= c_{21}x_1 + c_{22}x_2 + \cdots + c_{2p}x_p \\
&\vdots \\
t_p &= c_{p1}x_1 + c_{p2}x_2 + \cdots + c_{pp}x_p
\end{aligned}
\tag{8.38}
$$

여기서 가중치 c_{jk}, $j, k = 1, 2, \ldots, p$는 상수가 되는데 로딩(loading)으로 불리기도 한다. 주성분은 $p = 2, 3$일 때의 그림 8.22처럼 보통 $t_1, t_2, \ldots$순으로 변동성을 크게 수용할 수 있도록 정의한다. 그런데 p개의 모든 주성분에 포함된 정보는 원래 품질특성에 포함된 정보와 동등하다는 점을 이용하면, 정보의 대부분을 수용하는 소수의 주성분(대개 2~3개)만으로도 만족스러운 결과를 얻을 수 있다.

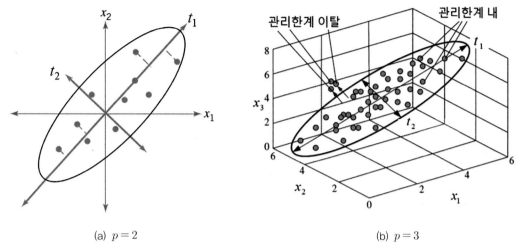

(a) $p = 2$ 　　　　　　　　　　　　　　　(b) $p = 3$

그림 8.22 주성분의 의미

확률 벡터 $\boldsymbol{x} = (x_1, x_2, \ldots, x_p)'$의 평균이 $\boldsymbol{\mu}$이고 공분산 행렬이 $\boldsymbol{\Sigma}$일 때 c_{jk}는 $\boldsymbol{\Sigma}$의 고유치 (eigenvalue) λ_j에 관한 고유벡터(eigenvector)의 k번째 원소가 된다. 즉, 각 열이 고유벡터인 $p \times p$ 행렬을 $\boldsymbol{C}$로 두면 다음이 성립한다.

$$\boldsymbol{C}' \boldsymbol{\Sigma} \boldsymbol{C} = \boldsymbol{\Lambda} \tag{8.39}$$

(여기서 $\boldsymbol{\Lambda}$는 대각원소가 λ_j인 $p \times p$인 대각행렬임.)

그런데 j번째 주성분 t_j의 분산은 고유치가 되므로 $\lambda_1 \geq \lambda_2 \geq \cdots \geq \lambda_p > 0$가 되는데, Minitab을 포함한 여러 통계 소프트웨어 등을 통해 수월하게 고유치와 고유벡터를 계산하여 PCA를 수행할 수 있다.

PCA를 수행할 때 x_j들이 다양한 척도와 크기를 가질 수 있으므로 일반적으로 표준화(x_{jk}가 x_j의 k번째 관측값이고, $\overline{x}_j, s_j$가 이들의 표본평균과 표준편차일 때 $(x_{jk} - \overline{x}_j)/s_j$로 변환)하여 적용하며, 편의적으로 표준화한 값도 x_{jk}로 표기한다. 이에 따라 공분산 행렬 $\boldsymbol{\Sigma}$는 상관계수 행렬이 되며, t_j들은 다음 성질을 가진다.

① $\sqrt{\sum_{j=1}^{p} c_{jj'}^2} = 1$, $j = 1, 2, \ldots, p$이므로, $\boldsymbol{c}_j$는 정규직교(orthonormal) 벡터이다.

② $E(t_j) = 0$, $j = 1, 2, \ldots, p$

③ $Var(t_j) = \lambda_j$, $j = 1, 2, \ldots, p$

④ $Cov(t_j, t_{j'}) = 0$, $j \neq j'$

⑤ $Var(t_1) \geq Var(t_2) \geq \cdots \geq Var(t_p)$

⑥ $\displaystyle\sum_{j=1}^{p} Var(t_j) = \sum_{j=1}^{p} \lambda_j = \mathrm{rank}(\boldsymbol{\Sigma}) = \mathrm{trace}(\boldsymbol{\Sigma})$

상기 성질 ③에서 주성분 t_j의 분산은 i번째 고유값인 λ_j가 되므로, t_j에 의해 설명되는 변동성의 비율인 기여율은 $\lambda_j / \displaystyle\sum_{i=1}^{p} \lambda_i$가 된다. 전술한 바와 같이 p보다 작은 A개의 주성분으로 변동의 거의 대부분을 설명할 수 있어 모니터링해야 될 관리변수의 수를 줄일 수 있다.

따라서 기여율이 높은 초반 A개 주성분이 선택되고 m개의 관측값(부분군) x_{jk}, $j = 1, 2, \ldots, p$; $k = 1, 2, \ldots, m$들을 식 (8.38)에 대입하면

$$t_{1k} = c_{11}x_{1k} + c_{12}x_{2k} + \cdots + c_{1p}x_{pk}$$
$$t_{2k} = c_{21}x_{1k} + c_{22}x_{2k} + \cdots + c_{2p}x_{pk}$$
$$\vdots$$
$$t_{Ak} = c_{A1}x_{1k} + c_{A2}x_{2k} + \cdots + c_{Ap}x_{pk}$$

를 얻을 수 있으며, 이들은 주성분 점수(principal component score)로 불린다(상기 식에서 부분군을 나타내는 아래 첨자기호(k) 위치의 일관성을 유지하기 위해 행렬 $\boldsymbol{T}, \boldsymbol{X}$의 원소 번호 순서가 바뀜).

차원이 각각 $m \times p$, $p \times p$인 $\boldsymbol{T}$와 $\boldsymbol{C}$의 부분행렬 $\boldsymbol{T}_A(m \times A)$, $\boldsymbol{C}_A(A \times p)$와 차원이 $m \times p$인 $\boldsymbol{X}$로부터 k번째 행(행벡터는 열벡터가 구별하기 위해 첨자에 괄호를 부가함)이 $\boldsymbol{t}_{(k)} = (t_{1k}, t_{2k}, \ldots, t_{pk})$인 $\boldsymbol{T}_A'$는 원소가

$$t_{jk} = \boldsymbol{c}_{(j)}\boldsymbol{x}_k, \, j = 1, 2, \ldots, A \, ; \, k = 1, 2, \ldots, m,$$
$$(\text{단}, \, \boldsymbol{c}_{(j)} = (c_{j1}, c_{j2}, \ldots, c_{jp}), \boldsymbol{x}_k = (x_{1k}, x_{2k}, \ldots, x_{pk})' \text{임}.)$$

인 $\boldsymbol{T}_A' = \boldsymbol{C}_A\boldsymbol{X}'$로 나타낼 수 있다. 여기서 A가 p이면 $\boldsymbol{T}' = \boldsymbol{C}\boldsymbol{X}'$가 된다. 그리고 $\boldsymbol{\Sigma}$의 원소는 표본 공분산($s_{jj'}^2$)으로 추정되며 이들로 구성된 $\boldsymbol{S}$도 $p \times p$ 대칭행렬에 속한다. 여기서 행렬 $\boldsymbol{S}$의 랭크가 p보다 작은 r이 될 수 있으며 이때 $(p - r)$개의 고유치는 0이 된다.

예제 8.12 $p = 4, m = 20$인 표 8.18의 데이터에 대해 PCA를 수행하라.

표 8.18 다변량 데이터와 주성분 점수: 예제 8.12

k	x_{1k}	x_{2k}	x_{3k}	x_{4k}	t_{1k}	t_{2k}
1	31.3	64.6	41.7	48.2	0.2917	-0.6034
2	32.8	62.2	55.2	46.1	0.2943	0.4915
3	30.4	62.5	49.2	51.2	0.1973	0.6409
4	30.7	63.1	58.2	53.0	0.8390	1.4696
5	36.4	67.0	60.3	56.6	3.2049	0.8792
6	34.3	65.2	31.8	43.1	0.2033	-2.2951
7	27.4	58.9	51.6	52.1	-0.9921	1.6705
8	29.8	60.4	46.8	38.3	-1.7024	-0.3609
9	31.6	60.7	49.5	49.1	-0.1425	0.5608
10	29.8	61.3	41.7	45.2	-0.9950	-0.3149
11	32.8	63.4	51.9	51.2	0.9447	0.5047
12	28.9	59.5	35.4	50.6	-1.2195	-0.0913
13	35.2	67.3	42.9	57.8	2.6087	-0.4218
14	31.3	61.9	42.9	49.4	-0.1238	-0.0877
15	26.8	60.1	53.1	49.1	-1.1042	1.4726
16	30.4	62.8	30.9	51.5	-0.2783	-0.9476
17	26.2	57.7	38.4	44.3	-2.6561	0.1353
18	37.0	67.9	43.2	50.3	2.3653	-1.3049
19	32.2	64.0	47.7	47.0	0.4113	-0.2189
20	28.0	59.5	26.4	45.8	-2.1466	-1.1785

표 8.18의 데이터에 대해 통계 SW를 이용해 PCA를 수행하면 표 8.19의 결과를 얻을 수 있다. 표 8.19에는 네 가지 주성분의 고유값, 고유값의 비율, 누적비율이 요약되어 있으며, 그림 8.23(a)는 주성분과 해당 고유치를 꺾은 선으로 연결한 scree 도표(scree plot)로 기여율이 현저히 낮아지는 주성분 위치를 찾는 데 도움이 되는 그래프이다. 두 주성분의 누적비율이 83.2%, 세 주성분 비율이 98.5%를 차지하고 있는데, 이 문제에서는 두 주성분으로도 충분하다고 판단할 수 있다. 하여튼 공정 모니터링 경우에 전체 공정 변동성의 타당한 비율의 설정에 관한 명확한 지침은 없으며, 상황에 따라 적절하게 책정되는 편이다.

그리고 표 8.20에는 주성분의 고유치 벡터인 로딩 행렬(즉, C')이 정리되어 있다. 이 예제에서 첫 번째 주성분(식 (8.58)에서 $t_1 = 0.594x_1 + 0.607x_2 + 0.286x_3 + 0.444x_4$)을 보면 부호가 같고 가중치가 그리 차이가 나지 않으므로 원래 변수들의 평균에 관한 유사체로 볼 수 있으며, 두 번째 주성분($t_2 = -0.334x_1 - 0.330x_2 + 0.794x_3 + 0.387x_4$)은 로딩 부호가 동일한 x_3, x_4와 x_1, x_2의 평균에 관한 차이 정도로 볼 수 있다. 그러나 이런 주성분이 해석이 힘들 수 있는 경우가 종종 발생한다.

표 8.19 주성분 분석 결과 요약

고유값	2.3181	1.0118	0.6088
비율	0.580	0.253	0.152
누적비율	0.580	0.832	0.985

표 8.20 주성분에 관한 로딩 행렬

주성분	t_1	t_2	t_3
x_1	0.594	-0.334	0.257
x_2	0.607	-0.330	0.083
x_3	0.286	0.794	0.534
x_4	0.444	0.387	-0.801

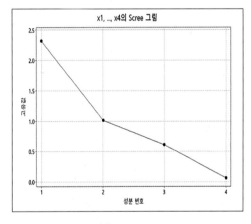

(a) scree 도표

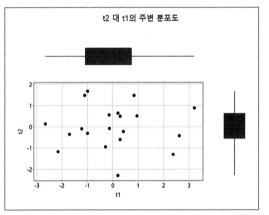

(b) 점수 그림(주변분포에 관한 상자그림 부가)

그림 8.23 scree 도표와 점수 그림: 예제 8.12

표 8.18에 마지막 두 열에 $A = 2$인 주성분의 점수($t_{jk}, j = 1, 2; k = 1, 2, \ldots, 20$)가 부기되어 있다. 예를 들어 $\boldsymbol{x}_1 = (31.3, 64.6, 41.7, 48.2)'$를 표준화시키면 $(0.0448, 0.7306, -0.3524, -0.1754)'$가 되어 t_{11}, t_{21}은 다음과 같이 각각 0.291, -0.604(한정된 자릿수에 의한 계산으로 표 8.18과 미세한 차이 발생)가 된다.

$$t_{11} = \boldsymbol{c}_{(1)}\boldsymbol{x}_1 = (0.594, 0.607, 0.286, 0.444)\begin{bmatrix} 0.0448 \\ 0.7306 \\ -0.3524 \\ -0.1754 \end{bmatrix} = 0.291$$

$$t_{21} = c_{(2)}x_1 = (-0.334, -0.330, 0.794, 0.387)\begin{bmatrix} 0.0448 \\ 0.7306 \\ -0.3524 \\ -0.1754 \end{bmatrix} = -0.604$$

나머지 부분군에 대한 t_{1k}과 t_{2k}도 같은 방법으로 구하면 표 8.18과 같이 된다.

이들 두 주성분 점수의 산점도를 도시한 것이 그림 8.23(b)의 점수 그림(score plot)으로 이상점, 추세, 층화, 군집 등을 검출하여 자료구조를 평가할 수 있는 그래프이다. 그림 8.23(b)의 점수 그림에 두 주변분포에 관한 개별 상자그림이 부가되어 있는데, 이 그림까지 고려하면 특이점이 보이지 않으므로 '0'을 중심으로 랜덤하게 분포하고 있다고 볼 수 있다.

주성분을 이용한 공정 모니터링용 관리도로 다음의 두 가지가 널리 쓰인다(Kourti, 2005; Ferrer, 2014).

(1) T^2 관리도

부분군 m개의 관측값 $m \times p$행렬을 X로, 주성분 열벡터(t_j, $j = 1, 2, \ldots, p$)로 구성된 $m \times p$ 행렬을 T로, 고유벡터(c_j, $j = 1, 2, \ldots, p$)로 구성된 $p \times p$로드 행렬을 C로 두고 $C^{-1} = C'$인 성질을 이용하면 $T' = CX'$로부터 다음 관계가 성립한다.

$$X' = C'T' \text{ (또는 } X = TC) \tag{8.40}$$

만약 기여율이 높은 A개의 주성분이 선택된다면 T_A가 T에서 선택된 주성분에 관한 $m \times A$ 행렬이고 C_A가 C에서 선택된 주성분에 관한 $A \times p$행렬일 때 X행렬은 A개의 주성분으로부터 다음과 같이 근사적으로 추정된다.

$$\hat{X}' = C_A'T_A' \tag{8.41}$$

따라서 $c_{A,i}$가 C의 i번째 열벡터일 때 $\hat{X}$의 원소 $\hat{x}_{ik} = c_{A,i}'t_{A,k}$, $i = 1, 2, \ldots, p$; $k = 1, 2, \ldots, m$은 A개의 주성분만으로 추정된다. 그리고 우연원인만 존재하는 관리상태의 실적자료에 의해 PCA 모형이 구축되면, 단계 II의 새로운 관측값 x_{new}가 얻어질 때 이의 주성분 점수는 $t_{j,new} = c_{(j)}x_{new}$, $j = 1, 2, \ldots, A$이고, $x_{i,new}$의 추정치는 $\hat{x}_{i,new} = c_{A,i}'t_{A,new}$(단, $t_{A,new} = (t_{1,new}, t_{2,new}, \ldots, t_{A,new})'$)가 된다.

T^2 관리도에서 각 부분군의 타점 통계량은 주성분들의 공분산이 0이 되는 점을 이용하여 8.2

절과 유사하게 적용하면

$$T_A^2 = \sum_{j=1}^{A} \frac{t_j^2}{s_{t_j}^2} = \sum_{k=1}^{A} \frac{t_j^2}{\lambda_j} \tag{8.42}$$

(여기서 $s_{t_j}^2$는 t_j의 표본 분산임.)

가 되며, 한편 전통적 T^2 관리도의 타점 통계량은

$$T^2 = \sum_{j=1}^{p} \frac{t_j^2}{s_{t_j}^2} = \sum_{j=1}^{p} \frac{t_j^2}{\lambda_j} = T_A^2 + \sum_{j=A+1}^{p} \frac{t_j^2}{\lambda_j} \tag{8.43}$$

로 나타낼 수 있다.

그런데 식 (8.43)은 주성분의 제곱을 이의 분산으로 나누어 각 주성분에 대해 대등하게 더한 값인데, 만약 p가 크거나, Σ가 비정칙에 근접하거나 또는 역행렬을 구할 수 없을 때 뒤편(즉, $j = A+1, \ldots, p$)의 주성분은 x들의 분산을 거의 설명하지 못하는 확률잡음에 가까워져 표본분산이 매우 작을 수 있다. 따라서 이들이 식 (8.43)에 포함되면 t_j들의 작은 이탈에도 매우 큰 값을 가지게 되어 이상신호를 발생시킬 수 있으므로 식 (8.42)가 보다 타당하다.

개별치로 구성된 m개의 부분군일 있을 경우의 T^2 관리도이므로 UCL만 존재하며, 제1종 오류가 α일 때 단계 I과 II의 관리한계는

단계 I(해석용): $UCL_{T^2} = \dfrac{(m-1)^2}{m} B(A/2, (m-A-1)/2; \alpha)$

$$= \frac{(m-1)^2}{m} \frac{[A/(m-A-1)]F(A, m-A-1; \alpha)}{1+[A/(m-A-1)]F(A, m-A-1; \alpha)} \tag{8.44}$$

(단, $B(\nu_1/2, \nu_2/2; \alpha) = \dfrac{\nu_1 F(\nu_1, \nu_2; \alpha)}{\nu_2 + \nu_1 F(\nu_1, \nu_2; \alpha)}$ 임.)

단계 II(관리용; 식 (8.11) 참고): $UCL_{T^2} = \dfrac{A(m^2-1)}{m(m-A)} F(A, m-A; \alpha)$ $\tag{8.45}$

가 된다(Kourti, 2005; Ferrer, 2014). 단계 I에서 이 관리도의 UCL은 공분산 추정법을 8.9.2항의 S_1을 채택하고 있으므로, 보다 널리 활용되는 S_2에 의한 T^2 관리도의 베타분포(식 (8.9))와 대조하면 두 번째 모수가 달라지는 점에 유의해야 한다(식 (8.8)과 (8.9) 참고).

(2) 제곱예측오차(SPE) 관리도

A개의 주성분에 의한 식 (8.42)의 통계량에 의한 모니터링은 이들 주성분에 포함된 품질특성치의 변동을 우연원인에 의해서 설명될 수 있는 변동과의 비교에 의해 이상원인을 검출하기 때문에 충분하지 않을 수 있다. 즉, 만약 관리상태의 PCA 모형 구축에 활용된 주성분과는 전적으로 다른 이상 사건이 발생된 자료가 포함되면 새로운 주성분이 생길 수 있으며, x는 추정된 값($\hat{x}$)과 상당히 달라질 수 있다. 즉, x와 추정값과의 잔차로부터 다음과 같은 제곱예측오차(Squared Prediction Error: SPE)를 구하여 이런 현상을 검출할 수 있을 것이다,

$$SPE_{x,k} = \sum_{j=1}^{p} (x_{jk} - \hat{x}_{jk})^2 \tag{8.46}$$

이 통계량은 Q 통계량으로도 불리며(Jackson, 2003), 개별 다변량 관측값의 사영공간(projection space)과의 수직거리의 제곱에 해당되며, 관리상태일 때 이 값이 작아지므로 관리상한만 설정된다. b와 v가 각각 SPE_x의 평균과 분산일 때 UCL은 다음과 같이 설정된다(Kourti, 2005; Ferrer, 2007).

$$UCL_{SPE} = \frac{v}{2b} \chi^2_{(\alpha, 2b^2/v)} \tag{8.47}$$

또한 단계 II에서 새로운 관측값이 얻어지면 식 (8.46)과 유사하게 이에 관한 잔차로부터 다음과 같은 SPE를 구하여 상기 현상을 검출할 수 있을 것이다.

$$SPE_{x,new} = \sum_{j=1}^{p} (x_{new,j} - \hat{x}_{new,j})^2$$

예제 8.13

예제 8.12에서 구한 두 주성분으로부터 타점 통계량을 구하여 T^2 관리도와 SPE 관리도를 도시하고 분석하라.

먼저 표 8.19의 고유치인 $s_{t_1}^2 = 2.318, s_{t_2}^2 = 1.012$을 이용하여 계산된 T^2 관리도의 타점 통계량이 표 8.21에 정리되어 있다. 예를 들면 첫 번째 부분군의 타점 통계량은

$$T_1^2 = \frac{0.2917^2}{2.318} + \frac{(-0.6034)^2}{1.0112} = 0.397$$

이 되며, 나머지 부분군에 대한 T_k^2도 같은 방법으로 구하면 표 8.21과 같다.

표 8.21 T^2 관리도와 SPE 관리도의 타점 통계량

k	T_k^2	$\hat{x}_{1k}$	$\hat{x}_{2k}$	$\hat{x}_{3k}$	$\hat{x}_{4k}$	$SPE_{x,k}$
1	0.397	0.3748	0.3760	-0.3956	-0.1042	0.2416
2	0.276	0.0107	0.0166	0.4742	0.3209	1.6307
3	0.423	-0.0968	-0.0915	0.5651	0.3357	0.0662
4	2.438	0.0077	0.0249	1.4060	0.9414	0.0647
5	5.195	1.6104	1.6557	1.6129	1.7629	0.0350
6	5.224	0.8872	0.8799	-1.7636	-0.7984	0.3913
7	3.183	-1.1472	-1.1528	1.0426	0.2064	0.3509
8	1.379	-0.8909	-0.9145	-0.7725	-0.8954	3.3201
9	0.320	-0.2719	-0.2713	0.4044	0.1539	0.3248
10	0.525	-0.4860	-0.5002	-0.5341	-0.5636	0.1159
11	0.637	0.3927	0.4071	0.6703	0.6147	0.0553
12	0.650	-0.6940	-0.7102	-0.4207	-0.5766	1.3616
13	3.111	1.6907	1.7226	0.4101	0.9946	1.4243
14	0.014	-0.0443	-0.0462	-0.1049	-0.0889	0.0798
15	2.669	-1.1478	-1.1557	0.8535	0.0800	0.1982
16	0.921	0.1511	0.1434	-0.8316	-0.4904	1.7374
17	3.061	-1.6232	-1.6569	-0.6510	-1.1265	0.0127
18	4.096	1.8410	1.8659	-0.3604	0.5446	0.1046
19	0.120	0.3175	0.3218	-0.0563	0.0978	0.4572
20	3.360	-0.8818	-0.9147	-1.5483	-1.4091	0.7603

또한 PCA 모형으로부터 첫 번째 표본의 추정값 $\hat{x}_1$을 구하는 과정을 예시하면 표 8.19와
표 8.20으로부터

$$\hat{x}_{11} = c_{A,1}{'}t_{A,1} = (0.594,\ -0.334)\begin{bmatrix} 0.2917 \\ -0.6034 \end{bmatrix} = 0.375$$

$$\hat{x}_{21} = c_{A,2}{'}t_{A,1} = (0.607,\ -0.330)\begin{bmatrix} 0.2917 \\ -0.6034 \end{bmatrix} = 0.376$$

$$\hat{x}_{31} = c_{A,3}{'}t_{A,1} = (0.286,\ 0.794)\begin{bmatrix} 0.2917 \\ -0.6034 \end{bmatrix} = -0.396$$

$$\hat{x}_{41} = c_{A,4}{'}t_{A,1} = (0.444,\ 0.387)\begin{bmatrix} 0.2917 \\ -0.6034 \end{bmatrix} = -0.104$$

$$\hat{x}_{(1)} = (0.375, 0.376, -0.396, -0.104)$$

가 되며, 나머지 표본에 대한 행벡터 $\hat{x}_{(k)}$, $k = 2,3,\ldots,20$도 같은 방법으로 구하여 정리한
것이 표 8.21에 있다.

또한 첫 번째 표본에 대한 SPE_x는 위에서 계산된 $\hat{x}_1$(또는 자릿수가 큰 표 8.21)과 예제 8.12의 표준화된 x_1로부터

$$SPE_{x,1} = (0.0448 - 0.3748)^2 + (0.7306 - 0.3760)^2 + [-0.3524 - (-0.3956)]^2$$
$$+ [-0.1754 - (-0.1042)]^2 = 0.2416$$

으로 구해지며, 나머지 표본에 대한 SPE_x도 같은 방법으로 구하여 표 8.21의 마지막 열에 정리되어 있다.

그리고 $A = 2, m = 20$이므로 T^2 관리도의 관리한계는 식 (8.46)으로부터

$$UCL_{T^2} = \frac{(20-1)^2}{20} B(1, 8.5; 0.0027) = \frac{19^2}{20}(0.5013) = 9.05$$

이고, 표 8.21의 마지막 열의 SPE_x들로부터 구한 $b = 0.637, v = 0.726$과 더불어 $\alpha = 0.0027$를 식 (8.47)에 대입하면 SPE 관리도의 관리한계는

$$UCL_{SPE} = \frac{0.726}{2(0.637)} \chi^2_{(2(0.637)^2/0.726 = 1.12, \, 0.0027)} = 0.570(9.389) = 5.35$$

이 된다.

이로부터 구한 T^2 관리도와 SPE 관리도가 수록된 그림 8.24와 8.25를 보면 모든 20개의 점이 관리한계 내에 있어 공정을 관리상태로 판정할 수 있다.

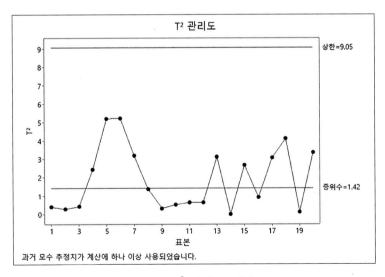

그림 8.24 T^2 관리도: 예제 8.13

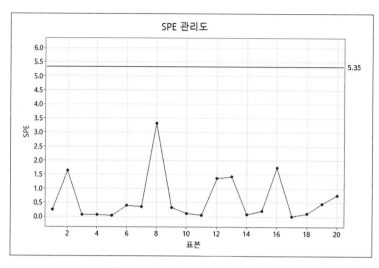

그림 8.25 SPE 관리도: 예제 8.13

(3) 적용 절차

T^2 관리도와 SPE 관리도는 기본적 개념이 다르더라도 공정의 건전성을 한 번에 파악할 수 있는 두 가지 보완 지표를 타점한 도표로 볼 수 있다(Kourti, 2005).

주성분에 관한 T^2 관리도는 관측값의 잠재변수의 공간으로부터 정의된 초평면에 대한 사영이 관리상태 자료에 의해 설정된 한계 내에 있는지를 조사한다. 즉, UCL을 초과하는 타점 통계량값은 해당 관측값이 모형 변수 간 상관구조를 유지하더라도 일부(또는 전부) 품질특성에서 발생한 비정상적인 극단값으로 볼 수 있다. 부언하면 이 관측값은 PCA 모형 내부의 비정상적인 이상치로 간주할 수 있다.

반면에 SPE 관리도는 관측값의 잡음변동에 해당되는 잠재변수의 초평면에 대한 거리가 관리한계 내에 있는지를 검토한다. 즉, UCL을 벗어난 SPE 관리도의 타점값은 관리상태에 있는 자료로부터 도출된 모형에서 생성된 값과 달라져, 적용 모형의 상관관계 구조가 손상된 것이라고 볼 수 있다. 따라서 이 관리도는 관리상태 모형에서 정의된 초평면과 동떨어진 새로운 사건이 공정에서 발생했는지를 검출하므로, 이러한 관측값은 모형 외부의 특이치로 간주할 수 있다.

단계 I에서 관리한계 등이 설정되면 단계 II의 구체적 적용 절차는 다음과 같다.

① 사전 준비 단계: 다음 값을 구한다.

p개의 품질특성치에 대해 $\overline{x}_j, s_j,\ j = 1, 2 \ldots, p$

A개의 주성분에 대해 $s_{t_j}^2 = \lambda_j$, $j = 1, 2, \dots, A$

T^2 관리도와 SPE 관리도의 UCL

$A \times p$ 로딩 행렬 $\boldsymbol{C}_A$

② 새로운 관측값 $\boldsymbol{x}_{new} = (x_{1,new}, x_{2,new}, \dots, x_{p,new})'$을 얻는다.

③ 타점 통계량을 계산한다.

③-1 관측값 벡터를 표준화한다. 즉, $x_{j,new}^* = (x_{j,new} - \overline{x}_j)/s_j$, $j = 1, 2, \dots, p$

③-2 다음과 같이 주성분 점수와 이들로 구성된 벡터($\boldsymbol{t}_{new}$)를 구한다.

$$t_{j,new} = \boldsymbol{c}_{(j)}\boldsymbol{x}^* = \sum_{i=1}^{A} c_{ji}x_{i,new}^*, \; j = 1, 2, \dots, A$$

③-3 p개 변수의 추정값을 다음과 같이 구한다.

$$\hat{x}_{j,new}^* = \boldsymbol{c}_{A,j}' \boldsymbol{t}_{A,new} = \sum_{i=1}^{A} c_{ij}t_{i,new}, \; j = 1, 2, \dots, p$$

③-4 두 관리도에 관한 타점 통계량을 구한다.

$$T^2 \text{ 관리도; } T_A^2 = \sum_{j=1}^{A} \frac{t_{j,new}^2}{s_{t_j}^2} \text{ (여기서는 단계 II(관리용))} \tag{8.48}$$

$$\text{SPE 관리도; } SPE_x = \sum_{j=1}^{p} (x_{j,new}^* - \hat{x}_{j,new}^*)^2 \tag{8.49}$$

④ 두 관리도의 UCL을 비교하여($T_A^2 > UCL_{T^2}$이거나 $SPE_x > UCL_{SPE}$) 이상상태를 파악한다. 이상신호가 발생하면 ⑤로, 그렇지 않으면 ②로 간다.

⑤ 어디서 이상상태가 발생하는지를 진단하는데, SPE 관리도를 먼저 검토한다.

⑤-1 SPE 관리도에서 $(x_{j,new}^* - \hat{x}_{j,new}^*)^2$를 구하여 큰 값을 가지는 품질특성치를 검토한다.

⑤-2 T^2 관리도에서 정규화된 점수 $(t_{j,new}/s_j)^2 = t_{j,new}^2/\lambda_j$, $j = 1, 2, \dots, A$를 구하여 큰 값을 가지는 주성분을 조사한다.

⑤-3 ⑤-2에시 신택된 주성분 t_i에 포함된 각 품질특성치의 기여도를 구하는데, 주성분 점수와 동일 부호를 가지면서 큰 절댓값을 가지는 품질특성치를 우선적으로 조사한다 (Kourti and MacGregor, 1996). 기여도는 $\overline{x}_j^*$는 모두 0이 되는 성질을 적용하면 다음과 같이 간략화된다.

$$cont_{ij} = c_{ij}(x_{j,new}^* - \overline{x}_j^*) = c_{ij}x_{j,new}^*, \quad j = 1, 2, \ldots, p \tag{8.50}$$

⑤-4 만약 큰 값을 가지는 주성분의 개수 K가 복수가 되면(즉, $1 < K \le A$), 개별 주성분에 대해 주성분 부호와 동일한 품질특성치를 고려하기 위해 음수가 되는 $Cont_{ij}$를 0으로 두어 j번째 품질특성치의 정규화된 기여도를 식 (8.51)로 정의한다.

$$Cont_{ij} = \max\left(\frac{t_{i,new}}{s_i^2} c_{ij}x_{j,new}^* = \frac{t_{i,new}}{s_i^2} cont_{ij}, \, 0 \right) \tag{8.51}$$

이로부터 총 기여도를 다음과 같이 구한다(Kourti, 2005).

$$CONT_j = \sum_{i=1}^{K} Cont_{ij} \tag{8.52}$$

⑤-5 높은 총 기여도를 가진 품질특성치순으로 검토한 후에 시정조치가 완료되면 ②로 간다.

예제 8.14 예제 8.13의 단계 II에 새로운 데이터인 $(42.2, 78.5, 41.1, 54.9)$가 얻어질 때 관리상태 여부를 판정하고 이상상태일 경우 각 변수별 기여도를 구해 분석하라.

전술된 단계별로 적용하면 다음과 같다.

① $\overline{\boldsymbol{x}} = (31.17, 62.50, 44.94, 48.99)'$, $\boldsymbol{s} = (3.012, 2.874, 9.19, 4.53)'$, $s_{t_1}^2 = 2.318$,

$s_{t_2}^2 = 1.012$

식 (8.45)로부터 $UCL_{T^2} = \dfrac{2(20^2-1)}{20(20-2)} F(2, 18; 0.0027) = 2.217(8.364) = 18.54$이고,

$UCL_{SPE} = 5.35$(예제 8.13에서)이다. 그리고 $\boldsymbol{C}_A$는 표 8.20를 참고하라.

②와 ③-1 표준화된 $\boldsymbol{x}_{new}^* = (3.662, 5.567, -0.418, 1.305)'$

③-2와 ③-3

$$t_{1,new} = \boldsymbol{c}_{(1)}\boldsymbol{x}^* = (0.594, 0.607, 0.286, 0.444)\begin{bmatrix} 3.662 \\ 5.567 \\ -0.418 \\ 1.305 \end{bmatrix} = 6.014$$

$$t_{2,new} = (-0.334, -0.330, 0.794, 0.387)\begin{bmatrix} 3.662 \\ 5.567 \\ -0.418 \\ 1.305 \end{bmatrix} = -2.887$$

$$\hat{x}^*_{1,new} = \boldsymbol{c}'_{A,1}\boldsymbol{t}_{A,new} = (0.594, -0.334)\begin{bmatrix} 6.014 \\ -2.887 \end{bmatrix} = 4.537$$

$$\hat{x}^*_{2,new} = (0.607, -0.330)\begin{bmatrix} 6.014 \\ -2.887 \end{bmatrix} = 4.603$$

$$\hat{x}^*_{3,new} = (0.286, 0.704)\begin{bmatrix} 6.014 \\ -2.887 \end{bmatrix} = -0.312$$

$$\hat{x}^*_{4,new} = (0.444, 0.387)\begin{bmatrix} 6.014 \\ -2.887 \end{bmatrix} = 1.553$$

③-4와 ④

$$T^2_{new} = \frac{6.014^2}{2.318} + \frac{(-2.887)^2}{1.012} = 15.603 + 8.236 = 23.839 > UCL_{T^2} = 18.54$$

$$SPE_{new} = (3.662 - 4.537)^2 + (5.567 - 4.603)^2 + [-0.418 - (-0.312)]^2$$
$$+ (1.305 - 1.553)^2 = 0.766 + 0.929 + 0.011 + 0.062$$
$$= 1.768 < UCL_{SPE} = 5.35$$

⑤ T^2 관리도만 UCL을 벗어나는데 $t_{1,new}$ 성분이 높으므로, $K=1$인 이 주성분에서 각 품질특성치의 기여도는 식 (8.50)으로부터 다음과 같이 구해진다.

$$cont_1 = 0.594(3.662) = 2.18, \quad cont_2 = 0.607(5.567) = 3.38$$
$$cont_3 = 0.286(-0.418) = -0.12, \quad cont_4 = 0.444(1.305) = 0.58$$

따라서 t_1이 양수이므로 기여도가 양의 큰 값을 가지는 품질특성치는 x_2, x_1순이 되어, 먼저 x_2에 대한 심층적 조사와 개선조치가 필요하다.

빅데이터 여건하의 공정 모니터링에서 8.5.3소절에서 언급한 바와 같이 약점도 일부 있지만, PCA의 수행을 통해 네 가지 주요 이점을 다음과 같이 요약할 수 있다(Weese et al., 2016).

- 여분 변수 및 잡음의 영향을 제거하여 분석결과의 유용성을 높일 수 있다.
- 데이터 처리를 보다 수월하게 수행할 수 있다.
- 상당히 큰 데이터 세트의 해석과 시각화를 제고하는 데 도움이 될 수 있다.
- 주성분 점수의 조사를 통해 실무자가 데이터의 상관 구조를 발견하고 이해하는 데 도움이 될 수 있다.

8.7.2 부분최소제곱(PLS) 방법

PCA는 관리변수의 수를 줄이는 차원 축소 방법에 속하며, 공정변수 간의 상관관계가 높을 경우의 다중 공선성 문제를 처리할 수 있지만 제품 품질데이터(회귀모형의 반응변수)를 활용하지 않고 설명변수에 해당되는 공정변수의 특성만을 포착하는 방법이므로, PCA는 비지도(unsupervised) 차원 축소기법에 속한다.

만약 공정변수 외에 제품에 관한 품질데이터까지 활용할 수 있다면 PCA의 대안으로 부분최소제곱방법(Partial Least Squares, 이하 PLS)이 쓰인다. 하나의 변수집합을 활용하는 PCA와 달리 두 개의 변수집합(설명(독립)변수 집합과 반응(종속)변수 집합, 입력과 출력 변수 집합)을 이용하는 방법이다. 특히 측정값이 관측되지 않는 주요한 잠재변수에 의존하는 화학공학분야, 즉 계량분석화학(chemometrics)에서 널리 사용되는 기법으로 지도(supervised) 차원 축소기법에 속한다.

PLS는 공정변수(PLS에서는 품질특성치보다 이 용어를 채택) X의 변동을 높게 설명하면서 더불어 제품 품질데이터인 Y를 잘 예측할 수 있도록 잠재변수(PCA의 주성분에 해당)를 도출하는데, X와 Y의 공분산이 최대화되도록 수행된다(Kourti and MacGregor, 1995; Kourti, 2005).

$m \times p$인 공정변수 행렬 X, $m \times q$ 제품 품질자료 행렬일 때 선형공간에서의 잠재변수 모형은 다음과 같이 나타낼 수 있다.

$$X = TC + E \tag{8.53}$$

$$Y = TD' + F \tag{8.54}$$

여기서 T는 $m \times A$ 잠재변수 행렬(선택된 주성분으로 구성된 행렬에 해당되며, 간략하게 T_A보다 T로 표기), $C(A \times p)$, $D(A \times q)$는 각각 잠재변수와 X, Y와 관계를 나타내는 로딩 행렬이고 E, F는 오차항이다. 여기서 잠재변수의 개수를 p로 정하면 보통(ordinary) 최소제곱법이 되므로 PLS에서는 A를 p보다 작은 적절한 값으로 미리 설정해야 한다.

먼저 첫 번째 PLS 잠재변수 $t_1 = Xw_1$은 t_1과 Y의 공분산을 최대화하는 x변수들의 선형결합으로 구해진다. 이때 첫 번째 PLS의 가중치 벡터 w_1은 표본 공분산 행렬 $X'YY'X$의 첫 번째 고유벡터가 되며, 첫 번째 삼재변수 t_1에 관한 X의 회귀모형에서 회귀 벡터 c_1은 $Xt_1/t'_1 t_1$로 구해짐으로써 X행렬은 잔차 $X_2 = X - t_1 c'_1$로 수축된다. 로딩 행렬 D에서 첫 번째 벡터 d_1은 Y의 t_1에 관한 회귀모형으로부터 구해지며, $Y_2 = Y - t_1 d'_1$로 수축된다. 두 번째 잠재변수부터는 잔차로부터 $t_2 = X_2 w_2$(여기서 w_2는 $X'_2 Y_2 Y'_2 X_2$의 첫 번째 고유벡터가 됨) 등이 순차적으로 다음과 같이 전개되어 식 (8.53)과 (8.54)가 얻어진다.

$$t_j = X_j w_j, \, j = 1, 2, \ldots, A \tag{8.55}$$

(여기서 $X_1 = X$이고 $X_j = X_{j-1} - t_{j-1} c'_{j-1}, \, j \geq 2$임.)

여기서 로딩 벡터($c_{(1)}, c_{(2)}, \ldots$)끼리는 직교하지 않지만 가중치 행렬 $W(p \times A)$의 벡터 ($w_1, w_2, \ldots$)와 잠재변수 벡터($t_1, t_2, \ldots$)끼리는 직교하며, w_j는 정규직교 벡터이다. 또한 CW는 대각원소가 1이고(즉, $c'_i w_i = 1$) 대각선 하부 원소가 $0(c'_j w_i = 0, \, j > i)$인 상부 삼각행렬이 된다. 일반적으로 PLS 잠재변수를 NIPALS(Nonlinear Iterative PArtial Least Squares) 알고리즘에 의해 순차적으로 계산하는 것이 편리하다(Kourti, 2005; 전치혁, 2012).

한편 PLS는 새로운 관측값 X_{new}로부터 반응변수 Y_{new}를 예측하는 용도로 자주 활용되지만 여기서는 공정모니터링 목적에 한정시킨다.

관리도의 해석용인 단계 I에서 관리한계 등이 전 소절처럼 설정되면 관리용인 단계 II의 구체적 적용 절차 중에서 전 소절의 (3)에서 다룬 PCA 모니터링 절차와 차이점만 기술하면 다음과 같다.

① 사전 준비 단계: 다음 값을 추가한다.

X에 대한 $p \times A$ 가중치 행렬 W(열벡터 $w_j, \, j = 1, 2, \ldots, A$)

② 새로운 관측값 $x_{new} = (x_{1,new}, x_{2,new}, \ldots, x_{p,new})'$와 y_{new}를 얻는다.

③ 타점 통계량을 계산한다.

　③-2 표준화된 새 관측값 $x^*_{j,new} = (x_{j,new} - \bar{x}_j)/s_j, \, j = 1, 2, \ldots, p$에 대해 식 (8.55)로부터 다음과 같이 잠재변수 점수와 이들로 구성된 벡터(t_{new})를 구한다.

$$t_{j,new} = w'_j x_{j,new}, \, j = 1, 2, \ldots, A \tag{8.56}$$

(여기서 $x_{1,new} = x^*_{new}$이고 $x_{j,new} = x_{j-1} - t_{j-1,new} c'_{j-1}, \, j \geq 2$임.)

⑤ 이상상태 진단 단계에서 다음만 달라지며, 아래의 식 (8.57)를 식 (8.50) ~ (8.52)에 대입하여 각 공정변수의 기여도를 구해 우선 조치가 필요한 공정변수를 구한다.

　⑤-3 ⑤-2에서 선택된 잠재변수 t_i에 포함된 각 공정변수의 기여도를 다음과 같이 구한다 (Kourti, 2005).

$$cont_{ij} = w_{ij}(x^*_{j,new} - \overline{x}^*_j) = w_{ij}x^*_{j,new}, \ j = 1,2,...,p \tag{8.57}$$

PLS에 관한 자세한 이론적 배경은 이 책의 범위를 벗어나고 PCA보다 생소한 방법인 점을 감안하여 모니터링 용도의 PLS 잠재변수에 관한 관리도로는 식 (8.44)와 (8.48)을 이용한 T^2 관리도만 다룬다.

예제 8.15

공정변수와 제품 품질특성의 개수가 각각 $p = 6, q = 1$인 자동차 부품데이터에 관한 표 8.22의 데이터에 대해 PLS를 수행하여 $A = 2$일 경우의 T^2 관리도에 도시하고 결과를 고찰하라.

표 8.22 자동차 부품데이터와 잠재변수 점수 및 타점 통계량

k	x_1	x_2	x_3	x_4	x_5	x_6	y_1	t_1	t_2	T^2
1	1.7	1512	50	110	20	25	600	-2.4939	-0.7450	2.514
2	1.6	1511	57	101	28	24	587	-1.5622	-1.4185	2.597
3	1.5	1510	50	105	20	25	573	-2.3326	-0.8131	2.357
4	1.3	1502	55	115	22	33	647	-1.1056	-0.8963	1.117
5	0.7	1413	60	108	24	36	653	0.0747	-1.0544	1.000
6	0.8	1413	65	115	26	32	647	0.0994	-1.4445	1.877
7	0.7	1394	65	195	26	42	760	1.9222	-0.5014	1.423
8	0.8	1384	68	204	27	44	733	2.2420	-0.5427	1.893
9	1.6	1242	40	120	16	20	587	-3.0261	0.7738	3.505
10	1.6	1242	40	110	16	16	580	-3.4269	0.5906	4.119
11	1.7	1242	40	102	16	16	540	-3.6392	0.5435	4.557
12	0.7	1241	66	198	28	36	773	1.9057	-0.2321	1.225
13	0.7	1199	66	198	28	37	780	2.0083	-0.0721	1.312
14	0.8	1167	65	195	26	36	727	1.5824	0.0871	0.818
15	0.7	1160	65	195	26	36	733	1.6995	0.0923	0.944
16	0.5	1134	80	240	32	42	827	3.8902	-0.4250	5.066
17	0.5	1134	62	240	32	42	860	3.4916	0.7946	4.518
18	0.9	1434	55	186	25	35	687	0.7457	-0.1589	0.203
19	0.7	1444	80	165	22	33	707	0.7941	-2.1064	4.188
20	0.9	1034	52	240	32	32	833	2.2190	1.6032	3.903
21	0.9	1340	70	156	20	21	607	-0.7151	-1.4213	1.979
22	0.9	1133	50	171	22	32	673	0.1656	0.9773	0.866
23	1.3	1064	50	195	26	26	600	0.0902	1.2612	1.431
24	1.5	1064	50	100	20	20	580	-2.3784	0.4440	2.010
25	0.8	1052	55	100	20	20	620	-1.4783	0.0234	0.709
26	0.8	1052	75	125	20	20	627	-0.7200	-1.1310	1.317

27	0.8	1052	55	138	22	22	613	-0.6498	0.3581	0.252
28	0.6	903	45	143	20	28	653	-0.2646	1.6940	2.599
29	0.6	903	50	138	22	22	733	-0.4173	1.1389	1.221
30	0.7	1421	70	135	18	24	587	-0.8285	-1.7841	3.081
31	0.6	1414	60	150	20	30	669	-0.1200	-0.8484	0.651
32	0.7	1264	70	110	28	27	604	0.2473	-1.5147	2.080
33	0.7	1254	60	180	24	30	667	0.6999	-0.1225	0.172
34	1.2	1237	60	210	28	31	685	1.0273	0.2407	0.394
35	1.0	1244	60	180	24	32	672	0.5111	0.0125	0.085
36	1.2	1024	45	135	18	31	664	-1.1374	1.4449	2.294
37	0.9	1024	45	150	20	35	704	-0.1277	1.5950	2.290
38	0.6	937	40	135	18	29	630	-0.6468	1.9074	3.402
39	0.6	1134	45	180	24	27	726	0.3702	1.1832	1.301
40	0.7	1126	60	180	24	37	749	1.2840	0.4669	0.730

통계 SW(여기서는 Minitab)를 이용해 PLS를 적용한 결과인 표 8.23에서 두 잠재변수에 대한 기여도인 결정계수(R^2)가 84.2%가 되어 두 잠재변수로도 충분히 변동을 설명하고 있다고 볼 수 있다.

표 8.23 PLS 분석 결과 및 요약

성분	x 분산	오차	R^2
1	0.5242	47764	0.799
2	0.7249	37704	0.842

그리고 표 8.22의 데이터로부터 구한 가중치 행렬(W), x의 로딩 행렬(C), y의 로딩 벡터(D')는 다음과 같이 구해진다.

$$W = \begin{bmatrix} -0.4049 & 0.1184 \\ -0.1436 & -0.5480 \\ 0.2396 & -0.7664 \\ 0.5377 & 0.2677 \\ 0.4621 & -0.1114 \\ 0.5054 & 0.1196 \end{bmatrix}, \qquad C = \begin{bmatrix} -0.4212 & 0.0122 \\ -0.0679 & -0.7453 \\ 0.3455 & -0.6831 \\ 0.5007 & 0.2229 \\ 0.4775 & -0.0939 \\ 0.4888 & -0.0294 \end{bmatrix}$$

$$D' = (0.5089, 0.1949)$$

잠재변수 점수는 예를 들어 $x_1 = (1.7, 1512, 50, 110, 20, 25)'$을 표준화시키면$((2.098, 1.622, -0.684, -1.087, -0.744, -0.632)')$ t_{11}은 다음과 같이 -2.4939가 되며,

$$t_{11} = (-0.4049, \ -0.1436, \ 0.2396, \ 0.5377, \ 0.4621, \ 0.5054) \begin{bmatrix} 2.098 \\ 1.622 \\ -0.684 \\ 1.087 \\ -0.744 \\ -0.632 \end{bmatrix} = -2.494$$

나머지 부분군에 대한 t_1도 같은 방법으로 구한 결과와 더불어, t_2를 식 (8.55)에 의해 구한 결과까지 표 8.22에 수록되어 있다. 그리고 두 잠재변수의 분산은 각각 3.086, 1.114이므로 이를 식 (8.42)(또는 식 (8.48))에 대입하면 첫 번째 부분군의 타점 통계량은 다음과 같이 2.514가 된다.

$$T_{A,1}^2 = \frac{(-2.494)^2}{3.086} + \frac{(-0.745)^2}{1.114} = 2.514$$

나머지 타점 통계량을 구한 결과가 표 8.22의 마지막 열에 정리되어 있다.

따라서 표 8.22의 t_1과 t_2로 구한 두 잠재변수에 관한 T^2 관리도(단계 I로 간주)는 그림 8.26에서 볼 수 있는데, 관리한계는 식 (8.44)로부터 $UCL_{T^2} = \frac{(40-1)^2}{40} B(1, 18.5; 0.0027)$ = 10.40이다. 이를 보면 모든 40개의 데이터 중에서 11, 16번째가 관리한계를 벗어나므로 기여도 등을 이용한 심층적 조사와 시정조치에 따른 관리한계의 갱신작업이 필요하다.

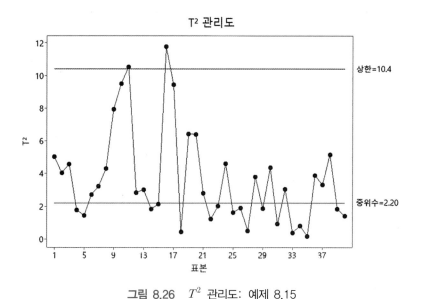

그림 8.26 T^2 관리도: 예제 8.15

8.8 | 변수 선별 관리도에 의한 공정 모니터링*

이 절에서는 빅데이터 환경에서 관리도의 관리대상이 되는 변수의 수를 줄이는 차원 축소 방법 중에서 공정이동은 소수의 공정변수에 의해 주도되는 현장 상황을 반영하여 소수의 주성분을 관리도의 대상변수로 선정하는 전 절과 달리 중요 공정변수의 부분 집합을 선택하여 이들로만 관리도로 공정을 모니터링하는 방법을 다룬다.

관리대상 변수의 수가 증가함에 따라 이상상태를 검출하는 수행도와 진단능력이 떨어지는 전통적 다변량 관리도의 약점을 줄일 수 있도록 변수 선별(variable selection) 관리도에서는 먼저 각 표본에 대해 선정된 변수선택 방법에 의해 잠재적인 공정이탈 변수를 선별하고, 이들 소수의 변수만으로 이상상태를 민감하게 감지할 수 있는 타점 통계량을 관리도에 도시한다. 만약 타점 통계량이 관리한계를 벗어나면 선별된 공정변수를 대상으로 이탈원인을 조사하는 방식으로 진행되는데, 이 진단과정에서 기본적으로 변수 선별 관리도에 유용한 고유한 구체적 진단절차까지 제공되는 것은 아니다.

변수 선별 관리도에 관한 연구는 표 8.24와 같이 적용되는 변수선택 방법, 잠재적 공정이탈 변수의 수에 관한 고정 여부와 더불어 이동 시 주 대상인 평균벡터 외에 산포의 포함여부, 활용되는 관리도 유형으로 구별될 수 있다. 산포의 이동까지 포함하는 경우와 잠재적 공정이탈 변수의 최대 개수를 고정시키지 않고 표본별로 탄력적으로 결정하는 방식이 보다 진일보된 방법론이지만 이론 수준이 본서를 범위를 벗어나며, 또한 타점 통계량의 분포도 구하기 힘드므로 이

표 8.24 변수 선별 관리도 유형

저자	Wang & Jiang(2009)	Zou & Qiu(2009)	Capizzi & Masarotto (2011)	Jiang et al.(2012)	Nishimura et al.(2015)	Abdella et al.(2017)
관리도 유형	슈하트	EWMA	EWMA	EWMA	EWMA	CUSUM
공정 이동: 산포 포함	X	X	O	X	X	X
이동 가능한 공정변수의 개수	고정	탄력적	단력적	고정	탄력적	고정
변수선택 방법	전진선택	LASSO	LAR	전진선택	전진선택	전진 또는 후진 선택

㈜ LASSO: Least Absolute Shrinkage and Selection Operator
  LAR: Least Angle Regression

절에서는 서술대상에서 제외한다. 또한 Capizzi(2015)는 전진선택, LASSO, LAR 등의 변수선택 방법에 따른 차이가 크지 않으므로, 널리 알려지고 비교적 단순한 전진선택 방법을 추천하고 있다.

이에 따라 이 절에서는 표 8.24의 변수 선별 관리도 중에서 전진선택 방법만을 채택하면서 최초로 제안된 Wang & Jiang(2009)의 슈하트 형태의 변수 선별 다변량 관리도와 이를 발전시킨 Jiang et al.(2012)의 EWMA 관리도를 살펴본다. 그런데 전자의 변수 선별 슈하트 다변량 관리도는 가중치 λ가 1인 후자의 특수한 경우에 속하여 이 절에서는 변수 선별 EWMA 관리도를 중점적으로 다룬다. 한편 표 8.24의 변수 선별 관리도를 포함한 다변량 통계적 공정관리에서 변수 선별 방법의 결합에 관한 통람 연구는 Peres and Fogliatto(2018)를 참고하면 된다.

8.8.1 변수 선별 EWMA 관리도

p개의 공정변수가 관리상태일 때 $\boldsymbol{x}_t$는 $N_p(\boldsymbol{\mu}_0, \boldsymbol{\Sigma})$를 따르며, 잠재적 공정 이동변수의 최대 개수가 s이고, $k, k = 1, 2, \ldots, m$번째 표본의 EWMA 통계량이

$$\boldsymbol{w}_k = \lambda(\boldsymbol{x}_k - \boldsymbol{\mu}_0) + (1-\lambda)\boldsymbol{w}_{k-1}, \text{ 단, } \boldsymbol{w}_0 = (0, 0, \ldots, 0)' = \boldsymbol{0}_p, 0 < \lambda \leq 1 \qquad (8.58)$$

일 때 변수 선별 EWMA 관리도는 k번째 부분군에서 $\boldsymbol{\mu}_k$를 구하는 다음의 최적화 문제로 정식화할 수 있다(Jiang et al., 2012).

$$\min_{\boldsymbol{\mu}_k}\big((\boldsymbol{w}_k - \boldsymbol{\mu}_k)'\boldsymbol{\Sigma}^{-1}(\boldsymbol{w} - \boldsymbol{\mu}_k)\big) \qquad (8.59)$$

$$\text{s.t. } \sum_{j=1}^{p} I(|\mu_{k(j)}| \neq 0) \leq s$$

여기서 $\mu_{k(j)}$는 벡터 $\boldsymbol{\mu}_k$의 j번째 원소이며, $I(\,\cdot\,)$는 0과 1를 가지는 지시함수(즉, $|\mu_{k(j)}| \neq 0$ 이면(아니면) 1(0)이 됨)이다.

대칭인 공분산 행렬의 역행렬인 $\boldsymbol{\Sigma}^{-1}$는 양의 정부호(positive definite) 행렬이므로 솔레스키(Cholesky) 분해를 적용하면 $\boldsymbol{\Sigma}^{-1} = \boldsymbol{R}'\boldsymbol{R}$($\boldsymbol{R}$은 상 삼각행렬임)이 되어, 이로부터 $\boldsymbol{v}_k = \boldsymbol{R}\boldsymbol{w}_k$로 두면 식 (8.59)는 다음과 같이 변환할 수 있다.

$$\min_{\boldsymbol{\mu}_k}\big((\boldsymbol{v}_k - \boldsymbol{R}\boldsymbol{\mu}_k)'(\boldsymbol{v}_k - \boldsymbol{R}\boldsymbol{\mu}_k)\big) \qquad (8.60)$$

$$\text{s.t.} \quad \sum_{j=1}^{p} I(|\mu_{k(j)}| \neq 0) \leq s$$

따라서 위의 목적함수에서 R은 설계행렬(design matrix), v_k는 반응변수가 되므로 회귀모형으로 분석할 수 있다.

식 (8.59)의 제약식을 충족시키기 위해 Jiang et al.(2012)는 전진선택(forward selection) 방법에 의해 단계별로 결정계수(R^2) 등의 선택기준을 최대화하는 공정변수를 하나씩 선별하여 이 개수가 s가 되면 종료하는 절차를 제안하였다. 이에 따라 각 표본에 대해 식 (8.60)의 최적화 모형으로부터 구한 공정평균벡터($\boldsymbol{\mu}_k^*$)의 $p-s$개 원소는 0이 되며 s개의 공정평균은 각 표본에서 산출한 회귀계수(즉, $\boldsymbol{\mu}_k^*$)가 되어 EWMA 관리도의 타점 통계량을 구하는 데 활용된다. 이 절에서는 이런 변수 선별 관리도를 VS-MEWMA 관리도로 명명하며, 이 관리도에서 타점 통계량은 다음이 된다(Jiang et al., 2012).

$$M_k = \boldsymbol{\mu}_k^* \boldsymbol{\Sigma}^{-1} \boldsymbol{w}_k \qquad (8.61)$$

그런데 상기의 변수 선별 관리도에서는 공정 모니터링에 중요한 역할을 하는 관리한계(상한)를 공식 등에 의해 해석적으로 구할 수 없어, 대상 사례별로 시뮬레이션을 통해 구해야 하는 난점이 존재하여 변수 선별 다변량 관리도의 활용을 제약하는 요인이 된다.

한편 Jiang et al.(2012)은 제안된 VS-MEWMA 관리도가 최근 표본 정보와 더불어 이전 들의 관측값을 반영하고 있어 Wang and Jiang(2009)의 슈하트 형태의 변수 선별 다변량 관리도(VS-MSPC)보다 수행도가 우수하며, 실제 잠재적 공정이탈 변수의 개수가 작을 때 변수의 설정 오류에 대해서도 로버스트하다고 보고하고 있다.

예제 8.16

Jiang et al.(2012)에서 다룬 신발 제조 공정의 실제 사례를 통해 VS-MEWMA 관리도의 유용성을 살펴보자.

신발은 보통 생산 라인에서 안창(inner sole), 중창(middle sole), 겉창(outer sole), 선포(갑 피의 앞부분(vamp)), 뒷창 등을 포함한 다양한 부품을 조립하여 제조된다. 통상적으로 안창 과 선포는 사람의 발 모양을 가진 구두골(shoe last)에 최초 부착된다. 다음에 펜을 사용하여 바닥에 기준 원(reference circle)을 그려 연마 및 접착제 도포 등의 후속 단계에 활용한 다. 마지막으로 중창과 겉창을 안창에 붙여 신발을 만든다.

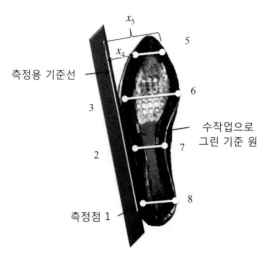

그림 8.27 신발의 기준 원 및 선과 측정 점

이러한 여러 단계 중에서 기준 원의 위치에 의해 밑창(sole), 선포, 구두골 사이의 정렬 불량이 발생하므로 기준 원을 그리는 단계는 신발 품질에서 매우 중요하다. 따라서 기준 원 위치에 관한 모니터링은 신발 생산의 품질 관리에 핵심적인 역할을 한다.

기준 원의 특징을 측정하기 위해 측정 기준선(reference line)이 그림 8.27처럼 정의되며, 각 신발 표본에 대해 8개의 점에서 기준선까지의 거리(단위: mm)가 측정되어 수집된다. 그림 8.27에 신발의 측정 지점과 8개의 공정변수가 표시되어 있다.

20개의 표본에 대한 관측값을 얻은 결과에 관한 상자그림이 그림 8.28에 도시되어 있는데, 이를 보면 x_3과 x_4의 산포가 큼을 알 수 있다.

20개의 부분군 자료로부터 평균벡터와 공분산 행렬(Σ)을 구하여 단계 I의 모수로 삼아 Σ^{-1}를 솔레스키 분해하여 구한 R를 이용해 단계 II의 VS 관리도에 적용하였다. 즉, p가 8인 다변량 데이터에 관한 T^2(8.2절)과 $\lambda = 0.2$인 다변량 EWMA 관리도(MEWMA, 8.4.1항), 변수 선별을 적용한 VS-MSPC(식 (8.61)에서 $\lambda = 1$인 경우), $\lambda = 0.2$인 VS-MEWEA (식 (8.61) 관리도를 그림 8.29에서 확인할 수 있다. 여기서 관리상태의 ARL이 25가 되도록 관리한계(CL)를 설정하였으며, 두 종의 VS 관리도에서는 $s = 2$로 규정하였다. 이를 보면 네 종의 다변량 관리도 중에서 VS-MEWMA 관리도만 표본 20에서 관리이탈 신호를 발생시키고 있다. 특히 두 종의 VS 다변량 관리도에서 공정이탈 의심변수는 모든 표본에서 공정변수 5와 6으로 식별되고 있는 흥미로운 결과를 볼 수 있다.

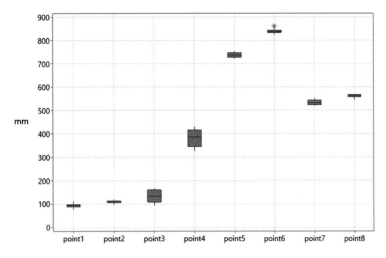

그림 8.28 측정 점에 따른 8개의 공정변수에 관한 상자그림

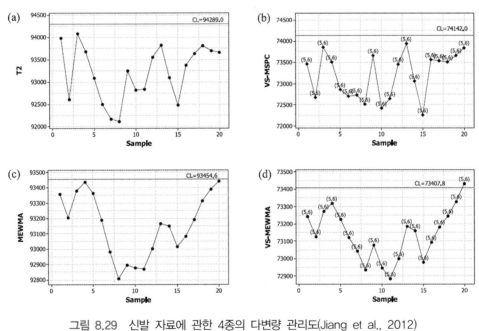

그림 8.29 신발 자료에 관한 4종의 다변량 관리도(Jiang et al., 2012)

다음 예제를 통해 VS-MEWMA 관리도를 작성하는 과정을 구체적으로 예시해보자.

예제 8.17

열대 및 아열대 지역에서 주로 채광되는 보크사이트(bauxite)는 알루미늄 산화물(알루미나, Al_2O_3)로 정제된 후 금속 알루미늄으로 전기 분해된다.

이런 알루미늄 제련에 대한 데이터로 알루미나의 농도와 더불어 실리카(SiO_2), 산화철(Fe_2O_3), 산화마그네슘(MgO) 및 산화칼슘(CaO)을 비롯한 불순물의 농도가 측정된다. 이러한 불순물 농도는 알루미나와 음의 상관관계가 있으므로 다수의 일변량 관리도로 관리하는 것보다는 다변량 관리도로 모니터링해야 보다 나은 통계적 공정관리를 수행할 수 있다.

데이터 집합은 189개의 표본으로 구성되어 있는데(Qiu, 2014), 다변량 관리도는 다변량 정규성에 의존하므로, 이를 위해 SiO_2를 대수로, CaO를 역수로 변환하였다. 또한 자기상관이 존재하여 이를 배제한 자료를 새롭게 생성해 분석하고자 한다.

자기상관을 제거한 표본 중에서 초반 80개의 표본을 단계 I로 삼아 평균 벡터(μ_0)와 공분산 행렬(Σ)을 다음과 같이 구하였으며, 그림 8.30의 T^2 관리도를 보면 이들 데이터는 관리상태로 판정된다.

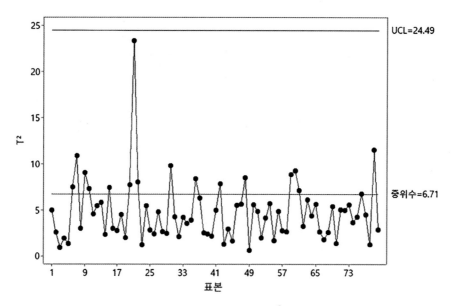

그림 8.30 5개의 공정변수에 대한 T^2 관리도: 단계 I

$$\mu_0 = (-0.04519, 0.03363, 0.03966, 0.0090, 0.00471)'$$

$$\Sigma = \begin{bmatrix} 0.49095 & 0.09737 & -0.04255 & 0.00156 & -0.02767 \\ 0.09737 & 0.34813 & -0.31351 & 0.00057 & 0.08777 \\ -0.04255 & -0.31351 & 0.52623 & 0.00413 & 0.00080 \\ 0.00156 & 0.00057 & 0.00413 & 0.00059 & 0.00238 \\ -0.02767 & 0.08777 & 0.00080 & 0.00238 & 0.26881 \end{bmatrix}$$

이를 토대로 단계 II에 적용하면, 즉, 단계 II의 첫 번째 표본인 81번째 자료가 (0.26543, -0.83615, 0.54018, -0.00698, 0.05212)이라면 $s = 2$, $\lambda = 0.2$인 VS-MEWMA 관리도에 타점되는 통계량을 구해보자.

먼저 식 (8.58)의 EWMA 통계량을 구하면

$$w_1 = 0.2 \begin{bmatrix} 0.26543 - (-0.04519) \\ -0.83615 - 0.03363 \\ 0.54018 - 0.03966 \\ -0.00698 - 0.00090 \\ 0.05212 - 0.00471 \end{bmatrix} + 0.8 \begin{bmatrix} 0 \\ 0 \\ 0 \\ 0 \\ 0 \end{bmatrix} = \begin{bmatrix} 0.06212 \\ -0.17396 \\ 0.10010 \\ -0.00158 \\ -0.00948 \end{bmatrix}$$

이고, 아래와 같이 Σ의 역행렬을 구한 후에

$$\Sigma^{-1} = \begin{bmatrix} 2.30491 & -1.35206 & -0.59268 & -3.50974 & 0.71156 \\ -1.35206 & 8.92739 & 5.46521 & -32.06608 & -2.78644 \\ -0.59268 & 5.46521 & 5.38673 & -35.16688 & -1.55014 \\ -3.50974 & -32.06608 & -35.16688 & 2012.00236 & -7.60056 \\ 0.71156 & -2.78644 & -1.55014 & -7.60056 & 4.77506 \end{bmatrix}$$

이의 솔레스키 분해로부터 도출된 R과 이로부터 계산된 v_1은 다음이 된다.

$$R = \begin{bmatrix} 1.51819 & -0.89057 & -0.39038 & -2.31179 & 0.46869 \\ 0 & 2.85206 & 1.79433 & -11.96498 & -0.83064 \\ 0 & 0 & 1.41940 & -10.28617 & 0.08685 \\ 0 & 0 & 0 & 41.92484 & -0.37120 \\ 0 & 0 & 0 & 0 & 1.92876 \end{bmatrix}$$

$$v_1 = R w_1 = \begin{bmatrix} 0.21824 \\ -0.30553 \\ 0.15912 \\ -0.06959 \\ 0.01829 \end{bmatrix}$$

다음으로 전진선택 방법에 의한 잠재적 공정이탈 의심변수를 도출하기 위해, 상수항이 없는 선형 모형(알루미나 농도 등 5개의 변수를 순서대로 $x_1, x_2, ..., x_5$로 표기)에 적합하면 결정계수는 각각 33.42, 0.20, 4.81, 2.84, 0.20%가 되므로(통계 SW 활용) 가장 큰 값을 가

지는 x_1이 선택된다. x_1이 포함된 모형에서 전진선택법을 적용하면 결정계수는 각각 52.35, 44.36, 53.81, 33.65%로 도출되어 두 번째 의심변수는 x_4로 구해지며, 이들에 관한 회귀모형의 계수는 각각 0.1591, 0.0071이다. 따라서 μ_1^*는 (0.1591, 0, 0, 0.0071, 0)′이 되어 식 (8.61)의 타점 통계량은

$$M_1 = \mu_1^* \Sigma^{-1} w_1 = 0.0427$$

로 산출되므로, 공정관리자가 규정한 조건의 ARL로부터 설정되는 관리한계와 비교하여 이상상태 여부를 판정할 수 있다.

8.9 | 군집분석과 단일계층분류관리도*

이 절에서는 군집분석과 단일계층분류관리도에 대해 다루고자 한다. 먼저 군집분석(cluster analysis)은 획득된 자료들을 유사성을 바탕으로 몇 개의 그룹으로 나누는 방법이다. 주어진 데이터를 그룹화하는 군집분석의 구체적인 방법은 대단히 많으나 크게 계층적 방법과 비계층적방법으로 대분할 수 있다. 계층적 방법은 사전에 군집수를 정하지 않고 단계적으로 서로 다른 군집결과를 제공한다. 예를 들어 처음에는 모든 데이터를 하나의 그룹으로 간주하고 분석하며, 다음으로 그룹의 수를 2개, 3개 등 점차적으로 증가시키면서 유사한 군집들을 묶어 새로운 군집을 만들어 가는 방법이다(반대로 처음에는 데이터 각각이 하나의 그룹이라고 간주하고 그룹 수를 점점 줄여나가는 방법도 있음). 비계층적 방법은 사전에 의미 있는 그룹 수를 정해두고 각 데이터를 하나의 그룹에 배정하는 것이다. 이 경우 그룹에 소속된 데이터들의 대푯값이나 대표데이터를 정하게 된다. 이 같은 배정은 한 번만에 이루어지는 것이 아니다. 배정이 이루어지면 배정된 각 그룹의 데이터들이 임시로 정해진 대푯값이나 대표데이터를 변경하게 되고 이에 근거하여 새롭게 데이터를 각 그룹에 배정하는 과정을 반복적으로 실시한다. 이 과정은 그룹화의 결과가 수렴될 때까지 계속하게 된다. 군집을 위해 가장 일반적인 방법은 데이터 간의 유사성과 그룹 간의 유사성을 평가하는 척도를 결정하는 것이다. 그래서 정해진 유사성 척도를 가지고 그룹 내의 데이터의 유사성은 가능한 한 크게 하고 다른 군집간의 유사성은 가능한 한 작아지도록 그룹화를 실시하는 것이다.

유사성의 정량적 척도로서 가장 많이 사용되는 것이 거리(distance) 개념이다. 두 다변량데이터의 거리 정의로 가장 많이 사용되는 유클리드거리는 다음과 같이 정의된다.

$$d_E(\boldsymbol{x}_i, \boldsymbol{x}_j) = \sqrt{\sum_{k=1}^{p} (x_{ik} - x_{jk})^2}$$

데이터의 변수들 간에 상관관계가 있으며 각 변수들 간의 측정단위나 범위의 차이를 보정하여 상대적으로 표준화된 거리를 나타내는 마할라노비스(Mahalanobis) 거리는 다음과 같다.

$$d_M(\boldsymbol{x}_i, \boldsymbol{x}_j) = \sqrt{(\boldsymbol{x}_i - \boldsymbol{x}_j)' S^{-1} (\boldsymbol{x}_i - \boldsymbol{x}_j)}$$

여기서 $'$(프라임)은 행렬의 전치이고 S는 분산-공분산행렬이다. 군집분석과 관련하여 다양한 참고문헌들이 출간되어 있으며 일반적인 내용이나 구체적인 방법들을 쉽게 찾아볼 수 있다. 이 절에서는 다음으로 설명하게 되는 단일계층분류관리도에서 군집분석의 방법론이 어떻게 사용되는가를 설명하게 될 것이다.

관리도와 같이 공정으로부터 획득된 다변량 데이터를 가지고 공정의 안정 여부를 모니터링하는 공정관리에서 단일 계층분류관리도는 이상치탐지를 위한 방법 중 단일계층분류방법의 다양한 모형들을 관리도 분야에 응용한 것이다. 먼저 이상치 탐지의 단일계층분류방법을 간단히 설명하고자 한다.

단일계층분류방법은 소수의 비정상데이터(공정의 이상상태에서 나온 데이터)를 제거하여 다수의 정상데이터(공정의 정상상태에서 나온 데이터)를 기반으로 정상상태의 모형(공정의 정상상태에서 품질특성치의 변동을 분석하여 모델)을 구축한 후 새로운 관측치(공정 데이터)가 획득되면 정해진 임계값과 비교하여 이상여부(이상상태여부)를 판단하는 기법이다.

슈하트 관리도는 단계 I에서 이상상태의 데이터를 제거하고 정상상태의 데이터를 가지고 관리한계선을 설정하는 것으로 기본적으로 단일계층분류방법에 속한다고 할 수 있다. 그러므로 관리도 작성의 기본적인 절차는 다음과 같이 동일하다고 할 수 있다.

〈단계 1〉 공정관리를 위한 품질특성치 데이터를 수집한다.
〈단계 2〉 이상상태(비정상상태)에서 측정된 데이터를 제거한다.
〈단계 3〉 정상상태에서 나온 데이터를 가지고 정상상태의 모형을 분석한다.
〈단계 4〉 비정상상태로 판단하게 되는 기준(임계치(관리한계선))을 결정한다.
〈단계 5〉 새로운 데이터가 획득되면 이 데이터로부터 비정상상태 판단방법에 따라 이상여부를 판단한다.

여기서 공정관리에서 분석 시 대두되는 문제는 다음과 같다.

- 문제 1: 단계 2에서 혼합된 데이터에서 정상상태에서 획득된 것으로 추정되는 데이터만을 추출하는 문제
- 문제 2: 단계 3에서 데이터로부터 잘 알려진 분포가 적합한 것으로 판단할 수 있는가라는 문제
- 문제 3: 단계 4에서 임계치를 어떻게 결정할 것인가의 문제

문제 1의 경우는 슈하트관리도의 단계 I의 문제이므로, 이 절에서는 문제 2, 3을 중점적으로 설명하고자 한다. 먼저 문제 2와 관련하여 공정이 안정된 상태에서의 분포를 다변량정규분포로 적합시킬 수 있다면 이 장의 앞 절들에서 설명된 Hotelling T^2 관리도를 비롯한 다양한 관리도를 사용하여 공정의 상태(즉, 분포의 모수들의 변화)를 모니터링할 수 있을 것이다.

이 절에서는 안정된 상태에서 획득된 데이터로서 잘 알려진 분포를 가정할 수 없는 경우에 대해 문제 2와 3을 어떻게 해결할 것인가에 대해 machine learning 분야에서 사용되는 두 가지 방안을 어떻게 활용할 것인가를 설명하고자 한다.

8.9.1 군집분석의 거리개념을 이용한 분석

군집분석의 거리개념을 이용한 공정관리 방안으로서 정상상태에서 획득된 데이터가 주어진 경우 이 데이터의 분포가 잘 알려진 분포로 가정하기가 어렵다고 하자.

그럼 공정관리에서 새로운 데이터가 얻어졌을 때 이 새로운 데이터를 정상상태의 데이터군의 일원으로 판단(공정의 정상상태)할 것인지의 문제를 해결하기 위해 군집분석의 거리개념을 이용하고자 한다. 비교적 간단히 판단하는 방법인 k 최인접 분류기(nearest neighbor classification으로서 이웃데이터와의 근접도로서 판단)를 활용하고자 한다. 새로운 데이터가 얻어지면 새롭게 얻어진 데이터를 중심으로 하여 다음을 판정한다.

- 개수 기준: 중심에서 일정 거리(유클리드거리, 마할라노비스거리 등) 안에 기존의 정상상태로 판정된 데이터가 충분히 분포하는가? 이 경우 판단 거리(ϵ)와 개수(k)에 대한 임계치기 관리한계선에 해당된다.
- 거리 기준: 중심에서 가까운 거리에 있는 일정 개수의 정상상태의 데이터를 고려할 때 최대 거리가 얼마인가? 일정 개수(k)와 거리(ϵ)에 대한 임계치가 관리한계선에 해당한다.

그러므로 이들 관리한계선에 해당하는 매개변수의 값이 결정되면 새로운 데이터에 대해 정상 상태 여부를 결정할 수 있다.

여기서 위의 간단한 이웃데이터 밀집도에 근거한 방법의 문제점은 정상상태에서 획득된 데이터가 전체 영역에서 그 밀집도가 일정하지 않다는 것이다. 그러므로 모든 영역에서 동일한 k, ϵ에 대한 임계치를 적용하는 것은 합리적이지 않다.

그래서 정상상태 데이터의 밀집도를 고려한 방법으로 local outlier factor의 개념을 활용하는 방법이 있다. 거리기준에 근거하여 설명하면 새로운 데이터와 가까운 거리에 있는 k개의 정상상태 데이터와의 최대거리, 그리고 이들 k개 데이터들을 각각 중심으로 할 때 가까운 k개 데이터까지의 최대거리를 평균한 값과의 비(local outlier factor)를 가지고 판단하는 것으로, 이 비가 임계치 이상이면 이상상태로 판단한다.

이제 관리도에서 관리한계선에 해당되는 k, ϵ 그리고 이들에 대한 임계치를 어떻게 결정하는가라는 문제를 설명하고자 한다.

기본적으로 k, ϵ는 관리 통계량이라고 할 수 있고 표본크기와 관련되며 이들에 대한 임계치는 관리도의 관리한계선에 해당한다고 할 수 있다. k, ϵ의 값은 정상상태에서 획득된 데이터의 수나 공정의 이상상태를 파악하기 위한 데이터의 수에 따라 달라지게 될 것이며 궁극적으로 공정의 이상유무를 판단하는 검정의 1종 오류와 2종 오류의 크기에 영향을 받게 된다.

임계치의 결정은 1종 오류에 대한 허용확률(유의수준)에 의해 정해질 수 있으며 다른 모형 매개변수는 2종 오류(관리도 평가에 이용되는 ARL과 연관됨)의 크기에 관련하여 결정될 것이다. 문제는 데이터기반 공정관리에서는 이 두 종류의 오류를 예측하기가 쉽지 않다는 것이다.

- 1종 오류의 경우는 특성치 수가 적고 데이터가 많은 경우는 경험적 분포함수(empirical distribution function)를 사용할 수 있을 것이며 특성치가 많고 데이터가 상대적으로 많지 않은 경우는 붓스트랩기법을 이용할 수 있을 것이다.
- 2종 오류의 평가와 관련하여서는 기존의 관리도에는 ARL을 많이 사용하고 데이터기반 공정관리의 경우 발생할 수 있는 이상상태를 어떻게 정의하는가에 따라 예측 및 평가방법이 달라질 것이다. 기본적으로 정상상태로 획득된 데이터들의 변화를 가정한다면 몬테칼로 시뮬레이션에 의한 데이터생성을 위한 시뮬레이션 방법에 의한 평가 및 예측이 가능할 것이다.

간단한 붓스트랩기법을 이용한 임계치(관리한계)의 계산은 다음과 같다.

〈단계 1〉 정상상태 데이터 내에서 각 관측치별로 해당 관측치를 제외한 나머지 관측치들과의 마할라노비스 거리를 계산한다. 이후, 관측치와 그 외의 관측치들과의 마할라노비스 거리를 모두 합한 값을 하나의 원소로 하는 세트를 구성한다.

$$MD(\boldsymbol{x}_i) = \sum_{\forall j \neq i} \sqrt{(\boldsymbol{x}_i - \boldsymbol{x}_j)' S^{-1} (\boldsymbol{x}_i - \boldsymbol{x}_j)}$$

$$Noveltyscoreset = \left\{ MD(\boldsymbol{x}_i) \mid i = 1, 2, \cdots, n \right\}$$

(이때, n은 총 관측치 개수, $\boldsymbol{x}$는 관측치, S^{-1}는 정상상태 집단의 공분산 역행렬을 나타낸다.)

〈단계 2〉 단계 1에서 구한 $Noveltyscoreset$의 원소 $MD(\boldsymbol{x}_i)$, $i = 1, 2, \cdots, n$을 n번 복원추출하고, 그 과정을 B번 반복하여 B개의 붓스트랩 샘플 세트를 얻는다.

〈단계 3〉 사용자가 정하는 유의수준(α)을 통해 B개의 각 샘플 세트의 $(1-\alpha) \times 100$분위수 값 $P_b(b = 1, 2, \cdots, B)$를 구하고 이들의 평균값을 최종적으로 정상집단의 임계치로 사용한다.

예제 8.18 변수 4개에 대해 정상 상태에서 수집된 기존 화학 공정 데이터의 20개 관측치들이 표 8.25에 제시되어 있다. 앞서 제시된 붓스트랩기법을 이 관측치들에 적용해 정상상태의 임계치를 구하라. 이때 붓스트랩 샘플 세트 개수(B)와 유의수준(α)은 각각 20개와 0.05이다. 이렇게 구한 임계치에 근거해 새로운 화학 공정 데이터의 10개 관측치(표 8.26)에 대한 이상 유무를 판단하라.

표 8.25   기존 화학 공정 데이터

관측치 번호(i)	x_{i1}	x_{i2}	x_{i3}	x_{i4}
1	10	20.7	13.6	15.5
2	10.5	19.9	18.1	14.8
3	9.7	20	16.1	16.5
4	9.8	20.2	19.1	17.1
5	11.7	21.5	19.8	18.3
6	11	20.9	10.3	13.8
7	8.7	18.8	16.9	16.8
8	9.5	19.3	15.3	12.2
9	10.1	19.4	16.2	15.8
10	9.5	19.6	13.6	14.5
11	10.5	20.3	17	16.5
12	9.2	19	11.5	16.3
13	11.3	21.6	14	18.7
14	10	19.8	14	15.9
15	8.5	19.2	17.4	15.8
16	9.7	20.1	10	16.6
17	8.3	18.4	12.5	14.2
18	11.9	21.8	14.1	16.2
19	10.3	20.5	15.6	15.1
20	8.9	19	8.5	14.7

표 8.26   새로운 화학 공정 데이터

관측치 번호(i)	x_{i1}	x_{i2}	x_{i3}	x_{i4}
21	9.9	20	15.4	15.9
22	8.7	19	9.9	16.8
23	11.5	21.8	19.3	12.1
24	15.9	24.6	14.7	15.3
25	12.6	23.9	17.1	14.2
26	14.9	25	16.3	16.6
27	9.9	23.7	11.9	18.1
28	12.8	26.3	13.5	13.7
29	13.1	26.1	10.9	16.8
30	9.8	25.8	14.8	15

기존 화학공정 데이터의 관측치 각각에 대해 해당 관측치를 제외한 나머지 관측치 19개들과의 마할라노비스 거리를 계산한다. 관측치와 그 외의 관측치들과의 마할라노비스 거리들

의 총합을 계산한다. 그 결과는 표 8.27과 같다. 이렇게 계산된 마할라노비스 거리 총합들을 원소로 하는 집합, $Noveltyscoreset$를 도출한다.

표 8.27 기존 공정 데이터의 관측치별 마할라노비스 거리 총합

관측치 번호(i)	$MD(x_i)$
1	704.9
2	662.1
3	636.9
4	653.6
5	635.6
6	632.4
7	641.0
8	638.7
9	718.2
10	631.6
11	633.4
12	682.1
13	662.8
14	642.1
15	662.3
16	635.0
17	647.3
18	642.7
19	643.2
20	647.6

이후, $Noveltyscoreset$의 원소를 20번 복원추출하여 하나의 붓스트랩 샘플 세트를 생성하는 과정을 20번 반복하여 붓스트랩 샘플 세트 20개를 얻는다. 추출된 샘플 세트 각각에 대하여 유의수준 (0.05)에 근거해 [(1 − 유의 수준)×100]th Percentile, 즉, 95 백분위수 값 $P_b(b = 1, 2, \cdots, 20)$을 구한다. P_b 값들의 평균값인 698.8이 정상집단 임계치가 된다.

표 8.28 붓스트랩 샘플 세트별 95 백분위수 값

붓스트랩 샘플 세트 번호(b)	P_b
1	705.6
2	704.9
3	705.6
4	705.6
5	704.9
6	683.2
7	718.2
8	718.2
9	718.2
10	718.2
11	662.8
12	718.2
13	663.8
14	705.6
15	718.2
16	705.6
17	665.6
18	665.6
19	705.6
20	683.2
평균 값(임계치)	698.8

이러한 임계치를 기준으로 새로운 화학공정 데이터의 관측치 10개의 이상 여부를 판단한다. 이를 위해 관측치 10개 각각에 대해 기존 화학공정 데이터의 관측치 20개와의 마할라노비스 거리들의 총합을 계산한다. 마할라노비스 거리 총합이 임계치보다 작으면 정상상태(0)로 판단하며, 그렇지 않으면 이상상태(1)로 판단한다. 그 결과는 표 8.29와 같다.

표 8.29 새로운 화학공정 데이터의 관측치별 마할라노비스 거리 총합 및 이상상태 유무

관측치 번호(i)	마할라노비스 거리 총합	상태
21	685.2	0
22	673.2	0
23	737.9	1
24	694.9	0
25	798.7	1
26	754.0	1
27	889.8	1
28	926.7	1
29	886.5	1
30	1033.6	1

8.9.2 Support vector method에 기반한 분석

정상상태에서 획득된 데이터의 분포가 잘 알려진 분포를 가정하는 것이 어려운 경우에 활용 가능한 Sun and Tsung(2003)의 Support Vector Data Description(SVDD) 기반 공정관리 방법을 이 소절에서 다루고자 한다. SVDD의 기본 아이디어는 정상상태에서 획득된 데이터를 가능한 한 적은 부피의 다차원 공간으로 감싸고자 하는 것이다. 그러므로 다차원공간이 사용된다. 예를 들어 2차원 데이터의 경우 그림 8.31과 같이 정상상태 데이터 모두를 포함하는 원을 경계로 삼을 수 있다. 이 원은 최소의 반지름을 가지면서 모든 정상상태 데이터를 포함해야 한다. 그러므로 이를 수학적 모형으로 표현하면 초구(hypersphere)의 중심점과 반지름을 구하는 문제가 된다. 이 문제는 다음과 같은 수식으로 표현될 수 있다. 초구의 중심점(O)과 반지름(R)에 대해

$$(\boldsymbol{x}_i - O)'(\boldsymbol{x}_i - O) \leq R, \quad i = 1, 2, \cdots, n \tag{8.62}$$

를 만족하여야 하며 R을 최소화하고자 한다. 이 최적화문제에 라그랑지 승수($\alpha_i \geq 0$)을 도입하면 라그랑지 승수 함수는

$$L(R, O, \alpha_i) = R^2 - \sum_{i=1}^{n} \alpha_i \left(R^2 - (\boldsymbol{x}_i - O)'(\boldsymbol{x}_i - O) \right) \tag{8.63}$$

이다. 이 함수를 1차 편미분하여 최적의 반지름과 중심이 만족하여야 하는 방정식을 구하면

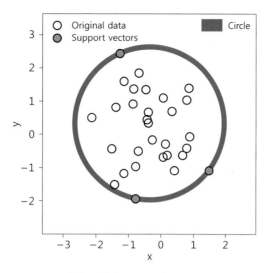

그림 8.31 모든 정상 데이터를 포함하는 최소 반지름의 원 경계

$$\sum_{i=1}^{n} \alpha_i = 1, \quad O = \sum_{i=1}^{n} \alpha_i x_i \tag{8.64}$$

이다. 그리고 $\alpha_i \geq 0$의 최적해를 구하는 문제는 다음과 같은 이차모형을 최대화하는 해를 구하면 된다.

$$Max \left[\sum_{i=1}^{n} \alpha_i (\boldsymbol{x}_i \cdot \boldsymbol{x}_i) - \sum_{i=1,\, j=1}^{n} \alpha_i \alpha_j (\boldsymbol{x}_i \cdot \boldsymbol{x}_j) \right]$$
$$s.t. \sum_{i=1}^{n} \alpha_i = 1, \; \alpha_i \geq 0, \quad i = 1,\, 2,\, \cdots,\, n \tag{8.65}$$

일반적으로 대부분의 α_i는 0이고 소수의 α_i가 양의 값을 가진다. 이때 양의 α_i를 갖는 데이터 포인트 각각을 support vector라고 한다. 이 support vector들이 경계의 형태를 결정하는 데 핵심적인 역할을 한다. 그림 8.32를 통해 이러한 support vector의 역할이 확인된다. 이 그림은 support vector에 의해 생성된 경계를 나타내는데, 경계 형태가 support vector들의 분포와 유사함을 알 수 있다. 또한, 이 경계는 그림 8.31의 원 경계보다 더 적은 면적을 가지고 모든 정상 데이터를 포함하고 있다. 그러므로 support vector 기반 경계는 보다 효율적(적은 면적)으로 정상 데이터를 모두 포함하는 형태를 가짐을 알 수 있다.

여기서 support vector 기반 경계는 support vector method에서 사용되는 kernel 함수를 도입해 더 복잡한 형태를 갖게 할 수 있다. kernel 함수를 적용하면 식 (8.65)는 다음과 같이 변

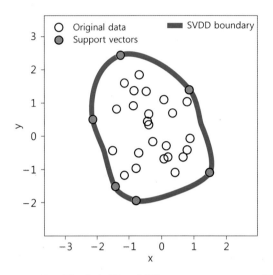

그림 8.32 모든 정상 데이터를 포함하는 support vector 기반 경계

형된다.

$$Max\left[\sum_{i=1}^{n}\alpha_i K(\boldsymbol{x}_i\cdot\boldsymbol{x}_i)-\sum_{i=1,\,j=1}^{n}\alpha_i\alpha_j K(\boldsymbol{x}_i\cdot\boldsymbol{x}_j)\right]$$

$$s.t.\ \sum_{i=1}^{n}\alpha_i=1,\ \alpha_i\geq 0,\ \ i=1,\ 2,\ \cdots,\ n$$

(8.66)

여기서 $K(.)$는 kernel 함수로 통상 Gaussian radial basis 함수와 다항함수가 주로 활용된다.

Gaussian radial basis 함수: $K(\boldsymbol{x}_i\cdot\boldsymbol{x}_j)=\exp\left(-\dfrac{\parallel\boldsymbol{x}_i-\boldsymbol{x}_j\parallel^2}{w}\right)$

(여기서 $w>0$는 범위상수이다.)

다항함수: $K(\boldsymbol{x}_i\cdot\boldsymbol{x}_j)=(\boldsymbol{x}_i\cdot\boldsymbol{x}_j)^d$

(여기서 d는 지수상수이다.)

이러한 최적화문제를 통해 초구의 중심점과 경계를 구하면, 중심점과 경계 사이의 거리도 함께 도출된다. 이 거리는 통상 반시름으로 불리며 새로운 관측치가 정상상태에서 수집되었는지 여부를 판단하는 임계치로 활용된다. 새로운 관측치와 중심 간 거리가 임계치보다 크다면 해당 데이터는 이상상태에서 수집되었다고 판단한다. 이를 위한 목적의 관리도로 K chart가 활용된다. 그림 8.33은 그림 8.32에서 구해진 중심점, 경계, 반지름에 근거해 작성된 K chart이다. 그

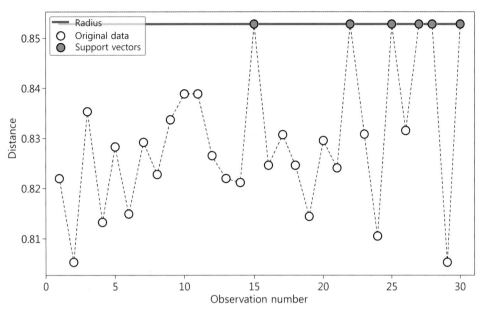

그림 8.33 그림 8.32에 대한 K chart 결과

림에서 붉은색 선은 반지름 또는 임계치이며 각 점은 해당 관측치의 중심까지의 거리가 관측 순서대로 타점된 것이다. Support vector에 해당하는 관측치들은 중심까지의 거리가 반지름과 일치하는 반면, 나머지 관측치들은 반지름보다 작은 값을 가진다. 반지름을 넘는 거리 값을 가지는 점은 존재하지 않으므로 이상상태는 발생하지 않았다고 볼 수 있다.

K chart에서 정상상태 여부는 두 값(새로운 관측치와 중심 간 거리, 임계치인 반지름)의 비교에 근거하므로 이 두 값이 정상상태 판별 정확도에 핵심적임을 의미한다. 이에 각 값이 어떻게 결정되는지를 소개한다.

먼저, 새로운 관측치 (z)와 중심 (o) 간 거리 계산식을 소개한다. 이 거리 계산식은

$$kd(z,\,o) = \sqrt{(z \cdot z) - 2\sum_{i \in S} \alpha_i K(z \cdot x_i) + \sum_{i,\,j \in S} \alpha_i \alpha_j K(x_i \cdot x_j)} \tag{8.67}$$

이다. 이 계산식은 kernel 거리 계산식으로 kernel 함수가 무엇이냐에 따라 달라진다. 계산식이 달라지면 동일한 z와 o에 대해서 거리 값이 다르게 산출되어 정상상태 판별 결과도 달라질 수 있다. Kernel 함수 선택이 정상상태 판변 중요도에 중요함을 시사한다.

다음으로, 임계치인 반지름의 결정 방법에 대해 소개한다. 앞서 설명했듯이 반지름은 초구의 중심점과 경계 사이의 거리이므로 이 둘에 의해 결정된다. 중심점과 경계가 도출되는 SVDD 최적화문제, 식 (8.66)을 보면 중심점과 경계 모두 support vector에 의해 결정됨을 알 수 있다. 종

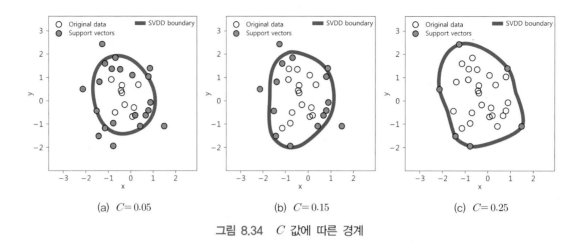

(a) $C=0.05$ (b) $C=0.15$ (c) $C=0.25$

그림 8.34 C 값에 따른 경계

합하면, 반지름 역시 support vector에 의해 결정된다.

만약 정상상태를 대변하지 않는 관측치, 즉, noise가 support vector에 포함되어 중심점, 경계, 반지름 결정에 영향을 크게 미친다면, 이들 모두가 정상상태 판별 오류가 높아지도록 결정될 것이다. 이에 개별 support vector가 미칠 수 있는 영향력을 제한한다면 noise가 support vector로 선정되어도 그 영향은 제한적일 것이다. 이러한 제한을 구현하기 위해 다음의 조건을 SVDD 최적화문제인 식 (8.66)에 추가해 개별 support vector의 최대 영향도를 결정할 수 있다.

$$s.t. \ \alpha_i \leq C \tag{8.68}$$

이 조건에서 C는 α_i의 상한선을 정하는 양의 상수이다. 동일한 데이터에 대해 서로 다른 C 값을 적용했을 때 얻은 경계들이 그림 8.34에 제시되어 있다. 이 그림을 보면, C 값이 작아질수록 경계의 면적이 줄어들면서 더 많은 support vector들이 경계 밖에 위치하게 된다. 이는 개별 support vector가 초구의 중심, 경계, 반지름에 미치는 영향이 줄어듦을 시사한다. 따라서, C 값이 작을 때는 개별 support vector의 영향이 적어지므로 noise가 support vector로 선정돼도 그 영향이 작다. 이러한 장점이 있는 반면에 경계가 점차 좁아지면서 정상상태로 판단하는 범위가 좁아져 1종 오류가 높아지게 된다. 반대로, C 값이 큰 경우에는 경계가 모든 support vector를 포함하게 되면서 noise가 support vector에 포함되면 큰 영향을 미칠 수 있다. 또한, 경계가 커지면서 이상상태로 판단하는 범위가 좁아져 2종 오류가 높아지게 된다. 따라서, 상황에 적합한 최적의 C 값을 정해야 한다.

여기서 소개된 K 관리도를 개선한 연구들이 있다. 예를 들어, 정상상태 데이터에 존재하는 이상치들에 대한 민감도를 낮추고 경계 내 면적을 최소화하기 위해 robust SVM을 접목한 K 관리도들이 있다(Camci et al., 2008; Kumar et al., 2006). 또한, 공정의 작은 크기의 shift를 감지하는 다변량 관리도인 AK-Chart가 제안되기도 했다(Liu and Wang, 2014).

예제 8.19 변수 4개로 구성된 기존 화학공정 데이터 표 8.25를 표준화하고 PCA를 적용해 주성분 (PC) 2개를 도출하고, 이 PC 2개로 변환한 데이터를 표 8.30과 같이 얻었다. 이와 동일한 표준화와 PC 2개를 새로운 화학공정 데이터 표 8.26에 적용해 표 8.31의 변환된 데이터를 얻었다. 표 8.30의 데이터에 SVDD를 적용해 경계선을 도출하고, 이 경계선에 근거해 표 8.26의 PCA 변환 데이터에 대한 K관리도를 작성하고 공정의 이상발생 여부를 판단하라.

표 8.30 기존 화학 공정 데이터의 PCA 변환 데이터(Original Data)

관측치 번호	PC1	PC2
1	0.2993	0.6191
2	0.3019	-0.5043
3	0.2025	-0.6576
4	0.8608	-1.5078
5	3.2881	-0.9020
6	0.2086	2.3548
7	-1.0179	-1.7139
8	-1.7466	0.3703
9	-0.1462	-0.5754
10	-1.0208	0.3231
11	0.9692	-0.5178
12	-1.2512	0.0937
13	2.6764	0.4327
14	-0.1270	0.0900
15	-1.1329	-1.5108
16	-0.2855	0.9722
17	-2.7251	-0.1388
18	2.4267	1.3388
19	0.4220	0.2246
20	-2.2024	1.2091

표 8.31 새로운 화학 공정 데이터의 PCA 변환 데이터(New data)

관측치 번호	PC1	PC2
21	0.0761	−0.2456
22	−1.5570	0.2167
23	1.4451	0.8987
24	6.4616	3.7694
25	3.9008	2.0477
26	6.6593	2.8024
27	2.8100	1.4119
28	5.0876	4.0511
29	5.8256	3.9586
30	3.4572	2.1636

Gaussian radial basis 함수, $C=0.3$, gamma$=0.2$로 설정된 SVDD를 표 8.30의 데이터에 적용해 그림 8.35의 좌측과 우측 그림에서 붉은색 선으로 표시된 경계가 도출됐다. 이 그림에서 색칠된 ○와 빈 ○ 표식 각각은 기존 화학공정 데이터를 타점한 것으로 support vectors 여부를 나타내며, + 표식은 새로운 화학공정 데이터를 표시한다. 기존 화학공정 데이터들 중 support vectors(색칠된 ○)는 경계에 위치하고 나머지 데이터(빈 ○)는 경계

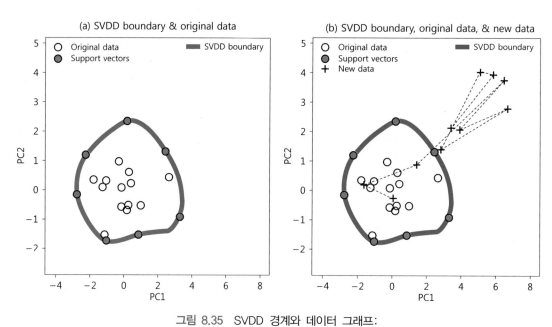

그림 8.35 SVDD 경계와 데이터 그래프:
(a) SVDD 경계와 기존 화학공정 데이터 및 (b) SVDD 경계와 전체 화학공정 데이터

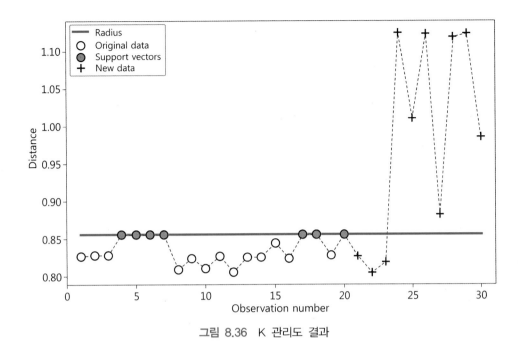

그림 8.36 K 관리도 결과

내에 위치한다. 반면, 새로운 공정 데이터 중 관측치 7개가 경계 밖에 있기에 이상상태가 존재했음을 의미한다. 전체 변환 데이터에 대해 작성된 K 관리도(그림 8.36)를 보면 경계 밖에 위치한 관측치 7개가 24번부터 30번까지의 관측치로 확인된다. 임계치인 반지름(관리한계선)을 벗어난 관측치들이기 때문이다. 따라서, 24번째 관측치부터 이상상태로 변했음을 확인할 수 있다.

이 절에서는 통계적 공정관리에서 뉴럴네트워크를 이용하여 공정의 이상 상황을 어떻게 관리할 것인지에 대한 문제를 다루고자 한다.

8장에서 다룬 주요 다변량 관리도는 기본적으로 공정이 정상상태일 때 품질특성 데이터는 다변량정규분포를 따른다는 가정을 한다. 즉, 특성치 간의 상관관계를 알고 있거나 과거 데이터로부터 추정 가능하다고 가정한다. 그러나 구성하는 특성치의 수가 많은 경우 특성치 간의 관계를 미리 아는 것은 불가능하며 추정에서의 계산 복잡도가 매우 빠르게 증가한다.

또한 기존의 다변량 관리도의 하나의 문제점은

- 관리도를 이용하여 공정이 이상상태라는 판단이 이루어져도 그 원인을 파악하기(이상상황의 해석)가 쉽지 않다는 것이며
- 관리도의 관리한계선을 벗어나지 않는 공정상태의 경향(trend)이나 주기(cycle) 등과 같은 변동을 파악하기가 어렵다는 것이다.

위와 같은 기존의 다변량관리도가 가지고 있는 문제점을 뉴럴네트워크의 방법론을 이용하여 효과적으로 대처할 수 있음이 여러 연구를 통해 입증되었다.

Guh and Hsieh(1999)은 여러 역전파 뉴럴네트워크를 단계적으로 사용하여 정상상태와 이상상태를 판별하고 이상상태로 판단된 경우 어떤 형태의 이상인가를 판별할 수 있음을 수치 예제를 통해 보여주었다. Al-Ghanim(1997)은 무감독 자기조직뉴럴네트워크인 ARTI를 이용하여 관리도의 이상상태를 판단할 수 있는 방안을 보였으며 Pham and Oztemel(1994)은 관리도에 타점되는 데이터의 패턴을 인식하기 위해 Learning vector quantization 뉴럴네트워크를 이용하면 역전파뉴럴네트워크를 이용하는 방법보다 효과적으로 패턴을 검출할 수 있음을 보였다. Kang and Park(2000)은 Self-Organizing Map(SOM)의 출력패턴을 이용하여 다변량공정데이터의 패턴을 판별할 수 있음을 두 데이터 세트의 실험을 통해 제시하였다. 이 절에서는 Guh and Hsieh(1999)에서 분석된 패턴인식의 단계에서 사용된 역전파뉴럴네트워크의 방법론을 중심으로 뉴럴네트워크가 공정관리에서 응용되는 예를 설명하고자 한다. 이 논문에서는 특성치가 하나인 경우에 대해 다루고 있다.

다변량품질특성치를 가진 공정에서의 관리를 위해 다변량데이터를 수집하여 공정의 이상상태로의 변화를 대처하게 되는 경우 다음과 같은 두 단계를 거치게 된다. 단계 I에서는 공정이 정

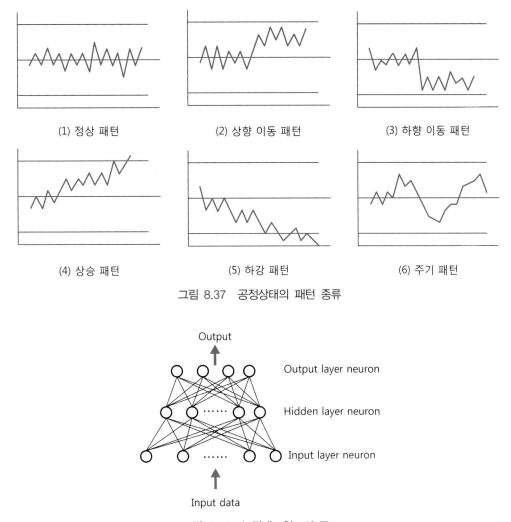

(1) 정상 패턴   (2) 상향 이동 패턴   (3) 하향 이동 패턴

(4) 상승 패턴   (5) 하강 패턴   (6) 주기 패턴

그림 8.37 공정상태의 패턴 종류

Output

Output layer neuron

Hidden layer neuron

Input layer neuron

Input data

그림 8.38 뉴럴네트워크의 구조

상상태가 아니라는 판단이 이루어지고, 정상상태가 아닌 경우에 단계 II로 넘어가 예상되는 공정의 변화 패턴을 판단하게 될 것이다. 뉴럴네트워크 방법이 보다 효과적으로 적용될 수 있는 것은 단계 II가 될 것이다. 그래서 우리는 그림 8.37과 같은 공정변화가 예상되는 경우에 뉴럴네트워크를 이용하여 어떻게 보다 효과적으로 이런 변화를 정확히 판단해낼 수 있는지 알아보고자 한다. 고려되는 공정변화 패턴은 상하이동(shift), 상승 및 하강(trend), 주기(cyclic)로 세 가지 패턴이다. 여기서 정상상태 역시 하나의 패턴으로 간주한다.

먼저 그림 8.38과 같이 입력층과 은닉층, 그리고 출력층으로 이루어진 간단한 역전파 뉴럴네트워크를 고려해보자. 입력층은 데이터의 특성치들의 샘플을 나타내며 출력층은 고려되는 패턴

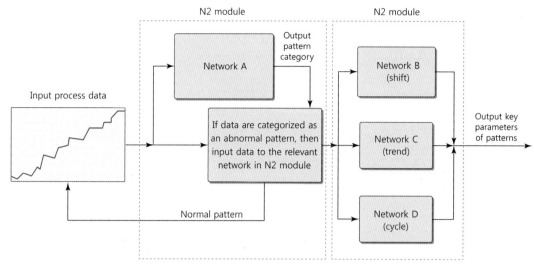

그림 8.39 뉴럴네트워크의 두 모형의 적용

의 가능성을 수치로 표시한다고 가정한다. 뉴럴네트워크에서 결정하여야 하는 모형은 은익층과 출력층을 연결하는 엣지의 가중치와 변환함수(transformation function)이다. 일반적인 함수형태로 sigmoid 함수와 hyperbolic tangent 함수가 사용되었다.

그리고 노드들 간을 연결하는 엣지에 부가된 가중치, 변환함수에 의해 나온 출력값에 대한 역치(threshold value)값이 주어지면 공정관리를 위한 뉴럴네트워크는 공정의 이상상태를 판단할 준비가 된 것으로 볼 수 있다. 그러므로 새로운 데이터가 주어지면 입력층으로부터 계산이 이루어져 출력노드의 출력값이 계산되고 최종적으로 역치값과의 비교를 통해 정상/이상상태의 종류가 결정될 것이다.

Guh and Hsieh(1999)에서 이상상태분석 절차는 두 개의 모듈로 구성되며 모듈 1에서 뉴럴네트워크, 모듈 2에서 뉴럴네트워크 3개(shift, trend, cyclic 패턴을 인식하기 위한 3개의 뉴럴네트워크)가 사용된다. 그림 8.38이 전체 뉴럴네트워크들의 구성을 보여준다. 이렇게 2단계로서 분석하므로 뉴럴네트워크 training 과정이 보다 효율적이라는 장점이 있다. 즉, 1단계에서는 이상상태를 판단하며 2단계에서는 이상상태의 패턴별로 변화량(매개변수)을 추정한다.

또한 여기서 입력데이터는 서로 독립인 데이터라고 가정한다. 새로운 데이터에 의한 공정상태분석을 위한 뉴럴네트워크를 완성하기 위해서는 supervised learning 과정을 거쳐야 한다. 즉, 패턴에 해당하는 데이터를 가지고 뉴럴네트워크를 훈련시켜야 한다.

이를 위해 과거의 다양한 데이터가 있으면 이를 사용하면 되지만 그렇지 않을 경우 검출할 필요가 있는 패턴들을 고려한 확률적 모형을 가정하고 이를 근거로 데이터를 난수 발생시켜서 발생 가능한 패턴의 데이터를 생성해야 한다.

Guh and Hsieh(1999)는 패턴별 데이터 생성 방법을 매개변수 5개(a, d, s, u, ω)에 기반해서 다음과 같이 제시한다.

- 정상상태의 경우: $x(t) = n(t),\ n(t) \sim N(0,1)$
- Shift 패턴의 경우: $x(t) = n(t) + u(t) \cdot s$
- Trend 패턴의 경우: $x(t) = n(t) + d \cdot t$
- Cyclic 패턴의 경우: $x(t) = n(t) + a \cdot \sin(2\pi t/\omega)$

여기서 t는 관측치 수집 시점, $x(t)$는 시점 t에서의 관측치, $n(t)$는 시점 t에서의 표준정규분포의 난수, $u(t)$는 shift 발생 여부에 따라 결정되는 매개변수(t가 shift 발생 이전 시점이면 $u(t)$=0, t가 shift 발생 이후 시점이면 $u(t)$=1), s는 shift의 크기, d는 trend 기울기, a와 ω 각각은 cycle의 진폭과 길이이다.

Guh and Hsieh(1999)에서는 Network A, B, C, D 각각을 위한 데이터를 생성하고자 위 데이터 생성 방법에 아래의 매개변수들의 범위를 가정해서 난수를 생성하고, 이렇게 생성된 데이터를 활용해 뉴럴네트워크를 학습시키는 수치예제를 제시한다.

Network A(shift 패턴 데이터): $-7 \leq s \leq 7$

Network A(trend 패턴 데이터): $-0.14 \leq d \leq 0.14$

Network A(cyclic 패턴 데이터): $1 \leq a \leq 3,\ 10 \leq \omega \leq 50$

Network B(shift 패턴 데이터): $-5 \leq s \leq 5$

Network C(trend 패턴 데이터): $-0.10 \leq d \leq 0.10$

Network D(cyclic 패턴 데이터): $1 \leq a \leq 3,\ -0.10 \leq d \leq 0.10$

이 수치예제에서는 관측치 56개로 구성된 표본들로 구성된 데이터를 생성한다. 따라서, Network A, B, C, D 모두 관측치 56개를 입력받아야 하므로 이들의 입력층은 노드 56개로 구성된다. 또한 모든 뉴럴네트워크의 은닉층도 동일하게 노드 35개로 구성된다. 출력층만 뉴럴네트워크마다 노드 개수가 다르다. 이는 뉴럴네트워크마다 새로운 데이터를 입력받아서 출력해야 할 정보가 다르기 때문이다. Network A는 새로운 데이터가 입력되면 해당 데이터가 수집된 공정의 상태가 정상, shift 패턴, trend 패턴, cyclic 패턴일 확률 각각을 출력해야 하므로 각 확률을 출력하는 노드 4개로 구성된다. Network B는 새로운 데이터가 shift 패턴에서 수집되었다고 Network A에서 예측될 경우 shift 패턴의 매개변수 s 값을 출력하기 위한 노드 1개만 출력층에 있다. Network C는 새로운 데이터가 수집된 공정 상태가 trend 패턴일 가능성이 가장 높다고 Network A에서 예측되면 trend 패턴의 매개변수 d 값을 출력하기 위한 노드 1개가 출력층에 있다. Network D는 새로운 데이터가 수집된 공정 상태가 cyclic 패턴이라고 Network A에서 예측되면 cyclic 패턴의 두 매개변수 a, ω 두 값을 출력하는 노드 2개가 출력층에 있다.

이러한 뉴럴네트워크들은 앞서 생성된 데이터로 훈련된다. 즉, 생성된 데이터의 표본들 각각이 뉴럴네트워크들에 입력되었을 때 해당 표본에 대한 예측/출력값이 정답에 최대한 근접하게 만드는 것이다. Guh and Hsieh(1999)에서는 이 훈련을 역전파 방법으로 수행한다. 이렇게 훈련된 뉴럴네트워크들은 새로운 표본이 입력되면 이 표본이 수집된 공정 상태에 대한 예측을 한다. Network A는 정상, shift, trend, cyclic 패턴 각각에 대한 확률을 출력하고, Network B, C, D 는 이상 패턴 각각의 주요 매개변수들의 값들을 출력한다. 이러한 출력값들을 기반으로 공정 상태를 판단할 수 있다.

다변량공정관리를 위하여 뉴럴네트워크를 활용하는 문제는 강부식(2003)에서 응용한 Self-Organizing Map(SOM)이 유용한 것으로 여겨지며 SOM의 구조 및 학습알고리즘 그리고 이 알고리즘의 내부에 사용되는 유사성척도, 이웃함수, 학습계수들은 강부식(2003)의 논문을 참고하면 좋을 것이다.

예제 8.20 Guh and Hsieh(1999) 논문의 수치예시와 동일한 방식으로 모듈 1(즉, N1 Module)의 Network A를 훈련하기 위한 데이터를 생성하라. 훈련 데이터 생성을 위한 파라미터 값들은 표 8.32를 참고하라. 생성된 훈련 데이터로 Network A를 훈련하라. 훈련 시 뉴럴네트워크 모형의 구조는 Guh and Hsieh(1999) 논문과 동일하다. 훈련된 Network A의 성능 평가를 위한 데이터를 생성하라. 이때, Guh and Hsieh(1999)의 평가 데이터와 동일하게 세 가지 이상패턴들(즉, Trend, Cyclic, Trend+Cyclic)에 대한 데이터를 생성한다. 단, t=28 시점부터 이상 패턴이 발생하도록 표 8.33의 파라미터 설정 값들을 아래 수식에 입력해 데이터를 생성하라.

$$x(t) = n(t) \sim N(0,1), \ 0 \le t \le 27$$
$$x(t) = n(t) + d \cdot t + a \cdot \sin(2\pi t/\omega), \ 28 \le t \le 55$$

이상 패턴 종류별로 평가 데이터를 훈련된 Network A에 적용해 이상 패턴 분류 결과를 확인하라. 그 결과를 Guh and Hsieh(1999) 논문에서 제시된 성능과 비교해 Network A의 성능 개선방안을 모색하라.

표 8.32　Network A 훈련 파라미터별 설정 값

뉴럴 네트워크(Network A) 훈련 파라미터	설정 값
Optimizer	Adam
초기 가중치 범위	[−0.01, 0.01]
Learning rate	0.001
Momentum Factor	0.4
수렴판단기준	RMSE<0.05
훈련 데이터 종류	6종류: Abnormal, Upward Shift, Downward Shift, Upward Trend, Downward Trend, Cycle
훈련 데이터 개수	Abnormal: 480개 Upward Shift: 480개 Downward Shift: 480개 Upward Trend: 480개 Downward Trend: 480개 Cycle: 960개

표 8.33　이상 패턴별 평가 데이터 생성을 위한 파라미터

평가 데이터 종류	파라미터 설정 값
Trend	d=0.06, a=0, 생성 데이터 개수=5,000
Cyclic	d=0, a=2, ω=30, 생성 데이터 개수=5,000
Trend+Cyclic	d=0.06, a=2, ω=30, 생성 데이터 개수=5,000

위 예제에서 소개된 방식으로 훈련된 Network A는 출력 노드가 4개이다. 노드 1부터 4는 순서대로 Normal, Shift, Trend, Cyclic 패턴 각각이 발생했을 가능성에 비례하는 값으로 0~1 사이의 값을 출력한다. 따라서, Normal 패턴인 데이터에 대해서는 노드 1은 1에 가까운 값을, 나머지 노드들은 0에 가까운 값을 출력하는 것이 바람직하다.

이상 패턴별로 평가 데이터 5,000개 각각에 대해 Network A의 출력 노드들의 값을 산출했다. 이상 패턴 각각에 대해 출력 노드별로 5,000개의 출력 값들을 얻었으며, 이 출력 값들의 평균 값이 표 8.34에 제시되어 있다.

표 8.34 이상 패턴별 평가 데이터에 대한 Network A의 출력노드별 평균 출력 값

이상 패턴	Network A의 출력노드별 평균 출력 값			
	1 (Normal)	2 (Shift)	3 (Trend)	4 (Cyclic)
Trend	0.001	1.000	0.000	0.123
Cyclic	1.000	0.000	0.305	0.417
Trend+Cyclic	0.014	1.000	0.000	0.392

표 8.34의 첫 번째 행은 Trend 패턴의 평가 데이터 5,000개에 대한 노드들의 평균 출력 값을 제시한다. 이 평균 출력 값을 보면 Shift 패턴 발생 가능성을 대변하는 노드 2의 평균 값이 1로 제시된다. 이는 Network A가 Trend 패턴의 평가 데이터에 대해 Trend 패턴이 아닌 Shift 패턴으로 잘못 분류함을 의미한다.

표 8.34의 두 번째, 세 번째 행도 Network A가 분류 성능이 나쁨을 보여준다. 표의 두 번째 행에서는 노드 1의 평균 출력 값이 1이고 나머지 노드들은 0에 가까운 값들을 가지기에 Cyclic 패턴을 Normal 패턴으로 분류함을 알 수 있다. 표의 세 번째 행은 Trend+Cyclic 패턴에 대해 Shift 패턴으로 잘못 예측함을 알 수 있다.

표 8.35 Guh and Hsieh(1999)에서 제시된 Network A의 출력노드별 평균 출력 값

이상 패턴	Network A의 출력노드별 평균 출력 값			
	1 (Normal)	2 (Shift)	3 (Trend)	4 (Cyclic)
Trend	0.000	0.017	1.000	0.013
Cyclic	0.057	0.000	0.014	1.000
Trend+Cyclic	0.000	0.012	1.000	0.324

본 예제에 대해서는 Network A가 나쁜 성능을 보인 것과 달리 Guh and Hsieh(1999) 논문 속에서 제시된 결과인 표 8.35는 우수한 성능을 나타낸다. 본 예제와 Guh and Hsieh(1999) 간 주요한 차이는 평가 데이터이다. 본 예제와 Guh and Hsieh(1999) 모두 훈련 데이터는 t=0 시점부터 이상 상태가 발생하므로 본 예제와 Guh and Hsieh(1999)의 Network A 모두 이상 상태가 t=0 시점부터 발생하는 사례들만 훈련한 것이다. Guh and Hsieh(1999)은 훈련할 때와 동일하게 t=0 시점부터 이상 패턴이 발생하는 평가 데이터에 대해 Network A를 적용한다. 그러다 보니 훈련과 평가 모두 동일한 사례들을 접하게 된다. 반면, 본 예제에서는 훈련할 때와는 다르게 t=28 시점부터 이상 패턴이 발생하면서 훈련과 평가가 서로 상이한 사례들을 접하게 되는데 이러한 차이를 극복하지 못하는 것이다.

이러한 성능 차이는 Guh and Hsieh(1999) 논문에서 제시된 훈련 데이터들로는 이상 패턴

시점이 다른 사례들을 제대로 인식하기가 어려움을 시사한다. 이러한 어려움을 극복하는 한 가지 방안은 이상 패턴 발생 시점을 다양하게 해서 훈련 데이터들을 생성하는 것이다. 이를 통해 Network A는 이상 패턴 발생 시점이 다른 사례들에 대해서도 훈련이 될 것이다. 이는 더 강건하고 정확한 분류를 가능하게 할 수 있다.

8.1 공정에서 측정된 두 품질변수(x_1, x_2)에 대한 공정 평균과 산포를 모니터링하려고 한다. 두 품질변수에 관한 개별 $\overline{X}$ 관리도로는 이상상태를 검출할 수가 없어 공정평균과 산포를 모니터링하기 위해 T^2 및 일반화 분산 관리도를 사용하기로 하였다. 공정에서 부분군 크기 $n = 4$인 17개의 부분군으로부터 얻은 데이터는 표 8.36과 같다(Ryan(2011)에서 일부 발췌함). 단, 각 부분군에서 같은 칸에 있는 데이터는 한 제품에서 측정한 다변량 관측데이터이다.

(1) 해석용(단계 I) T^2 관리도의 3σ 관리한계선을 수작업으로 구하라.

(2) T^2 관리도를 작성하여 관리상태를 판정하라.

(3) 일반화 분산 관리도를 작성하여 관리상태를 판정하라.

(4) (3)에서 구한 $\boldsymbol{S}$를 이용하여 수작업으로 일반화 분산 관리도의 중심선과 3σ 관리한계선을 계산하여 (3)의 결과를 확인하라.

(5) 각 특성치별로 $\overline{X} - R$ 관리도를 작성하여 위의 결과와 비교하라.

표 8.36 무게-크기 데이터

부분군	무게(x_1)				크기(x_2)			
1	72	84	79	49	23	30	28	10
2	56	87	33	42	14	31	8	9
3	55	73	22	60	13	22	6	16
4	44	80	54	74	9	28	15	25
5	97	26	48	58	36	10	14	15
6	83	89	91	62	30	35	36	18
7	47	66	53	58	12	18	14	16
8	88	50	84	69	31	11	30	19
9	57	47	41	46	14	10	8	10
10	46	27	63	34	10	8	19	9
11	49	62	78	87	11	20	27	31
12	71	63	82	55	22	16	31	15
13	71	58	69	70	21	19	17	20
14	67	69	70	94	18	19	18	35
15	55	63	72	49	15	16	20	12
16	49	51	55	76	13	14	16	26
17	72	80	61	59	22	28	18	17

8.2 생산 제품의 강도(x_1, 단위: 1,000kg)와 직경(x_2, 단위: cm)에 대한 공정평균을 모니터링하려고 한다. 변수 사이에 상관관계가 있으므로 T^2 관리도를 사용하기로 하였다. 공정에서 획득한 부분군 크기 $n = 1$ 인 20개의 데이터가 표 8.37과 같을 때 단계 I의 T^2 관리도를 작성하여 관리상태를 판정하라. 그리고 수작업으로 계산한 해석용(단계 I) T^2 관리도의 3σ 관리한계선과 일치하는지를 확인하라.

표 8.37 강도-직경 데이터

샘플	강도	직경	샘플	강도	직경
1	77.42	14.7	11	93.80	21.9
2	87.95	15.6	12	79.76	18.3
3	76.25	18.3	13	86.78	17.4
4	84.44	17.4	14	89.12	18.3
5	85.61	19.2	15	83.27	16.5
6	84.44	19.2	16	79.76	16.5
7	73.91	20.1	17	84.44	20.1
8	87.95	20.1	18	89.12	17.4
9	76.25	16.5	19	84.44	18.3
10	82.10	16.5	20	84.44	19.2

8.3 예제 8.1의 모든 데이터를 기반으로 단계 II의 T^2 관리도에 관한 관리한계선을 구하라.

8.4 연습문제 8.2의 모든 데이터를 기반으로 단계 II의 T^2 관리도에 관한 관리한계선을 구하라.

8.5 예제 8.5의 표 8.9의 데이터에 대해 ARL_0는 200, λ=0.1로 설정하여 다변량 EWMA 관리도를 작성하고 분석하라.

8.6 예제 8.4의 표 8.8의 데이터에 대해 다음 물음에 답하라.

(1)* MCUSUM-1 관리도를 작성하라.

(2) 단계 I의 부분군의 수를 100, ARL_0를 50으로 설정한 T^2관리도를 작성하여 (1)의 결과와 비교하라.

8.7 예제 8.5에서 표 8.9의 데이터에 대해 MCUSUM-2 관리도를 작성하고 분석하라.

8.8 MEWMA 관리도와 MCUSUM-2 관리도의 타점 통계량에 대한 다음 물음에 답하라.

(1) 예제 8.4에서 두 번째 부분군의 타점 통계량(T_2^2)를 구하라.

(2)* 예제 8.6에서 두 번째 부분군의 타점 통계량(C_2)를 구하라.

8.9 표 8.18에서 x_{4k}를 제외한 x_{1k}, $x_{2k,}$, x_{3k}에 관한 데이터에 대해 물음에 답하라.

(1) $x_{1k} \sim x_{3k}$를 표준화하여 평균 벡터와 공분산 행렬을 구하라. 이 값들을 μ_0, Σ_0로 설정한다.

(2) (1)을 이용해 ARL_0를 200으로 설정한 단계 II의 T^2 관리도를 작성하고 분석하라(단계

I의 부분군의 수를 100으로 설정함).

(3) ARL_0를 200, $\lambda = 0.1$로 설정하여 다변량 EWMA 관리도를 작성하고 분석하라.

(4)* ARL_0를 200으로 설정하여 MCUSUM-2 관리도를 작성하고 분석하라. 세 관리도의 분석 결과를 비교하라.

(5)* (4)에서 수작업으로 C_1를 구해 결과를 확인하라.

(6)* $k = 0.5$, $h = 4$로 설정한 MCUSUM-1 관리도를 작성하고 분석하라.

8.10* 표 8.38은 광학 화상 시스템(optical imaging system)의 선형 교정을 모니터링하는 데 사용되는 표준 포토마스크(photo mask)의 선폭(x)을 측정한 데이터이다(NIST/SEMATECH, 2003). 이 자료는 관련 측정 범위의 상부(U), 중앙(M), 하부(L)를 매일 측정한 결과(y)의 일부이며, 단위는 μm이다.

(1) 표 8.38의 자료를 대상으로 T^2 관리도 방법(S-B)을 적용하고 해석하라.

(2) 표 8.38의 자료를 대상으로 T^2 관리도 방법(K-A)을 적용하고 해석하라.

(3) 표 8.38의 자료를 대상으로 세 종의 단변량 슈하트 관리도를 작성하고 해석하라.

표 8.38 선폭 데이터

일자	위치	x	y
1	L	0.76	1.12
1	M	3.29	3.49
1	U	8.89	9.11
2	L	0.76	0.99
2	M	3.29	3.53
2	U	8.89	8.89
3	L	0.76	1.05
3	M	3.29	3.46
3	U	8.89	9.02
4	L	0.76	0.76
4	M	3.29	3.75
4	U	8.89	9.30
5	L	0.76	0.96
5	M	3.29	3.53
5	U	8.89	9.05
6	L	0.76	1.03
6	M	3.29	3.52
6	U	8.89	9.02

8.11* 연습문제 8.10의 표 8.38을 $y_{ik} = 0.282 + 0.977x_k$, $k = 1, 2, \cdots, 6$이고, 표준편차는 0.01인 단계 II의 데이터로 간주하여 다음 물음에 답하라.

(1) 표 8.38의 자료를 대상으로 T^2 관리도 방법(K-A)을 적용하라.

(2) 표 8.38의 자료를 대상으로 세 종의 단변량 관리도 방법을 적용하라.

8.12 표 8.17의 x_4와 x_6을 두 단계의 입력과 출력 특성치로 간주하여 원인식별 관리도를 작성하고 그 결과를 해석하라. 여기서 앞쪽 25개 중에서 8번째를 제외한 24개 데이터를 단계 I로, 나머지 15개의 데이터를 단계 II로 간주하여 관리도를 작성하라.

8.13 예제 8.11에서 다룬 회귀조정 과정을 $X - R_m (I - MR)$ 관리도로 작성하고 그 결과를 해석하라.

8.14* 표 8.17의 x_4, x_9, y를 3단계 공정의 첫 번째, 두 번째, 세 번째 단계의 공정변수로 간주하여 다음 물음에 답하라.

(1) y에 관한 회귀조정된 잔차를 구해 슈하트 관리도를 작성하여 해석하라.

(2) 진단을 위해서는 세 종의 관리도가 필요하다. 먼저 제1종 오류를 설정하고, 슈하트 관리도에서 이를 반영할 수 있도록 표준편차의 배수를 구하라.

(3) (2)를 수월하게 반영할 수 있는 슈하트 관리도를 x_4에 대해 작성하라.

(4) x_4에 의해 회귀조정된 x_9에 대한 잔차관리도(슈하트)를 작성하라.

(5) x_4, x_9에 의해 회귀조정된 y에 대한 잔차관리도(슈하트)를 재작성하라.

(6) (3) ~ (5)의 관리도로부터 다단계 공정의 상태를 해석하라. 그리고 이상상태이면 어디서 발생한 것인지 진단하라.

8.15* 표 8.17에서 공정변수의 순차성과 출력변수를 무시하고 $x_1 \sim x_9$에 대해 주성분분석을 적용하여 적절한 개수의 주성분을 구하라.

8.16* 표 8.27의 다변량 데이터에 대해 물음에 답하라.

(1) 적절한 개수의 주성분을 구하라.

(2) 단계 I로 간주하여 T^2 관리도와 SPE 관리도에 도시하고 분석하라.

(3) 단계 II에서 새로운 관측값(17.3, 24.2, 5.1, 7.4, 25.6)이 얻어졌다면 관리한계 내인지 조사하고, 관리한계를 벗어난다면 어떤 품질특성으로부터 이상신호가 발생했는지를 파악하라.

표 8.39 품질특성치가 5개인 다변량 데이터

k	x_1	x_2	x_3	x_4	x_5
1	6.98	-2.08	-0.72	-2.02	5.00
2	13.32	9.94	14.33	12.66	38.83
3	11.21	4.92	-17.47	6.13	41.24
4	20.87	10.03	6.53	15.92	45.96
5	13.17	-5.84	-4.92	18.21	22.34
6	15.19	-2.08	13.52	-12.79	37.29
7	6.18	-4.90	-3.33	8.74	8.76
8	19.15	4.61	13.49	3.52	47.83
9	3.75	-9.28	0.74	6.46	14.23
10	8.40	4.77	-18.49	-2.02	40.50
11	12.90	1.39	-4.17	9.07	14.46
12	12.96	19.87	-17.09	-8.88	73.63
13	9.98	0.92	2.09	-0.72	7.38
14	19.40	1.19	19.27	-0.72	66.90
15	13.23	-4.60	-22.42	10.38	69.50
16	11.71	0.08	10.10	-13.77	20.03
17	8.11	4.13	-13.69	-5.61	24.14
18	17.11	6.47	18.55	-0.39	58.37
19	2.86	12.95	14.11	4.50	31.00
20	35.10	12.00	-8.09	-18.67	126.53

8.17* 표 8.39는 공정변수가 5개이고 제품 품질특성이 1개인 화학공정에서 획득한 데이터이다. 여기서 공정변수는 동일한 척도(절댓값이 0~3)를 가지도록 적절하게 변환되어 있다.

(1) 잠재변수 개수를 2로 설정하여 PLS(부분최소제곱법)를 적용하여 분석하고, 가중치 행렬(W), x의 로딩 행렬(C'), y의 로딩 벡터(D')를 구하라.

(2) 30개의 데이터에 대한 잠재변수 점수를 계산하라.

(3) T^2 관리도에 도시하고 고찰하라.

표 8.40 화학공정 데이터

k	x_1	x_2	x_3	x_4	x_5	y
1	1.9920	-1.3782	-1.1242	-1.4491	-1.9318	1131
2	2.2860	-1.3782	-1.3327	-1.4491	-1.9318	1053
3	-0.6547	1.0380	1.1685	1.2457	0.8788	1521
4	-0.3607	0.9451	1.0903	0.7966	0.7449	1417
5	-0.6547	0.9451	1.0903	0.7966	0.7449	1430
6	-1.2429	2.3390	2.2627	2.1440	1.5480	1612
7	-1.2429	0.6663	2.2627	2.1440	1.5480	1677
8	-0.0666	0.0158	0.8558	0.5720	0.6111	1339
9	-0.6547	2.3390	0.3087	-0.1017	0.3434	1378
10	-0.0666	-0.2630	2.2627	2.1440	0.2096	1625
11	-0.0666	1.4097	0.0742	-0.5508	-1.2626	1183
12	-0.0666	-0.4489	0.4650	-0.1017	0.2096	1313
13	1.1097	-0.4489	1.0903	0.7966	-0.5934	1170
14	1.6979	-0.4489	-1.3848	-0.5508	-1.3965	1131
15	-0.3607	0.0158	-1.3848	-0.5508	-1.3965	1209
16	-0.3607	1.8744	-0.7334	-0.5508	-1.3965	1222
17	-0.3607	0.0158	-0.3947	-0.1017	-1.1288	1196
18	-0.9488	-0.9135	-0.2645	-0.5508	-0.3258	1274
19	-0.9488	-0.4489	-0.3947	-0.1017	-1.1288	1430
20	-0.6547	1.4097	-0.4729	-1.0000	-0.8611	1144
21	-0.9488	0.4804	-0.0821	-0.5508	-0.0581	1304
22	-0.6547	1.4097	-1.1242	1.2457	-0.4596	1178
23	-0.6547	0.4804	0.6995	0.3474	-0.0581	1300
24	0.8156	0.4804	1.4811	1.2457	0.0758	1335
25	0.2275	0.4804	0.6995	0.3474	0.2096	1310
26	-1.2429	0.4804	0.6995	0.3474	-0.5934	1199
27	-0.9488	-0.9135	0.6995	0.3474	-0.4596	1416
28	-0.6547	0.4804	0.6995	0.3474	0.8788	1460
29	-0.0666	-0.9135	-0.4729	-1.0000	-0.7273	1240
30	0.2275	-0.4489	0.6995	0.3474	1.5480	1483

8.18* 예제 8.17에서 단계 II의 두 번째 표본 자료가 (-0.50707, -0.00093, 0.37411, -0.00323, -0.04349)일 때 VS-MEWMA 관리도에 대한 다음 물음에 답하라.

(1) EWMA 통계량 벡터 w_2를 구하라.

(2) 이 표본에서 공정이탈이 의심되는 두 변수는?

(3) VS-MEWMA 관리도에 타점되는 통계량을 구하라.

8.19 예제 8.19에서 C 값만 다르게 설정해서 K 관리도 (a), (b)를 아래와 같이 얻었다. 관리도 (a)와 (b) 중 관리한계선 결정에 이상치의 영향이 상대적으로 적은 것이 무엇인지와 그 이유를 제시하라.

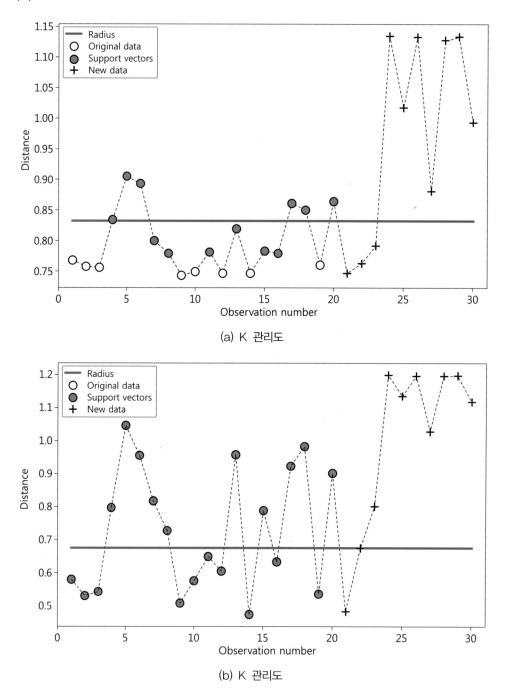

(a) K 관리도

(b) K 관리도

8.20 8.10절에서 소개한 Guh and Hsieh(1999) 논문의 수치 예시는 trend 패턴과 cyclic 패턴이 섞인 평가 데이터를 생성했다. 평가 데이터 생성 시 cyclic 패턴의 매개변수들은 고정하고 trend의 기울기 매개변수 d 값만 다르게 해서 여러 종류의 데이터들이 생성됐다. 이렇게 생성된 평가 데이터들에 대해 Network A가 출력(예측)하는 패턴별 확률 값 중 두 번째로 높은 확률 값을 기준으로 Network A가 두 패턴이 섞인 것도 감지하는지를 평가했다. 두 번째로 높은 확률 값이 작다면(혹은 크다면) Network A는 한 개 이하(혹은 두 개 이상)의 패턴 발생을 예측한 것으로 볼 수 있기 때문이다. 이 평가에서 trend의 기울기 d 값이 상대적으로 큰 평가 데이터에 대해 Network A의 두 번째로 높은 확률 값이 더 작았다. 즉, trend의 기울기가 큰 경우에는 두 패턴이 모두 발생했음에도 불구하고 Network A는 그렇지 않다고 예측하는 2종 오류를 범할 확률이 더 높았음을 의미한다. 이러한 결과가 발생할 수 있는 이유를 Network A의 훈련 방식에 근거해서 제시하라.

T^2 관리도와 일반화 분산 관리도는 Mason and Young(2002)을, EWMA와 CUSUM 관리도를 포함한 다변량 모니터에 관심이 있는 독자는 통람 논문인 Bersimis et al.(2007)을, 프로파일 모니터링은 Noorosana et al.(2011)를, 다단계 공정에 관한 모니터링과 진단에 관한 최근 연구는 Shi and Zhou (2009)를, 원인식별 관리도는 Wade and Woodall(1993)을 읽으면 도움이 될 것이다. 빅데이터 시대의 공정 모니터링과 진단에 대해서는 Weese et al.(2016)을, 그중에서 PCA와 PLA에 대해서는 Kourti(2005)와 Ferrer(2014)를, 변수선별 관리도에 대해서는 최근 연구성과인 Jiang et al.(2012)과 Capizzi(2015)과 더불어 통람논문인 Peres and Fogliatto(2018)의 일독을 권장한다. 그리고 단일 클래스분류기법으로 대표적인 방법에는 k 최인접분류기를 기반으로 한 kNNDD 분류기법과 support vector method 이용한 방법 등이 유용하며 주요 참고문헌으로 Ide(2015), Sun and Tsung(2012)의 K 관리도 등이 있다. 정상상태의 그룹이 다수인 경우의 방법론은 주태우와 김성범(2013)을 참고하면 좋을 것이다. 뉴럴네트워크의 공정관리에의 응용으로는 강부식(2003)의 논문이 좋은 참고문헌이 될 것이다. 끝으로, 관리도의 공정 패턴을 파악하기 위한 주요 방법들이 Hachicha and Ghorbel(2012)에 잘 정리되어 있으니 참고하기 바란다.

1. 강부식(2003), 자기조직화지도 뉴럴네트워크와 사례기반추론을 이용한 다변량 공정관리, 한국지능정보시스템학회논문지, 9권, 1호, 53-69.

2. 주태우, 강성범(2013), 다중정상하에서 단일클래스분류기법을 이용한 이상치 탐지:TFT-LCD 고정사례, 대한산업공학회지, 39권, 2호, 82-89.

3. 이승훈(2015), Minitab 품질관리, 이레테크.

4. 전치혁(2012), 데이터마이닝: 기법과 응용, 한나래.

5. Abdella, G. M., Al-Khalifa, K. N., Kim, S., Jeong, M. K., Elsayed, E. A. and Hamouda, A. M.(2017), "Variable Selection-Based Multivariate Cumulative Sum Control Chart," Quality and Reliability Engineering International, 33, 565-578.

6. Ajadi, J. O., Wang, Z. and Zwetsloot, I. M.(2021), "A Review of Dispersion Control Charts for Multivariate Individual Observations," Quality Engineering, 33, 60-75.

7. Al-Ghanim, A.(1997), "An unsupervised learning neural algorithm for identifying process behavior on control charts and a comparison with supervised learning approaches," Computers & industrial engineering, 32, 627-639.

8. Amiri, A., Jensen, W. A., and Kazemzadeh, T. B.(2010), "A Case Study on Monitoring Polynomial Profile in the Automotive Industry," Quality and Reliability Engineering International, 26, 509-520.

9. Bersimis, S., Psarakis, S. and Panaretos, J.(2007), "Multivariate Statistical Process Control Charts: An Overview," Quality and Reliability Engineering International, 23, 517-543.

10. Bodden, K. M. and Rigdon, S. E.(1999), "A Program for Approximating the In-control ARL for the MEWMA Chart," Journal of Quality Technology, 31, 120-123.

11. Camci, F., Chinnam, R. B. and Ellis, R. D.(2008), "Robust Kernel Distance Multivariate Control Chart using Support Vector Principles," International Journal of Production Research, 46, 5075-5095.

12. Capizzi, G.(2015), "Recent Advances in Process Monitoring: Nonparametric and Variable-Selection Methods for Phase I and Phase II," Quality Engineering, 27, 44-67.

13. Capizzi, G. and Masarotto, G.(2011), "A Least Angle Regression Control Chart for Multidimensional Data," Technometrics, 53, 285-296.

14. Crosier, R. B.(1988), "Multivariate Generalizations of Cumulative Sum Quality-Control Schemes. Technometrics," 30, 291-303.

15. Ferrer, A.(2007), "Multivariate Statistical Process Control Based on Principal Component Analysis (MSPC-PCA): Some Reflections and a Case study in an Autobody Assembly Process," Quality Engineering, 19, 311-325.

16. Ferrer, A.(2014), "Latent Structures-Based Multivariate Statistical Process Control: A Paradigm Shift," Quality Engineering, 26, 72-91.

17. Hachicha, W. and Ghorbel, A.(2012), "A Survey of Control-Chart Pattern-Recognition Literature(1991-2010) Based on a New Conceptual Classification Scheme, Computers & Industrial Engineering," 63, 204-222.

18. Guh, R. S. and Hsieh, Y. C.(1999), "A Neural Network Based Model for Abnormal Pattern Recognition of Control Charts," Computers&Industrial Engineering, 36, 97-108.

19. Hawkins D. M.(1991), "Multivariate Quality Control Based on Regression Adjusted Variables," Technometrics, 33, 61-75.

20. Hawkins D. M.(1993), "Regression Adjustment for Variables in Multivariate Quality Control," Journal of Quality Technology, 25, 170-182.

21. Holmes, D. S. and Mergen, A. E.(1993), "Improving the Performance of the T^2 Control Chart," Quality Engineering, 5, 619-625.

22. Hotelling, H.(1947), "Multivariate Quality Control Illustrated by Air Testing of Sample Bombsights," C. Eisenhart et al.(eds), 111-184.

23. Ide, T.(2015), Introduction to Anomaly Detection Using Machine Learning-A Practical Guide with R, Corona Publishing Co.

24. Jiang, W., Wang, K. and Tsung, F.(2012), "A Variable Selection-Based Multivariate EWMA Chart for Process Monitoring and Diagnosis," Journal of Quality Technology, 44, 209-230.

25. Jackson, J. E.(2003), A User's Guide to Principal Components, Wiley, New York(USA).

26. Johnson, R. and Wichern, D.(2007), Applied Multivariate Statistical Analysis, 6th ed., Pearson Education, Upper Saddle River(England).

27. Kang, B. S. and Park, S. C.(2000), Integrated Machine Learning Approaches for Complementing Statistical Process Control Procedures, Decision Support Systems, 29, 59-72.

28. Kang, L. and Albin, S. L.(2000), "On-line Monitoring When the Process Yields a Linear Profile," Journal of Quality Technology, 32, 418-426.

29. Kim, K., Mahmoud, M. A. and Woodall, W. H.(2003), "On the Monitoring of Linear Profiles," Journal of Quality Technology, 35, 317-328.

30. Kourti, T.(2005), "Application of Latent Variable Methods to Process Control and Multivariate Statistical Process Control in Industry," International Journal of Adaptive Control and Signal Processing, 19, 213-246.

31. Kourti, T. and MacGregor, J. F.(1995), "Process Analysis, Monitoring and Diagnosis, Using Multivariate Projection Methods," Chemometrics and Intelligent Laboratory Systems, 28, 3-21.

32. Kourti. T. and MacGregor, J. F.(1996), "Multivariate SPC Methods for Monitoring Process and Product Performance," Journal of Quality Technology, 28, 409-428.

33. Kumar, S., Choudhary, A. K., Kumar, M., Shankar, R. and Tiwari, M. K.(2006), "Kernel Distance-Based Robust Support Vector Methods and Its Application in Developing a Robust K-chart," International Journal of Production Research, 44, 77-96.

34. Liu, C. H. and Wang, T. Y.(2014), "An AK-Chart for the Non-Normal Data," International Journal of Economics and Management Engineering, 8, 1107-1112.

35. Lowry, C. A., Woodall, W. H., Champ, C. W. and Rigdon, S. E.(1992), "A Multivariate EWMA Control Chart," Technometrics, 34, 46-53.

36. Mahmoud, A. and Woodall, W. H.(2004), "Phase I Analysis of Linear Profiles with Calibration Applications," Technometrics, 46, 377-391.

37. Mason, R. L., Tracy, N. D. and Young, J. C.(1995), "Decomposition of T^2 for Multivariate Control Chart Interpretation," Journal of Quality Technology, 27, 109-119.

38. Mason, R. L. and Young, J. C.(2002), Multivariate Statistical Process Control with Industrial Applications, ASA/SIAM.

39. Mestek, O., Pavlik, J. and Suchánek, M.(1994), "Multivariate Control Charts: Control Charts for Calibration Curves," Fresenius' Journal of Analytical Chemistry, 350, 344-351.

40. Mitra, A.(2016), Fundamentals of Quality Control and Improvement, 4th ed., Wiley.

41. Montgomery, D. C.(2012), Statistical Quality Control, 7th ed., Wiley.

42. Nishimura, K., Matsuura, S. and Suzuki, H.(2015), "Multivariate EWMA Control Chart Based on a Variable Selection using AIC for Multivariate Statistical Process Monitoring," Statistics & Probability Letters, 104, 7-13.

43. NIST/SEMATECH(2003), e-Handbook of Statistical Methods, Available at www.itl.nist.gov/div898/handbook/mpc/section3/mpc37.htm.

44. Noorossana, R., Saghaei, A. and Amiri, A.(2011), Statistical Analysis of Profile Monitoring, Wiley.

45. Pham D. T. and Oztemel, D.(1994), "Control Chart Pattern Recognition Using Learning Vector Quantization Networks," International Journal of Production Research, 32, 721-729.

46. Qiu, P.(2014), Statistical Process Control, CRC Press.

47. Peres, F. A. P and Fogliatto, F. S.(2018), "Variable Selection Methods in Multivariate Statistical Process Control: A Systematic Literature Review," Computers & Industrial Engineering, 115, 603-609.

48. Pignatiello, J. J. and Runger, G. C.(1990), "Comparisons of Multivariate CUSUM Charts," Journal of Quality Technology, 22, 173-186.

49. Runger, G. C., Alt, F. B. and Montgomery, D. C.(1996), "Contributors to a Multivariate Statistical Process Control Signal," Communications in Statistics—Theory and Methods, 25, 2203-2213.

50. Ryan, T. P.(2011), Statistical Methods for Quality Improvement, 3rd ed., Wiley.

51. Shi, J. and Zhou, S.(2009), "Quality Control and Improvement for Multistage Systems: A Survey," IIE Transactions, 41, 744-753.

52. Stover, F. S. and Brill, R. V.(1998), "Statistical Quality Control Applied to Ion Chromatography Calibrations," Journal of Chromatography, A804, 37-43.

53. Sullivan, J. H. and Woodall, W. H.(1995), "A Comparison of Multivariate Quality Control Charts for Individual Observations," Journal of Quality Technology, 28, 398-408.

54. Sun, R. and Tsung F.(2003), "A Kernal-distance-based Multivariate Control Chart Using Support Vector Methods," International Journal of Production Research, 41, 2975-2989.

55. Testik, M. C., Runger, G. C. and Borror, C. M.(2003), "Robustness Properties of Multivariate EWMA Control Charts," Quality and Reliability Engineering International, 19, 31-38.

56. Tracy, N. D., Young, J. C. and Mason, R. L.(1992), "Multivariate Control Charts for Individual Observations," Journal of Quality Technology, 24, 88-95.

57. Wade, M. R., and Woodall, W. H.(1993), "A Review and Analysis of Cause-selecting Control Charts," Journal of Quality Technology, 25, 161-169.

58. Walker, E. and Wright, S. P.(2002), "Comparing Curves Using Additive Models," Journal of Quality Technology, 34, 118-129.

59. Wang, K. and Jiang, W.(2009), "High-Dimensional Process Monitoring and Fault Isolation via Variable Selection," Journal of Quality Technology, 41, 247-258.

60. Weese, M., Martinez, W., Megahed, F. M. and Jones-Farmer, L. A.(2016), "Statistical Learning Methods Applied to Process Monitoring: An Overview and Perspective." Journal of Quality Technology, 48, 4-24.

61. Williams, J. D., Woodall, W. H., Birch, J. B. and Sullivan, J. H.(2006), "Distribution of Hotelling's T^2 statistic Based on the Successive Differences Estimator," Journal of Quality Technology, 38, 217-229.

62. Woodall, W. H. and Ncube, M. M.(1985), "Multivariate CUSUM Quality Control Procedures," Technometrics, 27, 285-292.

63. Zhang, G. X.(1984), "A New Type of Control Charts and Theory of Diagnosis with Control Charts," ASQC World Quality Congress Transactions, 175-185.

64. Zou, C. and Qiu, P.(2009), "Multivariate Statistical Process Control using LASSO," Journal of the American Statistical Association, 104, 1586-1596.

PART

04

—

공정능력분석과
측정시스템분석

공정능력분석
측정시스템분석

공정능력분석

와이어 본딩 공정에서
IC Pad BST 값에 대한 공정능력분석

　　R사는 발광 다이오드를 주력품목으로 생산하는 회사로 삼성전자와 LG전자는 물론이고 일본의 소니, 중국의 하이신 등 세계적 기업에 발광 다이오드를 납품하고 있는 강소기업이다. 당사의 B3C 와이어 본딩 공정에서 IC Pad BST 값(이하 BST 값) 미달로 인한 불량 비율이 상대적으로 높아, 이로 인한 손실 비용이 증가하고 있었다. 문제 해결을 위한 첫 단계로 R사는 생산품의 정확한 품질 수준 파악을 위한 공정능력분석을 하였다.

　　BST 값은 칩 패드와 Au 와이어 볼 사이의 접착력을 측정하는 것으로 측정단위는 g(그램)이다. BST 값은 클수록 좋은데, 25g 이하인 제품은 불량 처리하고 있다. 즉, BST 값의 규격하한은 25g인 셈이다. A사는 불량이 상대적으로 높은 12호기에 초점을 맞춰 총 172개의 샘플을 추출하였다. 샘플을 층별의 원리에 기초해 크기 4로 구성된 43개의 부분군으로 나눠 뽑아서, 장기 및 단기공정능력을 모두 파악할 수 있었다. 데이터 분석 시 Minitab 소프트웨어를 활용하였으며, 분석 결과는 다음과 같다.

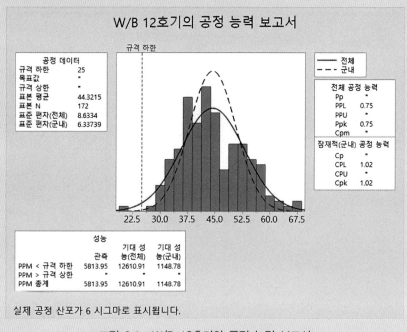

그림 9.A　W/B 12호기의 공정 능력 보고서

　　공정능력분석 결과를 종합하면 BST 값의 장기공정능력지수 P_{pk}는 0.75, 단기공정능력지수 C_{pk}는

1.05로 만족스럽지 못하다는 것을 알 수 있다. 특히, 기대성능(전체)은 12,610ppm으로 불량률로 환산 시 1.26%에 이르는 것으로 파악되었다. R사는 공정능력분석 결과 또 하나의 사실을 확인할 수 있었는데, 위의 표에서 보는 바와 같이 172개 샘플의 평균은 44.32g으로 규격한 25g 대비 충분히 크지만, 표준편차(전체)는 8.63, 표준편차(군내)는 6.34으로 공정의 산포가 너무 큰 것이 불량의 핵심 원인이라는 것이었다. R사는 프로젝트 팀을 구성해 상세한 공정 분석을 수행하여, 클램핑 유니트 수와 클램핑 위치가 산포를 유발하는 주요 원인임을 확인하였고, 개선을 통해 공정 안정화를 이루었다.

이 장의 요약

이 장에서는 공정능력분석을 설명한다. 먼저, 9.1절에서는 공정능력의 기본 개념을 소개한다. 9.2절에서는 공정능력 평가지표인 공정능력지수, 시그마 수준, 부적합품률(혹은 ppm), 단위당 결함 수(DPU) 혹은 기회당 결함 수(DPO)의 개념을 정의한다. 9.3절에서는 공정능력지수인 C_p, C_{pk}, C_{pm}의 계산법을 설명하고, 9.4절에서는 기타 공정능력 평가지표인 수율과 부적합품률, DPU와 DPMO, 품질데이터의 다양한 특성에 맞는 시그마 수준 산출방법을 다룬다. 마지막으로, 9.5절에서는 기업 현장에서 공정능력분석을 위한 구체적 방법론을 소개하며, 특히 데이터가 정규분포 및 비정규분포를 따르는 상황에서 시그마 수준 산출 절차를 소개한다.

9.1 | 공정능력이란?

공정능력은 공정 혹은 프로세스가 얼마나 균일한 품질의 제품 혹은 서비스를 산출할 수 있는가 하는 능력을 말한다. 일반적으로 공정능력은 공정이 정상적인 관리 상태에 있을 때 그 공정에서 생산되는 제품의 품질 변동이 어느 정도인가를 나타내는 양으로써 평가한다. 만약 공정이 비정상적인 상태에 있다면 공정능력을 평가하기 전에 공정을 정상적인 관리 상태로 환원시킨 다음에 평가하여야 한다. 공정 개선 활동 중이라면 공정 개선이 완료되고 안정적으로 관리되는 시점에서 데이터를 수집하여 공정능력을 평가하는 것이 올바른 접근방법이다. 이는 육상선수의

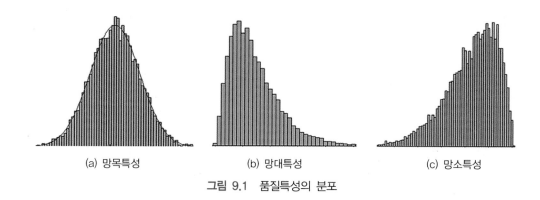

| (a) 망목특성 | (b) 망대특성 | (c) 망소특성 |

그림 9.1 품질특성의 분포

달리는 능력을 평가하고자 할 때 그 선수가 정상적인 신체적 컨디션이 유지될 때를 기준으로 평가하는 것과 일맥상통한다. 만약 발목을 삔 상태에서 기록을 측정하여 능력을 평가한다면 그 선수의 능력을 제대로 평가하지 못하게 될 것이다.

일반적으로 공정의 정상적인 관리상태 여부는 수집된 데이터를 토대로 정규성 검정을 실시하거나 관리도를 작성하는 등의 통계적 분석을 통해서 판단할 수 있다. 현장에서 가공되는 제품 혹은 중간 제품의 품질 특성은 치수 등과 같이 목표값에 가까울수록 좋은 망목특성, 강도 등과 같이 클수록 좋은 망대특성, 그리고 불순물 포함정도와 같이 작을수록 좋은 망소특성의 세 가지로 구분된다(염봉진 외, 2013). 공정이 정상적으로 관리되고 있다면 보통 품질특성의 분포가 망목특성일 경우 그림 9.1의 (a)와 같이 정규분포, 망대특성의 경우 그림 9.1의 (b)와 같이 우측으로 꼬리가 긴 형태, 망소특성의 경우 그림 9.1의 (c)와 같이 좌측으로 꼬리가 긴 형태를 띠게 된다. 만약 공정으로부터 수집된 데이터를 사용하여 히스토그램을 작성해 보았을 때, 그림 9.1과 다른 형태를 하고 있다면 일단 공정이 비정상적인 상태에 있지 않는지 먼저 점검하고 문제가 있으면 조치를 취해야 한다.

그림 9.2는 공정이 비정상적으로 운영되고 있을 경우 나타날 수 있는 형태로서 공정 조건이 균일하게 관리되지 못하고 서로 상이한 두 가지 조건이 혼합되어 적용되고 있다고 추측할 수 있다. 이와 같은 상황하에서는 상이한 두 조건을 균일하게 맞추어 공정이 관리상태에 있음을 확인한 후 능력을 평가해야 한다.

공정 혹은 프로세스의 능력을 검토할 때에는 공정 혹은 프로세스의 과거와 미래의 관점을 고려해야 한다. 즉, 공정(프로세스)으로부터 산출된 결과가 규격을 어느 정도 만족하는가와 향후 어느 정도까지 만족할 것으로 예측되는가에 대한 정보를 함께 제공할 수 있어야 한다. 후자는 공정(프로세스)의 장기적인 안정성이 보증될 수 있어야 가능하다. 이 두 가지 관점에서는 프로세스 성능(실제 또는 예측)을 규격의 한계와 비교한다.

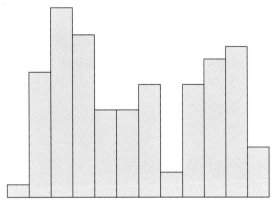

그림 9.2 비정상적인 공정 데이터 분포의 예

공정(프로세스)의 수행 능력을 높이기 위해서는 산포를 줄여야 한다. 산포를 줄여서 얻게 되는 효과는 다음과 같다.

- 산포를 줄이게 되면 규격한계를 벗어날 확률이 감소하게 되고 이에 따라 공정(프로세스)의 예측가능성이 높아진다.
- 규격한계를 벗어나게 될 확률이 감소함에 따라 재작업 비용과 부적합품 발생에 따른 손실이 줄어든다.
- 산포 감소에 따라 제품의 품질이나 서비스의 변동 폭이 좁아지게 된다. 따라서 제품 및 서비스의 성능이 향상되고 더 오래 지속된다.
- 제품의 품질 및 서비스가 안정되므로 품질 및 서비스에 대한 고객의 만족도 또한 높아진다.

그림 9.3은 주문 처리 프로세스에서 인도 시간의 산포 감소효과를 보여준다. 주문품이 너무

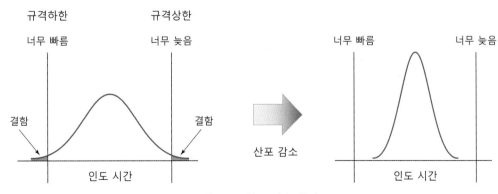

그림 9.3 산포 감소 효과

빨리 배달되면 고객사에 재고부담을 안겨주게 될 것이고 너무 늦게 배달될 경우에는 고객사의 생산일정에 차질을 빚게 될 것이다. 따라서 고객사는 주문한 물량을 약속된 시간에 맞추어 인도받기를 원할 것이므로 인도 시간의 산포감소는 고객만족도를 높이는 효과를 가져오게 된다.

9.2 | 공정능력 평가지표의 종류

공정능력의 평가지표는 현장으로부터 수집된 데이터의 유형과 분포에 따라 다르게 된다. 일반적으로 현장에서 얻어지는 데이터는 크게 계량형 데이터와 계수형 데이터로 구분될 수 있고 계수형 데이터는 다시 부적합품(불량) 데이터와 부적합수(결함) 데이터로 나누어진다. 계량형 데이터의 경우에는 공정능력을 평가하기 위한 척도로서 공정능력지수가 많이 사용되고 부적합품 데이터일 경우는 부적합품률(불량률), 부적합 데이터의 경우는 제품 한 단위당 평균 부적합수(결함수)가 사용된다.

(1) 공정능력지수

공정능력지수는 공정능력을 정량화하여 평가할 수 있도록 한 척도로서 규격에 대한 산포의 상대적인 크기를 기초로 계산한다. 이것은 품질특성에 대한 규격의 폭이 실제 공정산포의 몇 배인가를 의미하고, 고객이 요구하는 규격과 비교하여 프로세스의 산포가 얼마나 되는지 요약하는 통계적인 척도이다. 연속형 데이터가 정규분포를 나타낼 때 공정능력지수를 계산하는 것은 그림 9.4에서 보는 바와 같이 정규곡선 아래의 영역 중 규격 범위의 바깥쪽 면적, 즉 부적합품률이 어느 정도 되는지 파악하는 것과 같다. 따라서 공정능력의 일반적인 측정치 및 해석은 정규분포

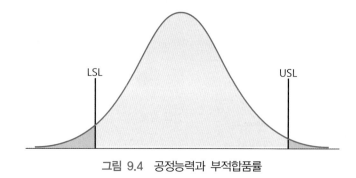

그림 9.4 공정능력과 부적합품률

곡선의 평균과 표준편차에 의해 결정된다. 공정능력지수는 규격의 폭을 분자로 하고 실제 공정의 산포를 분모로 하여 계산되므로 그 값이 클수록 공정품질이 균일하게 되어 공정능력이 뛰어나게 됨을 의미한다. 정규분포의 경우 산포의 범위는 평균을 중심으로 ±3(표준편차)으로 결정되므로 공정능력지수를 (규격 폭)/{6·(표준편차)}로 정의하는 것이 보통이다.

(2) 시그마수준

많은 기업에서 식스시그마 경영혁신전략을 도입하여 실행함으로써 공정능력을 평가하는 척도로서 공정능력지수 대신 시그마수준이 사용되기도 한다. 시그마수준은 계량치 데이터를 이용하여 계산할 수 있을 뿐만 아니라 계수치 데이터를 토대로 계산된 부적합품률, 결함률 등도 시그마수준으로 변환할 수 있다. 따라서 시그마수준은 공정능력을 평가하기 위한 통일된 척도로 사용될 수 있다는 장점이 있다.

시그마수준은 그림 9.5에서 보는 바와 같이 규격한계선과 목표치와의 거리가 공정 품질특성의 단기표준편차의 몇 배가 되는지를 계산한 값으로서 규격 대비 공정의 실제 산포의 크기를 비교한다는 점에서 공정능력지수와 기본적으로 맥을 같이 한다.

(3) 부적합품률(혹은 ppm)

공정으로부터 얻어지는 데이터가 측정하여 얻어지는 계량치가 아니고 Go/No-Go 게이지, 육안 검사 등에 의해 양 혹은 불량, 합격 혹은 불합격, 적합 혹은 부적합과 같은 형태로 주어질 때는 부적합품률이나 불량률로서 공정의 능력을 평가할 수 있다. 만약 공정 부적합품률이 극히 작아서 100개 제품 중 몇 개가 부적합품일 것인가를 나타내는 % 단위로 의미 있는 수치를 얻

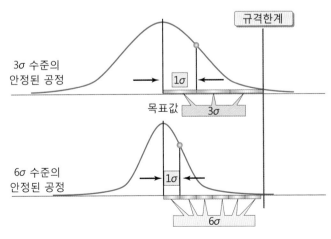

그림 9.5   시그마수준

을 수 없다면 100만 개 제품 중 몇 개 제품이 부적합품인지를 나타내는 ppm(part per million) 단위를 사용할 수 있다.

(4) 단위당 결함 수(DPU) 혹은 기회당 결함 수(DPO)

공정으로부터 얻어지는 데이터가 가공품 한 단위에 포함된 결함의 수를 세어 얻어지는 경우에는 가공 단위당 결함 수(부적합수)를 공정능력의 평가지표로 사용할 수 있다. 만약 가공 과정에서 결함 발생의 소지가 있는 기회(작업)를 객관적으로 정의할 수 있다면 가공단위당 결함 수 대신 가공 기회당 결함 수로서 공정능력을 평가할 수도 있다. 가공단위당 결함 수는 DPU (Defects Per Unit)로 표기하고 가공 기회(작업)당 결함 수는 DPO(Defects Per Opportunity)로 표기하는데 일반적으로 DPO의 경우는 수치가 매우 작기 때문에 100만 기회당 결함 수인 DPMO (Defects Per Million Opportunity)로 많이 나타낸다.

9.3 | 공정능력지수

9.3.1 C_p와 C_{pk}

공정능력지수는 공정능력을 평가하기 위해 규격의 폭과 공정의 산포를 비교하는 것을 기본으로 한다. 정규분포를 전제로 할 때 공정산포의 크기는 일반적으로 공정표준편차의 6배로 평가된다. 또한, 양쪽 규격이 주어진 경우 규격의 폭은 규격상한(Upper Specification Limit: USL)과 규격하한(Lower Specification Limit: LSL)의 차이로 계산된다. 따라서 양쪽 규격이 주어진 경우의 공정능력지수 C_p는 다음 식으로 평가할 수 있다.

$$C_p = \frac{USL - LSL}{6\sigma} \tag{9.1}$$

실제 공정능력지수 값을 계산할 때는 공정 표준편차 σ의 참값은 모르기 때문에 그 추정치를 대신 사용한다. 만약 데이터가 부분군을 구성하지 않고 전체적으로 랜덤 샘플링하여 얻어진다면 표본표준편차 s가 σ의 추정치가 된다. 공정관리를 위해 일정 시간간격을 두고 몇 개씩 표본을 취하여 데이터가 얻어진다면 장기 표준편차 및 단기 표준편차 값을 추정하여 장기적인 관점의 실제 공정능력과 단기적인 관점의 공정의 잠재력을 모두 평가해볼 수 있다. 이때 전체 데이터로부터 계산된 표본표준편차 s_{lt}는 장기공정능력지수를 산출하는 데 사용하고 각 부분군별 표본분산을 평균하여 얻어진 합동분산으로부터 계산된 합동표준편차 s_{st}는 단기공정능력지수를 산출하는 데 사용한다. 즉, 공정의 장기적인 능력(실제 능력)은

$$P_p = \frac{USL - LSL}{6s_{lt}} \tag{9.2}$$

로 평가하고 공정의 단기적인 능력(잠재능력)은

$$\widehat{C}_p = \frac{USL - LSL}{6s_{st}} \tag{9.3}$$

로 평가한다. 여기서 k개 부분군에 대한 표본표준편차를 s_1, s_2, $\cdots$, s_k라 한다면 s_{st}는 다음 식으로부터 구할 수 있다(부록 B.2 참고).

$$s_{st}^2 = \frac{\sum_{i=1}^{k}(n_i - 1)s_i^2}{\sum_{i=1}^{k}(n_i - 1)} \tag{9.4}$$

여기서 n_1, n_2, $\cdots$, n_k는 각 부분군의 크기를 나타낸다. 만약 관리도를 이용하여 공정을 관리하고 있는 경우라면 관리도 유형에 따라 s_{st} 대신 $\overline{R}/d_2$ 혹은 $\overline{s}/c_4$를 사용할 수 있지만, 이들은 공정이 관리상태를 벗어난 경우에는 σ에 대한 좋은 추정치가 되지 못할 수도 있다는 점에 유의해야 한다.

예제 9.1　어느 기계부품을 제조하는 공정에서 조립너트의 내경치수를 관리하기 위해 12일 동안 매일 다섯 개씩 표본을 랜덤하게 취하여 내경을 측정한 결과 표 9.1과 같은 데이터를 얻었다. 너트의 내경에 대한 규격이 $57.75 \pm 0.25\,\mathrm{mm}$로 주어질 때, 이 공정의 장·단기 공정능력지수를 계산해보자.

민저 공정의 관리상태를 확인하기 위해 $\overline{X} - s$관리도를 작성해보면 그림 9.6과 같이 안정적인 상태로 잘 관리되고 있음을 알 수 있다.

표 9.1 조립너트의 내경치수 자료

i	1	2	3	4	5	6	7	8	9	10	11	12
데이터	57.73	57.68	57.62	57.31	57.58	57.41	57.29	57.97	57.64	57.77	57.61	57.41
	57.77	57.75	57.65	57.30	57.71	57.78	57.52	57.85	57.51	57.89	57.57	57.53
	57.98	57.88	57.72	57.37	57.21	57.51	57.99	57.88	57.56	57.50	57.39	57.69
	57.21	57.89	57.75	57.93	57.63	57.73	57.63	57.72	57.60	57.73	57.49	57.68
	57.82	57.74	57.71	57.58	57.37	57.68	57.42	57.47	57.72	57.68	57.48	57.62
s_i	0.291	0.093	0.053	0.267	0.205	0.156	0.266	0.194	0.080	0.143	0.086	0.124

먼저 전체 데이터를 이용하여 표준편차를 구하면 $s_{lt} = 0.193$으로 이 공정의 장기공정능력지수는

$$P_p = \frac{58.00 - 57.50}{6 \times 0.193} = 0.43$$

이다. 다음으로 각 부분군별 표준편차를 이용하여 단기표준편차를 구하면

$$s_{st} = \sqrt{\frac{4(0.291^2 + 0.093^2 + \cdots + 0.124^2)}{4 \times 12}} = 0.183$$

이므로 단기공정능력지수를 구하면

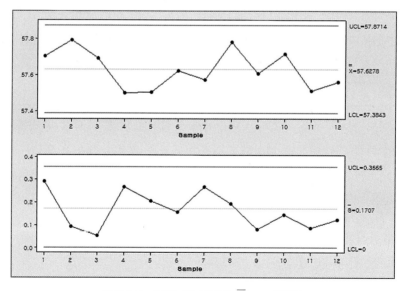

그림 9.6 조립너트 내경의 $\overline{X} - s$ 관리도

$$\widehat{C_p} = \frac{58.00 - 57.50}{6 \times 0.183} = 0.46$$

이다. 참고로 만약 표준편차에 대한 추정치로 $\overline{X} - s$관리도를 이용한다고 하더라도 $\overline{s}/c_4 = 0.1707/0.9400 = 0.182$로서 별 큰 차이가 없음을 알 수 있다.

그런데 앞에서 구한 $\widehat{C_p}$는 점 추정치로서 항상 C_p와 일치할 수는 없으므로, 이런 오차를 고려한 구간추정이 더 유용할 경우도 있을 것이다. C_p의 $100(1-\alpha)\%$ 신뢰구간은 표본분산의 분포를 이용하여 쉽게 유도할 수 있다. 표본분포에 관련된 정리(부록 A 참고)로부터 정규모집단으로부터 얻어진 확률표본의 분산을 S^2이라 할 때

$$\frac{(n-1)S^2}{\sigma^2} \sim \chi^2(n-1) \tag{9.5}$$

이다. 그런데 식 (9.1)과 (9.3)으로부터

$$\sigma^2 = \left(\frac{USL-LSL}{6}\right)^2 \frac{1}{C_p^2}, \tag{9.6}$$

$$S^2 = \left(\frac{USL-LSL}{6}\right)^2 \frac{1}{\widehat{C_p^2}} \tag{9.7}$$

이 성립하는데, 이를 식 (9.5)에 대입하면

$$\frac{(n-1)C_p^2}{\widehat{C_p^2}} \sim \chi^2(n-1)$$

이 성립하게 된다. 따라서 C_p의 $100(1-\alpha)\%$ 신뢰구간은

$$1-\alpha = \Pr\left[\chi^2\left(n-1,\ 1-\frac{\alpha}{2}\right) \le \frac{(n-1)C_p^2}{\widehat{C_p^2}} \le \chi^2\left(n-1,\ \frac{\alpha}{2}\right)\right]$$

$$= \Pr\left[\frac{\widehat{C_p^2}}{n-1}\chi^2\left(n-1,\ 1-\frac{\alpha}{2}\right) \le \frac{\widehat{C_p^2}}{n-1}\chi^2\left(n-1,\ \frac{\alpha}{2}\right)\right]$$

로부터

$$\left[\widehat{C}_p \frac{\sqrt{\chi^2\left(n-1,\,1-\frac{\alpha}{2}\right)}}{n-1}, \; \widehat{C}_p \sqrt{\frac{\chi^2\left(n-1,\,\frac{\alpha}{2}\right)}{n-1}} \right] \tag{9.8}$$

와 같이 구할 수 있다(Montgomery, 2012).

예제 9.2 예제 9.1의 데이터를 이용하여 C_p의 95% 신뢰구간을 구해보자.

각 부분군의 분산은 자유도가 4이므로 12개 부분군의 분산을 모두 더할 경우 자유도가 48이 된다. 따라서 합동분산에 관련된 자유도는 48이 되므로 C_p의 95% 신뢰구간은 식 (9.8)로부터

$$\left[\widehat{C}_p \sqrt{\frac{\chi^2_{0.975}(48)}{48}}, \; \widehat{C}_p \sqrt{\frac{\chi^2_{0.025}(48)}{48}} \right] = \left[(0.46)\sqrt{\frac{30.77}{48}}, \; (0.46)\sqrt{\frac{65.15}{48}} \right]$$
$$= [0.37, 0.54]$$

이 된다. 단, 여기서 $\chi^2_{0.975}(48) = 30.77$, $\chi^2_{0.025}(48) = 65.15$는 부록의 χ^2분포 표로부터 보간법으로 계산한 값이다.

관리자 입장에서는 공정능력지수가 어느 정도 되어야 바람직한지에 대한 다양한 견해가 있지만 보편적인 기준이 표 9.2에 제시되어 있다(Montgomery, 2012). 이 표에서는 양쪽 규격일 경우(식 (9.1))와 한쪽 규격(식 (9.12)와 식 (9.13))일 경우로 구분하여 권장 최소 기준값이 정리되어 있다.

그런데 식 (9.1)로 주어지는 공정능력지수는 공정품질특성의 평균이 규격의 중심과 정확하게 일치한다는 것을 전제로 하고 있다. 그러나 현실적으로는 공정평균과 규격중심이 일치하지 않는 경우가 많고 그 차이의 정도에 따라 공정 부적합품률에 영향을 주게 된다. 따라서 실질적인 공

표 9.2 공정능력지수의 권장 최솟값

구분	양쪽 규격	한쪽 규격
기존 공정	1.33	1.25
새로운 공정	1.50	1.45
기존 공정: 안전, 내구력, 중대한 파라미터	1.50	1.45
새로운 공정: 안전, 내구력, 중대한 파라미터	1.67	1.45

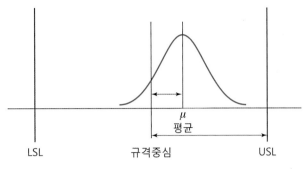

그림 9.7 공정평균의 치우침

정능력을 파악하려면 평균이 규격중심으로부터 치우친 정도를 감안하여 평가하는 것이 합리적일 것이다. 치우침의 크기는 그림 9.7과 같이 공정평균과 규격중심의 차이를 규격중심으로부터 치우친 쪽 규격한계까지의 거리와 비교하여 평가할 수 있을 것이다.

공정능력분석에서 가정하고 있는 정규분포는 평균을 중심으로 좌우 대칭이므로 평균이 규격중심의 어느 쪽으로 치우치든 그 정도만 같으면 부적합품률에 미치는 영향은 같게 된다. 따라서 치우침의 크기 K는 다음 식으로

$$K = \frac{|(USL+LSL)/2 - \mu|}{(USL-LSL)/2} \tag{9.9}$$

나타내면, 공정의 치우침을 고려한 공정능력지수 C_{pk}는 다음 식으로 정의된다.

$$C_{pk} = (1-K)\,C_p \tag{9.10}$$

그리고 정규모집단이면 C_{pk}에 대한 $100(1-\alpha)\%$ 근사 신뢰구간은 식 (9.8)의 C_p처럼 정확한 신뢰구간을 도출할 수 없고 다음과 같이 근사적으로 구할 수 있다(Pearn and Kotz, 2006).

$$\left[\hat{C}_{pk}\left\{1 - z_{\alpha/2}\sqrt{\frac{1}{9n\hat{C}_{pk}^2} + \frac{1}{2(n-1)}}\right\},\ \hat{C}_{pk}\left\{1 + z_{\alpha/2}\sqrt{\frac{1}{9n\hat{C}_{pk}^2} + \frac{1}{2(n-1)}}\right\} \right] \tag{9.11}$$

단, 식 (9.11)에서 z_α는 표준정규분포의 상위 α분위수이다.

예제 9.3 예제 9.1에서 치우침을 고려한 실제 공정능력지수와 95% 근사 신뢰구간을 구해 보자.

먼저 데이터의 총 평균은 $\bar{\bar{x}} = 57.628$로서 치우침의 크기 K를 식 (9.9)로부터 계산하면

$$K = \frac{57.75 - 57.628}{0.25} = 0.488$$

이다. 따라서 장·단기 공정능력지수를 계산하면

$$P_{pk} = (1 - 0.488) \times 0.43 = 0.22$$

$$\hat{C}_{pk} = (1 - 0.488) \times 0.46 = 0.24$$

이 된다.

그리고 n은 60이고 $z_{0.025} = 1.96$이므로 식 (9.11)에 대입하면 C_{pk}의 95% 신뢰구간은 다음과 같이 구해진다.

$$\left[0.24 \left\{ 1 - 1.96 \sqrt{\frac{1}{9(60)(0.24)^2} + \frac{1}{2(59)}} \right\}, \ 0.24 \left\{ 1 + 1.96 \sqrt{\frac{1}{9(60)(0.24)^2} + \frac{1}{2(59)}} \right\} \right]$$
$$= [0.14, 0.34]$$

지금까지 품질특성의 규격에 상한과 하한이 모두 정해져 있을 경우에 대해 설명하였다. 그런데 현장에서 관리되는 품질특성 중에는 인장강도와 같이 값이 클수록 좋은 망대특성과 불순물 함유량과 같이 값이 작을수록 좋은 망소특성도 있다. 일반적으로 망대특성에는 규격하한만 설정되고 망소특성에는 규격상한만이 설정되므로, 한쪽 규격만 있을 경우의 공정능력지수는

$$C_{pl} = \frac{\mu - LSL}{3\sigma} \ \text{(망대특성일 경우)} \tag{9.12}$$

$$C_{pu} = \frac{USL - \mu}{3\sigma} \ \text{(망소특성일 경우)} \tag{9.13}$$

이다.

한편, 양쪽 규격이 모두 주어진 경우 식 (9.12)와 (9.13)을 이용하여 C_{pu}와 C_{pl}을 먼저 계산한 다음 공정능력지수를

$$C_{pk} = \min(C_{pu}, C_{pl}) \tag{9.14}$$

와 같이 구하기도 하는데 이것은 식 (9.10)과 동일한 결과를 주게 된다(연습문제 9.15 참고).

9.3.2 C_{pm}와 C_{pmk}

공정평균의 치우침을 고려하기 위해 C_{pk}를 사용한다고 하더라도 C_{pk}의 값만으로는 치우침의 정도를 판단할 수 없다. 예를 들어 품질특성치의 규격이 50 ± 20으로 주어져 있을 때, 평균과 표준편차가 각각 50, 5인 A공정과 60, 2.5인 B공정의 C_{pk}값은 똑같이 1.33이 된다. 공정의 산포 면에서는 A가 B보다 못하지만 치우침 면에서는 A가 B보다 낫다. 또한, A공정이나 B공정이나 공정평균과 가까운 규격한계까지의 거리는 똑같이 표준편차의 4배임을 알 수 있다. 따라서 C_{pk}값으로 규격한계 내의 제품을 생산하는 정도에 대해서는 판단할 수 있으나 목표치에 가까운 제품을 어느 정도 생산할 수 있을 것인지는 알 수 없다.

공정평균이 목표치에 얼마나 일치하느냐를 설명할 수 있는 공정능력지수로는 C_{pm}이 있다. C_{pm}은 공정의 산포를 판단하는 척도로서 표준편차 대신 목표치 T로부터의 산포

$$\tau = \sqrt{E\left[(X-T)^2\right]} = \sqrt{\sigma^2 + (\mu - T)^2} \tag{9.15}$$

을 사용하여

$$C_{pm} = \frac{USL - LSL}{6\tau} \tag{9.16}$$

로 정의된다. C_{pm}과 C_p의 관계를 식 (9.1) 및 (9.16)으로부터 정리하면

$$C_{pm} = \frac{C_p}{\sqrt{1 + \left(\dfrac{\mu - T}{\sigma}\right)^2}} \tag{9.17}$$

와 같다. 만약 공정평균이 목표치와 일치하면 C_{pm}과 C_p는 같게 된다.

예제 9.4 품질특성치의 규격이 50 ± 20으로 주어져 있을 때, 평균과 표준편차가 각각 50, 5인 A공정과 60, 2.5인 B공정의 C_{pk}값은 똑같이 1.33임을 확인하고 C_{pm}값을 계산하여 비교해보자. 먼저 A공정의 경우는 목표치와 평균이 일치하고 있으므로

$$C_{pm} = C_p = C_{pk} = 1.33$$

이다. B공정의 경우는

$$C_{pm} = \frac{USL - LSL}{6\sqrt{\sigma^2 + (\mu - T)^2}} = \frac{40}{6\sqrt{2.5^2 + 10^2}} = 0.65$$

이 된다. 따라서 C_{pm}이 C_{pk}보다 공정평균이 목표치에 얼마나 일치하는가를 더 잘 설명해 줄 수 있다.

C_{pk}에 공정평균과 규격중심과의 관계를 고려하여 C_{pk}를 정의한 것과 같이 C_{pm}에 공정평균과 규격중심과의 관계를 고려하여 C_{pmk}를 정의할 수 있다. C_{pmk}는 C_{pk}와 유사한 방식으로

$$C_{pmk} = \min\left\{ \frac{USL - \mu}{3\tau}, \frac{\mu - LSL}{3\tau} \right\} \tag{9.18}$$

과 같이 정의된다. C_{pmk}는 공정평균이 규격중심과 일치하면 C_{pm}과 같게 된다. 또한,

$$C_{pmk} = (1 - K)C_{pm} = \frac{C_{pk}\,C_{pm}}{C_p} \tag{9.19}$$

와 같이 나타낼 수 있으므로 T가 규격중심과 일치할 때 $C_p = 1.5$일 경우의 그림 9.8의 예시처럼 $C_{pm} \le C_p$, $C_{pmk} \le C_{pm}$, $C_{pmk} \le C_{pk}$가 성립한다. 이들 관계로부터 T가 규격중심과 일치하지 않더라도 K와 무관하게 네 가지 공정능력지수 중에서 C_{pmk}가 가장 작은 값을 가진다.

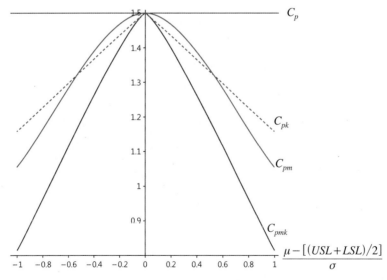

그림 9.8 네 가지 공정능력지수 대소 관계: $C_p = 1.50$이고 T가 규격중심과 일치할 경우

예제 9.5 예제 9.4에서 두 공정의 C_{pmk}값을 계산하여 다른 공정능력지수의 값과 비교해보자.

A공정의 경우는 $\mu = T = (USL + LSL)/2$이므로

$$C_{pmk} = C_{pm} = C_{pk} = C_p = 1.33$$

이다. B공정의 경우는 $C_p = 2.67$, $C_{pk} = 1.33$, $C_{pm} = 0.65$이고

$$C_{pmk} = (1 - K)C_{pm} = (1 - 0.5)(0.65) = 0.32$$

이 된다.

실제 공정능력을 평가할 때는 데이터를 토대로 얻어진 표준편차의 추정치를 사용한다. C_p 및 C_{pk}와 마찬가지로 C_{pm} 및 C_{pmk}을 추정할 경우에도 단기표준편차의 추정치를 사용한 경우에는 $\hat{C}_{pm}$ 및 $\hat{C}_{pmk}$, 장기표준편차의 추정치를 사용한 경우에는 P_{pm}, P_{pmk}라 표기하기로 한다.

예제 9.6 예제 9.1의 데이터를 사용하여 공정목표치로부터의 산포를 기준으로 한 공정능력을 평가해보자.

먼저 단기표준편차 $s_{st} = 0.183$을 토대로 한 $\hat{C}_{pm}$과 $\hat{C}_{pmk}$를 계산하면

$$\hat{C}_{pm} = \frac{\hat{C}_p}{\sqrt{1 + \left(\dfrac{\bar{\bar{x}} - T}{s_{st}}\right)^2}} = \frac{0.46}{\sqrt{1 + \left(\dfrac{57.628 - 57.75}{0.183}\right)^2}} = 0.38,$$

$$\hat{C}_{pmk} = (1 - K)\hat{C}_{pm} = (1 - 0.488)(0.38) = 0.19$$

이다. 다음으로 장기표준편차 $s_{lt} = 0.193$을 토대로 계산하면

$$P_{pm} = \frac{P_p}{\sqrt{1 + \left(\dfrac{\bar{\bar{x}} - T}{s_{lt}}\right)^2}} = \frac{0.43}{\sqrt{1 + \left(\dfrac{57.628 - 57.75}{0.193}\right)^2}} = 0.36,$$

$$P_{pmk} = (1 - K)P_{pm} = (1 - 0.488)(0.36) = 0.18$$

이다.

한편 P_p와 P_{pk}의 사용에 대해 거부감을 가지는 전문가들이 있다. 장기공정능력에 관한 두 지수는 미국의 AIAG(Automotive Industry Action Group)가 공정이 관리상태가 아닐 때 공급자로부터의 보고 요건을 표준화하기 위해 사용을 추천하였다(Montgomery, 2012). 정규분포를 따르고 안정화된(stable) 공정이면 P_p와 $\hat{C_p}$, P_{pk}와 $\hat{C}_{pk}$는 본질적으로 같아진다. 일부 학자들은 식스시그마 경영혁신전략에서 널리 쓰이며, 품질 관련 표준규격이나 지침에서 사용이 요구되는 P_p와 P_{pk}가 공정능력을 평가하는 지표로는 퇴보된 지표라고 주장하고 있다(Kotz and Lovelace, 1998). 즉, 공정이 관리상태가 아니면 공정 능력을 예측할 수 없으므로 두 지표는 공정능력에 관해 의미 있는 정보를 제공하지 않아 공학적 관점과 관리 노력 측면에서 낭비로 보고 있다.

9.3.3 기타 공정능력지수

정규분포를 따르지 않으면서 정규분포로의 변환을 하지 않을 때의 공정능력지수로 적정한 분위수(q)에 기반한 다음 지표가 Clements(1989)에 의해 제시되었다.

$$C_p(q) = \frac{USL - LSL}{x_{0.99865} - x_{0.00135}} \tag{9.20}$$

분모의 두 분위수는 정규분포를 따르면 $x_{0.00135} = \mu - 3\sigma$, $x_{0.99865} = \mu + 3\sigma$가 되어 $C_p(q)$는 C_p와 일치한다. 그러나 이것은 확률적인 측면만을 고려한 것으로, 정규분포가 아닌 경우 산포범위를 $x_{0.00135} - x_{0.99865}$로 규정하는 것이 올바른가에 대해서는 논란의 여지가 있다.

이 밖에 비정규분포를 따를 때의 다른 공정능력지수, 양·불량으로 평가되는 경우에 적용할 수 있는 지수 등을 포함한 공정능력지수는 이 책의 범위를 넘어서므로 설명을 생략하며, Pearn and Kotz(2006)의 전문서적을 참고하기 바란다. 다양한 공정 상황에서의 공정능력분석 방법에 대해서는 최근까지도 연구논문들에서 소개되고 있다(이형근 외, 2021; 소순진 외, 2022).

9.3.4 다변량 공정능력지수

다변량, 즉 품질특성이 여러 개 있을 경우 먼저 개별 공정능력지수의 값들을 곱하여 전체 공정능력지수를 구하는 방안을 생각해볼 수 있다. 그러나 이렇게 하는 것은 품질특성들이 서로 종속적일 경우 공정능력을 심각하게 왜곡시킬 수 있다. 게다가 설사 관련된 품질특성들이 모두 독립적이고 대다수의 품질특성의 공정능력지수가 매우 높더라도, 특정 하나의 품질특성이 터무니

없이 작은 경우에 이 지수값이 전체 지수값을 지배함으로써 전체 공정능력을 매우 나쁘게 평가하게 되는 오류를 범할 수 있다. 따라서 다변량 공정능력지수를 정의하기 위한 보다 합리적인 방안이 필요하다. 그러나 아무리 정교하게 정의한다고 하더라도 여러 개의 품질특성을 단일 통계량으로 압축한다는 것은 다변량 문제를 단일변량으로 바꾸는 것으로 정보의 손실을 피할 수 없다.

공정능력을 평가하기 위한 비교적 쉬운 접근 방법으로 부적합품률에 기초한 방법이 있다. Wierda(1993)는 품질특성이 정규분포를 따른다는 가정하에 부적합품률에 대한 추정치 $\hat{p}$를 구한 다음 공정능력지수로서

$$C_p = -\frac{1}{3}\Phi^{-1}(\hat{p}) \tag{9.21}$$

을 사용할 것을 제안하였다. 이 접근 방법은 부적합품률에 대한 좋은 추정치를 구할 수 있으면 단일 변수든 다변량이든 상관없이 적용할 수 있는 장점이 있다.

그밖에 Taam et al.(1993)은 단일변량일 때 규격의 범위를 전체의 99.73%를 포함하는 분포의 범위(정규분포일 경우 표준편차의 6배)로 나누어 공정능력지수를 정의하는 것과 같이 다변량일 때에도 규격의 다차원 공간범위를 다변량 정규분포에서 99.73%를 포함하는 다차원 공간범위로 나누는 다변량 공정능력지수를 제안하였다. 이에 대해서는 Taam et al.(1993)과 Wierda(1993)의 참고 문헌을 참고하기 바란다.

9.4 | 기타 공정능력 평가지표

9.4.1 수율과 부적합품률

공정으로부터 얻어지는 데이터가 계량치로 측정되는 것이 아니고 양·불량, 적합·부적합, 합격·불합격 등 2개 범주로 분류되어 얻어지는 경우, 수율이나 불량률, 부적합품률, 불합격률 등이 그 공정의 능력을 평가하는 지표가 될 수 있다. 일반적으로 수율이라고 하면 투입 대비 산출을 의미하는 것으로 현장에서는 투입된 단위 수와 재가공을 포함하여 가공 후 적합으로 분류된 산출 단위 수, 투입 재료의 제품화된 비율 등 상황에 따라 약간씩 다른 개념으로 사용되고 있다.

여기서 정의하는 공정의 수율은 투입된 단위수를 분모로 하고 재작업이 없이 제대로 가공된 단위수를 분자로 하여 계산된 값을 의미한다. 이것을 현장에서 사용하는 수율의 개념과 구분하기 위해 최초통과수율(first pass yield)이라고도 한다. 예를 들어 어느 공정에서 100단위를 가공하여 재작업이나 수정작업 없이 제대로 가공된 단위수가 90이라면 통과수율은 $90/100 = 0.9$가 된다. 공정 부적합품률은 통과수율에 대응되는 것으로 1에서 통과수율을 차감하여 구한다. 이 예의 경우 부적합품률은 $1 - 0.9 = 0.1$이 된다.

한편, 여러 단계의 공정을 거쳐 제품이 완성될 경우 전체공정의 수율(rolled throughput yield)은 각 단위공정의 수율을 곱하여 구한다. 예를 들어 A, B, C 세 공정의 통과수율이 각각 0.9, 0.8, 0.7이라면 전체 공정수율은 $0.9 \times 0.8 \times 0.7 = 0.504$이고 제품 부적합품률은 $1 - 0.504 = 0.496$이 된다. 여기서 주의할 점은 수율 혹은 부적합품률을 계산할 때 재작업이나 수정작업을 통해 보정하거나 검사를 통해 부적합품을 골라내는 것을 인정하지 않고 순수한 공정작업의 수준을 평가한다는 것이다. 참고로 산업현장에서는 재작업을 통해 얻어진 적합품은 수율이나 부적합품률 계산에서 적합품으로 취급하고 계산하는 경우가 대부분이다.

이제부터 부적합품률에 초점을 맞추어 주어진 데이터를 토대로 추정치를 구하는 방법을 설명한다. 수율이나 부적합품률 등의 경우도 이에 준해서 공정능력을 평가할 수 있다. 부분군 i의 크기를 n_i, 부분군 i에 포함된 불량품의 수를 x_i, 표본으로 취해진 부분군의 수를 k로 표기한다면 각 부분군의 부적합품률은

$$\bar{p}_i = \frac{x_i}{n_i} \tag{9.22}$$

로 계산하고, 전체 부적합품률은

$$\bar{\bar{p}}_k = \frac{\sum_{i=1}^{k} x_i}{\sum_{i=1}^{k} n_i} \tag{9.23}$$

과 같이 구할 수 있다. 공정능력은 장기간에 걸쳐 수집된 데이터를 토대로 계산된 전체 부적합품률 $\bar{\bar{p}}_k$로 평가한다.

이와 같이 부적합품률로 공정능력을 평가함에 있어서 다음 사항에 주의할 필요가 있다. 첫째, 각 부분군의 부적합품률 $\bar{p}_i$가 의미 있는 수치를 가질 수 있을 만큼 각 부분군의 크기 n_i가 충분히 커야 한다. 지나치게 부분군의 크기를 작게 하여 대부분의 부분군에서 $\bar{p}_i$ 값이 0이 된다든가

하면 올바른 공정능력 평가를 할 수 없다. 둘째, 각 부분군의 부적합품률 $\bar{p}_i$가 전체 부적합품률 $\bar{\bar{p}}_k$와 지나치게 차이가 많이 나서 공정이 비정상적일 경우는 먼저 원인을 조사하여 조치하고 공정이 정상적인 상태로 관리되고 있는 상태에서 평가해야 한다. 셋째, 충분한 수의 부분군을 채취하여 부분군 추가에 따라 전체 부적합품률이 지나치게 많이 변하지 않고 안정되어야 한다. 즉,

$$\bar{\bar{p}}_{k-1} \simeq \bar{\bar{p}}_k \tag{9.24}$$

이 성립할 정도의 충분한 부분군이 확보되어 있어야 한다.

만약, 부적합품률을 % 단위로 평가했을 때 소수점 이하 상당수 아래에서 유효숫자가 나타난다면 % 단위보다 ppm 단위로 평가하는 것이 수치를 취급하기 편하다. ppm 단위는 구해진 부적합품률 $\bar{\bar{p}}_k$에 100만을 곱함으로써 얻어진다.

9.4.2 DPU와 DPMO

공정으로부터 얻어지는 데이터가 가공품 한 단위에 포함된 결점(부적합, 여기서는 원어의 의미를 살려 결점으로 표현함)의 수를 세어 얻어지는 경우라면 DPU 혹은 DPO로 공정능력을 평가할 수 있다. DPU는 3.3.2소절에서 설명한 바와 같이 제품 혹은 부품 한 단위에 평균적으로 어느 정도의 결함을 포함하고 있느냐를 나타내는 척도로서 총 결함수를 총 단위수로 나누어 구한다. 예를 들어 그림 9.9의 두 공정에서 드릴링 작업으로 단위마다 다섯 개의 구멍을 뚫어 완성되는 네 부품에서 각각 다섯과 세 곳의 결함이 발생했으므로 A공정의 B공정의 단위당 부적합 수는 $DPU_A = 5/4 = 1.25$와 $DPU_B = 3/4 = 0.75$가 된다.

이와 같이 가공 단위에 결함의 수를 세어 데이터가 집계되고 있는 경우에는 부적합품률 혹은 ppm보다 DPU가 더 과학적으로 정의된 척도라고 할 수 있는데, 이것은 그림 9.9에서 A공정과

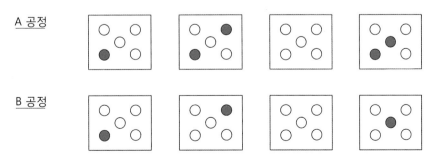

그림 9.9 드릴링 작업 결과 비교 예시: 동일한 기회

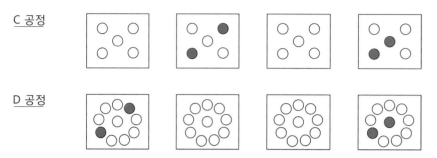

C 공정

D 공정

그림 9.10 드릴링 작업 결과 비교 예시: 동일하지 않은 기회

B공정의 부적합품률은 모두 부적합품률이 3/4이라는 결과가 나오지만, DPU는 B공정이 A공정보다 작으므로 두 공정의 우열을 객관적으로 평가할 수 있기 때문이다.

DPO는 복잡도가 다른 공정의 능력을 DPU보다 공정하게 평가하여 객관적인 평가지표가 될 수 있다. 그림 9.10의 C와 D공정의 드릴링 작업에서 부적합품률과 DPU는 각각 2/4, 1로 동일하지만 실제 공정능력은 D가 우수하다고 할 수 있다. 이 경우 DPO로서 공정능력을 평가하면 $DPO_C = 4/20 = 0.2$, $DPO_D = 4/40 = 0.1$ 이 되어 두 공정의 우열을 가릴 수 있게 된다. 보통 DPO의 값은 소수점으로부터 상당 자리 수 이하에서 유효숫자가 나타나게 되므로 일반적으로 DPMO로써 공정능력의 평가지표로 삼는다.

그러면 결함 발생빈도를 토대로 공정능력을 평가하고자 할 때 DPU 외에 왜 DPMO가 필요한가? 그림 9.10과 같이 복잡도가 다른 부품을 가공하는 두 공정 C와 D에서 분명히 D공정의 능력이 C공정보다 뛰어남에도 불구하고 DPU를 계산하면 어느 공정이든 1이 된다. 그러나 DPMO를 계산하면 C공정은 200,000, D공정은 100,000로서 D공정이 더 좋음을 구별하게 해준다. 따라서 3장에서도 설명한 바와 같이 DPU는 복잡도가 같은 제품이나 공정의 능력을 평가할 때 사용하고 DPMO는 복잡도가 서로 다른 제품 혹은 공정의 능력을 평가할 때 사용한다.

9.4.3 시그마수준

식스시그마 경영혁신전략이 도입된 이래 많은 기업에서 공정능력지수 대신 시그마수준을 공정능력 평가지표로 사용하고 있다. 시그마수준은 공정능력지수와 달리 계량형 데이터가 아니라고 하더라도 계수형 데이터일 경우를 포함하여 일반적인 상황에서 산출방법을 적절히 정의하여 사용할 수 있다는 장점이 있다.

시그마수준은 품질특성치가 정규분포를 따른다고 할 때, 규격중심으로부터 규격 한계까지의 거리가 표준편차의 몇 배가 될 것인가를 나타내는 척도로서 공정 전체의 평균적인 품질수준을 표현한다. 보통 '몇 시그마수준'이라 함은 부적합이 없는 작업을 수행할 수 있는 프로세스의 능력을 정량화한 값인데, 업무 프로세스든 제조 프로세스든 프로세스의 품질 성능을 동일한 척도로 바꾸어 비교할 수 있는 기준을 제공한다.

개념적으로 시그마수준은 규격중심과 규격한계 간의 거리를 단기표준편차의 배수로 나타낸 것이다. 실제 데이터를 토대로 공정능력을 평가할 때는 장기표준편차와 공정평균의 장기적인 치우침의 경험적 크기를 고려하여 계산한다. 구체적으로 시그마수준은

$$\sigma = \frac{\min\{|USL - \bar{\bar{x}}|, |LSL - \bar{\bar{x}}|\}}{s_{lt}} + 1.5 \tag{9.25}$$

와 같이 계산한다. 여기서 1.5를 더하는 이유는 공정평균이 장기적으로 볼 때 규격 중심으로부터 표준편차의 1.5배 정도 변동한다는 경험적인 사실을 감안한 것이다. 이렇게 구해진 시그마수준은 엄밀한 과학적 근거 위에 정의된 것으로 보기는 어렵고, 산업현장에서 공정 혹은 프로세스의 능력을 평가하고 비교하기 위한 실용적인 척도로 이해하는 것이 좋겠다.

예제 9.7 예제 9.1의 데이터를 사용하여 이 공정의 시그마수준을 구해보면

$$\sigma = \frac{\min\{|USL - \bar{\bar{x}}|, |LSL - \bar{\bar{x}}|\}}{s_{lt}} + 1.5$$

$$= \frac{\min\{(58 - 57.628), (57.628 - 57.5)\}}{0.193} + 1.5$$

$$= 2.16$$

이다.

프로세스 시그마수준의 적용 범위는 다단계 공정의 프로세스 성과를 종합적으로 측정하는 경우와 고객 기대를 충족시키기 위해 부적합품률을 계산하는 경우가 있다. 전자의 경우는 실행상 각 단계의 단위공정수율을 판별한 다음 단위공정수율들의 기하평균을 구하여 이에 대응되는 전체적인 프로세스 시그마수준을 결정한다. 후자의 경우는 각 프로세스 단계별 결함 발생 기회에 대해 먼저 정의되어야 한다. 이후 기회당 결함 발생 가능성을 평가하는 DPO 혹은 DPMO를 구하고 그에 대응되는 시그마수준을 결정한다.

정규분포를 가정할 때 수율이 주어지면 규격한계와 공정평균 간의 거리가 표준편차의 몇 배

인지를 알 수 있다. 그리고 공정평균이 규격중심에서 장기적으로 이동한 거리가 표준편차의 1.5배라고 전제한다면 규격중심으로부터 규격한계까지의 거리가 표준편차의 몇 배인지, 즉 시그마수준이 얼마인지 알 수 있다. 이제 수율로부터 시그마수준을 계산하는 방법을 예를 통해 설명한다.

예제 9.8 수율이 각각 0.95, 0.9, 0.99인 세 단위공정으로 구성된 공정이 있다. 이 공정의 능력을 평가하기 위해 시그마수준을 구해보자. 먼저 단위공정의 평균수율을 구하면

$$y = (0.95 \times 0.9 \times 0.99)^{1/3} = 0.92$$

이다. 이것은 정규분포를 가정할 때, 규격한계가 공정평균으로부터 표준편차의

$$z_{lt} = \Phi^{-1}(0.92) = 1.405$$

배만큼 떨어져 있음을 의미한다. 따라서 공정평균이 규격중심으로부터 표준편차의 1.5배 정도 움직일 수 있다는 점을 감안하여 시그마수준은

$$\sigma = 1.405 + 1.5 = 2.905$$

와 같이 구한다.

DPO로부터 시그마수준을 구하는 방법은 $1 - DPO$를 수율로 간주하고 수율과 똑같은 방법으로 계산하면 된다. 예를 들어 어느 공정의 DPO를 계산했더니 0.01이었다면 $1 - DPO = 0.99$이므로 표준정규분포표로부터 $z_{lt} = \Phi^{-1}(0.99) = 2.326$을 얻을 수 있다. 따라서 시그마수준은 $\sigma = 2.326 + 1.5 = 3.826$이 된다.

9.4.4 다수의 품질특성일 경우

DPMO나 시그마수준 등은 다수의 품질특성이 있는 경우에도 전체 DPMO와 시그마수준을 용이하게 구할 수 있다. 이에 대해서는 예를 통해 살펴본다.

예제 9.9 표 9.3은 어느 제품 100단위를 검사하여 중요 품질특성 관련 결함 수를 조사하여 정리한 자료이다.

표 9.3 3가지 품질특성일 경우

품질특성	단위당 기회 수	발견된 총 결함 수
특성 1	33	15
특성 2	74	14
특성 3	99	10

먼저 각 특성별로 발견된 결함 수를 단위당 기회 수에 100을 곱하여 총 기회 수를 구한 후 모두 합하여 세 특성 전체의 총 기회 수를 구하면 $3,300 + 7,400 + 9,900 = 20,600$이다. 다음으로 세 개 특성 모두에 발견된 총 결함 수는 $15 + 14 + 10 = 39$이므로 종합 DPO와 DPMO은 다음과 같다.

$$DPO = \frac{39}{20,600} = 0.0018932$$

$$DPMO = \left(\frac{39}{20,600}\right)(1,000,000) = 1,893.2$$

다음으로 세 개 특성을 종합하여 시그마수준을 구하면

$$\sigma = \Phi^{-1}(1 - 0.0018932) + 1.5 = 2.895 + 1.5 \simeq 4.40$$

이다.

9.5 | 공정능력분석 절차

이 절에서는 공정능력을 평가하는 절차에 대해 살펴본다. 제조공정 혹은 프로세스의 능력을 적절한 절차에 따라 올바르게 평가하여 객관적인 평가지표를 얻을 때 다음과 같은 효과를 기대할 수 있다. 첫째로, 프로세스 성능 평가를 위한 단일 수치가 제공됨으로써 경영자는 명확한 수치를 바탕으로 프로세스에 대한 객관적인 판단을 할 수 있다. 둘째로, 프로세스를 객관적으로 비교할 수 있는 기준을 제공하게 된다. 예를 들면 A프로세스의 능력 지수가 B프로세스의 능력 지수보다 더 클 경우, A프로세스가 B프로세스에 비해 수행 능력이 좋다고 할 수 있다. 이는 다른 프로세스 간의 능력 비교를 통해 개선작업의 우선순위를 정해야 할 경우 많은 도움을 주게 된다. 셋째로, 시간이 지남에 따라 특정 프로세스가 규격에 부합할 수 있는지 여부를 보여준다. 즉, 공정능력지수를 통해 프로세스가 규격에 맞는 제품을 생산가능한지 여부를 판단하는 자료가 된다.

9.5.1 공정 데이터의 수집

공정에서 데이터를 추출하는 방법에는 자동측정기에 의해 전 제품을 연속적으로 자동 검사하는 경우, 소량생산이거나 중요 공정이어서 전 제품을 측정하거나 검사하는 경우, 대량생산공정으로서 전수검사보다는 주기적으로 일정 수량의 제품을 샘플링 검사하는 경우 등으로 나누어볼 수 있다.

전수검사일 경우는 샘플링 계획을 따로 세울 필요 없이 어떤 항목에 대한 정보를 기입할 것인지만 정하면 되고, 샘플링 검사일 경우 샘플링 크기와 주기를 먼저 정해야 한다. 샘플링 주기는 작업자 교대 주기, 설비의 보전관리 주기, 원료 로트의 입고 주기 등 공정에 영향을 줄 수 있는 변수들을 고려하여 이상요인에 의한 공정품질의 변동을 추적할 수 있도록 합리적인 부분군이 형성되게 설정한다. 공정에서 처음으로 데이터를 추출하여 공정을 해석하고 관리하고자 할 때는 각 원인 변수들의 변화 주기가 최소공배수보다 길지 않도록 샘플링 주기를 설정하는 것이 좋다. 또한, 한 번에 취할 샘플의 크기는 생산량과 검사 혹은 측정비용 및 공정 이상요인 발생 시 검출하지 못함으로 인한 손실 등을 고려하여 정한다. 생산량이 많고 검사 혹은 측정비용이 그리 크지 않다면 샘플크기를 크게 하여 한 번에 많은 표본을 취하고, 그렇지 않다면 이상요인의 검출도가 낮아서 발생할 수 있는 손실과 검사 관련 비용을 함께 고려하여 전체적인 기대 비용이 최소화되도록 정하는 것이 좋다.

데이터를 기록하기 위한 서식은 공정 품질특성의 측정치뿐만 아니라 그에 영향을 미칠 수 있는 제반 원인변수의 변동 상황 및 날짜와 시간 정보도 함께 포함될 수 있도록 고안되어야 한다. 공정 품질특성에 대한 측정치만 기록하여 수집된 데이터는 공정의 이상 여부만 판단할 수 있고 이상발생 원인에 대한 추적이 불가능할 수 있다. 따라시 문제 발생 시 근본원인을 규명하기 위해서 이미 얻어진 기존의 데이터를 활용하지 못하고 새로이 데이터를 추출하고 조사해야만 하는 상황이 발생하게 된다.

9.5.2 공정 상태의 해석과 조치

공정능력을 정확하게 평가하기 위해서는 먼저 공정이 정상적인 관리상태에 있는지 아니면 무언가 비정상적인 요인이 개입되어 관리상태를 이탈한 상태인지를 먼저 판단해보아야 한다. 공정이 관리상태를 이탈했음에도 불구하고 그대로 데이터를 취하여 공정능력을 평가하는 것은 마치 육상선수가 발목이 삔 상태에서 달린 기록으로 그 선수의 능력을 평가하겠다는 것과 같다.

공정의 상태를 판단하는 데 가장 보편적으로 널리 사용되는 방법은 관리도를 작성하여 공정의 이상 여부를 판단하는 것이다. 또, 전체 데이터로서 히스토그램을 작성하고 정규성 충족 여부를 검토하는 방법도 있다(배도선 외, 1998). 여기서는 히스토그램에 의한 판단, 정규성 검정, 그리고 관리도의 순으로 설명한다.

(1) 히스토그램에 의한 판단과 조치

히스토그램의 작성방법은 "부록 F. 7가지 기본도구"에 상세히 설명되어 있다. 따라서 여기서는 작성방법은 생략하고 히스토그램 형태에 따른 공정 상태를 판독하는 방법에 대해 설명한다. 그림 9.11은 히스토그램을 작성했을 때 나타날 수 있는 여러 가지 모양을 보여주고 있다. (a)는 정규분포 형태에 가까운 모양으로서 일반적으로 공정이 정상적으로 잘 관리되고 있을 때 나타난다. (b)와 (c)는 품질특성이 약간 비대칭적으로 분포하고 있는 모양으로 공정이 정상적으로 관리되고 있는 경우에도 나타날 수 있다. (b)는 품질특성이 망대특성으로 규격하한이 설정된 경우, (c)는 망소특성으로 규격 상한이 주어진 경우에 나타날 수 있다. (d)의 절벽형은 규격을 벗어난 제품을 전수선별한 경우 나타나고 (e)의 이 빠진 형은 많은 경우 측정시스템이 특정 범위의 수치를 읽지 못하는 경우 발생하기 쉽다. (f)의 낙도형은 여러 작업자 중 한 명이 엉뚱하게 작업할 때 나타나고, (g)의 고원형은 여러 개의 이질적인 데이터 집단이 섞여 있을 때 나타나는 모양이다. (h)의 쌍봉우리형은 두 개의 이질적인 데이터 집단이 섞여 있을 때 나타나는 모양으로서 공정 데이터일 경우 상이한 두 가지 조건에서 생산이 진행되고 있는 경우 나타날 수 있다.

이밖에도 다른 형태의 비정상적인 히스토그램이 있을 수 있다. 히스토그램의 모양을 보고 공정의 상태를 제대로 진단하기 위해서는 대상 공정에 대한 경험과 지식이 함께 요구되므로 지속적인 학습과 경험이 필요하다.

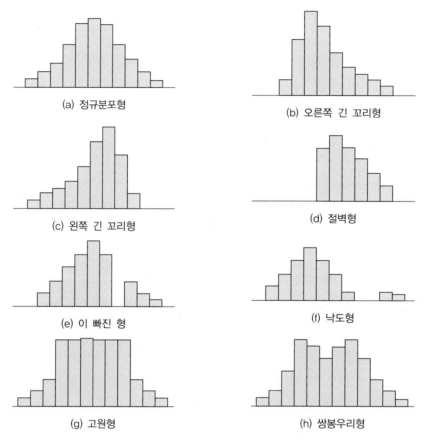

그림 9.11 여러 가지 형태의 히스토그램

(2) 정규성 검정

정상적으로 관리되고 있는 공정으로부터 추출된 데이터는 일반적으로 정규분포의 형태를 띤다. 공정능력은 원칙적으로 정상적으로 관리되고 있는 공정을 전제로 평가하는 것이므로 공정데이터를 추출하면 공정능력을 평가하기 전에 먼저 데이터의 정규성 여부를 확인해야 한다. 앞에서 설명한 히스토그램을 활용하면 정규성 여부를 쉽게 판단할 수 있으나, 히스토그램은 데이터 수가 100여 개 이상은 되어야 그 형태를 올바로 판단할 수 있다는 약점이 있다. 또한, 상당한 데이터를 확보하였더라도 작성된 히스토그램의 모양이 정규곡선에 근사하여 판단이 쉽지 않을 수도 있다. 데이터의 정규성을 확인히는 방법에는 히스토그램 이외에도 확률지, 상자그림(box plot) 등 그래프를 이용한 방법, 카이제곱 분포를 이용한 적합도 검정, 앤더슨 달링(Anderson-Darling) 검정, 샤피로 월크(Shapiro-wilk) 검정 등이 있다. 여기서는 확률지와 함께 앤더슨 달링 검정의 P값을 토대로 설명한다. 이해를 돕기 위해 다음의 예를 들어 설명한다.

예제 9.10 다음은 어느 사출성형공정에서 가공된 부품의 두께를 측정하여 얻어진 데이터이다.

$$
\begin{array}{cccccccccc}
9.01 & 10.60 & 9.09 & 9.79 & 9.46 & 10.77 & 8.94 & 9.08 & 10.56 & 10.29 \\
10.29 & 10.23 & 10.85 & 10.47 & 9.65 & 8.32 & 10.50 & 11.14 & 10.86 & 9.78 \\
11.31 & 10.29 & 10.73 & 11.95 & 12.73 & 9.11 & 10.74 & 10.34 & 10.71 & 11.38 \\
9.94 & 7.69 & 9.90 & 9.40 & 11.60 & 9.38 & 10.39 & 9.41 & 10.86 & 11.27 \\
10.42 & 9.32 & 8.08 & 9.55 & 10.61 & 9.84 & 9.72 & 10.17 & 9.19 & 10.10 \\
\end{array}
$$

먼저, 이 데이터를 사용하여 히스토그램을 작성하면 그림 9.12와 같다. 이 히스토그램을 보고 공정이 정상적으로 운영되고 있는지 아니면 비정상적으로 운영되고 있는지 판단할 수 있는가? 히스토그램과 정규곡선이 어느 정도 가까운가? 시각적으로 보기에는 정규분포와 약간 차이가 있는 것 같지만 그렇다고 정규분포가 아니라고 속단할 수도 없는 상황이다. 따라서 공정이 정상적으로 운영되고 있는지 아니면 비정상적인 요소가 개입되고 있는지 섣불리 판단하기 어렵다고 하겠다.

그림 9.13은 예제 9.10의 데이터에 대해 Minitab을 사용하여 정규성 검정을 한 결과이다. 정규성 검정은 정규확률지(확률도)에 타점된 점들이 직선 근처에 산포하면 정규분포를 따른다고 볼 수 있는데, 단순하면서 시각적으로 해석할 수 있는 장점이 있으나 객관적 판단을 하기 힘든 경우가 종종 발생한다. 이런 방법보다 판정결과를 객관적인 수치에 의해 해석할 경우 P값을 기준으로 판단한다. 만약, P값이 0에 가깝다면 데이터는 정규분포로부터 거리가 먼 것임을 의미하고 1에 가깝다면 정규분포에 가깝다는 것을 의미한다. 일반적으로 P값이 유의수준인 0.05보다 작으면 데이터가 정규분포를 따르지 않는 것으로 간주한다. 물론,

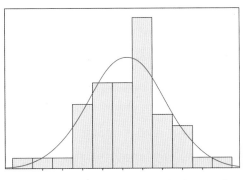

그림 9.12 부품 두께 데이터의 히스토그램

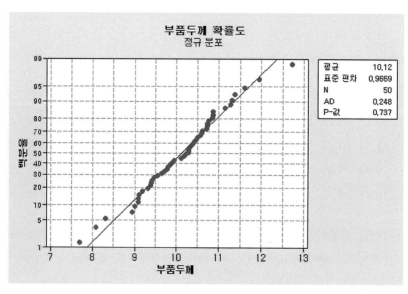

그림 9.13 공정 데이터의 정규성 검정 결과

상황에 따라 유의수준은 0.05가 아닌 0.01 또는 0.10을 사용할 수도 있다. 이 예제에서는 검정 결과 P값이 0.737로 0.05보다 클 뿐만 아니라 오히려 1에 상당히 가까우므로 주어진 데이터는 정규분포를 따른다고 보아도 무난하다 하겠다. 따라서 본 예제의 경우 공정이 정상적으로 관리되고 있다고 판단해도 좋겠다. 실제로도 사용된 데이터는 공정이 정상적으로 관리되는 상황에서 시뮬레이션을 수행하여 얻어진 것이므로 이와 같은 판단은 올바르다 하겠다.

(3) 관리도에 의한 판단과 조치

공정 데이터가 시간적으로 일정 간격을 두고 얻어졌을 경우 히스토그램이나 정규성 검정보다 정확하게 공정의 상태를 진단 가능한 방법이 관리도이다. 물론 전술한 두 가지 기법과 병행 사용하면 보다 효율적으로 공정에 대한 진단이 가능하다. 여기서는 계량형 데이터가 일정 크기의 샘플을 주기적으로 취하여 측정함으로써 얻어진다는 가정하에 관리도를 활용해 공정의 관리 상태를 진단하는 방법을 설명한다.

그림 9.14는 관리 상태를 벗어난 데이터를 타점한 것이다. 그림 9.14 상단의 X 관리도상에서는 번호가 표기된 점들은 이상이 있음을 나타낸 것이고 번호는 무엇 때문에 이상하다고 판정한 근거를 나타낸다. 각 번호에 해당하는 이상 상태가 발생했을 때 공정에 이상요인이 존재할 가능성이 매우 크나, 그 구체적인 원인은 따로 조사해야 알 수 있다. 물론 조사 결과 정상적인 경우

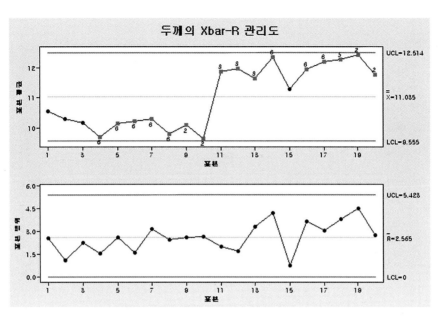

그림 9.14　$\overline{X} - R$ 관리도: 공정평균이 상승한 경우

도 드물게 있을 수 있으며, 이는 제1종 오류가 발생한 경우이다. 그러나 상당수의 경우 공정에 실제 이상요인이 개입되어 비정상적인 품질 변동을 일으키고 있으므로 공정을 체계적으로 조사하여 그 구체적인 원인을 규명해야 한다. 그림 9.14를 살펴보면 언뜻 보기에도 표본평균이 11번째 부분군부터 갑자기 증가했음을 바로 알 수 있다. 이것은 히스토그램을 통해서는 파악할 수 없었던 이상요인을 관리도에서 훨씬 더 효율적으로 검출해낼 수 있다는 점을 시사한다.

　참고로 예제 9.10의 데이터를 토대로 관리도를 작성하면 그림 9.15와 같은데, 관리도상 번호가 표기된 점이 하나도 없으므로 공정이 정상적으로 관리되고 있음을 알 수 있다. 일반적으로 히스토그램이나 정규성 검정은 공정이 정상적인 경우와 비정상적인 경우를 썩 효율적으로 구별해주지 못할 수도 있으나, 그림 9.14와 그림 9.15의 관리도를 보면 정상적인 공정과 비정상적인 공정의 차이가 뚜렷이 나타난다는 것을 알 수 있다.

　그러나 관리도가 공정 상태의 진단에 효율적으로 사용될 수 있으려면 5.4절에서 다룬 합리적인 부분군 형성이 전제되어야 한다는 점을 명심해야 한다. 만약 부분군이 합리적으로 형성되지 못한 경우에는 관리도가 히스토그램보다 더 효율적으로 공정의 이상상태를 진단해낸다고 보기 어렵다. 합리적인 부분군의 형성과 데이터가 얻어진 시간적인 정보를 함께 사용함으로써 관리도가 보다 효율적으로 공정의 이상 상태를 진단할 수 있는 것이므로 데이터 추출의 중요성을 아무리 강조해도 지나치지 않다고 할 것이다.

　또한, 공정에 이상변동을 초래하는 원인이 밝혀지면 이에 대한 적절한 조치를 해주어야 한다.

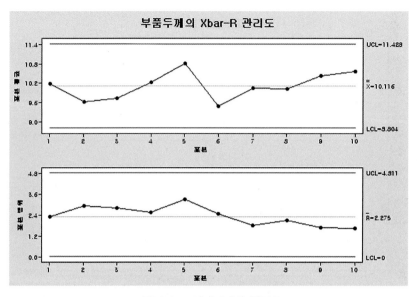

그림 9.15 예제 9.9의 관리도

변동의 내용이 좋은 방향으로 바뀐 것이면 규명된 원인을 토대로 공정 개선에 활용하도록 하고, 좋지 않은 방향으로 변한 것이면 정상적인 상태로 환원시켜야 한다. 이러한 조치들은 대부분 그 공정 고유의 기술적인 사항에 관련된 것이므로 여기서는 더 이상 언급하지 않는다. 다만, 조치의 기본은 표면적인 임기응변책이 아니라 근본적인 대책을 취하는 것이 바람직하다는 것이다.

9.5.3 공정능력 평가지표의 계산

주어진 데이터의 유형과 수집방식에 따라 적절한 평가지표를 선택하여 올바른 방법으로 계산하는 것이 중요하다.

(1) 계량형 데이터일 경우

계량치 데이터일 경우에는 공정능력지수 혹은 시그마수준을 공정능력 평가지표로 사용한다. 만약 주어진 데이터가 정규분포를 따르면 그대로 사용하고 그림 9.1의 (b), (c)와 같이 치우친 형태이면 정규분포에 가깝도록 적절하게 변환하여 사용한다. 데이터의 변환에 많이 사용되는 방법으로 박스-콕스 변환(Box-Cox transformation)이 있다. 이것은 원 데이터를 x, 변환 데이터를 y라 할 때

$$y = \frac{x^\lambda - 1}{\lambda} \tag{9.26}$$

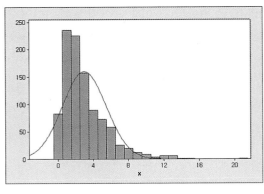

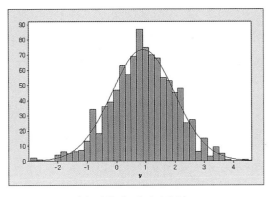

| (a) 변환 전 데이터의 분포 | (b) 변환 후 데이터의 분포 |

그림 9.16 변환 전후 데이터 분포의 비교

으로 변환하는 방법이다. 여기서 λ의 값은 변환된 데이터의 분포가 가장 정규분포에 가깝게 되도록 정해주는데 보통 Minitab 등 통계소프트웨어를 사용하여 가장 적절한 값이 구해진다. 그림 9.16은 한 쪽으로 치우친 분포를 띠는 데이터에 대해 변환 전후의 분포를 비교한 것으로 변환 후의 분포가 훨씬 더 정규곡선에 가깝다는 것을 알 수 있다. 다만, 이렇게 변환된 데이터로 공정능력을 평가할 때는 규격한계도 같은 방식으로 변환된 값을 사용해야 한다.

공정능력지수나 시그마수준의 구체적인 계산 방법은 앞서 설명하였으므로 여기서는 생략한다. 그런데 공정능력을 평가하기 위해서 데이터가 정규분포를 꼭 따라야 할 필요가 있는지에 대한 의문이 생길 수 있다. 공정능력을 분석하기 위한 가장 기본적인 전제는 전술한 바와 같이 공정이 통계적 관리상태에 있어야 한다. 즉, 공정 관리상태에 있지 않으면 예측이 불가능하며, 공정능력지수와 시그마수준 등 공정 분포의 개념을 활용하여 추정할 수 없다. 그러나 공정 분포가 항상 정규분포를 따라야 하는 것은 아니다. 다만 보편적으로 쓰이는 공정능력 지표들이 정규분포를 기반으로 개발되어 있으므로, 공정 분포가 정규분포를 따르거나 적어도 정규분포로 근사시킬 수 있는 여건이 되어야 공정능력을 평가하는 각종 지표들을 쓸 수 있다. 이에 따라 앞 절에서 설명한 정규성 검정, 히스토그램이나 확률도에 의한 도식적 방법 등이 쓰이며, 비정규분포를 따를 경우는 정규분포로 변환이 요구된다.

(2) 계수형 데이터일 경우

계수형 데이터일 경우에는 양·불량, 적합·부적합, 합격·불합격 등과 같이 공정의 품질특성을 두 가지로 분류하여 수집될 경우와 결함 수, 고장발생횟수, 사고발생횟수 등과 같이 문제가 되는 건수를 세어서 모집되는 경우가 있다. 전자의 경우는 불량률, 부적합품률, 불합격률 등으로 공정능력을 평가하고 후자의 경우는 DPU 혹은 DPMO로 평가한다. 이때도 계량형 데이터일 경우와 마찬가지로 부적합품률(불량률) 관리도나 부적합수(결점수) 관리도 등 적절한 관리도를 사용하여 공정이 안정상태임을 먼저 확인한 후 평가지표를 계산한다.

계수형 데이터일 경우에는 특히 데이터가 충분하지 않으면 공정능력에 대한 왜곡된 평가결과를 줄 수 있으므로 이에 대해서도 고려해야 한다. 만약 주기적으로 샘플을 취하여 데이터를 추출한다면 누적 데이터를 토대로 계산된 평가지표의 안정화 추세를 살펴보고 판단할 수 있다. 즉, 매 표본추출 시점까지 얻어진 총 데이터를 토대로 계산된 평가지표가 어떤 값으로 수렴하면서 안정적인 추세에 접어들었다면 데이터가 충분히 확보되었다고 할 수 있다.

계수형 평가지표는 보편적인 비교를 위하여 시그마수준으로 환산하여 나타낼 수도 있다. 평가지표의 구체적인 계산 방법이나 시그마수준으로 환산하는 방법은 앞서 설명하였으므로 여기서는 생략한다.

9.5.4 공정능력의 평가와 조치

공정능력을 평가하여 지표값을 산출하게 되면 현재의 수준이 만족스러운지 혹은 불만족스러운지를 판단하게 된다. 판단 기준은 현재 기술수준이나 시장에서의 경쟁 상태 등을 고려하여 결정하겠지만, C_p가 기준인 표 9.2와 달리 표 9.4는 식스시그마 경영혁신전략에서 널리 쓰이는 P_{pk}를 기준으로 한다. 9.3절에서 언급한 바와 같이 P_p, P_{pk}에 대해 부정적 견해를 피력하는 전문가도 제법 있지만, 표 9.4에는 요즈음 현업에서 보급도가 높은 P_{pk}를 기준으로 연관되는 시그마값과 함께 P_{pk}에 대한 평가 기준이 제시되어 있다.

공정능력 평가결과 목표 수준에 미달하면 공정에 대한 개선계획을 세우고 개선활동을 실시한다. 공정개선 활동은 기술적인 수준의 향상을 의미하는 것으로 공정에 이상이 발생한 경우에 취

표 9.4 공정능력의 평가기준

시그마수준	공정능력지수	판단 및 조치
3.5 미만	$P_{pk} < 0.67$	고객 요구에 맞는 결과를 산출하기가 어려움 공정능력이 매우 부족하므로 현황조사, 원인규명, 품질개선 등의 긴급대책을 마련
3.5 ~ 4.5	$0.67 \leq P_{pk} < 1.00$	공정능력이 부족하여 불량이 발생하므로 공정의 개선 요구
4.5 ~ 5.5	$1.00 \leq P_{pk} < 1.33$	공정능력이 불충분하므로 공정 상태 확실하게 관리
5.5 ~ 6.5	$1.33 \leq P_{pk} < 1.67$	공정능력이 충분하므로 현재 상태를 유지
6.5 이상	$P_{pk} \geq 1.67$	사실상 전체 결과가 고객 요구사항에 일치 공정능력이 매우 충분하므로 비용 및 관리의 간소화 고려

하는 조치 활동과는 다르다. 기술향상 활동은 체계적 연구와 분석을 수반하므로 보통 개선팀을 구성하여 프로젝트로 진행하는 것이 효과적이다. 한편, 공정능력이 지나치게 높은 경우에는 규격이 적절하게 설정되어 있는지를 검토하고 문제가 없다면 현재의 공정관리방식을 원가 측면에서 살펴보아야 한다. 표 9.4에 공정능력 평가결과 조치 방향에 대해 정리하였다.

이해를 돕기 위해 예제를 통하여 단계적으로 공정능력분석을 실시하는 과정을 살펴본다. 예제는 계량형 데이터와 계수형 데이터일 경우에 대해 산업 현장에서의 실질적인 응용을 고려하여 각 경우를 예시하고자 한다. 이 예에서는 통계소프트웨어를 사용하여 분석하는 과정을 학습하도록 하겠다.

예제 9.11 어느 식품회사에서는 통조림 제품을 주력제품으로 생산하고 있다. 내용량은 200g을 보증하게 되어 있는데, 중량 미달일 경우 고객의 불만이 생길 것이므로 중량 미달이 발생하지 않도록 4g의 덤량을 더 채운다고 한다. 덤량이 지나치게 많으면 원재료비가 증가하게 되고 지나치게 적으면 중량이 200g 미달인 제품이 발생할 수 있으므로 규격을 4g ±2g으로 설정하여 관리하고 있다. 표 9.5는 통조림 제품을 매일 5개씩 취하여 20일에 걸쳐 덤량을 측정한 결과를 기록한 것이다.

표 9.5 통조림 덤량 측정데이터

1	2	3	4	5	6	7	8	9	10
3.4	1.2	3.1	3.8	2.6	2.9	3.0	2.3	3.7	2.5
4.2	3.4	3.1	4.5	2.9	2.4	1.9	4.1	2.7	1.2
4.4	2.1	4.3	2.0	2.7	3.1	2.4	3.5	2.8	2.3
3.1	2.4	2.6	3.4	3.2	4.0	3.3	3.0	3.2	2.9
2.8	3.7	4.3	4.6	3.7	2.9	3.9	2.8	0.5	3.8
11	12	13	14	15	16	17	18	19	20
5.4	2.5	2.6	3.4	2.5	4.0	1.2	3.9	2.8	3.3
3.0	3.1	2.5	2.5	2.9	2.7	4.0	3.9	2.1	3.0
3.5	4.9	2.2	3.7	3.5	3.2	4.2	2.6	1.5	4.4
3.6	2.5	3.7	1.5	3.0	2.5	2.8	3.2	3.9	3.7
2.3	2.6	4.3	2.6	3.3	2.1	2.8	1.0	1.5	2.4

먼저 데이터가 정규분포를 따르고 부분군 간에는 우연원인 외에 유력한 이상원인이 없는지 확인해야 한다. 데이터가 정규분포를 따른다고 보아도 무난한지 살펴보기 위해 Minitab을 이용해 정규성 검정을 실시한 결과 그림 9.17과 같다. 그림의 우측 상단에 나타난 P값이

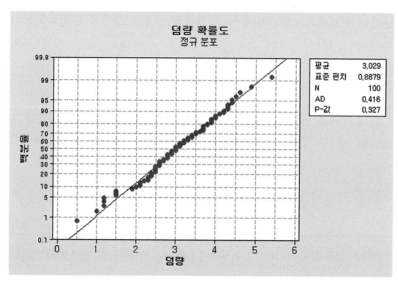

그림 9.17 덤량 데이터의 정규성 검정 결과

0.327로서 0.10(혹은 0.05)보다 크므로 정규성 가정을 만족한다고 생각해도 큰 무리가 없
겠다.

다음으로 공정의 관리상태에 이상이 없는지를 파악하기 위해 해석용 $\overline{X}-R$ 관리도를 작성
해본 결과 그림 9.18과 같다. 관리한계선을 벗어난 점이 없고 특이한 패턴이 보이지 않으므
로 공정은 정상적으로 운영되고 있다고 판단된다.

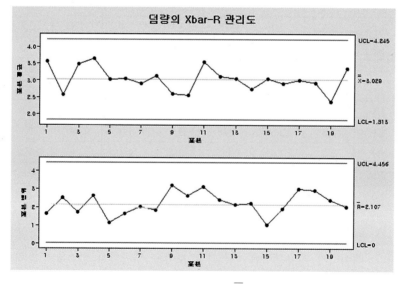

그림 9.18 덤량 데이터의 $\overline{X}-R$ 관리도

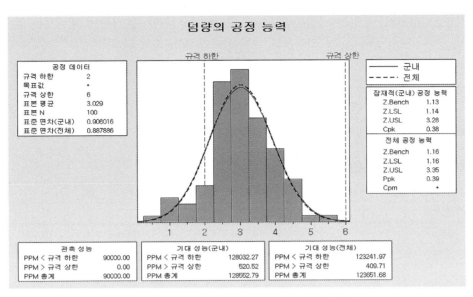

덤량의 공정 능력

규격 하한 · 규격 상한

군내 — 전체 - - - -

잠재적(군내) 공정 능력
Z.Bench 1.13
Z.LSL 1.14
Z.USL 3.28
Cpk 0.38

전체 공정 능력
Z.Bench 1.16
Z.LSL 1.16
Z.USL 3.35
Ppk 0.39
Cpm *

관측 성능		기대 성능(군내)		기대 성능(전체)	
PPM < 규격 하한	90000.00	PPM < 규격 하한	128032.27	PPM < 규격 하한	123241.97
PPM > 규격 상한	0.00	PPM > 규격 상한	520.52	PPM > 규격 상한	409.71
PPM 총계	90000.00	PPM 총계	128552.79	PPM 총계	123651.68

그림 9.19 덤량 데이터의 공정능력분석 결과: 시그마 수준

그림 9.19는 Minitab을 사용하여 공정능력분석을 실시한 결과를 보여준다. 현재 이 공정의 능력은 P_{pk}가 0.39로서 매우 부족한 상태이고 부적합품률도 12%보다 클 것으로 기대된다. 공정능력이 부족한 첫 번째 요인은 공정의 평균이 규격의 중심과 지나치게 벗어나 있고, 두 번째 요인은 공정의 산포가 상당히 크기 때문이라고 판단된다. 참고로 Minitab 실행 시 벤치마크 Z 옵션을 선택하면 Z.Bench가 1.16으로 얻어지므로 시그마 수준은 1.16+1.5= 2.66이다.

그림 9.19에서 P_p가 0.75이므로, 만약 공정의 평균을 규격 중심인 4.0과 일치시킨다면 공정능력지수를 0.75 정도로 제고시킬 수 있을 것으로 판단되며, 부적합품률도 상당히 낮아질 것이다. 그러나 공정의 평균을 항상 규격중심에 일치하게 관리할 경우 설비관리 등에 드는 비용이 증가할 수 있으므로 현장에서의 여건을 고려해 어느 정도의 차이까지 감수할 것인가를 결정해야 한다.

다음으로 공정의 산포를 줄이는 일은 생산 혹은 품질 등의 분야에서 기술적인 능력이 향상되어야 가능할 수도 있다. 어차피 기업에서는 장기 경쟁력을 확보하기 위해 기술력을 갖추어야 하므로 이에 대한 적절한 투자와 노력이 지속적으로 이루어져야 한다.

공정으로부터 얻어진 데이터가 양·불량, 적합·부적합, 성공·실패, 합격·불합격 등 2종의 범주로 나누어 특정 범주에 속한 개체수를 세어서 얻어진 경우 이항분포를 사용하여 분석할 수 있다. 부적합품 데이터를 사용한 공정능력분석에 있어서 유의해야 할 사항에 대해서는 앞서 설명하였으므로 생략하고 Minitab을 이용하여 분석하는 예를 소개한다.

예제 9.12   표 9.6은 전기스위치 제조공정에서 생산되는 부품을 매일 100개씩 추출하여 검사하고 20일간 부적합품수를 기록한 것이다.

표 9.6 전기 스위치 부적합품수 자료

날짜	1	2	3	4	5	6	7	8	9	10
부적합품수	12	3	6	8	4	1	3	0	1	8
날짜	11	12	13	14	15	16	17	18	19	20
부적합품수	6	0	4	0	3	15	1	2	0	3

Minitab을 사용하여 공정능력분석을 실행한 결과 그림 9.20의 좌측 상단의 p관리도에서 보듯이 공정이 비정상적인 상태에서 얻어진 데이터들이 섞여 있음을 알 수 있다. 공정에 이상요인이 개입되고 있는 상태에서 공정능력을 올바르게 평가할 수 없으므로 첫 번째 부분군과 16번째 부분군이 취해진 1일차 및 16일차에 공정의 이상변동을 초래할 만한 원인 행위가 있었는지 추적 조사한다. 원인이 밝혀지면 해당 데이터를 제거하고 다시 분석한다.

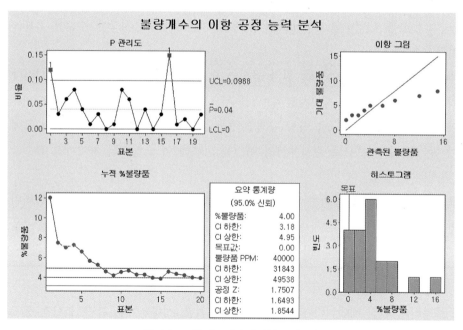

그림 9.20 공정능력분석(이항분포) 결과

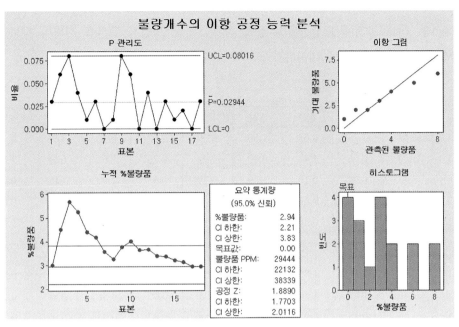

그림 9.21 이상요인 조치 후 공정능력분석(이항분포) 결과

그림 9.21은 이상요인을 찾아 조치하고 해당 데이터를 제거한 후 다시 공정능력분석을 실시한 결과를 보여준다. 이제 더는 공정에 이상요인이 없는 것으로 판단되므로 이 결과를 이용하여 공정능력을 평가한다. 공정 부적합품률의 평균은 2.94%이며 시그마수준은 1.89+1.50=3.39 정도인 것으로 평가된다. 그림 9.21의 이항 확률지(이항 그림)의 타점결과를 보면 그림 9.21보다 직선에 가까워지므로 관리상태로 볼 수 있는 간접 증거가 된다.

또 한 가지 유념할 사항은 그림 9.21의 좌측 상단의 p관리도에서 보듯이 공정 부적합품률이 점차 감소하는 경향을 보인다는 것이다. 따라서 이와 같은 감소추세가 지속되면 일정 기간 경과 후 다시 데이터를 수집하여 새로운 자료와 정보를 토대로 공정능력을 다시 평가할 필요가 있다.

한쪽 규격이 설정된 계량형 데이터일 경우 공정이 정상적으로 운영되고 있다고 하더라도 정규분포를 따르지 않을 수도 있다. 이런 경우에는 데이터에 적합한 분포를 선정하여 계산된 부적합품률에 대응하는 공정능력지수 값을 구하거나 데이터가 정규분포를 따르도록 적절히 변환한 종전과 같은 방식으로 공정능력지수 값을 계산할 수 있다. 여기서는 후자의 예를 들어 이해를 돕기로 한다.

예제 9.13 어느 공정에서 생산된 부품을 하루 5개씩 20일간 표본을 취하여 강도(단위: 1000MPa)를 측정하여 얻은 데이터가 표 9.7에 수록되어 있다.

표 9.7 부품 강도 자료

1일	2일	3일	4일	5일	6일	7일	8일	9일	10일
0.14	0.71	3.58	0.63	1.50	0.39	2.97	0.16	1.36	0.16
1.21	1.73	0.96	1.43	0.97	0.92	0.26	1.62	0.78	2.18
0.36	3.13	0.94	0.19	1.86	0.39	0.35	1.07	1.00	0.27
0.53	0.73	0.66	0.06	0.82	0.62	1.30	0.45	0.68	0.02
0.75	0.29	1.05	0.24	3.56	0.32	0.58	0.27	0.71	1.52

11일	12일	13일	14일	15일	16일	17일	18일	19일	20일
0.11	0.51	0.31	1.85	0.58	0.05	0.21	0.10	1.74	0.26
0.22	1.46	1.79	1.60	0.26	4.35	0.45	0.88	0.93	0.07
2.26	3.16	0.35	0.05	0.33	0.58	0.82	0.94	0.95	0.55
0.79	0.35	1.10	0.53	1.95	0.04	0.56	1.28	0.38	0.15
1.04	0.43	0.40	0.98	1.46	0.34	0.39	2.60	0.65	2.06

강도의 하한 규격이 0.1로 주어져 있다고 하고 공정능력지수를 구해보자. 먼저 이 데이터의 히스토그램을 작성해보면 그림 9.22(a)와 같이 오른쪽 꼬리가 긴 형태를 하고 있다. 원 데이터를 박스-콕스 변환을 적용하면 $\lambda = 0.2$가 추천되므로, 식 (9.26)에 의거하여 변환한 후 히스토그램을 그리면 그림 9.22(b)와 같게 된다. 즉, 보다 정규분포에 근접하는 형태가 된다. 공정능력지수를 구하기 위해서는 먼저 변환된 데이터의 규격하한도 변환해야 한다. 식

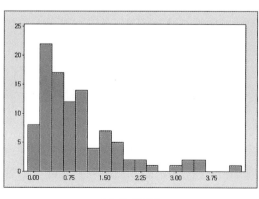

(a) 원 데이터

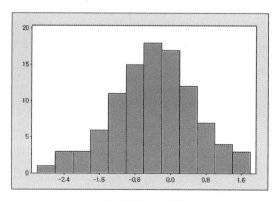

(b) 변환된 데이터

그림 9.22 강도 자료의 히스토그램

(9.26)을 참고하여 계산하면

$$\{X \geq 0.1\} \equiv \left\{ \frac{X^{0.2}-1}{0.2} \geq \frac{0.1^{0.2}-1}{0.2} \right\} = \{Y \geq -1.845\}$$

로서 변환된 데이터의 규격하한은 -1.845가 된다. 변환된 데이터로부터 표본평균과 표본 표준편차를 구하면 $\bar{x} = -0.394$, $s = 0.937$이다. 식 (9.12)의 C_{pl}에 이 값과 규격하한을 적용하면

$$C_{pl} = \frac{(-0.394)-(-1.845)}{3 \times 0.937} = 0.52$$

이 된다.

9.1 공정능력지수를 계산할 때 데이터가 정규분포를 따른다는 것을 확인해야 하는 이유는 무엇인가?

9.2 어느 공정에서 가공되는 품질특성은 규격이 2 ± 1로 주어져 있다. 품질특성이 다음 분포를 따를 때 공정 부적합품률과 공정능력지수를 계산하고 비교해라.

   (1) 평균 2, 분산 4인 정규분포

   (2) 평균 2, 분산 4인 카이제곱 분포

9.3 공정능력을 평가하기에 앞서 공정이 관리상태에 있다는 것을 확인해야 하는 이유는 무엇인가?

9.4 어느 제품 품질특성의 규격은 50 ± 20으로 주어져 있다. 이 제품이 공정에서 가공된 후 품질특성의 분포가 다음과 같을 때, 부적합품률과 공정능력지수를 구하여 비교하라.

   (1) $N(50, 25)$

   (2) $N(60, 25/4)$

9.5 어떤 공정에서 가공되는 제품의 품질특성은 평균 10, 표준편차 0.05인 정규분포를 따른다고 한다.

   (1) 이 제품 품질특성의 규격이 10 ± 0.10이라고 한다면 이 공정의 공정능력지수는 얼마인가?

   (2) 다른 조건은 문항 (1)과 같고 평균이 10보다 다소 작은 9.95로 가공되고 있다면 공정능력지수는 얼마인가?

   (3) 만약 규격상한이 10.10으로서 한쪽 규격만 설정되어 있는 상황이라면 공정능력지수는 얼마인가?

9.6 앞의 문제 9.5의 문항 (1)과 (2) 및 공정평균이 9.90인 경우에 대해 각각 부적합품률을 계산하고 C_p, C_{pk}, C_{pm}, C_{pmk}값을 구하여 비교하라.

9.7 어떤 공정에서 사용하고 있는 $n = 4$인 $\overline{X}$ 관리도의 관리한계선은 $UCL = 30.26$, $LCL = 26.34$이다. 규격한계가 $USL = 30.50$, $LSL = 26.10$이라고 한다면 이 공정의 공정능력지수 값은 얼마인가? 또, 품질특성의 목표값이 $T = 28.00$이라고 한다면 C_{pm}과 C_{pmk}값은 얼마인가? 향후 이 공정을 어떻게 관리하는 것이 좋은가?

9.8 다음은 10일 동안 매일 5개의 자동차 타이밍 벨트의 길이를 측정한 자료이다. 타이밍 벨트의 규격은 $1,206 \pm 1$ (단위: mm) 이라 할 때, Minitab을 이용해 공정능력분석을 수행하고, 장기 공정능력지수 P_p와 P_{pk}, 그리고 단기 공정능력지수 C_p와 C_{pk}를 각각 구하라.

1,206.33	1,207.52	1,208.09	1,206.09	1,206.98	1,206.83	1,205.50	1,205.99	1,204.59	1,204.25
1,203.83	1,207.60	1,208.29	1,206.22	1,207.09	1,206.70	1,205.61	1,206.15	1,204.10	1,204.39
1,206.67	1,207.01	1,207.33	1,205.27	1,206.18	1,205.04	1,204.12	1,205.11	1,204.59	1,204.16
1,205.78	1,208.56	1,207.80	1,205.83	1,206.40	1,206.49	1,204.67	1,205.17	1,203.16	1,203.86
1,206.05	1,208.37	1,207.08	1,205.48	1,206.56	1,207.42	1,204.44	1,205.28	1,204.43	1,203.84

9.9 부분군 크기가 5인 R을 채택한 $\overline{X}$ 관리도의 관리상한선과 관리하한선이 각각 30.5와 27.5이고, 규격상한과 하한은 32.5, 25이다. 물음에 답하라.

(1) 관리도로부터 대상 공정의 평균과 표준편차를 추정하라.

(2) C_p를 추정하고 C_p에 대한 95% 신뢰구간을 구하라.

(3) C_{pk}를 추정하고 C_{pk}에 대한 95% 신뢰구간을 구하라.

(4) 이 공정은 공정능력이 충분하다고 볼 수 있는가?

(5) 목표값이 29.5일 때 C_{pm}을 구하라.

9.10 다음은 어느 공정에서 생산되는 제품을 매일 5개씩 20일간 무작위 추출하여 품질특성 X를 측정하고, 각 측정값 x를 $100(x-57)$와 같이 변환하여 기록한 결과이다. 원 품질특성의 규격은 57.75 ± 0.25라고 한다.

73	68	62	31	58	41	29	97	64	77	61	13	41	41	48	75	70	41	88	79
77	75	65	30	71	78	52	85	51	89	57	26	53	31	83	85	78	58	51	52
98	88	72	37	21	51	99	88	56	50	39	14	69	62	66	62	73	57	75	67
21	89	75	93	63	73	63	72	60	73	49	2	68	35	87	65	81	49	67	63
82	74	71	58	37	68	42	47	72	68	48	32	62	32	70	61	75	40	64	52

(1) 관리도를 작성하여 이 공정이 관리상태에 있다고 할 수 있는지 판단하라.

(2) 관리상태로부터 이탈한 데이터가 있다면 그날 얻어진 데이터는 모두 버리고 나머지 데이터로 공정능력분석을 실시하라.

(3) 향후 이 공정에 대한 조치는 어떻게 하면 좋겠는가?

9.11 다음은 어느 공정에서 생산되는 제품 중 50개를 무작위로 뽑아 품질특성치를 측정하여 기록한 데이터이다. 이 품질특성은 망소특성으로 규격상한이 50.0으로 정해져 있다고 한다.

8.8	17.2	6.6	14.0	16.6	1.4	4.3	9.5	14.7	0.1
19.0	0.2	6.9	0.1	13.8	30.5	3.8	65.2	30.9	23.4
20.8	35.1	28.0	28.9	3.4	6.4	19.9	11.0	6.8	42.5
10.1	53.5	34.4	38.9	33.5	2.5	5.9	77.3	13.0	8.0
2.3	6.3	37.1	5.4	32.9	46.5	21.8	9.7	1.7	18.8

(1) 히스토그램을 작성하여 이 품질특성이 정규분포를 따른다고 할 수 있는지 판단하라.

(2) 각 데이터 값에 제곱근을 취하여 얻어진 새로운 데이터는 정규분포에 근사하게 되는지 히스토그램으로 판단하라.

(3) 이 공정의 능력을 평가하기 위해 공정능력지수, 부적합품률, 시그마수준을 계산하라.

(4) C_p의 95% 신뢰구간을 구하라.

9.12 다음은 어떤 공정에서 가공되는 제품 중에서 매일 50개씩 무작위로 뽑아 검사하여 발견된 부적합품수를 한 달 동안 기록한 데이터이다.

12	15	8	10	4	7	16	9	14	10	5	6	17	12	22
8	10	5	13	11	20	18	24	15	8	12	7	13	9	6

(1) 이 공정이 관리상태에 있다고 할 수 있는가?

(2) 관리이탈 상태에서 얻어졌다고 판단되는 데이터를 모두 제거하고 남은 데이터를 이용하여 시그마수준을 구하라.

(3) 이 공정에 대한 향후 조치 사항에 대해 의견을 적어라.

9.13 길이가 서로 다른 두 부품을 연결하여 조립품을 생산하는 공정이 있다. 조립품은 길이가 10 ± 0.02(cm)를 벗어나면 폐기처분된다고 한다. 부품의 목표 길이는 각각 4cm 및 6cm이고 부품의 가공 산포(표준편차)는 목표길이에 비례한다고 한다. 여기서 가공목표 길이가 짧은 부품의 표준편차가 0.01이라면 다음 물음에 답하라.

(1) 조립공정의 공정능력지수를 구하라.

(2) 조립품의 부적합품률은 얼마인가?

9.14 문제 9.13에서 길이가 짧아서 규격에 미달하는 제품은 폐기처분하고 길이가 긴 제품은 재가공하여 사용할 수 있다고 하자. 규격상한을 벗어남에 따른 재가공비용은 폐기처분으로 인한 손실의 1/4이라고 할 때 조립품의 목표 가공길이는 얼마로 하는 것이 좋은가? 단, 제품 길이는 정규분포를 따른다고 한다.

9.15 식 (9.10)과 (9.14)에 의해 구한 C_{pk}가 서로 동일함을 보여라.

9.16 식 (9.19)가 성립함을 보여라.

이 장에서는 공정능력분석을 위한 다양한 평가지표들에 대해 학습하였다. 공정능력분석에 대한 일반적인 지식은 배도선 등(1998), Montgomery(2012), Pearn and Kotz(2006) 등의 통계적품질관리 전문서적이나 Clements(1989)의 출판물을 참고하면 될 것이다. 특히, Montgomery(2012)는 공정능력지수의 신뢰구간을 포함해 공정능력지수 관련 폭넓은 지식을 소개하고 있다. 다변량공정능력지수에 대해서는 Taam et al.(1993)과 Wierda(1993)을, 그리고 비정규분포를 따르는 데이터의 공정능력분석을 위해서는 Clements(1989)를 참고하면 될 것이다.

1. 배도선, 류문찬, 권영일, 윤원영, 김상부, 홍성훈, 최인수(1998), 최신 통계적 품질관리, 영지문화사.

2. 소순진, 정충우, 문태을, 김정빈, 홍성훈(2022), "차량용 백색 LED 패키지의 색 좌표 품질개선," 품질경영학회지, 50, 425-440.

3. 염봉진, 김성준, 서순근, 변재현, 이승훈(2013), "다구치 강건설계 방법: 현황과 과제," 대한산업공학회지, 39, 325-341.

4. 이형근, 홍용민, 강성우(2021), "열화상 이미지 분석을 통한 배전 설비 공정능력지수 감지 시스템 개발," 품질경영학회지, 49, 327-340.

5. Clements, J. A.(1989), "Process Capability Calculations for Non-Normal Distributions," Quality Progress, 22(2), 95-100.

6. Kotz, S. and Lovelace, C. R.(1998), Process Capability Indices in Theory and Practice, Arnold, London.

7. Kotz, S. and Johnson, N.(2002), "Process Capability Indices—A Review 1992-2000," Journal of Quality Technology, 34, 2-19.

8. Montgomery, D. C.(2012), Statistical Quality Control, 7th ed., Wiley.

9. Pearn W. L. and Kotz, S.(2006), Encyclopedia and Handbook of Process Capability Indices: A Comprehensive Exposition of Quality Control Measures, World Scientific.

10. Taam, W., Subbaiah, P. and Liddy, J. W.(1993), "A Note on Multivariate Capability Indices," Journal of Applied Statistics, 20, 339-351.

11. Wierda, S. J.(1993), "A Multivariate Process Capability Index," ASQC Quality Congress Transactions, 47, 342-348.

12. Yum B. J and Kim K. W.(2011), "A bibliography of the literature on process capability

indices: 2000-2009," Quality and Reliability Engineering International, 27(3): 251-268.

13. Yum B. J.(2023), "A bibliography of the literature on process capability indices (PCIs): 2010-2021, Part I: Books, review/overview papers, and univariate PCI-related papers," Quality and Reliability Engineering International, 39(4), 1413-1438.

14. Yum B. J.(2023), "A bibliography of the literature on process capability indices (PCIs): 2010-2021, Part II: Multivariate PCI- and functional PCI-related papers, special applications, software packages, and omitted papers," Quality and Reliability Engineering International, 39(4), 1439-1464.

◆ ◈ ⬡

측정시스템분석

목재 부품의 품질향상을 위한 측정시스템분석

측정시스템분석은 통계적 품질관리 및 공정관리에서 가장 먼저 요구되는 분석 절차이다. 특히 식스 시그마에서 문제해결을 위하여 적용되는 체계적인 접근방법인 DMAIC 절차의 M단계에서 반드시 수행하여야 할 분석 절차이다.

다음은 목재 부품의 품질 향상을 위하여 DMAIC 절차를 적용한 사례이다.[*] 이 목재 부품은 사무실 가구, 부엌 가구, 침실 가구 등에 사용되는 부품이며 그림 10.A와 같은 생산단계, 도장단계, 저장단계, 설치단계의 4가지 단계를 거쳐 생산된다.

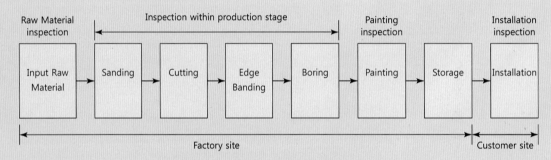

그림 10.A 생산, 도장, 저장, 설치의 4가지 단계

이 목재 부품 생산 공정에서 지난 6개월 동안 수집된 결함 데이터를 이용하여 파레토 차트를 작성한 결과가 그림 10.B와 같다. 결함 유형 중 드릴작업 결함(drilling defects)이 33.6%로 가장 크며, 다음으로 부정확한 측정(Incorrect measurements)이 22.3%로 많은 점유율을 나타내고 있다.

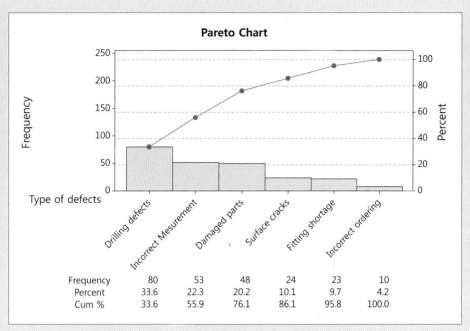

그림 10.B 목재 부품 결함에 대한 파레토 차트

이 사례에서는 먼저 M단계에서 측정시스템분석을 수행하여 부정확한 측정의 결함을 감소시키고, 다음으로 A단계에서 드릴작업 결함에 대한 개선을 수행하였다. M단계에서는 먼저 현 측정시스템에 대한 Gage R&R 연구를 수행하기로 하였다. 이를 위하여 목재 부품 생산공정에서 랜덤하게 10개 부품을 선정하였으며, 작업자 중에서 3명을 랜덤하게 선발하여 해당 부품을 3회 반복 측정하여 총 90개 데이터를 얻었다.•• 이 측정데이터에 대한 Minitab 분석 결과가 그림 10.C에 주어져 있다. 측정시스템분석 평가지표인 $\%R\&R$(Minitab의 %SV)은 46.79%으로 30%를 넘어서 불합격이며, $\%PTR$(Minitab의 %Tolerance)은 11.83%으로 10~30%이므로 조건부 합격이며, 구별범주의 수는 2로 5 미만이므로 불합격이다.

Source	StdDev(SD)	Study Var (6 x SD)	%Study Var (%SV)	%Tolerance (SV/Toler)
Total Gage R&R	0.0295737	0.177442	46.79	11.83
Repeatability	0.0277802	0.166681	43.95	11.11
Reproducibility	0.0101424	0.060854	16.05	4.06
Operator	0.0101424	0.060854	16.05	4.06
Part-To-Part	0.0558631	0335179	8838	22.35
Total Variation	0.0632083	0379250	100.00	25.28

Number of Distinct Categories=2

그림 10.C Gage R&R 분석(개선 전) Minitab 결과물

현 측정시스템을 개선하기 위하여 다음과 같은 내용의 조치를 취하였다.

- 작업자에게 해당 부품의 측정 방법에 대한 적절한 교육을 실시하였다.
- 필요한 제조 공차에 부합하는 적절한 측정 장비(게이지)를 채택하여 필요한 측정의 정밀도를 확보하였다.
- 측정 장비에 대한 효과적인 교정 및 유지 관리 절차를 문서화하였으며 작업자에게 정해진 교정주기로 해당 측정 장비의 교정(calibration)을 수행하는 교육을 실시하였다.
- 측정 시스템의 성능을 향상시키기 위하여 유효한 측정 절차, 정확한 이력 카드 및 교정 데이터의 정기적인 갱신 절차를 정립하였다.

개선 후 측정시스템에 대한 Gage R&R 연구를 다시 수행하였다. 이를 위하여 목재 부품 생산공정에서 랜덤하게 10개 부품을 선정하였으며, 작업자 중에서 3명을 랜덤하게 선발하여 해당 부품을 3회 반복 측정하여 총 90개 데이터를 얻었다.[***] 이 측정데이터에 대한 Minitab 분석 결과가 그림 10.D에 주어져 있다. 측정시스템분석 평가지표인 $\%R\&R$(Minitab의 %SV)은 20.66%으로 10~30%이므로 조건부 합격이며, $\%PTR$(Minitab의 %Tolerance)은 9.60%으로 10% 이내이므로 합격이며, 구별범주의 수는 6으로 5 이상이므로 합격이다. 결과적으로 개선된 측정시스템은 공정을 올바르게 모니터링하고, 부품의 합부 판정을 올바르게 수행할 능력이 있다고 판단된다.

Source	StdDev(SD)	Study Var (6 x SD)	%Study Var (%SV)	%Tolerance (SV/Toler)
Total Gage R&R	0.024002	0.144010	20.66	9.60
Repeatability	0.022963	0.137781	19.76	9.19
Reproducibility	0.006983	0.041895	6.01	2.79
Operator	0.006983	0.041895	6.01	2.79
Part-To-Part	0.113679	0.682073	97.84	45.47
Total Variation	0.116185	0.697110	100.00	46.47

Number of Distinct Categories=6

그림 10.D Gage R&R 분석(개선 후) Minitab 결과물

자료: [*] Li and Al-Refaie(2008).
[**] Li and Al-Refaie(2008), p.356, Table III.
[***] Li and Al-Refaie(2008), p.358, Table IV.

이 장은 SQC에서 일반적으로 가장 먼저 요구되는 분석 절차인 측정시스템 분석에 대하여 다룬다. 먼저 10.1절에서는 측정시스템 분석의 필요성, 측정시스템 용어, 측정시스템 분석 종류 등 측정시스템 분석의 개요를 소개한다. 10.2절에서는 계측기 자체의 반복성 및 편의를 기준으로 규격 내 부품을 측정할 능력이 있는지를 평가하는 분석 절차인 유형 1 연구(Type 1 Study)를 다룬다. 10.3절에서는 해당 계측기가 유형 1 연구에서 합격된 경우에 수행하는 전체 측정시스템에 대한 측정능력 평가 절차인 Gage R&R 연구에 대하여 살펴본다. Gage R&R 연구에서 측정작업자의 영향이 있는 경우의 연구를 유형 2 연구(Type 2 Study)라고 하며, 측정작업자의 영향이 없는 경우의 연구를 유형 3 연구(Type 3 Study)라고 한다. 유형 2 연구는 10.3절에서 다루며, 유형 3 연구는 참고문헌을 참고하기 바란다. 10.4절에서는 측정치가 범주형으로 얻어지는 측정시스템인 계수형 측정시스템(attribute measurement system)에 대한 분석 절차를 다룬다. 여기서는 유효성, 누락률, 허위경보율 계산 방법과 Kappa 통계량 계산 방법을 살펴본다. 10.5절에서는 측정불확도를 이용한 측정시스템 및 측정프로세스 분석 절차인 KS Q ISO 22514-7의 절차를 소개한다.

10.1 │ 개요

10.1.1 측정시스템 분석의 필요성

Eisenhart(1963)는 측정(measurements)을 "어떤 물질의 특정한 성질을 나타내기 위해 물질에 수치를 부여하는 것"이라고 정의하며, 수치를 부여하는 절차를 측정프로세스(measurement process), 부여된 수치를 측정치(measurement value)라 한다. 그리고 측정치를 얻기 위한 모든 장치의 총칭을 계측기 또는 게이지(gage)라고 하며, 작동법, 절차, 게이지와 다른 장비, 소프트웨어, 요원 등 측정치를 얻기 위해 사용되는 전체를 측정시스템(measurement system)이라 한다 (AIAG, 2010).

측정은 품질관리(제품관리), 공정관리에서 매우 중요한 역할을 하고 있다. 먼저, 품질관리(제

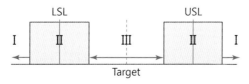

그림 10.1 제품 규격 및 판정 오류 영역

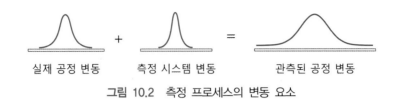

<table>
<tr><td>실제 공정 변동</td><td>측정 시스템 변동</td><td>관측된 공정 변동</td></tr>
</table>

그림 10.2 측정 프로세스의 변동 요소

품관리)에서는 측정시스템의 정확·정밀도로 인하여 제품의 품질 판정에 오류를 범할 수 있다. 즉, 그림 10.1과 같이 규격하한과 상한이 각각 LSL과 USL인 제품을 측정할 때 영역 I에서는 부적합품(불량품)을 부적합품(불량품)으로, 영역 III에서는 적합품(양품)을 적합품(양품)으로 올바르게 판정하게 된다. 그러나 규격하한(LSL) 부근과 규격상한(USL) 부근인 영역 II에서는 측정시스템의 정확·정밀도로 인하여 적합품을 부적합품으로, 부적합품을 적합품으로 잘못 판정할 수 있다.

또 측정시스템의 변동은 공정변동의 원인이 되므로 공정능력에 영향을 미치며, 공정관리를 올바르게 수행하지 못할 수 있다. 즉, 측정프로세스에서 얻어지는 측정치에는 실제 생산공정의 변동량, 계측기의 변동량, 측정자의 능력 차이로 인한 변동량이 수반되기 마련이다. 계측기의 변동량과 측정자의 변동량을 합한 것을 그림 10.2와 같이 측정시스템의 변동량이라고 한다.

이에 따라 공정능력지수 C_p, C_{pk} 등을 산출할 때 실제 공정의 변동량으로 평가되어야 하나 측정시스템의 변동이 포함되어 계산된다. 따라서 계산된 공정능력지수는 측정시스템의 변동량으로 인하여 실제 공정능력지수보다 나쁘게 나타날 수 있다. 이에 따라 공정의 부적합품률(불량률)이 측정시스템의 변동으로 인하여 실제보다도 증가하게 되며, 관리도를 이용하여 공정 모니터링을 수행할 때에도 측정시스템의 변동으로 인하여 허위경보(false alarm) 현상이 일어나거나 혹은 공정의 이상상태를 검출하지 못할 수도 있게 된다.

따라서 측정시스템 분석은 품질관리 및 공정관리에서 가장 먼저 요구되는 분석 절차이며, 만약 이 단계가 생략되거나 충분한 연구가 없으면 측정문제가 품질개선의 장애가 될 것이다.

10.1.2 측정시스템 용어

측정시스템의 오차(measurement system error)는 크게 정확도(accuracy)에 관련된 것과 정밀도(precision)에 관련된 다음의 2가지 종류로 대별된다.

- 정확도(accuracy)는 측정치와 참값(혹은 기준값)과의 일치하는 정도를 나타낸다. 여기서 기준값(reference value)은 비교를 위하여 합의된(협정된) 기준으로 사용되는 값으로, 참값의

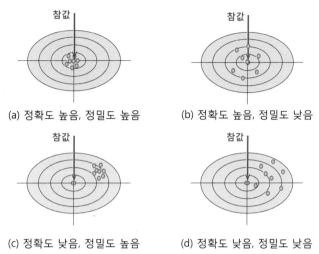

| (a) 정확도 높음, 정밀도 높음 | (b) 정확도 높음, 정밀도 낮음 |
| (c) 정확도 낮음, 정밀도 높음 | (d) 정확도 낮음, 정밀도 낮음 |

그림 10.3 정확도와 정밀도의 유형

대용으로 측정 가능한 값을 뜻한다.

- 정밀도(precision)는 같은 계측기로 같은 부품을 반복 측정하였을 때 측정치의 산포를 나타 낸다.

따라서 두 척도를 결합하면 그림 10.3과 같은 4가지 유형으로 구별할 수 있다. 한편 측정시스 템의 계측기에는 상기 두 척도와 연관이 있는 불확도란 용어도 널리 쓰이므로 개괄적으로 살펴 본다.

(1) 정확도(accuracy)

측정시스템의 정확도에 관련된 요소는 다음의 3가지로 세분된다.

① 편의(bias)

어떤 계측기로 동일한 제품을 그림 10.4(a)와 같이 측정할 때 얻어지는 측정치의 평균과 참값 또는 기준값과의 차이를 편의(또는 치우침)라고 부르고, 편의가 작은 경우를 정확도가 높다고 말한다.

측정물(measurand; 피측정물)의 참값(이후부터는 기준값으로 통칭함)을 x_t, 측정값을 y, y의 기댓값을 μ_y, 측정오차를 ϵ라 할 때, 다음 모형으로 정의할 수 있다.

$$y = x_t + \delta + \epsilon \tag{10.1}$$

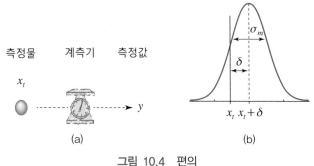

그림 10.4 편의

여기서, ϵ은 $N(0, \sigma_m^2)$를 따르며, σ_m^2은 측정오차의 분산이다. 따라서 편의 δ는 그림 10.4(b)로 나타낼 수 있다.

② 선형성(linearity)

선형성은 계측기의 측정범위 전 영역에 걸쳐서 편의가 일정한지를 평가하는 것이다. 그림 10.5와 같이 측정범위 전 영역에 걸쳐서 δ가 일정하면 선형성이 양호하다고 말한다.

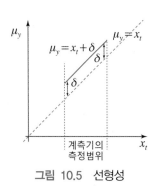

그림 10.5 선형성

③ 안정성(stability)

측정시스템의 안정성은 시간이 지남에 따른 동일 부품(시료)에 대한 측정결과의 변동 정도를 의미한다. 시간이 지남에 따라 측정된 결과가 서로 다른 경우, 그림 10.6과 같이 그 측정시스템은 안정성이 결여됐다고 말한다. 참고로 AIAG(2010)에서는 시간경과에 따른 편의의 변화량(drift)을 안정성(stability)이라고 칭하고, 시간경과에 따른 계측기의 산포인 반복성의 변화 정도를 일관성(consistency)이라고 구분하고 있다.

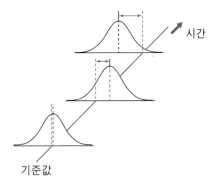

기준값

그림 10.6 안정성

(2) 정밀도(precision)

측정시스템의 정밀도에 관련된 요소는 다음의 2가지로 세분된다.

① 반복성(repeatability)

반복성은 동일의 평가자가 동일의 계측기를 갖고 동일한 부품을 측정하였을 때 파생되는 측정의 변동이다. 이때 그림 10.7의 왼편처럼 오른편과 달리 측정치의 산포가 작으면 반복성이 좋다고 말한다. 반복성을 계측기 변동(Equipment Variation: EV)이라고도 한다.

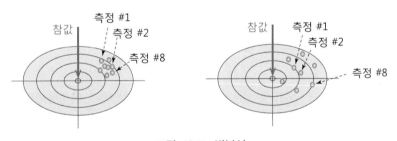

그림 10.7 반복성

② 재현성(reproducibility)

재현성은 측정자(평가자) 간의 차이를 말한다. 즉, 동일한 계측기로 동일한 부품을 측정하였을 때에 측정자 간에 나타나는 측정치의 변동으로서 평가자 변동(Appraiser Variation: AV)이라고 부른다. 그림 10.8의 왼편과 달리 오른편은 각 측정자의 반복성은 높으나 측정자 사이에 변동이 크면 재현성이 떨어진다고 말한다.

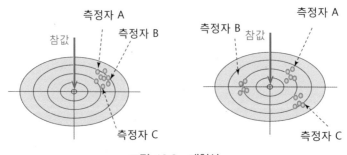

그림 10.8 재현성

③ Gage R&R

반복성과 재현성의 두 가지 변동을 합한 것, 즉 측정시스템의 변동을 'Gage R&R'이라고 부른다. 이런 이유로 측정시스템의 변동량 분석, 즉 측정시스템의 정밀도 분석을 'Gage R&R 연구'라고 칭한다.

10.1.3 측정시스템 분석 종류

(1) 계측기 분해능 요구사항

계측기 분해능(resolution; 해상도)은 아날로그 계측기이면 최소 눈금 단위이며, 디지털 계측기는 측정 가능한 최소 자리수를 뜻한다. 만일 눈금단위가 큰 아날로그 계측기라면 눈금구간의 반을 기준으로 한 측정단위를 사용할 수 있다(AIAG, 2010).

측정 시스템 분석 절차에서는 제일 먼저 계측기 분해능이 요구사항을 충족하고 있는지를 검토하여야 한다. ISO 22514-7: 2021에서는 평가대상의 계측기가 합부 판정용이면 공차(tolerance)의 1/20 이하, 공정관리용이면 공정 변동의 1/10 이하가 되어야 한다고 규정하고 있으며, GM(2010), Bosch(2003) 및 VDA(2011)에서는 공차의 5%(1/20) 이하가 되어야 한다고 규정하고 있다. 그리고 AIAG(2010)에서는 공차(혹은 공정 변동)의 1/10 이하가 되어야 한다고 규정하고 있다.

(2) 유형 1 연구

유형 1 연구(Type 1 Study)는 계측기 자체의 반복성(repeatability) 및 편의(bias)를 기준으로 규격(LSL~USL) 내의 부품을 측정할 능력이 있는지를 평가하는 분석 절차이다. 유형 1 연구를 위한 측정실험에서는 규격의 중앙부분에 해당되는 기준값이 알려진 1개의 기준용 표준(reference standard) 혹은 시료에 대하여 n 회 반복 측정한다. 측정실험의 데이터로부터 평균 $\bar{y}$ 와 표준편차 s를 구하여 반복성과 편의를 순차적으로 분석한다. 이에 대한 자세한 내용은 10.2절에서 다루기로 한다.

(3) Gage R&R 연구: 유형 2 연구

Gage R&R 연구는 계측기 자체의 산포인 반복성뿐만 아니라 측정자 사이의 산포인 재현성을 고려하여 측정시스템의 정밀도를 평가하는 방법이다. 측정작업자의 영향이 있는 경우의 Gage R&R 연구를 유형 2 연구(Type 2 Study)라고 칭하며, 측정작업자의 영향이 없는 경우의 Gage R&R 연구를 유형 3 연구(Type 3 Study)라고 칭한다.

Gage R&R 연구(유형 2 연구)를 위한 측정실험에서는 통상 10개의 시료(부품)를 공정에서 랜덤하게 추출하고, 해당 계측기를 사용하는 측정자 중에서 통상 3명 정도를 선정한 다음에, 각 측정자에게 시료(부품)를 랜덤하게 하나씩 제시하여 통상 2~3회 반복 측정하도록 한다. Gage R&R 연구에서는 위와 같은 측정실험을 수행하여 측정의 총변동량, 실제 공정의 변동량(부품 간 변동량), 반복성, 측정자 사이의 변동량(재현성)을 구분하여 각각을 추정한 다음에, 반복성의 분산과 재현성의 분산을 합하여 Gage R&R의 분산을 계산한다.

또한 이를 총변동량 혹은 규격의 공차에 대한 비율로 계산하여 해당 측정시스템이 품질관리 또는 공정관리용으로 사용하기에 적합한지를 평가하게 된다. 이에 대한 자세한 내용은 10.3절에서 다루기로 한다.

(4) Gage R&R 연구: 유형 3 연구

유형 3 연구(Type 3 Study)는 측정자의 영향이 없는 경우에 대한 Gage R&R 연구이다. 일례로 자동측정장비(automatic measuring device)를 사용하여 측정하는 경우에는 측정자의 영향은 없으므로, 이러한 경우에는 측정자 사이의 변동량인 재현성은 없고, 반복성만 존재한다.

유형 3 연구에서는 측정실험을 수행한 다음에 실험계획법의 일원배치법 변량모형에 의하여 분석하여 측정의 총변동량, 실제 공정의 변동량(부품 간 변동량), 반복성을 구분하여 각각을 추정한다. 유형 3 연구에서는 재현성의 분산은 없으므로 반복성이 Gage R&R의 분산이 된다. 이에 대한 자세한 내용은 이승훈(2016)을 참고하기 바란다.

(5) 선형성분석

선형성은 계측기의 측정범위 내에서 측정의 일관성을 평가하는 것이다. 즉, 계측기의 측정범위 전체에서 편의값이 일정하면 선형성이 좋다고 말한다. 선형성 분석(linearity analysis)을 일반적으로 유형 4 연구(Type 4 Study)라고 칭하고 있으며, 대표적인 선형성 분석 절차는 AIAG(2010)

의 선형성 결정 지침(Guidelines for Determining Linearity)에 의한 방법이다.

즉, AIAG(2010)의 절차에서는 선형성 분석을 위한 측정실험을 수행하여 얻어진 측정데이터로부터 편의값과 기준값 사이의 회귀직선(regression line)을 구한 다음에 통계적 가설검정을 통하여 회귀직선의 기울기와 절편이 동시에 '0'이라고 판정되면(그림 10.5에서 $\delta = 0$ 인 경우와 동일) 선형성을 합격이라고 판정한다. 이에 대한 자세한 내용은 해당 표준규격과 이승훈(2016)을 참고하기 바란다.

(6) 안정성분석

측정시스템의 안정성(stability)은 시간이 지남에 따른 동일 부품(시료)에 대한 측정결과의 변동 정도를 의미한다. 시간이 지남에 따라 측정된 결과가 서로 다른 경우, 그 측정시스템은 안정성이 결여됐다고 말한다. 따라서 측정시스템의 안정성이 결여되는지를 확인(모니터링)하기 위하여 주기적으로 평가하여야 한다. 측정시스템의 안정성 분석을 일반적으로 유형 5 연구(Type 5 Study)라고 칭하고 있으며, 6장의 $\overline{X} - R$ 또는 $\overline{X} - s$ 계량형 관리도를 이용하는 방법이 일반적이다.

즉, 안정성을 분석하는 방법으로 반복측정이 가능한 경우에는 $\overline{X} - R$ 관리도 혹은 $\overline{X} - s$ 관리도를 사용하며, 1회 측정만 실시하는 경우에는 $X - R_m (I - MR)$ 관리도가 사용될 수 있다. 평균용 관리도($\overline{X}$ 관리도, X 관리도)를 이용하여 계측기의 정확도(편의)를 모니터링하고, 산포용 관리도(R 관리도, S 관리도, R_m 관리도)를 이용하여 계측기의 정밀도(반복성)를 모니터링한다.

안정성 평가를 위한 관리도 운영은 공정에서의 해석용 관리도(단계 I) 운영과 기본적으로 같지만 약간의 차이가 있다. 공정 관리도의 경우에는 측정하는 시료가 공정으로부터 추출되어 계속 바뀌고, 측정도 1회만 이루어진다. 그러나 안정성 평가를 위한 관리도의 경우에는 측정시스템의 정확도와 반복성을 동시에 모니터링해야 되기 때문에 매번 동일한 표준시료(master sample)를 3~5회 정도를 반복 측정한다.

측정시스템의 통계적 안정성은 동일한 표준시료에 대해 시간적인 간격을 두고 계측기로 측정하여, 타점통계량(평균, 범위 혹은 표준편차)을 관리도에 타점함으로써 판단할 수 있다. 이때에는 관리한계선 밖에 타점되는 점들을 찾는 것뿐만 아니라 경향성 같은 것을 찾는 것도 중요하다. 만약 관리한계선 밖에 타점되는 점이 있거나 특정한 주기나 경향성이 있으면 측정시스템이 안정적이라 할 수 없다.

이에 대한 자세한 내용은 해당 표준규격과 이승훈(2016)을 참고하기 바란다.

(7) 계수형 측정시스템 분석

계수형 측정시스템(attribute measurement system)은 측정치가 범주형으로 얻어지는 측정시스 템이다. 예를 들어, 측정자(평가자)가 Go/No-GO 게이지를 사용하여 '합격, 불합격'의 2가지 범주로 판정하는 경우, 혹은 관능검사와 같은 사람의 주관적인 판단으로 제품의 품질을 평가하여 합부여부나 '상/중/하'의 3가지 범주 등으로 판정하는 경우가 계수형 측정시스템에 해당된다. 계수형 측정시스템 분석 절차는 유형 6 연구(Type 6 Study)로 칭하기도 하며, AIAG(2010)의 방법이 대표적이다. 이에 대한 자세한 내용은 10.4절에서 다룬다.

10.2 │ 유형 1 연구

유형 1 연구(Type 1 Study)는 계측기 자체의 반복성 및 편의를 기준으로 규격 내 부품을 측정할 능력이 있는지를 평가하는 분석 절차이다. 이를 위한 측정실험에서는 규격의 중앙부분에 해당되는 기준값(또는 참값) x_t가 알려진 1개의 기준용 표준(reference standard) 혹은 시료에 대하여 그림 10.9와 같이 n회 독립적으로 반복 측정한다. 반복 측정횟수 n은 AIAG(2010)에서는 10회 이상을, VDA(2011)에서는 25회 이상을 권고하고 있다.

n회 반복측정 데이터 $y_1, y_2, \cdots, y_n$으로부터 평균 $\bar{y}$와 표준편차 s를 다음과 같이 계산한다.

$$\bar{y} = \frac{\sum_{i=1}^{n} y_i}{n}, \qquad s = \sqrt{\frac{\sum_{i=1}^{n}(y_i - \bar{y})^2}{n-1}}$$

편의 δ의 추정치는 $\hat{\delta} = \bar{y} - x_t$가 되며, σ_m의 추정치는 $\hat{\sigma}_y = \hat{\sigma}_m = s$가 된다. 따라서 y_i가 독립이고 동일한(independent and identically distributed: iid) $N(x_t + \delta, \sigma_m^2)$를 따른다면, 편의

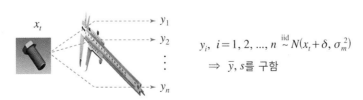

$$y_i, \ i = 1, 2, ..., n \overset{\text{iid}}{\sim} N(x_t + \delta, \sigma_m^2)$$
$$\Rightarrow \bar{y}, s \text{를 구함}$$

그림 10.9 유형 1 연구의 측정실험

δ에 대한 $100(1-\alpha)\%$ 신뢰구간은

$$\hat{\delta} \pm t_{(n-1,\alpha/2)}\, s/\sqrt{n} \tag{10.2}$$

(단, $t_{(\phi,\alpha)}$은 자유도 ϕ인 t 분포의 $1-\alpha$ 분위수임.)

가 된다(부록 A.3 참고). 또한 귀무가설 $H_0 : \delta = 0$에 관한 검정통계량은 $t_0 = \dfrac{\bar{y}-x_t}{s/\sqrt{n}}$이며, 기각역은 $|t_0| \geq t_{(n-1,\alpha/2)}$가 된다.

그리고 $\hat{\sigma}_m^2$인 s^2은 반복성(Equipment Variation: EV)에 관련된 추정치이며, σ_m^2에 대한 $100(1-\alpha)\%$ 신뢰구간은 카이제곱 분포의 자유도가 $\phi = n-1$이므로 다음과 같이 구할 수 있다(부록 A.3 참고).

$$\left[s^2 \frac{n-1}{\chi^2_{(n-1,\frac{\alpha}{2})}}, \ s^2 \frac{n-1}{\chi^2_{(n-1,1-\frac{\alpha}{2})}} \right] \tag{10.3}$$

(여기서, $\chi^2_{(\phi,\alpha)}$은 자유도 ϕ인 카이제곱 분포의 $1-\alpha$ 분위수임.)

예제 10.1 다음은 어떤 계측기에 의해 참값인 4.1000인 농도를 5회 측정한 결과이다. 편의에 대한 95% 신뢰구간을 구하고 편의가 0인지를 유의수준 5%에서 검정하라. 또한 반복성을 추정하고 이에 대한 95% 신뢰구간도 구하라.

$$4.1025, \ 4.0820, \ 4.1105, \ 4.1110, \ 4.0960$$

$\bar{y}=4.1004$, $s=0.0120$이므로 편의 $\hat{\delta}$는 0.0004, 반복성(EV) $\hat{\sigma}_m^2$인 s^2은 0.000144로 추정된다. 편의와 반복성에 대한 95% 신뢰구간은 부록 표 C.2의 t 분포표와 부록 표 C.3의 카이제곱 분포표로부터 찾아서 식 (10.2)와 (10.3)에 대입하여 구하면 다음과 같다.

$$\delta : \left[0.0004 - 2.776\frac{0.0120}{\sqrt{5}} = -0.01450, \ 0.0004 + 2.776\frac{0.0120}{\sqrt{5}} = 0.01530 \right]$$

$$\sigma_m^2 : \left[0.000144\frac{4}{11.14} = 0.00005, \ 0.000144\frac{4}{0.48} = 0.00120 \right]$$

그리고 편의가 0인지 가설검정을 수행하면

$$t_0 = \frac{4.1004 - 4.1}{0.0120/\sqrt{5}} = 0.07 < t_{(4, 0.025)} = 2.776$$

이므로, 편의는 0이라고 볼 수 있다.

(1) AIAG의 분석법

AIAG(2010)에서는 유형 1 연구를 편의 결정 지침(Guidelines for Determining Bias)-독립표본방법(Independent Sample Method)으로 칭하며, 전술한 예제처럼 통계적 가설검정에 의하여 계측기의 편의가 적합한지를 판정한다. AIAG의 절차에서는 계측기의 반복성과 편의를 다음과 같은 절차로 각각 따로 순차적으로 분석한다.

① 먼저 반복성이 적합한지를 판정하기 위하여 $\%EV = (6s/TV) \times 100$를 계산한다. TV는 총변동으로 여기서는 공차($USL - LSL$) 혹은 총변동량($6\hat{\sigma}_m = 6s$)으로 하여 분석한다. 반복성이 기준(30% 이하)에 미달되면 불합격시키고, 적합하면 다음 편의분석으로 진행한다.

② 편의분석에서는 식 (10.2)의 검정통계량 t_0를 계산하여, 기각역에 속하면 편의가 0이 아니라고 판정하며 해당 계측기는 불합격으로 처리한다.

예제 10.2 어떤 제조업체에서 생산하는 부품의 치수를 측정하는 계측기의 측정능력을 평가하고자 한다. 이 계측기는 측정단위가 0.001mm인 디지털 마이크로미터이며, 해당 부품의 치수 규격은 6 ± 0.03mm이다. 유형 1 연구를 위한 측정실험을 수행하기 위하여 기준값 x_t이 6.002mm인 게이지 블록을 이 계측기로 50회 반복 측정하여 표 10.1과 같은 데이터 (VDA, 2011: 57)를 얻었다. 다음 물음에 답하라.

(1) 이 계측기의 분해능이 적합한지를 판정하라. 단, 판정기준은 1/20=5% 기준을 적용한다.

표 10.1 부품 치수 측정 데이터

6.001	6.001	6.001	6.002	6.002	6.002	6.001	6.001	6.000	6.002
6.002	6.001	6.000	6.002	6.002	6.000	6.001	6.000	6.001	6.001
6.001	6.000	6.001	6.002	6.002	5.999	6.000	6.000	6.002	6.002
6.001	5.999	6.002	6.002	6.002	6.002	5.999	5.999	6.001	6.001
6.002	6.001	6.002	6.000	6.000	6.002	5.999	5.999	6.002	6.001

(2) AIAG(2010)의 절차(편의 결정 지침-독립표본방법)에 의한 계측기 측정능력(반복성 및 편의)을 평가하라. 단, 반복성과 편의분석을 위한 유의수준 α 는 각각 0.05(5%)로 한다.

(1) 계측기의 분해능 $RE = 0.001$ 이고 공차 $TOL = USL - LSL = 6.03 - 5.97 = 0.06$ 이므로 $\%RE = \dfrac{RE}{USL-LSL} \times 100 = \dfrac{0.001}{0.06} \times 100 = 1.67\%$ 이다. $\%RE$ 가 5% 이내 이므로 분해능은 적합으로 판정한다.

(2) $n = 50$ 의 측정데이터로부터 $\bar{y} = 6.0009$, $s = 0.000995$ 이다. 먼저 반복성을 구하면

$$\%EV = \frac{6s}{USL-LSL} \times 100 = \frac{6 \times 0.000995}{6.03-5.97} \times 100 = 9.95\%$$

$\%EV$ 가 30% 이하이므로 반복성은 합격으로 판정한다.

그리고 편의에 대한 검정통계량 $t_0 = \dfrac{6.0009 - 6.002}{0.000995/\sqrt{50}} = -7.818$ 이므로, 기각역 $|t_0| > t_{49, 0.25} = 2.0096$(부록 표 C.2의 t 분포표에서 보간법으로 구하거나 Minitab을 이용함)에 속하므로 H_1 인 $\delta \neq 0$ 이라고 판정한다. 즉, 편의 측면에서 이 계측기는 불합격이 된다.

---

(2) 계측기 능력지수에 의한 방법

자동차 회사인 GM과 Bosch 등에서는 측정실험의 데이터로부터 평균 $\bar{y}$ 와 표준편차 s 를 구하여 다음의 계측기 능력지수(gage capability indices) C_g 와 C_{gk} 를 계산하여, C_g, $C_{gk} \geq 1.33$ 이면 해당 계측기는 합격으로 판정한다.

$$C_g = \frac{0.2(USL-LSL)}{6s}$$

$$C_{gk} = \frac{0.1(USL-LSL) - |\bar{y} - x_t|}{3s}$$

평가지표 C_g 는 공정능력지수 C_p 와 유사한 개념으로 C_g 의 g 는 계측기(gage)를 뜻하며 C_g 는 계측기 능력지수를 나타낸다. C_g 는 계측기의 반복성만 고려하여 규격이 LSL~USL인 해당 부품을 측정할 능력이 있는지 평가하는 지표이며, 평가지표 C_{gk} 는 계측기의 반복성 및 편의를 동시에 고려하여 규격이 LSL~USL인 해당 부품을 측정할 능력이 있는지 평가하는 지표이다.

만일 편의(bias)=0인 경우에는 $C_g = C_{gk}$ 가 되며, 편의(bias)$\neq$0인 경우에는 $C_g > C_{gk}$ 가 된다. 그러므로 C_g 와 C_{gk} 값을 1.33을 기준으로 설명하면 다음과 같다.

① $C_g \geq 1.33$, $C_{gk} \geq 1.33$인 경우: 계측기의 반복성 및 편의 모두 합격인 상황

② $C_g \geq 1.33$, $C_{gk} < 1.33$인 경우: 계측기의 반복성은 합격, 편의는 불합격인 상황

③ $C_g < 1.33$, $C_{gk} < 1.33$인 경우: 계측기의 반복성 및 편의 모두 불합격인 상황

예제 10.3 예제 10.2의 표 10.1의 데이터에 대해 계측기 능력지수에 의한 유형 1 연구를 수행하라.

C_g와 C_{gk}를 계산하면

$$C_g = \frac{0.2\,(USL - LSL)}{6\,s} = \frac{0.2\,(6.03 - 5.97)}{6 \times 0.000995} = 2.01$$

$$C_{gk} = \frac{0.1\,(6.03 - 5.97) - |6.0009 - 6.002|}{3 \times 0.000995} = 1.64$$

이므로 C_g와 C_{gk}가 모두 1.33 이상이 되어 합격으로 판정한다. 즉, 통계적 가설검정에 의해 반복성을 분리하여 편의를 불합격으로 판정한 AIAG의 방법과는 달리 여기서는 편의를 반복성과 결합한 척도에 의해 합격으로 판정하고 있다.

---

(3) 두 계측기의 비교

두 계측기에 대해 편의와 반복성 측면에서 비교해보자. 그림 10.10과 같이 기준값이 알려진 1개의 표준시료에 대해 각 계측기에 의해 독립적으로 n회씩 반복 측정하는 경우를 고려하자.

두 계측기의 편의가 δ_1과 δ_2이고, 측정오차의 분산(반복성)이 σ_{m1}^2, σ_{m2}^2일 때, 계측기별로 각 측정치로부터 구한 평균을 $\overline{y}_1$, $\overline{y}_2$, 표준편차를 s_1, s_2라 하자.

먼저 두 계측기의 반복성이 동일한지($H_0 : \sigma_{m1}^2 = \sigma_{m2}^2$)를 다음 검정통계량과 기각역에 의해 검정할 수 있다.

검정통계량: $F_0 = \dfrac{s_1^2}{s_2^2}$ (10.4)

기각역: $F_0 \geq F(n-1, n-1; \alpha/2)$ 또는 $F_0 \leq F(n-1, n-1; 1-(\alpha/2))$

만약 상기의 검정에서 반복성이 동일하다면 편의의 동일성($H_0 : \delta_1 = \delta_2$)에 대해 등분산을 반영한 2-표본 t 검정을 적용한다.

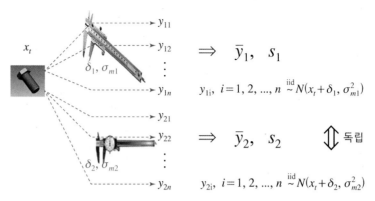

$$y_{1i}, \ i = 1, 2, \dots, n \overset{iid}{\sim} N(x_t + \delta_1, \sigma_{m1}^2)$$

$$y_{2i}, \ i = 1, 2, \dots, n \overset{iid}{\sim} N(x_t + \delta_2, \sigma_{m2}^2)$$

그림 10.10 유형 1 연구 측정실험: 두 계측기 비교

검정통계량: $t_0 = \dfrac{\bar{y}_1 - \bar{y}_2}{s_p \sqrt{2/n}}$ (10.5)

(여기서, $s_p^2 = \dfrac{(n-1)s_1^2 + (n-1)s_2^2}{2n-2} = \dfrac{s_1^2 + s_2^2}{2}$ 은 동일한 반복성에 관한 합동 추정치임.)

기각역: 자유도가 $\phi = 2n - 2$ 인 t 분포의 기각치를 적용한다.

$$|t_0| \geq t_{(\phi, \alpha/2)} \quad (H_1 : \delta_1 \neq \delta_2)$$

$$t_0 \geq t_{(\phi, \alpha)} \quad (H_1 : \delta_1 > \delta_2)$$

$$t_0 \leq -t_{(\phi, \alpha)} \quad (H_1 : \delta_1 < \delta_2)$$

만약 상기의 검정에서 반복성이 동일하지 않을 때 편의의 동일성($H_0 : \delta_1 = \delta_2$)에 대해 검정한다면 다음과 같은 근사적인 2-표본 t 검정을 적용한다.

검정통계량: $t_0 = \dfrac{\bar{y}_1 - \bar{y}_2}{\sqrt{s_1^2/n + s_2^2/n}}$ (10.6)

기각역: Satterthwaite의 근사법에 의해 자유도가

$$\phi = \frac{(s_1^2/n + s_2^2/n)^2}{s_1^4/[(n-1)n^2] + s_2^4/[(n-1)n^2]} = \frac{(n-1)(s_1^2 + s_2^2)^2}{s_1^4 + s_2^4} \text{인}$$

t 분포의 기각치를 적용하며, 자유도는 보수적으로 상기 값을 절사한 정수값을 권장한다.

예제 10.4 두 계측기에 의해 독립적으로 동일한 스낵과자 길이를 계측하여 얻은 결과가 표 10.2에 요약되어 있다. 두 계측기에서 반복성과 편의에 대해 각각 유의수준 5%에서 검정하라.

표 10.2 두 계측기에 의한 스낵과자 치수 측정결과

구 분	계측기 1	계측기 2
측정횟수	10	10
평균(cm)	2.84	2.88
표준편차(cm)	0.06	0.04

(1) 반복성 비교

먼저 반복성이 동일한지 검정하면 식 (10.4)로부터 $F_0 = \dfrac{0.06^2}{0.04^2} = 2.25 < F(9,9;0.025) = 4.03$(부록 표 C.4)이므로 두 계측기의 반복성은 동일하다고 볼 수 있다.

(2) 편의 비교

(1)에서 분산이 동일하다고 볼 수 있으므로, $s_p = \sqrt{(0.06^2 + 0.04^2)/2} = 0.051$이 되어 식 (10.5)에 대입하면 부록 표 C.2로부터

$$t_0 = \frac{2.84 - 2.88}{0.051\sqrt{2/10}} = -1.75 < -t_{(18, 0.025)} = -2.101$$

이므로 두 계측기는 편의 측면에서 동일하다고 볼 수 있다.

10.3.1 Gage R&R 연구 개요

유형 1 연구는 계측기 자체의 반복성 및 편의를 기준으로 해당 부품을 측정할 능력이 있는지를 평가하는 분석 절차로 이 연구를 수행하여 합격으로 판정되면, 전체 측정시스템에 대한 측정능력을 평가하여야 한다. 전체 측정시스템에 대한 측정능력을 평가하는 절차를 통상 Gage R&R 연구라고 칭하고, 측정작업자의 영향이 있는 경우의 Gage R&R 연구를 유형 2 연구라고 칭하며, 측정작업자의 영향이 없는 경우의 Gage R&R 연구를 유형 3 연구라고 칭한다.

생산공정의 측정프로세스에서 얻어지는 측정의 총변동량(σ_T^2)은 실제 생산공정의 변동량(σ_p^2)에 측정시스템의 변동량($\sigma_{R\&R}^2$)이 포함되어 나타난다. Gage R&R 연구에서는 측정실험을 수행하여 측정의 총변동량을 실제 공정의 변동량(제품 간 변동량), 반복성, 측정자 간의 변동량(재현성)을 구분해 각각을 추정한 다음, 반복성과 재현성의 합에 관련된 변동량(R&R)을 총변동량 혹은 규격의 공차에 대한 비율로 계산하여 해당 측정시스템이 품질관리(제품관리) 또는 공정관리용으로 사용하기에 적합한지를 평가하게 된다.

전형적인 Gage R&R 연구를 위한 측정실험에서는 통상적으로 10개의 부품에 대하여 3명의 측정자로 하여금 2~3회 반복 측정하게 한다. 측정실험의 데이터가 얻어지면 ① 평균과 범위 방

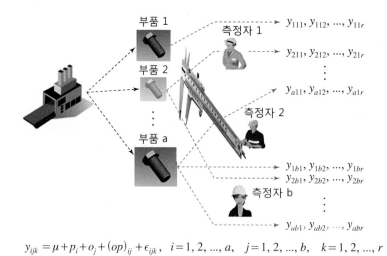

$$y_{ijk} = \mu + p_i + o_j + (op)_{ij} + \epsilon_{ijk}, \quad i = 1, 2, ..., a, \quad j = 1, 2, ..., b, \quad k = 1, 2, ..., r$$
$$\overset{iid}{\sim} N(\mu, \sigma_T^2 = \sigma_p^2 + \sigma_o^2 + \sigma_{op}^2 + \sigma_m^2)$$

그림 10.11 Gage R&R 연구: 유형 2 연구의 측정실험

법($\overline{X} - R$ method), ② 분산분석 방법(ANOVA method) 등 2가지 분석 절차를 적용할 수 있다. 평균과 범위 방법에서는 부품과 측정자 사이의 교호작용이 없다고 가정하여 분석한다. 그러나 분산분석 방법에서는 이 교호작용을 명시적으로 고려하여 분석하므로, 부품과 측정자 간의 교호 작용이 존재하는(유의한) 경우에는 분산분석 방법이 더 엄밀한 방법이라고 할 수 있다. 이 절에서는 분산분석 방법에 의한 Gage R&R 연구 절차에 대해서 먼저 자세하게 살펴보고, 평균과 범위방법을 간략하게 기술한다.

부품은 그림 10.11과 같이 생산공정에서 랜덤하게 a개를 선택한 것이므로 변량인자이며, 측정자도 해당 계측기를 사용하는 많은 사람 중에서 랜덤하게 b명을 선택한 것이므로 변량인자에 속한다. 실험계획법에서 실험에 고려된 인자가 2개인 경우를 이원배치법(two-way factorial design)이라 부르며, 모든 인자가 변량인자인 경우의 모형을 변량모형이라고 칭한다. 따라서 Gage R&R 연구에서의 분산분석법은 실험계획법의 이원배치법 변량모형으로 분석하는 방법에 속한다.

10.3.2 분산분석 방법

부품 i를 j번째 측정자가 k번째 측정한 측정데이터 y_{ijk}의 데이터 구조식은 다음과 같다.

$$y_{ijk} = \mu + p_i + o_j + (op)_{ij} + \epsilon_{ijk} \tag{10.7}$$

$$i = 1, 2, \cdots, a, \ j = 1, 2, \cdots, b, \ k = 1, 2, \cdots, r$$

(여기서, μ: 전체 평균

p_i: 부품 i의 효과

o_j: 측정자 j의 효과

$(op)_{ij}$: 부품 i과 측정자 j의 교호작용

e_{ijk}: 측정오차)

여기서 p_i, o_j, $(op)_{ij}$, ϵ_{ijk}는 다음과 같은 정규분포를 따르고, 서로 독립이라고 가정한다.

$$p_i \sim N(0, \sigma_p^2)$$

$$o_j \sim N(0, \sigma_o^2)$$

$$(op)_{ij} \sim N(0, \sigma_{op}^2)$$

$$\epsilon_{ijk} \sim N(0, \sigma_e^2)$$

따라서 그림 10.11과 같이 y_{ijk}의 기댓값은 μ이고 분산이 $\sigma_T^2 = \sigma_p^2 + \sigma_o^2 + \sigma_{op}^2 + \sigma_m^2$인 정규분포를 따른다.

(1) 분산분석표 작성

b명의 측정자가 a개의 표본(부품)을 각각 r번 반복 측정한 데이터가 표 10.3과 같다고 하자. 먼저 표 10.3의 측정 데이터로부터 분산분석표를 작성한다. 이원배치법으로부터 각 요인의 제곱합 SS의 계산 공식은 다음과 같다.

$$SS_T = \sum_i \sum_j \sum_k (y_{ijk} - \bar{\bar{y}})^2$$

$$SS_p = \sum_{i=1}^{a} \sum_{j=1}^{b} \sum_{k=1}^{r} (\bar{y}_{i\,.\,.} - \bar{\bar{y}})^2$$

$$SS_o = \sum_{i=1}^{a} \sum_{j=1}^{b} \sum_{k=1}^{r} (\bar{y}_{.\,j\,.} - \bar{\bar{y}})^2 \tag{10.8}$$

$$SS_{op} = \sum_{i=1}^{a} \sum_{j=1}^{b} \sum_{k=1}^{r} (\bar{y}_{ij\,.} - \bar{y}_{i\,.\,.} - \bar{y}_{.\,j\,.} + \bar{\bar{y}})^2 = SS_T - SS_p - SS_o - SS_e$$

$$SS_e = \sum_{i=1}^{a} \sum_{j=1}^{b} \sum_{k=1}^{r} (y_{ijk} - \bar{y}_{ij\,.})^2$$

표 10.3 Gage R&R 연구: 유형 2 연구를 위한 측정실험의 측정 데이터

측정자 〵 부품	1	2	⋯	a	측정자 평균
1	y_{111} ⋮ y_{11r}	y_{211} ⋮ y_{21r}	⋯	y_{a11} ⋮ y_{a1r}	$\bar{y}_{.\,1\,.}$
2	y_{121} ⋮ y_{12r}	y_{221} ⋮ y_{22r}	⋯	y_{a21} ⋮ y_{a2r}	$\bar{y}_{.\,2\,.}$
⋮	⋮	⋮	⋮	⋮	⋮
b	y_{1b1} ⋮ y_{1br}	y_{2b1} ⋮ y_{2br}	⋯	y_{ab1} ⋮ y_{abr}	$\bar{y}_{.\,b\,.}$
부품 평균	$\bar{y}_{1\,.\,.}$	$\bar{y}_{2\,.\,.}$	⋯	$\bar{y}_{a\,.\,.}$	$\bar{\bar{y}}$

표 10.4 분산분석표: 유형 2 연구

요인	SS	DF	MS	F비
부품	SS_p	$\phi_p = a-1$	MS_p	MS_p / MS_{op}
측정자	SS_o	$\phi_o = b-1$	MS_o	MS_o / MS_{op}
측정자×부품	SS_{op}	$\phi_{op} = (a-1)(b-1)$	MS_{op}	MS_{op} / MS_e
반복성	SS_e	$\phi_e = ab(r-1)$	MS_e	
전체	SS_T	$\phi_T = abr-1$		

각 요인의 제곱합 SS를 자유도로 나누어 평균제곱 MS를 계산한 후에 각 요인들이 통계적으로 유의한지를 검정하기 위한 검정통계량 F_0를 계산한다. 이를 정리한 분산분석표가 표 10.4에 주어져 있다. 여기서 만약 측정자×부품이 유의하지 않으면 반복성에 풀링(pooling)한다.

(2) 분산성분의 추정

표 10.4의 분산분석표로부터 각 요인의 분산성분을 추정하게 된다. 이를 위해 평균제곱(MS)의 기댓값을 구하면 식 (10.9)와 같다.

$$
\begin{aligned}
E(MS_p) &= br\sigma_p^2 + r\sigma_{op}^2 + \sigma_m^2 \\
E(MS_o) &= ar\sigma_o^2 + r\sigma_{op}^2 + \sigma_m^2 \\
E(MS_{op}) &= r\sigma_{op}^2 + \sigma_m^2 \\
E(MS_e) &= \sigma_m^2
\end{aligned}
\tag{10.9}
$$

식 (10.9)의 평균제곱의 기댓값에서 기댓값 기호(E)를 빼고, 각 분산에 추정치 기호를 사용하여 구성된 연립방정식으로부터 각 분산에 관해 풀면, 식 (10.10)과 같은 각 분산성분의 불편추정량(unbiased estimator)을 얻을 수 있다. 만일 어떤 요인의 분산성분에 대한 추정값이 음수로 계산되면, 이 분산성분에 대한 추정값은 0으로 둔다.

$$
\begin{aligned}
\hat{\sigma}_p^2 &= \frac{MS_p - MS_{op}}{br} \\
\hat{\sigma}_o^2 &= \frac{MS_o - MS_{op}}{ar} \\
\hat{\sigma}_{op}^2 &= \frac{MS_{op} - MS_e}{r} \\
\hat{\sigma}_m^2 &= MS_e
\end{aligned}
\tag{10.10}
$$

따라서 반복성에 관한 분산은 $\hat{\sigma}^2_{Rpt} = \hat{\sigma}^2_m$ 이 되며, 재현성에 관한 분산은 $\hat{\sigma}^2_{Rpd} = \hat{\sigma}^2_o + \hat{\sigma}^2_{op}$ 으로 계산한다. 따라서 반복성과 재현성의 합인 Gage R&R의 분산은 $\hat{\sigma}^2_{R\&R} = \hat{\sigma}^2_{Rpt} + \hat{\sigma}^2_{Rpd}$ 으로 계산한다. 그리고 총변동의 분산은 $\hat{\sigma}^2_T = \hat{\sigma}^2_{R\&R} + \hat{\sigma}^2_p$ 으로 계산한다.

만약 교호작용이 유의하지 않으면 이 항은 반복성에 풀링하므로 MS_e는 $(SS_e + SS_{op})/(abr - a - b + 1)$로 재계산하며, 식 (10.10)의 위편 두 식에서 MS_{op}대신 MS_e를 대입하여 차감하면 된다(연습문제 10.5 참고).

그리고 각 분산에 대한 신뢰구간을 구하기 위한 카이제곱 분포의 자유도(괄호 안은 풀링할 경우)는 다음과 같다(Vardeman and Jobe(2016); 연습문제 10.13 참고).

반복성: $\phi_{Rpt} = ab(r-1) \ (abr-a-b+1)$ (10.11)

$$\text{재현성: } \phi_{Rpd} = \frac{r^2 \hat{\sigma}^4_{rpd}}{MS_o^2/[a^2(b-1)] + (a-1)MS_{op}^2/[a^2(b-1)] + MS_e^2/[ab(r-1)]}$$

$$= \left(\frac{r^2 \hat{\sigma}^4_{rpd}}{MS_o^2/[a^2(b-1)] + MS_e^2/(abr-a-b+1)} \right)$$

$$\text{Gage R\&R: } \phi_{R\&R} = \frac{r^2 \hat{\sigma}^4_{R\&R}}{MS_o^2/[a^2(b-1)] + (a-1)MS_{op}^2/[a^2(b-1)] + (r-1)MS_e^2/(ab)}$$

$$= \left(\frac{r^2 \hat{\sigma}^4_{R\&R}}{MS_o^2/[a^2(b-1)] + (r-1)^2 MS_e^2/(abr-a-b+1)} \right)$$

예제 10.5 다음은 통계적 품질관리 과목을 수강하는 세 학생이 Gage R&R 연구: 유형 2 연구의 측정실험을 수행한 결과이다(단위: mm). 이로부터 측정시스템의 각 분산성분을 추정하고, 95% 신뢰구간을 구하라.

표 10.5 Gage R&R 연구: 유형 2 연구의 측정데이터

부품	측정자 A			측정자 B			측정자 C		
1	186.5	186.5	188.0	187.0	188.0	187.0	187.0	187.5	186.5
2	187.5	187.0	188.0	187.5	186.5	188.0	187.0	188.0	188.5
3	187.5	187.5	187.5	187.0	187.5	187.0	186.5	187.5	187.0
4	187.0	187.0	187.5	186.5	186.5	188.0	187.5	187.0	187.0
5	188.0	189.0	188.5	188.0	188.0	188.0	188.0	188.0	188.5
6	188.0	187.5	188.0	188.5	188.0	187.0	187.5	187.5	187.5
7	190.0	188.0	189.5	187.5	188.0	188.0	188.5	188.0	189.5
8	188.5	188.0	188.0	189.0	187.5	188.0	188.5	189.0	188.0
9	188.0	188.5	188.0	188.5	188.5	187.5	188.5	188.0	188.5
10	187.0	186.5	186.5	188.5	185.5	186.5	186.5	187.5	186.5

먼저 표 10.5 측정실험 데이터에 대한 분산분석표를 작성하면 표 10.6(a)와 같다. 부록 표 C.4에서 찾은 $F(18, 60; 0.05) = 1.78$(부록표 C.4에서 보간법 적용 또는 Minitab 등 이용) 이 되어 측정자×부품 교호작용 항은 유의수준 5%에서 유의하지 않다. 따라서 이를 반복성에 풀링한 분산분석표는 표 10.6(b)가 된다.

표 10.6(a) 유형 2 연구 분산분석표: 풀링 전

요인	SS	DF	MS	F비
부품	30.6000	9	3.40000	14.93
측정자	0.6222	2	0.31111	1.37
측정자×부품	4.10000	18	0.22778	0.63
반복성	21.8333	60	0.36389	
전체	57.1556	89		

표 10.6(b) 유형 2 연구 분산분석표: 풀링 후

요인	SS	DF	MS	F비
부품	30.6000	9	3.40000	10.23
측정자	0.6222	2	0.31111	0.9357
반복성	25.9333	78	0.33248	
전체	57.1556	89		

표 10.6(b)와 식 (10.10)으로부터 분산성분은 다음과 같이 추정된다.

$$\hat{\sigma}^2_{Rpt} = \hat{\sigma}^2_m = MS_e = 0.33248$$

$$\hat{\sigma}^2_{Rpd} = \hat{\sigma}^2_o = \frac{MS_o - MS_e}{ar} = \frac{0.31111 - 0.33248}{10 \times 3} < 0 \Rightarrow 0$$

$$\hat{\sigma}^2_{R\&R} = 0.33248$$

$$\hat{\sigma}^2_p = \frac{MS_p - MS_e}{br} = \frac{3.40000 - 0.33248}{3 \times 3} = 0.34084$$

$$\widehat{\sigma^2_T} = 0.33248 + 0.34084 = 0.67332$$

반복성의 자유도는 78이고, 재현성으로 추정치가 0이므로 제외하며, Gage R&R의 자유도 는 $\phi_{R\&R} = \dfrac{3^2(0.33248^2)}{0.31111^2/[10^2(2)] + 2^2(0.33248^2)/(30 - 10 - 3 + 1)} = 39.72 \Rightarrow 39$(보수적으로 설정)이므로, 부록 표 C.3을 이용해 보간법(또는 Minitab)으로 구한 카이제곱 분포의 분위수를 이용한 각각에 대한 95% 신뢰구간 결과는 다음과 같다.

$$\sigma^2_{Rpt} : \left[0.33248 \frac{78}{104.32} = 0.249, \ 0.33248 \frac{78}{55.47} = 0.468 \right]$$

$$\sigma^2_{R\&R} : \left[0.33248 \frac{38}{58.12} = 0.223, \ 0.33248 \frac{39}{23.65} = 0.548 \right]$$

10.3.3 AIAG에 의한 Gage R&R 연구 절차

(1) 측정실험 절차

① 평가 대상의 계측기를 사용하는 작업자 중에서 b명(3명 정도)을 랜덤하게 선정한다.

② 공정변동의 예상되는 범위에 해당되는 a개(10개 정도)의 부품을 생산공정에서 랜덤하게 추출하여 표본으로 얻는다. 이는 실제 공정의 변동량(σ_p)을 나타낼 수 있는 표본이어야 한다. 표본을 공정 평균에 가까운 것으로만 뽑으면 측정능력 평가 지표가 실제보다 나쁘게 나타난다. 표본을 공정 산포에 비해 넓은 범위에서 뽑으면 측정능력 평가 지표가 실제보다 좋게 나타난다.

③ 반복 측정 회수(r)를 결정한다. 통상 2~3회로 한다. 그 이상은 시간과 비용이 과다하게 소요되므로 지양한다. 그러나 반복성과 재현성을 구분하여 평가하기 위해서는 최소한 반복 2회의 측정은 필요하다.

④ A, B, C 등으로 측정자(평가자)를 구분(혹은 실제 이름 명기)하고, 부품에 1에서 a까지 번호를 매기고, 이 번호는 측정자들에게는 보이지 않게 한다.

⑤ 교정이 정규 측정 절차의 일부분이면 계측기를 교정한다.

⑥ 실험순서를 랜덤하게 하여 측정실험을 진행하여야 한다.

실험 전체를 완전히 랜덤한 순서로 진행하는 방법

a개 부품, b명 측정자, r회 반복측정회수를 고려하면 모두 abr의 실험조건이 나온다. abr가지 실험조건을 완전히 랜덤한 순서로 해당 측정자에게 해당 부품을 제시하여 측정하게 하고, 기록자는 이 결과를 표 10.3(또는 표 10.12)과 같은 용지에 기입한다. 이 방법은 가장 바람직하나 복잡하다는 단점이 있다. 이 실험 상황은 실험계획법의 이원배치법에 해당된다.

각 측정자별로 a개 부품을 모두 랜덤하게 측정하게 하는 실험 방법

a개 부품을 랜덤하게 1개씩 제시하여 측정자 A로 하여금 측정하게 한다. 기록자는 이 결과를 용지에 기입한다. 측정자 B, C에게도 다른 사람의 읽은 값을 보지 않은 상태로 a개 부품을

측정하게 하여, 기록자는 각각의 결과를 용지에 기입한다. 이와 같은 절차를 정해진 반복 측정 회수(r)만큼 적용한다. 이 실험 상황은 엄밀히 말하면 실험계획법의 분할법(split-plot design)에 해당되어 다른 분석방법이 적용되어야 하나, 일반적인 측정시스템분석 절차에서는 이 실험 방법을 선호하며 분석도 이원배치법으로 그대로 분석한다.

(2) Gage R&R 평가 지표와 판정기준

Gage R&R 평가 지표는 %기여(%contribution), $\%R\&R$, $\%PTR$, 구별범주의 수 ndc (number of distinct categories) 등이 있으며, 계산식과 의미 및 평가기준이 표 10.7에 정리되어 있다.

표 10.7 Gage R&R 평가 지표와 의미 및 판정기준

Gage R&R 평가 지표	의미	판정기준
1) %기여 $\%기여 = \dfrac{\hat{\sigma}^2_{R\&R}}{\hat{\sigma}^2_T} \times 100$	평가대상의 측정시스템이 공정의 변화를 탐지할 능력을 갖고 있는지를 평가하는 것. 즉, 공정관리(process control)용으로 사용하기에 적합한지를 평가하는 것	① 1% 미만: 합격 ② 1~9%: 개선을 전제로 조건부 합격 ③ 9% 이상: 불합격
2) $\%R\&R$ ① $\dfrac{\hat{\sigma}_{R\&R}}{\hat{\sigma}_T} \times 100$ ② $\dfrac{\hat{\sigma}_{R\&R}}{\hat{\sigma}_h} \times 100$		① 10% 미만: 합격 ② 10~30%: 개선을 전제로 조건부 합격 ③ 30% 이상: 불합격
3) $\%PTR$ $\%PTR = \dfrac{6\hat{\sigma}_{R\&R}}{USL - LSL} \times 100$	평가대상의 측정시스템이 해당 부품(제품)의 적합여부를 올바르게 판정할 능력을 갖고 있는지를 평가하는 것. 즉, 제품관리(product control)용으로 사용하기에 적합한지를 평가하는 것	① 10% 미만: 합격 ② 10~30%: 개선을 전제로 조건부 합격 ③ 30% 이상: 불합격
4) 구별범주의 수 $ndc = 1.41 \times \dfrac{\hat{\sigma}_p}{\hat{\sigma}_{R\&R}}$	평가대상의 측정시스템의 구별력(discrimination)을 평가함. 이 수치는 측정시스템이 공정변동의 분포에서 구별할 수 있는 부품군의 수(구별 범주)를 나타냄	① 5 이상: 합격 ② 4 이하: 불합격

(3) Gage R&R 평가지표 논의사항

① %R&R과 %PTR 논의사항

$\%R\&R$ 계산에서 총변동량을 현재의 Gage R&R 연구에서 구한 값($\hat{\sigma}_T$)으로 하여 계산할 수

도 있지만, 실제 공정상에서 장기적으로 수집된 자료로부터 계산된 공정의 표준편차($\hat{\sigma}_h$)를 총변동량으로 하여 계산할 수도 있다.

공정의 변동량(σ_p)은 측정 절차의 적정성을 나타내는 척도로, 특히 $\hat{\sigma}_p/\hat{\sigma}_{R\&R}$를 SN비(Signal to Noise Ratio)로 부르고 있으므로, Gage R&R 연구에서 사용되는 표본은 전 공정을 대표할 수 있도록 추출되어야 한다. 만일 표본을 공정 평균 가까운 것으로만 뽑으면 σ_p가 과소평가되어 σ_T가 실제보다 작은 값으로 추정되므로 $\%R\&R$값이 실제보다 나쁘게 나타난다. 반대로 표본을 공정 산포에 비해 넓은 범위에서 뽑으면 σ_p가 과대평가되어 σ_T가 실제보다 큰 값으로 추정되므로 $\%R\&R$값이 실제보다 좋게 나타난다.

그러나 장기적으로 생산공정에서 수집한 측정 데이터에는 공정의 변동량(σ_p)을 잘 반영하고 있다고 볼 수 있다. 따라서 만일 연구에 사용된 표본이 생산공정의 변동량을 나타낸다는 확신이 없을 때에는 $\%R\&R$ 계산 시 총변동량을 장기적으로 생산공정에서 모은 측정 데이터의 표준편차(σ_h)로 하여 측정시스템을 평가하는 것이 바람직하다.

$\%PTR$은 공차 대비 측정시스템의 정밀도(Precision to Tolerance Ratio)를 나타낸다. 따라서 $\%PTR$은 공차(tolerance) 대비 Gage R&R의 변동량을 평가하므로, 공정에서 랜덤하게 뽑혀진 표본(부품)이 공정의 변동량(σ_p)을 잘 대표하는지 여부와 관계없이 평가할 수 있는 장점이 있다. 예를 들어, 그림 10.12와 같은 표본이 공정에서 랜덤하게 뽑혀진 3가지 상황에 대한 $\%R\&R$과 $\%PTR$ 계산의 예시를 살펴보면 $\%PTR$은 모든 경우에 동일하지만, $\%R\&R$는 추출된 결과에 따라 상당히 달라진다. 즉, 이로부터 $\%R\&R$을 평가할 때 추출된 부품의 변동범위가 매우 중요함을, 그리고 $\%PTR$라는 척도가 필요함을 알 수 있다.

그리고 $\%$기여 $= \dfrac{\hat{\sigma}^2_{R\&R}}{\hat{\sigma}^2_T} \times 100$, $\%R\&R = \dfrac{\hat{\sigma}_{R\&R}}{\hat{\sigma}_T} \times 100$이므로 $\%$기여와 $\%R\&R$ 사이에는 다음과 같은 관계식이 성립한다.

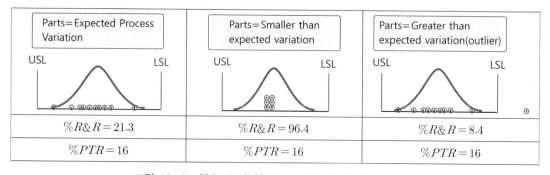

Parts = Expected Process Variation	Parts = Smaller than expected variation	Parts = Greater than expected variation(outlier)
$\%R\&R = 21.3$	$\%R\&R = 96.4$	$\%R\&R = 8.4$
$\%PTR = 16$	$\%PTR = 16$	$\%PTR = 16$

그림 10.12 $\%R\&R$과 $\%PTR$ 계산 예시(GHSP, 2012)

$$\%기여 = (\%R\&R)^2/100 \ \ 혹은 \ \ \%R\&R = \sqrt{\%기여} \times 10$$

따라서 $\%R\&R = 10\%$이면 $\%기여 = 1\%$가 되고, $\%R\&R = 30\%$이면 $\%기여 = 9\%$가 된다. 그러므로 $\%R\&R$ 기준이 만족되면 $\%기여$ 기준은 자동적으로 만족됨을 알 수 있으므로, 이후부터는 $\%R\&R$만 사용한다.

② 구별범주의 수 ndc 평가지침

구별범주의 수 ndc에 관한 평가 기준은 일반적으로 표 10.8과 같은 AIAG(2010)의 기준을 채택하여 5 이상을 요구하고 있다. 그리고 ndc 계산 시 소수점 이하는 절사하며, 최솟값은 1로 한다.

표 10.8 구별범주의 수 ndc 의미 및 평가 지침

구별범주의 수 ndc	의미 및 평가 지침
	공정 분포의 범위와 규격의 공차가 비슷하다면, 공정에서 생산되는 부품(제품)을 합·부 판정에만 사용 가능 따라서 공정관리용으로 사용하기에는 부적합함
	관리도에서 공정변화를 민감하게 탐지하지 못함 공정 모수와 공정능력지수 산출에 부정확한 값을 제공할 수 있음 따라서 공정관리용으로 사용하기에는 부적합함
	관리도의 운영, 공정모수의 추정, 공정능력분석 등 공정관리에 사용하기 적합함

Woodall and Borror(2008)는 $\%R\&R$과 ndc와의 관계식을 도출하여, $ndc \geq 5$의 규칙은 거의 무의미하다는 것을 밝혔다. 즉, ndc는 $\%R\&R$과 다음과 같은 관계식이 성립한다.

$$ndc = 1.41 \times \frac{\hat{\sigma}_p}{\hat{\sigma}_{R\&R}} = 1.41 \times \left[\frac{\hat{\sigma}_T^2}{\hat{\sigma}_{R\&R}^2} - 1\right]^{1/2} = 1.41 \times \left[\left(\frac{100}{\%R\&R}\right)^2 - 1\right]^{1/2}$$

위의 관계식에 의하여 %*R&R*값에 따른 *ndc*값을 계산하면 %*R&R*이 10%일 때는 *ndc*가 14가 되며, %*R&R*이 27.1% 이상이면 *ndc*가 5 이상이 되며, %*R&R*이 27.1%~30%일 때에만 *ndc* = 4 가 되어 불합격이 됨을 알 수 있다. 따라서 %*R&R* 기준을 30% 이내에서 27.1% 이내로 조정하면 *ndc* ≥ 5 요구사항은 자동적으로 만족된다.

(4) Gage R&R 평가에서의 조치사항

%R&R값 혹은 %PTR값이 기준을 벗어나는 경우에는 우선 반복성과 재현성을 구분하여 평가한 다음, 각각에 영향을 주는 원인을 규명하고 조치를 취해야 한다. 이때에는 측정오차에 영향을 주는 조명, 소음, 진동 등 환경적 요인도 아울러 조사되어야 한다.

① 반복성이 재현성에 비해 클 경우

이 경우의 대표적인 원인과 해결방법은 다음과 같다.

- 계측기 보전(maintenance)이 필요하다.
- 계측기의 정밀도가 문제라면, 계측기의 정밀도가 좋아지도록 계측기의 설계, 구조에 대한 재검토, 혹은 정밀도가 높은 계측기의 구입 등을 고려해보아야 한다.
- 측정을 위한 고정 장치나 측정 위치 등에 문제가 있는지를 조사하고, 이를 개선해야 한다. 고정 장치나 측정 위치 등에 문제가 있으면 동일 측정자가 동일 부품을 반복하여 측정할 때 서로 다른 측정값이 도출되어 반복성이 나쁘게 된다.
- 부품 내 변동(within-part variation)이 과도하게 크면 반복성이 실제값보다 크게 나올 수 있다. 이 경우에는 Gage R&R 연구를 위한 측정실험에서 부품의 정확한 위치 한 곳을 측정할 수 있는 방안을 강구하여야 한다. 같은 위치를 측정하기 위하여 부품의 한 곳에 표시를 해두는 방법을 사용할 수 있다.
- 더 이상 계측기의 정밀도를 향상시킬 수 없는 경우에는 반복 측정하여 평균한 값을 사용하여 측정 정밀도를 높일 수 있다(10.3.6소절 참고).

② 재현성이 반복성에 비해 클 경우

이때의 대표적인 원인과 해결방법은 다음과 같다.

- 측정 능력이 떨어지는 측정자에 대한 재교육 실시, 측정 절차의 표준화 및 문서화를 행한다.

- 계측기의 눈금이 확실하지 못하면 측정자마다 수치를 읽은 값이 서로 다르게 나온다. 계측기의 눈금에 대하여 조치를 취한다.
- 측정을 위한 고정 장치나 측정 위치 등에 문제가 있는지를 조사하고, 이를 개선해야 한다. 고정 장치나 측정 위치 등에 문제가 있으면 위에서 살펴본 바와 같이 반복성에 영향을 줄 수도 있지만, 측정자 사이의 측정값이 서로 다르게 되어 재현성이 나쁘게 나올 수도 있다.

예제 10.6 생산공정으로부터 랜덤하게 10개의 부품을 표본으로 취하고, 평가 대상 계측기를 사용하는 많은 측정자 중에서 랜덤하게 3명을 선발하여 Gage R&R 연구를 위한 측정실험을 수행하였다. 평가 대상의 계측기로 3명의 측정자가 랜덤한 순서로 10개의 부품을 2회 반복 측정하여 표 10.9의 데이터를 얻었다(이승훈, 2016). 그리고 이 부품의 규격은 LSL=9.5, USL=10.5이며, 분산분석 방법을 이용하여 Gage R&R 연구를 수행하고자 한다. 표 10.9의 측정실험 데이터에 대한 분산분석표를 작성하면 표 10.10과 같다. 여기서 측정자×부품 항은 F비가 유의수준 5%에서 $F(18, 30; 0.05) = 1.96$(부록표 C.4에서 보간법 적용 또는 Minitab 등 이용)보다 크므로 유의하다.

표 10.9 Gage R&R 연구: 유형 2 연구의 측정데이터

측정자	반복	부품									
		1	2	3	4	5	6	7	8	9	10
1	1	9.90	10.25	10.10	10.10	9.80	10.25	10.20	10.10	10.25	9.85
	2	9.85	10.25	10.05	10.20	9.70	10.25	10.20	10.05	10.25	9.95
2	1	9.80	10.30	10.05	10.05	9.65	10.25	10.20	10.00	10.25	9.80
	2	9.80	10.20	10.00	10.00	9.65	10.30	10.15	9.95	10.20	9.75
3	1	9.75	10.30	10.05	10.05	9.70	10.25	10.20	10.05	10.30	10.10
	2	9.80	10.25	10.05	10.05	9.75	10.30	10.20	10.05	10.30	10.05

표 10.10 분산분석표: 예제 10.6

요인	SS	DF	MS	F비
부품	2.05871	9	0.228745	39.7178
측정자	0.04800	2	0.024000	4.1672
측정자×부품	0.10367	18	0.005759	4.4588
반복성	0.03875	30	0.001292	
전체	2.24913	59		

이로부터 다음 물음에 답하라.

(1) 각 요인의 분산성분을 추정하라.

(2) Gage R&R에 대한 $\%R\&R$값을 계산하고, 판정기준에 의거하여 판정하라.

(3) $\%PTR$값을 계산하고, 판정기준에 의거하여 판정하라.

(4) 구별범주의 수 ndc를 계산하고, 판정기준에 의거하여 판정하라.

(5) 결과를 종합하여 판정하면 이 측정시스템이 '공정관리(공정 모니터링)용'이라면 '합격/개선을 전제로 조건부 합격/불합격' 중 어디에 해당되는가? 만약 이 측정시스템이 '합부판정용'이라면 '합격/개선을 전제로 조건부 합격/불합격' 중 어디에 해당되는가?

(1) 각 요인의 분산성분을 식 (10.10)에 의하여 계산하면 다음과 같다.

$$\hat{\sigma}^2_{Rpt} = \hat{\sigma}^2_m = MS_e = 0.001292$$

$$\hat{\sigma}^2_o = \frac{MS_o - MS_{op}}{ar} = \frac{0.024 - 0.005759}{10 \times 2} = 0.000912$$

$$\hat{\sigma}^2_{op} = \frac{MS_{op} - MS_e}{r} = \frac{0.005759 - 0.001292}{2} = 0.002234$$

$$\hat{\sigma}^2_{Rpd} = \hat{\sigma}^2_o + \hat{\sigma}^2_{op} = 0.000912 + 0.002234 = 0.003146$$

$$\hat{\sigma}^2_{R\&R} = \hat{\sigma}^2_{Rpt} + \hat{\sigma}^2_{Rpd} = \hat{\sigma}^2_e + \hat{\sigma}^2_o + \hat{\sigma}^2_{op} = 0.004438$$

$$\hat{\sigma}^2_p = \frac{MS_p - MS_{op}}{br} = \frac{0.228745 - 0.005759}{3 \times 2} = 0.037164$$

$$\hat{\sigma}^2_T = \hat{\sigma}^2_{R\&R} + \hat{\sigma}^2_p = 0.041602$$

(2) Gage R&R에 대한 $\%R\&R$값을 계산하면

$$\%R\&R = \frac{\hat{\sigma}_{R\&R}}{\hat{\sigma}_T} \times 100 = 32.66\%$$

이므로, $\%R\&R$값이 30% 이상이 되어 불합격으로 판정한다.

(3) $\%PTR$값을 계산하면

$$\%PTR = \frac{6\hat{\sigma}_{R\&R}}{USL - LSL} \times 100 = 39.97\%$$

이므로, $\%PTR$값이 30% 이상이므로 불합격으로 판정한다.

(4) 구별범주의 수 ndc를 계산하면

$$ndc = 1.41 \times \frac{\hat{\sigma}_p}{\hat{\sigma}_{R\&R}} \;=\; 1.41 \times \frac{0.192781}{0.0.066615} \;=\; 4.08 \;\Rightarrow\; 4$$

이므로, ndc 값이 4 미만이므로 불합격으로 판정한다.

(5) 이 측정시스템이 '공정관리(공정 모니터링)용'이라면 '$\%R\&R$', 'ndc'에 의해 판정하면 불합격이다. 이 측정시스템이 '합부판정용'이라면 '$\%PTR$'를 참고하여 판정하면 불합격이다.

10.3.4 평균과 범위 방법

이 방법은 분산분석 방법과 달리 부품과 측정자 사이의 교호작용은 없다고 간주해서 분석하는 방법($\overline{X}-R$ 방법)으로, 관리도에 쓰이는 범위를 통해 표준편차를 추정하는 방식을 채택하고 있다. $\overline{X}-R$ 방법은 분산분석 방법이 나오기 전까지 사용된 방법으로, 후자보다 덜 엄밀한 방법이지만 아직까지 현업에서 널리 쓰이고 있다.

부품 i를 j번째 측정자가 k번째 측정한 측정데이터 y_{ijk}의 데이터 구조식은 다음과 같다.

$$y_{ijk} = \mu + p_i + o_j + \epsilon_{ijk}, \;\; i = 1, 2, \cdots, a, \;\; j = 1, 2, \cdots, b, \;\; k = 1, 2, \cdots, r \qquad (10.12)$$

(여기서, μ: 전체 평균

p_i: 부품 i의 효과

o_j: 측정자 j의 효과

e_{ijk}: 측정오차)

그리고 p_i, o_j, ϵ_{ijk}는 다음과 같은 정규분포를 따르고, 서로 독립이라고 가정한다.

$$p_i \sim N(0, \; \sigma_p^2)$$
$$o_j \sim N(0, \; \sigma_o^2)$$
$$\epsilon_{ijk} \sim N(0, \; \sigma_e^2)$$

표 10.3(또는 표 10.12) 의 측정 데이터에서 각 부품에 대해 한 명의 측정자가 반복한 r개의 값을 부분군으로 간주하여 총 ab개의 범위 $R_{ij} = \max_k y_{ijk} - \min_k y_{ijk}$, $i = 1, 2, \cdots, a$, $j = 1, 2, \cdots, b$와 측정자별로 측정치의 평균 $\overline{y}_{.j.}$, $j = 1, 2, \cdots, b$, 부품별로 측정치의 평균 $\overline{y}_{i..}$, $i = 1, 2, \cdots, a$를 구한 후에 다음을 계산한다.

$$\overline{y}_{DIFF} = \max_j \overline{y}_{\cdot j \cdot} - \min_j \overline{y}_{\cdot j \cdot}: \text{측정자별 평균의 범위} \tag{10.13}$$

$$R_p = \max_i \overline{y}_{i \cdot \cdot} - \min_i \overline{y}_{i \cdot \cdot}: \text{부품별 평균의 범위}$$

$$\overline{\overline{R}} = \frac{\displaystyle\sum_{i=1}^{a} \sum_{j=1}^{b} R_{ij}}{ab}: \text{범위의 총 평균}$$

측정시스템의 Gage R&R 연구에서는 d_2 대신에 불편화 상수 d_2^*가 쓰인다. σ의 불편화 상수인 d_2와 달리 d_2^*는 σ^2의 불편화 상수가 된다. 즉, $\hat{\sigma} = \overline{\overline{R}}/d_2^*$는 $E(\hat{\sigma}^2) = \sigma^2$이 되지만 $E(\hat{\sigma}) \neq \sigma$이 므로 $\hat{\sigma}$는 σ의 편의 추정량이 된다(부록 B.3 참고). 또한 $E(\hat{\sigma}^2) = \left(d_2^2 + \dfrac{d_3^2}{k}\right)\sigma^2$($k$는 부분군의 수)가 되므로, 부분군 크기에만 의존하는 d_2와 달리 $d_2^* = \sqrt{d_2^2 + (d_3^2/k)}$는 부분군 크기와 더불어 부분군의 수에도 의존한다.

따라서 σ_m^2, σ_o^2, σ_p^2의 추정방법은 표 10.11과 같이 요약할 수 있다. 그리고 σ_m, σ_o, $\sigma_{R\&R}$, σ_p, σ_T를 EV(Equipment Variation), AV(Appraiser Variation), GRR(Gage R&R), PV(Part Variation), TV(Total Variation)로 칭하기도 한다.

이 표에서 첫 번째와 세 번째 분산 추정량은 쉽게 이해가 되지만 두 번째 추정량은 보충 설명이 필요하다.

먼저 $\overline{y}_{\cdot j \cdot} = \displaystyle\sum_{i=1}^{a}\sum_{k=1}^{r} y_{ijk}/ar = \mu + \overline{p} + o_j + \overline{\epsilon}_{\cdot j \cdot}$에서 특정 두 값의 차이($\overline{y}_{\cdot j \cdot} - \overline{y}_{\cdot j' \cdot}$)의 기댓값과 분산은 다음과 같다.

$$E(\overline{y}_{\cdot j \cdot} - \overline{y}_{\cdot j' \cdot}) = (o_j - o_{j'}) + (\overline{\epsilon}_{\cdot j \cdot} - \overline{\epsilon}_{\cdot j' \cdot})$$

$$Var(\overline{y}_{\cdot j \cdot} - \overline{y}_{\cdot j' \cdot}) = 2\left(\sigma_o^2 + \frac{\sigma_m^2}{ar}\right)$$

표 10.11 σ_m^2, σ_o^2, σ_p^2의 추정방법: 평균 및 범위 방법

분산성분	추정량	d_2^*	
		부분군 수(k)	부분군 크기(n)
$\sigma_{Rpt}^2 = \sigma_m^2$ (EV^2)	$\left(\dfrac{\overline{\overline{R}}}{d_2^*}\right)^2$	ab	r
$\sigma_{Rpd}^2 = \sigma_o^2$ (AV^2)	$\left(\dfrac{\overline{y}_{DIFF}}{d_2^*}\right)^2 - \dfrac{EV^2}{ar}$	1	b
σ_p^2 (PV^2)	$\hat{\sigma}_p^2 = \left(\dfrac{R_p}{d_2^*}\right)^2$	1	a

$\overline{y}_{\cdot j\cdot} - \overline{y}_{\cdot j'\cdot}$에서 범위의 일종인 $\overline{y}_{DIFF} = \max_j \overline{y}_{\cdot j\cdot} - \min_j \overline{y}_{\cdot j\cdot}$의 기댓값은

$$E(\overline{y}_{DIFF}) = d_2^* \sqrt{\sigma_o^2 + \frac{\sigma_m^2}{ar}}$$

이므로, $\overline{y}_{DIFF} = d_2^* \sqrt{\hat{\sigma}_o^2 + \frac{\hat{\sigma}_m^2}{ar}}$ 에 의해 $\hat{\sigma}_o$는 다음과 같이 추정된다.

$$\hat{\sigma}_o = \sqrt{\max\left(0, \left(\frac{\overline{y}_{DIFF}}{d_2^*}\right)^2 - \frac{EV^2}{ar}\right)} \qquad (10.14)$$

그런데 Vardeman and VanValkenburg(1999)에 따르면 교호작용이 존재한다면 $\overline{y}_{\cdot j\cdot} = \mu + \overline{p} + o_j + \dfrac{\sum\limits_{i=1}^{a}(op)_{ij}}{a} + \overline{\epsilon}_{\cdot j\cdot}$이므로 분산은 $Var(\overline{y}_{\cdot j\cdot}) = \dfrac{\sigma_p^2}{a} + \sigma_o^2 + \dfrac{\sigma_{(op)}^2}{a} + \dfrac{\sigma_m^2}{ar}$이 되어 $\overline{y}_{DIFF}$는 $\sigma_o^2 + \sigma_{(op)}^2$가 아닌 $\sigma_o^2 + \dfrac{\sigma_{(op)}^2}{a}$를 추정하므로 $a = 1$이 아니면 과소 추정하는 상황이 된다. 따라서 $\overline{y}_{ij\cdot} = \mu + p_i + o_j + (op)_{ij} + \overline{\epsilon}_{ij\cdot}$ 로부터 $Var(\overline{y}_{ij\cdot}) = \sigma_p^2 + \sigma_o^2 + \sigma_{(op)}^2 + \dfrac{\sigma_m^2}{r}$이 되므로,

교호작용을 σ_o^2에 풀링하여 $\overline{y}_{ij\cdot}$의 범위를 이용하는 추정치 $\overline{\Delta} = \dfrac{\sum\limits_{i=1}^{a}(\max_j \overline{y}_{ij} - \min_j \overline{y}_{ij})}{a}$의 기댓값을 구하면,

$$E(\overline{\Delta}) = d_2^* \sqrt{\sigma_o^2 + \frac{\sigma_m^2}{r}} \quad , \quad 단, \ \overline{\Delta} = \frac{\sum\limits_{i=1}^{a}\Delta_i}{a}, \quad \Delta_i = \max_j \overline{y}_{ij} - \min_j \overline{y}_{ij}$$

이 된다. 이로부터 그들은 재현성의 추정치로

$$\hat{\sigma}_o = \sqrt{\max\left(0, \left(\frac{\overline{\Delta}}{d_2^*}\right)^2 - \frac{EV^2}{r}\right)} \qquad (10.15)$$

(단, d_2^*는 부분군의 수 1, 부분군 크기는 b임.)

를 추천하고 있다. 여기서 Δ_i는 각 부품에 대해 측정자별 반복 측정치의 평균으로부터 구한 범위이다.

예제 10.7 예제 10.6을 평균 및 범위 방법에 의해 풀어라.

(1) 먼저 표 10.12의 평균 및 범위 방법의 기본 양식에 해당 칸을 기록하여 $\overline{\overline{R}}$, $\overline{y}_{DIFF}$, R_p 를 계산한다. 이로부터 분산성분을 구하면 다음과 같다.

표 10.12 Gage R&R 연구(유형 2 연구): 평균 및 범위 방법의 데이터 기록용지

측정자	반복번호	부품										평균
		1	2	3	4	5	6	7	8	9	10	
A	1	9.90	10.25	10.10	10.10	9.80	10.25	10.20	10.10	10.25	9.85	
	2	9.85	10.25	10.05	10.20	9.70	10.25	10.20	10.05	10.25	9.95	
	평균	9.875	10.250	10.075	10.150	9.750	10.250	10.200	10.075	10.250	9.900	$\overline{y}_A = 10.0775$
	범위	0.05	0.00	0.05	0.10	0.10	0.00	0.00	0.05	0.00	0.10	$\overline{R}_A = 0.045$
B	1	9.80	10.30	10.05	10.05	9.65	10.25	10.20	10.00	10.25	9.80	
	2	9.80	10.20	10.00	10.00	9.65	10.30	10.15	9.95	10.20	9.75	
	평균	9.800	10.250	10.025	10.025	9.650	10.275	10.175	9.975	10.225	9.775	$\overline{y}_B = 10.0175$
	범위	0.00	0.10	0.05	0.05	0.00	0.05	0.05	0.05	0.05	0.10	$\overline{R}_B = 0.045$
C	1	9.75	10.30	10.05	10.05	9.70	10.25	10.20	10.05	10.30	10.10	
	2	9.80	10.25	10.05	10.05	9.75	10.30	10.20	10.05	10.30	10.05	
	평균	9.775	10.275	10.050	10.050	9.725	10.275	10.200	10.050	10.300	10.075	$\overline{y}_C = 10.0775$
	범위	0.05	0.05	0.00	0.00	0.05	0.05	0.00	0.00	0.00	0.10	$\overline{R}_C = 0.025$
부품 평균		9.817	10.258	10.050	10.075	9.708	10.267	10.192	10.033	10.258	9.917	$\overline{\overline{y}} = 10.0575$ $R_p = 0.559$
측정자 수 고려: $(\overline{R}_A + \overline{R}_B + \overline{R}_C)/3 = 0.115/3$												$\overline{\overline{R}} = 0.0383$
$\overline{y}_{DIFF} = \max(\overline{y}_A, \overline{y}_B, \overline{y}_C) - \min(\overline{y}_A, \overline{y}_B, \overline{y}_C) = 10.0775 - 10.0175$												$\overline{y}_{DIFF} = 0.06$

$$EV^2: \quad \hat{\sigma}^2_{Rpt} = \hat{\sigma}^2_m = \left(\frac{\overline{\overline{R}}}{d_2^*}\right)^2 = \left(\frac{0.0383}{1.139}\right)^2 = 0.00113$$

$$(k = 30, \ n = 2; d_2^* = \sqrt{d_2^2 + \frac{d_3^2}{30}} = \sqrt{1.128^2 + \frac{0.8525^2}{30}} = 1.139; \ 부록 \ 표 \ C.5 \ 참고)$$

AV²: $\hat{\sigma}^2_{Rpd} = \hat{\sigma}^2_o = \left(\dfrac{\bar{y}_{DIFF}}{d_2^*}\right)^2 - \dfrac{EV^2}{ar} = \left(\dfrac{0.06}{1.912}\right)^2 - \dfrac{0.00113}{20} = 0.00093$

($k = 1$, $n = 3$; $d_2^* = \sqrt{d_2^2 + d_3^2} = \sqrt{1.693^2 + 0.8884^2} = 1.912$)

GRR²: $\hat{\sigma}^2_{R\&R} = \hat{\sigma}^2_{Rpt} + \hat{\sigma}^2_{Rpd} = 0.00113 + 0.00093 = 0.00206$

PV²: $\hat{\sigma}^2_p = \left(\dfrac{R_p}{d_2^*}\right)^2 = \left(\dfrac{0.559}{3.180}\right)^2 = 0.03090$

($k = 1$, $n = 10$; $d_2^* = \sqrt{d_2^2 + d_3^2} = \sqrt{3.078^2 + 0.7971^2} = 3.180$)

TV²: $\hat{\sigma}^2_T = 0.00206 + 0.03090 = 0.03296$

(2) Gage R&R에 대한 $\%R\&R$값을 계산하면

$$\%R\&R = \dfrac{\hat{\sigma}_{R\&R}}{\hat{\sigma}_T} \times 100 = \dfrac{\sqrt{0.00206}}{\sqrt{0.03296}} \times 100 = 25.0\%$$

이므로, $\%R\&R$값이 10%~30%에 속해 조건부 합격으로 판정한다.

(3) $\%PTR$값을 계산하면

$$\%PTR = \dfrac{6\hat{\sigma}_{R\&R}}{USL - LSL} \times 100 = \dfrac{6\sqrt{0.00206}}{1} \times 100 = 27.2\%$$

이므로, $\%PTR$값이 10%~30%에 속해 조건부 합격으로 판정한다.

(4) 구별범주의 수 ndc를 계산하면

$$ndc = 1.41 \times \dfrac{\hat{\sigma}_p}{\hat{\sigma}_{R\&R}} = 1.41 \times \sqrt{\dfrac{0.03090}{0.00206}} = 5.46 \Rightarrow 5$$

이므로, ndc값이 5 이상이므로 합격으로 판정한다.

(5) 이 측정시스템이 '공정관리(공정 모니터링)용'이라면 '$\%R\&R$', 'ndc'에 의해 판정하면 조건부 합격이다. 만일 이 측정시스템이 '합부판정용'이라면 '$\%PTR$'를 참고하여 판정하면 조건부 합격이다.

참고적으로 Vardeman and VanValkenburg(1999)의 재현성 추정치를 적용하면

$$A V^2 = \hat{\sigma}_o^2 = \max\left(0, \left(\frac{\overline{\Delta}_o}{d_2^*}\right)^2 - \frac{EV^2}{r}\right) = \max\left(0, \left(\frac{0.0925}{1.912}\right)^2 - \frac{0.00113}{2}\right) = 0.00178$$

(여기서, $\overline{\Delta} = \frac{1}{10}(0.1 + 0.025 + 0.05 + 0.125 + 0.1 + 0.025 + 0.025 + 0.1 + 0.075 + 0.3) = 0.0925$,

$k = 1$, $n = 3$ $d_2^* = 1.912$임.)

이 되므로, $\hat{\sigma}_{R\&R}^2 = 0.00113 + 0.00178 = 0.00291$, $\hat{\sigma}_T^2 = 0.00291 + 0.03090 = 0.03381$이 되어 AIAG(2010)의 방법보다 약간 큰 값을 가진다.

10.3.5 Gage R&R 평가 척도 고찰

(1) 구별범주의 수 ndc 의 해석

AIAG(2010)에서는 SN비(Signal to Noise Ratio)를 $\sigma_p / \sigma_{R\&R}$로 정의하고, SN비에 1.41을 곱하여 구별범주의 수 ndc를 계산한다고 되어 있다. 그리고 AIAG(2010)에서는 "구별범주의 수 ndc는 기대되는 공정 변동의 범위에 포함될 수 있는 겹치지 않는(non-overlapping) 97% 신뢰구간(confidence interval)의 수"라고 정의하고 있다. 이에 대한 예시를 그림 10.13과 같이 들수 있으나, AIAG(2010)에서는 이에 대한 자세한 이론적 근거를 제시하고 있지 않다.

Wheeler and Lyday(1989)는 급간 상관계수(intraclass correlation coefficient) ρ와 판별비(discrimination ratio) D를 각각 다음과 같이 정의하였다.

$$\rho = \frac{\sigma_p^2}{\sigma_m^2} = 1 - \frac{\sigma_{R\&R}^2}{\sigma_T^2} \tag{10.16}$$

$$D = \sqrt{\frac{1+\rho}{1-\rho}} = \sqrt{\frac{2\sigma_T^2}{\sigma_{R\&R}^2} - 1} = \sqrt{\frac{2\sigma_p^2}{\sigma_{R\&R}^2} + 1} \tag{10.17}$$

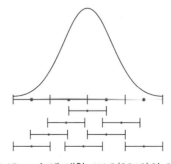

그림 10.13 ndc에 대한 AIAG(2010)의 해석 예시

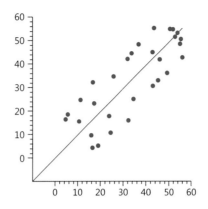

그림 10.14 Intraclass Correlation Plot 예시

그리고 Wheeler and Lyday(1989)는 Intraclass Correlation Plot으로 판별비 D를 설명하고 있다. 예를 들어, 3명의 측정자가 5개의 부품들을 각각 2회 반복 측정하여 데이터를 얻었다고 가정하자. 그리고 같은 부품을 같은 측정자가 측정한 첫 번째 측정치를 y_1, 두 번째 측정치를 y_2라 하자. X-Y평면에 점(y_1, y_2)와 (y_2, y_1)를 타점을 하면, 점들은 45°직선을 따라 대칭적으로 나타날 것이다. Wheeler and Lyday(1989)의 이와 같은 그림을 Intraclass Correlation Plot이라고 명명하고, 예시로서 그림 10.14와 같이 작성된다고 하자.

일반적으로 y_1, y_2이 각각 평균이 μ_1, μ_2이고, 분산이 σ_1^2, σ_2^2이고, 상관계수가 ρ인 이변량 정규분포(bivariate normal distribution)를 따른다고 가정하면, 이변량 정규분포의 등고선도를 작성했을 때 그림 10.15와 같은 형태가 된다. 여기서 두 개의 축(e_1 : 주축, e_2 : 부축)은 서로 직교(90°)하며, 상관계수 ρ가 0에 가까움에 따라 동심타원은 동심원이 되고, ρ가 커짐에 따라 동심타원은 주축의 방향으로 뾰족해지게 된다. 이 동심타원의 주축과 부축 길이의 비율은 $\sqrt{\dfrac{1+\rho}{1-\rho}}$

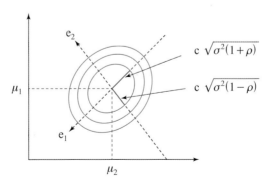

그림 10.15 이변량 정규분포의 등고선도

로 계산된다.

Wheeler and Lyday(1989)는 Intraclass Correlation Plot에서의 반복 측정치 y_1, y_2가 다음의 공분산 행렬 Σ를 갖는 이변량 정규분포를 따른다고 가정하여, 식 (10.17)의 판별비 D를 설명하고 있다.

$$\Sigma = \begin{bmatrix} \sigma_T^2 & \rho\sigma_T^2 \\ \rho\sigma_T^2 & \sigma_T^2 \end{bmatrix} \tag{10.18}$$

여기서 식 (10.18)의 행렬의 고유치가 $1+\rho, 1-\rho$가 되므로 판별비는 작은 고유치에 대한 큰 고유치 비의 제곱근이 된다.

Intraclass Correlation Plot에서 만일 모든 반복 측정치가 완전히 오차 없이 측정된다면, 즉 모든 반복 측정치에서 $y_1 = y_2$이라면 모든 점들이 주축 위에 나타나게 될 것이다. 그러나 반복 측정치 사이에 측정오차가 수반되면 그림 10.14와 같이 주축을 중심으로 좌우로 대칭적으로 퍼져서 나타나게 되고, 이 산포의 크기는 측정오차(Gage R&R)로 인한 불확실성의 정도로 볼 수 있다. 즉, Intraclass Correlation Plot에서 부축의 길이는 측정오차의 크기를 나타낸다. 반면에 주축의 길이는 부품 간 변동(part-to-part variation)과 측정오차(Gage R&R)로 인해 늘어나게 되고, 따라서 주축의 길이는 부품 간 변동과 측정오차를 합한 양을 나타낸다. 그러므로 같은 부품에 대한 반복측정치의 대부분은 부축 길이의 정사각형 내에 떨어지게 될 것이다. 그러나 측정시스템의 오차로 인하여 이 정사각형 영역이 서로 겹치게 되므로 각 부품군을 정확히 구분하기 어려워진다. 만일 Intraclass Correlation Plot에서 타원의 주축 방향으로 이 정사각형들을 서로 겹치지 않게 하여 타원을 포함하게 하면, 이때 정사각형의 수는 이 측정시스템으로 구별할 수 있는 부품군의 수를 나타낸다(그림 10.16 참고).

이때 정사각형의 수는 부축 대 주축 길이의 비율로 다음과 같이 판별비 D와 같아진다.

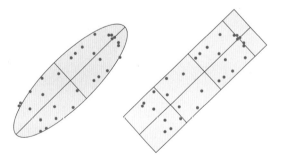

그림 10.16 구별할 수 있는 부품군의 수

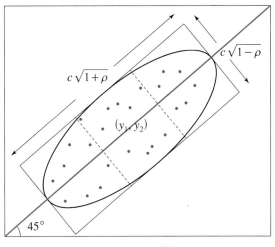

그림 10.17 Isoplot^{TM}의 예시

정사각형의 수＝구별할 수 있는 부품군의 수

$$= \frac{주축의\ 길이}{부축의\ 길이} = \sqrt{\frac{1+\rho}{1-\rho}} = \sqrt{\frac{2\sigma_T^2}{\sigma_{R\&R}^2}-1} = \sqrt{\frac{2\sigma_p^2}{\sigma_{R\&R}^2}+1} = D$$

그리고 판별비 D의 추정치는 다음과 같이 근사적으로 구별범주의 수 ndc가 되며, 항상 ndc 보다 약간 큰 값을 가진다.

$$\hat{D}= \sqrt{\frac{2\hat{\sigma}_p^2}{\hat{\sigma}_{R\&R}^2}+1} \approx \sqrt{2}\frac{\hat{\sigma}_p}{\hat{\sigma}_{R\&R}} \approx 1.41\frac{\hat{\sigma}_p}{\hat{\sigma}_{R\&R}} = ndc$$

한편 Shainin(1992)이 측정의 산포를 추정하여 계측기의 사용적합성을 평가하기 위하여 개발한 그림인 Isoplot^{TM}를 통해 해석할 수도 있다. Isoplot^{TM}은 각 부품을 2회 반복 측정하여 첫 번째 측정치 y_1, 두 번째 측정치 y_2를 한 점으로 하여 (y_1, y_2)를 타점한 산점도이다. 예를 들어, 여러 부품을 계측기로 2번 반복 측정한 데이터 (y_1, y_2)를 타점한 Isoplot^{TM}의 예시가 그림 10.17에 주어져 있다(서순근, 2014). 이 그림에서 타원의 두 축 비는 판별비와 같아진다(연습문제 10.10 참고). Shainin(1992)은 측정시스템이 충분한 구별력(판별력)을 갖기 위해서는 이 비가 6 이상 되어야 한다고 하였다.

(2) Gage R&R의 영향 분석
부품(제품)의 규격과 관련하여 공정능력을 평가하는 척도로서 9장에서 소개한 공정능력지수가 있다. 공정능력지수는 공정능력과 규격의 폭과의 비율로서 생산공정이 어느 정도로 균일한 품질의 제품을 생산할 능력이 있는지를 나타내는 지수이다. 측정오차가 없는 경우의 실제 공정능력지수 C_p^{actual} 은

$$C_p^{actual} = \frac{USL - LSL}{6\sigma_p} \tag{10.19}$$

로 정의되며, 측정데이터에 측정시스템의 오차가 수반된 경우에는 관측된 공정능력지수 C_p 는 다음과 같이 구해진다.

$$C_p^{observed} = \frac{USL - LSL}{6\sigma_T} = \frac{USL - LSL}{6\sqrt{\sigma_{R\&R}^2 + \sigma_p^2}} \tag{10.20}$$

$C_p^{observed}$ 와 $\%R\&R$ 값이 주어지면 실제 C_p 값인 C_p^{actual} 을 구할 수 있다.

$$C_p^{actual} = \frac{C_p^{observed}}{\sqrt{1 - \left(\dfrac{\%R\&R}{100}\right)^2}} \tag{10.21}$$

측정시스템의 변동인 $\%R\&R$ 의 영향으로 $C_p^{observed}$ 는 실제 C_p 값인 C_p^{actual} 보다 값이 작게 된다. 예를 들어, 관측된 C_p 값($C_p^{observed}$)이 1.5인 경우 $\%R\&R$ 값이 10%라면 실제 C_p 값(C_p^{actual})은 1.51이며, 30%라면 1.57, 50%라면 1.73이 되어, $\%R\&R$ 값이 증가됨에 따라 공정능력지수가 과소평가되어 공정능력 평가 시 불리하게 됨을 알 수 있다.

공정능력지수 C_p 와 $\%PTR$ 에 대해 다음과 같은 관계식이

$$\frac{\sigma_{R\&R}}{\sigma_T} = \left(\frac{USL - LSL}{6\sigma_T}\right)\left(\frac{6\sigma_{R\&R}}{USL - LSL}\right) = C_p^{observed} \times \left(\frac{\%PTR}{100}\right)$$

성립하므로, C_p^{actual} 과 $C_p^{observed}$ 사이에는 식 (10.20)으로부터 다음과 같은 관계를 가진다.

$$C_p^{observed} = C_p^{actual} \times \sqrt{1 - \left[C_p^{observed} \times \left(\frac{\%PTR}{100}\right)\right]^2} \tag{10.22}$$

따라서 식 (10.20)으로부터 구한 $C_p^{observed}$ 값과 더불어 $\%PTR$ 값이 주어지면 식 (10.22)에 의하여 실제 C_p 값인 C_p^{actual} 을 구할 수 있다.

$$C_p^{actual} = \frac{C_p^{observed}}{\sqrt{1 - \left[C_p^{observed} \times \left(\frac{\%PTR}{100} \right) \right]^2}} \tag{10.23}$$

식 (10.23)에 따라 측정시스템의 변동인 $\%PTR$의 영향으로 $C_p^{observed}$는 C_p^{actual}보다 값이 작게 된다. 예를 들어, 관측된 C_p값($C_p^{observed}$)이 1.5인 경우 $\%R\&R$값이 10%라면 실제 C_p값 (C_p^{actual})은 1.52이며, 30%라면 1.68, 50%라면 2.27이 되어, $\%PTR$값이 증가됨에 따라 공정능력지수가 과소평가되어 공정능력 평가 시 불리하게 됨을 알 수 있다. 그리고 공정능력지수 C_p에 대하여 $\%PTR$의 영향이 $\%R\&R$의 영향보다 더 큼을 알 수 있다.

$\%R\&R$, $\%PTR$과 C_p 사이의 관계는 다음과 같이 유도할 수 있다(White and Borror, 2011).

$$C_p^{observed} = \frac{USL - LSL}{6\sigma_T} = \frac{\dfrac{\sigma_{R\&R}}{\sigma_T} \times 100}{\dfrac{6\sigma_{R\&R}}{USL - LSL} \times 100} = \frac{\%R\&R}{\%PTR} \tag{10.24}$$

그러므로 Gage R&R 연구에서 $\%R\&R$과 $\%PTR$값이 계산되면 관측된 공정능력지수 C_p값 인 $C_p^{observed}$를 식 (10.24)에 의하여 추정할 수 있다. $\%R\&R$과 $\%PTR$값에 따른 $C_p^{observed}$값 의 관계를 그림으로 나타내면 그림 10.18과 같다(이승훈, 2016).

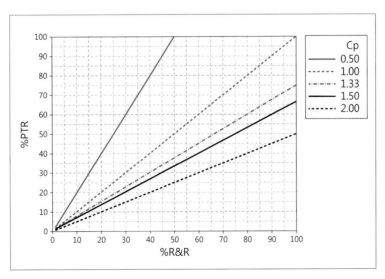

그림 10.18　$\%R\&R$과 $\%PTR$값에 따른 $C_p^{observed}$값의 관계

예제 10.8 예제 10.6에서 $\%R\&R$과 $\%PTR$값을 이용하여 관측된 공정능력지수 C_p 값인 $C_p^{observed}$를 추정하라. 그리고 실제 C_p 값인 C_p^{actual}을 추정하라.

$C_p^{observed}$를 식 (10.24)에 의하여 추정하면

$$C_p^{observed} = \frac{\%R\&R}{\%PTR} = \frac{32.66}{39.97} = 0.8171$$

이며, C_p^{actual}은 식 (10.21)에 의해 다음과 같이 구해진다.

$$C_p^{actual} = \frac{C_p^{observed}}{\sqrt{1-\left(\dfrac{\%R\&R}{100}\right)^2}} = \frac{0.8171}{\sqrt{1-\left(\dfrac{32.66}{100}\right)^2}} = 0.8645$$

(3) 반복 측정을 통한 측정시스템의 변동량 감소 방법

Gage R&R 연구 결과 현재의 측정시스템이 부적합(불합격)으로 판정될 때, 재현성이 문제인 경우에는 측정 절차를 표준화하고 측정 능력이 떨어지는 작업자에 대한 재교육을 실시하여야 한다. 그런 후에도 해당 측정시스템이 아직까지 만족할 만한 수준이 아니고, 당장은 더 이상 측정시스템을 향상시킬 수 없는 경우에는 반복 측정하여 평균한 값을 사용함으로써 측정시스템의 변동량을 감소시킬 수 있다(AIAG, 2010). 다시 말하면, 실제 생산공정에서 공정관리 혹은 품질관리를 수행할 때 부품(제품)을 1회 측정하여 판단하지 않고, n회 반복 측정하여 평균한 값을 사용하는 것이다. 이 방법은 반복 측정을 행함으로써 측정 시간이 많이 소요되는 단점이 있지만 측정시스템을 개선(즉, 계측기의 재설계, 새로운 계측기의 구입 등)할 때까지는 하나의 대안이 될 수 있다.

n회 반복 측정한 측정치의 평균값($\bar{y}$) 표준편차($\sigma_{\bar{y}}$)는 $\sigma_y/\sqrt{n}$이므로 이로부터 원하는 %R&R을 얻기 위한 반복 측정횟수 n을 구할 수 있다. 예를 들어, 현재 %R&R의 값이 25%일 때, 이것을 10%로 줄이려고 한다고 가정하자. 현재 측정시스템의 표준편차를 $\sigma_{R\&R}$이라 하고, n회 반복 측정하여 평균값을 사용하였을 때의 측정시스템의 표준편차를 $\sigma'_{R\&R}$이라 하자. 그러면

$$\%R\&R = \frac{\sigma_{R\&R}}{\sigma_T} \times 100 = 25\% \implies \sigma_{R\&R} = 0.25\sigma_T$$

$$\%R\&R' = \frac{\sigma'_{R\&R}}{\sigma_T} \times 100 = 10\% \implies \sigma'_{R\&R} = 0.1\sigma_T$$

이므로 %R&R값을 25%에서 10%로 줄이기 위해서는 n회 반복 측정하여 평균값을 사용할 때의 측정시스템의 표준편차 $\sigma'_{R\&R}$는 $(0.1/0.25)\sigma_{R\&R} = 0.4\sigma_{R\&R}$이 되어야 한다. 따라서 $\sigma_{R\&R}/\sqrt{n} = 0.4\sigma_{R\&R}$로부터 $n = (2.5)^2 = 6.25 \Rightarrow 7$이 된다. 그러므로 해당 부품(제품)을 7회 반복 측정하여 평균한 값을 사용하면 현재 측성시스템의 %R&R값을 25%에서 10%로 줄일 수 있다.

일반적으로 반복측정을 통하여 $\%R\&R = A\%$(혹은 $\%PTR = A\%$)인 현재의 측정시스템의 변동량을 $\%R\&R = B\%$(혹은 $\%PTR = B\%$)로 줄이기 위한 반복 측정 횟수 n은 식 (10.25)와 같이 유도할 수 있다.

$$n = \left(\frac{A}{B}\right)^2 \tag{10.25}$$

10.4 │ 계수형 측정시스템 분석

계수형 측정시스템(attribute measurement system)은 측정치가 범주형으로 얻어지는 측정시스템이다. 예를 들어, 측정자(평가자)가 Go/No-GO 게이지를 사용하여 '합격/불합격'의 2가지 범주로 판정하는 경우, 혹은 관능검사와 같은 사람의 주관적인 판단으로 제품의 품질을 평가하여 '합격/불합격'의 2가지 범주, '상/중/하'의 3가지 범주, '최상/상/중/하/최하'의 5가지 범주로 판정하는 경우가 계수형 측정시스템에 해당된다.

측정자(평가자)가 제품의 품질을 범주로 분류하여 판정하는 계수형 측정시스템에 대한 분석 및 평가가 필요한 이유는 다음과 같다.

- 측정 정확성: 기준값과 비교하여 정확히 판정하는지를 평가하여야 함
- 측정 일치성: 동일한 업무를 여러 명이 같이 수행할 때 측정자(평가자) 사이에 평가 결과가 같게 나와야 함

대표적인 계수형 측정시스템 분석절차로 AIAG(2010)의 방법을 들 수 있다. 그리고 계수형 측정시스템 분석을 유형 6 연구로 부르기도 한다.

계수형 측정시스템 분석을 위한 측정실험에서의 시료 선정은 계량형 Gage R&R 평가를 위한

측정실험에서와는 달리 규격 밖의 시료도 포함하여야 한다. 규격과 관련하여 판정 오류 영역을 구분하면 그림 10.1의 영역 III과 I과 같이 규격 내·외에서 판정오류가 없는 영역과 영역 II와 같이 판정오류가 있을 수 있는 영역으로 나누어 볼 수 있다. AIAG(2010)에서는 전체 시료 중 규격하한(LSL) 측 영역 II에서 25% 정도, 규격상한(USL) 측 영역 II에서 25% 정도가 선정되어야 한다고 규정되어 있다.

그리고 시료 개수(sample size)에 대해서는 특별히 몇 개 이상이라고 규정되어 있지 않고, 단지 영역 II의 시료(표본)가 포함될 수 있도록 충분히 크게 하라고 기술되어 있다. 따라서 만일 공정능력이 좋은 경우에는 표본크기를 작게 하여 랜덤 샘플링하면 영역 II의 시료(표본)가 포함되지 않을 수 있으므로 유효한 계수형 측정시스템 분석을 위해서는 표본크기를 아주 크게 하여야 한다고 기술되어 있다.

평가 대상의 측정자에게 선정된 시료를 2~3회 정도 반복 측정하게 하여 계수형 측정데이터를 얻은 후에는 데이터를 분석하여 계수형 측정시스템의 적합성(측정 정확성, 측정 일치성)을 판정한다. AIAG(2010)에서는 계수형 측정시스템 분석 방법으로 교차분류표 방법(Cross-Tab Method)과 신호감지이론(Signal Detection Approach) 등 두 가지 절차를 제공하고 있는데, 여기서는 보편적인 전자만 다룬다. 그리고 교차분류표 방법에는 ① Kappa 통계량 계산 방법 ② 유효성, 누락률, 허위경보율 계산 방법 등 두 가지 절차가 주어져 있다. 먼저 직관적인 후자부터 살펴본다.

10.4.1 유효성, 누락률, 허위경보율 계산 방법

AIAG(2010)의 이 방법은 일반적으로 '합격/불합격'과 같이 이원분류 계수형 측정시스템에 적용되며, 다음의 세 가지 척도를 구한다.

① 유효성(E): 유효성(effectiveness)은 합격, 불합격을 정확하게 판정할 수 있는 능력으로 다음과 같이 계산된다.

$$E = \frac{정확히\ 판정한\ 부품의\ 수}{총\ 부품\ 수} \tag{10.26}$$

② 누락률($\Pr(miss)$): 누락률(miss rate)은 불합격품(nonconforming part; 부적합품)을 기각하지 않고 합격품(conforming part; 적합품)으로 채택하는 오류(제2종 오류)를 범할 비율로서, 불합격품을 합격으로 판정하여 부적합이 소비자에게 전달될 수 있으므로 중요한 오

류로 취급된다. 누락률의 계산식은 다음과 같다.

$$\mathrm{Pr}(miss) = \frac{\text{합격으로 잘못 판정한 횟수}}{\text{불합격 시료의 총 측정횟수}} \qquad (10.27)$$

③ 허위경보율($\mathrm{Pr}(FA)$): 허위경보율(false alarm rate)은 합격품을 불합격품으로 오판하여 기각하는 오류(제1종 오류)를 범한 비율로서, 누락률보다는 중요하지 않지만 합격품을 불합격으로 처리함으로써 재작업, 재검사, 폐기비용 등이 수반되는 오류이다. 허위경보율의 계산식은 다음과 같다.

$$\mathrm{Pr}(FA) = \frac{\text{불합격으로 잘못 판정한 횟수}}{\text{합격 시료의 총 측정횟수}} \qquad (10.28)$$

각 측정자(평가자)별로 유효성, 누락률, 허위경보율을 계산한 후에 표 10.13에 주어진 평가 기준에 의거하여 계수형 측정시스템을 평가한다.

표 10.13 계수형 측정시스템의 평가 기준

통계량	유효성 E	누락률 $\mathrm{Pr}(miss)$	허위경보율 $\mathrm{Pr}(FA)$
적합	0.90 ~ 1	0 ~ 0.02	0 ~ 0.05
조건부로 채택가능	0.80 ~ 0.90	0.02 ~ 0.05	0.05 ~ 0.10
부적합	0.80 이하	0.05 이상	0.10 이상

예제 10.9 규격이 $0.5 \pm 0.05\,\mathrm{mm}$ 인 부품을 Go/No-Go 게이지를 사용하여 합격/불합격으로 판정하는 계수형 측정시스템을 평가하고자 한다. 계수형 측정시스템 분석을 위한 측정 실험에서는 규격 밖의 시료도 포함되어야 하므로, 그림 10.1의 영역 I, II, III의 시료가 포함될 수 있도록 공정능력을 고려하여 표 10.14와 같이 50개의 부품을 생산공정에서 랜덤하게 선정하였다. 선정된 시료에 대하여 합격품과 불합격품을 구분하기 위해 정밀측정에 의하여 기준값을 결정하였다. 해당 Go/No-Go 게이지를 사용하는 평가자 3명(A, B, C)에게 50개의 시료를 랜덤하게 제시하여 합부판정을 하도록 하였다. 이를 3회 반복하여 다음과 같은 측정데이터를 얻었다(AIAG, 2010). 여기서 '1'은 '합격품(적합품)'을 뜻하며, '0'은 '불합격품(부적합품)'을 뜻한다.
각 평가자별로 유효성, 누락률, 허위경보율을 계산하고, 판정기준에 의거하여 평가하라.

표 10.14 계수형 측정시스템의 측정실험 데이터

표본	평가자 A			평가자 B			평가자 C			기준 판정	기준값
	반복1	반복2	반복3	반복1	반복2	반복3	반복1	반복2	반복3		
1	1	1	1	1	1	1	1	1	1	1	0.476901
2	1	1	1	1	1	1	1	1	1	1	0.509015
3	0	0	0	0	0	0	0	0	0	0	0.576459
4	0	0	0	0	0	0	0	0	0	0	0.566152
5	0	0	0	0	0	0	0	0	0	0	0.570360
6	1	1	0	1	1	0	1	0	0	1	0.544951
7	1	1	1	1	1	1	1	0	1	1	0.465454
8	1	1	1	1	1	1	1	1	1	1	0.502295
9	0	0	0	0	0	0	0	0	0	0	0.437817
10	1	1	1	1	1	1	1	1	1	1	0.515573
11	1	1	1	1	1	1	1	1	1	1	0.488905
12	0	0	0	0	0	0	0	1	0	0	0.559918
13	1	1	1	1	1	1	1	1	1	1	0.542704
14	1	1	0	1	1	1	1	0	0	1	0.454518
15	1	1	1	1	1	1	1	1	1	1	0.517377
16	1	1	1	1	1	1	1	1	1	1	0.531939
17	1	1	1	1	1	1	1	1	1	1	0.519694
18	1	1	1	1	1	1	1	1	1	1	0.484167
19	1	1	1	1	1	1	1	1	1	1	0.520496
20	1	1	1	1	1	1	1	1	1	1	0.477236
21	1	1	0	1	0	1	0	1	0	1	0.452310
22	0	0	0	1	0	1	1	1	0	1	0.545604
23	1	1	1	1	1	1	1	1	1	1	0.529065
24	1	1	1	1	1	1	1	1	1	1	0.514192
25	0	0	0	0	0	0	0	0	0	0	0.599581
26	0	1	0	0	0	0	0	0	1	1	0.547204
27	1	1	1	1	1	1	1	1	1	1	0.502436
28	1	1	1	1	1	1	1	1	1	1	0.521642
29	1	1	1	1	1	1	1	1	1	1	0.523754
30	0	0	0	0	0	1	0	0	0	0	0.561457
31	1	1	1	1	1	1	1	1	1	1	0.503091
32	1	1	1	1	1	1	1	1	1	1	0.505850
33	1	1	1	1	1	1	1	1	1	1	0.487613
34	0	0	1	0	0	1	0	1	1	0	0.449696
35	1	1	1	1	1	1	1	1	1	1	0.498698
36	1	1	0	1	1	1	1	0	1	1	0.543077
37	0	0	0	0	0	0	0	0	0	0	0.409238
38	1	1	1	1	1	1	1	1	1	1	0.488184
39	0	0	0	0	0	0	0	0	0	0	0.427687
40	1	1	1	1	1	1	1	1	1	1	0.501132
41	1	1	1	1	1	1	1	1	1	1	0.513779
42	0	0	0	0	0	0	0	0	0	0	0.566575
43	1	0	1	1	1	1	1	1	0	1	0.462410
44	1	1	1	1	1	1	1	1	1	1	0.470832
45	0	0	0	0	0	0	0	0	0	0	0.412453
46	1	1	1	1	1	1	1	1	1	1	0.493441
47	1	1	1	1	1	1	1	1	1	1	0.486379
48	0	0	0	0	0	0	0	0	0	0	0.587893
49	1	1	1	1	1	1	1	1	1	1	0.483803
50	0	0	0	0	0	0	0	0	0	0	0.446697

유효성, 누락률, 허위경보율을 계산하기 위하여 정확히 판정한 횟수(부품기준), 0을 1로 잘못 판정 횟수, 1을 0으로 잘못 판정한 횟수를 각 평가자별로 구하면 표 10.15와 같다.

표 10.15 평가자별 판정 횟수 계산 결과

평가자	정확한 판정 횟수 (부품기준)	0인 부품 측정횟수	0 → 1 잘못 판정 횟수	1인 부품 측정횟수	1 → 0 잘못 판정 횟수
A	42	42	1	108	9
B	44	42	2	108	7
C	40	42	3	108	12

따라서 유효성, 누락률, 허위경보율을 계산하면 다음과 같다. 표 10.13의 계수형 측정시스템의 평가 기준으로 각 항목에 대하여 판정하면 괄호 안의 내용과 같다. 각 평가자별 종합 판정은 유효성, 누락률, 허위경보율 중에서 가장 나쁜 결과로 판정한다. 따라서 평가자 A와 B는 조건부 합격으로 판정하며, 평가자 C는 불합격으로 판정한다.

표 10.16 유효성, 누락률, 허위경보율 계산 및 종합 판정 결과

평가자	유효성	누락률	허위경보율	종합 판정
A	42/50=0.84 (조건부 합격)	1/42=0.0238 (조건부 합격)	9/108=0.0833 (조건부 합격)	조건부 합격
B	44/50=0.88 (조건부 합격)	2/42=0.0476 (조건부 합격)	7/108=0.0648 (조건부 합격)	조건부 합격
C	40/50=0.80 (조건부 합격)	3/42=0.0714 (불합격)	12/108=0.1111 (불합격)	불합격

10.4.2 Kappa 통계량 계산 방법

Kappa 통계량은 두 평가자 사이의 의견이 서로 어느 정도 일치하는지를 평가하기 위하여 Cohen(1960)에 의하여 처음 제안되었다. Kappa 통계량의 일반적인 정의는 식 (10.29)와 같다.

$$K = \frac{P_o - P_e}{1 - P_e} = 1 - \frac{1 - P_o}{1 - P_e} \tag{10.29}$$

여기서 P_o는 관측된 두 평가자 사이의 의견 일치 비율이고, P_e는 두 평가자 사이의 의견이 서로 독립이라고(관련이 없다고) 할 때 기대되는 의견 일치 비율이다.

따라서 Kappa 통계량 값에 따른 의미를 살펴보면 다음과 같다.

① $K = 1 \Rightarrow P_o = 1 \Rightarrow$ 평가자 사이의 의견이 완전히 일치함

② $K = 0 \Rightarrow P_o = P_e \Rightarrow$ 평가자의 의견들 사이에는 아무런 관련이 없으며 의견 일치 정도가 우연에 의한 정도임

두 평가자 사이의 측정일치성을 평가하기 위한 Kappa 통계량 계산 방법을 살펴보기로 한다. 먼저, 측정실험 데이터로부터 표 10.17과 같이 합격, 불합격으로 판정한 횟수를 계산한다.

표 10.17 두 평가자의 합부판정횟수

판정		평가자 B		합계
		합격	불합격	
평가자 A	합격	n_{11}	n_{12}	$n_1.$
	불합격	n_{21}	n_{22}	$n_2.$
합계		$n._1$	$n._2$	n

그러면 표 10.17의 교차분류표에서 대각선의 칸의 횟수가 두 평가자가 서로 일치한 횟수이므로 관측된 두 평가자 사이의 의견 일치 비율 P_o는 다음과 같이 계산된다.

$$P_o = (n_{11} + n_{22})/n \tag{10.30}$$

그리고 P_e를 계산하기 위하여 표 10.17의 결과에 대한 기대도수를 계산하면 표 10.18과 같다.

표 10.18 두 평가자의 합부판정의 기대도수

판정		평가자 B		합계
		합격	불합격	
평가자 A	합격	$\dfrac{n_1. \times n._1}{n} = e_{11}$	$\dfrac{n_1. \times n._2}{n} = e_{12}$	$n_1.$
	불합격	$\dfrac{n_2. \times n._1}{n} = e_{21}$	$\dfrac{n_2. \times n._2}{n} = e_{22}$	$n_2.$
합계		$n._1$	$n._2$	n

따라서 P_e는 두 평가자 사이의 의견이 서로 독립이라고(관련이 없다고) 할 때 기대되는 의견 일치 비율이므로

$$P_e = (e_{11} + e_{22})/n \qquad\qquad (10.31)$$

P_e를 계산한 후에, P_o와 식 (10.29)에 의하여 Kappa 통계량을 계산하여 두 평가자 사이의 측정 일치성을 평가한다.

그리고 Kappa 통계량을 각 평가자별 측정 정확성을 판정하는 데 사용할 수 있다. 이 경우는 표 10.19와 같이 각 평가자와 기준값에 관한 교차분류표를 작성하여 위와 동일한 절차로 Kappa 통계량을 계산한다.

표 10.19 평가자와 기준값 사이의 교차분류표

	판정	기준값		합계
		합격	불합격	
평가자	합격	n_{11}	n_{12}	$n_1.$
	불합격	n_{21}	n_{22}	$n_2.$
합계		$n._1$	$n._2$	n

계수형 측정시스템 분석에서의 Kappa 통계량에 대한 판정기준은 AIAG(2010)에서는 0.75 이상은 우수(excellent), 0.4~0.75는 보통(moderate), 0.4 이하는 미흡(poor)으로 주어져 있다.

예제 10.10 예제 10.9의 표 10.14의 계수형 측정시스템 데이터에 대하여 다음을 구하라.

(1) 각 평가자별로 측정 정확성을 판정하기 위한 Kappa 통계량을 계산하고, 판정기준에 의 거하여 평가하라.

(2) 예제 10.9에서 조건부 합격한 평가자 A와 B에 대해 측정 일치성을 판정하기 위한 Kappa 통계량을 계산하고, 판정기준에 의거하여 평가하라.

(1) Kappa 통계량에 의한 각 평가자별 측정 정확성 평가

0인 부품은 14개이므로 0인 부품 측정횟수는 $14 \times 3 = 42$이고, 기준값이 1인 부품이 36개 이므로 1인 부품 측정횟수는 $36 \times 3 = 108$이다. 그리고 기준값이 0인 부품을 1로 잘못 판정한 횟수와 기준값이 1인 부품을 0으로 잘못 판정한 횟수를 각 평가자별로 계산하면 다음과 같다.

표 10.20 평가자별 잘못 판정한 횟수 계산 결과

평가자	0인 부품 측정횟수	0 → 1 잘못 판정 횟수	1인 부품 측정횟수	1 → 0 잘못 판정 횟수
A	42	1	108	9
B	42	2	108	7
C	42	3	108	12

이로부터 Kappa 통계량 계산을 위한 세 평가자와 기준값 사이의 교차분류표를 작성하면 표 10.21~10.23과 같다.

표 10.21 평가자 A와 기준값 사이의 교차분류표

			기준값		합계
			0	1	
평가자 A	0	도수	41	9	50
		기대도수	14	36	
	1	도수	1	99	100
		기대도수	28	72	
합계			42	108	150

표 10.22 평가자 B와 기준값 사이의 교차분류표

			기준값		합계
			0	1	
평가자 B	0	도수	40	7	47
		기대도수	13.16	33.84	
	1	도수	2	101	103
		기대도수	28.84	74.16	
합계			42	108	150

표 10.23 평가자 C와 기준값 사이의 교차분류표

			기준값		합계
			0	1	
평가자 C	0	도수	39	12	51
		기대도수	14.28	36.72	
	1	도수	3	96	99
		기대도수	27.72	71.28	
합계			42	108	150

각 평가자와 기준값 사이의 교차분류표로부터 P_o와 P_e를 계산하여 식 (10.29)에 의하여 Kappa 통계량을 구하면 다음과 같다.

표 10.24　평가자별 Kappa 통계량 계산 결과

평가자	P_o	P_e	Kappa 통계량
A	$\dfrac{(41+99)}{150} = 0.9333$	$\dfrac{(14+72)}{150} = 0.5733$	$K = \dfrac{0.9333 - 0.5733}{1 - 0.5733} = 0.844$
B	$\dfrac{(40+101)}{150} = 0.94$	$\dfrac{(13.16+74.16)}{150} = 0.5821$	$K = \dfrac{0.94 - 0.5821}{1 - 0.5821} = 0.856$
C	$\dfrac{(39+96)}{150} = 0.9$	$\dfrac{(14.28+71.28)}{150} = 0.5704$	$K = \dfrac{0.9 - 0.5704}{1 - 0.5704} = 0.767$

따라서 AIAG(2010) 기준으로 Kappa 통계량값이 모두 0.75 이상이므로 측정 정확성은 평가자 A, B, C 모두 우수로 판정한다.

(2) 평가자 A와 B 사이의 측정 일치성 평가

두 평가자 사이의 측정 일치성을 평가하기 위하여 Kappa 통계량 계산을 위한 두 평가자 사이의 교차분류표를 작성하면 표 10.25와 같다.

표 10.25　평가자 A와 B 사이의 교차분류표

			평가자 B		합계
			0	1	
평가자 A	0	도수	44	6	50
		기대도수	15.667	34.333	
	1	도수	3	97	100
		기대도수	31.333	68.667	
합계			47	103	150

두 평가자 사이의 교차분류표로부터 식 (10.30)과 (10.31)에 의해 P_o와 P_e를 계산한 후에 식 (10.29)에 의하여 Kappa 통계량을 구하면

$$P_0 = \frac{(44+97)}{150} = 0.94$$

$$P_e = \frac{(15.667+68.667)}{150} = 0.5622$$

$$K = \frac{0.94 - 0.5622}{1 - 0.5622} = 0.863$$

이므로, Kappa 통계량 값이 모두 0.75 이상이 되어 평가자 A와 B 사이의 측정 일치성은 우수하다고 판정한다.

10.5 측정불확도를 이용한 측정시스템 분석

10.5.1 측정불확도 개요

측정불확도(measurement uncertainty)를 이용한 측정시스템 분석에 관한 표준(절차서)으로 ISO 22514-7과 VDA 5가 있다. ISO 22514-7은 ISO(International Organization for Standardization)에서 2012년에 발행한 측정 프로세스 능력(Capability of Measurement Processes) 평가에 관한 표준이며, 2021년에 개정판이 발행되었다. VDA 5는 독일 자동차산업 협회(Verband der Automobilindustrie)에서 2011년에 발행한 측정 프로세스 능력 평가 절차서 개정2판로서 2008년에 발행한 ISO/WD 22514-7에 근거한 절차서이므로 ISO 22514-7과는 거의 차이가 없다. ISO 22514-7과 VDA 5는 ISO/IEC Guide 99(International vocabulary of metrology — Basic and general concepts and associated terms: VIM)의 용어를 사용하며, ISO/IEC Guide 98-3 (Guide to the expression of the Uncertainty in Measurement: GUM)에 의하여 측정불확도를 파악하여 측정시스템(measuring system) 및 측정프로세스(measurement process)의 능력을 평가하는 절차를 제공하고 있다. 참고로 ISO/IEC Guide 98-3와 ISO 22514-7은 KS 표준으로 채택되어 각각 KS Q ISO/IEC Guide 98-3과 KS Q ISO 22514-7로 제정되어 있다.

측정불확도는 "측정결과와 관련하여, 측정량을 합리적으로 추정한 값의 산포특성을 나타내는 파라미터"라고 KS Q ISO/IEC Guide 98-3에서 정의되어 있다. 그리고 KS Q ISO/IEC Guide 98-3에서 기술된 측정불확도를 산정하는 절차를 요약하면 다음과 같다(그림 10.19 참고). 먼저 표준편차로 표현되는 측정불확도인 표준불확도(standard uncertainty)를 크게 2가지 범주(방법 A와 B)로 파악한다. A형 표준불확도는 여러 번 측정한 결과의 통계적인 분포로부터 값이 결정되는 것으로서 실험 데이터의 표준편차로 나타내며, B형 표준불확도는 경험이나 다른 정보에 근거하여 가정한 확률분포의 표준편차로부터 그 값이 결정되는 것으로서 실험데이터의 통계적인 분석이 아닌 다른 방법으로 불확도를 평가하는 것이다. 다음으로 측정결과가 여러 개의 다른 입력량으로부터 구해질 때 이 측정결과의 표준불확도를 합하여 합성표준불확도(combined standard uncertainty) $u(y)$를 구한다. 다음으로 합성표준불확도 $u(y)$에 $100(1-\alpha)\%$ 신뢰수준의 포함인자(coverage factor) k를 곱하여 확장불확도(expanded uncertainty) $U(y)$를 구한다. 여기서 포함인자는 $k = t_{(\nu_{eff},\, 2/\alpha)}$, ν_{eff}(effective degrees of freedom; 유효자유도)으로 구해지며, 불확도 평가에서는 일반적으로 95.45%의 신뢰수준을 사용하며, 유효자유도 ν_{eff}가 10 이상인 경우에는 포함인자 k는 2가 된다. 확장불확도가 산정되면 이를 이용하여 측정결과 y에 대하

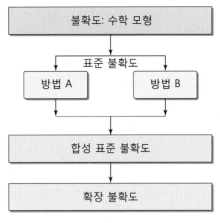

```
           ┌─────────────────────────────┐
           │      불확도: 수학 모형          │
           └─────────────────────────────┘
                         │
                   표준 불확도
           ┌──────────┐   │   ┌──────────┐
           │  방법 A   │   │   │  방법 B   │
           └──────────┘       └──────────┘
                │      │      │
           ┌─────────────────────────────┐
           │      합성 표준 불확도          │
           └─────────────────────────────┘
                         │
           ┌─────────────────────────────┐
           │      확장 불확도              │
           └─────────────────────────────┘
```

그림 10.19 불확도 산정 절차

여 정해진 신뢰수준에서 측정값 y의 참값 x_t를 포함하는 구간인 포함구간(coverage interval) $y \pm U(y)$를 구하게 된다.

KS Q ISO/IEC Guide 98-3에서는 측정결과에 대하여 측정불확도를 파악하여 측정값의 참값을 포함하는 구간인 포함구간을 구하는 것이 목적이지만, KS Q ISO 22514-7에서는 측정불확도를 파악하여 해당 측정시스템(measuring system) 및 측정프로세스(measurement process)가 해당 부품을 측정할 능력이 있는지를 평가하는 것이 목적이다. 여기서 KS Q ISO 22514-7에서의 용어 측정시스템(measuring system)과 측정프로세스(measurement process)는 각각 일반적인 측정시스템분석(예를 들어, AIAG(2010)의 MSA 4)에서의 계측기(gage)와 측정시스템(measurement system)에 해당됨에 유의하여야 한다.

10.5.2 측정불확도를 이용한 측정시스템 능력 분석

측정불확도에 의한 측정시스템 및 측정프로세스 능력 분석 절차(KS Q ISO 22514-7)의 흐름도가 그림 10.20에 주어져 있다. KS Q ISO 22514-7에서는 측정불확도에 근거하여 먼저 측정시스템의 측정능력을 평가하며 다음으로 측정프로세스의 측정능력을 평가한다. 측정시스템 능력 분석(measuring system capability analysis)에서는 먼저 측정시스템의 분해능(resolution)을 평가한다. KS Q ISO 22514-7에서는 해당 계측기(측정시스템)가 합부판정용이면 공차(tolerance)의 1/20 이하, 공정관리용이면 공정 변동의 1/10 이하가 되어야 한다고 규정하고 있다. 다음으로 측정시스템의 측정불확도를 파악하여 측정 능력을 평가한다. 이때 해당 측정시스템의 최대 허용 오차(Maximum Permissible Error: MPE)가 알려져 있으면 이를 이용하여 측정

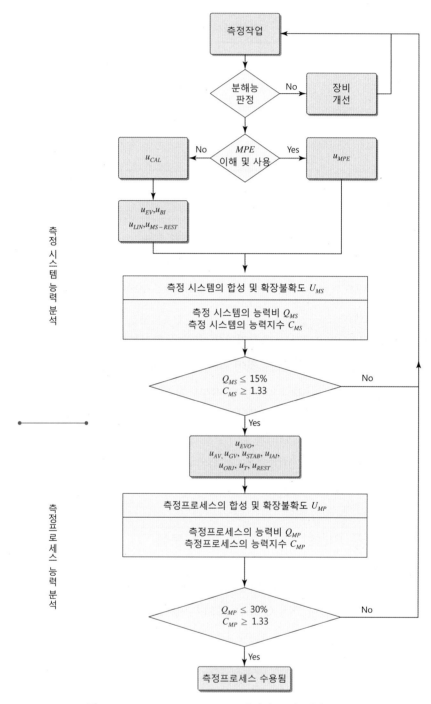

측정 시스템 능력 분석

측정프로세스 능력 분석

측정작업

분해능 판정 — No → 장비 개선

u_{CAL} ← No — *MPE* 이해 및 사용 — Yes → u_{MPE}

u_{EV}, u_{BI}
$u_{LIN}, u_{MS-REST}$

측정 시스템의 합성 및 확장불확도 U_{MS}

측정 시스템의 능력비 Q_{MS}
측정 시스템의 능력지수 C_{MS}

$Q_{MS} \leq 15\%$
$C_{MS} \geq 1.33$ — No

Yes

$u_{EVO},$
$u_{AV}, u_{GV}, u_{STAB}, u_{IAI},$
u_{OBJ}, u_{T}, u_{REST}

측정프로세스의 합성 및 확장불확도 U_{MP}

측정프로세스의 능력비 Q_{MP}
측정프로세스의 능력지수 C_{MP}

$Q_{MP} \leq 30\%$
$C_{MP} \geq 1.33$ — No

Yes

측정프로세스 수용됨

그림 10.20 KS Q ISO 22514-7에서의 분석 절차 흐름도

시스템의 측정능력을 평가할 수 있다. 대부분의 경우에는 측정실험을 수행하여 측정불확도를 추정하여 측정시스템을 평가한다. 측정시스템 평가는 유형 1 연구(Type 1 study)로 알려진 반복성(repeatability) 및 편의(bias) 분석을 위한 측정실험을 수행하여 분석하거나 유형 4 연구(Type 4 study)로 알려진 선형성 분석(linearity analysis)을 위한 측정실험을 수행하여 분석한 결과를 이용한다. 측정실험을 수행하여 측정데이터로부터 A형 표준불확도인 반복성(repeatability)에 기인한 불확도와 편의(bias)에 기인한 불확도를 추정하고, B형 표준불확도인 분해능(resolution)에 기인한 불확도, 교정성적(calibration certificate)으로부터의 불확도, 기타 요인에 의한 불확도를 추정한다. 그리고 측정시스템의 합성불확도 u_{MS} 및 확장불확도 U_{MS} 를 계산한 다음에 측정시스템의 능력비(성능비) Q_{MS} 와 능력지수 C_{MS} 를 산출하고 합격판정기준에 의거하여 합부를 판정한다.

측정시스템의 측정능력이 합격된 경우에는 측정프로세스에 대한 측정능력을 평가한다. 측정프로세스의 측정능력 평가를 위한 측정실험을 수행하여 측정데이터로부터 A형 표준불확도인 시료에 대한 반복성에 기인한 불확도, 측정작업자의 재현성에 기인한 불확도, 시료와 측정작업자의 교호작용에 기인한 불확도를 추정하고, B형 표준불확도인 온도에 기인한 불확도, 시간에 대한 안정성에 기인한 불확도, 측정 프로세스의 기타 요인에 의한 불확도 등을 추정한다. 그리고 측정프로세스의 합성불확도 u_{MP} 및 확장불확도 U_{MP} 를 계산한 다음에 측정프로세스의 능력비(성능비) Q_{MP} 와 능력지수 C_{MP} 를 산출하고 합격판정기준에 의거하여 합부를 판정한다.

이 절에서는 유형 1 연구로 알려진 반복성 및 편의 분석을 위한 측정실험을 행하여 측정시스템의 능력분석을 수행하는 절차에 대해서만 살펴보기로 한다. 측정시스템 능력 분석을 위한 측정실험에서는 유형 1 연구에서의 측정실험과 동일하게 기준값(reference value) x_m 을 알고 있는 기준용 표준(reference standard) 혹은 시료(workpiece)에 대하여 n 회 반복 측정한다. 반복횟수는 KS Q ISO 22514-7(2021, p.20)에서는 30회, VDA(2011, p.54)에서는 25회 이상을 권고하고 있다. 먼저 측정실험의 데이터로부터 평균 $\bar{x}$ 와 표준편차 s 를 구하여, 반복성에 기인한 불확도 $u_{EVR} = s$ 를 구하고, 편의에 기인한 불확도는 일반적으로 직사각형분포(균등분포)를 가정하여 $u_{BI} = |\bar{x} - x_m| / \sqrt{3}$ 와 같이 구한다. 이 둘은 A형 표준불확도에 해당된다. 다음으로 B형 표준불확도들을 구한다. 해당 계측기의 분해능이 RE 라면 분해능에 기인한 불확도는 일반적으로 직사각형분포(균등분포)를 가정하여 $u_{RE} = RE / \sqrt{12}$ 로 추정하며, 교정성적(calibration certificate)의 주어진 확장불확도 U_{CAL} 와 포함인자 k_{CAL} 로부터 교정에 기인한 불확도 $u_{CAL} = U_{CAL} / k_{CAL}$ 를 구한다. 그리고 선형성에 기인한 불확도 u_{LIN} 과 기타 요인에 의한 불확도 $u_{MS-REST}$ 를 구한다. 위의 표준불확도들을 합하여 측정시스템의 합성불확도 u_{MS} 와 확장불확

표 10.26 측정시스템 능력 분석 절차 요약

불확도	$u_{MS} = \sqrt{u_{EV}^2 + u_{BI}^2 + u_{CAL}^2 + u_{LIN}^2 + u_{MS-REST}^2}$ <hr> $-u_{EVR}$: 반복성에 기인한 불확도 (A형 불확도) $-u_{BI}$: 편의에 기인한 불확도 (A형 불확도) $-u_{RE}$: 분해능에 기인한 불확도 (B형 불확도) $-u_{EV} = \max\{u_{EVR}, u_{RE}\}$ $-u_{CAL}$: 교정으로부터의 불확도 (B형 불확도) $-u_{LIN}$: 선형성에 기인한 불확도 (B형 불확도) $-u_{MS-REST}$: 측정시스템 기타 불확도(B형 불확도) <hr> $U_{MS} = k\,u_{MS}$ (k: 포함계수)
성능지표	$Q_{MS} = \dfrac{2\,U_{MS}}{USL - LSL} \times 100\%$ $C_{MS} = \dfrac{0.2\,(USL - LSL)}{2\,U_{MS}}$
합격판정기준	$Q_{MS} \le 15\%$ $C_{MS} \ge 1.33$

도 U_{MS}를 구한 다음에 측정시스템의 성능비(performance ratio) Q_{MS}와 능력지수(capability index) C_{MS}를 계산한다(표 10.26 참고). 측정시스템에 대한 합격 판정 기준은 $Q_{MS} \le 15\%$, $C_{MS} \ge 1.33$이다. Q_{MS}와 C_{MS}는 서로 비례관계에 있으므로 Q_{MS} 관점에서 합격이 되면 C_{MS} 관점에서도 합격이 된다(연습문제 10.14 참고).

예제 10.11   예제 10.2의 표 10.1의 데이터에 대하여 측정불확도를 파악하여 해당 계측기 (측정시스템)의 측정능력을 KS Q ISO 22514-7의 절차에 의하여 평가하고자 한다. 다음 물음에 답하라.

(1) 표준불확도(반복성에 기인한 불확도 u_{EVR}, 편의에 기인한 불확도 u_{BI}, 분해능에 기인한 불확도 u_{RE}, 교정으로부터의 불확도 u_{CAL} 등)를 계산하라. 단, 선형성에 관한 불확도 u_{LIN}은 무시할 정도로 작다고 가정한다(즉, $u_{LIN} = 0$). 교정성적서(calibration certificate) 로부터 기준값이 6.002mm일 때의 확장불확도는 $U_{CAL} = 0.002$mm, 포함인자는 k_{CAL} $= 2$로 주어져 있다고 가정한다. 편의와 분해능에 기인한 불확도 계산에서 사용되는 분 포는 직사각형분포(균등분포)라고 가정한다. 기타 요인에 의한 불확도 $u_{MS-REST}$는 없 다고 가정한다.

(2) 합성불확도 u_{MS}와 확장불확도 U_{MS}를 계산하라. 단, 포함인자 k는 2로 하여 분석한다.

(3) 측정시스템 성능비(능력비) Q_{MS}와 측정시스템 능력지수 C_{MS}를 계산하고 합격 판정 기준에 의거하여 판정하라.

(1) 표 10.1의 50개 데이터에 대한 평균과 표준편차는 각각 $\bar{x} = 6.0009$, $s = 0.000995$로 계산된다. 그러면 측정시스템의 측정능력 평가를 위한 반복성에 기인한 불확도 u_{EVR}, 편의에 기인한 불확도 u_{BI}, 분해능에 기인한 불확도 u_{RE}, 교정으로부터의 불확도 u_{CAL}는 각각 다음과 같이 계산된다.

$$u_{EVR} = s = 0.000995$$

$$u_{BI} = |\,\bar{x} - x_m\,| \,/\, \sqrt{3} = |\,6.0009 - 6.002\,| \,/\, \sqrt{3} = 0.000635$$

$$u_{RE} = RE / \sqrt{12} = 0.001 / \sqrt{12} = 0.0002887$$

$$u_{CAL} = U_{CAL} / k_{CAL} = 0.002/2 = 0.001$$

(2) $u_{EV} = \max\{u_{EVR},\, u_{RE}\} = \max\{0.000995,\, 0.0002887\} = 0.000995$이므로 측정시스템의 합성불확도 u_{MS}와 확장불확도 U_{MS}는 각각 다음과 같이 계산된다.

$$u_{MS} = \sqrt{u_{EV}^2 + u_{BI}^2 + u_{CAL}^2 + u_{LIN}^2 + u_{MS-REST}^2}$$

$$= \sqrt{0.000995^2 + 0.000635^2 + 0.001^2 + 0 + 0} = 0.001547$$

$$U_{MS} = k\,u_{MS} = 2 \times 0.001547 = 0.003094$$

(3) 이 측정시스템의 성능비 Q_{MS}는 다음과 같이 계산되며, $Q_{MS} \le 15\%$이므로 KS Q ISO 22514-7의 절차에서 이 측정시스템은 합격으로 판정한다.

$$Q_{MS} = \frac{2\,U_{MS}}{USL - LSL} \times 100 = \frac{2 \times 0.003094}{6.03 - 5.97} \times 100 = 10.31\%$$

이 측정시스템의 능력지수 C_{MS}는 다음과 같이 계산되며, $C_{MS} \ge 1.33$이므로 KS Q ISO 22514-7의 절차에서 이 측정시스템은 합격으로 판정한다.

$$C_{MS} = \frac{0.2\,(USL - LSL)}{2\,U_{MS}} = \frac{0.2 \times (6.03 - 5.97)}{2 \times 0.003094} = 1.939$$

10.5.3 측정불확도를 이용한 측정프로세스 능력 분석

측정시스템(measuring system)의 측정능력이 합격된 경우에는 측정프로세스(measurement process)에 대한 측정능력을 평가한다. 측정프로세스의 측정능력 평가를 위한 측정실험은 소위 Gage R&R 연구로 알려진 측정실험이다. Gage R&R 연구의 측정데이터로부터 분산분석표를 작성하고 각 요인의 분산성분을 추정한다. 이를 이용하여 시료에 대한 반복성에 기인한 불확도 $u_{EVO} = \hat{\sigma}_m$, 측정작업자의 재현성에 기인한 불확도 $u_{AV} = \hat{\sigma}_o$, 시료와 측정작업자의 교호작용에 기인한 불확도 $u_{IA} = \hat{\sigma}_{op}$를 계산한다. 그리고 온도에 기인한 불확도 u_T, 시간에 따른 안정성에 기인한 불확도 u_{STAB}, 시료의 비균일도에 의한 불확도 u_{OBJ}, 측정시스템 사이의 재현성에 기인한 불확도 u_{GV}, 측정프로세스의 기타 요인에 의한 불확도 u_{REST}를 산정한다. 측정프로세스의 모든 표준불확도가 파악되면 측정프로세스의 합성표준불확도 u_{MP}를 다음과 같이 계산한다.

$$u_{MP} = \sqrt{u_{EV}^2 + u_{BI}^2 + u_{CAL}^2 + u_{LIN}^2 + u_{MS-REST}^2 + u_{AV}^2 + u_{IA}^2 + u_T^2 + u_{STAB}^2 + u_{OBJ}^2 + u_{GV}^2 + u_{REST}^2}$$

여기서 중요한 점은 측정프로세스의 합성표준불확도 u_{MP}에는 측정프로세스의 표준불확도뿐만 아니라 측정시스템의 표준불확도들도 모두 포함되어 있다는 것이다. 그리고 합성표준불확도에 포함계수 k를 곱하여 측정프로세스의 확장불확도 $U_{MP} = k\,u_{MP}$를 구한다. 다음으로 측정프로세스 평가 지표인 측정프로세스의 성능비(능력비)와 능력지수를 각각 다음과 같이 계산한다.

$$Q_{MP} = \frac{2\,U_{MP}}{USL - LSL} \times 100\%$$

$$C_{MP} = \frac{0.4\,(USL - LSL)}{2\,U_{MP}}$$

측정프로세스에 대한 합격 판정 기준은 $Q_{MP} \leq 30\%$, $C_{MP} \geq 1.33$이다. Q_{MP}와 C_{MP}는 서로 비례관계에 있으므로 Q_{MP} 관점에서 합격이 되면 C_{MP} 관점에서도 합격이 된다(연습문제 10.15 참고).

표 10.27 측정프로세스 능력 분석 절차 요약

불확도	$u_{MP}^2 = u_{EV}^2 + u_{BI}^2 + u_{CAL}^2 + u_{LIN}^2 + u_{MS-REST}^2$ $\qquad + u_{AV}^2 + u_{IA}^2 + u_T^2 + u_{STAB}^2 + u_{OBJ}^2 + u_{GV}^2 + u_{REST}^2$
	$-u_{EVR}$: 반복성에 기인한 불확도 (A형 불확도) $-u_{BI}$: 편의에 기인한 불확도 (A형 불확도) $-u_{RE}$: 분해능에 기인한 불확도 (B형 불확도) $-u_{CAL}$: 교정으로부터의 불확도 (B형 불확도) $-u_{LIN}$: 선형성에 기인한 불확도 (B형 불확도) $-u_{MS-REST}$: 측정시스템의 기타 불확도 (B형 불확도)
	$-u_{EVO}$: 반복성에 기인한 불확도 (A형 불확도) $-u_{AV}$: 재현성에 기인한 불확도 (A형 불확도) $-u_{IA}$: 시료와 측정자 교호작용에 기인한 불확도 (A형 불확도) $-u_{EV} = \max\{u_{EVR}, u_{EVO}, u_{RE}\}$ $-u_T$: 온도에 기인한 불확도 (B형 불확도) $-u_{STAB}$: 시간경과의 안정성에 기인한 불확도 (B형 불확도) $-u_{OBJ}$: 시료의 비균일도에 기인한 불확도 (B형 불확도) $-u_{GV}$: 계측기 사이의 재현성의 불확도 (B형 불확도) $-u_{REST}$: 측정프로세스의 기타 불확도 (B형 불확도)
	$U_{MP} = k\,u_{MP}$ (k: 포함계수)
성능지표	$Q_{MP} = \dfrac{2\,U_{MP}}{USL - LSL} \times 100\%$ $C_{MP} = \dfrac{0.4\,(USL - LSL)}{2\,U_{MP}}$
합격판정기준	$Q_{MP} \leq 30\%$ $C_{MP} \geq 1.33$

예제 10.12 해당 계측기는 분해능(RE)이 $0.001mm$인 디지털 마이크로미터이며, 이 계측기를 사용하는 많은 사람 중에서 랜덤하게 3명의 작업자를 선발하였고, 부품을 생산공정에서 랜덤하게 10개를 시료로 추출하여, 각 측정자에게 10개의 시료를 랜덤하게 제시하여 2회 반복 측정하도록 하여 표 10.28과 측정데이터를 얻었다(VDA, 2011: 69). 이는 예제 10.11에서 분석한 측정시스템 능력분석 다음 단계로 수행한 측정실험이다.

표 10.28 측정프로세스 능력 분석을 위한 측정실험 데이터

부품 \ 측정자	측정자 1		측정자 2		측정자 3	
	반복 1	반복 2	반복 1	반복 2	반복 1	반복 2
1	6.029	6.030	6.033	6.032	6.031	6.030
2	6.019	6.020	6.020	6.019	6.020	6.020
3	6.004	6.003	6.007	6.007	6.010	6.006
4	5.982	5.982	5.985	5.986	5.984	5.984
5	6.009	6.009	6.014	6.014	6.015	6.014
6	5.971	5.972	5.973	5.972	5.975	5.974
7	5.995	5.997	5.997	5.996	5.995	5.994
8	6.014	6.018	6.019	6.015	6.016	6.015
9	5.985	5.987	5.987	5.986	5.987	5.986
10	6.024	6.028	6.029	6.025	6.026	6.025

측정불확도를 파악하여 해당 측정프로세스의 측정능력을 ISO 22514-7(VDA 5)의 절차에 의하여 평가하고자 한다. 다음 물음에 답하라.

(1) 상기 측정실험 데이터부터 분산분석표를 작성하면 표 10.29와 같이 주어진다. 여기서 측정자와 부품 사이의 교호작용은 유의하지 않으므로 풀링하여 작성하였다.

표 10.29 분산분석표: 풀링 후

요인	SS	DF	MS	F비
부품	0.0205865	9	0.0022874	971.061
측정자	0.0000394	2	0.0000197	8.370
반복성	0.0001131	48	0.0000024	
전체	0.0207390	59		

분산분석표로부터 각 분산성분을 추정하고, 이를 이용하여 표준불확도(시료에 대한 반복성에 기인한 불확도 u_{EVO}, 측정작업자의 재현성에 기인한 불확도 u_{AV}, 시료와 측정작업자의 교호작용에 기인한 불확도 u_{IA} 등)를 계산하라. 온도에 기인한 불확도 u_T, 시간에 대한 안정성에 기인한 불확도 u_{STAB}, 시료의 비균일도에 의한 불확도 u_{OBJ}, 측정시스템 사이의 재현성에 기인한 불확도 u_{GV}, 측정프로세스의 기타 요인에 의한 불확도 u_{REST}는 모두 무시할 정도로 작다고 가정한다.

(2) 이 측정프로세스에 대한 합성불확도 u_{MP}와 확장불확도 U_{MP}를 계산하라. 단, 포함인자 k는 2로 하여 분석한다. 그리고 측정시스템 능력분석에서의 표준불확도는 예제 10.11에서의 불확도를 그대로 적용한다.

(3) 측정프로세스 성능비(능력비) Q_{MP}와 측정프로세스 능력지수 C_{MP}를 계산하고 합격 판정 기준에 의거하여 판정하라.

(1) 표 10.29와 식 (10.10)으로부터 분산성분은 다음과 같이 추정된다.

$$\hat{\sigma}^2_{Rpt} = \hat{\sigma}^2_m = MS_e = 0.0000024$$

$$\hat{\sigma}^2_{Rpd} = \hat{\sigma}^2_o = \frac{MS_o - MS_e}{ar} = \frac{0.0000197 - 0.0000024}{10 \times 2} = 0.000000865$$

따라서 각 요인의 표준불확도를 계산하면 다음과 같다.
- 시료에 대한 반복성에 기인한 불확도 $u_{EVO} = \hat{\sigma}_m = 0.0015349$
- 측정작업자의 재현성에 기인한 불확도 $u_{AV} = \hat{\sigma}_o = 0.0009300$
- 시료와 측정작업자의 교호작용에 기인한 불확도 $u_{IA} = \hat{\sigma}_{op} = 0$

(2) $u_{EV} = \max\{u_{EVR}, u_{EVO}, u_{RE}\} = \max 0.000995, 0.0015349, 0.0002887 =$ 0.0015349이므로 측정 프로세스의 합성불확도 u_{MP}와 확장불확도 U_{MP}는 다음과 같이 계산된다. 즉, 측정 프로세스의 합성불확도에는 측정시스템 능력분석에서의 불확도 (예제 10.11 참고)들이 함께 포함되어 분석된다.

$$u_{MP} = \sqrt{u^2_{BI} + u^2_{CAL} + u^2_{LIN} + u^2_{MS-REST} + u^2_{EV} + u^2_{AV} + u^2_{IA} + u^2_T + u^2_{STAB} + u^2_{OBJ} + u^2_{GV} + u^2_{REST}}$$

$$= \sqrt{0.000635^2 + 0.001^2 + 0^2 + 0^2 + 0.0015349^2 + 0.0009300^2 + 0^2 + 0^2 + 0^2 + 0^2 + 0^2 + 0^2}$$

$$= 0.002150$$

$$U_{MP} = k u_{MP} = 2 \times 0.002150 = 0.0043$$

(3) 이 측정 프로세스의 성능비(능력비) Q_{MP}는 다음과 같이 계산되며, $Q_{MP} \le 30\%$이므로 이 측정 프로세스는 합격으로 판정한다.

$$Q_{MP} = \frac{2 U_{MP}}{USL - LSL} \times 100 = \frac{2 \times 0.0043}{6.03 - 5.97} \times 100 = 14.33\%$$

이 측정 프로세스의 능력지수 C_{MP}는 다음과 같이 계산되며, $C_{MP} \ge 1.33$이므로 이 측정 프로세스는 합격으로 판정한다.

$$C_{MP} = \frac{0.4 (USL - LSL)}{2 U_{MP}} = \frac{0.4 (6.03 - 5.97)}{2 \times 0.0043} = 2.79$$

10.1 한 제조업체에서 생산하는 부품의 치수(외경)를 측정하는 계측기의 측정능력을 평가하고자 한다. 이 계측기는 측정단위(분해능)가 0.001mm인 디지털 마이크로미터이다. 해당 부품의 치수 규격은 56.83 ± 0.01mm이다. 유형 1 연구를 위한 측정실험을 수행하기 위하여 기준값 x_t가 56.8300mm인 게이지 블록을 이 계측기로 50회 반복 측정하여, 다음과 같은 데이터를 얻었다.

56.8313	56.8305	56.8301	56.8298	56.8305	56.8304	56.8300	56.8297	56.8295	56.8299
56.8305	56.8304	56.8299	56.8302	56.8303	56.8300	56.8300	56.8307	56.8302	56.8298
56.8306	56.8301	56.8304	56.8298	56.8301	56.8302	56.8304	56.8291	56.8299	56.8296
56.8292	56.8301	56.8305	56.8301	56.8301	56.8303	56.8297	56.8296	56.8303	56.8310
56.8303	56.8295	56.8301	56.8298	56.8305	56.8307	56.8304	56.8304	56.8298	56.8302

상기 측정데이터로부터 평균 $\overline{x}$과 표준편차 s를 계산하면 $\overline{x} = 56.8301$, $s = 0.0004205$이다. 다음 물음에 답하라.

(1) 이 계측기의 분해능이 적합한지를 판정하라. 단, 판정기준은 1/20=5% 기준을 사용한다.

(2) AIAG(2010)의 절차(편의 결정 지침-독립표본방법)에 의한 계측기 측정능력(반복성 및 편의)을 평가하라. 단, 편의분석을 위한 유의수준 α는 0.05(5%)로 한다.

(3) 계측기 능력지수에 의해 이 계측기가 해당 부품(외경)을 측정할 능력이 있는지를 판정하라.

10.2 기준값이 4.2cm인 물체를 어떤 계측기에 의해 12회 측정한 결과 평균이 4.22cm이고 표준편차가 0.08cm일 때 반복성과 편의에 관한 95% 신뢰구간을 구하라. 또한 편의측면에서 합격여부를 결정하라.

10.3 두 계측기에 의해 독립적으로 동일한 물체 길이를 계측하여 얻은 결과가 다음 표에 요약되어 있다. 두 계측기에서 반복성과 편의에 대해 각각 유의수준 5%에서 검정하라.

구분	계측기 1	계측기 2
측정횟수	12	12
평균(cm)	4.22	4.11
표준편차(cm)	0.08	0.04

10.4 한 제조업체에서 생산하는 부품의 치수를 측정하는 계측기의 측정능력을 평가하고자 한다. 이 계측기의 측정단위(분해능)는 0.001이다. 그리고 해당 부품의 치수 규격은 21.8 ± 1.8이다. 유

형 1 연구를 위한 측정실험을 수행하기 위하여 기준값 x_t이 22인 부품을 이 계측기로 50회 반복 측정하여, 다음과 같은 데이터를 얻었다.

21.670	22.285	21.601	21.881	21.902	21.965	21.394	21.995	22.393	21.886
22.318	21.824	21.490	21.324	21.860	21.684	22.008	21.664	21.953	21.967
22.094	21.999	21.970	22.138	22.260	22.215	22.267	22.038	22.278	22.294
21.507	21.961	22.313	21.888	21.703	21.694	21.597	22.015	21.779	22.062
21.798	21.983	22.477	22.217	21.842	21.721	21.821	21.730	21.368	22.181

(1) 유형 1 Gage 연구를 수행하여 이 계측기가 해당 부품을 측정할 능력이 있는지를 판정하라.

(2) AIAG(2010)의 절차(편의 결정 지침-독립표본방법)에 의한 계측기 측정능력(반복성 및 편의)을 평가하라. 단, 반복성 분석을 위한 총변동량($6\sigma_T$)값은 15.5이며, 편의분석을 위한 유의수준 α 는 0.05(5%)로 한다.

10.5 Gage R&R 연구(유형 2 연구)에서 측정실험의 데이터로부터 분산분석표를 작성하여 측정자와 부품(측정자×부품) 교호작용이 유의한지를 검정한다. 만일 측정자×부품 교호작용 항이 유의하지 않으면 이 교호작용 항을 오차 항에 풀링시켜 다음과 같은 분산분석표를 다시 작성한다.

요인	SS	DF	MS	F비
부품	SS_p	$\phi_p = p-1$	MS_o	MS_o / MS_{pool}
재현성	SS_o	$\phi_o = a-1$	MS_p	MS_p / MS_{pool}
반복성	$SS_{pool} = SS_e + SS_{op}$	$\phi_{pool} = apr - p - a + 1$	MS_{pool}	
전체	SS_T	$\phi_T = apr - 1$		

풀링 후의 분산분석표에서 각 요인의 분산성분을 추정하기 위한 평균제곱의 기댓값을 구하면 다음 식과 같다.

$$E(MS_p) = br\sigma_p^2 + \sigma_m^2$$
$$E(MS_o) = ar\sigma_o^2 + \sigma_m^2$$
$$E(MS_{pool}) = \sigma_m^2$$

위 식을 이용하여 다음 물음에 답하라.

(1) 반복성에 관한 분산 σ_{Rpt}^2 의 추정치를 구하라.

(2) 재현성에 관한 분산 σ_{Rpd}^2 의 추정치를 구하라.

(3) 생산공정의 변동량에 관한 분산 σ_p^2 의 추정치를 구하라.

10.6 생산공정으로부터 랜덤하게 10개의 부품을 표본으로 취하고, 평가 대상의 계측기를 사용하는

많은 측정자 중에서 랜덤하게 3명을 선발하여 Gage R&R 연구를 위한 측정실험을 수행하였다. 평가 대상의 계측기로 3명의 측정자가 랜덤한 순서로 10개의 부품을 3회 반복 측정하여 다음과 같은 데이터를 얻었다(ISO 22514-7: 2021). 이 부품의 규격은 LSL=2, USL=11일 때 분산분석 방법에 의한 Gage R&R 연구(유형 2 연구)를 수행하고자 한다.

표본	측정자1			측정자2			측정자3		
	반복1	반복2	반복3	반복1	반복2	반복3	반복1	반복2	반복3
1	8.120	8.435	8.480	8.200	8.290	8.245	8.525	8.435	8.345
2	7.445	6.815	7.490	7.300	7.120	7.075	7.535	7.355	7.085
3	9.965	10.010	9.560	9.660	9.340	9.250	9.830	9.695	9.515
4	6.140	5.960	6.365	6.095	6.185	6.185	6.140	6.140	6.050
5	5.690	5.600	5.780	5.080	5.340	5.440	5.780	5.735	5.555
6	2.855	2.450	2.585	2.315	2.585	2.315	2.630	2.360	2.585
7	10.685	10.595	10.775	10.450	10.840	11.050	10.865	11.000	11.180
8	6.725	6.275	6.545	6.240	6.120	6.300	6.590	6.500	6.725
9	4.970	5.105	5.510	5.015	5.285	5.150	5.060	5.195	5.105
10	9.875	10.100	9.875	10.080	9.800	9.970	10.190	9.785	9.965

위의 측정실험 데이터에 대한 분산분석표를 작성하면 표 10.30과 같다. $F(18, 60 ; 0.05) = 1.78$이므로 측정자×부품 교호작용 항은 유의수준 5%에서 유의하지 않음을 알 수 있다.

표 10.30 분산분석표

요인	SS	DF	MS	F비
부품	526.877	9	58.5419	1536.23
측정자	0.519	2	0.2595	6.81
측정자×부품	0.686	18	0.0381	1.19
반복성	1.917	60	0.0320	
전체	530.000	89		

다음 물음에 답하라.

(1) 풀링 후의 분산분석표를 작성하라.

(2) 반복성에 관한 분산 σ_{Rpt}^2의 추정치를 구하라.

(3) 재현성에 관한 분산 σ_{Rpd}^2의 추징치를 구하라.

(4) 생산공정의 변동량에 관한 분산 σ_p^2의 추정치를 구하라.

(5) $\%R\&R$값을 계산하고, 판정기준에 의거하여 판정하라.

(6) $\%PTR$값을 계산하고, 판정기준에 의거하여 판정하라.

(7) 구별범주의 수 ndc를 계산하고, 판정기준에 의거하여 판정하라.

(8) 결과를 종합하여 판정하면 이 측정시스템이 '공정관리(공정 모니터링)용'이라면 '합격/개선을 전제로 조건부 합격/불합격' 중 어디에 해당되는가? 만일 이 측정시스템이 '합부판정용'이라면 '합격/개선을 전제로 조건부 합격/불합격' 중 어디에 해당되는가?

(9) $\%R\&R$과 $\%PTR$값을 이용하여 관측된 공정능력지수 C_p값인 $C_p^{observed}$를 추정하라. 또한 실제 C_p값인 C_p^{actual}을 추정하라.

10.7* 문제 10.6에서 σ_{Rpt}^2, σ_{Rpd}^2, $\sigma_{R\&R}^2$에 대한 95% 신뢰구간을 각각 구하라.

10.8 평균-범위 방법으로 문제 10.6의 문항 (2)~(9)를 풀어라.

10.9 Gage R&R 연구 결과 $\%R\&R$값이 26%이었다. 고객사에서는 $\%R\&R$값이 12% 이하가 되길 원하고 있다. 당장은 더 이상 측정시스템을 향상시킬 수 없는 경우이므로 반복 측정하여 평균한 값을 사용함으로써 측정시스템의 변동량을 감소시키고자 한다. 이를 위한 반복 측정횟수 n을 구하라.

10.10* $y = (y_1, y_2)'$는 평균 벡터 $\mu = (\mu_p, \mu_p)'$이고, 분산-공분산 행렬이 식 (10.18)인 이변량 정규분포를 따르면, 선형변환을 이용하여 두 축의 비가 판별비 D인 $\sqrt{(2\sigma_p^2 + \sigma_{R\&R}^2)/\sigma_{R\&R}^2}$가 됨을 보여라(Chen and Hu, 2014).

10.11 예제 10.10에서 평가자 A와 C, B와 C에 대해 측정 일치성을 판정하기 위한 Kappa 통계량을 계산하고, 판정기준에 의거하여 평가하라.

10.12 규격이 $3.6 \pm 0.00375\,\mathrm{mm}$인 부품을 Go/No-Go 게이지를 사용하여 합격·불합격으로 판정하는 계수형 측정시스템을 평가하고자 한다. 계수형 측정시스템 분석을 위한 측정실험을 위하여 부품 50개를 공정에서 랜덤하게 선정하고, 선정된 시료에 대하여 합격품과 불합격품을 구분하기 위해 정밀측정에 의하여 기준값을 결정하였다. 해당 Go/No-Go 게이지를 사용하는 평가자 2명(A, B)에게 50개의 시료를 랜덤하게 제시하여 합부판정을 2회 반복하여 표 10.31의 측정데이터를 얻었다(Bosch, 2003). 여기서 '1'은 '합격품'을 뜻하며, '0'은 '불합격품'을 뜻한다. 다음 물음에 답하라.

(1) 각 평가자별로 유효성, 누락률, 허위경보율을 계산하여 판정기준에 의거하여 평가하라.

(2) 각 평가자별로 측정 정확성을 판정하기 위한 Kappa 통계량을 구하여 판정기준에 의거하여 평가하라.

(3) 두 평가자의 측정 일치성을 판정하기 위한 Kappa 통계량을 구하여 판정기준에 의거하여 평가하라.

표 10.31   계수형 측정시스템 데이터

표본	평가자 A		평가자 B		기준판정	기준값
	반복1	반복2	반복1	반복2		
1	0	0	1	1	1	3.632
2	0	0	0	0	0	3.649
3	1	1	1	1	1	3.587
4	1	0	0	0	0	3.552
5	1	1	1	1	1	3.621
6	0	0	0	0	0	3.645
7	0	0	0	0	0	3.652
8	1	1	1	1	1	3.599
9	0	0	0	1	1	3.634
10	1	1	1	1	1	3.625
11	1	1	1	1	1	3.572
12	1	0	0	0	0	3.552
13	1	1	1	1	1	3.595
14	1	1	0	1	0	3.561
15	1	1	1	1	1	3.617
16	1	1	1	1	1	3.585
17	0	0	0	0	0	3.531
18	1	1	1	1	1	3.582
19	0	0	0	0	0	3.544
20	1	1	1	1	1	3.574
21	1	1	1	1	1	3.595
22	0	0	0	0	0	3.642
23	1	1	1	1	1	3.621
24	1	1	0	0	1	3.565
25	1	1	1	1	1	3.593
26	1	1	1	1	1	3.622
27	0	0	1	1	1	3.632
28	0	0	0	0	0	3.664
29	0	0	0	0	0	3.546
30	0	0	0	0	0	3.652
31	1	1	1	1	1	3.586
32	0	0	1	0	0	3.641
33	1	1	1	1	1	3.614
34	1	1	1	1	1	3.600
35	1	1	1	1	1	3.591
36	0	0	1	1	1	3.632
37	1	1	1	1	1	3.570
38	1	1	1	1	1	3.603
39	1	1	1	1	1	3.578
40	1	1	1	1	1	3.597
41	1	1	1	1	1	3.587
42	1	1	1	1	1	3.614
43	1	1	1	1	1	3.613
44	1	1	1	1	1	3.592
45	1	1	0	0	0	3.560
46	1	1	1	1	1	3.626
47	0	0	1	1	1	3.632
48	1	1	1	1	1	3.573
49	1	1	0	0	0	3.559
50	1	1	1	1	1	3.609

10.13* Satterthwaite 근사(또는 Welch-Satterthwaite 또는 Cochran-Satterthwaite 근사로도 불림)방법은 분산분석표에 기반을 둔 추정법으로 $c_i X_i / E(X_i)$, $i = 1, 2, \cdots, k$(즉, $c_i MS_i / E(MS_i)$의 형태가 됨)가 독립적으로 자유도 c_i인 카이제곱 분포를 따르고, 관심 대상 분산성분의 추정량을 이들의 선형결합 $Y = \sum_{i=1}^{k} a_i X_i$로 정의한다. $cY/E(Y)$의 평균과 분산이 자유도가 c인 카이제곱 분포와 서로 일치하도록 대응시켜 근사화하면 $c = \left(\sum_{i=1}^{k} a_i X_i \right)^2 / \left(\sum_{i=1}^{k} \frac{a_i^2 X_i^2}{c_i} \right)$가 된다. 다음 물음에 답하라.

(1) 식 (10.10)으로부터 $\hat{\sigma}_{Rpd}^2 = \dfrac{MS_o}{ar} + \dfrac{(a-1)}{ar} MS_{op} - \dfrac{1}{r} MS_e$가 되므로, 이로부터 Satterthwaite 근사법에 의한 자유도 ϕ_{rpd}를 구하라.

(2) (1)과 같은 방식으로 Satterthwaite 근사법에 의해 자유도 $\phi_{R\&R}$를 구하라.

(3) (1)과 같은 방식으로 Satterthwaite 근사법에 의해 자유도 ϕ_p를 구하라.

10.14 KS Q ISO 22514-7에서 측정시스템의 측정능력을 평가할 때 합격판정기준인 $Q_{MS} \leq 15\%$과 $C_{MS} \geq 1.33$은 서로 같은 기준임을 증명하라.

10.15 KS Q ISO 22514-7에서 측정프로세스의 측정능력을 평가할 때 합격판정기준인 $Q_{MP} \leq 30\%$과 $C_{MP} \geq 1.33$은 서로 같은 기준임을 증명하라.

참고 문헌

측정시스템분석에서의 전체적인 통람 논문으로는 Burdick et al.(2003)을 추천하며, Gage R&R 분석에서 다양한 측정실험의 통계적 모형들에 대한 연구로는 Burdick et al.(2005)의 서적을 추천한다. 측정시스템분석에서의 측정능력지수들 사이의 연관성에 관한 연구로는 Woodall and Borror(2008), White and Borror(2011), 서순근(2014) 등이 있다. 전통적인 측정시스템분석에서의 측정능력지수와 측정불확도를 이용한 측정프로세스 능력분석에서의 측정능력지수 간 연관성에 관한 연구로는 이승훈과 임근(2016), 이승훈(2022) 등이 있다.

1. KS Q ISO 22514-7: 2021 공정관리의 통계적 방법—능력과 성능—제7부: 측정프로세스의 능력.

2. KS Q ISO/IEC GUIDE 98-3: 2008 측정불확도—제3부: 측정불확도 표현 지침.

3. 서순근(2014), "측정시스템 분석을 위한 2차원 척도 평가," 품질경영학회지, 24, 607-616.

4. 이승훈(2016), MINITAB 측정시스템분석: 이론과 실무, 이레테크.

5. 이승훈(2022), "측정시스템분석의 측정능력지수 간 관련성에 관한 연구," 대한산업공학회 추계 학술대회논문집, 3760-3783.

6. 이승훈, 임근(2016), "Type 1 Study, Gage R&R Study와 ISO 22514-7의 측정능력지수 간 연관성 분석," 한국품질경영학회지, 44, 77-94.

7. Automobile Industry Action Group(AIAG)(2010), Measurement System Analysis Reference Manual, 4th ed., ASQC Quality Press.

8. Budwick, R. K. and Larsen, G. A.(1997), "Confidence Intervals on Measures of Variability in R&R Studies," Journal of Quality Technology, 29, 261-273.

9. Burdick, R. K., Borror, C. M. and Montgomery, D. C.(2003), "A Review of Methods for Measurement Systems Capability Analysis," Journal of Quality Technology, 35, 342-354.

10. Burdick, R. K., Borror, C. M. and Montgomery, D. C.(2005), Design and Analysis of Gauge R and R Studies: Making decision with confidence intervals in random and mixed ANOVA models, ASA-SIAM Series, Philadelphia, PA.

11. Bosch(2003), Bosch Booklet 10: Capability of Measurement and Test Procedures.

12. Chen, Wen-Kuei and Hu, Cheng-Feng(2014), "Is the Isoplot an Ellipse?, A Study on Isoplot for the Measurement Systems Analysis," Quality Engineering, 26, 350-358.

13. Cohen, J.(1960), "A Coefficient of Agreement for Nominal Scales," Educational and

Psychological Measurement, 20, 37-46.

14. Dietrich, E. and Schulze, A.(2011), Measurement Process Qualification Gage Acceptance and Measurement Uncertainty According to Current Standards, Hanser.

15. Eisenhart, C.(1963), "Realistic Evaluation of the Precision and Accuracy of Instrument Calibration Systems," Journal of Research, 67C, No. 2, National Bureau of Standards.

16. GM(2010), Measurement Systems Specification Document: SP-Q-MSS.

17. GHSP(2012), Measurement Systems Analysis Components and Acceptance Criteria (www.ghsp.com/uploads/Attachments/GHSP_MSA_Training.pdf).

18. International Organization for Standardization(ISO)(2007), ISO/IEC Guide 99, International Vocabulary of Metrology—Basic and General Concepts and Associated Terms(VIM), Geneva, Switzerland.

19. International Organization for Standardization(ISO)(2008), ISO/IEC Guide 98-3, Guide to the Expression of the Uncertainty in Measurement(GUM), Geneva, Switzerland.

20. International Organization for Standardization(ISO)(2021), ISO 22514-7, Statistical Methods in Process Management-Capability and Performance-Part 7: Capability of Measurement Processes, Geneva, Switzerland.

21. Li, M.-H. C. and Al-Refaie, A.(2008), "Improving Wooden Parts' Quality by Adopting DMAIC Procedure," Quality and Reliability Engineering International, 24, 351-360.

22. Shainin, P. D.(1992), "Managing SPC, A Critical Quality System Element," Proceedings of 46th Annual Quality Congress, ASQC, 251-257.

23. Vardeman, S. B. and Jobe, J. M.(2016), Statistical Methods for Quality Assurance, 2nd ed., Springer.

24. Vardeman, S. B. and VanValkenburg, E. S.(1999), "Two-Way Random-Effects Analyses and Gauge R&R Studies," Technometrics, 41, 202-211.

25. Verband der Automobilindustrie(VDA)(2011), VDA Volume 5-Capability of Measurement Processes, 2nd ed., Berlin, Germany.

26. Wheeler, D. J. and Lyday, R. W.(1989), Evaluating the Measurement Process, 2nd ed., SPC Press Inc.

27. White, T. K. and Borror, C. M.(2011), "Two-Dimensional Guidelines for Measurement System Indices," Quality and Reliability Engineering International, 27, 479-487.

28. Woodall, W. H. and Borror, C. M.(2008), "Some Relationships between Gage R&R Criteria," Quality and Reliability Engineering International, 24, 99-106.

샘플링 검사

계수형 샘플링 검사

사과 샘플링 검사

식품의약품안전처가 국내 사과 주스 제조업소(265개 업체)를 대상으로 위생상태를 점검하고 제조된 사과 주스를 수거·검사한 결과, 제조업소의 위생상태는 모두 적합했으나 총 222개 제품 중 4개 제품에서 파튤린(patulin)이 기준(50㎍/kg 이하)을 초과해 폐기조치하였다. 파튤린은 페니실리움 익스팬섬(Penicilium expansum) 등의 곰팡이에 의해 생성되는 독소로, 면역독성이 있어 사람에게 알레르기 반응을 유발할 수 있다. 올해 파튤린 부적합이 크게 증가한 원인은 작년 봄 개화시기의 냉해, 여름철 긴 장마 등으로 사과 내부가 상하는 현상이 발생하였고, 수확 후 저장과정 중에 상한 과육에서 곰팡이 포자가 발아하여 파튤린이 생성된 사과를 육안으로 선별하지 못하고 주스 제조에 사용했기 때문인 것으로 파악된다. 파튤린은 사과의 상한 부분에서 흔히 발생하므로 사과 주스 등을 제조·가공할 때는 사과를 절단해 상한 부분이 없는지 확인 후 사용해야 한다.•

한 사과 주스 제조 회사는 공급처(지역 농장)로부터 15만 개의 사과를 하나의 로트로 하여 공급받고 있다. 각 로트는 상한 사과의 개수에 따라 합격 또는 불합격 판정을 받는다. 이 사과 주스 제조 회사는 육안검사에 의하여 상한 사과의 개수를 파악한다. 이 회사에서는 계수 규준형 샘플링검사 방식을 사용하여 샘플링검사를 설계하고자 한다. 이를 위하여 이 회사와 지역 농장은 서로 합의하에 합격품질수준(AQL)을 1%로 하고, 불합격품질수준(RQL)을 8%로 정하였다. 그리고 생산자 위험은 5%로 하고, 소비자 위험은 10%로 하기로 하였다.•• 먼저 계수 규준형 1회 샘플링검사 방식을 사용하는 경우를 살펴보면 다음과 같다. 만일 KS Q 00001의 표를 이용하면 샘플크기 $n = 60$, 합격판정개수 $c = 2$를 얻을 수 있다. 따라서 로트로부터 60개의 샘플을 뽑아서 육안검사에 의하여 상한 사과(부적합품)의 개수 d를 파악하여 $d \leq 2$이면 로트를 합격으로 판정하고 $d \geq 3$이면 로트를 불합격으로 처리한다. 다음으로 계수 규준형 이회 샘플링검사 방식을 사용한다고 하면 ISO 28592를 이용할 수 있다. ISO 28592의 표를 이용하면 $n_1 = 33$, $c_1 = 0$, $n_2 = 20$, $c_2 = 1$을 얻는다. 따라서 로트로부터 33개의 제1샘플을 뽑아서 육안검사에 의하여 상한 사과(부적합품)의 개수 d_1을 파악하여 $d_1 = 0$이면 로트를 합격으로 판정하고 $d_1 \geq 2$이면 로트를 불합격으로 판정한다. 만일 $d_1 = 1$이면 제2샘플 $n_2 = 20$을 추가로 뽑아서 이 제2샘플에서 상한 사과(부적합품)의 개수 d_2을 파악하여 $d_2 = 0$이면 로트를 합격으로 판정하고 $d_2 \geq 1$이면 로트를 불합격으로 처리한다.

자료: • safekoreanews(2021. 4. 15). "사과주스 4개 제품에서 파튤린 기준 초과 검출."
•• Luca et al.(2020).

이 장은 표본에 근거하여 로트의 합격/불합격 판정을 목적으로 한 샘플링 검사 절차인 합격판정 샘플링 (acceptance sampling)을 다룬다. 먼저 11.1절에서는 샘플링 검사 개요, 샘플링 검사의 장단점, 샘플링 검사 의 종류 등 샘플링검사의 개요를 소개한다. 11.2절에서는 단순 랜덤 샘플링, 2단계 샘플링, 층별 샘플링, 군 집 샘플링, 계통 샘플링 등 표본추출 방법에 대하여 살펴본다. 11.3절에서는 계수형 일회 샘플링 검사 방식 에 대하여 살펴본다. 여기서는 검사특성곡선(OC곡선)과 계수 규준형 일회 샘플링 검사의 설계 원리 그리고 KS Q 0001(계수 규준형 일회 샘플링 검사)의 절차에 대하여 살펴본다. 11.4절에서는 계수형 이회, 다회, 축 차 샘플링 검사에 대하여 살펴본다. 특히 1차 및 2차 합격판정개수가 각각 0과 1인 계수형 이회 샘플링검사 방식인 KS Q ISO 28592와 계수 규준형 축차 샘플링 검사(KS Q ISO 28591)의 절차를 자세히 소개한다. 11.5절에서는 로트가 불합격되었을 때 전수검사를 실시하는 선별형 샘플링 검사(rectifying inspection)에 대 하여 살펴본다. 11.6절에서는 계수 조정형 샘플링 검사인 KS Q ISO 2859 시리즈 중 제1부: 로트별 합격품 질한계(AQL) 지표형 샘플링 검사(KS Q ISO 2859-1)와 제2부: 고립로트 한계품질(LQ) 지표형 샘플링 검사 (KS Q ISO 2859-2)의 절차를 소개한다. 11.7절에서는 연속생산형 샘플링 검사, 스킵로트 샘플링 검사, 조정 형 스킵로트 샘플링 검사(KS Q ISO 2859-3)의 개요, 합격판정개수 0 샘플링 검사 등을 살펴본다. 11.8절에 서는 선별형과 연속형 샘플링검사에서 평균출검품질한계(AOQL)의 도출과정을 다룬다.

11.1 | 개요

원재료, 반제품, 완제품을 검사하는 것은 품질보증 업무의 한 부분이다. 소비자에게 좋은 품질 의 제품을 공급하기 위해서는 생산하는 여러 단계에서 검사가 이루어지며, 검사가 실행되는 단 계에 따라 수입검사, 공정검사, 최종검사, 출하검사 등으로 나뉜다. 검사 목적이 표본에 근거하 여 제품의 묶음인 로트의 합격 혹은 불합격으로 판정하는 것이라면 이러한 종류의 검사절차를 합격판정 샘플링(acceptance sampling)이라고 한다. 합격판정 샘플링 검사는 품질보증의 가장 오래된 형태로 제품에 관한 검사와 의사결정을 다루고 있다. 1930년대와 1940년대에 개발된 합 격판정 샘플링 검사는 통계적 품질관리의 주된 분야 중 하나였다. 최근에는 공급자와 함께 공정 능력을 향상시키기 위해 통계적 공정관리나 실험계획을 사용하는 경우가 많아지면서 품질보증 의 기본도구로서의 합격판정 샘플링 검사의 기능은 과거에 비해 많이 약해진 면이 있으나, 아직 까지도 현장에서는 널리 쓰이고 있다.

합격판정 샘플링 검사의 대표적인 적용은 다음과 같다. 회사는 공급자로부터 물품을 공급받는 다. 이것은 부품일 수도 있고, 회사의 제조공정에 사용되는 원료일 수도 있다. 로트로부터 샘플이 채취되고, 샘플들의 품질특성치가 측정되며, 샘플에 담겨진 정보에 의해 로트에 대한 처리가 결정된다. 보통의 경우 이 결정은 로트의 합격 또는 불합격으로 양분되며, 이러한 결정을 로트 판정이라 한다. 합격된 로트는 소비자의 손으로 전달되거나 생산에 투입되며, 불합격된 로트는 공급자에게 다시 돌려주거나, 다른 로트 처리 절차를 따른다.

일반적으로 로트 판정에는 세 가지 형태가 있다.

① 검사 없이 합격
② 전수 검사, 즉 로트에 있는 모든 제품을 검사하여 발견되는 모든 부적합품은 제거한다. 제거된 부적합품은 공급자에게 돌려주거나 재작업을 하거나 적합품(양품)으로 교체를 하거나 폐기한다.
③ 합격판정 샘플링 검사

①의 무검사 대안은 공급자의 생산 능력이 매우 좋아 부적합품이 거의 없거나, 부적합품을 찾는 것이 경제적으로 이득이 없는 경우에 사용된다. ②의 전수검사를 사용하는 경우는 제품이 매우 중요하고, 부적합품을 걸러내지 못하게 되면 다음 단계에서 매우 치명적인 비용을 발생시키거나 공급자의 공정능력이 기준을 맞추기에 부적합한 경우 등이다. ③의 합격판정 샘플링 검사는 전수검사와 무검사의 중간 정도의 역할과 위치에 속한다.

전수검사와 무검사를 경제적인 면만을 고려하여 비교해보자. 전수검사에서의 총비용이 무검사로 인한 총비용보다 크면 무검사가 유리하고, 그 반대가 되면 전수검사가 유리하다. 그런데 이 비용은 로트 중의 부적합품률에 따라 달라진다. N을 로트크기, c_I를 한 개당 검사비용, c_d를 무검사로 인하여 부적합품이 걸러지지 못하여 발생하는 개당 손실 비용, p를 로트 부적합품률이라 하면 전수검사에서의 총비용은 $c_I N$이며, 로트 내의 부적합품수는 pN개이므로 무검사로 인한 총비용은 $c_d p N$이 된다. 두 비용이 같아지는 로트 부적합품률이 임계 부적합품률이다. 그러므로 임계 부적합품률 p_b는

$$c_I N = c_d p_b N \implies p_b = \frac{c_I}{c_d}$$

이 된다. 따라서 $p > p_b$이면 전수검사가, $p < p_b$이면 무검사가 유리하다.

합격판정 샘플링 검사의 목적은 로트품질을 추정하는 것이 아니라 로트에 대해 판정을 내리는 것이다. 대부분의 합격판정 샘플링 검사계획들은 추정목적으로 설계되어 있지 않다. 합격판정 샘플링 검사계획들은 품질관리 관점에서 직접적인 효과를 제공하지는 않는다. 즉, 합격판정

샘플링 검사는 단지 로트의 합격 불합격 여부만을 판단하므로, 모든 로트가 같은 품질이라 하더라도 일부는 합격이 되고 일부는 그렇지 못하다. 합격된 로트가 불합격된 로트에 비해 항상 품질이 좋다고 할 수 없다. 통계적 공정관리는 품질을 관리하고 체계적으로 품질을 향상시키는 반면에 합격판정 샘플링 검사는 그렇지 못하다. 합격판정 샘플링 검사의 가장 효율적인 사용은 제품의 품질에 집착하는 것이 아니라 공정의 결과물이 요구조건을 만족하는지 감시하는 도구로 사용하는 것이다.

11.1.1 샘플링 검사의 장단점

샘플링 검사는 전수검사와 비교를 하면 다음과 같은 장점이 있다.

- 작은 수의 검사를 행하기 때문에 비용이 적게 든다.
- 제품을 다루는 횟수가 줄어들기 때문에 손상발생이 줄어든다.
- 파괴검사에 적용할 수 있다.
- 검사활동에 적은 인력이 투입된다.
- 검사오류의 양을 줄일 수 있다.
- 전체 로트를 기각하게 되면 부적합품만을 돌려보내는 것에 비해 공급자에게 품질향상에 대한 강한 동기를 주게 된다.

그러나 샘플링 검사는 다음의 단점도 있다.

- 좋지 않은 로트를 합격시키거나, 좋은 로트를 불합격시킬 위험이 있다.
- 제품이나 생산공정에 대해 얻는 정보가 적다.
- 샘플링 검사에서는 샘플링 검사 절차에 대한 규정이나 문서화가 필요하나 전수 검사에서는 필요치 않다.

특히 마지막 관점은 종종 샘플링 검사의 단점으로 언급되는데, 샘플링 검사의 적절한 설계를 위해서는 소비자가 요구하는 품질수준에 대한 연구가 필요하다. 이것은 품질계획이나 엔지니어링 절차의 유용한 입력 자료가 된다. 따라서 경우에 따라서 마지막 단점은 약점이 아닐 수도 있다.

11.1.2 샘플링 검사의 종류

샘플링 검사를 분류하는 데는 여러 가지 방법이 있다. 이 중에서 기본적인 분류법은 계량형과 계수형으로 분류하는 것이다. 계량형이란 품질특성이 계량치(길이, 두께, 무게, 지름 등)로 표시되는 경우이다. 계수형은 품질특성치가 양부(즉, 0과 1)로 표현되는 경우이다. 이 장에서는 로트별 샘플링 검사의 계수형을 다룬다.

또, 검사횟수에 따라 분류하면, 일회 샘플링 검사, 이회 샘플링 검사, 다회 샘플링 검사, 축차 샘플링 검사 등이 있다. 일회 샘플링 검사란 로트에서 n개의 샘플을 뽑아 샘플에 담겨진 정보에 따라 로트에 대한 판정을 내리는 것이다. 예를 들면, 계수형 일회 샘플링 검사는 샘플크기 n과 합격판정개수 c로 구성된다. 이의 절차는 로트로부터 n개의 표본을 랜덤하게 뽑는다. 만일 c개보다 작거나 같은 수의 부적합품이 나오면 로트를 합격시키며, c개보다 많은 수의 부적합품이 나오면 로트를 불합격시킨다.

이회 샘플링 검사는 조금 복잡하다. 첫 번째 샘플에서 로트 품질에 대한 정보가 강하게 나타나면 결정을 내리고, 애매할 경우에는 판단에 필요한 더 많은 정보를 얻기 위해 추가로 샘플을 취하는 방식이다. 첫 번째 샘플에서 샘플의 결과에 따라 다음 중 하나의 결정이 이루어진다. ① 로트 합격 ② 로트 불합격 ③ 판정을 유보하고 두 번째 샘플 뽑기. 두 번째 샘플을 취하는 것이 결정되면 첫 번째와 두 번째 샘플에 담겨진 정보를 합하여 로트의 합격여부에 대한 판정을 내리게 된다.

다회 샘플링 검사는 이회 샘플링 검사의 확장으로 로트의 처리에 관한 결정을 하기 위해 추가로 두 번 이상의 샘플이 더 필요할 수도 있는 검사방식이다. 보통의 경우에 다회 샘플링 검사에서의 샘플 수는 일회나 이회에 비해서는 작다. 다회 샘플링 검사를 극단화한 것이 축차 샘플링 검사이다. 여기에서는 매번 로트로부터 하나의 샘플을 뽑아 검사를 하여 ① 로트 합격 ② 로트 불합격 ③ 판정을 유보하고 한 단위의 샘플을 더 뽑기의 세 가지 판단을 하는 것이다.

샘플링 검사를 검사형태에 따라 크게 규준형 샘플링 검사, 선별형 샘플링 검사, 조정형 샘플링 검사, 연속 생산형 샘플링 검사의 네 가지로 분류된다. 규준형 샘플링 검사는 생산자 측과 소비자 측이 요구하는 품질보호를 동시에 만족시키도록 하는 검사방식이고, 선별형 샘플링 검사는 샘플링 검사에 의하여 합격된 로트는 그대로 받아들이고, 불합격된 로트는 전수 선별하여 모두 양호품으로 대체하는 검사방식이다. 조정형 샘플링 검사는 로트의 품질상태에 따라 검사의 엄격도를 조정하여 보통 검사, 까다로운 검사 및 수월한 검사를 적절하게 사용하는 검사방식이고 연속 생산형 샘플링 검사는 연속으로 생산되는 제품에 대해 로트를 형성하지 않고 생산과정상에서 검사를 적용하는 방식이다.

11.1.3 로트의 구성 및 랜덤 샘플링

로트를 어떻게 구성하는가는 샘플링 검사의 유효성에 영향을 미친다. 검사를 위한 로트를 구성하는 데 고려해야 할 사항은 다음과 같다.

첫째. 로트는 동질의 것들로 구성되어야 한다. 로트에 있는 단위들은 같은 기계, 같은 작업자, 같은 원재료, 거의 같은 시간대에 생산된 것들로 구성한다. 로트가 동질적인 것들로 구성되지 않으면, 일례로 서로 다른 생산라인에서 나온 것들로 하나의 로트를 구성하면 샘플링 검사계획은 유효성이 떨어지게 된다. 또, 로트가 동질적이지 않으면 부적합의 원인을 제거하고자 하는 노력의 효과가 떨어진다.

둘째. 로트의 크기가 큰 것이 작은 것보다 선호된다. 로트의 크기가 큰 것이 경제적으로 유리하다. 하지만 잘못 판단할 경우 이에 대한 리스크가 커진다는 점은 유의해야 한다.

셋째. 로트는 공급자와 소비자의 물류시스템과 어울리도록 구성되어야 한다. 더불어 로트 중의 아이템들은 다루는 데서 발생되는 위험을 최소화하고, 샘플을 뽑기 쉽도록 포장해야 한다.

로트로부터 샘플을 취할 때는 랜덤하게 취해야 하고, 로트 중에 있는 모든 단위들을 대표할 수 있어야 한다. 랜덤 샘플링 개념은 샘플링 검사에서 매우 중요하다. 랜덤 샘플링이 이루어지지 않으면 편의가 발생한다. 예를 들어, 검사자가 로트의 윗부분에서만 샘플을 취한다는 것을 알게 되면 공급자가 로트의 윗부분에 좋은 품질의 제품들을 배치할 수 있다. 이와 같이 하는 것이 일반적이지는 않지만 이렇게 하게 되면 랜덤한 샘플링이 되지 못하고, 검사의 유효성은 상실된다.

이 장에서는 표본추출 이론, 각종 계수형 샘플링 검사에 대해 다룬다. 또한 계수형 샘플링 검사에 관한 KS 표준규격을 소개한다.

질성이 높고 층 간에는 동질성이 높을 때 정확도가 높으며 샘플링을 적용하는 데 용이하다는 장점이 있다. 예를 들어, 고등학교 학생들을 대상으로 여론조사를 한다고 할 때 전국 모든 고등학교에서 골고루 샘플을 취하여 조사하면 시간과 비용이 많이 들게 된다. 이 경우 전국 각 고등학교의 학생들의 의견이 서로 비슷한 분포를 갖는다고 하면 랜덤하게 한 개 혹은 몇 개의 고등학교를 선정하여 전수 조사하는 것이 시간과 비용을 줄일 수 있는 방법이다. 여기서 각 고등학교는 하나의 군집이 된다.

군집 샘플링은 2단계 샘플링에서 선택된 하위 모집단이 모두 표본이 되는 경우가 되어, 2단계 샘플링의 특수한 경우에 속한다. 만약 랜덤하게 선택된 고등학교에서 학급단위로 랜덤하게 다시 추출하여 그 학급만 전수 조사한다면 2단계 군집 샘플링이 된다.

11.2.5 계통 샘플링

계통 샘플링(systematic sampling)은 모집단의 샘플링 단위(개체)가 순서대로 정렬되어 있고 1에서 N까지 번호가 매겨져 있는 모집단에서 k번째마다 하나씩 샘플을 계통적으로 추출하는 샘플링 방법이다. 예를 들어 k가 8일 때 랜덤하게 선택한 번호가 3이면 개체 번호 3, 11, 19, 27, 35, … 등이 샘플로 추출된다.

계통 샘플링의 특징은 다음과 같다. 첫째, 연속생산 공정과 같이 모집단이 순서대로 정렬된 경우에는 샘플 추출이 용이하다. 둘째, 모집단의 순서에 어떤 경향이나 주기성이 없다면 단순 랜덤 샘플링보다 더 좋은 정밀도를 얻을 수 있다. 셋째, 하지만 모집단에 주기성이 내포되어 있으면 계통 샘플링의 결과는 왜곡된 정보를 줄 수 있다. 예를 들어 매일 오후 2시에 샘플을 취한다고 하자. 오후 2시는 작업자가 식곤증이 몰려와 주의력이 산만해지는 시간대로 이때 취해진 표본은 결과가 좋지 못한 경우가 많고, 이를 가지고 전체를 추정하는 것은 왜곡된 결론이 초래될 수 있다. 이러한 경우에는 그 주기성을 회피하기 위하여 하나씩 걸러 지그재그 형태로 일정한 간격마다 샘플을 취하는 방법인 지그재그 샘플링(zigzag sampling) 방법을 대안으로 채택할 수 있다. 즉 k로 구성된 구획을 하나씩 걸러 역순으로 나열하여 샘플을 추출하는 것이다. 일례로 k가 8일 때 랜덤하게 선택한 번호가 3이면 다음과 같이 괄호의 번호가 샘플로 추출된다. 즉 개체 번호 3, 14, 19, 30, 35, … 등이 샘플로 추출된다.

1 2 (3) 4 5 6 7 8 : 16 15 (14) 13 12 11 10 9 : 17 18 (19) 20 21 22 23 24 : 32 31 (30) 29 28 27 26 25 : 33 34 (35) 36 37 38 39 40 …

11.3 │ 계수형 일회 샘플링 검사

11.3.1 일회 샘플링 검사계획 방식

크기 N인 로트가 검사에 제출되었다고 하자. 일회 샘플링 검사는 샘플크기 n과 합격판정개수 c에 의해 정의된다. 따라서 로트크기 $N = 5,000$에 대해서 $n = 90$, $c = 2$라는 것은 크기 5,000개인 로트에서 $n = 90$의 샘플을 랜덤하게 뽑아서 검사를 한다는 것을 의미한다. 이 검사에서 발견된 부적합품수를 x라 하자. x가 c보다 작거나 같으면 로트는 합격이 되며, x가 c보다 크면 로트는 불합격 판정을 받는다. 검사되는 품질특성이 계수치이므로 샘플의 특성판단은 적합품(양품) 또는 부적합품(불량품)으로 구별된다. 품질에 대한 여러 가지 특성이 있는 경우에 일반적으로는 하나의 특성치라도 기준을 만족하지 못하면 부적합품으로 판정을 한다. 이 절차를 일회 샘플링 검사계획이라고 하는 것은 로트의 판정을 한 번에 뽑혀진 n개의 샘플에 담겨진 정보를 바탕으로 하기 때문이다.

11.3.2 검사특성곡선

(1) OC곡선의 정의

샘플링 검사계획의 능력을 평가할 수 있는 중요한 척도가 검사특성곡선(Operating Characteristic Curve; OC곡선)으로, 이 곡선은 로트의 부적합품률에 따라 로트가 합격될 확률을 그린 것이다. 따라서 OC곡선은 샘플링 검사계획의 구별할 수 있는 능력을 나타낸다. 즉, 이 곡선에 의해 특정한 부적합품률을 가진 로트가 합격 혹은 불합격될 확률을 알 수 있다.

그림 11.1은 $n = 90$, $c = 2$ 샘플링 검사계획의 OC곡선을 보여주고 있다. 곡선상의 점들이 어떻게 얻어지는가를 보여주는 것은 어렵지 않다. 로트의 크기가 크다고 가정을 하자(이론적으로 무한대라고 가정한다). 이 경우 n개의 표본 중에 들어 있는 부적합품의 수 X는 모수가 n과 p인 이항분포를 따른다. 여기서 p는 로트의 부적합품률을 나타낸다. 이것은 다음과 같이 설명할 수 있다. 이론적으로 무한 개수로 간주할 수 있는 공정으로부터 로트크기 N인 로트를 랜덤하게 뽑고 여기에서 다시 n개의 표본을 뽑는 것으로 이는 공정에서 바로 뽑는 것과 같다고 볼 수 있다. n개의 표본에서 정확히 x개의 부적합품이 나올 확률은

$$\Pr(X = x) = \binom{n}{x} p^x (1-p)^{n-x}$$

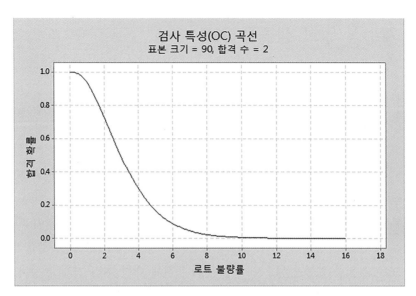

그림 11.1 $n=90$, $c=2$ 샘플링 검사계획의 OC곡선

이며, 로트의 합격확률 $L(p)$는 X가 c보다 작거나 같게 될 확률인 다음이 된다.

$$L(p) = \mathrm{Pr}\,(X \le c) = \sum_{x=0}^{c} \binom{n}{x} p^x (1-p)^{n-x}$$

예제 11.1 $n=50$, $c=1$인 검사방식에서 $p=0.01, 0.05, 0.1$에서의 OC곡선의 값을 구하라.

$L(p) = \sum_{x=0}^{1} \binom{50}{x} p^x (1-p)^{50-x} = (1-p)^{49}(1+49p)$이므로

$L(0.01) = 0.9106$, $L(0.05) = 0.2794$, $L(0.1) = 0.0338$이다.

---

(2) OC곡선의 관심 기준점

품질 엔지니어의 관심은 흔히 OC곡선상의 특정한 몇 개의 점에 집중하게 된다. 공급자는 보통 로트 혹은 공정이 어떤 품질수준에서 높은 합격확률을 보이는지에 관심이 많다. 예를 들면, 공급자는 95%의 합격확률을 가지는 품질수준에 관심이 있을 수 있다. 이 수준에서는 불합격 판정을 받는 경우도 있지만 95%가 합격판정을 받는다. 반면, 소비자의 경우는 OC곡선의 다른 쪽, 즉 어떤 로트나 공정이 어떤 품질수준에서 낮은 합격확률을 갖는가에 관심이 있을 것이다.

소비자는 보통 합격품질수준(Acceptable Quality Level: AQL)이라는 기준에 근거하여 원재료나 부품을 공급받기 위한 샘플링 검사계획을 세운다. AQL이란 소비자가 공정평균으로 받아들일 수 있다고 판단하는 공급자의 품질수준의 경계값이다. 즉, AQL은 샘플링 검사에서 만족스럽다고 생각되는 공정(로트) 부적합품률의 상한이다. KS Q ISO 2859-1과 KS Q ISO 3951에서는 이를 샘플링 검사에서 허용가능한 가장 나쁜 공정 부적합품률이라고 정의하고 합격품질한계(Acceptable Quality Limit: AQL)로 부르고 있다. 그리고 KS Q ISO 28591과 KS Q ISO 39511과 같은 규준형 샘플링 검사에서는 AQL을 생산자 위험 품질(producer's risk quality)이라고 부르고 있다.

소비자는 OC곡선의 또 다른 기준, 즉 나쁜 품질수준으로부터 보호받는 기준점에 관심이 있다. 이러한 경우에 소비자는 LTPD(Lot Tolerance Percent Defective; 로트 허용 부적합품률)를 설정하는데, LTPD란 소비자가 받아들이고 싶지 않은 로트의 품질수준의 경계값이다. 즉, LTPD는 샘플링 검사에서 만족스럽지 못하다고 생각되는 공정(로트) 부적합품률의 하한으로 불합격품질수준(Rejectable Quality Level: RQL)이라고도 한다. 이를 KS Q ISO 2859-2에서는 한계품질(Limiting Quality: LQ)이라 부르고, KS Q ISO 28591과 KS Q ISO 39511과 같은 규준형 샘플링 검사에서는 소비자 위험 품질(consumer's risk quality)이라고 부르고 있다.

이상적인 OC곡선은 그림 11.2와 같은 형태가 되어야 하나 전수검사를 행하지 않으면 불가능하며, 샘플링 검사하에서는 그림 11.3과 같은 형태가 된다. 따라서 로트 부적합품률이 AQL일 때 좋은 품질의 로트가 불합격될 수 있으며, 이렇게 될 확률을 생산자 위험(α-위험)이라고 한다. 반대로 로트 부적합품률이 RQL(LTPD)일 때 나쁜 품질의 로트가 합격될 수 있으며, 이렇게 될 확률을 소비자 위험(β-위험)이라고 한다.

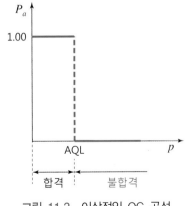

그림 11.2 이상적인 OC 곡선

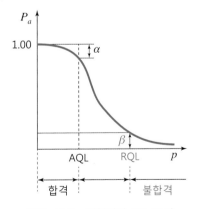

그림 11.3 전형적인 OC 곡선

(3) A형과 B형 OC곡선

앞에서 도출된 OC곡선은 B형(Type B) OC곡선이라 불린다. 이 OC곡선을 작성할 때는 샘플이 크기가 아주 큰 로트로부터 추출되거나, 품질수준이 안정된 생산공정으로부터 추출된 일련의 로트로부터 샘플링이 이루어졌다고 가정을 한다. 이 경우에는 로트의 합격확률을 계산하는 데 이항분포를 적용해야 하며, 이러한 곡선을 B형 OC곡선이라 한다.

A형(Type A) OC곡선은 유한한 크기의 고립로트에서 합격확률을 구하는 데 사용된다. 로트의 크기가 N이고, 표본크기는 n, 합격판정개수가 c일 때, 샘플의 부적합품수의 정확한 분포는 초기하분포가 된다. 따라서 로트의 부적합품률이 p일 때 합격확률은

$$L(p) = \Pr(X \le c) = \sum_{x=0}^{c} \frac{\binom{Np}{x}\binom{N(1-p)}{n-x}}{\binom{N}{n}}$$

이다. 부록 A.2에서 $n/N \le 0.1$이면 초기하분포를 이항분포에 근사할 수 있으므로, 이때 A형 OC곡선은 B형 OC곡선과 거의 근접한 형태가 된다.

(4) OC 곡선의 특징

로트크기가 N인 로트로부터 n개의 샘플을 채취하고 검사하여 부적합품수가 합격판정개수 c보다 작거나 같으면 로트를 합격으로 판정하는 계수형 샘플링 검사의 여러 상황하에서 OC곡선의 특징을 A형 곡선을 대상으로 살펴보자.

① N과 n이 일정하고 c가 변화하는 경우

로트크기와 샘플크기를 일정하게 하고 합격판정개수를 증가시키면 생산자 위험은 감소하고, 소비자 위험은 증가한다. 예를 들어 $N = 2,000$, $n = 80$, $c = 2$(11.3.4소절의 표 11.2에서 택한 계획임)를 중심으로 c가 변화하는 경우($c = 2, 0, 1, 3$)의 OC곡선을 그림 11.4에서 볼 수 있다. N과 n이 일정하고 c가 증가하는 경우에는 생산자 위험은 감소하고, 소비자 위험은 증가함을 알 수 있다. OC곡선은 합격판정개수 c가 증가하면 우측으로 경사가 완만해진다. 특히 $c = 0$인 경우 소비자 위험은 작은 반면에 생산자 위험이 매우 커지는 경향이 있다.

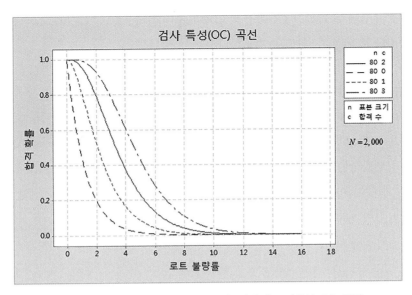

그림 11.4 N과 n이 일정하고 c가 변화하는 경우의 OC 곡선

② N과 c가 일정하고 n이 변화하는 경우

N과 c가 일정하고 n이 변화하는 경우에는 샘플크기 n이 증가하면 생산자 위험은 증가하고, 소비자 위험은 감소한다. 예를 들어, $N = 2000$, $c = 2$는 일정하고 n이 변화하는 경우 ($n = 80,\ 40,\ 120$)의 OC곡선이 그림 11.5에 주어져 있다. 로트크기 N과 합격판정개수 c가 일

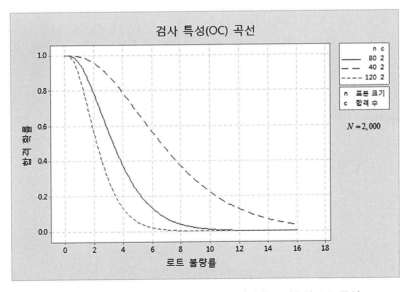

그림 11.5 N과 c가 일정하고 n이 변화하는 경우의 OC 곡선

정할 때 샘플크기 n이 증가하면 OC곡선은 급경사를 이룬다. 즉, 샘플크기 n이 증가하면 생산자 위험은 증가하고, 소비자 위험은 감소한다.

③ n과 c가 일정하고 N이 변화하는 경우

n과 c가 일정하고 N이 변화하는 경우는 로트크기 N이 샘플크기 n에 비해 어느 정도 크다면 OC곡선은 로트크기 N에는 별로 영향을 받지 않는다. 예를 들어, $n=80$, $c=2$인 검사계획에서 N이 변화하는 경우($N=2000$, 1000, 3000)의 OC 곡선을 그림 11.6에서 확인할 수 있다. 특히 이 경우는 $n/N \leq 0.1$에 해당되어 A형 OC곡선을 이항분포에 근사할 수 있으므로, N에 무관하게 거의 같은 모양의 OC곡선을 갖게 된다.

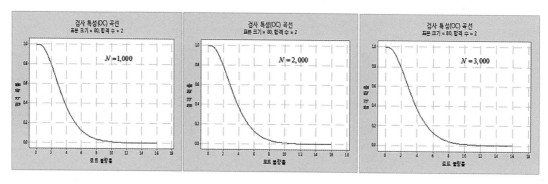

그림 11.6 n과 c가 일정하고 N이 변화하는 경우의 OC 곡선

④ c가 일정하고 n을 N에 비례시키는 경우

c를 고정시켜 놓고, 샘플크기를 로트크기에 비례하여 추출하는 방식을 비례 샘플링 검사(고정 백분율 샘플링 검사)라고 한다. 샘플크기를 로트크기에 비례하여 추출하므로 OC곡선이 똑같이 나올 것으로 착각할 수 있으나, 실상은 그렇지 않다. 예를 들어, $c=2$로 일정하고 n이 N에 비례(4% 추출)하는 경우($(n, N) = (80, 2000)$, $(40, 1000)$, $(120, 3000)$)의 OC곡선이 그림 11.7에 주어져 있다. 그림 11.7에서와 같이 로트의 일정 비율로 샘플을 추출하더라도 샘플크기에 따라서 OC곡선의 형태가 크게 달라짐을 알 수 있다.

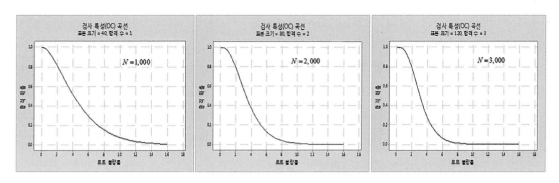

그림 11.7 c 가 일정하고 N 과 n 이 비례하는 경우의 OC 곡선

⑤ N 이 일정하고 n 을 c 에 비례시키는 경우

N 이 일정하고 n 을 c 에 비례시키는 경우도 OC곡선의 형태가 같아질 것으로 예상하기 쉽다. 예를 들어, $N = 2,000$ 으로 일정하고 n 을 c 에 비례하는 경우 $((n, c) = (80, 2), (40, 1), (120, 3))$ 의 OC곡선을 그림 11.8에서 볼 수 있다. 그림 11.8에서와 같이 합격판정개수에 비례하여 샘플을 추출하면, 예상과 달리 샘플크기에 따라 OC곡선의 형태가 달라짐을 알 수 있다.

상기 결과를 종합하면 OC곡선은 n 과 c 에 크게 영향을 받는 것을 알 수 있다.

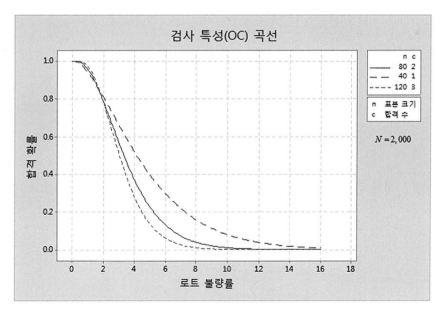

그림 11.8 N 이 일정하고 n 과 c 가 비례하는 경우의 OC 곡선

11.3.3 계수 규준형 일회 샘플링 검사의 설계

로트 부적합품률 중에서 p_0를 되도록 합격시키고 싶은 로트 부적합품률의 상한인 AQL로, p_1을 되도록 불합격시키고 싶은 로트 부적합품률의 하한인 LTPD로 정의한다. 규준형 샘플링 검사방식이란 p_0와 생산자 위험(α), p_1과 소비자 위험(β)을 미리 정해줌으로써 생산자와 소비자를 동시에 만족시키도록 (n, c)가 결정되는 샘플링 검사방식이다. 계수 규준형 일회 샘플링 검사는 로트로부터 일회의 샘플(n)을 채취하여 샘플에서 발견된 부적합품수와 합격판정개수(c)를 비교한 후 로트의 합격·불합격을 판정하는 계수형 샘플링 검사방식이다. 이 검사계획은 OC곡선을 매개체로 공급자와 소비자 양편에 대한 보호를 고려하여 통계적 가설검정의 입장에서 보증하는 것이므로, 로트 품질특성치의 분포라든가 이의 평균 품질수준까지는 고려하지 않는다.

따라서 검사에 제출된 로트를 제조한 공정의 평균 품질이 어느 정도인지 또는 공정이 안정상태인지 등 공정에 관한 정보가 없어도 적용할 수 있으므로, 단속적인 공정에서 나오는 로트(고립 로트)에 대해서도 사용할 수 있다. 또 거래상에서 일정 기간 동안 거래가 계속되어야 한다는 조건이 없으므로 일회성의 거래에도 적용할 수 있다. 그리고 불합격된 로트를 전부 적합품(양품)과 부적합품(불량품)으로 선별할 필요가 없으므로 파괴 검사에도 적용할 수 있다.

부적합품률 p_0에서 로트가 불합격될 확률이 생산자 위험 α가 된다. 이를 식으로 나타내면 다음과 같다. 여기서, OC곡선으로 B유형을 적용한다.

$$\alpha = \Pr(X > c | p = p_0) \tag{11.1}$$

$$= \sum_{x=c+1}^{n} \binom{n}{x} p_0^x (1-p_0)^{n-x}$$

$$= 1 - \sum_{x=0}^{c} \binom{n}{x} p_0^x (1-p_0)^{n-x}$$

부적합품률 p_1에서 로트가 불합격될 확률이 소비자 위험 β가 된다. 이를 식으로 나타내면 다음과 같다.

$$\beta = \Pr(X \le c | p = p_1) \tag{11.2}$$

$$= \sum_{x=0}^{c} \binom{n}{x} p_1^x (1-p_1)^{n-x}$$

식 (11.1)과 (11.2)를 연립하여 n과 c를 구하면 된다. 그런데 이 두 식은 비선형이므로, 일반적으로 정확히 만족시키는 n과 c의 정수 조합은 존재하지 않는다. 따라서 예제 11.2와 같이 근사적

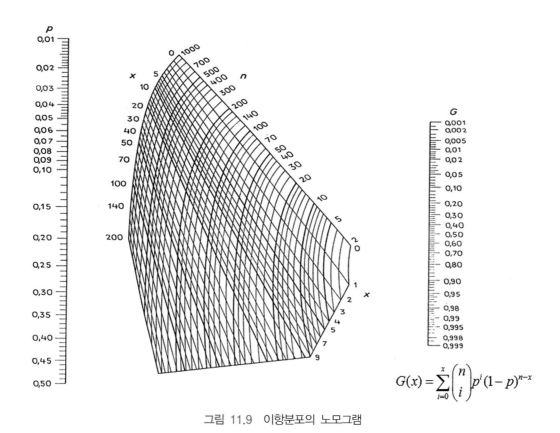

$$G(x) = \sum_{i=0}^{x} \binom{n}{i} p^i (1-p)^{n-x}$$

그림 11.9 이항분포의 노모그램

이지만 이들을 쉽게 구할 수 있는 방법으로 이항분포에 관한 그림 11.9의 노모그램(nomogram)을 이용하여 두 식을 만족시키는 n과 c의 정수조합을 구할 수 있다. 이 그림에서 $G(\cdot)$는 이항분포의 누적확률이다. 또한 계수 규준형 일회 샘플링 검사방식을 다음 소절에서 소개되는 KS 규격을 이용하여 구할 수도 있다.

예제 11.2 생산자 위험 $\alpha = 0.05$, 소비자 위험 $\beta = 0.10$이고, $p_0 = 0.01$, $p_1 = 0.08$일 때, 이를 만족하는 일회 샘플링 검사방식을 이항분포의 노모그램을 이용하여 구하라.

그림 11.9의 왼쪽 축에서 $p_0 = 0.01$을 선택하고, 오른쪽 축에서 0.95를 선택한 다음 이 둘을 연결한다. 또, 왼쪽 축에서 $p_1 = 0.08$을 선택하고, 오른쪽 축에서 0.1을 선택한 다음 이 둘을 연결하여 두 직선이 만나는 점을 읽으면, 근사적으로 $n = 60$, $c = 2$를 얻는다.

그림 11.9를 이용하는 방법은 정확한 검사계획을 찾기 힘들 수 있으며, 또한 여러 근사 계획이 구해질 수도 있다. 따라서 규준형 일회 검사계획을 해석적으로 찾는 방법을 살펴보자.

이항분포를 포아송 분포($m_i = np_i$, $i = 0.1$)로 근사할 수 있다면(부록 A.2 참고), 식 (11.1)과 (11.2)를 정확하게 만족하는 n과 c의 정수값을 찾기 힘드므로 다음과 같이 부등식 형태로 변환하여 자유도가 $2c+2$인 카이제곱 분포로 나타낼 수 있다.

$$\Pr(X > c | m_0 = np_0) = \sum_{x=c+1}^{n} \frac{e^{-m_0} m_0^x}{x!} = 1 - \Pr(\chi^2 > 2np_0) \leq \alpha \Rightarrow \chi^2(2c+2, 1-\alpha) \geq 2np_0$$

$$\Pr(X \leq c | m_1 = np_1) = \sum_{x=0}^{c} \frac{e^{-m_1} m_1^x}{x!} = \Pr(\chi^2 > 2np_1) \leq \beta \Rightarrow \chi^2(2c+2, \beta) \leq 2np_1$$

(여기서, X가 평균이 m인 포아송 분포를, Y가 자유도가 $2a+2$인
카이제곱을 따르면 $\Pr(X \leq \alpha) = \Pr(Y > 2m)$이 성립함.)

따라서 $\chi^2(2c+2, \beta)/\chi^2(2c+2, 1-\alpha)$는 c의 감소함수이므로(배도선 외, 1998), 이 값이 p_1/p_0의 근처가 되는 c를 찾아서, 상기의 두 위험 중에서 하나의 조건을 만족하는 근접 정수값 n을 구하면 된다. 이를 예제 11.2에 적용해보자.

먼저 $\chi^2(2c+2, 0.1)/\chi^2(2c+2, 0.95) \approx 8$이 되는 c는 1 또는 2가 된다. 즉, 부록 표 C.3으로부터 $\chi^2(4, 0.1)/\chi^2(4, 0.95) = 7.78/0.71 = 10.96$, $\chi^2(6, 0.1)/\chi^2(6, 0.95) = 10.65/1.64 = 6.49$가 되므로, 각각 α와 β를 만족하는 n을 구하면 다음과 같은 4가지 후보 계획을 고려할 수 있다.

$$c = 1: \quad n \leq \frac{\chi^2(4, 0.95)}{2p_0} = \frac{0.71}{2(0.01)} = 35.5 \Rightarrow n = 36$$

$$n \geq \frac{\chi^2(4, 0.1)}{2p_1} = \frac{7.78}{2(0.08)} = 48.6 \Rightarrow n = 49$$

$$c = 2: \quad n \leq \frac{\chi^2(6, 0.95)}{2p_0} = \frac{1.64}{2(0.01)} = 82 \Rightarrow n = 82$$

$$n \geq \frac{\chi^2(6, 0.1)}{2p_1} = \frac{10.65}{2(0.08)} = 66.6 \Rightarrow n = 67$$

이들 4종의 계획에 대해 식 (11.1)과 식 (11.2)에 대입한 (α, β)는 각각 (0.05, 0.205), (0.086, 0.088), (0.049, 0.036), (0.030, 0.088)이 된다. 이들 중에서 두 위험수준에 근접하면서 샘플크기를 고려하여 선택할 수 있는데, 두 위험수준보다 작으면서 근접하는 $n = 67$과 $c = 2$를 추천할 수 있다.

그리고 이들 계획이 두 위험수준 면 등에서 바람직하지 않다면 n과 c를 조정하여 결정할 수 있다.

11.3.4 KS Q 0001(계수 규준형 일회 샘플링 검사)

(1) 검사의 개요

계수 규준형 일회 샘플링 검사에 관한 표준규격은 KS Q 0001의 제1부에 제정된 것으로, 생산자 위험과 소비자 위험이 각각 0.05와 0.10인 경우에만 적용하게끔 구성되어 있다. 따라서 두 위험이 이들 값에서 많이 벗어나는 경우 적용할 수 없다는 단점이 있다. 소비자 위험과 생산자 위험이 이 값을 벗어나는 경우에는 그림 11.9의 노모그램을 활용하거나, Minitab을 포함한 관련 소프트웨어를 이용할 수 있다.

이 샘플링 검사에서는 되도록 합격시키고자 하는 부적합품률의 상한을 p_0라 하고, 되도록 불합격시키고자 하는 부적합품률의 하한을 p_1이라 할 때 생산자와 소비자를 동시에 만족하도록 (n, c)를 결정하는 규준형 샘플링 검사방식에 속한다.

KS Q 0001의 제1부에서는 계수 규준형 일회 샘플링 검사의 설계를 위하여 표 1과 보조표인 표 2의 두 가지 표를 제공하고 있는데, 이것이 표 11.2(a)와 표 11.2(b)에 수록되어 있다.

표 11.2(a)의 특징은 다음과 같다.

- p_0는 0.1%~10%, p_1은 1%~32%의 범위에 대하여 표준수 R10으로 구간을 구분하고 있다. 여기서, R10은 $\sqrt[10]{10} = 1.258925$를 뜻하며, 등비가 $\sqrt[10]{10}$ 인 등비수열에 의한 값으로 구간이 나열되어 있다.

- 샘플크기 n은 다음의 20단계 중 하나가 선택되도록 구성되어 있다.

$$5, \quad 7, \quad 10, \quad 15, \quad 20, \quad 25, \quad 30, \quad 40, \quad 50, \quad 60,$$
$$70, \quad 80, \quad 100, \quad 120, \quad 150, \quad 200, \quad 250, \quad 300, \quad 400, \quad 500$$

- p_0와 p_1의 조합 구간에서 $\alpha = 0.05$, $\beta = 0.1$을 만족하는 샘플크기 n(위의 20단계 중 하나)과 합격판정개수 c를 이항분포를 이용하여 구하고 있다. 이항분포에 의해 만들어진 표이므로 로트크기(N)가 샘플크기(n)에 비하여 작은 경우($n/N \leq 0.1$)에 적용할 수 있다. 즉, B형 OC곡선에 기반하여 샘플링 검사가 설계되어 로트크기(N)는 고려되지 않는다.

표 11.2(a) 계수 규준형 일회 샘플링 검사표(KS Q 0001의 표 1) ($\alpha \approx 0.05$, $\beta \approx 0.10$)

p_0 \ p_1	0.71~0.90	0.91~1.12	1.13~1.40	1.41~1.80	1.81~2.24	2.25~2.80	2.81~3.55	3.56~4.50	4.51~5.60	5.61~7.10	7.11~9.00	9.01~11.2	11.3~14.0	14.1~18.0	18.1~22.4	22.4~28.0	28.1~35.5
0.090~0.112	*	400 / 1	↓	←	↓	→	60 / 0	50 / 0	←	↓	←	←	↓	↓	↓	↓	↓
0.113~0.140	*	↓	300 / 1	↓	→	↓	→	↑	40 / 1	←	↓	↓	←	↓	↓	↓	↓
0.141~0.180	*	500 / 2	↓	250 / 1	↓	←	↓	→	↑	30 / 0	↓	↓	↓	→	↓	↓	↓
0.181~0.224	*	*	400 / 2	↓	200 / 1	↓	←	↓	→	↑	25 / 0	←	↓	↓	←	↓	↓
0.225~0.280	*	*	500 / 3	300 / 2	↓	150 / 1	↓	←	↓	→	↑	20 / 0	←	↓	↓	←	↓
0.281~0.355	*	*	*	400 / 4	250 / 2	↓	120 / 1	↓	←	↓	→	↑	15 / 0	←	↓	↓	←
0.356~0.450	*	*	*	500 / 6	300 / 3	200 / 2	↓	100 / 1	↓	←	↓	→	↑	15 / 0	←	↓	↓
0.451~0.560	*	*	*	*	400 / 4	250 / 2	150 / 2	↓	80 / 1	↓	←	↓	→	↑	10 / 0	←	↓
0.561~0.710	*	*	*	*	500 / 6	300 / 4	200 / 3	120 / 2	↓	60 / 1	↓	←	↓	→	↑	7 / 0	←
0.711~0.900	*	*	*	*	*	400 / 6	250 / 4	150 / 4	100 / 2	↓	50 / 1	↓	↓	↓	→	↑	5 / 0
0.901~1.12		*	*	*	*	*	300 / 6	200 / 6	120 / 3	80 / 2	↓	40 / 1	↓	←	↓	↑	↑
1.13~1.40			*	*	*	*	500 / 10	250 / 6	150 / 4	100 / 3	60 / 2	↓	30 / 1	↓	←	↓	↑
1.41~1.80				*	*	*	*	300 / 10	200 / 6	120 / 4	80 / 3	50 / 2	↓	25 / 1	↓	←	↓
1.81~2.24					*	*	*	*	250 / 10	150 / 6	100 / 4	60 / 3	40 / 2	↓	25 / 1	↓	←
2.25~2.80						*	*	*	*	250 / 10	120 / 6	70 / 4	50 / 3	30 / 2	↓	15 / 1	↓
2.81~3.55							*	*	*	*	200 / 10	100 / 6	60 / 4	40 / 3	25 / 2	↓	10 / 1
3.56~4.50								*	*	*	*	150 / 10	80 / 6	50 / 4	30 / 3	20 / 2	↓
4.51~5.60									*	*	*	*	120 / 10	60 / 6	40 / 4	25 / 3	15 / 2
5.61~7.10										*	*	*	*	100 / 10	50 / 6	30 / 3	20 / 3
7.11~9.00											*	*	*	*	100 / 10	40 / 6	25 / 4
9.01~11.2												*	*	*	*	60 / 10	30 / 6

(주) 화살표는 그 방향의 최초의 칸의 n, c를 사용한다.
*는 설계보조표를 이용한다.

샘플크기와 합격판정 개수를 구하는 방법은 표 11.2(a)에서 p_0가 지정된 행과 p_1이 지정된 열이 만나는 칸의 값을 읽으면 된다. 만약 화살표가 있으면 화살표를 따라가면 된다. 또, *가 있는 칸은 표 11.2(b)의 보조표를 사용하여 n과 c를 계산한다.

표 11.2(b) 계수 규준형 일회 샘플링 검사 설계보조표(KS Q 0001의 표 2)

p_1 / p_0	c	n
17 이상	0	$2.56 / p_0 + 115 / p_1$
16 ~ 7.9	1	$17.8 / p_0 + 194 / p_1$
7.8 ~ 5.6	2	$40.9 / p_0 + 266 / p_1$
5.5 ~ 4.4	3	$68.3 / p_0 + 334 / p_1$
4.3 ~ 3.6	4	$98.5 / p_0 + 400 / p_1$
3.5 ~ 2.8	6	$164 / p_0 + 527 / p_1$
2.7 ~ 2.3	10	$308 / p_0 + 770 / p_1$
2.2 ~ 2.0	15	$502 / p_0 + 1065 / p_1$
1.99 ~ 1.86	20	$704 / p_0 + 1350 / p_1$

예제 11.3 $\alpha = 0.05$, $\beta = 0.1$일 때 $p_0 = 0.01$, $p_1 = 0.08$과 $p_0 = 0.0075$, $p_1 = 0.022$인 경우에 KS Q 0001의 샘플링 검사표로부터 n과 c를 구하라.

먼저 $p_0 = 0.01$, $p_1 = 0.08$인 경우에 표 11.2(a)를 읽으면 $n = 60$, $c = 2$가 얻어진다. 그리고 $p_0 = 0.0075$, $p_1 = 0.022$인 경우에는 표 11.2(a)를 읽으면 해당 칸에 *가 있으므로 표 11.2(b)를 사용한다. 표 11.2(b)에서 $p_1 / p_0 = 2.93$이므로 $c = 6$이 되며, $164/0.75 + 527/2.2 = 458.2$ 이므로 $n = 459$가 된다.

11.4 │ 계수형 이회, 다회, 축차 샘플링 검사

11.4.1 이회 샘플링 검사 및 다회 샘플링 검사

(1) 이론적 배경

이회 샘플링 검사는 한 번의 표본으로 판정이 끝나는 일회 샘플링 검사와는 달리 다음 절차를 따른다. 먼저 첫 번째 샘플을 뽑아 결과가 아주 좋거나 아주 나쁘면(샘플 중에 포함된 부적합품수가 아주 작거나 많으면), 로트를 합격 또는 불합격시킨다. 만일 첫 번째 샘플의 결과로 판단하기 애매하면 샘플을 한 번 더 취해 두 샘플의 결과를 가지고 로트를 판정한다. 이회 샘플링 검사는 다음의 네 가지 값에 의해 결정이 된다.

n_1: 첫 번째 샘플크기

c_1: 첫 번째 샘플의 합격판정개수

n_2: 두 번째 샘플크기

c_2: 첫 번째와 두 번째 샘플의 합격판정개수

즉, 먼저 n_1개의 샘플을 뽑아 이 중에 들어 있는 부적합품의 수를 x_1이라 했을 때, 만일 $x_1 \le c_1$이면 로트는 합격으로 판정이 되며, $x_1 > c_2$이면 로트는 불합격 판정을 받게 된다. 위의 두 경우에 속하지 않을 때, 즉 $c_1 < x_1 \le c_2$인 경우에는 n_2개의 표본을 더 뽑게 된다. n_2개에 포함된 부적합품수를 x_2라 할 때, $x_1 + x_2 \le c_2$이면 로트를 합격시키고 아니면 로트를 불합격시킨다. 이런 과정을 나타낸 것이 그림 11.10이다.

이회 샘플링 검사에서 OC곡선에 대해 알아보자. 이회 샘플링 검사에서는 일회에 비해 조금

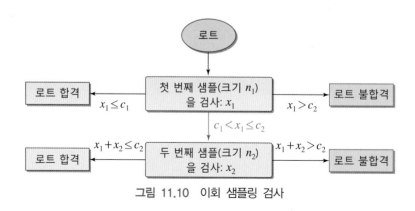

그림 11.10 이회 샘플링 검사

더 복잡한 계산과정을 필요로 한다. 이는 첫 번째 샘플에서 로트가 합격될 확률과 첫 번째 샘플에서는 판단이 보류되고 두 번째 샘플에서 합격될 확률을 더해야 하기 때문이다. X_1과 X_2를 각 샘플에서 발견된 부적합품수를 나타내는 확률변수, $L_1(p)$과 $L_2(p)$를 각각 부적합품률이 p일 때 첫 번째와 두 번째 샘플에서 합격될 확률이라 하자. 그러면,

$$L_1(p) = \Pr(X_1 \leq c_1) = \sum_{x=0}^{c_1} \Pr(X_1 = x) \tag{11.3}$$

$$L_2(p) = \Pr(c_1 < X_1 \leq c_2, \ X_1 + X_2 \leq c_2)$$

$$= \sum_{x=c_1+1}^{c_2} \Pr(X_1 = x)\Pr(X_2 \leq c_2 - x) \tag{11.4}$$

이므로, 부적합품률이 p일 때 로트의 합격확률 $L(p) = L_1(p) + L_2(p)$가 된다.

이회 샘플링 검사계획의 새로운 비교 기준으로 평균 샘플크기 ASN(Average Sample Number)라는 척도가 도입된다. 일회 샘플링 검사에서 로트로부터 취해지는 샘플의 크기는 일정하다. 반면, 이회 샘플링 검사에서는 두 번째 샘플을 취할 필요가 있느냐에 따라 달라진다. 두 번째 샘플의 추출 여부는 첫 번째 샘플 중에 있는 부적합품의 양에 따라 정해진다. 검사 중간에 판정상태에 도달하더라도 중단하지 않고 모든 샘플을 검사한다면 $ASN(p)$은

$$ASN(p) = n_1 P_1(p) + (n_1 + n_2)(1 - P_1(p))$$

$$= n_1 + n_2(1 - P_1(p)) \tag{11.5}$$

로 계산된다. 여기서, $P_1(p)$은 첫 번째 샘플에서 판정이 날, 즉 합격과 불합격 확률의 합이다. 부적합품률이 p일 때 첫 번째 샘플에서 불합격 판정이 날 확률을 $R_1(p)$로 정의하면

$$R_1(p) = \Pr(X_1 > c_2) = 1 - \sum_{x=0}^{c_2} \Pr(X_1 = x) \tag{11.6}$$

이므로,

$$P_1(p) = L_1(p) + R_1(p) \tag{11.7}$$

이다.

이회 샘플링 검사의 기본적인 장점은 일회 샘플링 검사에 비해서 검사량을 줄일 수 있다는 것이다. 이회 샘플링 검사는 한 번의 기회를 더 준다는 점에서 심리적인 효과도 있으므로 공급자에게 매력적일 수는 있으나, 실제로 이것은 장점으로 볼 수 없다. 왜냐하면, 일회나 이회 모두

같은 OC곡선을 갖게끔 설계되기 때문이다. 즉, '양쪽 모두 특정한 품질 수준에서 합격될 확률이 같다'라는 의미이다.

이회 샘플링 검사는 두 가지 단점이 있다. 첫째로는 두 번째 샘플에서 모든 표본을 검사하는 완전검사를 실시한다면 같은 OC곡선을 갖는 일회 샘플링 검사보다 이회 샘플링 검사가 오히려 더 많은 평균 검사량이 필요할 수도 있다(그림 11.11 참고). 따라서 주의 깊게 사용되지 못하면 경제적인 효과가 감소될 수도 있다. 두 번째 단점으로는 운용하는 데 복잡하다는 면이다. 더욱이 첫 번째 샘플로 취해진 원료나 부품을 두 번째 판정이 완료될 때까지 보관해야 하는 점도 포함된다.

실제로는 두 번째 샘플을 검사할 때 첫 번째와 두 번째 샘플에서 발견되는 부적합품수의 합계가 c_2를 초과하게 되면 바로 검사를 중지하고 불합격 판정을 하게 된다. 이후의 검사를 계속하더라도 불합격 판정이 달라지지 않으므로 이후의 검사는 무의미하기 때문으로, 이를 검사단축(curtailed inspection)이라 한다. 검사단축을 하게 되면 이회 샘플링 검사에서 평균검사량을 줄여주는 효과가 있다.

보통 일회 샘플링 검사나 이회 샘플링 검사의 첫 번째 샘플에서는 검사단축을 권하지는 않는다. 왜냐하면, 공급자에게서 공급되는 원재료나 부품의 부적합품률에 대한 불편추정량을 얻기 위해서는 정해진 샘플의 전체 관측치가 필요하기 때문이다. 검사단축을 채택하게 되면 불편추정량이 얻어지지 않는다. 예를 들어, 합격판정개수가 1이라고 가정하자. 만일 첫 두 개가 모두 부적합품이고 검사단축을 시행하면 로트 부적합품률의 추정치는 1이다. 로트 부적합품률이 1이라는 것은 비전문가라도 믿기 어려울 것이다.

일회($n = 80$, $c = 2$) 검사, 이회($n_1 = 50$, $c_1 = 1$, $n_2 = 50$, $c_2 = 3$) 검사, 이회 검사에서 검사단축이 있는 경우에 대한 ASN곡선(AQL이 1%일 때 KS Q 2859-1의 검사계획)은 그림 11.11에서 볼 수 있는데, 이를 보면 일회 샘플링 검사와 대비하여 검사단축이 있는 이회 샘플링 검사의 장점이 뚜렷해진다.

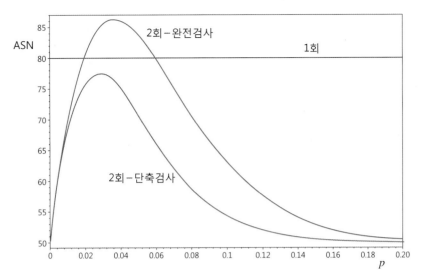

그림 11.11 일회, 검사단축이 없는 이회, 검사단축이 있는 이회 샘플링 검사에서 ASN

예제 11.4 $n_1 = 50$, $c_1 = 1$, $n_2 = 50$, $c_2 = 3$인 경우에 $p = 0.1$에서의 ASN을 구해보자.

식 (11.3)과 식 (11.6)으로부터 $L_1(0.1) = \sum_{x=0}^{1} \binom{50}{x}(0.1)^x(1-0.1)^{50-x} = 0.0338$이고, $R_1(0.1) = \sum_{x=4}^{50} \binom{50}{x}(0.1)^x(1-0.1)^{50-x} = 0.568$이므로 $P_1(0.1) = 0.6018$이다. 따라서 $ASN = 50 + 50 \cdot (1 - 0.6018) = 69.91$이다.

이회 샘플링 검사의 방법을 3회 이상으로 확장한 것이 다회 샘플링 검사방식이다. 다회 샘플링 검사의 개념은 처음 샘플을 뽑고, 샘플 중 부적합품수가 아주 작으면 합격, 많으면 불합격시키며, 판단이 애매하면 한 번 더 샘플을 뽑는 것이다. 한 번 더 뽑게 될 때 첫 번째와 두 번째 샘플 중에 들어 있는 부적합품수가 아주 작으면 합격, 아주 많으면 불합격시키며, 판단이 애매하면 또 한 번 더 샘플을 뽑는다. 다회 샘플링 검사는 11.6절에서 다루게 될 KS Q ISO 2859-1에 수록되어 있는데, 하나의 예시를 통해 알아보자. 표 11.3은 KS Q ISO 2859-1의 부표 4-A에 나오는 시료문자 P이고 AQL이 1%인 경우의 다회(5회) 샘플링 검사계획이다.

표 11.3 다회(5회) 샘플링 검사계획

샘플	샘플크기	누적 합격 판정개수	누적 불합격판정개수
1	200	1	7
2	200	4	10
3	200	8	13
4	200	12	17
5	200	18	19

이 샘플링 검사의 적용 절차는 다음과 같다. 첫 번째 200개의 샘플에서 부적합이 1개 이하이거나 7개 이상이면 로트를 합격 또는 불합격시킨다. 만일 그 사이이면 두 번째로 200개의 샘플을 더 뽑는다. 첫 번째와 두 번째 샘플에서 나온 부적합품수의 합이 4개 이하이거나 10개 이상이면 각각 합격 또는 불합격 판정을 내린다. 만일 그 사이이면 세 번째 샘플을 뽑게 된다. 이와 같이 하여 마지막에는 다섯 번째 샘플까지의 합인 1,000개 중 들어 있는 부적합품수가 18개 이하이면 합격, 19개 이상이면 불합격시킨다.

(2) KS Q ISO 28592

이 표준은 2017년 제1판으로 발행된 ISO 28592, Double sampling plans by attributes with minimal sample sizes, indexed by producer's risk quality(PRQ) and consumer's risk quality(CRQ)를 기초로 기술적 내용 및 대응국제표준의 구성을 변경하지 않고 작성한 한국산업표준이다. 20세기 후반에 생산 공정 및 품질수준이 개선되면서, KS Q ISO 2859-1에 있는 대부분의 방식들보다 합격 및 불합격 판정 개수는 더 적어지는 쪽으로 샘플링검사 방식에 대한 관심이 이동하였다. 이 표준은 생산자위험품질(PRQ) 및 소비자위험품질(CRQ)에 의하여 지표화된 가능한 한 최소한의 합격 및 불합격 판정 개수를 갖는 계수형 이회 샘플링 검사 방식으로 개발되었다. 1차 및 2차 샘플크기의 상대적 규모에 대해서는 어떠한 제약조건을 두지 않았다. 대신에 1차 및 2차 샘플크기는 명목 생산자위험 α 와 소비자위험 β 에 따라 샘플링의 총 예상 규모를 최소화하도록 도출하였다. 이를 위하여 1차 및 2차 합격판정개수가 $c_1 = 0$ 과 $c_2 = 1$ 인 계수형 이회 샘플링검사 방식으로 하여 주어진 (PRQ, $1 - \alpha$)와 (CRQ, β)을 지나는 OC곡선 중에서 1차 및 2차 샘플크기가 최소가 되도록 설계되었다. 즉, KS Q ISO 28592는 계수 규준형 이회 샘플링검사 방식이다. KS Q ISO 28592에서는 $c_1 = 0$ 과 $c_2 = 1$ 인 조건하에서 부직합품과 부적합에 대하여 각각 (α, β)가 (5%, 5%), (5%, 10%), (10%, 10%)인 3가지 경우를 고려하여 부적합품에 대해서는 이항분포를 부적합에 대해서는 포아송분포를 이용하여 도출한 1차 및 2차 샘플크기 (n, m)의 표를 제공하고 있다. 이 중 본서에서는 (α, β)가 (5%, 10%)인 경우에 대해서만 부적합품과 부적합에 관한 표를 각각 표 11.4와 표 11.5에 수록하기로 한다. 이 샘플링검사 방식은 고립로트 또는 짧은 로트 시리즈에 적합하다. 그리고 이 방식은 불합격된 로트를 100% 검사하여 모든 부적합품을 적합품으로 교체하는 선별형 샘플링검사의 연속로트 시리즈에도 적합하다. 물론 연속로트 시리즈에 대해서는 KS Q ISO 2859-1의 이회 샘플링검사 방식을 사용하는 것을 고려해볼 수가 있다.

이 표준에서는 (PRQ, α)와 (CRQ, β)를 결정하고, 표로부터 1차 및 2차 샘플크기 (n, m)을 구한다. 그러면 이 샘플링검사 방식에서는 로트로부터 샘플크기 n의 1차 샘플을 추출하여 부적합품(혹은 부적합)이 발견되지 않으면 로트를 합격으로 판정하고, 부적합품(혹은 부적합) 수가 2개 이상인 경우에는 로트를 불합격으로 판정한다. 그리고 1차 샘플에서의 부적합품(혹은 부적합) 수가 1개인 경우에는 샘플크기 m인 2차 샘플을 추가로 추출하여 2차 샘플에서 부적합품(혹은 부적합)이 나오지 않으면 로트를 합격으로 판정한다. 즉 2차 샘플까지의 총 부적합품(혹은 부적합) 수가 1개이면 로트 합격이고, 2개 이상이면 로트 불합격이다.

KS Q ISO 28592의 샘플링검사 방식하에서 검사항목이 부적합품인 경우 로트가 합격될 확률을 구해보기로 한다. 부적합품률이 p일 때 첫 번째와 두 번째 샘플에서 합격될 확률 $L_1(p)$와 $L_2(p)$는 이항분포에 의하여 각각 다음과 같이 계산된다.

$$L_1(p) = \Pr(X_1 = 0) = (1-p)^n$$
$$L_2(p) = \Pr(X_1 = 1)\Pr(X_2 = 0) = np(1-p)^{n-1}(1-p)^m$$

따라서 부적합품률이 p일 때 로트의 합격확률 $L(p) = L_1(p) + L_2(p)$은 다음과 같다.

$$L(p) = (1-p)^n + np(1-p)^{n-1}(1-p)^m = (1-p)^n\left[1 + np(1-p)^{m-1}\right]$$

다음으로 KS Q ISO 28592의 샘플링검사 방식하에서 검사항목이 부적합품인 경우 평균샘플크기 ASN을 구해보기로 한다. 먼저 단축되지 않은 검사(완전검사)인 경우에는 1차 샘플에서 부적합품이 1개 발견될 경우에만 2차 샘플이 필요하다. 따라서 평균샘플크기 ASN은 다음과 같이 구해진다.

$$ASN = n + m\Pr(X_1 = 1) = n + mnp(1-p)^{n-1}$$

단축검사인 경우에는 평균샘플크기 ASN은 다음과 같이 구해진다.

$$ASN = \frac{2(1-q)^n}{1-q} - nq^{n+m-1}$$

여기서 $q = 1 - p$이며, 자세한 유도 과정은 KS Q ISO 28592: 2017(pp. 64-65)를 참고하기 바란다.

예제 11.5 PRQ=0.001=0.1%, $\alpha = 0.05 = 5\%$, CRQ=0.025=2.5%, $\beta = 0.10 = 10\%$, $c_1 = 0$, $c_2 = 1$인 계수 규준형 이회 샘플링검사 방식을 KS Q ISO 28592에 의하여 설계하고자 한다. 단, 검사항목이 부적합품인 경우이다.

(1) 1차 및 2차 샘플크기 (n, m)을 구하라.
(2) 부적합품률이 PRQ일 때 로트의 합격확률 $L(p)$를 구하고, 이로부터 실제 생산자위험을 구하라.
(3) 부적합품률이 PRQ일 때 단축되지 않은 검사(완전검사)에서의 평균샘플크기 ASN을 구하라.

(1) 표 11.4로부터 PRQ=0.1%와 CRQ=2.5%인 경우 $n = 106$, $m = 70$을 구할 수 있다. 즉, 샘플크기 $n = 106$의 1차 샘플을 추출하여 부적합품이 나오지 않으면 로트를 합격으로 판정하고, 부적합품 수가 2개 이상인 경우에는 로트를 불합격으로 판정한다. 그리고 1차 샘플에서의 부적합품 수가 1개인 경우에는 샘플크기 $m = 70$인 2차 샘플을 추가로 추출하여 2차 샘플에서 부적합품이 나오지 않으면 로트를 합격으로 판정한다.

(2) 로트 합격확률 $L(p) = (1-p)^n \left[1 + np(1-p)^{m-1} \right]$
$$= (0.999)^{106} \left[1 + 106 \times 0.001(0.999)^{69} \right] = 0.98835$$

실제 생산자 위험 $= 1 - L(p) = 1 - 0.98835 = 0.01165 = 1.165\%$

(3) 평균샘플크기 $ASN = n + mnp(1-p)^{n-1}$
$$= 106 + 70 \times 106 \times 0.001(0.999)^{105} = 106 + 6.68 = 112.68$$

다음으로 KS Q ISO 28592의 샘플링검사 방식하에서 검사항목이 부적합(결점)인 경우 로트가 합격될 확률을 구해보기로 한다. 평균 아이템당 부적합수가 p일 때 첫 번째와 두 번째 샘플에서 합격될 확률 $L_1(p)$와 $L_2(p)$는 포아송분포에 의하여 각각 다음과 같이 계산된다.

$$L_1(p) = \Pr(X_1 = 0) = e^{-np}$$

$$L_2(p) = \Pr(X_1 = 1)\Pr(X_2 = 0) = e^{-np}np \cdot e^{-mp}$$

따라서 평균 아이템당 부적합수가 p일 때 로트의 합격확률 $L(p) = L_1(p) + L_2(p)$은 다음과 같다.

$$L(p) = e^{-np} + npe^{-(n+m)p}$$

다음으로 KS Q ISO 28592의 샘플링검사 방식하에서 검사항목이 부적합인 경우 평균샘플크기 ASN을 구해보기로 한다. 먼저 단축되지 않은 검사(완전검사)인 경우에는 1차 샘플에서 부적합품이 1개 발견될 경우에만 2차 샘플이 필요하다. 따라서 평균샘플크기 ASN은 다음과 같이 구해진다.

$$ASN = n + m \Pr(X_1 = 1) = n + mnpe^{-np}$$

단축검사인 경우에는 KS Q ISO 28592: 2017(pp. 67-68)을 참고하기 바란다.

예제 11.6 PRQ=0.004=0.4%, $\alpha = 0.05 = 5\%$, CRQ=0.05=5%, $\beta = 0.10 = 10\%$, $c_1 = 0$, $c_2 = 1$인 계수 규준형 이회 샘플링검사 방식을 KS Q ISO 28592에 의하여 설계하고자 한다. 단, 검사항목이 부적합(결점)인 경우이다.

(1) 1차 및 2차 샘플크기 (n, m)을 구하라.

(2) 평균 아이템당 부적합수가 CRQ일 때 실제 소비자위험을 구하라.

(3) 평균 아이템당 부적합수가 CRQ일 때 단축되지 않은 검사(완전검사)에서의 평균샘플크기 ASN을 구하라.

(1) 표 11.5로부터 PRQ=0.4%와 CRQ=5%인 경우 $n = 55$, $m = 32$을 구할 수 있다. 즉 샘플크기 $n = 55$의 1차 샘플을 추출하여 부적합(결점)을 검사하여 부적합(결점)이 나오지 않으면 로트를 합격으로 판정하고, 부적합 수가 2개 이상인 경우에는 로트를 불합격으로 판정한다. 그리고 1차 샘플에서의 부적합 수가 1개인 경우에는 샘플크기 $m = 32$인 2차 샘플을 추가로 추출하여 2차 샘플에서 부적합이 나오지 않으면 로트를 합격으로 판정한다.

(2) CRQ=0.05=5%에서의 로트 합격확률(실제 소비자위험)은 다음과 같이 계산된다.

$$L(0.05) = e^{-55 \times 0.05} + 55 \times 0.05 e^{-(55+32)0.05}$$
$$= e^{-2.75} + 2.75 e^{-4.35} = 0.09942 = 9.942\%$$

(3) 평균샘플크기 $ASN = n + mnpe^{-np} = 55 + 32 \times 55 \times 0.05 e^{-55 \times 0.05} = 60.63$

표 11.4 부적합품에 대한 2회 샘플링검사 방식의 형식(n, 0, 2; m, 1, 2)에 대한 샘플크기 n과 m: $\alpha \leq 5\%$ 및 $\beta \leq 10\%$ (KS Q ISO 28592의 표 2)

PRQ %	샘플 크기	소비자 위험 품질(%)																
		0.8	1.0	1.25	1.6	2.0	2.5	3.15	4.0	5.0	6.3	8.0	10.0	12.5	16.0	20.0	22.0	31.5
0.1	n	336	269	216	168	133	106	84	66	53	42	33	26	20	15	12	9	7
	m	214	170	133	105	87	70	55	43	33	26	20	16	14	12	9	8	6
0.125	n	*	269	216	168	133	106	84	66	53	42	33	26	20	15	12	9	7
	m	*	170	133	105	87	70	55	43	33	26	20	16	14	12	9	8	6
0.160	n	*	*	216	168	133	106	84	66	53	42	33	26	20	15	12	9	7
	m	*	*	133	105	87	70	55	43	33	26	20	16	14	12	9	8	6
0.2	n	*	*	*	168	133	106	84	66	53	42	33	26	20	15	12	9	7
	m	*	*	*	105	87	70	55	43	33	26	20	16	14	12	9	8	6
0.25	n	*	*	*	*	133	106	84	66	53	42	33	26	20	15	12	9	7
	m	*	*	*	*	87	70	55	43	33	26	20	16	14	12	9	8	6
0.315	n	*	*	*	*	*	106	84	66	53	42	33	26	20	15	12	9	7
	m	*	*	*	*	*	70	55	43	33	26	20	16	14	12	9	8	6
0.4	n	*	*	*	*	*	*	84	66	53	42	33	26	20	15	12	9	7
	m	*	*	*	*	*	*	55	43	33	26	20	16	14	12	9	8	6
0.5	n	*	*	*	*	*	*	*	66	53	42	33	26	20	15	12	9	7
	m	*	*	*	*	*	*	*	43	33	26	20	16	14	12	9	8	6
0.63	n	*	*	*	*	*	*	*	*	53	42	33	26	20	15	12	9	7
	m	*	*	*	*	*	*	*	*	33	26	20	16	14	12	9	8	6
0.8	n	*	*	*	*	*	*	*	*	*	42	33	26	20	15	12	9	7
	m	*	*	*	*	*	*	*	*	*	26	20	16	14	12	9	8	6
1.0	n	*	*	*	*	*	*	*	*	*	*	33	26	20	15	12	9	7
	m	*	*	*	*	*	*	*	*	*	*	20	16	14	12	9	8	6
1.25	n	*	*	*	*	*	*	*	*	*	*	*	26	20	15	12	9	7
	m	*	*	*	*	*	*	*	*	*	*	*	16	14	12	9	8	6
1.6	n	*	*	*	*	*	*	*	*	*	*	*	*	20	15	12	9	7
	m	*	*	*	*	*	*	*	*	*	*	*	*	14	12	9	8	6
2.0	n	*	*	*	*	*	*	*	*	*	*	*	*	*	15	12	9	7
	m	*	*	*	*	*	*	*	*	*	*	*	*	*	12	9	8	6
2.5	n	*	*	*	*	*	*	*	*	*	*	*	*	*	*	12	9	7
	m	*	*	*	*	*	*	*	*	*	*	*	*	*	*	9	8	6
3.15	n	*	*	*	*	*	*	*	*	*	*	*	*	*	*	*	9	7
	m	*	*	*	*	*	*	*	*	*	*	*	*	*	*	*	8	6

(주) 별표로 표시한 셀은 생산자위험품질과 소비자위험품질의 조합에 대해 $\alpha \leq 5\%$ 및 $\beta \leq 10\%$를 갖는, 부적합에 대한 2회 샘플링검사 방식(n, 0, 2; m, 1, 2)이 존재하지 않음을 의미; PRQ를 감소시키거나 CRQ를 증가시키거나 또는 두 가지 모두를 고려한다.

표 11.5 부적합에 대한 2회 샘플링검사 방식의 형식(n, 0, 2; m, 1, 2)에 대한 샘플크기 n과 m: $\alpha \leq 5\%$ 및 $\beta \leq 10\%$ (KS Q ISO 28592의 표 5)

PRQ %	샘플 크기	소비자 위험 품질(%)															
		1.0	1.25	1.6	2.0	2.5	3.15	4.0	5.0	6.3	8.0	10.0	12.5	16.0	20.0	22.0	31.5
0.1	n	269	216	168	136	109	86	69	55	43	34	28	22	17	14	11	9
	m	174	137	109	83	66	54	39	32	27	21	15	13	11	8	7	5
0.125	n	*	*	168	136	109	86	69	55	43	34	28	22	17	14	11	9
	m	*	*	109	83	66	54	39	32	27	21	15	13	11	8	7	5
0.160	n	*	*	*	136	109	86	69	55	43	34	28	22	17	14	11	9
	m	*	*	*	83	66	54	39	32	27	21	15	13	11	8	7	5
0.2	n	*	*	*	*	109	86	69	55	43	34	28	22	17	14	11	9
	m	*	*	*	*	66	54	39	32	27	21	15	13	11	8	7	5
0.25	n	*	*	*	*	*	86	69	55	43	34	28	22	17	14	11	9
	m	*	*	*	*	*	54	39	32	27	21	15	13	11	8	7	5
0.315	n	*	*	*	*	*	*	69	55	43	34	28	22	17	14	11	9
	m	*	*	*	*	*	*	39	32	27	21	15	13	11	8	7	5
0.4	n	*	*	*	*	*	*	*	55	43	34	28	22	17	14	11	9
	m	*	*	*	*	*	*	*	32	27	21	15	13	11	8	7	5
0.5	n	*	*	*	*	*	*	*	*	43	34	28	22	17	14	11	9
	m	*	*	*	*	*	*	*	*	27	21	15	13	11	8	7	5
0.63	n	*	*	*	*	*	*	*	*	*	34	28	22	17	14	11	9
	m	*	*	*	*	*	*	*	*	*	21	15	13	11	8	7	5
0.8	n	*	*	*	*	*	*	*	*	*	*	28	22	17	14	11	9
	m	*	*	*	*	*	*	*	*	*	*	15	13	11	8	7	5
1.0	n	*	*	*	*	*	*	*	*	*	*	*	22	17	14	11	9
	m	*	*	*	*	*	*	*	*	*	*	*	13	11	8	7	5
1.25	n	*	*	*	*	*	*	*	*	*	*	*	*	17	14	11	9
	m	*	*	*	*	*	*	*	*	*	*	*	*	11	8	7	5
1.6	n	*	*	*	*	*	*	*	*	*	*	*	*	*	14	11	9
	m	*	*	*	*	*	*	*	*	*	*	*	*	*	8	7	5
2.0	n	*	*	*	*	*	*	*	*	*	*	*	*	*	*	11	9
	m	*	*	*	*	*	*	*	*	*	*	*	*	*	*	7	5

(주) 별표로 표시한 셀은 생산자위험품질과 소비자위험품질의 조합에 대해 $\alpha \leq 5\%$ 및 $\beta \leq 10\%$를 갖는 부적합품에 대한 2회 샘플링검사 방식(n, 0, 2; m, 1, 2)이 존재하지 않음을 의미; PRQ를 감소시키거나 CRQ를 증가시키거나 또는 두 가지 모두를 고려한다.

11.4.2 축차 샘플링 검사

(1) 이론적 배경

축차 샘플링 검사는 일회, 이회, 다회 샘플링 검사를 극단적으로 확장한 형태로, 로트로부터 일련의 샘플을 순차적으로 취하여, 샘플링 검사 프로세스의 결과에 따라 샘플수가 결정된다. 혹시 샘플링 검사가 계속되어 로트 전체가 검사될 수도 있으므로, 실제 적용 시에는 대응되는 일회 샘플링 검사에서 필요한 샘플수의 1.5배가 되면 검사를 중지하는 방법을 채택하는 경우도 있다. 매 단계에서 취해지는 샘플이 두 개 이상이면 그룹 축차 샘플링 검사라 하고, 매 단계에서 하나씩 취하게 되면 단위별 축차 샘플링 검사로 구별한다. 여기서는 단위별 축차 샘플링 검사에 대해서만 다루며, 이에 따라 단위별 축차 샘플링 검사를 줄여서 축차 샘플링 검사라 칭한다. 축차(또는 순차) 샘플링 검사는 1947년 Wald(1947)에 의해 개발된 축차 확률비 검정(Sequential Probability Ratio Test: SPRT)에 이론적 근거를 두고 있으며, 동일한 OC곡선을 갖는 일회, 이회, 다회 샘플링 검사방식보다 p_0와 p_1에서의 평균샘플크기(ASN)를 가장 작게 하는 검사방식이다.

계수형에 대한 축차 확률비 검정에서 $X_i(x_i)$를 i번째 샘플의 상태를 나타내는 확률변수(관측값)라 하자. 즉, x_i는 부적합품이면 0, 적합품이면 1 값을 갖는다. 부적합품률을 p라 할 때, AQL(p_0)과 LTPD(p_1)하에서의 축차 확률비는 다음과 같다.

$$\frac{L(\theta_1)}{L(\theta_0)} = \frac{p_1^{\sum x_i}(1-p_1)^{n-\sum x_i}}{p_0^{\sum x_i}(1-p_0)^{n-\sum x_i}} \tag{11.8}$$

여기서, n은 누적 검사개수(샘플개수)고, $\sum x_i$는 n개 중의 부적합품수를 나타낸다. 식 (11.8)의 양변에 로그를 취한 대수 축차 확률비는

$$\ln\left(\frac{L(\theta_1)}{L(\theta_0)}\right) = \left(\sum x_i\right)\ln\left(\frac{p_1}{p_0}\right) + \left(n - \sum x_i\right)\ln\left(\frac{1-p_1}{1-p_0}\right)$$

$$= \left(\sum x_i\right)\ln\left(\frac{p_1(1-p_0)}{p_0(1-p_1)}\right) + n\ln\left(\frac{1-p_1}{1-p_0}\right) \tag{11.9}$$

가 되므로, 로트에 대한 합격여부는 이 값이 아주 작으면 로트 합격, 아주 크면 로트 불합격, 그 사이이면 검사를 계속하는 방식을 적용하면 된다. p_0, p_1과 생산자와 소비자 위험 α, β가 주어지면 축차 샘플링 검사의 운용 방식을 도시한 그림 11.12(a)의 두 판정선의 기울기 g와 절편 h_A, h_R을 구할 수 있다(배도선 외, 1998).

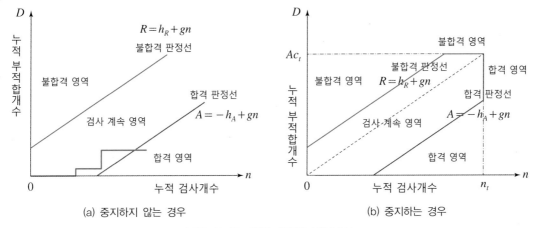

(a) 중지하지 않는 경우   (b) 중지하는 경우

그림 11.12 축차 샘플링 검사방식

이 그림에서 가로축은 추출 검사개수 n을, 세로축은 그때까지 관측된 검사개수 중의 누적 부적합품수 D를 나타낸다. 타점된 점이 합격 판정선 A와 불합격 판정선 R 사이에 있으면 하나의 샘플을 더 취한다. 만일 점이 불합격 판정선상 혹은 위에 있으면 로트를 불합격, 점이 합격 판정선상이나 아래에 있으면 합격으로 판정한다. 규준형 샘플링 검사에 속하므로, α, β, p_0, p_1이 주어지면 두 합격선은 다음과 같이 얻어진다.

$$A = -h_A + gn \tag{11.10}$$

$$R = h_R + gn$$

$$(\text{여기서, } h_A = \frac{\ln[(1-\alpha)/\beta]}{\ln([p_1(1-p_0)]/[p_0(1-p_1)])} \tag{11.11}$$

$$h_R = \frac{\ln[(1-\beta)/\alpha]}{\ln([p_1(1-p_0)]/[p_0(1-p_1)])}$$

$$g = \frac{\ln[(1-p_0)/(1-p_1)]}{\ln([p_1(1-p_0)]/[p_0(1-p_1)])} \text{ 임.})$$

합격, 불합격, 검사 계속의 판정은 다음의 규칙을 따른다.

- 합격 영역: $D \leq A$
- 불합격 영역: $D \geq R$
- 검사 계속 영역: $A < D < R$

부적합품률보다 100항목당 부적합수가 대상이 되면 다음 식으로 두 합격선의 절편과 기울기를 구할 수 있다.

$$h_A = \frac{\ln[(1-\alpha)/\beta]}{\ln(p_1/p_0)}$$

$$h_R = \frac{\ln[(1-\beta)/\alpha]}{\ln(p_1/p_0)}$$

$$g = \frac{0.43429(p_1-p_0)}{\ln(p_1/p_0)}$$

축차 샘플링 검사방식은 로트의 합격여부 판정에 있어서 샘플을 여러 번 취한다는 다회 샘플링 검사의 개념을 극단적으로 확장하여 매번 샘플을 뽑을 때마다 합격, 불합격, 하나씩 샘플을 더 뽑는다는 의사결정을 하는 방식이다. 샘플링 검사에서 작은 수의 샘플로 좋은 로트와 나쁜 로트를 원하는 판별력으로 구별해낼 수 있는 좋은 샘플링 검사방식이라 할 수 있을 것이다.

그러나 검사가 이론적으로 무한히 길어질 수 있는 가능성도 존재한다. 이를 방지하기 위해 그림 11.12(b)와 같이 누적 샘플크기의 중지값(curtailment value) n_t와 합격판정개수 $Ac_t = gn_t$를 설정할 수 있는데, n_t가 p_0와 p_1에서의 ASN 중에서 큰 값의 3배 정도면 OC곡선에 미치는 영향이 적다고 알려져 있다(Hald, 1981).

한편 1991년 최초 발간된(1판) ISO 8422는 2006년에 개정되었는데, 1판의 $\alpha = 0.05$, $\beta = 0.1$인 검사계획의 값들은 식 (11.11)과 일치하는 값을 제공하고 있어 표 11.7에 그 일부를 수록하였다. 여기서 생산자 위험 품질(PRQ, %로 표기)과 소비자 위험 품질(CRQ, %로 표기)은 각각 p_0와 p_1에 해당된다.

축차 샘플링 검사에서의 로트합격확률 $L(p)$의 계산은 상당히 복잡하다. 그러나 축차 샘플링 검사의 OC곡선은 $(p_0, 1-\alpha)$ (p_1, β)의 두 점을 지나도록 설계되어 있으며, 몇 가지 대표적인 p의 값에서 $L(p)$와 ASN의 값이 표 11.6에 정리되어 있다(Schilling and Neubauer, 2017).

표 11.6 축차 샘플링 검사의 OC곡선과 ASN

p	$L(p)$	ASN
p_0	$1-\alpha$	$\dfrac{(h_A+h_R)(1-\alpha)-h_R}{g-p_0}$
g	$\dfrac{h_R}{h_A+h_R}$	$\dfrac{h_A h_R}{g(1-g)}$
p_1	β	$\dfrac{h_R-(h_A+h_R)\beta}{p_1-g}$

예제 11.7 $p_0 = 0.01\,(1\%)$, $p_1 = 0.08\,(8\%)$, $\alpha = 0.05$, $\beta = 0.1$일 때, 합격판정선과 불합격판정선을 구해보자.

식 (11.11)로부터

$$h_A = \ln\left(\frac{1 - 0.05}{0.1}\right) \Big/ \ln\left[\frac{0.08\,(1 - 0.01)}{0.01\,(1 - 0.08)}\right] = 1.046$$

$$h_R = \ln\left(\frac{1 - 0.1}{0.05}\right) \Big/ \ln\left[\frac{0.08\,(1 - 0.01)}{0.01\,(1 - 0.08)}\right] = 1.343$$

$$g = \ln\left(\frac{1 - 0.01}{1 - 0.08}\right) \Big/ \ln\left[\frac{0.08\,(1 - 0.01)}{0.01\,(1 - 0.08)}\right] = 0.034$$

이므로, 이를 식 (11.10)에 대입하면 합격판정선은 $A = -1.046 + 0.034n$, 불합격판정선은 $R = 1.343 + 0.034n$이 된다. 그리고 두 판정선의 절편과 기울기는 표 11.7에 수록된 값과 일치한다.

(2) 계수 규준형 축차 샘플링 검사(KS Q ISO 28591)

KS Q ISO 28591는 2017년 제1판으로 발행된 ISO 28591을 기초로 기술적 내용 및 대응국 제표준의 구성을 변경하지 않고 작성한 한국산업표준이다. ISO 28591은 ISO 8422의 2006년 개정판인 ISO 8422: 2006의 내용은 그대로 하고 표준 번호만 바뀐 것이다.

축차 샘플링 검사는 ASN을 줄일 수 있는 장점이 있지만, 실제 검사에서는 검사개수가 일회 샘플링 검사보다 상당히 커질 수가 있다. 이런 상황을 방지하기 위하여 KS Q ISO 28591에서는 그림 11.12(b)와 같이 중지값을 두어 검사개수가 과대하게 커지는 것을 방지하고 있다.

또한 축차 샘플링 방식을 사용하는 경우에는 로트에서의 최종적인 샘플크기를 사전에 알 수 없으므로 조직 관점에서 실행과 관리의 어려움이 발생하며, 검사 작업의 일정 작성도 용이하지 않다. 축차 샘플링 검사방식의 실시 과정에서 일회 샘플링 검사방식에 비하여 검사원이 실수를 범하기 쉽다는 점도 또 다른 단점으로 들 수 있다.

그리고 일회, 이회, 다회 및 축차 샘플링 검사방식의 선택은 로트 검사 실시 이전에 결정되어야 하며, 검사 도중에 샘플링 검사방식을 전환하지 않아야 된다.

KS Q ISO 28591의 검사 절차는 다음과 같이 정리할 수 있다.

① 검사단위에 대하여 적합품과 부적합품을 구분하기 위한 규격을 정한다.
② p_A 와 α, p_R 과 β를 정한다.

표 11.7 축차 샘플링 검사방식의 파라미터: ISO 8422:1991

PRQ	파라미터	CRQ(소비자 위험 품질 수준)								
		0.80	1.00	1.25	1.60	2.00	2.50	3.15	4.00	5.00
0.100	h_A	1.079	0.974	0.887	0.808	0.747	0.694	0.647	0.604	0.568
	h_R	1.385	1.250	1.037	1.037	0.959	0.891	0.830	0.775	0.729
	g	0.00337	0.00391	0.00456	0.00543	0.00637	0.00750	0.00891	0.0107	0.0127
0.125	h_A	1.208	1.078	0.973	0.878	0.806	0.749	0.691	0.642	0.602
	h_R	1.551	1.384	1.249	1.127	1.035	0.957	0.887	0.825	0.773
	g	0.00364	0.00421	0.00490	0.00580	0.00679	0.00797	0.00944	0.0113	0.0134
0.160	h_A	1.393	1.223	1.089	0.972	0.885	0.812	0.748	0.691	0.645
	h_R	1.789	1.570	1.399	1.247	1.136	1.042	0.960	0.887	0.828
	g	0.00398	0.00459	0.00531	0.00627	0.00731	0.00855	0.0101	0.0120	0.0142
0.200	h_A	1.617	1.392	1.221	1.075	0.970	0.883	0.808	0.742	0.689
	h_R	2.076	1.787	1.568	1.381	1.245	1.134	1.037	0.952	0.884
	g	0.00433	0.00498	0.00574	0.00675	0.00784	0.00915	0.0108	0.0128	0.0151
0.250	h_A	1.926	1.615	1.390	1.204	1.074	0.968	0.878	0.801	0.739
	h_R	2.473	2.074	1.785	1.546	1.378	1.243	1.128	1.028	0.949
	g	0.00473	0.00541	0.00622	0.00729	0.00844	0.00981	0.0115	0.0136	0.0160
0.315	h_A	2.403	1.937	1.622	1.374	1.207	1.075	0.966	0.873	0.800
	h_R	3.085	2.487	2.083	1.764	1.549	1.381	1.240	1.121	1.028
	g	0.00521	0.00593	0.00679	0.00792	0.00914	0.0106	0.0124	0.0146	0.0171
0.40	h_A	3.229	2.441	1.961	1.610	1.385	1.214	1.076	0.962	0.875
	h_R	43146	3.134	2.518	2.067	1.778	1.559	1.382	1.236	1.123
	g	0.00577	0.00655	0.00747	0.00867	0.00996	0.0115	0.0134	0.0157	0.0184
0.50	h_A	4.759	3.224	2.437	1.917	1.606	1.381	1.205	1.064	0.958
	h_R	6.110	4.140	3.129	2.461	2.062	1.774	1.548	1.366	1.231
	g	0.00638	0.00722	0.00819	0.00947	0.0108	0.0125	0.0145	0.0169	0.0197
0.63	h_A	9.357	4.834	3.256	2.390	1.926	1.611	1.377	1.196	1.064
	h_R	12.013	6.206	4.180	3.069	2.472	2.069	1.768	1.535	1.366
	g	0.00712	0.00801	0.00905	0.0104	0.0119	0.0136	0.0157	0.0183	0.0212
0.80	h_A		9.999	4.994	3.210	2.425	1.946	1.614	1.371	1.200
	h_R		12.837	6.411	4.122	3.113	2.499	2.073	1.760	1.541
	g		0.00896	0.0101	0.0115	0.0131	0.0149	0.0172	0.0200	0.0231
1.00	h_A			9.976	4.729	3.201	2.417	1.925	1.589	1.364
	h_R			12.808	6.071	4.110	3.103	2.472	2.040	1.751
	g			0.0112	0.0128	0.0144	0.0164	0.0188	0.0217	0.0250
1.25	h_A				8.990	4.713	3.189	2.386	1.890	1.580
	h_R				11.543	6.025	4.095	3.063	2.426	2.028
	g				0.0142	0.0160	0.0180	0.0206	0.0237	0.0272
1.60	h_A					9.908	4.943	3.247	2.392	1.917
	h_R					12.721	6.346	4.169	3.072	2.461
	g					0.0179	0.0202	0.0229	0.0262	0.0299
2.00	h_A						9.863	4.830	3.154	2.376
	h_R						12.663	6.202	4.049	3.051
	g						0.0224	0.0253	0.0289	0.0328
2.50	h_A							9.467	4.637	3.131
	h_R							12.155	5.953	4.019
	g							0.0281	0.0319	0.0361
3.15	h_A								9.089	4.677
	h_R								11.669	6.005
	g								0.0356	0.0401
4.00	h_A									9.637
	h_R									12.372
	g									0.0448
5.00	h_A									
	h_R									
	g									
6.30	h_A									
	h_R									
	g									
8.0	h_A									
	h_R									
	g									
10.0	h_A									
	h_R									
	g									

표 11.7 축차 샘플링 검사방식의 파라미터: ISO 8422:1991(계속)

PRQ	파라미터	CRQ(소비자 위험 품질 수준)							
		6.30	8.00	10.00	12.50	16.00	20.00	25.00	31.50
0.100	h_A	0.535	0.504	0.478	0.454	0.429	0.408	0.388	0.367
	h_R	0.687	0.647	0.614	0.583	0.551	0.524	0.498	0.4720
	g	0.0152	0.0185	0.0222	0.0267	0.0330	0.0402	0.0494	0.0616
0.125	h_A	0.565	0.531	0.502	0.475	0.448	0.425	0.403	0.381
	h_R	0.726	0.682	0.644	0.610	0.575	0.546	0.518	0.489
	g	0.0160	0.0194	0.0232	0.0279	0.0344	0.0419	0.0513	0.0638
0.160	h_A	0.602	0.564	0.531	0.501	0.471	0.446	0.422	0.398
	h_R	0.774	0.724	0.682	0.644	0.605	0.572	0.542	0.511
	g	0.0170	0.0205	0.0245	0.0294	0.0362	0.0439	0.0536	0.0666
0.200	h_A	0.641	0.597	0.561	0.528	0.494	0.466	0.440	0.414
	h_R	0.823	0.767	0.720	0.677	0.635	0.599	0.565	0.532
	g	0.0180	0.0216	0.0257	0.0308	0.0378	0.0458	0.0559	0.0692
0.250	h_A	0.684	0.635	0.594	0.557	0.520	0.489	0.460	0.432
	h_R	0.879	0.815	0.762	0.715	0.667	0.628	0.591	0.555
	g	0.0190	0.0228	0.0271	0.0324	0.0397	0.0479	0.0583	0.0721
0.315	h_A	0.736	0.679	0.632	0.591	0.549	0.515	0.483	0.452
	h_R	0.945	0.872	0.812	0.758	0.705	0.661	0.620	0.580
	g	0.0202	0.0242	0.0287	0.0342	0.0418	0.0503	0.0611	0.0753
0.40	h_A	0.799	0.732	0.678	0.630	0.583	0.545	0.509	0.475
	h_R	1.026	0.940	0.871	0.809	0.749	0.700	0.654	0.610
	g	0.0217	0.0258	0.0305	0.0363	0.0441	0.0530	0.0642	0.0790
0.50	h_A	0.868	0.790	0.727	0.673	0.619	0.576	0.537	0.498
	h_R	1.114	1.014	0.934	0.863	0.795	0.740	0.689	0.640
	g	0.0232	0.0275	0.0324	0.0384	0.0466	0.0558	0.0674	0.827
0.63	h_A	0.953	0.860	0.786	0.723	0.662	0.613	0.568	0.526
	h_R	1.224	1.104	1.009	0.928	0.849	0.787	0.729	0.675
	g	0.0249	0.0294	0.0346	0.0408	0.0494	0.0590	0.0710	0.0868
0.80	h_A	1.062	0.947	0.858	0.783	0.712	0.656	0.605	0.557
	h_R	1.363	1.215	1.102	1.006	0.914	0.842	0.777	0.715
	g	0.0269	0.0317	0.0371	0.0437	0.0526	0.0626	0.0751	0.0916
1.00	h_A	1.188	1.046	0.939	0.850	0.767	0.702	0.644	0.590
	h_R	1.525	1.343	1.205	1.091	0.984	0.901	0.827	0.757
	g	0.0290	0.0341	0.0397	0.0466	0.0559	0.0664	0.0794	0.0965
1.25	h_A	1.348	1.168	1.036	0.929	0.830	0.755	0.688	0.627
	h_R	1.731	1.500	1.331	1.193	1.066	0.969	0.884	0.805
	g	0.0314	0.0367	0.0427	0.0499	0.0597	0.0706	0.0841	0.1018
1.60	h_A	1.586	1.343	1.171	1.036	0.915	0.824	0.745	0.674
	h_R	2.036	1.724	1.504	1.330	1.175	1.058	0.957	0.865
	g	0.0345	0.0401	0.0464	0.0540	0.0643	0.0758	0.0899	0.1084
2.00	h_A	1.888	1.553	1.329	1.157	1.008	0.899	0.806	0.723
	h_R	2.424	1.994	1.706	1.485	1.294	1.154	1.035	0.928
	g	0.0376	0.0436	0.0503	0.0582	0.0690	0.0810	0.0958	0.1150
2.50	h_A	2.335	1.843	1.535	1.311	1.123	0.989	0.878	0.780
	h_R	2.998	2.367	1.971	1.683	1.441	1.269	1.127	1.001
	g	0.0412	0.0475	0.0546	0.0630	0.0743	0.0869	0.1023	0.1223
3.15	h_A	3.100	2.289	1.832	1.521	1.274	1.104	0.967	0.850
	h_R	3.980	2.939	2.353	1.953	1.635	1.417	1.242	1.091
	g	0.0455	0.0522	0.0597	0.0686	0.0805	0.0937	0.1099	0.1307
4.00	h_A	4.705	3.060	2.295	1.827	1.481	1.256	1.083	0.938
	h_R	6.040	3.929	2.947	2.346	1.902	1.613	1.390	1.204
	g	0.0507	0.0578	0.0658	0.0752	0.0879	0.1018	0.1187	0.1406
5.00	h_A	9.193	4.484	3.013	2.255	1.750	1.445	1.220	1.039
	h_R	11.803	5.757	3.868	2.895	2.247	1.855	1.566	1.333
	g	0.0563	0.0639	0.0724	0.0824	0.0957	0.1103	0.1281	0.1509
6.30	h_A		8.753	4.482	2.987	2.162	1.714	1.406	1.171
	h_R		11.238	5.754	3.835	2.776	2.201	1.805	1.503
	g		0.0712	0.0802	0.0908	0.1049	0.1204	0.1390	0.1629
8.0	h_A			9.184	4.535	2.871	2.132	1.675	1.352
	h_R			11.792	5.822	3.686	2.737	2.151	1.735
	g			0.0897	0.1010	0.1160	0.1323	0.1520	0.1771
10.0	h_A				8.958	4.177	2.776	2.049	1.585
	h_R				11.501	5.363	3.564	2.631	2.035
	g				0.1121	0.1280	0.1452	0.1660	0.1922

생산자측과 소비자측이 합의하여 AQL p_0에 해당되는 생산자 위험 품질(PRQ) p_A와 생산자 위험 α, LTPD p_1에 해당되는 소비자 위험 품질(CRQ) p_R과 소비자위험 β를 정한다(이 표준규격에서는 p_0와 p_1을 각각 p_A와 p_R로 표기하고 있음). 생산자 위험 품질(PRQ)과 소비자 위험 품질(CRQ)은 부적합품률과 100항목(아이템)당 부적합수로 나타낼 수 있다.

KS Q ISO 28591에서는 $\alpha \leq 0.05$, $\beta \leq 0.1$인 경우의 표만을 제공하고 있으며, PRQ는 0.02%에서 10%까지 28개의 표준수, CRQ는 0.2%에서 31.5%까지 23개의 표준수에 대해 검사계획을 제공하고 있다. 부적합품률에 관한 축차 검사계획의 일부분이 표 11.8에 수록되어 있으며, 품질수준(p_A, p_R)이 100항목당 부적합수로 주어진 경우는 KS Q ISO 28591의 해당 표를 참고하기 바란다.

참고적으로 부적합품률에 관한 표는 이항분포를 기초로, 부적합수에 관한 표는 포아송 분포를 기초로 하여 작성되었다. 특히 표 11.8에서 '*'로 표시된 칸에서는 축차검사보다 일회 샘플링 검사를 추천하고 있다.

③ KS Q ISO 28591의 표로부터 h_A, h_R, g(중지값이 포함되며, 부적합 개수가 이산값을 가지는 성질 등으로 인해 식 (11.11)의 결과와는 약간 달라짐)를 구한 다음에 합격판정선과 불합격판정선인 식 (11.10)을 구한다.

실제 운용할 때 두 합격 판정선의 n에 1부터 정수값을 대입하여 나온 값 중에서, A는 절사한 정수를 합격판정개수로, R는 절상한 정수를 불합격판정개수로 설정하며, 만일 A값이 음수로 나오면 이 구역에서는 합격 대신 판정불가로 검사 계속에 해당된다. 이런 수치적 방법과 더불어 그림 11.12(b)의 도표에 바로 타점하여 판정하는 도식적 방법도 상술하고 있다. 두 방법은 기본적으로 동일하므로 이 책에서는 보다 편리한 수치적 방법을 택한다.

④ 누계 샘플크기의 중지값 n_t와 중지값에서의 합격판정개수 Ac_t를 찾는다.

⑤ 로트에서 샘플을 하나씩 채취하고 누계 부적합품수(혹은 부적합수) D를 계산하여 그때의 판정기준과 비교함으로써 합격, 불합격, 검사 계속으로 판정한다.
  - $D \leq A$이면 로트를 합격으로 판정
  - $D \geq R$이면 로트를 불합격으로 판정
  - $A < D < R$이면 검사 속행으로 판정

표 11.8 축차 샘플링 검사방식의 파라미터, 부적합품률($\alpha \leq 0.05$, $\beta \leq 0.1$)(KS Q ISO 28591의 표 1)

PRQ	파라미터	CRQ(소비자 위험 품질 수준)										
		0.200	.	2.50	3.15	4.00	5.00	6.30	8.00	10.0	.	31.5
0.0200	h_A	1.014		–	–	–	–	–	–	–		–
	h_R	0.944										
	g	0.000775										
	$n_t \quad A_t$	3054 2										
...			.								.	
0.100	h_A	–		0.721	0.663	0.610	*					
	h_R			0.651	0.559	0.450						
	g			0.00743	0.00883	0.0107						
	$n_t \quad A_t$			174 1	134 1	94 1	45 0					
0.125	h_A	–		0.767	0.711	0.661	0.617	*				
	h_R			0.740	0.645	0.553	0.451					
	g			0.00790	0.00935	0.0112	0.0134					
	$n_t \quad A_t$			184 1	140 1	102 1	75 1	36 0				
0.160	h_A	–		0.830	0.771	0.715	0.690	0.613	*			
	h_R			0.850	0.741	0.644	0.550	0.457				
	g			0.00855	0.0100	0.0119	0.0142	0.0170				
	$n_t \quad A_t$			192 1	144 1	107 1	77 1	59 1	28 0			
0.200	h_A	–		0.990	0.840	0.750	0.706	0.663	0.611	*		
	h_R			0.938	0.840	0.734	0.641	0.553	0.434			
	g			0.00777	0.0108	0.0127	0.0150	0.0179	0.0218			
	$n_t \quad A_t$			313 2	150 1	118 1	88 1	63 1	46 1	22 0		
0.250	h_A	–		0.993	0.880	0.797	0.748	0.719	0.662	0.597		
	h_R			0.941	0.970	0.840	0.730	0.641	0.545	0.431		
	g			0.00972	0.0115	0.0135	0.0159	0.0189	0.0228	0.0271		
	$n_t \quad A_t$			245 2	160 1	123 1	93 1	65 1	48 1	37 1		
0.315	h_A	–		1.082	1.020	0.870	0.800	0.780	0.740	0.661		
	h_R			1.248	0.930	0.970	0.831	0.730	0.620	0.541		
	g			0.0106	0.0124	0.0146	0.0170	0.0202	0.0242	0.0287		
	$n_t \quad A_t$			273 2	187 2	127 1	97 1	68 1	49 1	38 1		
0.400	h_A	–		1.225	1.075	1.005	0.870	0.820	0.743	0.695		
	h_R			1.380	1.300	0.930	0.970	0.840	0.719	0.638		
	g			0.0114	0.0133	0.0157	0.0184	0.0217	0.0256	0.0302		
	$n_t \quad A_t$			323 3	219 2	147 2	100 1	76 1	55 1	41 1		
0.500	h_A	–		1.390	1.245	1.065	0.961	0.860	0.820	0.750		
	h_R			1.645	1.330	1.172	0.923	0.960	0.820	0.730		
	g			0.0124	0.0146	0.0169	0.0196	0.0232	0.0275	0.0324		
	$n_t \quad A_t$			387 4	254 3	167 2	127 2	78 1	57 1	43 1		
0.630	h_A	–		1.605	1.386	1.221	1.061	0.952	0.853	0.796		*
	h_R			1.934	1.642	1.305	1.174	0.926	0.942	0.828		
	g			0.0135	0.0156	0.0183	0.0212	0.0247	0.0294	0.0346		
	$n_t \quad A_t$			517 6	307 4	198 3	133 2	104 2	63 1	45 1		7 0
0.800	h_A	–		1.925	1.630	1.375	1.235	1.050	0.947	0.880		0.550
	h_R			2.451	1.917	1.625	1.324	1.200	0.906	0.950		0.450
	g			0.0148	0.0172	0.0198	0.0233	0.0269	0.0314	0.0371		0.0916
	$n_t \quad A_t$			674 9	404 6	240 4	158 3	107 2	76 2	46 1		11 1
1.00	h_A	–		2.434	1.871	1.581	1.389	1.181	1.058	0.931		0.580
	h_R			3.077	2.430	1.851	1.591	1.309	1.046	0.922		0.500
	g			0.0163	0.0184	0.0215	0.0251	0.0288	0.0341	0.0394		0.0965
	$n_t \quad A_t$			906 14	536 9	311 6	189 4	127 3	77 2	65 2		11 1
1.25	h_A	–		3.177	2.367	1.873	1.578	1.380	1.190	1.025		0.650
	h_R			4.219	3.023	2.290	1.835	1.550	1.230	1.061		0.650
	g			0.0179	0.0204	0.0235	0.0271	0.0316	0.0367	0.0427		0.1018
	$n_t \quad A_t$			1440 25	723 14	419 9	251 6	149 4	96 3	64 2		11 1
1.60	h_A	–		–	3.222	2.383	1.921	1.567	1.350	1.166		0.700
	h_R				4.506	3.057	2.322	1.880	1.565	1.255		0.700
	g				0.0227	0.0260	0.0298	0.0342	0.0398	0.0466		0.1084
	$n_t \quad A_t$				1145 25	567 14	326 9	202 6	117 4	79 3		12 1
...			.								.	
10.00	h_A	–		–	–	–	–	–	–	–		1.474
	h_R											1.859
	g											0.1903
	$n_t \quad A_t$											46 8

⑥ 만일 누적 샘플크기가 중지값 n_t 에 도달한 경우에는 다음과 같이 판정한다.

- $D \leq Ac_t$ 이면 로트를 합격으로 판정
- $D \geq Ac_t + 1$ 이면 로트를 불합격으로 판정

축차 샘플링 검사방식에 관해서는 규준형과 더불어 조정형(11.6절 참고)이 KS Q ISO 2859-5: 2014로 제정되어 있다. 이에 대한 자세한 내용은 해당 표준규격을 참고하기 바란다.

예제 11.8 p_A(PRQ)=0.008=0.8%, α(생산자위험)=0.05=5%, p_R(CRQ)=0.10=10%, β(소비자위험)=0.1=10%인 부적합품수 검사를 위한 계수 규준형 축차 샘플링 검사를 KS Q ISO 28591에 의하여 설계하라.

표 11.8로부터 $h_A = 0.880$, $h_R = 0.950$, $g = 0.0371$이므로 합격 판정선은 $A = -0.880 + 0.0371n$, 불합격 판정선은 $R = 0.950 + 0.0371n$이며, $n_t = 46$, $Ac_t = 1$이다.

만약 이 축차 샘플링 검사방식으로 25번째 샘플까지 검사가 진행되었는데, 2번째와 25번째에서 부적합품으로 결과가 나왔다면, 수치적 방법으로 로트의 합격·불합격·검사 계속을 판정해보자.

먼저 누적 샘플크기에 따른 합격판정개수와 불합격판정개수를 표 11.9의 합격판정표와 같이 정리한다. 이를 보면 누적 샘플크기가 24개가 되어야 합격판정을 할 수 있으며, 이때 불합격판정개수는 2이므로 누적 부적합품수가 1개이면 계속 검사를 해야 한다.

검사과정의 2번째에서 부적합이 나왔지만, 누적 부적합품수($D = 1$)가 합격판정개수(*)과 불합격판정개수(2개)의 사이에 있으므로 계속 검사를 해야 한다. 이후 25번째에서 부적합품이 나왔으므로 누적 부적합품수인 $D = 2$가 불합격판정개수(2개)에 해당되어 이 로트는 불합격으로 처리된다.

표 11.9 축차 샘플링 검사의 합격 및 불합격판정개수

누적 샘플크기	합격판정값	합격판정개수	불합격판정값	불합격판정개수
1	−0.8429	*	0.9871	1
2	−0.8058	*	1.0242	2
3	−0.7687	*	1.0613	2
⋮	⋮	⋮	⋮	⋮
15	−0.3235	*	1.5065	2
16	−0.2864	*	1.5436	2
⋮	⋮	⋮	⋮	⋮
23	−0.0267	*	1.8033	2
24	0.0104	0	1.8404	2
25	0.0475	0	1.8775	2
⋮	⋮	⋮	⋮	⋮
28	0.1588	0	1.9888	2
29	0.1959	0	2.0259	3
⋮	⋮	⋮	⋮	⋮
45	0.7895	0	2.6195	3
46		1		2

11.5 | 선별형 샘플링 검사

11.5.1 선별형 일회 샘플링 검사

샘플링 검사에서 로트가 불합격 판정을 받을 때 이에 대한 처리에는 다양한 방법이 있을 수 있다. 불합격된 로트 전부를 공급자에게 다시 돌려주거나, 불합격된 로트를 전수검사하여 발견된 부적합품을 제거 또는 재작업을 하거나, 적합품으로 교체를 할 수 있다. 만일, 검사 후 불합격 로트에 대해 부적합품을 제거하거나 적합품으로 교체를 한다면 검사 후의 로트의 부적합품률은 검사 전과는 달라지게 되는데, 이를 선별형 샘플링 검사(rectifying inspection)라 한다. 선별형 샘플링 검사 과정을 요약한 그림이 그림 11.13이다.

검사에 들어오는 로트의 부적합품률이 p_0라 하자. 이들 로트로부터 샘플을 추출하고 샘플 결과에 따라 일부는 합격판정을 받게 되고, 나머지는 불합격 판정을 받게 된다. 불합격 판정을 받은 로트는 전수검사가 실시되어 로트 중 부적합품이 없는 완벽한 로트로 출하가 되게 된다. 그

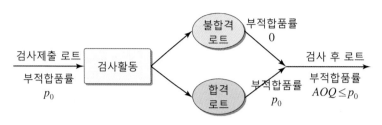

그림 11.13 선별형 샘플링 검사

러나 합격판정을 받은 로트는 샘플에서 발견된 부적합품만을 적합품으로 교체하거나 제거하므로 검사에 들어올 때에 비해 품질수준에 거의 변화가 없다고 할 수 있다. 즉, 부적합품률이 거의 p_0라 할 수 있다. 검사활동을 거쳐 나가게 되는 로트는 부적합품률이 p_0인 로트와 부적합품률이 0인 로트의 혼합이 된다. 검사 후 로트의 평균 부적합품률은 p_0보다 작은 값을 가지므로, 선별형 검사 프로그램은 로트 품질을 제고하는 효과를 가져온다.

선별형 검사 프로그램은 제조업자가 생산의 특정 단계에서 나올 수 있는 평균 품질 수준을 알고자 할 때도 사용이 된다. 선별형 검사는 수입검사, 반제품의 공정검사, 혹은 최종제품의 최종검사에 쓰인다. 공장 내에서의 사용목적은 다음 공정에 사용되는 재공품에 대한 보증을 하기 위함이다.

선별형 검사 프로그램 수행 후의 로트 중에 들어 있는 부적합품수에 대해 살펴보자. 여기서 발견되는 모든 부적합품은 적합품으로 교체한다고 가정한다. 검사에 들어오는 로트의 크기를 N, 샘플크기를 n, 샘플 중의 부적합품수를 x, 합격판정개수를 c라 하자. 그러면 다음이 얻어진다.

① n개의 샘플 중에는 부적합품이 하나도 없다.
② 로트가 불합격되면($x > c$), $N-n$개에는 부적합품이 하나도 없다.
③ 로트가 합격되면($x \leq c$), $N-n$개에는 평균적으로 $p_0(N-n)$의 부적합품이 있다.

선별형 샘플링 검사 후의 품질수준을 평균출검품질(Average Outgoing Quality: AOQ)이라 하는데, 선별형 샘플링 검사계획을 평가하는 데 널리 쓰이고 있다. 이는 공정 부적합품률이 p_0인 공정에 선별형 샘플링 검사를 적용하여 장기적으로 얻어진 로트들의 부적합품률의 평균값이다. 평균출검품질을 나타내는 공식은 다음과 같이 유도될 수 있다. 로트의 부적합품률이 p이고 로트의 합격확률을 $L(p)$라 하면 상기의 ①~③으로부터 부적합품이 포함되는 경우는 로트가 합격이 되는 경우로 검사를 거치고 난 후의 로트에는 평균적으로 $L(p)p(N-n)$의 부적합품이 존재한다고 할 수 있다. 검사 중 발견되는 부적합품을 모두 적합품으로 교체한다고 가정하면 로트 크기는 변함이 없으므로 검사 후의 평균출검품질은

$$AOQ = \frac{L(p)\,p\,(N-n)}{N} \tag{11.12}$$

이다.

만일 로트크기 N이 샘플크기 n에 비해 매우 크다면, $(N-n)/N \approx 1$이 되므로 식 (11.12)는 다음과 같이 된다.

$$AOQ \simeq L(p)\,p \tag{11.13}$$

여기서 부적합품을 제거한다면 로트크기는 N과 다른 값을 가져 식 (11.12)와는 다른 형태가 되지만, 보통 N이 제거되는 부적합품수보다 상당히 크므로 이 경우도 식 (11.13)으로 근사할 수 있다.

평균출검품질은 검사에 들어오는 로트의 부적합품률에 따라 달라진다. 들어오는 로트의 부적합품률에 따라 평균출검품질을 나타낸 그래프를 AOQ곡선이라 한다. AOQ곡선에 관한 예시로서 $n=90$, $c=2$인 경우가 그림 11.14에 있다. 이 곡선을 살펴보면 들어오는 로트의 품질수준이 좋은 경우는 평균출검품질 역시 좋게 된다. 반대로 들어오는 로트의 품질수준이 나쁘면, 대부분의 로트가 불합격 판정을 받게 되어 부적합품을 골라내는 전수검사가 행해진다. 전수검사를

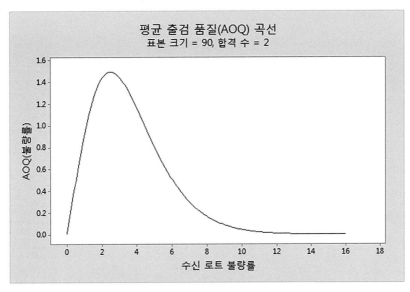

그림 11.14 $n=90$, $c=2$인 경우의 AOQ 곡선

하게 되면 검사 후 로트의 품질수준은 더 좋게 된다. 이런 양극단 사이에서 AOQ곡선은 증가하다가 최댓점에 이르고 다시 감소하는 형태가 된다.

AOQ곡선의 수직축에서의 최대치는 선별형 검사를 거친 후 나오는 최악의 평균품질수준을 나타내는데, 이를 평균출검품질한계(Average Outgoing Quality Limit: AOQL)라 한다. 그림 11.14의 예에서 AOQL은 근사적으로 0.0155가 된다. 이는 들어오는 로트의 품질수준이 어떠한 값을 갖더라도 나가는 로트의 평균품질수준은 0.0155를 넘지 않는다는 것을 의미한다. 하지만 이것은 평균적으로 0.0155를 넘지 않는다는 의미이지 고립된 하나의 로트 부적합품률이 항상 0.0155보다 작다는 것을 의미하지는 않는다. AOQL의 존재와 도출과정은 11.8절에서 다룬다.

선별형 검사방식과 관련하여 또 다른 중요한 척도로는 샘플링 검사계획에 필요한 로트당 총 검사량이다. 만일 로트에 부적합품이 없다면 로트는 합격이 될 것이므로 로트당 검사 수는 표본 크기 n이 되며, 로트에 속한 부품들이 모두 부적합품이라면 모든 로트는 전수검사를 받게 되며 로트당 검사 수는 로트크기 N이 될 것이다. 그리고 로트의 부적합품률이 0과 1 사이라면 로트당 평균 검사 수는 N과 n 사이의 값을 가지게 된다. 따라서 로트의 부적합품률이 p이고 로트의 합격확률을 $L(p)$라 하면 로트당 평균검사량(Aaverage Total Inspection: ATI)은 다음과 같다.

$$ATI = n + (1 - L(p))(N - n) \tag{11.14}$$

그림 11.15는 $n = 90$, $c = 2$인 선별형 샘플링 검사의 ATI를 나타내고 있다. 그러나 만일 검사에서 발견된 부적합품을 모두 적합품으로 교체하여 로트의 크기를 항상 N으로 일정하게 유

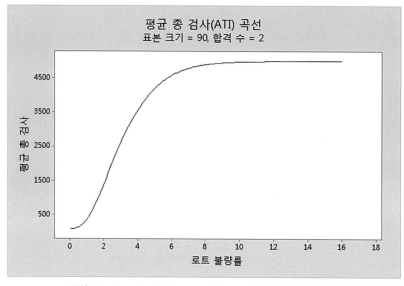

그림 11.15 $N = 5000$, $n = 90$, $c = 2$에 대한 ATI 곡선

지한다면 평균검사량 ATI는 다음과 같이 된다.

$$ATI = [n + (1 - L(p))(N - n)] / (1 - p)$$

선별형 검사에서 AOQL은 중요한 특성을 가지고 있다. 주어진 AOQL 값에서 선별형 검사를 설계하는 것이 가능하지만 AOQL만 가지고는 유일한 샘플링 검사계획을 도출하기에는 불충분하다. 즉, AOQL을 보증하는 샘플링 검사계획은 여러 개가 존재한다. 이에 따라 AOQL에 추가하여 로트 품질의 특정 수준에서 최소의 ATI를 갖는 샘플링 검사계획을 구하게 된다. 여기서 공정평균 부적합품률이 로트의 특정 수준으로 선택되어, 주어진 AOQL과 공정평균 부적합품률에서 ATI를 최소로 하는 샘플링 검사계획이 Dodge and Romig(1959)에 의해 11.5.3항의 표로 만들어져 있다. 이러한 선별형 샘플링 검사계획을 구하는 절차는 비교적 복잡하지 않으며, Duncan(1986)을 참고하기 바란다.

또한, Dodge and Romig(1959)은 전술된 선별형 검사계획과 더불어 LTPD에서 합격확률에 제한이 있으면서 공정 평균 부적합품률에서 ATI가 최소로 되는 샘플링 검사계획을 설계하였는데, 이런 LTPD 보증방식은 소비자 보호를 목적으로 한 것으로 중요 아이템에 적용된다. 이런 선별형 검사계획도 11.5.3소절에서 소개한다.

예제 11.9 $N = 5000$, $n = 90$, $c = 2$인 선별형 샘플링 검사에서 $p = 0.02$일 때 AOQ와 ATI를 구하라. 단, 검사 도중 발견되는 부적합품은 적합품으로 교체한다.

$N \gg n$이므로 이항분포를 이용하여 구한 합격확률은

$$L(0.02) = \sum_{x=0}^{2} \binom{90}{x} 0.02^x 0.98^{90-x} = 0.7312$$

이므로, 다음과 같이 AOQ는 1.436%, ATI는 1,438.57로 구해진다.

$$AOQ = \frac{0.7312 \cdot 0.02(5000 - 90)}{5000} = 0.01436,$$

$$ATI = [90 + (1 - 0.7312)(5000 - 90)] / (1 - 0.02) = 1409.8 / 0.98 = 1438.57$$

11.5.2 선별형 이회 샘플링 검사

이회 샘플링 검사에서 선별형 검사를 도입할 때 11.4.1소절의 규준형과 마찬가지로 검사계획

을 $(n_1,\ n_2,\ c_1,\ c_2)$로 나타내면 AOQ는 검사 중 발견되는 모든 부적합품을 적합품으로 교체할 경우에

$$AOQ = \frac{p[L_1(p)(N-n_1) + L_2(p)(N-n_1-n_2)]}{N} \tag{11.15}$$

이다. 여기서, 공정평균 부적합품률이 p일 때 $L_1(p)$는 첫 번째 샘플에서 합격할 확률을, $L_2(p)$는 두 번째 샘플에서 합격할 확률을, $L(p) = L_1(p) + L_2(p)$는 최종 로트의 합격확률을 가리킨다. 따라서 평균검사량은 다음과 같다.

$$ATI = n_1 L_1(p) + (n_1+n_2)L_2(p) + N(1-L(p)) \tag{11.16}$$

11.5.3 Dodge와 Romig 샘플링 검사계획

Dodge and Romig(1959)은 두 종의 계수 선별형 샘플링 검사를 개발하였는데, 하나는 LTPD 보증 방식이고, 다른 하나는 앞 소절에서 설명한 AOQL을 보증하는 방식이다. 또한 각각에 대해 일회 및 이회 샘플링 검사방식의 표가 만들어져 있다.

Dodge-Romig의 AOQL 보증 검사계획은 주어진 공정평균 부적합품률과 이 수준에서 ATI가 최소화되도록 설계되어 있다. 비슷하게 LTPD 보증 검사계획은 LTPD에서 합격확률에 제한이 있으면서 공정평균 부적합품률에서 ATI가 최소로 되는 샘플링 검사계획을 설계하고 있다. 또한 샘플링 검사계획을 구하기 위해서는 공정평균 부적합품률을 알아야 한다. 신규 공급업자인 경우에는 공급업자의 품질수준에 대해 알지 못하므로 예비 샘플을 뽑아 공정의 부적합품률을 추정하거나 공급업자가 제공한 자료로 추정할 수 있다. 이럴 때 초기에 공정평균 부적합품을 보수적으로 보고(즉, 얻은 값 중에서 큰 값), 이에 대한 검사계획을 적용하다가 공정평균에 대한 충분한 정보가 얻어지면 새로운 계획으로 변경하여 적용한다.

(1) AOQL 검사계획

Dodge and Romig(1959)은 AOQL의 값이 0.1%, 0.25%, 0.5%, 0.75%, 1%, 1.5%, 2%, 2.5%, 3%, 4%, 5%, 7%, 10%인 경우에 대한 표를 일회와 이회 샘플링 검사로 구분하여 제공하고 있다. 이 중에서 AOQL이 3%일 때가 표 11.10에 수록되어 있다. 이 표들은 공정평균 부적합품률을 6개 구간으로 구분하고 있으며, 부가적으로 LTPD(선택된 검사계획에서 합격확률이 0.1이 되는 공정 부적합품률)이 포함되어 있다.

예제 11.10   어떤 LED 제조업체에서 Dodge-Romig의 AOQL 표를 사용하여 검사계획을 구하고자 한다. 로트크기가 3,000이고, 공정평균 부적합품률이 1%이며, AOQL이 3%일 때 일회 샘플링 검사방식을 구하면, 표 11.10으로부터 $n = 45$, $c = 2$가 얻어진다.

표 11.10   AOQL 보증방식의 Dodge–Romig 일회 샘플링 검사표($AOQL = 3.0\%$)

로트크기	공정평균 부적합품률																	
	0–0.06%			0.07–0.60%			0.61–1.20%			1.21–1.80%			1.81–2.40%			2.41–3.00%		
	n	c	LTPD	n	c	LTPD	n	c	LTPD	n	c	LTPD	n	c	LTPD	n	c	LTPD
1-10	전수검사	0	-	전수검사	0	-	전수검사	0	-	전수검사	0	-	전수검사	0	-	전수검사	0	-
11-50	10	0	19.0	10	0	19.0	10	0	19.0	10	0	19.0	10	0	19.0	10	0	19.0
51-100	11	0	18.0	11	0	18.0	11	0	18.0	11	0	18.0	11	0	18.0	22	1	16.4
101-200	12	0	17.0	12	0	17.0	12	0	17.0	25	1	15.1	25	1	15.1	25	1	15.1
201-300	12	0	17.0	12	0	17.0	26	1	14.6	26	1	14.6	26	1	14.6	40	2	12.8
301-400	12	0	17.1	12	0	17.1	26	1	14.7	26	1	14.7	41	2	12.7	41	2	12.7
401-500	12	0	17.2	27	1	14.1	27	1	14.1	42	2	12.4	42	2	12.4	42	2	12.4
501-600	12	0	17.3	27	1	14.2	27	1	14.2	42	2	12.4	42	2	12.4	60	3	10.8
601-800	12	0	17.3	27	1	14.2	27	1	14.2	43	2	12.1	60	3	10.9	60	3	10.9
801-1000	12	0	17.4	27	1	14.2	44	2	11.8	44	2	11.8	60	3	11.0	80	4	9.8
1,001-2,000	12	0	17.5	28	1	13.8	45	2	11.7	65	3	10.2	80	4	9.8	100	5	9.1
2,001-3,000	12	0	17.5	28	1	13.8	45	2	11.7	65	3	10.2	100	5	9.1	140	7	8.2
3,001-4,000	12	0	17.5	28	1	13.8	65	3	10.3	85	4	9.5	125	6	8.4	165	8	7.8
4,001-5,000	28	1	13.8	28	1	13.8	65	3	10.3	85	4	9.5	125	6	8.4	210	10	7.4
5,001-7,000	28	1	13.8	45	2	11.8	65	3	10.3	105	5	8.8	145	7	8.1	235	11	7.1
7,001-10,000	28	1	13.9	46	2	11.6	65	3	10.3	105	5	8.8	170	8	7.6	280	13	6.8
10,001-20,000	28	1	13.9	46	2	11.7	85	4	9.5	125	6	8.4	215	10	7.2	380	17	6.2
20,001-50,000	28	1	13.9	65	3	10.3	105	5	8.8	170	8	7.6	310	14	6.5	560	24	5.7
50,001-100,000	28	1	13.9	65	3	10.3	125	6	8.4	215	10	7.2	385	17	6.2	690	29	5.4

(2) LTPD 검사계획

Dodge and Romig(1959)은 LTPD에서의 로트 합격확률이 0.1이 되도록 선별형 샘플링 검사를 설계하였다. 이 검사계획은 LTPD의 값이 0.5%, 0.75%, 1%, 2%, 3%, 4%, 5%, 7%, 10%인 경우에 대해 제공되고 있는데, 이 중에서 LTPD가 1%일 때가 표 11.8에 수록되어 있다. 이 표를 보면 선택된 검사계획의 AOQL이 부가적으로 포함되어 있다.

예제 11.11   어떤 LED 제조업체에서 Dodge-Romig의 LTPD 표를 사용하여 검사계획을 구하고자 한다. 로트크기는 3,000이고, 공정평균 부적합품률이 0.25%이며, LTPD가 1%일 때 일회 샘플링 검사방식을 구하면, 표 11.11로부터 $n = 630$, $c = 3$이 얻어진다.

표 11.11   LTPD 보증방식의 Dodge-Romig 일회 샘플링 검사표($LTPD = 1.0\%$)

로트크기	공정평균 부적합품률																	
	0–0.01%			0.011–0.10%			0.11–0.20%			0.21–0.30%			0.31–0.40%			0.41–0.50%		
	n	c	AOQL	n	c	AOQL	n	c	AOQL	n	c	AOQL	n	c	AOQL	n	c	AOQL
1–120	전수검사	0	0	전수검사	0	0	전수검사	0	0	점수검사	0	0	전수검사	0	0	전수검사	0	0
121–150	120	0	0.06	120	0	0.06	120	0	0.06	120	0	0.06	120	0	0.06	120	0	0.06
151–200	140	0	0.08	140	0	0.08	140	0	0.08	140	0	0.08	140	0	0.08	140	0	0.08
201–300	165	0	0.10	165	0	0.10	165	0	0.10	165	0	0.10	165	0	0.10	165	0	0.10
301–400	175	0	0.12	175	0	0.12	175	0	0.12	175	0	0.12	175	0	0.12	175	0	0.12
401–500	180	0	0.13	180	0	0.13	180	0	0.13	180	0	0.13	180	0	0.13	180	0	0.13
501–600	190	0	0.13	190	0	0.13	190	0	0.13	190	0	0.13	190	0	0.13	305	1	0.14
601–800	200	0	0.14	200	0	0.14	200	0	0.14	330	1	0.15	330	1	0.15	330	1	0.15
801–1,000	205	0	0.14	205	0	0.14	205	0	0.14	335	1	0.17	335	1	0.17	335	1	0.17
1,001–2,000	220	0	0.15	220	0	0.15	360	1	0.19	490	2	0.21	490	2	0.21	610	3	0.22
2,001–3,000	220	0	0.15	375	1	0.20	505	2	0.23	630	3	0.24	745	4	0.26	870	5	0.26
3,001–4,000	225	0	0.15	380	1	0.20	510	2	0.23	645	3	0.25	880	5	0.28	1,000	6	0.29
4,001–5,000	225	0	0.16	380	1	0.20	520	2	0.24	770	4	0.28	895	5	0.29	1,120	7	0.31
5,001–7,000	230	0	0.16	385	1	0.21	655	3	0.27	780	4	0.29	1,020	6	0.32	1,260	8	0.34
7,001–10,000	230	0	0.16	520	2	0.25	660	3	0.28	910	5	0.32	1,150	7	0.34	1,500	10	0.37
10,001–20,000	390	1	0.21	525	2	0.26	785	4	0.31	1,040	6	0.35	1,400	9	0.39	1,980	14	0.43
20,001–50,000	390	1	0.21	530	2	0.26	920	5	0.34	1,300	8	0.39	1,890	13	0.44	2,570	19	0.48
50,001–100,000	390	1	0.21	670	3	0.29	1,040	6	0.36	1,420	9	0.41	2,120	15	0.47	3,150	23	0.50

11.6 | 계수 조정형 샘플링 검사(KS Q ISO 2859 시리즈)

KS Q ISO 2859 시리즈는 '계수형 샘플링 검사 절차'라는 공통의 명칭하에서 다음의 각 부로 구성된다. 여기서는 1, 2부를 중점적으로 다루며, 3부는 다음 절에서 간략하게 소개한다.

- 제1부: 로트별 합격품질한계(AQL) 지표형 샘플링 검사
- 제2부: 고립로트 한계품질(LQ) 지표형 샘플링 검사
- 제3부: 스킵로트 샘플링 검사 절차
- 제4부: 선언품질수준의 평가절차
- 제5부: 로트별 합격품질한계(AQL) 지표형 축차 샘플링 검사방식의 시스템
- 제10부: 계수형 샘플링 검사용 KS Q ISO 2859 시리즈 표준의 개요

11.6.1. KS Q ISO 2859-1

이 표준규격은 1999년 발행된 ISO 2859-1, Sampling procedures for inspection by attributes-Part 1: Sampling schemes indexed by acceptance quality limit(AQL) for lot-by-lot inspection을 기초로 기술적 내용 및 대응국제표준규격의 구성을 변경하지 않고 작성한 한국산업표준이다.

미국의 군용규격으로 1963년에 제정된 MIL-STD-105D와 최신 개정판인 MIL-STD-105E(1989)의 국제표준규격에 해당되는 ISO 2859-1은 품질지표로 AQL(Acceptance Quality Limit: 합격품질한계)을 사용하는 계수형 합격판정 샘플링 검사이다. 여기서 AQL이란 연속적 시리즈의 로트가 합격판정 샘플링 검사에 제출된 경우 허용가능 공정 평균의 상한값으로 정의된 값이다.

이 샘플링 검사방식은 연속적 시리즈의 로트에 대해 로트의 품질 수준에 따라 전환규칙을 사용한다. 이의 목적은 로트의 품질저하가 나타났을 때는 까다로운 검사로의 전환 또는 검사중지라는 수단을 통해 소비자를 보호하고, 품질의 향상이 나타났을 때는 수월한 검사를 적용함으로써 공급자에게 혜택을 주게 된다. 이는 공급자에게 품질향상의 자극제로 작용한다.

KS Q ISO 2859-1의 특징은 ① 샘플링 검사계획(sampling plan, 이 표준규격에서는 샘플링 검사방식 용어 사용)이 아니라 상황에 따라(즉, 보통 검사, 수월한 검사, 까다로운 검사) 여러 가지 샘플링 검사계획이 적용되는 샘플링 검사 스킴(sampling scheme) 형태이며, ② 계수형 샘플링 검사 방식으로 AQL에 기초하며, ③ 엄격도 조정규칙을 사용하고, ④ 일회, 이회, 다회(5회) 샘플링 검

사방식을 선택할 수 있으며, ⑤ 장기적인 관점에서 품질보증을 목표로 하고 있다는 것이다. 특히 이 표준규격에서는 샘플링 검사방식 또는 샘플링 검사 스킴의 집합, 이들의 선택 기준을 포함한 샘플링 검사 절차가 포함된 각 부를 통칭하여 샘플링 검사 시스템(sampling system)이라 부른다.

(1) KS Q ISO 2859-1 검사 절차

① 검사로트의 구성 및 크기를 결정한다.

검사로트를 구성할 때는 같은 생산 조건을 가진 것으로 구성하여야 한다. 이 표준규격에서 검사에 제출되는 로트크기는 15개의 구간으로 구별하고 있다. 로트크기가 커질수록 잘못 판단하는 경우에 대한 위험성이 커지므로 이를 반영하여 샘플의 크기가 커지도록 설계되어 있다.

② 검사수준을 선택한다.

검사수준은 상대적인 검사량을 결정하는 것이다. 이는 제품의 가격과 검사비용 등을 고려하여 결정한다. 일반적인 용도에 대하여 I, II, III이라는 세 개의 수준이 있으며, 샘플크기의 비율은 0.4 : 1 : 1.6정도이므로 숫자가 커질수록 높은 판별력을 제공한다. 별도의 지정이 없으면 원칙적으로 수준 II를 사용하며, 수준 I은 판별력이 작아도 좋은 경우에, 수준 III은 높은 판별력이 요구되는 경우에 사용된다.

이외에도 특별검사수준으로 S-1, S-2, S-3, S-4의 4가지가 있고, 비교적 작은 샘플을 필요로 하고, 샘플링 검사에서 더 큰 위험을 허용할 수 있는 경우에 사용할 수 있다. 검사수준의 선택은 검사 엄격도의 선택과는 전혀 다르다. 따라서 보통 검사, 까다로운 검사, 수월한 검사 간에 전환이 있어도 지정된 검사수준은 변경하지 않고 유지하여야 한다.

③ AQL을 정한다.

AQL이란 연속적 시리즈의 로트가 샘플링 검사에 제출된 경우 허용 가능 공정평균(부적합품률 또는 100단위당 부적합수)의 상한값으로 정의된다. 샘플링 검사표를 사용하기 위해서는 부적합품률인 경우에는 0.010%부터 10%까지 $10^{1/5} = 1.585$(R5의 등비수열)의 공비를 적용한 16단계, 100단위당 부적합수인 경우에는 0.010에서 1,000까지의 $10^{1/5}$의 공비를 적용한 26단계 표준수 중에서 선택해야 한다. 여기서 생산지 위험은 0.01~0.12 정도의 값을 가지며, 로트크기가 커질수록 생산자 위험이 감소하도록 설계되어 있다(배도선 외, 1998).

④ 샘플문자를 결정한다.

샘플크기는 샘플크기 샘플문자에서 결정된다. 적용하는 샘플문자는 부록 표 D.1의 부표 1을 사용하여야 하고, 로트크기의 행과 검사수준 열이 교차하는 칸에서 읽을 수 있다.

⑤ 샘플링 형식을 선택한다.

일회, 이회, 다회 샘플링 검사 중에서 선택할 수 있으며 샘플크기는 2부터 2,000까지 대략 공비($10^{1/5}$)를 적용한 16단계로 구성되어 있다. 이회와 다회는 매회 동일한 샘플크기를 가지며, 이회는 일회보다 한 단계 낮은(즉, $10^{-1/5} = 0.63$배) 샘플크기를, 다회는 일회보다 세 단계 낮은(즉, $10^{-3/5} = 0.25$배) 샘플크기를 부여하고 있다. 로트크기, AQL, 검사수준이 같으면 모두 동일한 형태의 OC곡선을 가지도록 설계되어 있다.

또한 주 샘플링 검사표의 대각선('/') 상에 있는 합격판정개수와 불합격판정개수는 같은 값을 가지며, 샘플크기와 AQL이 동일한 공비로 분류되고 있으므로 대각선상의 $n \cdot AQL$(일례로 부록 표 D.2에서 $2 \cdot 1,000 \approx 3 \cdot 650$)도 동일한 값을 가진다.

⑥ 샘플링 검사방식을 구한다.

샘플링 검사방식(즉, 샘플링 검사계획)은 부록 표 D.2~표 D.4의 부표 2 또는 표 D.5~표 D.7의 부표 11에서 AQL과 샘플문자를 사용하여 구한다. 규정된 AQL과 주어진 샘플문자에 대해서 동일한 AQL과 샘플문자의 조합을 사용하여 보통 검사, 까다로운 검사, 수월한 검사의 각 부표에서 샘플링 검사방식을 구한다.

일회, 이회, 다회 3가지 형식의 샘플링 검사방식이 부표 2, 부표 3 및 부표 4에 있다(본서에서는 일회만 수록하고 있으므로 이회와 다회는 KS Q ISO 2859 표준규격 참고). 주어진 AQL과 샘플문자의 조합에 대해서 여러 샘플링 검사방식이 사용가능할 때는 어느 것을 사용하여도 무방하다. 어떤 검사방식을 선정하는가는 관리상의 어려움과 사용가능한 샘플링 검사방식의 ASN 등을 비교하여 결정한다. ASN 면에서 보면 다회가 이회보다는 작고 이회는 일회보다 작으며, 관리상의 어려움은 그 역순이다.

이들 검사표에서 ↓, ↑, Ac, Re의 의미는 다음과 같다.

- ↓: 화살표 아래쪽의 최초의 샘플링 검사방식(샘플크기 포함)을 사용한다.
  샘플의 크기가 로트의 크기보다 크면 전수검사를 한다.
- ↑: 화살표 위쪽의 최초의 샘플링 검사방식(샘플크기 포함)을 사용한다.
- Ac: 합격판정개수
- Re: 불합격판정개수로 이 표준규격의 기반이 되는 MIL-STD-105E에서는 Ac와 Re 사이에 간격이 있으나 여기서는 $Re = Ac + 1$로 간격이 없도록 설계되어 있다.

⑦ 검사로트로부터 ⑥에서 정해진 샘플을 랜덤하게 추출한다.

⑧ 샘플을 검사하여 부적합품수 또는 부적합수를 파악한다.

⑨ 검사로트의 합격, 불합격의 판정을 내리고 로트를 처리한다.

예제 11.12 어떤 부품의 수입검사를 위하여 KS Q ISO 2859-1 계수조정형 샘플링 검사를 사용하기로 하였다. 로트크기는 800, AQL은 0.4(부적합품률이 0.4%), 검사수준은 II, 검사 엄격도는 보통 검사로 시작할 때 일회 샘플링 검사방식을 구하라.

로트크기가 800이고, 일반검사수준 II이므로 부록 표 D.1의 KS Q ISO 2859-1의 부표 1로부터 샘플크기 문자는 J이다. 보통 검사이므로 부록 표 D.2의 KS Q ISO 2859-1의 부표 2-A를 참고하여야 하며, 샘플크기 문자가 J이므로 $n=80$이지만, 샘플크기 문자 J와 AQL 0.4의 교차 칸의 화살표로부터 $n=125$, $Ac=1$, $Re=2$를 얻는다. 참고적으로 까다로운 검사이면 부록 표 D.3에서 $n=200$, $Ac=1$, $Re=2$, 수월한 검사이면 부록 표 D.4에서 $n=80$, $Ac=1, Re=2$가 된다.

---

(2) 엄격도 조정 절차

이 표준규격에서는 검사 결과에 따라(품질 수준의 변화에 따라) 합격되기가 쉬운 수월한 검사, 보통 검사, 합격되기 어려운 까다로운 검사, 검사중지 등 다양한 검사방식을 적용한다. 이를 전환규칙이라 하며 요점은 다음과 같다.

① 보통 검사에서 까다로운 검사로

보통 검사가 실시되고 있는 동안에 연속된 5로트를 검사하였을 때 이 중 2로트가 불합격이 되면, 품질수준이 떨어진 것으로 판단하여 까다로운 검사로 전환한다.

② 까다로운 검사에서 보통 검사로

까다로운 검사가 실시되고 있는 동안에 연속 5로트가 합격이 되면 품질이 향상된 것으로 판단하여 보통 검사로 전환한다.

③ 보통 검사에서 수월한 검사로

다음의 세 가지 조건을 모두 만족하면 수월한 검사로 넘어간다.

- 전환점수가 30 이상

- 생산이 안정될 때

- 소관 권한자가 수월한 검사로 넘어가도 좋다고 승인할 때

④ 수월한 검사에서 보통 검사로

수월한 검사를 하고 있을 때, 다음의 조건 가운데서 어느 하나라도 발생하면 보통 검사로 돌아간다.

- 1개 로트라도 불합격

- 생산이 불규칙하게 될 때

- 이외에 보통 검사로 되돌아가는 것이 필요한 상황이 발생할 때

⑤ 검사의 중지

까다로운 검사 개시 후, 불합격 로트의 누계가 5로트에 달한다면 원칙적으로 이 표준규격에 따른 검사를 중지한다. 검사 중지 후 제품 및 서비스에 대한 품질개선 조치가 취해지고, 소관 권한자가 동의할 때까지는 검사가 다시 실행되지 않으며, 검사가 다시 재개될 때에는 까다로운 검사를 적용한다.

위에서 설명된 엄격도 조정의 절차를 정리하여 흐름도로 작성한 것이 그림 11.16이다.

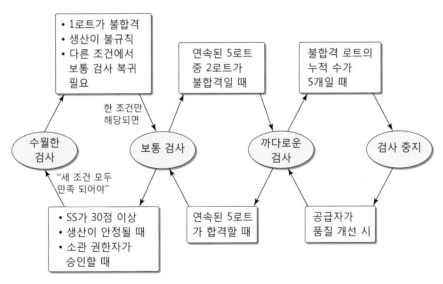

그림 11.16 KS Q ISO 2859-1에서의 전환 규칙

⑥ 전환점수 계산 규칙

보통 검사에서 수월한 검사로의 전환 조건에 요구되는 전환점수(Switching Score: SS)는 0에서 시작하며, 검사에서 합격하면 점수를 누적시킨다. 이의 개념은 로트가 여유 있게 합격이 될 경우에만 점수를 누적하여 가는 방식이다. 전환점수는 일회, 이회, 다회에 대하여 다음과 같이 계산한다.

• 일회 샘플링 검사
- 합격판정개수가 2 이상일 때, 만일 AQL이 한 단계 엄격한 여건에서도 로트가 합격되면 전환점수에 3을 더하고, 아니면 전환점수를 0으로 재설정한다.
- 합격판정개수가 1 이하일 때 로트가 합격이면 전환점수에 2를 더하고, 그렇지 않으면 0으로 재설정한다.

• 이회 샘플링 검사 또는 다회 샘플링 검사방식
- 이회 샘플링 검사방식을 사용할 때 1차 샘플에서 합격이 되면 전환점수에 3을 더하고, 아니면 전환점수를 0으로 재설정한다.
- 다회 샘플링 검사방식을 사용할 때는 3차 샘플까지 로트가 합격이 되면 전환점수에 3을 더하고, 아니면 전환점수를 0으로 재설정한다.

이와 같이 하여 전환점수를 누적하며, 도중에 로트가 불합격되면 전환점수는 '0'이 된다. 이와 같이 하여 전환점수가 30점이 될 때 수월한 검사로 전환한다.

예제 11.13 로트크기는 800, AQL은 1.0(부적합품률이 1%), 검사수준은 II, 검사 엄격도는 보통 검사로 시작할 때 일회 샘플링 검사방식을 구하고, 일련의 로트가 제출되어 샘플링 검사가 표 11.12의 1~6열과 같이 진행된다고 할 때 로트의 합격·불합격 판정과 검사 엄격도를 결정하라.

로트크기가 800, 일반검사수준 II이므로 부록 표 D.1로부터 샘플크기 문자는 J이다. AQL은 1.0이고 보통 검사이므로 부록 표 D.2로부터 $n = 80$, $Ac = 2$를 얻는다. 이보다 한 단계 더 엄격한 AQL에서의 샘플링 검사계획은 부록 표 D.2로부터 AQL이 0.65일 때 $n = 80$, $Ac = 1$이다. 또, 현 AQL에서 까다로운 검사는 $n = 80$, $Ac = 1$, 수월한 검사는 $n = 32$, $Ac = 1$이다.

이를 토대로 로트의 합부판정, 전환점수와 검사의 엄격도가 표 11.12의 7~9열에 작성되어 있다. 이를 보면 2번째 로트에서는 부적합품수가 2개라도 합격이 되었지만 한 단계 높은 AQL하에서는 합격이 되지 않으므로 전환점수가 0으로 재설정되며, 4번째 로트에서는 부적합품수가 1개라 전환점수가 증가된다. 그리고 12번째 로트에서 전환점수가 30이 되어 수월한 검사로 넘어간다. 그러나 15번째 로트에서 불합격되어 보통 검사로 전환되고 있다.

표 11.12 전환점수 계산과정: 정수 합격판정개수일 경우

로트 번호	로트 크기	샘플 문자	샘플 크기	Ac	부적합 품수	로트 합부 판정	전환 점수	엄격도 (검사 후)
1	800	J	80	2	0	합격	3	보통 검사
2	800	J	80	2	2	합격	0	보통 검사
3	800	J	80	2	0	합격	3	보통 검사
4	800	J	80	2	1	합격	6	보통 검사
5	800	J	80	2	0	합격	9	보통 검사
6	800	J	80	2	0	합격	12	보통 검사
7	800	J	80	2	0	합격	15	보통 검사
8	800	J	80	2	0	합격	18	보통 검사
9	800	J	80	2	0	합격	21	보통 검사
10	800	J	80	2	0	합격	24	보통 검사
11	800	J	80	2	0	합격	27	보통 검사
12	800	J	80	2	0	합격	30	수월한 검사
13	800	J	32	1	0	합격	–	수월한 검사
14	800	J	32	1	1	합격	–	수월한 검사
15	800	J	32	1	2	불합격	0	보통 검사
16	800	J	80	2	0	합격	3	보통 검사

(3) 분수 합격판정개수의 일회 샘플링 검사방식

이 검사방식은 합격판정개수가 분수(1/2, 1/3, 1/5)인 것을 허용하는 샘플링 검사방식으로 부록 표 D.5의 보통 검사(부표 11-A), 부록 표 D.6의 까다로운 검사(부표 11-B), 부록 표 D.6의 수월한 검사(표 11-C)에서 샘플크기와 합격판정개수를 구한다. 이 표는 일회 샘플링 검사 방식의 부록 표 D.2~표 D.4의 보통 검사(부표 2-A), 까다로운 검사(부표 2-B), 수월한 검사(부표 2-C)에서 합격판정개수가 0과 1 사이의 화살표(⇩⇧)대신에 분수(1/2, 1/3, 1/5)가 나타나 있다. 샘플크기 코드 문자와 AQL하에서 합격판정개수가 0과 1 사이의 화살표(⇩⇧)를 만날 때 샘

플크기가 변하게 된다. 이러한 경우 샘플크기에 변화를 주지 않고 지정된 AQL을 보증하는 샘플링 검사 절차가 분수합격개수 샘플링 검사방식이며, 소관 권한자가 승인할 때 사용할 수 있다.

이 검사방식으로 샘플링 검사계획을 정할 때 합격판정개수가 정수로 나타나면 그대로 사용하고, 만일 합격판정개수가 분수(1/2, 1/3, 1/5)로 나타난다면, 합격·불합격을 판정하는 방법은 샘플링 검사방식이 일정한 경우와 일정하지 않은 경우로 나뉜다.

① 샘플링 검사방식이 일정한 경우

계속되는 각 로트마다 지정된 AQL과 샘플크기 문자가 동일한 경우이며, 다음의 규칙을 따른다.

- 샘플 중에 부적합품이 전혀 없을 때는 로트를 합격으로 처리한다.
- 샘플 중에 부적합품이 1개일 때 직전 로트의 검사 결과에 따라 다음과 같이 판정한다.
  - 합격판정개수 1/2이면 직전 1개의 샘플에 부적합품이 전혀 없을 때 로트를 합격으로 처리한다.
  - 합격판정개수 1/3이면 직전 2개의 샘플에 부적합품이 전혀 없을 때 로트를 합격으로 처리한다.
  - 합격판정개수 1/5이면 직전 4개의 샘플에 부적합품이 전혀 없을 때 로트를 합격으로 처리한다.
- 샘플 중에 부적합품이 2개 이상이면 로트는 불합격으로 간주된다.

② 샘플링 검사방식이 일정하지 않은 경우

계속되는 각 로트마다 지정된 AQL 또는 샘플크기 문자가 다른 경우이며, 샘플링 검사계획을 정할 때 합격판정개수가 분수로 나타난다면, 합격판정점수(acceptance score)를 이용하여 합격판정개수를 0 혹은 1로 변환한다. 검사 전 합격판정점수가 8 이하이면 합격판정개수를 0으로 하고, 검사 전 합격판정점수가 9 이상이면 합격판정개수를 1로 한다.

로트가 합격할 때 합격판정점수의 계산법은 다음과 같다.

- 보통 검사, 까다로운 검사, 또는 수월한 검사의 시작시점에서 합격판정점수를 0으로 재설정한다.
- 합격판정개수가 0이면 합격판정점수는 변화가 없으며,
  - 합격판정개수가 1/5이면 합격판정점수에 2를 더한다.

- 합격판정개수가 1/3이면 합격판정점수에 3을 더한다.
- 합격판정개수가 1/2이면 합격판정점수에 5를 더한다.
- 합격판정개수가 1 이상이면 합격판정점수에 7을 더한다.

- 앞선 검사에서 갱신된 합격판정점수가 8 이하인 경우 그 샘플에서 부적합품이 없으면 그 로트는 합격으로 간주된다. 합격판정점수가 9 이상인 경우 그 샘플에서 하나의 부적합품이 있으면 그 로트는 합격으로 간주된다.
- 만일 샘플 중에 1개 이상의 부적합품(혹은 부적합)이 발견된 경우에는 로트의 합부 판정 후에 합격판정점수를 0으로 재설정한다.

여기서 검사 엄격도가 바뀌면 합격판정점수는 0으로 재설정된다.

③ 전환점수 계산 방법

분수 합격판정개수일 때 검사의 엄격도 조정(보통 검사에서 수월한 검사로 전환)을 위한 전환점수 계산 방법은 다음과 같다.

- 합격판정개수가 2 이상일 때 한 단계 더 엄격한 AQL하에서도 로트가 합격이 되면 전환점수에 3을 더하고, 그렇지 않으면 전환점수를 0으로 재설정한다.
- 합격판정개수가 0 또는 1일 때 로트가 합격되면 전환점수에 2를 더하고, 그렇지 않으면 전환점수를 0으로 재설정한다.
- 합격판정 개수가 1/3 또는 1/2일 때 로트가 합격이 되었다면 전환점수에 2를 더하고, 그렇지 않으면 전환점수를 0으로 재설정한다.

여기서 첫 번째와 두 번째 규칙은 정수값을 가지는 일회 샘플링 검사방식하에서의 전환점수 계산방법과 동일하며, 세 번째 규칙이 분수 합격판정개수의 일회 샘플링 검사방식에 추가된 내용이다.

예제 11.14   로트크기는 주로 800개이나 가끔 500개의 로트가 제출된다. AQL은 항상 0.25(부적합품률이 0.25%), 검사수준은 II, 검사 엄격도는 보통 검사로 시작할 때 분수 합격판정개수를 가지는 일회 샘플링 검사방식을 구하고, 일련의 로트가 표 11.13의 1~2열과 같이 제출되어 샘플링 검사의 결과 부적합품수가 표 11.13의 8열과 같이 진행된다고 할 때 로트의 합격·불합격 판정과 검사 엄격도를 결정하라.

로트크기가 800(500), 일반검사수준 II이므로 부록 표 D.1로부터 샘플크기 문자는 J(H)이다. 보통 검사이므로 부록 표 D.5로부터 $n = 80$, $Ac = 1/3(n = 50, Ac = 0)$을 얻는다. 이 예제는 두 가지 샘플링 검사방식이 혼합되어 있으므로 샘플링 검사방식이 일정하지 않은 경우에 해당된다. 따라서 합격판정점수 계산이 필요하다. 합격판정점수를 반영한 정수개수가 표 11.13의 적용 Ac열의 괄호에 부가되어 있다. 이를 토대로 로트의 합부판정, 합격판정점수이므로 검사 전후의 합격판정점수, 전환점수와 검사의 엄격도가 표 11.13의 해당 열에 작성되어 있다. 1번째 로트에서 검사 전 합격판정점수는 합격판정개수가 1/3이므로 3점이 더해져 0점에서 3점이 된다. 따라서 합격판정점수가 8 이하이므로 적용되는 합격판정개수 Ac는 0이 된다. 부적합품수가 0이므로 합격으로 판정하고, 전환점수는 0에서 2점으로 올라간다. 2번째 로트에서는 검사 전 합격판정점수는 합격판정개수가 1/3이므로 3점이 더해져 6점이 된다. 따라서 합격판정점수가 8 이하이므로 적용되는 합격판정개수 Ac는 0이 된다. 부적합품수가 1이므로 불합격으로 판정하고, 합격판정점수와 전환점수가 0으로 재설정된다. 4번째 로트에서는 주어진 Ac가 0이므로 합격판정점수는 그대로 유지되며, 부적합

표 11.13 전환점수 계산과정: 분수 합격판정개수일 경우

로트 번호	로트 크기	샘플 문자	샘플 크기	주어진 Ac	합격판정 점수 (검사전)	적용 Ac	부적합 품수	로트 합부 판정	합격판정 점수 (검사후)	전환 점수	엄격도 (검사 후)
1	800	J	80	1/3	3	0	0	합격	3	2	보통 검사
2	800	J	80	1/3	6	0	1	불합격	0	0	보통 검사
3	800	J	80	1/3	3	0	0	합격	3	2	보통 검사
4	500	H	50	0	3	0	0	합격	3	4	보통 검사
5	800	J	80	1/3	6	0	0	합격	6	6	보통 검사
6	800	J	80	1/3	9	1	0	합격	9	8	보통 검사
7	800	J	80	1/3	12	1	1	합격	0	10	보통 검사
8	800	J	80	1/3	3	0	1	불합격	0	0	보통 검사
9	800	J	80	1/3	3	0	0	합격	3	2	보통 검사
10	500	H	50	0	3	0	1	불합격	0	0	까다로운 검사
11	800	J	80	0	0	0	0	합격	0	−	까다로운 검사
12	800	J	80	0	0	0	0	합격	0	−	까다로운 검사
13	800	J	80	0	0	0	0	합격	0	−	까다로운 검사
14	800	J	80	0	0	0	0	합격	0	−	까다로운 검사
15	800	J	80	0	0	0	0	합격	0	−	보통 검사
16	500	H	50	0	0	0	0	합격	0	2	보통 검사

품수가 0이므로 합격으로 판정하고, 전환점수만 2점 더 올라간다. 6번째 로트에서는 검사 전 합격판정점수는 합격판정개수가 1/3이므로 3점을 더하여 9점이 된다. 따라서 합격판정 점수가 9 이상이므로 적용되는 합격판정개수 Ac는 1이 된다. 부적합품수가 0이므로 합격 으로 판정하고, 전환점수는 6에서 8점으로 올라간다. 7번째 로트에서는 검사 전 합격판정점 수는 합격판정개수가 1/3이므로 3점을 더하여 12점이 된다. 따라서 합격판정점수가 9 이상 이므로 적용되는 합격판정개수 Ac는 1이 된다. 부적합품수가 1이므로 합격으로 판정하고, 전환점수는 8에서 10점으로 올라간다. 그리고 샘플 중에 1개의 부적합품이 발견된 경우에 해당되므로 로트의 합부 판정 후에 합격판정점수(검사후)를 0으로 재설정한다. 8번과 10번 째 로트에서는 로트가 불합격되며, 합격판정점수와 전환점수가 0으로 재설정되는데, 연속 5 로트 이내에서 2로트가 불합격되어 까다로운 검사로 전환된다. 부록 표 D.6으로부터 AQL 이 0.15일 때 까다로운 검사는 $n = 80$, $Ac = 0$이다. 로트 11~15에서 연속 5로트가 합격하 여 이후부터는 까다로운 검사에서 보통 검사로 복귀한다.

11.6.2 KS Q ISO 2859-2

(1) 검사의 개요

이 표준은 2020년 제2판으로 발행된 ISO 2859-2, Sampling procedures for inspection by attributes—Part 2: Sampling plans indexed by limiting quality(LQ) for isolated lot inspection 을 기초로 기술적 내용 및 대응국제표준의 구성을 변경하지 않고 작성한 한국산업표준이다. 이 표준은 LQ 지표에 따른 계수형 합격 판정 샘플링 검사의 샘플링 검사 방식 및 샘플링 검사 절 차를 규정하고 있다. 이 표준은 공급자와 소비자 양쪽 모두가 로트를 고립 상태로 간주하는 경 우에 사용할 수 있으며, 전환 규칙을 적용하기에 너무 짧은 연속적인 로트인 경우에도 사용할 수 있다. 한계품질(LQ)은 로트가 고립상태에 있다고 가정할 때 가능한 한 합격이 되지 않았으 면 하는 품질수준으로 규준형 샘플링 검사에서의 불합격 품질수준(RQL)과 동등한 개념이다. 이 표준은 소비자 위험(LQ에서의 합격확률)이 몇몇의 경우를 제외하고 일반적으로 0.10(10%) 미 만이 되도록 만들어졌다.

1985년에 발행된 초판에 비교하여 주요 변경 사항은 다음과 같다.

- 로트의 아이템당 부적합수에 대한 샘플링 검사 방식이 추가되었다.
- 한계 품질(LQ) 표준수의 원래 범위 "0.5 0.8 1.25 2 3.15 5 8 12.5 20 31.5"에서 새로운

범위 "0.05 0.008 0.125 0.2 0.315 0.5 0.8 1.25 2 3.15 5 8 12.5 20 31.5 50 80 125 200 315 500 800 1250 2000 3150"로 확장되었다.

- 신뢰수준이 0.95 혹은 0.99일 때 로트의 부적합 비율(proportion nonconforming)에 대한 신뢰구간표가 추가되었다.

(2) 검사 절차

① 검사로트의 구성 및 크기를 정한다.

② 한계품질(LQ)을 다음 표준수의 값 중에서 결정한다.

- LQ의 표준수는 부적합품률인 경우 0.05 0.008 0.125 0.2 0.315 0.5 0.8 1.25 2 3.15 5 8 12.5 20 31.5%까지 15단계로 구성되어 있고, 100아이템당 부적합수인 경우 0.05 0.008 0.125 0.2 0.315 0.5 0.8 1.25 2 3.15 5 8 12.5 20 31.5 50 80 125 200 315 500 800 1250 2000 3150까지 25단계로 구성되어 있다.

- 만일 설정한 LQ값이 위의 표준수가 아닌 경우에는 표 D.8 ~ 표 D.10에서 제공된 구간의 하한값으로 LQ 값을 변환하여야 한다. 예를 들어, 어떤 제품의 경우 한계품질(LQ)이 부적합품률 3.5%로 설정되었다면 이는 지정된 한계품질값(표준수)이 아니므로 표 D.9에서 3.5가 $3.15 \leq LQ \leq 5$에 있기 때문에 지정된 LQ값은 3.15로 변환되어야 한다.

③ 검사 상황에 따라 참고할 샘플링 검사표를 구분하여 샘플크기 n과 합격판정개수 Ac를 구한다.

- 부적합품에 대한 검사
  ⓐ $0.05 \leq LQ \leq 0.8$인 경우 표 D.11 참고
  ⓑ $1.25 \leq LQ \leq 31.5$인 경우 표 D.12 참고

- 부적합에 대한 검사
  - 부적합 사이의 상관관계가 없음
  ⓐ $0.05 \leq LQ \leq 0.8$인 경우 표 D.11 참고
  ⓑ $1.25 \leq LQ \leq 31.5$인 경우 표 D.12 참고
  ⓒ $50 \leq LQ \leq 3150$인 경우 표 D.13 참고
  - 부적합 사이의 상관관계가 있음
  ⓐ $0.05 \leq LQ \leq 0.8$인 경우 표 D.11 참고
  ⓑ $1.25 \leq LQ \leq 31.5$인 경우 표 D.12 참고

ⓒ $50 \leq LQ \leq 3150$인 경우 표 D.14 참고

여기서 부적합 사이의 상관관계가 없는 경우는 부적합이 특정 아이템에 군집하는 경향이
있는 경우이다. 즉, 한 로트 내 총 부적합수는 로트들 사이의 아이템에는 오히려 고르지
않게 분포되어 있는 경우이다. 그리고 부적합 사이의 상관관계가 있는 경우는 부적합이 특
정 아이템에 군집하지 않는 경우이다. 즉, 한 로트 내 총 부적합수는 로트들 사이의 아이
템에는 오히려 고르게 분포되어 있는 경우이다. 이 표준은 무상관 가정을 뒷받침할 충분한
증거가 없는 한 상관 모델을 고려하는 것을 권고하고 있다.

④ 검사로트로부터 ③에서 정해진 샘플크기 n의 샘플을 랜덤하게 추출한다. 샘플로 선정되는
아이템은 로트에서 단순 랜덤 샘플링에 의해서 추출되어야 한다. 로트가 합리적 기준에 따
라 식별되는 하위 로트 또는 층(strata)으로 구성되어 있는 경우, 샘플로 취해지는 아이템
의 수는 하위 로트 또는 층별에서의 아이템의 수에 비례하여 선정하는 방식에 층별 샘플
링이 사용된다.

⑤ 샘플을 검사하여 부적합품수 혹은 부적합수를 조사한다.

⑥ 검사로트의 합격, 불합격의 판정을 내리고, 로트를 처리한다. 즉 샘플에서 발견된 부적합
품수(또는 총 부적합수)가 합격 판정 개수(Ac) 이하이면 로트는 합격이 되고, 그렇지 않
으면 로트는 불합격으로 판정한다.

예제 11.15 이번에 새로운 거래처로부터 로트크기 2,000개의 로트를 고립로트로 납품을
받았다. 공급자와 합의하여 한계품질을 부적합품률 1.5%로 정한다면 KS Q ISO 2859-2에
의해 검사계획을 구하라. 그리고 이 검사계획 하에서 실제 소비자 위험은 얼마가 되는지 초
기하분포를 이용하여 구하라. 단, 한계품질은 표준수의 한계품질값을 사용한다.

한계품질(1.5%)이 15단계의 표준수에 속하지 않는 비표준수이므로, 부록 표 D.9의 값의 유
형 구간(1.25~2)에서 하한값인 1.25%로 변환한다. 부록 표 D.12에서 로트크기 2,000은 구
간(1201~3200)이므로 이 구간과 LQ=1.25를 참고하여 구하면 검사계획은 $n = 200$, $Ac = 0$
이다. 그리고 LQ=1.25%=0.0125에서 소비자 위험을 초기하분포를 이용하여 구하면 다음
과 같다. 부적합품률이 0.0125라면 2000개 중 부적합수는 25개가 되며 적합수 1975개
가 된다. 따라서 합격판정개수가 0이므로 LQ에서의 합격확률(소비자 위험)은 다음과 같이

계산된다.

$$L(0.0125) = \Pr(X=0) = \frac{\binom{25}{0}\binom{1975}{200}}{\binom{2000}{200}} = 0.070593$$

11.7 | 연속생산형 샘플링 검사 및 기타 샘플링 검사

11.7.1 연속생산형 샘플링 검사

지금까지 다루어온 샘플링 검사계획들은 모두 로트별로 판정을 하는 샘플링 검사계획이다. 이런 검사계획들을 사용하려면 제품들이 로트로 구성이 되어야 하며, 샘플링 검사계획의 목적은 로트에 대해 판정을 내리는 것이다. 그러나 많은 경우, 특히 조립공정 같은 경우에는 로트의 구성이 자연스럽게 이루어지지 않는 경우가 있다. 일례로 컴퓨터의 조립이 컨베이어 벨트상에서 이루어지는 경우를 들 수 있다.

생산이 연속적으로 이루어지는 경우에 로트를 형성하기 위해 두 가지 접근 방식이 사용될 수 있다. 첫 번째로 조립공정의 특정 지점에 제품들을 쌓아두는 것이다. 이것은 공정 중에 재고를 쌓아두는 것으로 별도의 공간이 필요하게 되고, 안전의 문제가 발생할 수 있어(예를 들면 폭약 등 위험물), 조립공정에 채택하기에는 비효율적인 접근이라 할 수 있다. 또 다른 방법으로는 생산의 특정부분을 임의로 로트로 구분하는 것이다. 이때의 문제점은 로트가 불합격판정을 받아 전수검사가 필요할 때인데, 이미 일부 제품들은 후속단계로 흘러가서 다시 불러들여 해체를 하거나, 적어도 일부분을 폐기해야 하는 경우가 발생한다는 점이다.

이와 같은 이유로 연속생산에 적용할 수 있는 특별한 연속생산형 샘플링 검사계획(continuous sampling plan)이 Dodge(1943)에 의해 개발되었으며, Dodge에 의해 최초 개발된 연속생산형 검사계획을 CSP-1이라 한다.

CSP-1은 샘플링(일부검사)이 이루어지는 부분과 전수검사가 수행되는 부분의 두 가지로 구성되어 있다. 즉, 이 계획은 전수검사로부터 시작하여 연속하여 i개의 적합품이 나오면 공정의 품질수준이 향상된 것으로 판정하여 일부검사 상태로 전환이 된다. 만일 연속하여 i개의 적합품이

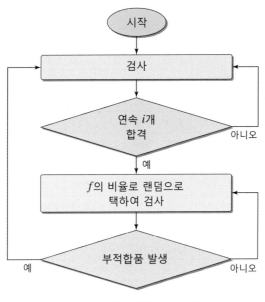

그림 11.17 CSP-1의 절차

나오기 전에 부적합품이 나오게 되면 이때부터 다시 i개의 연속 적합품이 나올 때까지 전수검사 상태에 있게 된다. 일부검사는 f의 비율로 검사가 이루어지는데 이는 $1/f$개 중에서 하나를 취하는 것과 같다. 만일 일부 검사상태에서 샘플링된 시료가 부적합품이면 전수검사 상태로 돌아가게 된다. 검사 중 발견된 부적합품은 제거를 하거나 부적합품으로 교체가 된다. CSP-1의 절차가 그림 11.17에 요약되어 있다.

CSP-1는 AOQL의 개념을 이용해 설계된다. AOQL은 i와 f에 따라 값이 달라지지만, 또한 여러 가지 i와 f의 조합에 대해 같은 AOQL을 얻을 수 있다. AOQL의 도출과정은 11.8절에서 다룬다.

표 11.14는 명기된 AOQL 값을 가지는 여러 가지 i와 f의 조합을 보여주고 있다. 예를 들어 표 11.14에서 AOQL=0.79%는 $i=59$와 $f=1/3$에서 얻어지지만 $i=113$과 $f=1/7$에서도 얻어진다. i와 f의 선택은 제조공정의 실제 여건을 고려하여 정해지며, 검사계획을 나타내는 두 값은 관련 작업자와 검사자의 업무량에 영향을 준다.

전수검사 상태에 있을 때 평균검사개수 u는 다음과 같이 나타낼 수 있다.

$$u = \frac{1-q^i}{pq^i} \tag{11.17}$$

여기서, $q=1-p$이고, p는 공정이 관리상태에 있을 때의 부적합품률이다. 그리고 일부검사

표 11.14 CSP-1: i와 f

f	AOQL(%)															
	0.018	0.033	0.046	0.074	0.113	0.143	0.198	0.33	0.53	0.79	1.22	1.90	2.90	4.94	7.12	11.46
1/2	1,540	840	600	375	245	194	140	84	53	36	23	15	10	6	5	3
1/3	2,550	1,390	1,000	620	405	321	232	140	87	59	38	25	16	10	7	5
1/4	3,340	1,820	1,310	810	530	420	303	182	113	76	49	32	21	13	9	6
1/5	3,960	2,160	1,550	965	630	498	360	217	135	91	58	38	25	15	11	7
1/7	4,950	2,700	1,940	1,205	790	623	450	270	168	113	73	47	31	18	13	8
1/10	6,050	3,300	2,370	1,470	965	762	550	335	207	138	89	57	38	22	16	10
1/15	7,390	4,030	2,890	1,800	1,180	930	672	410	255	170	108	70	46	27	19	12
1/25	9,110	4,970	3,570	2,215	1,450	1,147	828	500	315	210	134	86	57	33	23	14
1/50	11,730	6,400	4,590	2,855	1,870	1,477	1,067	640	400	270	175	110	72	42	29	18
1/100	14,320	7,810	5,600	3,485	2,305	1,820	1,302	790	500	330	215	135	89	52	36	22
1/200	17,420	9,500	6,810	4,235	2,760	2,178	1,583	950	590	400	255	165	106	62	43	26

상태에서 부적합품이 발견될 때까지의 통과된 평균단위 수 v는 기하분포(부록 A.1 참고)의 기댓값 공식으로부터 다음과 같이 구해진다.

$$v = \frac{1}{fp} \tag{11.18}$$

따라서 장기적인 관점에서 평균검사비율인 AFI는 다음과 같이 나타낼 수 있다.

$$AFI = \frac{u + fv}{u + v} \tag{11.19}$$

또한 전체 생산단위 중 일부검사(샘플링)에 의해 통과된 비율은 로트별 샘플링 검사의 검사특성(OC)곡선에서 로트 합격확률에 해당되므로, 이를 $L(p)$로 표기하면 다음과 같이 적을 수 있다.

$$L(p) = \frac{v}{u + v}$$

$L(p)$를 p의 함수로 도시하면, 연속생산형 샘플링 검사의 검사특성곡선이 얻어진다. 즉, 로트별 샘플링 검사에서 검사특성곡선은 샘플링 검사를 통과한(합격) 로트의 비율인 반면, 연속생산형에서는 검사없이 통과된 단위의 비율을 의미한다.

또한 이로부터 검출된 부적합품이 적합품으로 대체될 때 AOQ는 다음과 같이 구해진다.

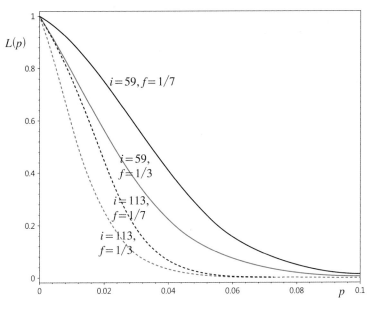

그림 11.18 여러 가지 경우에 대한 CSP-1의 OC곡선

$$AOQ(p) = \frac{p(1-f)v}{u+v} = p(1 - AFI) = \frac{(1-f)pq^i}{f + (1-f)(1-p)^i} \tag{11.20}$$

그림 11.18은 여러 가지 경우에 대해서 CSP-1의 OC 곡선을 나타낸 것이다. 이 그림을 보면 동일한 i하에서 f가 커지거나, 동일한 f하에서 i가 작아지면 $L(p)$가 높아진다.

예제 11.16 CSP-1에서 AOQL이 0.53%이고, f가 0.1이 되는 i를 구하고, 이 경우 공정 평균 부적합품률이 1%라면, 전수검사 상태에서 평균검사개수, 일부검사 상태의 평균통과개수, 장기적인 관점에서 평균검사비율, 일부검사에 의해 통과된 비율 등을 구해보자.

표 11.14에서 AOQL이 0.53%이고, f가 0.1이면, i는 207로 읽을 수 있다. $f = 0.1$, $i = 207$이면, 식 (11.17)부터 (11.20)에 대입하면,

$$u = \frac{1 - 0.99^{207}}{(0.01)(0.99)^{207}} \simeq 701$$

$$v = \frac{1}{fp} = \frac{1}{0.1 \times 0.01} = 1000$$

$$AFI = \frac{701 + 0.1 \times 1,000}{701 + 1,000} \simeq 0.4709$$

$$L(0.01) = \frac{1,000}{701 + 1,000} \simeq 0.5879$$

가 얻어진다.

Dodge가 개발한 CSP-1에는 몇 가지 변형된 형태가 있다. 예를 들면 부적합품이 하나 발생한 다고 해서 바로 전수검사 상태로 돌아가지 않는 방식으로 경결함의 경우에 적용될 수 있다. Dodge and Torrey(1951)가 제안한 CSP-2와 CSP-3는 부적합품이 두 개 발생할 때까지는 전수

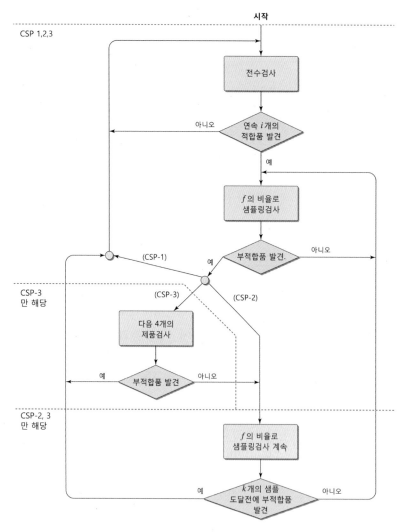

그림 11.19 CSP-1, CSP-2 및 CSP-3의 검사절차 흐름도(배도선 외, 1998)

검사로 복귀하지 않는다. CSP-2는 일부검사 상태에서 부적합품이 발생하면 그 다음의 k개 이내의 샘플에서 부적합품이 다시 나와야 전수검사 상태로 복귀하게 된다. 보통 CSP-2에서는 $k = i$를 사용하는데 반해, CSP-3에서는 발견된 부적합품의 바로 후속 4개의 단위를 검사함으로써 짧은 기간의 품질변동을 파악하여 복귀 여부를 판정한다(그림 11.19 참고).

11.7.2 스킵로트 샘플링 검사

여기서는 제출된 로트의 일부에 대해서만 검사가 이루어지는 샘플링 검사에 대해 다룬다. 이런 검사방식은 스킵로트(skip-lot) 샘플링 검사로 알려져 있다. 일반적으로 스킵로트 샘플링 검사는 공급자의 제출된 로트의 품질이 품질이력상에서 좋은 경우에 적용된다. Dodge(1956)는 최초로 스킵로트 샘플링 검사를 CSP형태의 연속생산형 샘플링 검사의 확장된 형태로 SkSP-1 (Skip-lot Sampling Plan-1)를 제시하였다. 즉, 스킵로트 샘플링 검사는 연속생산형 샘플링 검사를 제조 공정상에 있는 단위제품들에 적용하는 것이 아니라 로트에 대해 적용한 것이다.

SkSP-1는 각 로트에 대해 단순하게 합부판정을 할 수 있는 여건에 적용가능하다. 표준적인 검사계획을 각 로트에 적용할 때 로트 검사를 건너뛰기 위해 연속형 샘플링 검사방식을 적용하는 방법이다. 이와는 달리 SkSP-2는 개별 로트에 대해 생산자 또는 소비자 위험을 고려한 샘플링 검사계획(준거(reference) 샘플링 검사계획으로 불림)에 의해 해당 로트에 대해 합부 판정을 한 후에 스킵로트 샘플링 검사를 적용하는 방식으로 다음과 같은 3종의 규칙을 적용한다.

① 보통(normal) 검사에서 시작한다. 이 단계에서는 모든 로트가 검사대상이 된다.
② i개의 연속된 로트가 보통 검사에서 합격이 되면 스킵 샘플링 단계로 넘어간다.
　　스킵 샘플링 단계에서는 f의 비율로 검사가 이루어진다.
③ 스킵 샘플링 단계에서 로트가 불합격되면 보통 검사의 상태로 돌아간다.

승인개수(clearance number) i와 샘플링 비율 f는 스킵로트 샘플링 검사계획인 SkSP-2을 나타내는 모수이다. 일반적으로 i는 양의 정수이며, 샘플링 비율 f는 $0 < f < 1$이다. 만일 f가 1이면 스킵로트 샘플링 검사는 일반적인 샘플링 검사가 된다. P_a를 고려하고 있는 단위 로트의 합격확률이라 하고, 로트의 부적합품률이 p일 때의 스킵로트 샘플링 검사계획인 SkSP-2에서 장기간에 걸쳐 합격하는 로트의 비율인 합격확률 $L(p)$는 다음과 같이 주어진다.

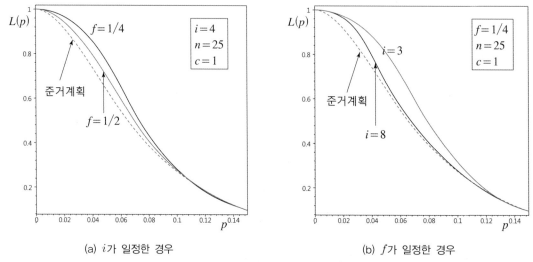

(a) i가 일정한 경우   (b) f가 일정한 경우

그림 11.20   여러 가지 경우에서의 스킵로트 샘플링 검사의 OC 곡선

$$L(p) = \frac{fP_a + (1-f)P_a^i}{f + (1-f)P_a^i} \qquad (11.21)$$

식 (11.21)에서 준거 샘플링 검사계획과 i가 규정될 때 $f_1 > f_2$이면 $L(f_1,\, i) \le L(f_2,\, i)$이며, 더욱이 주어진 f에서, $i < j$이면 $L(f,\, j) \le L(f,\, i)$가 성립한다. 스킵로트 샘플링 검사계획의 이런 성질은 $n = 25$, $c = 1$인 준거 샘플링 검사계획을 채택할 때 그림 11.20에 나타나 있다.

스킵로트 샘플링 검사계획에서 중요한 척도는 평균 샘플수(ASN)에 관한 것으로, 일반적으로 스킵로트 샘플링 검사계획은 ASN을 줄이고자 할 때 사용이 된다. 스킵로트 샘플링 검사계획의 ASN은 다음과 같이 표현된다.

$$ASN(SkSP) = ASN(R)F \qquad (11.22)$$

여기서, F는 제출된 로트에서 검사수행 비율이며, $ASN(R)$은 준거 샘플링 검사계획의 ASN이다.

F는 연속생산형 샘플링 검사에서와 유사하게 식 (11.21)을 식 (11.19)에 대입하면 다음과 같이 유도된다.

$$F = \frac{f}{(1-f)P_a^i + f} \qquad (11.23)$$

그리고, $0 < F < 1$이므로

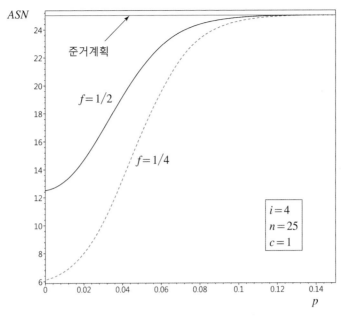

그림 11.21 여러 가지 경우에서의 스킵로트 샘플링 검사의 ASN 곡선

$$ASN(SkSP) < ASN(R) \tag{11.24}$$

이 성립한다. 따라서 스킵로트 샘플링 검사계획은 ASN을 줄이게 된다. 특히 $n = 25$, $c = 1$인 준거 일회 샘플링 검사계획을 채택할 때의 그림 11.21과 같이 검사에 들어오는 로트의 품질수준이 매우 높은 경우에는 줄어드는 ASN의 크기가 커진다.

따라서 스킵로트 샘플링 검사계획은 ASN을 줄일 수 있다는 면에서, 특히 검사에 들어오는 로트의 품질수준이 높을 때 유리하다. 그러나 이 검사방식을 채택할 때는 공급자의 품질수준이 이것을 적용할 만큼 충분히 높다는 이력을 가져야 한다. 따라서 공급자의 생산공정이 불규칙하고, 변동이 심할 때에는 이 방식을 사용하지 않아야 한다. 공급자의 생산공정이 통계적으로 안정상태에 있으며, 공정능력이 부적합 발생이 거의 없을 정도로 충분할 경우에 사용하면 좋다.

예제 11.17 $n = 25$, $c = 1$, $i = 4$, $f = 1/4$인 SkSP-2에서 $p = 0.02$일 때의 합격확률과 ASN을 구하라.

먼저 $P_a = 0.98^{25} + 25(0.02)(0.98^{24}) = 0.9114$이므로, 이를 식 (11.21)에 대입하면 다음과 같이 로트 합격확률은 0.9711이 된다.

$$L(p) = \frac{0.25(0.9114) + (1 - 0.25)0.9114^4}{0.25 + (1 - 0.25)0.9114^4} = 0.9711$$

그리고 식 (11.23)에서 $F = 0.25/[0.75(0.9115^4) + 0.25] = 0.3257$이 되므로 ASN은 식 (11.22)로부터 $25(0.3257) = 8.14$가 된다.

11.6절에서 소개된 조정형 샘플링 검사계획인 KS Q ISO 2859 시리즈에서 2859-3에는 스킵로트 샘플링 검사가 포함되어 있으므로 이 검사계획을 개략적으로 소개한다.

(1) 조정형 스킵로트 샘플링 검사(KS Q ISO 2859-3)의 개요

11.6절에서 소개된 KS Q ISO 2859 시리즈 중에서 스킵로트 샘플링 검사를 기반으로 한 조정형 샘플링 검사계획인 KS Q ISO 2859-3은 KS Q ISO 2859-1의 샘플링 검사 절차를 사용하여 로트별 검사를 하고 있는 동안 일정한 자격을 갖춘 경우에 제출된 로트 중에서 일부를 건너뛰는 샘플링 검사방식이다. 이 절차는 연속적 시리즈의 로트에 사용하는 것을 의도한 것이므로 고립 상태의 로트에 대해서는 사용해서는 안 된다.

이 표준규격에서 규정된 절차는 최종 아이템, 부품 및 원자재, 재공품 등에 적용이 된다. KS Q ISO 2859-1의 절차의 검사수준 I, II, III하에서 보통 검사 또는 수월한 검사 혹은 보통 검사와 수월한 검사의 조합인 경우에만 실시된다. 따라서 까다로운 검사를 받고 있는 중에는 스킵로트 샘플링 검사 절차를 사용할 수 없다.

이 표준규격에 사용되는 스킵로트 샘플링 검사의 검사빈도(f)는 1/2, 1/3, 1/4, 1/5이다. 검사빈도 $f = 1/j$, $j = 2, 3, 4, 5$는 제출된 연속하는 j로트 중에서 1개 로트를 검사하는 것을 의미한다. 따라서 제출된 1개의 로트에 대해서는 확률적으로 검사할지 혹은 스킵할지를 결정하여야 한다. 검사할 로트를 결정하는 데 주사위 혹은 난수를 사용할 수 있다.

(2) KS Q ISO 2859-3의 절차

스킵로트 샘플링 검사의 기본절차는 그림 11.22에 나타나 있다. 그림 상에는 세 가지의 기본 상태가 존재한다.

- 상태 1: 로트별 검사상태(자격인정 받는 기간)
- 상태 2: 스킵로트 검사상태(스킵로트 적격기간)
- 상태 3: 일시적으로 로트별 검사로 복귀한 스킵로트 중단상태

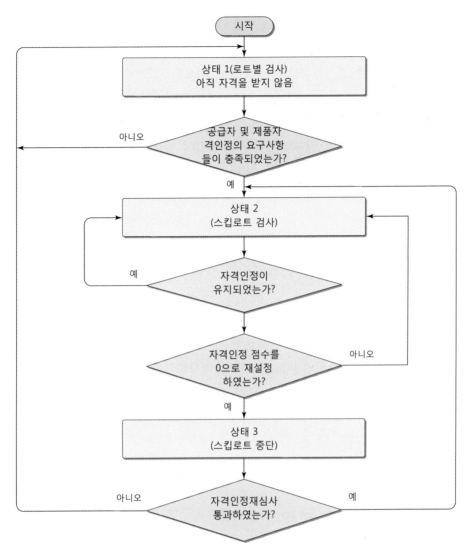

그림 11.22 스킵로트 샘플링 검사 기본절차

　제품에 대한 스킵로트 샘플링 검사 절차는 상태 1(자격인정 받는 기간)에서 시작하며, 여기서
는 로트별 검사가 적용된다. 공급자와 제품이 모두 자격인정을 받으면 이 절차는 상태 2(스킵로
트 적격기간)로 전환된다. 상태 2의 첫 단계는 최초검사빈도를 결정하는 것이다. 상태 2의 검사
빈도는 또 다른 빈도로 승급(낮은 빈도) 또는 강등(높은 빈도)될 수 있다. 상태 2에서 스킵로트
검사는 일시 중단될 수 있으며 그런 경우에는 상태 3으로 전환된다. 상태 3에서 제품은 덜 엄격
한 조건(연속 4로트 합격과 6개 로트 내에서 자격인정점수가 18 이상)하에서 자격 재심사를 받
을 수 있으며, 자격을 재취득하면 종전의 상태 2의 빈도보다 한 단계 낮은 등급으로 전환된다.

상태 2 또는 3에서 제품은 스킵로트 검사에 대한 자격을 상실할 수 있다. 이때는 상태 1로 다시 전환된다. 이런 경우에 스킵로트 검사로 되돌아가기 위해서는 자격인정 재심사를 받아야 한다.

그리고 최초 검사빈도를 결정할 때는 자격인정에 필요한 로트 수가 반영된다. 자격인정에는 최근 20개 이하의 로트에서 얻은 데이터를 사용해야 하며, 검사빈도는 다음과 같이 결정된다.

- 1/4(제출된 4로트 중 1로트 검사): 자격인정(50점)에 로트가 10개 내지 11개가 필요
- 1/3(제출된 3로트 중 1로트 검사): 자격인정(50점)에 로트가 12개 내지 14개가 필요
- 1/2(제출된 2로트 중 1로트 검사): 자격인정(50점)에 로트가 15개 내지 20개가 필요

KS Q ISO 2859-3에서 자격인정 점수 계산방법, 상태 전환, 빈도 등급 이동 등에 관한 자세한 내용은 이 책의 범위를 넘어가므로, 관심 있는 독자는 해당 표준규격을 참고하기 바란다(연습문제 11.17 참고).

한편 11.6절에서 살펴본 KS Q ISO 2859-1의 수월한 검사 대신 스킵로트 샘플링 검사를 채택할 수도 있다. 즉, 공급자와 구매자의 상호신뢰 관계, 고정비와 변동비의 관계(고정비가 큰 경우 스킵로트 절차가 유리), 합격판정개수(Ac가 0인 검사계획은 품질수준의 악화를 검출하는 민감도가 떨어지며, 우수한 품질수준에서도 로트별 검사로 돌아갈 가능성이 높으므로 되도록 사용하지 않는 것이 바람직함)를 고려하여 선택할 수 있다.

11.7.3 합격판정개수 0 샘플링 검사

최근 들어 합격판정개수 0(Accept-on-Zero: AOZ) 샘플링 검사가 널리 쓰이고 있다. 샘플에 부적합품이 없어야 로트가 합격되는 계획으로 조정형 계획에 비해 적은 수의 검사만으로도 비슷하거나 나은 소비자 보호를 할 수 있다. 이런 경제적인 장점 외에도 운영하기가 단순하다는 장점이 있다. 이러한 장점에 따라 무결점운동과 제조물 책임 예방에 많은 노력이 투입되는 산업현장에서 보급도가 늘어가는 추세이다. 합격판정개수 0 샘플링 검사는 수입검사나 공정 중의 검사, 출하검사 등 모든 경우에, 더불어 제품 종류에 관계없이 로트별 샘플링 검사가 활용되는 곳이면 적용이 가능하다.

AOZ 검사계획은 소비자 보호를 위해 부적합품이 포함된 로트를 불합격시킬 의도로 개발된 샘플링 검사방식으로, 생산자에게 고품질 수준의 제품을 생산하게 하는 압력으로 작용된다.

AOZ 검사계획은 제정 의도와는 달리 고객에 의한 법적 소송에 민감한 자동차 또는 제약업계 등에서 부적합품이 고객에게 인도되는 증거를 회피할 수 있기 때문에 법적 보호수단으로 인식

되어 널리 활용되고 있다. 하지만 AOZ 검사계획은 동일한 AQL 또는 LTPD 기준을 충족하는 $c > 0$(또는 조정형의 $Ac > 0$)인 검사계획보다 더 나은 소비자 보호를 제공하지 않는다. AOZ 검사계획에 대한 주된 비판은 부적합품 0인 샘플이 완벽한 로트를 의미한다는 오해를 불러일으킨다는 것이다.

AOZ 검사계획이 널리 쓰이지만 여러 가지 논란이 있다. 이 계획은 $c > 0$인 검사계획보다 작은 샘플크기를 요구하는 장점이 있지만 로트의 양부를 판정하는 판별력이 떨어지며, 이에 따라 생산자 위험이 증가한다. 즉, AOZ 검사계획은 OC곡선상에서 $p = 0$일 때 가파르게 떨어지는데 반해(p의 모든 범위에서 아래로 볼록한(convex) 곡선), $c > 0$인 검사계획은 해당 기준 부적합품률에서 가파르게 떨어진다.

최초로 1996년 미국방성에서 MIL-STD-1916을 AOZ 검사계획으로 제정하였으며, MIL-STD-1916과 이의 지침서인 MIL-HDBK-1916을 기반으로 비교적 중요하지 않은 일부를 변경한 KS Q ISO 28594(제품 합격 판정을 위하여 합격판정개수 0 샘플링 검사 시스템과 프로세스 관리를 결합한 절차)는 계수형, 계량형, 연속형에 대한 조정형 검사계획을 제공하나, 이 책의 범위를 벗어나므로 설명을 생략한다. 또한 KS Q ISO 28593은 신용도를 고려한 선별형 AOZ 검사계획을 제공하고 있는데, 간략하게 소개한다.

KS Q ISO 28593(계수형 합격판정 샘플링 절차-출검품질 통제를 위한 신용도 원리 기반 합격판정개수 0 샘플링검사 시스템)은 2006년 발행한 ISO 18414(2017년에 ISO 28593으로 표준번호가 변경됨)의 대응 한국산업표준이다. 이 표준의 검사계획은 AOZ 검사계획의 일종으로 2001년 Klaassen에 의해 보석업종에 적용하기 위해 제안되었다. 이 검사는 AOQL이 지정될 경우 로트의 크기에 따라 필요한 샘플크기를 결정하게끔 되어 있는 선별형 샘플링 검사에 속한다. 따라서 비파괴 검사인 경우에 적용되며 로트크기가 일정할 필요는 없다.

이 표준규격은 동일한 의도로 형성된 연속적인 로트에 적용되며, 가장 작은 크기의 샘플로써 소비자 혹은 시장에 인도된 장기 부적합품률을 초과하지 않도록 보증한다. 또한 로트 불합격과 이에 따른 신용도 하락이라는 경제적 및 심리적 압박을 통하여 공급자에게 부적합품이 없는 공정을 유지하도록 유도한다.

여기서 신용도라는 개념이 도입되어 로트가 연속해서 합격이 되면 신용도의 값이 계속 증가하고, 신용도의 값이 증가하면, 차후에 취해야 할 샘플크기는 감소하게끔 설계되어 있다.

이 검사방식은 특징을 다음과 같이 요약할 수 있다.

첫째, 먼저 AOQL을 정하며, 최초 신용도 K는 0으로 설정한다. 로트크기 N과 신용도 K가 주어지면 샘플크기는 식 (11.25)를 절상한 정수값으로 정한다.

$$n = \frac{N}{(K+N)AOQL+1} \tag{11.25}$$

식 (11.25)에 의해 샘플크기를 설정하여 선별형 검사를 적용하면 로트의 AOQ가 AOQL 이하임을 보일 수 있다(Baillie and Klaassen, 2006).

둘째, 크기 n의 샘플을 조사하여 부적합품의 수가 0이면 해당 로트를 합격시키고, 신용도 K를 N만큼 증가시킨다. 부적합품의 수가 1 이상이면 로트를 불합격시키는데, 로트에 대한 처리는 신용도의 값에 따라 달라진다. 신용도가 0이었으면, 로트를 전수검사하여 적합품만 받아들인다. 만약 신용도가 0이 아니었으면, 공급자와 소비자의 동의에 의해 로트를 전수검사할 것인지, 폐기할 것인지, 또는 공급자에게 반환할 것인지를 결정한다. 로트가 불합격이 되면, 신용도는 0으로 재설정된다.

셋째, 소관 권한자의 판단에 따라 사용할 수 있는 신용도에 상한(K_{max})을 부여할 수 있다. 이는 우수한 품질의 로트가 지속될 경우, 즉 연속으로 합격이 되어 신용도의 값이 매우 커질 경우 샘플크기 n이 상당히 작아지는 문제가 발생할 수 있다. 이럴 경우에 샘플크기 n에 대해 식 (11.25) 대신에 다음 식이 사용된다.

$$n = \frac{N}{[\min(K,\,K_{max})+N]AOQL+1}$$

넷째, 품질이 지속적으로 나쁠 경우는 신용도 0에서 불합격되어 전수검사가 적용된다. 따라서 AOQL을 검사중지가 없어도 보증할 수 있으므로 다른 표준규격과 달리 검사중지 요건을 부여하거나 요구하지 않는다.

예제 11.18 로트크기가 250으로 일정하며 AOQL이 1%이다. 두 번째 로트까지 합격되고 세 번째 로트에서 불합격되었다면 각 로트에 대한 샘플크기는 얼마였는가?

첫 번째 샘플크기는 $250/[(0+250)0.01+1]=71.42$로 72개가 되며, 신용도는 250으로 증가된다. 두 번째 샘플크기는 $250/[(250+250)0.01+1]=41.67$로 42개가 되며, 신용도는 500으로 증가된다. 세 번째 샘플크기는 $250/[(500+250)0.01+1]=29.41$로 30개가 되지만, 신용노는 0으로 재설정된다. 이때 직전 신용도가 0이 아니므로 공급자와 소비자의 동의에 의해 로트를 전수검사, 폐기, 또는 공급자에게 반환할 것인지를 결정할 수 있다.

11.8 | 샘플링 검사에서 평균출검품질한계의 도출

앞 절에서 다룬 선별형과 연속생산형 샘플링 검사계획을 설계 또는 평가하는 데 샘플링 검사 후의 품질수준인 평균출검품질(Average Outgoing Quality: AOQ)이 널리 쓰인다. AOQ는 공정 부적합품률이 p_0인 공정에 샘플링 검사를 적용할 때 장기적으로 얻어진 로트들의 부적합품률의 평균값으로 이들의 최댓값을 평균출검품질한계(Average Outgoing Quality Limit: AOQL)라 부른다. 이 절에서는 선별형과 연속형에서 AOQL의 도출과정을 살펴본다.

11.8.1 선별형 샘플링 검사

11.5.3소절에서 다룬 Dodge and Romig(1959)은 두 종의 선별형 샘플링 검사 계획, 즉 LTPD 보증 방식과 AOQL을 보증하는 방식을 설계하였는데, 이 중에서 고립된 로트보다는 장기적 관점에서 적용할 수 있는 후자가 이 소절의 대상이 된다.

로트크기 N, 샘플크기 n, 공정 부적합률 p, 합격판정개수가 c인 선별형 검사계획에서 로트가 합격할 확률이 P_a라면 검사 후의 평균출검품질은 부적합된 단위를 적합품(양호품)으로 대체할 경우에 다음과 같이 된다(Schilling and Neubauer, 2017).

$$AOQ = \frac{p(N-\bar{I}(p))}{N} = \frac{p(N-n)}{N}G(m,\ c) = m\left(\frac{1}{n}-\frac{1}{N}\right)G(m,\ c) \tag{11.26}$$

여기서, $\bar{I}(p) = n+(N-n)(1-P_a)$

$$P_a = G(m,\ c) = \sum_{x=0}^{c} g(m,\ x), g(m,\ x) = \frac{e^{-m}m^x}{x!}, m=np$$

식 (11.26)에서 $\bar{I}(p)$는 평균 검사개수이고, P_a는 합격확률(OC 곡선)로 이항분포(Type B)에서 포아송 분포로 근사한 결과이다.

식 (11.26)을 p에 대해 미분하여 $\frac{dG(m,c)}{dp}=-g(m,\ c)$인 점을 이용하면 다음의 방정식을 만족하는 p_M에서 AOQ가 최대가 된다.

$$G(m_M,\ c) = m_M g(m_M,\ c) \tag{11.27}$$

$$(단,\ m_M = np_M)$$

$y = m_M G(m_M, c) = m_M^2 g(m_M, c) = \dfrac{e_M^{-m} m_M^{c+2}}{c!}$ 로 정의하여 식 (11.26)에 대입하면 $AOQL$
은 다음과 같이 구해진다.

$$AOQL = y\left(\frac{1}{n} - \frac{1}{N}\right) \tag{11.28}$$

식 (11.28)로부터 n은 다음 관계로부터 정해진다.

$$n = \frac{yN}{N \cdot AOQL + y} \tag{11.29}$$

예제 11.19 예제 11.10에서 $N = 3,000$, 공정평균 부적합품률이 1%이고, AOQL이 3%
일 때 구한 선별 검사계획은 표 11.10으로부터 $n = 45$, $c = 2$가 된다. 이 경우에 AOQ가
최대가 되는 공정 부적합품률 p_M을 구하라.

식 (11.28)(또는 식 (11.29))에서 y를 구하면 1.37056이 되므로, 다음 관계로부터 p_M이
0.05043으로 구해진다.

$$1.37056 = \frac{e^{-m_M} m_M^4}{2} \;\Rightarrow\; e^{-45 p_M} (45 p_M)^4 = 2.74112$$

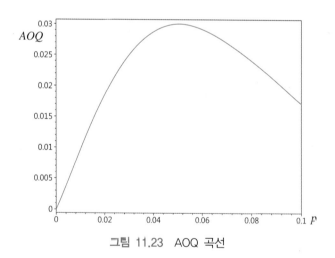

그림 11.23 AOQ 곡선

이 선별형 검사계획의 AOQ에 관한 식 (11.26)을 p에 관해 도시한 결과를 그림 11.23을 보
면 p가 0.05043에서 최대가 됨을 확인할 수 있다.

11.8.2 연속생산형 샘플링 검사

11.7.1소절의 Dodge(1943)의 CSP-1을 고려하자. 이 검사계획은 전수검사로부터 시작하여 연속하여 i개의 적합품이 나오면 f의 비율로 검사가 이루어지는 일부검사 상태로 전환이 된다. 만일 연속하여 i개의 적합품이 나오기 전에 부적합품이 출현하면 이때부터 다시 i개의 연속 적합품이 나올 때까지 전수검사상태에 있게 되며, 일부 검사상태에서 샘플링된 시료가 부적합품이면 전수검사 상태로 돌아가게 된다(CSP-1의 자세한 절차는 그림 11.17 참고).

부적합품을 적합품으로 대체할 경우에 i와 f로 나타낼 수 있는 CSP-1하의 AOQ는 공정 부적합품률이 p일 때 일부검사하에서만 부적합품이 포함되므로 식 (11.20)에서 $q = 1 - p$로 두면 다음과 같이 주어진다.

$$AOQ = p(1 - AFI) = p\left(\frac{(1-f)(1-p)^i}{f + (1-f)(1-p)^i}\right) = p\left(1 - \frac{f}{f + (1-f)(1-p)^i}\right) \tag{11.30}$$

식 (11.30)을 p에 대해 미분하면

$$\frac{dAOQ}{dp} = \frac{f(1-f)(1-p)^i + (1-f)^2(1-p)^{2i} - ipf(1-f)(1-p)^{i-1}}{[f + (1-f)(1-p)^i]^2}$$

가 되므로, AOQ를 최대화하는 p_M은 다음 조건을 만족한다.

$$(1 - p_M)^i = \frac{f(i+1)p_M - 1}{(1-f)(1-p_M)} \tag{11.31}$$

식 (11.31)을 식 (11.30)에 대입하면 AOQL은

$$AOQL = \frac{(i+1)p_M - 1}{i} \tag{11.32}$$

이 되므로, p_M은 $AOQL$과 다음과 같은 관계가 성립한다.

$$p_M = \frac{1 + i \cdot AOQL}{i+1} \tag{11.33}$$

예제 11.20 예제 11.16에서 AOQL이 0.53%일 때, f가 0.1이 되는 CSP-1의 i는 207이되었다. AOQL이 되는 공정 부적합품률을 구하라.

식 (11.33)에 대입하면

$$p_M = \frac{1 + 207 \cdot 0.0053}{208} = 1.008\%$$

가 되며, 그림 11.24로부터 AOQL이 0.53%임을 확인할 수 있다.

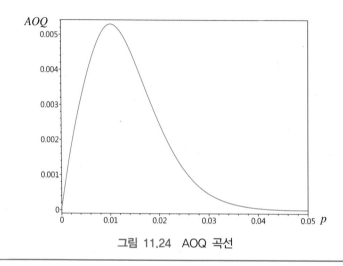

그림 11.24　AOQ 곡선

11.1 크기가 3,000개인 로트에 대해서 개당 검사비는 100원이고, 무검사로 인하여 부적합품이 소비자에게 전달되어 손실은 개당 5,000원이다. 이때 임계 부적합품률(p_b)은 얼마이며, 로트의 부적합품률을 2%라고 할 때는 전수검사와 무검사 중 어느 검사가 유리한가?

11.2 로트크기가 2,000개인 로트에서 50개의 샘플을 추출하여 부적합품수가 1개 이하이면 로트를 합격시킨다고 한다. 로트 부적합품률은 0.5%라고 가정할 때 로트가 합격될 확률을 초기하분포, 이항분포, 포아송 분포를 이용하여 각각 구하라.

11.3 일회 샘플링 검사에서 N, n, c의 변화에 대해서 검사특성곡선(OC곡선)의 변화를 설명하라.

11.4 계수 규준형 일회 샘플링 검사에서 $p_0 = 1\%$, $p_1 = 3\%$일 때 노모그램(그림 11.9)과 해석적 방법에 의해 검사계획을 도출하고, KS Q 0001에서 구한 계획과 두 위험 측면에서 비교하라. 여기서 생산자와 소비자 위험은 각각 5%, 10%이다.

11.5 $n_1 = 30$, $n_2 = 40$, $c_1 = 1$, $c_2 = 3$인 이회 샘플링 검사에서 $p = 0.05(5\%)$일 때의 ASN을 구하라.

11.6 $n_1 = 50$, $n_2 = 50$, $c_1 = 0$, $c_2 = 3$인 이회 샘플링 검사에서 $p = 0.01(1\%)$에서의 $L(p)$와 ASN을 구하라.

11.7 PRQ$= 0.0025 = 0.25\%$, $\alpha = 0.05 = 5\%$, CRQ$= 0.04 = 4\%$, $\beta = 0.10 = 10\%$, $c_1 = 0$, $c_2 = 1$인 계수 규준형 이회 샘플링검사 방식을 KS Q ISO 28592에 의하여 설계하고자 한다. 단, 검사항목이 부적합품인 경우이다.

   (1) 1차 및 2차 샘플크기 (n, m)을 구하라.

   (2) 부적합품률이 PRQ일 때 로트의 합격확률 $L(p)$를 구하고, 이로부터 실제 생산자위험을 구하라.

   (3) 부적합품률이 PRQ일 때 단축되지 않은 검사(완전검사)에서의 평균샘플크기 ASN을 구하라.

11.8 PRQ$= 0.005 = 0.5\%$, $\alpha = 0.05 = 5\%$, CRQ$= 0.08 = 8\%$, $\beta = 0.10 = 10\%$, $c_1 = 0$, $c_2 = 1$인 계수 규준형 이회 샘플링검사 방식을 KS Q ISO 28592에 의하여 설계하고자 한다. 단, 검사항목이 부적합(결점)인 경우이다.

   (1) 1차 및 2차 샘플크기 (n, m)을 구하라.

   (2) 평균 아이템당 부적합수가 CRQ일 때 실제 소비자위험을 구하라.

   (3) 평균 아이템당 부적합수가 CRQ일 때 단축되지 않은 검사(완전검사)에서의 평균샘플크기

ASN을 구하라.

11.9 $p_0 = 0.03$, $p_1 = 0.07$, $\alpha = 0.05$, $\beta = 0.10$인 계수 규준형 축차 샘플링 검사계획을 구하라.

11.10 $N = 300$, $n = 28$, $c = 1$인 계수 선별형 샘플링 검사에서 발견되는 부적합품은 모두 적합품으로 교체한다고 할 때 공정 부적합품률 $p = 0.02$에서 AOQ와 ATI를 구하라.

11.11 $N = 500$, $n = 80$, $c = 1$인 계수 선별형 샘플링 검사방식에서 $p = 0.01$이라면 AOQ와 ATI는 얼마가 되는가? 단, 검사에서 발견되는 부적합품은 제거한다.

11.12 로트크기가 5,000이고, 공정평균 부적합품률이 1%이고 AOQL이 3%일 때 계수 선별형 샘플링 검사계획을 구하라. 또한 로트크기가 5,000이고, 공정평균 부적합품률이 0.25%이고 LTPD가 1%일 때 계수 선별형 샘플링 검사계획을 구하라.

11.13 KS Q ISO 2859-1에서 $N = 2,000$, 검사수준 II, $AQL = 1\%$일 때 해당되는 일회 샘플링 검사방식을 구하라.

11.14 연속 생산형 샘플링 검사(CSP-1)에서 $i = 100$, $f = 0.2$, $p = 0.01$일 때 u, v, AFI는 얼마인가?

11.15 $i = 264$, $f = 1/12$인 CSP-1에서 $p = 0.01$일 때의 합격확률과 AOQ를 구하라.

11.16 $n = 20$, $c = 1$, $i = 4$, $f = 1/4$인 SkSP-2에서 $p = 0.03$일 때의 합격확률과 ASN을 구하라.

11.17 KS Q ISO 2859-3를 참고하여 이 표준규격의 자격인정 점수 계산방법을 약술하라.

11.18 로트크기가 300으로 일정하며, AOQL이 0.05%이다. KS Q ISO 28593을 적용하여 세 번째 로트까지 합격하고 네 번째 로트에서 불합격되었다면 각 로트에 대한 샘플크기는 얼마인가?

11.19 어떤 부품의 수입검사를 위하여 KS Q ISO 2859-1 계수 조정형 샘플링 검사를 사용하기로 하였다. AQL은 1.5%, 검사수준은 II, 검사 엄격도는 보통 검사로 시작한다. 일련의 로트가 제출되어 샘플에서 부적합품이 다음과 같이 발견되었다(이승훈, 2015). 빈칸을 채우고 로트의 합격·불합격 판정과 검사 엄격도를 결정하라.

로트 번호	로트 크기	샘플 문자	샘플 크기	Ac	부적합 품수 d	합부 판정	한 단계 더 엄격한 AQL에서의 Ac	한 단계 더 엄격한 AQL에서의 합부 판정	전환 점수	엄격도 (검사 후)
1	3,000				4					
2	3,000				3					
3	3,000				6					
4	3,000				7					
5	3,000				3					
6	3,000				2					
7	3,000				3					
8	3,000				3					
9	3,000				3					
10	3,000				3					
11	3,000				4					
12	3,000				3					
13	3,000				3					
14	3,000				2					
15	3,000				3					
16	3,000				3					
17	3,000				3					
18	3,000				2					
19	3,000				3					
20	3,000				3					
21	3,000				2					
22	3,000				3					
23	3,000				4					
24	3,000				4					
25	3,000				3					

11.20 새로운 거래처로부터 로트크기 1,000개의 로트를 고립로트로 납품을 받았다. 공급자와 합의하여 한계품질을 부적합품률 6%로 정했을 때 KS Q ISO 2859-2에 의한 검사계획을 구하라. 그리고 이 검사계획하에서 실제 소비자 위험은 얼마가 되는지 초기하분포를 이용하여 구하라. 단, 한계품질은 표준수의 한계품질값을 사용한다.

11.21* 연속형 샘플링 검사에서 식 (11.17)을 유도하라.

11.22* 스킵로트 샘플링 검사에서 식 (11.23)이 됨을 보여라.

11.23* 부적합품을 적합품으로 대체하지 않고 제거할 경우에 공정 부적합품률이 p일 때 i와 f로 나타낼 수 있는 CSP-1하의 AOQ를 구하라. 이로부터 AOQL과 이때의 공정 부적합률 p_M과의 관계를 구하라.

계수형 샘플링 검사의 이론적 배경은 Hald(1981)에, 규준형, 선별형, 조정형 등에 관한 전반적이고 자세한 계수형 검사계획은 Schilling and Neubauer(2017)에 잘 정리되어 있다. 그리고 연속생산형, 스킵로트 샘플링 검사는 각각 Dodge(1943)와 Dodge(1956)를, 최근 들어 관심이 증대되고 있는 합격판정개수 0(이하 AOZ) 조정형 샘플링 검사계획에 관해서는 MIL-STDD-1916을, 특히 선별형 AOZ 검사에 관해서는 Baillie and Klaassen(2006)의 일독을 권한다. 또한 계수형 샘플링 검사의 발전과정에 관심이 있는 독자는 Dodge(1969a, 1969b, 1969c, 1970)가, 계수형 국제표준에 관해서는 Neubauer and Luko(2013)가 도움이 될 것이다.

1. 배도선, 류문찬, 권영일, 윤원영, 김상부, 홍성훈, 최인수(1998), 최신 통계적 품질관리, 영지문화사.

2. 이승훈(2015), Minitab 품질관리, 이레테크.

3. KS Q 0001: 2013 계수 및 계량 규준형 1회 샘플링 검사.

4. KS Q ISO 2859-1: 1999 계수형 샘플링검사 절차-제1부: 로트별 합격품질한계(AQL) 지표형 샘플링검사 방식.

5. KS Q ISO 2859-2: 2020 계수형 샘플링검사 절차-제2부: 고립 로트 한계 품질(LQ) 지표형 샘플링검사 방식.

6. KS Q ISO 2859-3: 2005 계수형 샘플링검사 절차-제3부: 스킵로트 샘플링검사 절차.

7. KS Q ISO 2859-4: 2020 계수형 샘플링검사 절차-제4부: 선언 품질 수준의 평가 절차.

8. KS Q ISO 2859-5: 2005 계수형 샘플링검사 절차-제5부: 로트별 합격품질한계(AQL) 지표형 축차 샘플링 검사방식의 시스템.

9. KS Q ISO 28590: 2017 계수형 샘플링검사 절차-계수형 샘플링검사용 KS Q ISO 2859 시리즈 표준의 개요.

10. KS Q ISO 28591: 2017 계수형 축차 샘플링검사 방식.

11. KS Q ISO 28592: 2017 생산자위험품질(PRQ) 및소비자위험품질(CRQ) 지표형 최소 샘플크기 계수형 2회 샘플링검사 방식.

12. KS Q ISO 28593: 2017 계수형 힙격판징 샘플링검사 질자-줄김품질 통세를 위한 신용노 원리 기반 합격판정개수 0 샘플링검사 시스템.

13. KS Q ISO 28594: 2017 제품 합격판정을 위하여 합격판정개수 0 샘플링검사 시스템과 프로세

스관리를 결합한 절차.

14. Baillie, D. H. and Klaassen, C. A. J.(2006), "Credit to and in Acceptance Sampling," Statistica Neerlandica, 60, 283-291.

15. Dodge, H. F.(1943), "A Sampling Plan for Continuous Production," Annals of Mathematical Statistics, 14, 264-279.

16. Dodge, H. F.(1956), "Skip-Lot Sampling Plan," Industrial Quality Control, 11(5), 3-5.

17. Dodge, H. F.(1969a), "Notes on the Evolution of Acceptance Sampling, Part 1," Journal of Quality Technology, 1, 77-88.

18. Dodge, H. F.(1969b), "Notes on the Evolution of Acceptance Sampling, Part 2," Journal of Quality Technology, 1, 155-162.

19. Dodge, H. F.(1969c), "Notes on the Evolution of Acceptance Sampling, Part 3," Journal of Quality Technology, 1, 225-232.

20. Dodge, H. F.(1970), "Notes on the Evolution of Acceptance Sampling, Part 4," Journal of Quality Technology, 2, 1-8.

21. Dodge, H. F. and Romig, H. G.(1959), Sampling Inspection Tables, Single and Double Sampling, 2nd ed., Wiley.

22. Dodge, H. F. and Torrey, M. N.(1951), "Additional Continuous Sampling Inspection Plans," Industrial Quality Control, 7(1), 5-9.

23. Duncan, A. J.(1986), Quality Control and Industrial Statistics, 5th ed., Irwin.

24. Hald, A.(1981), Statistical Theory of Sampling Inspection by Attributes, Academic Press.

25. Klaassen, C. A. J.(2001), "Credit in Acceptance Sampling on Attributes," Technometrics, 43, 212-222.

26. Luca, S., Vandercappellen, J. and Claes, J.(2020), "A Web-Based Tool to Design and Analyze Single- and Double-Stage Acceptance Sampling Plans," Quality Engineering, 32, 58-74.

27. Neubauer, D. V. and Luko, S.(2013), "Comparing Acceptance Sampling Standards, Part 1," Quality Engineering, 25, 73-77.

28. Montgomery, D. C.(2012), Statistical Quality Control, 7th ed., Wiley.

29. Schilling, E. G. and Neubauer, D. V.(2017), Acceptance Sampling in Quality Control, 3rd ed., CRC Press.

30. United States Department of Defense(1963), Sampling Procedures and Tables for Inspection by Attributes, MIL STD 105D, U.S. Government Printing Office.

31. United Department of Defense(1989), Sampling Procedures and Tables for Inspection by Attributes, MIL STD 105E, U.S. Government Printing Office.

32. United States Department of Defense(1996), Department of Defense Test Method Standard: DOD Preferred Methods for Acceptance of Product, MIL-STD-1916, U.S. Government Printing Office.

33. United States Department of Defense(1999), Department of Defense Handbook: Companion Document in MIL-STD-1916, MIL-HDBK-1916 U.S. Government Printing Office.

계량형 샘플링 검사

달걀
샘플링 검사

Haugh unit은 달걀 흰자(알부민)의 높이를 기준으로 한 달걀 단백질 품질의 평가 척도이다. Haugh unit은 1937년 Raymond Haugh에 의해 처음 제안되었으며 달걀 품질을 평가하는 중요한 산업 측정 방법이다. 달걀의 무게를 측정한 다음 평평한 표면 위에 달걀을 깨뜨리고, 마이크로미터를 사용하여 노른자 바로 옆의 달걀 흰자의 높이를 측정한다.

그림 12.A Haugh unit 검사기[●]

달걀 무게와 달걀흰자 높이에 따라 Haugh unit(HU) 값은 다음 식에 의하여 계산된다.

$$HU = 100 \log \left(h - 1.7 w^{0.37} + 7.6 \right)$$

여기서 h : 측정된 달걀흰자의 높이(단위: mm)

w : 측정된 달걀의 무게(단위: g)

신선하고 품질이 좋은 달걀일수록 흰자가 더 두껍기 때문에 HU 숫자가 높을수록 달걀의 품질이 좋은 것을 의미하며, 구체적 등급 판정값은 다음과 같다.[●●]

AA 등급: $HU \geq 72$

A 등급: $60 \leq HU \leq 71$

B 등급: $31 \leq HU \leq 59$

C 등급: $HU \leq 30$

달걀 가공을 전문으로 하는 한 식품 회사는 매일 달걀을 여러 번 배송받는다. 배송 빈도는 하루 4회이며 각 로트는 32만 4,000개의 달걀로 구성된다. 이 식품 회사는 신선하고 품질이 좋은 달걀을 납품받기 위하여 Haugh unit(HU) 값을 이용하여 품질 판정을 하기로 하였다. 달걀을 배송받는 식품 회사와 달걀 공급업체는 서로 합의하에 A 등급의 품질판정값을 참고하여 Haugh unit(HU)의 규격 하한(L) 값을 65로 정하였다. 달걀의 품질 특성치가 Haugh unit(HU)이므로 계량형 샘플링검사 방식을 적용하기로 하고, 다수의 로트가 연속적으로 제출되므로 조정형 샘플링검사 방식을 적용하기로 하였다. 그리고 합격품질수준(AQL)을 0.04%로 하기로 하였다. 계량 조정형 샘플링검사 방식인 ISO 3951에 의하여 1회 샘플링검사 방식을 설계하고자 한다. 표준편차 σ는 알려져 있지 않다고 가정하며, 검사수준은 일반검사수준 II, 엄격도는 보통검사를 적용하면 ISO 3951-1의 표에 의하여 샘플문자는 P이며, 샘플크기 $n = 96$, 합격판정계수 $k = 3.036$를 얻는다. 따라서 32만 4,000개 달걀의 로트로부터 $n = 96$의 샘플을 추출하여 Haugh unit(HU) 값을 측정한 후에 HU의 평균값 $\overline{x}$와 표준편차 S를 구하고, 품질통계량 $Q_L = (\overline{x} - L)/S$를 계산하여 $Q_L \geq 3.036$이면 로트를 합격으로 판정한다.•••

자료: • www.technox.co.kr

•• e.wikipedia.org/wiki/Haugh_unit

••• Luca et al., 2020.

이 장은 합격판정 샘플링 검사에서 특성치가 계량형인 계량형 샘플링 검사 절차를 다룬다. 먼저 12.1절에서는 계량형 샘플링검사의 장단점 등 개요를 소개한다. 12.2절에서는 평균치 보증방식, 부적합품률 보증방식 등 계량 규준형 1회 샘플링 검사의 설계 이론을 다루며, 계량 규준형 샘플링 검사에 관한 KS 표준인 KS Q 0001의 절차를 살펴본다. 12.3절에서는 계량형 축차 샘플링 검사의 이론적 배경과 계량형 축차 샘플링 검사에 관한 KS 표준인 KS Q ISO 39511의 절차를 살펴본다. 12.4절에서는 계량 조정형 샘플링 검사에 관한 KS 표준인 KS Q ISO 3951-1,2의 절차를 살펴본다.

이 장의
요약

12.1 | 계량형 샘플링 검사 개요

계량형 데이터란 길이, 무게, 강도, 부피 등 자료가 연속적인 값으로 얻어지는 데이터를 가리킨다. 일반적으로 계량형 데이터는 계수형 데이터에 비해 데이터를 얻는 데 드는 노력이 많이 소요되는 반면에 데이터에 담겨진 정보의 양은 많으므로, 품질개선 방향 설정에 유리하다. 따라서 계량형 샘플링 검사는 계수형에 비해 적은 양의 샘플로도 주어진 생산자 위험과 소비자 위험을 만족시킬 수 있다.

그러나 필요한 샘플 수가 적다고 하여 계량형 샘플링 검사가 항상 좋은 것은 아니다. 예를 들어, 같은 소비자 위험과 생산자 위험을 보증하는 데 계수형과 계량형 샘플링 검사에서 필요한 샘플수가 각각 100개와 50개라 하자. 단순히 경제적인 면만을 살펴볼 때 계수형 자료를 얻는 데 드는 비용이 계량형 자료를 얻는데 비해 절반 이하라면, 계수형 샘플링 검사를 사용하는 것이 보다 유리할 것이다.

계량형 샘플링 검사는 몇 가지 단점이 있다. 첫째, 품질 특성치의 분포가 알려져야 한다는 점이다. 대부분의 경우 품질특성치의 분포는 정규분포를 가정하고 있는데, 만일 품질특성치의 분포가 정규분포로부터 벗어나게 되면 이를 기초로 만들어진 샘플링 검사는 주어진 소비자 위험과 생산자 위험을 만족하지 못하게 된다. 두 번째로 품질특성치가 여러 개 있는 경우에 계량형에서는 개별 품질특성치에 대해 샘플링 검사를 적용하여야 한다. 반면, 계수형에서는 단지 모든 품질특성치의 요건을 충족하는 적합품(양품)과 그렇지 않은 부적합품(불량품)의 한 가지 기준으로 구분하면 된다. 마지막으로 계량형에서는 자주 발생하지는 않지만 실제로 샘플 중에 부적합품이 한 개도 존재하지 않는데도 불합격 판정을 받는 경우가 있다.

이 장에서는 계량 규준형 일회 샘플링 검사, 계량 규준형 축차 샘플링 검사, 계량 조정형 샘플링 검사 표준규격인 KS Q ISO 3951에 대해 살펴본다.

12.2 | 계량 규준형 샘플링 검사

이 절에서는 특성치의 분포가 정규분포를 따른다고 가정하여 계량 규준형 일회 샘플링 검사의 설계방법과 검사방식, KS Q 0001에 대해 살펴본다.

규준형 샘플링 검사에는 평균치를 보증하는 경우와 부적합품률을 보증하는 두 가지 검사방식이 있다. 또한 표준편차가 알려진 경우와 표준편차가 알려지지 않은 경우로 구분할 수 있다. 평균치를 보증하는 검사방식에서 표준편차가 알려질 경우는 12.2.1소절에서, 부적합품률을 보증하는 검사방식에서 표준편차가 알려진 경우와 그렇지 않은 경우는 각각 12.2.2소절에서 다룬다. 이론적 전개과정의 난도가 비교적 높아서 이 책에서 다루지 않는, 평균치를 보증하는 검사방식에서 표준편차가 알려지지 않은 경우는 Mitra(2016)를 참고하기 바란다.

12.2.1 평균치 보증방식

(1) 특성치가 클수록 좋은 경우(망대특성)

품질특성치 X가 평균이 μ이고 분산이 σ^2인 정규분포를 따른다고 가정하며, 분산인 σ^2은 알고 있다고 가정한다. 실제로 σ^2이 정확히 알려진 경우는 많지 않으나 장기간에 걸쳐 분산에 대한 정보가 얻어진 경우에는 근사적으로 알고 있다고 가정할 수 있다. 여기서는 품질특성치가 크면 클수록 좋은 경우로 μ_0를 바람직스럽다고 여기는 로트의 특성치 평균의 하한값으로, $\mu_1 \, (< \mu_0)$을 바람직스럽지 못하다고 생각되는 로트의 특성치 평균 상한값이라고 하자.

생산자 위험 α는 평균이 μ_0인 로트가 불합격되는 확률이고, 소비자 위험 β는 평균이 μ_1인 로트가 합격이 될 확률이다. 그리고, 로트의 판정은 n개의 표본을 뽑아서 표본평균의 값이 합격판정치인 $\overline{X}_L$보다 크면 로트를 합격시키고, 작으면 로트를 불합격시킨다. 즉,

$$\overline{X} \geq \overline{X}_L \implies 로트 \ 합격$$

$$\overline{X} < \overline{X}_L \implies 로트 \ 불합격$$

으로 판정한다.

생산자 위험과 μ_0의 관계에 의하면 그림 12.1로부터

$$\alpha = \Pr(\overline{X} < \overline{X}_L | \, \mu = \mu_0)$$

$$= \Pr\left(\frac{\overline{X} - \mu_0}{\sigma / \sqrt{n}} < \frac{\overline{X}_L - \mu_0}{\sigma / \sqrt{n}} \middle| \, \mu = \mu_0 \right)$$

$$= \Pr\left(Z < \frac{\overline{X}_L - \mu_0}{\sigma / \sqrt{n}} \right)$$

이 얻어지므로 다음 관계가 성립한다.

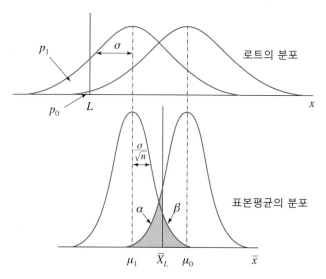

그림 12.1 망대특성일 때 로트의 분포와 표본평균의 분포

$$\frac{\overline{X}_L - \mu_0}{\sigma / \sqrt{n}} = - z_\alpha \tag{12.1}$$

또, 소비자 위험과 μ_1의 관계에 의하면,

$$\beta = \Pr(\overline{X} > \overline{X}_L | \mu = \mu_1)$$

$$= \Pr\left(\frac{\overline{X} - \mu_1}{\sigma / \sqrt{n}} > \frac{\overline{X}_L - \mu_1}{\sigma / \sqrt{n}} \middle| \mu = \mu_1\right)$$

$$= \Pr\left(Z > \frac{\overline{X}_L - \mu_1}{\sigma / \sqrt{n}}\right)$$

가 되므로 다음이 성립한다.

$$\frac{\overline{X}_L - \mu_1}{\sigma / \sqrt{n}} = z_\beta \tag{12.2}$$

식 (12.1)과 식 (12.2)를 연립하여 풀면,

$$n = \left(\frac{z_\alpha + z_\beta}{\mu_0 - \mu_1}\right)^2 \sigma^2 \tag{12.3}$$

$$\overline{X}_L = \frac{\mu_0 z_\beta + \mu_1 z_\alpha}{z_\alpha + z_\beta} \tag{12.4}$$

이 얻어진다. 즉, 평균치 보증방식은 7장의 합격판정관리도와 유사한 방식으로 설계된다.

(2) 특성치가 작을수록 좋은 경우(망소특성)

특성치가 낮을수록 좋은 경우는 특성치가 높을수록 좋은 경우의 반대가 된다. μ_0를 바람직스럽다고 생각되는 로트의 특성치 평균의 상한값으로, μ_1을 바람직스럽지 못하다고 생각되는 로트의 특성치 평균의 하한값으로 정의한다($\mu_0 < \mu_1$).

로트의 판정은 n개의 표본을 뽑아서 표본평균의 합격판정치인 $\overline{X}_U$보다 작으면 로트를 합격시키고, 크면 로트를 불합격시킨다. 즉,

$$\overline{X} \le \overline{X}_U \Rightarrow \text{로트 합격}$$

$$\overline{X} > \overline{X}_U \Rightarrow \text{로트 불합격}$$

으로 판정한다. (1)과 마찬가지로 생산자 위험과 μ_0의 관계에 의하면 그림 12.2에서

$$\alpha = \Pr(\overline{X} > \overline{X}_U | \mu = \mu_0)$$

$$= \Pr\left(Z > \frac{\overline{X}_U - \mu_0}{\sigma / \sqrt{n}}\right)$$

가 되므로 다음이 성립한다.

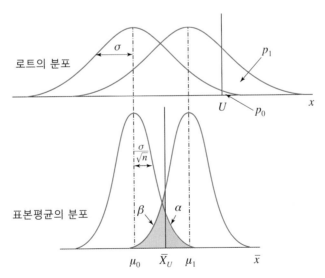

그림 12.2 망소특성일 때 로트의 분포와 표본평균의 분포

$$\frac{\overline{X}_u - \mu_0}{\sigma / \sqrt{n}} = z_\alpha \tag{12.5}$$

또한 소비자 위험과 μ_1의 관계에 의해

$$\beta = \Pr(\overline{X} < \overline{X}_U | \mu = \mu_1)$$

$$= \Pr\left(Z < \frac{\overline{X}_U - \mu_1}{\sigma / \sqrt{n}}\right)$$

가 되므로, 다음이 성립한다.

$$\frac{\overline{X}_U - \mu_1}{\sigma / \sqrt{n}} = -z_\beta \tag{12.6}$$

따라서 식 (12.5)와 식 (12.6)을 연립하여 풀면,

$$n = \left(\frac{z_\alpha + z_\beta}{\mu_0 - \mu_1}\right)^2 \sigma^2 \tag{12.7}$$

$$\overline{X}_U = \frac{\mu_0 z_\beta + \mu_1 z_\alpha}{z_\alpha + z_\beta} \tag{12.8}$$

이 얻어진다.

식 (12.3), (12.4)와 식 (12.7), (12.8)을 보면 두 경우 모두 샘플크기와 합격판정치의 값이 같음을 알 수 있다.

예제 12.1 $\sigma = 5\text{g}$인 경우 $\mu_0 = 130\text{g}$, $\mu_1 = 140\text{g}$, $\alpha = 0.05$, $\beta = 0.1$일 때 평균치를 보증하는 계량형 샘플링 검사방식을 구하라.

망소특성이므로 식 (12.7)과 식 (12.8)로부터 $n = \left(\frac{1.645 + 1.282}{140 - 130}\right)^2 5^2 = 2.142$,

$$\overline{X}_U = \frac{130 \cdot 1.282 + 140 \cdot 1.645}{1.645 + 1.282} = 135.62$$

이 얻어진다. 따라서 3개의 샘플을 뽑아 표본평균이 135.62보다 작으면 로트를 합격시키고, 그렇지 않으면 로트를 불합격시킨다.

12.2.2 부적합품률 보증방식

(1) 표준편차가 알려져 있는 경우

그림 12.2에서 규격상한(USL) U가 주어져 있을 때 공정평균이 이동함에 따라 부적합품률이 달라진다. 이 그림에서 공정평균이 높아지면, 부적합품률도 증가한다. 그림 12.1과 같이 규격하한(LSL) L이 주어진 경우에는 반대로 공정평균이 커지면 부적합품률은 감소한다. 공정평균과 부적합품률의 관계식은 다음과 같이 얻어지므로, 공정평균과 부적합품률은 일대일 대응이 된다.

먼저 규격하한 L이 주어진 경우에 부적합품률은

$$p = \Pr(X < L \mid \mu) = \Pr\left(Z < \frac{L - \mu}{\sigma}\right) \tag{12.9}$$

이 되므로 다음 관계가 얻어진다.

$$\frac{L - \mu}{\sigma} = -z_p \tag{12.10}$$

또, 규격상한 U가 주어져 있을 때는 부적합품률은

$$p = \Pr(X > U \mid \mu) = \Pr\left(Z > \frac{U - \mu}{\sigma}\right) \tag{12.11}$$

가 되므로 다음 관계가 성립한다.

$$\frac{U - \mu}{\sigma} = z_p \tag{12.12}$$

식 (12.10)과 식 (12.12)는 각각 규격상한과 하한이 주어진 경우에 평균과 부적합품률의 관계식으로 다음과 같이 바꿀 수 있다.

$$\mu = U - z_p\sigma : \text{상한이 주어질 때} \tag{12.13}$$

$$\mu = L + z_p\sigma : \text{하한이 주어질 때} \tag{12.14}$$

① 규격하한이 있는 경우

먼저 규격하한이 있는 경우에 그림 12.1로부터 p_0와 μ_0의 관계 및 p_1와 μ_1의 관계는 식 (12.14)로부터 다음과 같다.

$$\mu_0 = L + z_{p_0}\sigma \tag{12.15}$$

$$\mu_1 = L + z_{p_1}\sigma \tag{12.16}$$

이 경우는 평균치 대신에 부적합품률이 대상이 되므로 평균치 보증방식의 평균치를 부적합품률로 대치시키는 것과 같다.

식 (12.3)과 (12.4)에서 μ_0와 μ_1대신에 식 (12.15)와 (12.16)을 대입시키면, n은

$$
\begin{aligned}
n &= \left(\frac{z_\alpha + z_\beta}{\mu_0 - \mu_1}\right)^2 \sigma^2 \\
&= \left(\frac{z_\alpha + z_\beta}{(L + z_{p_0}\sigma) - (L + z_{p_1}\sigma)}\right)^2 \sigma^2 \\
&= \left(\frac{z_\alpha + z_\beta}{z_{p_0} - z_{p_1}}\right)^2 \tag{12.17}
\end{aligned}
$$

이 되고, $\overline{X}_L$은

$$
\begin{aligned}
\overline{X}_L &= \frac{\mu_0 z_\beta + \mu_1 z_\alpha}{z_\alpha + z_\beta} \\
&= \frac{(L + z_{p_0}\sigma)z_\beta + (L + z_{p_1}\sigma)z_\alpha}{z_\alpha + z_\beta} \\
&= L + k\sigma \tag{12.18}
\end{aligned}
$$

이 된다. 여기서 $k = \dfrac{z_{p_0} z_\beta + z_{p_1} z_\alpha}{z_\alpha + z_\beta}$이며, 이런 접근법을 합격판정계수 k형식의 절차로 부른다.

② 규격상한이 있는 경우

규격상한이 있는 경우는 규격하한이 있는 경우와 유사하게 유도될 수 있다. 즉, 그림 12.2로부터 p_0와 μ_0의 관계 및 p_1와 μ_1의 관계는 식 (12.13)으로부터 다음과 같다.

$$\mu_0 = U - z_{p_0}\sigma \tag{12.19}$$

$$\mu_1 = U - z_{p_1}\sigma \tag{12.20}$$

식 (12.7)과 식 (12.8)에 식 (12.19)와 식 (12.20)을 대입시키면 n은 식 (12.17)과 같으며, $\overline{X}_U$은 다음과 같이 구해진다.

$$n = \left(\frac{z_\alpha + z_\beta}{z_{p_0} - z_{p_1}} \right)^2 \qquad\qquad (12.21)$$

$$\overline{X}_U = \frac{\mu_0 z_\beta + \mu_1 z_\alpha}{z_\alpha + z_\beta}$$

$$= \frac{(U - z_{p_0}\sigma)z_\beta + (U - z_{p_1}\sigma)z_\alpha}{z_\alpha + z_\beta}$$

$$= U - k\sigma \qquad\qquad (12.22)$$

(여기서, $k = \dfrac{z_{p_0} z_\beta + z_{p_1} z_\alpha}{z_\alpha + z_\beta}$ 임.)

예제 12.2 규격하한이 200g으로 주어져 있고, $\sigma = 5\mathrm{g}$인 경우 $p_0 = 1\%$, $p_1 = 10\%$, $\alpha = 0.05$, $\beta = 0.1$이면, 부적합품률을 보증하는 계량형 샘플링 검사방식을 구하라.

$z_{p_0} = 2.326$, $z_{p_1} = 1.282$, $z_\alpha = 1.645$, $z_\beta = 1.282$이므로, 식 (12.17)과 식 (12.18)로부터 $n = 7.86$과 $k = 1.74$가 얻어진다. 합격판정치 $\overline{X}_L = 200 + 1.74 \cdot 5 = 208.7$이므로, 8개의 표본을 뽑아 표본평균이 208.7을 넘으면 로트를 합격시키고, 그렇지 않으면 불합격시킨다.

---

③ 양쪽 규격이 있는 경우

규격상한과 하한이 모두 주어진 경우 로트에 대한 판정은 규격하한과 상한, 그리고 표준편차에 따라 달라진다. 규격의 폭과 6σ의 관계에서 규격의 폭이 6σ보다 훨씬 크면, 즉 공정능력지수 C_p가 1보다 상당히 큰 경우($U - L \gg 6\sigma$)로 규격상한을 초과한 부적합과 규격하한에 미달한 부적합이 동시에 발생하지는 않는다. 따라서 $\overline{X}_L$과 $\overline{X}_U$을 식 (12.18)과 (12.22)에서 계산하여 구하고, $\overline{X}_L < \overline{X} < \overline{X}_U$이면 로트 합격을, 그렇지 않으면 로트를 불합격시키면 된다. 만약 C_p가 1보다 작을 경우($U - L < 6\sigma$)에는 평균이 규격의 중앙에 위치하더라도 규격 바깥으로 나가는 부적합이 발생하게 된다. 이때 발생하는 부적합이 p_0보다 크게 되면 샘플링 검사가 필요없으므로 로트는 불합격되는데, 즉 이 경우는 $\dfrac{U - L}{2\sigma} < z_{p_0/2}$일 때이다. 그런데 C_p가 아주 크지도 않고 작지도 않은 경우(즉, C_p가 1 근처)는 규격의 양쪽 밖으로 나가는 경우를 모두 고려해야 하는 복잡한 상황이 된다.

Duncan(1986)은 양쪽 규격이 존재할 때 한쪽 규격을 벗어날 최소 확률인 p^*를 $z_p = (U - L)/2\sigma$에 해당되는 표준정규분포의 우측 꼬리부분의 확률로부터 구해 이를 이용한 단순한 절차를 다음과 같이 제안하였다.

① $2p^* < p_0/2$ 이면, 각 단측 규격에 대해 구한 두 종의 결정규칙을 각각 적용한다.

② $p_0/2 \leq 2p^* < p_0$ 이면 규격 폭이 그리 넓지 않아 평균이 규격의 중앙에 위치하더라도 양쪽 규격을 벗어날 확률이 존재한다. 따라서 p_0를 시행착오법에 의해 규격하한과 규격상한을 벗어날 확률로 분리하여, 그 중 큰 값을 양쪽 규격에 적용한 두 종의 결정규칙을 운용한다. 이에 대한 자세한 내용은 배도선 외(1998)을 참고하기 바란다. 참고로 Minitab에서는 평균 μ를 다음 식과 같이 조금 변화시켜 나가면서 양쪽 규격을 벗어날 확률 $P(X < L) + P(X > U)$를 계산한다.

$$\mu = (U+L)/2 + m \cdot (\sigma/100), \quad m = 1, 2, \cdots, 300$$

위의 300개의 양쪽 규격을 벗어날 확률값 중에서 합격품질수준 p_0와 가장 같은 경우를 고려하여, $P(X < L)$과 $P(X > U)$ 중에서 더 큰 값을 합격품질수준 p_0으로 하여 n과 k를 구한다. 이로부터 식 (12.18)과 (12.22)에 의하여 하한 합격판정치 $\overline{X}_L$과 상한 합격판정치 $\overline{X}_U$를 구하여 계량형 샘플링 검사방식으로 사용한다.

③ $p_0 \leq 2p^* < p_1$ 이면 양쪽 규격 한계를 벗어날 최소 확률이 합격품질수준 p_0보다 크기 때문에 계획을 다시 고려해야 한다. 즉, 합격품질수준 p_0보다 약간 더 큰 계획을 고려하여야 한다.

④ $2p^* \geq p_1$ 이면 로트를 불합격시킨다. 양쪽 규격 한계를 벗어날 최소 확률이 불합격 품질수준 p_1보다 크다. 따라서 샘플을 검사하지 않고 로트를 불합격시킬 수 있다.

예제 12.3 $U = 50\Omega, L = 40\Omega$이고, 표준편차 $\sigma = 1.5\Omega$인 제품에 대하여 $(p_0, \alpha) =$ (0.01, 0.05), $(p_1, \beta) =$ (0.04, 0.1)인 부적합품률을 보증하는 계량형 샘플링 검사방식을 설계하고자 한다.

$z_p = (50 - 40)/2(1.5) = 3.33$이므로 $p^* = p[Z > 3.33]$가 0.0004가 된다. 따라서 $2p^* = 2(0.0004) = 0.0008 < p_0/2 = 0.005$ 이므로 위의 ①에 해당된다. 따라서 각 단측 규격에 대해 구한 두 종의 결정규칙을 각각 적용하면 된다. $z_{p_0} = 2.326$, $z_{p_1} = 1.751$, $z_\alpha = 1.645$, $z_\beta = 1.282$이므로, 식 (12.17)과 식 (12.18)로부터 $n = 25.9$와 $k = 2.0028$ 이 얻어진다. 따

라서 하한 합격판정치과 상한 합격판정치은 식 (12.18)과 (12.22)에 의하여 각각 다음과 같이 계산된다.

$$\overline{X}_L = 40 + 2.0028 \cdot 1.5 = 43.0042$$

$$\overline{X}_U = 50 - 2.0028 \cdot 1.5 = 46.9958$$

그러므로 26개의 표본을 뽑아 표본평균이 43.0042와 46.9958 사이에 들면 로트를 합격시키고, 그렇지 않으면 불합격시킨다.

예제 12.4 규격이 100 ± 5(즉, $L = 95$, $U = 105$)이고 표준편차 $\sigma = 2$인 제품에 대하여 $(p_0, \alpha) = (0.015, 0.05)$, $(p_1, \beta) = (0.04, 0.1)$인 부적합품률을 보증하는 계량형 샘플링 검사방식을 설계하고자 한다.

$z_p = (105 - 95)/2(2) = 2.5$이므로 p^*가 0.00621이 된다. 따라서 $2p^* = 2(0.00621) = 0.01242$이므로 $p_0/2 \leq 2p^* < p_0$이며, 위의 ②에 해당된다. 따라서 본 예제에서는 Minitab의 알고리즘을 적용하여 샘플링 검사방식을 설계하여 보기로 한다. 즉, m을 1~300까지 변화시켜 나가면서 $\mu = (U + L)/2 + m \cdot (\sigma/100)$를 계산하고, 확률 $p_L = P(X < L)$과 $p_U = P(X > U)$를 구하면 다음 표와 같다.

m	μ	$\dfrac{L-\mu}{\sigma}$	$\dfrac{U-\mu}{\sigma}$	p_L	p_U	$p = p_L + p_U$	$\lvert p_0 - p \rvert$
1	100.02	−2.51	2.49	0.006037	0.006387	0.012424	0.002576
2	100.04	−2.52	2.48	0.005868	0.006569	0.012437	0.002563
3	100.06	−2.53	2.47	0.005703	0.006756	0.012459	0.002541
4	100.08	−2.54	2.46	0.005543	0.006947	0.012489	0.002511
5	100.10	−2.55	2.45	0.005386	0.007143	0.012529	0.002471
⋮	⋮	⋮	⋮	⋮	⋮	⋮	⋮
21	100.42	−2.71	2.29	0.003364	0.011011	0.014375	0.000625
22	100.44	−2.72	2.28	0.003264	0.011304	0.014568	0.000432
23	100.46	−2.73	2.27	0.003167	0.011604	0.014771	0.000229
24	100.48	−2.74	2.26	0.003072	0.011911	0.014983	0.000017
25	100.50	−2.75	2.25	0.002980	0.012224	0.015204	0.000204
⋮	⋮	⋮	⋮	⋮	⋮	⋮	⋮

위에서 $p\,(=p_L+p_U)$와 p_0의 차이가 가장 작은 경우가 $m=24$일 때임을 알 수 있다. 이 때 p_L과 p_U 중 더 큰 값이 $p_U=0.011911$이므로 이를 p_0로 사용하여 n과 k를 구하여야 한다. $z_{p_0}=z_{0.011911}=2.26$, $z_{p_1}=1.751$, $z_\alpha=1.645$, $z_\beta=1.282$이므로, 식 (12.17)과 식 (12.18)로부터 $n=33.07$과 $k=1.9739$가 얻어진다. 따라서 하한 합격판정치와 상한 합격판정치는 식 (12.18)과 (12.22)에 의하여 각각 다음과 같이 계산된다.

$$\overline{X}_L = 95 + 1.9739 \cdot 2 = 98.9478$$

$$\overline{X}_U = 105 - 1.9739 \cdot 2 = 101.0522$$

그러므로 34개의 표본을 뽑아 표본평균이 98.9478과 101.0522 사이에 들면 로트를 합격시키고, 그렇지 않으면 불합격시킨다.

---

(2) 표준편차가 알려져 있지 않은 경우

우선 규격하한이 있는 경우에 대해 알아보자. 규격하한이 있는 경우에 합격판정영역은 σ에 관한 식으로 표현되는데, σ를 모르면 어떻게 할 것인가? 이에 대한 해결책으로 σ의 추정량인 표본표준편차인 S를 사용한다. 즉, σ에 대응하여 S를 사용한 합격판정영역을 $\overline{X} \geq \overline{X}_L = L+kS$라 둘 수 있으며, 이것은 $\overline{X}-kS \geq L$로 변환할 수 있다.

특성치 X가 평균이 μ이고, 분산이 σ^2인 정규분포를 따르는 로트에서 n개의 확률표본을 뽑았을 때 표본평균 $\overline{X}$는 $N(\mu,\ \sigma^2/n)$을 따르고, 표본 표준편차 S는 근사적으로 $N(\sigma,\ \sigma^2/2n)$을 따른다. 참고로 표본 표준편차 S의 정확한 분포에 대해서는 부록 A.1을 참고하기 바란다. 또한 정규분포를 따르면 $\overline{X}$와 S가 서로 독립이므로 $\overline{X}-kS$의 분포는 근사적으로 $N\!\left(\mu-k\sigma,\ \sigma^2\!\left(\dfrac{1}{n}+\dfrac{k^2}{2n}\right)\right)$을 따르게 된다.

바람직하다고 생각되는 평균 품질수준 μ_0와 생산자 위험의 관계에서

$$
\begin{aligned}
\alpha &= \Pr\!\left(\overline{X}-kS < L \mid \mu = \mu_0\right) \\
&= \Pr\!\left(Z = \frac{\overline{X}-kS-(\mu_0-k\sigma)}{\sigma\sqrt{\left(\dfrac{1}{n}+\dfrac{k^2}{2(n-1)}\right)}} < \frac{L-(\mu_0-k\sigma)}{\sigma\sqrt{\left(\dfrac{1}{n}+\dfrac{k^2}{2(n-1)}\right)}} \;\middle|\; \mu=\mu_0 \right)
\end{aligned}
\tag{12.23}
$$

가 얻어진다. 따라서 다음 관계가 성립한다.

$$\frac{L - \mu_0 + k\sigma}{\sigma \sqrt{\left(\frac{1}{n} + \frac{k^2}{2(n-1)}\right)}} = -z_\alpha \tag{12.24}$$

또, 바람직스럽지 못한 품질수준에서의 평균 μ_1과 소비자 위험의 관계에서,

$$\beta = \Pr\left(\overline{X} - kS \geq L \mid \mu = \mu_1\right)$$

$$= \Pr\left(Z = \frac{\overline{X} - kS - (\mu_1 - k\sigma)}{\sigma \sqrt{\left(\frac{1}{n} + \frac{k^2}{2(n-1)}\right)}} > \frac{L - (\mu_1 - k\sigma)}{\sigma \sqrt{\left(\frac{1}{n} + \frac{k^2}{2(n-1)}\right)}} \mid \mu = \mu_1\right) \tag{12.25}$$

가 되므로 다음 관계가 성립한다.

$$z_\beta = \frac{L - \mu_1 + k\sigma}{\sigma \sqrt{\left(\frac{1}{n} + \frac{k^2}{2(n-1)}\right)}} \tag{12.26}$$

식 (12.24)와 (12.26)에서 μ_0와 μ_1 대신에 식 (12.15)와 (12.16)을 대입하고 연립하여 풀면, k_s 와 n은 다음과 같이 구해진다.

$$k = \frac{z_{p_0} z_\beta + z_{p_1} z_\alpha}{z_\alpha + z_\beta} \tag{12.27}$$

$$n = \left(1 + \frac{k^2}{2}\right)\left(\frac{z_\alpha + z_\beta}{z_{p_0} - z_{p_1}}\right)^2 \Bigg\} \tag{12.28}$$

σ가 알려져 있지 않을 경우에 합격판정계수 k는 σ가 알려져 있는 경우의 합격판정계수 k와 같다. 그러나 필요한 표본크기는 σ가 알려져 있는 경우에 비해 $1 + (k^2/2)$배만큼 더 필요하다. 즉, σ가 알려져 있지 않을 경우는 그렇지 않을 경우에 비해 주어진 정보가 적으므로 더 많은 표본이 필요할 것이라는 직관과 일치한다. 규격하한이 주어진 경우에 대한 합격판정여부는 n개의 샘플을 뽑아 다음에 따르면 된다.

- $\overline{X} - kS \geq L$이면, 로트 합격
- $\overline{X} - kS < L$이면, 로트 불합격

규격상한이 주어진 경우에는 표본크기와 합격판정계수 k를 구하는 식은 앞의 경우와 같고 다음의 판정규칙을 적용한다.

- $\overline{X} + kS \leq U$이면, 로트 합격
- $\overline{X} + kS > U$이면, 로트 불합격

예제 12.5 규격하한이 200g, $p_0 = 1\%$, $p_1 = 10\%$, $\alpha = 0.05$, $\beta = 0.1$이고, 표준편차가 알려져 있지 않을 때 부적합품률을 보증하는 계량형 샘플링 검사방식의 샘플크기를 구하여 예제 12.2의 결과와 비교하라.

예제 12.2에서 $n = 7.86$과 $k = 1.74$이므로 표준편차가 알려져 있지 않을 때 샘플크기는 $\left(1 + \dfrac{1.74^2}{2}\right) 7.86 = 19.76$이 되어 20이 된다. 표준편차가 알려져 있는 경우의 샘플크기가 8이므로, 표준편차를 추정해야 되면 샘플크기가 2.5배로 증가한다.

규격상한과 하한이 모두 주어진 경우는 Lieberman and Resnikoff(1955)의 합격판정 부적합률에 해당되는 M 형식(또는 KS 표준규격에서는 p^*) 절차를 적용해야 한다. 샘플크기가 같으면서 한쪽 규격만 있을 경우의 M 형식 절차는 k 형식 절차와 동등함을 보일 수 있다. M 형식 절차에 대한 자세한 내용과 양 규격이 모두 주어진 경우의 활용법은 12.4절 또는 Schilling and Neubauer(2017)을 참고하기 바란다.

12.2.3 계량 규준형 샘플링 검사에 관한 KS 규격(KS Q 0001)

계량 규준형 1회 샘플링 검사에 대한 KS규격은 KS Q 0001의 제2부와 3부에 나타나 있다. 제3부에서는 σ가 알려진 경우에 평균값을 보증하는 경우와 부적합률을 보증하는 경우에 대해, 제2부에서는 σ가 알려져 있지 않을 경우에 대한 부적합률 보증방식에 대해 그 절차가 다루어진다.

(1) 로트의 평균값을 보증하는 경우(σ가 알려진 경우)
검사절차는 다음과 같다.

① 품질특성의 측정방법을 정한다.

② μ_0, μ_1을 지정한다.

생산자 측과 소비자 측이 동시에 만족될 수 있도록 합의해서 가급적 합격시키고 싶은 로

트의 평균 한계값 μ_0와 가급적 불합격시키고 싶은 로트의 평균 한계값 μ_1을 지정한다. KS Q 0001에서는 $\alpha = 0.05$, $\beta = 0.10$을 기준으로 하고 있다.

③ 로트를 형성한다.

④ 로트의 표준편차 σ를 정한다.

⑤ 샘플의 크기 n과 합격판정계수값을 결정한다.

$\left| \dfrac{\mu_1 - \mu_1}{\sigma} \right|$ 를 계산하고, 표 12.1에서 해당되는 n과 $G_0 = z_\alpha / \sqrt{n}$ 값을 읽는다.

⑥ 로트로부터 n개의 샘플을 채취한다.

⑦ 각 샘플의 특성치 x_i를 측정하고, 평균값 $\overline{x}$를 계산한다.

⑧ 로트의 합격·불합격 판정을 내린다.

- 특성치가 작을수록 좋은 경우$(\mu_0 < \mu_1)$ $\overline{x} \leq \overline{X}_U = \mu_0 + G_0\sigma$이면 로트를 합격으로 판정
- 특성치가 클수록 좋은 경우$(\mu_0 > \mu_1)$ $\overline{x} \geq \overline{X}_L = \mu_0 - G_0\sigma$이면 로트를 합격으로 판정

⑨ 로트를 처리한다.

합격 또는 불합격으로 판정된 로트는 미리 정한 약속에 따라 처리한다. 어떠한 경우라도 불합격이 된 로트를 그대로 다시 제출해서는 안 된다.

예제 12.6 예제 12.1에서 평균치를 보증하는 KS Q 0001 계량형 샘플링 검사방식을 구하라.

$|(\mu_1 - \mu_0)/\sigma| = |(140 - 130)/5| = 2$이므로 표 12.1에서 $n = 3$, $G_0 = 0.950$가 선택되어, $\overline{X}_U = \mu_0 + G_0\sigma = 130 + 0.950(5) = 134.75$가 된다. 따라서 3개의 샘플을 뽑아 표본평균이 134.75보다 작으면 로트를 합격시키고, 그렇지 않으면 로트를 불합격시킨다.

표 12.1 μ_0, μ_1을 기준으로 하여 샘플의 크기 n과 G_0를 구하는 표($\alpha \approx 0.05$, $\beta \approx 0.10$)
(KS Q 0001: 제3부의 부표 1)

$|\mu_1 - \mu_0|/\sigma$	n	G_0
2.096 이상	2	1.163
1.690 ~ 2.068	3	0.950
1.463 ~ 1.689	4	0.822
1.309 ~ 1.462	5	0.736
1.195 ~ 1.308	6	0.672
1.106 ~ 1.194	7	0.622
1.035 ~ 1.105	8	0.582
0.975 ~ 1.034	9	0.548
0.925~0.974	10	0.520
0.882~0.924	11	0.496
0.845~0.881	12	0.475
0.812~0.844	13	0.456
0.772~0.811	14	0.440
0.756~0.771	15	0.425
0.732~0.755	16	0.411
0.710~0.731	17	0.399
0.690~0.709	18	0.383
0.671~0.689	19	0.377
0.654~0.670	20	0.368
0.585~0.653	25	0.329
0.534~0.584	30	0.300
0.495~0.533	35	0.278
0.463~0.494	40	0.260
0.436~0.462	45	0.245
0.414~0.435	50	0.233

(2) 로트의 부적합품률을 보증하는 경우(σ가 알려져 있는 경우)

이 경우의 검사절차는 다음과 같다.

① 품질특성의 측정방법을 정한다.

② p_0, p_1을 정한다.

생산자와 소비자가 합의하에 합격시키고 싶은 로트 부적합품률의 상한 p_0, 될 수 있는 대로 불합격시키고 싶은 로트 부적합품률의 하한 p_1을 지정한다. KS Q 0001에서는 $\alpha = 0.05$, $\beta = 0.10$을 기준으로 하고 있다.

③ 로트를 형성한다.

④ 로트의 표준편차 σ를 정한다.

⑤ 표 12.2로부터 샘플크기 n, 합격판정계수 k를 읽고 다음과 같이 합격판정치를 구한다. 양쪽 규격에 적용할 수 있는 경우는 충분한 공정능력이 확보되어 유의미한 부적합이 한쪽 규격으로만 발생하는 조건($(U-L)/\sigma > 1.7/\sqrt{n} + z_{p_0}$을 충족해야 가능하다고 규정)에 한정된다.

- 규격상한 U가 주어진 경우: $\overline{X}_U = U - k\sigma$
- 규격하한 L이 주어진 경우: $\overline{X}_L = L + k\sigma$
- 양쪽 규격 L, U가 주어지는 경우: $\overline{X}_L = L + k\sigma$, $\overline{X}_U = U - k\sigma$

⑥ 로트로부터 n개의 샘플을 채취한다.

⑦ 각 샘플의 특성치 x_i를 측정하고, 평균값 $\overline{x}$를 계산한다.

⑧ 합격·불합격 판정을 내린다.

- 규격상한 U가 주어진 경우(특성치가 작을수록 좋은 경우):
  $\overline{x} \leq \overline{X}_U = U - k\sigma$이면 로트를 합격으로 판정
- 규격하한 L이 주어진 경우(특성치가 클수록 좋은 경우):
  $\overline{x} \geq \overline{X}_L = L + k\sigma$이면 로트를 합격으로 판정

예제 12.7 예제 12.2에서 부적합품률을 보증하는 KS Q 0001 계량형 샘플링 검사방식을 구하라.

표 12.2로부터 예제 12.2와 동일한 $n = 8$과 $k = 1.74$가 얻어진다. 따라서 합격판정치 $\overline{X}_L = 200 + 1.74 \cdot 5 = 208.7$이 되므로, 8개의 표본을 뽑아 표본평균이 208.7을 넘으면 로트를 합격시키고, 그렇지 않으면 불합격시킨다.

표 12.2 $p_0(\%)$, $p_1(\%)$을 근거로 하여 시료의 크기 n과 합격 판정값을 계산하기 위한 k를 구하는 표 ($\alpha \approx 0.05$, $\beta \approx 0.10$)(KS Q 0001: 제3부의 부표 2)

p_0 \ p_1	0.71~0.90	0.91~1.12	1.13~1.40	1.41~1.80	1.81~2.24	2.25~2.80	2.81~3.55	3.56~4.50	4.51~5.60	5.61~7.10	7.11~9.00	9.01~11.2	11.3~14.0	14.1~18.0	18.1~22.4	22.4~28.0	28.1~35.5
0.090~0.112	2.71 18	2.66 15	2.61 12	2.56 10	2.51 8	2.40 7	2.40 6	2.34 5	2.28 4	2.30 4	2.14 3	2.08 3	1.99 2	1.91 2	1.84 2	1.75 2	1.66 2
0.113~0.140	2.68 23	2.63 29	2.58 14	2.53 10	2.48 9	2.43 8	2.37 6	2.31 5	2.25 5	2.19 4	2.11 3	2.05 3	1.96 2	1.88 2	1.80 2	1.72 2	1.62 2
0.141~0.180	2.64 29	2.60 22	2.55 17	2.50 13	2.45 11	2.39 9	2.35 7	2.28 6	2.22 5	2.15 4	2.09 4	2.01 3	1.94 3	1.84 2	1.77 2	1.68 2	1.59 2
0.181~0.224	2.61 39	2.57 28	2.52 21	2.47 16	2.42 13	2.30 10	2.30 8	2.25 7	2.19 6	2.12 5	2.05 4	1.98 3	1.91 3	1.81 2	1.73 2	1.65 2	1.55 2
0.225~0.280	*	2.54 37	2.49 27	2.44 20	2.38 15	2.33 12	2.28 10	2.21 8	2.15 6	2.09 5	2.02 4	1.95 4	1.87 3	1.80 3	1.70 2	1.61 2	1.52 2
0.281~0.355	*	*	2.46 36	2.40 25	2.35 19	2.30 14	2.24 11	2.18 9	2.12 7	2.06 6	1.99 5	1.92 4	1.84 3	1.76 3	1.66 2	1.57 2	1.48 2
0.356~0.450	*	*	*	2.37 33	2.32 24	2.26 18	2.21 14	2.15 11	2.08 8	2.02 7	1.95 6	1.89 5	1.81 4	1.72 3	1.64 3	1.53 2	1.44 2
0.451~0.560	*	*	*	2.33 46	2.28 31	2.23 23	2.17 17	2.11 13	2.05 10	1.99 8	1.92 6	1.85 5	1.77 4	1.68 3	1.60 3	1.50 2	1.40 2
0.561~0.710	*	*	*	*	2.25 44	2.19 30	2.09 21	2.08 15	2.02 12	1.95 9	1.89 7	1.81 6	1.74 5	1.65 4	1.56 3	1.46 2	1.36 2
0.711~0.900	*	*	*	*	*	2.16 42	2.10 28	2.04 20	1.98 15	1.91 11	1.84 8	1.78 7	1.70 5	1.61 4	1.52 3	1.44 3	1.32 2
0.901~1.12		*	*	*	*	*	2.06 38	2.00 26	1.94 18	1.88 14	1.81 10	1.74 8	1.66 6	1.58 5	1.50 4	1.42 3	1.30 3
1.13~1.40			*	*	*	*	*	1.97 36	1.91 24	1.84 17	1.77 12	1.70 9	1.63 7	1.54 6	1.45 4	1.37 3	1.26 3
1.41~1.80				*	*	*	*	*	1.86 34	1.80 23	1.73 16	1.66 12	1.59 9	1.50 6	1.41 5	1.32 4	1.21 3
1.81~2.24					*	*	*	*	*	1.76 31	1.69 20	1.62 14	1.54 10	1.46 8	1.37 6	1.28 5	1.16 3
2.25~2.80						*	*	*	*	1.72 46	1.65 28	1.58 19	1.50 13	1.42 9	1.33 7	1.24 5	1.13 4
2.81~3.55								*	*	*	1.60 42	1.53 26	1.46 17	1.37 11	1.29 8	1.19 6	1.09 5
3.56~4.50									*	*	*	1.49 39	1.41 24	1.33 15	1.24 10	1.14 7	1.04 5
4.51~5.60									*	*	*	*	1.37 35	1.28 20	1.19 13	1.10 9	0.99 6
5.61~7.10										*	*	*	*	1.23 30	1.14 18	1.05 12	0.94 8
7.11~9.00											*	*	*	*	1.09 27	1.00 16	0.89 10
9.01~11.2												*	*	*	1.03 44	0.94 23	0.83 14

(주) *는 직접 공식을 이용하여 구함, 공란은 해당 샘플링검사 방식 없음.

(3) 로트의 부적합품률을 보증하는 경우(σ가 알려져 있지 않는 경우)

이 경우의 검사절차는 σ가 알려진 경우의 절차 중에서 ④, ⑥, ⑦만 다음과 같이 다르며 나머지 절차는 동일하다.

④ 표 12.3 혹은 직접 식 (12.27)과 (12.28)로부터 계산하여 합격판정계수 k 와 샘플크기 n 을 결정한 후에 다음과 같이 합격판정치를 구한다.

- 규격상한 U 가 주어진 경우: $\overline{X}_U = U - ks$
- 규격하한 L 이 주어진 경우: $\overline{X}_L = L + ks$

⑥ 각 샘플의 특성치 x_i 를 측정하고, 평균값 $\overline{x}$ 와 표준편차 s 를 계산한다.

⑦ 로트의 합격·불합격 판정을 내린다.

- 규격상한 U 가 주어진 경우(특성치가 작을수록 좋은 경우):

  $\overline{x} \leq \overline{X}_U = U - ks$ 혹은 $U \geq \overline{x} + ks$ 이면 로트를 합격으로 판정

- 규격하한 L 이 주어진 경우(특성치가 클수록 좋은 경우):

  $\overline{x} \geq \overline{X}_L = L + ks$ 혹은 $L \leq \overline{x} - ks$ 이면 로트를 합격으로 판정

예제 12.8 예제 12.5에서 부적합품률을 보증하는 KS Q 0001 계량형 샘플링 검사방식을 구하라. 만약 이 샘플크기에서 구한 $\overline{x}$ 가 220g이고 s 가 4.5일 때 로트의 합격여부를 판정하라.

표 12.3으로부터 예제 12.5와 거의 유사한 $n = 21$ 과 $k = 1.76$ 이 얻어진다. 따라서 합격판정치 $\overline{X}_L = 200 + 1.76 \cdot 4.5 = 207.92$ 가 되므로, 21개의 표본을 뽑아 표본평균이 207.92를 넘으면 로트를 합격시키고, 그렇지 않으면 불합격시킨다. 여기서 $\overline{x}$ 가 220g이므로 이 로트는 합격시킨다.

표 12.3 $p_0(\%)$, $p_1(\%)$ 를 기초로 하여 시료의 크기 n 과 합격 판정값을 계산하기 위한 계수 k 를 구하는 표 ($\alpha \fallingdotseq 0.05$, $\beta \fallingdotseq 0.10$)(KS Q 0001: 제2부의 부표 1)

p_0 ＼ p_1	0.71~0.90	0.91~1.12	1.13~1.40	1.41~1.80	1.81~2.24	2.25~2.80	2.81~3.55	3.56~4.50	4.51~5.60	5.61~7.10	7.11~9.00	9.01~11.2	11.3~14.0	14.1~18.0	18.1~22.4	22.4~28.0	28.1~35.5
0.090~0.112	2.71 / 87	2.67 / 68	2.62 / 54	2.57 / 42	2.52 / 34	2.47 / 28	2.42 / 23	2.36 / 19	2.31 / 16	2.24 / 13	2.19 / 11	2.11 / 9	2.07 / 8	1.95 / 6	1.87 / 5	1.87 / 5	1.77 / 4
0.113~0.140		2.64 / 80	2.59 / 62	2.54 / 48	2.49 / 38	2.44 / 31	2.39 / 25	2.32 / 20	2.28 / 17	2.21 / 14	2.16 / 12	2.10 / 10	2.02 / 8	1.97 / 7	1.90 / 6	1.82 / 5	1.72 / 4
0.141~0.180		2.60 / 98	2.56 / 74	2.50 / 56	2.46 / 44	2.40 / 35	2.35 / 28	2.30 / 23	2.23 / 18	2.18 / 15	2.10 / 12	2.04 / 10	2.00 / 9	1.91 / 7	1.85 / 6	1.77 / 5	1.67 / 4
0.181~0.224			2.53 / 90	2.47 / 66	2.43 / 51	2.37 / 40	2.32 / 31	2.26 / 25	2.20 / 20	2.14 / 16	2.08 / 13	2.02 / 11	1.95 / 9	1.86 / 7	1.80 / 6	1.72 / 5	1.63 / 4
0.225~0.280				2.44 / 79	2.39 / 59	2.34 / 46	2.28 / 35	2.23 / 28	2.17 / 22	2.12 / 18	2.04 / 14	1.99 / 12	1.93 / 10	1.86 / 8	1.75 / 6	1.67 / 5	1.53 / 4
0.281~0.355				2.41 / 98	2.36 / 71	2.31 / 54	2.25 / 41	2.19 / 31	2.14 / 25	2.07 / 19	2.00 / 15	1.94 / 12	1.88 / 10	1.80 / 8	1.75 / 7	1.62 / 5	1.53 / 4
0.356~0.450					2.32 / 89	2.27 / 65	2.22 / 48	2.16 / 36	2.10 / 28	2.04 / 22	1.98 / 17	1.92 / 14	1.85 / 11	1.78 / 9	1.69 / 7	1.64 / 6	1.47 / 4
0.451~0.560						2.23 / 80	2.18 / 57	2.12 / 42	2.07 / 32	2.00 / 24	1.94 / 19	1.88 / 15	1.81 / 12	1.72 / 9	1.64 / 7	1.58 / 6	1.51 / 5
0.561~0.710							2.14 / 71	2.08 / 50	2.03 / 37	1.97 / 28	1.90 / 21	1.83 / 16	1.77 / 13	1.69 / 10	1.62 / 8	1.52 / 6	1.45 / 5
0.711~0.900							2.10 / 92	2.05 / 62	1.99 / 44	1.92 / 32	1.86 / 24	1.79 / 18	1.72 / 14	1.66 / 11	1.56 / 8	1.51 / 7	1.39 / 5
0.901~1.12								2.01 / 79	1.95 / 54	1.89 / 38	1.83 / 28	1.76 / 21	1.69 / 16	1.62 / 12	1.53 / 9	1.45 / 7	1.33 / 5
1.13~1.40									1.91 / 69	1.85 / 47	1.78 / 32	1.72 / 24	1.65 / 18	1.57 / 13	1.50 / 10	1.39 / 7	1.33 / 6
1.41~1.80									1.87 / 95	1.80 / 60	1.74 / 40	1.67 / 28	1.60 / 20	1.53 / 15	1.45 / 11	1.35 / 8	1.26 / 6
1.81~2.24										1.76 / 81	1.69 / 50	1.63 / 34	1.56 / 24	1.48 / 17	1.40 / 12	1.32 / 9	1.19 / 6
2.25~2.80											1.65 / 67	1.59 / 43	1.52 / 29	1.43 / 19	1.36 / 14	1.27 / 10	1.17 / 7
2.81~3.55											1.61 / 96	1.54 / 57	1.47 / 36	1.39 / 23	1.31 / 16	1.22 / 11	1.13 / 8
3.56~4.50												1.49 / 83	1.42 / 48	1.34 / 29	1.25 / 19	1.17 / 13	1.08 / 9
4.51~5.60													1.37 / 69	1.29 / 38	1.20 / 23	1.11 / 15	1.02 / 10
5.61~7.10														1.23 / 53	1.15 / 30	1.07 / 19	0.97 / 12
7.11~9.00														1.18 / 87	1.10 / 44	1.00 / 24	0.89 / 14
9.01~11.2															1.04 / 68	0.95 / 34	0.84 / 18

(주) 공란에 대한 샘플링 검사 방식은 없음.

12.3 | 계량형 축차 샘플링 검사

12.3.1 이론적 배경

계량형 축차 샘플링 검사방식은 매번 하나씩의 샘플을 뽑고 그 때까지 나온 샘플의 결과에 따라 합격, 혹은 불합격판정을 하거나 샘플을 더 뽑을 것인지를 판단하는 검사방식이다. 이는 계수형과 마찬가지로 축차 확률비 검정(SPRT)에 근거하여 도출되었다.

$\mu_0 > \mu_1$이고 분산은 동일하게 σ^2인 정규분포를 따르는 확률표본 $\boldsymbol{x}=(x_1, x_2, ..., x_n)$에 대해 축차확률비를 구한 후에

$$\frac{L(\mu_1; \boldsymbol{x})}{L(\mu_0; \boldsymbol{x})} = \frac{(1/\sqrt{2\pi}\,\sigma)^n \exp(-\sum_{i=1}^{n}(x_i - \mu_1)^2/2\sigma^2)}{(1/\sqrt{2\pi}\,\sigma)^n \exp(-\sum_{i=1}^{n}(x_i - \mu_0)^2/2\sigma^2)}$$

$$= \exp\left[-\frac{(\mu_0 - \mu_1)}{\sigma^2}\left(\sum_{i=1}^{n}x_i - \frac{\mu_0 + \mu_1}{2}n \right) \right] \tag{12.29}$$

양변에 로그를 취하면 다음과 같게 된다.

$$\ln\left(\frac{L(\mu_1; \boldsymbol{x})}{L(\mu_0; \boldsymbol{x})} \right) = -\frac{(\mu_0 - \mu_1)}{\sigma^2}\left(\sum_{i=1}^{n}x_i - \frac{\mu_0 + \mu_1}{2}n \right) \tag{12.30}$$

로트에 대한 합격여부는 대수 축차확률비가 아주 작으면 로트 합격, 아주 크면 로트 불합격, 그 사이이면 검사를 계속한다. 만일 $\mu_0 > \mu_1$일 때 이를 식으로 표현하면 다음과 같다.

$$\ln\left(\frac{L(\mu_1; \boldsymbol{x})}{L(\mu_0; \boldsymbol{x})} \right) \leq \ln B \text{이면 로트 합격}$$

$$\ln B < \ln\left(\frac{L(\mu_1; \boldsymbol{x})}{L(\mu_0; \boldsymbol{x})} \right) < \ln A \text{이면 검사 계속} \tag{12.31}$$

$$\ln\left(\frac{L(\mu_1; \boldsymbol{x})}{L(\mu_0; \boldsymbol{x})} \right) \geq \ln A \text{이면 로트 불합격}$$

A와 B가 주어지면 축차 샘플링 검사가 결정되는데, 평균 μ_0인 로트의 불합격 확률(생산자 위험)이 α이고, 평균 μ_1인 로트의 합격 확률(소비자 위험)이 β일 때 근사적으로 $A \approx (1-\beta)/\alpha$, $B \approx \beta/(1-\alpha)$이 된다(배도선 외, 1998).

이를 식 (12.31)에 대입하면, 다음의 결정규칙이 얻어지므로 로트의 평균치를 보증하는 방식이 된다.

$$A = h_0 + sn \leq \sum_{i=1}^{n} x_i \text{이면 로트 합격}$$

$$-h_1 + sn < \sum_{i=1}^{n} x_i < h_0 + sn \quad \text{검사계속} \tag{12.32}$$

$$\sum_{i=1}^{n} x_i \leq R = -h_1 + sn \text{이면 로트 불합격}$$

$$\text{여기서, } h_0 = \frac{\sigma^2 \ln[(1-\alpha)/\beta]}{\mu_0 - \mu_1}, \; h_1 = \frac{\sigma^2 \ln[(1-\beta)/\alpha]}{\mu_0 - \mu_1},$$

$$s = \frac{\mu_0 + \mu_1}{2} \text{임.} \tag{12.33}$$

그림 12.3(a)에 도시된 상기의 축차 샘플링 검사는 OC곡선상에서 (μ_1, β)와, $(\mu_0, 1-\alpha)$를 만족하며, 로트 합격확률 $L(\mu)$와 ASN은 표 12.4와 같이 구할 수 있다.

표 12.4 로트 합격확률과 ASN

μ	$L(\mu)$	ASN
μ_0	$1 - \alpha$	$\dfrac{(h_0 + h_1)(1-\alpha) - h_1}{\mu_0 - s}$
s	$\dfrac{h_1}{h_0 + h_1}$	$\dfrac{h_0 h_1}{\sigma^2}$
μ_1	β	$\dfrac{h_1 - (h_0 + h_1)\beta}{s - \mu_1}$

한편 그림 12.3(b)와 같이 $\mu_0 < \mu_1$인 경우는 합격과 불합격 영역과 절편이 바뀌게 되며, 양쪽 규격인 경우는 그림 12.3(c)와 같이 두 경우를 결합한 형태가 된다.

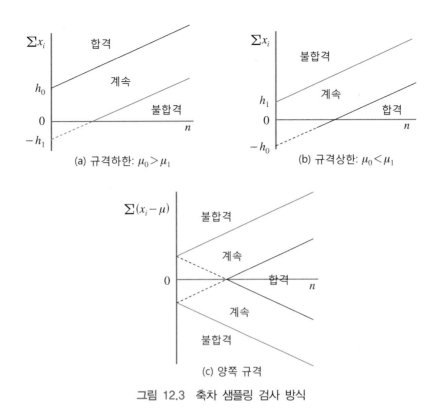

그림 12.3 축차 샘플링 검사 방식

예제 12.9 $\mu_0 = 50$, $\mu_1 = 45$, $\alpha = 0.05$, $\beta = 0.1$, $\sigma^2 = 2$라면, 합격 판정선과 불합격 판정선은 각각 식 (12.33)으로부터

$$h_0 = 2[\ln(0.95/0.1)/(50-45)] = 0.901,$$
$$h_1 = 2[\ln(0.9/0.05)/(50-45)] = 1.156,$$
$$s = (50+45)/2 = 47.5$$

이고, $\mu_0 > \mu_1$인 경우가 되므로 식 (12.32)에 의하여 합격 판정선은 $A = 0.901 + 47.5n$이고 불합격 판정선은 $R = -1.156 + 47.5n$이 된다.

12.3.2 KS Q ISO 39511

이 표준규격은 1991년 최초 발행되어 2008년 개정된 ISO 8423, Sequential sampling plans for inspection by variables for percent nonconforming(known standard deviation)을 기초로 기

술적 내용 및 구성을 변경하지 않고 작성한 한국산업표준이며, 2018년에 ISO 8423이 ISO 39511으로 표준번호가 변경됨에 따라 2020년 KS Q ISO 39511로 변경되었다.

KS Q ISO 39511에서는 합격품질수준(생산자 위험 품질)과 불합격품질수준(소비자 위험 품질)이 R10 수열의 표준수(preferred numbers; $10^{1/10} = 1.259$의 공비)로 주어져 있다. KS Q ISO 39511에서는 ① 한쪽 규격 ② 양쪽 규격하의 결합관리 ③ 양쪽 규격하의 분리관리에 대한 검사에 사용할 수 있도록 되어 있다. 또 KS Q ISO 39511에서는 누적 샘플크기의 중지값을 두어서 이 값에 도달하면 검사를 중지하도록 되어 있다.

이 표준은 전 소절과 달리 로트의 부적합품률을 보증하는 방식(σ을 알고 있는 경우)으로 다음 조건을 만족하는 경우에 사용하도록 설계되어 있다.

① 검사 절차가 적용되는 대상은 이산 아이템의 연속된 시리즈의 로트에서 모두가 동일 공급자의 동일 생산공정인 경우에 한정된다. 생산자가 다른 경우에 이 표준규격의 절차는 각 공급자에 대하여 개별적으로 적용한다.

② 아이템의 단일 품질특성치 x 만을 고려한다. 이 특성치는 연속적 척도로 측정 가능한 계량치로 한다. 복수의 특성치가 중요한 경우에는 이 규격을 적용할 수 없다.

③ 생산은 안정되어 있고, 또한 품질 특성치 x 의 표준편차를 알고 있고 정규분포 또는 근사적으로 정규분포를 따라야 한다. 따라서 관리도에 의하여 관리상태라고 판정되어야 하며, 정규성 검정을 실시하여 정규분포임을 확인하여야 한다. 검사가 고립 로트에 대하여 실시되는 경우에는 공정 표준편차의 안정성에 대한 증거가 없으므로 이 표준규격은 고립 로트의 검사에는 적용할 수 없다.

④ 계약 또는 규격에서 규격상한 U, 규격하한 L 또는 그 양쪽 규격이 정해져 있어야 한다. 양쪽 규격인 경우에는 각 한계에 대한 위험을 묶어서 고려하는지 또는 개별적으로 고려하는지에 따라 결합관리와 분리관리로 나눈다.

한쪽 규격만 있는 경우의 검사절차를 중심으로 중요한 특징을 다음과 같이 요약한다.

① 생산자 측과 소비자 측이 합의하여 합격품질수준(AQL)인 p_0에 해당되는 생산자 위험 품질(PRQ) Q_{PR}과 생산자 위험 α, 불합격품질수준(RQL) Q_{CR}에 해딩되는 소비자 위험 품질(CRQ) p_R 과 소비자 위험 β 를 정한다. KS Q ISO 39511에서는 $\alpha = 0.05$, $\beta = 0.1$을 기준으로 하고 있다.

② 합격 판정선과 불합격 판정선에 필요한 h_A, h_R, g, n_t 를 표준규격의 표로부터 읽는다. 두

판정선은 식 (12.32)의 일차 직선을 선형변환하여 다음과 같이 구한다.

- 합격 판정선: $A = h_A \sigma + g \sigma n$
- 불합격 판정선: $R = -h_R \sigma + g \sigma n$

그런데 상기 두 판정선이 식 (12.32)의 선형변환된 형태임을 고려하더라도 h_A와 h_R은 중지값 등에 의해 식 (12.33)의 h_0과 h_1과는 약간의 차이가 발생하지만, g는 선형변환하면 식 (12.33)의 s와 동등한 값을 가진다.

③ 누적 샘플크기의 중지값 n_t 가 적용되며, 이에 도달한 경우에는 누적 여유량(leeway) Y가

$$Y = \sum_i y_i \geq A_t$$ 이면 로트는 합격으로 하고, 그렇지 않으면 로트는 불합격으로 한다.

여기서 중지값 n_t 에서의 합격판정치는 $A_t = g \sigma n_t$ 이며, 만일 중지값 n_t 가 로트크기를 초과하는 경우에는 중지값 n_t 는 로트크기와 같은 값으로 하여야 한다.

④ 로트에서 샘플(시료)을 하나씩 채취하여 누적 여유량 Y를 대응하는 합격 판정치 A 및 불합격 판정치 R과 비교하여, 다음과 같이 판정한다.

- $Y = \sum_i y_i \geq A$ 이면 로트를 합격으로 판정

- $Y = \sum_i y_i \leq R$ 이면 로트를 불합격으로 판정

- $R < Y = \sum_i y_i < A$ 이면 검사 계속으로 판정

단, 여유량 y_i는 다음과 같이 계산한다.

- 규격상한(U)인 경우의 여유량: $y_i = U - x_i$
- 규격하한(L) 혹은 양쪽규격인 경우의 여유량: $y_i = x_i - L$

KS Q ISO 39511의 자세한 활용법에 관심 있는 독자는 해당 표준규격을 참고하기 바란다.

12.4 | 계량 조정형 샘플링 검사(KS Q ISO 3951-1,2)

12.4.1 KS Q ISO 3951 시리즈 개요

KS Q ISO 3951 시리즈는 다음과 같이 5개의 부로 구성되어 있다. 특히 1부는 1957년 제정된 미국 군용규격인 MIL-STD 414를 기반으로 수정 및 개정된 국제표준으로 볼 수 있다.

- KS Q ISO 3951-1 계량형 샘플링검사 절차 - 제1부: 단일 품질특성 및 단일 AQL에 대한 로트별 검사를 위한 합격품질한계(AQL) 지표형 1회 샘플링 검사 규격
- KS Q ISO 3951-2 계량형 샘플링검사 절차 - 제2부: 독립적 품질특성의 로트별 검사에 대한 합격품질한계(AQL) 지표형 1회 샘플링검사 규격
- KS Q ISO 3951-3 계량형 샘플링검사 절차 - 제3부: 로트별 검사를 위한 합격품질한계(AQL) 지표형 2회 샘플링검사 스킴
- KS Q ISO 3951-4 계량형 샘플링검사 절차 - 제4부: 선언품질수준의 평가 절차
- KS Q ISO 3951-5 계량형 샘플링검사 절차 - 제5부: 계량형 검사(표준편차 기지)에 대한 합격품질한계(AQL) 지표형 축차 샘플링검사 방식

이 절에서는 계량 조정형 1회 샘플링 검사 절차인 KS Q ISO 3951-1과 KS Q ISO 3951-2에 대하여 살펴본다. 품질특성치 1개인 일변량인 경우에는 KS Q ISO 3951-1과 KS Q ISO 3951-2에서의 샘플링 검사 절차는 동일하다. 품질특성치가 2개 이상인 다변량인 경우의 절차는 KS Q ISO 3951-1에는 없고, KS Q ISO 3951-2에만 있다.

KS Q ISO 3951-1과 KS Q ISO 3951-2는 아래의 조건하에서 주로 적용될 수 있도록 고안되었다.

- 엄격도(보통 검사, 수월한 검사, 까다로운 검사)를 조정하는 검사 방식이므로 특정 생산공정을 통하여 생산된 제품에 대하여 로트가 연속적으로 제출되는 경우
- 품질특성이 계량치로 측성되는 경우
- 측정오차가 아주 작은 경우, 즉 표준편차가 공정 표준편차의 10%를 넘지 않는 경우
- 공정이 통계적으로 안정되고, 품질특성이 정규분포를 따르거나 근사할 수 있는 경우
- 계약 또는 기준에 의해 규격상한 U, 규격하한 L 또는 둘 다가 정의되어 있는 경우

공정 표준편차가 알려져 있지 않은 경우의 절차가 s 방법이고, 공정 표준편차가 알려져 있는 경우의 절차가 σ 방법이다. σ 방법이 샘플크기의 관점에서 더 경제적이다. 그러나 처음에는 s 방법으로 시작하여야 하며, 산포가 관리되고 있고 로트가 계속 합격되고 있을 경우 σ 방법으로 전환할 수 있다.

그리고 로트 합부 판정을 위한 절차로 합격판정계수 k 형식과 합격판정 부적합품률 p^* 형식의 2가지 방식이 있다. 합격판정계수 k 형식은 샘플의 평균과 표준편차를 계산하여 품질통계량 Q_L과 Q_U를 계산하고, 이 값과 기준이 되는 합격판정계수 k와 비교하여 로트 합격·불합격을 판정하는 방식이다. 합격판정 부적합품률 p^* 형식은 샘플의 평균과 표준편차를 계산하여 규격을 벗어나는 비율(부적합품률) $\hat{p}$을 추정하고, 이 값이 기준이 되는 합격판정 부적합품률 p^*와 비교하여 로트 합격·불합격을 판정하는 방식이다. 표 12.5에 KS Q ISO 3951-1과 KS Q ISO 3951-2에서 적용되는 형식 절차에 대하여 요약하였다. 참고로 KS Q ISO 3951-1에서는 합격판정계수 k 형식과 합격판정 부적합품률 p^* 형식 이외에 차트에 의한 도식적인 절차가 추가로 제시되어 있으나 본서에서 이 절차는 다루지 않는다.

표 12.5 KS Q ISO 3951-1과 KS Q ISO 3951-2의 적용 형식 절차 요약

방법	품질특성 규격	k 형식	p^* 형식
s 방법 (표준편차 미지)	규격하한 L (망대특성)	$Q_L = \dfrac{\overline{x} - L}{s}$ 계산, $Q_L \geq k$이면 로트 합격	$\hat{p} = \hat{p}_L = P[X < L]$ 계산, $\hat{p} \leq p^*$ 이면 로트 합격
	규격상한 U (망소특성)	$Q_U = \dfrac{U - \overline{x}}{s}$ 계산, $Q_U \geq k$이면 로트 합격	$\hat{p} = \hat{p}_U = P[X > U]$ 계산, $\hat{p} \leq p^*$ 이면 로트 합격
	양쪽 규격(L, U) (망목특성)	$Q_L \geq k_L$ 및 $Q_U \geq k_U$ 이면 로트 합격	$\hat{p} = \hat{p}_L + \hat{p}_U$ 계산, $\hat{p} \leq p^*$ 이면 로트 합격
σ 방법 (표준편차 기지)	규격하한 L (망대특성)	$Q_L = \dfrac{\overline{x} - L}{\sigma}$ 계산, $Q_L \geq k$이면 로트 합격	$\hat{p} = \hat{p}_L = P[X < L]$ 계산, $\hat{p} \leq p^*$ 이면 로트 합격
	규격상한 U (망소특성)	$Q_U = \dfrac{U - \overline{x}}{\sigma}$ 계산, $Q_U \geq k$이면 로트 합격	$\hat{p} = \hat{p}_U = P[X > U]$ 계산, $\hat{p} \leq p^*$ 이면 로트 합격
	양쪽 규격(L, U) (망목특성)	$Q_L \geq k_L$ 및 $Q_U \geq k_U$ 이면 로트 합격	$\hat{p} = \hat{p}_L + \hat{p}_U$ 계산, $\hat{p} \leq p^*$ 이면 로트 합격

12.4.2 일변량 s 방법

일변량 s 방법은 공정 표준편차가 알려져 있지 않고 품질특성치가 1개인 경우의 절차이다.

(1) 합격판정계수 k 형식의 절차

① 검사로트의 구성 및 크기를 정한다.

② 합격품질한계(AQL)를 결정한다.

부적합품 비율은 0.01, 0.015, 0.025, 0.040, 0.065, 0.1, 0.15, 0.25, 0.40, 0.65, 1.0, 1.5, 2.5, 4.0, 6.5, 10%까지의 16단계로 구분되어 있다.

③ 검사수준을 결정한다.

- 일반검사수준 I, II, III과 특별검사수준 S-1, S-2, S-3, S-4 등 7등급
- 별도의 지정이 없으면 일반검사수준 II의 사용을 원칙으로 함
- 일반검사수준 I은 로트에 대한 판별력이 떨어져도 되는 경우에 사용
- 일반검사수준 III은 로트에 대한 판별력이 특히 중요한 경우에 사용
- 특별검사수준 S-1, S-2, S-3, S-4는 파괴검사나 값비싼 제품의 검사와 같이 로트에 대한 판정을 잘못할 위험이 증가하더라도 샘플의 크기를 작게 하고 싶을 때 사용
- 동일한 합격품질한계(AQL) 하에서 샘플크기는 S-1 < S-2 < S-3 < S-4 < I < II < III 순으로 설계되어 있음

④ 검사의 엄격도를 정한다.

보통 검사, 까다로운 검사, 수월한 검사로 구분되며, 처음에는 보통 검사에서 시작한다.

⑤ 샘플링 검사 방식을 설계한다.

- 주어진 검사수준(통상 일반검사수준 II)과 로트크기로 부록 표 E.1로부터 샘플문자를 찾는다.
- 주어진 샘플문자와 AQL하에서 보통 검사(부록 표 E.2), 까다로운 검사(부록 표 E.3), 수월한 검사(부록 표 E.4)에서 샘플크기 n과 합격판정계수 k를 구한다.

⑥ 검사로트로부터 위에서 정해진 샘플크기만큼의 샘플을 랜덤하게 추출한다.

⑦ 샘플로부터 특성치를 측정하고 평균과 표준편차를 계산한다. 주어진 규격에서 품질통계량을 계산하고 합격판정계수 k와 비교하여 로트의 합·부를 판정한다.

- 규격하한 L만 주어진 경우(망대특성)

  - 품질통계량 $Q_L = \dfrac{\bar{x} - L}{s}$ 계산

$-$ $Q_L \geq k$ (혹은 $\overline{x} \geq L + ks$)이면 로트 합격

- 규격상한 U만 주어진 경우(망소특성)

  $-$품질통계량 $Q_U = \dfrac{U - \overline{x}}{s}$ 계산

  $-$ $Q_U \geq k$ (혹은 $\overline{x} \leq U - ks$)이면 로트 합격

- 양쪽 규격(L, U)인 경우(망목특성): 양쪽 규격인 경우에는 결합관리, 분리관리, 복합관리 방식이 있다. 결합관리는 양쪽 규격을 벗어나는 공정 비율에 대해 총 AQL 하나만 있는 경우의 방법이고, 분리관리는 서로 다른 등급에 속하는 규격하한 쪽 AQL과 규격상한 쪽 AQL이 따로 주어진 경우의 방법이다. 복합관리는 한쪽 규격에 관한 공정비율에 대해 낮은 AQL(즉, 높은 등급)과 양쪽 규격을 벗어나는 공정비율에 대해 높은 AQL(낮은 등급으로 총 AQL)이 주어진 경우로 결합관리에 한쪽 분리관리를 추가하는 방식이다. 합격판정계수 k 형식에서는 분리관리인 경우에 가능하며 다음의 절차로 로트의 합ㆍ부를 판정한다.

  $-$규격하한 쪽 AQL에 해당되는 k_L, 규격상한 쪽 AQL에 해당되는 k_U를 결정

  $-$품질통계량 $Q_L = \dfrac{\overline{x} - L}{s}$, $Q_U = \dfrac{U - \overline{x}}{s}$ 계산

  $-$ $Q_L \geq k_L$ 및 $Q_U \geq k_U$ (혹은 $L + k_L s \leq \overline{x} \leq U - k_U s$)이면 로트를 합격으로 판정

한편 결합관리 혹은 복합관리인 경우에는 다음에서 설명할 합격판정 부적합품률 p^* 형식을 적용해야 한다.

예제 12.10 규격상한이 75인 제품에 대하여 AQL이 2.5%인 계량 조정형 1회 샘플링 검사를 KS Q ISO 3951-1(KS Q ISO 3951-2)에 의하여 설계하고자 한다. 검사 로트의 크기(N)는 120개이며, 검사수준은 일반검사수준 II, 엄격도는 보통 검사이다. 그리고 공정 표준편차는 알려져 있지 않다.

(1) 일변량 s 방법의 합격판정계수 k 형식으로 1회 샘플링 검사 방식을 설계하라.

(2) 이 샘플링 검사 방식으로 13개의 샘플을 추출하여 검사한 결과가 다음과 같다면 로트의 합격여부를 판정하라.

67, 68, 70, 73, 69, 72, 74, 64, 66, 71, 67, 72, 68

(1) 부록 표 E.1로부터 로트크기(N) 120, 일반검사수준 II에 해당하는 샘플문자를 찾으면

F이다. 보통 검사이므로 부록 표 E.2에서 샘플문자 F와 AQL=2.5%로 찾으면, 샘플크 기 $n = 13$, 합격판정계수 $k = 1.426$ 이다. 따라서 로트로부터 $n = 13$ 개의 샘플을 추출하여 데이터를 얻은 후에 품질통계량 $Q_U = (U - \overline{x})/s$ 를 계산하여 $Q_U \geq k = 1.426$ 이면 로트를 합격으로 판정한다.

(2) 표본평균 $\overline{x} = 69.31$, 표본 표준편차 $s = \sqrt{\dfrac{\sum(x_i - \overline{x})^2}{n - 1}} = 2.98$, 품질통계량 $Q_U = \dfrac{U - \overline{x}}{s} = \dfrac{75 - 69.31}{2.98} = 1.909$이므로, $Q_U = 1.909 > k = 1.426$이 되어 로트를 합격으로 판정한다.

---

(2) 합격판정 부적합품률 $p*$ 형식의 절차

이 형식 절차는 규격을 벗어나는 비율(공정 부적합품률) $\hat{p}$을 추정하여 이 값이 기준이 되는 합격판정 부적합품률 $p*$보다 작으면 로트를 합격 판정하는 방법이다. 한쪽 규격뿐만 아니라 양쪽 규격인 경우에도 적용한다. 양쪽 규격인 경우에 합격판정계수 k 형식은 분리관리(규격하한 쪽 AQL과 규격상한쪽 AQL이 따로 주어진 경우)인 경우만 적용가능하며, 합격판정 부적합품률 $p*$ 형식은 양쪽 규격의 결합관리, 분리관리, 복합관리 방식에 모두 적용할 수 있다. 그리고 이 형식은 품질특성치가 2개 이상인 다변량인 경우로 확장할 수 있다. KS Q ISO 3951-1에서는 샘플크기가 3 또 4인 경우에 대해서만 $p*$ 형식을 위한 표를 제공하고 있다. 그러나 KS Q ISO 3951-2에서는 모든 샘플문자에 대한 $p*$ 형식을 위한 표를 제공하고 있다. 따라서 본 소절에서는 KS Q ISO 3951-2의 표를 이용한 절차를 살펴보기로 한다. 참고로, KS Q ISO 3951-1에서는 샘플크기가 5 이상일 경우에 대하여 도시적 방법을 제공하고 있지만, 이 책의 범위를 벗어나므로 생략한다. 관심이 있는 독자는 해당 표준규격 또는 유춘번 외(2015)를 참고하기 바란다.

① 주어진 검사수준(통상 일반검사수준 II)과 로트크기로 부록 표 E.1으로부터 샘플문자를 찾는다.
② 한쪽 규격 혹은 양쪽 규격의 결합관리를 위한 단일 AQL하에서 보통 검사(부록 표 E.8), 까다로운 검사(부록 표 E.9), 수월한 검사(부록 표 E.10)에서 샘플크기 n과 합격판정 공정 부적합품률 $p*$를 구한다. 양쪽 규격의 분리관리 혹은 복합관리인 경우에는 규격하한 쪽 합격판정 공정 부적합품률 p_L^*과 규격상한 쪽 합격판정 공정 부적합품률 p_U^*과 샘플크기 n을 부록 표 E.8~E.10으로부터 각각 따로 구한다.
③ 한쪽 규격 및 양쪽 규격의 분리관리인 경우에는 절차 (4)로 간다. 양쪽 규격의 결합관리인

경우에는 주어진 샘플문자와 AQL하에서 보통 검사(부록 표 E.14), 까다로운 검사(부록 표 E.15), 수월한 검사(부록 표 E.16)에서 최대 샘플 표준편차(Maximum Sample Standard Deviation: MSSD)를 구하기 위한 f_s를 찾는다. 샘플로부터 표준편차 s를 계산하고, $MSSD = (U - L)f_s$를 계산하여, $s > MSSD$이면 로트를 불합격 처리하고 검사를 중지한다. 만일 $s \leq MSSD$이면 다음으로 진행한다.

④ 검사로트로부터 샘플을 랜덤하게 추출하고 특성치를 측정한다. 이로부터 평균 $\bar{x}$과 표준편차 s를 계산하고, 규격하한 쪽 공정 부적합품률 p_L과 규격상한 쪽 공정 부적합품률 p_U를 아래 공식으로 추정한다.

- 품질통계량: $Q_L = \dfrac{\bar{x} - L}{s}$, $Q_U = \dfrac{U - \bar{x}}{s}$

- $\hat{p}_L = B_{(n-2)/2}\left[\dfrac{1}{2}\left(1 - Q_L\dfrac{\sqrt{n}}{n-1}\right)\right] = B_{(n-2)/2}\left[\dfrac{1}{2}\left(1 - \dfrac{\bar{x} - L}{s}\dfrac{\sqrt{n}}{n-1}\right)\right]$ (12.34)

- $\hat{p}_U = B_{(n-2)/2}\left[\dfrac{1}{2}\left(1 - Q_U\dfrac{\sqrt{n}}{n-1}\right)\right] = B_{(n-2)/2}\left[\dfrac{1}{2}\left(1 - \dfrac{U - \bar{x}}{s}\dfrac{\sqrt{n}}{n-1}\right)\right]$

(여기서, $B_{(n-2)/2}(\,\cdot\,)$는 첫 번째 및 두 번째 형상모수가 모두 $(n-2)/2$인 베타분포의 누적확률임.)

한쪽 규격과 양쪽 규격에 따라 다음과 같이 공정 부적합품률 추정치가 구해진다.

- 규격하한 L만 주어진 경우(망대특성): 공정 부적합품률의 추정치 $\hat{p} = \hat{p}_L$
- 규격상한 U만 주어진 경우(망소특성): 공정 부적합품률의 추정치 $\hat{p} = \hat{p}_U$
- 양쪽 규격(L, U)인 경우(망목특성): 결합 공정 부적합품률의 추정치 $\hat{p} = \hat{p}_L + \hat{p}_U$

⑤ 기준이 되는 합격판정 공정 부적합품률 p^*과 비교하여 로트의 합격여부를 판정한다.

- 한쪽 규격 혹은 양쪽 규격의 결합관리인 경우: $\hat{p} \leq p^*$이면 로트를 합격으로 판정한다.
- 양쪽 규격의 분리관리인 경우: $\hat{p}_L \leq p_L^*$이고 $\hat{p}_U \leq p_U^*$이면 로트를 합격으로 판정한다.
- 양쪽 규격의 복합관리인 경우: 양쪽 규격에 대한 결합관리와 동시에 한쪽 규격에 대해 별개의 분리관리를 적용한다.
  - 규격하한에 대한 별개의 AQL을 갖는 경우: $\hat{p} \leq p^*$이고 $\hat{p}_L \leq p_L^*$이면 로트를 합격으로 판정한다.
  - 규격상한에 대한 별개의 AQL을 갖는 경우: $\hat{p} \leq p^*$이고 $\hat{p}_U \leq p_U^*$이면 로트를 합격으로 판정한다.

예제 12.11 규격상한이 75인 제품에 대하여 AQL=2.5%인 계량 조정형 1회 샘플링 검사를 KS Q ISO 3951-1(KS Q ISO 3951-2)에 의하여 설계하고자 한다. 검사 로트의 크기(N)는 120개이며, 검사수준은 일반검사수준 II, 엄격도는 보통 검사이다. 그리고 공정 표준편차는 알려져 있지 않다.

(1) 일변량 s 방법의 합격판정 부적합품률 p^* 형식으로 1회 샘플링 검사 방식을 설계하라.

(2) 이 샘플링 검사 방식으로 13개의 샘플을 추출하여 검사한 결과가 다음과 같다면 로트의 합격여부를 판정하라.

> 67, 68, 70, 73, 69, 72, 74, 64, 66, 71, 67, 72, 68

(1) 부록 표 E.1로부터 로트크기는 120, 일반검사수준 II에 해당하는 샘플크기 코드 문자를 찾으면 F이다. 한쪽 규격이고 보통 검사이므로 부록 표 E.8에서 샘플문자 F와 AQL=2.5%로 찾으면, 샘플크기 $n=13$이며, 합격판정 부적합품률 $p^*=7.204\% = 0.07204$이다. 따라서 로트로부터 $n=13$개의 샘플을 추출하여 데이터를 얻은 후에 품질통계량 $Q_U = (U-\overline{x})/s$과 공정 부적합품률 $\hat{p}$를 계산하여 $\hat{p} \le p^* = 0.07204$이면 로트를 합격으로 판정한다.

(2) $Q_U = 1.909$이므로 공정 부적합품률 $\hat{p}$은 식 (12.34)로부터 다음과 같이 계산된다.

$$\hat{p} = \hat{p}_U = B_{(n-2)/2}\left[\frac{1}{2}\left(1 - Q_U \frac{\sqrt{n}}{n-1}\right)\right] = B_{5.5}\left[\frac{1}{2}\left(1 - 1.909\frac{\sqrt{13}}{13-1}\right)\right]$$
$$= B_{5.5}(0.2132) = 0.02020$$

참고로 베타분포의 확률계산은 Minitab 등 통계소프트웨어를 이용하여 계산할 수 있다. 공정 부적합품률의 추정치 $\hat{p} = 0.02020$이 합격판정 부적합품률 $p^* = 0.07204$ 보다 작으므로 로트를 합격으로 판정한다. 이는 앞의 예제에서 분석한 합격판정계수 k 형식의 결과와 동일함을 알 수 있다.

(3) 엄격도 조정 절차

KS Q ISO 3951-1과 KS Q ISO 3951-2는 검사의 엄격도를 보통 검사, 까다로운 검사, 수월한 검사로 전환할 수 있는 계량 조정형 1회 샘플링 검사이다. 엄격도 조정의 절차는 표준편차가 미지인 s 방법과 표준편차가 기지인 σ 방법에서 모두 동일하다.

그림 12.4의 KS Q ISO 3951-1과 KS Q ISO 3951-2에서의 전환 규칙은 KS Q ISO 2859-1에서의 전환 규칙과 거의 동일하다. 다른 점은 보통 검사에서 수월한 검사로의 전환 규칙뿐이다. KS Q ISO 3951-1과 KS Q ISO 3951-2에서는 연속 10개의 로트가 합격되고 이 모든 로트들이 한 단계 더 엄격한 AQL하에서도 합격하여야 보통 검사에서 수월한 검사로 전환된다. 참고로 KS Q ISO 2859-1에서는 연속 10개의 로트가 합격되고 전환점수(switching score)가 30점 이상일 때 보통 검사에서 수월한 검사로 전환된다.

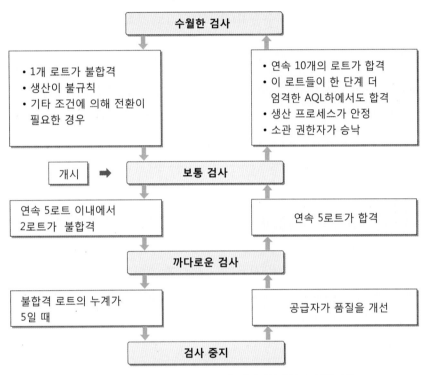

그림 12.4 KS Q ISO 3951의 제1(2)부에서의 전환규칙

12.4.3 일변량 σ 방법

일변량 σ 방법은 공정 표준편차가 알려져 있고 품질특성치가 하나인 경우의 절차이다. 공정 표준편차가 미지인 경우의 절차인 s 방법에 비하여 샘플크기가 더 작다. 일변량 σ 방법에서 합격판정계수 k 형식의 절차를 위한 표는 KS Q ISO 3951-1와 KS Q ISO 3951-2 모두 동일한 표를 제공하고 있다(부록 표 E.5~표 E.7 참조). 그러나 합격판정 부적합품률 p^* 형식의 절차를 위한 표는 KS Q ISO 3951-1에서는 제공하고 있지 않으므로 합격판정 부적합품률 p^* 형식을

사용하는 경우에는 반드시 KS Q ISO 3951-2를 이용하여야 한다(부록 표 E.11~표 E.13 참조). 따라서 한쪽 규격과 양쪽 규격의 결합관리인 경우에는 합격판정계수 k 형식으로 하여 KS Q ISO 3951-1와 KS Q ISO 3951-2 모두 이용할 수 있다. 그러나 양쪽 규격의 분리관리와 복합관리인 경우에는 합격판정 부적합품률 p^* 형식을 사용하여야 하며 KS Q ISO 3951-2를 이용하여야 한다.

(1) 합격판정계수 k 형식의 절차

① 주어진 검사수준(통상 일반검사수준 II)과 로트크기로 부록 표 E.1로부터 샘플문자를 찾는다. 한쪽 규격인 경우에는 절차 (4)로 간다.

② 양쪽 규격인 경우에는 주어진 AQL하에서 최대 공정 표준편차(Maximum Process Standard Deviation: MPSD)를 구하기 위한 f_σ를 구한다.

- 결합관리인 경우: 지정된 AQL하에서 부록 표 E.17에서 최대 공정 표준편차(MPSD)를 구하기 위한 f_σ를 찾는다.
- 분리관리인 경우: 규격하한 쪽 AQL과 규격상한 쪽 AQL하에서 부록 표 E.18에서 최대 공정 표준편차(MPSD)를 구하기 위한 f_σ를 찾는다.
- 복합관리인 경우: 총 AQL과 규격하한 쪽 AQL 혹은 규격상한 쪽 AQL하에서 부록 표 E.19에서 최대 공정 표준편차(MPSD)를 구하기 위한 f_σ를 찾는다.

③ 최대 공정 표준편차 $\sigma_{\max} = MPSD = (U-L)f_\sigma$를 계산하여, 알려진 공정 표준편차 σ와 비교하여, $\sigma > \sigma_{\max}$이면 로트를 불합격 처리하고 검사를 중지한다. 이 경우에는 공정 산포가 적절히 감소했다고 입증되기 전까지 샘플링 검사는 무의미하다. 만일 $\sigma \leq \sigma_{\max}$이면 다음으로 진행한다.

④ 주어진 샘플문자와 AQL하에서 보통 검사(부록 표 E.5), 까다로운 검사(부록 표 E.6), 수월한 검사(부록 표 E.7)에서 샘플크기 n과 합격판정계수 k를 구한다.

⑤ 검사로트로부터 샘플을 랜덤하게 추출하고 특성치를 측정한다. 이로부터 평균과 표준편차를 계산하여, 한쪽 규격 혹은 양쪽 규격 하에서 품질통계량을 계산하여 합격판정계수 k와 비교하여 로트의 합·부를 판정한다.

- 규격하한 L만 주어진 경우(망대특성)

  – 품질통계량 $Q_L = \dfrac{\overline{x} - L}{\sigma}$ 계산

  – $Q_L \geq k$ (혹은 $\overline{x} \geq L + k\sigma = \overline{x}_L$)이면 로트 합격

- 규격상한 U만 주어진 경우(망소특성)

  – 품질통계량 $Q_U = \dfrac{U - \bar{x}}{\sigma}$ 계산

  – $Q_U \geq k$(혹은 $\bar{x} \leq U - k\sigma = \bar{x}_U$)이면 로트 합격

- 양쪽 규격(L, U)이며 결합관리인 경우(망목특성)

  – 품질통계량 $Q_L = \dfrac{\bar{x} - L}{\sigma}$, $Q_U = \dfrac{U - \bar{x}}{\sigma}$ 계산

  – $Q_L \geq k$ 및 $Q_U \geq k$ (혹은 $L + k\sigma \leq \bar{x} \leq U - k\sigma$)이면 로트를 합격으로 판정

- 양쪽 규격(L, U)이며 분리관리인 경우(망목특성)

  – 규격하한 쪽 AQL에 해당되는 k_L, 규격상한 쪽 AQL에 해당되는 k_U를 결정

  – 품질통계량 $Q_L = \dfrac{\bar{x} - L}{\sigma}$, $Q_U = \dfrac{U - \bar{x}}{\sigma}$ 계산

  – $Q_L \geq k_L$ 및 $Q_U \geq k_U$ (혹은 $L + k_L\sigma \leq \bar{x} \leq U - k_U\sigma$)이면 로트를 합격으로 판정

예제 12.12 규격상한이 60인 제품에 대하여 AQL=0.40%인 계량 조정형 1회 샘플링 검사를 KS Q ISO 3951-1(KS Q ISO 3951-2)에 의하여 설계하고자 한다. 검사 로트의 크기(N)는 1000개이며, 검사수준은 일반검사수준 II, 엄격도는 보통 검사이다. 그리고 공정 표준편차는 $\sigma = 0.5$로 알려져 있다.

(1) 일변량 σ 방법의 합격판정계수 k 형식으로 1회 샘플링 검사 방식을 설계하라.

(2) 이 샘플링 검사 방식으로 12개의 샘플을 추출하여 검사한 결과가 다음과 같다면 로트의 합격여부를 판정하라.

58.833 58.779 59.301 58.651 58.726 58.240
58.126 58.797 58.583 58.566 58.544 59.121

(1) 부록 표 E.1로부터 로트크기 1000, 일반검사수준 II에 해당하는 샘플문자를 찾으면 J이다. 보통 검사이므로 부록 표 E.5에서 샘플크기 문자 J와 AQL=0.40%로 찾으면, 샘플크기 $n = 12$이며, 합격판정계수 $k = 2.234$이다. 따라서 로트로부터 $n = 12$개의 샘플을 추출하여 데이터를 얻은 후에 품질통계량 $Q_U = (U - \bar{x})/\sigma$를 계산하여 $Q_U \geq 2.234$이면 로트를 합격으로 판정한다.

(2) 표본평균 $\bar{x} = 58.6889$이므로 $Q_U = \dfrac{U - \bar{x}}{\sigma} = \dfrac{60 - 58.6889}{0.5} = 2.622$가 된다. 따라서 $Q_U = 2.622 > k = 2.234$이므로 로트를 합격으로 판정한다.

---

(2) 합격판정 부적합품률 $p*$ 형식의 절차

① ~ ③ 일변량 σ 방법의 합격판정계수 k 형식에서의 절차 ① ~ ③과 동일하다.

④ 한쪽 규격 혹은 양쪽 규격의 결합관리를 위한 단일 AQL하에서 보통 검사(부록 표 E.11), 까다로운 검사(부록 표 E.12), 수월한 검사(부록 표 E.13)에서 샘플크기 n과 합격판정 공정 부적합품률 p^*를 구한다. 양쪽 규격의 분리관리 혹은 복합관리인 경우에는 규격하한 쪽 합격판정 공정 부적합품률 p_L^*과 규격상한 쪽 합격판정 공정 부적합품률 p_U^*과 샘플크기 n을 부록 표 E.11~E.13으로부터 각각 따로 구한다.

⑤ 검사로트로부터 샘플을 랜덤하게 추출하고 특성치를 측정한다. 이로부터 평균 $\bar{x}$를 계산하고, 규격하한 쪽 공정 부적합품률 p_L과 규격상한 쪽 공정 부적합품률 p_U를 아래 공식으로 추정한다.

$$\hat{p}_L = \Phi\left(\frac{L - \bar{x}}{\sigma}\sqrt{\frac{n}{n-1}}\right) = \Phi\left(-Q_L\sqrt{\frac{n}{n-1}}\right) \tag{12.35}$$

$$\hat{p}_U = \Phi\left(\frac{\bar{x} - U}{\sigma}\sqrt{\frac{n}{n-1}}\right) = \Phi\left(-Q_U\sqrt{\frac{n}{n-1}}\right)$$

(여기서, $\Phi(\,\cdot\,)$는 표준정규분포의 누적확률임.)

한쪽 규격과 양쪽 규격에 따라 다음과 같이 공정 부적합품률 추정치가 구해진다.

- 규격하한 L만 주어진 경우: 공정 부적합품률의 추정치: $\hat{p} = \hat{p}_L$
- 규격상한 U만 주어진 경우: 공정 부적합품률의 추정치: $\hat{p} = \hat{p}_U$
- 양쪽 규격(L, U)인 경우: 결합 공정 부적합품률의 추정치: $\hat{p} = \hat{p}_L + \hat{p}_U$

⑥ 기준이 되는 합격판정 공정 부적합품률 p^*과 비교하여 로트의 합·부를 판정한다.

- 한쪽 규격 혹은 양쪽 규격의 결합관리인 경우: $\hat{p} \leq p^*$이면 로트를 합격으로 판정한다.
- 양쪽 규격의 분리관리인 경우: $\hat{p}_L \leq p_L^*$이고 $\hat{p}_U \leq p_U^*$이면 로트를 합격으로 판정한다.
- 양쪽 규격의 복합관리인 경우:
  - 규격하한에 대한 별개의 AQL을 갖는 경우: $\hat{p} \leq p^*$이고 $\hat{p}_L \leq p_L^*$이면 로트를 합격으로 판정한다.

−규격상한에 대한 별개의 AQL을 갖는 경우: $\hat{p} \leq p^*$이고 $\hat{p}_U \leq p_U^*$이면 로트를 합격으로 판정한다.

예제 12.13 규격상한이 60인 제품에 대하여 AQL=0.40%인 계량 조정형 1회 샘플링 검사를 KS Q ISO 3951-2에 의하여 설계하고자 한다. 검사 로트의 크기(N)는 1000개이며, 검사수준은 일반검사수준 II, 엄격도는 보통 검사이다. 그리고 공정 표준편차는 $\sigma = 0.5$로 알려져 있다.

(1) 일변량 σ 방법의 합격판정 부적합품률 p^* 형식으로 1회 샘플링 검사 방식을 설계하라.

(2) 이 샘플링 검사 방식으로 12개의 샘플을 추출하여 검사한 결과가 다음과 같다면 로트의 합격여부를 판정하라.

| 58.833 58.779 59.301 58.651 58.726 58.240 |
| 58.126 58.797 58.583 58.566 58.544 59.121 |

(1) 부록 표 E.1로부터 로트크기 1000, 일반검사수준 II에 해당하는 샘플문자를 찾으면 J이다. 보통 검사이므로 부록 표 E.5에서 샘플크기 문자 J와 AQL=0.40%로 찾으면, 샘플크기 $n = 12$이며, 합격판정 부적합품률 $p^* = 0.9814\% = 0.009814$이다. 따라서 로트로부터 $n = 12$개의 샘플을 추출하여 데이터를 얻은 후에 로트(공정) 부적합품률을 $\hat{p}_U = \Phi\left(\dfrac{\bar{x} - U}{\sigma} \sqrt{\dfrac{n}{n-1}}\right) = \Phi\left(-Q_U \sqrt{\dfrac{n}{n-1}}\right)$에 의하여 계산한 다음, $\hat{p}_U \leq p^* = 0.009814$이면 로트를 합격으로 판정한다. 여기서, $\Phi(\cdot)$는 표준정규분포의 누적확률이다.

(2) 로트(공정) 부적합품률 추정 및 로트의 합격 및 불합격 판정

표본평균 $\bar{x} = 58.6889$, 품질통계량 $Q_U = \dfrac{U - \bar{x}}{\sigma} = \dfrac{60 - 58.5889}{0.5} = 2.622$이 되므로, 로트(공정) 부적합품률을 식 (12.35)로부터 추정하면 다음과 같이 구해진다.

$$\hat{p}_U = \Phi\left(-Q_U \sqrt{\dfrac{n}{n-1}}\right) = \Phi\left(-2.6222 \sqrt{\dfrac{12}{11}}\right) = \Phi(-2.739) = 0.00308$$

따라서 $\hat{p}_U = 0.00308 < p^* = 0.009814$이므로 로트를 합격으로 판정한다.

예제 12.14 예제 12.13에서 규격이 60 ± 2일 때 결합관리를 적용하여 문제를 풀어 보자.

(1) 부록 표 E.17에서 f_σ는 0.165이므로, $\sigma_{\max} = MPSD = (62 - 58)0.165 = 0.66$로 계산된다. 따라서 $0.5 = \sigma < \sigma_{\max} = 0.66$이므로 샘플링검사가 진행된다. 부록 표 E.1로부터 로트크기 1000, 일반검사수준 II에 해당하는 샘플문자를 찾으면 J이다. 보통 검사이므로 부록 표 E.11에서 샘플크기 문자 J와 AQL=0.40%로 찾으면, 샘플크기 $n = 12$이며, 합격판정 부적합품률 $p* = 0.9814\% = 0.009814$이다. 따라서 로트로부터 $n = 12$개의 샘플을 추출하여 특성치 데이터를 얻은 후에 로트(공정) 부적합품률을 식 (12.35)로부터 $\hat{p} = \hat{p}_L + \hat{p}_U$에 의하여 계산한 다음, $\hat{p} \leq p* = 0.01428$이면 로트를 합격으로 판정한다.

(2) 로트(공정) 부적합품률 추정 및 로트의 합격 및 불합격 판정

$\bar{x} = 58.6889$, $Q_L = \dfrac{\bar{x} - L}{\sigma} = \dfrac{58.6889 - 58}{0.5} = 1.378$, $Q_U = \dfrac{U - \bar{x}}{\sigma} = \dfrac{62 - 58.6889}{0.5} =$ 6.622이 되므로, 로트(공정) 부적합품률을 식 (12.35)로부터 추정하면 다음과 같이 구해진다.

$$\hat{p}_L = \Phi(-1.378\sqrt{12/11}) = \Phi(-1.439) = 0.0751$$

$$\hat{p}_U = \Phi(-6.622\sqrt{12/11}) = \Phi(-6.340) \approx 0$$

따라서 $\hat{p} = \hat{p}_L + \hat{p}_U = 0.0751 > p* \equiv 0.9814\% = 0.009814$이므로 로트를 불합격으로 판정한다.

(3) s 방법과 σ 방법 간의 전환

s 방법과 σ 방법 간에는 같은 로트크기와 검사수준에서 σ 방법의 샘플크기가 s 방법의 샘플크기보다 작다. 따라서 σ 방법이 더 유리함을 알 수 있다. 그러나 σ 방법을 적용하기 위해서는 공정이 통계적 관리상태이어야 한다. 공정에서는 $\overline{X} - s$ 관리도를 작성하여 관리상태 여부를 판단하고, 제출된 로트에 대해서도 부록 표 E.20을 이용하여 다음과 같이 통계적 관리상태임을 증명하여야 한다.

최근 제출된 10개(소관 권한자가 다르게 정할 수 있음)의 로트에 대하여 조사한다.

① 각 로트로부터 추출된 샘플의 표준편차 s_i를 계산한다.

② 공정 표준편차 σ를 아래의 공식으로 추정한다.

$$\hat{\sigma} = \sqrt{\dfrac{\sum_{i=1}^{m}(n_i-1)s_i^2}{\sum_{i=1}^{m}(n_i-1)}} \tag{12.36}$$

(여기서 m : 로트의 수,

$\quad n_i$: i 번째 로트에서 추출한 샘플크기,

$\quad s_i$: i 번째 로트에서 추출한 샘플의 표준편차임.)

만일 각 로트에서 추출한 샘플의 크기가 같다면, 식 (12.37)은 다음과 같이 된다.

$$\hat{\sigma} = \sqrt{\dfrac{\sum_{i=1}^{m}s_i^2}{m}}$$

③ 부록 표 E.20으로부터 샘플크기에 대응되는 C_U를 구한다.

④ 모든 로트의 s_i가 $C_U\hat{\sigma}$보다 작으면 통계적 관리상태에 있다고 판정한다. 참고로, 각 로트에서 추출한 샘플크기가 다른 경우에는 모든 샘플 표준편차 s_i가 $\hat{\sigma}$보다 작으면 $C_U\hat{\sigma}$를 계산할 필요가 없다.

12.4.4 다변량 방법

품질특성치가 2개 이상(다변량)이면서 독립인 경우의 절차로서 합격판정계수 k 방식의 절차는 없고, 합격판정 부적합품률 p^* 방식의 절차만 가능하다. 이 경우의 절차는 KS Q ISO 3951-1에는 없고, KS Q ISO 3951-2에만 있는데, 공정 표준편차가 알려져 있는 경우와 알려져 있지 않은 경우로 구분하여 제공하고 있다.

품질특성치가 m 개이고, 서로 독립이라고 가정한다. 그러면 일변량 방법에 의해 특성치별로 규격 유형(한쪽(하한 또는 상한) 또는 양쪽)과 공정 표준편차의 미지 여부에 따라 부적합품률 $\hat{p}_i, i = 1, 2, ..., m$을 구한 후에 총 공정 부적합품률 p을 다음과 같이 추정하여 로트의 합부를 판정하는 방식이다.

$$\hat{p} = 1 - (1-\hat{p}_1)(1-\hat{p}_2)\cdots(1-\hat{p}_m) \tag{12.37}$$

자세한 내용은 표준규격 KS Q ISO 3951-2 혹은 이승훈(2015)을 참조하기 바란다.

12.1 계수형 샘플링 검사와 비교하여 계량형 샘플링 검사의 장단점을 적어라.

12.2 통조림 제조공정에서 내용물의 평균치가 300g인 로트는 되도록 합격시키고 싶으나 평균이 290인 로트는 되도록 불합격시키고자 한다. 과거의 데이터로부터 품질특성치는 표준편차가 10g인 정규분포를 따른다고 한다. 생산자 위험 $\alpha = 0.05$, 소비자 위험 $\beta = 0.10$일 때 로트 평균치 보증 계량 규준형 1회 샘플링 검사방식을 구하고, 로트의 합격판정기준을 표현하라. 또한 KS Q 0001에서 구한 검사방식과 비교하라.

12.3 포장용 비닐의 두께에 대한 규격하한이 $L = 0.1\,\mathrm{mm}$로 주어져 있다. $\alpha = 0.05$, $p_0 = 0.01$, $\beta = 0.10$, $p_1 = 0.08$일 때 부적합품률 보증방식의 계량 규준형 1회 샘플링 검사방식을 구하라. 또한 KS Q 0001에서 구한 검사방식과 비교하라.

12.4 어떤 철선의 인장강도의 규격하한은 $100\mathrm{kg/mm^2}$이고, 표준편차는 $4\mathrm{kg/mm^2}$로 알려져 있다. $p_0 = 0.02$, $p_1 = 0.10$, $\alpha = 0.01$, $\beta = 0.05$인 계량 규준형 1회 샘플링 검사방식을 구하라.

12.5 어떤 강판의 규격하한은 $100\mathrm{kg/mm}$이고 표준편차는 $1\mathrm{kg/mm}$로 알려져 있다. $p_0 = 0.02$, $p_1 = 0.10$, $\alpha = 0.01$, $\beta = 0.05$인 계량 규준형 샘플링 검사방식을 구하라. 만일, 표준편차를 모르고 있다면 어떻게 되는가?

12.6 식 (12.27)과 식 (12.28)을 유도하라.

12.7 $\mu_0 = 15$, $\mu_1 = 17$, $\alpha = 0.05$, $\beta = 0.10$인 $\sigma = 0.5$인 계량 규준형 축차 샘플링 검사방식을 구하라.

12.8 $\mu_0 = 15$, $\mu_1 = 12$, $\alpha = 0.05$, $\beta = 0.10$인 $\sigma = 0.5$인 계량 규준형 축차 샘플링 검사방식을 구하라.

12.9 규격상한이 50이고, 로트의 크기 $N = 500$, $AQL = 1\%$, 검사수준은 II이며, σ가 알려져 있고 보통 검사일 때 KS Q ISO 3951-1(2)의 샘플링 검사방식(k 형식)을 구하라.

12.10 규격상한이 50이고, 로트의 크기 $N = 500$, $AQL = 1\%$, 검사수준은 S-3이며, KS Q ISO 3951-1(2)의 σ가 알려져 있고 보통 검사일 때 샘플링 검사방식(k 형식)을 구하라.

12.11 규격하한이 50이고, 로트의 크기 $N = 500$, $AQL = 1\%$, 검사수준은 II이며, KS Q ISO 3951-1(2)의 σ가 알려져 있고 보통 검사일 때 샘플링 검사방식(k 형식)을 구하라.

12.12 문제 12.10에서 p^* 형식의 샘플링 검사방식을 구하라.

12.13* 규격이 70 ± 2인 제품에 대하여 AQL=2.5%인 계량 조정형 1회 샘플링 검사를 KS Q ISO 3951-1(2)에 의하여 설계하고자 한다. 검사 로트크기(N)는 20개이며, 검사수준은 일반검사수

준 II, 엄격도는 보통 검사이다. 공정 표준편차가 $\sigma = 0.5$로 알려져 있다고 할 때 양쪽 규격을 벗어나는 공정비율에 대해 총 AQL 하나만 있는 결합관리를 사용한다.

(1) 일변량 σ 방법의 합격판정 부적합품률 p^* 형식으로 1회 샘플링 검사 방식을 설계하라.

(2) 이 샘플링 검사 방식으로 샘플을 추출하여 검사한 결과가 다음과 같다면 로트의 합격여부를 판정하라.

71.1, 70.3, 70.4

참고 문헌

전반적인 계량형 샘플링 검사계획은 Schilling and Neubauer(2017)의 8, 10, 12장과 Montgomery (2012)의 16장에 잘 정리되어 있다. 또한 계량-규준형 및 조정형 샘플링 검사에서 로트의 부적합률을 보증하는 검사계획의 발전과정과 이론적 배경을 알고 싶다면 Duncan(1975)이 도움이 될 것이다. 그리고 특히 표준편차가 알려지지 않은 경우의 이론적 전개과정에 관심이 있는 독자는 로트의 부적합률을 보증하는 검사방식에 대해서는 Lieberman and Resnikoff(1955)의 일독을, 평균치를 보증하는 검사방식에 대해서는 Mitra(2016)의 10장을 참고하기를 권한다.

1. 배도선, 류문찬, 권영일, 윤원영, 김상부, 홍성훈, 최인수(1998), 최신 통계적 품질관리, 영지문화사.

2. 유춘번, 정수일, 이명주, 전영호, 김태규, 나명환(2015), 최신 ISO-KS 기반 통계적 품질관리, 민영사.

3. 이승훈(2015), Minitab 품질관리, 이레테크.

4. KS Q 0001: 2013 계수 및 계량 규준형 1회 샘플링 검사.

5. KS Q ISO 3951-1: 2013 계량형 샘플링검사 절차-제1부: 단일 품질특성 및 단일 AQL에 대한 로트별 검사를 위한 합격품질한계(AQL) 지표형 1회 샘플링 검사 규격.

6. KS Q ISO 3951-2: 2013 계량형 샘플링검사 절차-제2부: 독립적 품질특성의 로트별 검사에 대한 합격품질한계(AQL) 지표형 1회 샘플링검사 규격.

7. KS Q ISO 3951-3: 2013 계량형 샘플링검사 절차-제3부: 로트별 검사를 위한 합격품질한계 (AQL) 지표형 2회 샘플링검사 스킴.

8. KS Q ISO 3951-4: 2011 계량형 샘플링검사 절차-제4부: 선언품질수준의 평가 절차.

9. KS Q ISO 3951-5: 2013 계량형 샘플링검사 절차-제5부: 계량형 검사(표준편차 기지)에 대한 합격품질한계(AQL) 지표형 축차 샘플링검사 방식.

10. KS Q ISO 39511: 2018 부적합품률에 대한 계량형 축차 샘플링검사 방식(표준편차 기지).

11. Duncan, A. J.(1975), "Sampling by Variables to Control the Fraction Defective: Part 1," Journal of Quality Technology, 7, 34-42.

12. Duncan, A. J.(1986), Quality Control and Industrial Statistics, 5th ed., Irwin.

13. Lieberman, G. J. and G. J. Resnikoff(1955), "Sampling Plans for Inspection by Variables," Journal of the American Statistical Association, 50, 457-516.

14. Luca, S., Vandercappellen, J. and Claes, J.(2020), "A Web-Based Tool to Design and Analyze Single- and Double-Stage Acceptance Sampling Plans," Quality Engineering, 32, 58-74.

15. Mitra, A.(2016), Fundamentals of Quality Control and Improvement, 4th ed., Wiley.

16. Neubauer, D. V. and Luko, S.(2013), "Comparing Acceptance Sampling Standards, Part 2," Quality Engineering, 25, 181-187.

17. Schilling, E. G. and Neubauer, D. V.(2017), Acceptance Sampling in Quality Control, 3rd ed., CRC Press.

18. United States Department of Defense(1957), Sampling Procedures and Tables for Inspection by Variables for Percent Defective, MIL STD 414, U.S. Government Printing Office.

품질공학 및
품질최적화

다구치의 품질공학
품질 관련 최적화 모형(Web Chapter)

CHAPTER 13

다구치의
품질공학

<table>
<tr>
<td>사례</td>
<td></td>
</tr>
</table>

자동차 와이퍼

자동차에서 차지하는 원가 점유율에 대비해 차의 운행에 큰 영향을 미치는 부속품의 하나로 전면 유리에 부착되는 와이퍼(wiper)를 들 수 있다.

와이퍼의 부적합 유형 중에서 블레이드(blade)가 적절히 자리하지 못해 작동 중에 '부드득 드르륵'하는 소음을 일으켜 빗물이 잘 닦이지 않는 현상인 채터링(chattering)을 자주 접할 수 있다. 이 현상이 발생하면 블레이드가 차량 전면 유리의 어떤 곳을 거르게 되어 소음발생이나 닦는 기능의 품질저하를 발생시켜 고객의 만족도가 하락하게 된다.

와이퍼에 대한 고객 기대로는 보통 다양한 여건하에서 명확한 시야 확보, 다중 이동 속도 수준 제공, 일정한 와이퍼 패턴, 어떤 기후 조건하에서도 조용한 정도, 긴 수명과 높은 신뢰도 등을 열거할 수 있다.

와이퍼는 그림 13.A와 같이 블레이드(금속레버에 부착된 고무로 구성), 암(모터로부터 받은 구동력을 블레이드에 전달), 링크(모터로부터 받은 회전력을 횡단운동으로 변환), 모터(블레이드의 구동력 제공)로 구성되어 있는데 채터링의 발생에 큰 영향을 미치는 부품은 블레이드와 암이다.

해당 기업에서는 기존과 달리 와이퍼의 품질저하를 측정하지 않고 특정한 지점을 통과할 때까지의 도달시간을 관심 품질특성으로 선정하였다.[*] 즉, 이번에 수행하는 로버스트 품질연구는 전통적인 최종 품질특성치보다 시스템의 기능성을 측정하는 데 초점을 잡고 있다(13.5절 참고).

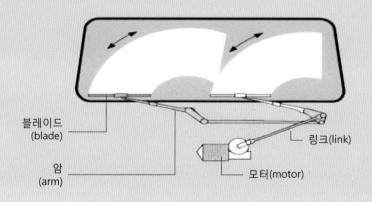

블레이드
(blade)

암
(arm)

링크(link)

모터(motor)

그림 13.A 와이퍼의 구조

이상적인 와이퍼 시스템은 와이퍼 블레이드가 단일 사이클에서 특정 두 지점에 도달하는 실제 시간(단위: ms)이 시스템 설계에서 의도한 이론적 시간과 일치해야 한다. 즉, 잡음이 존재하면 실제 도달시간이 이론적 시간과 달라지므로 로버스트 설계에서는 이 변동을 줄여 가능한 이론적 시간에 근접하게 한다. 이상적 관계는 두 지점과 회전 수(rpm)가 규정될 때 실제 시간=기울기×이론적 시간으로 나타낼 수 있는데, 이때 이상적 기울기는 1이 되어야 하며, 잡음이 존재하면 1보다 큰 값을 가진다.

현 로버스트 연구 사례에서는 세 가지 회전수와 네 가지 지점하에서 이상과 실제 도달시간을 측정하여 분석하였는데, 제어인자와 잡음 등 실험에 관한 골격은 그림 13.B의 P 다이어그램에서 파악할 수 있다.

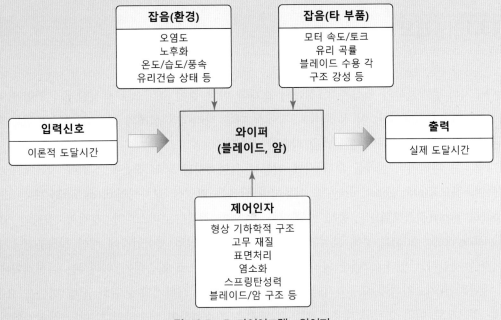

그림 13.B   P 다이어그램: 와이퍼

자료: • Taguchi et al.(2000).

이 장은 먼저 다구치의 품질공학에서 핵심인 파라미터 설계를 살펴본다. 13.2절에서는 파라미터 설계에 쓰이는 직교표의 성질과 사용법을, 13.3절에서는 파라미터 설계의 특징과 절차를, 13.4절에서는 정특성 파라미터 설계 사례를 소개한다. 그리고 13.5절에서는 동특성에 관한 파라미터 설계 방법과 사례를, 13.6절에서는 파라미터 설계에 대한 비판, 논의, 대안을 다룬다. 경제적-기능적으로 설정하는 13.4절과 달리 실험을 통해 허용차 분석 및 배분을 실행하는 다구치의 허용차 설계는 13.7절에서, 그리고 마지막 13.8절에서는 다구치의 온라인 품질관리에 관한 주제에 대해 계량형과 계수형으로 구분하여 피드백 제어 개념을 도입하여 공정을 계측/진단 및 조절하는 방법을 살펴본다.

13.1 | 개요

다구치의 품질공학의 핵심은 3.3절에서 소개한 바와 같이 로버스트 품질설계의 역할을 수행하는 파라미터 설계이다. 이 장에서는 3장에서 다룬 파라미터 설계의 기본 원리와 방법론을 구체적으로 실행하는 절차와 분석법을 학습할 것이다.

다구치는 파라미터 설계를 수행 시에 전통적 실험계획과 달리 잡음을 실험에 적극적으로 반영하며, 직교표(orthogonal array)를 이용하여 잡음을 반영한 교차배열(cross array 또는 direct product array(직적배열))을 통해 데이터를 수집할 것과, 로버스트한 성질의 척도인 SN비(signal-to-noise ratio)를 통해 분석함으로써 제품이나 공정의 제어인자에 대한 최적조건을 결정할 것을 제안하고 있다. 그런데 파라미터 설계를 심층적으로 학습하기 위해서는 실험계획에 관한 전반적인 기초지식이 요구되지만, SQC 전문서적에서 실험계획에 관한 선행 학습을 요구할 수는 없으므로 이와 연관된 내용의 이론적 배경은 최소화하여 서술하였다. 다만 실험계획의 용어와 기본, 원리 등에 생소한 독자는 田口玄一(1988d)와 더불어 Wu and Hamada(2009) 등의 실험계획에 관한 전문서적이 필요할 수 있다.

이 장에서는 먼저 13.2절에서 파라미터 설계에 쓰이는 실험계획의 일종인 직교표를 소개하고 활용법을 제시하며, 이어 13.3절에서는 기본에 해당되는 정특성의 수치형에 관한 파라미터 설계의 구체적인 방법론을, 13.4절에서는 실제 정특성 사례를 통해 파라미터 설계의 실행 방법을 학습한다. 그리고 최근 들어 정특성보다 관심이 집중되고 있는 동특성의 파라미터 설계에 대해서는 13.5절에서 살펴본다. 로버스트 설계에서는 '성능특성'이라는 용어가 보다 널리 쓰이지만, 다른 장과의 일관성을 위해 여기서는 '품질특성'이라는 용어를 채택한다.

그리고 다구치는 파라미터 설계의 결과가 만족스럽지 못할 경우에 허용차 설계를 수행할 것을 권고하는데, 표준규격 및 편람(handbook)이나 경제적 모형 등을 활용하는 전통적 허용차 설계(4장 참고)보다 실험을 통한 허용차 설계 절차를 도입하고 있다. 13.7절에서 이를 살펴본다.

또한 SPC의 관리도의 역할을 대치할 수 있는 온라인 품질관리영역에서 다구치는 계량형과 계수형으로 대별하고 피드백 제어 개념을 도입하여 공정의 계측/진단 및 조절을 통한 독특한 방법도 제안하고 있는데, 13.8절에서 이를 소개한다.

현재까지 다구치 방법에 대해 비판(SN비와 교차배열 등)과 여러 개선방법이 제안되었으나, 이 장에서는 품질문제를 다루는 엔지니어가 처한 여건을 적극적으로 반영하고 있는 다구치의 고유한 방법론을 따른다. 이런 서술방식을 보완하기 위해 13.6절에서는 파라미터 설계에 대한 비판과 이의 대안을 살펴본다.

13.2 | 직교표의 활용

파라미터 설계에서는 실험에 포함시킬 제어인자들을 선별(screening)하는 예비 실험 용도로 주로 쓰이는 직교표를 시스템의 특성 해석과 최적화 용도의 본 실험에 활용하고 있다.

직교표는 특성치에 영향을 미치리라 여겨지는 제어인자의 수가 많아서 제한된 자원(실험시료, 장비, 시간, 비용 등)으로 인자수준의 모든 조합에 대해 실험을 행하기 어려울 때 작은 실험횟수로써 주효과(특정 개별 인자가 수준의 바뀜에 따라 단독으로 특성치에 미치는 영향이며, 다른 제어인자의 영향은 무시됨)와 선택된 소수의 2인자 교호작용(복수의 제어인자들의 수준 조합에서 발생되는 특성치에 유리하거나 불리하게 작용하는 효과이며, 2인자 교호작용은 특정 인자의 영향이 다른 하나의 인자의 수준에 따라 같지 않고 달라지는 현상으로 3인자 교호작용 등 고차의 경우도 존재할 수 있음, 이하 교호작용으로 통일)에 대한 정보를 얻기 위해 사용된다.

다구치는 직교표의 활용도를 제고하기 위해 2, 3, 4, 5수준계, 혼합 수준계 등으로 구성된 표준 직교표(18종)와 중요한 교호작용을 파악할 수 있도록 만들어진 선점도(linear graph)를 제공하고 있다. 여러 통계학자에 의해 개발된 직교표를 엔지니어가 실제 현업에서 용이하게 활용할 수 있도록 개선한 점도 다구치의 기여로 볼 수 있다.

여기서 실험계획법에 관한 지식이 필요하지만 파라미터 설계에 한정된 직교표의 기본적 이론만 설명하며, 실험계획 전반을 포함한 직교표에 관해 관심이 있는 독자는 참고문헌(田口玄一, 1988d; Fowlkes and Creveling, 1995; Wu and Hamada, 2009)을 참고하기 바란다.

직교표는 2와 3수준계가 주로 쓰이는데 $L_N(2^k)$, $L_N(3^k)$ 등으로 나타낸다. 여기서 N은 총 실험횟수로서 직교표의 행의 수와 같고, k는 직교표의 열의 수로서 분석 가능한 효과의 총수를 나타내며, 2와 3은 각 열의 수준 수를 나타낸다. 2수준계 직교표 중에서 가장 단순한 3종의 직교표와 이와 연관된 선점도가 표 13.1에 수록되어 있다. 이 책에 포함되지 않은 표준 직교표는 상기의 참고문헌에서 구할 수 있다.

직교표를 선정하고 효과를 적절히 배치하기 위해서는 자유도의 개념이 필요하다. 실험계획에서 주효과의 자유도는 그 수준 수에서 1을 뺀 값이며, 교호작용의 자유도는 관련된 인자들의 주효과 자유도를 모두 곱한 것이 된다.

2수준계 직교표에서는 각 열의 수준은 2이므로 하나의 열은 하나의 자유도를 갖는다. 즉, 하나의 열은 하나의 효과(주효과 또는 교호작용)에 해당된다. 또한 주효과만 파악 시에 N회의 실험으로 최대 (N-1)개의 인자에 대한 실험이 가능하다. 즉, 2수준계 직교표의 한 예로 $L_8(2^7)$를 보면 8회의 실험횟수로 최대 7개의 효과에 대한 정보를 얻을 수 있는 직교표임을 알 수 있다.

선점도는 통계적 지식이 없더라도 관심이 있는 효과(주효과와 교호작용)들이 서로 교락 (confounded; 어떤 효과가 다른 효과와 섞여 분리 불가능한 상태)되지 않도록 쉽게 배치를 가능하게 하기 위해 다구치가 고안한 그림이다. 즉, 2수준계 직교표에 관한 선점도의 선과 점은 다음 특성을 갖는다.

- 각 선과 점은 직교표의 한 열에 대응하고 하나의 자유도를 갖는다.
- 각 점은 각 인자의 주효과를 나타내고 두 점을 연결하는 선은 두 인자의 교호작용을 나타낸다.

다만 다구치는 파라미터 설계에서 교호작용은 로버스트한 성질에 부정적인 영향을 미친다고 주장하고 있으므로(田口玄一, 1988a), 본서에서는 다음 절부터 교호작용을 고려하는 경우를 배제한다. 다만 다른 상황의 실험계획에는 교호작용을 포함시켜 실험을 실시하는 경우가 일반적이고, 더불어 이 절에서는 직교표의 사용법과 효용성을 다루고 있으므로 선점도를 활용하여 효과를 배치하는 경우도 학습한다.

표 13.1과 표 13.2에 포함된 직교표를 살펴보면 좌측에서 우측 열로 갈수록 수준변경 횟수가 늘어남을 알 수 있으며, 또한 어떤 두 열을 선택하더라도 수준조합(일례로 2수준이면 (1,1), (1,2), (2,1), (2,2))의 출현횟수가 동일함을 확인할 수 있다.

주효과만 고려하는 파라미터 설계에서 직교표의 선정은 열의 수가 분석해야 될 인자의 수 이상이면서 가장 가까운 직교표를 선택하면 된다. 예를 들어 분석해야 될 3수준계 인자가 2~4개일 경우는 $L_9(3^4)$가 선택된다.

표 13.1 2수준계 직교표

(a) $L_4(2^3)$

실험 번호	열 번호		
	1	2	3
1	1	1	1
2	1	2	2
3	2	1	2
4	2	2	1

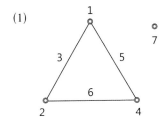

(b) $L_8(2^7)$

실험 번호	열 번호						
	1	2	3	4	5	6	7
1	1	1	1	1	1	1	1
2	1	1	1	2	2	2	2
3	1	2	2	1	1	2	2
4	1	2	2	2	2	1	1
5	2	1	2	1	2	1	2
6	2	1	2	2	1	2	1
7	2	2	1	1	2	2	1
8	2	2	1	2	1	1	2

(1)

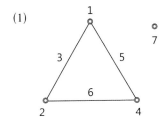

(2)

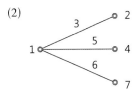

(c) $L_{12}(2^{11})$

실험 번호	열 번호										
	1	2	3	4	5	6	7	8	9	10	11
1	1	1	1	1	1	1	1	1	1	1	1
2	1	1	1	1	1	2	2	2	2	2	2
3	1	1	2	2	2	1	1	1	2	2	2
4	1	2	1	2	2	1	2	2	1	1	2
5	1	2	2	1	2	2	1	2	1	2	1
6	1	2	2	2	1	2	2	1	2	1	1
7	2	1	2	2	1	1	2	2	1	2	1
8	2	1	2	1	2	2	2	1	1	1	2
9	2	1	1	2	2	2	1	2	2	1	1
10	2	2	2	1	1	1	1	2	2	1	2
11	2	2	1	2	1	2	1	1	1	2	2
12	2	2	1	1	2	1	2	1	2	2	1

(주) (1) Plackett-Burman 실험 설계의 일종임.
　　 (2) 모든 교호작용을 구할 수 없는 직교표임.

한편 3수준계 직교표는 각 인자의 수준 수는 3이고 직교표의 한 열은 2개의 자유도를 갖는다. 특히 2인자 교호작용은 자유도가 4이므로 2개의 열에 대응된다. 표 13.2에 3수준계 직교표 중 가장 간단한 $L_9(3^4)$와 3수준이 주가 되지만 2와 3수준으로 구성된 혼합 수준계 중에서 가장 널리 쓰이는 $L_{18}(2^1 \times 3^7)$가 수록되어 있다.

표 13.2 3수준계 직교표

(a) $L_9(3^4)$

실험 번호	열 번호			
	1	2	3	4
1	1	1	1	1
2	1	2	2	2
3	1	3	3	3
4	2	1	2	3
5	2	2	3	1
6	2	3	1	2
7	3	1	3	2
8	3	2	1	3
9	3	3	2	1

$$1 \circ\!\!-\!\!\!\overset{3,4}{-\!\!-\!\!-}\!\!-\!\!\circ 2$$

(b) $L_{18}(2^1 \times 3^7)$

실험 번호	열 번호							
	1	2	3	4	5	6	7	8
1	1	1	1	1	1	1	1	1
2	1	1	2	2	2	2	2	2
3	1	1	3	3	3	3	3	3
4	1	2	1	1	2	2	3	3
5	1	2	2	2	3	3	1	1
6	1	2	3	3	1	1	2	2
7	1	3	1	2	1	3	2	3
8	1	3	2	3	2	1	3	1
9	1	3	3	1	3	2	1	2
10	2	1	1	3	3	2	2	1
11	2	1	2	1	1	3	3	2
12	2	1	3	2	2	1	1	3
13	2	2	1	2	3	1	3	2
14	2	2	2	3	1	2	1	3
15	2	2	3	1	2	3	2	1
16	2	3	1	3	2	3	1	2
17	2	3	2	1	3	1	2	3
18	2	3	3	2	1	2	3	1

(주) (1) 1열과 2열에 할당된 효과의 교호작용은 다른 열과 독립적으로 추정 가능함.
(2) 1열과 2열의 교호작용 외는 구할 수 없는 직교표임.

13.2.1 선점도를 이용한 효과의 배치

다구치는 교호작용이 포함될 경우에 선점도를 이용해 효과를 효율적으로 배치할 수 있는 방법을 제공하고 있다. 전술한 바와 같이 파라미터 설계에서 주효과 위주의 설계를 추천하더라도 여러 실험유형에서 직교표를 이용하면 실험횟수를 줄일 수 있으므로 다음 두 예제에 대해 4단계로 구성된 절차를 통해 구체적으로 학습해보자.

예제 13.1 2수준의 인자 A, B, C, D에 관한 실험에서 주효과와 교호작용 BD, CD에 대한 정보를 얻는 실험을 수행하고자 한다. 적절한 직교표를 선정하여 효과를 배치하라.

(1) 필요 자유도 계산 및 직교표 선정

주효과에 각각 하나씩, 2개의 교호작용에 각각 하나씩의 자유도가 필요하므로 모두 6개의 자유도가 필요하다. 2수준계 직교표의 한 열은 하나의 자유도를 가지므로 6개 이상의 열을 가진 실험횟수가 6+1=7이상인 직교표가 필요하다. 이 중 가장 작은 것을 선택하면 $L_8(2^7)$이 된다.

(2) 필요 선점도 작성

점은 주효과에 해당되고, 두 점을 잇는 선은 교호작용이 되므로 필요 선점도는 그림 13.1과 같이 작성된다.

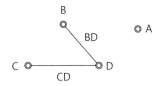

그림 13.1 필요 선점도: 2수준계

(3) 선정된 직교표의 선점도와 필요 선점도의 매칭

표 13.1의 $L_8(2^7)$의 선점도 중에서 그림 13.1의 형태가 나타나는 것을 골라 그림 13.2와 같이 매칭시킨다. 여기서 비어 있는 3열로부터 실험오차(e)에 관한 정보를 얻을 수 있다.

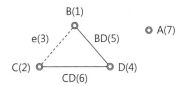

그림 13.2 선점도와 필요 선점도: 2수준계

(4) 직교표에 배치

따라서 A는 7열, B는 1열, C는 2열, D는 4열에 배치하여 주효과만 배치된 열(표 13.3)로 실험조건을 정하여 실험하면, 주효과는 해당 열에서, CD와 BD 교호작용에 관한 정보는 각각 5와 6열로부터 제곱합 등을 구할 수 있으며, 남아 있는 3열은 실험 오차에 대한 정보를 얻는 데 활용된다.

표 13.3 열 배치 예: 2수준계

열 번호	1	2	3	4	5	6	7
효과 배치	B	C	e	D	BD	CD	A

예제 13.2 3수준의 인자 A, B와 교호작용 AB에 관한 정보를 얻을 수 있도록 적당한 직교표를 선택하여 배치하라.

(1) 필요 자유도의 계산 및 직교표 선정

필요 자유도는 2×2(주효과)$+1 \times 4$(교호작용)$=8$ 이므로 $N \geq 9$이고 각 열의 자유도가 2인데 교호작용에 할당되는 열은 2개가 요구되어 4열 이상이 필요하다. 즉, 행의 수 9 이상, 열의 수 4 이상 중에서 가장 가까운 $L_9(3^4)$를 택한다.

(2) 필요 선점도 작성

교호작용은 2열이 요구되어 필요 선점도는 그림 13.3(a)와 다음과 같다.

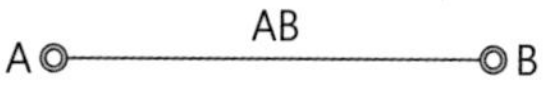

(a) 필요 선점도 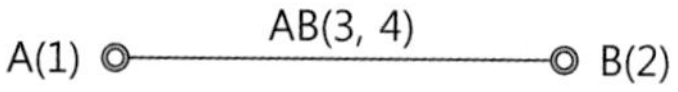   (b) 직교표의 선점도와 매칭

그림 13.3 선점도: 3수준계

(3) 선정된 직교표의 선점도와 필요 선점도의 매칭

표 13.2의 $L_9(3^4)$ 밑에 있는 선점도와 일치하게 매칭한 것이 그림 13.3(b)이다.

(4) 표 13.4와 같이 주효과와 2열이 요구되는 교호작용을 함께 직교표에 배치

A는 1열, B는 2열에 배치한 실험조건에 따라 실험하면, AB 교호작용에 관한 정보는 3열과 4열로부터 구할 수 있다.

표 13.4 열 배치 예: 3수준계

열 번호	1	2	3	4
효과 배치	A	B	AB	AB

여기서 실험결과를 분석할 때 오차 제곱합이 필요하면 효과 제곱합 중에서 작은 값을 가지는 열을 오차 제곱합으로 삼을 수 있다.

13.3 | 파라미터 설계

파라미터 설계는 제어인자와 잡음인자가 포함된 실험을 수행하여 품질특성치의 로버스트한 성질에 영향을 미치는 정도를 파악하고, 이를 달성하는 데 도움이 되는 제어인자를 선별한다. 그리고 선별된 제어인자의 최적조건을 찾아 확인실험을 통해 선정된 최적조건에서의 재현성을 검토하는 절차로 수행된다. 다구치가 제안한 파라미터 설계의 중요한 특징인 교차배열을 채택한 실험계획, 성능척도인 SN비, 주효과위주의 설계에 대해 살펴보자(田口玄一, 1988a; 염봉진 외, 2002).

13.3.1 파라미터 설계의 특징

(1) 잡음인자를 반영한 교차배열

오프라인 품질관리에서 실험계획법을 채택하는 전통적인 실험은 제어인자들의 수준 조합에서 하나 또는 다수의 특성치를 얻는다. 일례로 각 인자별로 2(또는 3)수준을 채택하는 k개의 제어인자가 포함되는 완전 요인배치법을 적용한 실험에서는 모든 $2^k(3^k)$개의 인자수준 조합에서 실험이 실시되어야 하며, 이를 통해 제어인자들의 주효과와 2인자 교호작용을 비롯한 모든 교호작용을 추정할 수 있는 이점이 있다. 하지만 각 실험조건에서 2회 이상 반복하는 것보다 실험의 경제성을 감안하여 하나의 특성치를 얻는 경우도 종종 발생한다.

이와는 달리 파라미터 설계에서는 한 실험점에서 품질특성치에 대한 잡음의 영향을 파악하기 위하여 이를 반영한 실험을 수행한다. 즉, 잡음인자를 소극적으로 반영하여 단지 반복 관측치를 얻는 방식보다 각 실험점에서 적극적으로 잡음인자들의 수준을 정하여 이들 수준의 조합 조건

표 13.5 내측 및 외측 직교표

실험 번호	A	B	C	D		E		1 $\begin{matrix}P&1\\Q&1\\R&1\end{matrix}$	2 $\begin{matrix}1\\2\\2\end{matrix}$	3 $\begin{matrix}2\\1\\2\end{matrix}$	4 $\begin{matrix}2\\2\\1\end{matrix}$
1	1	1	1	1	1	1	1	y_{11}	y_{12}	y_{13}	y_{14}
2	1	1	1	2	2	2	2	y_{21}	y_{22}	y_{23}	y_{24}
3	1	2	2	1	1	2	2				
4	1	2	2	2	2	1	1				
5	2	1	2	1	2	1	2				
6	2	1	2	2	1	2	1				
7	2	2	1	1	2	2	1				
8	2	2	1	2	1	1	2	y_{81}	y_{82}	y_{83}	y_{84}

제어인자 실험조건(내측 직교표) / 잡음인자 실험조건(외측 직교표)

에서 품질특성치를 관측하는 것을 추천하고 있다. 이럴 경우, 전체 실험계획은 2개의 직교표가 교차하는 형태(cross array)인 표 13.5로 주어지며, 제어인자(설계변수)들로 이루어진 직교표(표 13.5에서 제어인자 A, B, C, D, E가 할당된 $L_8(2^7)$)를 제어인자 행렬 또는 내측 직교표라 부르고, 잡음인자(오차인자)들로 이루어진 직교표(표 13.5에서 잡음인자 P, Q, R이 할당된 $L_4(2^3)$)를 잡음인자 행렬 또는 외측 직교표라 부른다. 여기서 내측 직교표는 엔지니어의 세계를, 외측 직교표는 사용자나 고객의 세계를 반영하고 있다고 볼 수 있으며, 이를 교차배열로 칭하고 있다.

또한 다구치는 외측 직교표가 커질 경우에 실험횟수가 증가되는 문제점을 해결하기 위해 그림 13.4처럼 각 잡음이 품질특성치에 미치는 영향의 방향성을 고려하여 여러 잡음의 수준을 결합한

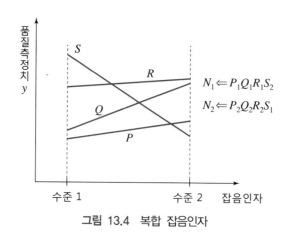

그림 13.4 복합 잡음인자

복합 잡음인자(compound noise factor)를 채택(즉, 그림의 N_1은 y를 작게 하는 P, Q, R, S의 조건을 결합하여 설정함)할 것을 권고하고 있다(田口玄一, 1988a; 田口玄一, 1988d). 예를 들면 3장 그림 3.5의 자동차 제동 시스템의 제동거리에 관한 실험에서 잡음인자로 노면 상태(건조한 또는 비에 젖은 상태)와 패드 상태(신품 또는 사용한 제품)를 고려 시 두 잡음의 영향을 결합한 극단적인 두 조건(건조한 노면과 신품 패드/비에 젖은 노면과 사용한 패드)에서 실험을 실시하여 외측 직교표의 크기를 줄일 수 있다.

(2) SN비

파라미터 설계에서는 품질특성치에 대한 분석을 하지 않고 다음에 정의된 SN비(Signal-to-Noise ratio; 신호 대 잡음비)를 새로운 특성치로 삼아 분석한다. 제어인자의 특정 조건에서 SN비를 3장 식 (3.1)의 개념에 기반하여 제어인자가 기여하는 변동인 유효성분과 잡음인자가 기여하는 변동 및 오차변동의 합에 대한 비로 해석할 수 있다(小野元久, 2013).

$$SN비 = \frac{유효\ 성분}{유해\ 성분} = \frac{제어인자에\ 의한\ 평균변동}{잡음인자에\ 의한\ 변동 + 오차변동}$$

수치형으로 표현되는 정특성일 경우에 SN비는 다음과 같이 두 성분의 비를 상용대수로 변환하여 정의되며, 이의 단위로 dB를 쓰고 있다.

① 망소특성

$$SN_i = -10 \log \left\{ \frac{1}{n} \sum_{j=1}^{n} y_{ij}^2 \right\} \tag{13.1}$$

(단, y_{ij}는 제어인자 행렬의 i번째 실험점에서 관측된 j번째의 품질특성치이고, n은 한 실험점에서 얻은 y의 반복횟수임.)

② 망대특성

$$SN_i = -10 \log \left\{ \frac{1}{n} \sum_{j=1}^{n} \frac{1}{y_{ij}^2} \right\} \tag{13.2}$$

③ 망목특성: 목표치가 양수인 경우

$$SN_i = 10 \log \frac{\frac{1}{n}(S_{mi} - V_i)}{V_i} \tag{13.3a}$$

$$\approx 10 \log \frac{\overline{y}^2}{V_i} \tag{13.3b}$$

$$\text{감도: } S_i = 10 \log \frac{1}{n}\left(S_{mi} - V_i\right) \tag{13.4a}$$

$$\approx 10 \log \overline{y_i}^2 \tag{13.4b}$$

$$\left(\text{단, } S_{mi} = n\overline{y}_i^2, \ \overline{y}_i = \frac{1}{n}\sum_{j=1}^{n} y_{ij}, \ V_i = \frac{1}{n-1}\sum_{j=1}^{n}\left(y_{ij} - \overline{y}_i\right)^2 \text{임.}\right)$$

여기서 다구치는 망목특성일 경우에 μ^2의 추정량으로 $\overline{y}^2$ 대신에 불편추정량(식 (13.3a)의 분자)을 사용할 것을 추천하고 있으며, 감도는 3장의 그림 3.16에서의 역할을 하는 조정변수를 찾는 데 활용된다.

④ 망목특성: 목표치가 0일 경우

$$SN_i = -10 \log V_i \tag{13.5}$$

망소와 망대특성의 SN비는 기대손실과 직접적인 연관이 있다. 즉, 식 (13.1)의 $\left\{\frac{1}{n}\sum_{j=1}^{n} y_{ij}^2\right\}$은 i번째 실험점에서 $E(y^2)$의 추정량이라 볼 수 있으며(3장 표 3.3 참고), SN_i는 이것을 로그 변환시킨 다음 (-10)을 곱한 것이므로 SN_i를 크게 하는 설계 조건을 찾는다는 것은 기대손실을 작게 하는 조건을 찾는 것과 대등하다. 즉, 이 조건은 그림 13.5에서와 같이 잡음인자의 여러 조건에서 로버스트한 결과를 제공하는 제어인자의 조건(그림의 수준 2)으로 볼 수 있다.

망목특성일 경우는 기대손실보다는 조정 후 기대손실에 직접적으로 연관된 형태를 SN비로 설정하고 있다. 즉, 조정인자에 의해 $y' = (T/\mu)y$로 조정할 수 있다면 y'의 평균과 분산은 각각 $E(y') = E[(T/\mu)y] = T$, $Var(y') = (T^2/\mu^2)\sigma^2$가 되어 3장 식 (3.3)에 대입하면 조정 후 기대

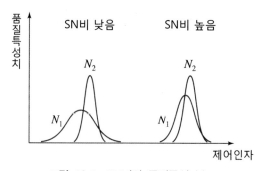

그림 13.5 SN비와 품질특성 분포

손실은 $L = kT^2(\sigma^2/\mu^2)$가 된다. 따라서 조정 후 기대손실을 최소화하는 추정량은 $\hat{\mu}^2/\hat{\sigma}^2$ 형태가 되며, 식 (13.3a)와 식 (13.3b)의 대수 내의 추정치가 여기에 해당된다. 이런 조정관계를 보면 품질특성치의 평균이 커짐에 따라 표준편차도 비례하여 증가된다는 공학적 현상에 부합되는 가정을 하고 있다(Phadke, 1989).

예제 13.3 한 실험점에서 얻은 데이터가 7, 3, 5, 7이다. 망소, 망대, 망목(목표치가 양수와 0인 경우의 두 가지)특성일 때 이 실험점에서의 SN비와 감도(망목특성이고 목표치가 양수일 경우만)를 구하라.

망소특성: 식 (13.1)

$$SN = -10\log\left(\frac{7^2 + 3^2 + 5^2 + 7^2}{4}\right) = -10\log 33 = -15.1851(\text{dB})$$

망대특성: 식 (13.2)

$$SN = -10\log\left(\frac{(1/7)^2 + (1/3)^2 + (1/5)^2 + (1/7)^2}{4}\right)$$

$$= -10\log 0.04798 = 13.1894$$

망목특성(목표치가 양수일 경우): 식 (13.3a)(식 (13.3b))와 식 (13.4a)(식 (13.4b))

$$\bar{y} = 5.5 \ , \ V = \frac{1.5^2 + (-2.5)^2 + (-0.5)^2 + 1.5^2}{3} = 3.6667$$

$$SN = 10\log\frac{\frac{1}{4}(4 \times 5.5^2 - 3.6667)}{3.6667} = 10\log 7.9999 = 9.0304$$

$$\left(\approx 10\log\frac{5.5^2}{3.6667} = 9.1645\right)$$

$$S = 10\log\frac{1}{4}(4 \times 5.5^2 - 3.6667) = 10\log 29.3333 = 14.6736$$

$$\left(\approx 10\log 5.5^2 = 14.8073\right)$$

망목특성(목표치가 0일 경우): 식 (13.5)

$$SN = -10\log 3.6667 = -5.6428$$

---

(3) 주효과 위주의 설계

로버스트 설계를 달성하는 데 교호작용은 이런 성질을 구현하는 재현성에 나쁜 영향을 미치므로 주효과 위주의 설계를 추천하고 있다. 대다수의 설계연구가 통제된 실험실 환경에서 수행되지만 재현이 기대되는 곳은 생산 및 사용 현장이므로, 시공간을 넘어 재현성을 확보하는 데는 신뢰할 수 있는 주효과의 역할이 중요하다는 견해로 여겨진다. 더불어 제어인자 간에 교호작용이 크다는 것은 이를 고려하여 설정된 최적조건이 실험에 포함되지 못한 외적조건과의 교호작용도 보다 클 가능성이 높다는 의미이라고 보고 있다(염봉진 외, 2002). 이런 관점에서 다구치는 교호작용이 여러 열과 교락되어 있는 L_{18}과 L_{12}의 사용을 권장하고 있다.

또한 미리 교호작용을 포함시켜 실험 규모가 커지는 것보다 확인실험을 통해 이들이 존재여부를 먼저 검증하는 것이 보다 효율적이라고 볼 수도 있다. 그리고 다구치는 주효과만 존재하는 가법성을 확보하기 위해 에너지 변환을 고려한 특성치의 선택, 제어인자 수준의 설정(일례로 교호작용을 줄이기 위해 특정 인자의 수준을 다른 인자의 수준과 연계하여 설정하는 sliding level) 등 여러 방법을 추천하고 있다(Phadke, 1989). 이런 관점에 동의하지 않고 비판하는 전문가의 견해는 13.6절에서 소개한다.

13.3.2 망소특성과 망대특성에 대한 파라미터 설계 절차

망대와 망소특성일 경우 파라미터 설계를 10단계로 세분한 다음 절차에 따라 수행한다.

〈단계 1〉 시스템의 기능을 입력 및 출력의 관계(또는 특성치)로 파악한다.
〈단계 2〉 입출력 관계(또는 특성치)에 부정적 영향을 미치는 원인인 잡음인자(이의 수준을 설정할 수 없거나 설정하기를 원하지 않는 인자)를 열거한다.
〈단계 3〉 이상적 입출력 관계(또는 특성치)를 구현하거나 근접시킬 수 있는 제어인자를 파악한다.
〈단계 4〉 제어인자와 잡음인자의 수준을 설정하고 내측 및 외측 실험(직교표)을 계획한다.
〈단계 5〉 각 실험점에서 품질특성의 반복 관측치를 얻는다.
〈단계 6〉 각 실험점의 반복 관측치로부터 식 (13.1) 또는 (13.2)의 SN비를 계산한다.
〈단계 7〉 SN비에 대한 분석(제어인자의 수준별 평균을 도시한 그림(그림 13.8)이나 분산분석표(표 13.9))를 이용하여 SN비에 영향을 미치는 제어인자를 찾는다.
〈단계 8〉 〈단계 7〉에서 찾은 제어인자의 최적수준은 SN비를 최대로 하는 수준이 된다. 〈단계 7〉에서 SN비에 영향을 미치지 않는 제어인자는 비용, 편리성 등을 고려하여 적절한 수준에 둔다.

〈단계 9〉 확인실험을 수행한다.

〈단계 10〉 확인실험 결과로부터 최적조건의 재현성을 판정한다. 재현되지 않거나 결과가 만족
스럽지 않으면 이를 개선하기 위한 후속실험(누락된 제어인자의 파악, 교호작용의
존재여부의 조사와 이의 영향을 줄일 수 있는 방안 모색, 로버스트 설계를 저해하
는 요인 등을 파악하여 반영한 실험)을 실시한다.

〈단계 1〉~〈단계 3〉은 P 다이어그램으로 표현할 수 있다(P는 parameter를 나타냄). 자동차 제
동 시스템을 예시한 그림 13.6과 같이 입력은 신호인자(동특성일 경우)를, 출력은 품질특성치를
표시하며, 시스템의 위와 아래는 실험에 포함되는 제어인자(설계 공간)와 잡음인자(고객 공간)를
열거한다. 또한 바람직한 품질특성 외에 발생가능한 품질문제를 부가할 수 있다. 또한 입력의
고객 의도와 출력의 만족도는 고객의 소리(VOC)와 연관된다.

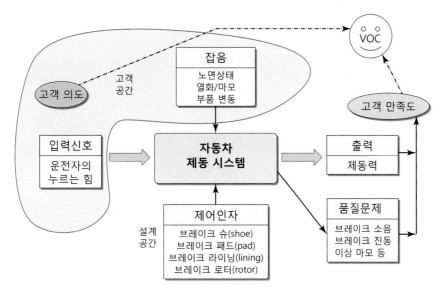

그림 13.6 P 다이어그램: 자동차 제동 시스템

13.3.3 망목특성에 대한 파라미터 설계 절차

망목특성일 경우 〈단계 1〉~〈단계 5〉는 망소 및 망대특성에 대한 절차와 같으며, 그 이후의 절
차는 다음과 같이 일부 다른 과정이 포함된다. 한편 목표치가 0인 망목특성일 경우는 식 (13.5)
의 SN비만을 이용하여 망소 또는 망대특성의 파라미터 설계절차를 적용한다.

〈단계 6〉 각 실험점의 반복 관측치로부터 식 (13.3a)의 SN비 SN_i(또는 식 (13.3b))와 식 (13.4a)의 감도 S_i(또는 식 (13.4b)나 $\bar{y}_i$)를 계산한다.

〈단계 7〉 SN비에 대한 통계적 분석(분산분석 등) 또는 도식적 방법을 통해 SN비에 영향을 미치는 제어인자를 찾는다.

〈단계 8〉 감도 S에 대한 통계적 분석(분산분석 등) 또는 도식적 방법을 통해 감도에 영향을 미치는 제어인자를 찾는다.

〈단계 9〉 제어인자를 최적화 단계를 구분하여 표 13.6과 같이 분류한다.

여기서 안정성변수는 SN비에 영향을 미치는 변수이며(염봉진 외, 2002), 조정변수는 감도에만 미치는 변수로 제어인자의 수준별 평균을 도시하여 이들을 구별한 예시가 그림 13.7에 주어져 있다.

표 13.6 제어인자의 분류

제어변수		SN비	
		유의함(영향 있음)	유의하지 않음
감도	유의함(영향 있음)	1단계 안정성변수	2단계 조정변수
	유의하지 않음	1단계 안정성변수	–

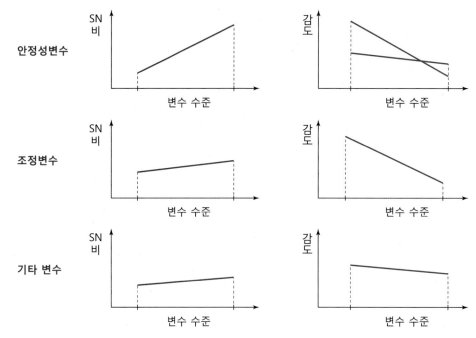

그림 13.7 제어변수의 분류 예: 수준별 평균 도시

〈단계 10〉 안정성변수를 SN비를 최대로 하는 수준에 놓고, y의 평균이 목표치 T에 근접하도록 조정변수의 수준을 조절한다(3장의 그림 3.16 참고). 그 밖의 제어인자들은 비용, 편리성 등을 고려하여 적절한 수준을 선택한다.

SN비로만 분석하는 망소와 망대특성일 경우와 달리 망목특성에서는 두 척도를 이용한 두 단계로 대별되는 이단계 최적화를 적용하고 있다. 즉, 표 13.6에서 구별한 바와 같이 1단계에서 안정성변수는 SN비를 최대로 하는 수준에 놓고, 2단계에서는 y의 평균이 목표치 T에 접근하도록 조정변수의 수준을 조절한다.

〈단계 11〉 확인실험을 수행한다.

〈단계 12〉 전절의 〈단계 11〉과 동일한 방법으로 재현성을 판정한다.

다음 절에서는 두 가지 사례(망소와 망목특성)를 대상으로 〈단계 5〉 이후의 분석과정을 자세히 다룬다.

13.4 | 파라미터 설계 적용 예

이 절에서 소개되는 두 사례는 실제 수행되었던 파라미터 실험 결과를 토대로 실험 데이터와 여건을 가공 또는 변경한 것이다.

13.4.1 망소특성

배기가스의 일산화탄소의 함량을 줄이기 위해 6개의 제어인자(A, B, C, D, E, F)의 영향을 조사한 실험결과이다. 각 제어인자는 2수준으로 설정되어 표 13.7과 같이 $L_8(2^7)$ 직교표에 할당되었다(여기서 e는 오차의 제곱합을 구할 수 있는 열을 표기한 것임). 3종류의 운전모드(O)에 대해 일산화탄소 데이터(단위: mg)를 측정한 결과가 표 13.7에 정리되어 있다. 여기서 외측 직교표는 잡음인자가 하나뿐이므로 직교표 형태를 취할 필요가 없다(외측 직교표를 채택한 경우는 연습문제 13.11 참고).

표 13.7 망소특성 사례

실험 번호	A	B	C	D	E	F	e	O_1	O_2	O_3	SN비
1	1	1	1	1	1	1	1	0.926	1.070	1.376	−1.1347
2	1	1	1	2	2	2	2	1.268	1.574	1.880	−4.0482
3	1	2	2	1	1	2	2	0.899	1.097	1.358	−1.0899
4	1	2	2	2	2	1	1	1.340	1.673	2.015	−4.6013
5	2	1	2	1	2	1	2	1.142	1.196	1.835	−3.0834
6	2	1	2	2	1	2	1	1.016	1.124	1.682	−2.3255
7	2	2	1	1	2	2	1	1.187	1.268	1.880	−3.3920
8	2	2	1	2	1	1	2	1.187	1.358	1.907	−3.6108
합											−23.2858

표 13.7의 첫 번째 실험의 SN비는 식 (13.1)로부터 다음과 같이 구해진다.

$$SN_1 = -10\log\frac{0.926^2 + 1.070^2 + 1.376^2}{3} = -1.1347(\text{dB})$$

수작업으로 SN비에 대한 영향을 파악하기 위해서는 표 13.8의 보조계산이 도움이 된다. 이 계산표를 통해 2수준계 내측 직교표에서 교호작용 없이 주효과만 할당될 경우에 각 수준별 평

표 13.8 SN비에 대한 보조 계산표

효과	수준	합(a)	(a)의 차(b)	$(b)^2/8$	평균 SN비 (=(a)/4)
A	A_1	−10.8741	1.5376	0.2955	−2.719
	A_2	−12.4117			−3.103
B	B_1	−10.5918	2.1022	0.5524	−2.648
	B_2	−12.6940			−3.174
C	C_1	−12.1857	1.0856	0.1473	−3.046
	C_2	−11.1001			−2.775
D	D_1	−8.7000	5.8858	4.3303	−2.175
	D_2	−14.5858			−3.646
E	E_1	−8.1609	6.9640	6.0622	−2.040
	E_2	−15.1249			−3.781
F	F_1	−12.4302	1.5746	0.3099	−3.108
	F_2	−10.8556			−2.714

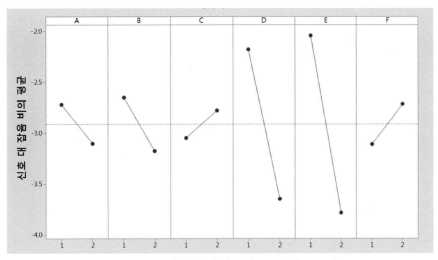

그림 13.8 제어인자의 수준별 SN비 평균 도시

균과 분산분석에 필요한 제곱합을 보다 쉽게 계산할 수 있다. 여기서 먼저 각 효과의 수준별합 (표 13.8의 세 번째 열)은 해당 열에서 각각 1과 2수준이 되는 4회 실험의 SN비를 더한 결과 이다.

그림 13.8은 제어인자별 각 수준별 평균을 도시한 그림으로 각 제어인자의 영향을 도식적으로 로 판단할 수 있다. 이 그림과 표 13.8의 보조표로부터 각 제어인자 영향은 E, D, B, F, A, C 순으로 영향이 큼을 알 수 있다. 다구치의 경험적 법칙을 적용하여 내측 직교표 자유도(7)의 절 반 정도의 제어인자(2수준이므로 각 제어인자의 자유도는 1임)가 영향을 미친다고 판단하면 E, D, B를 유의한 인자로 볼 수 있다.

또한 분산분석표의 제곱합, 평균제곱, F비, P값으로부터 각 제어인자의 영향을 보다 객관적으로 로 파악할 수 있다. 이를 이해하기 위해서는 실험계획법에 대한 기초 지식이 필요하므로 분산분 석표(표 13.9의 풀링(polling) 전의 결과와 오차에 비해 상대적으로 제곱합이 크지 않은 제어인 자 A, C, F의 제곱합(SS)을 오차에 풀링한 후의 결과)와 제곱합 계산과정(후속되는 이 절의 (1))만 참고적으로 수록하며, 자세한 학습을 하고자 하는 독자는 田口玄一(1988d), Fowlkes and Creveling(1995), Wu and Hamada(2009) 등을 참고하기 바란다. 여기서 오차가 기여하는 제곱 합은 표 13.8과 동일한 방식으로 내측 직교표의 7번째 열(e)로부터 다음과 같이 계산할 수 있다.

$$\frac{[(-11.4535)-(-11.8323)]^2}{8}=0.0179$$

표 13.9 분산분석표: 망소특성 사례

SN비에 대한 분산분석표(풀링 전)

요인	DF	SS	MS	F비	P값
A	1	0.2955	0.2955	16.48	0.154
B	1	0.5524	0.5524	30.81	0.113
C	1	0.1473	0.1473	8.22	0.214
D	1	4.3303	4.3303	241.52	0.041
E	1	6.0622	6.0622	338.67	0.035
F	1	0.3099	0.3099	17.29	0.150
오차	1	0.0179	0.0179		
총계	7	11.7155			

SN비에 대한 분산분석표(풀링 후)

요인	DF	SS	MS	F비	P값
B	1	0.5524	0.5524	2.87	0.166
D	1	4.3303	4.3303	22.47	0.009
E	1	6.0622	6.0622	31.46	0.005
오차	4	0.7706	0.1927		
총계	7	11.7155			

따라서 최적 조건은 SN비를 최대로 하는 수준을 택하여 $B_1 D_1 E_1$이 된다.

이 최적 조건에서 SN비의 기댓값에 대한 추정치는

$$\widehat{SN} = \overline{SN}_{B1} + \overline{SN}_{D1} + \overline{SN}_{E1} - (3-1)\overline{SN}$$
$$= -2.648 - 2.175 - 2.040 - 2(-23.2858/8) = -1.0416$$

이 된다(최적 조건에서의 예측과 확인실험을 통한 재현성 판정에 관련된 식은 후속되는 이 절의 (2)에 수록되어 있다). 또한, 최적 조건에서 파라미터 설계에서와 같은 잡음조건하에 y를 관찰하는 확인실험을 통해 SN_f를 계산한다. 식 (13.10)에 의해 SN_f에 대한 90% 예측구간을 구해 보면($t_{(4, 0.05)} = 2.132$),

$$SN_f \in -1.0416 \pm 2.132 \sqrt{(4/8+1)(0.1927)}$$
$$\in -1.0416 \pm 1.1462$$
$$\in (-2.1878, 0.1046)$$

가 된다. 따라서 확인실험에서 구한 SN비(SN_f)가 예측구간에 포함되면 신뢰수준 90%에서 재현성이 확인된 것으로 판단할 수 있다.

한편 다구치는 분산분석 등 엄격한 통계적 방법의 적용을 강제하지 않고 있다. 즉, 분산분석 시 효과의 유의성 판정(예를 들면 F비가 2 이상), 효과에 대한 제곱합의 풀링 방법(오차 항의 자유도가 전체 자유도의 절반 정도까지 풀링 가능 등), 확인실험 결과의 재현성 판정(최적 예측값의 $\pm 30 \sim 40\%$ 허용 등)에 경험적인 방법이나 기준을 제안하고 있다. 그리고 실제 실험여건에서는 적용하기 힘들 수 있는 실험순서의 랜덤화도 강제하지 않는다.

(1) 제곱합(변동)의 계산과 분산분석

먼저 분산분석표에서 실험 전체에 대한 총제곱합은 다음과 같이 계산한다.

$$총 \ 제곱합 = \sum_{i=1}^{N}(SN_i - \overline{SN})^2 = \sum_{i=1}^{N}SN_i^2 - (\sum_{i=1}^{N}SN_i)^2/N \tag{13.6}$$

(단, N은 내측 직교표의 실험횟수이며, $\overline{SN} = \sum_{i=1}^{N}SN_i/N$임.)

일반적으로 직교배열의 한 열에 배치된 효과(주효과, 교호작용) 또는 오차에 대한 제곱합은 다음과 같이 계산된다.

$$제곱합 = \sum_{i=1}^{m}\frac{(수준 \ i의 \ SN비의 \ 합)^2}{수준 \ i의 \ SN비의 \ 개수} - (\sum_{i=1}^{N}SN_i)^2/N \tag{13.7}$$

여기서 m은 해당되는 열의 수준 수이다. m이 2일 경우는 식 (13.7)을 다음과 같이 간략하게 쓸 수 있다(표 13.8의 다섯 번째 열 참고).

$$제곱합 = \frac{(수준 \ 1의 \ SN비의 \ 합 - 수준 \ 2의 \ SN비의 \ 합)^2}{N} \tag{13.8}$$

식 (13.7)과 (13.6)에서 구한 제곱합이 표 13.9의 SS가 되며, 이를 자유도(DF)로 나눈 것이 평균제곱(MS)이며, 각 효과의 MS를 오차의 MS로 나눈 것이 F비가 된다. 이로부터 효과와 오차의 자유도를 가지는 F분포에 의해 P값이 계산된다.

(2) 예측구간 및 재현성 평가

주효과만 포함된 내외측 직교표의 실험에서 SN비를 이용한 유의한 제어인자의 선정과 최적 조건이 결정되면, 최적 조건에서의 SN비의 추정은 다음 식에 의해 계산된다.

$$\widehat{SN} = \sum(유의한 \ 주효과의 \ 최적 \ 수준에서의 \ SN비의 \ 평균)$$
$$- (유의한 \ 주효과의 \ 수 - 1) \times \overline{SN} \tag{13.9}$$

최적 조건의 확인실험에서 특성치 y를 반복 관측하여 구한 SN비가 SN_f일 때 이에 대한 $100(1-\alpha)\%$ 예측구간은 다음과 같이 구한다.

$$\widehat{SN} \pm t_{(\nu(e), \alpha/2)}\sqrt{(k+1)V(e)} \tag{13.10}$$

(여기서 $\phi(e)$, t, $V(e)$, k는 다음과 같다. 특히 $1/k$를 유효 반복수로 부른다.

$\nu(e)$: 오차의 자유도

$t_{(\nu(e),\,\alpha/2)}$: 자유도 $\nu(e)$인 t분포의 $100\,(1-\alpha/2)$백분위수

$V(e)$: 오차의 평균제곱

$$k = \frac{1+(\widehat{SN}\text{에 관한 예측식에서 유의한 주효과의 자유도 합})}{N})$$

확인실험에서 구한 SN_f가 예측구간에 포함되면 신뢰수준 $100(1-\alpha)\%$에서 재현되었다고 볼 수 있다.

13.4.2 망목특성

소비전력을 줄이기 위한 노력의 일환으로 전력 MOSFET(금속 산화막 전계효과 트랜지스터)에 적용된 실험의 일부이다. 특성치는 이 반도체의 특성을 나타내는 전압으로 제조규격은 640~730V이며 목표치는 680V이다.

전력 MOSFET의 공정 흐름에 따라 8개의 공정변수를 선정했는데, 제어인자 A는 2수준이고, 나머지 7개의 제어인자(B, C, D, E, F, G, H)는 3수준이다. 따라서 내측 직교표로 $L_{18}(2^1 \times 3^7)$가 선택되었으며, 현행 수준은 인자 A가 1수준, 나머지는 2수준이다.

잡음인자는 테스트용 웨이퍼상의 3곳(위, 중간, 아래)이며, 각 실험점마다 2장의 웨이퍼에 대해 측정하였다. 따라서 외측 직교표는 잡음이 하나뿐이므로 직교표 대신 두 웨이퍼의 세 곳에서 측정한 6개 값으로 구성되었으며, 실험결과가 표 13.10에 정리되어 있다.

표 13.10으로부터 구한 각 실험점의 SN비와 감도가 표 13.11에 계산되어 있다. 이를 보면 다 구치의 SN비와 감도 값은 근삿값(식 (13.3b)와 (13.4b)로 계산)과 거의 차이가 없으므로 수작업으로 분석 시에는 근사공식을 채택하여 분석하는 것이 수월하다. 따라서 감도로 근사공식(식 (13.3b)의 $10\log \overline{y}^2$)을 사용한다면, 분산분석 대신 도식적으로 분석할 때 이의 대용으로 각 실험점의 $\overline{y}$를 쓰더라도 결과가 달라지는 경우는 드물다. 따라서 $\overline{y}$로 분석하는 편이 보다 용이하므로 표 13.11의 마지막 열에 이 값들이 추가되어 있다.

표 13.11로부터 계산된 제어인자의 수준별 SN비와 $\overline{y}$(감도 대용)의 수준별 평균이 표 13.12에 계산되어 있으며, 이 두 척도에 대한 제어인자의 영향을 나타내는 수준별 평균을 도시한 결과가 각각 그림 13.9와 그림 13.10에 수록되어 있다. 이료부터 안정성 변수는 C, D, E, F, G, SN비에는 영향을 미치지 않지만 감도에 영향을 미치는 조정변수는 B임을 알 수 있다.

따라서 최적 조건은 SN비를 최대로 하는 수준을 택하면 $C_2 D_2 E_2 F_2 G_1$이 되므로 현행 조건에

표 13.10 망목특성 사례

실험 번호	A	B	C	D	E	F	G	H	웨이퍼 1			웨이퍼 2		
	1	2	3	4	5	6	7	8	위	중간	아래	위	중간	아래
1	1	1	1	1	1	1	1	1	580.7	652.7	644.6	639.2	648.2	621.2
2	1	1	2	2	2	2	2	2	606.8	657.2	633.8	633.8	659.0	647.3
3	1	1	3	3	3	3	3	3	576.2	603.2	387.2	570.8	585.2	585.2
4	1	2	1	1	2	2	3	3	612.2	648.2	621.2	621.2	652.7	614.0
5	1	2	2	2	3	3	1	1	667.1	714.8	661.7	656.3	697.7	666.2
6	1	2	3	3	1	1	2	2	408.8	607.7	594.2	549.2	567.2	562.7
7	1	3	1	2	1	3	2	3	643.7	693.2	648.2	633.8	686.0	675.2
8	1	3	2	3	2	1	3	1	621.2	639.2	591.5	654.5	697.7	653.6
9	1	3	3	1	3	2	1	2	632.9	696.8	653.6	661.7	711.2	673.4
10	2	1	1	3	3	2	2	1	596.9	627.5	605.0	625.7	651.8	539.3
11	2	1	2	1	1	3	3	2	592.4	648.2	617.6	630.2	667.1	637.4
12	2	1	3	2	2	1	1	3	607.7	657.2	633.8	585.2	657.2	641.9
13	2	2	1	2	3	1	3	2	598.7	634.7	625.7	657.2	686.9	644.6
14	2	2	2	3	1	2	1	3	612.2	643.7	622.1	637.4	657.2	653.6
15	2	2	3	1	2	3	2	1	602.3	628.4	582.5	675.2	684.2	637.4
16	2	3	1	3	2	3	1	2	624.8	657.2	607.7	603.2	693.2	628.4
17	2	3	2	1	3	1	2	3	624.8	666.2	625.7	648.2	711.2	694.1
18	2	3	3	2	1	2	3	1	652.7	678.8	630.2	652.7	731.4	692.3

표 13.11 실험별 SN비와 감도 계산

실험 번호	SN비		감도		
	다구치	근삿값	다구치	근삿값	$\overline{y}$
1	27.3734	27.3747	56.0006	56.0020	631.100
2	30.3467	30.3473	56.1182	56.1188	639.650
3	16.6270	16.6427	54.8121	54.8278	551.300
4	31.0320	31.0326	55.9621	55.9626	628.250
5	29.2364	29.2373	56.6148	56.6156	677.300
6	17.6650	17.6774	54.7680	54.7804	548.300
7	28.6044	28.6054	56.4339	56.4349	663.350
8	25.1037	25.1060	56.1613	56.1635	642.950
9	27.3751	27.3765	56.5409	56.5422	671.600
10	23.9312	23.9342	55.6709	55.6738	607.700
11	27.8168	27.8180	56.0152	56.0164	632.150
12	26.8134	26.8149	55.9922	55.9937	630.500
13	26.6509	26.6525	56.1397	56.1412	641.300
14	31.1425	31.1431	56.0918	56.0923	637.700
15	24.0597	24.0626	56.0526	56.0555	635.000
16	25.4335	25.4355	56.0637	56.0657	635.750
17	25.3662	25.3683	56.4111	56.4132	661.700
18	25.4373	25.4394	56.5584	56.5605	673.017

표 13.12 수준별 SN비와 $\bar{y}$(감도 대용)의 평균 계산

구분	수준	A	B	C	D	E	F	G	H
SN비	1	25.93	25.49	27.17	27.17	26.34	24.83	27.90	25.86
	2	26.30	26.63	28.17	27.85	27.13	28.21	25.00	25.88
	3	–	26.22	23.00	23.32	24.87	25.30	25.45	26.60
$\bar{y}$	1	628.2	615.4	634.6	643.3	630.9	626.0	647.3	644.5
	2	639.4	628.0	648.6	654.2	635.4	643.0	626.0	628.1
	3	–	658.1	618.3	604.0	635.2	632.5	628.2	628.8

서 G의 수준만 2수준에서 1수준으로 바뀐다. 이와 같은 최적 조건에서 SN비의 기댓값은

$$\widehat{SN} = \overline{SN}_{C2} + \overline{SN}_{D2} + \overline{SN}_{E2} + \overline{SN}_{F2} + \overline{SN}_{G1} - (5-1)\overline{SN}$$

$$= 28.17 + 27.85 + 27.13 + 28.21 + 27.90 - 4(470.068/18)$$

$$= 34.80$$

로 추정된다.

이 조건에서 다음과 같이 특성치의 평균을 추정하면 693.26이 되므로,

$$\hat{y} = \bar{y}_{C2} + \bar{y}_{D2} + \bar{y}_{E2} + \bar{y}_{F2} + \bar{y}_{G1} - (5-1)\bar{y}$$

$$= 648.6 + 654.2 + 635.4 + 643.0 + 647.3 - 4(11,408.6/18)$$

$$= 693.26$$

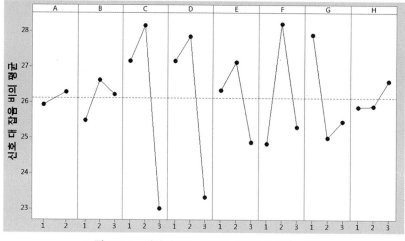

그림 13.9 제어인자의 수준별 SN비의 평균 도시

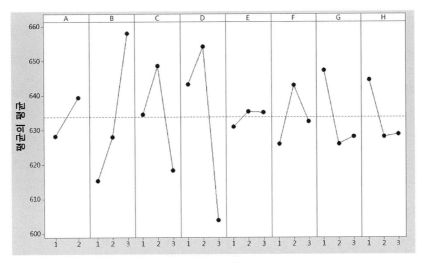

그림 13.10 제어인자의 수준별 $\bar{y}$(감도 대용)의 평균 도시

제조규격에는 포함되지만, 목표치(680V)를 맞추기 위하여 조정변수 B를 이용해 전압을 낮추는 방향으로 조정하는 과정이 요구된다.

실험계획법에 친숙한 독자는 정형화된 분산분석을 통해 SN비와 감도에 대해 유의한 인자를 선별하고, 여기서 구한 오차의 평균제곱을 이용해 최적조건에서 SN비에 대한 예측구간을 구할 수 있다(연습문제 13.12 참고).

13.4.3 기대손실의 비교

어떤 두 설계조건을 비교함에 있어 "조건 1이 조건 2에 비해 SN비가 몇 dB 높다." 보다 "조건 1의 기대손실은 조건 2의 기대손실의 몇 분의 1이다."가 개선효과를 전달하는 데 보다 용이하다.

두 조건의 SN비의 차이가 d라면 SN비와 기대손실(망목특성일 경우는 조정 후 기대손실) L간에는 다음 관계식이 성립한다(염봉진 외, 2002).

$$\frac{L_2}{L_1} = 10^{d/10} \tag{13.11}$$

예를 들면 3.1dB의 차이가 발생하면 개선된 조건의 기대손실은 1/2배로 감소되며, 9.3dB의 차이이면 1/8배로 절감된다.

한편 여기서 다루지 못한 계수분류치에 관한 파라미터 설계 방법은 참고문헌(田口玄一, 1988a; Phadke, 1989) 등을 참고하기 바라며, 동특성의 파라미터 설계는 다음 절에서 자세하게 다룬다.

13.5 | 동특성 파라미터 설계*

13.5.1 동특성의 정의와 신호인자

3장의 그림 3.8에서 목표치가 항상 고정되어 있는가, 아니면 상황에 따라 변화하는가에 따라 특성치를 정특성과 동특성으로 구분하였다. 동특성은 원하는 출력을 얻기 위해 입력을 조정하는 능동적 동특성과 일방적으로 입력이 부여되는 수동적 동특성으로 구분할 수 있다. 이 그림에서 입력으로 작용하는 인자를 신호인자(signal factor, M으로 표기)라고 부른다.

정특성과 마찬가지로 동특성일 경우인 3장 그림 3.5의 자동차 제동 시스템의 예와 같이 신호 인자의 범위 내에서 잡음조건에 로버스트하게 설계해야 한다. 이런 동특성 상황에서 신호인자 또는 목표치를 고정시키게 되면 정특성의 문제가 된다. 표 13.13에는 두 동특성으로 구분한 여러 시스템과 해당 신호인자 및 출력특성이 예시되어 있다.

표 13.13 수동적과 능동적 동특성 예시

수동적 동특성			능동적 동특성		
시스템	신호인자	출력 특성	시스템	신호인자	출력 특성
복사기	원고 화상	인쇄 화상	차 운전대	조종각	차 회전방향
프레임 강도	변형/응력	응력/변형	차 브레이크	브레이크 페달 위치	제동거리
전화(송화기)	음성	전류	스위치 (개폐장치)	on/off 동작 전류	on/off 결과 전류
전화(수화기)	전류	음성	약 효능	투약량	치료 속도, 부작용 속도
체중계	실제 중량	계측 중량	화학반응	시간	정 반응, 부차 반응
습도 센서	(절대) 습도	전압	사출성형	금형 치수	성형품 치수
사진기	풍경, 인물 화상	필름 화상	NC 공작기	입력 치수	가공품 치수
전기회로	전압/전류	전류/전압	절단기	누르는 힘	홈 깊이
광 검지 소자	광량, 전압	전류	로봇 팔 (위치 결정)	구동 모터 회전수	팔 회전각

13.5.2 동특성의 SN비

신호인자와 특성치의 형태에 따라 다양한 동특성 문제가 존재한다. 여기서는 신호인자와 특성치가 모두 정량적일 경우의 파라미터 설계 방법만 다룬다. 다른 동특성 유형일 경우는 참고문헌 (田口玄一, 1988c; Phadke, 1989; Taguchi et al., 2005) 등을 참고하기 바란다.

특성치 y 는 보통 신호인자 M 과 (근사적) 선형적인 관계를 갖는다고 볼 수 있으므로 다음과 같이 나타낼 수 있다.

$$y = \alpha + \beta M + \epsilon \tag{13.12}$$

즉, y 를 (신호에 대해 선형적인 부분)+(신호에 대해 비선형적인 부분과 잡음에 의해 산포하는 부분)으로 나타낸 것이다.

또한 동특성에서는 정특성인 망목특성의 목표치에 해당되는 이상적 관계를 설정할 수 있다. 즉, 그림 13.11과 같이 동특성에서의 목표치는 입력되는 신호인자의 값에 따라 연속적으로 변화하므로 이를 다음과 같이 원점을 통과하는 선형 함수관계(영점 비례식)로 표현한다.

$$T(M) = \beta_0 M \tag{13.13}$$

(여기서 β_0 는 이상적 기울기임.)

식 (13.12)의 절편 α 는 영점교정을 할 수 있다고 가정하고, 식 (13.13)의 이상적 선형 관계와 식 (3.1)에 기반하여 도출한 조정 후 기대손실을 기준으로 제어인자의 특정 조건에서 SN비를 그림 13.11과 같이 다음으로 정의한다(田口玄一, 1988c).

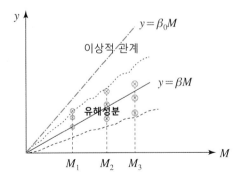

그림 13.11 신호인자와 동특성의 관계

$$\text{SN비} = \frac{\text{신호의 파워}}{\text{잡음(유해성분)의 파워}} = \frac{\beta^2}{\sigma^2} \qquad (13.14)$$

(여기서 오차 ϵ의 평균은 0이고 분산은 σ^2임.)

즉, 동특성의 SN비는 망목특성과 유사하게 이단계 접근법의 2단계에서 기울기를 제어인자에 무관하게 조정할 수 있다고 보고, 기울기를 목표 기울기로 조정한 후의 기대손실과 대등하게 되도록 정의한 척도이다(염봉진 외, 2013). 따라서 SN비를 최대화하는 설계를 택하면 조정 후의 기대손실을 최소화하는 설계가 된다.

동특성의 파라미터 설계 절차는 역시 13.3.3소절의 망목특성에 관한 이단계 최적화 절차를 따른다. 먼저 SN비에 영향을 미치는 제어인자를 찾아 SN비를 크게 하는 수준을 정하고, 조정변수를 이용하여 기울기를 이상적인 값으로 조정한다. 조정변수는 SN비에 유의한 영향을 미치지 않으나 감도(또는 기울기)에 유의한 영향을 미치는 인자로 선택한다. 그리고 내측과 외측 직교표의 배치는 정특성의 경우와 기본적으로 동일하며, 다만 신호인자를 외측에 잡음인자와 함께 배치하는 것이 다른 점이다.

13.5.3 기능성과 기능성 평가

최근 들어 일본에서는 공학적 측면을 강조하여 특정 제품의 로버스트한 성질을 추구하는 정특성보다 제품군 전체의 범용적 로버스트한 성질을 달성할 수 있는 동특성을 기능성(functionality)으로, 이에 관한 로버스트 설계를 통해 기술개발의 이런 성질을 파악하는 것을 기능성 평가로 부르고 있다(小野元久, 2013). 품질을 측정하기 힘들면 역시 품질을 향상시킬 수 없으므로, 기능성 사고를 통해 쉽게 측정 가능하며 선형관계를 가지는 지표를 찾는 접근법이 상당히 유용하다고 보고 있다. 즉, 선형관계를 가지는 기능성은 용이하게 조정도 가능하므로 일본의 품질공학에서는 이런 기능성을 제어하는 방식을 보다 바람직하게 여긴다.

대상 제품 또는 공정의 기능을 목표 기능(objective function)과 기본 기능(generic function)으로 구별한다. 제품이나 공정에 요구되는 역할이나 본래의 목적, 사용자가 제품에 요구하는 기능이 목표 기능에 속한다. 기본 기능은 목표 기능을 실현하기 위한 기술적 수단이 되는 기능으로, 물리 법칙과 화학 반응 등의 자연 법칙과 물리적 메커니즘, 엔지니어가 활용하는 자연의 원리와 현상 또는 재료의 성질 등이 이에 속한다.

TV를 예로 들면 목표 기능은 영상출력이며, 기본 기능은 액정 방식, 플라즈마 방식, 브라운관 방식에 관한 물리 법칙과 메커니즘 등을 들 수 있다. 품질공학에서는 기본 기능을 목표 기능의 상위 개념으로 보고 있으며, 기본 기능을 통한 연구를 권장하고 있다.

따라서 기본 기능은 신호인자와 원점을 지나는 (변환된) 선형관계를 가지는 자연계의 다양한 원리를 활용할 수 있는 경우로, 예를 들면 후크(Hooke) 법칙(스프링, 씰), 쿨롱(Coulomb) 법칙(브레이크, 클러치), 옴(Ohm) 법칙(소자, 납땜)을 적용할 수 있는 경우가 포함된다. 이에 따라 기능성 평가에서는 신호인자와 특성치의 관계가 비선형이더라도 적절한 변환을 통해 원점을 지나는 선형관계로 변환한다. 다음의 두 예제로서 이를 예시한다.

예제 13.4 한방약의 배합 비에 대한 동물시험을 통한 약효 평가의 성능척도로 크레아티닌(creatinine)의 혈중 농도(y)가 쓰인다(이 특성치는 망소특성의 성격을 가짐). 신호인자인 경과 시간(t)과 y는 그림 13.12와 식 (13.15)처럼 비선형 관계를 가진다. 그림 13.12에서 병세 상태는 잡음인자로 볼 수 있다.

$$y = y_0 a^{-\beta_0 t} \tag{13.15}$$

(단, y_0는 $t = 0$일 때 y값임.)

$y' = \ln(y_0/y)$로 치환하면 $y = \beta_0 t$의 형태로 변환되어 t와 y'의 이상적 관계는 원점을 지나는 선형함수가 된다.

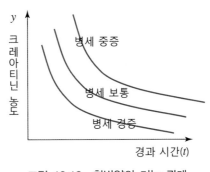

그림 13.12 한방약의 기능 관계

예제 13.5 CdS 소자는 주변 밝기에 따라 전기회로의 개폐를 자동으로 제어하기 위한 용도로 쓰인다. 설계자의 요구 품질특성은 저항 비의 대수를 광량 비의 대수로 나눈 $\ln(R_{10}/R_{100})/\ln(L_{10}/L_{100})$(여기서 광량 수준이 l일 때 L_l로 표기함)인데, 이 소자의 목표 기능은 광량의 변화에 따라 저항이 변화하여 $R = R_0 e^{\alpha_0(L-L_0)}$로 나타낼 수 있다(그림 13.13(a)). 저항은 옴(Ohm)의 법칙에 의해 전압(V)과 전류(I)의 곱에 비례하므로 기본 기

능은 다음과 같이 표현할 수 있는데,

$$I = \frac{V}{R} = \left[\frac{e^{-\alpha_0(L-L_0)}}{R_0} \right] V \Rightarrow y = \beta_0 M$$

$$\text{(여기서 } y = I, \beta_0 = \frac{1}{R} = \frac{e^{-\alpha_0(L-L_0)}}{R_0}, \quad M = V \text{임.)}$$

상기와 같은 변환에 의해 V와 I의 이상적 관계를 그림 13.13(b)와 같이 영점 비례식으로 바꿀 수 있다.

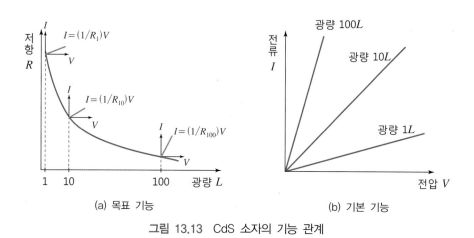

그림 13.13 CdS 소자의 기능 관계

13.5.4 SN비의 계산

동특성에서 내측과 외측 직교표의 배치는 정특성의 경우와 기본적으로 동일하며, 차이점은 신호인자를 외측 직교표에 잡음인자와 함께 배치하는 것이다. 따라서 교차배열 실험을 수행했을 때 내측의 특정 실험조건에서 관측된 자료가 표 13.14와 같이 신호인자의 수준이 k개이고, 신호인자의 각 조건에서 획득한 관측 개수가 r_0일 경우, SN비와 감도와 더불어 이들을 구하기 위해 σ^2과 β^2을 추정하는 과정은 다음과 같다.

표 13.14 동특성일 경우의 자료 구조

M_1	M_2	$\cdots$	M_k
$y_{11}, \cdots, y_{1r_0}$	$y_{21}, \cdots, y_{2r_0}$	$\cdots$	$y_{k1}, \cdots, y_{kr_0}$

표 13.14의 자료 구조로부터 식 (13.14)을 상용대수로 변환한 $10\log\left(\hat{\beta}^2/\hat{\sigma}^2\right)$ 형태의 SN비는 다음과 같이 적을 수 있으며,

$$\text{SN비} = 10\log\frac{\dfrac{1}{r}\left(S_\beta - V_e\right)}{V_e} \tag{13.16a}$$

$$\approx 10\log\frac{S_\beta/r}{V_e} \tag{13.16b}$$

또한 감도는 다음과 같이 표현된다.

$$\text{감도} = 10\log\frac{1}{r}\left(S_\beta - V_e\right) \tag{13.17a}$$

$$\approx 10\log\frac{S_\beta}{r} = 10\log\hat{\beta}^2 \tag{13.17b}$$

SN비와 감도를 수작업으로 구하기 위해서는 다음의 보조 계산과정이 요구된다. 먼저 다음과 같이 변동을 분해한 후에,

$$S_T = \sum_{i=1}^{k}\sum_{j=1}^{r_0} y_{ij}^2 - CF$$

$$\left(\text{단, } CF = \frac{\left(\sum\limits_{i=1}^{k}\sum\limits_{j=1}^{r_0} y_{ij}\right)^2}{n}, \quad n = kr_0 \text{임.}\right)$$

$$S_\beta = \frac{\left[\sum\limits_{i=1}^{k}\left(M_i - \overline{M}\right)y_i\right]^2}{r} \tag{13.18}$$

$$S_e = S_T - S_\beta$$

$$\left(\text{여기서 } \overline{M} = \frac{\sum\limits_{i=1}^{k} M_i}{k}, \quad y_i = \sum_{j=1}^{r_0} y_{ij}, \quad i = 1, \cdots, k \text{ 는}\right.$$

i 번째 신호인자 수준에서의 관측치 합이며, $r = r_0\sum\limits_{i=1}^{k}\left(M_i - \overline{M}\right)^2$ 임.)

β^2 의 불편 추정량을 구하면 식 (13.19)가 된다(田口玄一, 1988c; 염봉진 외, 2002).

$$\hat{\beta}^2 = \frac{1}{r}(S_\beta - V_e) \tag{13.19}$$

$$(\text{단, } \hat{\sigma}^2 = V_e = \frac{S_e}{n-2} \text{임.})$$

한편 일부 전문가와 통계 관련 소프트웨어(Minitab 등)에서는 감도 대신에 기울기(β의 최소 제곱 추정량인 $\hat{\beta}' = \sqrt{S_\beta/r}$)로 분석하기도 한다.

여기서 식 (13.12)가 원점을 꼭 통과하는 관계를 가져야 한다면 식 (13.18)의 $\overline{M}$와 CF를 '0' 으로 취급하여 S_β와 S_e를 계산한 후에 식 (13.19)의 분모에서 $n-2$를 $n-1$로 바꾸어 V_e를 구한다. 이로부터 SN비와 감도를 각각 식 (13.16(a))와 (13.17(a)) 또는 (13.16(b))와 (13.17(b)) 에 의해 계산하면 된다(이 경우의 SN비의 계산 예시는 13.5.5소절에 있음). 다음의 예제를 통해 SN비와 감도를 계산하는 과정을 예시해보자.

예제 13.6 표 13.15는 신호인자의 3수준과 단일 잡음인자의 2수준에서 얻은 내측 직교표 의 한 실험점의 실험결과이다. 신호인자와 특성치의 관계가 식 (13.12)의 형태를 가질 경우 에 SN비와 감도를 구하라.

표 13.15 동특성 실험 결과

2 (M_1)	4 (M_2)	6 (M_3)
1.06, 1.25	3.45, 3.85	6.05, 4.85

$k = 3$, $r_0 = 2$, $n = 6$, $y_1 = 2.31$, $y_2 = 7.30$, $y_3 = 10.90$, $\overline{M} = 4$이므로 CF는 $(2.31 + 7.30 + 10.90)^2/6 = 70.110$이 되고 r은 $2[(-2)^2 + 0 + 2^2] = 16$이 된다.

S_T, S_β, S_e는 식 (13.18) 등에 의해 다음과 같이 구해지므로,

$$S_T = (1.06^2 + 1.25^2 + 3.45^2 + 3.85^2 + 6.05^2 + 4.85^2) - 70.110$$
$$= 89.536 - 70.110 = 19.426$$

$$S_\beta = \frac{[(-2)2.31 + 0 + (2)10.90]^2}{16} = 18.447$$

$$S_e = 19.426 \quad 18.447 = 0.979$$

β의 최소 제곱 추정값은 $\hat{\beta}' = \sqrt{18.447/16} = 1.074$가 된다. 식 (13.19)에 의해 V_e와 $\hat{\beta}^2$은 다음과 같이 계산된다.

$$V_e = \frac{0.979}{4} = 0.245$$

$$\hat{\beta}^2 = \frac{1}{16}(18.447 - 0.245) = 1.138$$

따라서 SN비와 감도는 식 (13.16a)와 (13.17a)에 의해

$$\text{SN비} = 10\log\frac{1.138}{0.245} = 6.670(\text{dB})$$

$$\text{감도} = 10\log 1.138 = 0.561(\text{dB})$$

이 된다.

13.5.5 적용 사례

사례 기업에서는 원통 또는 원뿔형 기계부품을 고속으로 정밀하게 가공하는 컴퓨터 수치제어 (computerized numerical control, 이하 CNC) 선삭공정에서 기계의 파라미터 값의 설정을 작업자의 경험 또는 기계 제조사에서 제공하는 사용설명서에 의존하고 있었다. 이 회사는 먼저 표면 거칠기를 특성치로 삼는 정특성 문제로 다구치의 파라미터 설계를 수행하였으며, 이 사례는 이를 토대로 동특성 파라미터 설계를 수행한 결과이다(Tzeng, 2006).

그림 13.14의 P 다이어그램에 신호인자, 출력, 제어인자와 잡음인자가 요약되어 있다. 신호인자인 프로그램 치수와 출력 특성치인 실제 가공된 제품 치수의 이상관계는 식 (13.13)에서 β_0가

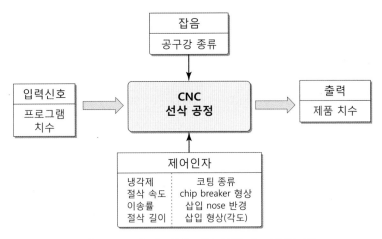

그림 13.14 CNC 선삭 가공 사례: P 다이어그램

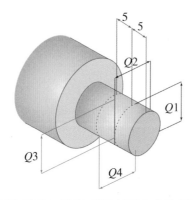

그림 13.15 CNC 선삭 가공물 측정 위치

1인 경우가 된다.

신호인자는 가공물의 지름으로 표 13.16과 같이 네 수준으로 설정하였으며, 각 가공물에 대해 그림 13.15의 $Q1$, $Q2$, $Q3$, $Q4$의 네 곳에서 측정하였다. 실험에 포함된 제어인자는 8종인데, 삽입물의 과열 방지를 위한 냉각제(그림 13.14의 P 다이어그램에서 첫 번째 제어인자로 A임)는 두 수준이며 나머지는 세 수준으로 설정하였다. 특히 절삭속도(B)는 건식과 습식 절삭조건에 따라 제한되므로, 이 인자의 각 수준은 제어인자 A의 수준에 따라 달리 설정하였다(표 13.17 참고).

잡음으로는 기계설정 변동, 재료 변동, 윤활유 조건, 공구 마모상태 등 여러 가지가 존재하므로, 이를 모두 수용하는 실험의 크기는 매우 커지게 되어 Tzeng(2006)은 다구치의 복합 잡음인자를 대용하는 방식을 채택하였다. 즉, 양 극단조건이 될 수 있도록 널리 쓰이는 냉간 금형가공 공구강인 SKD-11과 열간 금형 가공용인 SKD-61을 표 13.16과 같이 잡음인자의 두 수준으로 설정하였다.

표 13.16 CNC 선삭 가공 사례: 신호인자와 잡음인자

신호인자(M)	M1(28mm)		M2(36mm)		M3(44mm)		M4(52mm)	
잡음인자(N)	SKD-11	SKD-61	SKD-11	SKD-61	SKD-11	SKD-61	SKD-11	SKD-61

표 13.17의 제어인자와 수준을 수용할 수 있는 내측 직교표는 $L_{18}(2^1 \times 3^7)$로, 외측 직교표는 단순히게 두 수준에서 4번 반복 측정한 형식으로 설정히어 실험을 실시히였다. 내측 직교표의 각 실험점에서 $4 \times 2 \times 4 = 32$번 얻은 실험결과로부터 계산된 SN비와 감도 대용인 기울기($\hat{\beta}'$)가 표 13.18에 정리되어 있다.

표 13.17 CNC 선삭 가공 사례: 제어인자와 수준

제어인자		수준		
A	냉각제	3%(습식 절삭)		0%(건식 절삭)
B	절삭속도(m/mm)	100, 150, 200		80, 95, 110
C	이송률(mm/rev)	0.1	0.2	0.3
D	절삭 깊이(mm)	1	0.8	0.6
E	코팅 종류	NL92	NL30	NL25
F	chip breaker 형상	3G	2N	4T
G	삽입 nose 반경(mm)	0.4	0.8	1.2
H	삽입 형상(각도)	80°	60°	55°

표 13.18 CNC 선삭 가공 사례: 실험 결과

실험 번호	제어인자								성능측도	
	A	B	C	D	E	F	G	H	SN비	기울기($\hat{\beta}'$)
1	1	1	1	1	1	1	1	1	43.50986	0.999914
2	1	1	2	2	2	2	2	2	39.52619	1.000325
3	1	1	3	3	3	3	3	3	36.83228	1.000921
4	1	2	1	1	2	2	3	3	43.05793	0.999981
5	1	2	2	2	3	3	1	1	32.84365	0.999614
6	1	2	3	3	1	1	2	2	32.12513	1.001185
7	1	3	1	2	1	3	2	3	32.82601	0.999933
8	1	3	2	3	2	1	3	1	39.82674	1.000334
9	1	3	3	1	3	2	1	2	36.69646	1.001080
10	2	1	1	3	3	2	2	1	36.77424	0.998733
11	2	1	2	1	1	3	3	2	32.46616	0.998410
12	2	1	3	2	2	1	1	3	41.63488	0.999815
13	2	2	1	2	3	1	3	2	35.61941	0.998511
14	2	2	2	3	1	2	1	3	36.17272	0.999046
15	2	2	3	1	2	3	2	1	41.29937	0.999168
16	2	3	1	3	2	3	1	2	38.40077	0.999023
17	2	3	2	1	3	1	2	3	30.97668	0.999266
18	2	3	3	2	1	2	3	1	41.59063	0.999301

표 13.19 CNC 선삭 가공 사례: 제어인자와 수준별 SN비와 기울기의 평균 계산

구분	수준	A	B	C	D	E	F	G	H
SN비	1	37.472	38.457	38.365	38.001	36.448	37.282	38.210	39.307
	2	37.215	36.853	35.302	37.340	40.624	38.970	35.588	35.806
	3	–	36.720	38.363	36.689	34.957	35.778	38.232	36.917
기울기	1	1.000365	0.999686	0.999349	0.999637	0.999632	0.999838	0.999749	0.999511
	2	0.999030	0.999584	0.999499	0.999583	0.999774	0.999744	0.999768	0.999756
	3	–	0.999823	1.000245	0.999874	0.999688	0.999511	0.999576	0.999827

여기서 SN비와 기울기는 원점을 지나야 하므로 식 (13.16b)와 식 (13.17b)를 보정한 방식으로 계산되었다. 또한 표 13.18에서 SN비와 기울기의 총합은 각각 672.179, 17.99456이다.

이로부터 구한 SN비와 기울기에 대한 각 제어인자의 수준별 평균이 표 13.19에, 이들을 도시한 결과가 그림 13.16과 그림 13.17에 나와 있다.

그림 13.16과 그림 13.17을 보면 유의한 제어인자인 안정성변수는 C, E, F, G, H로, 기울기에 유의한 인자는 A, C, D, F, H로 판단되며, 이에 따라 조정변수는 A, D가 될 수 있다. Tzeng(2006)은 A를 조정변수로 택하기는 기술적으로 거의 불가능하므로 D를 조정변수로 선택하였다. 따라서 최적 조건은 SN비를 최대로 하는 수준을 택하면 $C_1E_2F_2G_3H_1$이 되며, 참고적으로 현행 조건은 A만 1수준, 나머지는 모두 2수준이다.

따라서 최적 조건과 현행 조건에서 식 (13.9)에 의해 SN비의 예측값은 다음과 같이 추정된다.

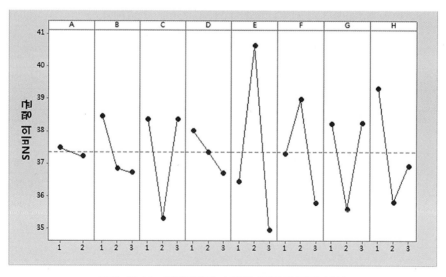

그림 13.16 제어인자의 수준별 SN비의 평균 도시

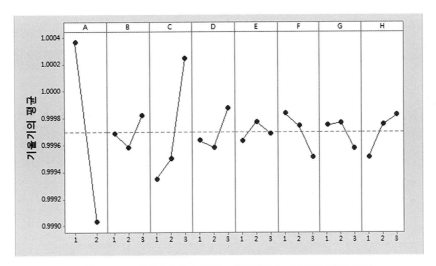

그림 13.17 제어인자의 수준별 기울기(감도 대용)의 평균 도시

$$\widehat{SN}_{\text{최적}} = \overline{SN}_{C1} + \overline{SN}_{E2} + \overline{SN}_{F2} + \overline{SN}_{G3} + \overline{SN}_{H1} - (5-1)\overline{SN}$$

$$= 38.365 + 40.624 + 38.970 + 38.232 + 39.307 - 4(672.179/18) = 46.125$$

$$\widehat{SN}_{\text{현행}} = \overline{SN}_{C2} + \overline{SN}_{E2} + \overline{SN}_{F2} + \overline{SN}_{G2} + \overline{SN}_{H2} - (5-1)\overline{SN}$$

$$= 35.302 + 40.624 + 38.970 + 35.588 + 35.806 - 4(672.179/18) = 36.917$$

이로부터 최적 조건의 현행 조건에 대한 개선효과를 구하면, 조정 후 기대손실이 식 (13.11)에 의해 다음과 같이 1/8보다 더 적게 줄어든다.

$$\frac{L_{\text{현행}}}{L_{\text{최적}}} = 10^{(46.125-36.917)/10} = 10^{0.9208} = 8.33$$

또한 상기의 최적 조건과 유의하지 않는 제어인자인 A와 B의 수준은 SN비가 높은 수준인 1수준으로, 조정인자인 제어인자 D는 현 여건을 고려하여 3수준으로 설정한 조건에서 기울기의 추정값을 식 (13.9)를 활용하여 다음과 같이 예측할 수 있다. 더불어 현행 조건에서 추정된 값과 비교하면 최적 조건의 기울기가 '1'에 보다 근접하고 있다.

$$\hat{\beta}_{\text{최적}} = \overline{\beta}_{A1} + \overline{\beta}_{B1} + \overline{\beta}_{C1} + \overline{\beta}_{D3} + \overline{\beta}_{E2} + \overline{\beta}_{F2} + \overline{\beta}_{G3} + \overline{\beta}_{H1} - (8-1)\overline{y}$$

$$= 1.000365 + 0.999686 + 0.999349 + 0.999874 + 0.999774$$

$$+ 0.999576 + 0.999511 - 7(17.99456/18) = 0.999995$$

$$\hat{\beta}_{\text{현행}} = \overline{\beta}_{A1} + \overline{\beta}_{B2} + \overline{\beta}_{C2} + \overline{\beta}_{D2} + \overline{\beta}_{E2} + \overline{\beta}_{F2} + \overline{\beta}_{G2} + \overline{\beta}_{H2} - (8-1)\overline{y}$$

$$= 1.000365 + 0.999584 + 0.999490 + 0.999583 + 0.999774 + 0.999744$$

$$+ 0.999768 + 0.999756 - 7(17.99456/18) = 1.000180$$

최적 조건($C_1E_2F_2G_3H_1$와 $A_1B_1D_3$)에서의 재현성을 확인하기 위해 실시한 실험결과가 표 13.20에 정리되어 있으며, 부가적으로 현행 조건에서도 실험을 수행하였다. 표 13.21에는 현행 조건과 최적 조건의 실험결과에 대한 성능척도가 요약되어 있는데, 이를 통해 SN비와 기울기 측면에서 상당한 실험성과가 있었음을 알 수 있다.

표 13.20 CNC 선삭 가공 사례: 확인실험 결과

실험 번호	M1		M2		M3		M4	
	N1	N2	N1	N2	N1	N2	N1	N2
Q1	28.004	28.005	35.997	35.998	43.995	43.995	51.996	51.995
Q2	28.003	28.002	35.997	35.997	43.997	43.996	51.995	51.994
Q3	28.014	28.014	36.010	36.009	44.008	44.008	52.001	51.999
Q4	28.011	28.011	36.009	36.008	44.007	44.008	51.999	51.999

표 13.21 CNC 선삭 가공 사례: 실험성과 요약

구분	수준 조합	예측		확인	
		SN비 (dB)	기울기	SN비 (dB)	기울기
현행	A1B2C2D2F2G2H2	36.917	1.000180	36.720	1.000278
최적	C1E2F2G3H1+A1B1D3	46.125	0.999995	43.488	1.000040
차이		9.208		6.768	

확인실험 결과로부터 원점을 지나는 동특성일 경우의 SN비를 구하는 과정을 예시해보자. 여기서 $k=4$, $r_0=8$, $n=32$ 이고 $y_1 = 224.064$, $y_2 = 288.025$, $y_3 = 352.014$, $y_4 = 415.978$ 로부터 다음 값들을 먼저 계산한다(즉, 식 (13.18)의 $\overline{M}$와 CF를 '0'으로 취급하며 식 (13.19)의 분모에서 $n-2$를 $n-1$로 대체하여 구함).

$$S_T = \sum_{i=1}^{4}\sum_{j=1}^{8} y_{ij}^2 = 53764.32948$$

$$S_\beta = \frac{\left(\sum_{i=1}^{4} M_i\, y_i\right)^2}{r} = \frac{53762.164^2}{53760} = 53764.32809$$

$$\text{단, } r = r_0 \sum_{i=1}^{4} M_i^2 = 8 \times 6720 = 53760$$

$$V_e = \frac{S_e}{n-1} = \frac{S_T - S_\beta}{n-1} = \frac{0.00139}{31} = 0.0000448$$

$$\hat{\beta} = \sqrt{\frac{S_\beta}{r}} = \sqrt{\frac{53764.32809}{53760}} = 1.000040$$

따라서 최소제곱 추정값 $\hat{\beta}'$ 는 1.000040이 되며, SN비는 식 (13.16b)를 적용하면 다음과 같이 43.488dB이 되므로,

$$\text{SN비} = 10\log\frac{\hat{\beta}^2}{V_e} = 10\log\frac{1.0000805}{0.0000448} = 43.488$$

SN비의 예측값(46.125dB)과 6% 정도의 차이만 있어 재현되었다고 볼 수 있다.

13.6 │ 다구치 방법에 관한 비판과 논의*

다구치 방법은 새로운 품질철학이나 방법론이라기보다는 오랫동안 많은 사람들에 의해 추구되어온 목표로 볼 수 있으며, 특히 그의 공헌은 낮은 비용으로 높은 수준을 달성하기 위한 구체적인 방법을 제시하고, 실제 공학적 문제에 이를 적용하여 방법의 효용성을 입증함으로써 품질공학의 한 분야를 정립한 것이라고 볼 수 있다. 또한 현업에 실험계획법을 실질적인 품질개선 도구로 활용하게 함으로써, 실험계획법이 1995년에 미국의 GE에 본격적으로 도입되어 아직까지 기업에서 널리 활용되고 있는 식스시그마의 가장 중요한 도구가 될 수 있는 계기를 만들었다. 더불어 로버스트 설계 개념을 산업계와 다양한 학문분야에 널리 정착시킨 점도 큰 공로로 볼 수 있다.

특히 파라미터 설계가 중심이 되는 다구치 방법에 대해 엔지니어들은 일반적으로 호의적 평가를 내리고 있으며, 현장으로부터 많은 성공 사례가 보고되어 있다(田口玄一, 1988e와 이 시리즈의 5, 7권; Taguchi et al., 2005).

엔지니어들의 적극적인 활용과는 달리 통계 전문가를 중심으로 다구치 방법에 대해 여러 비판이 있다. 이 절에서는 다구치 방법에 대한 비판을 전략, 랜덤화, 성능척도, 자료 분석법, 마지

막으로 실험계획의 관점에서 간략하게 살펴보고(염봉진 외, 2013) 그러한 비판의 타당성 여부에 대해 다구치 방법의 적극적 옹호자들(田口玄一, 1988e 참고)의 견해와 저자들의 의견을 반영하여 기술한다. 다구치 방법에 대한 보다 전문적인 비판과 대안은 염봉진 외(2013)와 여기에 언급된 문헌을 참고하면 된다.

13.6.1 전략적 측면

다구치 방법의 전략적 측면에 대한 첫 번째 비판으로 실험적 연구가 순차적으로 진행되지 않고 일회성으로 끝나게 되는 점이 지적되고 있다. 다구치 방법의 옹호자들은 품질문제에서 계속적인 실험을 통해 개선을 수행하는 것은 엔지니어의 상식이므로 특별히 이를 강조할 필요가 없다는 입장이다.

두 번째 비판은 다구치 방법에서 권장하고 있는 주효과 위주의 설계 연구에 관한 것이다. 교호작용의 발견을 무엇보다 중요하게 생각하고 있는 전통적 실험계획의 입장에서 보면, 다구치 방법의 이러한 전략은 비과학적이라 볼 수 있다. 그러나 자연현상의 규명에 초점을 맞추고 있는 과학의 세계와 재현성을 갖도록 가법성에 따른 로버스트한 연구 결과를 강조하는 기술 세계의 차이를 염두에 둔다면 채택할 만한 가치가 충분한 전략으로 판단된다. 또한 이는 이론에 근거한 법칙이라기보다 오랫동안의 현장 경험을 바탕으로 한 접근법으로 보인다.

13.6.2 랜덤화

다구치 방법에 대한 또 다른 비판 중 하나는 실험 수행 시 랜덤화에 대한 고려가 미흡하다는 것이다. 전통적 실험계획법의 관점에서 랜덤화의 주된 목적은 실험인자를 제외한 다른 외적 요인이 작용하여 실험결과가 체계적으로 왜곡되는 것을 완화하는 데 있다. 다구치 방법에서는 잡음을 적극적으로 반영했을 때 잡음이 특성치에 미치는 영향은 랜덤화를 하지 않을 때 외적 요인이 특성치를 오염시키는 정도를 지배한다고 볼 수 있으므로 랜덤화를 고집하지 않는다(Phadke, 1989). 실제 실험을 수행하는 입장에서는 랜덤화를 반영하려면 상당한 비용과 제약이 발생하므로 이런 여건도 감안한 것으로 보이기도 한다.

13.6.3 성능척도

다구치 방법에서 성능척도로 채택하고 있는 SN비에 대해서는 많은 비판이 있어 왔다. 초기에는 특히 망목특성에 대한 SN비의 의미를 잘못 이해하여 야기된 비판이었으나, SN비가 기대손실(망목특성의 경우에는 조정 후 기대손실)과 직접적으로 관련된 척도라는 것이 밝혀지면서, 하나의 성능척도로서의 자격을 인정받게 되었다.

이외의 SN비에 대한 비판 중 첫 번째는 일부 SN비가 제한적 가정(평균 항과 오차 항이 승법관계)에 기반을 두고 있다는 것이다. 보통 엔지니어가 접할 수 있는 대부분의 물리모형이 승법모형에 속하는 점을 감안하면 충분한 적용 범위를 가진다고 볼 수 있다.

SN비에 대한 두 번째 비판은 특성치를 SN비로 변환함으로써 이의 평균과 분산 등과 같은 정보를 활용할 수 없게 되어 비효율적이라는 것이다. 이와 같은 문제점을 극복하기 위해 제시된 dual response approach(Myers et al., 1992; Lucas, 1994), response modeling approach (Welch, 1990) 등은 y 의 평균과 분산을 구해 따로 분석할 것을 제안하고 있다. 하여튼 평균과 분산을 분리하여 분석하면 보다 유용한 정보를 얻을 수 있지만, 두 척도에 대한 유의한 인자와 수준을 파악 시에 상충관계가 발생할 가능성이 매우 높으므로 절충과정이 추가로 필요하다. 이런 점을 고려하면, 엔지니어 입장에서는 하나의 성능척도로 분석하는 것을 편리하게 여길 수 있다.

13.6.4 자료 분석법

다구치 방법은 실제 활용을 위한 전제조건이라고 볼 수 있는 가정 요건에 대한 설명이 부족하다는 비판이 있다. 다구치 방법에서는 특성치의 분포에 대해 어떠한 가정도 하고 있지 않으므로 성능척도에 대한 분포 특성 파악, 분산분석, 최적조건에서의 예측구간 추정 등을 위해 엄격한 통계적 절차 대신 13.3과 13.4절에 소개한 경험적 방법이나 기준을 채택하고 있다. 로버스트 설계를 지향하는 입장에서는 특정한 분포를 가정하여 한정된 조건에 적용할 수 있는 분석법보다 다구치의 경험적 방법론이 엔지니어에게 보다 적합한 분석법으로 볼 수 있다.

13.6.5 실험계획

다구치 방법에서는 내측과 외측 직교표로 구성된 교차배열(표 13.5)에 의한 실험을 추천하고 있다. 교차배열 실험의 장점은 내측의 모든 설계조건에 공통의 잡음조건을 공평하게 부여하며, 설계변수와 잡음변수 간의 모든 2인자 교호작용 효과를 쉽게 파악할 수 있다는 것이다. 하지만 교차배열 실험은 상대적으로 많은 실험횟수를 필요로 하므로 비경제적이라는 비판이 있다. 이러한 비판을 받아들여 다구치는 잡음을 조합하여 외측 잡음조건의 수를 2 또는 3개로 줄이는 복합 잡음인자(13.3절 참고)를 채택할 것을 권장하고 있다.

한편 이의 대안으로 여러 학자들에 의해 설계변수와 잡음변수 간의 교호작용을 파악할 수 있으면서도 전체 실험횟수의 경제성을 확보할 수 있는 통합배열(combined array)에 의한 실험이 제안되었다(Shoemaker et al, 1991; Robinson et al., 2004).

13.7 | 다구치의 허용차 설계

다구치는 3장에서 언급한 바와 같이 파라미터 설계 후에도 품질특성의 변동이 만족스럽지 않을 경우에 비용이 수반되더라도 허용차 설계를 실행하여 변동을 줄이는 과정을 제안하고 있다. 특히 다구치는 4.4절과 4.5절의 전통적인 허용차 분석과 배분과는 달리 실험을 통해 허용차 분석 및 배분을 병행하는 방법을 제안하고 있다.

허용차 설계를 위한 실험에서는 제어인자의 값에 변동(잡음)이 있을 수 있다고 가정하여 각 제어변수 설정값의 변동에 해당되는 잡음인자의 수준 수를 일반적으로 2 또는 3으로 설정한다. 즉, 다구치는 다음과 같은 방식으로 수준을 정하는 것을 추천하고 있다(田口玄一, 1988a).

2수준 설정: (중심값−표준편차), (중심값+표준편차)   (13.20)

3수준 설정: (중심값− $\sqrt{3/2}$ ×표준편차), 중심값, (중심값+ $\sqrt{3/2}$ ×표준편차)   (13.21)

즉, 잡음이 정규분포를 따른다면 2수준일 경우는 잡음분포의 제15와 85백분위수를, 3수준일 경우는 제10, 50, 90백분위수에 해당되는 잡음 수준을 근사적으로 설정하고 있다고 볼 수 있다. 이와 같이 파라미터 설계에서 유의하다고 판정된 제어인자의 최적 수준을 중심으로 잡음을 반영할 수 있는 적절한 실험계획(직교표 등)을 선택하고 실험을 실시한 후에 분산분석을 통해 각 제어인자의 기여율을 계산한다. 이로부터 적은 비용으로 성능 특성의 변동을 크게 줄일 수 있는 제어인자를 선정한 후에 이들을 중심으로 변동을 줄이기 위해 적정한 감소비율을 적용하는 방식으로 허용차 설계를 수행하여 결과의 타당성을 평가한다. 즉, 허용차 설계는 다음과 같은 단계를 거쳐 수행한다.

〈단계 1〉 13.4절의 파라미터 설계에서 선정된 제어변수의 최적조건에서 잡음을 반영한 실험을 수행한다. 잡음은 2(식 (13.20)) 또는 3수준(식 (13.21))을 택하여 직교표에 배치한다.

〈단계 2〉 〈단계 1〉의 실험 결과로부터 분산분석표를 작성한다. 분산분석표에서 각 요인효과(잡음인자)의 평균제곱항에는 오차분산이 포함되어 있으므로, 제곱합을 기준으로 구하는 요인효과(A)의 기여율 ρ_A는 오차분산의 기여분을 차감하여 다음과 같이 계산된다.

$$\rho_A = \frac{SS_A - \nu_A V_e}{SS_T} \times 100(\%) \tag{13.22}$$

(여기서 SS_T는 총제곱합, SS_A는 요인효과 A의 제곱합, V_e는 오차분산, ν_A는 요인효과 A의 자유도임.)

〈단계 3〉 각 잡음인자별로 기여율이 큰 제어인자를 선택하여 그 허용차(즉, 변동 범위)를 줄여 준다. 이때 경제성과 기술적 용이성 등을 고려할 수 있으며, 제어인자 A의 허용차를 $1/a$로 감소시키면 이 인자의 변동에 관한 기여율은 ρ_A/a^2로 감소한다(13.7.1소절 참고).

예제 13.7 복합재료의 인장강도에 미치는 제어인자로 4개의 주효과 A, B, C, D가 판명되었으며 각각의 최적 수준이 결정되었다. 이들의 최적 수준을 정밀하게 제어할 수 없으므로 각 제어인자의 잡음의 영향을 3수준(중심값(2수준)과 중심값에서 $\pm\sqrt{3/2}$ 표준편차(각각 3과 1수준))으로 반영하여(여기서 잡음을 반영한 네 종의 제어인자를 A′, B′, C′, D′로 표기함) $L_9(3^4)$로 실험한 결과가 표 13.22에 정리되어 있다.

먼저 표 13.22로부터 구한 y의 평균과 분산은 각각 290, 2546.8인데, 평균에 비해 분산은 만족스럽지 못하다고 판단되어 허용차 설계를 수행하고자 한다.

이를 위해 작성된 표 13.23의 분산분석표와 식 (13.22)를 적용한 기여율 결과를 보면 제어인자 C, B, D순으로 잡음을 반영한 변동이 특성치의 산포에 상당히 유의한 것으로 파악되었다. 산포를 줄이기 위해 비교적 비용이 덜 소요되는 두 제어인자(C, B)에 대해 정밀한 제어를 고려하는 방안이 채택되었다. 정밀 제어를 통해 현재의 허용차를 C는 2/5로, B는 1/2 정도로 감소시킬 수 있다고 하면, 허용차 설계 이후에 y의 분산은

$$V_{new} = V_{old}\left[0.0841 + 0.2242\left(\frac{1}{2}\right)^2 + 0.4751\left(\frac{2}{5}\right)^2 + 0.2166\right]$$
$$= 2546.8(0.4328) = 1102.3 \tag{13.23}$$

로 기대할 수 있다. 따라서 이 방안을 채택하면 새로운 분산은 1102.3이 되며, $V_{old}/V_{new} =$

$1 / 0.4328 = 2.31$이므로 분산의 관점에서 약 2.3배의 개선이 달성된다고 볼 수 있다.

표 13.22 허용차 설계 실험 결과

	A′	B′	C′	D′	y
1	1	1	1	1	274
2	1	2	2	2	328
3	1	3	3	3	316
4	2	1	2	3	192
5	2	2	3	1	332
6	2	3	1	2	293
7	3	1	3	2	342
8	3	2	1	3	304
9	3	3	2	1	229

표 13.23 분산분석표: 허용차 설계(특성치)

요인	SS	DF	기여율(%)
A′	1,712.7	2	8.41
B′	4,568.0	2	22.42
C′	9,680.7	2	47.51
D′	4,412.7	2	21.66
(e)	(0)	(0)	0
총계	20,374	8	100.00

13.7.1 기여율과 분산 감소분 계산의 근거

예제 13.7에 활용된 식 (13.23)의 근거를 살펴보기 위해 전개를 단순화하여 단일 부품으로 구성된 제품을 고려하자(염봉진 외, 2002). 제품의 품질특성을 y, 부품의 특성을 x 라 하면, 허용차 설계에서는 y와 x 간에 일반적으로 다음과 같은 근사적인 선형 관계(4장 식 (4.4)에서 $a_0 = T - a_1 T_1$)가 성립한다고 가정한다.

$$y = a_0 + a_1 x$$

허용차 설계를 위한 실험에서 x 의 수준을 표 13.24와 같이 3개로 취한 경우를 예를 들면, 현행 조건에서 y 의 총제곱합 SS_T는 $\bar{y} = (y_1 + y_2 + y_3) / 3 = a_0 + a_1 x_0$ 을 이용하면 다음과

표 13.24 허용차 설계 실험(3수준): 현행

수준	x	y
1	$x_0 - g$	$y_1 = a_0 + a_1(x_0 - g)$
2	x_0	$y_2 = a_0 + a_1 x_0$
3	$x_0 + g$	$y_3 = a_{0} + a_1(x_0 + g)$

같이 계산된다.

$$SS_T = (y_1 - \overline{y})^2 + (y_2 - \overline{y})^2 + (y_3 - \overline{y})^2$$
$$= 2 a_1^2 g^2 \tag{13.24}$$

만약 표 13.25와 같이 수준 간격 g를 g/b로 줄인다면, $\overline{y} = (y_1 + y_2 + y_3)/3 = a_0 + a_1 x_0$ 가 되어 총제곱합은 다음과 같이 계산된다.

$$SS_T = (y_1 - \overline{y})^2 + (y_2 - \overline{y})^2 + (y_3 - \overline{y})^2$$
$$= (2 a_1^2 g^2)/b^2 \tag{13.25}$$

식 (13.24)와 (13.25)를 비교하면, x의 산포 범위(즉, 이에 따른 허용차)를 $1/b$로 줄이면 y의 변동(합성 허용차)은 $1/b^2$로 줄어든다는 것을 알 수 있다.

상기의 결과는 y와 x 간의 관계가 (근사적인) 선형관계로부터 도출된 것이므로, x의 산포의 범위가 지나치게 크지 않아 선형성이 성립한다는 전제하에서 근사적으로 얻어진 경우로 볼 수 있다.

표 13.25 허용차 설계 실험(3수준): 개선

수준	x	y
1	$x_0 - \dfrac{g}{b}$	$y_1 = \alpha + a_1\left(x_0 - \dfrac{g}{b}\right)$
2	x_0	$y_2 = a_0 + a_1 x_0$
3	$x_0 + \dfrac{g}{b}$	$y_3 = a_0 + a_1\left(x_0 + \dfrac{g}{b}\right)$

13.8 | 온라인 품질관리*

제조공정에서는 생산제품의 관심 품질특성이 지정된 목표치를 되도록 유지하도록 해야 한다. 즉, 공정의 기계와 장치들은 시간이 경과함에 따라 성능이 저하되므로 정기적으로 품질특성이나 공정 파라미터를 관측하여 목표치와의 편차가 커지면 이의 조절을 통해 보다 균일한 제품을 생산할 수 있다.

다구치는 이와 같이 피드백(feedback) 제어형태에 속하는 계측 또는 진단과 조절을 수행하는 활동이 오프라인(off-line) 품질관리와 구별하여 온라인 품질관리(on-line quality control)에 속한다고 주창하고 있다(3.3.1소절 참고). 공정의 계측/진단과 조절은 온라인 품질관리에 속하는 전통적인 관리도와 7.9절의 EPC와 거의 동일한 역할을 수행하고 유사한 기능을 제공하는데, 다구치는 품질특성을 계량치와 계수치로 대별하여 EPC보다 비교적 단순한 방법을 제안하고 있다(田口玄一, 1988b; Taguchi et al., 1989; Taguchi et al., 2005). 이 절에서는 계량치-계수치 순으로 다룬다.

13.8.1 계량형 품질특성일 경우

공정의 품질특성은 시간이 지남에 따라 표류(drift)하는 경향이 있으며, 대상 공정은 완전히 자동화된 공정과 달리 조절할 때 비용이 발생하고, 공정을 조절하면 바로 공정평균 수준으로 회복된다고 가정한다.

5~8장에서 다룬 전통적인 관리도는 공정이 정상 조건하에서 비교적 안정(stable) 상태에 있을 경우에 적용되며 공정을 모니터링하다가 발생한 이상원인의 영향을 검출하는 용도로 쓰인다. 다구치는 이런 관리도에 피드백 제어를 도입하여 이상원인의 신호를 검출하는 관리한계에 대응되는 조절한계(adjustment limit)와 더불어 공정 계측간격(diagnostic interval)까지 경제적으로 설정하는 방법론을 제안하였다.

이 소절의 공정의 계측과 조절 모형에서 사용되는 기호는 다음과 같다.

- T: 목표치
- Δ: 허용차
- A: 개별 부적합품에 대한 재작업 또는 폐기비용
- k: 이차손실함수 계수(A/Δ^2)

- c_i : 단위당 계측비용

- c_a: 회당 조절비용

- δ / δ_0: 조절한계/현행 조절한계

- l: 지연시간(부적합품 발견에서 공정중단까지)

- n / n_0: 제품 수로 표현된 계측간격/현행 계측간격

- u / u_0: 제품 수로 표현된 예측 평균 조절간격/현행 평균 조절간격

- σ_m^2 : 측정오차

본 모형에서는 정기적으로 n단위마다 하나의 단위를 계측한다면 단위당 계측비용은 c_i/n이고, 단위당 조절비용은 c_a/u이며, 각 제품의 품질수준으로 다구치의 2차 기대손실을 채택한다. 즉, 허용차가 Δ일 때 MSD(Mean Squared Deviation from target)로 나타내면 조절한계 내 단위의 기대손실은

$$L_1 = \frac{A}{\Delta^2} MSD = k \cdot MSD \qquad (13.26)$$

이 되는데, 다구치는 조절이 필요한 한계를 δ로 설정한다면 MSD를 조절한계 내에서 근사적으로 균일분포를 따른다고 가정하여 다음과 같이 구할 수 있다고 하였다.

$$MSD = \sigma^2 = \frac{[(T+\delta) - (T-\delta)]^2}{12} = \frac{\delta^2}{3} \qquad (13.27)$$

또한 조절한계를 벗어난 단위의 기대손실은 MSD를 보수적으로 δ^2으로 간주하면

$$L_2 = \frac{A}{\Delta^2} \delta^2 = k\delta^2 \qquad (13.28)$$

로 산정되며, 측정오차가 존재할 때는 이에 따른 단위당 기대손실도 $(A/\Delta^2)\sigma_m^2 = k\sigma_m^2$가 되므로 이를 부가적으로 반영할 수 있다.

그리고 계측간격당 검출되지 못한 평균 부적합 단위 수는 n간격 내에서 부적합품이 발생할 가능성이 동일하다고 가정하면(즉, 첫 번째에서 발생하면 n개, 두 번째에서 발생하면 $n-1$개, 마지막 단위에서 발생하면 1개) 다음과 같이 구해진다.

$$[n + (n-1) + \cdots + 1] \times \frac{1}{n} = \frac{n+1}{2}$$

부적합품 발생 파악에서 공정중단까지의 지연시간이 l이라면 단위당 기대비용(EC)은 식 (12.26) ~ (12.28) 등으로부터 다음과 같이 나타낼 수 있다.

$$EC(n,\delta) = \frac{c_i}{n} + \frac{c_a}{u} + k\left[\frac{\delta^2}{3} + \frac{\delta^2}{u}\left(\frac{n+1}{2} + l\right) + \sigma_m^2\right] \tag{13.29}$$

여기서 다구치는 공정의 표류현상을 연속 랜덤 워크(random walk; 즉, 브라운 운동) 모형으로 가정하여 조절한계까지의 평균 도달시간이 한계까지의 거리 제곱에 비례하는 다음 성질을 반영하고 있다(Adams and Woodall, 1989; Taguchi et al., 1989).

$$\frac{u}{u_0} = \frac{\delta^2}{\delta_0^2} \tag{13.30}$$

따라서 식 (13.29)에 $u = u_0\delta^2/\delta_0^2$를 대입하여 다음과 같이 정식화하였다.

$$EC_0(n,\delta) = \frac{c_i}{n} + \frac{c_a\delta_0^2}{u_0\delta^2} + k\left[\frac{\delta^2}{3} + \frac{\delta_0^2}{u_0}\left(\frac{n+1}{2} + l\right) + \sigma_m^2\right] \tag{13.31}$$

먼저 $EC_0(n,\delta)$를 최소화하는 n을 구하기 위해 편미분하면

$$\frac{\partial EC_0}{\partial n} = -\frac{c_i}{n^2} + k\frac{\delta_0^2}{2u_0} = 0$$

이 되며, 이로부터의 최적 계측간격은

$$n^* = \frac{1}{\delta_0}\sqrt{\frac{2u_0c_i}{k}} \tag{13.32}$$

이 된다. 또한 δ에 대해 편미분한 다음의 방정식으로부터

$$\frac{\partial EC_0}{\partial \delta} = -\frac{2c_a\delta_0^2}{u_0\delta^3} + \frac{2k}{3}\delta = 0$$

구한 최적 조절한계는 다음이 된다.

$$\delta^* = \left(\frac{3c_a}{ku_0}\right)^{1/4}\sqrt{\delta_0} \tag{13.33}$$

예제 13.8 사출성형공정에서 매 로트마다 24개의 부품을 생산한다. 로트 내 부품들의 평균 치수를 3시간마다 계측하는데, 그 비용은 2,000원이다. 이 치수의 허용한계는 $T \pm 15 \mu$m 이며, 개별 부적합품의 손실은 150원이다. 24개의 부품 중에서 하나라도 허용한계를 벗어나면 로트의 모든 부품을 폐기하는데, 이 과정에서 개당 160원, 로트당 $24 \times 150 = 3,600$원의 손실이 발생한다. 현 공정의 계측한계는 $T \pm 6 \mu$m이며, 평균 조절간격은 12시간으로 알려져 있다. 조절 비용은 회당 15,000원, 지연시간은 50로트, 시간당 100로트를 생산하며, 연간 작업시간은 3,000시간이고 측정오차는 무시할 수 있다. 먼저 최적 계측간격과 조절한계를 구하고 이를 채택할 경우 연간 절감액을 구하라.

여기서 생산제품의 기본단위는 로트가 되며,

$$k = A/\Delta^2 = 3,600/15^2 = 16, \quad c_i = 2,000, \quad c_a = 15,000,$$
$$\delta_0 = 6, \quad l = 50, \quad n_0 = 3 \times 100 = 300, \quad u_0 = 12 \times 100 = 1,200$$

을 식 (13.32)와 식 (13.33)에 대입하면 $n^* = 91$, $\delta^* = 3.03$이 되며, 이를 식 (13.31)에 대입하면 단위당 기대비용은 166원이고, u^*는 식 (13.30)으로부터 306으로 예측된다.

그리고 현행의 단위당 기대비용은 식 (13.29)에서 n, δ, u를 각각 300, 6, 1200으로 두면 307원이 얻어진다. 따라서 최적 n, δ에 의한 연간 절감액은 $(307 - 166) \times 100 \times 3000 = 42,300,000$원이 된다.

다구치는 현행 값과 최적값 간에 차이가 크면 δ^*와 δ_0의 중간값과 n^*와 n_0의 중간값을 취하는 것을 추천하고 있다. 그러나 엄밀하게 두 값을 구하려면 식 (13.31) ~ (13.33)의 δ_0와 n_0에 δ^*와 n^*를 대입하여 주어진 범위 내에 수렴할 때까지 반복하는 절차를 적용하는 것이 합리적이다(Adams & Woodall, 1989). 한편 비교적 단순한 형태의 최적값을 제공하는 다구치 모형의 불완전성과 개선모형에 관심이 있는 독자는 Adams and Woodall(1989)과 Srivastava and Wu (1991) 등을 참고하면 된다.

식 (13.32)과 식 (13.33)에서 구한 최적값의 대상을 품질특성치 대신 공정 파라미터의 계측과 조절, 즉 피드백 제어에도 수월하게 적용할 수 있다. 이 경우의 차이점으로 A가 앞의 모형과 같이 품질특성치가 규격을 벗어나 발생하는 손실이더라도 Δ와 δ는 공정 파라미터에 대한 허용한계와 조절한계로 달리 정의된다. 다음 예제로 자세하게 알아보자.

예제 13.9 열처리 공정에서 처리되는 제품 치수의 허용한계는 $T \pm 15\mu m$이며, 제품 단위 당 손실은 450원이다. 작업자는 2시간마다 온도를 계측하며 이 값이 목표치보다 8℃ 변하면 공정을 조절하는데, 평균 조절간격은 24시간이며 조절비용은 360,000원이다. 그리고 온도가 1℃ 움직이면 치수는 $10\mu m$가 변한다고 알려져 있으며, 공정의 온도 계측비용은 1,500원, 시간당 열처리 단위 수는 50개, 지연시간은 20개, 온도계의 계측 정밀도인 표준편차는 1℃이다. 최적 조절한계와 계측간격을 구하라.

먼저 온도의 허용차는 4.2.2소절 식 (4.4)에서 $a_1 = 10$이 되어 $\Delta = 15/10 = 1.5$가 되며,

$$k = A/\Delta^2 = 450/1.5^2 = 200, \quad c_i = 1,500, \quad c_a = 360,000, \quad \sigma_m^2 = 1,$$

$$\delta_0 = 8, \quad l = 20, \quad n_0 = 2 \times 50 = 100, \quad u_0 = 24 \times 50 = 1,200$$

을 식 (13.32)와 식 (13.33)에 대입하면 $n^* = 17, \delta^* = 4.12$가 구해지며, 이를 식 (13.31)에 대입하면 단위당 기대비용은 2,671원이고, u^*는 식 (13.30)으로부터 318로 예측된다. 현행의 단위당 기대비용은 식 (13.29)에서 n, δ, u를 각각 100, 8, 1200으로 두면 5,870원이 얻어진다. 따라서 개당 절감액은 3,199원이다.

13.8.2 계수형 품질특성일 경우

다구치는 n개마다 생산된 제품을 검사하여 공정의 이상여부를 진단하는데, 검사결과는 규격의 부합여부에 따라 적합/부적합으로 판정되는 계수형 품질특성일 경우에 진단간격을 설정하는 경제적 모형을 제안하였다(Taguchi et al., 1989; Taguchi et al., 2005). 즉, 제조 공정에서 진단간격을 짧게 가져가면 간격 중도에서 발생하는 부적합품에 의한 손실을 줄일 수 있지만, 빈번한 진단을 하게 되면 진단비용이 늘어날 뿐더러 공정의 이상원인을 파악하여 조치하거나 공정을 정지해야 하는 등 관련 추가 비용이 발생하게 되므로 경제적인 진단 간격의 결정은 중요하다.

다구치는 특히 계수형 품질특성일 경우를 공정의 진단과 조절(diagnosis and adjustment)로 부르고 있는데, 제품들이 독립적으로 생산된다고 간주할 수 있는 생산공정에서 어느 순간에 부적합품이 발생하면 이 이후 생산된 제품이 모두 부적합이 되는 경우(case I)와 일정 비율로 부적합이 되는 경우(case II)로 모형을 대별하였다.

이 소절에서 쓰이는 기호는 다음과 같다.

- c_d: 부적합품 발생에 따른 조치 비용
- c_i: 진단(검사)비용
- c_a: 조절비용(공정중단, 공구 교체 노무비 등으로 단위시간당 공정 조치 및 중단비용×공정 조치 및 중단 시간(t)+직접 회복비용으로 $c_1 t + c_2$ 형태가 됨).
- l: 지연시간(부적합품 검출시점부터 이를 확인하여 공정을 중단하거나 조치를 취할 때까지)
- τ: 평균 조절간격
- n: 진단(검사)간격

(1) Case I

최초 부적합품률 0%에서 공정이 이상상태로 전이하면 100% 부적합품 생산 상태가 되는 경우이다. 현행 평균 조절간격이 τ라면 전 소절과 유사하게 단위당 기대비용은

$$EC_0(n) = \frac{c_i}{n} + \frac{n+1}{2}\frac{c_d}{\tau} + \frac{c_a}{\tau} + \frac{lc_d}{\tau} \tag{13.34}$$

이므로, $EC_0(n)$을 n에 미분하여 구한 최적 n는 c_a와 l에 무관한 다음이 된다.

$$n_0^* = \sqrt{\frac{2c_i}{c_d}\tau} \tag{13.35}$$

식 (13.34)에 전 소절과 같이 진단간격당 평균 부적합 개수는 $[n + (n-1) + \cdots + 1]/n = (n+1)/2$가 되는 점을 반영하고 있으며, 마지막 구간과 지연시간에서 생산된 부적합품에 대해 조치를 명시하고 있지는 않지만 전수검사하여 양품화하는 상황을 상정한 것으로 보인다. 더욱이 다구치는 암묵적으로 c_a에 추적검사 비용까지 포함시키고 있다(즉, $c_a = c_1 t + c_2 +$ 추적검사 개수(n에 의존)$\times c_i$). 특히 다구치는 추적검사방식으로 n이 100이면 50(또는 51)번째 제품을 검사하여 적합품이면 75번째 제품 검사, 이 제품이 부적합품이면 68번째를 검사, 적합품이면 83번째를 검사하는 등 절반에 해당되는 제품을 검사하는 방식(halfway inspection)을 추천하고 있다. 그런데 이런 방식으로 도출되는 c_a는 n의 함수형태가 되는데, 기대 비용함수에 명시적으로 반영되어 있지 않다.

또한 인접한 조절이 수행된 간격인 Y는 그림 13.18에서와 같이 직진 조절 이후 부직합품이 발생된 시점까지의 U, n마다 검사하여 이 이후 부적합품이 최초 발견된 간격인 V, 이 시점 이후 부적합품으로 확인될 때까지의 지연시간인 l, 공정 이상원인을 파악하고 제거 또는 공정을 조절하는 시간 W의 합으로 구성된다. 그림 13.18에서는 W구간에서 공정을 중단하지 않고 계

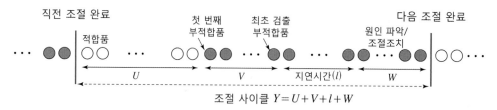

직전 조절 완료 | 첫 번째
부적합품 | 최초 검출
부적합품 | 다음 조절 완료
원인 파악/
조절조치

조절 사이클 $Y = U + V + l + W$

그림 13.18 조절 간격의 구성요소

속 생산하는 상황을 보여주고 있다.

그런데 U, V, W 등은 확률분포를 따르므로 이의 확률모형으로 정식화는 비교적 복잡한 과정이 요구된다. 다구치는 이런 점을 감안하여 실적자료로부터 얻은 $\tau = E(Y)$를 대신 활용하고 있다.

다구치 모형은 식 (13.34) ~ (13.35)에서 τ를 알아야 하고 n^*가 중요한 비용요소인 c_a에 무관하게 설정되는 등 완전한 모형에 속하지는 않지만, n^*가 상당히 단순한 형태로 도출되고 있어 비교적 실용적인 방법으로 볼 수 있다.

한편 다구치는 진단간격마다 정기적으로 검사하는 상황하에서 평균 조절간격으로 $\tau + (n/2)$을 추천하고 있다(Taguchi et al., 1989). 즉, k번째 진단에서 부적합품이 검출될 때 $(k-1)$번째 진단과 k번째 진단간격에 속하는 n개의 각 제품이 부적합품이 될 가능성이 동일하다면 공정에 문제가 발생한 이후 생산된 부적합 제품의 기대 수는 $n/2$인 점을 평균 조절간격에 반영하고 있다. 따라서 식 (13.34)에 이를 반영한 $EC_1(n)$는

$$EC_1(n) = \frac{c_i}{n} + \frac{n+1}{2}\frac{c_d}{\tau + 0.5n} + \frac{c_a}{\tau + 0.5n} + \frac{lc_d}{\tau + 0.5n} \tag{13.36}$$

가 되어 최적 n는 C_a와 더불어 l에도 의존하게 된다. 여기서 $\tau \gg n$인 점을 이용하면 $[\tau\{1 + (0.5n/\tau)\}]^{-1} \approx [1 - (0.5n/\tau)]/\tau$가 되는 근사를 적용하여 다음 식으로 나타낼 수 있다.

$$EC_1(n) \approx \frac{c_i}{n} + \frac{(n+1)c_d}{2\tau}\left(1 - \frac{n}{2\tau}\right) + \frac{c_a}{\tau}\left(1 - \frac{n}{2\tau}\right) + \frac{lc_d}{\tau}\left(1 - \frac{n}{2\tau}\right)$$

위 식을 n에 대해 미분하여 도출한 다음의 방정식에서

$$-\frac{c_i}{n^2} + \frac{c_d}{2\tau} - \frac{(2n+1)c_d}{(2\tau)^2} - \frac{c_a + lc_d}{2\tau^2} = 0$$

$\tau \gg n + 0.5$로 볼 수 있으므로 좌변 세 번째 항을 무시하면,

$$-\frac{c_i}{n^2}+\frac{c_d}{2\tau}-\frac{c_a+lc_d}{2\tau^2}\approx 0$$

이 되므로 이로부터 최적 n은 c_a와 l에도 의존하는 형태로 다음과 같이 구해진다.

$$n^*=\sqrt{\frac{2\tau^2 c_i}{c_d\tau-c_a-lc_d}}=\sqrt{\frac{2\tau c_i}{c_d-\dfrac{c_a+lc_d}{\tau}}}$$

여기서 $c_d\gg\dfrac{c_a+lc_d}{\tau}$(즉, $c_d-\dfrac{c_a}{\tau}\gg\dfrac{lc_d}{\tau}$)가 되는 점을 이용하면

$$\frac{1}{c_d-\dfrac{c_a+lc_d}{\tau}}=\frac{1}{\left(c_d-\dfrac{c_a}{\tau}\right)\left(1-\dfrac{lc_d/\tau}{c_d-\dfrac{c_a}{\tau}}\right)}\approx\frac{1}{\left(c_d-\dfrac{c_a}{\tau}\right)}\left(1+\frac{lc_d/\tau}{c_d-\dfrac{c_a}{\tau}}\right)$$

$$=\frac{1}{\left(c_d-\dfrac{c_a}{\tau}\right)}\left[1+\frac{l}{\tau}\frac{c_d}{\left(c_d-\dfrac{c_a}{\tau}\right)}\right]\approx\frac{1+\dfrac{l}{\tau}}{\left(c_d-\dfrac{c_a}{\tau}\right)}$$

로 나타낼 수 있다. 또한 $c_d\gg\dfrac{c_a}{\tau}$으로 볼 수 있으므로, n^*은 다음과 같이 비교적 단순한 형태로 도출된다.

$$n^*\approx\sqrt{\frac{2\tau c_i}{c_d-\dfrac{c_a}{\tau}}\times\frac{\tau+l}{\tau}}=\sqrt{\frac{2c_i(\tau+l)}{c_d-\dfrac{c_a}{\tau}}}\tag{13.37}$$

그리고 다구치는 최적 기대비용은 식 (13.37)를 식 (13.36)의 $EC_1(n)$보다 계산이 수월한 식 (13.34)의 $EC_0(n)$에 대입하여 구하고 있다.

예제 13.10 다수의 공작기계로 구성된 공정으로부터 얻은 계수형 특성치에 관한 정보가 $c_d=10{,}000$원, $c_i=300{,}000$원, $c_a=800{,}000$원, $l=500$단위, $\tau=4{,}000$단위일 때 최적 진단간격과 단위당 기대비용을 구하라.

당연히 $c_d>c_a/\tau$이므로 식 (13.37)에 상기 자료를 대입하면 n^*는 525, 그때의 기대비용은 식 (13.34)(식 (13.36))로부터 2,679(2,549)원이 된다. 참고적으로 식 (13.34)로부터 구하면

n_0^*는 490이, $EC_0(n_0^*)$는 2676이, 또한 식 (13.36)을 최소화하는 n을 수치해법으로 구하면 그림 13.19처럼 567이 되며, 이 경우의 기대비용($EC_1(n)$)은 2,546이다.

그림 13.19에는 $EC_1(n)$, $EC_0(n)$가 도시되어 있는데, 수직축의 눈금 크기를 고려하면 두 비용함수 간에 그리 차이가 크지 않으며, 특히 n이 300 ~ 600일 때 $EC_1(n)$의 곡선이 편평하여 식 (13.37)의 근사법이 타당하다고 확인할 수 있다.

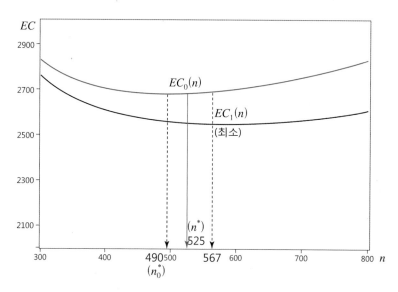

그림 13.19   기대비용 곡선: 예제 13.10

(2) Case II

공정이 이상상태로 전이했을 때 100% 부적합품 생산 상태가 되지 않고 각 생산품이 일정비율 π로 부적합품이 되는 경우로 $\pi = 1$이면 case I이 되어 case II의 특수한 경우가 된다. Case II에서는 검출된 부적합품 비용(c_d)과 달리 비검출된 부적합품 비용 $c_D(> c_d)$을 반영해야 한다.

또한 부적합품이 검출되면 마지막 진단구간과 지연시간의 모든 생산단위에 대해 추적검사 (retrospective inspection)를 실시한다면 진단구간 내의 기대 검출 부적합 단위 수와 비검출 부적합 단위 수는 기하분포를 이용하여 표 13.26으로부터 다음과 같이 구할 수 있다.

$$\text{기내 검출단위: } \pi \times (n+1)\pi/2 + \sum_{j=2}^{\infty} \pi(1-\pi)^{j-1} n\pi - (n+1)\pi^2/2 + n\pi(1-\pi) \tag{13.38}$$

표 13.26 Case II의 검출 및 비검출 부적합품의 기대 개수

진단 번호	검출 부적합품 기대 개수	비검출 부적합품의 기대 개수	부적합품 검출 확률
1	$(n+1)\pi/2$	0	π
2	$n\pi$	$(n+1)\pi/2$	$(1-\pi)\pi$
3	$n\pi$	$(n+1)\pi/2+n\pi$	$(1-\pi)^2\pi$
4	$n\pi$	$(n+1)\pi/2+2n\pi$	$(1-\pi)^3\pi$
.	.	.	.
.	.	.	.
i	$n\pi$	$(n+1)\pi/2+(i-2)n\pi$	$(1-\pi)^{i-1}\pi$

기대 비검출 단위:
$$\pi\times 0+\sum_{j=2}^{\infty}[(n+1)\pi/2+(j-2)n\pi]\pi(1-\pi)^{j-1}$$

$$=(n+1)\pi(1-\pi)/2+n\pi^2(1-\pi)^2\sum_{j'=1}^{\infty}j'(1-\pi)^{j'-1}$$

$$=(n+1)\pi(1-\pi)/2+n\pi^2(1-\pi)^2/\pi^2$$

$$=(n+1)\pi(1-\pi)/2+n(1-\pi)^2 \tag{13.39}$$

따라서 부적합품에 따른 기대 총 손실비용 L_D는

$$L_D=[(n+1)\pi^2/2+n\pi(1-\pi)]c_d+[(n+1)\pi(1-\pi)/2+n(1-\pi)^2]c_D$$

이다.

그런데 식 (13.34) 또는 식 (13.36)의 단위당 기대비용 EC에 L_D를 수월하게 반영할 수 있더라도 조절 사이클이 확률변수가 되어 case 1과 달리 복잡한 형태가 된다. 다구치는 이런 EC로부터 미분하여 최적 n을 구하기는 더욱 힘들다는 점을 반영해 우회적인 방법을 동원하고 있다. 즉, $\pi=1$이면 부적합에 의한 기대 손실은 $L_D=(n+1)c_d/2$이고, Case II로 볼 수 있는 $\pi\approx 0$일 때의 기대 손실의 극한값을 구하면 $L_D=nc_D$인 점을 고려하여 Case I의 모형의 c_d에 $2c_D$를 대입하여 최적 n으로

$$n^*\approx\sqrt{\frac{2c_i(\tau+l)}{2c_D-\dfrac{c_a}{\tau}}} \tag{13.40}$$

를 채택하고 있다. 그리고 단위당 기대비용은 식 (13.34)에 적용한 다음 형태로 구하고 있다.

$$EC_0(\tau) = \frac{c_i}{n} + \frac{n+1}{2}\frac{2c_D}{\tau} + \frac{c_a}{\tau} + \frac{lc_d}{\tau} \qquad (13.41)$$

한편 만약 부적합품이 검출되면 생산된 모든 단위에 대해 추적검사를 실시할 경우에 c_D는 c_d 가 되므로 식 (13.40)에서

$$n^* \approx \sqrt{\frac{2c_i(\tau+l)}{2c_d - \dfrac{c_a}{\tau}}}$$

가 되지만, 이렇게 될 상황은 비현실적인 경우로 보인다.

위와 같이 실용성을 강조하면서 식 (13.40)이 π와 관련이 없는 등 전개과정이 명쾌하지 못한 다구치 모형에 대한 비판과 개선모형은 Nayebpour and Woodall(1993)과 Borges et al.(2001) 등을 참고하기 바란다.

예제 13.11 c_D =40,000원일 때 예제 13.10의 자료를 대상으로 case II 상황하의 최적 진단간격과 단위당 기대비용을 구하라. 그리고 $\pi = 0.1$일 때 부적합품의 비검출 및 검출 기대 수를 구하라.

식 (13.40)과 (13.41)로부터 구한 최적 n은 184, 이때의 기대비용은 4,930원이 된다. 그리고 n이 184일 때 부적합품의 비검출 및 검출 기대 수는 식 (13.39)와 식 (13.38)로부터 각각 157.3과 17.5개로 구해진다.

13.1 어떤 기준에 의해 인자를 제어인자(설계변수)와 잡음인자(오차인자)로 구별하는가?

13.2 주효과만 고려한 2수준계 인자가 5개 있을 경우 적절한 직교표를 선정하라.

13.3 인자의 수준을 설정할 때 2수준과 3수준을 선택하는 기준을 들어라.

13.4 직교표 $L_8(2^7)$에서, 인자 A를 1열에, B를 7열에 배치하였다면, AB교호작용은 몇 열에 나타나는가?

13.5 2수준의 인자 B, C, D, E가 있다. 주효과와 교호작용 BC, BD, BE에 대한 정보를 서로 교락됨이 없이 얻고자 할 때 적절한 직교표를 선택하여 효과들을 배치하라.

13.6 2수준의 인자 B, C와 4수준 인자 A를 주효과만 고려하여 $L_8(2^7)$에 배치하고자 한다. 물음에 답하라.

(1) 자유도를 감안하면 4수준 인자의 주효과에 3열이 필요하다. 어떤 3열을 선택해야 하는가?

(2) 4수준 열을 어떻게 만들 수 있는가?

(3) 세 인자의 주효과를 $L_8(2^7)$에 배치하라.

13.7 전자회로에서 온도변화(잡음)에 따른 출력전압(망목특성)을 구한 결과이다. SN비와 감도를 구하라.

온도(℃)	5	25	45
출력전압(V)	1.4	1.6	1.8

13.8 주문을 받아 피자를 배달하는 점포에 대한 P 다이어그램을 그려라.

13.9 최적조건의 SN비가 현행조건보다 5 dB만큼 크다면 기대손실은 얼마로 감소하는가?

13.10 화학공정에서 불순물 입자의 수를 감소시킬 수 있는 공정조건을 결정하기 위해 제어인자로서 온도(A), 압력(B), 가스의 유량(C), 두 가스의 혼합비(D), 촉매의 종류(E)를 선정하였으며, 표 13.27의 데이터는 클린룸의 좌, 중간, 우에서 각각 불순물 입자 개수를 측정한 것이다.

표 13.27 화학공정에 대한 실험계획과 실험결과

실험 번호	A 1	B 2	C 3	D 4	e 5	e 6	E 7	좌	중간	우
1	1	1	1	1	1	1	1	39	17	38
2	1	1	1	2	2	2	2	17	11	21
3	1	2	2	1	1	2	2	3	1	5
4	1	2	2	2	2	1	1	16	20	20
5	2	1	2	1	2	1	2	10	4	8
6	2	1	2	2	1	2	1	19	12	12
7	2	2	1	1	2	2	1	15	13	20
8	2	2	1	2	1	1	2	1	0	2

(1) SN비를 구하라.

(2) 보조 계산표(표 13.8 참고)를 작성하라.

(3) 제어인자의 수준별 SN비의 평균을 도시하여 유의한 인자를 선정하라.

(4) 유의한 인자의 최적 수준을 결정하라.

(5) 최적 조건하에서 SN비를 예측하라.

13.11 엔진의 두 구성품을 마찰 용접하는 공정에서 용접부위의 강도를 크게 하고자 한다. 표 13.28 는 제어인자와 그 수준을 나타낸다. 실제 공정운용 시 제어변수의 명목값을 유지하지 못하고 산포하므로, 각 제어인자에 대해 하나의 잡음인자를 대응시킨다. 표 13.29에 각 제어변수의 허용차(%)로서 잡음인자의 수준이, 표 13.30에 실험계획과 실험결과가 정리되어 있다(염봉진 외 (2002)에서 재인용).

표 13.28 제어인자와 수준

제어인자	수 준		
	1	2	3
A: 가열 압력	3,000	3,700	4,600
B: 업셋 압력	6,000	10,000	14,000
C: 가열 시간	1.0	4.0	7.0
D: 업셋 시간	1.5	5.5	8.0

표 13.29 잡음인자와 수준

잡음인자	수 준 (%)		
	1	2	3
A′	−15	0	15
B′	−20	0	20
C′	−10	0	10
D′	−15	0	15

표 13.30 마찰용접 공정에 관한 실험계획과 결과

	A	B	C	D	1	2	3	4	5	6	7	8	9	
					1	1	1	2	2	2	3	3	3	A′
					1	2	3	1	2	3	1	2	3	B′
					1	2	3	2	3	1	3	1	2	C′
					1	2	3	3	1	2	2	3	1	D′
														SN비
1	1	1	1	1	126	119	120	140	134	137	131	137	128	42.25
2	1	2	2	2	58	55	60	78	71	77	76	76	62	
3	1	3	3	3	27	22	24	40	33	34	31	35	30	
4	2	1	2	3	49	45	46	67	62	64	59	63	52	34.74
5	2	2	3	1	137	133	136	155	147	153	142	150	139	43.11
6	2	3	1	2	273	268	269	298	290	293	286	291	276	49.01
7	3	1	3	2	193	189	191	218	210	212	207	212	201	46.15
8	3	2	1	3	52	45	47	71	61	66	57	65	55	34.94
9	3	3	2	1	14	11	13	24	20	23	18	24	16	24.21

(1) 내측 3번 외측 2번의 데이터인 $y_{32} = 22$는 어떤 용접조건하에서 얻어진 것인가?

(2) 실험번호 2와 3의 SN비를 구하라.

(3) 각 수준별 평균을 구하여 최적 조건을 구하라.

(4) 최적 조건에서의 SN비를 추정하라.

13.12 13.4.2소절의 망목특성 사례에서 SN비와 $\overline{y}$(감도 대용)에 대한 분산분석을 모든 제어인자에 대해 수행하라. 그리고 일부 인자효과를 풀링한 분산분석을 통해 안정성변수와 조정변수를 찾아라. 이로부터 최적조건에서의 SN비에 대한 90% 신뢰구간을 구하라.

13.13 어떤 자동차 제조공정에서 치수를 4.00 mm로 일정하게 하고자 하는 의도로 수행된 실험자료가 표 13.31과 같이 주어졌을 때 물음에 답하라. 제어인자는 A, B, C이고, 잡음인자는 P, Q, R이다.

표 13.31 자동차 제조공정의 실험계획과 결과

				P	1	1	2	2
				Q	1	2	1	2
				R	1	1	2	2
실험 번호	A	B	C		치수			
1	1	1	1		3.33	3.42	3.24	3.37
2	1	2	2		3.15	3.51	3.60	2.97
3	2	1	2		4.05	3.96	3.96	4.18
4	2	2	1		3.69	4.68	4.14	3.78

(1) 식 (13.3b)와 (13.4b)에 의해 SN비와 감도(근사 공식)를 계산한 다음 표의 빈칸을 메워라.

실험 번호	$\bar{y}$	V	SN비	감도
1	3.3400	0.005800	32.841	10.475
2				
3	4.0375	0.010825	31.778	12.122
4				

(2) SN비와 감도에 대한 수준별 평균에 대한 계산표이다. 빈칸을 메워라.

	A	B	C
1		32.310	
2		20.036	

	A	B	C
1		11.299	
2		11.294	

(3) 최적 수준을 결정하고 조정인자를 찾아라.

(4) 실험 번호 4가 현행 수준일 경우 최적 조건의 개선효과를 구하라.

13.14* 식 (13.7)으로부터 2수준계 직교표일 경우에 식 (13.8)이 됨을 보여라.

13.15* 동특성일 경우를 상정하여 투석기(catapult)에 대한 P 다이어그램을 그려라.

13.16* 다음은 동특성에 관한 파라미터 실험의 일부이다. 내측 직교표의 각 실험점에서 신호인자 (M)의 세 수준과 잡음인자(N)의 두 수준에 대해 실험한 결과로 두 실험점(실험 번호 1과 2)에서의 SN비와 감도를 구하라.

실험 번호	M_1 (1.0)		M_2 (2.0)		M_3 (3.0)	
	N_1	N_2	N_1	N_2	N_1	N_2
1	2.8	2.5	2.5	2.4	2.6	3.0
2	2.6	3.5	3.7	3.6	4.8	4.7

13.17 망대특성에 대해 4종의 제어인자에 대해 각각의 잡음을 3수준으로 반영하여 확인실험을 수행한 결과가 표 13.32이다.

(1) 확인실험에서 얻은 특성치의 평균과 분산을 구하라.

표 13.32 확인실험 결과

	A′	B′	C′	D′	y
1	1	1	1	1	308
2	1	2	2	2	324
3	1	3	3	3	341
4	2	1	2	3	333
5	2	2	3	1	342
6	2	3	1	2	322
7	3	1	3	2	326
8	3	2	1	3	330
9	3	3	2	1	369

(2) 확인실험에서 얻은 품질특성의 평균은 만족스러우나 분산은 아직 크다고 판단되어 허용차 설계를 수행하기 위해 작성된 분산분석표(표 13.33)의 기여율을 구하라.

표 13.33 확인실험 결과의 분산분석표

요인	SS	DF	기여율(%)
A′	451.56	2	
B′	706.89	2	
C′	782.89	2	
D′	384.22	2	
총계	2,325.56	8	100.0

(3) 각 잡음인자에 대한 기여율로부터 B와 C의 허용차를 각각 현재의 2/3로 줄이기로 하였다. 이 결과로부터 기대되는 새로운 분산을 구하라.

13.18 망소특성에 유의하다고 판정된 제어인자 A, B, C의 최적 수준과 잡음인자 U, V, W를 반영하여 허용차 설계를 수행한 실험 결과가 표 13.34와 같다. 잡음을 반영한 A′, B′, C′의 2수준과 1수준은 각각 A, B, C의 중심값 ±표준편차이다.

표 13.34 허용차 설계 실험 결과

	A′	B′	C′	U	V	W	e	y
	1	2	3	4	5	6	7	
1	1	1	1	1	1	1	1	28
2	1	1	1	2	2	2	2	32
3	1	2	2	1	1	2	2	35
4	1	2	2	2	2	1	1	39
5	2	1	2	1	2	1	2	36
6	2	1	2	2	1	2	1	35
7	2	2	1	1	2	2	1	37
8	2	2	1	2	1	1	2	34

(1) 특성치의 수준별 합이 다음과 같을 때 빈칸을 메워라.

수준	A′	B′	C′	U	V	W
1	134	131		136		137
2	142	145		140		139

(2) 분산분석표가 다음과 같을 때 빈칸을 메워라. 이 결과는 제곱합이 작은 효과를 오차항에 풀링한 결과이다.

표 13.35 허용차 설계 실험 결과의 분산분석표

요인	SS	DF	기여율(%)
A′	8.0	1	9.62
B′	24.5	1	30.77
C′		1	
U	2.0	1	1.92
V		1	
W	0.5	1	–
e	0.5	1	–
(e)	(1.0)	(2)	
총계	78.0	7	100.0

(3) 제어인자 B와 C를 더욱 정밀하게 제어할 수 있는 장치를 도입한다면 현재의 허용차를 2/3, 1/2로 감소시킬 수 있다. 이를 도입한다면 분산은 어느 정도로 감소되겠는가?

13.19* 플라스틱 제품의 치수를 관리하고 있는데, 비용 등의 파라미터 값은 다음과 같으며, 측정오차는 무시할 수 있다. 연간 작업시간은 $8/일 \times 300일 = 2,400$ 시간이다.

규격: $T \pm 10\mu m$

$A = 1,200$원, $c_i = 2,200$원, $c_a = 18,000$원, $l = 5$

현행 조절한계는 $\pm 5\mu m$, $n_0 = 600$(2시간마다), $u_0 = 1,200$(하루에 2회)

(1) 최적 계측간격과 조절한계를 구하라.

(2) (1)에서 연간 개선효과를 구하라.

13.20* 유화액을 연속적으로 도포하는 공정에서는 유화액의 점도를 관리하고 있다. 도포 두께의 허용한계는 $T \pm 8\mu m$이며, 부적합제품의 손실은 m^2 당 9,000원이다. 유화액의 점도가 2 푸아즈(poise) 변하면 도포 두께가 규격을 벗어난다. 현행 계측간격은 2,000m^2, 조절한계는 $+0.9$푸아즈, 평균 조절간격은 24,000m^2(0.5일에 1회), 계측오차로 표준편차는 0.05푸아즈이다. 점도의 계측비용은 6,000원, 회당 조절비용은 30,000원이다. 지연시간이 30m^2일 때 최적 조절한계와 계측간격 및 이를 채택할 경우의 연간 절감액(연간 가동일 250일)을 구하라.

13.21* 어떤 공정에서 500단위마다 계수형 품질특성을 진단하는 방식으로 과거 1년간 관리한 결과로부터 제품의 연생산량은 50만 4,000개, 조절횟수는 96회이다. c_d=1,500원, c_i=4,800원, l=400단위이고 조절비용은 기계정지시간과 이상원인 검출방식을 반영하여 구한 값으로 95,000원이다. 그리고 공정에 이상이 발생하면 이 이후 모든 제품은 부적합품이 된다.

   (1) 현 방식의 단위당 기대비용을 구하라.

   (2) 최적 진단간격을 구하라.

   (3) (2)의 조건하에서 단위당 기대비용을 구하라.

13.22* 공정에 이상이 발생하면 이 이후 각 제품은 $\pi = 0.2$의 확률로 부적합품이 된다. c_D가 5,000원일 때 연습문제 13.21의 자료를 대상으로 최적 진단간격과 단위당 기대비용을 구하라. 이때 부적합품의 비검출 및 검출 기대 수를 구하라.

파라미터 설계를 본격적으로 학습하고자 하는 독자는 먼저 전문서적으로 Phadke(1989)를, 통람 논문으로는 염봉진 외(2013)를 읽어보기를 추천하며, 다구치 방법의 대안에 관심이 있으면 Wu and Hamada(2009)가 도움이 될 것이다. 다구치의 허용차 설계와 온라인 품질관리에 관해서는 각각 田口玄一(1988a)와 Taguchi et al.(1989)를, 다구치의 계량형 온라인 QC의 대안으로는 Adams and Woodall(1989)을, 계수형은 Nayebpour and Woodall(1993)을 읽어보기를 권장한다.

1. 염봉진, 김성준, 서순근, 변재현, 이승훈(2013), "다구치 강건설계 방법: 현황과 과제," 대한산업공학회지, 39, 325-341.

2. 염봉진, 서순근, 변재현, 이승훈, 김성준(2002), 실험계획 및 분석: 다구치 방법과 직교표 활용, KAIST 산학협동 공개강좌.

3. Adams, B. M. and Woodall, W. H.(1989), "An Analysis of Taguchi's On-Line Process-Control Procedure under a Random-Walk Model," Technometrics, 31, 401-413.

4. Borges, W., Ho, L. L. and Turnes, O.(2001), "An Analysis of Taguchi's On-Line Quality Monitoring Procedure for Attributes with Diagnosis Errors," Applied. Stochastic Models in Business and Industry, 17, 261-276.

5. Fowlkes, W. Y. and Creveling, C. M.(1995), Engineering Methods for Robust Product Design, Addison Wesley.

6. Lucas, J. M.(1994), "How to Achieve a Robust Process Using Response Surface Methodology," Journal of Quality Technology, 26, 248-260.

7. Myers, R. H., Khuri, A. I. and Vining, G.(1992), "Response Surface Alternatives to the Taguchi Robust Parameter Design Approach," The American Statistician, 46, 131-139.

8. Nayebpour, M. R. and Woodall, W. H.(1993), "An Analysis of Taguchi's On-Line Quality Monitoring Procedure for Attributes," Technometrics, 35, 53-60.

9. Phadke, M. S.(1989), Quality Engineering Using Robust Design, Prentice Hall(김호성 외 역(1992), 품질공학, 민영사).

10. Robinson, T. J., Borror, C. and Myers, R. H.(2004), "Robust Parameter Design: A Review," Quality and Reliability Engineering International, 20, 81-101.

11. Shoemaker, A. C., Tsui, K. L. and Wu, C. F. J.(1991), "Economical Experimentation

Methods for Robust Design," Technometrics, 33, 415-427.

12. Srivastava, M. S. and Wu, Y.(1991), "A Second Order Approximation to Taguchi's On-Line Control Procedure," Communications in Statistics—Theory & Methods, 20, 2149-2168.

13. Taguchi, G., Chowdhury, S. and Taguchi, S.(2000), Robust Engineering, McGraw-Hill.

14. Taguchi, G., Chowdhury, S. and Wu, Y.(2005), Taguchi's Quality Engineering Handbook, Wiley.

15. Taguchi, G., Elsayed, E. A. and Hsiang, T.(1989), Quality Engineering in Production Systems, McGraw-Hill.

16. Tzeng, Y.-F.(2006), "Parameter Design Optimization of Computerized Numerical Control Turning Tool Steels for High Dimensional Precision and Accuracy," Materials and Design, 665-675.

17. Welch, W. J., Yu, T. K., Kang, S. M. and Sacks, J.(1990), "Computer Experiments for Quality Control by Parameter Design," Journal of Quality Technology, 22, 15-22.

18. Wu, C. F. J. and Hamada, M. S.(2009), Experiments: Planning, Analysis, and Optimization, 2nd ed., Wiley.

19. 小野元久(編著)(2013), 基礎から學ぶ品質工學, 日本規格協會.

20. 田口玄一(1988a), 품질공학강좌 1: 개발설계단계의 품질공학, 일본규격협회(한국표준협회 번역 발간, 1991).

21. 田口玄一(1988b), 품질공학강좌 2: 제조단의 품질공학, 일본규격협회(한국표준협회 번역 발간, 1991).

22. 田口玄一(1988c), 품질공학강좌 3: 품질평가를 위한 SN비, 일본규격협회(한국표준협회 번역 발간, 1991).

23. 田口玄一(1988d), 품질공학강좌 4: 품질설계를 위한 실험계획법, 일본규격협회(한국표준협회 번역 발간, 1991).

24. 田口玄一(1988e), 품질공학강좌 6: 품질공학 사례집-구미편, 일본규격협회(한국표준협회 번역 발간, 1991).

찾아보기

AUTHOR INTRODUCTION
지은이

윤원영(wonyun@pusan. ac. kr)

서울대학교 산업공학과를 졸업하고 한국과학기술원(KAIST) 산업공학과에서 석/박사 학위를 취득하였다. 현재 부산대학교 산업공학과에 재직하고 있으며 주요 연구 분야는 시스템신뢰성평가 및 분석, 신뢰도분야에서의 시뮬레이션응용, 보전모형 및 최적화 등이다.

이승훈(shlee@deu. ac. kr)

성균관대학교 산업공학과를 졸업하고 한국과학기술원(KAIST) 산업공학과에서 석/박사 학위를 취득하였다. 현재 동의대학교 산업경영빅데이터공학과에 명예교수로 재직하고 있으며 주요 연구 분야는 측정시스템 분석, 다구치 방법, 실험계획법, 품질공학 등이다.

홍성훈(shhong@jbnu. ac. kr)

고려대학교 산업공학과를 졸업하고 한국과학기술원(KAIST) 산업공학과에서 석/박사 학위를 취득하였다. 현재 전북대학교 산업정보시스템공학과에 재직 중이며, 한국품질경영학회 학회장을 역임하였다. 주요 연구 분야는 품질경영, 6시그마, 샘플링 검사 등이다.

김기훈(kihun@pusan. ac. kr)

포항공과대학교(POSTECH) 산업경영공학과에서 학/박사 학위를 취득하였다. 현재 부산대학교 산업공학과에 재직 중이다. 주요 연구 분야는 산업인공지능과 품질공학이다.

서순근(skseo@dau. ac. kr)

서울대학교 산업공학과를 졸업하고 한국과학기술원(KAIST) 산업공학과에서 석/박사학위를 취득하였으며, 동아대학교 산업경영공학과에서 38년간 재직한 후에 명예교수 직함을 가지고 활동하고 있다. 주요 연구 분야는 품질공학, 신뢰성 분석, 확률 응용 및 경제성 분석 등이다.